TURING 图灵数学经典·11

泛函分析导论及应用

[加] 欧文·克雷斯齐格（Erwin Kreyszig）

——著

蒋正新　吕善伟　张式淇

——译

人民邮电出版社

北　京

图书在版编目（CIP）数据

泛函分析导论及应用 /（加）欧文·克雷斯齐格 (Erwin Kreyszig) 著；蒋正新，吕善伟，张式淇译. -- 北京：人民邮电出版社，2022.7

（图灵数学经典）

ISBN 978-7-115-59166-1

I. ①泛…　II. ①欧… ②蒋… ③吕… ④张…　III. ①泛函分析　IV. ①O177

中国版本图书馆 CIP 数据核字（2022）第 062693 号

内 容 提 要

本书是学习泛函分析的一部优秀入门书，被欧美众多大学用作数学系、物理系本科生和研究生的教材. 全书共 11 章，包含度量空间、赋范空间、巴拿赫空间、希尔伯特空间、不动点定理及其应用、逼近论、赋范空间中线性算子的谱论、赋范空间中的紧线性算子及其谱论、有界自伴线性算子的谱论、希尔伯特空间中的无界线性算子、量子力学中的无界线性算子等内容. 本书精选 900 多道习题，并给出了解答.

本书深入浅出、通俗易懂，适合有微积分和线性代数基础知识的读者阅读，同时也适合高等理工院校和高等师范院校理科专业的师生以及科技工作者、工程技术人员参考.

◆ 著　　　　[加] 欧文·克雷斯齐格（Erwin Kreyszig）

　　译　　　　蒋正新 吕善伟 张式淇

　　责任编辑　杨　琳

　　责任印制　彭志环

◆ 人民邮电出版社出版发行　　北京市丰台区成寿寺路 11 号

　　邮编 100164　　电子邮件 315@ptpress.com.cn

　　网址 https://www.ptpress.com.cn

　　北京九州迅驰传媒文化有限公司印刷

◆ 开本：700 × 1000　1/16

　　印张：35.5　　　　　　　　2022 年 7 月第 1 版

　　字数：657 千字　　　　　　2025 年 5 月北京第 8 次印刷

　　著作权合同登记号　图字：01-2020-0433 号

定价：169.80 元

读者服务热线：(010)84084456-6009　印装质量热线：(010)81055316

反盗版热线：(010)81055315

版 权 声 明

前　言

本书目的　泛函分析在数学及应用科学中的作用在不断增强，因此人们越来越希望在学生学习的早期阶段将其引入这些领域. 本书的目的就是要使读者熟悉泛函分析的基本概念、原理和方法以及应用.

教科书应该是为学生写的. 因此，我力图在数学和物理专业的四年级本科生和一年级研究生易于理解的范围之内，给出这个学科的基本内容以及有关的实际问题. 我希望工科的研究生也能从中受益.

必备知识　本书是入门级的. 大学数学的基础，特别是线性代数和普通微积分，作为必备知识就够了. 测度论的知识既不要求，也不讨论. 拓扑方面的知识也不需要. 书中有几处涉及紧性. 除了可选读的 §7.5[①]，不需要复分析知识. 附录 A 给出了复习与参考资料.

因而，本书可被大范围的学生所接受，并且使得从线性代数过渡到高等泛函分析更容易.

课程安排　本书适用于每周五小时的一学期课程或每周三小时的两学期课程. 本书也适用于短期课程. 事实上，忽略某些章并不会破坏连续性或使其余内容残缺. 例如：

- 第 1 章至第 4 章或第 1 章至第 5 章，可构成一个短课程.
- 第 1 章至第 4 章加第 7 章，可构成一个包含谱论和其他主题的课程.

内容及编排　图 0-1 展示了组成本书内容的五大部分.

希尔伯特空间的理论（第 3 章）放在赋范空间和巴拿赫空间的基本定理（第 4 章）之前，这是因为它比较简单，能给第 4 章提供更多的例子. 更重要的是，能使学生对于从希尔伯特空间过渡到一般的巴拿赫空间所遇到的困难有较好的感性认识.

第 5 章和第 6 章可以忽略. 因此，在读完第 4 章之后可以直接阅读其余几章（第 7 章至第 11 章）.

谱论包含在第 7 章至第 11 章. 这部分内容很灵活，可以只研究第 7 章或第 7 章和第 8 章；也可以先集中精力于第 7 章的基本概念（§7.2 和 §7.3），随后再转入研究有界自伴算子谱论的第 9 章.

---

① §7.5 表示 7.5 节，后同. ——编者注

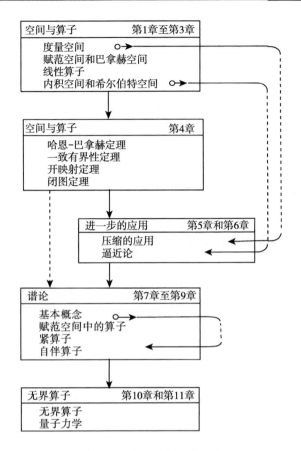

图 0-1 本书的内容及编排

应用问题 本书多处提到这一点. 第 5 章和第 6 章是单独讲应用的两章. 可以按顺序学习, 如果有必要, 也可以提前学 (见图 0-1).

第 5 章可以在第 1 章后学习.

第 6 章可以在第 3 章后学习.

第 5 章和第 6 章可选读, 它们不是其他各章的必备知识.

第 11 章是单独讲应用的另一章, 研究的是 (量子力学中的) 无界算子, 但实际上是与第 10 章相互独立的.

表述方式 本书内容已成为美国、加拿大和欧洲的数学、物理和工程专业的本科生和研究生课堂教学和讨论的基础. 为使初学者易于掌握, 本书的叙述是详尽的, 特别是前面几章. 关于证明, 书中使用较为简单的方法, 而非虽稍短但艰深的方法.

在概念和方法都必须抽象的一本书里，对其形成与发展必须给予极大的重视．我力图通过一般性的讨论，并精选大量适当的例子（包括很多简单例子）来做到这一点．我希望这样能让学生认识到：抽象的概念、思想和技巧通常是在更具体的事物的启示下形成的．学生应该懂得，实际问题可以作为说明抽象理论的具体模型，也可以作为从一般理论产生具体结果的研究对象．此外，它还是理论向前发展的新思想、新方法的重要源泉．

习题和解答　本书包含 900 多道精选习题，旨在帮助读者更好地理解泛函分析理论及其应用，并培养相关领域的技能和直觉．有些习题很简单，用以鼓励初学者．附录 B 给出了习题的答案．事实上，很多习题在附录 B 能获得完整的解答．

本书自成体系，即定理和引理的证明都包含在正文中，未放在习题里．因此，书中内容的展开不依赖于习题，省略部分甚至全部习题不会破坏叙述的连贯性．

参考资料　包含在附录 A 中，其中包括集合、映射、族等初等内容．

参考书目　涉及的图书和论文汇总在附录 C 中，以助读者对本书内容和某些有关的专题做进一步研究．本书中引用了所列的论文和大多数图书．引文中包含姓名和年份．请看两个例子：“这是由恩弗罗（P. Enflo, 1973）给出的，他构造了一个没有绍德尔基的可分巴拿赫空间”，这表示读者可在附录 C 中的 Enflo, P. (1973) 处找到相应的论文；“哈恩–巴拿赫定理 4.2–1 是关于实向量空间的，其包括复向量空间的推广是由博嫩布拉斯特和索布奇克（H. F. Bohnenblust and A. Sobczyk, 1938）得到的”，这指明在附录 C 中列出了这两位作者在 1938 年写的一篇论文．

符号与记法　见下页．

致谢　我要感谢 Howard Anton 教授（德雷塞尔大学）、Helmut Florian 教授（奥地利格拉茨技术大学）、Gordon E. Latta 教授（弗吉尼亚大学）、Hwang-Wen Pu 教授（德州农工大学）、Paul V. Reichellderfer 教授（俄亥俄大学）、Hanno Rund 教授（亚利桑那大学）、Donald Sherbert 教授（伊利诺伊大学）和 Tim E. Traynor 教授（温莎大学）以及我以前和现在的许多学生的有益意见和建设性的批评．

我也感谢 John Wiley & Sons 在准备这本书的这个版本时的有效合作和极大的关心．

符号与记法

在每一行中，我们给出了解释符号的页码.

l^∞	序列空间	5
$L(X,Y)$	线性算子空间	85
$M^\perp$	集合 M 的零化子	108
$\mathscr{N}(T)$	算子 T 的零空间	60
0	零算子	61
$\varnothing$	空集	446
$\mathbf{R}$	实直线或实数域	4, 36
$\mathbf{R}^n$	n 维欧几里得空间	5
$\mathscr{R}(T)$	算子 T 的值域	60
$R_\lambda(T)$	算子 T 的预解式	272
$r_\sigma(T)$	算子 T 的谱半径	277
$\rho(T)$	算子 T 的预解集	272
s	序列空间	7
$\sigma(T)$	算子 T 的谱	272
$\sigma_c(T)$	T 的连续谱	272
$\sigma_p(T)$	T 的点谱	272
$\sigma_r(T)$	T 的残谱	272
$\mathrm{span}\, M$	集合 M 的张成空间	38
$\sup$	上确界（最小上界）	454
$\|T\|$	有界线性算子 T 的范数	66
T^*	T 的希尔伯特伴随算子	143
$T^\times$	T 的伴随算子	171
T^+, T^-	T 的正部和负部	366
T_λ^+, T_λ^-	$T_\lambda = T - \lambda I$ 的正部和负部	368
$T^{1/2}$	T 的正平方根	349
$\mathrm{Var}(w)$	w 的全变差	165
$\xrightarrow{w}$	弱收敛	190
X^*	向量空间 X 的代数对偶空间	77
X'	赋范空间 X 的对偶空间	87
$\|x\|$	x 的范数	42
$\langle x, y \rangle$	x 与 y 的内积	93
$x \perp y$	x 与 y 正交	94
$Y^\perp$	闭子空间 Y 的正交补	106

目　录

第 1 章　度量空间

泛函分析是数学的一个抽象分支，起源于经典分析．它的发展开始于大约 80 年之前．今天，泛函分析的方法和结果在数学及其应用的各个领域中变得十分重要．它产生的原动力来自线性代数、线性常微分和偏微分方程、变分学、逼近论，特别是线性积分方程，其理论对泛函分析现代概念的创立和发展起着重大作用．数学家们观察到，不同领域中的问题往往具有相互关联的特征和性质．人们根据这一事实，通过摈除非本质细节对问题进行提炼，就能获得处理这些问题的有效而统一的途径．以这种抽象方式处理问题的优点是，能把握住事物最本质的核心．这样一来，研究者的精力就免受非本质细节的干扰，从而对问题看得更深入、更清晰．从这样的角度看，抽象方法是处理数学体系最简单、最经济的手段．一般地讲，这样的抽象体系都有各种具体的实现（具体模型）．所以我们将会看到，抽象方法在应用于具体情况时也是十分多变的．这对于把毫不相干的各个领域联系起来，建立其间的关系和转化途径是大有帮助的．

在这样的抽象研究方法中，人们通常从满足某些公理的一个集合出发，并且故意不指定集合元素的特征．由这些公理导出的一些逻辑结果被作为定理反复使用．这就意味着我们从公理体系出发得到了一个数学结构，这个数学结构的理论又以抽象的方法得到讨论．而后，可把得到的通用定理应用到满足公理体系的各种特殊集合上去．

例如，在代数中曾用这种方法研究域、环和群；在泛函分析中，我们将用这种方法来研究抽象空间．这些空间是基本的，也是重要的，我们将详细地研究其中的某些空间（如巴拿赫空间、希尔伯特空间）．以后我们还会看到，"空间"这个概念广泛得惊人．抽象空间不过是满足有关公理体系的（非特指的）元素集合．如果选用不同的公理体系，便能得到不同类型的抽象空间．

以系统的方式使用抽象空间的观念要追溯到弗雷歇（M. Fréchet, 1906）[1]，他以巨大的成功而被认可．

在本章中，我们研究度量空间．度量空间在泛函分析中是最基本的，其在泛函分析中的作用有如实直线 $\mathbf{R}$ 在微积分中的作用．事实上，它是 $\mathbf{R}$ 的推广，并且为统一处理分析学各个分支中的重要问题提供了一个共同的基础．

---

[1] 附录 C 中给出了参考书目，正文都将如此引用．

我们首先定义度量空间及其相关概念，并举一些典型的例子来说明；对一些在实践中特别重要的空间，还要详细地讨论. 我们要将很多精力花在完备性的概念上，这个性质不是每个度量空间都具备的. 完备性在全书中都起着关键的作用.

本章概要

所谓度量空间（见 1.1–1），就是指在其上定义了度量的一个集合 X. 度量是指 X 中任意两个元素（或点）之间的距离. 度量以公理化的方式来定义，而这些公理是根据实直线 $\mathbf{R}$ 或复平面 $\mathbf{C}$ 上两点间的距离所具备的一些简单性质提炼出来的. 一些基本例子（1.1–2 到 1.2–3）表明，度量空间的概念是极为一般化的. 某些空间可能具备一个极为重要的附加性质，即完备性（见 1.4–3），将在 §1.5 和 §1.6 中详细讨论. 另外一个在理论上和实践中都有意义的概念是度量空间的可分性（见 1.3–5）. 可分度量空间比不可分度量空间要简单些.

1.1 度量空间

在微积分中，我们研究的是定义在实直线 $\mathbf{R}$ 上的函数. 稍微回顾一下便知，在求极限的过程和其他许多研究中，我们利用了 $\mathbf{R}$ 上的现成的距离函数 d，即对于每两个点 $x, y \in \mathbf{R}$，其间的距离为 $d(x, y) = |x - y|$，如图 1–1 所示. 在平面和通常的三维空间中，情况是类似的.

$$d(3, 8) = |3 - 8| = 5 \qquad d(1.7, -2.5) = |1.7 - (-2.5)| = 4.2$$

图 1–1 $\mathbf{R}$ 上的距离

在泛函分析中，我们将研究更为一般的"空间"及定义在其上的"函数". 我们以充分一般化和多方适应的方式提出"空间"的概念：用抽象的集合 X（其元素的特征为何，不予指定）代替实数集合 $\mathbf{R}$，并在 X 上引入一个"距离函数"，它仅满足 $\mathbf{R}$ 上的距离函数所具备的几条最根本的性质. 但是，所谓"最根本"是指什么呢？要回答这个问题远非那么简单. 事实上，要选取和形成定义中的公理体系，总是要反复实验，并与具体问题进行类比，最后才能得到一个清晰而完整的概念. 目前所给出的度量空间的概念，就是经过 60 多年的发展过程才确定的，它在泛函分析及其应用中是基本的，也是极为有用的.

1.1–1 定义（度量空间、度量） 所谓度量空间，就是指对偶 (X, d)，其中 X 是一个集合，d 是 X 上的一个度量（或 X 上的距离函数），即 d 是定义在

$X \times X$①上且对所有 $x, y, z \in X$ 满足以下四条公理的函数.

(M$_1$) d 是实值、有限和非负的.

(M$_2$) 当且仅当 $x = y$ 时，$d(x, y) = 0$.

(M$_3$) $d(x, y) = d(y, x)$ （对称性）.

(M$_4$) $d(x, y) \leqslant d(x, z) + d(z, y)$ （**三角不等式**）.   ■

为叙述方便，我们给出下面几个有关的术语. X 叫作 (X, d) 的基集，X 的元素叫作空间 (X, d) 的点. 给定 $x, y \in X$，我们把非负实数 $d(x, y)$ 叫作 x 和 y 之间的距离. M$_1$ 到 M$_4$ 叫作度量公理. "三角不等式"的名字是受初等几何的启发而得到的，如图 1-2 所示.

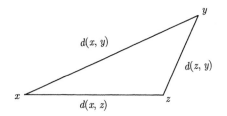

图 1-2　平面上的三角不等式

用归纳法可以从 M$_4$ 推得广义三角不等式

$$d(x_1, x_n) \leqslant d(x_1, x_2) + d(x_2, x_3) + \cdots + d(x_{n-1}, x_n) \tag{1.1.1}$$

在不引起混淆的情况下，我们常将度量空间 (X, d) 简写成 X.

如果取子集 $Y \subseteq X$ 且把 d 限制在 $Y \times Y$ 上，则可得 (X, d) 的一个**子空间** $(Y, \tilde{d})$；因而 Y 上的度量就是限制②

$$\tilde{d} = d|_{Y \times Y}.$$

$\tilde{d}$ 叫作 d 在 Y 上**导出的度量**.

现在我们列举一些度量空间的例子，其中有一些已为读者所熟悉. 为了证明它们的确是度量空间，我们必须逐个验证各例中的 d 是满足公理 M$_1 \sim$ M$_4$ 的. 通常情况下，验证 M$_4$ 比验证 M$_1 \sim$ M$_3$ 要做更多的工作. 然而，对于这里的几个例子来讲不是很难，所以把它们留给读者去完成（见习题）. 对于验证 M$_4$ 来说不是很容易的一些度量空间，将放在 §1.2 讨论.

---

① 符号 $\times$ 表示集合的笛卡儿积：$A \times B$ 是所有序偶 (a, b) 的集合，其中 $a \in A$, $b \in B$. 因此，$X \times X$ 是 X 的元素构成的所有序偶的集合.

② 附录 A 复习了映射，也包括限制的概念.

例子

1.1–2 实直线 R 它是所有实数的集合，取普通的度量

$$d(x, y) = |x - y|. \tag{1.1.2}$$

1.1–3 欧几里得平面 $\mathbf{R}^2$ 如果我们取实数序偶 $x = (\xi_1, \xi_2),$[①] $y = (\eta_1, \eta_2)$ 等的集合作为基集，用

$$d(x, y) = \sqrt{(\xi_1 - \eta_1)^2 + (\xi_2 - \eta_2)^2} \quad (\geqslant 0) \tag{1.1.3}$$

来定义欧几里得度量（见图 1–3），则得到度量空间 $\mathbf{R}^2$，称为欧几里得平面.

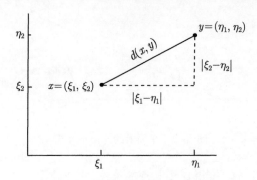

图 1–3　平面上的欧几里得度量

如果我们选用同样的实数序偶集合作为基集，而改用

$$d_1(x, y) = |\xi_1 - \eta_1| + |\xi_2 - \eta_2| \tag{1.1.4}$$

定义另一个度量 d_1，则得到另一个度量空间. 这说明了一个重要事实：对于一个给定的集合（至少包含两个元素），在其上定义不同的度量，可得到不同的度量空间.（以 d_1 作为度量的度量空间没有一个标准名字，而 d_1 有时叫作出租汽车度量. 为什么？$\mathbf{R}^2$ 有时也用 E^2 表示.）

1.1–4 三维欧几里得空间 $\mathbf{R}^3$ 这个空间的基集是所有形如 $x = (\xi_1, \xi_2, \xi_3)$，$y = (\eta_1, \eta_2, \eta_3)$ 的三元实序组的集合，用

$$d(x, y) = \sqrt{(\xi_1 - \eta_1)^2 + (\xi_2 - \eta_2)^2 + (\xi_3 - \eta_3)^2} \quad (\geqslant 0) \tag{1.1.5}$$

在其上定义欧几里得度量.

[①] 这里之所以不把 $x = (\xi_1, \xi_2)$ 记成 $x = (x_1, x_2)$，是因为后面（从 §1.4 开始）在研究序列时需要用到 $x_1, x_2, \cdots$.

1.1–5 欧几里得空间 $\mathbf{R}^n$、酉空间 $\mathbf{C}^n$、复平面 $\mathbf{C}$ 前面几个例子是 n 维欧几里得空间 $\mathbf{R}^n$ 的特殊情况. 如果取所有形如 $x = (\xi_1, \cdots, \xi_n)$, $y = (\eta_1, \cdots, \eta_n)$ 的 n 元实序组集合作为基集, 用

$$d(x, y) = \sqrt{\left(\xi_1 - \eta_1\right)^2 + \cdots + \left(\xi_n - \eta_n\right)^2} \quad (\geqslant 0) \qquad (1.1.6)$$

在其上定义欧几里得度量, 便得到这个空间.

n 维酉空间 $\mathbf{C}^n$ 的基集是所有 n 元复序组的集合, 其度量定义为

$$d(x, y) = \sqrt{\left|\xi_1 - \eta_1\right|^2 + \cdots + \left|\xi_n - \eta_n\right|^2} \quad (\geqslant 0). \qquad (1.1.7)$$

当 $n = 1$ 时, 便得到复平面 $\mathbf{C}$, 具有普通的度量

$$d(x, y) = |x - y|. \qquad (1.1.8)$$

($\mathbf{C}^n$ 有时又叫作 n 维复欧几里得空间.)

1.1–6 序列空间 l^∞ 这个例子和下一个例子给人的第一个印象是, 度量空间的概念具有如此惊人的一般性. 我们取所有有界的复数序列的集合作为基集 X; 也就是说, X 中的每个元素都是形如

$$x = (\xi_1, \xi_2, \cdots) \quad \text{简记为} \quad x = (\xi_j)$$

的复数序列, 且对于 $j = 1, 2, \cdots$ 有

$$|\xi_j| \leqslant c_x,$$

其中 c_x 是依赖于 x 的实数, 但与 j 无关. 我们在 X 上用

$$d(x, y) = \sup_{j \in \mathbf{N}} |\xi_j - \eta_j| \qquad (1.1.9)$$

来定义度量, 其中 $y = (\eta_j) \in X$ 且 $\mathbf{N} = \{1, 2, \cdots\}$, 而 sup 表示上确界 (最小上界)[①]. 这样得到的度量空间通常记为 l^∞. (这个有点奇怪的记法由 1.2–3 导出.) 因为 X 中的每个元素 (或 X 的每个点) 都是序列, 所以 l^∞ 是一个序列空间.

1.1–7 函数空间 $C[a, b]$ 我们取定义在闭区间 $J = [a, b]$ 上的所有连续实值函数 $x(t), y(t), \cdots$ 的集合作为基集 X, 用

$$d(x, y) = \max_{t \in J} |x(t) - y(t)| \qquad (1.1.10)$$

---

① 读者能够在附录 A1.6 中复习上确界和下确界.

在 X 上定义度量, 其中 max 表示最大值. 这样得到的度量空间记为 $C[a,b]$ (其中字母 C 取自英文单词 Continuous 的第一个字母). 因为 $C[a,b]$ 的每个点都是一个函数, 所以它是一个函数空间.

读者将体会到, 这里考虑问题的方式与微积分大不相同. 在微积分中, 我们通常研究一个函数或同时研究几个函数. 而这里, 一个函数变成了更大的空间中的点.

1.1-8 离散度量空间　我们取任意一个集合 X, 并在其上定义所谓的离散度量为

$$d(x,x) = 0, \qquad d(x,y) = 1 \quad (x \neq y).$$

空间 (X,d) 便叫作离散度量空间. 虽然在应用中很少出现这种空间, 但我们将以它为例来说明一些概念 (粗心的话容易出错). ■

从 1.1-1 我们看到, 度量是用公理来定义的. 顺便指出, 公理化的定义如今已被广泛应用到数学的很多分支. 它的价值, 在希尔伯特关于几何基础的研究公布以后才被公认. 有趣的是, 对最古老、最简单的数学部分的研究, 却给予了现代数学最重要的促进力量.

习　题

1. 证明实直线是一个度量空间.

2. 在实数集合上, $d(x,y) = (x-y)^2$ 能定义一个度量吗?

3. 证明 $d(x,y) = \sqrt{|x-y|}$ 在实数集合上定义了一个度量.

4. 求在由两个点组成的集合 X 上的所有度量. 由一个点构成的集合又怎样?

5. 令 d 是 X 上的一个度量. 试确定使得 (i) kd, (ii) $d+k$ 是 X 上的度量的所有常数 k.

6. 证明 1.1-6 中的 d 满足三角不等式.

7. 若 A 是 l^∞ 的一个子空间, 其元素是由 0 和 1 构成的序列. 试问在 A 上导出的度量是什么?

8. 证明

$$\tilde{d}(x,y) = \int_a^b |x(t) - y(t)| \mathrm{d}t$$

在 1.1-7 中的集合 X 上定义了另一个度量 $\tilde{d}$.

9. 证明 1.1-8 中的 d 是一个度量.

10. 汉明距离　令 X 是由 0 和 1 构成的所有三元序组集合. 证明 X 由 8 个元素组成, 且 $d(x,y) = x$ 与 y 的不同的对应分量的个数在 X 上定义了一个度量 d. [这个空间和类似的 n 元组空间, 在开关和自动理论以及编码中都起着重要作用. $d(x,y)$ 叫作 x 和 y 之间的汉明距离, 见附录 C 所列汉明 (R. W. Hamming, 1950) 的论文.]

11. 证明 (1.1.1).

12. 三角不等式 三角不等式有一些有用的推论. 例如, 利用 (1.1.1) 证明

$$|d(x,y) - d(z,w)| \leqslant d(x,z) + d(y,w).$$

13. 利用三角不等式证明

$$|d(x,z) - d(y,z)| \leqslant d(x,y).$$

14. 度量公理 $M_1 \sim M_4$ 可以用另外的公理来代替 (而不改变定义). 例如, 证明可从 M_2 和

$$d(x,y) \leqslant d(z,x) + d(z,y)$$

得到 M_3 和 M_4.

15. 证明度量的非负性可由 $M_2 \sim M_4$ 推出.

1.2 度量空间的其他例子

为了说明度量空间的概念和验证度量公理, 特别是验证三角不等式 (M_4), 我们再给出三个例子. 最后一个例子 (空间 l^p) 在应用中是最重要的一个.

1.2–1 序列空间 s 这个空间的基集 X 是所有 (有界的或无界的) 复数序列的集合, 其度量 d 定义为

$$d(x,y) = \sum_{j=1}^{\infty} \frac{1}{2^j} \frac{|\xi_j - \eta_j|}{1 + |\xi_j - \eta_j|},$$

其中 $x = (\xi_j)$, $y = (\eta_i)$. 注意, 1.1–6 中的度量在这里是不合适的. (为什么?)

容易看出, 公理 $M_1 \sim M_3$ 是满足的, 让我们来验证 M_4. 为此, 我们利用定义在 $\mathbf{R}$ 上的辅助函数

$$f(t) = \frac{t}{1+t}.$$

对它微分可得 $f'(t) = 1/(1+t)^2$, 显然对任意 $t \in \mathbf{R}$ 有 $f'(t) > 0$. 因此 f 是单调递增的. 从而由

$$|a + b| \leqslant |a| + |b|$$

可推出

$$f(|a+b|) \leqslant f(|a| + |b|).$$

将上述函数写出并应用关于数的三角不等式, 便得到

$$\frac{|a+b|}{1+|a+b|} \leqslant \frac{|a|+|b|}{1+|a|+|b|} = \frac{|a|}{1+|a|+|b|} + \frac{|b|}{1+|a|+|b|} \leqslant \frac{|a|}{1+|a|} + \frac{|b|}{1+|b|}.$$

在上面的不等式中, 令 $a = \xi_j - \zeta_j, b = \zeta_j - \eta_j$, 其中 $z = (\zeta_j)$, 则 $a + b = \xi_j - \eta_j$, 且有

$$\frac{|\xi_j - \eta_j|}{1 + |\xi_j - \eta_j|} \leqslant \frac{|\xi_j - \zeta_j|}{1 + |\xi_j - \zeta_j|} + \frac{|\zeta_j - \eta_j|}{1 + |\zeta_j - \eta_j|}.$$

上式两端同时乘上 $1/2^j$ 并关于 j 从 1 到 ∞ 求和, 便得到

$$\sum_{j=1}^{\infty} \frac{1}{2^j} \frac{|\xi_j - \eta_j|}{1 + |\xi_j - \eta_j|} \leqslant \sum_{j=1}^{\infty} \frac{1}{2^j} \frac{|\xi_j - \zeta_j|}{1 + |\xi_j - \zeta_j|} + \sum_{j=1}^{\infty} \frac{1}{2^j} \frac{|\zeta_j - \eta_j|}{1 + |\zeta_j - \eta_j|},$$

此即所要证明的三角不等式 M_4

$$d(x, y) \leqslant d(x, z) + d(z, y),$$

从而证明了 s 是一个度量空间.

1.2–2 有界函数空间 $B(A)$ 由定义, 每个元素 $x \in B(A)$ 都是定义在给定集合 A 上的有界函数. 度量定义为

$$d(x, y) = \sup_{t \in A} |x(t) - y(t)|,$$

其中 sup 表示上确界 (见第 5 页的脚注). 在集合 A 是区间 $A = [a, b] \subseteq \mathbf{R}$ 的情况下, 我们把 $B(A)$ 写成 $B[a, b]$.

现在证明 $B(A)$ 是一个度量空间. 显然, M_1 和 M_3 是成立的. $d(x, x) = 0$ 也是很明显的. 反之, $d(x, y) = 0$ 意味着对所有 $t \in A$ 有 $x(t) - y(t) = 0$, 所以 $x = y$. 这就给出了 M_2. 此外, 对于每个 $t \in A$ 都有

$$|x(t) - y(t)| \leqslant |x(t) - z(t)| + |z(t) - y(t)| \leqslant \sup_{t \in A} |x(t) - z(t)| + \sup_{t \in A} |z(t) - y(t)|.$$

这就证明了 $x - y$ 在 A 上是有界的. 由于上式右端的表达式所给出的上界与 t 无关, 所以可对左端取上确界, 从而得到 M_4.

1.2–3 空间 l^p、希尔伯特序列空间 l^2、关于和式的赫尔德不等式和闵可夫斯基不等式 令 $p \geqslant 1$ 是一个固定的实数. 据定义, 空间 l^p 中的每个元素是使得 $|\xi_1|^p + |\xi_2|^p + \cdots$ 收敛的数列 $x = (\xi_j) = (\xi_1, \xi_2, \cdots)$, 因此

$$\sum_{j=1}^{\infty} |\xi_j|^p < \infty \quad (p \geqslant 1 \text{ 是固定的}), \tag{1.2.1}$$

l^p 上的度量定义为

$$d(x, y) = \left(\sum_{j=1}^{\infty} |\xi_j - \eta_j|^p \right)^{1/p}, \tag{1.2.2}$$

其中 $y = (\eta_j)$ 且 $\sum |\eta_j|^p < \infty$. 如果我们只取满足 (1.2.1) 的实数序列, 便得到实空间 l^p, 而若取满足 (1.2.1) 的复数序列, 便得到复空间 l^p. (当需要区分上述两种情况时, 我们分别用 $l^p_{\mathbf{R}}$ 和 $l^p_{\mathbf{C}}$ 标记.)

在 $p = 2$ 的情况下, 便得到著名的希尔伯特序列空间 l^2, 其度量定义为

$$d(x, y) = \sqrt{\sum_{j=1}^{\infty} |\xi_j - \eta_j|^2}. \tag{1.2.3}$$

这个空间是希尔伯特 (D. Hilbert, 1912) 引入并加以研究的, 当时主要是根据研究积分方程的需要而提出的, 它也是现在称作希尔伯特空间的一个最早的例子. (从第 3 章开始, 我们将详细地研究希尔伯特空间.)

下面来证明 l^p 是一个度量空间. 显然, 在保证 (1.2.2) 右端的级数收敛的情况下, (1.2.2) 满足 $M_1 \sim M_3$. 所以只需证明 (1.2.2) 右端的级数收敛且满足 M_4. 我们将按下面步骤推导:

(a) 建立一个辅助不等式;

(b) 从 (a) 推出赫尔德不等式;

(c) 从 (b) 推出闵可夫斯基不等式;

(d) 从 (c) 推出三角不等式 M_4.

详细证明如下.

(a) 令 $p > 1$ 且定义 q 满足

$$\frac{1}{p} + \frac{1}{q} = 1, \tag{1.2.4}$$

则把 p 和 q 称为**共轭指数**. 这是一个标准术语. 从 (1.2.4) 可推得

$$1 = \frac{p+q}{pq}, \quad pq = p + q, \quad (p-1)(q-1) = 1. \tag{1.2.5}$$

因此 $1/(p-1) = q - 1$, 所以若令 $u = t^{p-1}$, 便有 $t = u^{q-1}$. 令 α 和 β 是任意两个正数, 由于 $\alpha\beta$ 为图 1–4 中矩形的面积, 故通过积分可得不等式

$$\alpha\beta \leqslant \int_0^{\alpha} t^{p-1}\mathrm{d}t + \int_0^{\beta} u^{q-1}\mathrm{d}u = \frac{\alpha^p}{p} + \frac{\beta^q}{q}. \tag{1.2.6}$$

注意, 当 $\alpha = 0$ 或 $\beta = 0$ 时, 不等式也是成立的.

(b) 令序列 $(\tilde{\xi}_j)$ 和 $(\tilde{\eta}_j)$ 分别满足

$$\sum_{j=1}^{\infty} |\tilde{\xi}_j|^p = 1 \quad \text{和} \quad \sum_{j=1}^{\infty} |\tilde{\eta}_j|^q = 1. \tag{1.2.7}$$

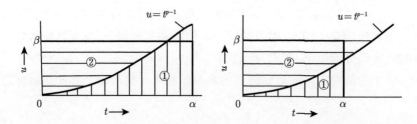

图 1–4 不等式 (1.2.6)，图中 ① 和 ② 的面积分别表示 (1.2.6) 中第一个和第二个积分的值

置 $\alpha = \left|\tilde{\xi}_j\right|$ 和 $\beta = \left|\tilde{\eta}_j\right|$，代入 (1.2.6) 可得不等式

$$\left|\tilde{\xi}_j\tilde{\eta}_j\right| \leqslant \frac{1}{p}\left|\tilde{\xi}_j\right|^p + \frac{1}{q}\left|\tilde{\eta}_j\right|^q.$$

对该不等式的两端关于 j 求和，并利用 (1.2.7) 和 (1.2.4) 便得到

$$\sum_{j=1}^{\infty}\left|\tilde{\xi}_j\tilde{\eta}_j\right| \leqslant \frac{1}{p} + \frac{1}{q} = 1. \tag{1.2.8}$$

现在取任意非零序列 $x = (\xi_j) \in l^p$ 和 $y = (\eta_j) \in l^q$，并置

$$\tilde{\xi}_j = \frac{\xi_j}{\left(\sum_{k=1}^{\infty}\left|\xi_k\right|^p\right)^{1/p}} \quad \text{和} \quad \tilde{\eta}_j = \frac{\eta_j}{\left(\sum_{m=1}^{\infty}\left|\eta_m\right|^q\right)^{1/q}}, \tag{1.2.9}$$

则它们满足 (1.2.7)，所以能够应用不等式 (1.2.8)．把 (1.2.9) 代入 (1.2.8)，再用 (1.2.9) 的分母的乘积去乘所得不等式的两端，便得到关于和式的**赫尔德不等式**

$$\sum_{j=1}^{\infty}\left|\xi_j\eta_j\right| \leqslant \left(\sum_{k=1}^{\infty}\left|\xi_k\right|^p\right)^{1/p}\left(\sum_{m=1}^{\infty}\left|\eta_m\right|^q\right)^{1/q}, \tag{1.2.10}$$

其中 $p > 1$ 且 $1/p + 1/q = 1$．这个不等式来源于赫尔德（O. Hölder, 1889）．

若 $p = 2$ 则 $q = 2$，这时 (1.2.10) 给出关于和式的**柯西–施瓦茨不等式**

$$\sum_{j=1}^{\infty}\left|\xi_j\eta_j\right| \leqslant \sqrt{\sum_{k=1}^{\infty}\left|\xi_k\right|^2}\sqrt{\sum_{m=1}^{\infty}\left|\eta_m\right|^2}. \tag{1.2.11}$$

要详谈 p 等于其共轭指数 q，即 $p = q = 2$ 的情况，还为时过早．但至少可做如下简短说明：这种情况在以后的一些章节中起着特别重要的作用，它所导出的空间 l^2（一个希尔伯特空间）要比一般的空间 l^p（$p \neq 2$）"优越"．

(c) 现在来证明关于和式的闵可夫斯基不等式

$$\left(\sum_{j=1}^{\infty}|\xi_j+\eta_j|^p\right)^{1/p} \leqslant \left(\sum_{k=1}^{\infty}|\xi_k|^p\right)^{1/p} + \left(\sum_{m=1}^{\infty}|\eta_m|^p\right)^{1/p}, \tag{1.2.12}$$

其中 $x=(\xi_j)\in l^p$ 且 $y=(\eta_j)\in l^p$, 并且 $p\geqslant 1$. 对于有限和式, 这个不等式来源于闵可夫斯基 (H. Minkowski, 1896).

对于 $p=1$ 的情况, 这个不等式很容易从关于数的三角不等式推出. 令 $p>1$. 为了简化公式, 我们记 $\xi_j+\eta_j=\omega_j$. 关于数的三角不等式给出

$$|\omega_j|^p = |\xi_j+\eta_j||\omega_j|^{p-1} \leqslant (|\xi_j|+|\eta_j|)|\omega_j|^{p-1}.$$

上式两端对 j 从 1 到任一固定的 n 求和, 便得

$$\sum|\omega_j|^p \leqslant \sum|\xi_j||\omega_j|^{p-1} + \sum|\eta_j||\omega_j|^{p-1}. \tag{1.2.13}$$

对上式右端第一个和式应用赫尔德不等式, 可得

$$\sum|\xi_j||\omega_j|^{p-1} \leqslant \left[\sum|\xi_k|^p\right]^{1/p}\left[\sum\left(|\omega_m|^{p-1}\right)^q\right]^{1/q}.$$

由 (1.2.5) 可知 $pq=p+q$, 故 $(p-1)q=p$, 从而上式右端可简化. 对 (1.2.13) 右端第二个和式做类似的处理, 可得

$$\sum|\eta_j||\omega_j|^{p-1} \leqslant \left[\sum|\eta_k|^p\right]^{1/p}\left[\sum|\omega_m|^p\right]^{1/q}.$$

合在一起便得到

$$\sum|\omega_j|^p \leqslant \left\{\left[\sum|\xi_k|^p\right]^{1/p} + \left[\sum|\eta_k|^p\right]^{1/p}\right\}\left(\sum|\omega_m|^p\right)^{1/q}.$$

上式两端除以右端最后一个因子, 并注意 $1-1/q=1/p$, 便得到 (1.2.12) 的有限形式. 再令 $n\to\infty$, 并考虑到右端两个级数的收敛性 (因为 $x,y\in l^p$), 便知左端的级数也是收敛的. 这就证明了 (1.2.12).

(d) 由 (1.2.12) 可知, (1.2.2) 中的级数对于任意 $x,y\in l^p$ 都是收敛的. 同时 (1.2.12) 也给出了三角不等式. 事实上, 任取 $x,y,z\in l^p$, 并记 $z=(\zeta_j)$, 先利用关于数的三角不等式, 再利用 (1.2.12), 可得

$$d(x,y) = \left(\sum|\xi_j-\eta_j|^p\right)^{1/p} \leqslant \left(\sum\left[|\xi_j-\zeta_j|+|\zeta_j-\eta_j|\right]^p\right)^{1/p}$$

$$\leqslant \left(\sum|\xi_j-\zeta_j|^p\right)^{1/p} + \left(\sum|\zeta_j-\eta_j|^p\right)^{1/p}$$

$$= d(x,z) + d(z,y).$$

这就证明了 l^p 是一个度量空间. ∎

在上面证明过程中所得到的不等式 (1.2.10) (1.2.11) (1.2.12)，在各种理论和实际的问题中都是不可缺少的工具，有普遍的重要性. 在我们进一步的研究中要屡次用到它们.

习　题

1. 证明：在 1.2-1 中，把 $1/2^j$ 换成满足 $\sum \mu_j < \infty$ 的任意正数 μ_j，可得到其他度量.

2. 利用 (1.2.6) 证明两个正数的几何平均不超过其算术平均.

3. 证明柯西–施瓦茨不等式 (1.2.11) 蕴涵

$$\big(|\xi_1| + \cdots + |\xi_n|\big)^2 \leqslant n\big(|\xi_1|^2 + \cdots + |\xi_n|^2\big).$$

4. **空间 l^p**　求一个收敛到 0 的序列，它不属于任何一个 l^p 空间，其中 $1 \leqslant p < +\infty$.

5. 求一个序列 $x \in l^p$（$p > 1$），但 $x \notin l^1$.

6. **直径、有界集**　度量空间 (X,d) 中的非空集 A 的直径 $\delta(A)$ 定义为

$$\delta(A) = \sup_{x,y \in A} d(x,y).$$

若 $\delta(A) < \infty$，则称 A 为有界集. 证明 $A \subseteq B$ 意味着 $\delta(A) \leqslant \delta(B)$.

7. 证明：当且仅当 A 是单点集时，$\delta(A) = 0$（见习题 6）.

8. **集合之间的距离**　度量空间 (X,d) 的两个非空子集 A 和 B 间的距离 $D(A,B)$ 定义为

$$D(A,B) = \inf_{a \in A,\, b \in B} d(a,b).$$

证明 D 不能在 X 的幂集上定义一个度量.（就是出于这个原因我们才使用另一个符号 D，但它仍然使我们联想到 d.）

9. 若 $A \cap B \neq \varnothing$，证明习题 8 中的 $D(A,B) = 0$. 关于它的逆又怎样？

10. 在度量空间 (X,d) 中，点 x 到非空子集 B 的距离 $D(x,B)$，和习题 8 一样定义为

$$D(x,B) = \inf_{b \in B} d(x,b).$$

证明：对于任意 $x,y \in X$ 有

$$\big|D(x,B) - D(y,B)\big| \leqslant d(x,y).$$

11. 设 (X,d) 是任意度量空间. 证明

$$\tilde{d}(x,y) = \frac{d(x,y)}{1 + d(x,y)}$$

在 X 上定义了另一个度量，并且在度量 $\tilde{d}$ 之下 X 是有界的.

12. 证明度量空间中两个有界集 A 和 B 的并仍然是有界集（习题 6 中的定义）.

13. **度量空间的积** 两个度量空间 (X_1, d_1) 和 (X_2, d_2) 的笛卡儿积 $X = X_1 \times X_2$ 能够以多种方式构成一个度量空间 (X, d). 例如，由

$$d(x, y) = d_1(x_1, y_1) + d_2(x_2, y_2)$$

就可在 X 上定义一个度量，其中 $x = (x_1, x_2)$ 且 $y = (y_1, y_2)$. 试证明之.

14. 证明：由

$$\tilde{d}(x, y) = \sqrt{d_1(x_1, y_1)^2 + d_2(x_2, y_2)^2}$$

可在习题 13 中的 X 上定义另一个度量.

15. 证明：由

$$\tilde{\tilde{d}}(x, y) = \max\big[d_1(x_1, y_1), d_2(x_2, y_2)\big]$$

可在习题 13 中的 X 上定义第三个度量（习题 13 至习题 15 中的度量具有实际的重要性. 当然，还可在 X 上定义其他度量.）

1.3　开集、闭集和邻域

有一些值得考虑的辅助概念在研究度量空间时起着重要的作用. 本节包含以后需要用到的这些概念，因此本节包含的概念比本书其他各节都多. 但读者将会注意到，其中的一些在应用到欧几里得空间时，是大家非常熟悉的. 当然，引入这些概念对研究问题极为方便，也表明了术语的优越性. 这些术语是在经典几何的启发下得到的.

我们首先考虑度量空间 $X = (X, d)$ 中的一些重要类型的子集.

1.3–1 定义（球和球面） 给定点 $x_0 \in X$ 和正实数 r，我们定义三种类型的子集[①]：

(a) $B(x_0; r) = \{x \in X \mid d(x, x_0) < r\}$　（**开球**）

(b) $\tilde{B}(x_0; r) = \{x \in X \mid d(x, x_0) \leqslant r\}$　（**闭球**）　　　(1.3.1)

(c) $S(x_0; r) = \{x \in X \mid d(x, x_0) = r\}$　（**球面**）

在上述三种情况中，x_0 叫作球心，r 叫作半径. ■

我们看到，半径为 r 的开球是 X 中到球心的距离小于 r 的所有点的集合. 此外，由定义直接可推得

$$S(x_0; r) = \tilde{B}(x_0; r) - B(x_0; r).$$　　　(1.3.2)

注意　在研究度量空间时，我们利用和欧几里得几何相类似的术语，无疑具有极大的优越性. 然而，应该警惕这样的危险：任意度量空间中的球和球面也都

[①] 假定读者对常用的集合论记法有一定的了解，可以在附录 A 中复习这些概念.

享有 $\mathbf{R}^3$ 中的球和球面所具有的性质. 其实并不总是如此. 一个不寻常的性质是: 一个球面可以是空集. 例如, 在离散度量空间 1.1–8 中, 当 $r \neq 1$ 时, $S(x_0, r) = \varnothing$. (请考虑半径为 1 的球面是什么?) 另外一个不寻常的性质将在后面指出.

让我们再给出下面两个相关的概念.

1.3–2 定义（**开集和闭集**）　度量空间 X 的子集 M, 如果以 M 的每一点为球心, 都能作一个开球整个包含在 M 内, 则称 M 为开集. X 的子集 K, 如果它（在 X 中）的余集是开集, 也就是说 $K^{\mathrm{C}} = X - K$ 是开集, 则称 K 为闭集. ■

容易从定义看出, 开球是开集, 闭球是闭集.

半径为 ε 的开球 $B(x_0; \varepsilon)$ 常常叫作 x_0 的一个 ε 邻域. (据 1.3–1, 这里的 $\varepsilon > 0$.) 所谓 x_0 的一个**邻域**①, 是指 X 含有 x_0 的一个 ε 邻域的任意子集.

从定义可以直接看出, x_0 的每一个邻域都含有 x_0. 换句话说, x_0 是它的每一个邻域中的点. 若 N 是 x_0 的一个邻域且 $N \subseteq M$, 则 M 也是 x_0 的一个邻域.

若 $M \subseteq X$ 是 x_0 的一个邻域, 则称 x_0 是集合 M 的一个**内点**. M 的所有内点构成的集合叫作 M 的**内部**, 可以记为 M^0 或 $\mathrm{Int}(M)$, 没有公认的记法. $\mathrm{Int}(M)$ 是开集, 并且是包含在 M 中的最大开集.

若把 X 的所有开子集构成的集族记为 $\mathscr{T}$, 则不难证明 $\mathscr{T}$ 有如下性质:

(T_1) $\varnothing \in \mathscr{T}, X \in \mathscr{T}$;

(T_2) $\mathscr{T}$ 中任意个成员之并仍属于 $\mathscr{T}$;

(T_3) $\mathscr{T}$ 中有限个成员之交仍属于 $\mathscr{T}$.

证明　由于 $\varnothing$ 没有元素, 故 $\varnothing$ 是开集. 显然, X 是开集, 这就证明了 T_1. 现在证明 T_2. 开集之并 U 的任意一点 x, 至少属于其中的某一开集 M, 并且 M 含有一个以 x 为中心的球 B. 由并的定义可知 $B \subseteq U$, 这就证明了 T_2. 最后, 若 y 是开集 $M_1, \cdots, M_n$ 之交的任意一点, 则每个 M_j 都含有一个以 y 为中心的球, 而这些球中的最小者也含在那些开集之交中, 从而证明了 T_3. ■

要注意的是, $\mathrm{T}_1 \sim \mathrm{T}_3$ 是如此根本的性质, 以至于可望在推广到更为一般的情形下仍保留这些性质. 据此, 我们定义: 给定集合 X 和 X 的满足公理 $\mathrm{T}_1 \sim \mathrm{T}_3$ 的子集构成的集族 $\mathscr{T}$, 则 $(X, \mathscr{T})$ 叫作**拓扑空间**. 集合 $\mathscr{T}$ 叫作 X 的一个**拓扑**. 从这个定义可知:

度量空间是拓扑空间.

在研究连续映射时, 开集也起着重要的作用, 而这里的连续性是微积分中连续性概念的一个自然推广, 定义如下.

---

① 在旧文献中, 所采用的邻域是开集, 但根据这里的定义这一要求已被降低了.

1.3-3 定义（连续映射） 令 $X = (X, d)$ 和 $Y = (Y, \tilde{d})$ 是两个度量空间. 若对任意正数 ε, 存在正数 δ 使得[①]（见图 1-5）

$$对于满足 \ d(x, x_0) < \delta \ 的所有 \ x \ 有 \quad \tilde{d}(Tx, Tx_0) < \varepsilon,$$

则映射 $T : X \longrightarrow Y$ 被说成在点 $x_0 \in X$ 连续. 若 T 在 X 的每一点连续, 则称 T 是连续的. ∎

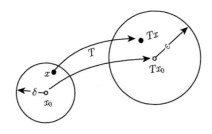

图 1-5 在欧几里得平面 $X = \mathbf{R}^2$ 和 $Y = \mathbf{R}^2$ 的情况下, 对 1.3-3 中不等式的说明

重要而有趣的是, 连续映射能够用开集的术语表征如下.

1.3-4 定理（连续映射） 度量空间 X 到度量空间 Y 中的映射 T, 当且仅当 Y 的任意开子集的逆像是 X 中的开子集时, 才是连续的.

证明 (a) 假定 T 是连续的. 令 $S \subseteq Y$ 是开集, S_0 是 S 的逆像. 若 $S_0 = \varnothing$, 则它是开集. 现令 $S_0 \neq \varnothing$. 任取 $x_0 \in S_0$, 令 $y_0 = Tx_0$. 由于 S 是开集, 故它含有 y_0 的一个 ε 邻域 N, 见图 1-6. 由于 T 是连续的, 故 x_0 有一个 δ 邻域 N_0 被映入 N. 由于 $N \subseteq S$, 故有 $N_0 \subseteq S$. 因为 $x_0 \in S_0$ 是任取的, 所以 S_0 是开集.

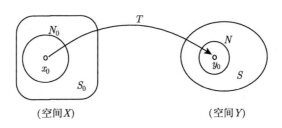

图 1-6 1.3-4 中证明 (a) 的表示

(b) 反之, 假定 Y 中每个开集的逆像都是 X 中的开集. 对于每个 $x_0 \in X$ 和 Tx_0 的任意 ε 邻域 N, 由于 N 是开集且 N 的逆像 N_0 含有 x_0, 所以 N_0 是开

[①] 在微积分中通常写为 $y = f(x)$. 相应的 x 在 T 之下的像被记为 $T(x)$. 然而, 在泛函分析中为了简化公式, 习惯上省略括号而记为 Tx. 读者可以在附录 A1.2 中复习映射的定义.

集. 因此, N_0 也含有 x_0 的一个 δ 邻域, 且因 N_0 被映入 N 而也被映入 N. 故由定义可知 T 在 x_0 是连续的. 由于 $x_0 \in X$ 是任意的, 所以 T 是连续的. ■

现在我们再引入两个互相关联的概念. 令 M 是度量空间 X 的一个子集. 若点 $x_0 \in X$ 的每个邻域至少含有一个异于 x_0 的点 $y \in M$, 则 x_0 (它可以是, 也可以不是 M 的点) 叫作 M 的**聚点**(或极限点). M 的所有点和所有聚点构成的集合, 叫作 M 的**闭包**, 记为 $\overline{M}$. 它是包含 M 的最小闭集.

在继续讲解新内容之前, 我们指出度量空间中球的另一个不寻常的性质. 在 $\mathbf{R}^3$ 中, 开球 $B(x_0; r)$ 的闭包 $\overline{B(x_0; r)}$ 就是闭球 $\tilde{B}(x_0; r)$, 而在一般度量空间中却未必如此. 请读者举一个例子来说明它.

利用闭包的概念, 我们能给出在以后的研究中特别重要的一个定义.

1.3–5 定义(**稠密集、可分空间**) 度量空间 X 的子集 M 若满足 $\overline{M} = X$, 则称 M 在 X 中稠密. 若 X 有一个可数的稠密子集, 则称 X 是可分的. (至于可数集的定义, 如有必要可参阅附录 A1.1.) ■

因此, 若 M 在 X 中稠密, 则 X 中的每一个球, 不管多小, 总含有 M 的点. 换句话说, 在这种情况下不存在点 $x \in X$ 满足有一个不含 M 的点的邻域.

我们稍后将会看到, 可分度量空间比不可分度量空间简单. 暂且考虑几个重要的可分空间与不可分空间的例子, 以加深对这些基本概念的理解.

例子

1.3–6 实直线 R 实直线 $\mathbf{R}$ 是可分的.

证明 所有有理数的集合 $\mathbf{Q}$ 是可数的, 并且在 $\mathbf{R}$ 中稠密.

1.3–7 复平面 C 复平面 $\mathbf{C}$ 是可分的.

证明 实部和虚部都是有理数的所有复数集合, 是 $\mathbf{C}$ 中的可数稠密集.

1.3–8 离散度量空间 离散度量空间 X, 当且仅当 X 是可数时, 才是可分的 (见 1.1–8).

证明 离散度量决定了 X 的任何真子集都不能在 X 中稠密. 因此只有 X 本身是 X 中的稠密子集. 若要 X 可分, 只有 X 可数. 反之, X 可数必有 X 可分.

1.3–9 空间 l^∞ 空间 l^∞ 是不可分的 (见 1.1–6).

证明 令 $y = (\eta_1, \eta_2, \eta_3, \cdots)$ 是由 0 和 1 构成的序列, 则 $y \in l^\infty$. 用 y 来构造一个二进制表示的实数

$$\hat{y} = \frac{\eta_1}{2^1} + \frac{\eta_2}{2^2} + \frac{\eta_3}{2^3} + \cdots.$$

现在利用区间 $[0, 1]$ 中的点集是不可数的事实, 每个 $\hat{y} \in [0, 1]$ 皆有一个二进制的

表示, 且不同的数有不同的二进制表示. 再由 y 与 $\hat{y}$ 的一一对应可知, 形如 y 的序列集合在 l^∞ 中是一个不可数的子集 S. 由 l^∞ 中的度量可知, S 中的两个元素当且仅当它们之间的距离为 1 时才不相同. 所以我们以 S 中不同的元素 y 为中心, 以 $1/3$ 为半径, 可作多到不可数的互不相交的小球. 若 M 是 l^∞ 中的任一稠密子集, 则所作的每一个不相交小球都将含有 M 的点, 从而说明 M 是不可数的. 由 M 是任意的稠密集可知 l^∞ 不可能有可数的稠密子集. 从而证明了 l^∞ 是不可分的.

1.3–10 空间 l^p 空间 l^p ($1 \leqslant p < +\infty$) 是可分的 (见 1.2–3).

证明 令 M 是形如

$$y = (\eta_1, \eta_2, \cdots, \eta_n, 0, 0, \cdots)$$

的所有序列的集合, 其中 n 是任意正整数, η_j 是有理数. M 是可数的. 现在证明 M 在 l^p 中稠密. 任取 $x = (\xi_j) \in l^p$, 由于 $\sum_{j=1}^{\infty} |\xi_j|^p < \infty$, 故对于任意正数 ε, 存在一个 (与 ε 有关的) n 使得

$$\sum_{j=n+1}^{\infty} |\xi_j|^p < \frac{\varepsilon^p}{2}.$$

由于有理数在 $\mathbf{R}$ 中稠密, 所以对于每个 ξ_j, 有一个接近它的有理数 η_j. 因此, 我们可以找到一个 $y \in M$ 满足

$$\sum_{j=1}^{n} |\xi_j - \eta_j|^p < \frac{\varepsilon^p}{2}.$$

从而推得

$$\left[d(x, y) \right]^p = \sum_{j=1}^{n} |\xi_j - \eta_j|^p + \sum_{j=n+1}^{\infty} |\xi_j|^p < \varepsilon^p.$$

因而有 $d(x, y) < \varepsilon$, 这就可以看出 M 在 l^p 中稠密.

习 题

1. 通过证明 (a) 任意开球是开集, (b) 任意闭球是闭集, 验证 "开球" 和 "闭球" 的术语是合乎道理的.

2. 在 $\mathbf{R}$ 上的开球 $B(x_0; 1)$ 是什么? $\mathbf{C}$ 中的呢 (见 1.1–5)? 在 $C[a, b]$ 中又怎样 (见 1.1–7)? 解释图 1–7.

3. 考虑 $C[0, 2\pi]$, 确定使得 $y \in \tilde{B}(x; r)$ 的最小 r, 其中 $x(t) = \sin t$ 且 $y(t) = \cos t$.

4. 证明: 任意非空集合 $A \subseteq (X, d)$, 当且仅当是开球的并时是开集.

5. 领会到一些集合可以既是开集, 同时又是闭集这一事实是很重要的. 证明: (a) X 和 $\varnothing$ 总属于这种情况; (b) 在离散度量空间 X 中 (见 1.1–8), 每个子集都是既开又闭的.

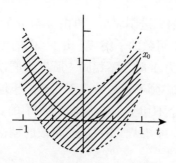

图 1-7　对于 $x_0(t) = t^2$，图像落在阴影区里的所有 $x \in C[-1,1]$ 构成了 $x_0 \in C[-1,1]$ 的一个 ε 邻域，其中 $\varepsilon = \frac{1}{2}$

6. 若 x_0 是集合 $A \subseteq (X,d)$ 的一个聚点，证明 x_0 的任意邻域都含有 A 的无穷多个点.

7. 描述下列各子集的闭包. (a) **R** 上的整数集，(b) **R** 上的有理数集，(c) **C** 中具有有理实部和虚部的复数集，(d) 圆盘 $\{z \mid |z| < 1\} \subseteq \mathbf{C}$.

8. 证明：在度量空间中，开球 $B(x_0; r)$ 的闭包 $\overline{B(x_0; r)}$ 可以不同于闭球 $\tilde{B}(x_0; r)$.

9. 证明：$A \subseteq \overline{A}$，$\overline{\overline{A}} = \overline{A}$，$\overline{A \cup B} = \overline{A} \cup \overline{B}$，$\overline{A \cap B} \subseteq \overline{A} \cap \overline{B}$.

10. 若点 x 不属于闭集 $M \subseteq (X,d)$，则它到 M 的距离不等于 0. 为了证明这一点，只需证明：当且仅当 $D(x, A) = 0$（见 §1.2 习题 10）时有 $x \in \overline{A}$，其中 A 是 X 的任一非空子集.

11. **边界**　集合 $A \subseteq (X,d)$ 的边界点 x 是 X 中这样的点（它可以属于 A，也可以不属于 A），x 的每个邻域既包含 A 的点，也包含不属于 A 的点. A 的所有边界点的集合叫作 A 的边界. 描述出 (a) **R** 上的区间 $(-1,1)$，$[-1,1)$，$[-1,1]$，(b) **R** 上的有理数集，(c) 圆盘 $\{z \mid |z| < 1\} \subseteq \mathbf{C}$ 和 $\{z \mid |z| \leqslant 1\} \subseteq \mathbf{C}$ 的边界.

12. **空间 $B[a,b]$**　证明 $B[a,b]$（$a < b$）是不可分的（见 1.2-2）.

13. 证明：当且仅当度量空间 X 有一个具备下列性质的可数子集 Y 时，才是可分的. 对于任意正数 ε 和任意 $x \in X$，都有一个 $y \in Y$ 满足 $d(x,y) < \varepsilon$.

14. **连续映射**　证明：当且仅当任意闭集 $M \subseteq Y$ 的逆像是 X 中的闭集时，映射 $T : X \longrightarrow Y$ 才是连续的.

15. 证明开集在连续映射下的像不必是开集.

1.4　收敛性、柯西序列和完备性

我们知道，在微积分中实数序列起着重要的作用，而定义序列收敛性这一基本概念要用到 **R** 上的度量. 对于复数序列亦是如此，必须用到复平面上的度量. 在任意度量空间 $X = (X,d)$ 中，情形十分类似. 也就是说，我们可以研究 X 中元素 $x_1, x_2, \cdots$ 的序列 (x_n)，并用度量 d 按与微积分中相类似的方式定义收敛性.

1.4-1 定义（序列的收敛性、极限） 度量空间 $X = (X, d)$ 中的序列 (x_n) 是收敛的，是指存在 $x \in X$，使得

$$\lim_{n \to \infty} d(x_n, x) = 0.$$

这时 x 叫作 (x_n) 的极限，并写成

$$\lim_{n \to \infty} x_n = x,$$

或者简记为

$$x_n \to x.$$

我们还说 (x_n) 收敛到 x 或有极限 x. 若 (x_n) 不收敛，则是发散的. ∎

在这个定义中，度量 d 是怎样被利用的？我们看到，由 d 给出了一个实数序列 $a_n = d(x_n, x)$，而这个实数序列的收敛性便定义了 (x_n) 的收敛性. 因此，若 $x_n \to x$，则给定正数 ε 后，一定存在一个 $N = N(\varepsilon)$，当 $n > N$ 时，所有 x_n 都落在 x 的一个 ε 邻域 $B(x; \varepsilon)$ 内.

为避免误解，我们要注意，收敛序列的极限必须是 1.4-1 中空间 X 的点. 例如，令 X 是 $\mathbf{R}$ 上的开区间 $(0, 1)$ 且由 $d(x, y) = |x - y|$ 定义其度量，则 X 中的序列 $\left(\frac{1}{2}, \frac{1}{3}, \frac{1}{4}, \cdots\right)$ 是不收敛的，因为这个序列 "可望收敛到的" 0 不属于 X. 在本节的稍后部分，我们将再次回到这一问题和与此类似的情形.

首先让我们证明，微积分中大家熟悉的关于收敛序列的有界性和极限的唯一性这两个性质，也能照搬到现在更为一般的度量空间中.

若 X 的非空子集 M 的直径

$$\delta(M) = \sup_{x, y \in M} d(x, y)$$

是有限的，则称 M 是有界集. 若 X 中的序列 (x_n) 对应的点集是 X 中的有界子集，则称 (x_n) 是**有界序列**.

显然，若 M 是有界的，则 $M \subseteq B(x_0; r)$，其中 x_0 为 X 中的任意一点，r 是一个（足够大的）实数. 反之亦然.

我们现在做出如下断言.

1.4-2 引理（有界性、极限） 令 $X = (X, d)$ 是度量空间，则

(a) X 中的收敛序列是有界的，且极限唯一.

(b) 在 X 中若 $x_n \to x$ 且 $y_n \to y$，则 $d(x_n, y_n) \to d(x, y)$.

证明 (a) 假定 $x_n \to x$, 取 $\varepsilon = 1$, 则可求得 N, 使得对所有 $n > N$ 有 $d(x_n, x) < 1$. 因此, 据三角不等式 M_4 (见 §1.1), 对所有 n 有 $d(x_n, x) < 1 + a$, 其中

$$a = \max\{d(x_1, x), \cdots, d(x_N, x)\}.$$

这就证明了 (x_n) 是有界的. 若 $x_n \to x$ 且 $x_n \to z$, 则由 M_4 可得

$$0 \leqslant d(x, z) \leqslant d(x, x_n) + d(x_n, z) \to 0 + 0,$$

由 M_2 可知 $x = z$, 这就证明了极限的唯一性.

(b) 由 (1.1.1) 可知

$$d(x_n, y_n) \leqslant d(x_n, x) + d(x, y) + d(y, y_n).$$

因此

$$d(x_n, y_n) - d(x, y) \leqslant d(x_n, x) + d(y_n, y),$$

交换 x_n 与 x 及 y_n 与 y 的位置, 再乘以 -1, 便得到一个类似的不等式

$$d(x_n, y_n) - d(x, y) \geqslant -\big[d(x_n, x) + d(y_n, y)\big].$$

合在一起, 可得当 $n \to \infty$ 时

$$\big|d(x_n, y_n) - d(x, y)\big| \leqslant d(x_n, x) + d(y_n, y) \to 0. \qquad \blacksquare$$

下面来定义度量空间的完备性概念, 它在我们进一步的研究中是很基本的. 我们将会看到, 因为存在不完备的度量空间, 所以从 §1.1 的 $M_1 \sim M_4$ 是推导不出完备性的. 也就是说, 完备性是度量空间可以有也可以没有的一个额外性质. 有各种结论使得完备度量空间比不完备度量空间更完美、更简单. 这些结论指的是什么, 随着我们的深入讨论会越来越清楚.

首先回顾一下, 在微积分中实数或复数序列分别在实直线 **R** 上或复平面 **C** 中收敛的充分必要条件是 (x_n) 满足柯西收敛准则, 也就是说, 对于给定的任意正数 ε, 都存在 $N = N(\varepsilon)$, 使得

$$\text{对于所有 } m, n > N \text{ 有} \quad |x_m - x_n| < \varepsilon.$$

(附录 A1.7 中有这个命题的证明.) 这里的 $|x_m - x_n|$ 表示实直线 **R** 上或复平面 **C** 中从 x_m 到 x_n 的距离 $d(x_m, x_n)$. 因此, 可以把柯西准则中的不等式写成

$$\text{对于所有 } m, n > N \text{ 有} \quad d(x_m, x_n) < \varepsilon.$$

若序列 (x_n) 满足柯西准则的条件，我们便把它叫作柯西序列. 柯西准则简单地说就是，实数序列或复数序列在 $\mathbf{R}$ 上或 $\mathbf{C}$ 中收敛的充分必要条件是它是柯西序列. 遗憾的是，在一般的度量空间中，情况变得复杂起来，可能有不收敛的柯西序列. 这种空间缺少一个极为重要的性质，即所谓的完备性. 这一考虑导致如下的定义，它首先由弗雷歇（M. Fréchet, 1906）给出.

1.4–3 定义（柯西序列、完备性） 度量空间 $X = (X, d)$ 中的序列 (x_n)，如果对于给定的任意正数 ε，都存在 $N = N(\varepsilon)$，使得

$$\text{对于所有 } m, n > N \text{ 有} \quad d(x_m, x_n) < \varepsilon, \tag{1.4.1}$$

则称 (x_n) 是柯西序列（或基本序列）. 如果空间 X 中的每个柯西序列都是收敛序列（即有属于 X 的极限），则称 X 是完备度量空间. ∎

用完备性来表述的话，柯西收敛准则意义如下.

1.4–4 定理（实直线、复平面） 实直线和复平面都是完备度量空间.

更一般地，从定义可以直接看出，完备度量空间是这样的空间，在其中柯西条件 (1.4.1) 是序列收敛的充分必要条件.

在应用中，完备度量空间和不完备度量空间都是重要的，我们将在下节系统地研究.

我们暂且列出几个比较容易得到的不完备空间. 从实直线上挖掉一个点 a，便得到一个不完备空间 $\mathbf{R} - \{a\}$. 把所有无理数都挖去，则得到有理直线 $\mathbf{Q}$，它也是不完备的. $\mathbf{R}$ 上的开区间 (a, b)，按照 $\mathbf{R}$ 导出的度量，是另一个不完备度量空间，等等.

从定义明显可看出：在任意度量空间中，因为空间有可能是不完备的，所以条件 (1.4.1) 不再是序列收敛的充分条件. 为了更好地理解这一情形，让我们考虑一个简单的例子. 取空间 $X = (0, 1]$，用 $d(x, y) = |x - y|$ 在其上定义通常的度量. 序列 $(x_n) = (1/n)$ 是 X 中的柯西序列，但它不收敛，因为点 0（序列"可望收敛到的"点）不属于 X. 这个例子也说明了：序列的收敛性不单是序列本身的禀性，而且也与它所处的空间有关. 换句话说，收敛序列不是收敛到它本身的一点，而是收敛到所在空间的某一点.

尽管条件 (1.4.1) 不再是收敛的充分条件，但它仍然是序列收敛的必要条件. 事实上，容易得出如下结果.

1.4–5 定理（收敛序列） 度量空间中的每个收敛序列都是柯西序列.

证明 若 $x_n \to x$，则对任意正数 ε，都存在一个 $N = N(\varepsilon)$，使得

$$\text{对于所有 } n > N \text{ 有} \quad d(x_n, x) < \frac{\varepsilon}{2}.$$

因此，根据三角不等式，对于 $m, n > N$ 有

$$d(x_m, x_n) \leqslant d(x_m, x) + d(x, x_n) < \frac{\varepsilon}{2} + \frac{\varepsilon}{2} = \varepsilon.$$

这就证明了 (x_n) 是柯西序列. ■

我们将看到，很多基本结果，例如线性算子理论方面的结果，依赖于相应空间的完备性. 在微积分中，我们之所以采用实直线 $\mathbf{R}$ 而不采用有理直线 $\mathbf{Q}$（具有由 $\mathbf{R}$ 导出的度量的所有有理数的集合），就是因为 $\mathbf{R}$ 的完备性.

最后，我们用后面需要的与收敛性和完备性相关的三个定理来结束本节.

1.4–6 定理（闭包、闭集） 令 M 是度量空间 (X, d) 的非空子集，$\overline{M}$ 是 §1.3 定义的闭包，则

(a) $x \in \overline{M}$，当且仅当在 M 中存在收敛到 x 的序列 (x_n).

(b) M 是闭集，当且仅当 M 中的序列 (x_n) 收敛到 x 蕴涵 $x \in M$.

证明 (a) 设 $x \in \overline{M}$. 若 $x \in M$，取序列 $(x, x, \cdots)$，显然它以 x 为极限. 若 $x \notin M$，则 x 是 M 的一个聚点. 因此，对于 $n = 1, 2, \cdots$，球 $B(x; 1/n)$ 包含一个 $x_n \in M$，由于当 $n \to \infty$ 时 $1/n \to 0$，所以 $x_n \to x$.

反之，若 (x_n) 是 M 中的序列且 $x_n \to x$，则 $x \in M$ 或 x 的每个邻域都含有点 $x_n \neq x$，所以 x 是 M 的聚点. 由闭包的定义可知 $x \in \overline{M}$.

(b) 由于 M 是闭集当且仅当 $M = \overline{M}$，所以很容易从 (a) 推出 (b). ■

1.4–7 定理（完备子空间） 完备度量空间 X 的子空间 M 是完备的，当且仅当集合 M 在 X 中是闭的.

证明 设 M 是完备的. 由 1.4–6(a) 可知，对于每个 $x \in \overline{M}$ 都有 M 中的序列 (x_n) 收敛到 x. 由 1.4–5 可知 (x_n) 是柯西序列，再由 M 的完备性可知 (x_n) 在 M 中收敛，从而根据 1.4–2 中极限的唯一性，便证明了 $x \in M$. 因为 $x \in \overline{M}$ 是任意的，故证明了 M 是闭的.

反之，若 M 是闭的且 (x_n) 是 M 中的柯西序列，则 $x_n \to x \in X$，由 1.4–6(a) 可知 $x \in \overline{M}$，由假设可知 $M = \overline{M}$，故 $x \in M$. 因此 M 中的任意柯西序列 (x_n) 在 M 中收敛，这就证明了 M 的完备性. ■

这个定理非常有用，以后经常用到它. §1.5 的 1.5–3 就包含了第一个应用，并且是很典型的.

最后一个定理表明序列的收敛性在研究映射的连续性时是很重要的.

1.4–8 定理（连续映射） 度量空间 (X, d) 到度量空间 $(Y, \tilde{d})$ 中的映射 T：$X \longrightarrow Y$ 在点 $x_0 \in X$ 连续，当且仅当

$$x_n \to x_0 \quad 蕴涵 \quad T x_n \to T x_0.$$

证明 假设 T 在点 x_0 连续，见 1.3–3，则对于给定的正数 ε，存在正数 δ 使得

$$d(x, x_0) < \delta \quad \textbf{蕴涵} \quad \tilde{d}(Tx, Tx_0) < \varepsilon.$$

令 $x_n \to x_0$，则存在 N 使得对所有 $n > N$ 有

$$d(x_n, x_0) < \delta.$$

因此，对所有 $n > N$ 有

$$\tilde{d}(Tx_n, Tx_0) < \varepsilon.$$

根据定义，这就意味着 $Tx_n \to Tx_0$.

反过来，假设

$$x_n \to x_0 \quad \textbf{蕴涵} \quad Tx_n \to Tx_0,$$

现在证明 T 在点 x_0 连续. 假定 T 在点 x_0 不连续，则存在正数 ε，使得对于每个 $\delta > 0$ 都存在 $x \neq x_0$ 满足

$$d(x, x_0) < \delta \quad \text{但} \quad \tilde{d}(Tx, Tx_0) \geqslant \varepsilon.$$

特别地，取 $\delta = 1/n$，则存在 x_n 满足

$$d(x_n, x_0) < 1/n \quad \text{但} \quad \tilde{d}(Tx_n, Tx_0) \geqslant \varepsilon.$$

显然 $x_n \to x_0$，但 Tx_n 不收敛到 Tx_0. 这就与 $Tx_n \to Tx_0$ 矛盾，从而证明了定理. ■

习　题

1. **子序列**　若度量空间 X 中的序列 (x_n) 收敛且有极限 x，证明 (x_n) 的每一个子序列 (x_{n_k}) 收敛且有同一个极限 x.

2. 若 (x_n) 是柯西序列且有收敛子序列 $(x_{n_k}) \to x$，证明 (x_n) 收敛且极限为 x.

3. 证明：$x_n \to x$ 的充分必要条件是，对于 x 的每个邻域 V，都存在整数 n_0，使得对于所有 $n > n_0$ 都有 $x_n \in V$.

4. **有界性**　证明柯西序列是有界的.

5. 在度量空间中，序列的有界性对于序列为柯西序列充分吗？对于序列为收敛的充分吗？

6. 若 (x_n) 和 (y_n) 是度量空间 (X, d) 中的柯西序列，证明序列 (a_n) 收敛，其中 $a_n = d(x_n, y_n)$. 举例说明.

7. 给出 1.4–2(b) 的一个间接证明.

8. 若 d_1 和 d_2 是同一基集 X 上的两个度量，且存在正数 a 和 b 使得对所有 $x, y \in X$ 有

$$ad_1(x, y) \leqslant d_2(x, y) \leqslant bd_1(x, y).$$

   证明 (X, d_1) 和 (X, d_2) 中的柯西序列是相同的.

9. 利用习题 8，证明 §1.2 中的习题 13 至习题 15 中的度量空间有相同的柯西序列.

10. 利用 **R** 的完备性证明 **C** 的完备性.

1.5　例子——完备性的证明

在各种应用中, 给定集合 X (例如, 序列的集合或函数的集合) 并且要使之成为一个度量空间, 也就是在 X 上选定一个度量 d. 剩下的工作是确定 (X, d) 究竟有没有所希望的完备性. 为了证明完备性, 就需要在 X 中任取一个柯西序列 (x_n), 然后证明它在 X 中是收敛的. 对于不同的空间, 其证明的复杂性很不一样, 但大体上有共同的模式:

(i) 构造一个元素 x (作为极限点);

(ii) 证明 x 属于所考虑的空间;

(iii) 证明收敛性 $x_n \to x$ (在给定的度量下).

对于某些在理论和实际研究中经常出现的空间, 我们将给出其完备性的证明. 读者将会注意到, 在这些证明中 (见 1.5-1 ~ 1.5-5), 我们都借助于实直线或复平面的完备性 (见 1.4-4), 这也是很典型的.

例子

1.5-1 $\mathbf{R}^n$ 和 $\mathbf{C}^n$ 的完备性　欧几里得空间 $\mathbf{R}^n$ 和酉空间 $\mathbf{C}^n$ 是完备的 (见 1.1-5).

证明　首先考虑 $\mathbf{R}^n$. 我们还记得 $\mathbf{R}^n$ 上的度量 (欧几里得度量) 为

$$d(x, y) = \left(\sum_{j=1}^{n} (\xi_j - \eta_j)^2 \right)^{1/2},$$

其中 $x = (\xi_j)$, $y = (\eta_j)$, 见 (1.1.6). 现考察 $\mathbf{R}^n$ 中的任意柯西序列 (x_m), 并记 $x_m = \left(\xi_1^{(m)}, \cdots, \xi_n^{(m)} \right)$. 由于 (x_m) 是柯西序列, 故对于任意正数 ε, 存在 N 使得

$$\text{对于所有 } m, r > N \text{ 有 }\quad d(x_m, x_r) = \left(\sum_{j=1}^{n} \left(\xi_j^{(m)} - \xi_j^{(r)} \right)^2 \right)^{1/2} < \varepsilon. \tag{1.5.1}$$

平方后, 对于所有 $m, r > N$ 和 $j = 1, \cdots, n$, 我们有

$$\left(\xi_j^{(m)} - \xi_j^{(r)} \right)^2 < \varepsilon^2 \quad \text{且} \quad \left| \xi_j^{(m)} - \xi_j^{(r)} \right| < \varepsilon.$$

这表明对每个固定的 j ($1 \leqslant j \leqslant n$), 序列 $\left(\xi_j^{(1)}, \xi_j^{(2)}, \cdots \right)$ 是实数柯西序列. 由 1.4-4 可知, 它是收敛的. 当 $m \to \infty$ 时, 不妨记 $\xi_j^{(m)} \to \xi_j$. 利用这样的 n 个极限, 可定义 $x = (\xi_1, \cdots, \xi_n)$. 显然 $x \in \mathbf{R}^n$. 在 (1.5.1) 中令 $r \to \infty$ 便得

$$\text{对于所有 } m > N \text{ 有 }\quad d(x_m, x) \leqslant \varepsilon.$$

这就证明了 x 是 (x_m) 的极限, 由于 (x_m) 是任意的, 从而证明了 $\mathbf{R}^n$ 的完备性. 用同样的方法由 1.4–4 可证明 $\mathbf{C}^n$ 的完备性. ∎

1.5–2 l^∞ 的完备性 空间 l^∞ 是完备的 (见 1.1–6).

证明 令 (x_m) 是空间 l^∞ 中的任意柯西序列, 其中 $x_m = \left(\xi_1^{(m)}, \xi_2^{(m)}, \cdots\right)$. l^∞ 中的度量是

$$d(x, y) = \sup_j |\xi_j - \eta_j|,$$

其中 $x = (\xi_j)$, $y = (\eta_j)$. 由于 (x_m) 是柯西序列, 故对于任意正数 ε, 存在 N 使得

$$\text{对于所有 } m, n > N \text{ 有} \quad d(x_m, x_n) = \sup_j \left|\xi_j^{(m)} - \xi_j^{(n)}\right| < \varepsilon.$$

毫无疑问, 对每个固定的 j 有

$$\text{对于所有 } m, n > N \text{ 有} \quad \left|\xi_j^{(m)} - \xi_j^{(n)}\right| < \varepsilon. \tag{1.5.2}$$

因此, 对于每个固定的 j, 序列 $\left(\xi_j^{(1)}, \xi_j^{(2)}, \cdots\right)$ 是柯西数列. 由 1.4–4 可知, 它是收敛的. 当 $m \to \infty$ 时, 不妨记 $\xi_j^{(m)} \to \xi_j$. 利用这无穷多个极限 $\xi_1, \xi_2, \cdots$, 可定义 $x = (\xi_1, \xi_2, \cdots)$. 现在来证明 $x \in l^\infty$ 且 $x_m \to x$. 在 (1.5.2) 中令 $n \to \infty$ 便得

$$\text{对于所有 } m > N \text{ 有} \quad \left|\xi_j^{(m)} - \xi_j\right| \leqslant \varepsilon. \tag{1.5.2*}$$

由于 $x_m = \left(\xi_j^{(m)}\right) \in l^\infty$, 故存在实数 k_m, 使得对于所有 j 有 $\left|\xi_j^{(m)}\right| \leqslant k_m$. 因此利用三角不等式可得

$$\text{对于所有 } m > N \text{ 有} \quad |\xi_j| \leqslant \left|\xi_j - \xi_j^{(m)}\right| + \left|\xi_j^{(m)}\right| \leqslant \varepsilon + k_m.$$

这个不等式对每个 j 都是成立的, 而右端又不含有 j, 故 (ξ_j) 是有界数列. 这就意味着 $x = (\xi_j) \in l^\infty$. 从 (1.5.2*) 还可得到

$$\text{对于所有 } m > N \text{ 有} \quad d(x_m, x) = \sup_j \left|\xi_j^{(m)} - \xi_j\right| \leqslant \varepsilon.$$

这就证明了 $x_m \to x$. 由于 (x_m) 是任意柯西序列, 故 l^∞ 是完备的. ∎

1.5–3 c 的完备性 空间 c 是所有收敛的复数序列 $x = (\xi_j)$ 构成的, 其度量是由空间 l^∞ 的度量导出的.

空间 c 是完备的.

证明 c 是 l^∞ 的子空间, 如果能证明 c 在 l^∞ 中是闭的, 则据 1.4–7 便可推出 c 是完备的.

任取 $x = (\xi_j) \in \bar{c}$, 其中 $\bar{c}$ 为 c 的闭包. 根据 1.4–6(a), 存在 $x_n = \left(\xi_j^{(n)}\right) \in c$ 使得 $x_n \to x$. 因此, 对于任意正数 ε, 存在 N 使得对于所有 $n \geqslant N$ 和所有 j 有

$$\left|\xi_j^{(n)} - \xi_j\right| \leqslant d(x_n, x) < \frac{\varepsilon}{3},$$

特别是对 $n = N$ 和所有 j 成立. 由于 $x_N \in c$, 故它的所有项 $\xi_j^{(N)}$ 形成一个收敛序列. 这个收敛序列是柯西序列, 因此存在 N_1 使得

$$\text{对于所有 } j, k \geqslant N_1 \text{ 有 } \quad \left| \xi_j^{(N)} - \xi_k^{(N)} \right| < \frac{\varepsilon}{3}.$$

由三角不等式可知, 对于所有 $j, k \geqslant N_1$ 有不等式

$$|\xi_j - \xi_k| \leqslant \left| \xi_j - \xi_j^{(N)} \right| + \left| \xi_j^{(N)} - \xi_k^{(N)} \right| + \left| \xi_k^{(N)} - \xi_k \right| < \varepsilon.$$

这就证明了序列 $x = (\xi_j)$ 是收敛的, 因此 $x \in c$. 由于 $x \in \bar{c}$ 是任取的, 这就证明了 c 在 l^∞ 中的闭性. 从而由 1.4–7 可推出 c 的完备性. ■

1.5–4 l^p 的完备性 空间 l^p 是完备的, 其中 p 是固定的实数且 $1 \leqslant p < +\infty$ (见 1.2–3).

证明 设 (x_n) 是空间 l^p 中的任意柯西序列, 其中 $x_m = \left(\xi_1^{(m)}, \xi_2^{(m)}, \cdots \right)$, 则对于任意正数 ε, 存在 N 使得对于所有 $m, n > N$ 有

$$d(x_m, x_n) = \left(\sum_{j=1}^{\infty} \left| \xi_j^{(m)} - \xi_j^{(n)} \right|^p \right)^{1/p} < \varepsilon. \tag{1.5.3}$$

由此可推出对于 $j = 1, 2, \cdots$ 有

$$\text{对于所有 } m, n > N \text{ 有 } \quad \left| \xi_j^{(m)} - \xi_j^{(n)} \right| < \varepsilon. \tag{1.5.4}$$

选定 j 后, 由 (1.5.4) 可知 $\left(\xi_j^{(1)}, \xi_j^{(2)}, \cdots \right)$ 是柯西数列. 由于 $\mathbf{R}$ 和 $\mathbf{C}$ 是完备的 (见 1.4–4), 所以这个数列是收敛的. 当 $m \to \infty$ 时, 不妨记 $\xi_j^{(m)} \to \xi_j$. 利用这些极限, 可定义 $x = (\xi_1, \xi_2, \cdots)$, 并可证明 $x \in l^p$ 且 $x_m \to x$.

由 (1.5.3) 可知

$$\text{对于所有 } m, n > N \text{ 和 } k = 1, 2, \cdots \text{ 有 } \quad \sum_{j=1}^{k} \left| \xi_j^{(m)} - \xi_j^{(n)} \right|^p < \varepsilon^p.$$

令 $n \to \infty$ 可得

$$\text{对于所有 } m > N \text{ 和 } k = 1, 2, \cdots \text{ 有 } \quad \sum_{j=1}^{k} \left| \xi_j^{(m)} - \xi_j \right|^p \leqslant \varepsilon^p.$$

再令 $k \to \infty$ 可得

$$\text{对于所有 } m > N \text{ 有 } \quad \sum_{j=1}^{\infty} \left| \xi_j^{(m)} - \xi_j \right|^p \leqslant \varepsilon^p. \tag{1.5.5}$$

这就证明了 $x_m - x = \left(\xi_j^{(m)} - \xi_j \right) \in l^p$. 因为 $x_m \in l^p$, 由闵可夫斯基不等式 (1.2.12) 可得

$$x = x_m + (x - x_m) \in l^p.$$

此外, (1.5.5) 中的级数表示 $\left[d(x_m, x)\right]^p$, 所以 (1.5.5) 意味着 $x_m \to x$. 由于 (x_m) 是 l^p 中的任意柯西序列, 这就证明了 l^p 的完备性, 其中 $1 \leqslant p < +\infty$. ∎

1.5–5 $C[a, b]$ 的完备性 函数空间 $C[a, b]$ 是完备的, 其中 $[a, b]$ 是 $\mathbf{R}$ 上给定的任意闭区间 (见 1.1–7).

证明 设 (x_m) 是 $C[a, b]$ 中的任意柯西序列. 对于任意正数 ε, 存在 N 使得对于所有 $m, n > N$ 有

$$d(x_m, x_n) = \max_{t \in J}\left|x_m(t) - x_n(t)\right| < \varepsilon, \tag{1.5.6}$$

其中 $J = [a, b]$. 因此, 对固定的任意 $t = t_0 \in J$ 有

$$\left|x_m(t_0) - x_n(t_0)\right| < \varepsilon.$$

这就证明了 $\left(x_1(t_0), x_2(t_0), \cdots\right)$ 是实数柯西序列. 由于 $\mathbf{R}$ 是完备的 (见 1.4–4), 所以这个序列是收敛的. 当 $m \to \infty$ 时, 不妨记 $x_m(t_0) \to x(t_0)$. 以这种方式针对每个 $t \in J$ 有唯一的实数 $x(t)$ 与之对应. 这就 (点态地) 在 J 上定义了一个函数 x. 下面证明 $x \in C[a, b]$ 且 $x_m \to x$.

在 (1.5.6) 中令 $n \to \infty$ 可得

$$\text{对于所有 } m > N \text{ 有} \quad \max_{t \in J}\left|x_m(t) - x(t)\right| \leqslant \varepsilon.$$

因此对每个 $t \in J$ 有

$$\text{对于所有 } m > N \text{ 有} \quad \left|x_m(t) - x(t)\right| \leqslant \varepsilon.$$

这证明了 $(x_m(t))$ 在 J 上一致收敛到 $x(t)$, 由于每个 x_m 都在 J 上连续, 且收敛性是一致的, 作为微积分的一个已知结果 (见习题 9), 其极限函数 x 在 J 上是连续的. 因此 $x \in C[a, b]$ 且也有 $x_m \to x$. 从而证明了 $C[a, b]$ 的完备性. ∎

在 1.1–7 以及在这里, 为了简单起见, 我们都假定函数 x 是实值的. 我们把这个空间叫作实空间 $C[a, b]$. 类似地, 若我们取定义在区间 $[a, b] \subseteq \mathbf{R}$ 上的复值连续函数, 便得到复空间 $C[a, b]$. 这个空间也是完备的, 其证明几乎与前面相同.

此外, 上述证明也说明如下事实.

1.5–6 定理 (一致收敛性) 在空间 $C[a, b]$ 中收敛性 $x_m \to x$ 是一致收敛的. 也就是说, (x_m) 在 $[a, b]$ 上一致收敛到 x.

因此, $C[a, b]$ 上的度量描述了 $[a, b]$ 上的一致收敛性. 为此, 有时把它叫作一致度量.

为了进一步理解完备性和有关的概念, 让我们再研究一些例子.

不完备度量空间的例子

1.5–7 空间 Q 空间 **Q** 是所有有理数的集合,其度量就是通常的度量 $d(x,y) = |x - y|$,其中 $x, y \in \mathbf{Q}$. 空间 **Q** 叫作有理直线. **Q** 是不完备的.(如何证明?)

1.5–8 多项式 令 X 是所有多项式的集合,而每个多项式看作定义在某个有限闭区间 $J = [a, b]$ 上的 t 的函数. 在 X 上定义度量 d 如下:

$$d(x, y) = \max_{t \in J} |x(t) - y(t)|.$$

这个度量空间 (X, d) 是不完备的. 事实上,能构造一个多项式序列,它在 J 上一致收敛到不是多项式的连续函数. 这就给出了在 X 中没有极限的柯西序列.

1.5–9 连续函数 令 X 是 $J = [0, 1]$ 上所有连续实值函数的集合,且定义

$$d(x, y) = \int_0^1 |x(t) - y(t)| \mathrm{d}t.$$

这个度量空间 (X, d) 是不完备的.

证明 因为 $d(x_m, x_n)$ 等于图 1–9 中三角形的面积,所以图 1–8 中的函数 x_m 构成一个柯西序列. 对于给定的任意正数 ε,只要 $m, n > 1/\varepsilon$ 就有 $d(x_m, x_n) < \varepsilon$. 下面证明这个柯西序列是不收敛的. 我们有

$$x_m(t) = \begin{cases} 0, & 若\ t \in \left[0, \frac{1}{2}\right], \\ 1, & 若\ t \in [a_m, 1], \end{cases}$$

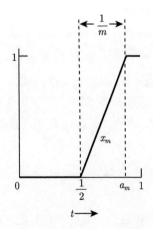

图 1–8　对 1.5–9 的说明

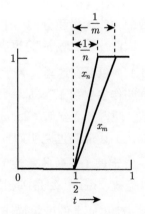

图 1–9　对 1.5–9 的说明

其中 $a_m = \frac{1}{2} + \frac{1}{m}$. 因此对于每个 $x \in X$ 都有

$$d(x_m, x) = \int_0^1 |x_m(t) - x(t)| \mathrm{d}t$$
$$= \int_0^{1/2} |x(t)| \mathrm{d}t + \int_{1/2}^{a_m} |x_m(t) - x(t)| \mathrm{d}t + \int_{a_m}^1 |1 - x(t)| \mathrm{d}t.$$

由于被积函数是非负的, 所以上式右端的每个积分也都是非负的. 由 $d(x_m, x) \to 0$ 可推出每个积分都趋向于 0, 又由于 x 是连续的, 便得出

$$x(t) = \begin{cases} 0, & \text{若 } t \in \left[0, \frac{1}{2}\right), \\ 1, & \text{若 } t \in \left(\frac{1}{2}, 1\right]. \end{cases}$$

但是, 对于连续函数这是不可能的. 所以 (x_m) 是不收敛的, 也就是说, 它在 X 中没有极限. 这就证明了 X 是不完备的. ■

习 题

1. 令 $a, b \in \mathbf{R}$ 且 $a < b$, 证明开区间 (a, b) 是 $\mathbf{R}$ 的不完备子空间, 闭区间 $[a, b]$ 是完备的.

2. 令 X 是所有 n 元实序组 $x = (\xi_1, \cdots, \xi_n)$ 构成的空间, 在其上定义度量

$$d(x, y) = \max_j |\xi_j - \eta_j|,$$

其中 $y = (\eta_j)$. 证明 (X, d) 是完备度量空间.

3. 令 $M \subseteq l^\infty$ 是最多有有限个非零项的所有序列 $x = (\xi_j)$ 构成的子空间. 在 M 中找出一个柯西序列, 它在 M 中是不收敛的, 所以 M 是不完备度量空间.

4. 应用 1.4–7 证明习题 3 中的 M 是不完备度量空间.

5. 令 X 是所有整数的集合, 用 $d(m, n) = |m - n|$ 在其上定义度量 d. 证明 (X, d) 是完备度量空间.

6. 令 X 是所有实数的集合, 用

$$d(x, y) = |\arctan x - \arctan y|$$

在其上定义度量 d. 证明 (X, d) 是不完备度量空间.

7. 令 X 是所有正整数的集合, 且 $d(m, n) = |m^{-1} - n^{-1}|$. 证明 (X, d) 是不完备度量空间.

8. **空间 $C[a, b]$** 令 $Y \subseteq C[a, b]$ 是所有满足 $x(a) = x(b)$ 的 $x \in C[a, b]$ 构成的子空间, 证明 Y 是完备度量空间.

9. 在 1.5–5 中我们引用了微积分中的下述定理: 若 $[a, b]$ 上的连续函数序列 (x_m) 在 $[a, b]$ 上收敛, 且在 $[a, b]$ 上一致收敛, 则极限函数 x 在 $[a, b]$ 上连续. 证明这个定理.

10. **离散度量** 证明离散度量空间 (见 1.1–8) 是完备的.

11. 空间 s 证明在空间 s（见 1.2–1）中 $x_n \to x$，当且仅当对于 $j = 1, 2, \cdots$ 有 $\xi_j^{(n)} \to \xi_j$，其中 $x_n = \left(\xi_j^{(n)} \right)$，$x = (\xi_j)$.

12. 利用习题 11，证明 1.2–1 中的序列空间 s 是完备的.

13. 证明在 1.5–9 中还有另一个柯西序列 (x_n)，其中

$$
x_n(t) = \begin{cases} n, & \text{若 } 0 \leqslant t \leqslant n^{-2}, \\ t^{-1/2}, & \text{若 } n^{-2} \leqslant t \leqslant 1. \end{cases}
$$

14. 证明习题 13 中的柯西序列 (x_n) 是不收敛的.

15. 令 X 是只有有限个非零项的所有实数序列 $x = (\xi_j)$ 构成的度量空间，其度量定义为 $d(x, y) = \sum \left| \xi_j - \eta_j \right|$，其中 $y = (\eta_j)$. 注意这是一个有限和式，其项数与 x 和 y 有关. 证明序列 (x_n) 是柯西序列，但不收敛，其中

$$
x_n = \left(\xi_j^{(n)} \right) \quad \text{且} \quad \xi_j^{(n)} = \begin{cases} j^{-2}, & \text{若 } j = 1, \cdots, n, \\ 0, & \text{若 } j > n. \end{cases}
$$

1.6　度量空间的完备化

我们知道，有理直线 $\mathbf{Q}$ 是不完备的（见 1.5–7），但是能够延拓为完备的实直线 $\mathbf{R}$，并且 $\mathbf{Q}$ 的这个完备化 $\mathbf{R}$ 使得 $\mathbf{Q}$ 在 $\mathbf{R}$ 中是稠密的（见 1.3–5）. 我们将会看到，任意不完备度量空间都能以类似的方式完备化. 这是一个很重要的结论. 为了便于精确地描述，我们要采用两个相关的概念. 当然，这两个概念还有其他的各种应用.

1.6–1 定义（等距映射、等距空间） 令 $X = (X, d)$ 和 $\tilde{X} = (\tilde{X}, \tilde{d})$ 是两个度量空间，则

(a) 如果映射 $T : X \longrightarrow \tilde{X}$ 保持距离不变，也就是说对于所有 $x, y \in X$ 有

$$
\tilde{d}(Tx, Ty) = d(x, y),
$$

则称 T 是等距映射或等距，其中 Tx 和 Ty 分别是 x 和 y 的像.

(b) 若存在一个 X 到 $\tilde{X}$ 上的等距一一映射[①]，则称空间 X 和 $\tilde{X}$ 是等距的. 空间 X 和 $\tilde{X}$ 称为等距空间. ■

因此，在等距空间之间，至多是它们的元素的特征有所不同，但从度量的角度来看，是没有什么区别的. 而在抽象的研究中，点的特征不是本质的. 所以可把两个等距空间视为同一个空间，或同一个抽象空间的两个副本.

---

① 一一映射是一对一且映上的. 附录 A1.2 复习了有关映射的基本概念. 注意，等距映射总是一个内射.（为什么？）

现在我们可以陈述并证明如下定理：每一个度量空间都能够被完备化. 在这个定理中的空间 $\hat{X}$ 又叫作给定空间 X 的**完备化**.

1.6-2 定理（完备化） 对于度量空间 $X = (X, d)$，存在完备度量空间 $\hat{X} = (\hat{X}, \hat{d})$，使得子空间 $W \subseteq \hat{X}$ 与 X 等距且在 $\hat{X}$ 中稠密. 如果对等距空间不加区分，则空间 $\hat{X}$ 是唯一的，也就是说，若完备空间 $\tilde{X}$ 也有稠密子空间 $\tilde{W}$ 和 X 等距，则 $\tilde{X}$ 与 $\hat{X}$ 是等距的.

证明 这个定理的证明虽然有点长，但是简单. 我们把它分成以下 4 个步骤：

(a) 构造 $\hat{X} = (\hat{X}, \hat{d})$；

(b) 构造 X 到 W 上的等距映射 T，其中 $\overline{W} = \hat{X}$；

(c) 证明 $\hat{X}$ 是完备的；

(d) 证明 $\hat{X}$ 是唯一的，若对等距空间不加区分的话.

粗略地讲，我们的任务是给 X 中不收敛的柯西序列设计一个合适的极限. 然而，我们不想引入"太多"的极限，而是考虑某些"可望收敛到同一极限"的序列，这些序列的项最终会变得相互任意接近. 这一直观的思想在数学上能够用适当的等价关系来表达 [见后面的 (1.6.1)]. 这样做不是主观臆想的，而是受到本节开头介绍的有理数集 **Q** 的完备化过程的启发才提出的. 详细的证明如下.

(a) 构造 $\hat{X} = (\hat{X}, \hat{d})$. 令 (x_n) 和 (x_n') 是 X 中的柯西序列. 若

$$\lim_{n \to \infty} d(x_n, x_n') = 0, \tag{1.6.1}$$

则称 (x_n) 与 (x_n') 是等价的[1]，记为 $(x_n) \sim (x_n')$. 在 X 中互相等价的柯西序列看作一个等价类，所有等价类 $\hat{x}, \hat{y}, \cdots$ 的集合记作 $\hat{X}$. 所谓 $(x_n) \in \hat{x}$ 是指 (x_n) 是 $\hat{x}$ 中的一员（或等价类 $\hat{x}$ 的一个代表）. 令

$$\hat{d}(\hat{x}, \hat{y}) = \lim_{n \to \infty} d(x_n, y_n), \tag{1.6.2}$$

其中 $(x_n) \in \hat{x}$ 且 $(y_n) \in \hat{y}$. 现在证明这个极限是存在的. 我们有

$$d(x_n, y_n) \leqslant d(x_n, x_m) + d(x_m, y_m) + d(y_m, y_n).$$

因此可得到

$$d(x_n, y_n) - d(x_m, y_m) \leqslant d(x_n, x_m) + d(y_m, y_n).$$

交换 m 和 n 的位置可得到一个类似的不等式. 合在一起便有

$$\big| d(x_n, y_n) - d(x_m, y_m) \big| \leqslant d(x_n, x_m) + d(y_m, y_n). \tag{1.6.3}$$

由于 (x_n) 和 (y_n) 是柯西序列，所以不等式右端可以任意小. 因为 **R** 是完备的，所以推出了 (1.6.2) 中的极限存在.

---

[1] 附录 A1.4 复习了等价性的概念.

　　我们还必须证明 (1.6.2) 中的极限与等价类中的代表的选择无关. 事实上, 若 $(x_n) \sim (x'_n)$ 且 $(y_n) \sim (y'_n)$, 则由 (1.6.1), 当 $n \to \infty$ 时有

$$\left| d(x_n, y_n) - d(x'_n, y'_n) \right| \leqslant d(x_n, x'_n) + d(y_n, y'_n) \to 0,$$

这就推出了断言

$$\lim_{n \to \infty} d(x_n, y_n) = \lim_{n \to \infty} d(x'_n, y'_n).$$

　　下面证明 (1.6.2) 中的 $\hat{d}$ 是 $\hat{X}$ 上的一个度量. 显然, $\hat{d}$ 满足 §1.1 中的 M_1 以及 $\hat{d}(\hat{x}, \hat{x}) = 0$ 和 M_3. 此外,

$$\hat{d}(\hat{x}, \hat{y}) = 0 \quad \Longrightarrow \quad (x_n) \sim (y_n) \quad \Longrightarrow \quad \hat{x} = \hat{y}$$

给出了 M_2. 对

$$d(x_n, y_n) \leqslant d(x_n, z_n) + d(z_n, y_n)$$

取 $n \to \infty$ 时的极限便可推出关于 $\hat{d}$ 的 M_4.

　　(b) 构造等距映射 $T : X \longrightarrow W \subseteq \hat{X}$. 对于每一个 $b \in X$, 都有一个等价类 $\hat{b} \in \hat{X}$ 包含常数柯西序列 $(b, b, \cdots)$. 这就定义了一个 X 到 W 上的映射 T, 其中子空间 $W = T(X) \subseteq \hat{X}$. 映射 T 是由 $b \longmapsto \hat{b} = Tb$ 给出的, 其中 $(b, b \cdots) \in \hat{b}$. 由于 (1.6.2) 简化为

$$\hat{d}(\hat{b}, \hat{c}) = d(b, c),$$

其中 $\hat{c}$ 是 (y_n) 所在的等价类且对于所有 n 有 $y_n = c$, 所以可以看出 T 是等距映射. 任意等距映射是内射, 因为 $T(X) = W$, 所以 $T : X \longrightarrow W$ 是满射. 因此 W 和 X 是等距的, 见 1.6–1(b).

　　我们再证明 W 在 $\hat{X}$ 中稠密. 考虑任意 $\hat{x} \in \hat{X}$, 令 $(x_n) \in \hat{x}$. 对于任意正数 ε, 存在 N 使得

$$\text{对于所有 } n > N \text{ 有} \quad d(x_n, x_N) < \frac{\varepsilon}{2}.$$

令 $(x_N, x_N, \cdots) \in \hat{x}_N$, 则 $\hat{x}_N \in W$. 根据 (1.6.2), 我们有

$$\hat{d}(\hat{x}, \hat{x}_N) = \lim_{n \to \infty} d(x_n, x_N) \leqslant \frac{\varepsilon}{2} < \varepsilon.$$

这就证明了任意 $\hat{x} \in \hat{X}$ 的每个 ε 邻域都含有 W 的一个元素, 因此 W 在 $\hat{X}$ 中稠密.

　　(c) $\hat{X}$ 的完备性. 令 $(\hat{x}_n)$ 是 $\hat{X}$ 中的任意柯西序列. 因为 W 在 $\hat{X}$ 中稠密, 所以对于每个 $\hat{x}_n$, 都存在一个 $\hat{z}_n \in W$ 使得

$$\hat{d}(\hat{x}_n, \hat{z}_n) < \frac{1}{n}. \tag{1.6.4}$$

因此，根据三角不等式有

$$\hat{d}(\hat{z}_m, \hat{z}_n) \leqslant \hat{d}(\hat{z}_m, \hat{x}_m) + \hat{d}(\hat{x}_m, \hat{x}_n) + \hat{d}(\hat{x}_n, \hat{z}_n) < \frac{1}{m} + \hat{d}(\hat{x}_m, \hat{x}_n) + \frac{1}{n}.$$

因为 $(\hat{x}_m)$ 是柯西序列，所以只要取足够大的 m 和 n，不等式右端就可以小于给定的任意正数 ε. 因此 $(\hat{z}_m)$ 是柯西序列. 由于 $T : X \longrightarrow W$ 是等距映射，且 $\hat{z}_m \in W$，令 $z_m = T^{-1}\hat{z}_m$，则序列 (z_m) 是 X 中的柯西序列. 令 $\hat{x} \in \hat{X}$ 是 (z_m) 所属的等价类，就可以证明 $\hat{x}$ 是 $(\hat{x}_n)$ 的极限. 根据 (1.6.4) 有

$$\hat{d}(\hat{x}_n, \hat{x}) \leqslant \hat{d}(\hat{x}_n, \hat{z}_n) + d(\hat{z}_n, \hat{x}) < \frac{1}{n} + \hat{d}(\hat{z}_n, \hat{x}). \tag{1.6.5}$$

由于 $(z_m) \in \hat{x}$（见前面所令）且 $\hat{z}_n \in W$，故有 $(z_n, z_n, z_n, \cdots) \in \hat{z}_n$，不等式 (1.6.5) 变成

$$\hat{d}(\hat{x}_n, \hat{x}) < \frac{1}{n} + \lim_{m \to \infty} d(z_n, z_m),$$

只要 n 足够大，上式右端就可小于给定的任意正数 ε. 因此，$\hat{X}$ 中的任意柯西序列 $(\hat{x}_n)$ 都有极限 $\hat{x} \in \hat{X}$，从而 $\hat{X}$ 是完备的.

(d) 在等距空间不加区分的前提下，证明 $\hat{X}$ 的唯一性. 若 $(\tilde{X}, \tilde{d})$ 是另一个完备度量空间且有稠密子空间 $\tilde{W}$ 与 X 等距，则对于任意 $\tilde{x}, \tilde{y} \in \tilde{X}$ 有 $\tilde{W}$ 中的序列 $(\tilde{x}_n)$ 和 $(\tilde{y}_n)$ 使得 $\tilde{x}_n \to \tilde{x}$ 且 $\tilde{y}_n \to \tilde{y}$. 因此从不等式

$$\left|\tilde{d}(\tilde{x}, \tilde{y}) - \tilde{d}(\tilde{x}_n, \tilde{y}_n)\right| \leqslant \tilde{d}(\tilde{x}, \tilde{x}_n) + \tilde{d}(\tilde{y}, \tilde{y}_n) \to 0$$

［这个不等式和 (1.6.3) 类似］可以推出

$$\tilde{d}(\tilde{x}, \tilde{y}) = \lim_{n \to \infty} \tilde{d}(\tilde{x}_n, \tilde{y}_n).$$

由于 $\tilde{W}$ 和 $W \subseteq \hat{X}$ 是等距的，且 $\overline{W} = \hat{X}$，故 $\tilde{X}$ 和 $\hat{X}$ 上的距离必定是相同的. 因此 $\tilde{X}$ 和 $\hat{X}$ 是等距的（见图 1–10）.   ■

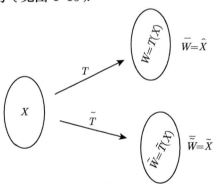

图 1–10   1.6–2 的证明中 (d) 的表示

在后面两章（特别是在 2.3-2、3.1-5 和 3.2-3）中，我们将看到这个定理对于个别不完备空间以及全部不完备空间，有极为基本的应用.

习 题

1. 证明：若 Y 是度量空间中有限个点组成的子空间，则 Y 是完备的.

2. 令 X 是所有有理数的集合，$d(x,y) = |x - y|$，度量空间 (X,d) 的完备化是什么？

3. 离散度量空间 X（见 1.1-8）的完备化是什么？

4. 若 X_1 和 X_2 是等距的，且 X_1 是完备的，证明 X_2 也是完备的.

5. **同胚** 若映射 $T: X \longrightarrow Y$ 是连续一一映射且其逆也是连续的，则称 T 是一个同胚. 这时度量空间 X 和 Y 也是同胚的.（a）证明：若 X 和 Y 是等距的，则它们是同胚的.（b）举例说明，一个完备度量空间可以与一个不完备度量空间同胚.

6. 证明 $C[0,1]$ 和 $C[a,b]$ 是等距的.

7. 若 (X,d) 是完备的，令 $\tilde{d} = d/(1+d)$，证明 $(X,\tilde{d})$ 是完备的.

8. 证明：在习题 7 中，$(X,\tilde{d})$ 的完备性蕴涵 (X,d) 的完备性.

9. 若 (X,d) 中的 (x_n) 和 (x_n') 满足 (1.6.1) 且 $x_n \to l$，证明 (x_n') 收敛且以 l 为极限.

10. 若 (X,d) 中的 (x_n) 和 (x_n') 都收敛且有相同的极限 l，证明它们满足 (1.6.1).

11. 证明：在 X 的元素的所有柯西序列的集合上，(1.6.1) 定义了一个等价关系.

12. 若 (x_n) 是 (X,d) 中的柯西序列，X 中的序列 (x_n') 满足 (1.6.1)，证明 (x_n') 也是 X 中的柯西序列.

13. **伪度量** 集合 X 上的有限伪度量是指满足 §1.1 中的 M_1、M_3、M_4 和

$$(M_2^*) \quad d(x,x) = 0$$

的函数 $d: X \times X \longrightarrow \mathbf{R}$. 试问，度量与伪度量之间的差别是什么？证明 $d(x,y) = |\xi_1 - \eta_1|$ 在所有实数序偶的集合上定义了一个伪度量，其中 $x = (\xi_1, \xi_2)$，$y = (\eta_1, \eta_2)$.（顺便指出，有些作者用半度量来代替伪度量.）

14. 若 X 是 (i) $[a,b]$ 上的所有实值连续函数的集合，(ii) $[a,b]$ 上的所有实值黎曼可积函数的集合，那么

$$d(x,y) = \int_a^b |x(t) - y(t)| \mathrm{d}t$$

在 X 上定义了度量还是伪度量？

15. 若 (X,d) 是伪度量空间，我们把

$$B(x_0; r) = \{x \in X \mid d(x,x_0) < r\} \quad (r > 0)$$

叫作 X 中以 x_0 为球心、r 为半径的开球.（注意，这和 1.3-1 类似）试问：习题 13 中的半径为 1 的开球是什么？

第 2 章　赋范空间和巴拿赫空间

当我们取向量空间作为基集，并用范数在其上定义度量时，便得到了最重要并且特别有用的度量空间，这种空间叫作赋范空间. 若赋范空间是完备度量空间，则又叫作巴拿赫空间. 赋范空间的理论，特别是巴拿赫空间的理论，以及定义在这些空间中的线性算子的理论，是泛函分析中研究得最为完善的理论. 本章专门介绍这些理论的基本思想.

本章概要

赋范空间（见 2.2–1）是用范数（见 2.2–1）定义了度量的向量空间（见 2.1–1），范数推广了平面中或三维空间中向量的长度. 巴拿赫空间（见 2.2–1）是完备的赋范空间. 任何一个赋范空间都可完备化而成为一个巴拿赫空间（见 2.3–2）. 在赋范空间中，我们还能够定义和使用无穷级数（见 §2.3）.

从赋范空间 X 到赋范空间 Y 中的映射叫作算子. 从 X 到标量域 $\mathbf{R}$ 或 $\mathbf{C}$ 中的映射叫作泛函. 特别重要的是有界线性算子（见 2.7–1）和有界线性泛函（见 2.8–2），因为它们是连续的，并且便于采用向量空间的结构. 事实上，2.7–9 表明：线性算子当且仅当为有界时，才是连续的. 这是一个基本结果. 向量空间在这里之所以重要，主要是因为只有在它们上面才能定义线性算子和线性泛函.

一个根本的事实是，从给定的赋范空间 X 到给定的赋范空间 Y 中的所有有界线性算子的集合，可以作成一个赋范空间（见 2.10–1），记为 $B(X,Y)$. 类似地，X 上的所有有界线性泛函的集合也能作成一个赋范空间，叫作 X 的对偶空间，记为 X'（见 2.10–3）.

在分析当中，无穷维赋范空间比有限维空间更重要. 后者要简单些（见 §2.4 和 §2.5），且其中的线性算子可用矩阵表示（见 §2.9）.

记法说明

我们用 X, Y 表示空间，用大写字母（最好是 T）表示算子，用 Tx 表示 x 在 T 之下的像（不带括号），用小写字母（最好是 f）表示泛函，而 f 在 x 的值用 $f(x)$（带有括号）表示. 这是广泛使用的记法.

2.1　向量空间

在数学的很多分支及应用中，向量空间起着重要的作用. 事实上，在各种实际的或理论的问题中，要研究的集合 X 中的元素可以是通常三维空间中的向量，或者是数列和函数. 这些元素能以天然的方式相加以及与数相乘，运算结果仍是 X 的元素. 这些具体的情况促使我们提出定义如下的向量空间的概念. 这个定义涉及一个一般的域 K. 但在泛函分析中，K 应是 $\mathbf{R}$ 或 $\mathbf{C}$. K 的元素叫作标量. 因此，在本书中标量是实数或复数.

2.1-1 定义（向量空间）　域 K 上的向量空间（或线性空间）是一个非空集合 X，其元素 $x, y, \cdots$（称为向量）关于 X 和 K 定义了两种代数运算. 这两种运算分别叫作向量加法和向量与标量（即 K 中的元素）的乘法.

向量加法是，对于 X 中的每一对向量 (x, y)，与其相联系的一个向量 $x + y$，叫作 x 与 y 之和. 按这种方式它还具有下述性质[①]：向量加法是可交换的和可结合的，即对所有向量都有

$$x + y = y + x,$$
$$x + (y + z) = (x + y) + z.$$

此外，存在零向量 $0 \in X$，并且对每个向量 x，存在 $-x$，使得对一切向量有

$$x + 0 = x,$$
$$x + (-x) = 0.$$

向量与标量的乘法是，对于每个向量 x 和标量 α，与其相联系的一个向量 αx（也写作 $x\alpha$），叫作 α 与 x 之积. 按这种方式对一切 x, y 和标量 α, β 都有

$$\alpha(\beta x) = (\alpha \beta)x,$$
$$1x = x$$

和分配律

$$\alpha(x + y) = \alpha x + \alpha y,$$
$$(\alpha + \beta)x = \alpha x + \beta y.$$　■

从这个定义我们看到，向量加法是从 $X \times X$ 到 X 的一个映射，而向量与标量的乘法是从 $K \times X$ 到 X 的一个映射.

K 叫作向量空间 X 的**标量域**或**系数域**. 并且在 $K = \mathbf{R}$（实数域）时，把 X 叫作**实向量空间**，而在 $K = \mathbf{C}$（复数域[②]）时，把 X 叫作**复向量空间**.

[①] 熟悉群的概念的读者会注意到，我们可把向量加法的性质总结为：X 是一个阿贝尔加法群.

[②] $\mathbf{R}$ 和 $\mathbf{C}$ 又分别叫作实直线和复平面（见 1.1-2 和 1.1-5），但这里不会引起混淆，故不需要用别的字母.

一般情况下, 零向量与标量 0 都使用记号 0 而不至于引起混淆. 若为更清楚起见, 我们可用 θ 表示零向量.

读者可以证明, 对所有的向量和标量, 有

$$0x = \theta, \tag{2.1.1a}$$

$$\alpha\theta = \theta, \tag{2.1.1b}$$

$$(-1)x = -x. \tag{2.1.2}$$

例子

2.1–2 空间 $\mathbf{R}^n$ 这个空间是曾在 1.1–5 中定义的欧几里得空间. 它的基集是形如 $x = (\xi_1, \cdots, \xi_n)$, $y = (\eta_1, \cdots, \eta_n)$ 的所有 n 元实序组构成的集合. 我们看到, 它是一个实向量空间, 按通常的方式定义了两种代数运算

$$x + y = (\xi_1 + \eta_1, \cdots, \xi_n + \eta_n),$$

$$\alpha x = (\alpha\xi_1, \cdots, \alpha\xi_n) \quad (\alpha \in \mathbf{R}).$$

下面的例子与这个例子在本质上是类似的, 因为其中每一种做法都和前面一样.

2.1–3 空间 $\mathbf{C}^n$ 这个空间曾在 1.1–5 中定义, 它由形如 $x = (\xi_1, \cdots, \xi_n)$, $y = (\eta_1, \cdots, \eta_n)$ 的所有 n 元复序组构成. 它是一个复向量空间, 代数运算的定义与前面一样, 只是其中的 $\alpha \in \mathbf{C}$.

2.1–4 空间 $C[a,b]$ 这个空间曾在 1.1–7 中定义. 这个空间的每一个点都是 $[a,b]$ 上的连续实值函数. 所以这种函数的集合按通常的方式定义代数运算

$$(x + y)(t) = x(t) + y(t),$$

$$(\alpha x)(t) = \alpha x(t) \quad (\alpha \in \mathbf{R})$$

后, 便形成一个实向量空间. 事实上, 当 x, y 是 $[a,b]$ 上的连续实值函数且 α 是实数时, $x + y$ 与 αx 也是 $[a,b]$ 上的连续实值函数.

另外一些重要的函数型的向量空间是 (a) 曾在 1.2–2 中定义的向量空间 $B(A)$, (b) 定义在 $\mathbf{R}$ 上的所有可微函数构成的向量空间, (c) 定义在 $[a,b]$ 上且按照某种意义是可积的所有实值函数所构成的向量空间.

2.1–5 空间 l^2 这个空间曾在 1.2–3 中引入. 像通常对序列的研究一样, 定义代数运算

$$(\xi_1, \xi_2, \cdots) + (\eta_1, \eta_2, \cdots) = (\xi_1 + \eta_1, \xi_2 + \eta_2, \cdots),$$

$$\alpha(\xi_1, \xi_2, \cdots) = (\alpha\xi_1, \alpha\xi_2, \cdots)$$

后, 它便是一个向量空间. 事实上, 由于 $x = (\xi_j) \in l^2$, $y = (\eta_j) \in l^2$, 只要用闵可夫斯基不等式 (1.2.12) 便可推出 $x + y \in l^2$. 同理可证 $\alpha x \in l^2$.

其他序列型的向量空间: 1.1–6 中的 l^∞ 和 1.2–3 中的 l^p（其中 $1 \leqslant p < +\infty$），以及 1.2–1 中的 s. ■

向量空间 X 的**子空间**是指满足下述条件的非空子集 Y: 对所有 $y_1, y_2 \in Y$ 及所有标量 α, β，都有 $\alpha y_1 + \beta y_2 \in Y$. 因此 Y 本身也是一个向量空间，且其上的两种代数运算是从 X 导出的.

向量空间 X 的一个特殊子空间是非真子空间 $Y = X$. X（$\neq \{0\}$）的其余子空间都叫作真子空间.

向量空间 X 的另一个特殊的子空间是 $Y = \{0\}$.

向量空间 X 的一组向量 $x_1, \cdots, x_m$ 的**线性组合**是形如

$$\alpha_1 x_1 + \alpha_2 x_2 + \cdots + \alpha_m x_m$$

的表达式，其中系数 $\alpha_1, \cdots, \alpha_m$ 是任意标量.

对于任意非空子集 $M \subseteq X$，M 中的向量的所有线性组合构成的集合，叫作 M 的**张成**，记作

$$\operatorname{span} M.$$

显然，$\operatorname{span} M$ 是 X 的一个子空间 Y，我们又说 Y 是由 M **张成**的或**生成**的.

现在引入两个重要的相互关联的概念，它们在后面要被反复用到.

2.1–6 定义（线性无关、线性相关）　在向量空间 X 中给定一组向量 $M = \{x_1, \cdots, x_r\}$（$r \geqslant 1$），它是线性无关还是线性相关由方程

$$\alpha_1 x_1 + \alpha_2 x_2 + \cdots + \alpha_r x_r = 0 \tag{2.1.3}$$

确定，其中 $\alpha_1, \cdots, \alpha_r$ 是标量. 显然，对于 $\alpha_1 = \alpha_2 = \cdots = \alpha_r = 0$，方程 (2.1.3) 是成立的. 若方程 (2.1.3) 仅仅对这组标量成立，则说 M 是线性无关的. 反之，若 M 不是线性无关的，即对不全为 0 的一组标量 $\alpha_1, \cdots, \alpha_r$，方程 (2.1.3) 也成立，则称 M 是线性相关的.

对于 X 的任意子集 M，若 M 的每一个非空有限子集都是线性无关的，则称 M 是线性无关的. 反之，若 M 不是线性无关的，则称 M 是线性相关的. ■

这个术语的产生是由下述事实引起的，若 $M = \{x_1, \cdots, x_r\}$ 是线性相关的，则 M 中至少有一个向量能写成其余向量的线性组合. 例如，若方程 (2.1.3) 成立且 $\alpha_r \neq 0$，则 M 是性线相关的，并且可以从 (2.1.3) 关于 x_r 解出

$$x_r = \beta_1 x_1 + \cdots + \beta_{r-1} x_{r-1}, \quad \text{其中 } \beta_j = -\alpha_j / \alpha_r.$$

我们可以用线性相关和线性无关的概念来定义向量空间的维数.

2.1–7 定义（有限维向量空间和无穷维向量空间）　对向量空间 X 来说，如果存在正整数 n，使得 X 包含 n 个线性无关的向量，而且 X 中任意 $n+1$ 个

或更多个向量都是线性相关的，则称 X 是有限维的，n 就叫作 X 的维数，记作 $n = \dim X$. 由定义知 $X = \{0\}$ 是有限维的，且 $\dim X = 0$. 若 X 不是有限维的，便叫作无穷维的. ∎

在分析中，无穷维向量空间比有限维空间更有意义. 例如，$C[a,b]$ 和 l^2 都是无穷维向量空间，而 $\mathbf{R}^n$ 和 $\mathbf{C}^n$ 都是 n 维向量空间.

若 $\dim X = n$，则 X 的任意 n 个线性无关的向量都叫作 X 的一个基. 若 $\{e_1, \cdots, e_n\}$ 是 X 的一个基，则每一个 $x \in X$ 作为 $e_1, \cdots, e_n$ 的线性组合，其表达式是唯一的：

$$x = \alpha_1 e_1 + \cdots + \alpha_n e_n.$$

例如，$\mathbf{R}^n$ 的一个基是

$$e_1 = (1, 0, 0, \cdots, 0),$$
$$e_2 = (0, 1, 0, \cdots, 0),$$
$$\vdots$$
$$e_n = (0, 0, 0, \cdots, 1).$$

有时又把这组向量叫作 $\mathbf{R}^n$ 的典范基.

更一般地，对于任意向量空间 X（不必是有限维的），若 B 是 X 的一个线性无关子集且 $\operatorname{span} B = X$，则称 B 是 X 的一个基（或哈梅尔基）. 因此，若 B 是 X 的一个基，则每一个非零的 $x \in X$ 作为 B 中（有限个！）元素以非零标量作为组合系数的线性组合，有唯一的表达式.

每一个向量空间 $X \neq \{0\}$ 都有一个基.

在有限维的情况下，这个结论是显然的. 对于任意无穷维向量空间，存在性的证明将要用到佐恩引理. 这个引理涉及另外一些概念，而要阐明这些概念需花费时间. 由于目前我们有更重要的事情要做，所以不打算在这上面耽搁，而把存在性的证明放在 §4.1 中. 出于另外的目的，在那里必须引入佐恩引理.

还要指出，对于给定的（有限维或无穷维）向量空间 X，它的所有基都有相同的基数（这个证明要求有一些较为高深的集合论的工具，见 M. M. Day, 1973, 第 3 页）. 这个基数又叫作 X 的维数. 注意，这一结果包含并推广了 2.1-7.

后面我们将需要下述简单定理.

2.1-8 定理（子空间的维数） 设 X 是 n 维向量空间，则 X 的任意真子空间 Y 的维数都小于 n.

证明 若 $n = 0$，则 $X = \{0\}$，所以它没有真子空间. 若 $\dim Y = 0$，则 $Y = \{0\}$. $X \neq Y$ 意味着 $\dim X \geqslant 1$，显然 $\dim Y < \dim X = n$. 若 $\dim Y = n$，

则 Y 有一个基包含 n 个向量, 由于 $\dim X = n$, 故这个基也是 X 的一个基, 故 $X = Y$. 这就证明了 Y 中的任意线性无关组所含元素的个数必小于 n, 从而 $\dim Y < n$. ∎

习 题

1. 证明: 按通常的加法和乘法, 所有实数的集合构成一维实向量空间, 所有复数的集合构成一维复向量空间.

2. 证明 (2.1.1) 和 (2.1.2).

3. 描述在 $\mathbf{R}^3$ 中由 $M = \{(1,1,1),(0,0,2)\}$ 张成的子空间.

4. 判定下述 $\mathbf{R}^3$ 的子集中的哪些构成 $\mathbf{R}^3$ 中的子空间 [其中 $x = (\xi_1, \xi_2, \xi_3)$].
   (a) 满足 $\xi_1 = \xi_2$ 且 $\xi_3 = 0$ 的所有 x.
   (b) 满足 $\xi_1 = \xi_2 + 1$ 的所有 x.
   (c) 满足 $\xi_1 > 0, \xi_2 > 0, \xi_3 > 0$ 的所有 x.
   (d) 满足 $\xi_1 - \xi_2 + \xi_3 = k =$ 常数 的所有 x.

5. 证明: $\{x_1, \cdots, x_n\}$, 其中 $x_j(t) = t^j$, 是空间 $C[a,b]$ 中的线性无关组.

6. 证明: 在 n 维向量空间 X 中, 任意 x 作为给定基向量 $e_1, \cdots, e_n$ 的线性组合, 其表达式是唯一的.

7. 令 $\{e_1, \cdots, e_n\}$ 是复向量空间 X 的一个基. 把 X 看作实向量空间, 求它的一个基. 对应于这两种情况, 它们的维数各是多少?

8. 若 M 是复向量空间 X 中的一个线性相关集. 当把 X 看作实向量空间时, M 还是线性相关的吗?

9. 在给定的区间 $[a,b] \subseteq \mathbf{R}$ 上, 考虑所有次数不超过 (给定的) n 的实系数多项式及多项式 $x = 0$ (在通常的讨论中, 对它没有规定次数) 的集合 X. 证明: 按照通常的多项式的加法和多项式与实数的乘法, 它是 $n+1$ 维实向量空间. 求 X 的一个基. 证明: 若系数取复数, 用类似的方式可以得到一个复向量空间 $\tilde{X}$. X 是 $\tilde{X}$ 的子空间吗?

10. 若 Y 和 Z 是向量空间 X 的子空间, 证明 $Y \cap Z$ 是 X 的子空间, 而 $Y \cup Z$ 则不一定是. 举例说明.

11. 若 $M \neq \varnothing$ 是向量空间 X 的任意子集, 证明 $\operatorname{span} M$ 是 X 的子空间.

12. 证明所有二阶实方阵的集合构成一个向量空间 X. X 的零向量是什么? 确定 $\dim X$. 求 X 的一个基. 给出 X 的子空间的例子. X 中的所有对称矩阵 x 构成一个子空间吗? 所有奇异矩阵呢?

13. 积　证明: 同一个域上的两个向量空间 X_1 和 X_2 的笛卡儿积 $X = X_1 \times X_2$, 按下述方式定义代数运算, 则它成为一个向量空间.
$$(x_1, x_2) + (y_1, y_2) = (x_1 + y_1, x_2 + y_2),$$
$$\alpha(x_1, x_2) = (\alpha x_1, \alpha x_2).$$

14. **商空间、余维**　令 Y 是向量空间 X 的一个子空间. 元素 $x \in X$ 关于 Y 的陪集，记为 $x + Y$，定义为（见图 2-1）

$$x + Y = \{v \mid v = x + y, \, y \in Y\}.$$

证明不同的陪集形成 X 的一个划分. 证明：在定义代数运算（见图 2-2 和图 2-3）

$$(w + Y) + (x + Y) = (w + x) + Y,$$

$$\alpha(x + Y) = \alpha x + Y$$

之下，这些陪集成为一个向量空间的元素. 这个空间叫作 X 由 Y 作成（或 modulo Y）的商空间（有时也叫因子空间），记作 X/Y. 它的维数叫作 Y 的余维，并记作 codim Y，也就是

$$\operatorname{codim} Y = \dim(X/Y).$$

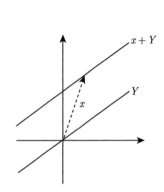

图 2-1　对习题 14 中记号 $x + Y$ 的说明

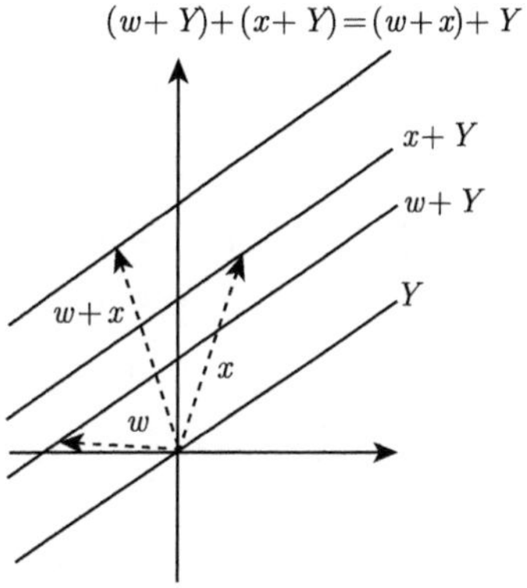

图 2-2　对商空间中向量加法的说明

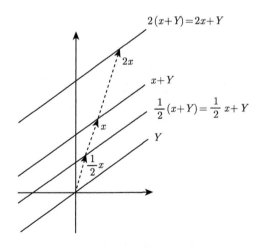

图 2-3　对商空间中向量与标量乘法的说明（见习题 14）

15. 令 $X = \mathbf{R}^3$ 且 $Y = \{(\xi_1, 0, 0) \mid \xi_1 \in \mathbf{R}\}$. 求 $X/Y, \, X/X, \, X/\{0\}$.

2.2　赋范空间和巴拿赫空间

上节的例子说明, 在很多情况下, 因为向量空间 X 上定义了度量 d, 所以 X 也同时是一个度量空间. 然而, 如果 X 的代数结构与度量没有什么关系, 就不能指望把代数的概念和度量的概念结合在一起, 得到有用的适当理论. 为了保证 X 的代数性质与几何性质有如此的关系, 我们必须按如下的特殊方式, 在 X 上定义度量 d. 首先引入一个辅助的所谓范数 (定义在后面) 概念, 这就要用到向量空间的代数运算. 然后用范数来定义我们所希望的度量 d. 这一想法就导出了赋范空间的概念. 此后再转入对一些特殊的赋范空间的研究. 这类空间为建立丰富而有意义的理论提供了基础. 但这类空间虽然特殊, 却也足够一般化, 因为它包括了很多在实践中很重要的具体模型. 事实上, 分析中遇到的大量度量空间, 都能被看作赋范空间. 所以, 赋范空间大概是泛函分析中最重要的一类空间, 至少从目前应用的观点看是这样的. 这里给出其定义如下.

2.2–1 定义 (**赋范空间和巴拿赫空间**)　所谓赋范空间[①] X, 是指在其上定义了范数的向量空间. 巴拿赫空间就是完备赋范空间 [这里的完备性是按范数定义的度量来衡量的, 见下面的 (2.2.1)]. 所谓 (实或复) 向量空间 X 上的**范数**, 是指定义在 X 上的实值函数, 它在 $x \in X$ 的值记为

$$\|x\| \quad (\text{读作 } x \text{ 的范数}),$$

并且具有如下性质.

(N₁) $\|x\| \geqslant 0$.

(N₂) $\|x\| = 0 \iff x = 0$.

(N₃) $\|\alpha x\| = |\alpha| \|x\|$.

(N₄) $\|x + y\| \leqslant \|x\| + \|y\|$　(三角不等式).

x 和 y 是 X 中的任意向量, α 是任意标量.

向量空间 X 上的范数在 X 上定义的度量 d 为

$$d(x, y) = \|x - y\|, \quad \text{其中 } x, y \in X, \tag{2.2.1}$$

叫作由范数导出的度量. 相关的赋范空间记为 $(X, \|\cdot\|)$, 或简记为 X. ■

对范数所规定的性质 N₁ ~ N₄, 是受初等向量代数中向量长度 $|x|$ 的启发而提出的. 所以在向量代数中, 也可记 $\|x\| = |x|$. 事实上, N₁ 和 N₂ 是说, 所有非零

---

① 也叫作赋范向量空间或赋范线性空间. 它是由巴拿赫 (S.Banach, 1922)、哈恩 (H. Hahn, 1922) 和维纳 (N. Wiener, 1922) 分别独立给出的. 从巴拿赫 (S. Banach, 1932) 的论文可以看出, 这方面的理论自提出后的 10 年得到了迅速的发展.

向量都有正的长度，只有零向量长度为 0. N_3 是说，当向量乘上一个标量后，其长度便乘上标量的绝对值. N_4 在图 2–4 中给出了说明，即三角形的一边的长度不能超过其余两边的长度之和.

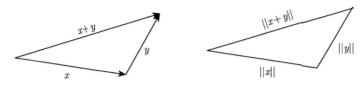

图 2–4 对三角不等式 N_4 的说明

不难从 $N_1 \sim N_4$ 推出 (2.2.1) 定义了一个度量. 因此，赋范空间和巴拿赫空间都是度量空间.

由于巴拿赫空间具有不完备赋范空间所没有的一些性质（第 4 章中讨论），所以它格外的重要.

为后面的需要，注意可从 N_4 推出

$$\big| \|y\| - \|x\| \big| \leqslant \|y - x\|. \tag{2.2.2}$$

这一点很容易证明（见习题 3）. (2.2.2) 意味着范数有如下重要性质.

范数是连续的，即 $x \longmapsto \|x\|$ 是从 $(X, \|\cdot\|)$ 到 $\mathbf{R}$ 的连续映射（见 1.3–3）.

赋范空间的典型例子是大家熟悉的二维欧几里得平面和三维欧几里得空间. 由于 §1.1 和 §1.2 的一些度量空间能以自然的方式作成赋范空间，进一步的例子可从这两节导出. 然而，我们在本节的后面将会看到，并不是向量空间上的每一个度量都能从范数导出.

例子

2.2–2 欧几里得空间 $\mathbf{R}^n$ 和酉空间 $\mathbf{C}^n$ 这些空间曾在 1.1–5 中定义. 它们都是巴拿赫空间，其范数取为

$$\|x\| = \left(\sum_{j=1}^{n} |\xi_j|^2 \right)^{1/2} = \sqrt{|\xi_1|^2 + \cdots + |\xi_n|^2}. \tag{2.2.3}$$

事实上，$\mathbf{R}^n$ 和 $\mathbf{C}^n$ 是完备的（见 1.5–1），并且 (2.2.3) 给出了度量 (1.1.7)：

$$d(x, y) = \|x - y\| = \sqrt{|\xi_1 - \eta_1|^2 + \cdots + |\xi_n - \eta_n|^2}.$$

应该特别指出，在三维欧几里得空间 $\mathbf{R}^3$ 中，我们有

$$\|x\| = |x| = \sqrt{\xi_1^2 + \xi_2^2 + \xi_3^2}.$$

这就使我们确信范数是初等的向量长度 $|x|$ 概念的推广.

2.2–3 空间 l^p　这个空间曾在 1.2–3 中定义. 它是巴拿赫空间, 其范数取为

$$\|x\| = \left(\sum_{j=1}^{\infty} |\xi_j|^p \right)^{1/p}. \tag{2.2.4}$$

事实上, 这个范数导出了 1.2–3 中的度量

$$d(x,y) = \|x - y\| = \left(\sum_{j=1}^{\infty} |\xi_j - \eta_j|^p \right)^{1/p}.$$

完备性已在 1.5–4 中证明.

2.2–4 空间 l^∞　这个空间曾在 1.1–6 中定义. 它的度量可从范数

$$\|x\| = \sup_j |\xi_j|$$

导出, 其完备性已在 1.5–2 中证明. 所以它是巴拿赫空间.

2.2–5 空间 $C[a, b]$　这个空间曾在 1.1–7 中定义. 它是巴拿赫空间, 其范数取为

$$\|x\| = \max_{t \in J} |x(t)|, \tag{2.2.5}$$

其中 $J = [a, b]$. 完备性已在 1.5–5 中证明,

2.2–6 不完备赋范空间　从 1.5–7、1.5–8 和 1.5–9 中的不完备度量空间, 我们可以很容易得到相应的不完备赋范空间. 例如, 1.5–9 中的度量可从范数

$$\|x\| = \int_0^1 |x(t)| \mathrm{d}t \tag{2.2.6}$$

导出. 每个不完备赋范空间, 也都能像在 1.6–2 中对度量空间所做的那样完备化吗? 向量空间中的运算和范数经完备化后又被延拓成什么? 我们在 §2.3 将会看到, 这样做确实是可以的.

2.2–7 一个不完备赋范空间及其完备化 $L^2[a, b]$　定义在 $[a, b]$ 上的所有实值连续函数的向量空间, 构成赋范空间 $(X, \|\cdot\|)$, 其范数取为

$$\|x\| = \left(\int_a^b x^2(t) \mathrm{d}t \right)^{1/2}. \tag{2.2.7}$$

这个空间是不完备的. 例如, 当 $[a, b] = [0, 1]$ 时, 从 §1.5 的图 1–9 几乎可以看出, 1.5–9 中的函数序列在赋范空间 $(X, \|\cdot\|)$ 中也是一个柯西序列. 事实上, 当 $n > m$ 时, 通过积分便得到

$$\|x_n - x_m\|^2 = \int_0^1 \left[x_n(t) - x_m(t) \right]^2 \mathrm{d}t = \frac{(n-m)^2}{3mn^2} < \frac{1}{3m} - \frac{1}{3n}.$$

但这个柯西序列是不收敛的, 其证明过程和 1.5–9 一样, 只要用上面的度量代替 1.5–9 中的度量就行了. 对于一般的区间 $[a, b]$, 我们同样可以构造一个在 X 中不收敛的柯西序列.

根据 1.6–2, 空间 X 可以被完备化. 完备化后的空间记为 $L^2[a, b]$. 这个空间是巴拿赫空间. 事实上, 从下节的 2.3–2 可以看出, 空间 X 上的范数和向量空间的运算都能被延拓到完备化后的空间 $L^2[a, b]$ 上.

更一般地, 对于固定的任意实数 $p \geqslant 1$, 巴拿赫空间

$$L^p[a, b]$$

都是赋范空间 $(X, \|\cdot\|)$ 的完备化, 像前面那样, X 是定义在 $[a, b]$ 上的所有实值连续函数构成的向量空间, 其范数取为

$$\|x\|_p = \left(\int_a^b |x(t)|^p \mathrm{d}t \right)^{1/p}. \tag{2.2.8}$$

下标 p 提醒我们这个范数与选定的 p 有关. 注意, 取 $p = 2$ 上式便成为 (2.2.7).

对于熟悉勒贝格积分的读者, 我们顺便指出, 空间 $L^p[a, b]$ 也能直接用勒贝格积分和定义在 $[a, b]$ 上的勒贝格可测函数 x 得到, 其中 x 是使得 $|x|^p$ 在 $[a, b]$ 上的勒贝格积分存在且有限的函数. 空间 $L^p[a, b]$ 中的元素是这种函数的等价类, 其中 x 与 y 等价是指 $|x - y|^p$ 在 $[a, b]$ 上的勒贝格积分等于 0 (注意, 这一定义保证了公理 N_2 的有效性).

没有勒贝格积分和勒贝格测度方面知识的读者, 也不必为此烦恼. 实际上, 这个例子在以后的讨论中不是很重要. 总而言之, 这个例子说明: 完备化的过程可能导出一类新的元素. 不过我们还须找出这类新元素有什么特征.

2.2–8 空间 s 向量空间上的每一个度量都能从范数导出吗? 回答是否定的. 一个反例是 1.2–1 中的空间 s. 事实上, s 是一个向量空间, 其度量 d 定义为

$$d(x, y) = \sum_{j=1}^{\infty} \frac{1}{2^j} \frac{|\xi_j - \eta_j|}{1 + |\xi_j - \eta_j|}.$$

这个度量是不能从某个范数导出的. 从下面的引理立即可以得到这个结果. 这个引理是说, 由范数导出的度量 d 具备两个基本性质, 第一个性质是 (2.2.9a) 所表示的, 叫作 d 的平移不变性.

2.2–9 引理 (平移不变性) 在赋范空间 X 上, 由范数导出的度量 d, 对于所有 $x, y, a \in X$ 及每一个标量 α 都满足

$$d(x + a, y + a) = d(x, y), \tag{2.2.9a}$$

$$d(\alpha x, \alpha y) = |\alpha| \, d(x, y). \tag{2.2.9b}$$

证明 显然有

$$d(x + a, y + a) = \|x + a - (y + a)\| = \|x - y\| = d(x, y),$$
$$d(\alpha x, \alpha y) = \|\alpha x - \alpha y\| = |\alpha|\,\|x - y\| = |\alpha|\,d(x, y).\qquad\blacksquare$$

习　题

1. 证明 x 的范数 $\|x\|$ 是从 x 到 0 的距离.

2. 验证平面或三维空间中通常的向量长度具有范数的性质 $N_1 \sim N_4$.

3. 证明 (2.2.2).

4. 证明：用

$$\|x\| = 0 \quad\Longrightarrow\quad x = 0$$

代替 N_2 不会改变范数的概念. 证明范数的非负性也可以从 N_3 和 N_4 推出.

5. 证明 (2.2.3) 定义了一个范数.

6. 令 X 是形如 $x = (\xi_1, \xi_2)$, $y = (\eta_1, \eta_2)$, $\cdots$ 的所有实数序偶构成的向量空间. 证明

$$\|x\|_1 = |\xi_1| + |\xi_2|,$$
$$\|x\|_2 = \left(\xi_1^2 + \xi_2^2\right)^{1/2},$$
$$\|x\|_\infty = \max\{|\xi_1|, |\xi_2|\}$$

都是 X 上的范数.

7. 验证 (2.2.4) 满足 $N_1 \sim N_4$.

8. 在由数的 n 元序组构成的向量空间（见 2.2-2）上有一些实践中很重要的范数, 特别是

$$\|x\|_1 = |\xi_1| + |\xi_2| + \cdots + |\xi_n|,$$
$$\|x\|_p = \left(|\xi_1|^p + |\xi_2|^p + \cdots + |\xi_n|^p\right)^{1/p}, \quad \text{其中 } 1 < p < +\infty,$$
$$\|x\|_\infty = \max\{|\xi_1|, \cdots, |\xi_n|\}.$$

验证上面定义的范数都满足 $N_1 \sim N_4$.

9. 验证 (2.2.5) 定义了一个范数.

10. **单位球面**　球面

$$S(0; 1) = \{x \in X \mid \|x\| = 1\}$$

在赋范空间 X 中叫作单位球面. 证明：对于习题 6 中定义的范数和

$$\|x\|_4 = \left(\xi_1^4 + \xi_2^4\right)^{1/4},$$

单位球面如图 2–5 所示.

11. **凸集、线段**　对于向量空间 X 的子集 A, 若 $x, y \in A$ 蕴涵

$$M = \left\{z \in X \mid z = \alpha x + (1 - \alpha)y, \ 0 \leqslant \alpha \leqslant 1\right\} \subseteq A,$$

则称 A 为凸集. M 叫作以 x, y 为端点的闭线段, 任意其他点 $z \in M$ 都叫作 M 的内点 (见图 2–6). 证明闭单位球

$$\tilde{B}(0;1) = \{x \in X \mid \|x\| \leqslant 1\}$$

在赋范空间 X 中是凸的.

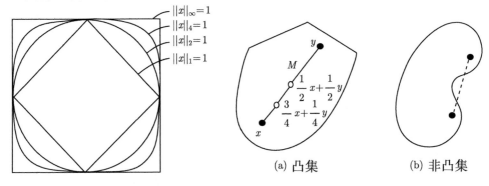

图 2–5 习题 10 中的单位球面　　**图 2–6** 凸集和非凸集的例子 (见习题 11)

12. 利用习题 11, 证明

$$\varphi(x) = \left(\sqrt{|\xi_1|} + \sqrt{|\xi_2|}\right)^2$$

在形如 $x = (\xi_1, \xi_2), \cdots$ 的所有实数序偶构成的向量空间上不能定义一个范数. 粗略地画出曲线 $\varphi(x) = 1$, 并把它和图 2–7 加以比较.

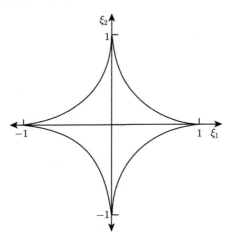

图 2–7 习题 12 中的曲线 $\varphi(x) = 1$

13. 证明向量空间 $X \neq \{0\}$ 上的离散度量不能由范数导出 (见 1.1–8).

14. 设 d 是向量空间 $X \neq \{0\}$ 上由范数导出的度量, 度量 $\tilde{d}$ 定义为

$$\tilde{d}(x,x) = 0, \quad \text{对于 } x \neq y \text{ 有 } \quad \tilde{d}(x,y) = d(x,y) + 1.$$

证明 $\tilde{d}$ 不能由范数导出.

15. 有界集　证明：赋范空间 X 中的子集 M 是有界的，当且仅当存在正数 c，使得对每个 $x \in M$ 有 $\|x\| \leqslant c$.（有界集的定义见 §1.2 习题 6.）

2.3　赋范空间的其他性质

若赋范空间 X 的子空间 Y 是向量空间，取 X 上的范数限制在子集 Y 上（叫作由 X 的范数在 Y 上导出的范数），则 Y 也是赋范空间，称为 X 的**赋范子空间**. 若 Y 在 X 中是闭的，则称其为 X 的**闭子空间**.

根据定义，巴拿赫空间 X 的赋范子空间 Y，仅要求 Y 是赋范空间，不要求 Y 是完备的.（注意有的作者不是这样定义的，所以要当心所推出的结果.）

在研究这些概念之间的联系时，定理 1.4–7 是极为有用的，由它可立即推出以下定理.

2.3–1 定理（巴拿赫空间的子空间）　巴拿赫空间 X 的赋范子空间 Y 是完备的，当且仅当 Y 在 X 中是闭的.

关于赋范空间中序列的**收敛性**及有关概念，只要在度量空间的相应定义 1.4–1 和 1.4–3 中，把度量换成 $d(x,y) = \|x - y\|$，便可得到：

(i) 赋范空间 X 中的序列 (x_n) 是收敛的，是指存在 $x \in X$ 使得

$$\lim_{n\to\infty} \|x_n - x\| = 0,$$

记为 $x_n \to x$，把 x 叫作 (x_n) 的极限.

(ii) 赋范空间 X 中的序列 (x_n) 是柯西序列，是指对于任意正数 ε，存在 N 使得

$$\text{对于所有 } m, n > N \text{ 有} \quad \|x_m - x_n\| < \varepsilon. \tag{2.3.1}$$

在一般的度量空间，也可以用序列来研究问题. 在赋范空间中，还可跨出更重要的一步，利用级数作为研究工具.

现在可以用类似于微积分中的方式来定义**无穷级数**. 事实上，若 (x_k) 是赋范空间 X 中的一个序列，针对 (x_k) 能够作部分和序列 (s_n)，其中

$$s_n = x_1 + x_2 + \cdots + x_n,$$

其中 $n = 1, 2, \cdots$. 若 (s_n) 收敛，不妨设

$$s_n \to s \quad \text{即} \quad \|s_n - s\| \to 0,$$

则无穷级数（简称级数）

$$\sum_{k=1}^{\infty} x_k = x_1 + x_2 + \cdots \tag{2.3.2}$$

收敛，s 叫作这个级数的和，记为

$$s = \sum_{k=1}^{\infty} x_k = x_1 + x_2 + \cdots.$$

若级数 $\|x_1\| + \|x_2\| + \cdots$ 收敛，则称级数 (2.3.2) **绝对收敛**. 然而，要提醒读者注意，在赋范空间 X 中，当且仅当 X 是完备的，绝对收敛性才蕴涵收敛性（见习题 7~9）.

级数收敛性的概念可以用来定义空间的基. 若赋范空间 X 包含具有以下性质的序列 (e_n)：对于每个 $x \in X$ 都存在唯一的标量序列 (α_n) 使得

$$当 n \to \infty \ 时有 \quad \|x - (\alpha_1 e_1 + \cdots + \alpha_n e_n)\| \to 0, \tag{2.3.3}$$

则称 (e_n) 为 X 的一个**绍德尔基**（或基）. 和为 x 的级数

$$\sum_{k=1}^{\infty} \alpha_k e_k$$

叫作 x 关于基 (e_n) 的表达式，记为

$$x = \sum_{k=1}^{\infty} \alpha_k e_k.$$

例如，2.2–3 中的 l^p，它的一个绍德尔基为 (e_n)，其中 $e_n = (\delta_{nj})$，即，e_n 是第 n 项为 1 且其余项为 0 的序列. 因而

$$\begin{aligned}
e_1 &= (1, 0, 0, 0, \cdots), \\
e_2 &= (0, 1, 0, 0, \cdots), \\
e_3 &= (0, 0, 1, 0, \cdots), \\
&\qquad\vdots
\end{aligned} \tag{2.3.4}$$

若赋范空间 X 有一个绍德尔基，则 X 是可分的（见定义 1.3–5）. 证明是很简单的，留给读者去完成（见习题 10）. 反过来，每一个可分巴拿赫空间都有绍德尔基吗？这是巴拿赫本人在大约 40 年前提出的著名问题. 几乎所有已知的可分巴拿赫空间，都证明了有绍德尔基. 然而，这个问题的答案却令人惊异——是否定的. 这是由恩弗罗（P. Enflo，1973）给出的，他构造了一个没有绍德尔基的可分巴拿赫空间.

最后回到赋范空间的完备化问题，我们曾在上节中简单地提到过这个问题.

2.3–2 定理（完备化） 若 $X = (X, \|\cdot\|)$ 是赋范空间，则存在巴拿赫空间 $\hat{X}$ 和 X 到 $\hat{X}$ 的稠密子空间 W 上的等距映射 A. 若不区分等距空间，则空间 $\hat{X}$ 是唯一的.

证明　从定理 1.6–2 可以推出存在完备度量空间 $\hat{X} = (\hat{X}, \hat{d})$ 和等距映射 $A: X \longrightarrow W = A(X)$，其中 W 在 $\hat{X}$ 中稠密，且在等距空间不加区分的意义下 $\hat{X}$ 是唯一的.（在这里用 A，而不像在 1.6–2 中用 T，为的是留着 T 给 §8.2 中的定理用.）因此，要证明这个定理，必须先把 $\hat{X}$ 作成向量空间，再在 $\hat{X}$ 上引入适当的范数.

为了在 $\hat{X}$ 上定义向量空间的两个代数运算，我们考虑任意 $\hat{x}, \hat{y} \in \hat{X}$ 以及它们的任意代表 $(x_n) \in \hat{x}$ 和 $(y_n) \in \hat{y}$. 记住 $\hat{x}$ 和 $\hat{y}$ 是 X 中的柯西序列的等价类. 令 $z_n = x_n + y_n$，由于

$$\|z_n - z_m\| = \|(x_n + y_n) - (x_m + y_m)\| \leqslant \|x_n - x_m\| + \|y_n - y_m\|,$$

所以 (z_n) 也是 X 中的柯西序列. 我们定义 (z_n) 所属的等价类为 $\hat{x}$ 与 $\hat{y}$ 之和 $\hat{z} = \hat{x} + \hat{y}$. 这个定义与在 $\hat{x}$ 和 $\hat{y}$ 中具体选取的代表 (x_n) 和 (y_n) 无关. 事实上，(1.6.1) 表明，若 $(x_n) \sim (x'_n)$ 且 $(y_n) \sim (y'_n)$，因为

$$\|(x_n + y_n) - (x'_n - y'_n)\| \leqslant \|x_n - x'_n\| + \|y_n - y'_n\|,$$

则 $(x_n + y_n) \sim (x'_n + y'_n)$. 以类似的方式定义 (αx_n) 所属的等价类 $\alpha\hat{x} \in \hat{X}$ 为 $\hat{x}$ 与标量 α 的乘积. 同样可以证明这个定义不依赖于 $\hat{x}$ 中的代表 (x_n) 的选取. $\hat{X}$ 中的零元是以 0 为极限的所有柯西序列组成的等价类. 容易证明 $\hat{X}$ 中的这两个代数运算具有定义中所要求的性质，所以 $\hat{X}$ 是向量空间. 从定义可以推出，由 $\hat{X}$ 在 W 上导出的向量空间的运算，与由 A 在 $\hat{X}$ 上导出的运算是相同的.

此外，A 在 W 上导出的范数 $\|\cdot\|_1$，它在每一点 $\hat{y} = Ax \in W$ 的值就是 $\|\hat{y}\|_1 = \|x\|$. 因为 A 是等距映射，所以 W 上相应的度量是 $\hat{d}$ 在 W 上的限制. 如果对每个 $\hat{x} \in \hat{X}$，令 $\|\hat{x}\|_2 = \hat{d}(\hat{0}, \hat{x})$，则可将范数 $\|\cdot\|_1$ 延拓到 $\hat{X}$. 事实上，$\|\cdot\|_2$ 满足 §2.2 中的 N_1 和 N_2，而通过对 $\|\cdot\|_1$ 求极限可以证明它满足另外两条公理 N_3 和 N_4.　　　■

习　题

1. 证明 $c \subseteq l^\infty$ 是 l^∞（见 1.5–3）的线性子空间. 若 c_0 是收敛到 0 的所有标量序列构成的空间，则 c_0 也是 l^∞ 的线性子空间.

2. 证明习题 1 中的 c_0 是 l^∞ 的闭子空间，所以由 1.5–2 和 1.4–7 可知它是完备的.

3. 在 l^∞ 中，令 Y 是只有有限个非零项的所有序列构成的子集，证明 Y 是 l^∞ 的子空间，但不是闭子空间.

4. **向量空间的运算的连续性**　证明赋范空间 X 中的向量加法和向量与标量的乘法是相对于范数的连续运算. 也就是说，由 $(x, y) \longmapsto x + y$ 和 $(\alpha, x) \longmapsto \alpha x$ 定义的映射是连续的.

5. 证明 $x_n \to x, y_n \to y$ 蕴涵 $x_n + y_n \to x + y$. 证明 $\alpha_n \to \alpha, x_n \to x$ 蕴涵 $\alpha_n x_n \to \alpha x$.

6. 证明赋范空间 X 的子空间 Y 的闭包 $\overline{Y}$ 也是线性子空间.

7. **绝对收敛性** 证明 $\|y_1\| + \|y_2\| + \cdots$ 收敛并不意味着 $y_1 + y_2 + \cdots$ 也收敛. 提示: 考虑习题 3 中的 Y 和 (y_n), 其中 $y_n = (\eta_j^{(n)})$, $\eta_n^{(n)} = 1/n^2$ 且对于 $j \neq n$ 有 $\eta_j^{(n)} = 0$.

8. 在赋范空间 X 中, 若任意级数绝对收敛总能推出该级数收敛, 证明 X 是完备空间.

9. 证明: 在巴拿赫空间中, 绝对收敛的级数也是收敛的.

10. **绍德尔基** 证明: 若赋范空间有绍德尔基, 则它是可分空间.

11. 令 $e_n = (\delta_{nj})$, 证明 (e_n) 是 l^p ($1 \leqslant p < +\infty$) 的一个绍德尔基.

12. **半范数** 向量空间 X 上的半范数是满足 §2.2 中 N_1、N_3、N_4 的映射 $p: X \longrightarrow \mathbf{R}$ (有些作者又叫伪范数). 证明

$$p(0) = 0,$$

$$|p(y) - p(x)| \leqslant p(y - x).$$

(因此, 若 $p(x) = 0$ 意味着 $x = 0$, 则 p 便是一个范数.)

13. 证明: 在习题 12 中, 使得 $p(x) = 0$ 的 x 构成 X 的一个子空间 N, 并且 X/N (见 §2.1 习题 14) 上的范数可定义为 $\|\hat{x}\|_0 = p(x)$, 其中 $x \in \hat{x}$ 且 $\hat{x} \in X/N$.

14. **商空间** 令 Y 是赋范空间 $(X, \|\cdot\|)$ 的闭子空间. 证明 X/Y (见 §2.1 习题 14) 上的范数 $\|\cdot\|_0$ 可定义为

$$\|\hat{x}\|_0 = \inf_{x \in \hat{x}} \|x\|,$$

其中 $\hat{x} \in X/Y$, 即 $\hat{x}$ 是 Y 的任意一个陪集.

15. **赋范空间的积** 若 $(X_1, \|\cdot\|_1)$ 和 $(X_2, \|\cdot\|_2)$ 是两个赋范空间, 证明积空间 $X = X_1 \times X_2$ (见 §2.1 习题 13) 在定义了范数

$$\|x\| = \max(\|x_1\|_1, \|x_2\|_2), \quad 其中 x = (x_1, x_2)$$

之后, 也成为一个赋范空间.

2.4 有限维赋范空间和子空间

有限维赋范空间比无穷维赋范空间简单吗? 在哪些方面更简单? 提出这样的问题是很自然的. 由于有限维的空间和子空间在各种研究中 (如在逼近论和谱论中) 都起作用, 所以它们是很重要的. 很多有意义的专题就是关于它们的. 不管就这部分内容本身, 还是为以后的研究提供工具, 选择某些适当的内容加以讨论都是值得的. 这就是安排本节和 §2.5 内容的目的.

我们期望得到的结果在很大程度上是基于下述引理的. 粗略地讲, 这个引理是说, 对于一组线性无关的向量, 不能指望用绝对值较大的标量做线性组合, 以得到范数很小的向量.

2.4–1 引理（线性组合） 设 $\{x_1, \cdots, x_n\}$ 是（任意维数的）赋范空间 X 中的线性无关组，则对选定的任意一组标量 $\alpha_1, \cdots, \alpha_n$，存在正的常数 c 使得

$$\|\alpha_1 x_1 + \cdots + \alpha_n x_n\| \geqslant c(|\alpha_1| + \cdots + |\alpha_n|). \tag{2.4.1}$$

证明 记 $s = |\alpha_1| + \cdots + |\alpha_n|$. 若 $s = 0$, 显然, 每个 $\alpha_j = 0$, 所以 (2.4.1) 对任意正数 c 都成立. 令 $s > 0$, 用 s 除 (2.4.1) 两端, 并记 $\beta_j = \alpha_j/s$, 因此 (2.4.1) 等价于

$$\|\beta_1 x_1 + \cdots + \beta_n x_n\| \geqslant c, \quad \text{其中} \sum_{j=1}^{n} |\beta_j| = 1. \tag{2.4.2}$$

因此, 只要能证明, 对于满足 $\sum_{j=n}^{n} |\beta_j| = 1$ 的任意 n 个标量 $\beta_1, \cdots, \beta_n$, 存在正数 c 使得 (2.4.2) 成立就够了.

采取反证法. 若命题不真, 则存在向量序列 (y_m), 其中

$$y_m = \beta_1^{(m)} x_1 + \cdots + \beta_n^{(m)} x_n, \quad \text{其中} \sum_{j=1}^{n} \left|\beta_j^{(m)}\right| = 1,$$

使得

$$\text{当} \ m \to \infty \ \text{时, 有} \quad \|y_m\| \to 0.$$

由于 $\sum_{j=1}^{n} \left|\beta_j^{(m)}\right| = 1$, 我们有 $\left|\beta_j^{(m)}\right| \leqslant 1$. 因此, 对于固定的 j,

$$\left(\beta_j^{(m)}\right) = \left(\beta_j^{(1)}, \beta_j^{(2)}, \cdots\right)$$

是有界标量序列. 根据波尔察诺–魏尔斯特拉斯定理, $\left(\beta_1^{(m)}\right)$ 有收敛的子序列, 令 β_1 是这个子序列的极限. 令 $(y_{1,m})$ 表示 (y_m) 的相应子序列. 同理可证, 标量 $\beta_2^{(m)}$ 的序列有收敛的子序列, 令 β_2 为其极限, 令 $(y_{2,m})$ 表示 $(y_{1,m})$ 的相应子序列. 这样做 n 次之后, 得到 (y_m) 的子序列 $(y_{n,m}) = (y_{n,1}, y_{n,2}, \cdots)$, 它的一般项为

$$y_{n,m} = \sum_{j=1}^{n} \gamma_j^{(m)} x_j, \quad \text{其中} \sum_{j=1}^{n} \left|\gamma_j^{(m)}\right| = 1,$$

其中标量 $\gamma_j^{(m)}$ 满足当 $m \to \infty$ 时 $\gamma_j^{(m)} \to \beta_j$. 因此, 当 $m \to \infty$ 时, 有

$$y_{n,m} \to y = \sum_{j=1}^{n} \beta_j x_j,$$

其中 $\sum_{j=1}^{n} |\beta_j| = 1$. 所以 $\beta_1, \cdots, \beta_n$ 不全为零. 由于 $\{x_1, \cdots, x_n\}$ 是线性无关组, 故 $y \neq 0$. 另外, 根据范数的连续性, $y_{n,m} \to y$ 意味着 $\|y_{n,m}\| \to \|y\|$. 根据假

设 $\|y_m\| \to 0$，而 $(y_{n,m})$ 是 (y_m) 的子序列，所以必有 $\|y_{n,m}\| \to 0$. 这就推出 $\|y\| = \lim_{m\to\infty} \|y_{n,m}\| = 0$，由 §2.2 中的 N_2 可知 $y = 0$. 这与 $y \neq 0$ 矛盾，引理得证.   ∎

作为这个引理的第一个应用，我们来证明一个基本定理.

2.4-2 定理（完备性） 赋范空间 X 的每一个有限维子空间 Y 都是完备的. 特别是，每个有限维赋范空间都是完备的.

证明 我们证明 Y 中的任意柯西序列 (y_m) 都在 Y 中收敛，这时 (y_m) 的极限记为 y. 不妨令 $\dim Y = n$ 且 $\{e_1, \cdots, e_n\}$ 是 Y 的任意一个基，则每个 y_m 都有唯一表示

$$y_m = \alpha_1^{(m)} e_1 + \cdots + \alpha_n^{(m)} e_n.$$

由于 (y_m) 是柯西序列，所以对于任意正数 ε，存在 N 使得当 $m, r > N$ 时有 $\|y_m - y_r\| < \varepsilon$. 由此以及 2.4-1，存在某个正数 c 使得当 $m, r > N$ 时有

$$\varepsilon > \|y_m - y_r\| = \left\| \sum_{j=1}^{n} \left(\alpha_j^{(m)} - \alpha_j^{(r)} \right) e_j \right\| \geqslant c \sum_{j=1}^{n} \left| \alpha_j^{(m)} - \alpha_j^{(r)} \right|.$$

用正数 c 除不等式两端得到

$$当\ m, r > N\ 时，有 \quad \left| \alpha_j^{(m)} - \alpha_j^{(r)} \right| \leqslant \sum_{j=1}^{n} \left| \alpha_j^{(m)} - \alpha_j^{(r)} \right| < \frac{\varepsilon}{c}.$$

这就证明了以下 n 个序列

$$\left(\alpha_j^{(m)} \right) = \left(\alpha_j^{(1)}, \alpha_j^{(2)}, \cdots \right), \quad 其中\ j = 1, \cdots, n$$

皆为 **R** 或 **C** 中的柯西序列. 因此，它们都是收敛的，记 α_j 为 $\left(\alpha_j^{(m)} \right)$ 的极限. 用这 n 个序列的极限 $\alpha_1, \cdots, \alpha_n$ 定义向量

$$y = \alpha_1 e_1 + \cdots + \alpha_n e_n.$$

显然 $y \in Y$. 此外，

$$\|y_m - y\| = \left\| \sum_{j=1}^{n} \left(\alpha_j^{(m)} - \alpha_j \right) e_j \right\| \leqslant \sum_{j=1}^{n} \left| \alpha_j^{(m)} - \alpha_j \right| \|e_j\|.$$

由于上式右端的 $\alpha_j^{(m)} \to \alpha_j$，所以 $\|y_m - y\| \to 0$，即 $y_m \to y$. 这就证明了 (y_m) 在 Y 中收敛. 由于 (y_m) 是 Y 中任取的柯西序列，故 Y 是完备的.   ∎

由这个定理和 1.4-7 可以推出以下定理.

2.4-3 定理（封闭性） 赋范空间 X 中的每一个有限维子空间 Y 在 X 中都是闭的.

在以后的研究中我们有时要用到这个定理.

要注意的是，无穷维子空间不一定是闭的. 例如，令 $X = C[0,1]$，取 $Y = \text{span}(x_0, x_1, \cdots)$，其中 $x_j(t) = t^j$，所以 Y 是所有多项式的集合. Y 在 X 中不是闭的.（为什么？）

有限维向量空间 X 的另一个有趣的性质是，X 上的所有范数导出的拓扑是相同的（见 §1.3），也就是说，不管在 X 上选取怎样的范数，X 的开子集是相同的. 详细说明如下.

2.4–4 定义（等价范数）　对于向量空间 X 上的范数 $\|\cdot\|$ 和 $\|\cdot\|_0$，若存在正数 a 和 b，使得对所有 $x \in X$ 都有

$$a\|x\|_0 \leqslant \|x\| \leqslant b\|x\|_0, \tag{2.4.3}$$

则称 $\|\cdot\|$ 与 $\|\cdot\|_0$ 等价. ■

这个概念是受到下述事实的启发.

X 上的等价范数在 X 上定义了相同的拓扑.

事实上，从 (2.4.3) 以及每个非空开集都是一些开球的并集（见 §1.3 习题 4），就可推出上述结论. 详细的证明留给读者（习题 4）. 同时还能证明，$(X, \|\cdot\|)$ 和 $(X, \|\cdot\|_0)$ 中的柯西序列是相同的（习题 5）.

利用 2.4–1 还能证明下述定理（注意，对无穷维空间这个定理不成立）.

2.4–5 定理（等价范数）　在有限维向量空间 X 上，任意两种范数 $\|\cdot\|$ 和 $\|\cdot\|_0$ 是等价的.

证明　设 $\dim X = n$ 且 $\{e_1, \cdots, e_n\}$ 是 X 的任意一个基，任取 $x \in X$，它有唯一的表示

$$x = \alpha_1 e_1 + \cdots + \alpha_n e_n.$$

根据 2.4–1，存在正的常数 c 使得

$$\|x\| \geqslant c(|\alpha_1| + \cdots + |\alpha_n|).$$

另外，三角不等式给出

$$\|x\|_0 \leqslant \sum_{j=1}^{n} |\alpha_j| \|e_j\|_0 \leqslant k \sum_{j=1}^{n} |\alpha_j|, \quad \text{其中 } k = \max_{1 \leqslant j \leqslant n} \|e_j\|_0.$$

取 $a = c/k > 0$ 便得到 (2.4.3) 中的左半个不等式 $a\|x\|_0 \leqslant \|x\|$. 在上述推导过程中，交换 $\|\cdot\|$ 与 $\|\cdot\|_0$ 的位置，便得到 (2.4.3) 中的右半个不等式. 合在一起便证明了范数的等价性. ■

这个定理在实践中有不可忽视的重要性. 例如, 在有限维向量空间中, 序列的收敛与发散与具体选用的范数无关.

习 题

1. 给出 l^∞ 和 l^2 的非闭子空间的例子.

2. 若 $X = \mathbf{R}^2$ 且 $x_1 = (1,0)$, $x_2 = (0,1)$, 则 (2.4.1) 中可能的最大 c 是多少? 若 $X = \mathbf{R}^3$ 且 $x_1 = (1,0,0)$, $x_2 = (0,1,0)$, $x_3 = (0,0,1)$ 又怎样?

3. 证明 2.4–4 中的关系满足等价关系公理 (见附录 A1.4).

4. 证明向量空间 X 上的等价范数导出相同的拓扑.

5. 若 $\|\cdot\|$ 和 $\|\cdot\|_0$ 是 X 上的等价范数, 证明 $(X, \|\cdot\|)$ 和 $(X, \|\cdot\|_0)$ 中的柯西序列相同.

6. 2.4–5 意味着 §2.2 习题 8 中的 $\|\cdot\|_2$ 和 $\|\cdot\|_\infty$ 是等价的. 给出一个直接的证明.

7. 令 $\|\cdot\|_2$ 是 §2.2 习题 8 中定义的范数, 令 $\|\cdot\|$ 是那个空间 X 上的任意范数. 直接证明 (不用 2.4–5), 存在 $b > 0$, 使得对所有 $x \in X$ 有 $\|x\| \leqslant b\|x\|_2$.

8. 证明 §2.2 习题 8 中的范数 $\|\cdot\|_1$ 和 $\|\cdot\|_2$ 满足

$$\frac{1}{\sqrt{n}}\|x\|_1 \leqslant \|x\|_2 \leqslant \|x\|_1.$$

9. 若向量空间 X 上的范数 $\|\cdot\|$ 和 $\|\cdot\|_0$ 等价, 证明 (i) $\|x_n - x\| \to 0$ 蕴涵 (ii) $\|x_n - x\|_0 \to 0$ (当然, 反之亦然).

10. 证明: 对于固定的 m, n, 所有的 $m \times n$ 阶复矩阵 $A = (a_{jk})$ 构成 mn 维向量空间 Z. 证明 Z 上的所有范数都是等价的. 对于空间 Z 来说, 与 §2.2 习题 8 中 $\|\cdot\|_1, \|\cdot\|_2, \|\cdot\|_\infty$ 类似的范数是什么?

2.5 紧性和有限维

有限维赋范空间和子空间的另外几个基本性质是和紧性概念关联的. 现定义如下.

2.5–1 定义 (紧性) 如果度量空间 X 的每一个序列都有一个收敛的子序列, 则称 X 是紧的[①]. X 的子集 M, 作为 X 的子空间若是紧的, 也就是说, M 的每一个序列都有一个在 M 中收敛的子序列, 则称 M 是紧集. ∎

紧集的一般性质用下述引理表述.

2.5–2 引理 (紧性) 度量空间 X 的紧子集 M 是有界闭集.

[①] 精确些说, 是列紧的. 这是分析中最重要的一类紧性. 顺便指出, 还有另外两种紧性, 但对度量空间来讲, 这三个概念是等同的. 所以在我们的研究中没有什么区别. (有兴趣的读者能在附录 A1.5 中找到进一步的说明.)

证明　对于每个 $x \in \overline{M}$，在 M 中有序列 (x_n) 使得 $x_n \to x$，见 1.4–6(a)。由于 M 是紧集，故 $x \in M$。由于 $x \in \overline{M}$ 是任意的，因此 M 是闭集。下面证 M 是有界集。若 M 无界，则 M 必包含一个无界序列 (y_n)，使得 $d(y_n, b) > n$，其中 b 是 X 中的任意一个固定点。根据 1.4–2，收敛序列必有界，所以 (y_n) 不能包含收敛的子序列。这与 M 的紧性矛盾，从而证明了 M 是有界集。　■

这个引理的逆一般是不成立的。

证明　为了证明这个重要事实，只要举出反例就够了。考虑 l^2 中的序列 (e_n)，其中 $e_n = (\delta_{nj})$，即 e_n 的第 n 项等于 1，其余各项都等于 0，见 (2.3.4)。由于 $\|e_n\| = 1$，所以这个序列是有界的。把这个序列作为 l^2 中的一个点集来看，由于它没有聚点，所以它是闭集。因此 (e_n) 是有界闭集。出于同样的理由，它也不含有收敛的子序列，所以它不是紧集。　■

然而，对于有限维的赋范空间，我们却有以下定理。

2.5–3 定理（紧性）　在有限维赋范空间 X 中，任意子集 $M \subseteq X$ 当且仅当是有界闭集时，才是紧集。

证明　根据 2.5–2，紧性蕴涵闭性和有界性。现在证明其逆。令 M 是有界闭集，$\dim X = n$ 且 $\{e_1, \cdots, e_n\}$ 是 X 的一个基。考虑 M 中的序列 (x_m)。每个 x_m 都有唯一的表示

$$x_m = \xi_1^{(m)} e_1 + \cdots + \xi_n^{(m)} e_n.$$

由于 M 是有界集，所以 (x_m) 是有界序列。不妨设对于所有 m 都有 $\|x_m\| \leqslant k$。根据 2.4–1，存在正数 c 使得

$$k \geqslant \|x_m\| = \left\| \sum_{j=1}^{n} \xi_j^{(m)} e_j \right\| \geqslant c \sum_{j=1}^{n} \left| \xi_j^{(m)} \right|.$$

因此，对于每个固定的 j，数列 $\left(\xi_j^{(m)} \right)$ 有界。根据波尔察诺–魏尔斯特拉斯定理，它有一个聚点 ξ_j $(1 \leqslant j \leqslant n)$。像 2.4–1 的证明中那样，$(x_m)$ 有一个收敛到 $z = \sum_{j=1}^{n} \xi_j e_j$ 的子序列 (z_m)。由于 M 是闭集，故 $z \in M$。这就证明了 M 中的任意序列 (x_m) 都有一个在 M 中收敛的子序列 (z_m)，故 M 是紧集。　■

我们的讨论证明，在 $\mathbf{R}^n$（或其他任意有限维赋范空间）中，紧集正好是有界闭集，所以这个性质（闭性和有界性）能够用来定义紧性。然而，在无穷维赋范空间中，不再总是如此。

其他一些有趣的结果出自里斯（F. Riesz, 1918，第 75–76 页）给出的下述引理。

2.5–4 里斯引理 令 Y 和 Z 是（任意维数的）赋范空间 X 的两个子空间. 若 Y 是闭集且 Y 是 Z 的真子集，则对于区间 $(0,1)$ 中的任意实数 θ，存在 $z \in Z$ 使得

$$\|z\| = 1 \quad \text{且对于所有 } y \in Y \text{ 有 } \|z - y\| \geqslant \theta.$$

证明 考虑任意 $v \in Z - Y$，并用 a 表示 v 到 Y 的距离，即（见图 2-8）

$$a = \inf_{y \in Y} \|v - y\|.$$

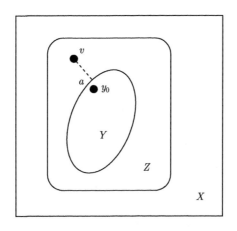

图 2-8 里斯引理证明的图示

由于 Y 是闭集，显然 $a > 0$. 取任意 $\theta \in (0,1)$，根据下确界的定义，存在 $y_0 \in Y$ 使得

$$a \leqslant \|v - y_0\| \leqslant \frac{a}{\theta}. \tag{2.5.1}$$

（注意，因为 $0 < \theta < 1$，所以 $a/\theta > a$）. 令

$$z = c(v - y_0), \quad \text{其中 } c = \frac{1}{\|v - y_0\|},$$

则 $\|z\| = 1$. 现在证明对于所有 $y \in Y$ 有 $\|z - y\| \geqslant \theta$. 我们有

$$\|z - y\| = \|c(v - y_0) - y\| = c\|v - y_0 - c^{-1}y\| = c\|v - y_1\|,$$

其中

$$y_1 = y_0 + c^{-1}y.$$

由于 $y_0, y \in Y$，而 Y 是子空间，故 $y_1 \in Y$. 从而根据 a 的定义可知 $\|v - y_1\| \geqslant a$. 写出 c 并利用 (2.5.1)，便得到

$$\|z - y\| = c\|v - y_1\| \geqslant ca = \frac{a}{\|v - y_0\|} \geqslant \frac{a}{a/\theta} = \theta.$$

由于 $y \in Y$ 是任取的，这就完成了证明. ∎

根据 2.5–3, 在有限维赋范空间中, 闭单位球是紧集. 反过来, 里斯引理给出了下述有用且值得强调的结论.

2.5–5 定理（有限维）　若赋范空间 X 中的闭单位球 $M = \{x \mid \|x\| \leqslant 1\}$ 是紧集, 则 X 是有限维的.

证明　假定 M 是紧集且 $\dim X = \infty$, 则可导出矛盾. 任取范数为 1 的 x_1, 令 $X_1 = \text{span}(x_1)$, 则 X_1 是 X 的一维闭子空间（见 2.4–3）. 又由于 $\dim X = \infty$, 故 X_1 为 X 的真子空间. 根据里斯引理, 存在范数为 1 的 $x_2 \in X$ 使得

$$\|x_2 - x_1\| \geqslant \theta = 1/2,$$

从而 $X_2 = \text{span}(x_1, x_2)$ 是 X 的二维闭真子空间. 根据里斯引理, 存在为范数为 1 的 $x_3 \in X$ 使得对于所有 $x \in X_2$ 有

$$\|x_3 - x\| \geqslant 1/2.$$

特别地,

$$\|x_3 - x_1\| \geqslant 1/2,$$
$$\|x_3 - x_2\| \geqslant 1/2.$$

通过归纳过程可以得到序列 $(x_n) \subseteq M$ 满足

$$\text{对于 } m \neq n \text{ 有 } \quad \|x_m - x_n\| \geqslant 1/2.$$

显然, (x_n) 没有收敛的子序列, 这与 M 的紧性矛盾. 因此, 假设 $\dim X = \infty$ 不真, 故有 $\dim X < \infty$. ■

这个定理有各种应用. 我们在第 8 章把它作为一个基本工具来研究紧算子.

由于紧集有类似于有限集的一些良好性态, 这是非紧集所不能享有的, 所以紧集是一类很重要的集合. 在研究连续映射时, 有一个基本性质是紧集有紧像.

2.5–6 定理（连续映射）　令 X 和 Y 是两个度量空间. 若 $T : X \longrightarrow Y$ 是连续映射（见 1.3–3）, 则 X 的紧子集 M 在 T 之下的像是紧集.

证明　根据紧性的定义, 我们只要证明对于像 $T(M) \subseteq Y$ 中的每一个序列 (y_n) 都有一个在 $T(M)$ 中收敛的子序列就够了. 由于 $y_n \in T(M)$, 所以存在某个 $x_n \in M$ 使得 $y_n = Tx_n$. 由于 M 是紧集, 所以 (x_n) 含有一个在 M 中收敛的子序列 (x_{n_k}). 因为 T 是连续的, 所以由 1.4–8 可知 (x_{n_k}) 的像是 (y_n) 在 $T(M)$ 中收敛的子序列. 因此 $T(M)$ 是紧集. ■

由于这个定理, 我们可以断言微积分中关于连续函数的熟知性质能搬到一般的度量空间中去.

2.5-7 推论（最大与最小值） 若 T 是度量空间 X 的紧子集 M 到 $\mathbf{R}$ 中的连续映射，则 T 在 M 的某些点可达到其最大值与最小值.

证明 由 2.5-6 可知 $T(M)$ 是 $\mathbf{R}$ 中紧集，再将 2.5-2 应用到 $T(M)$ 可知 $T(M)$ 是 $\mathbf{R}$ 中的有界闭集. 由数学分析可知，上确界 $\sup T(M) \in T(M)$ 且下确界 $\inf T(M) \in T(M)$，上确界和下确界的逆像属于 M，且 T 其上分别达到最大值与最小值.

习　题

1. 证明 $\mathbf{R}^n$ 和 $\mathbf{C}^n$ 不是紧的.

2. 证明无限个点构成的离散度量空间 X（见 1.1-8）不是紧的.

3. 在平面 $\mathbf{R}^2$ 中给出紧的和不紧的曲线例子.

4. 证明空间 s（见 2.2-8）中的无穷子集 M 是紧集的必要条件是：存在数 $\gamma_1, \gamma_2, \cdots$ 使得对于所有 $x = (\xi_k(x)) \in M$ 有 $|\xi_k(x)| \leqslant \gamma_k$（可以证明它也是 M 是紧集的充分条件）.

5. **局部紧性** 若度量空间 X 中的每一点都有一个紧邻域，则称 X 是局部紧的. 证明 $\mathbf{R}$ 和 $\mathbf{C}$ 以及更一般的 $\mathbf{R}^n$ 和 $\mathbf{C}^n$ 都是局部紧的.

6. 证明紧度量空间 X 是局部紧的.

7. 若里斯引理 2.5-4 中的 $\dim Y < \infty$，证明我们甚至可以选择 $\theta = 1$.

8. 在 §2.4 习题 7 中，不利用 2.4-5 直接证明存在正数 a 使得 $a\|x\|_2 \leqslant \|x\|$（利用 2.5-7）.

9. 若 X 是紧度量空间且 $M \subseteq X$ 是闭集，证明 M 是紧集.

10. 令 X 和 Y 是两个度量空间，X 是紧空间，$T: X \longrightarrow Y$ 是连续一一映射. 证明 T 是一个同胚（见 §1.6 习题 5）.

2.6　线性算子

在微积分中，我们研究的是实直线 $\mathbf{R}$ 和 $\mathbf{R}$（或其子集）上的实值函数. 显然，任意这样的函数都是从其定义域到 $\mathbf{R}$ 的一个映射[①]. 在泛函分析中，我们研究的是诸如度量空间和赋范空间这样更为一般的空间，以及这些空间之间的映射.

在向量空间的情况下，特别是在赋范空间的情况下，映射被称为**算子**.

特别有意义的要数能保持向量空间的两个代数运算的那些算子，即所谓的线性算子，其定义如下.

2.6-1 定义（线性算子） 线性算子 T 是指满足下述性质的算子.

(i) T 的定义域 $\mathscr{D}(T)$ 是向量空间，T 的值域 $\mathscr{R}(T)$ 落在同一个域上的向量空间中.

---

① 假定大家已熟悉映射及有关的一些简单概念. 可以在附录 A1.2 复习这些概念.

(ii) 对于所有 $x, y \in \mathscr{D}(T)$ 和标量 α 有

$$T(x + y) = Tx + Ty,$$
$$T(\alpha x) = \alpha Tx. \tag{2.6.1}$$

■

注意这里的记号，我们用 Tx 代替 $T(x)$，这是泛函分析的标准简化记法．此外，**本书其余部分将采用如下记号**.

- $\mathscr{D}(T)$ 表示 T 的定义域.
- $\mathscr{R}(T)$ 表示 T 的值域.
- $\mathscr{N}(T)$ 表示 T 的零空间.

T 的**零空间**定义为满足 $Tx = 0$ 的所有 $x \in \mathscr{D}(T)$ 的集合．（零空间的另一个名字是**核**．本书不采用这个术语，因为要把它留给积分方程理论使用.）

在研究算子时，还得谈谈箭头的使用问题．设 $\mathscr{D}(T) \subseteq X$ 且 $\mathscr{R}(T) \subseteq Y$，其中 X 和 Y 是两个实的（或复的）向量空间．T 是一个从（或映）$\mathscr{D}(T)$ 到 $\mathscr{R}(T)$ 上的算子，写成

$$T : \mathscr{D}(T) \longrightarrow \mathscr{R}(T),$$

或 T 是一个从 $\mathscr{D}(T)$ 到 Y 中的算子，写成

$$T : \mathscr{D}(T) \longrightarrow Y.$$

若 $\mathscr{D}(T)$ 是整个空间 X，则这时，且仅当这时写成

$$T : X \longrightarrow Y.$$

显然，(2.6.1) 等价于

$$T(\alpha x + \beta y) = \alpha Tx + \beta Ty. \tag{2.6.2}$$

在 (2.6.1) 中取 $\alpha = 0$，便得到以后常用的公式

$$T0 = 0. \tag{2.6.3}$$

(2.6.1) 表明，线性算子 T 是一个向量空间（它的定义域）到另一个向量空间中的同态．也就是说，T 在下述意义下保持向量空间的两个运算：$\mathscr{D}(T)$ 中任意两个向量 x 和 y 的线性组合 $\alpha x + \beta y$，其在 T 之下的像 $T(\alpha x + \beta y)$，等于它们分别的像 Tx 和 Ty，在 $\mathscr{R}(T)$ 中以同样的方式所作的线性组合 $\alpha Tx + \beta Ty$．当然，在 $\mathscr{R}(T)$ 中是按 Y 中的代数运算进行的．正因为这个特性，才使得线性算子格外重要．反过来，因为只有在向量空间上才能够定义线性算子，所以使得向量空间在泛函分析中也是最重要的空间.

下面研究一些线性算子的基本例子，要求读者自行验证它们的线性性.

例子

2.6-2 恒等算子 恒等算子 $I_X : X \longrightarrow X$ 定义为：对于所有 $x \in X$ 有 $I_X x = x$. 有时将 I_X 简单地写为 I，因此 $Ix = x$.

2.6-3 零算子 零算子 $0 : X \longrightarrow Y$ 定义为：对于所有 $x \in X$ 有 $0x = 0$.

2.6-4 微分 设 X 是定义在 $[a, b]$ 上的所有多项式构成的向量空间，在 X 上定义线性算子 T：对于每个 $x \in X$，

$$Tx(t) = x'(t),$$

其中 "$\prime$" 表示关于 t 求导. 这个算子 T 是映 X 到 X 中的.

2.6-5 积分 映 $C[a, b]$ 到 $C[a, b]$ 中的一个线性算子 T 定义为

$$Tx(t) = \int_a^t x(\tau)\mathrm{d}\tau, \quad \text{其中 } t \in [a, b].$$

2.6-6 用 t 乘 映 $C[a, b]$ 到 $C[a, b]$ 中的另一个线性算子 T 定义为

$$Tx(t) = tx(t).$$

像我们将要在第 11 章看到的那样，T 在物理学（量子理论）中起着重要的作用.

2.6-7 初等向量代数 在向量的叉积中，取一个向量固定不变，便定义了线性算子 $T_1 : \mathbf{R}^3 \longrightarrow \mathbf{R}^3$. 类似地，在向量的点积中，取一个向量固定不变，便定义了线性算子 $T_2 : \mathbf{R}^3 \longrightarrow \mathbf{R}$. 例如，

$$T_2 x = x \cdot a = \xi_1 \alpha_1 + \xi_2 \alpha_2 + \xi_3 \alpha_3,$$

其中 $a = (\alpha_j) \in \mathbf{R}^3$ 是固定的.

2.6-8 矩阵 对于 r 行 n 列实矩阵 $A = (\alpha_{jk})$，算子 $T : \mathbf{R}^n \longrightarrow \mathbf{R}^r$ 定义为

$$y = Ax,$$

其中 $x = (\xi_j)$ 有 n 个分量，$y = (\eta_l)$ 有 r 个分量. 因为要满足通常的矩阵乘法，所以 x 和 y 都写成列向量. 把 $y = Ax$ 写出来的话，便是

$$\begin{bmatrix} \eta_1 \\ \eta_2 \\ \vdots \\ \eta_r \end{bmatrix} = \begin{bmatrix} \alpha_{11} & \alpha_{12} & \cdots & \alpha_{1n} \\ \alpha_{21} & \alpha_{22} & \cdots & \alpha_{2n} \\ \vdots & \vdots & \ddots & \vdots \\ \alpha_{r1} & \alpha_{r2} & \cdots & \alpha_{rn} \end{bmatrix} \begin{bmatrix} \xi_1 \\ \xi_2 \\ \vdots \\ \xi_n \end{bmatrix}.$$

由于矩阵乘法是线性运算，所以 T 是线性算子. 若 A 是复矩阵，则它定义了从 $\mathbf{C}^n$ 到 $\mathbf{C}^r$ 中的线性算子. §2.9 会详细讨论在研究线性算子时矩阵所起的作用. ∎

在以上这些例子中，很容易验证线性算子的值域和零空间都是向量空间. 这一事实是有代表性的，让我们来证明它，从而也可看到线性性是如何应用到简单的证明中去的. 这个定理本身在以后的研究中也有各种应用.

2.6-9 定理（值域和零空间）   设 T 是线性算子，则

(a) 值域 $\mathscr{R}(T)$ 是向量空间.

(b) 若 $\dim \mathscr{D}(T) = n < \infty$，则 $\dim \mathscr{R}(T) \leqslant n$.

(c) 零空间 $\mathscr{N}(T)$ 是向量空间.

证明 (a) 任取 $y_1, y_2 \in \mathscr{R}(T)$，我们来证明对于任意标量 α 和 β 有 $\alpha y_1 + \beta y_2 \in \mathscr{R}(T)$. 由于 $y_1, y_2 \in \mathscr{R}(T)$，所以存在 $x_1, x_2 \in \mathscr{D}(T)$ 使得 $y_1 = Tx_1, y_2 = Tx_2$. 由于 $\mathscr{D}(T)$ 是向量空间，故 $\alpha x_1 + \beta x_2 \in \mathscr{D}(T)$. 由 T 的线性性可得

$$T(\alpha x_1 + \beta x_2) = \alpha Tx_1 + \beta Tx_2 = \alpha y_1 + \beta y_2,$$

因此 $\alpha y_1 + \beta y_2 \in \mathscr{R}(T)$. 由于 $y_1, y_2 \in \mathscr{R}(T)$ 和标量 α, β 都是任取的，这就证明了 $\mathscr{R}(T)$ 是向量空间.

(b) 任选 $\mathscr{R}(T)$ 中的 $n+1$ 个向量 $y_1, \cdots, y_{n+1}$，则存在 $x_1, \cdots, x_{n+1} \in \mathscr{D}(T)$ 使得 $y_1 = Tx_1, \cdots, y_{n+1} = Tx_{n+1}$. 由于 $\dim \mathscr{D}(T) = n$，所以向量组 $\{x_1, \cdots, x_{n+1}\}$ 是线性相关的，即有一组不全为 0 的标量 $\{\alpha_1, \cdots, \alpha_{n+1}\}$ 使得

$$\alpha_1 x_1 + \cdots + \alpha_{n+1} x_{n+1} = 0.$$

由于 T 是线性算子且 $T0 = 0$，故用 T 作用在上式两端便得

$$T(\alpha_1 x_1 + \cdots + \alpha_{n+1} x_{n+1}) = \alpha_1 y_1 + \cdots + \alpha_{n+1} y_{n+1} = 0.$$

从而证明了 $\{y_1, \cdots, y_{n+1}\}$ 是线性相关的. 由于 $\{y_1, \cdots, y_{n+1}\}$ 是在 $\mathscr{R}(T)$ 中任取的，说明 $\mathscr{R}(T)$ 中的任意线性无关组所包含的向量个数都不会大于等于 $n+1$. 根据维数的定义，便得 $\dim \mathscr{R}(T) \leqslant n$.

(c) 任取 $x_1, x_2 \in \mathscr{N}(T)$，我们有 $Tx_1 = Tx_2 = 0$. 由于 T 是线性算子，故对任意的标量 α, β 都有

$$T(\alpha x_1 + \beta x_2) = \alpha Tx_1 + \beta Tx_2 = 0.$$

这说明 $\alpha x_1 + \beta x_2 \in \mathscr{N}(T)$，故 $\mathscr{N}(T)$ 是向量空间. ■

证明中的 (b) 有一个值得注意的直接推论：

线性算子保持线性相关性.

下面我们转到线性算子的逆这个问题上来. 若映射 $T : \mathscr{D}(T) \longrightarrow Y$ 对于定义域中的两个不同的点有不同的像，即对任意 $x_1, x_2 \in \mathscr{D}(T)$ 有

$$x_1 \neq x_2 \quad \Longrightarrow \quad Tx_1 \neq Tx_2, \tag{2.6.4}$$

或等价地有

$$Tx_1 = Tx_2 \implies x_1 = x_2, \tag{2.6.4*}$$

则 T 叫作内射或一对一的. 在这种情况下, 存在映射

$$T^{-1} : \mathscr{R}(T) \longrightarrow \mathscr{D}(T),$$
$$y_0 \longmapsto x_0, \quad \text{其中 } y_0 = Tx_0, \tag{2.6.5}$$

它映每个 $y_0 \in \mathscr{R}(T)$ 到满足 $Tx_0 = y_0$ 的点 $x_0 \in \mathscr{D}(T)$ 上, 见图 2–9. 映射 T^{-1} 叫作 T 的逆[①].

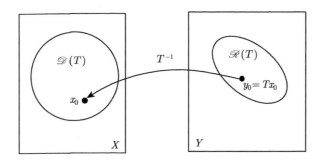

图 2–9 关于映射的逆的示意图, 见 (2.6.5)

显然, 由 (2.6.5) 可得

$$\text{对于所有 } x \in \mathscr{D}(T) \text{ 有 } T^{-1}Tx = x,$$
$$\text{对于所有 } y \in \mathscr{R}(T) \text{ 有 } TT^{-1}y = y.$$

在研究向量空间中的线性算子时, 情况是这样的: 线性算子的逆当且仅当该算子的零空间只含有零向量时才存在. 更确切地说, 我们有下述常用的判断准则.

2.6–10 定理 (逆算子) 设 X 和 Y 是两个实的 (或复的) 向量空间, $T : \mathscr{D}(T) \longrightarrow Y$ 是线性算子, 且定义域 $\mathscr{D}(T) \subseteq X$, 值域 $\mathscr{R}(T) \subseteq Y$, 则

(a) 逆 $T^{-1} : \mathscr{R}(T) \longrightarrow \mathscr{D}(T)$ 存在, 当且仅当

$$Tx = 0 \implies x = 0.$$

(b) 若 T^{-1} 存在, 则 T^{-1} 是线性算子.

(c) 若 $\dim \mathscr{D}(T) = n < \infty$ 且 T^{-1} 存在, 则 $\dim \mathscr{R}(T) = \dim \mathscr{D}(T)$.

证明 (a) 假设 $Tx = 0$ 蕴涵 $x = 0$. 令 $Tx_1 = Tx_2$, 因为 T 是线性算子, 故

$$T(x_1 - x_2) = Tx_1 - Tx_2 = 0,$$

[①] 读者可以在附录 A1.2 中复习 "满射" 和 "一一映射" 的概念, 其中也包含了对术语 "逆" 的说明.

所以根据假设有 $x_1 - x_2 = 0$. 这说明 $Tx_1 = Tx_2$ 蕴涵 $x_1 = x_2$. 由 (2.6.4*) 可知 T^{-1} 存在. 反之, 若 T^{-1} 存在, 则 (2.6.4*) 成立. 在 (2.6.4*) 中置 $x_2 = 0$, 从 (2.6.3) 便得到

$$Tx_1 = T0 = 0 \implies x_1 = 0.$$

这就证明了 (a).

(b) 假设 T^{-1} 存在, 我们来证明它是线性的. T^{-1} 的定义域是 $\mathscr{R}(T)$, 由 2.6–9(a) 可知它是向量空间. 我们考察任意 $x_1, x_2 \in \mathscr{D}(T)$ 和它们的像

$$y_1 = Tx_1 \quad 和 \quad y_2 = Tx_2,$$

则

$$x_1 = T^{-1}y_1 \quad 且 \quad x_2 = T^{-1}y_2.$$

因为 T 是线性算子, 所以对任意标量 α 和 β 有

$$\alpha y_1 + \beta y_2 = \alpha Tx_1 + \beta Tx_2 = T(\alpha x_1 + \beta x_2).$$

因为 $x_j = T^{-1}y_j$, 便可推出

$$T^{-1}(\alpha y_1 + \beta y_2) = \alpha x_1 + \beta x_2 = \alpha T^{-1}y_1 + \beta T^{-1}y_2,$$

从而证明了 T^{-1} 是线性算子.

(c) 由 2.6–9(b) 可知 $\dim \mathscr{R}(T) \leqslant \dim \mathscr{D}(T)$, 将同样的定理应用到 T^{-1} 可得 $\dim \mathscr{D}(T) \leqslant \dim \mathscr{R}(T)$, 所以 $\dim \mathscr{R}(T) = \dim \mathscr{D}(T)$. ■

最后我们给出一个算子乘积求逆公式, 它是很有用的（读者或许已经知道算子为方阵时的这一公式）.

2.6–11 引理（乘积的逆）　设 $T : X \longrightarrow Y$ 和 $S : Y \longrightarrow Z$ 是两个一一映射的线性算子, 其中 X, Y, Z 是三个向量空间（见图 2–10）, 则积（合成）ST 的逆 $(ST)^{-1} : Z \longrightarrow X$ 存在, 且

$$(ST)^{-1} = T^{-1}S^{-1}. \tag{2.6.6}$$

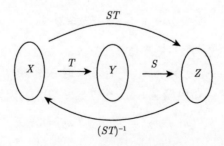

图 2–10　对 2.6–11 的说明

证明 算子 $ST : X \longrightarrow Z$ 是一一映射，所以 $(ST)^{-1}$ 存在. 我们有

$$ST(ST)^{-1} = I_Z,$$

其中 I_Z 是 Z 上的恒等算子. 上式两端左乘 S^{-1} 并利用 $S^{-1}S = I_Y$（Y 上的恒等算子），便得

$$S^{-1}ST(ST)^{-1} = T(ST)^{-1} = S^{-1}I_Z = S^{-1}.$$

再用 T^{-1} 左乘上式两端并利用 $T^{-1}T = I_X$，便得

$$T^{-1}T(ST)^{-1} = (ST)^{-1} = T^{-1}S^{-1}.$$

这就完成了证明. ∎

习　题

1. 证明 2.6–2、2.6–3 和 2.6–4 中的算子是线性算子.

2. 证明：分别由

$$(\xi_1, \xi_2) \longmapsto (\xi_1, 0),$$
$$(\xi_1, \xi_2) \longmapsto (0, \xi_2),$$
$$(\xi_1, \xi_2) \longmapsto (\xi_2, \xi_1),$$
$$(\xi_1, \xi_2) \longmapsto (\gamma\xi_1, \gamma\xi_2)$$

定义的从 $\mathbf{R}^2$ 到 $\mathbf{R}^2$ 中的算子 T_1, T_2, T_3, T_4 都是线性算子，并给出几何解释.

3. 习题 2 中 T_1, T_2, T_3 的定义域、值域及零空间是什么？

4. 习题 2 中的 T_4、2.6–7 中的 T_1 和 T_2、2.6–4 中的 T，它们的零空间是什么？

5. 令 $T : X \longrightarrow Y$ 是线性算子，证明 X 的子空间 V 在 T 之下的像是向量空间. 并且 Y 的子空间 W 的逆像也是向量空间.

6. 若两个线性算子的积（合成）存在，证明它是线性算子.

7. **交换性** 设 X 是任意向量空间且 $S : X \longrightarrow X$ 和 $T : X \longrightarrow X$ 是任意两个算子. 若 $ST = TS$，则称 S 和 T 是可交换的. 也就是说，S 与 T 可交换意味着，对所有 $x \in X$ 有 $(ST)x = (TS)x$. 习题 2 中的 T_1 和 T_3 可交换吗？

8. 用 2×2 矩阵表示习题 2 中的算子.

9. 用分量写出 2.6–8 中的 $y = Ax$，证明 T 是线性算子，并给出例子.

10. 用 T 的零空间描述 2.6–10(a) 中的条件.

11. 令 X 是所有 2×2 复矩阵构成的向量空间，用 $Tx = bx$ 来定义 $T : X \longrightarrow X$，其中 $b \in X$ 是固定的，bx 表示通常的矩阵乘积. 证明 T 是线性算子. 在什么条件下 T^{-1} 存在？

12. 2.6–4 中的 T 的逆是否存在？

13. 令 $T : \mathscr{D}(T) \longrightarrow Y$ 是可逆线性算子. 若 $\{x_1, \cdots, x_n\}$ 是 $\mathscr{D}(T)$ 中的线性无关组, 证明 $\{Tx_1, \cdots, Tx_n\}$ 也是线性无关的.

14. 令 $T : X \longrightarrow Y$ 是线性算子, 且 $\dim X = \dim Y = n < \infty$. 证明当且仅当 T^{-1} 存在才有 $\mathscr{R}(T) = Y$.

15. 考虑定义在 $\mathbf{R}$ 上且在 $\mathbf{R}$ 上处处有各阶导数的所有实值函数构成的向量空间 X. 定义算子 $T : X \longrightarrow X$ 为 $y(t) = Tx(t) = x'(t)$. 证明 $\mathscr{R}(T)$ 是整个 X, 但 T^{-1} 不存在. 和习题 14 做比较并加以评论.

2.7　有界线性算子和连续线性算子

读者可能注意到, 在整个 §2.6 中我们都没有用到范数概念. 但是本节给出的基本定义把范数也考虑了进去.

2.7-1 定义（有界线性算子）　设 X 和 Y 是赋范空间, $T : \mathscr{D}(T) \longrightarrow Y$ 是线性算子, 其中 $\mathscr{D}(T) \subseteq X$. 若存在实数 c, 使得对所有 $x \in \mathscr{D}(T)$ 有

$$\|Tx\| \leqslant c\|x\|, \tag{2.7.1}$$

则称算子 T 是有界的.　　　　　　　　　　　　　　　　　　　　　　　■

在 (2.7.1) 中, 左端取 Y 上的范数, 右端取 X 上的范数. 为简单起见, 在不致产生混淆的情况下, 这两种范数都用同一符号 $\|\cdot\|$ 表示, 似乎没有必要用下标 ($\|x\|_0$, $\|Tx\|_1$ 等) 加以区分. (2.7.1) 表明, 有界线性算子把 $\mathscr{D}(T)$ 中的有界集合映到 Y 中的有界集合上. 这正是"有界算子"这一名称的来源.

告诫: 要注意, 我们现在所用的"有界"一词, 是和微积分中不同的. 在那里有界函数指的是其值域为有界集. 遗憾的是, 这两个术语都是标准的. 但不会有混淆的危险.

对于所有 $x \in \mathscr{D}(T)$, 使得 (2.7.1) 总是成立的最小可能的 c 又是什么呢? [根据 (2.6.3), 对于 $x = 0$ 有 $Tx = 0$, 所以可抛开 $x = 0$ 不管.] 用 $\|x\|$ 去除 (2.7.1) 的两端, 便有

$$\frac{\|Tx\|}{\|x\|} \leqslant c \quad \text{其中 } x \neq 0,$$

这就表明, c 至少和关于所有 $x \in \mathscr{D}(T) - \{0\}$ 对上式左端取上确界一样大. 因此, 问题的答案是, (2.7.1) 中最小可能的 c 就是这样一个上确界. 这个量用 $\|T\|$ 表示, 因此

$$\|T\| = \sup_{\substack{x \in \mathscr{D}(T) \\ x \neq 0}} \frac{\|Tx\|}{\|x\|}. \tag{2.7.2}$$

$\|T\|$ 叫作算子 T 的范数. 若 $\mathscr{D}(T) = \{0\}$, 则规定 $\|T\| = 0$. 在这种（相对来说没有意义的）情况下, 由 (2.6.3) 可知 $T0 = 0$, 所以 $T = 0$.

注意，将 $c = \|T\|$ 代入 (2.7.1) 便得到

$$\|Tx\| \leqslant \|T\| \, \|x\|. \tag{2.7.3}$$

这个公式经常要用到.

当然，还需验证 (2.7.2) 确实定义了一个范数，这就是下述引理要做的工作.

2.7–2 引理（范数） 设 T 是 2.7–1 中定义的有界线性算子.

(a) 关于 T 的范数有一个等价的定义

$$\|T\| = \sup_{\substack{x \in \mathscr{D}(T) \\ \|x\|=1}} \|Tx\|. \tag{2.7.4}$$

(b) 由 (2.7.2) 定义的范数满足 §2.2 中的 $N_1 \sim N_4$.

证明 (a) 记 $\|x\| = a$，置 $y = (1/a)x$，其中 $x \neq 0$，则 $\|y\| = \|x\|/a = 1$. 由于 T 是线性算子，所以 (2.7.2) 成为

$$\|T\| = \sup_{\substack{x \in \mathscr{D}(T) \\ x \neq 0}} \frac{1}{a}\|Tx\| = \sup_{\substack{x \in \mathscr{D}(T) \\ x \neq 0}} \left\| T\left(\frac{1}{a}x\right) \right\| = \sup_{\substack{y \in \mathscr{D}(T) \\ \|y\|=1}} \|Ty\|.$$

将右端的 y 再换成 x，便得到 (2.7.4).

(b) N_1 是显然的，且 $\|0\| = 0$. 若 $\|T\| = 0$，则对于所有 $x \in \mathscr{D}(T)$ 有 $Tx = 0$，从而 $T = 0$，这就证明了 N_2. 此外，对于所有 $x \in \mathscr{D}(T)$ 有

$$\sup_{\|x\|=1} \|\alpha Tx\| = \sup_{\|x\|=1} |\alpha| \, \|Tx\| = |\alpha| \sup_{\|x\|=1} \|Tx\|,$$

这就证明了 N_3. 最后，对于所有 $x \in \mathscr{D}(T)$ 有

$$\sup_{\|x\|=1} \|(T_1 + T_2)x\| = \sup_{\|x\|=1} \|T_1 x + T_2 x\| \leqslant \sup_{\|x\|=1} \|T_1 x\| + \sup_{\|x\|=1} \|T_2 x\|,$$

这就证明了 N_4. ■

在考虑有界线性算子的一般性质之前，我们看一些典型的例子，这对进一步体会有界线性算子的概念有好处.

例子

2.7–3 恒等算子 赋范空间 $X \neq \{0\}$ 上的恒等算子 $I : X \longrightarrow X$ 是有界算子，且范数 $\|I\| = 1$（见 2.6–2）.

2.7–4 零算子 赋范空间 X 上的零算子 $0 : X \longrightarrow Y$ 是有界算子，且范数 $\|0\| = 0$（见 2.6–3）.

2.7–5 微分算子　令 X 是 $J = [0, 1]$ 上的所有多项式构成的赋范空间，其上的范数为 $\|x\| = \max\limits_{t \in J} |x(t)|$. 用

$$Tx(t) = x'(t)$$

在 X 上定义微分算子 T，其中 "′" 表示关于 t 求导. T 是线性算子，但是 T 是无界算子. 事实上，对于 $n \in \mathbf{N}$ 令 $x_n(t) = t^n$，则 $\|x_n\| = 1$ 且

$$Tx_n(t) = x_n'(t) = nt^{n-1},$$

所以 $\|Tx_n\| = n$ 且 $\|Tx_n\|/\|x_n\| = n$. 由于 $n \in \mathbf{N}$ 是任意的，这就证明了不存在固定的数 c，使得 $\|Tx_n\|/\|x_n\| \leqslant c$. 由此以及 (2.7.1) 便推出 T 是无界算子.

　　由于微分是一个重要的运算，上述结论似乎表明无界算子也有其实际的重要性. 正像我们在第 10 章和第 11 章所要看到的那样，情况的确如此. 在详细地研究有界算子的理论和应用之后，将会看到有界算子比无界算子要简单些.

2.7–6 积分算子　积分算子 $T : C[0, 1] \longrightarrow C[0, 1]$ 定义为

$$y = Tx, \quad \text{其中 } y(t) = \int_0^1 k(t, \tau) x(\tau) \mathrm{d}\tau.$$

这里的 k 是一个给定的函数，叫作 T 的核，并假定它在 $t\tau$ 平面上的闭正方形 $G = J \times J$ 上连续，其中 $J = [0, 1]$. T 是线性算子.

　　T 是有界算子.

　　为了证明这一点，首先注意到 k 在 G 上连续蕴涵 k 是有界的. 比如，对所有 $(t, \tau) \in G$ 有 $|k(t, \tau)| \leqslant k_0$，其中 k_0 是实数. 此外，

$$|x(t)| \leqslant \max\limits_{t \in J} |x(t)| = \|x\|.$$

因此

$$\begin{aligned}
\|y\| = \|Tx\| &= \max\limits_{t \in J} \left| \int_0^1 k(t, \tau) x(\tau) \mathrm{d}\tau \right| \\
&\leqslant \max\limits_{t \in J} \int_0^1 |k(t, \tau)| \, |x(\tau)| \, \mathrm{d}\tau \\
&\leqslant k_0 \|x\|.
\end{aligned}$$

从而推出 $\|Tx\| \leqslant k_0 \|x\|$，在 (2.7.1) 中取 $c = k_0$，便证明了 T 是有界算子.

2.7–7 矩阵　用 r 行 n 列实矩阵 $A = (\alpha_{jk})$ 将算子 $T : \mathbf{R}^n \longrightarrow \mathbf{R}^r$ 定义为

$$y = Ax, \tag{2.7.5}$$

其中 $x = (\xi_j)$ 和 $y = (\eta_j)$ 分别是 n 维列向量和 r 维列向量，像 2.6–8 那样采用矩阵乘法规则. 用分量表示，(2.7.5) 便是

$$\text{对于 } j = 1, \cdots, r \text{ 有 } \quad \eta_j = \sum_{k=1}^{n} \alpha_{jk} \xi_k. \tag{2.7.5'}$$

因为矩阵乘法是线性运算，所以 T 是线性算子.

T 是有界算子.

为了证明这一点，我们还记得，在 2.2–2 中，$\mathbf{R}^n$ 上的范数定义为

$$\|x\| = \left(\sum_{m=1}^{n} \xi_m^2 \right)^{1/2},$$

$\mathbf{R}^r$ 上的范数是类似的. 由 (2.7.5') 和柯西–施瓦茨不等式 (1.2.11) 可得

$$\begin{aligned}
\|Tx\|^2 = \sum_{j=1}^{r} \eta_j^2 &= \sum_{j=1}^{r} \left[\sum_{k=1}^{n} \alpha_{jk} \xi_k \right]^2 \\
&\leqslant \sum_{j=1}^{r} \left[\left(\sum_{k=1}^{n} \alpha_{jk}^2 \right)^{1/2} \left(\sum_{m=1}^{n} \xi_m^2 \right)^{1/2} \right]^2 \\
&= \|x\|^2 \sum_{j=1}^{r} \sum_{k=1}^{n} \alpha_{jk}^2.
\end{aligned}$$

注意上式最后一行的二重和式与 x 无关，所以可写成

$$\|Tx\|^2 \leqslant c^2 \|x\|^2, \quad \text{其中 } c^2 = \sum_{j=1}^{r} \sum_{k=1}^{n} \alpha_j^2.$$

这就给出了 (2.7.1)，并证明了 T 是有界算子.　　　　　　■

我们将单独用一节（§2.9）来研究矩阵在线性算子方面的作用，有界性具有典型意义. 正如后面所述，在有限维的情况下，总能用它对算子作根本性的简化.

2.7–8 定理（有限维） 若 X 是有限维赋范空间，则 X 上的每个线性算子都是有界的.

证明 设 $\dim X = n$ 且 $\{e_1, \cdots, e_n\}$ 是 X 的一个基. 任取 $x = \sum \xi_j e_j \in X$，考虑 X 上的任意线性算子 T. 由于 T 是线性算子，所以

$$\|Tx\| = \left\| \sum_{j=1}^{n} \xi_j T e_j \right\| \leqslant \sum_{j=1}^{n} |\xi_j| \|T e_j\| \leqslant \max_k \|T e_k\| \sum_{j=1}^{n} |\xi_j|.$$

对于最后一个和式, 以 $\alpha_j = \xi_j$ 和 $x_j = e_j$ 应用 2.4–1, 得到

$$\sum_{j=1}^n |\xi_j| \leqslant \frac{1}{c} \left\| \sum_{j=1}^n \xi_j e_j \right\| = \frac{1}{c} \|x\|.$$

合在一起, 便有

$$\|Tx\| \leqslant \gamma \|x\|, \quad \text{其中 } \gamma = \frac{1}{c} \max_k \|Te_k\|.$$

由此和 (2.7.1) 便看出 T 是有界算子. ∎

下面我们来考察有界线性算子的重要的一般性质.

既然算子是映射, 所以可定义它们的连续性 (见 1.3–3). 对线性算子来讲, 一个最基本的事实是: 连续性与有界性是两个等价的概念. 详细的论证如下.

设 $T : \mathscr{D}(T) \longrightarrow Y$ 是 (不必是线性的) 任意算子, 其中 $\mathscr{D}(T) \subseteq X$ 且 X 和 Y 是赋范空间. 根据 1.3–3, 若对于给定的 $x_0 \in \mathscr{D}(T)$ 和任意正数 ε, 存在正数 δ 使得

对于满足 $\|x - x_0\| < \delta$ 的所有 $x \in \mathscr{D}(T)$, 有 $\quad \|Tx - Tx_0\| < \varepsilon$,

则称算子 T 在 x_0 连续. 若 T 在每一点 $x \in \mathscr{D}(T)$ 连续, 则称 T 是连续算子.

现在假定 T 是线性算子, 则有如下值得重视的定理.

2.7–9 定理 (连续性和有界性)　设 $T : \mathscr{D}(T) \to Y$ 是线性[①]算子, 其中 $\mathscr{D}(T) \subseteq X$ 且 X 和 Y 是赋范空间, 则

(a) T 是连续算子当且仅当 T 是有界算子.

(b) 若 T 在一点连续, 则 T 在整个定义域 $\mathscr{D}(T)$ 上连续.

证明　(a) 对于 $T = 0$, 命题显然成立. 设 $T \neq 0$, 则 $\|T\| \neq 0$. 假定 T 是有界算子, 考虑任意 $x_0 \in \mathscr{D}(T)$. 对于给定的任意正数 ε, 由于 T 是线性算子, 所以对满足

$$\|x - x_0\| < \delta, \quad \text{其中 } \delta = \frac{\varepsilon}{\|T\|}$$

的每个 $x \in \mathscr{D}(T)$ 有

$$\|Tx - Tx_0\| = \|T(x - x_0)\| \leqslant \|T\| \|x - x_0\| < \|T\| \delta = \varepsilon.$$

由于 $x_0 \in \mathscr{D}(T)$ 是任意的, 这就证明了 T 是连续算子.

反之, 假定 T 在任意一点 $x_0 \in \mathscr{D}(T)$ 连续, 则对于给定的任意正数 ε, 存在正数 δ 使得

对于满足 $\|x - x_0\| \leqslant \delta$ 的所有 $x \in \mathscr{D}(T)$ 有 $\quad \|Tx - Tx_0\| \leqslant \varepsilon.$ 　　(2.7.6)

---

① **注意**　遗憾的是, 某些作者把连续线性算子叫作 "线性算子". 我们不用这个术语, 事实上, 存在不连续但在实践中很重要的线性算子. 第一个例子在 2.7–5 中给出, 第 10 章和第 11 章将给出其他例子.

现在取 $\mathscr{D}(T)$ 中的任意一点 $y \neq 0$, 并置

$$x = x_0 + \frac{\delta}{\|y\|}y, \quad 则有 \quad x - x_0 = \frac{\delta}{\|y\|}y.$$

因此 $\|x - x_0\| = \delta$, 所以可以应用 (2.7.6). 由于 T 是线性算子, 我们有

$$\|Tx - Tx_0\| = \|T(x - x_0)\| = \left\|T\left(\frac{\delta}{\|y\|}y\right)\right\| = \frac{\delta}{\|y\|}\|Ty\|,$$

(2.7.6) 给出

$$\frac{\delta}{\|y\|}\|Ty\| \leqslant \varepsilon, \quad 因此 \quad \|Ty\| \leqslant \frac{\varepsilon}{\delta}\|y\|.$$

在取 $c = \varepsilon/\delta$ 之后, 便可写为 $\|Ty\| \leqslant c\|y\|$, 这就证明了 T 是有界算子.

(b) 由 (a) 的后半部分证明可知 T 在一点连续蕴涵 T 是有界算子. 由 (a) 可知有界性蕴涵连续性. ∎

2.7-10 推论(连续性、零空间) 设 T 是有界线性算子, 则

(a) 若 $x_n, x \in \mathscr{D}(T)$, 则 $x_n \to x$ 蕴涵 $Tx_n \to Tx$.

(b) 零空间 $\mathscr{N}(T)$ 是闭集.

证明 (a) 因为当 $n \to \infty$ 时有

$$\|Tx_n - Tx\| = \|T(x_n - x)\| \leqslant \|T\|\|x_n - x\| \to 0,$$

所以从 2.7-9(a) 和 1.4-8 或者直接从 (2.7.3) 可以推出命题成立.

(b) 由 1.4-6(a) 可知, 对于任意 $x \in \overline{\mathscr{N}(T)}$, 存在 $\mathscr{N}(T)$ 中的序列 (x_n) 使得 $x_n \to x$. 因此由本推论的 (a) 可知 $Tx_n \to Tx$. 由 $Tx_n = 0$ 可知 $Tx = 0$, 所以 $x \in \mathscr{N}(T)$. 由于 $x \in \overline{\mathscr{N}(T)}$ 是任意的, 所以 $\mathscr{N}(T)$ 是闭集. ∎

值得注意的是, 有界线性算子的值域 $\mathscr{R}(T)$ 未必是闭集, 见习题 6.

读者容易证明另外一个极为有用的公式: 若 X, Y, Z 是赋范空间, 则对于有界线性算子 $T_2: X \longrightarrow Y, T_1: Y \longrightarrow Z, T: X \longrightarrow X$ 有

$$\|T_1T_2\| \leqslant \|T_1\|\|T_2\|, \quad 对于 n \in \mathbf{N} 有 \quad \|T^n\| \leqslant \|T\|^n. \tag{2.7.7}$$

既然算子是映射, 就可以讨论有关映射的一些概念[①], 特别是算子的定义域、值域和零空间. 还可以讨论另外两个概念(限制和延拓). 这些工作本来可以提前做, 但是放在这里更好一些, 因为我们能够立即给出一个有趣的应用(下面的 2.7-11). 首先让我们从定义算子的相等开始.

---

① 读者可以在附录 A1.2 中复习这些概念.

若算子 T_1 和 T_2 有相同的定义域 $\mathscr{D}(T_1) = \mathscr{D}(T_2)$ 且对于所有 $x \in \mathscr{D}(T_1) = \mathscr{D}(T_2)$ 有 $T_1 x = T_2 x$，则称 T_1 和 T_2 是**相等的**，记为

$$T_1 = T_2.$$

算子 $T : \mathscr{D}(T) \longrightarrow Y$ 在 $\mathscr{D}(T)$ 的子集 B 上的限制记为

$$T\big|_B,$$

它是一个算子，定义为

$$T\big|_B : B \longrightarrow Y, \quad \text{对于所有 } x \in B \text{ 有 } \quad T\big|_B x = T x.$$

算子 T 到集合 $M \supseteq \mathscr{D}(T)$ 的**延拓**是一个算子，定义为

$$\tilde{T} : M \longrightarrow Y \quad \text{使得} \quad \tilde{T}\big|_{\mathscr{D}(T)} = T,$$

也就是说，对于所有 $x \in \mathscr{D}(T)$ 有 $\tilde{T} x = T x$．[因此 T 是 $\tilde{T}$ 在 $\mathscr{D}(T)$ 上的限制．]

若 $\mathscr{D}(T)$ 是 M 的真子集，则一个给定的算子 T 可以有很多延拓，其中最有意义的通常能保留 T 的某些性质，例如线性性（若 T 是线性算子）或有界性（若 $\mathscr{D}(T)$ 落在赋范空间中且 T 是有界算子）．下面的重要定理在这方面具有典型意义，它是讲有界线性算子 T 延拓到其定义域的闭包 $\overline{\mathscr{D}(T)}$ 上，并且使得延拓算子 $\tilde{T}$ 仍然是线性和有界的，甚至和 T 有相同的范数．这个定理包括把算子从赋范空间 X 的一个稠密子集延拓到整个 X 的情况，也包括把 X 上的算子延拓到 X 的完备化 $\tilde{X}$（见 2.3–2）上的情况．

2.7–11 定理（有界线性延拓） 设

$$T : \mathscr{D}(T) \longrightarrow Y$$

是有界线性算子，其中 $\mathscr{D}(T)$ 落在赋范空间 X 中，Y 是巴拿赫空间，则 T 有延拓

$$\tilde{T} : \overline{\mathscr{D}(T)} \longrightarrow Y,$$

且 $\tilde{T}$ 是有界线性算子，其范数

$$\|\tilde{T}\| = \|T\|.$$

证明 考虑任意 $x \in \overline{\mathscr{D}(T)}$，根据 1.4–6(a)，存在 $\mathscr{D}(T)$ 中的序列 (x_n) 使得 $x_n \to x$．因为 T 是有界线性算子，所以

$$\|T x_n - T x_m\| = \|T(x_n - x_m)\| \leqslant \|T\| \, \|x_n - x_m\|.$$

因为 (x_n) 收敛，所以 $(T x_n)$ 是柯西序列．根据假设，Y 是完备空间，所以 $(T x_n)$ 收敛，不妨设

$$T x_n \to y \in Y.$$

这样, 我们可以定义 $\tilde{T}$ 为

$$\tilde{T}x = y.$$

现在来证明 $\tilde{T}$ 的定义与如何在 $\mathscr{D}(T)$ 中选取收敛于 x 的序列无关. 假定 $x_n \to x$ 且 $z_n \to x$. 令 (v_m) 是序列

$$(x_1, z_1, x_2, z_2, \cdots),$$

则 $v_m \to x$. 由 2.7–10(a) 可知 (Tv_m) 收敛, 并且 (Tv_m) 的两个子序列 (Tx_n) 和 (Tz_n) 有相同的极限. 这就证明了 $\tilde{T}$ 在每一点 $x \in \overline{\mathscr{D}(T)}$ 有唯一的定义.

显然, $\tilde{T}$ 是线性算子, 并且对每个 $x \in \mathscr{D}(T)$ 有 $\tilde{T}x = Tx$. 所以 $\tilde{T}$ 是 T 的延拓. 现在利用

$$\|Tx_n\| \leqslant \|T\| \, \|x_n\|,$$

并且令 $n \to \infty$, 则有 $Tx_n \to y = \tilde{T}x$. 由于 $x \longmapsto \|x\|$ 定义了一个连续映射 (见 §2.2), 从而得到

$$\|\tilde{T}x\| \leqslant \|T\| \, \|x\|.$$

因此 $\tilde{T}$ 是有界算子, 并且 $\|\tilde{T}\| \leqslant \|T\|$. 然而, 由于范数被定义为上确界, 所以在延拓时是不会减小的, 故 $\|\tilde{T}\| \geqslant \|T\|$. 合在一起便有 $\|\tilde{T}\| = \|T\|$. ■

习 题

1. 证明 (2.7.7).

2. 设 X 和 Y 是赋范空间. 证明当且仅当线性算子 $T : X \longrightarrow Y$ 映 X 中的有界集到 Y 中的有界集内时, T 是有界的.

3. 若 $T \neq 0$ 是有界线性算子, 证明对于满足 $\|x\| < 1$ 的任意 $x \in \mathscr{D}(T)$ 有严格不等式 $\|Tx\| < \|T\|$.

4. 不用 2.7–9(a), 直接证明 2.7–9(b).

5. 证明由 $y = (\eta_j) = Tx$, $\eta_j = \xi_j/j$, $x = (\xi_j)$ 定义的算子 $T : l^\infty \longrightarrow l^\infty$ 是有界线性算子.

6. **值域** 证明有界线性算子 $T : X \longrightarrow Y$ 的值域 $\mathscr{R}(T)$ 在 Y 中未必是闭集. 提示: 利用习题 5 中的 T.

7. **逆算子** 设 T 是从赋范空间 X 到赋范空间 Y 上的有界线性算子. 若存在正数 b 使得

$$\text{对于所有 } x \in X \text{ 有 } \quad \|Tx\| \geqslant b\|x\|,$$

证明 $T^{-1} : Y \longrightarrow X$ 存在且是有界算子.

8. 证明有界线性算子 $T : X \longrightarrow Y$ 的逆 $T^{-1} : \mathscr{R}(T) \longrightarrow X$ 未必是有界算子. 提示: 利用习题 5 中的 T.

9. 令 $T: C[0,1] \longrightarrow C[0,1]$ 定义为

$$y(t) = \int_0^t x(\tau)\mathrm{d}\tau.$$

求 $\mathscr{R}(T)$ 和 $T^{-1} : \mathscr{R}(T) \longrightarrow C[0,1]$. T^{-1} 是有界线性算子吗?

10. 在 $C[0,1]$ 上分别用

$$y(s) = s\int_0^1 x(t)\mathrm{d}t \quad \text{和} \quad y(s) = sx(s)$$

来定义 S 和 T. S 和 T 是可交换的吗? 求 $\|S\|, \|T\|, \|ST\|, \|TS\|$.

11. 设 X 是 $\mathbf{R}$ 上的所有有界实值函数构成的赋范空间, 其上的范数为

$$\|x\| = \sup_{t \in \mathbf{R}} |x(t)|,$$

且 $T: X \longrightarrow X$ 定义为

$$y(t) = Tx(t) = x(t - \Delta),$$

其中 Δ 是正的常数. (这是一个延迟线的模型, 属于电气装置, 其输出 y 是输入 x 的一个延迟, 延迟时间为 Δ, 见图 2–11.) T 是线性算子吗? T 是有界算子吗?

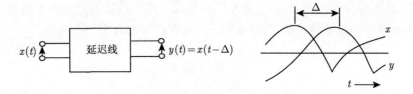

图 2–11   电气延迟线

12. 矩阵 从 2.7–7 我们知道, $r \times n$ 矩阵 $A = (\alpha_{jk})$ 定义了一个从 X 到 Y 中的线性算子, 其中 X 和 Y 分别是所有 n 元实序组和 r 元实序组构成的向量空间. 假定分别在 X 和 Y 上给定任意范数 $\|\cdot\|_1$ 和 $\|\cdot\|_2$. 回顾 §2.4 习题 10, 对于固定的 r 和 n, 曾在 $r \times n$ 矩阵空间 Z 上给出各种范数. 对于 Z 上的范数 $\|\cdot\|$, 若

$$\|Ax\|_2 \leqslant \|A\| \, \|x\|_1,$$

则称 $\|\cdot\|$ 与 $\|\cdot\|_1$ 和 $\|\cdot\|_2$ 是相容的. 证明由

$$\|A\| = \sup_{\substack{x \in X \\ x \neq 0}} \frac{\|Ax\|_2}{\|x\|_1}$$

定义的范数与 $\|\cdot\|_1$ 和 $\|\cdot\|_2$ 是相容的. 这个范数常常叫作由 $\|\cdot\|_1$ 和 $\|\cdot\|_2$ 定义的自然范数. 若我们选择 $\|x\|_1 = \max_j |\xi_j|$ 和 $\|y\|_2 = \max_j |\eta_j|$, 证明自然范数为

$$\|A\| = \max_j \sum_{k=1}^n |\alpha_{jk}|.$$

13. 证明: 在 2.7–7 中置 $r = n$, 一个相容的范数可以定义为

$$\|A\| = \left(\sum_{j=1}^{n} \sum_{k=1}^{n} \alpha_{jk}^2 \right)^{1/2},$$

但是对于 $n > 1$, 它不是由 $\mathbf{R}^n$ 上的欧几里得范数定义的自然范数.

14. 若在习题 12 中选取

$$\|x\|_1 = \sum_{k=1}^{n} |\xi_k|, \quad \|y\|_2 = \sum_{j=1}^{r} |\eta_j|,$$

证明一个相容的范数可以定义为

$$\|A\| = \max_k \sum_{j=1}^{r} |\alpha_{jk}|.$$

15. 证明: 对于 $r = n$, 习题 14 中的范数就是相应于该问题中 $\|\cdot\|_1$ 和 $\|\cdot\|_2$ 的自然范数.

2.8 线性泛函

泛函是值域落在实直线 $\mathbf{R}$ 上或复平面 $\mathbf{C}$ 内的算子. 泛函分析这一分支最初就是对泛函的分析和研究. 由于泛函经常出现, 所以就用特定的符号来表示它. 这里我们用小写字母 $f, g, h, \cdots$ 表示泛函. f 的定义域和值域分别用 $\mathscr{D}(f)$ 和 $\mathscr{R}(f)$ 表示, f 在 $x \in \mathscr{D}(f)$ 的值用带有括号的 $f(x)$ 表示.

泛函是算子, 所以已有的定义皆可使用. 由于我们经常考虑的泛函是线性和有界的, 所以需要特别强调下面两个定义.

2.8–1 定义 (线性泛函) 线性泛函 f 是定义域落在向量空间 X 中、值域落在 X 的标量域 K 中的线性算子, 因此

$$f : \mathscr{D}(f) \longrightarrow K.$$

若 X 为实空间, 则 $K = \mathbf{R}$; 若 X 为复空间, 则 $K = \mathbf{C}$. ■

2.8–2 定义 (有界线性泛函) 有界线性泛函 f 是定义域 $\mathscr{D}(f)$ 落在赋范空间 X 中, 值域 $\mathscr{R}(f)$ 落在 X 的标量域中的有界线性算子 (见定义 2.7–1). 因此对于所有 $x \in \mathscr{D}(f)$, 存在实数 c 使得

$$|f(x)| \leqslant c\|x\|. \tag{2.8.1}$$

此外, f 的范数 [见 (2.7.2)] 为

$$\|f\| = \sup_{\substack{x \in \mathscr{D}(f) \\ x \neq 0}} \frac{|f(x)|}{\|x\|} \tag{2.8.2a}$$

或

$$\|f\| = \sup_{\substack{x \in \mathscr{D}(f) \\ \|x\| = 1}} |f(x)|. \tag{2.8.2b}$$

■

(2.7.3) 意味着

$$|f(x)| \leqslant \|f\| \|x\|. \tag{2.8.3}$$

2.7-9 的特殊情况是以下定理.

2.8-3 定理（连续性和有界性） 若 f 是定义域 $\mathscr{D}(f)$ 落在赋范空间中的线性泛函, 则 f 是连续泛函, 当且仅当 f 是有界泛函.

例子

2.8-4 范数 赋范空间 $(X, \|\cdot\|)$ 上的范数 $\|\cdot\| : X \longrightarrow \mathbf{R}$ 是 X 上的一个泛函, 但不是线性泛函.

2.8-5 点积 通常的点积, 如果一个因子保持不变, 便通过

$$f(x) = x \cdot a = \xi_1 \alpha_1 + \xi_2 \alpha_2 + \xi_3 \alpha_3$$

定义了一个泛函 $f : \mathbf{R}^3 \longrightarrow \mathbf{R}$, 其中 $a = (\alpha_j) \in \mathbf{R}^3$ 是固定的.

f 是线性的, 并且是有界的. 事实上,

$$|f(x)| = |x \cdot a| \leqslant \|x\| \, \|a\|.$$

若对上式关于范数等于 1 的所有 x 取上确界, 便由 (2.8.2b) 推出 $\|f\| \leqslant \|a\|$. 另外, 取 $x = a$, 并利用 (2.8.3) 便有

$$\|f\| \geqslant \frac{|f(a)|}{\|a\|} = \frac{\|a\|^2}{\|a\|} = \|a\|,$$

因此 f 的范数是 $\|f\| = \|a\|$.

2.8-6 定积分 我们知道, 在微积分中一个函数的定积分是一个数. 然而, 当把被积函数看作在某一函数空间变化时, 情况就完全不同了. 这时定积分成为定义在该函数空间上的泛函, 记为 f. 若我们选择的函数空间是 $C[a, b]$（见 2.2-5）, 则 f 定义为

$$f(x) = \int_a^b x(t)\mathrm{d}t, \quad \text{其中 } x \in C[a, b].$$

f 是线性泛函. 现在证明 f 是有界泛函, 并且 $\|f\| = b - a$.

事实上, 令 $J = [a, b]$, 并且回忆 $C[a, b]$ 上的范数, 便能得到

$$|f(x)| = \left| \int_a^b x(t)\mathrm{d}t \right| \leqslant (b-a) \max_{t \in J} |x(t)| = (b-a)\|x\|.$$

上式关于范数等于 1 的所有 x 取上确界, 便得 $\|f\| \leqslant b - a$. 为得到 $\|f\| \geqslant b - a$, 只要取特殊的点 $x = x_0 = 1$, 并注意 $\|x_0\| = 1$, 再利用 (2.8.3) 便得到

$$\|f\| \geqslant \frac{|f(x_0)|}{\|x_0\|} = |f(x_0)| = \int_a^b \mathrm{d}t = b - a. \qquad \blacksquare$$

2.8–7 空间 $C[a,b]$ 若选定 $t_0 \in J = [a,b]$，则 $C[a,b]$ 上的另一个在实践中很重要的泛函 f_1 定义为

$$f_1(x) = x(t_0), \quad 其中 \ x \in C[a,b].$$

f_1 是线性泛函. f_1 是有界泛函，其范数 $\|f_1\| = 1$. 事实上，我们有

$$|f_1(x)| = |x(t_0)| \leqslant \|x\|.$$

上式关于范数等于 1 的所有 x 取上确界，由 (2.8.2) 便推出 $\|f_1\| \leqslant 1$. 另外，对于 $x_0 = 1$ 有 $\|x_0\| = 1$，由 (2.8.3) 可以得到

$$\|f_1\| \geqslant |f(x_0)| = 1.$$

2.8–8 空间 l^2 在希尔伯特空间 l^2（见 1.2–3）上，若选取固定的 $a = (\alpha_j) \in l^2$，则线性泛函 f 定义为

$$f(x) = \sum_{j=1}^{\infty} \xi_j \alpha_j,$$

其中 $x = (\xi_j) \in l^2$. 根据柯西–施瓦茨不等式 (1.2.11) 有（和式是关于 j 从 1 到 ∞ 取的）

$$|f(x)| = \left| \sum \xi_j \alpha_j \right| \leqslant \sum |\xi_j \alpha_j| \leqslant \sqrt{\sum |\xi_j|^2} \sqrt{\sum |\alpha_j|^2} = \|x\| \|a\|,$$

这便证明了级数 $f(x) = \sum_{j=1}^{\infty} \xi_j \alpha_j$ 是绝对收敛的，因此 f 是有界泛函. ∎

定义在向量空间 X 上的所有线性泛函的集合，也能作成一个向量空间，这一事实有其根本的重要性. 这个空间用 X^* 表示，叫作 X 的**代数**[①]**对偶空间**. 向量空间 X^* 上的代数运算以自然的方式定义为：两个泛函 f_1 与 f_2 的和 $f_1 + f_2$ 是泛函 s，它在每个 $x \in X$ 上的值为

$$s(x) = (f_1 + f_2)(x) = f_1(x) + f_2(x);$$

标量 α 与泛函 f 的积 αf 是泛函 p，它在每个 $x \in X$ 上的值为

$$p(x) = (\alpha f)(x) = \alpha f(x).$$

注意，这与通常的函数加法和函数与常量的乘法是一致的.

我们还可进一步考虑 X^* 的代数对偶 $(X^*)^*$，其元素是定义在 X^* 上的线性泛函. 我们把 $(X^*)^*$ 记为 X^{**}，叫作 X 的**二次代数对偶空间**.

为什么要考虑 X^{**} 呢？原因是我们能够得到 X 与 X^{**} 之间的一个重要而有趣的关系，具体如下. 我们选定以下记号，见表 2–1.

---

① 注意，这个定义没有涉及范数. 定义在 X 上的所有有界线性泛函构成的对偶空间 X' 将在 §2.10 中研究.

表 2–1

空间	一般元素	在一点的值
X	x	—
X^*	f	$f(x)$
X^{**}	g	$g(f)$

若选取固定的 $x \in X$，则定义在 X^* 上的线性泛函 $g \in X^{**}$ 是

$$g(f) = g_x(f) = f(x), \quad \text{其中 } x \in X \text{ 固定}, f \in X^* \text{ 变化.} \tag{2.8.4}$$

下标 x 是让大家记住，我们是利用特定的 $x \in X$ 得到 g. 细心的读者会看出，这里 f 在变化，而 x 是固定的. 牢记这一点，对理解这里的研究是很有帮助的.

从下式可以看出由 (2.8.4) 定义的 g_x 是线性泛函.

$$g_x(\alpha f_1 + \beta f_2) = (\alpha f_1 + \beta f_2)(x) = \alpha f_1(x) + \beta f_2(x) = \alpha g_x(f_1) + \beta g_x(f_2).$$

因此由 X^{**} 的定义可知 $g_x \in X^{**}$.

对于每一个 x，都有一个 $g_x \in X^{**}$ 与之对应，这就定义了映射

$$C : X \longrightarrow X^{**},$$

$$x \longmapsto g_x.$$

C 叫作 X 到 X^{**} 中的**典范映射**.

由于 C 的定义域 X 是向量空间且

$$\big(C(\alpha x + \beta y)\big)(f) = g_{\alpha x + \beta y}(f) = f(\alpha x + \beta y) = \alpha f(x) + \beta f(y)$$
$$= \alpha g_x(f) + \beta g_y(f) = \alpha(Cx)(f) + \beta(Cy)(f),$$

所以 C 是线性映射.

有时也把 C 叫作 X 到 X^{**} 中的**典范嵌入**. 为了理解这个术语和它的来历，我们首先阐明具有普遍意义的同构概念.

我们的任务是研究各种空间. 所有空间的共同点是它们都有一个基集 X，以及定义在 X 上的一个"结构". 对于度量空间，这个结构就是度量；对于向量空间，这个结构由两种代数运算形成；对于赋范空间，这个结构是指两种代数运算和范数.

给定两个同类型的空间 X 和 $\tilde{X}$ (例如两个向量空间)，弄清楚 X 与 $\tilde{X}$ 是否"本质上等同" (即至多在它们的元素特征上有所不同) 是很有意义的，如果是这样，我们就能够把 X 与 $\tilde{X}$ 看作一个空间，或者同一个空间的两个副本. 我们总是把结构当作研究的基本对象，而元素的具体特征则不足为论. 这种研究问题的方式方法是经常出现的，这也是我们提出同构概念的出发点. 按照定义，同构就是 X 到 $\tilde{X}$ 上的保持结构的一一映射.

因此，度量空间 $X = (X, d)$ 到度量空间 $\tilde{X} = (\tilde{X}, \tilde{d})$ 上的同构 T 是保持距离的一一映射，即对于所有 $x, y \in X$ 有

$$\tilde{d}(Tx, Ty) = d(x, y).$$

这时称 $\tilde{X}$ 与 X 同构. 与 1.6-1 中引入的等距一一映射相比，并没有什么新的东西，只不过换了一个名字而已. 有所更新的是下述定义.

向量空间 X 到同一个域上的另一个向量空间 $\tilde{X}$ 上的同构 T 是保持向量空间两个代数运算的一一映射，因此，对于所有 $x, y \in X$ 和标量 α 有

$$T(x + y) = Tx + Ty, \quad T(\alpha x) = \alpha Tx,$$

也就是说，$T : X \longrightarrow \tilde{X}$ 是一一映射线性算子. 这时说 $\tilde{X}$ 和 X 是同构的，并把 X 和 $\tilde{X}$ 称作同构的向量空间.

对于赋范空间的同构，除了是向量空间之间的同构外，还要求它保持范数不变. 详细的研究放在 §2.10 中. 因为在那里要用到这个同构的概念. 眼下我们就能够应用向量空间的同构来研究问题.

可以证明典范映射 C 是内射. 由于 C 是线性映射（见前面），所以它是 X 到值域 $\mathscr{R}(C) \subseteq X^{**}$ 上的同构.

若 X 和向量空间 Y 的一个子空间同构，则我们说 X 是**可嵌入** Y 的. 因此，X 可嵌入 X^{**}，C 又叫作 X 到 X^{**} 的典范嵌入.

若 C 是满射（因此是一一映射），则 $\mathscr{R}(C) = X^{**}$，这时称 X 是**代数自反**的. 在 §2.9 我们将证明：若 X 是有限维向量空间，则 X 是代数自反的.

涉及范数及导致赋范空间自反性概念的类似讨论，在有了适当的工具（特别是著名的哈恩–巴拿赫定理）之后再给出（在 §4.6 中）.

习 题

1. 证明 2.8-7 和 2.8-8 中的泛函是线性的.

2. 证明由

$$f_1(x) = \int_a^b x(t) y_0(t) \mathrm{d}t, \quad \text{其中 } y_0 \in C[a, b],$$

$$f_2(x) = \alpha x(a) + \beta x(b), \quad \text{其中 } \alpha, \beta \text{ 固定}$$

在 $C[a, b]$ 上定义的泛函是线性和有界的.

3. 若定义在 $C[-1, 1]$ 上的线性泛函 f 是

$$f(x) = \int_{-1}^0 x(t) \mathrm{d}t - \int_0^1 x(t) \mathrm{d}t,$$

求 f 的范数.

4. 证明

$$f_1(x) = \max_{t \in J} x(t), \quad f_2(x) = \min_{t \in J} x(t), \quad \text{其中 } J = [a, b]$$

在 $C[a, b]$ 上定义了两个泛函, 它们是线性的吗? 有界吗?

5. 证明: 在任意序列空间 X 上, 都能够定义线性泛函 f 为 $f(x) = \xi_n$ (n 固定), 其中 $x = (\xi_j)$. 若 $X = l^\infty$, 则 f 是有界泛函吗?

6. 空间 $C'[a, b]$ 空间 $C^1[a, b]$ 或 $C'[a, b]$ 是 $J = [a, b]$ 上的所有连续可微函数构成的赋范空间, 其上的范数定义为

$$\|x\| = \max_{t \in J} |x(t)| + \max_{t \in J} |x'(t)|.$$

证明上述定义满足范数公理. 证明 $f(x) = x'(c)$, $c = (a+b)/2$ 在 $C'[a, b]$ 上定义了一个有界线性泛函. 若把所有连续可微函数的集合视作 $C[a, b]$ 的子空间, 证明上面定义的 f 不再是有界的.

7. 若 f 是复赋范空间上的有界线性泛函, $\bar{f}$ 有界吗? 是线性的吗? ($\bar{f}$ 是 f 的复共轭.)

8. 零空间 集合 $M^* \subseteq X^*$ 的零空间 $\mathcal{N}(M^*)$ 定义为

$$\mathcal{N}(M^*) = \{x \in X \mid \text{对于所有 } f \in M^* \text{ 有 } f(x) = 0\}.$$

证明 $\mathcal{N}(M^*)$ 是向量空间.

9. 设 $f \neq 0$ 是向量空间 X 上的任意线性泛函, x_0 是 $X - \mathcal{N}(f)$ 中固定的任意元素, 其中 $\mathcal{N}(f)$ 是 f 的零空间. 证明任意 $x \in X$ 都有唯一表示 $x = \alpha x_0 + y$, 其中 $y \in \mathcal{N}(f)$.

10. 证明: 在习题 9 中, 两个元素 $x_1, x_2 \in X$ 当且仅当 $f(x_1) = f(x_2)$ 时, 属于商空间 $X/\mathcal{N}(f)$ 的同一个元素. 证明 $\operatorname{codim} \mathcal{N}(f) = 1$ (见 §2.1 习题 14).

11. 证明: 定义在同一向量空间上且具有相同零空间的两个线性泛函 $f_1 \neq 0$ 和 $f_2 \neq 0$ 必定成比例.

12. 超平面 若 Y 是向量空间 X 的子空间并且 $\operatorname{codim} Y = 1$ (见 §2.1 习题 14), 则 X/Y 中的每一个元素都叫作平行于 Y 的一个超平面. 证明: 对于 X 上的任意线性泛函 $f \neq 0$, 集合 $H_1 = \{x \in X \mid f(x) = 1\}$ 是平行于 f 的零空间 $\mathcal{N}(f)$ 的超平面.

13. 若 Y 是向量空间 X 的子空间, f 是 X 上的线性泛函, 但 $f(Y)$ 不是 X 的整个标量域. 证明对所有 $y \in Y$ 有 $f(y) = 0$.

14. 证明赋范空间 X 上的有界线性泛函 $f \neq 0$ 的范数 $\|f\|$ 在几何上能解释为从原点到超平面 $H_1 = \{x \in X \mid f(x) = 1\}$ 的距离 $\tilde{d} = \inf\{\|x\| \mid f(x) = 1\}$ 的倒数.

15. 半空间 设 $f \neq 0$ 是实赋范空间 X 上的有界线性泛函, 则对于任意标量 c, 有超平面 $H_c = \{x \in X \mid f(x) = c\}$, 并且 H_c 可确定两个半空间

$$X_{c1} = \{x \mid f(x) \leqslant c\} \quad \text{和} \quad X_{c2} = \{x \mid f(x) \geqslant c\}.$$

证明: 闭单位球落在半空间 X_{c1} (其中 $c = \|f\|$) 中, 但不存在正数 ε 使得半空间 X_{c1} (其中 $c = \|f\| - \varepsilon$) 含有该球.

2.9 有限维空间中的线性算子和泛函

有限维的向量空间既然比无穷维的向量空间简单，我们自然就要问：相对于这些空间中的线性算子和泛函能够做出怎样的简化？这正是我们要研究的问题．如果搞清了矩阵在研究有限维向量空间 X 上的线性算子以及 X 的代数对偶 X^*（§2.8）的结构方面所起到的作用，也就对问题做出了回答．

正像下面阐明的那样，有限维向量空间中的线性算子可以用矩阵来描述．按照这一方法，矩阵便成为研究有限维向量空间中线性算子的最重要工具．要理解我们目前研究的全部含义，还应该记住 2.7–8. 详细论述如下．

设 X 和 Y 是同一个域上的两个有限维向量空间，$T : X \longrightarrow Y$ 是线性算子．选定 X 的一个基 $E = \{e_1, \cdots, e_n\}$ 和 Y 的一个基 $B = \{b_1, \cdots, b_r\}$，这些向量按一定的次序排定后就不再改变，则每个 $x \in X$ 都有唯一表示

$$x = \xi_1 e_1 + \cdots + \xi_n e_n. \tag{2.9.1}$$

由于 T 是线性算子，所以 x 的像为

$$y = Tx = T\left(\sum_{k=1}^{n} \xi_k e_k\right) = \sum_{k=1}^{n} \xi_k Te_k. \tag{2.9.2}$$

由于表达式 (2.9.1) 是唯一的，所以我们的第一个结论是：

若给定 n 个基向量 $e_1, \cdots, e_n$ 的像 $y_k = Te_k$，则 T 被唯一确定．

因为 $y = Tx$ 和 $y_k = Te_k$ 都属于 Y，所以它们也都有唯一表示

$$y = \sum_{j=1}^{r} \eta_j b_j, \tag{2.9.3a}$$

$$Te_k = \sum_{j=1}^{r} \tau_{jk} b_j. \tag{2.9.3b}$$

将 (2.9.3) 代入 (2.9.2) 便得

$$y = \sum_{j=1}^{r} \eta_j b_j = \sum_{k=1}^{n} \xi_k Te_k = \sum_{k=1}^{n} \xi_k \sum_{j=1}^{r} \tau_{jk} b_j = \sum_{j=1}^{r} \left(\sum_{k=1}^{n} \tau_{jk} \xi_k\right) b_j.$$

由于 $\{b_1, \cdots, b_r\}$ 是线性无关组，所以等式两端关于 b_j 的系数应该相同，即

$$\eta_j = \sum_{k=1}^{n} \tau_{jk} \xi_k, \quad \text{其中} \ j = 1, \cdots, r. \tag{2.9.4}$$

这就给出下一个结论：

从 (2.9.4) 可以得到 $x = \sum_{k=1}^{n} \xi_k e_k$ 的像 $y = Tx = \sum_{j=1}^{r} \eta_j b_j$.

注意，(2.9.3b) 中对 τ_{jk} 求和的指标 j 不是通常的位置，但为了得到 (2.9.4) 中求和指标的通常位置，这是必要的.

(2.9.4) 中的系数构成 r 行 n 列矩阵

$$T_{EB} = (\tau_{jk}).$$

若给定 X 的基 E 和 Y 的基 B，并按某一确定的次序排定后（虽可任意排列，但排定后就不再改变），则矩阵 T_{EB} 由线性算子 T 唯一确定. 我们说矩阵 T_{EB} 是算子 T 关于这两个基的表示.

通过引入列向量 $\tilde{x} = (\xi_k)$ 和 $\tilde{y} = (\eta_j)$ 就能将 (2.9.4) 写成矩阵形式

$$\tilde{y} = T_{EB}\tilde{x}. \tag{2.9.4$'$}$$

类似地，(2.9.3b) 也能写成矩阵形式

$$Te = T_{EB}^{\mathrm{T}}b, \tag{2.9.3b$'$}$$

其中 Te 是以 $Te_1, \cdots, Te_n$（每个 Te_k 本身也是一个向量）为分量的列向量，b 是以 $b_1, \cdots, b_r$ 为分量的列向量. 由于在 (2.9.3b) 中是关于第一个下标 j 求和，在 (2.9.4) 中是关于第二个下标 k 求和，所以我们必须用 T_{EB} 的转置 T_{EB}^{T}.

我们的讨论表明，线性算子 T 关于 X 和 Y 的给定的基 E 和基 B 有唯一的矩阵表示 T_{EB}，其中基 E 和基 B 的向量是按固定的次序排列的. 反之，任意 r 行 n 列矩阵关于 X 和 Y 的给定的基 E 和基 B 可以唯一确定一个线性算子.（也见 2.6–8 和 2.7–7.）

让我们转到 X（$\dim X = n$）上的**线性泛函**，像前面一样，假定 $\{e_1, \cdots, e_n\}$ 是 X 的一个基. 在 §2.8 我们已经知道，这些线性泛函构成 X 的代数对偶空间 X^*. 对于每一个这样的线性泛函 f 和每一个 $x = \sum \xi_j e_j \in X$，我们有

$$f(x) = f\left(\sum_{j=1}^{n} \xi_j e_j\right) = \sum_{j=1}^{n} \xi_j f(e_j) = \sum_{j=1}^{n} \xi_j \alpha_j, \tag{2.9.5a}$$

其中

$$\alpha_j = f(e_j), \quad \text{其中 } j = 1, \cdots, n, \tag{2.9.5b}$$

并且 f 由它在 X 的 n 个基向量 $e_1, \cdots, e_n$ 上的值 $\alpha_1, \cdots, \alpha_n$ 唯一确定.

反过来，给定 n 个标量 $\alpha_1, \cdots, \alpha_n$，由 (2.9.5) 可以唯一确定 X 上的一个线性泛函. 特别地，若我们把 n 个标量分别取为

$$\begin{matrix}
(1, & 0, & 0, & \cdots, & 0, & 0), \\
(0, & 1, & 0, & \cdots, & 0, & 0), \\
\vdots & \vdots & \vdots & \ddots & \vdots & \vdots \\
(0, & 0, & 0, & \cdots, & 0, & 1),
\end{matrix}$$

根据 (2.9.5) 便给出 n 个泛函, 分别用 $f_1, \cdots, f_n$ 记之, 它们在基向量上的取值为

$$f_k(e_j) = \delta_{jk} = \begin{cases} 0, & \text{若 } j \neq k, \\ 1, & \text{若 } j = k. \end{cases} \tag{2.9.6}$$

也就是说, f_k 在第 k 个基向量上取值为 1, 在其余 $n-1$ 个基向量上取值为 0, δ_{jk} 叫作克罗内克 δ. $\{f_1, \cdots, f_n\}$ 叫作 X 的基 $\{e_1, \cdots, e_n\}$ 的**对偶基**. 通过下面的定理可证明其正确性.

2.9–1 定理 (X^* 的维数) 设 X 是 n 维向量空间, $E = \{e_1, \cdots, e_n\}$ 是 X 的一个基, 则由 (2.9.6) 给出的 $F = \{f_1, \cdots, f_n\}$ 是 X 的代数对偶 X^* 的一个基, 且 $\dim X^* = \dim X = n$.

证明 首先证明 F 是一个线性无关组. 为此, 设

$$\sum_{k=1}^{n} \beta_k f_k(x) = 0, \quad \text{其中 } x \in X. \tag{2.9.7}$$

以 $x = e_j$ 代入上式可得

$$\sum_{k=1}^{n} \beta_k f_k(e_j) = \sum_{k=1}^{n} \beta_k \delta_{jk} = \beta_j = 0,$$

所以 (2.9.7) 中的 β_k 都等于 0. 然后证明每个 $f \in X^*$ 都能唯一表示为 F 中元素的线性组合. 如同 (2.9.5b), 记 $f(e_j) = \alpha_j$. 根据 (2.9.5a), 对于每个 $x \in X$ 有

$$f(x) = \sum_{j=1}^{n} \xi_j \alpha_j.$$

另外, 由 (2.9.6) 可得

$$f_j(x) = f_j(\xi_1 e_1 + \cdots + \xi_n e_n) = \xi_j.$$

合在一起便有

$$f(x) = \sum_{j=1}^{n} \alpha_j f_j(x).$$

因此 X 上的任意线性泛函 f 可用泛函 $f_1, \cdots, f_n$ 唯一表示为

$$f = \alpha_1 f_1 + \cdots + \alpha_n f_n. \qquad \blacksquare$$

为了能给出这个定理的一个有趣应用, 首先让我们来证明一个引理 (稍后将在 4.3–4 中给出任意赋范空间的一个类似引理).

2.9–2 引理（零向量）　设 X 是有限维向量空间. 若 $x_0 \in X$ 满足对于所有 $f \in X^*$ 有 $f(x_0) = 0$, 则 $x_0 = 0$.

证明　设 $\{e_1, \cdots, e_n\}$ 是 X 的一个基, 且 $x_0 = \sum \xi_{0j} e_j$, 则 (2.9.5) 变成

$$f(x_0) = \sum_{j=1}^{n} \xi_{0j} \alpha_j.$$

根据假设, 对于每个 $f \in X^*$ 有 $f(x_0) = 0$, 也就是对于选定的 n 个标量 $\alpha_1, \cdots, \alpha_n$ 有 $\sum_{j=1}^{n} \xi_{0j} \alpha_j = 0$. 根据方程组理论, 所有 ξ_{0j} 必定为 0. 这就证明了 $x_0 = 0$. ■

利用这个引理可以得到以下定理.

2.9–3 定理（代数自反性）　每个有限维向量空间都是代数自反的.

证明　§2.8 研究的典范映射 $C : X \longrightarrow X^{**}$ 是线性映射. 根据 C 的定义, $Cx_0 = 0$ 意味着对于所有 $f \in X^*$ 有

$$(Cx_0)(f) = g_{x_0}(f) = f(x_0) = 0.$$

由 2.9–2 可知 $x_0 = 0$. 从 2.6–10 便推出映射 C 有逆 $C^{-1} : \mathscr{R}(C) \longrightarrow X$, 其中 $\mathscr{R}(C)$ 是 C 的值域. 根据同一个定理还知道 $\dim \mathscr{R}(C) = \dim X$. 根据 2.9–1 可得

$$\dim X^{**} = \dim X^* = \dim X.$$

合在一起便得到 $\dim \mathscr{R}(C) = \dim X^{**}$. 因为 $\mathscr{R}(C)$ 是向量空间（见 2.6–9）, 并且由 2.1–8 可知 X^{**} 的真子空间的维数小于 $\dim X^{**}$, 所以有 $\mathscr{R}(C) = X^{**}$. 根据定义, 这就证明了代数自反性. ■

习　题

1. 确定由

$$\begin{bmatrix} 1 & 3 & 2 \\ -2 & 1 & 0 \end{bmatrix}$$

　　表示的算子 $T : \mathbf{R}^3 \longrightarrow \mathbf{R}^2$ 的零空间.

2. 设 $T : \mathbf{R}^3 \longrightarrow \mathbf{R}^3$ 由 $(\xi_1, \xi_2, \xi_3) \longmapsto (\xi_1, \xi_2, -\xi_1 - \xi_2)$ 定义. 求 $\mathscr{R}(T)$ 和 $\mathscr{N}(T)$ 以及表示 T 的矩阵.

3. 求 $\mathbf{R}^3$ 的基 $\{(1,0,0), (0,1,0), (0,0,1)\}$ 的对偶基.

4. 设 $\{f_1, f_2, f_3\}$ 是 $\mathbf{R}^3$ 的基 $\{e_1, e_2, e_3\}$ 的对偶基, 其中 $e_1 = (1,1,1)$, $e_2 = (1,1,-1)$, $e_3 = (1,-1,-1)$. 求 $f_1(x), f_2(x), f_3(x)$, 其中 $x = (1,0,0)$.

5. 若 f 是 n 维向量空间 X 上的线性泛函, 零空间 $\mathscr{N}(f)$ 的维数会是多少?

6. 若 $\mathbf{R}^3$ 上的泛函 f 定义为 $f(x) = \xi_1 + \xi_2 - \xi_3$, 其中 $x = (\xi_1, \xi_2, \xi_3)$, 求泛函 f 的零空间 $\mathscr{N}(f)$ 的一个基.

7. 把习题 6 中的 f 换成 $f(x) = \alpha_1 \xi_1 + \alpha_2 \xi_2 + \alpha_3 \xi_3$, 其中 $\alpha_1 \neq 0$, 求 $\mathcal{N}(f)$ 的一个基.

8. 设 Z 是 n 维向量空间 X 的一个 $n-1$ 维子空间. 证明 Z 是 X 上某一个线性泛函 f 的零空间, 并且在允许相差标量倍数的情况下, f 被唯一确定.

9. 设 X 是所有次数不超过给定的 n 的实变量的实多项式和多项式 $x = 0$ (它的次数通常不加定义) 构成的向量空间, $f(x) = x^{(k)}(a)$, 即 $x \in X$ 的 k 阶 (k 固定) 导数在固定的 $a \in \mathbf{R}$ 上的取值. 证明 f 是 X 上的线性泛函.

10. 设 Z 是 n 维向量空间 X 的真子空间, 且 $x_0 \in X - Z$. 证明在 X 上存在线性泛函 f 使得 $f(x_0) = 1$ 且对于所有 $x \in Z$ 有 $f(x) = 0$.

11. 设 x 和 y 是有限维向量空间 X 中的两个不同向量. 证明在 X 上存在线性泛函 f 使得 $f(x) \neq f(y)$.

12. 设 $f_1, \cdots, f_p$ 是 n 维向量空间 X 上的线性泛函, 其中 $p < n$. 证明在 X 中有向量 $x \neq 0$ 使得 $f_1(x) = 0, \cdots, f_p(x) = 0$. 这个结果和线性方程的哪一个结论对应?

13. **线性延拓** 设 Z 是 n 维向量空间 X 的真子空间, f 是 Z 上的线性泛函. 证明 f 能够线性延拓到 X, 也就是说, 在 X 上存在线性泛函 $\tilde{f}$ 使得 $\tilde{f}\big|_Z = f$.

14. 设 f 是由 $f(x) = 4\xi_1 - 3\xi_2$ 在 $\mathbf{R}^2$ 上定义的泛函, 其中 $x = (\xi_1, \xi_2)$. 把 $\mathbf{R}^2$ 看作当 $\xi_3 = 0$ 时 $\mathbf{R}^3$ 的子空间. 确定 f 的从 $\mathbf{R}^2$ 到 $\mathbf{R}^3$ 的所有线性延拓 $\tilde{f}$.

15. 设 $Z \subseteq \mathbf{R}^3$ 是由 $\xi_2 = 0$ 表示的子空间, Z 上的泛函 f 定义为 $f(x) = (\xi_1 - \xi_3)/2$. 求 f 的到 $\mathbf{R}^3$ 的线性延拓 $\tilde{f}$ 且 $\tilde{f}(x_0) = k$ (给定的常数), 其中 $x_0 = (1, 1, 1)$. $\tilde{f}$ 是唯一的吗?

2.10 算子赋范空间和对偶空间

§2.7 定义了有界线性算子的概念, 并举出一些基本例子来说明, 让读者对这些算子的重要性有了初步的印象. 本节的目的是: 取任意两个 (实的或复的) 赋范空间 X 和 Y, 并研究从 X 到 Y 中的所有有界线性算子的集合

$$B(X, Y).$$

也就是说, $B(X, Y)$ 中的每个算子都以 X 为定义域, 值域落在 Y 中. 我们希望证明 $B(X, Y)$ 本身也能作成赋范空间. [1]

所有这些都是很简单的. 首先, 当我们以自然的方式

$$(T_1 + T_2)x = T_1 x + T_2 x$$

定义两个算子 $T_1, T_2 \in B(X, Y)$ 之和 $T_1 + T_2$, 以

$$(\alpha T)x = \alpha T x$$

定义算子 $T \in B(X, Y)$ 与标量 α 的乘积 αT 时, $B(X, Y)$ 便成为一个向量空间. 若还记得引理 2.7–2(b), 便立即得到下述所期望的结果.

---

[1] $B(X, Y)$ 中的 B 是 "bounded" (有界的) 的第一个字母. 它还有另外一个记法 $L(X, Y)$, 其中 L 是 "Linear" (线性的) 的第一个字母. 两种符号都很常用, 本书用 $B(X, Y)$.

2.10–1 定理（空间 $B(X, Y)$）　从赋范空间 X 到赋范空间 Y 中的所有有界线性算子构成的向量空间 $B(X, Y)$，在其上定义范数

$$\|T\| = \sup_{\substack{x \in X \\ x \neq 0}} \frac{\|Tx\|}{\|x\|} = \sup_{\substack{x \in X \\ \|x\|=1}} \|Tx\| \tag{2.10.1}$$

后，便成为赋范空间.

在什么情况下 $B(X, Y)$ 是巴拿赫空间? 这是一个中心问题，其答案是如下的定理. 值得注意的是，这个定理中的条件不涉及 X，也就是说，X 可以是完备的，也可以是不完备的.

2.10–2 定理（完备性）　若 Y 是巴拿赫空间，则 $B(X, Y)$ 是巴拿赫空间.

证明　任取 $B(X, Y)$ 中的柯西序列 (T_n)，我们来证明 (T_n) 收敛到算子 $T \in B(X, Y)$. 由于 (T_n) 是柯西序列，所以对于任意正数 ε，存在 N 使得

$$\text{对于所有 } m, n > N \text{ 有 }\quad \|T_n - T_m\| < \varepsilon.$$

因此，对于所有 $x \in X$ 和 $m, n > N$ 有 [见 (2.7.3)]

$$\|T_n x - T_m x\| = \|(T_n - T_m)x\| \leqslant \|T_n - T_m\| \, \|x\| < \varepsilon \, \|x\|. \tag{2.10.2}$$

对于固定的任意 x 和给定的 $\tilde{\varepsilon}$，我们可取 $\varepsilon = \varepsilon_x$ 使之满足 $\varepsilon_x \|x\| < \tilde{\varepsilon}$，则由 (2.10.2) 可得 $\|T_n x - T_m x\| < \tilde{\varepsilon}$，从而看出 $(T_n x)$ 是 Y 中的柯西序列. 由于 Y 是完备空间，所以 $(T_n x)$ 在 Y 中收敛，不妨设 $T_n x \to y$. 显然，极限 $y \in Y$ 依赖于 $x \in X$ 的选取. 这就定义了算子 $T: X \longrightarrow Y$，其中 $y = Tx$. 由于

$$\lim T_n(\alpha x + \beta z) = \lim(\alpha T_n x + \beta T_n z) = \alpha \lim T_n x + \beta \lim T_n z,$$

所以 T 是线性算子.

下面来证明 T 是有界算子，并且 $T_n \to T$，即 $\|T_n - T\| \to 0$.

由于 (2.10.2) 对于每个 $m > N$ 都成立，并且 $T_m x \to Tx$，所以可以令 $m \to \infty$. 利用范数的连续性，对于每个 $n > N$ 和所有 $x \in X$，由 (2.10.2) 可得

$$\|T_n x - Tx\| = \left\|T_n x - \lim_{m \to \infty} T_m x\right\| = \lim_{m \to \infty} \|T_n x - T_m x\| \leqslant \varepsilon \|x\|. \tag{2.10.3}$$

这就证明了当 $n > N$ 时 $T_n - T$ 是有界线性算子. 由于 T_n 是有界算子，所以 $T = T_n - (T_n - T)$ 也是有界算子，即 $T \in B(X, Y)$. 此外，若 (2.10.3) 关于所有范数等于 1 的 x 取上确界，便得到

$$\text{对于所有 } n > N \text{ 有 }\quad \|T_n - T\| \leqslant \varepsilon,$$

因此 $\|T_n - T\| \to 0$. ∎

这个定理关于 X 的对偶空间 X' 有一个很重要的结论. X' 的定义如下.

2.10–3 定义（对偶空间 X'） 设 X 是赋范空间，则 X 上的所有有界线性泛函的向量空间在其上定义范数

$$\|f\| = \sup_{\substack{x \in X \\ x \neq 0}} \frac{|f(x)|}{\|x\|} = \sup_{\substack{x \in X \\ \|x\| = 1}} |f(x)| \tag{2.10.4}$$

[见 (2.8.2)] 后，便成为赋范空间，称为 X 的对偶空间[①]，记为 X'. ∎

由于 X 上的线性泛函映 X 到 $\mathbf{R}$ 或 $\mathbf{C}$（X 的标量域）中，$\mathbf{R}$ 和 $\mathbf{C}$ 按通常的度量是完备的，所以在 $B(X,Y)$ 中取完备空间 $Y = \mathbf{R}$ 或 $\mathbf{C}$ 便得到 X'. 应用定理 2.10–2 就得到下面的基本定理.

2.10–4 定理（对偶空间） 赋范空间 X 的对偶空间 X' 总是巴拿赫空间（不管 X 是否为巴拿赫空间）.

泛函分析的一个基本原则是，经常把空间和它的对偶空间结合在一起研究. 为此，研究一些经常出现的空间，找出它们的对偶是什么，是很值得去做的. 在这方面，同构的概念对理解目前的讨论是很有帮助的. 回顾一下 §2.8 中的讨论，并提出下面的定义.

赋范空间 X 到赋范空间 $\tilde{X}$ 上的**同构**，是保持范数不变的一一映射线性算子 $T : X \longrightarrow \tilde{X}$，也就是说，对所有 $x \in X$ 有

$$\|Tx\| = \|x\|.$$

（因此 T 是一个等距.）我们称 X 和 $\tilde{X}$ 同构，X 和 $\tilde{X}$ 是同构的赋范空间. 从抽象的观点看，X 和 $\tilde{X}$ 是等同的，而同构只不过是把元素重新命名而已（每个元素附加一个标签 T）.

下面的第一个例子说明 $\mathbf{R}^n$ 的对偶空间和 $\mathbf{R}^n$ 同构，可以把这个结论简述为：$\mathbf{R}^n$ 的对偶空间是 $\mathbf{R}^n$. 其他例子是类似的.

例子

2.10–5 空间 $\mathbf{R}^n$ $\mathbf{R}^n$ 的对偶空间是 $\mathbf{R}^n$.

证明 根据定理 2.7–8 有 $\mathbf{R}^{n\prime} = \mathbf{R}^{n*}$，根据 (2.9.5)，对于每个 $f \in \mathbf{R}^{n*}$ 有

$$f(x) = \sum \xi_k \gamma_k, \quad \text{其中 } \gamma_k = f(e_k).$$

（和式是从 1 到 n 取的）根据柯西–施瓦茨不等式 (1.2.11)，我们有

$$|f(x)| \leqslant \sum |\xi_k \gamma_k| \leqslant \left(\sum \xi_j^2\right)^{1/2} \left(\sum \gamma_k^2\right)^{1/2} = \|x\| \left(\sum \gamma_k^2\right)^{1/2}.$$

[①] 另外的名字是对偶、伴随空间和共轭空间. 回顾 §2.8，X 的代数对偶空间 X^* 是 X 上的所有线性泛函构成的向量空间.

上式再关于范数为 1 的所有 x 取上确界，便得到

$$\|f\| \leqslant \left(\sum_{k=1}^{n} \gamma_k^2 \right)^{1/2}.$$

然而，由于取 $x = (\gamma_1, \cdots, \gamma_n)$ 时柯西–施瓦茨不等式变成等式，事实上必定有

$$\|f\| = \left(\sum_{k=1}^{n} \gamma_k^2 \right)^{1/2}.$$

这就证明了 f 的范数是欧几里得范数，并且有 $\|f\| = \|c\|$，其中 $c = (\gamma_k) \in \mathbf{R}^n$. 因此 $f \longmapsto c = (\gamma_k)$，$\gamma_k = f(e_k)$ 便定义了 $\mathbf{R}^{n\prime}$ 到 $\mathbf{R}^n$ 上的一个保持范数不变的映射，由于它是线性一一映射，所以它是一个同构. ∎

2.10–6 空间 l^1　l^1 的对偶空间是 l^∞.

证明　空间 l^1 的一个绍德尔基（§2.3）是 (e_k)，其中 $e_k = (\delta_{kj})$ 的第 k 项为 1 其余项为 0. 每个 $x \in l^1$ 都有唯一表示

$$x = \sum_{k=1}^{\infty} \xi_k e_k. \tag{2.10.5}$$

考虑任意 $f \in l^{1\prime}$，其中 $l^{1\prime}$ 是 l^1 的对偶空间. 由于 f 是有界线性泛函，所以

$$f(x) = \sum_{k=1}^{\infty} \xi_k \gamma_k, \quad \text{其中 } \gamma_k = f(e_k), \tag{2.10.6}$$

其中数 $\gamma_k = f(e_k)$ 由 f 唯一确定. 还有 $\|e_k\| = 1$ 且

$$|\gamma_k| = |f(e_k)| \leqslant \|f\| \|e_k\| = \|f\|, \quad \sup_k |\gamma_k| \leqslant \|f\|. \tag{2.10.7}$$

因此 $(\gamma_k) \in l^\infty$.

另外，对于每个 $b = (\beta_k) \in l^\infty$，可以相应地得到 l^1 上的有界线性泛函 g. 事实上，可以在 l^1 上定义 g 为

$$g(x) = \sum_{k=1}^{\infty} \xi_k \beta_k,$$

其中 $x = (\xi_k) \in l^1$，则 $g(x)$ 是线性的，由

$$|g(x)| \leqslant \sum |\xi_k \beta_k| \leqslant \sup_j |\beta_j| \sum |\xi_k| = \|x\| \sup_j |\beta_j|$$

（和式是从 1 到 ∞ 取的）可知 g 是有界的，因此 $g \in l^{1\prime}$.

最后，我们证明 f 的范数就是空间 l^∞ 上的范数. 由 (2.10.6) 可得

$$|f(x)| = \left| \sum \xi_k \gamma_k \right| \leqslant \sup_j |\gamma_j| \sum |\xi_k| = \|x\| \sup_j |\gamma_j|.$$

上式再关于范数为 1 的所有 x 取上确界，便得到

$$\|f\| \leqslant \sup_j |\gamma_j|.$$

由此和 (2.10.7) 可得

$$\|f\| = \sup_j |\gamma_j|, \tag{2.10.8}$$

这正是 l^∞ 上的范数. 因此这个公式可写成 $\|f\| = \|c\|_\infty$，其中 $c = (\gamma_j) \in l^\infty$. 这就证明了由 $f \longmapsto c = (\gamma_j)$ 定义的 $l^{1\prime}$ 到 l^∞ 上的线性一一映射是一个同构. ■

2.10–7 空间 l^p 空间 l^p 的对偶空间是 l^q，其中 $1 < p < +\infty$，q 是 p 的共轭指数，即 $1/p + 1/q = 1$.

证明 如前一个例子，空间 l^p 的一个绍德尔基是 (e_k)，其中 $e_k = (\delta_{kj})$，则每个 $x \in l^p$ 都有唯一表示

$$x = \sum_{k=1}^\infty \xi_k e_k. \tag{2.10.9}$$

令 $l^{p\prime}$ 是 l^p 的对偶空间，考虑任意 $f \in l^{p\prime}$. 由于 f 是有界线性泛函，则

$$f(x) = \sum_{k=1}^\infty \xi_k \gamma_k, \quad 其中 \ \gamma_k = f(e_k). \tag{2.10.10}$$

令 q 是 p 的共轭指数（见 1.2–3），考虑序列 $x_n = \left(\xi_k^{(n)}\right)$，其中

$$\xi_k^{(n)} = \begin{cases} |\gamma_k|^q/\gamma_k, & 若 \ k \leqslant n \ 且 \ \gamma_k \neq 0, \\ 0, & 若 \ k > n \ 或 \ \gamma_k = 0. \end{cases} \tag{2.10.11}$$

将 (2.10.11) 代入 (2.10.10) 可得

$$f(x_n) = \sum_{k=1}^\infty \xi_k^{(n)} \gamma_k = \sum_{k=1}^n |\gamma_k|^q.$$

由 (2.10.11) 和 $(q-1)p = q$ 可得

$$\begin{aligned} f(x_n) \leqslant \|f\| \, \|x_n\| &= \|f\| \left(\sum \left| \xi_k^{(n)} \right|^p \right)^{1/p} \\ &= \|f\| \left(\sum |\gamma_k|^{(q-1)p} \right)^{1/p} \\ &= \|f\| \left(\sum |\gamma_k|^q \right)^{1/p} \end{aligned}$$

（和式是从 1 到 n 取的）. 合在一起便有

$$f(x_n) = \sum |\gamma_k|^q \leqslant \|f\| \left(\sum |\gamma_n|^q \right)^{1/p}.$$

用最后一个因子去除不等式两端，再利用 $1 - 1/p = 1/q$，我们得到

$$\left(\sum_{k=1}^{n}|\gamma_k|^q\right)^{1-1/p} = \left(\sum_{k=1}^{n}|\gamma_k|^q\right)^{1/q} \leqslant \|f\|.$$

由于 n 是任意的，令 $n \to \infty$ 可得

$$\left(\sum_{k=1}^{\infty}|\gamma_k|^q\right)^{1/q} \leqslant \|f\|. \tag{2.10.12}$$

因此 $(\gamma_k) \in l^q$.

反之，对于任意 $b = (\beta_k) \in l^q$，可以相应地得到 l^p 上的有界线性泛函 g. 事实上，可以在 l^p 上定义 g 为

$$g(x) = \sum_{k=1}^{\infty}\xi_k\beta_k,$$

其中 $x = (\xi_k) \in l^p$，则 g 是线性的，由赫尔德不等式 (1.2.10) 可推出 g 是有界的，因此 $g \in l^{p'}$.

最后，我们证明 f 的范数就是空间 l^q 上的范数. 由 (2.10.10) 和赫尔德不等式可得

$$|f(x)| = \left|\sum\xi_k\gamma_k\right| \leqslant \left(\sum|\xi_k|^p\right)^{1/p}\left(\sum|\gamma_k|^q\right)^{1/q} = \|x\|\left(\sum|\gamma_k|^q\right)^{1/q}$$

（和式是从 1 到 ∞ 取的），上式再关于范数为 1 的所有 x 取上确界，便得到

$$\|f\| \leqslant \left(\sum|\gamma_k|^q\right)^{1/q}.$$

再与 (2.10.12) 比较可以看出等号成立，即

$$\|f\| = \left(\sum_{k=1}^{\infty}|\gamma_k|^q\right)^{1/q}. \tag{2.10.13}$$

这可以写成 $\|f\| = \|c\|_q$，其中 $c = (\gamma_k) \in l^q$ 且 $\gamma_k = f(e_k)$. 由 $f \longmapsto c$ 定义的 $l^{p'}$ 到 l^q 上的映射是线性一一映射，(2.10.13) 表明它是保持范数不变的，所以它是一个同构. ∎

上面的例子以及类似的例子有什么重要的意义呢？在应用中，对一些实践中很重要的空间来说，知道定义在其上的有界线性泛函的一般形式，常常是非常有用的. 在这方面已经有很多空间得到了研究. 我们的例子给出了空间 $\mathbf{R}^n$、l^1 和 l^p（$p > 1$）中的有界线性泛函的一般表示. 对于空间 $C[a, b]$，由于需要另外的工具（特别是哈恩–巴拿赫定理），将放在后面的 §4.4 中考虑.

此外，回顾在 §2.8 中讨论过的二次代数对偶空间 X^{**}，我们可能会问：研究 X 的二次对偶 $X'' = (X')'$ 究竟有没有价值？回答是肯定的，但我们必须把它推迟到 §4.6 中讨论. 为了得到这方面本质性的结论，还要在那里导出适当的工具. 目前，还是将目光转向稍微简单的内积空间和希尔伯特空间，我们将会看到它们是一类特殊的赋范空间，在应用方面也极为重要.

习 题

1. 向量空间 $B(X, Y)$ 的零元素是什么？按照定义 2.1–1，算子 $T \in B(X, Y)$ 的逆为何？

2. 正文中所研究过的算子和泛函是定义在整个空间 X 上的. 证明：在泛函的情况下，没有这个假定我们仍有下面的定理. 若 f 和 g 是定义域落在赋范空间 X 中的两个有界线性泛函，则对任意非零标量 α 和 β，线性组合 $h = \alpha f + \beta g$ 是有界线性泛函，其定义域 $\mathscr{D}(h) = \mathscr{D}(f) \cap \mathscr{D}(g)$.

3. 把习题 2 中的定理推广到有界线性算子 T_1 和 T_2 上去.

4. 设 X 和 Y 是赋范空间，$T_n : X \longrightarrow Y$（$n = 1, 2, \cdots$）是有界线性算子. 证明收敛性 $T_n \to T$ 意味着：对于任意正数 ε，存在 N 使得对于所有 $n > N$ 和给定的任意闭球中的所有 x 有 $\|T_n x - T x\| < \varepsilon$.

5. 证明 2.8–5 和 2.10–5 是一致的.

6. 若 X 是 n 元实序组构成的空间，其元素 $x = (\xi_1, \cdots, \xi_n)$ 的范数为 $\|x\| = \max_j |\xi_j|$. 对偶空间 X' 上相应的范数是什么？

7. 相对于 n 元实序组构成的空间 X，从 2.10–6 我们能够得到什么结论？

8. 证明空间 c_0 的对偶空间是 l^1（见 §2.3 习题 1）.

9. 证明向量空间 X 上的线性泛函 f 可由它在 X 的哈梅尔基上的值唯一确定（见 §2.1）.

10. 设 X 和 $Y \neq \{0\}$ 是赋范空间，其中 $\dim X = \infty$. 证明至少存在一个无界线性算子 $T : X \longrightarrow Y$（利用哈梅尔基）.

11. 若 X 是赋范空间且 $\dim X = \infty$，证明对偶空间 X' 和代数对偶空间 X^* 不是等同的.

12. **完备性** 正文中的例子能够用来证明一些空间的完备性. 如何做？有哪些空间？

13. **零化子** 设 $M \neq \varnothing$ 是赋范空间 X 的任意子集，M 的零化子 M^a 定义为在 M 上处处为 0 的 X 上的有界线性泛函的集合，因此 M^a 是 X 的对偶空间 X' 的子集. 证明 M^a 是 X' 的线性子空间，并且是闭集. X^a 和 $\{0\}^a$ 是什么？

14. 若 M 是 n 维赋范空间 X 的 m 维的子空间，证明 M^a 是 X' 的 $n - m$ 维的子空间. 把它作为关于线性方程组的解的一个定理来描述.

15. 设 $M = \{(1, 0, -1), (1, -1, 0), (0, 1, -1)\} \subseteq \mathbf{R}^3$. 求 M^a 的一个基.

第 3 章 内积空间和希尔伯特空间

和在初等向量代数中一样，可以在赋范空间中对向量进行相加以及与标量相乘的运算．此外，空间上的范数推广了向量长度的概念．然而，与向量分析相比，一般赋范空间中还缺少一些内容．如果可能，我们自然希望在赋范空间中也能有类似向量点积

$$a \cdot b = \alpha_1 \beta_1 + \alpha_2 \beta_2 + \alpha_3 \beta_3$$

的概念及其所导出的公式，特别是

$$|a| = \sqrt{a \cdot a}$$

和正交性（垂直）条件

$$a \cdot b = 0.$$

这些概念在很多应用中是重要的工具．因此，就要提出这样的问题：点积和正交性究竟能否推广到任意的向量空间中去？事实上，这是可以做到的，从而得到内积空间和完备的内积空间，后者即希尔伯特空间．

像我们将要看到的那样，内积空间是特殊的赋范空间．在历史上，它比一般赋范空间出现得还早．它的理论甚为丰富，并且保留着欧几里得空间的很多特征，其中心概念是正交性．事实上，内积空间可能是欧几里得空间的最为自然的推广．读者将会注意到，在这个领域的概念和证明是多么和谐、漂亮．该理论起源于希尔伯特（D. Hilbert, 1912）关于积分方程的研究．现代所采用的几何记法和术语都和欧几里得几何极为类似，它们是由施密特（E. Schmidt, 1908）按照科瓦莱夫斯基（在他的论文第 56 页中指出过）的建议制定的．这些空间至今是泛函分析在实际应用方面最为有用的空间．

本章概要

内积空间 X（3.1-1）是在其上定义了内积 $\langle x, y \rangle$ 的向量空间．内积是三维空间中向量点积的推广，并且用它定义

(I) 范数 $\| \cdot \|$，即 $\|x\| = \langle x, x \rangle^{1/2}$．

(II) 正交性，即 $\langle x, y \rangle = 0$．

希尔伯特空间 H 是完备的内积空间．内积空间和希尔伯特空间的理论，比一般的赋范空间和巴拿赫空间要丰富些．区分的特征如下．

(i) H 可表示为一个闭子空间与它的正交补的直和（见 3.3-4）．

(ii) 正交集和正交序列, 以及 H 的元素的相应表示 (见 §3.4 和 §3.5).

(iii) 有界线性泛函用内积的里斯表示 3.8–1.

(iv) 有界线性算子 T 的希尔伯特伴随算子 T^* (见 3.9–1).

正交集和正交序列只在它们是完全的时候才是真正有意义的 (§3.6). 希尔伯特伴随算子可用来定义好几类算子 (自伴算子、酉算子、正规算子, 见 §3.10), 它们在应用方面都有极大的重要性.

3.1 内积空间和希尔伯特空间

本章所研究的空间定义如下.

3.1–1 定义 (内积空间和希尔伯特空间) 内积空间 (或准希尔伯特空间) 是在其上定义了内积的向量空间 X. 希尔伯特空间是完备的内积空间 [以内积所定义的度量来考察完备性, 见后面的 (3.1.2)]. 这里所说的 X 上的内积, 是 $X \times X$ 到 X 的标量域 K 中的一个映射, 也就是说, 对于 X 中的每一对向量 x 和 y, 都有一个标量与之对应, 记为

$$\langle x, y \rangle.$$

这个标量叫作 x 和 y 的内积[①], 并且对于所有向量 $x, y, z \in X$ 和标量 α 有

(IP$_1$) $\langle x + y, z \rangle = \langle x, z \rangle + \langle y, z \rangle$.

(IP$_2$) $\langle \alpha x, y \rangle = \alpha \langle x, y \rangle$.

(IP$_3$) $\langle x, y \rangle = \overline{\langle y, x \rangle}$.

(IP$_4$) $\langle x, x \rangle \geqslant 0, \qquad \langle x, x \rangle = 0 \iff x = 0$.

X 上的内积通过

$$\|x\| = \sqrt{\langle x, x \rangle} \quad (\geqslant 0) \tag{3.1.1}$$

和

$$d(x, y) = \|x - y\| = \sqrt{\langle x - y, x - y \rangle} \tag{3.1.2}$$

分别在 X 上定义了范数和度量. ∎

因此, 内积空间是赋范空间, 希尔伯特空间是巴拿赫空间.

在 IP$_3$ 中, "￣" 表示复共轭. 因此, 若 X 是实向量空间, 则简单地有

$$\langle x, y \rangle = \langle y, x \rangle \quad (\text{对称性}).$$

由 (3.1.1) 定义的范数满足范数公理 N$_1$ ~ N$_4$ (见 §2.2), 其证明将在 §3.2 的开头给出.

---

① 或标量积, 但是不要与向量空间中的 "向量与标量的乘积" 混淆.

　　内积的记法 "$\langle , \rangle$" 是非常通用的. 在我们所给出的初等教材中, 可能有更通俗的记法 "$(,)$", 这会与序偶 (向量的分量、积空间的元素、二元函数的宗量等) 产生混淆.

由 $IP_1 \sim IP_3$ 可以得到公式

$$\langle \alpha x + \beta y, z \rangle = \alpha \langle x, z \rangle + \beta \langle y, z \rangle, \tag{3.1.3a}$$

$$\langle x, \alpha y \rangle = \bar{\alpha} \langle x, y \rangle, \tag{3.1.3b}$$

$$\langle x, \alpha y + \beta z \rangle = \bar{\alpha} \langle x, y \rangle + \bar{\beta} \langle x, z \rangle. \tag{3.1.3c}$$

这些公式将经常用到. (3.1.3a) 表明内积关于第一个因子是线性的. 在 (3.1.3c) 中, 由于右端有复共轭 $\bar{\alpha}$ 和 $\bar{\beta}$, 所以我们说内积关于第二个因子是共轭线性的. 两者合在一起, 我们说内积是一个半线性的或 "$1\frac{1}{2}$ 线性的", 也就是说把 "共轭线性" 看作 "半线性", 我们将不采用这个术语.

通过简单直接的计算可以证明内积空间上的范数满足重要的**平行四边形等式**

$$\|x + y\|^2 + \|x - y\|^2 = 2(\|x\|^2 + \|y\|^2). \tag{3.1.4}$$

这个名字是根据初等几何提出的, 见图 3–1, 而范数是向量长度这个初等概念的推广 (见 §2.2). 值得注意的是, 这个等式对于我们目前给出的更一般的情况仍然是成立的.

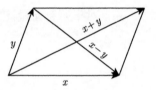

图 3–1   平面中边为 x 和 y 的平行四边形

我们可以断定, 若一个范数不满足 (3.1.4), 则这个范数不能用 (3.1.1) 通过内积来得到. 这样的范数是存在的, 后面将给出例子. 为避免误解, 我们可以说:

不是所有的赋范空间都是内积空间.

在研究例子之前, 我们先定义正交性的概念, 它是整个理论的基础. 我们知道, 在三维空间中, 若两个向量的点积等于 0, 则这两个向量是正交的, 也就是说, 它们要么互相垂直, 要么至少有一个是零向量. 这就促使我们提出如下定义.

3.1–2 定义 (正交性)   对于内积空间 X 中的元素 x 和 y, 若

$$\langle x, y \rangle = 0,$$

则称 x 正交于 y, 也称 x 和 y 是正交的, 记为 $x \perp y$. 类似地, 对于子集 $A, B \subseteq X$, 若对于所有 $a \in A$ 有 $x \perp a$, 则记为 $x \perp A$; 若对于所有 $a \in A$ 和所有 $b \in B$ 有 $a \perp b$, 则记为 $A \perp B$. ∎

例子

3.1–3 欧几里得空间 $\mathbf{R}^n$ 空间 $\mathbf{R}^n$ 是具有内积

$$\langle x, y \rangle = \xi_1 \eta_1 + \cdots + \xi_n \eta_n \tag{3.1.5}$$

的希尔伯特空间, 其中 $x = (\xi_j) = (\xi_1, \cdots, \xi_n)$ 且 $y = (\eta_j) = (\eta_1, \cdots, \eta_n)$.

事实上, 由 (3.1.5) 可得

$$\|x\| = \langle x, x \rangle^{1/2} = \left(\xi_1^2 + \cdots + \xi_n^2 \right)^{1/2},$$

由此得到欧几里得度量

$$d(x, y) = \|x - y\| = \langle x - y, x - y \rangle^{1/2} = \left[(\xi_1 - \eta_1)^2 + \cdots + (\xi_n - \eta_n)^2 \right]^{1/2},$$

见 2.2–2. 完备性在 1.5–1 中证明过.

若 $n = 3$, (3.1.5) 给出了通常的点积

$$\langle x, y \rangle = x \cdot y = \xi_1 \eta_1 + \xi_2 \eta_2 + \xi_3 \eta_3,$$

其中 $x = (\xi_1, \xi_2, \xi_3)$ 且 $y = (\eta_1, \eta_2, \eta_3)$, 而正交性

$$\langle x, y \rangle = x \cdot y = 0$$

也和初等的垂直性概念吻合.

3.1–4 酉空间 $\mathbf{C}^n$ 2.2–2 中定义的空间 $\mathbf{C}^n$ 是具有内积

$$\langle x, y \rangle = \xi_1 \bar{\eta}_1 + \cdots + \xi_n \bar{\eta}_n \tag{3.1.6}$$

的希尔伯特空间.

事实上, 由 (3.1.6) 可得范数

$$\|x\| = \langle x, x \rangle^{1/2} = \left(\xi_1 \bar{\xi}_1 + \cdots + \xi_n \bar{\xi}_n \right)^{1/2} = \left(|\xi_1|^2 + \ldots + |\xi_n|^2 \right)^{1/2}.$$

在这里我们也看出, 在 (3.1.6) 中为什么要取复共轭 $\bar{\eta}_j$, 这限定 $\langle y, x \rangle = \overline{\langle x, y \rangle}$, 它正是 IP$_3$, 同时也保证了 $\langle x, x \rangle$ 是实数.

3.1–5 空间 $L^2[a, b]$ 在 2.2–7 中, 范数被定义为

$$\|x\| = \left(\int_b^a x^2(t) \mathrm{d}t \right)^{1/2},$$

它可以从由

$$\langle x, y \rangle = \int_a^b x(t) y(t) \mathrm{d}t \tag{3.1.7}$$

定义的内积得到.

在 2.2–7 中，为简单起见，函数被限制为实值函数．而在一些应用方面的研究中，这一限制要去掉，需要考虑复值函数（如前仍保持自变量 $t \in [a, b]$ 是实数），这些函数构成复向量空间．若我们定义内积为

$$\langle x, y \rangle = \int_a^b x(t)\overline{y(t)}\mathrm{d}t, \tag{3.1.7*}$$

它便成为内积空间．这里的 "‾" 仍表示复共轭，它保证 IP$_3$ 成立，并使得 $\langle x, x \rangle$ 是实数．这个性质在考虑范数时也是必需的，因为 $x(t)\overline{x(t)} = |x(t)|^2$，范数被定义为

$$\|x\| = \left(\int_a^b |x(t)|^2 \mathrm{d}t \right)^{1/2}.$$

对应于 (3.1.7) 的度量空间的完备化，是实空间 $L^2[a, b]$（见 2.2–7）．类似地，对应于 (3.1.7*) 的度量空间的完备化，称为复空间 $L^2[a, b]$．在 §3.2 我们将要看到，内积能够被延拓到它的完备化．这就意味着 $L^2[a, b]$ 是希尔伯特空间．

3.1–6 希尔伯特序列空间 l^2　空间 l^2（见 2.2–3）是具有内积

$$\langle x, y \rangle = \sum_{j=1}^{\infty} \xi_j \overline{\eta}_j \tag{3.1.8}$$

的希尔伯特空间．根据假设，我们有 $x, y \in l^2$，从柯西–施瓦茨不等式 (1.2.11) 可推出这个级数是收敛的．还可看出 (3.1.8) 是 (3.1.6) 的推广．l^2 的范数定义为

$$\|x\| = \langle x, x \rangle^{1/2} = \left(\sum_{j=1}^{\infty} |\xi_j|^2 \right)^{1/2}.$$

它的完备性在 1.5–4 中已证明过．

l^2 是希尔伯特空间的原型，它是由希尔伯特（D. Hilbert, 1912）在研究积分方程理论时引入并加以研究的．但是希尔伯特空间的公理化定义，直到很晚才由冯·诺伊曼（J. von Neumann, 1927, 第 15–17 页）在一篇关于量子力学的数学基础的论文中给出．也见冯·诺伊曼（J. von Neumann, 1929–1930, 第 63–66 页）和斯通（M. H. Stone, 1932, 第 3–4 页）的研究．这个定义包括了可分性的要求，当劳维格（H. Löwig, 1934）、瑞勒契（F. Rellich, 1934）和里斯（F. Riesz, 1934）证明了在绝大部分理论中可分性条件是一个不必要的限制时，便从定义中取消了．（这些论文列在附录 C 之中．）

3.1–7 空间 l^p 当 $p \neq 2$ 时，l^p 不是内积空间，当然也不是希尔伯特空间.

证明 我们只要证明当 $p \neq 2$ 时 l^p 上的范数不能从内积得到就够了. 为此，只要证明 l^p 上的范数不满足平行四边形等式 (3.1.4). 事实上，当我们取 $x = (1,1,0,0,\cdots) \in l^p$ 且 $y = (1,-1,0,0,\cdots) \in l^p$ 时，可以算出

$$\|x\| = \|y\| = 2^{1/p}, \quad \|x+y\| = \|x-y\| = 2.$$

显然，若 $p \neq 2$，则上式不满足 (3.1.4). ■

l^p 是完备的（见 1.5–4），因此 l^p（$p \neq 2$）是巴拿赫空间，但不是希尔伯特空间. 下例中的空间同样如此.

3.1–8 空间 $C[a,b]$ 空间 $C[a,b]$ 不是内积空间，当然也不是希尔伯特空间.

证明 我们来证明其上的范数

$$\|x\| = \max_{t \in J} |x(t)|, \quad \text{其中 } J = [a,b]$$

不能从内积得到，也是通过证明该范数不满足平行四边形等式 (3.1.4) 来达到这一目的. 事实上，若取 $x(t) = 1$ 且 $y(t) = (t-a)/(b-a)$，则显然有 $\|x\| = \|y\| = 1$，并且

$$x(t) + y(t) = 1 + \frac{t-a}{b-a},$$
$$x(t) - y(t) = 1 - \frac{t-a}{b-a}.$$

因此 $\|x+y\| = 2$ 且 $\|x-y\| = 1$，从而

$$\|x+y\|^2 + \|x-y\|^2 = 5, \quad \text{但是} \quad 2(\|x\|^2 + \|y\|^2) = 4.$$

这就完成了证明. ■

最后，我们指出一个有趣的事实. 我们知道，通过 (3.1.1) 可以由内积得到相应的范数. 值得注意的是，反过来从相应的范数也可以重新得到内积. 事实上，读者通过直接计算就能够验证，对于实内积空间，我们有

$$\langle x, y \rangle = \tfrac{1}{4}\big(\|x+y\|^2 + \|x-y\|^2\big), \tag{3.1.9}$$

对于复内积空间，我们有

$$\mathrm{Re}\,\langle x, y \rangle = \tfrac{1}{4}\big(\|x+y\|^2 - \|x-y\|^2\big),$$
$$\mathrm{Im}\,\langle x, y \rangle = \tfrac{1}{4}\big(\|x+\mathrm{i}y\|^2 - \|x-\mathrm{i}y\|^2\big). \tag{3.1.10}$$

(3.1.10) 有时叫作**极化恒等式**.

习　题

1. 证明 (3.1.4).

2. **勾股定理**　在内积空间 X 中，若 $x \perp y$，证明（见图 3-2）

$$\|x + y\|^2 = \|x\|^2 + \|y\|^2.$$

把这个公式推广到 m 个互相正交的向量.

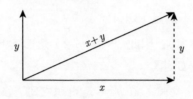

图 3-2　对平面中勾股定理的说明

3. 若习题 2 中的 X 是实空间，反过来从给出的关系推出 $x \perp y$. 若 X 是复空间，证明这种情况可能不成立，并给出例子.

4. 若内积空间 X 是实空间，证明从条件 $\|x\| = \|y\|$ 可推出 $\langle x + y, x - y \rangle = 0$. 若 $X = \mathbf{R}^2$，在几何上这意味着什么？若 X 是复空间，这个条件又意味着什么？

5. **阿波罗尼奥斯恒等式**　通过直接计算验证：对内积空间中的任意元素，都有

$$\|z - x\|^2 + \|z - y\|^2 = \tfrac{1}{2}\|x - y\|^2 + 2\left\|z - \tfrac{1}{2}(x + y)\right\|^2.$$

证明从平行四边形等式也能得到这个恒等式.

6. 设 $x \neq 0$ 且 $y \neq 0$. (a) 若 $x \perp y$，证明 $\{x, y\}$ 是线性无关组. (b) 把这一结论推广到互相正交的非零向量 $x_1, \cdots, x_m$.

7. 在内积空间中，若对于所有 x 有 $\langle x, u \rangle = \langle x, v \rangle$，证明 $u = v$.

8. 证明 (3.1.9).

9. 证明 (3.1.10).

10. 令 z_1 和 z_2 是两个复数，证明：在复平面上 $\langle z_1 z_2 \rangle = z_1 \bar{z}_2$ 定义了一个内积，它也给出了通常的度量. 在什么条件下有正交性？

11. 设 X 是所有复数序偶构成的向量空间，能够从内积得到 X 上以下的范数吗？

$$\|x\| = |\xi_1| + |\xi_2|, \quad \text{其中 } x = (\xi_1, \xi_2).$$

12. 若 $x = (\xi_1, \xi_2, \cdots)$，其中 (a) $\xi_n = 2^{-n/2}$，(b) $\xi_n = 1/n$，则 3.1-6 中的 $\|x\|$ 是什么？

13. 验证：对于连续函数，3.1-5 中的内积满足 $\mathrm{IP}_1 \sim \mathrm{IP}_4$.

14. 证明：$C[a, b]$ 上的范数在线性变换 $t = \alpha\tau + \beta$ 之下是不变的. 用它证明 3.1-8 中的论断，先把 $[a, b]$ 映到 $[0, 1]$ 上，再考虑函数 $\tilde{x}(\tau) = 1$ 和 $\tilde{y}(\tau) = \tau$，其中 $\tau \in [0, 1]$.

15. 若 X 是有限维向量空间，(e_j) 是 X 的一个基，证明 X 上的内积完全由 $\gamma_{jk} = \langle e_j, e_k \rangle$ 确定. 我们能够以完全任意的方式来选取这些 γ_{jk} 吗？

3.2 内积空间的其他性质

首先让我们来验证 (3.1.1) 的确定义了一个范数.

可以直接从 IP_4 推出 §2.2 中的 N_1 和 N_2. 此外, 由 IP_2 和 IP_3 可以得到 N_3, 事实上,

$$\|\alpha x\|^2 = \langle \alpha x, \alpha x \rangle = \alpha \bar{\alpha} \langle x, x \rangle = |\alpha|^2 \|x\|^2.$$

最后, N_4 的证明包含在下述引理之中.

3.2-1 引理(施瓦茨不等式、三角不等式) 内积和相应的范数满足如下的施瓦茨不等式和三角不等式.

(a) 我们有

$$|\langle x, y \rangle| \leqslant \|x\| \|y\|, \quad (\text{施瓦茨不等式}) \tag{3.2.1}$$

其中等号当且仅当 $\{x, y\}$ 线性相关时成立.

(b) 相应的范数满足

$$\|x + y\| \leqslant \|x\| + \|y\|, \quad (\text{三角不等式}) \tag{3.2.2}$$

其中等号当且仅当[①] $y = 0$ 或 $x = cy$ (c 是非负实数) 时成立.

证明 (a) 若 $y = 0$, 则由于 $\langle x, 0 \rangle = 0$, 所以 (3.2.1) 成立. 设 $y \neq 0$. 对于每个标量 α 有

$$0 \leqslant \|x - \alpha y\|^2 = \langle x - \alpha y, x - \alpha y \rangle = \langle x, x \rangle - \bar{\alpha} \langle x, y \rangle - \alpha \big[\langle y, x \rangle - \bar{\alpha} \langle y, y \rangle \big].$$

可以看出, 若选取 $\bar{\alpha} = \langle y, x \rangle / \langle y, y \rangle$, 则上面方括号 $[\cdots]$ 中的表达式等于零. 这时不等式变成

$$0 \leqslant \langle x, x \rangle - \frac{\langle y, x \rangle}{\langle y, y \rangle} \langle x, y \rangle = \|x\|^2 - \frac{\big|\langle x, y \rangle\big|^2}{\|y\|^2},$$

这里用到了 $\langle y, x \rangle = \overline{\langle x, y \rangle}$. 用 $\|y\|^2$ 乘不等式两端, 把最后一项移到左端, 然后开平方, 便得到 (3.2.1).

在推导的过程中可以看出, 当且仅当 $y = 0$ 或 $0 = \|x - \alpha y\|^2$ 时等号成立, 后者意味着 $x - \alpha y = 0$, 即 $x = \alpha y$, 这便证明了 x 与 y 是线性相关的.

(b) 现在证明 (3.2.2). 我们有

$$\|x + y\|^2 = \langle x + y, x + y \rangle = \|x\|^2 + \langle x, y \rangle + \langle y, x \rangle + \|y\|^2.$$

根据施瓦茨不等式

$$\big|\langle x, y \rangle\big| = \big|\langle y, x \rangle\big| \leqslant \|x\| \|y\|.$$

[①] 注意, 对于等式的情况, 这个条件关于 x 和 y 是完全对称的, $x = 0$ 包含在 $x = cy$ (当 $c = 0$ 时) 之中, 所以有 $y = kx$ 且 $k = 1/c$ (当 $c > 0$ 时).

于是，根据数的三角不等式可得

$$\|x+y\|^2 \leqslant \|x\|^2 + 2|\langle x,y\rangle| + \|y\|^2$$
$$\leqslant \|x\|^2 + 2\|x\|\,\|y\| + \|y\|^2$$
$$= \big(\|x\| + \|y\|\big)^2.$$

两边同时开平方便得 (3.2.2).

从推导的过程可以看出，当且仅当

$$\langle x,y\rangle + \langle y,x\rangle = 2\|x\|\,\|y\|$$

时等号成立. 上式左端为 $2\,\mathrm{Re}\,\langle x,y\rangle$，其中 Re 表示实部. 由此和 (3.2.1) 便得到

$$\mathrm{Re}\,\langle x,y\rangle = \|x\|\,\|y\| \geqslant |\langle x,y\rangle|. \tag{3.2.3}$$

因为任意复数的实部不可能超过其绝对值，所以必有等号成立. 再根据 (a) 便推出 $\{x,y\}$ 是线性相关组，也就是说 $y = 0$ 或 $x = cy$. 最后证明 c 为非负实数. 若在 (3.2.3) 中等号成立，即 $\mathrm{Re}\,\langle x,y\rangle = |\langle x,y\rangle|$，但是，若一个复数的实部等于其绝对值，则这个复数的虚部必定为 0. 因此由 (3.2.3) 可知 $\langle x,y\rangle = \mathrm{Re}\,\langle x,y\rangle \geqslant 0$，并且由

$$0 \leqslant \langle x,y\rangle = \langle cy,y\rangle = c\|y\|^2$$

可知 $c \geqslant 0$. ∎

施瓦茨不等式 (3.2.1) 是非常重要的，并且在以后的证明中要反复使用. 还有另一个常用的性质，即内积的连续性.

3.2-2 引理（内积的连续性）　在内积空间中，若 $x_n \to x$ 且 $y_n \to y$，则 $\langle x_n,y_n\rangle \to \langle x,y\rangle$.

证明　通过增减项的办法，再利用数的三角不等式，最后利用施瓦茨不等式，因为当 $n \to \infty$ 时 $y_n - y \to 0$ 且 $x_n - x \to 0$，便得到

$$|\langle x_n,y_n\rangle - \langle x,y\rangle| = |\langle x_n,y_n\rangle - \langle x_n,y\rangle + \langle x_n,y\rangle - \langle x,y\rangle|$$
$$\leqslant |\langle x_n,y_n - yt\rangle| + |\langle x_n - x,y\rangle|$$
$$\leqslant \|x_n\|\,\|y_n - y\| + \|x_n - x\|\,\|y\| \to 0. ∎$$

作为这个引理的第一个应用，让我们来证明每个内积空间都能够被完备化. 完备化之后是一个希尔伯特空间. 若把同构的空间视为一个空间的话，则其完备化空间是唯一的. 这里对同构定义如下（和 §2.8 中所讨论的一样）.

由内积空间 X 到同一个域上的另一个内积空间 $\tilde{X}$ 上的**同构** T 是保持内积不变的一一映射线性算子 $T: X \longrightarrow \tilde{X}$，也就是说，对于所有 $x,y \in X$ 有

$$\langle Tx,Ty\rangle = \langle x,y\rangle.$$

为简单起见, 我们用同一个符号表示 X 和 $\tilde{X}$ 上的内积. 这时称 $\tilde{X}$ 和 X 同构, 并且把 X 和 $\tilde{X}$ 称为同构的内积空间. 注意, 一一映射和线性性保证了 T 是向量空间 X 到 $\tilde{X}$ 上的同构, 所以 T 保持了内积空间的整个结构. 由于 X 和 $\tilde{X}$ 的度量是由范数定义的, 而范数是由内积定义的, 所以在保持内积不变的情况下, 距离也是保持不变的, 从而 T 也是从 X 到 $\tilde{X}$ 上等距算子.

关于内积空间完备化的定理可陈述如下.

3.2-3 定理 (完备化) 对于任意内积空间 X, 存在希尔伯特空间 H 和 X 到 H 的稠密子空间 W 上的同构 A. 若不区分同构空间, 则空间 H 是唯一的.

证明 根据 2.3-2, 存在巴拿赫空间 H 和 X 到 H 的稠密子空间 W 上的等距算子 A. 由于连续性, 在这个等距算子之下, X 中两个元素之和及向量与标量之积, 对应于 W 中两个元素之和及向量与标量之积. 所以 A 也是 X 到 W 上的同构, 这时把 X 和 W 都视为赋范空间来考虑的. 3.2-2 表明, 我们能够在 H 上定义内积

$$\langle \hat{x}, \hat{y} \rangle = \lim_{n \to \infty} \langle x_n, y_n \rangle,$$

这里的记法与 2.3-2 (以及 1.6-2) 一样, 即 (x_n) 和 (y_n) 分别是 $\hat{x} \in H$ 和 $\hat{y} \in H$ 的代表. 将 (3.1.8) 和 (3.1.10) 结合进去考虑, 我们看到把 X 和 W 视为内积空间, A 仍是 X 到 W 上的同构.

2.3-2 也保证了不区分等距空间的话, H 是唯一的. 也就是说 X 的两个完备化 H 和 $\tilde{H}$ 由等距算子 $T: H \longrightarrow \tilde{H}$ 关联在一起. 出于和 A 的情况相同的缘故, 可得出 T 必然是希尔伯特空间 H 到希尔伯特空间 $\tilde{H}$ 上的同构. ∎

内积空间 X 的**子空间** Y, 首先要求 Y 是 X 的线性子空间 (见 §2.1), 然后取 X 的内积在 $Y \times Y$ 上的限制. Y 也是内积空间.

类似地, 希尔伯特空间 H 的**子空间** Y, 也要求它是一个内积空间. 但要注意, Y 不必是希尔伯特空间, 因为它可以是不完备的. 事实上, 从 2.3-1 和 2.4-2 可立即推出下面定理中的 (a) 和 (b).

3.2-4 定理 (子空间) 设 Y 是希尔伯特空间 H 的一个子空间, 则

(a) Y 是完备的当且仅当 Y 在 H 中是闭的.

(b) 若 Y 是有限维的, 则 Y 是完备的.

(c) 若 H 是可分的, 则 Y 也是可分的. 更一般地, 可分内积空间的每一子集都是可分的.

(c) 的证明很简单, 留给读者证明.

习　题

1. 在 $\mathbf{R}^2$ 或 $\mathbf{R}^3$ 中，施瓦茨不等式是什么？在这些特定的情况下，给出另一个证明.

2. 给出 l^2 的子空间的例子.

3. 令 X 是多项式 $x = 0$（见 §2.9 习题 9 的注释）和所有次数不超过 2 的 t 的实多项式构成的内积空间，并把它们看作实变量 $t \in [a, b]$ 的函数. 内积的定义与 (3.1.7) 一致. 证明 X 是完备的. 若 Y 是 X 中满足 $x(a) = 0$ 的所有 x 构成的集合，Y 是 X 的子空间吗？X 中次数等于 2 的所有 x 的集合构成 X 的子空间吗？

4. 证明 $y \perp x_n$ 和 $x_n \to x$ 合在一起蕴涵 $x \perp y$.

5. 证明：对于内积空间中的序列 (x_n)，条件 $\|x_n\| \to \|x\|$ 和 $\langle x_n, x \rangle \to \langle x, x \rangle$ 蕴涵收敛性 $x_n \to x$.

6. 就复平面的特殊情况证明习题 5 中的论断.

7. 证明在内积空间中 $x \perp y$ 当且仅当对于所有标量 α 有 $\|x + \alpha y\| = \|x - \alpha y\|$（见图 3-3）.

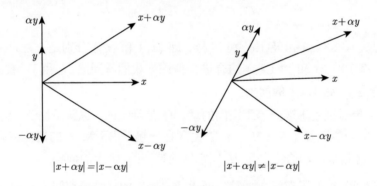

$$|x + \alpha y| = |x - \alpha y| \qquad\qquad |x + \alpha y| \neq |x - \alpha y|$$

图 3-3　在欧几里得平面 $\mathbf{R}^2$ 中对习题 7 的说明

8. 证明在内积空间中 $x \perp y$ 当且仅当对于所有标量 α 有 $\|x + \alpha y\| \geqslant \|x\|$.

9. 设 V 是 $J = [a, b]$ 上的所有连续复值函数构成的向量空间. 令 $X_1 = (V, \|\cdot\|_\infty)$，其中 $\|x\|_\infty = \max\limits_{t \in J} |x(t)|$，$X_2 = (V, \|\cdot\|_2)$，其中

$$\|x\|_2 = \langle x, x \rangle^{1/2}, \quad \langle x, y \rangle = \int_a^b x(t)\overline{y(t)}\mathrm{d}t.$$

证明从 X_1 到 X_2 上的恒等映射 $x \longmapsto x$ 是连续的.（它不是同构. X_2 是不完备的.）

10. **零算子**　设 $T : X \longrightarrow X$ 是复内积空间 X 上的有界线性算子. 若对所有 $x \in X$ 有 $\langle Tx, x \rangle = 0$，证明 $T = 0$.

    证明在实内积空间的情况下上述结论不成立. 提示：考虑欧几里得平面的旋转.

3.3　正交补与直和

在度量空间 X 中，从元素 $x \in X$ 到非空子集 $M \subseteq X$ 的距离 δ 定义为

$$\delta = \inf_{\tilde{y} \in M} d(x, \tilde{y}), \quad \text{其中 } M \neq \varnothing.$$

在赋范空间中，它就变成

$$\delta = \inf_{\tilde{y} \in M} \|x - \tilde{y}\|, \quad \text{其中 } M \neq \varnothing. \tag{3.3.1}$$

一个简单例子展示在图 3–4 中.

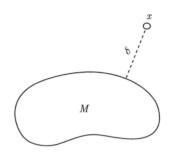

图 3–4　在 $\mathbf{R}^2$ 中对 (3.3.1) 的说明

我们将会看到，在 M 中究竟有没有一个 y 能够满足

$$\delta = \|x - y\| \tag{3.3.2}$$

是一个非常重要的问题. 直观上讲，就是给定 $x \in X$，有没有 $y \in M$，它是 M 中最接近 x 的点. 如果有这样的 $y \in M$ 存在，那么又要问它是否唯一. 这便是*存在性与唯一性问题*. 在理论研究和实际应用中，例如在研究函数逼近时，这是最根本和最重要的问题.

图 3–5 说明了，即使在欧几里得平面 $\mathbf{R}^2$ 这样极为简单的空间中，给定 x 和 M，既可能没有满足 (3.3.2) 的 y 存在，也可能恰好有一个或者多于一个满足 (3.3.2) 的 y 存在. 可以想象得到，在其他空间，特别是无穷维空间中，情况会变得多么复杂. 对于一般的赋范空间，的确如此（在第 6 章就会看到）. 但是对于希尔伯特空间，情况要相对简单. 这个事实是令人惊异的，并且有各种理论的和实用的结果. 当然，这也是希尔伯特空间的理论比一般巴拿赫空间的理论要简单的主要原因之一.

为了考察希尔伯特空间中的存在性与唯一性问题，也为了描述一个关键性的定理（见下面的 3.3–1），需要两个互相关联的概念，且具有普遍意义.

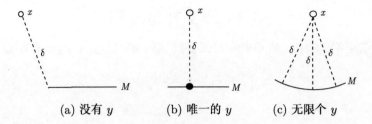

(a) 没有 y　　　　　(b) 唯一的 y　　　　　(c) 无限个 y

图 3–5　满足 (3.3.2) 的点 $y \in M$ 的存在性与唯一性，其中 $M \subseteq \mathbf{R}^2$ 是开线段 [(a) 和 (b)] 和圆弧 [(c)]

我们把连接向量空间 X 中两点 x 和 y 的**线段**定义为所有形如

$$z = \alpha x + (1 - \alpha)y, \quad \text{其中 } \alpha \in \mathbf{R},\ 0 \leqslant \alpha \leqslant 1$$

的点集 $z \in X$. 对于子集 $M \subseteq X$ 来说，若对于任意 $x, y \in M$，连接 x 和 y 的线段整个落在 M 内，则称 M 是**凸集**. 图 3–6 是凸集的一个简单例子.

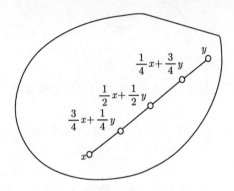

图 3–6　用来说明凸集中线段的例子

例如，X 中的每个子空间 Y 都是凸集，凸集的交是凸集.

现在我们可以为本节提供一个主要工具.

3.3–1 定理（极小化向量）　设 X 是内积空间，$M \neq \varnothing$ 是凸子集并且（在内积导出的度量之下）是完备的，则对于每个 $x \in X$ 有唯一的 $y \in M$ 满足

$$\delta = \inf_{\tilde{y} \in M} \|x - \tilde{y}\| = \|x - y\|. \tag{3.3.3}$$

证明　(a) **存在性**. 由下确界的定义，在 M 中存在序列 (y_n) 满足

$$\delta_n \to \delta, \quad \text{其中 } \delta_n = \|x - y_n\|. \tag{3.3.4}$$

现在来证明 (y_n) 是柯西序列. 记 $y_n - x = v_n$，则有 $\|v_n\| = \delta_n$ 且

$$\|v_n + v_m\| = \|y_n + y_m - 2x\| = 2\left\|\tfrac{1}{2}(y_n + y_m) - x\right\| \geqslant 2\delta,$$

这是因为 M 是凸集, 故有 $\frac{1}{2}(y_n + y_m) \in M$. 此外, 还有 $y_n - y_m = v_n - v_m$. 因此根据平行四边形等式, 我们有

$$\|y_n - y_m\|^2 = \|v_n - v_m\|^2 = -\|v_n + v_m\|^2 + 2(\|v_n\|^2 + \|v_m\|^2)$$
$$\leqslant -(2\delta)^2 + 2(\delta_n^2 + \delta_m^2),$$

由此以及 (3.3.4) 表明 (y_n) 是柯西序列. 由于 M 是完备的, 所以 (y_n) 在 M 中收敛, 不妨设 $y_n \to y \in M$. 由于 $y \in M$, 故 $\|x - y\| \geqslant \delta$, 由 (3.3.4) 又有

$$\|x - y\| \leqslant \|x - y_n\| + \|y_n - y\| = \delta_n + \|y_n - y\| \to \delta.$$

这就证明了 $\|x - y\| = \delta$.

(b) 唯一性. 假定 $y \in M$ 和 $y_0 \in M$ 满足

$$\|x - y\| = \delta \quad 且 \quad \|x - y_0\| = \delta,$$

然后证明 $y_0 = y$. 根据平行四边形等式, 我们有

$$\begin{aligned}
\|y - y_0\|^2 &= \|(y - x) - (y_0 - x)\|^2 \\
&= 2\|y - x\|^2 + 2\|y_0 - x\|^2 - \|(y - x) + (y_0 - x)\|^2 \\
&= 2\delta^2 + 2\delta^2 - 2^2\|\tfrac{1}{2}(y + y_0) - x\|^2.
\end{aligned}$$

由于右端的 $\frac{1}{2}(y + y_0) \in M$, 所以

$$\|\tfrac{1}{2}(y + y_0) - x\| \geqslant \delta.$$

这意味着 $2\delta^2 + 2\delta^2 - 2^2\|\tfrac{1}{2}(y + y_0) - x\|^2 \leqslant 2\delta^2 + 2\delta^2 - 4\delta^2 = 0$, 因此 $\|y - y_0\| \leqslant 0$. 显然 $\|y - y_0\| \geqslant 0$, 故必有 $\|y - y_0\| = 0$, 即 $y = y_0$. ∎

如果把任意凸集换成子空间, 则可以得到一个引理, 它推广了类似于初等几何中的一个思想: 给定的 x 在子空间 Y 中的唯一的最近点 y, 可过 x 向 Y 作垂线, 而垂足便是 y.

3.3–2 引理 (正交性) 在 3.3–1 中, 设 M 是完备子空间 Y 且 $x \in X$ 固定, 则 $z = x - y$ 正交于 Y.

证明 若 $z \perp Y$ 不真, 则必有 $y_1 \in Y$ 使得

$$\langle z, y_1 \rangle = \beta \neq 0. \tag{3.3.5}$$

显然 $y_1 \neq 0$, 否则便有 $\langle z, y_1 \rangle = 0$. 此外, 对于任意标量 α 有

$$\begin{aligned}
\|z - \alpha y_1\|^2 &= \langle z - \alpha y_1, z - \alpha y_1 \rangle \\
&= \langle z, z \rangle - \bar{\alpha}\langle z, y_1 \rangle - \alpha[\langle y_1, z \rangle - \bar{\alpha}\langle y_1, y_1 \rangle] \\
&= \langle z, z \rangle - \bar{\alpha}\beta - \alpha[\bar{\beta} - \bar{\alpha}\langle y_1, y_1 \rangle].
\end{aligned}$$

若我们选择

$$\bar{\alpha} = \frac{\bar{\beta}}{\langle y_1, y_1 \rangle},$$

则上式右端方括号 $[\cdots]$ 中的表达式为 0. 由 (3.3.3) 可知 $\|z\| = \|x - y\| = \delta$, 所以上式变成

$$\|z - \alpha y_1\|^2 = \|z\|^2 - \frac{|\beta|^2}{\langle y_1, y_1 \rangle} < \delta^2.$$

但是由

$$z - \alpha y_1 = x - y_2, \quad \text{其中 } y_2 = y + \alpha y_1 \in Y$$

可知 $y_2 = y + \alpha y_1$ 是 Y 中离 x 最近的点. 这是不可能的, 因为这与 y 是唯一的相矛盾. 所以 (3.3.5) 不成立, 引理得证. ■

　　我们的目标是要给希尔伯特空间一个特别简单而适用的直和表示, 以便利用正交性. 为了弄清楚情况和所要研究的问题, 首先让我们引入直和的概念. 这个概念对任意向量空间都适用, 其定义如下.

　　3.3-3 定义（直和）　对于向量空间 X 和它的两个子空间 Y 和 Z, 如果对于每个 $x \in X$ 有唯一的表达式

$$x = y + z, \quad \text{其中 } y \in Y, \, z \in Z,$$

则称 X 为 Y 与 Z 的直和, 记为

$$X = Y \oplus Z.$$

把 Z 叫作 Y 在 X 中的代数补, 反之亦然. 而 Y 和 Z 又称为 X 中的一对互补子空间. ■

　　例如, $Y = \mathbf{R}$ 是欧几里得平面 $\mathbf{R}^2$ 的子空间. 显然, Y 在 $\mathbf{R}^2$ 中有无数个代数补, 其中的每一个都是一条实直线. 但是最方便的还是与 Y 垂直的那一条. 我们在选用笛卡儿坐标系时, 就是利用了这一事实. 在 $\mathbf{R}^3$ 中原理与上述情况相同.

　　类似地, 在一般的希尔伯特空间 H 中, 主要的兴趣是研究 H 用闭子空间 Y 及它的正交补

$$Y^{\perp} = \{z \in H \mid z \perp Y\}$$

的直和来表示的问题. $Y^{\perp}$ 是与 Y 垂直的所有向量的集合. 这就是本节的投影定理给出的主要结果. 至于为什么把它叫作投影定理, 后边的证明阐明了理由.

　　3.3-4 定理（直和）　设 Y 是希尔伯特空间 H 的任意闭子空间, 则

$$H = Y \oplus Z, \quad \text{其中 } Z = Y^{\perp}. \tag{3.3.6}$$

证明 由于 H 是完备的且 Y 是闭的, 所以由 1.4–7 可知 Y 是完备的. 由于 Y 是凸集, 3.3–1 和 3.3–2 告诉我们, 对于每个 $x \in H$ 有唯一的 $y \in Y$ 满足

$$x = y + z, \quad \text{其中 } z \in Z = Y^\perp. \tag{3.3.7}$$

为了证明 (3.3.7) 的唯一性, 假定

$$x = y + z = y_1 + z_1,$$

其中 $y, y_1 \in Y$ 且 $z, z_1 \in Z$, 则 $y - y_1 = z_1 - z$. 由于 $y - y_1 \in Y$, 而 $z_1 - z \in Z = Y^\perp$, 所以 $y - y_1 \in Y \cap Y^\perp = \{0\}$, 这表明 $y = y_1$, 从而也有 $z = z_1$. ■

(3.3.7) 中的 y 叫作 x 在 Y 上的**正交投影** (或简称 x 在 Y 上的投影). 这个术语来自初等几何. [例如, 我们取 $H = \mathbf{R}^2$, 将任意点 $x = (\xi_1, \xi_2)$ 投影到 ξ_1 轴上, 则 ξ_1 轴扮演了闭子空间 Y 的角色, 这时投影便是 $y = (\xi_1, 0)$.]

等式 (3.3.7) 定义了映射

$$P : H \longrightarrow Y,$$

$$x \longmapsto y = Px.$$

P 叫作 H 到 Y 上的 (正交) **投影** (或投影算子), 见图 3–7. 显然 P 是有界线性算子. P 映

H 到 Y 上,

Y 到自己上,

$Z = Y^\perp$ 到 $\{0\}$ 上.

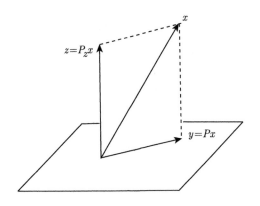

图 3–7 对 3.3–4 和 (3.3.9) 的说明

P 是**幂等的**, 也就是

$$P^2 = P,$$

因而对于每个 $x \in H$ 有

$$P^2 x = P(Px) = Px.$$

因此, $P|_Y$ 是 Y 上的恒等算子. 关于 $Z = Y^\perp$, 我们的讨论也给出以下引理.

3.3–5 引理 (零空间)　希尔伯特空间 H 的闭子空间 Y 的正交补 $Y^\perp$ 是 H 到 Y 上的正交投影 P 的零空间 $\mathscr{N}(P)$.

正交补是特殊的零化子. 内积空间 X 中的非空集合 M 的零化子 $M^\perp$ 定义为集合①

$$M^\perp = \{x \in X \mid x \perp M\}.$$

因此 $x \in M^\perp$ 当且仅当对于所有 $v \in M$ 有 $\langle x, v \rangle = 0$, 这就阐明了其名字的来历.

注意, 因为 $x, y \in M^\perp$ 蕴涵对于所有 $v \in M$ 和任意标量 α, β 有

$$\langle \alpha x + \beta y, v \rangle = \alpha \langle x, v \rangle + \beta \langle y, v \rangle = 0,$$

所以 $\alpha x + \beta y \in M^\perp$, 从而证明了 $M^\perp$ 是向量空间.

读者自己能够证明 (习题 8) $M^\perp$ 是闭的.

$\left(M^\perp\right)^\perp$ 记为 $M^{\perp\perp}$, 等等. 一般来说, 因为

$$x \in M \implies x \perp M^\perp \implies x \in \left(M^\perp\right)^\perp,$$

所以我们有

$$M \subseteq M^{\perp\perp}. \tag{3.3.8*}$$

但是对于闭子空间, 进一步还有以下引理.

3.3–6 引理 (闭子空间)　若 Y 是希尔伯特空间 H 的闭子空间, 则

$$Y = Y^{\perp\perp}. \tag{3.3.8}$$

证明　由 (3.3.8*) 可知 $Y \subseteq Y^{\perp\perp}$, 故只需证明 $Y \supseteq Y^{\perp\perp}$. 任取 $x \in Y^{\perp\perp}$, 则由 3.3–4 可知 $x = y + z$, 其中 $y \in Y \subseteq Y^{\perp\perp}$. 由于 $Y^{\perp\perp}$ 是向量空间, 又假定了 $x \in Y^{\perp\perp}$, 所以 $z = x - y \in Y^{\perp\perp}$, 因此 $z \perp Y^\perp$. 但是由 3.3–4 可知 $z \in Y^\perp$. 合在一起便有 $z \perp z$, 因而 $z = 0$. 从而证明了 $x = y$, 也就是说 $x \in Y$. 已知 x 是在 $Y^{\perp\perp}$ 中任取的, 所以 $Y \supseteq Y^{\perp\perp}$.　∎

(3.3.8) 是我们总是使用闭子空间的一个主要理由. 由于 $Z^\perp = Y^{\perp\perp} = Y$, 所以 (3.3.6) 也能写成

$$H = Z \oplus Z^\perp.$$

这样通过 $x \longmapsto z$ 可以定义从 H 到 Z 上的投影 (图 3–7)

$$P_Z : H \longrightarrow Z, \tag{3.3.9}$$

其性质和前面考察过的 P 相似.

---

① 像我们在后面 (§3.8) 将要看到的那样, 这与 §2.10 习题 13 并不矛盾.

3.3–4 几乎推出了在希尔伯特空间 H 中，怎样的子集所张成的子空间在 H 中是稠密的，其特征如下.

3.3–7 引理（稠密集） 若 H 是希尔伯特空间，M 是 H 的任意非空子集，则当且仅当 $M^\perp = \{0\}$ 时，span M 在 H 中稠密.

证明 (a) 设 $x \in M^\perp$ 且 $V = $ span M 在 H 中稠密，则 $x \in \bar{V} = H$. 由 1.4–6(a) 可知，在 V 中存在序列 (x_n) 使得 $x_n \to x$. 由于 $x \in M^\perp$ 且 $M^\perp \perp V$，所以 $\langle x_n, x \rangle = 0$. 由内积的连续性（见 3.2–2）有 $\langle x_n, x \rangle \to \langle x, x \rangle$. 合在一起便有 $\langle x, x \rangle = \|x\|^2 = 0$，所以 $x = 0$. 由于 x 是从 $M^\perp$ 中任取的，所以 $M^\perp = \{0\}$.

(b) 反之，假设 $M^\perp = \{0\}$. 若 $x \perp V$ 便有 $x \perp M$，所以 $x \in M^\perp$，因而 $x = 0$. 这便推出 $V^\perp = \{0\}$. 注意到 V 是 H 的子空间，置 $Y = \bar{V}$，由 3.3–4 便得 $\bar{V} = H$. ■

习 题

1. 设 H 是希尔伯特空间，$M \subseteq H$ 是凸子集，(x_n) 是 M 中满足 $\|x_n\| \to d$ 的序列，其中 $d = \inf_{x \in M} \|x\|$. 证明 (x_n) 在 H 中收敛. 在 $\mathbf{R}^2$ 或 $\mathbf{R}^3$ 中举例说明.

2. 证明复空间 $\mathbf{C}^n$（见 3.1–4）中的子集
$$M = \left\{ y = (\eta_j) \,\Big|\, \sum \eta_j = 1 \right\}$$
是完备的凸集. 求 M 中具有最小范数的向量.

3. (a) 证明 $[-1, 1]$ 上的所有实值连续函数构成的向量空间 X 能表示成 $[-1, 1]$ 上的奇连续函数集与偶连续函数集的直和. (b) 给出 $\mathbf{R}^3$ 的直和表示的例子：(i) 子空间与它的正交补，(ii) 任意两个互补的子空间.

4. (a) 若 X 是希尔伯特空间，$M \subseteq X$ 是闭子空间，证明 3.3–1 中的结论也是成立的. (b) 在 3.3–1 的证明中，如何才能利用阿波罗尼奥斯恒等式（§3.1 习题 5）?

5. 设 $X = \mathbf{R}^2$. 若 M 是 (a) $\{x\}$，其中 $x = (\xi_1, \xi_2) \neq 0$，(b) 线性无关组 $\{x_1, x_2\} \subseteq X$，求 $M^\perp$.

6. 证明 $Y = \{x \mid x = (\xi_j) \in l^2, \, \xi_{2n} = 0, \, n \in \mathbf{N}\}$ 是 l^2 的一个闭子空间，并求 $Y^\perp$. 若 $Y = \text{span}\{e_1, \cdots, e_n\} \subseteq l^2$，其中 $e_j = (\delta_{jk})$，则 $Y^\perp$ 是什么?

7. 设 A 和 $B \supseteq A$ 是内积空间 X 的两个非空子集，证明
   (a) $A \subseteq A^{\perp\perp}$,   (b) $B^\perp \subseteq A^\perp$,   (c) $A^{\perp\perp\perp} = A^\perp$.

8. 证明内积空间 X 中的集合 $M \neq \varnothing$ 的零化子 $M^\perp$ 是 X 的闭子空间.

9. 证明：希尔伯特空间 H 的子空间 Y 在 H 中是闭的，当且仅当 $Y = Y^{\perp\perp}$.

10. 若 $M \neq \varnothing$ 是希尔伯特空间 H 的任意子集，证明 $M^{\perp\perp}$ 是 H 中包含 M 的最小闭子空间，也就是说，$M^{\perp\perp}$ 包含在满足 $Y \supseteq M$ 的任意闭子空间 $Y \subseteq H$ 内.

3.4   规范正交集和规范正交序列

在内积空间和希尔伯特空间中，§3.1 中定义的正交性起着根本的作用，我们在 §3.3 已对此有了初步的印象. 特别有意义的还是两两互相正交的向量构成的集合. 为了更好地理解，我们先回顾一下在欧几里得空间 $\mathbf{R}^3$ 中类似的情形. 在 $\mathbf{R}^3$ 中的笛卡儿直角坐标系的三个坐标轴的正方向上，分别取单位向量 e_1, e_2, e_3，它们构成了 $\mathbf{R}^3$ 的一个基. 所以 $\mathbf{R}^3$ 中的每个向量 x 都有唯一的表示（见图 3-8）

$$x = \alpha_1 e_1 + \alpha_2 e_2 + \alpha_3 e_3.$$

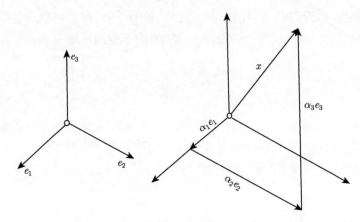

图 3-8 $\mathbf{R}^3$ 中的规范正交集 $\{e_1, e_2, e_3\}$ 和表示式 $x = \alpha_1 e_1 + \alpha_2 e_2 + \alpha_3 e_3$

现在我们来看正交性的巨大优越性. 给定 x，通过取内积（点积），很容易定出未知系数 $\alpha_1, \alpha_2, \alpha_3$. 事实上，为了求出 α_1，只要将上式两端同时与 e_1 做内积，即

$$\langle x, e_1 \rangle = \alpha_1 \langle e_1, e_1 \rangle + \alpha_2 \langle e_2, e_1 \rangle + \alpha_3 \langle e_3, e_1 \rangle = \alpha_1,$$

类似地可求出 α_2 和 α_3. 在更一般的内积空间中，利用正交集、规范正交集或正交序列，也将有类似的或另外的可能性，下面将阐明. 事实上，利用这样的正交集或正交序列，可以得到内积空间和希尔伯特空间整个理论中最为核心的内容. 为此，让我们先引入几个必要的概念.

3.4-1 定义（规范正交集和规范正交序列）   内积空间 X 中的正交集 M 是指由两两互相正交的向量组成的子集 $M \subseteq X$. 而规范正交集 M，除了要求 M 是正交集外，还要求 M 的每个向量的范数都是 1，即对于所有 $x, y \in M$ 有

$$\langle x, y \rangle = \begin{cases} 0, & \text{若 } x \neq y, \\ 1, & \text{若 } x = y. \end{cases} \tag{3.4.1}$$

若正交集或规范正交集 M 是可数的，则可以把它们写成序列的形式 (x_n)，这时便把它们叫作正交序列或规范正交序列.

更一般地，带有指标的集合或族 (x_α) $(\alpha \in I)$，若对于所有 $\alpha, \beta \in I$ 且 $\alpha \neq \beta$ 有 $x_\alpha \perp x_\beta$，则称 (x_α) 是正交族. 而规范正交族 (x_α)，除了要求 (x_α) 是正交族外，还要求所有 x_α 的范数都是 1，即对于所有 $\alpha, \beta \in I$ 有

$$\langle x_\alpha, x_\beta \rangle = \delta_{\alpha\beta} = \begin{cases} 0, & \text{若 } \alpha \neq \beta, \\ 1, & \text{若 } \alpha = \beta. \end{cases} \tag{3.4.2}$$

如同在 §2.9 中一样，这里的 $\delta_{\alpha\beta}$ 是克罗内克 δ. ∎

如果读者需要熟悉族及相关概念，可参阅附录 A1.3. 读者将会注意到，它们与我们在定义中给出的概念有密切关系. 对于 X 的任意子集 M，我们总是能找到 X 的元素的族，其元素的集合就是 M. 特别是，我们可以用 M 到 X 的自然内射来定义一个族，即把 X 上的恒等映射 $x \longmapsto x$ 限制在 M 上来得到.

下面来考察正交集或规范正交集的简单性质及例子.

对于互相正交的元素 x, y 有 $\langle x, y \rangle = 0$，所以很容易得到**勾股定理**

$$\|x + y\|^2 = \|x\|^2 + \|y\|^2. \tag{3.4.3}$$

图 3-9 给出了大家熟悉的例子. 更一般地，若 $\{x_1, \cdots, x_n\}$ 是正交组，则

$$\|x_1 + \cdots + x_n\|^2 = \|x_1\|^2 + \cdots + \|x_n\|^2. \tag{3.4.4}$$

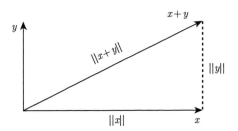

图 3-9 平面 $\mathbf{R}^2$ 上的勾股定理 (3.4.3)

事实上，若 $j \neq k$ 则 $\langle x_j, x_k \rangle = 0$，因而

$$\left\| \sum_j x_j \right\|^2 = \left\langle \sum_j x_j, \sum_k x_k \right\rangle = \sum_j \sum_k \langle x_j, x_k \rangle = \sum_j \langle x_j, x_j \rangle = \sum_j \|x_j\|^2$$

（和式是从 1 到 n 取的）. 我们还会注意到有下述结论.

3.4-2 引理（线性无关性） 规范正交集是线性无关的.

证明　设 $\{e_1, \cdots, e_n\}$ 是规范正交集，考虑方程

$$\alpha_1 e_1 + \cdots + \alpha_n e_n = 0.$$

用固定的 e_j 与上式两端作内积便得

$$\left\langle \sum_k \alpha_k e_k, e_j \right\rangle = \sum_k \alpha_k \langle e_k, e_j \rangle = \alpha_j \langle e_j, e_j \rangle = \alpha_j = 0,$$

这便证明了任意有限规范正交集是线性无关的．若给定的规范正交集含有无限个元素，根据 §2.1 中关于线性无关的定义，也能证明它是线性无关的． ■

例子

3.4-3　欧几里得空间 $\mathbf{R}^3$　在空间 $\mathbf{R}^3$ 中，三个单位向量 $(1, 0, 0)$, $(0, 1, 0)$, $(0, 0, 1)$ 是直角坐标系的三个坐标轴正方向上的单位向量，它们构成了一个规范正交集（见图 3-8）．

3.4-4　空间 l^2　在空间 l^2 中，(e_n) 是规范正交序列，其中 $e_n = (\delta_{nj})$，即它的第 n 项是 1，其余各项都是 0（见 3.1-6）．

3.4-5　连续函数　设 X 是定义在 $[0, 2\pi]$ 上的所有实值连续函数构成的内积空间，其内积定义为

$$\langle x, y \rangle = \int_0^{2\pi} x(t) y(t) \mathrm{d}t$$

（见 3.1-5）．X 中的一个正交序列是 (u_n)，其中

$$\text{对于 } n = 0, 1, \cdots \text{ 有 } \quad u_n(t) = \cos nt.$$

另一个正交序列是 (v_n)，其中

$$\text{对于 } n = 1, 2, \cdots \text{ 有 } \quad v_n(t) = \sin nt.$$

事实上，通过积分便能得到

$$\langle u_m, u_n \rangle = \int_0^{2\pi} \cos mt \cos nt \mathrm{d}t = \begin{cases} 0, & \text{若 } m \neq n, \\ \pi, & \text{若 } m = n = 1, 2, \cdots, \\ 2\pi, & \text{若 } m = n = 0. \end{cases} \tag{3.4.5}$$

对于 (v_n) 有类似的公式．因此，X 中的一个规范正交序列是 (e_n)，其中

$$e_0(t) = \frac{1}{\sqrt{2\pi}}, \qquad \text{对于 } n = 1, 2, \cdots \text{ 有 } \quad e_n(t) = \frac{u_n(t)}{\|u_n\|} = \frac{\cos nt}{\sqrt{\pi}}.$$

由 (v_n) 可以得到另一个规范正交序列 $(\tilde{e}_n)$，其中

$$\text{对于 } n = 1, 2, \cdots \text{ 有 } \quad \tilde{e}_n(t) = \frac{v_n(t)}{\|v_n\|} = \frac{\sin nt}{\sqrt{\pi}}.$$

值得注意的是, 对于所有 m 和 n, 还有 $u_m \perp v_n$ (请读者自己证明). 像 §3.5 将要讨论的那样, 这些序列出现在傅里叶级数中. 从这些例子已经能初步体会到下面我们将要做什么. 实践中最重要的其他一些规范正交序列将在稍后的一节 (§3.7) 中研究. ■

规范正交序列比一般的线性无关序列更为优越. 若我们知道给定的 x 能够用规范正交序列的元素线性表示, 则通过正交性容易准确地定出组合系数. 事实上, 若 $\{e_1, e_2, \cdots\}$ 是内积空间 X 中的规范正交序列, 且 $x \in \mathrm{span}\{e_1, \cdots, e_n\}$ (这里的 n 固定), 则按照张成的定义 (§2.1) 有

$$x = \sum_{k=1}^{n} \alpha_k e_k. \tag{3.4.6}$$

若上式两端与固定的 e_j 取内积, 便得到

$$\langle x, e_j \rangle = \left\langle \sum_{k=1}^{n} \alpha_k e_k, e_j \right\rangle = \sum_{k=1}^{n} \alpha_k \langle e_k, e_j \rangle = \alpha_j.$$

把这些系数代入 (3.4.6) 便有

$$x = \sum_{k=1}^{n} \langle x, e_k \rangle e_k. \tag{3.4.7}$$

这表明要确定 (3.4.6) 中的未知系数是很简单的. 若我们希望在 (3.4.6) 或 (3.4.7) 中添加一项 $\alpha_{n+1} e_{n+1}$, 即

$$\tilde{x} = x + \alpha_{n+1} e_{n+1} \in \mathrm{span}\{e_1, \cdots, e_{n+1}\},$$

则只需再计算一个系数 α_{n+1}, 其余系数保持不变. 这就更加明显地看出利用规范正交性的优越性.

更一般地, 考虑任意 $x \in X$, 它不必落在 $Y_n = \mathrm{span}\{e_1, \cdots, e_n\}$ 中. 我们可以通过

$$y = \sum_{k=1}^{n} \langle x, e_k \rangle e_k \tag{3.4.8a}$$

来定义 $y \in Y_n$, 这里的 n 固定, 通过

$$x = y + z \tag{3.4.8b}$$

来定义 z, 即 $z = x - y$. 现在来证明 $z \perp y$. 要理解我们到底要做什么, 只要注意下面的推导就清楚了. 对于每个 $y \in Y_n$ 都有线性组合

$$y = \sum_{k=1}^{n} \alpha_k e_k.$$

从前面的讨论知道, 其中 $\alpha_k = \langle x, e_k \rangle$. 我们断言, 对于 $k = 1, \cdots, n$, 通过选定 $\alpha_k = \langle x, e_k \rangle$ 可以得到满足 $z = x - y \perp y$ 的向量 y.

　　为了证明这一点, 首先利用规范正交性, 可得

$$\|y\|^2 = \left\langle \sum \langle x, e_k \rangle e_k, \sum \langle x, e_m \rangle e_m \right\rangle = \sum \left| \langle x, e_k \rangle \right|^2. \tag{3.4.9}$$

再得用这个结果便进一步得到

$$
\begin{aligned}
\langle z, y \rangle = \langle x - y, y \rangle &= \langle x, y \rangle - \langle y, y \rangle \\
&= \left\langle x, \sum \langle x, e_k \rangle e_k \right\rangle - \|y\|^2 \\
&= \sum \langle x, e_k \rangle \overline{\langle x, e_k \rangle} - \sum \left| \langle x, e_k \rangle \right|^2 \\
&= 0,
\end{aligned}
$$

从而证明了 $z \perp y$. 由勾股定理 (3.4.3) 可得

$$\|x\|^2 = \|y\|^2 + \|z\|^2. \tag{3.4.10}$$

将 (3.4.9) 和 (3.4.10) 合在一起, 便得到

$$\|z\|^2 = \|x\|^2 - \|y\|^2 = \|x\|^2 - \sum \left| \langle x, e_k \rangle \right|^2. \tag{3.4.11}$$

由于 $\|z\| \geqslant 0$, 所以对于 $n = 1, 2, \cdots$ 有

$$\sum_{k=1}^{n} \left| \langle x, e_k \rangle \right|^2 \leqslant \|x\|^2. \tag{3.4.12*}$$

这个和式的每一项都是非负的, 所以它们构成单调递增序列. 由于这个序列有上界 $\|x\|^2$, 所以是收敛的. 也就是说, 它是一个收敛的无穷级数的部分和序列. 因此 (3.4.12*) 蕴涵以下定理.

　　3.4–6 定理（贝塞尔不等式）　若 (e_k) 是内积空间 X 中的规范正交序列, 则对于每个 $x \in X$ 有

$$\sum_{k=1}^{\infty} \left| \langle x, e_k \rangle \right|^2 \leqslant \|x\|^2. \quad \text{（贝塞尔不等式）} \tag{3.4.12}$$

(3.4.12) 中的内积 $\langle x, e_k \rangle$ 叫作 x 关于规范正交序列 (e_k) 的**傅里叶系数**.

　　注意, 若 X 是有限维空间, 则由 3.4–2 可知规范正交集是线性无关的, 所以 X 中的每个规范正交集一定是有限集. 因此 (3.4.12) 中的和式是有限和式.

　　我们已经看到了用规范正交序列研究问题是很方便的. 留下来的实际问题是, 在给出一个线性无关序列之后, 如何由它得到规范正交序列. 这要通过一个构造

性的过程来完成, 这就是对内积空间的线性无关序列 (x_j) 施行规范正交化的**格拉姆--施密特过程**. 所得到的规范正交序列 (e_j) 有如下性质: 对于每个 n 有

$$\mathrm{span}\{e_1,\cdots,e_n\} = \mathrm{span}\{x_1,\cdots,x_n\}.$$

这个过程如下.

第一步: (e_k) 中的第一个元素 e_1 取为

$$e_1 = \frac{1}{\|x_1\|}x_1.$$

第二步: x_2 可写成

$$x_2 = \langle x_2, e_1 \rangle e_1 + v_2.$$

因为 (x_j) 是线性无关的, 则 (见图 3--10)

$$v_2 = x_2 - \langle x_2, e_1 \rangle e_1$$

不是零向量. 由于 $\langle v_2, e_1 \rangle = 0$, 所以 $v_2 \perp e_1$, 这时便可取

$$e_2 = \frac{1}{\|v_2\|}v_2.$$

第三步: 向量

$$v_3 = x_3 - \langle x_3, e_1 \rangle e_1 - \langle x_3, e_2 \rangle e_2$$

不是零向量, 且 $v_3 \perp e_1$, $v_3 \perp e_2$, 所以我们取

$$e_3 = \frac{1}{\|v_3\|}v_3.$$

第 n 步: 向量 (见图 3--11)

$$v_n = x_n - \sum_{k=1}^{n-1}\langle x_n, e_k \rangle e_k \tag{3.4.13}$$

不是零向量, 且正交于 $e_1,\cdots,e_{n-1}$. 由此可得

$$e_n = \frac{1}{\|v_n\|}v_n. \tag{3.4.14}$$

这些是格拉姆--施密特过程的一般公式, 它是由施密特 (E. Schmidt, 1907) 提出的, 也见格拉姆 (J. P. Gram, 1883) 的论文. 值得注意的是, 在 (3.4.13) 右端被减去的和式是 x_n 在空间 $\mathrm{span}\{e_1,\cdots,e_{n-1}\}$ 上的正交投影. 换句话说, 在过程进行的每一步, 我们都从 x_n 减去它在已经求出的各规范正交向量方向上的分量. 这样就得到了 v_n, 再乘上标量 $1/\|v_n\|$, 便得到范数为 1 的向量. 对于任意自然数 n, v_n 都不是零向量. 事实上, 若有一个 n, 它是使得 $v_n = 0$ 的最小自然数, 则 (3.4.13) 意味着 x_n 是 $e_1,\cdots,e_{n-1}$ 的线性组合, 从而也是 $x_1,\cdots,x_{n-1}$ 的线性组合. 这便与 $\{x_1,\cdots,x_n\}$ 是线性无关的发生了矛盾.

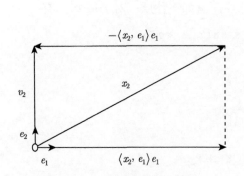

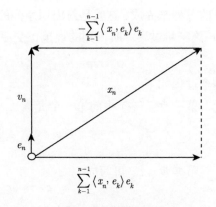

图 3-10　格拉姆–施密特过程的第二步　　　图 3-11　格拉姆–施密特过程的第 n 步

习　题

1. 证明任意有限 n 维内积空间都有规范正交基 $\{b_1, \cdots, b_n\}$.（无穷维的情况将在 §3.6 中考虑.）

2. 怎样在空间 $\mathbf{R}^r$（$r \geqslant n$）中从几何上解释 (3.4.12*)?

3. 从 (3.4.12*) 推出施瓦茨不等式 (3.2.1).

4. 给出使得贝塞尔不等式 (3.4.12) 有严格不等号成立的 $x \in l^2$ 的例子.

5. 设 (e_k) 是内积空间 X 中的规范正交序列, 且 $x \in X$. 若给定

$$y = \sum_{k=1}^{n} \alpha_k e_k, \quad \text{其中 } \alpha_k = \langle x, e_k \rangle,$$

证明 $x - y$ 正交于子空间 $Y_n = \operatorname{span}\{e_1, \cdots, e_n\}$.

6. **傅里叶系数的最小性质** 设 $\{e_1, \cdots, e_n\}$ 是内积空间 X 中的规范正交集, 这里的 n 固定. 若 $x \in X$ 是固定的任意元素, 且 $y = \beta_1 e_1 + \cdots + \beta_n e_n$, 则 $\|x - y\|$ 依赖于 $\beta_1, \cdots, \beta_n$. 通过直接计算证明当且仅当 $\beta_j = \langle x, e_j \rangle$（$j = 1, \cdots, n$）时 $\|x - y\|$ 达到最小.

7. 设 (e_k) 是内积空间 X 中的任意规范正交序列. 证明对于任意 $x, y \in X$ 有

$$\sum_{k=1}^{\infty} |\langle x, e_k \rangle \langle y, e_k \rangle| \leqslant \|x\| \, \|y\|.$$

8. 证明内积空间 X 的元素 x 不能有太多大的傅里叶系数 $\langle x, e_k \rangle$, 其中 (e_k) 是给定的规范正交序列. 更准确地说, 证明使得 $|\langle x, e_k \rangle| > 1/m$ 的 $\langle x, e_k \rangle$ 的个数 n_m 必满足 $n_m < m^2 \|x\|^2$.

9. 把序列 $(x_0, x_1, x_2, \cdots)$ 的前三项规范正交化, 其中 $x_j(t) = t^j$ 且 $t \in [-1, 1]$, 内积为

$$\langle x, y \rangle = \int_{-1}^{1} x(t) y(t) \mathrm{d}t.$$

10. 设 $x_1(t) = t^2$, $x_2(t) = t$, $x_3(t) = 1$. 按 x_1, x_2, x_3 的次序在区间 $[-1, 1]$ 上关于习题 9 中规定的内积进行规范正交化. 与习题 9 进行比较, 并加以评论.

3.5 与规范正交序列和规范正交集有关的级数

还有一些事实和问题是与贝塞尔不等式有联系的. 本节首先从"傅里叶系数"这一术语开始, 然后考虑与规范正交序列有关的无穷级数, 最后初步研究一下不可数的规范正交集.

3.5–1 例子 (傅里叶级数) 形如

$$a_0 + \sum_{k=1}^{\infty} \left(a_k \cos kt + b_k \sin kt \right) \qquad (3.5.1^*)$$

的级数叫作三角级数. 定义在 $\mathbf{R}$ 上的实值函数 x, 如果有正数 p 使得对于所有 $t \in \mathbf{R}$ 有 $x(t + p) = x(t)$, 则称之为周期函数, p 叫作 x 的一个周期.

设 x 连续且周期为 2π, 则根据定义, x 的傅里叶级数就是三角级数 $(3.5.1^*)$, 其中系数 a_k, b_k 由欧拉公式给出:

$$
\begin{aligned}
a_0 &= \frac{1}{2\pi} \int_0^{2\pi} x(t) \mathrm{d}t, \\
a_k &= \frac{1}{\pi} \int_0^{2\pi} x(t) \cos kt \mathrm{d}t, \quad \text{其中 } k = 1, 2, \cdots, \\
b_k &= \frac{1}{\pi} \int_0^{2\pi} x(t) \sin kt \mathrm{d}t, \quad \text{其中 } k = 1, 2, \cdots.
\end{aligned}
\qquad (3.5.2)
$$

这些系数叫作 x 的傅里叶系数.

若 x 的傅里叶级数对于每个 t 都收敛且有和 $x(t)$, 则可写成

$$x(t) = a_0 + \sum_{k=1}^{\infty} \left(a_k \cos kt + b_k \sin kt \right). \qquad (3.5.1)$$

由于 x 的周期为 2π, 所以 (3.5.2) 中的积分区间 $[0, 2\pi]$ 可用长度为 2π 的任意区间代替, 例如 $[-\pi, \pi]$.

傅里叶级数首先出现在物理问题的研究中, 它最早由伯努利 (D. Bernoulli, 1753, 研究弦振动) 和傅里叶 (J. Fourier, 1882, 研究热传导) 所研究. 这些级数使得我们能够用简单的周期函数 (正弦函数和余弦函数) 来描述复杂的周期现象. 在微分方程的研究 (振动、热传导、势的问题等) 中它们有各种实际应用.

从 (3.5.2) 可以看出, 要确定傅里叶系数需要积分. 为了有助于以前没有学过傅里叶级数的读者理解, 我们研究一个具体实例 (见图 3-12)

$$x(t) = \begin{cases} t, & \text{若 } -\pi/2 \leqslant t < \pi/2, \\ \pi - t, & \text{若 } \pi/2 \leqslant t < 3\pi/2, \end{cases}$$

且 $x(t+2\pi) = x(t)$. 由 (3.5.2) 可知对于 $k = 0, 1, \cdots$ 有 $a_k = 0$. 为计算方便, 选择 $[-\pi/2, 3\pi/2]$ 作为积分区间, 利用分部积分可得对于 $k = 1, 2, \cdots$ 有

$$\begin{aligned} b_k &= \frac{1}{\pi} \int_{-\pi/2}^{\pi/2} t \sin kt \mathrm{d}t + \frac{1}{\pi} \int_{\pi/2}^{3\pi/2} (\pi - t) \sin kt \mathrm{d}t \\ &= -\frac{1}{\pi k} \Big[t \cos kt \Big]_{-\pi/2}^{\pi/2} + \frac{1}{\pi k} \int_{-\pi/2}^{\pi/2} \cos kt \mathrm{d}t \\ &\quad - \frac{1}{\pi k} \Big[(\pi - t) \cos kt \Big]_{\pi/2}^{3\pi/2} - \frac{1}{\pi k} \int_{\pi/2}^{3\pi/2} \cos kt \mathrm{d}t \\ &= \frac{4}{\pi k^2} \sin \frac{k\pi}{2}. \end{aligned}$$

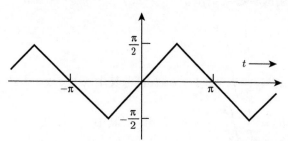

图 3-12　周期为 2π 的函数 $x(t)$ 的图形, 若 $t \in [-\pi/2, \pi/2]$ 则 $x(t) = t$, 若 $t \in [\pi/2, 3\pi/2]$ 则 $x(t) = \pi - t$

因此 (3.5.1) 取如下形式:

$$x(t) = \frac{4}{\pi} \left(\sin t - \frac{1}{3^2} \sin 3t + \frac{1}{5^2} \sin 5t - \cdots \right).$$

读者可以取该级数前 3 项和并作出函数图形, 然后与图 3-12 中的 $x(t)$ 比较.

回到一般的傅里叶级数上来, 我们可能要问, 这些级数怎样与我们在 §3.4 引入的术语和公式吻合起来. 显然, (3.5.1) 中的余弦函数和正弦函数就是 3.4-5 中的序列 (u_k) 和 (v_k), 即

$$u_k(t) = \cos kt, \quad v_k(t) = \sin kt.$$

因此，我们可以把 (3.5.1) 写成

$$x(t) = a_0 u_0(t) + \sum_{k=1}^{\infty} \big[a_k u_k(t) + b_k v_k(t) \big]. \tag{3.5.3}$$

用固定的 u_j 乘 (3.5.3) 的两端，再关于 t 从 0 到 2π 积分，这意味着取 $x(t)$ 和 u_j 的内积（如 3.4–5 中所定义的）. 假定允许逐项积分（一致收敛便足够了），并利用 (u_k) 和 (v_k) 的正交性，以及对所有 j, k 有 $u_j \perp v_k$，便可得到

$$\langle x, u_j \rangle = a_0 \langle u_0, u_j \rangle + \sum \big[a_k \langle u_k, u_j \rangle + b_k \langle v_k, u_j \rangle \big]$$
$$= a_j \langle u_j, u_j \rangle$$
$$= a_j \| u_j \|^2 = \begin{cases} 2\pi a_0, & \text{若 } j = 0, \\ \pi a_j, & \text{若 } j = 1, 2, \cdots, \end{cases}$$

见 (3.4.5). 类似地，将上述过程中的 u_j 换成 v_j 便可得到

$$\text{对于 } j = 1, 2, \cdots \text{ 有 } \quad \langle x, v_j \rangle = b_j \| v_j \|^2 = \pi b_j.$$

求解 a_j 和 b_j，并利用规范正交序列 (e_j) 和 $(\tilde{e}_j)$，其中 $e_j = \| u_j \|^{-1} u_j$ 且 $\tilde{e}_j = \| v_j \|^{-1} v_j$，便可得到

$$\begin{aligned} a_j &= \frac{1}{\| u_j \|^2} \langle x, u_j \rangle = \frac{1}{\| u_j \|} \langle x, e_j \rangle, \\ b_j &= \frac{1}{\| v_j \|^2} \langle x, v_j \rangle = \frac{1}{\| v_j \|} \langle x, \tilde{e}_j \rangle. \end{aligned} \tag{3.5.4}$$

这等同于 (3.5.2)，也表明了在 (3.5.3) 中有

$$\begin{aligned} a_k u_k(t) &= \frac{1}{\| u_k \|} \langle x, e_k \rangle u_k(t) = \langle x, e_k \rangle e_k(t), \\ b_k v_k(t) &= \frac{1}{\| v_k \|} \langle x, \tilde{e}_k \rangle v_k(t) = \langle x, \tilde{e}_k \rangle \tilde{e}_k(t). \end{aligned}$$

因而能够把傅里叶级数 (3.5.1) 写成

$$x(t) = \langle x, e_0 \rangle e_0 + \sum_{k=1}^{\infty} \big[\langle x, e_k \rangle e_k + \langle x, \tilde{e}_k \rangle \tilde{e}_k \big]. \tag{3.5.5}$$

这正和 §3.4 中的傅里叶系数相同.

这个例子的总结，读者可以在罗戈辛斯基（W. Rogosinski, 1959）、丘吉尔（R. V. Churchill, 1963, 第 77–112 页）和克雷斯齐格（E. Kreyszig, 1972, 第 377–407 页）关于傅里叶级数的介绍中找到. ∎

我们的例子涉及无穷级数，进一步的问题是：怎样将我们的研究推广到其他规范正交序列？相应级数的收敛性又是如何？

给定希尔伯特空间 H 中的任意规范正交序列 (e_k)，我们可以考虑形如

$$\sum_{k=1}^{\infty} \alpha_k e_k \tag{3.5.6}$$

的级数，其中 $\alpha_1, \alpha_2, \cdots$ 是任意标量. 如同在 §2.3 中定义的那样，若存在 $s \in H$ 使得这个级数的部分和

$$s_n = \alpha_1 e_1 + \cdots + \alpha_n e_n$$

的序列 (s_n) 收敛到 s，即当 $n \to \infty$ 时有 $\|s_n - s\| \to 0$，则称这个级数是收敛的，并且有和 s.

3.5–2 定理（收敛性） 设 (e_k) 是希尔伯特空间 H 中的规范正交序列，则

(a) 级数 (3.5.6)（按 H 上的范数）收敛当且仅当以下级数收敛.

$$\sum_{k=1}^{\infty} |\alpha_k|^2. \tag{3.5.7}$$

(b) 若 (3.5.6) 收敛，则系数 α_k 等于傅里叶系数 $\langle x, e_k \rangle$，其中 x 为 (3.5.6) 的和，因而在这种情况下能够把 (3.5.6) 写成

$$x = \sum_{k=1}^{\infty} \langle x, e_k \rangle e_k. \tag{3.5.8}$$

(c) 对于任意 $x \in H$ 且 $\alpha_k = \langle x, e_k \rangle$，级数 (3.5.6)（按 H 上的范数）收敛.

证明 (a) 令

$$s_n = \alpha_1 e_1 + \cdots + \alpha_n e_n \quad 且 \quad \sigma_n = |\alpha_1|^2 + \cdots + |\alpha_n|^2.$$

由于规范正交性，对于任意 m 和 $n > m$ 有

$$\|s_n - s_m\|^2 = \|\alpha_{m+1} e_{m+1} + \cdots + \alpha_n e_n\|^2 = |\alpha_{m+1}|^2 + \ldots + |\alpha_n|^2 = \sigma_n - \sigma_m.$$

因此 (s_n) 是 H 中的柯西序列，当且仅当 (σ_n) 是 $\mathbf{R}$ 中的柯西序列. 由于 H 和 $\mathbf{R}$ 都是完备的，所以定理中的 (a) 得证.

(b) 取 s_n 与 e_j 的内积，并利用规范正交性，便得到

$$对于 \ j = 1, \cdots, k \ (k \leqslant n \ 且固定) \ 有 \quad \langle s_n, e_j \rangle = \alpha_j.$$

由假设可知 $s_n \to x$，由内积的连续性（见 3.2–2）有

$$\alpha_j = \langle s_n, e_j \rangle \to \langle x, e_j \rangle \quad 其中 \ j \leqslant k.$$

因为当 $n \to \infty$ 时 $k \ (\leqslant n)$ 可以任意大，所以对于 $j = 1, 2, \cdots$ 有 $\alpha_j = \langle x, e_j \rangle$.

(c) 从 3.4–6 中的贝塞尔不等式可以看出级数

$$\sum_{k=1}^{\infty} \left| \langle x, e_k \rangle \right|^2$$

收敛. 由此和 (a) 可知 (c) 成立.　　　　　　　　　　　　　　　　　　　■

若内积空间 X 中的规范正交族 (e_κ) $(\kappa \in I)$ 是不可数的（即指标集 I 是不可数的）, 我们仍然能构成 $x \in X$ 的傅里叶系数 $\langle x, e_\kappa \rangle$, 其中 $\kappa \in I$. 对于固定的每个 $m = 1, 2, 3, \cdots$, 利用 (3.4.12*) 可以推出满足 $\left| \langle x, e_\kappa \rangle \right| > 1/m$ 的傅里叶系数的数目是有限的. 这就是下述值得注意的引理.

3.5–3 引理（傅里叶系数）　内积空间 X 中的任意 x 相对于 X 中的规范正交族 (e_κ) $(\kappa \in I)$ 至多能够有可数个非零傅里叶系数 $\langle x, e_\kappa \rangle$.

因此, 对给定的任意 $x \in H$, 我们也有类似于 (3.5.8) 的级数

$$\sum_{\kappa \in I} \langle x, e_\kappa \rangle e_\kappa, \tag{3.5.9}$$

并且可以按照非零系数 $\langle x, e_\kappa \rangle$ 排列 e_κ, 得到序列 $(e_1, e_2, \cdots)$, 所以 (3.5.9) 取形式 (3.5.8). 从 3.5–2 可推出其收敛性. 并且还能证明这个和与 e_κ 的排列次序无关.

证明　设 (w_m) 是 (e_n) 的一个重新排列, 这意味着存在 $\mathbf{N}$ 到自身上的一一映射 $n \longmapsto m(n)$ 使得两个序列的对应项相等, 即 $w_{m(n)} = e_n$. 我们置

$$\alpha_n = \langle x, e_n \rangle, \qquad\qquad \beta_m = \langle x, w_m \rangle,$$

$$x_1 = \sum_{n=1}^{\infty} \alpha_n e_n, \qquad\qquad x_2 = \sum_{m=1}^{\infty} \beta_m w_m.$$

则由 3.5–2(b) 可知

$$\alpha_n = \langle x, e_n \rangle = \langle x_1, e_n \rangle, \quad \beta_m = \langle x, w_m \rangle = \langle x_2, w_m \rangle.$$

由于 $e_n = w_{m(n)}$, 因而得到

$$\langle x_1 - x_2, e_n \rangle = \langle x_1, e_n \rangle - \langle x_2, w_{m(n)} \rangle = \langle x, e_n \rangle - \langle x, w_{m(n)} \rangle = 0,$$

类似地可推出 $\langle x_1 - x_2, w_m \rangle = 0$, 合在一起就推出了

$$\|x_1 - x_2\|^2 = \left\langle x_1 - x_2, \sum \alpha_n e_n - \sum \beta_m w_m \right\rangle$$

$$= \sum \bar{\alpha}_n \langle x_1 - x_2, e_n \rangle - \sum \bar{\beta}_m \langle x_1 - x_2, w_m \rangle = 0.$$

因此, $x_1 - x_2 = 0$, 即 $x_1 = x_2$. 由于 (w_m) 为 (e_n) 的任意重新排列, 所以完成了证明.　　　　　　　　　　　　　　　　　　　　　　　　　　　■

习 题

1. 若 (3.5.6) 收敛到和 x, 证明 (3.5.7) 有和 $\|x\|^2$.

2. 从 (3.5.1) 和 (3.5.2) 推导具有任意周期 p 的函数 $\tilde{x}$ (τ 的函数) 的傅里叶级数表达式.

3. 举例说明收敛级数 $\sum \langle x, e_k \rangle e_k$ 的和未必是 x.

4. 若 (x_j) 是内积空间 X 中使得级数 $\|x_1\| + \|x_2\| + \cdots$ 收敛的序列, 证明 (s_n) 是柯西序列, 其中 $s_n = x_1 + \cdots + x_n$.

5. 证明: 在希尔伯特空间 H 中, $\sum \|x_j\|$ 的收敛性蕴涵 $\sum x_j$ 的收敛性.

6. 设 (e_j) 是希尔伯特空间 H 中的规范正交序列. 证明: 若

$$x = \sum_{j=1}^{\infty} \alpha_j e_j, \quad y = \sum_{j=1}^{\infty} \beta_j e_j, \quad \text{则} \quad \langle x, y \rangle = \sum_{j=1}^{\infty} \alpha_j \bar{\beta}_j$$

是绝对收敛的级数.

7. 设 (e_k) 是希尔伯特空间 H 中的规范正交序列. 证明: 对于每个 $x \in H$, 向量

$$y = \sum_{k=1}^{\infty} \langle x, e_k \rangle e_k$$

在 H 中存在且 $x - y$ 正交于每个 e_k.

8. 设 (e_k) 是希尔伯特空间 H 中的规范正交序列且 $M = \text{span}(e_k)$. 证明: 对于任意 $x \in H$, 当且仅当 x 能用 (3.5.6) 表示 (系数 $\alpha_k = \langle x, e_k \rangle$) 时有 $x \in \overline{M}$.

9. 设 (e_k) 和 $(\tilde{e}_n)$ 是希尔伯特空间 H 中的规范正交序列, 设 $M_1 = \text{span}(e_n)$ 且 $M_2 = \text{span}(\tilde{e}_n)$. 利用习题 8, 证明 $\overline{M}_1 = \overline{M}_2$, 当且仅当

(a) $e_n = \sum_{m=1}^{\infty} \alpha_{nm} \tilde{e}_m$,   (b) $\tilde{e}_n = \sum_{m=1}^{\infty} \bar{\alpha}_{mn} e_m$, $\alpha_{nm} = \langle e_n, \tilde{e}_m \rangle$.

10. 给出 3.5–3 的详细证明.

3.6   完全规范正交集和完全规范正交序列

在内积空间和希尔伯特空间中, 真正有意义的规范正交集应是这样的: 它包含的元素充分多, 使得空间中的每个元素都能用这些规范正交集表示或有足够精度的逼近. 在有限维 (n 维) 空间情况是简单的, 所需要的是包含 n 个元素的规范正交集. 在无穷维空间要处理的问题又是什么? 有关的概念如下.

3.6–1 定义 (完全规范正交集) 赋范空间 X 中的完全集 (或基本集) 是其张成的子空间在 X 中稠密 (见 1.3–5) 的子集 $M \subseteq X$. 因此, 内积空间 X 中的规范正交集 (或序列或族) 如果是 X 中的完全集, 则称为 X 中的完全规范正交集 (或序列或族). ■

M 在 X 中是完全的，当且仅当

$$\overline{\operatorname{span} M} = X.$$

根据定义，这是显然的.

X 中的完全规范正交族有时又叫作 X 的规范正交基. 然而，值得注意的是，把 X 当作向量空间，在代数意义上它不是一个基，除非 X 是有限维的.

在每一个希尔伯特空间 $H \neq \{0\}$ 中都存在完全规范正交集.

对于有限维空间 H，这是显然的. 对于无穷维可分空间 H（见 1.3–5），用格拉姆–施密特过程结合归纳法便可证明. 对于不可分空间 H，一个非构造性的证明要通过佐恩引理推出. 我们在 §4.1 中为了其他目的要介绍并阐明佐恩引理.

在给定的希尔伯特空间 $H \neq \{0\}$ 中，所有完全规范正交集都有相同的基数. 这个基数叫作 H 的希尔伯特维数或正交维数（当 $H = \{0\}$ 时这个维数定义为 0）.

对于有限维空间 H，情况是显然的，因为希尔伯特维数就是代数意义上的维数. 对于无穷维可分空间 H，容易从后面的 3.6–4 推出这个结论，对于一般的空间 H，证明这个结论需要集合论方面的高级工具，见休伊特和斯特龙伯格（E. Hewitt and K. Stromberg, 1969, 第 246 页）.

下述定理表明完全规范正交集不能增添新元素成为更大的规范正交集.

3.6–2 定理（完全性） 设 M 是内积空间 X 的子集，则

(a) 若 M 在 X 中是完全的，则不存在非零向量 $x \in X$，它和 M 中的每个向量都正交，即

$$x \perp M \quad \Longrightarrow \quad x = 0. \tag{3.6.1}$$

(b) 若 X 是完备的，上述条件对 M 在 X 中的完全性来说也是充分的.

证明 (a) 令 H 是 X 的完备化（见 3.2–3），则 X 可看作 H 的稠密子空间. 根据假设，M 在 X 中是完全的，所以 $\operatorname{span} M$ 在 X 中稠密，从而在 H 中稠密. 从 3.3–7 可推出 M 在 H 中的正交补 $M^{\perp} = \{0\}$. 进而，若 $x \in X$ 且 $x \perp M$ 则 $x = 0$.

(b) 若 X 是希尔伯特空间且 M 满足条件 (a)，则 $M^{\perp} = \{0\}$，根据 3.3–7 可推出 M 在 X 中是完全的. ■

在 (b) 中，X 的完备性是根本的. 若 X 不完备，在 X 中可以不存在完全规范正交集. 迪克斯米耶（J. Dixmier, 1953）曾给出一个例子，也见布尔巴基（N. Bourbaki, 1955, 第 155 页）的著作.

关于完全性的另一个重要判据可从贝塞尔不等式（见 3.4–6）得到. 为此，考虑希尔伯特空间 H 中给定的任意规范正交集 M. 由 3.5–3 可知，每个固定的

$x \in H$ 至多有可数个非零傅里叶系数, 所以我们能把这些系数排成一个序列, 例如 $\langle x, e_1 \rangle, \langle x, e_2 \rangle, \cdots$. 贝塞尔不等式 (见 3.4–6) 为

$$\sum_k \left| \langle x, e_k \rangle \right|^2 \leqslant \|x\|^2, \quad \text{（贝塞尔不等式）} \tag{3.6.2}$$

其中左端是无穷级数或有限和式. 取等号便成为

$$\sum_k \left| \langle x, e_k \rangle \right|^2 = \|x\|^2, \quad \text{（帕塞瓦尔等式）} \tag{3.6.3}$$

因而给出了完全性的另一个判据:

3.6–3 定理（完全性）　希尔伯特空间 H 中的规范正交集 M 在 H 中是完全的, 当且仅当对于所有 $x \in H$ 帕塞瓦尔等式 (3.6.3) 成立 (即 x 相对于 M 的所有非零傅里叶系数的模的平方和等于 x 的范数的平方).

证明　(a) 若 M 在 H 中是不完全的, 则根据 3.6–2 有 $x \in H$ 且 $x \neq 0$ 使得 $x \perp M$. 从而对所有 k 有 $\langle x, e_k \rangle = 0$, 这时 (3.6.3) 左端等于 0, 右端 $\|x\|^2 \neq 0$, 这说明 (3.6.3) 不成立. 因此证明了若 (3.6.3) 对所有的 $x \in H$ 成立, 则 M 在 H 中一定是完全的.

(b) 反之, 假定 M 在 H 中是完全的. 考虑任意 $x \in H$ 及其非零傅里叶系数 (见 3.5–3) 排成的序列 $\langle x, e_1 \rangle, \langle x, e_2 \rangle, \cdots$, 若它们只有有限多项, 则按某一确定的次序写出. 现在我们定义 y 为

$$y = \sum_k \langle x, e_k \rangle e_k. \tag{3.6.4}$$

注意, 在无穷级数的情况下, 由 3.5–2 可以证明它的收敛性. 下面证明 $x - y \perp M$. 对于出现在 (3.6.4) 中的每个 e_j, 利用规范正交性可得

$$\langle x - y, e_j \rangle = \langle x, e_j \rangle - \sum_k \langle x, e_k \rangle \langle e_k, e_j \rangle = \langle x, e_j \rangle - \langle x, e_j \rangle = 0.$$

对于属于 M 但不含在 (3.6.4) 中的每个 v 有 $\langle x, v \rangle = 0$, 所以

$$\langle x - y, v \rangle = \langle x, v \rangle - \sum_k \langle x, e_k \rangle \langle e_k, v \rangle = 0 - 0 = 0.$$

因此 $x - y \perp M$, 也就是说, $x - y \in M^\perp$. 由于 M 在 H 中是完全的, 所以根据 3.3–7 有 $M^\perp = \{0\}$, 从而 $x - y = 0$, 即 $x = y$. 利用 (3.6.4) 和规范正交性, 从

$$\|x\|^2 = \left\langle \sum_k \langle x, e_k \rangle e_k, \sum_m \langle x, e_m \rangle e_m \right\rangle = \sum_k \langle x, e_k \rangle \overline{\langle x, e_k \rangle}$$

便得到 (3.6.3). 这就完成了证明.　■

让我们转到可分希尔伯特空间. 根据 1.3-5, 这个空间有可数的稠密子集. 由于可分希尔伯特空间没有不可数的规范正交集, 所以比不可分希尔伯特空间要简单些.

3.6-4 定理 (可分希尔伯特空间) 设 H 是希尔伯特空间, 则

(a) 若 H 是可分的, 则 H 中的每一个规范正交集都是可数的.

(b) 若 H 包含完全规范正交序列, 则 H 是可分的.

证明 (a) 设 H 是可分的, B 是 H 中的任意稠密集, M 是任意规范正交集. 由于对于 M 中任意两个不同的元素 x 和 y 有

$$\|x - y\|^2 = \langle x - y, x - y \rangle = \langle x, x \rangle + \langle y, y \rangle = 2,$$

也就是 x 和 y 之间的距离为 $\sqrt{2}$. 因此, x 和 y 的半径为 $\sqrt{2}/3$ 的球形邻域 N_x 和 N_y 是互相分离的. 由于 B 在 H 中稠密, 故有 $b, \tilde{b} \in B$ 且 $b \in N_x, \tilde{b} \in N_y$. 因为 $N_x \cap N_y = \varnothing$, 所以 $b \neq \tilde{b}$. 若 M 是不可数的, 则有不可数个互不相交的球形邻域, 而每个这样的邻域又都含有 B 的点, 这样便得到 B 是不可数的结论. 由于 B 是 H 中任意稠密子集, 所以 H 中的每个稠密子集都是不可数的, 从而与 H 是可分的发生矛盾. 这就证明了 M 必定是可数的.

(b) 设 (e_k) 是 H 中的完全规范正交序列, A 是形如

$$\gamma_1^{(n)} e_1 + \cdots + \gamma_n^{(n)} e_n, \quad \text{其中 } n = 1, 2, \cdots$$

的所有线性组合的集合, 其中 $\gamma_k^{(n)} = a_k^{(n)} + ib_k^{(n)}$ 且 $a_k^{(n)}$ 和 $b_k^{(n)}$ 是有理数 (若 H 是实空间则 $b_k^{(n)} = 0$). 显然, A 是可数的. 现在来证明 A 在 H 中是稠密的. 也就是说, 对于每个 $x \in H$ 和任意正数 ε, 存在 $v \in A$ 满足 $\|x - v\| < \varepsilon$.

由 (e_k) 在 H 中是完全的可知 $\text{span}\{e_1, e_2, \cdots\}$ 在 H 中稠密, 所以对于给定的任意 $x \in H$ 和任意正数 ε, 存在一个 n 使得在 $Y_n = \text{span}\{e_1, \cdots, e_n\}$ 中有一点, 它到 x 的距离小于 $\varepsilon/2$. 特别是 x 在 Y_n 上的正交投影 y, 更有 $\|x - y\| < \varepsilon/2$. 由 (3.4.8) 可知

$$y = \sum_{k=1}^{n} \langle x, e_k \rangle e_k,$$

因此

$$\left\| x - \sum_{k=1}^{n} \langle x, e_k \rangle e_k \right\| < \frac{\varepsilon}{2}.$$

由于有理数在 $\mathbf{R}$ 中稠密, 所以对于每个 $\langle x, e_k \rangle$ 存在 $\gamma_k^{(n)}$ (其实部和虚部都是有理数) 使得

$$\left\| \sum_{k=1}^{n} \left[\langle x, e_k \rangle - \gamma_k^{(n)} \right] e_k \right\| < \frac{\varepsilon}{2}.$$

因此，由

$$v = \sum_{k=1}^{n} \gamma_k^{(n)} e_k$$

定义的 $v \in A$ 满足

$$
\begin{aligned}
\|x - v\| &= \left\| x - \sum \gamma_k^{(n)} e_k \right\| \\
&\leqslant \left\| x - \sum \langle x, e_k \rangle e_k \right\| + \left\| \sum \langle x, e_k \rangle e_k - \sum \gamma_k^{(n)} e_k \right\| \\
&< \frac{\varepsilon}{2} + \frac{\varepsilon}{2} = \varepsilon.
\end{aligned}
$$

这就证明了 A 在 H 中是稠密的，而 A 又是可数的，所以 H 是可分的. ■

　　为了在应用中使用希尔伯特空间，我们必须知道在特定的情况下选用什么样的完全规范正交集以及如何考察这些集合的元素性质. 对于一些函数空间，这个问题放在 §3.7 研究，包括出现在书中并经过详细研究的有实际意义的特殊函数. 作为本节的结束，我们指出目前的讨论还有进一步的结果，这些结果有其根本的重要性，我们能够用希尔伯特空间的同构来描述. 为此，首先让我们把 §3.2 中的概念加以引申.

　　同一个域上的希尔伯特空间 H 到 $\tilde{H}$ 上的**同构**是线性一一映射 $T : H \longrightarrow \tilde{H}$，并且对所有 $x, y \in H$ 满足

$$\langle Tx, Ty \rangle = \langle x, y \rangle. \tag{3.6.5}$$

这时把 H 和 $\tilde{H}$ 叫作同构的希尔伯特空间. 由于 T 是线性的，所以它保持了向量空间的结构. 而 (3.6.5) 又表明 T 是等距的，由此和 T 的一一映射性可以看出，不论从代数上还是从度量上来看，H 与 $\tilde{H}$ 是没有区别的，除了它们的元素特征外，基本上是相同的. 所以基本上可把 $\tilde{H}$ 看作 H，只不过在向量 x 上贴上标签 T 而已. 也可以把 H 和 $\tilde{H}$ 当作同一个抽象空间的两个副本（模型），这和我们在 n 维欧几里得空间常做的一样.

　　在上述讨论中有一个耐人寻味的事实是，对于每一个希尔伯特维数（见本节开头的定义），恰好有一个抽象的实希尔伯特空间和一个抽象的复希尔伯特空间. 换句话说，同一个域上的两个抽象的希尔伯特空间只有在希尔伯特维数上有所差别. 这就把欧几里得空间的情形做了推广. 上述内容概括在下面的定理中.

　　3.6-5 定理（**同构和希尔伯特维数**）　两个都是实的或都是复的希尔伯特空间 H 和 $\tilde{H}$，当且仅当有相同的希尔伯特维数才是同构的.

　　证明　(a) 若 H 与 $\tilde{H}$ 同构且 $T : H \longrightarrow \tilde{H}$ 是一个同构，则 (3.6.5) 表明 H 中的规范正交集在 T 之下的像是 $\tilde{H}$ 中的规范正交集. 由于 T 是一一映射，故 T

映 H 的每个完全规范正交集到 $\tilde{H}$ 的一个完全规范正交集上, 因此 H 与 $\tilde{H}$ 有相同的希尔伯特维数.

(b) 反之, 假定 H 和 $\tilde{H}$ 有相同的希尔伯特维数. 情况 $H = \{0\}$ 和 $\tilde{H} = \{0\}$ 是显然的. 现在设 $H \neq \{0\}$, 则 $\tilde{H} \neq \{0\}$, 并且 H 中的任意完全规范正交集 M 和 $\tilde{H}$ 中的任意完全规范正交集 $\tilde{M}$ 有相同的维数, 所以我们可以用同一个指标集 $\{k\}$ 来标记它们, 并记 $M = (e_k)$ 和 $\tilde{M} = (\tilde{e}_k)$.

为了证明 H 与 $\tilde{H}$ 同构, 现在来构造 H 到 $\tilde{H}$ 上的同构. 对于每个 $x \in H$, 我们有

$$x = \sum_k \langle x, e_k \rangle e_k, \tag{3.6.6}$$

上式右端是有限和或无穷级数 (见 3.5–3), 由贝塞尔不等式有 $\sum_k \left| \langle x, e_k \rangle \right|^2 < \infty$. 现在定义

$$\tilde{x} = Tx = \sum_k \langle x, e_k \rangle \tilde{e}_k. \tag{3.6.7}$$

由 (3.5.2) 可知上式右端的级数收敛. 所以 $\tilde{x} \in \tilde{H}$. 因为内积关于第一个因子是线性的, 所以算子 T 是线性的. 因为先应用 (3.6.7) 再应用 (3.6.6) 可得

$$\left\| \tilde{x} \right\|^2 = \left\| Tx \right\|^2 = \sum_k \left| \langle x, e_k \rangle \right|^2 = \left\| x \right\|^2,$$

所以 T 是等距的. 由此和 (3.1.9) (3.1.10) 可以看出 T 是保持内积不变的. 此外, 等距还蕴涵内射性. 事实上, 若 $Tx = Ty$, 则

$$\|x - y\| = \|T(x - y)\| = \|Tx - Ty\| = 0,$$

所以 $x = y$, 由 2.6–10 可知 T 是内射.

最后来证明 T 是满射. 在 $\tilde{H}$ 中给定任意

$$\tilde{x} = \sum_k \alpha_k \tilde{e}_k,$$

根据贝塞尔不等式有 $\sum \left| \alpha_k \right|^2 < \infty$. 因此由 3.5–2 可知

$$\sum_k \alpha_k e_k$$

是一个有限和或是收敛到 $x \in H$ 的级数. 根据同一定理还知 $\alpha_k = \langle x, e_k \rangle$. 再根据 (3.6.7) 便有 $\tilde{x} = Tx$. 由于 $\tilde{x} \in \tilde{H}$ 是任意的, 这就证明了 T 是满射. ∎

习　题

1. 若 F 是内积空间 X 中的规范正交基，则每个 $x \in X$ 都能用 F 的元素的线性组合表示吗？（根据定义，线性组合是有限项构成的．）

2. 证明：若希尔伯特空间 H 的正交维数是有限的，则它等于 H 作为向量空间的维数．反之，若后者是有限的，证明它等于前者．

3. 在 n 维欧几里得空间的情况下，(3.6.3) 可作为初等几何中什么定理的推广？

4. 从 (3.6.3) 推导公式（常常叫作帕塞瓦尔等式）

$$\langle x, y \rangle = \sum_k \langle x, e_k \rangle \overline{\langle y, e_k \rangle}.$$

5. 证明：希尔伯特空间 H 中的规范正交族 (e_κ) $(\kappa \in I)$，当且仅当对于 H 中的每个 x 和 y 都有习题 4 中的帕塞瓦尔等式成立才是完全的．

6. 设 H 是可分希尔伯特空间，M 是 H 的可数稠密子集．证明通过对 M 施行格拉姆–施密特过程可以得到 H 的一个完全规范正交序列．

7. 证明：若希尔伯特空间 H 是可分的，则不用佐恩引理也能证明 H 的完全规范正交集的存在性．

8. 证明：对于可分希尔伯特空间 H 中的任意规范正交序列 F，一定存在包含 F 的完全规范正交序列 $\tilde{F}$．

9. 设 M 是内积空间 X 中的完全集．若对于所有 $x \in M$ 有 $\langle v, x \rangle = \langle w, x \rangle$，证明 $v = w$．

10. 设 M 是希尔伯特空间 H 的一个子集且 $v, w \in H$．假定：若对于所有 $x \in M$ 有 $\langle v, x \rangle = \langle w, x \rangle$，则 $v = w$．若对于所有 $v, w \in H$ 上述假定都成立，证明 M 在 H 中是完全的．

3.7　勒让德、埃尔米特和拉盖尔多项式

　　希尔伯特空间的理论已被应用到分析的各个专题中．本节讨论经常用来研究实际问题的一些完全正交序列和完全规范正交序列（例如在第 11 章关于量子力学的研究中将会用到），这些序列的性质都已被很详细地研究过，标准参考读物有列在附录 C 中的埃尔代伊等（A. Erdélyi et al, 1953–1955）的著作．

　　本节是选学内容．

　　3.7–1 勒让德多项式　定义在 $[-1, 1]$ 上的所有实值连续函数构成的空间 X，在其上定义内积

$$\langle x, y \rangle = \int_{-1}^{1} x(t) y(t) \mathrm{d}t,$$

按照 3.2–3 完备化后成为希尔伯特空间，记为 $L^2[-1, 1]$，见 3.1–5.

我们希望在 $L^2[-1,1]$ 中得到由易于处理的函数所构成的完全规范正交序列. 多项式是这样的类型, 它们可以用很简单的思想来造出. 我们可以从幂函数 x_0, $x_1, x_2, \cdots$ 出发, 其中

$$x_0(t) = 1, \quad x_1(t) = t, \quad \cdots, \quad x_j(t) = t^j, \quad \cdots, \quad \text{其中 } t \in [-1, 1]. \qquad (3.7.1)$$

这个序列是线性无关的 (请读者自己证明). 施行格拉姆–施密特过程 (§3.4) 可以得到规范正交序列 (e_n). 由于在正交化过程中, 我们取的是 (x_j) 的线性组合, 所以每个 e_n 都是多项式, 将会看到 e_n 的次数是 n.

(e_n) 在 $L^2[-1,1]$ 中是完全的.

证明 根据 3.2-3, 集合 $W = A(X)$ 在空间 $L^2[-1,1]$ 中稠密. 因此, 对于固定的任意 $x \in L^2[-1,1]$ 和给定的正数 ε, 存在定义在 $[-1,1]$ 上的连续函数 y 满足

$$\|x - y\| < \frac{\varepsilon}{2}.$$

对于这个 y, 存在多项式 z 对于所有 $t \in [-1, 1]$ 满足

$$|y(t) - z(t)| < \frac{\varepsilon}{2\sqrt{2}}.$$

这一点可从 §4.11 证明的魏尔斯特拉斯定理得到保证, 而这意味着

$$\|y - z\|^2 = \int_{-1}^{1} |y(t) - z(t)|^2 \mathrm{d}t < 2\left(\frac{\varepsilon}{2\sqrt{2}}\right)^2 = \frac{\varepsilon^2}{4}.$$

再利用三角不等式便得

$$\|x - z\| \leqslant \|x - y\| + \|y - z\| < \varepsilon.$$

格拉姆–施密特过程表明, 根据 (3.7.1), 对于充分大的 m 有 $z \in \mathrm{span}\{e_0, \cdots, e_m\}$. 由于 $x \in L^2[-1,1]$ 和 $\varepsilon > 0$ 是任意的, 所以我们证明了 (e_n) 的完全性. ∎

为方便实践, 需要一个显式公式. 我们断言

$$\text{对于 } n = 0, 1, \cdots \text{ 有} \quad e_n(t) = \sqrt{\frac{2n+1}{2}} P_n(t), \qquad (3.7.2a)$$

其中

$$P_n(t) = \frac{1}{2^n n!} \frac{\mathrm{d}^n}{\mathrm{d}t^n} \left[(t^2 - 1)^n\right]. \qquad (3.7.2b)$$

P_n 叫作 n 阶勒让德多项式. (3.7.2b) 叫作罗德里格公式. (3.7.2a) 中的平方根使得 $P_n(1) = 1$, 这个性质我们不予证明, 因为后面的研究不用它.

对 $(t^2-1)^n$ 用二项式定理展开，再进行 n 次微分，由 (3.7.2b) 便得到

$$P_n(t) = \sum_{j=0}^{N} (-1)^j \frac{(2n-2j)!}{2^n j!(n-j)!(n-2j)!} t^{n-2j}, \tag{3.7.2c}$$

其中，若 n 是偶数则 $N=n/2$，若 n 是奇数则 $N=(n-1)/2$. 因此（见图 3–13）

$$P_0(t) = 1, \qquad\qquad\qquad P_1(t) = t,$$
$$P_2(t) = \tfrac{1}{2}(3t^2-1), \qquad\quad P_3(t) = \tfrac{1}{2}(5t^3-3t), \tag{3.7.2*}$$
$$P_4(t) = \tfrac{1}{8}(35t^4-30t^2+3), \qquad P_5(t) = \tfrac{1}{8}(63t^5-70t^3+15t),$$

等等.

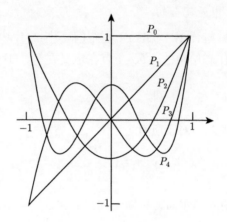

图 3–13　勒让德多项式

(3.7.2a) 和 (3.7.2b) 的证明　在 (a) 部分证明，可从 (3.7.2b) 推出

$$\|P_n\| = \left[\int_{-1}^{1} P_n^2(t)\mathrm{d}t\right]^{1/2} = \sqrt{\frac{2}{2n+1}}, \tag{3.7.3}$$

所以 (3.7.2a) 中的 e_n 是通过修改 $P_n(t)$ 的范数使之等于 1 得到的. 在 (b) 部分证明，(P_n) 是空间 $L^2[-1,1]$ 中的正交序列. 鉴于下面的理由，这足以建立 (3.7.2a) 和 (3.7.2b). 首先把 (3.7.2a) 的右端记为 $y_n(t)$，则 $y_n(t)$ 是 n 次多项式，结合 (a) 和 (b) 两部分，便推出 (y_n) 是 $L^2[-1,1]$ 中的规范正交序列. 令

$$Y_n = \mathrm{span}\{e_0,\cdots,e_n\} = \mathrm{span}\{x_0,\cdots,x_n\} = \mathrm{span}\{y_0,\cdots,y_n\},$$

其中，第二个等号是由格拉姆–施密特过程的算法推出的，最后一个等号是根据 $\dim Y_n = n+1$ 和 3.4-2 所述 $\{y_0,\cdots,y_n\}$ 为线性无关的条件得到的. 因此

$$y_n = \sum_{j=0}^{n} \alpha_j e_j. \tag{3.7.4}$$

根据正交性有

$$y_n \perp Y_{n-1} = \operatorname{span}\{y_0, \cdots, y_{n-1}\} = \operatorname{span}\{e_0, \cdots, e_{n-1}\}.$$

这意味着对于 $k = 0, \cdots, n-1$ 有

$$0 = \langle y_n, e_k \rangle = \sum_{j=0}^{n} \alpha_j \langle e_j, e_k \rangle = \alpha_k.$$

因此由 (3.7.4) 可知 $y_n = \alpha_n e_n$. 由于 $\|y_n\| = \|e_n\| = 1$, 所以 $|\alpha_n| = 1$. 实际上, 由于 y_n 和 e_n 都是实向量, 所以 $\alpha_n = +1$ 或 -1. 由于 (3.7.2c) 中 t^n 的系数是正数, 所以对于足够大的 t 有 $y_n(t) > 0$, 从而对足够大的 t, 像从 (3.4.13)(3.4.14) 和 $x_n(t) = t^n$ 所能看到的那样, 也有 $e_n(t) > 0$. 因此, $\alpha_n = +1$ 且 $y_n = e_n$. 这就证实了由 (3.7.2b) 给出的 $P_n(t)$ 使得 (3.7.2a) 成立.

在证明 (a) 和 (b) 两部分之后, 再结合上面的结果, 便完成了整个证明.

(a) 我们从 (3.7.2b) 推出 (3.7.3). 记 $u = t^2 - 1$, 则函数 u^n 和它的各阶导数 $(u^n)'$, $(u^n)''$, $\cdots$, $(u^n)^{(n-1)}$ 在 $t = \pm 1$ 处为 0, 且 $(u^n)^{(2n)} = (2n)!$. 对 (3.7.2b) 用分部积分法进行 n 次积分可得

$$
\begin{aligned}
\left(2^n n!\right)^2 \|P_n\|^2 &= \int_{-1}^{1} (u^n)^{(n)} (u^n)^{(n)} \, dt \\
&= (u^n)^{(n-1)} (u^n)^{(n)} \Big|_{-1}^{1} - \int_{-1}^{1} (u^n)^{(n-1)} (u^n)^{(n+1)} \, dt \\
&= \cdots \\
&= (-1)^n (2n)! \int_{-1}^{1} u^n dt \\
&= 2(2n)! \int_{0}^{1} \left(1 - t^2\right)^n \, dt \\
&= 2(2n)! \int_{0}^{\pi/2} \cos^{2n+1} \tau \, d\tau \quad (\diamondsuit\ t = \sin\tau\,) \\
&= \frac{2^{2n+1} (n!)^2}{2n+1}.
\end{aligned}
$$

两边除以 $(2^n n!)^2$ 便得到 (3.7.3).

(b) 现在证明 $\langle P_m, P_n \rangle = 0$, 其中 $0 \leqslant m < n$. 由于 P_m 是多项式, 所以只要对 $m < n$ 证明 $\langle x_m, P_n \rangle = 0$ 就够了, 其中 x_m 是 (3.7.1) 中所定义的. 通过 m 次分部积分便能得到这个结果.

$$2^n n! \langle x_m, P_n \rangle = \int_{-1}^{1} t^m (u^n)^{(n)} \, dt$$

$$= t^m \left(u^n\right)^{(n-1)} \bigg|_{-1}^{1} - m \int_{-1}^{1} t^{m-1} \left(u^n\right)^{(n-1)} \mathrm{d}t$$

$$= \cdots$$

$$= (-1)^m m! \int_{-1}^{1} \left(u^n\right)^{(n-m)} \mathrm{d}t$$

$$= (-1)^m m! \left(u^n\right)^{(n-m-1)} \bigg|_{-1}^{1} = 0.$$

这就证明了 (3.7.2a) 和 (3.7.2b). ■

勒让德多项式是重要的勒让德微分方程

$$\left(1 - t^2\right) P_n'' - 2t P_n' + n(n+1) P_n = 0 \tag{3.7.5}$$

的解，而 (3.7.2c) 也可以通过对 (3.7.5) 用幂级数法求解得到.

此外，空间 $L^2[a, b]$ 中的一个完全规范正交序列为 (q_n)，其中

$$q_n = \frac{1}{\|p_n\|} p_n, \quad p_n(t) = P_n(s), \quad s = 1 + 2\frac{t-b}{b-a}. \tag{3.7.6}$$

若我们注意到 $a \leqslant t \leqslant b$ 通过线性变换 $t \longmapsto s$ 与 $-1 \leqslant s \leqslant 1$ 一一对应，且正交性保持不变，便能证明上述结论.

因而对于任意紧区间 $[a, b]$，空间 $L^2[a, b]$ 都有完全规范正交序列，从而 3.6–4 蕴涵

实空间 $L^2[a, b]$ 是可分的.

3.7–2 埃尔米特多项式　有实用价值的空间还有 $L^2(-\infty, +\infty)$, $L^2[a, +\infty)$, $L^2(-\infty, b]$. 因为积分区间是无限的，所以这些空间不能像 3.7–1 那样直接对 (x_j) 施行格拉姆–施密特正交化过程来得到它们的规范正交序列. 但是，如果我们对幂函数序列 (x_j) 的每一项都乘上一个递减很快的简单函数，便可望使得无穷积分取有限值. 显然，有适当指数的指数函数便是一个很自然的选择.

现在考虑实空间 $L^2(-\infty, +\infty)$，其上的内积为

$$\langle x, y \rangle = \int_{-\infty}^{\infty} x(t) y(t) \mathrm{d}t.$$

我们对函数序列

$$w(t) = \mathrm{e}^{-t^2/2}, \quad tw(t), \quad t^2 w(t), \quad \cdots$$

施行格拉姆–施密特过程. $w(t)$ 的指数中的因子 $1/2$ 纯属习惯用法，没有更深的含义. 这些函数是 $L^2(-\infty, +\infty)$ 中的元素. 事实上，它们在 $\mathbf{R}$ 上是有界的. 假

定对所有 t 有 $|t^n w(t)| \leqslant k_n$，因而

$$\left| \int_{-\infty}^{+\infty} t^m e^{-t^2/2} t^n e^{-t^2/2} dt \right| \leqslant k_{m+n} \int_{-\infty}^{+\infty} e^{-t^2/2} dt = k_{m+n}\sqrt{2\pi}.$$

格拉姆–施密特过程给出规范正交序列 (e_n)，其中（见图 3–14）

$$e_n(t) = \frac{1}{\left(2^n n! \sqrt{\pi}\right)^{1/2}} e^{-t^2/2} H_n(t), \tag{3.7.7a}$$

其中

$$H_0(t) = 1, \quad \text{对于 } n = 1, 2, \cdots \text{ 有} \quad H_n(t) = (-1)^n e^{t^2} \frac{d^n}{dt^n}\left(e^{-t^2}\right). \tag{3.7.7b}$$

H_n 叫作 n 阶埃尔米特多项式.

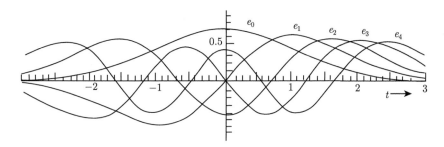

图 3–14 (3.7.7a) 中含有埃尔米特多项式的函数 $e_n(t)$

将 (3.7.7b) 中的微分完成后，我们得到

$$H_n(t) = n! \sum_{j=0}^{N} (-1)^j \frac{2^{n-2j}}{j!(n-2j)!} t^{n-2j}, \tag{3.7.7c}$$

其中，若 n 是偶数则 $N = n/2$，若 n 是奇数则 $N = (n-1)/2$. 注意，(3.7.7c)
也能写成

$$H_n(t) = \sum_{j=0}^{N} \frac{(-1)^j}{j!} n(n-1) \cdots (n-2j+1)(2t)^{n-2j}. \tag{3.7.7c'}$$

前几个埃尔米特多项式的显式表达式为

$$
\begin{aligned}
&H_0(t) = 1, &&H_1(t) = 2t, \\
&H_2(t) = 4t^2 - 2, &&H_3(t) = 8t^3 - 12t, &&(3.7.7^*) \\
&H_4(t) = 16t^4 - 48t^2 + 12, &&H_5(t) = 32t^5 - 160t^3 + 120t.
\end{aligned}
$$

由 (3.7.7a) 和 (3.7.7b) 定义的序列 (e_n) 是规范正交序列.

证明 (3.7.7a) 和 (3.7.7b) 表明，我们必须证明

$$\int_{-\infty}^{+\infty} e^{-t^2} H_m(t) H_n(t) \mathrm{d}t = \begin{cases} 0, & \text{若 } m \neq n, \\ 2^n n! \sqrt{\pi}, & \text{若 } m = n. \end{cases} \tag{3.7.8}$$

对 (3.7.7c′) 微分可得对于 $n \geqslant 1$ 有

$$H_n'(t) = 2n \sum_{j=0}^{M} \frac{(-1)^j}{j!} (n-1)(n-2) \cdots (n-2j)(2t)^{n-1-2j} = 2n H_{n-1}(t),$$

其中，若 n 是偶数则 $M = (n-2)/2$，若 n 是奇数则 $M = (n-1)/2$. 关于 H_m 也写出类似的公式，并假定 $m \leqslant n$. 为简便起见，用 v 表示 (3.7.8) 中的指数函数. 做 m 次分部积分，则由 (3.7.7b) 可得

$$\begin{aligned}
(-1)^n \int_{-\infty}^{+\infty} e^{-t^2} H_m(t) H_n(t) \mathrm{d}t &= \int_{-\infty}^{\infty} H_m(t) v^{(n)} \mathrm{d}t \\
&= H_m(t) v^{(n-1)} \Big|_{-\infty}^{+\infty} - \int_{-\infty}^{+\infty} 2m H_{m-1}(t) v^{(n-1)} \mathrm{d}t \\
&= -2m \int_{-\infty}^{+\infty} H_{m-1}(t) v^{(n-1)} \mathrm{d}t \\
&= \cdots \\
&= (-1)^m 2^m m! \int_{-\infty}^{+\infty} H_0(t) v^{(n-m)} \mathrm{d}t,
\end{aligned}$$

其中 $H_0(t) = 1$. 若 $m < n$，由于 v 及其导数当 $t \to \pm\infty$ 时趋于 0，所以只要再积分一次便得到 0. 这就证明了 (e_n) 的正交性. 当 $m = n$ 时，要证明 (3.7.8)，需要用 (3.7.7a) 限定 $\|e_n\| = 1$. 若 $m = n$，把上面最后的积分式记为 J，则

$$J = \int_{-\infty}^{+\infty} e^{-t^2} \mathrm{d}t = \sqrt{\pi}.$$

这是大家熟悉的结果. 为了验证它，考虑 J^2，利用极坐标 r, θ 和 $\mathrm{d}s\mathrm{d}t = r\mathrm{d}\theta\mathrm{d}r$ 可得

$$\begin{aligned}
J^2 &= \int_{-\infty}^{+\infty} e^{-s^2} \mathrm{d}s \int_{-\infty}^{+\infty} e^{-t^2} \mathrm{d}t = \int_{-\infty}^{+\infty} \int_{-\infty}^{+\infty} e^{-(s^2+t^2)} \mathrm{d}s\mathrm{d}t \\
&= \int_0^{2\pi} \int_0^{+\infty} e^{-r^2} r \mathrm{d}r \mathrm{d}\theta \\
&= 2\pi \cdot \frac{1}{2} = \pi.
\end{aligned}$$

这就证明了 (3.7.8)，因此 (e_n) 的规范正交性得证.   ■

传统上我们常常把 (3.7.8) 说成：埃尔米特多项式 H_n 相对于权重函数 w^2 形成正交序列，其中 w 就是开始时定义的函数.

我们可以证明由 (3.7.7a) 和 (3.7.7b) 定义的 (e_n) 在实空间 $L^2(-\infty, +\infty)$ 中是完全的，因此这个空间是可分的（见 3.6–4）.

最后我们指出，埃尔米特多项式 H_n 满足埃尔米特微分方程

$$H_n'' - 2tH_n' + 2nH_n = 0. \tag{3.7.9}$$

注意：很遗憾，文献中的术语是不统一的. 事实上，由

$$He_0(t) = 1, \quad 对于 \ n = 1, 2, \cdots \ 有 \quad He_n(t) = (-1)^n e^{-t^2/2} \frac{\mathrm{d}^n}{\mathrm{d}t^n}\left(e^{-t^2/2}\right)$$

定义的函数 He_n 也叫作埃尔米特多项式，并且更严重的是，有时也记作 H_n.

在 §11.3 中我们将研究埃尔米特多项式在量子力学中的一个应用.

3.7–3 拉盖尔多项式 空间 $L^2(-\infty, b]$ 和 $L^2[a, +\infty)$ 中的完全规范正交序列可从 $L^2[0, +\infty)$ 中的这样一个序列分别用变换 $t = b - s$ 和 $t = s + a$ 得到.

考虑空间 $L^2[0, +\infty)$. 对序列

$$e^{-t/2}, \quad te^{-t/2}, \quad t^2 e^{-t/2}, \quad \cdots$$

施行格拉姆–施密特过程，便得到规范正交序列 (e_n). 可以证明 (e_n) 在 $L^2[0, +\infty)$ 中是完全的，(e_n) 是由

$$对于 \ n = 0, 1, \cdots \ 有 \quad e_n(t) = e^{-t/2} L_n(t) \tag{3.7.10a}$$

给出的（见图 3–15），其中 $L_n(t)$ 为 n 阶拉盖尔多项式，它被定义为

$$L_0(t) = 1, \quad 对于 \ n = 1, 2, \cdots \ 有 \quad L_n(t) = \frac{e^t}{n!} \frac{\mathrm{d}^n}{\mathrm{d}t^n}\left(t^n e^{-t}\right), \tag{3.7.10b}$$

即

$$L_n(t) = \sum_{j=0}^{n} \frac{(-1)^j}{j!} \binom{n}{j} t^j. \tag{3.7.10c}$$

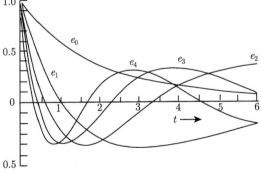

图 3–15 (3.7.10a) 中含有拉盖尔多项式的函数 $e_n(t)$

前几个拉盖尔多项式的显式表达式为

$$L_0(t) = 1, \qquad\qquad L_1(t) = 1 - t,$$
$$L_2(t) = 1 - 2t + \tfrac{1}{2}t^2, \qquad\qquad L_3(t) = 1 - 3t + \tfrac{3}{2}t^2 - \tfrac{1}{6}t^3, \qquad (3.7.10^*)$$
$$L_4(t) = 1 - 4t + 3t^2 - \tfrac{2}{3}t^3 + \tfrac{1}{24}t^4.$$

拉盖尔多项式 L_n 满足拉盖尔微分方程

$$tL_n'' + (1 - t)L_n' + nL_n = 0. \qquad (3.7.11)$$

要想详细地了解拉盖尔多项式，见埃尔代伊等（A. Erdélyi et al, 1953–1955）以及库朗和希尔伯特（R. Courant and D. Hilbert，1953–1962，卷 I）的著作.

习 题

1. 证明勒让德微分方程能够写成

$$\left[(1 - t^2)\,P_n'\right]' = -n(n + 1)P_n.$$

用 P_m 乘这个方程，用 $-P_n$ 乘关于 P_m 的相应方程，再把两个方程加在一起. 把得到的方程从 -1 到 1 积分，证明 (P_n) 是空间 $L^2[-1, 1]$ 中的正交序列.

2. 从 (3.7.2b) 推出 (3.7.2c).

3. 生成函数 证明

$$\frac{1}{\sqrt{1 - 2tw + w^2}} = \sum_{n=0}^{\infty} P_n(t)w^n.$$

左端的函数叫作勒让德多项式的*生成函数*. 在研究各种特殊函数时，生成函数是有用的，见库朗和希尔伯特（R. Courant and D. Hilbert，1953–1962）以及埃尔代伊等（A. Erdélyi et al, 1953–1955）的著作.

4. 证明

$$\frac{1}{r} = \frac{1}{\sqrt{r_1^2 + r_2^2 - 2r_1r_2\cos\theta}} = \frac{1}{r_2}\sum_{n=0}^{\infty} P_n(\cos\theta)\left(\frac{r_1}{r_2}\right)^n,$$

其中 r 是 $\mathbf{R}^3$ 中给定点 A_1 和 A_2 间的距离，见图 3–16，并且 $r_2 > 0$.（这个公式在电位理论中是有用的.）

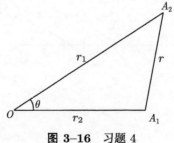

图 3–16 习题 4

5. 用下述幂级数法获得勒让德多项式. 把 $x(t) = c_0 + c_1 t + c_2 t_2^2 + \cdots$ 代入勒让德方程, 证明: 通过确定系数便能得到解 $x = c_0 x_1 + c_1 x_2$, 其中

$$x_1 = 1 - \frac{n(n+1)}{2!} t^2 + \frac{(n-2)n(n+1)(n+3)}{4!} t^4 - \cdots,$$

$$x_2 = t - \frac{(n-1)(n+2)}{3!} t^3 + \frac{(n-3)(n-1)(n+2)(n+4)}{5!} t^5 - \cdots.$$

证明: 对于 $n \in \mathbf{N}$, 这两个函数之一化为多项式, 若选择 $c_n = (2n)!/2^n (n!)^2$ 作为 t^n 的系数, 则它和 P_n 是一致的.

6. **生成函数** 证明

$$\exp(2wt - w^2) = \sum_{n=0}^{\infty} \frac{1}{n!} H_n(t) w^n.$$

左端的函数叫作埃尔米特多项的式生成函数.

7. 利用 (3.7.7b) 证明

$$H_{n+1}(t) = 2t H_n(t) - H_n'(t).$$

8. 习题 6 中的生成函数关于 t 微分, 证明

$$\text{对于 } n \geqslant 1 \text{ 有 } \quad H_n'(t) = 2n H_{n-1}(t).$$

利用习题 7, 证明 H_n 满足埃尔米特微分方程.

9. 用埃尔米特多项式解微分方程 $y'' + (2n + 1 - t^2)y = 0$.

10. 利用习题 8 证明

$$\left(\mathrm{e}^{-t^2} H_n' \right)' = -2n \mathrm{e}^{-t^2} H_n.$$

利用这个结果和习题 1 中阐明的方法来证明 (3.7.7a) 定义的函数在 $\mathbf{R}$ 上是正交的.

11. **生成函数** 利用 (3.7.10c) 证明

$$\psi(t, w) = \frac{1}{1-w} \exp\left[-\frac{tw}{1-w} \right] = \sum_{n=0}^{\infty} L_n(t) w^n.$$

12. 习题 11 中的 ψ 关于 w 微分, 证明

(a) $(n+1)L_{n+1}(t) - (2n + 1 - t)L_n(t) + n L_{n-1}(t) = 0$.

ψ 关于 t 微分, 证明

(b) $L_{n-1}(t) = L_{n-1}'(t) - L_n'(t)$.

13. 利用习题 12 证明

(c) $t L_n'(t) = n L_n(t) - n L_{n-1}(t)$.

利用 (c) 和习题 12 中的 (b) 证明 L_n 满足拉盖尔微分方程 (3.7.11).

14. 证明 (3.7.10a) 中的函数的范数等于 1.

15. 证明 (3.7.10a) 中的函数序列构成空间 $L^2[0, +\infty)$ 中的正交序列.

3.8　希尔伯特空间中泛函的表示

知道各种空间中有界线性泛函的一般形式有其实际的重要性. 这一点曾在 §2.10 中指出并说明过. 对于一般的巴拿赫空间, 这些公式及其推导有时是很复杂的. 然而, 对于希尔伯特空间, 情况却异常简单.

3.8–1 里斯定理 (希尔伯特空间中的泛函)　希尔伯特空间 H 上的每一个有界线性泛函都能表示成内积的形式, 即

$$f(x) = \langle x, z \rangle, \tag{3.8.1}$$

其中 z 依赖于 f 且由 f 唯一确定, 并且范数

$$\|z\| = \|f\|. \tag{3.8.2}$$

证明　我们分以下几步证明

(a) f 有表示 (3.8.1).

(b) (3.8.1) 中的 z 是唯一的.

(c) (3.8.2) 成立.

详细证明如下.

(a) 若 $f = 0$, 我们取 $z = 0$, 则 (3.8.1) 和 (3.8.2) 皆成立. 设 $f \neq 0$. 为启发证明思路, 先让我们考虑: 若表示 (3.8.1) 存在, 则 z 必须有什么性质. 首先, $z \neq 0$, 否则 $f = 0$. 其次, 对于满足 $f(x) = 0$ 的所有 x 都有 $\langle x, z \rangle = 0$, 也就是说, 对于 f 的零空间 $\mathcal{N}(f)$ 中所有 x 有 $\langle x, z \rangle = 0$. 因此 $z \perp \mathcal{N}(f)$. 这就提示我们考虑 $\mathcal{N}(f)$ 和它的正交补 $\mathcal{N}(f)^\perp$.

由 2.6–9 可知 $\mathcal{N}(f)$ 是向量空间, 并且由 2.7–10 还知 $\mathcal{N}(f)$ 是闭空间. 此外, $f \neq 0$ 蕴涵 $\mathcal{N}(f) \neq H$, 所以根据投影定理 3.3–4 有 $\mathcal{N}(f)^\perp \neq \{0\}$. 因此 $\mathcal{N}(f)^\perp$ 包含一个 $z_0 \neq 0$. 我们置

$$v = f(x)z_0 - f(z_0)x,$$

其中 $x \in H$ 是任意的. 两边用 f 作用便得到

$$f(v) = f(x)f(z_0) - f(z_0)f(x) = 0.$$

这就证明了 $v \in \mathcal{N}(f)$. 由于 $z_0 \perp \mathcal{N}(f)$, 我们有

$$0 = \langle v, z_0 \rangle = \langle f(x)z_0 - f(z_0)x, z_0 \rangle = f(x)\langle z_0, z_0 \rangle - f(z_0)\langle x, z_0 \rangle.$$

注意 $\langle z_0, z_0 \rangle = \|z_0\|^2 \neq 0$, 所以能够关于 $f(x)$ 解出, 结果是

$$f(x) = \frac{f(z_0)}{\langle z_0, z_0 \rangle} \langle x, z_0 \rangle.$$

上式可以写成 (3.8.1) 的形式，其中

$$z = \frac{\overline{f(z_0)}}{\langle z_0, z_0 \rangle} z_0.$$

由于 $x \in H$ 是任意的，这就证明了 (3.8.1).

(b) 现在证明 (3.8.1) 中的 z 是唯一的. 假定对于所有 $x \in H$ 有

$$f(x) = \langle x, z_1 \rangle = \langle x, z_2 \rangle,$$

则对于所有 x 有 $\langle x, z_1 - z_2 \rangle = 0$. 特别选择 $x = z_1 - z_2$ 便有

$$\langle x, z_1 - z_2 \rangle = \langle z_1 - z_2, z_1 - z_2 \rangle = \|z_1 - z_2\|^2 = 0,$$

因此 $z_1 - z_2 = 0$，所以 $z_1 = z_2$，唯一性得证.

(c) 最后证明 (3.8.2). 若 $f = 0$ 则 $z = 0$，(3.8.2) 显然成立. 若 $f \neq 0$ 则 $z \neq 0$. 将 (3.8.1) 中的 x 取成 z，再利用 (2.8.3) 便得到

$$\|z\|^2 = \langle z, z \rangle = f(z) \leqslant \|f\| \, \|z\|.$$

用 $\|z\| \neq 0$ 去除不等式两端便得 $\|z\| \leqslant \|f\|$. 现在要证明 $\|f\| \leqslant \|z\|$. 由 (3.8.1) 和施瓦茨不等式 (3.2.1) 可得

$$|f(x)| = \big|\langle x, z \rangle\big| \leqslant \|x\| \, \|z\|.$$

这就推出

$$\|f\| = \sup_{\|x\|=1} \big|\langle x, z \rangle\big| \leqslant \|z\|. \qquad \blacksquare$$

在 (b) 中证明唯一性的思想在后面的使用中是值得注意的.

3.8–2 引理（等式）　若对于内积空间 X 中的所有 w 有 $\langle v_1, w \rangle = \langle v_2, w \rangle$，则 $v_1 = v_2$. 特别是，若对于所有 $w \in X$ 有 $\langle v_1, w \rangle = 0$，则 $v_1 = 0$.

证明　根据假设，对于所有 $w \in X$ 有

$$\langle v_1 - v_2, w \rangle = \langle v_1, w \rangle - \langle v_2, w \rangle = 0.$$

若取 $w = v_1 - v_2$ 便得到 $\|v_1 - v_2\|^2 = 0$，从而 $v_1 - v_2 = 0$，故 $v_1 = v_2$. 特别是，在 $\langle v_1, w \rangle = 0$ 中取 $w = v_1$ 便有 $\|v_1\|^2 = 0$，所以 $v_1 = 0$. $\blacksquare$

希尔伯特空间上有界线性泛函的实用价值在很大程度上是基于里斯表示 (3.8.1) 的简明性的.

此外，在希尔伯特空间的算子理论中，特别是 §3.9 关于有界线性算子 T 所定义的希尔伯特伴随算子 T^*，里斯表示 (3.8.1) 也是十分重要的. 为此，我们需要一些预备知识，这些知识也有其普遍意义. 让我们从下面的定义开始.

3.8-3 定义（一个半线性形式）　设 X 和 Y 是同一个域 K（$=\mathbf{R}$ 或 $\mathbf{C}$）上的向量空间，则 $X \times Y$ 上的一个半线性形式（或一个半线性泛函）h 是映射

$$h : X \times Y \longrightarrow K,$$

对于所有 $x, x_1, x_2 \in X$ 和 $y, y_1, y_2 \in Y$ 以及所有标量 α, β 满足

$$h(x_1 + x_2, y) = h(x_1, y) + h(x_2, y), \tag{3.8.3a}$$

$$h(x, y_1 + y_2) = h(x, y_1) + h(x, y_2), \tag{3.8.3b}$$

$$h(\alpha x, y) = \alpha h(x, y), \tag{3.8.3c}$$

$$h(x, \beta y) = \bar{\beta} h(x, y). \tag{3.8.3d}$$

因此，h 关于第一个变元是线性的，关于第二个变元是共轭线性的. 若 X 和 Y 都是实空间（$K = \mathbf{R}$），则 (3.8.3d) 简化为

$$h(x, \beta y) = \beta h(x, y).$$

由于它关于第二个变元也是线性的，所以把 h 叫作双线性形式.

若 X 和 Y 是赋范空间，且存在实数 c 使得对于所有 x, y 有

$$|h(x, y)| \leqslant c \|x\| \|y\|, \tag{3.8.4}$$

则称 h 是有界的，数

$$\|h\| = \sup_{\substack{x \in X - \{0\} \\ y \in Y - \{0\}}} \frac{|h(x, y)|}{\|x\| \|y\|} = \sup_{\substack{\|x\| = 1 \\ \|y\| = 1}} |h(x, y)| \tag{3.8.5}$$

叫作 h 的范数.　　　　　　　　　　　　　　　　　　　　　　　　　　■

例如，内积就是一个半线性形式，并且是有界的.

注意，从 (3.8.4) 和 (3.8.5) 可以推得

$$|h(x, y)| \leqslant \|h\| \|x\| \|y\|. \tag{3.8.6}$$

在 §3.1 中已蕴涵"一个半线性"这个术语的含义. 在 3.8-3 中，"形式"和"泛函"这两个词是通用的，至于使用哪一个就看各人的爱好了. 对于两个变量的情况，用"形式"一词或许稍好一些，而留"泛函"一词用在诸如 3.8-1 中只有一个变量的情况. 这就是我们要做的准备.

非常有趣的是，从 3.8-1 中我们能够得到希尔伯特空间上的一个半线性形式的一般表示，如下所示.

3.8-4 定理（里斯表示）　设 H_1 和 H_2 是希尔伯特空间，且

$$h : H_1 \times H_2 \longrightarrow K$$

是有界一个半线性形式, 则 h 有表示

$$h(x, y) = \langle Sx, y \rangle, \tag{3.8.7}$$

其中 $S : H_1 \longrightarrow H_2$ 是有界线性算子. S 由 h 唯一确定, 并且范数

$$\|S\| = \|h\|. \tag{3.8.8}$$

证明　考虑 $\overline{h(x, y)}$. 由于取了复共轭, 所以 $\overline{h(x, y)}$ 关于 y 是线性的. 为了使 3.8–1 可用, 我们让 x 保持不变. 这时把 $\overline{h(x, y)}$ 中的 y 看作变量, 它是 y 的线性泛函, 故有表示

$$\overline{h(x, y)} = \langle y, z \rangle.$$

因此

$$h(x, y) = \langle z, y \rangle, \tag{3.8.9}$$

其中 $z \in H_2$ 是唯一的, 当然是依赖于固定的 $x \in H_1$ 的. 这样, 由 (3.8.9) 可得, 每给定一个变量 $x \in H_1$, 便有唯一的 $z \in H_2$ 与之对应, 因此定义了算子

$$S : H_1 \longrightarrow H_2, \quad \text{由 } z = Sx \text{ 给出.}$$

把 $z = Sx$ 代入 (3.8.9) 便得到 (3.8.7).

S 是线性算子. 事实上, S 的定义域是向量空间 H_1, 由 (3.8.7) 和一个半线性性可知对于所有 $y \in H_2$ 有

$$\begin{aligned}
\langle S(\alpha x_1 + \beta x_2), y \rangle &= h(\alpha x_1 + \beta x_2, y) \\
&= \alpha h(x_1, y) + \beta h(x_2, y) \\
&= \alpha \langle Sx_1, y \rangle + \beta \langle Sx_2, y \rangle \\
&= \langle \alpha Sx_1 + \beta Sx_2, y \rangle,
\end{aligned}$$

所以根据 3.8–2 便有

$$S(\alpha x_1 + \beta x_2) = \alpha Sx_1 + \beta Sx_2.$$

S 是有界算子. 实际上, 撇开平凡的情况 $S = 0$, 由 (3.8.5) 和 (3.8.7) 可知

$$\|h\| = \sup_{\substack{x \neq 0 \\ y \neq 0}} \frac{|\langle Sx, y \rangle|}{\|x\| \, \|y\|} \geqslant \sup_{\substack{x \neq 0 \\ Sx \neq 0}} \frac{|\langle Sx, Sx \rangle|}{\|x\| \, \|Sx\|} = \sup_{x \neq 0} \frac{\|Sx\|}{\|x\|} = \|S\|.$$

这就证明了 S 的有界性, 并且 $\|h\| \geqslant \|S\|$.

应用施瓦茨不等式可得

$$\|h\| = \sup_{\substack{x \neq 0 \\ y \neq 0}} \frac{|\langle Sx, y \rangle|}{\|x\| \, \|y\|} \leqslant \sup_{x \neq 0} \frac{\|Sx\| \, \|y\|}{\|x\| \, \|y\|} = \|S\|.$$

这就推出 $\|h\| \leqslant \|S\|$, 合在一起便证明了 (3.8.8).

S 是唯一的. 事实上, 假定线性算子 $T : H_1 \longrightarrow H_2$ 对于所有 $x \in H_1$ 和 $y \in H_2$ 也满足

$$h(x, y) = \langle Sx, y \rangle = \langle Tx, y \rangle,$$

则由 3.8–2 可知对于所有 $x \in H_1$ 有 $Sx = Tx$, 因此根据定义有 $S = T$. ■

习 题

1. **空间 $\mathbf{R}^3$** 证明 $\mathbf{R}^3$ 上的任意线性泛函 f 都能表示成点积形式

$$f(x) = x \cdot z = \xi_1 \zeta_1 + \xi_2 \zeta_2 + \xi_3 \zeta_3.$$

2. **空间 l^2** 证明 l^2 上的每一个有界线性泛函 f 都能表示成

$$f(x) = \sum_{j=1}^{\infty} \xi_j \bar{\zeta}_j, \quad \text{其中 } z = (\zeta_j) \in l^2.$$

3. 若 z 是内积空间 X 的固定的任意元素, 证明 $f(x) = \langle x, z \rangle$ 在 X 上定义了范数为 $\|z\|$ 的有界线性泛函 f.

4. 考虑习题 3. 若由 $z \longmapsto f$ 给出的映射 $C : X \longrightarrow X'$ 是满射, 证明 X 是希尔伯特空间.

5. 证明实空间 l^2 的对偶空间是 l^2（利用 3.8–1）.

6. 证明: 3.8–1 定义的等距一一映射 $T : H \longrightarrow H'$, $z \longmapsto f_z = \langle \cdot, z \rangle$ 不是线性的, 而是共轭线性的, 即 $\alpha z + \beta v \longmapsto \bar{\alpha} f_z + \bar{\beta} f_v$.

7. 证明希尔伯特空间 H 的对偶空间 H' 是内积 $\langle \cdot, \cdot \rangle_1$ 定义为

$$\langle f_z, f_v \rangle_1 = \overline{\langle z, v \rangle} = \langle v, z \rangle$$

的希尔伯特空间, 其中 $f_z(x) = \langle x, z \rangle$, 等等.

8. 证明任意希尔伯特空间 H 都和它的二次对偶空间 $H'' = (H')'$ 同构（见 §3.6）.（这叫作 H 的自反性, 它将在 §4.6 中关于赋范空间做更详细的讨论）.

9. **零化子** 就希尔伯特空间 H 的子集 $M \neq \varnothing$ 的情况, 阐明 §2.10 习题 13 中的 M^a 与 §3.3 中的 $M^\perp$ 之间的关系.

10. 证明内积空间 X 上的内积 $\langle \cdot, \cdot \rangle$ 是有界一个半线性形式 h. 在这种情况下 $\|h\|$ 是什么?

11. 设 X 是向量空间, h 是 $X \times X$ 上的一个半线性形式. 对于固定的 y_0, 证明 $f_1(x) = h(x, y_0)$ 在 X 上定义了线性泛函 f_1. 对于固定的 x_0, 证明 $f_2(y) = \overline{h(x_0, y)}$ 在 X 上定义了线性泛函 f_2.

12. 设 X 和 Y 是赋范空间. 证明 $X \times Y$ 上的有界一个半线性形式 h 关于两个变量都是连续的.

13. 埃尔米特形式 设 X 是域 K 上的向量空间. $X \times X$ 上的埃尔米特一个半线性形式（简称埃尔米特形式）h 是映射 $h : X \times X \longrightarrow K$，它对所有 $x, y, z \in X$ 和 $\alpha \in K$ 满足

$$h(x + y, z) = h(x, z) + h(y, z),$$
$$h(\alpha x, y) = \alpha h(x, y),$$
$$h(x, y) = \overline{h(y, x)}.$$

若 $K = \mathbf{R}$ 最后的条件变成什么? 要使得 h 是 X 上的内积还必须对 h 施加什么条件?

14. 施瓦茨不等式 设 X 是向量空间, h 是 $X \times X$ 上的埃尔米特形式. 若对于所有 $x \in X$ 有 $h(x, x) \geqslant 0$, 则称 h 是半正定的. 证明 h 满足施瓦茨不等式

$$\left| h(x, y) \right|^2 \leqslant h(x, x) h(y, y).$$

15. 半范数 若 h 满足习题 14 中的条件, 证明

$$p(x) = \sqrt{h(x, x)} \quad (\geqslant 0)$$

在 X 上定义了一个半范数（见 §2.3 习题 12）.

3.9　希尔伯特伴随算子

§3.8 的结果使我们能够对希尔伯特空间中的每一个有界线性算子 T 引入一个希尔伯特伴随算子, 这个算子是在研究矩阵和线性微分方程以及线性积分方程中的问题时提出的. 我们将要看到, 希尔伯特伴随算子能够帮助我们定义三类重要的算子（即所谓的自伴算子、酉算子、正规算子）, 由于这些算子在各种应用中起着关键的作用, 所以得到了广泛研究.

3.9-1 定义（希尔伯特伴随算子 T^*）　设 H_1 和 H_2 是希尔伯特空间, $T : H_1 \longrightarrow H_2$ 是有界线性算子, 则使得对于所有 $x \in H_1$ 和 $y \in H_2$ 满足[①]

$$\langle Tx, y \rangle = \langle x, T^*y \rangle \tag{3.9.1}$$

的算子

$$T^* : H_2 \longrightarrow H_1$$

叫作 T 的希尔伯特伴随算子 T^*. ■

当然, 首先需要证明这个定义是有意义的, 也就是说, 对于给定的 T, 这样定义的 T^* 是存在的.

3.9-2 定理（存在性）　3.9-1 中 T 的希尔伯特伴随算子 T^* 是存在的、唯一的, 而且是有界线性算子, 其范数

$$\|T^*\| = \|T\|. \tag{3.9.2}$$

[①] 因为内积中的元素已表明它所在的空间, 所以我们能用同一个符号 $\langle \cdot, \cdot \rangle$ 来表示 H_1 和 H_2 上的内积.

证明　因为内积是一个半线性的且 T 是线性算子, 所以公式

$$h(y, x) = \langle y, Tx \rangle \tag{3.9.3}$$

在 $H_2 \times H_1$ 上定义了一个半线性形式. 事实上, 从

$$
\begin{aligned}
h(y, \alpha x_1 + \beta x_2) &= \langle y, T(\alpha x_1 + \beta x_2) \rangle \\
&= \langle y, \alpha T x_1 + \beta T x_2 \rangle \\
&= \bar{\alpha} \langle y, T x_1 \rangle + \bar{\beta} \langle y, T x_2 \rangle \\
&= \bar{\alpha} h(y, x_1) + \bar{\beta} h(y, x_2)
\end{aligned}
$$

可以看出 h 是共轭线性的. 由施瓦茨不等式可得

$$|h(y, x)| = |\langle y, Tx \rangle| \leqslant \|y\| \|Tx\| \leqslant \|T\| \|x\| \|y\|,$$

从而可以看出 h 是有界的. 同时也推出 $\|h\| \leqslant \|T\|$. 此外, 从

$$\|h\| = \sup_{\substack{x \neq 0 \\ y \neq 0}} \frac{|\langle y, Tx \rangle|}{\|y\| \|x\|} \geqslant \sup_{\substack{x \neq 0 \\ Tx \neq 0}} \frac{|\langle Tx, Tx \rangle|}{\|Tx\| \|x\|} = \|T\|$$

还可推出 $\|h\| \geqslant \|T\|$. 合在一起便有

$$\|h\| = \|T\|. \tag{3.9.4}$$

3.8–4 给出 h 的里斯表示, 将该表示中的 S 写成 T^* 便有

$$h(y, x) = \langle T^* y, x \rangle. \tag{3.9.5}$$

由 3.8–4 还知道, $T^* : H_2 \longrightarrow H_1$ 是唯一确定的范数为 [见 (3.9.4)]

$$\|T^*\| = \|h\| = \|T\|$$

的有界线性算子. 这就证明了 (3.9.2). 比较 (3.9.3) 和 (3.9.5) 可得 $\langle y, Tx \rangle = \langle T^* y, x \rangle$, 取共轭就得到 (3.9.1), 从而看出 T^* 就是我们所希望的算子. ∎

在研究希尔伯特伴随算子的性质时, 使用下述引理将会带来方便.

3.9–3 引理 (零算子)　设 X 和 Y 是内积空间, $Q : X \longrightarrow Y$ 是有界线性算子, 则

(a) $Q = 0$, 当且仅当对于所有 $x \in X$ 和 $y \in Y$ 有 $\langle Qx, y \rangle = 0$.

(b) 若 $Q : X \longrightarrow X$, 其中 X 是复空间, 并且对于所有 $x \in X$ 有 $\langle Qx, x \rangle = 0$, 则 $Q = 0$.

证明 (a) $Q = 0$ 意味着对所有 x 有 $Qx = 0$，因而

$$\langle Qx, y \rangle = \langle 0, y \rangle = 0 \langle w, y \rangle = 0.$$

反之，若对于所有 x 和 y 有 $\langle Qx, y \rangle = 0$，则由 3.8–2 可知对于所有 x 有 $Qx = 0$，从而根据定义可知 $Q = 0$.

(b) 根据假设，对于每个 $v = \alpha x + y \in X$ 有 $\langle Qv, v \rangle = 0$，也就是

$$0 = \langle Q(\alpha x + y), \alpha x + y \rangle$$
$$= |\alpha|^2 \langle Qx, x \rangle + \langle Qy, y \rangle + \alpha \langle Qx, y \rangle + \bar{\alpha} \langle Qy, x \rangle.$$

根据假设，上式右端前两项为 0. 取 $\alpha = 1$ 便有

$$\langle Qx, y \rangle + \langle Qy, x \rangle = 0.$$

再取 $\alpha = \mathrm{i}$（$\bar{\alpha} = -\mathrm{i}$）代入，又得

$$\langle Qx, y \rangle - \langle Qy, x \rangle = 0.$$

两式相加可得 $\langle Qx, y \rangle = 0$，由 (a) 便推出 $Q = 0$. ∎

在引理的 (b) 部分，X 是复空间这一条件必不可少. 事实上，若 X 是实空间，结论可能不成立. 一个反例是，Q 是平面 $\mathbf{R}^2$ 上的一个 $90°$ 旋转. 显然 Q 是线性算子，且 $Qx \perp x$，因此对于所有 $x \in \mathbf{R}^2$ 有 $\langle Qx, x \rangle = 0$，但 $Q \neq 0$.（这样一个旋转在复平面中是什么？）

现在我们能够列出并证明希尔伯特伴随算子的某些共同性质，在以后应用这些算子时经常会用到这些性质.

3.9–4 定理（希尔伯特伴随算子的性质） 设 H_1 和 H_2 是希尔伯特空间，$S : H_1 \longrightarrow H_2$ 和 $T : H_1 \longrightarrow H_2$ 是有界线性算子，α 是任意标量，则

$$\langle T^* y, x \rangle = \langle y, Tx \rangle, \quad \text{其中 } x \in H_1, y \in H_2, \tag{3.9.6a}$$

$$(S + T)^* = S^* + T^*, \tag{3.9.6b}$$

$$(\alpha T)^* = \bar{\alpha} T^*, \tag{3.9.6c}$$

$$(T^*)^* = T, \tag{3.9.6d}$$

$$\|T^* T\| = \|T T^*\| = \|T\|^2, \tag{3.9.6e}$$

$$T^* T = 0 \quad \Longleftrightarrow \quad T = 0, \tag{3.9.6f}$$

$$(ST)^* = T^* S^*, \quad \text{假定 } H_2 = H_1. \tag{3.9.6g}$$

证明　(a) 从 (3.9.1) 可得 (3.9.6a)：

$$\langle T^*y, x\rangle = \overline{\langle x, T^*y\rangle} = \overline{\langle Tx, y\rangle} = \langle y, Tx\rangle.$$

(b) 根据 (3.9.1)，对于所有 x, y 有

$$\begin{aligned}
\langle x, (S+T)^*y\rangle &= \langle (S+T)x, y\rangle \\
&= \langle Sx, y\rangle + \langle Tx, y\rangle \\
&= \langle x, S^*y\rangle + \langle x, T^*y\rangle \\
&= \langle x, (S^* + T^*)y\rangle.
\end{aligned}$$

因此由 3.8–2 可知对于所有 y 有 $(S+T)^*y = (S^*+T^*)y$，由定义可得 (3.9.6b)。

(c) 注意不要把 (3.9.6c) 和公式 $T^*(\alpha x) = \alpha T^*x$ 混淆. 我们有

$$\langle (\alpha T)^*y, x\rangle = \langle y, (\alpha T)x\rangle = \langle y, \alpha(Tx)\rangle = \bar{\alpha}\langle y, Tx\rangle = \bar{\alpha}\langle T^*y, x\rangle = \langle \bar{\alpha}T^*y, x\rangle,$$

再把 3.9–3(a) 应用到 $Q = (\alpha T)^* - \bar{\alpha}T^*$ 便得到 (3.9.6c)。

(d) $(T^*)^*$ 又记作 T^{**}，由 (3.9.6a) 和 (3.9.1) 可知对于所有 $x \in H_1$ 和 $y \in H_2$ 有

$$\langle (T^*)^*x, y\rangle = \langle x, T^*y\rangle = \langle Tx, y\rangle,$$

再把 3.9–3(a) 应用到 $Q = (T^*)^* - T$ 便得到 (3.9.6d)。

(e) 首先可看到 $T^*T : H_1 \longrightarrow H_1$，但 $TT^* : H_2 \longrightarrow H_2$. 根据施瓦茨不等式有

$$\|Tx\|^2 = \langle Tx, Tx\rangle = \langle T^*Tx, x\rangle \leqslant \|T^*Tx\|\,\|x\| \leqslant \|T^*T\|\,\|x\|^2.$$

关于范数等于 1 的所有 x 取上确界便得到 $\|T\|^2 \leqslant \|T^*T\|$. 再应用 (2.7.7) 和 (3.9.2) 便得到

$$\|T\|^2 \leqslant \|T^*T\| \leqslant \|T^*\|\,\|T\| = \|T\|^2.$$

因此证明了 $\|T^*T\| = \|T\|^2$，将 T 与 T^* 的位置交换，再次利用 (3.9.2)，又得到

$$\|T^{**}T^*\| = \|T^*\|^2 = \|T\|^2.$$

由 (3.9.6d) 可知 $T^{**} = T$，所以 (3.9.6e) 得证。

(f) 从 (3.9.6e) 立即可得 (3.9.6f)。

(g) 反复应用 (3.9.1) 便有

$$\langle x, (ST)^*y\rangle = \langle (ST)x, y\rangle = \langle Tx, S^*y\rangle = \langle x, T^*S^*y\rangle.$$

由 3.8–2 可知 $(ST)^*y = T^*S^*y$，由定义可得 (3.9.6g)。　　　　　　　■

习 题

1. 证明 $0^* = 0$, $I^* = I$.

2. 设 H 是希尔伯特空间，$T : H \longrightarrow H$ 是一一映射有界线性算子，其逆是有界的. 证明 $(T^*)^{-1}$ 存在且
$$(T^*)^{-1} = (T^{-1})^*.$$

3. 若 (T_n) 是希尔伯特空间中的有界线性算子序列，且 $T_n \to T$，证明 $T_n^* \to T^*$.

4. 设 H_1 和 H_2 是希尔伯特空间，$T : H_1 \longrightarrow H_2$ 是有界线性算子. 若 $M_1 \subseteq H_1$ 和 $M_2 \subseteq H_2$ 满足 $T(M_1) \subseteq M_2$，证明 $M_1^\perp \supseteq T^* (M_2^\perp)$.

5. 设习题 4 中的 M_1 和 M_2 是闭子空间. 证明 $T(M_1) \subseteq M_2$，当且仅当 $M_1^\perp \supseteq T^* (M_2^\perp)$.

6. 若习题 4 中的 $M_1 = \mathcal{N}(T) = \{x \mid Tx = 0\}$，证明
   (a) $T^*(H_2) \subseteq M_1^\perp$, (b) $[T(H_1)]^\perp \subseteq \mathcal{N}(T^*)$, (c) $M_1 = [T^*(H_2)]^\perp$.

7. 设 T_1 和 T_2 是从复希尔伯特空间 H 到 H 中的有界线性算子. 若对于所有 $x \in H$ 有 $\langle T_1 x, x \rangle = \langle T_2 x, x \rangle$，证明 $T_1 = T_2$.

8. 设 $S = I + T^*T : H \longrightarrow H$，其中 T 是有界线性算子，证明 $S^{-1} : S(H) \longrightarrow H$ 存在.

9. 证明：希尔伯特空间 H 上的有界线性算子 $T : H \longrightarrow H$，当且仅当 T 能表示成
$$Tx = \sum_{j=1}^{n} \langle x, v_j \rangle w_j, \quad \text{其中 } v_j, w_j \in H,$$
其值域是有限维的.

10. **右移位算子** 设 (e_n) 是可分希尔伯特空间 H 中的完全规范正交序列，H 上的右移位算子是线性算子 $T : H \longrightarrow H$，对于 $n = 1, 2, \cdots$ 有 $Te_n = e_{n+1}$. 解释这个名字. 求 T 的值域、零空间、范数和希尔伯特伴随算子.

3.10 自伴算子、酉算子和正规算子

最有实用意义的有界线性算子类可用希尔伯特伴随算子来定义.

3.10-1 定义（自伴算子、酉算子和正规算子） 对于希尔伯特空间 H 上的有界线性算子 $T : H \longrightarrow H$,

> 若 $T^* = T$ 则称 T 是自伴算子或埃尔米特算子,
>
> 若 T 是一一映射且 $T^* = T^{-1}$ 则称 T 是酉算子,
>
> 若 $TT^* = T^*T$ 则称 T 是正规算子. ∎

T 的希尔伯特伴随算子 T^* 是由 (3.9.1) 定义的，也就是
$$\langle Tx, y \rangle = \langle x, T^*y \rangle.$$
若 T 是自伴算子，则上式变成
$$\langle Tx, y \rangle = \langle x, Ty \rangle. \tag{3.10.1}$$

若 T 是自伴算子或酉算子，则 T 是正规算子.

这从定义立即可以看出. 然而，正规算子不一定是自伴算子或酉算子. 例如，设 $I: H \longrightarrow H$ 是恒等算子，且 $T = 2\mathrm{i}I$. 因为 $T^* = -2\mathrm{i}I$（见 3.9–4），所以 $TT^* = T^*T = 4I$，从而 T 是正规算子，但是 $T^* \neq T$ 且 $T^* \neq T^{-1} = -\frac{1}{2}\mathrm{i}I$.

从下一个例子很容易导出非正规的算子. 读者可以证明 §3.9 习题 10 中的算子 T 是非正规算子.

在矩阵的研究中也采用 3.10–1 中的术语. 我们下面阐明这样做的理由，并指出某些重要的关系.

3.10–2 例子（矩阵）　考虑空间 $\mathbf{C}^n$，其上的内积定义为（见 3.1–4）

$$\langle x, y \rangle = x^{\mathrm{T}} \bar{y}, \tag{3.10.2}$$

其中 x 和 y 是列向量，^{T} 表示转置. 因此 $x^{\mathrm{T}} = (\xi_1, \cdots, \xi_n)$，并且采用通常的矩阵乘法.

设 $T: \mathbf{C}^n \longrightarrow \mathbf{C}^n$ 是线性算子（由 2.7–8 可知 T 是有界算子）. 一旦给定 $\mathbf{C}^n$ 的一个基，我们便能用两个 n 阶方阵来表示 T 及其希尔伯特伴随算子 T^*，不妨设它们分别为 A 和 B.

利用 (3.10.2) 和常用的矩阵乘法的转置运算法则 $(Bx)^{\mathrm{T}} = x^{\mathrm{T}} B^{\mathrm{T}}$，我们得到

$$\langle Tx, y \rangle = (Ax)^{\mathrm{T}} \bar{y} = x^{\mathrm{T}} A^{\mathrm{T}} \bar{y},$$

$$\langle x, T^*y \rangle = x^{\mathrm{T}} \bar{B} \bar{y}.$$

根据 (3.9.1)，上面两个等式的左端对所有 $x, y \in \mathbf{C}^n$ 是相等的，因此必定有 $A^{\mathrm{T}} = \bar{B}$. 从而

$$B = \bar{A}^{\mathrm{T}}.$$

这个结果可表述如下.

若给定 $\mathbf{C}^n$ 的一个基，则 $\mathbf{C}^n$ 上的线性算子关于这个基有一个矩阵表示，其希尔伯特伴随算子可用该矩阵的复共轭的转置来表示.

因此，对于线性算子 $T: \mathbf{C}^n \longrightarrow \mathbf{C}^n$ 有：

- 若 T 是自伴算子（埃尔米特算子），则表示矩阵为埃尔米特矩阵；
- 若 T 是酉算子，则表示矩阵为酉矩阵；
- 若 T 是正规算子，则表示矩阵为正规矩阵.

类似地，对于线性算子 $T: \mathbf{R}^n \longrightarrow \mathbf{R}^n$ 有：

- 若 T 是自伴算子，则表示矩阵为实对称矩阵；
- 若 T 是酉算子，则表示矩阵为正交矩阵.

就此来说，需要记住如下定义. 对于方阵 $A = (\alpha_{ij})$ 而言：

- 如果 $\bar{A}^{\mathrm{T}} = A$（因此 $\bar{\alpha}_{kj} = \alpha_{jk}$），则 A 叫作埃尔米特矩阵；
- 如果 $\bar{A}^{\mathrm{T}} = -A$（因此 $\bar{\alpha}_{kj} = -\bar{\alpha}_{jk}$），则 A 叫作反埃尔米特矩阵；
- 如果 $\bar{A}^{\mathrm{T}} = A^{-1}$，则 A 叫作酉矩阵；
- 如果 $A\bar{A}^{\mathrm{T}} = \bar{A}^{\mathrm{T}}A$，则 A 叫作正规矩阵.

对于实方阵 $A = (\alpha_{ij})$ 而言：

- 如果 $A^{\mathrm{T}} = A$（因此 $\alpha_{kj} = \alpha_{jk}$），则 A 叫作（实）对称矩阵；
- 如果 $A^{\mathrm{T}} = -A$（因此 $\alpha_{kj} = -\alpha_{jk}$），则 A 叫作（实）反称矩阵；
- 如果 $A^{\mathrm{T}} = A^{-1}$，则 A 叫作正交矩阵.

因此，实埃尔米特矩阵是（实）对称矩阵，实反埃尔米特矩阵是（实）反称矩阵，实酉矩阵是正交矩阵.［埃尔米特矩阵是在法国数学家埃尔米特（Charles Hermite，1822–1901）死后被命名的.］ ■

现在回到任意希尔伯特空间中的线性算子上来，并且陈述一个关于自伴性的重要而又相当简单的判据.

3.10–3 定理（自伴性） 设 $T : H \longrightarrow H$ 是希尔伯特空间 H 上的有界线性算子，则

(a) 若 T 是自伴算子，则对于所有 $x \in H$ 有 $\langle Tx, x \rangle$ 是实数.

(b) 若 H 是复空间且对于所有 $x \in H$ 有 $\langle Tx, x \rangle$ 是实数，则 T 是自伴算子.

证明 (a) 若 T 是自伴算子，则对于所有 $x \in H$ 有

$$\overline{\langle Tx, x \rangle} = \langle x, Tx \rangle = \langle Tx, x \rangle.$$

因此 $\langle Tx, x \rangle$ 等于其复共轭，所以它是实数.

(b) 若对于所有 $x \in H$ 有 $\langle Tx, x \rangle$ 是实数，则

$$\langle Tx, x \rangle = \overline{\langle Tx, x \rangle} = \overline{\langle x, T^*x \rangle} = \langle T^*x, x \rangle.$$

因此

$$0 = \langle Tx, x \rangle - \langle T^*x, x \rangle = \langle (T - T^*)x, x \rangle.$$

因为 H 是复空间，由 3.9–3(b) 可得 $T - T^* = 0$. ■

在定理的 (b) 部分，H 是复空间这一条件必不可少. 显然，对于实空间 H 来说，其上的内积总是实数. 所以对线性算子 T 不做任何进一步的假设 $\langle Tx, x \rangle$ 也是实数.

自伴算子的积（合成①）在应用中经常出现，所以下述定理是很有用的.

---

① 读者可以在附录 A1.2 中复习映射合成方面的术语和记法.

3.10–4 定理（积的自伴性）　希尔伯特空间 H 上的两个有界自伴线性算子 S 和 T 的积是自伴算子的充分必要条件是 S 与 T 是可交换的，即

$$ST = TS.$$

证明　由假设和 (3.9.6g) 有

$$(ST)^* = T^*S^* = TS,$$

因此

$$ST = (ST)^* \iff ST = TS.$$

这就完成了证明.　　　　　　　　　　　　　　　　　　　　　　　　　　■

在各种问题中还会出现自伴算子的序列，为此我们有以下定理.

3.10–5 定理（自伴算子的序列）　设 (T_n) 是希尔伯特空间 H 上的有界自伴线性算子 $T_n : H \longrightarrow H$ 的序列. 假定 (T_n) 收敛，比如

$$T_n \to T, \quad \text{即} \quad \|T_n - T\| \to 0,$$

其中 $\|\cdot\|$ 是空间 $B(H, H)$ 上的范数，见 §2.10，则极限算子 T 是 H 上的有界自伴线性算子.

证明　我们必须证明 $T^* = T$，这可以从 $\|T - T^*\| = 0$ 推出. 为此，根据 3.9–4 和 3.9–2 有

$$\left\|T_n^* - T^*\right\| = \left\|(T_n - T)^*\right\| = \left\|T_n - T\right\|,$$

再利用 $B(H, H)$ 中的三角不等式可得，当 $n \to \infty$ 时有

$$\begin{aligned}
\|T - T^*\| &\leqslant \|T - T_n\| + \|T_n - T_n^*\| + \|T_n^* - T^*\| \\
&= \|T - T_n\| + 0 + \|T_n - T\| \\
&= 2\|T_n - T\| \quad \to \quad 0.
\end{aligned}$$

因此 $\|T - T^*\| = 0$，从而 $T^* = T$.　　　　　　　　　　　　　　■

关于自伴线性算子的基本性质，以上定理给予我们一些初步的概念. 这对我们进一步的研究是有帮助的，特别是对研究这些算子的谱论（第 9 章）更是如此. 在那里将研究它们的其他性质.

现在我们转到酉算子并考察它们的某些基本性质.

3.10–6 定理（酉算子）　设 $U : H \longrightarrow H$ 和 $V : H \longrightarrow H$ 是酉算子，H 是希尔伯特空间，则

(a) U 是等距算子（见 1.6–1），因此对于所有 $x \in H$ 有 $\|Ux\| = \|x\|$.

(b) 若 $H \neq \{0\}$ 则 $\|U\| = 1$.

(c) $U^{-1} \, (= U^*)$ 是酉算子.

(d) UV 是酉算子.

(e) U 是正规算子.

此外, 还有

(f) 复希尔伯特空间 H 上的有界线性算子 T 是酉算子, 当且仅当 T 是等距满射.

证明 (a) 可从下式推出.

$$\|Ux\|^2 = \langle Ux, Ux \rangle = \langle x, U^*Ux \rangle = \langle x, Ix \rangle = \|x\|^2.$$

(b) 可直接从 (a) 推出.

(c) 由于 U 是一一映射, 所以 U^{-1} 也是一一映射, 根据 3.9–4 有

$$\left(U^{-1}\right)^* = U^{**} = U = \left(U^{-1}\right)^{-1}.$$

(d) UV 是一一映射, 由 3.9–4 和 2.6–11 便得

$$(UV)^* = V^*U^* = V^{-1}U^{-1} = (UV)^{-1}.$$

(e) 可从 $U^{-1} = U^*$ 和 $UU^{-1} = U^{-1}U = I$ 推出.

(f) 假定 T 是等距满射. 等距意味着内射性, 所以 T 是一一映射. 现在证明 $T^* = T^{-1}$. 由等距性可得

$$\langle T^*Tx, x \rangle = \langle Tx, Tx \rangle = \langle x, x \rangle = \langle Ix, x \rangle,$$

因此

$$\left\langle (T^*T - I)x, x \right\rangle = 0.$$

根据 3.9–3(b) 有 $T^*T - I = 0$, 所以 $T^*T = I$. 由此可得

$$TT^* = TT^* \left(TT^{-1}\right) = T\left(T^*T\right)T^{-1} = TIT^{-1} = I.$$

合在一起便有 $T^*T = TT^* = I$, 因此 $T^* = T^{-1}$, 所以 T 是酉算子. 反过来, 若 T 是酉算子, 则由定义可知 T 是满射, 由 (a) 可知 T 是等距算子. ∎

注意, 因为等距算子可以不是满射, 所以等距算子未必是酉算子. 由

$$(\xi_1, \xi_2, \xi_3, \cdots) \longmapsto (0, \xi_1, \xi_2, \xi_3, \cdots)$$

给出的右移位算子 $T : l^2 \longrightarrow l^2$ 就是一个例子, 其中 $x = (\xi_j) \in l^2$.

习 题

1. 若 S 和 T 是希尔伯特空间 H 上的有界自伴线性算子，α 和 β 是实数，证明 $\tilde{T} = \alpha S + \beta T$ 是自伴算子.

2. 如何利用 3.10-3 关于复希尔伯特空间 H 来证明 3.10-5？

3. 证明：若 $T : H \longrightarrow H$ 是有界自伴线性算子，则对于正整数 n，T^n 也是有界自伴线性算子.

4. 证明：对于 H 上的任意有界线性算子 T，算子

$$T_1 = \tfrac{1}{2}(T + T^*) \quad \text{和} \quad T_2 = \tfrac{1}{2\mathrm{i}}(T - T^*)$$

是自伴算子. 证明

$$T = T_1 + \mathrm{i}T_2 \quad \text{且} \quad T^* = T_1 - \mathrm{i}T_2.$$

证明分解的唯一性，即 $T_1 + \mathrm{i}T_2 = S_1 + \mathrm{i}S_2$ 蕴涵 $S_1 = T_1$ 且 $S_2 = T_2$，根据假设，S_1 和 S_2 是自伴算子.

5. 在 $\mathbf{C}^2$（见 3.1-4）上用 $Tx = (\xi_1 + \mathrm{i}\xi_2, \xi_1 - \mathrm{i}\xi_2)$ 来定义算子 $T : \mathbf{C}^2 \longrightarrow \mathbf{C}^2$，其中 $x = (\xi_1, \xi_2)$. 求 T^*. 证明 $T^*T = TT^* = 2I$. 求习题 4 中定义的 T_1 和 T_2.

6. 若 $T : H \longrightarrow H$ 是有界自伴线性算子且 $T \neq 0$，则 $T^n \neq 0$. (a) 关于 $n = 2, 4, 8, 16, \cdots$ 来证明上述结论，(b) 关于每个 $n \in \mathbf{N}$ 来证明上述结论.

7. 证明酉矩阵的列向量相对于 $\mathbf{C}^n$ 上的内积构成一个规范正交集.

8. 证明：等距线性算子 $T : H \longrightarrow H$ 满足 $T^*T = I$，其中 I 是 H 上的恒等算子.

9. 证明：等距线性算子 $T : H \longrightarrow H$（T 不是酉算子）映希尔伯特空间 H 到 H 的一个真闭子空间上.

10. 设 X 是内积空间，$T : X \longrightarrow X$ 是等距线性算子. 若 $\dim X < \infty$，证明 T 是酉算子.

11. **酉等价性** 设 S 和 T 是希尔伯特空间 H 上的线性算子. 若在 H 上存在酉算子 U 使得

$$S = UTU^{-1} = UTU^*,$$

则称算子 S 酉等价于 T. 若 T 是自伴算子，证明 S 是自伴算子.

12. 证明 T 是正规算子当且仅当习题 4 中的 T_1 和 T_2 是可交换的. 用二阶正规矩阵说明之.

13. 若 $T_n : H \longrightarrow H$（$n = 1, 2, \cdots$）是正规线性算子且 $T_n \to T$，证明 T 是正规线性算子.

14. 若 S 和 T 是满足 $ST^* = T^*S$ 和 $TS^* = S^*T$ 的正规线性算子，证明其和 $S + T$ 和其积 ST 是正规算子.

15. 证明复希尔伯特空间 H 上的有界线性算子 $T : H \longrightarrow H$ 当且仅当对于所有 $x \in H$ 有 $\|T^*x\| = \|Tx\|$ 时是正规算子. 利用这个结论证明对于正规线性算子有

$$\left\| T^2 \right\| = \|T\|^2.$$

第 4 章　赋范空间和巴拿赫空间的基本定理

粗略地讲，本章包含了赋范空间和巴拿赫空间的较高级理论的基础，如果没有这些理论，巴拿赫空间的理论价值以及它们在实际问题中的应用就会相当有限。本章的四个重要定理是：哈恩–巴拿赫定理、一致有界性定理、开映射定理和闭图定理。它们是巴拿赫空间理论的奠基石。（第一个定理对于任意赋范空间成立。）

本章概要

1. 哈恩–巴拿赫定理 4.2–1（变形 4.3–1 和 4.3–2）。这是一个关于向量空间上线性泛函的延拓定理，它保证了在赋范空间上能充分地填补线性泛函，从而获得足够的对偶空间的理论以及完满的伴随算子的理论（§4.5 和 §4.6）。

2. 一致有界性定理 4.7–3（巴拿赫和斯坦豪斯）。这个定理给出了 $(\|T_n\|)$ 有界的充分条件，其中 T_n 是巴拿赫空间到赋范空间的有界线性算子。它在分析中有各种（简单而深刻的）应用，例如在研究傅里叶级数（见 4.7–5）、弱收敛性（§4.8 和 §4.9）、序列的可和性（§4.10）、数值积分（§4.11）等方面。

3. 开映射定理 4.12–2。这个定理是说，从巴拿赫空间到巴拿赫空间上的有界线性算子 T 是开映射，即映开集到开集上。因此，若 T 是一一映射，则 T^{-1} 是连续映射（有界逆定理）。

4. 闭图定理 4.13–2。这个定理给出了闭线性算子（见 4.13–1）有界的条件。在物理和其他应用中，闭线性算子是重要的。

4.1　佐恩引理

在证明基本的哈恩–巴拿赫定理时，我们需要佐恩引理。哈恩–巴拿赫定理是线性泛函的延拓定理，在建立这个定理时我们将论述它为什么重要。佐恩引理有各种应用，本节稍后将给出两个例子。引理的背景是偏序集。

4.1–1 定义（偏序集、链）　偏序集是在其上定义了偏序关系的集合 M，即存在满足如下条件的二元关系"$\leqslant$".

(PO_1) 对于每个 $a \in M$ 有 $a \leqslant a$.　　（自反性）

(PO_2) 若 $a \leqslant b$ 且 $b \leqslant a$ 则 $a = b$.　　（反对称性）

(PO_3) 若 $a \leqslant b$ 且 $b \leqslant c$ 则 $a \leqslant c$.　　（传递性）

这里的"偏"是强调 M 可以包含既不满足 $a \leqslant b$ 也不满足 $b \leqslant a$ 的元素 a 和 b.

这时把 a 和 b 叫作不可比较的元素. 反之, 若元素 a 和 b 满足关系 $a \leqslant b$ 与 $b \leqslant a$ 之一 (或都满足), 便叫作可比较的元素.

全序集或链是每两个元素皆可比较的偏序集. 换句话说, 链是不含有不可比较元素的偏序集.

偏序集 M 的子集 W 的上界是使得

$$\text{对于每个 } x \in W \text{ 有 } \quad x \leqslant u$$

的元素 $u \in M$. (依赖于 M 和 W, 可能存在也可能不存在这样的 u.) M 的极大元是使得

$$\text{对于每个 } x \in M \text{ 有 } \quad m \leqslant x \quad \text{蕴涵} \quad m = x$$

的 $m \in M$. (同样, M 可能有也可能没有极大元. 注意, 极大元不必是上界.) ∎

例子

4.1–2 实数 设 $M = \mathbf{R}$ 且 $x \leqslant y$ 取通常的含义. M 是全序集. M 没有极大元.

4.1–3 幂集 设 $\mathscr{P}(X)$ 是由给定集合 X 的所有子集构成的集合, 叫作 X 的幂集. 令 $A \leqslant B$ 表示 $A \subseteq B$, 即 A 是 B 的子集. $\mathscr{P}(X)$ 是偏序集. $\mathscr{P}(X)$ 的唯一极大元为 X.

4.1–4 n 元实序组 设 M 是所有形如 $x = (\xi_1, \cdots, \xi_n), y = (\eta_1, \cdots, \eta_n), \cdots$ 的 n 元实序组构成的集合. 令 $x \leqslant y$ 表示对于 $j = 1, \cdots, n$ 有 $\xi_j \leqslant \eta_j$, 其中 $\xi_j \leqslant \eta_j$ 取通常的含义. 这在 M 上定义了偏序.

4.1–5 正整数集 设 $M = \mathbf{N}$, 即所有正整数的集合. 令 $m \leqslant n$ 表示 m 整除 n. 这在 $\mathbf{N}$ 上定义了偏序.

在习题中给出了另外的例子. 也见伯克霍夫 (G. Birkhoff, 1967).

有了 4.1–1 中定义的几个概念, 我们便能够描述佐恩引理, 它是被当作一个公理来看待的.[①]

4.1–6 佐恩引理 设 $M \neq \varnothing$ 是偏序集. 若每一个链 $C \subseteq M$ 都有上界, 则 M 至少有一个极大元.

应用

4.1–7 哈梅尔基 每个向量空间 $X \neq \{0\}$ 都有哈梅尔基 (见 §2.1).

---

① "引理" 一词是历史造成的. 从**选择公理**可以推出佐恩引理. 选择公理是说, 对于给定的任意集合 E, 存在从幂集 $\mathscr{P}(E)$ 到 E 中的映射 c (选择函数), 使得若 $B \subseteq E$ 且 $B \neq \varnothing$ 则 $c(B) \in B$. 反之, 从佐恩引理也可以推出选择公理, 所以佐恩引理与选择公理是等价的.

证明 设 M 是 X 的所有线性无关子集构成的集合. 由于 $X \neq \{0\}$, 所以 X 中有元素 $x \neq 0$ 且 $\{x\} \in M$, 从而 $M \neq \varnothing$. 用集合的"包含"关系在 M 上定义偏序 (见 4.1-3). 每一个链 $C \subseteq M$ 都有上界, 即 C 含有 X 的所有子集之并. 根据佐恩引理 M 有极大元 B. 可以断言 B 是 X 的一个哈梅尔基. 为此, 令 $Y = \operatorname{span}(B)$, 则 Y 是 X 的一个子空间, 特别有 $Y = X$. 否则, 便存在 $z \in X$ 且 $z \notin Y$, 从而 $B \cup \{z\}$ 是以 B 为真子集的线性无关集, 即 $B \cup \{z\} \in M$, 这就与 B 的极大性发生了矛盾. ∎

4.1-8 完全规范正交集 每个希尔伯特空间 $H \neq \{0\}$ 都有完全规范正交集 (见 §3.6).

证明 设 M 是 H 的所有规范正交子集构成的集合. 由于 $H \neq \{0\}$, 所以 X 中有元素 $x \neq 0$, 从而 H 的规范正交子集为 $\{y\}$, 其中 $y = \|x\|^{-1} x$, 所以 $M \neq \varnothing$. 用集合的"包含"关系在 M 上定义偏序. 每一个链 $C \subseteq M$ 都有上界, 即 C 含有 X 的所有子集之并. 根据佐恩引理 M 有极大元 F. 现在证明 F 是 H 的完全规范正交集. 采取反证法, 若 F 不是完全的, 则由 3.6-2 可知存在 $0 \neq z \in H$ 使得 $z \perp F$, 因此 $F_1 = F \cup \{e\}$ (其中 $e = \|z\|^{-1} z$) 是规范正交集, 并且 F 是 F_1 的真子集. 这就与 F 的极大性发生了矛盾. ∎

习 题

1. 验证 4.1-3 中的命题.

2. 设 X 是区间 $[0,1]$ 上的所有实值函数构成的集合, $x \leqslant y$ 意味着对于所有 $t \in [0,1]$ 有 $x(t) \leqslant y(t)$. 证明这定义了一个偏序. 它是全序吗? X 有极大元吗?

3. 对于所有复数 $z = x + \mathrm{i}y, w = u + \mathrm{i}v, \cdots$ 的集合, 令 $z \leqslant w$ 意味着 $x \leqslant u$ 且 $y \leqslant v$, 其中对于实数而言 $\leqslant$ 取通常的含义. 证明这定义了一个偏序.

4. 对于 4.1-5 中的偏序, 求 M 的所有极大元, 其中 M 是 (a) $\{2,3,4,8\}$, (b) 所有素数的集合.

5. 证明有限偏序集 A 至少有一个极大元.

6. **最小元、最大元** 证明: 偏序集 M 至多能有一个元 a 使得对于所有 $x \in M$ 有 $a \leqslant x$, 并且至多能有一个元 b 使得对所有 $x \in M$ 有 $x \leqslant b$. [若这样的 a (或 b) 存在, 则叫作 M 的最小元 (或最大元).]

7. **下界** 偏序集 M 的子集 $A \neq \varnothing$ 的下界是对于所有 $y \in A$ 满足 $x \leqslant y$ 的 $x \in M$. 求 4.1-5 中子集 $A = \{4,6\}$ 的上界和下界.

8. 偏序集 M 的子集 $A \neq \varnothing$ 的最大下界是 A 的下界 x, 它使得对于 A 的任意下界 l 有 $l \leqslant x$, 记为 $x = \mathrm{g.\,l.\,b.}\,A = \inf A$. 类似地, A 的最小上界 y, 记为 $y = \mathrm{l.\,u.\,b.}\,A = \sup A$,

是 A 的上界 y，它使得对于 A 的任意上界 u 有 $y \leqslant u$. (a) 若 A 有最大下界，证明它是唯一的. (b) 4.1–3 中的 g.l.b.$\{A, B\}$ 和 l.u.b.$\{A, B\}$ 各是什么？

9. 格　若偏序集 M 的任意两个元素 x, y 都有最大下界（记为 $x \wedge y$）和最小上界（记为 $x \vee y$），则称 M 为格. 证明例 4.1–3 中的偏序集是一个格，其中 $A \wedge B = A \cap B$ 且 $A \vee B = A \cup B$.

10. 偏序集 M 的极小元是满足"$y \leqslant x$ 蕴涵 $y = x$"的 $x \in M$. 求习题 4(a) 中的所有极小元.

4.2　哈恩–巴拿赫定理

哈恩–巴拿赫定理是线性泛函的延拓定理. 在 §4.3 我们将会看到，这个定理保证了赋范空间充分地配备了有界线性泛函，并且使我们有可能得到足够的对偶空间理论，而这些理论也是赋范空间一般理论的根本部分. 从这个意义上来说，哈恩–巴拿赫定理是关于有界线性算子的最重要定理之一. 此外，我们的讨论表明，这个定理还表征线性泛函可按预先设计的值进行延拓. 这个定理是哈恩（H. Hahn, 1927）发现的. 目前较为一般的形式（见 4.2–1）是巴拿赫（S. Banach, 1929）重新发现的，博嫩布拉斯特和索布奇克（H. F. Bohnenblust and A. Sobczyk, 1938）把它推广到复向量空间（见 4.3–1），见附录 C 中的参考书目.

一般来说，在延拓问题中考虑的数学对象（比如映射）本来定义在给定集合 X 的一个子集 Z 上，我们希望把它从 Z 延拓到整个 X 上，并且要求原对象的某些性质在延拓后能够继续保留.

在哈恩–巴拿赫定理中，被延拓的对象是定义在向量空间 X 的子空间 Z 上的线性泛函 f，还要求这个泛函具有一定的有界性质，而这个有界性质是用**次线性泛函**来描述的. 次线性泛函是定义在向量空间 X 上的实值泛函 p，并且是**次可加的**，即

$$\text{对于所有 } x, y \in X \text{ 有 }\quad p(x + y) \leqslant p(x) + p(y), \tag{4.2.1}$$

而且 p 还是**正齐次的**，即

$$\text{对于所有非负实数 } \alpha \text{ 和 } x \in X \text{ 有 }\quad p(\alpha x) = \alpha p(x). \tag{4.2.2}$$

（注意，赋范空间上的范数就是这样的泛函.）

我们假定，要延拓的泛函 f 在 Z 上用定义在 X 上的这样一个泛函 p 来强制，并且在将 f 从 Z 延拓到 X 上后，仍保留其线性性及被强制的条件，所以延拓到 X 上的泛函 $\tilde{f}$ 仍然是线性的且仍为 p 所强制. 这也是定理的难点. 在这一节我们考虑实向量空间 X，定理在复向量空间的推广放在 §4.3.

4.2–1 哈恩–巴拿赫定理（线性泛函的延拓）　设 X 是实向量空间，p 是定义在 X 上的次线性泛函. 此外，设 f 是定义在 X 的子空间 Z 上满足

$$对于所有 x \in Z 有 \quad f(x) \leqslant p(x) \tag{4.2.3}$$

的线性泛函，则 f 有一个从 Z 到 X 的满足

$$对于所有 x \in X 有 \quad \tilde{f}(x) \leqslant p(x) \tag{4.2.3*}$$

的线性延拓 $\tilde{f}$，即 $\tilde{f}$ 是 X 上的线性泛函，在 X 上满足 (4.2.3*)，对于每个 $x \in Z$ 有 $\tilde{f}(x) = f(x)$.

证明　证明过程分为以下几步.

(a) 设 E 是 f 的所有这样的线性延拓 g 的集合，在它们的定义域 $\mathscr{D}(g)$ 上满足 $g(x) \leqslant p(x)$. 在 E 上定义偏序，再由佐恩引理得到 E 的极大元 $\tilde{f}$.

(b) 证明 $\tilde{f}$ 是定义在整个空间 X 上.

(c) 证明一个在 (b) 中利用的辅助关系.

下面开始证明.

(a) 设 E 是满足

$$对于所有 x \in \mathscr{D}(g) 有 \quad g(x) \leqslant p(x)$$

的 f 的所有线性延拓 g 的集合. 由于 $f \in E$，显然 $E \neq \varnothing$. 通过

$$g \leqslant h \quad 意味着 \quad h 是 g 的一个延拓$$

能够在 E 上定义一个偏序，也就是说，根据定义有 $\mathscr{D}(h) \supseteq \mathscr{D}(g)$ 且对于每个 $x \in \mathscr{D}(g)$ 有 $h(x) = g(x)$.

对于任意一个链 $C \subseteq E$，我们用

$$对于 g \in C，若 x \in \mathscr{D}(g) 则 \quad \hat{g}(x) = g(x)$$

来定义 $\hat{g}$，则 $\hat{g}$ 是线性泛函，其定义域为

$$\mathscr{D}(\hat{g}) = \bigcup_{g \in C} D(g).$$

因为 C 是一个链，所以 $\mathscr{D}(\hat{g})$ 是向量空间. $\hat{g}$ 的定义是明确的. 事实上，对于 $g_1, g_2 \in C$ 和 $x \in \mathscr{D}(g_1) \cap \mathscr{D}(g_2)$，由于 C 是一个链，所以有 $g_1 \leqslant g_2$ 或 $g_2 \leqslant g_1$，从而 $g_1(x) = g_2(x)$. 显然，对于所有 $g \in C$ 有 $g \leqslant \hat{g}$，因此 $\hat{g}$ 是 C 的一个上界. 由于 $C \subseteq E$ 是任意的，因而由佐恩引理可知 E 有极大元 $\tilde{f}$. 根据 E 的定义，$\tilde{f}$ 是 f 的线性延拓，且满足

$$\tilde{f}(x) \leqslant p(x), \quad 其中 x \in \mathscr{D}(\tilde{f}). \tag{4.2.4}$$

(b) 现在来证明 $\mathscr{D}(\tilde{f}) = X$. 若 $\mathscr{D}(\tilde{f}) \neq X$，则可选取 $y_1 \in X - \mathscr{D}(\tilde{f})$. 考察 X 的子空间 $Y_1 = \mathrm{span}\big(\mathscr{D}(\tilde{f}), y_1\big)$. 注意 $0 \in \mathscr{D}(\tilde{f})$，故 $y_1 \neq 0$. 所以每个 $x \in Y_1$ 都能写成

$$x = y + \alpha y_1, \quad \text{其中 } y \in \mathscr{D}(\tilde{f}),$$

并且这个表示是唯一的. 事实上，若 $y + \alpha y_1 = \tilde{y} + \beta y_1$ 且 $\tilde{y} \in \mathscr{D}(\tilde{f})$，则 $y - \tilde{y} = (\beta - \alpha)y_1$，其中 $y - \tilde{y} \in \mathscr{D}(\tilde{f})$ 且 $y_1 \notin \mathscr{D}(\tilde{f})$，故只能有 $y - \tilde{y} = 0$ 且 $\beta - \alpha = 0$. 这就推出了唯一性.

在 Y_1 上用

$$g_1(y + \alpha y_1) = \tilde{f}(y) + \alpha c \tag{4.2.5}$$

定义泛函 g_1，其中 c 是任意实常数. 不难看出 g_1 是线性泛函. 此外，对于 $\alpha = 0$ 还有 $g_1(y) = \tilde{f}(y)$. 因此 g_1 是 $\tilde{f}$ 的一个真延拓，也就是说，这个延拓使得 $\mathscr{D}(\tilde{f})$ 是 $\mathscr{D}(g_1)$ 的真子集. 如果我们能证明

$$\text{对于所有 } x \in \mathscr{D}(g_1) \text{ 有 } \quad g_1(x) \leqslant p(x), \tag{4.2.6}$$

则证明了 $g_1 \in E$，这与 $\tilde{f}$ 的极大性发生矛盾，从而说明 $\mathscr{D}(\tilde{f}) \neq X$ 是不真的，而 $\mathscr{D}(\tilde{f}) = X$ 是真的.

(c) 按照 (b) 的需要，最后我们必须证明用适当的 c 在 (4.2.5) 中定义的 g_1 满足 (4.2.6).

考虑任意 $y, z \in \mathscr{D}(\tilde{f})$. 从 (4.2.4) 和 (4.2.1) 我们得到

$$\begin{aligned}
\tilde{f}(y) - \tilde{f}(z) = \tilde{f}(y - z) &\leqslant p(y - z) \\
&= p(y + y_1 - y_1 - z) \\
&\leqslant p(y + y_1) + p(-y_1 - z).
\end{aligned}$$

把上式最后一项移至左端，$\tilde{f}(y)$ 项移至右端，我们得到

$$-p(-y_1 - z) - \tilde{f}(z) \leqslant p(y + y_1) - \tilde{f}(y), \tag{4.2.7}$$

其中 y_1 是固定的. 由于左端不含 y，而右端不含 z，所以若左端关于 $z \in \mathscr{D}(\tilde{f})$ 取上确界（记之为 m_0），右端关于 $y \in \mathscr{D}(\tilde{f})$ 取下确界（记之为 m_1），不等式仍然成立. 因此有 $m_0 \leqslant m_1$，而取 c 满足 $m_0 \leqslant c \leqslant m_1$，由 (4.2.7) 可推得

$$\text{对于所有 } z \in \mathscr{D}(\tilde{f}) \text{ 有 } \quad -p(-y_1 - z) - \tilde{f}(z) \leqslant c, \tag{4.2.8a}$$

$$\text{对于所有 } y \in \mathscr{D}(\tilde{f}) \text{ 有 } \quad c \leqslant p(y + y_1) - \tilde{f}(y). \tag{4.2.8b}$$

我们首先就 (4.2.5) 中的 α 为负数时来证明 (4.2.6)，然后就 α 为正数时证明. 对于 $\alpha < 0$，在 (4.2.8a) 中用 $\alpha^{-1}y$ 替换 z 便得到

$$-p\left(-y_1 - \frac{1}{\alpha}y\right) - \tilde{f}\left(\frac{1}{\alpha}y\right) \leqslant c.$$

两端用 $-\alpha > 0$ 去乘便得

$$\alpha p\left(-y_1 - \frac{1}{\alpha}y\right) + \tilde{f}(y) \leqslant -\alpha c.$$

由此和 (4.2.5)，再利用 $y + \alpha y_1 = x$ （见上面），便得到所需的不等式

$$g_1(x) = \tilde{f}(y) + \alpha c \leqslant -\alpha p\left(-y_1 - \frac{1}{\alpha}y\right) = p(\alpha y_1 + y) = p(x).$$

对于 $\alpha = 0$ 有 $x \in \mathscr{D}(\tilde{f})$，没有什么可证明的. 对于 $\alpha > 0$，在 (4.2.8b) 中用 $\alpha^{-1}y$ 替换 y 便得到

$$c \leqslant p\left(\frac{1}{\alpha}y + y_1\right) - \tilde{f}\left(\frac{1}{\alpha}y\right).$$

用 $\alpha > 0$ 去乘便得

$$\alpha c \leqslant \alpha p\left(\frac{1}{\alpha}y + y_1\right) - \tilde{f}(y) = p(x) - \tilde{f}(y).$$

由此和 (4.2.5) 便得

$$g_1(x) = \tilde{f}(y) + \alpha c \leqslant p(x). \qquad \blacksquare$$

不用佐恩引理能够证明这个定理吗？这个问题很有意思，特别是佐恩引理没有给出一个构造性的方法. 如果在 (4.2.5) 中取 $\tilde{f} = f$，对于每一个实数 c，便得到 f 的一个从 $\mathscr{D}(f)$ 到子空间 $Z_1 = \text{span}(\mathscr{D}(f) \cup \{y_1\})$ 的线性延拓 g_1，并且能够选择 c 使得对于所有 $x \in Z_1$ 满足 $g_1(x) \leqslant p(x)$，在 (c) 部分的证明中只要取 $\tilde{f} = f$ 就能办到. 若 $X = Z_1$，证明便告结束. 若 $X \neq Z_1$，取 $y_2 \in X - Z_1$，重复 f 到 $Z_2 = \text{span}(Z_1 \cup \{y_2\})$ 的延拓过程. 如此下去，便得到子空间序列 (Z_j)，并且对于每个 j 有 $Z_j \subseteq Z_{j+1}$，使得 f 能够线性地从 Z_j 延拓到 Z_{j+1} 上，对于所有 $x \in Z_j$ 满足 $g_j(x) \leqslant p(x)$，其中 g_j 是 f 延拓到 Z_j 上的线性泛函. 若

$$X = \bigcup_{j=1}^{n} Z_j,$$

则延拓 n 次后便告完成. 但若

$$X = \bigcup_{j=1}^{\infty} Z_j,$$

我们能够用归纳法证明. 然而，若 X 没有这样的一个表示，我们必须像上面证明那样求助于佐恩引理.

当然, 对于一些特殊的空间, 整个情形可能会简单些. 希尔伯特空间就是这种类型, 因为该空间上的线性泛函有里斯表示 3.8–1. 我们会在 §4.3 讨论这一事实.

习　题

1. 证明线性泛函的绝对值具有 (4.2.1) 和 (4.2.2) 描述的性质.

2. 证明向量空间 X 上的范数是 X 上的次线性泛函.

3. 证明 $p(x) = \overline{\lim\limits_{n\to\infty}} \, \xi_n$ 在 l^∞ 上定义了一个次线性泛函, 其中 $x = (\xi_n) \in l^\infty$ 且 ξ_n 是实数.

4. 证明次线性泛函 p 满足 $p(0) = 0$ 和 $p(-x) \geqslant -p(x)$.

5. **凸集**　若 p 是向量空间 X 上的次线性泛函, 证明 $M = \{x \mid p(x) \leqslant \gamma, \ \gamma > 0 \ 是固定的\}$ 是凸集 (见 §3.3).

6. 若赋范空间 X 上的次可加泛函 p 在 0 处连续且 $p(0) = 0$, 证明对于所有 $x \in X$ 有 p 是连续的.

7. 若 p_1 和 p_2 是向量空间 X 上的次线性泛函, c_1 和 c_2 是正的常数, 证明 $p = c_1 p_1 + c_2 p_2$ 是 X 上的次线性泛函.

8. 若赋范空间 X 上的次可加泛函在球面 $\{x \mid \|x\| = r\}$ 外是非负的, 证明它在整个 X 上是非负的.

9. 设 p 是实向量空间 X 上的次线性泛函, f 是用 $f(x) = \alpha p(x_0)$ 在 $Z = \{x \in X \mid x = \alpha x_0, \ \alpha \in \mathbf{R}\}$ 上定义的泛函, 其中 $x_0 \in X$ 是固定的. 证明 f 是 Z 上满足 $f(x) \leqslant p(x)$ 的线性泛函.

10. 若 p 是实向量空间 X 上的次线性泛函, 证明在 X 上存在线性泛函 $\tilde{f}$ 满足 $-p(-x) \leqslant \tilde{f}(x) \leqslant p(x)$.

4.3　复向量空间和赋范空间的哈恩–巴拿赫定理

哈恩–巴拿赫定理 4.2–1 是关于实向量空间的, 其包括复向量空间的推广是由博嫩布拉斯特和索布奇克 (H. F. Bohnenblust and A. Sobczyk, 1938) 得到的.

4.3–1 哈恩–巴拿赫定理 (推广)　设 X 是 (实或复) 向量空间, p 是 X 上的次可加实值泛函, 即对于所有 $x, y \in X$ 有

$$p(x + y) \leqslant p(x) + p(y) \tag{4.3.1}$$

(同 4.2–1 一样), 并且对于每一个标量 α 满足

$$p(\alpha x) = |\alpha| \, p(x). \tag{4.3.2}$$

此外, 设 f 是定义在 X 的子空间 Z 上满足

$$对于所有 \ x \in Z \ 有 \quad |f(x)| \leqslant p(x) \tag{4.3.3}$$

的线性泛函, 则 f 有从 Z 到 X 满足

$$\text{对于所有 } x \in X \text{ 有} \quad |\tilde{f}(x)| \leqslant p(x) \tag{4.3.3*}$$

的线性延拓 $\tilde{f}$.

证明 (a) 实向量空间. 若 X 是实向量空间, 情形是简单的. (4.3.3) 蕴涵对于所有 $x \in Z$ 有 $f(x) \leqslant p(x)$, 根据哈恩–巴拿赫定理 4.2–1, 存在从 Z 到 X 满足

$$\text{对于所有 } x \in X \text{ 有} \quad \tilde{f}(x) \leqslant p(x) \tag{4.3.4}$$

的线性延拓 $\tilde{f}$. 由此和 (4.3.2) 便得到

$$-\tilde{f}(x) = \tilde{f}(-x) \leqslant p(-x) = |-1|\, p(x) = p(x),$$

即 $\tilde{f}(x) \geqslant -p(x)$, 与 (4.3.4) 合在一起就证明了 (4.3.3*).

(b) 复向量空间. 若 X 是复向量空间, 则 Z 也是复向量空间. 因此 f 是复值泛函, 我们可把它写成

$$f(x) = f_1(x) + \mathrm{i} f_2(x), \quad \text{其中 } x \in Z,$$

其中 f_1 和 f_2 都是实值泛函. 稍后我们把 X 和 Z 看作实向量空间, 并分别用 X_r 和 Z_r 来表示它们. 这就简单地意味着, 我们限制在只用实数（代替复数）做标量乘法. 由于 f 在 Z 上是线性的, 并且 f_1 和 f_2 是实值泛函, 所以 f_1 和 f_2 是 Z_r 上的线性泛函. 因为复数的实部不能超过其绝对值, 所以 $f_1(x) \leqslant |f(x)|$. 因此, 根据 (4.3.3) 有

$$\text{对于所有 } x \in Z_r \text{ 有} \quad f_1(x) \leqslant p(x).$$

根据哈恩–巴拿赫定理 4.2–1, 存在 f_1 的从 Z_r 到 X_r 的满足

$$\text{对于所有 } x \in X_r \text{ 有} \quad \tilde{f}_1(x) \leqslant p(x) \tag{4.3.5}$$

的线性延拓 $\tilde{f}_1$. 这就解决了 f_1, 现转到 f_2. 回到 Z, 利用 $f = f_1 + \mathrm{i} f_2$ 可得

$$\text{对于所有 } x \in Z \text{ 有} \quad \mathrm{i}\big[f_1(x) + \mathrm{i} f_2(x)\big] = \mathrm{i} f(x) = f(\mathrm{i} x) = f_1(\mathrm{i} x) + \mathrm{i} f_2(\mathrm{i} x).$$

上式两端的实部一定是相等的:

$$\text{对于所有 } x \in Z \text{ 有} \quad f_2(x) = -f_1(\mathrm{i} x). \tag{4.3.6}$$

因此, 若

$$\text{对于所有 } x \in X \text{ 令} \quad \tilde{f}(x) = \tilde{f}_1(x) - \mathrm{i} \tilde{f}_1(\mathrm{i} x), \tag{4.3.7}$$

则从 (4.3.6) 可以看出在 Z 上有 $\tilde{f}(x) = f(x)$, 这就证明了 $\tilde{f}$ 是 f 的从 Z 到 X 的延拓. 剩下的任务是要证明:

(i) $\tilde{f}$ 是复向量空间 X 上的线性泛函;

(ii) 在 X 上 $\tilde{f}$ 满足 (4.3.3*).

利用 (4.3.7) 及 $\tilde{f}_1$ 在实向量空间 X_r 上的线性性, 对于任意复标量 $a + \mathrm{i}b$ (其中 a 和 b 是实数), 通过下面的计算便能看出 (i) 成立.

$$\begin{aligned}
\tilde{f}\big[(a + \mathrm{i}b)x\big] &= \tilde{f}_1(ax + \mathrm{i}bx) - \mathrm{i}\tilde{f}_1(\mathrm{i}ax - bx) \\
&= a\tilde{f}_1(x) + b\tilde{f}_1(\mathrm{i}x) - \mathrm{i}\big[a\tilde{f}_1(\mathrm{i}x) - b\tilde{f}_1(x)\big] \\
&= (a + \mathrm{i}b)\big[\tilde{f}_1(x) - \mathrm{i}\tilde{f}_1(\mathrm{i}x)\big] \\
&= (a + \mathrm{i}b)\tilde{f}(x).
\end{aligned}$$

现在证明 (ii). 由 (4.3.1) 和 (4.3.2) 可推出 $p(x) \geqslant 0$, 所以对于满足 $\tilde{f}(x) = 0$ 的任意 x 有 (ii) 成立, 也见习题 1. 设 x 使得 $\tilde{f}(x) \neq 0$, 利用复数的指数形式可得

$$\tilde{f}(x) = \big|\tilde{f}(x)\big|\mathrm{e}^{\mathrm{i}\theta}, \quad \text{因此} \quad \big|\tilde{f}(x)\big| = \tilde{f}(x)\mathrm{e}^{-\mathrm{i}\theta} = \tilde{f}\big(\mathrm{e}^{-\mathrm{i}\theta}x\big).$$

由于 $\big|\tilde{f}(x)\big|$ 是实数, 所以 $\tilde{f}\big(\mathrm{e}^{-\mathrm{i}\theta}x\big)$ 也是实数, 因而等于其实部. 因此由 (4.3.2) 便得到

$$\big|\tilde{f}(x)\big| = \tilde{f}\big(\mathrm{e}^{-\mathrm{i}\theta}x\big) = \tilde{f}_1\big(\mathrm{e}^{-\mathrm{i}\theta}x\big) \leqslant p\big(\mathrm{e}^{-\mathrm{i}\theta}x\big) = \big|\mathrm{e}^{-\mathrm{i}\theta}\big|p(x) = p(x).$$

这就完成了整个证明.　∎

虽然哈恩–巴拿赫定理没有直接谈到连续性, 但这个定理的一个主要应用是研究有界线性泛函的. 这就要回到赋范空间, 它也是我们最关心的. 事实上, 4.3–1 蕴涵下面的基本定理.

4.3–2 哈恩–巴拿赫定理（赋范空间）　设 f 是定义在赋范空间 X 的子空间 Z 上的有界线性泛函, 则存在 X 上的有界线性泛函 $\tilde{f}$, 它是 f 的从 Z 到 X 的延拓, 并且 $\tilde{f}$ 和 f 有相同的范数, 即

$$\|\tilde{f}\|_X = \|f\|_Z, \tag{4.3.8}$$

其中

$$\|\tilde{f}\|_X = \sup_{\substack{x \in X \\ \|x\| = 1}} |\tilde{f}(x)|, \quad \|f\|_Z = \sup_{\substack{x \in Z \\ \|x\| = 1}} |f(x)|.$$

(在 $Z = \{0\}$ 的情况下有 $\|f\|_Z = 0$).

证明　若 $Z = \{0\}$ 则 $f = 0$, 因而其延拓为 $\tilde{f} = 0$. 设 $Z \neq \{0\}$. 我们希望利用 4.3–1. 因此必须先找到适当的 p. 对于所有 $x \in Z$ 有

$$|f(x)| \leqslant \|f\|_Z \|x\|,$$

这就是 (4.3.3) 的形式, 其中

$$p(x) = \|f\|_Z \|x\|. \tag{4.3.9}$$

我们看到，这个 p 是定义在整个 X 上的. 此外，由三角不等式可得

$$p(x+y) = \|f\|_Z \|x+y\| \leqslant \|f\|_Z(\|x\| + \|y\|) = p(x) + p(y),$$

所以 p 在 X 上满足 (4.3.1). 由于

$$p(\alpha x) = \|f\|_Z \|\alpha x\| = |\alpha|\, \|f\|_Z \|x\| = |\alpha|\, p(x),$$

所以 p 在 X 上还满足 (4.3.2). 因此应用 4.3–1 可得：在 X 上存在线性泛函 $\tilde{f}$，它是 f 的一个延拓，且满足

$$\text{对于所有 } x \in X \text{ 有 }\quad |\tilde{f}(x)| \leqslant p(x) = \|f\|_Z \|x\|.$$

关于所有范数等于 1 的 $x \in X$ 取上确界，便得到不等式

$$\|\tilde{f}\|_X = \sup_{\substack{x \in X \\ \|x\|=1}} |\tilde{f}(x)| \leqslant \|f\|_Z.$$

由于在延拓之下范数不会减小，所以又有 $\|\tilde{f}\|_X \geqslant \|f\|_Z$. 合在一起便得到 (4.3.8)，定理获证. ■

在特殊情况下，上述情形可能变得很简单. 希尔伯特空间就是如此. 事实上，若 Z 是希尔伯特空间 $X = H$ 的闭子空间，则 f 有里斯表示 3.8–1，比如

$$\text{对于所有 } z \in Z \text{ 有 }\quad f(x) = \langle x, z \rangle,$$

其中 $\|z\| = \|f\|$. 当然，由于内积定义在整个 H 上，这就立即给出了 f 的从 Z 到 H 的线性延拓 $\tilde{f}$. 因为根据 3.8–1 有 $\|\tilde{f}\| = \|z\| = \|f\|$，所以 $\tilde{f}$ 和 f 有相同的范数. 因此在这种情况下延拓是直接的.

从 4.3–2 还能推导出另一个非常有用的结果，粗略地说，它表明赋范空间 X 的对偶空间 X' 由充分多的有界线性泛函组成，这些泛函多到可以用来分辨 X 的点. 对于伴随算子（§4.5）和所谓的弱收敛性（§4.8）的研究，它将成为不可缺少的工具.

4.3–3 定理（有界线性泛函） 设 X 是赋范空间，$x_0 \neq 0$ 是 X 的任意元素，则存在 X 上的有界线性泛函 $\tilde{f}$ 使得

$$\|\tilde{f}\| = 1, \quad \tilde{f}(x_0) = \|x_0\|.$$

证明 考虑 X 的子空间 $Z = \text{span}(x_0)$，则对于任意 $x \in Z$ 有 $x = \alpha x_0$（其中 α 是标量）. 在 Z 上定义线性泛函 f 为

$$f(x) = f(\alpha x_0) = \alpha \|x_0\|. \tag{4.3.10}$$

由于

$$|f(x)| = |f(\alpha x_0)| = |\alpha|\, \|x_0\| = \|\alpha x_0\| = \|x\|,$$

所以 f 有界, 且范数 $\|f\| = 1$. 由 4.3–2 可知存在 f 的从 Z 到 X 的线性延拓 $\tilde{f}$, 且范数 $\|\tilde{f}\| = \|f\| = 1$. 由 (4.3.10) 可知 $\tilde{f}(x_0) = f(x_0) = \|x_0\|$. ■

4.3–4 推论（范数、零向量） 对于赋范空间 X 中的每个 x 有

$$\|x\| = \sup_{\substack{f \in X' \\ f \neq 0}} \frac{|f(x)|}{\|f\|}. \tag{4.3.11}$$

因此, 若 x_0 使得对于所有 $f \in X'$ 有 $f(x_0) = 0$, 则 $x_0 = 0$.

证明 在 4.3–3 中, 把 x_0 换成 x 便有

$$\sup_{\substack{f \in X' \\ f \neq 0}} \frac{|f(x)|}{\|f\|} \geqslant \frac{|\tilde{f}(x)|}{\|\tilde{f}\|} = \frac{\|x\|}{1} = \|x\|,$$

由 $|f(x)| \leqslant \|f\|\|x\|$ 可得

$$\sup_{\substack{f \in X' \\ f \neq 0}} \frac{|f(x)|}{\|f\|} \leqslant \|x\|. ■$$

习 题

1. **半范数** 证明 (4.3.1) 和 (4.3.2) 蕴涵 $p(0) = 0$ 和 $p(x) \geqslant 0$, 所以 p 是半范数（见 §2.3 习题 12）.

2. 证明 (4.3.1) 和 (4.3.2) 蕴涵 $|p(x) - p(y)| \leqslant p(x - y)$.

3. 我们已经了证明 (4.3.7) 定义的 $\tilde{f}$ 是复向量空间 X 上的线性泛函. 证明: 为此只要证明 $\tilde{f}(\mathrm{i}x) = \mathrm{i}\tilde{f}(x)$ 就够了.

4. 设 p 是定义在向量空间 X 上满足 (4.3.1) 和 (4.3.2) 的泛函. 证明: 对于给定的任意 $x_0 \in X$, 存在 X 上满足 $\tilde{f}(x_0) = p(x_0)$ 的线性泛函 $\tilde{f}$, 并且对于所有 $x \in X$ 有 $|\tilde{f}(x)| \leqslant p(x)$.

5. 若 4.3–1 中的 X 是赋范空间, 并且对于某个正数 k 有 $p(x) \leqslant k\|x\|$, 证明 $\|\tilde{f}\| \leqslant k$.

6. 为了说明 4.3–2, 考虑用 $f(x) = \alpha_1\xi_1 + \alpha_2\xi_2$, $x = (\xi_1, \xi_2)$ 在欧几里得平面 $\mathbf{R}^2$ 上定义的泛函 f, 给出它的到 $\mathbf{R}^3$ 的线性延拓 $\tilde{f}$ 和相应的范数.

7. 在希尔伯特空间的情况下, 给出 4.3–3 的另一个证明.

8. 设 X 是赋范空间, X' 是其对偶空间. 若 $X \neq \{0\}$, 证明 X' 也不能是 $\{0\}$.

9. 对于可分赋范空间 X, 不用佐恩引理, 给出 4.3–2 的直接证明.（佐恩引理被间接地应用在 4.2–1 的证明中.）

10. 直接从 4.3–3 得到 4.3–4 的第二个命题.

11. 若对于赋范空间 X 上的每一个有界线性泛函 f 有 $f(x) = f(y)$, 证明 $x = y$.

12. 为了说明 4.3–3, 设 X 是欧几里得平面 $\mathbf{R}^2$, 求泛函 $\tilde{f}$.

13. 证明：在 4.3-3 的假设下，存在 X 上的有界线性泛函 $\hat{f}$ 使得 $\|\hat{f}\| = \|x_0\|^{-1}$ 且 $\hat{f}(x_0) = 1$.

14. 超平面 证明：对于赋范空间 X 中的任意球面 $S(0;r)$ 和任意点 $x_0 \in S(0;r)$，存在超平面 $H_0 \ni x_0$ 使得球 $\tilde{B}(0;r)$ 整个落在由 H_0 确定的两个半空间中的一个之内（见 §2.8 习题 12 和习题 15）. 图 4-1 给出了一个简单的说明.

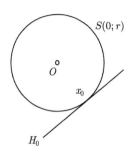

图 4-1　在欧几里得平面 $\mathbf{R}^2$ 的情况下对习题 14 的说明

15. 若赋范空间 X 中的点 x_0 对于所有范数等于 1 的 $f \in X'$ 有 $|f(x_0)| \leqslant c$，证明 $\|x_0\| \leqslant c$.

4.4　应用到 $C[a,b]$ 上的有界线性泛函

哈恩–巴拿赫定理 4.3-2 有很多重要的应用，§4.3 研究了其中的一个. 本节再介绍另一个应用[①]. 事实上，我们要利用 4.3-2 得到 $C[a,b]$ 上有界线性泛函的一般表示公式，其中 $[a,b]$ 是给定的紧区间. 对于特殊空间上泛函的这种一般表示，其重要意义已在 §2.10 末尾阐明过. 在目前的情况下，泛函的表示是一个黎曼–斯蒂尔杰斯积分. 所以让我们回想一下这个积分的定义和几个性质，它是大家熟知的黎曼积分的推广. 我们从下面的概念开始.

对于定义在 $[a,b]$ 上函数 w，定义

$$\mathrm{Var}(w) = \sup \sum_{j=1}^{n} \big|w(t_j) - w(t_{j-1})\big|, \tag{4.4.1}$$

其中上确界是关于区间 $[a,b]$ 的所有分割

$$a = t_0 < t_1 < \cdots < t_n = b \tag{4.4.2}$$

来取的，其中分点的个数 $n \in \mathbf{N}$ 是任意的，并且 $t_1, \cdots, t_{n-1}$ 的值是在 $[a,b]$ 上任选的，但必须满足 (4.4.2). (4.4.1) 中的 $\mathrm{Var}(w)$ 叫作函数 w 在 $[a,b]$ 上的全变差. 当 $\mathrm{Var}(w)$ 是有限的时，w 叫作 $[a,b]$ 上的**有界变差函数**.

[①] 本节是选学内容，后面只有一次（即 §9.9）要用到本节的结果.

显然, 定义在 $[a, b]$ 上的所有有界变差函数构成一个向量空间, 在这个空间上定义范数

$$\|w\| = |w(a)| + \text{Var}(w) \tag{4.4.3}$$

后, 便得到一个赋范空间, 记为 $BV[a, b]$, 其中 BV 是 "bounded variation" (有界变差) 两词的首字母.

现在给出黎曼–斯蒂尔杰斯积分的概念. 设 $x \in C[a, b]$ 且 $w \in BV[a, b]$, P_n 表示由 (4.4.2) 给出的 $[a, b]$ 的任意分割, $\eta(P_n)$ 表示各区间 $[t_{j-1}, t_j]$ 的最大长度, 即

$$\eta(P_n) = \max(t_1 - t_0, \cdots, t_n - t_{n-1}).$$

对于 $[a, b]$ 的每个分割 P_n, 我们考察和式

$$s(P_n) = \sum_{j=1}^{n} x(t_j) [w(t_j) - w(t_{j-1})]. \tag{4.4.4}$$

如果对于任意正数 ε, 都有正数 δ 使得当

$$\eta(P_n) < \delta \tag{4.4.5}$$

时存在数 $\mathscr{I}$ 满足

$$|\mathscr{I} - s(P_n)| < \varepsilon, \tag{4.4.6}$$

则称 $\mathscr{I}$ 为 x 在 $[a, b]$ 上关于 w 的**黎曼–斯蒂尔杰斯积分**, 记为

$$\int_a^b x(t) \mathrm{d}w(t). \tag{4.4.7}$$

因此, (4.4.7) 可以认为是和式 (4.4.4) 关于 $[a, b]$ 的分割序列 (P_n) 的极限, 当然 P_n 应该满足当 $n \to \infty$ 时有 $\eta(P_n) \to 0$, 见 (4.4.5).

注意, 若 $w(t) = t$, 积分 (4.4.7) 就是大家熟知的 $x(t)$ 在 $[a, b]$ 上的黎曼积分.

再者, 若 x 在 $[a, b]$ 上连续, w 在 $[a, b]$ 上有可积的导数, 则

$$\int_a^b x(t) \mathrm{d}w(t) = \int_a^b x(t) w'(t) \mathrm{d}t, \tag{4.4.8}$$

其中 "$'$" 表示关于 t 求导.

积分 (4.4.7) 关于 $x \in C[a, b]$ 是线性的, 即对于所有 $x_1, x_2 \in C[a, b]$ 和标量 α, β 有

$$\int_a^b [\alpha x_1(t) + \beta x_2(t)] \mathrm{d}w(t) = \alpha \int_a^b x_1(t) \mathrm{d}w(t) + \beta \int_a^b x_2(t) \mathrm{d}w(t).$$

积分 (4.4.7) 关于 $w \in BV[a, b]$ 也是线性的, 即对于所有 $w_1, w_2 \in BV[a, b]$ 和标量 γ, δ 有

$$\int_a^b x(t)\mathrm{d}(\gamma w_1 + \delta w_2)(t) = \gamma \int_a^b x(t)\mathrm{d}w_1(t) + \delta \int_a^b x(t)\mathrm{d}w_2(t).$$

我们还需要不等式

$$\left| \int_a^b x(t)\mathrm{d}w(t) \right| \leqslant \max_{t \in J} |x(t)| \operatorname{Var}(w), \tag{4.4.9}$$

其中 $J = [a, b]$. 注意这推广了微积分中大家熟悉的一个公式. 事实上, 若 $w(t) = t$, 则 $\operatorname{Var}(w) = b - a$, 而 (4.4.9) 就是

$$\left| \int_a^b x(t)\mathrm{d}t \right| \leqslant \max_{t \in J} |x(t)|(b - a).$$

里斯 (F. Riesz, 1909) 给出了如下 $C[a, b]$ 上的有界线性泛函的表示定理.

4.4–1 里斯定理 ($C[a, b]$ 上的泛函)　$C[a, b]$ 上的每个有界线性泛函 f 都能用黎曼–斯蒂尔杰斯积分表示为

$$f(x) = \int_a^b x(t)\mathrm{d}w(t), \tag{4.4.10}$$

其中 w 是 $[a, b]$ 上的有界变差函数, 并且总变差为

$$\operatorname{Var}(w) = \|f\|. \tag{4.4.11}$$

证明　设 $B[a, b]$ 表示 $[a, b]$ 上的所有有界函数构成的向量空间, 其范数为

$$\|x\| = \sup_{t \in J} |x(t)|, \quad \text{其中 } J = [a, b],$$

则 $C[a, b]$ 是赋范空间 $B[a, b]$ 的子空间. 由关于赋范空间的哈恩–巴拿赫定理 4.3–2 可知, 定义在空间 $C[a, b]$ 上的每个有界线性泛函 f 都有从 $C[a, b]$ 到 $B[a, b]$ 的延拓 $\tilde{f}$. 此外, 由该定理还知道线性泛函 $\tilde{f}$ 有界, 并且与 f 有相同的范数, 即

$$\|\tilde{f}\| = \|f\|.$$

现在我们定义 (4.4.10) 中需要的函数 w. 为此, 考虑图 4–2 表示的函数 x_t, 它定义在 $[a, b]$ 上, 当 $x \in [a, t]$ 时其值为 1, 否则为 0. 显然 $x_t \in B[a, b]$. 顺便指出, x_t 叫作区间 $[a, t]$ 的示性函数. 利用 x_t 和泛函 $\tilde{f}$, 我们在 $[a, b]$ 上定义 w 为

$$w(a) = 0, \quad \text{对于 } t \in (a, b] \text{ 有 } \quad w(t) = \tilde{f}(x_t).$$

下面证明 w 是 $[a, b]$ 上的有界变差函数且 $\operatorname{Var}(w) \leqslant \|f\|$.

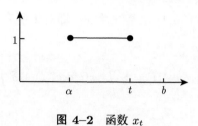

图 4-2　函数 x_t

我们利用复数的指数形式. 实际上, 令 $\theta = \arg \zeta$, 则

$$\zeta = |\zeta|\, e(\zeta), \quad \text{其中 } e(\zeta) = \begin{cases} 1, & \text{若 } \zeta = 0, \\ e^{i\theta}, & \text{若 } \zeta \neq 0. \end{cases}$$

可以看出, 若 $\zeta \neq 0$, 则 $|\zeta| = \zeta/e^{i\theta} = \zeta e^{-i\theta}$, 因此对于任意 ζ, 不管它是否等于 0, 都有

$$|\zeta| = \zeta \overline{e(\zeta)}, \tag{4.4.12}$$

像通常那样, 其中 "$\overline{\quad}$" 表示复共轭. 为了简化后面的表达式, 我们记

$$\varepsilon_j = \overline{e\big(w(t_j) - w(t_{j-1})\big)} \quad \text{且} \quad x_{t_j} = x_j.$$

这样就避免了下标又附下标. 由 (4.4.12), 对于任意分割 (4.4.2) 便得到

$$\begin{aligned}
\sum_{j=1}^{n} \big|w(t_j) - w(t_{j-1})\big| &= \left|\tilde{f}(x_1)\right| + \sum_{j=2}^{n} \left|\tilde{f}(x_j) - \tilde{f}(x_{j-1})\right| \\
&= \varepsilon_1 \tilde{f}(x_1) + \sum_{j=2}^{n} \varepsilon_j \left[\tilde{f}(x_j) - \tilde{f}(x_{j-1})\right] \\
&= \tilde{f}\left(\varepsilon_1 x_1 + \sum_{j=2}^{n} \varepsilon_j (x_j - x_{j-1})\right) \\
&\leqslant \left\|\tilde{f}\right\| \left\|\varepsilon_1 x_1 + \sum_{j=2}^{n} \varepsilon_j (x_j - x_{j-1})\right\|.
\end{aligned}$$

上式右端的 $\left\|\tilde{f}\right\| = \|f\|$ (见前面), 根据 x_j 的定义, 对于每个 $t \in [a,b]$ 有 $x_1, x_2 - x_1, \cdots, x_n - x_{n-1}$ 中只有一项不等于 0 (并且它的范数等于 1), 又由于 $|\varepsilon_j| = 1$, 所以上式右端的另一个因子 $\|\cdots\| = 1$. 上式左端关于 $[a,b]$ 的所有分割取上确界便得

$$\text{Var}(w) \leqslant \|f\|. \tag{4.4.13}$$

这就证明了 w 是 $[a,b]$ 上的有界变差函数.

再来证明 (4.4.10)，其中 $x \in C[a,b]$. 对于形如 (4.4.2) 的每个分割 P_n，我们定义一个函数，为简单起见，用 z_n［代替 $z(P_n)$ 或 z_{P_n} 之类的记法］表示它，但应记住 z_n 依赖于 P_n 而不仅仅依赖于 n. 这个函数为

$$z_n = x(t_0)x_1 + \sum_{j=2}^{n} x(t_{j-1})[x_j - x_{j-1}], \qquad (4.4.14)$$

则 $z_n \in B[a,b]$. 根据 w 的定义，我们有

$$\begin{aligned}
\tilde{f}(z_n) &= x(t_0)\tilde{f}(x_1) + \sum_{j=2}^{n} x(t_{j-1})\big[\tilde{f}(x_j) - \tilde{f}(x_{j-1})\big] \\
&= x(t_0)w(t_1) + \sum_{j=2}^{n} x(t_{j-1})\big[w(t_j) - w(t_{j-1})\big] \qquad (4.4.15) \\
&= \sum_{j=1}^{n} x(t_{j-1})\big[w(t_j) - w(t_{j-1})\big],
\end{aligned}$$

在推导最后一个等式时用到了 $w(t_0) = w(a) = 0$. 我们选择 $[a,b]$ 的任意满足 $\eta(P_n) \to 0$ 的分割序列 (P_n)，见 (4.4.5). ［注意，(4.4.15) 中的 t_j 依赖于 P_n，这一事实我们记在头脑里，不用诸如 $t_{j,n}$ 之类的烦琐记号表达它.］当 $n \to \infty$ 时，(4.4.15) 右端的和式趋于 (4.4.10) 中的积分. 若能证明还有 $\tilde{f}(z_n) \to \tilde{f}(x)$，则由于 $x \in C[a,b]$，我们有 $\tilde{f}(x) = f(x)$，便推出了 (4.4.10).

现在来证明 $\tilde{f}(z_n) \to \tilde{f}(x)$. 联想到 x_t 的定义（见图 4-2），因为当 $t = a$ 时 (4.4.14) 中的和式部分等于 0，所以 (4.4.14) 给出了 $z_n(a) = x(a) \cdot 1$，因此 $z_n(a) - x(a) = 0$. 此外，若 $t_{j-1} < t \leqslant t_j$，则由 (4.4.14) 可得 $z_n(t) = x(t_{j-1}) \cdot 1$，见图 4-2. 对于这样的 t 有

$$|z_n(t) - x(t)| = |x(t_{j-1}) - x(t)|.$$

由于 x 在 $[a,b]$ 上连续，由 $[a,b]$ 是紧集可得 x 在 $[a,b]$ 上一致连续，因此若 $\eta(P_n) \to 0$ 则 $\|z_n - x\| \to 0$. $\tilde{f}$ 的连续性蕴涵 $\tilde{f}(z_n) \to \tilde{f}(x)$，再根据 $\tilde{f}(x) = f(x)$ 便证明了 (4.4.10).

最后证明 (4.4.11). 由 (4.4.10) 和 (4.4.9) 可得

$$\big|f(x)\big| \leqslant \max_{t \in J}\big|x(t)\big| \operatorname{Var}(w) = \|x\| \operatorname{Var}(w).$$

上式两端关于 $C[a,b]$ 中范数等于 1 的所有 x 取上确界便得到 $\|f\| \leqslant \operatorname{Var}(w)$，把它与 (4.4.13) 合在一起便得到 (4.4.11). ∎

我们要注意，定理中的 w 不是唯一的，不过可以用规范化条件使之唯一．规范化条件要求 w 在 a 的值等于 0 且是右连续的，也就是

$$w(a) = 0, \quad w(t+0) = w(t), \quad \text{其中 } a < t < b.$$

详情见泰勒（A. E. Taylor，1958，第 197–200 页）以及里斯和纳吉（F. Riesz and B. Sz.-Nagy，1955，第 111 页）的著作．

里斯定理作为现代积分理论的出发点也是很有意义的，这方面的历史注释见布尔巴基（N. Bourbaki，1955，第 169 页）的著作．

4.5　伴随算子

对于赋范空间 X 上的有界线性算子 $T: X \longrightarrow Y$，我们可以定义 T 的伴随子算子 $T^{\times}$．在 §8.5 中将会看到提出 $T^{\times}$ 的动机是出于解算子方程的需要，这样的算子方程出现在物理和其他应用之中．本节要定义伴随算子 $T^{\times}$，并且研究它的某些性质，包括它和 §3.9 中定义的希尔伯特伴随算子 T^{*}[①]之间的关系．重要的是要注意，我们目前的讨论依赖于哈恩–巴拿赫定理（通过 4.3–3），如果没有这个定理，我们的讨论很难深入下去．

现在考虑有界线性算子 $T: X \longrightarrow Y$，其中 X 和 Y 是赋范空间．我们打算定义 T 的伴随算子 $T^{\times}$．为此，从 Y 上的任意有界线性泛函 g 开始．显然，g 对于所有 $y \in Y$ 都有定义．令 $y = Tx$，我们便得到 X 上的一个泛函，称之为 f：

$$f(x) = g(Tx), \quad \text{其中 } x \in X. \tag{4.5.1}$$

由于 g 和 T 都是线性的，所以 f 也是线性的．因为

$$|f(x)| = |g(Tx)| \leqslant \|g\| \|Tx\| \leqslant \|g\| \|T\| \|x\|,$$

所以 f 是有界的．上式两端关于所有范数等于 1 的 $x \in X$ 取上确界可得不等式

$$\|f\| \leqslant \|g\| \|T\|. \tag{4.5.2}$$

这表明 $f \in X'$，其中 X' 是 2.10–3 中定义的 X 的对偶空间．根据假设 $g \in Y'$，因此对于变量 $g \in Y'$ 来说，(4.5.1) 定义了从 Y' 到 X' 中的算子，我们把它叫作 T 的伴随算子，记为 $T^{\times}$．因而便有

$$\begin{aligned} X &\xrightarrow{\;T\;} Y, \\ X' &\xleftarrow{\;T^{\times}\;} Y'. \end{aligned} \tag{4.5.3}$$

---

① 在希尔伯特空间的情况下，T 的伴随算子 $T^{\times}$ 和 T 的希尔伯特伴随算子 T^{*} 不是等同的（尽管 $T^{\times}$ 与 T^{*} 是互相关联的，如本节后面阐明的那样）．希尔伯特伴随算子 T^{*} 中的星号是标准的记法．由于在希尔伯特空间中 T^{*} 有其自己的含义，而在一般的赋范空间理论中又有另外的含义，容易引起混乱．所以我们不用 T^{*} 而是用 $T^{\times}$ 表示 T 的伴随算子．我们认为用 $T^{\times}$ 比某些文献中用符号 T' 更好些．

特别要注意, $T^\times$ 是定义在 Y' 上的算子, 而给定的算子 T 是定义在 X 上的. 总结如下.

4.5-1 定义 (伴随算子 $T^\times$)　设 $T : X \longrightarrow Y$ 是有界线性算子, X 和 Y 是赋范空间, 则 T 的伴随算子 $T^\times : Y' \longrightarrow X'$ 是由

$$f(x) = (T^\times g)(x) = g(Tx), \quad \text{其中 } g \in Y' \tag{4.5.4}$$

定义的, 其中 X' 和 Y' 分别是 X 和 Y 的对偶空间.　　　　　　　　■

我们的首要目标是证明 T 的伴随算子 $T^\times$ 和 T 有相同的范数. 后面将会看到, 这个性质是很基本的. 在证明这个性质时需要用到由哈恩–巴拿赫定理导出的 4.3–3. 如此说来, 哈恩–巴拿赫定理是建立完满的伴随算子理论所不可缺少的, 同样也是一般线性算子理论的基础.

4.5-2 定理 (伴随算子的范数)　4.5–1 中的伴随算子 $T^\times$ 是有界线性算子, 且

$$\|T^\times\| = \|T\|. \tag{4.5.5}$$

证明　由于 $T^\times$ 的定义域 Y' 是向量空间, 并且容易推得

$$\begin{aligned}
\left(T^\times(\alpha g_1 + \beta g_2)\right)(x) &= (\alpha g_1 + \beta g_2)(Tx) \\
&= \alpha g_1(Tx) + \beta g_2(Tx) \\
&= \alpha\left(T^\times g_1\right)(x) + \beta\left(T^\times g_2\right)(x),
\end{aligned}$$

所以 $T^\times$ 是线性算子.

现在证明 (4.5.5). 从 (4.5.4) 我们有 $f = T^\times g$, 由 (4.5.2) 可推得

$$\|T^\times g\| = \|f\| \leqslant \|g\| \|T\|.$$

上式关于所有范数等于 1 的 $g \in Y'$ 取上确界便得到不等式

$$\|T^\times\| \leqslant \|T\|. \tag{4.5.6}$$

因此要得到 (4.5.5), 还必须证明 $\|T^\times\| \geqslant \|T\|$. 由 4.3–3 可知对于每个非零的 $x_0 \in X$ 存在 $g_0 \in Y'$ 使得

$$\|g_0\| = 1 \quad \text{且} \quad g_0(Tx_0) = \|Tx_0\|.$$

根据伴随算子 $T^\times$ 的定义便有 $g_0(Tx_0) = (T^\times g_0)(x_0)$. 记 $f_0 = T^\times g_0$, 从而得到

$$\|Tx_0\| = g_0(Tx_0) = f_0(x_0) \leqslant \|f_0\| \|x_0\| = \|T^\times g_0\| \|x_0\| \leqslant \|T^\times\| \|g_0\| \|x_0\|.$$

由于 $\|g_0\| = 1$，因此对于每个 $x_0 \in X$ 有

$$\|Tx_0\| \leqslant \|T^\times\| \, \|x_0\|.$$

（由于 $T0 = 0$，所以它包括 $x_0 = 0$ 的情形.）但总是有不等式

$$\|Tx_0\| \leqslant \|T\| \, \|x_0\|,$$

注意到 $c = \|T\|$ 是对于所有 $x_0 \in X$ 保证 $\|Tx_0\| \leqslant c\|x_0\|$ 成立的最小常数，所以 $\|T^\times\|$ 不能小于 $\|T\|$，即 $\|T^\times\| \geqslant \|T\|$，与 (4.5.6) 合在一起便得到 (4.5.5).　■

让我们用矩阵表示的算子来说明这里的讨论，这能帮助读者自己去构造例子.

4.5-3 例子（矩阵） 在 n 维欧几里得空间 $\mathbf{R}^n$ 中，线性算子 $T : \mathbf{R}^n \longrightarrow \mathbf{R}^n$ 能用矩阵表示（见 §2.9）. 矩阵 $T_E = (\tau_{jk})$ 依赖于对 $\mathbf{R}^n$ 的基 $E = \{e_1, \cdots, e_n\}$ 的选取，E 的元素一旦按某一次序排定就保持不变. 选定基 E，把 $x = (\xi_1, \cdots, \xi_n)$ 和 $y = (\eta_1, \cdots, \eta_n)$ 都看作列向量，并利用矩阵相乘的通常记法，则有

$$y = T_E x, \quad \text{按分量有} \quad \eta_j = \sum_{k=1}^{n} \tau_{jk}\xi_k, \quad \text{其中 } j = 1, \cdots, n. \tag{4.5.7}$$

令 $F = \{f_1, \cdots, f_n\}$ 表示 E 的对偶基（见 §2.9），它是 $\mathbf{R}^{n\prime}$（由 2.10-5 可知 $\mathbf{R}^{n\prime}$ 也是 n 维欧几里得空间）的一个基，则每个 $g \in \mathbf{R}^{n\prime}$ 有表示

$$g = \alpha_1 f_1 + \cdots + \alpha_n f_n.$$

根据对偶基的定义有 $f_j(y) = f_j(\sum \eta_k e_k) = \eta_j$，因此由 (4.5.7) 可得

$$g(y) = g(T_E x) = \sum_{j=1}^{n} \alpha_j \eta_j = \sum_{j=1}^{n}\sum_{k=1}^{n} \alpha_j \tau_{jk}\xi_k.$$

交换求和的次序便能写成

$$g(T_E x) = \sum_{k=1}^{n} \beta_k \xi_k, \quad \text{其中 } \beta_k = \sum_{j=1}^{n} \tau_{jk}\alpha_j. \tag{4.5.8}$$

把上式看作用 g 在 X 上定义的泛函 f，即

$$f(x) = g(T_E x) = \sum_{k=1}^{n} \beta_k \xi_k.$$

与伴随算子的定义联系起来，上式又可写成

$$f = T_E^\times g, \quad \text{按分量有} \quad \beta_k = \sum_{j=1}^{n} \tau_{jk}\alpha_j.$$

注意, 在 β_k 中我们是关于第一个下标求和的 (也就是关于矩阵 T_E 的第 k 列的所有元素求和的), 所以得到下述结果.

若 T 是用矩阵 T_E 表示的, 则伴随算子 $T^\times$ 是用 T_E 的转置矩阵表示的.

顺便指出, 若 T 是从 $\mathbf{C}^n$ 到 $\mathbf{C}^n$ 中的线性算子, 上述结论也成立. ∎

在研究伴随算子时, 下面的公式 (4.5.9) ~ (4.5.12) 都是有用的, 它们的证明留给读者. 设 $S, T \in B(X, Y)$ (见 §2.10), 则

$$(S + T)^\times = S^\times + T^\times, \tag{4.5.9}$$

$$(\alpha T)^\times = \alpha T^\times. \tag{4.5.10}$$

设 X, Y, Z 是赋范空间, $T \in B(X, Y)$ 且 $S \in B(Y, Z)$, 则关于乘积 ST 的伴随算子有 (见图 4-3)

$$(ST)^\times = T^\times S^\times. \tag{4.5.11}$$

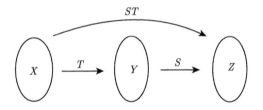

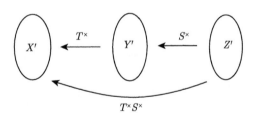

图 4-3 对 (4.5.11) 的说明

若 $T \in B(X, Y)$, T^{-1} 存在且 $T^{-1} \in B(Y, X)$, 则 $(T^\times)^{-1}$ 也存在, $(T^\times)^{-1} \in B(X', Y')$ 且

$$\left(T^\times\right)^{-1} = \left(T^{-1}\right)^\times. \tag{4.5.12}$$

伴随算子 $T^\times$ 和希尔伯特伴随算子 T^* (见 §3.9) 之间的关系 我们将证明, 若 X 和 Y 是希尔伯特空间, 比如 $X = H_1$ 且 $Y = H_2$, $T : X \longrightarrow Y$ 是有界线

性算子，则存在以下关系．首先有（见图 4–4）

$$H_1 \xrightarrow{\;T\;} H_2,$$
$$H_1' \xleftarrow{\;T^\times\;} H_2'. \tag{4.5.13}$$

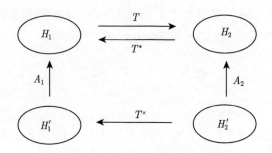

图 4–4　(4.5.13) 和 (4.5.17) 中的算子

与前面一样，这里的 $T^\times$ 是给定算子 T 的伴随算子，定义为

$$T^\times g = f, \tag{4.5.14a}$$
$$g(Tx) = f(x), \quad \text{其中 } f \in H_1',\ g \in H_2'. \tag{4.5.14b}$$

由于 f 和 g 是希尔伯特空间上的泛函，它们有新的特征，即里斯表示（见 3.8–1），不妨设

$$f(x) = \langle x, x_0 \rangle, \quad \text{其中 } x_0 \in H_1, \tag{4.5.15a}$$
$$g(y) = \langle y, y_0 \rangle, \quad \text{其中 } y_0 \in H_2. \tag{4.5.15b}$$

由 3.8–1 可知 x_0 和 y_0 分别由 f 和 g 唯一确定．这就定义了算子

$$A_1 : H_1' \longrightarrow H_1, \quad \text{其中 } A_1 f = x_0,$$
$$A_2 : H_2' \longrightarrow H_2, \quad \text{其中 } A_2 g = y_0.$$

从 3.8–1 可得 $\|A_1 f\| = \|x_0\| = \|f\|$ 且 $\|A_2 g\| = \|y_0\| = \|g\|$，所以 A_1 和 A_2 都是等距一一映射．此外，A_1 和 A_2 是共轭线性算子（见 §3.1）．事实上，若我们记 $f_1(x) = \langle x, x_1 \rangle$ 和 $f_2(x) = \langle x, x_2 \rangle$，则对于所有 x 和标量 α, β 有

$$\begin{aligned}
(\alpha f_1 + \beta f_2)(x) &= \alpha f_1(x) + \beta f_2(x) \\
&= \alpha \langle x, x_1 \rangle + \beta \langle x, x_2 \rangle \\
&= \langle x, \bar{\alpha} x_1 + \bar{\beta} x_2 \rangle.
\end{aligned} \tag{4.5.16}$$

根据 A_1 的定义, 便证明了共轭线性性

$$A_1(\alpha f_1 + \beta f_2) = \bar\alpha A_1 f_1 + \bar\beta A_1 f_2.$$

关于 A_2, 证明是类似的.

算子的合成给出了算子（见图 4-4）

$$T^* = A_1 T^\times A_2^{-1} : H_2 \longrightarrow H_1, \quad 定义为 \quad T^* y_0 = x_0. \tag{4.5.17}$$

由于 T^* 包含两个共轭线性映射 A_1 和 A_2^{-1} 及一个线性映射 $T^\times$, 所以 T^* 是线性算子. 我们来证明这里的 T^* 的确是 T 的希尔伯特伴随算子. 这是很简单的, 从 (4.5.14) (4.5.15) (4.5.16) 立即推出

$$\langle Tx, y_0 \rangle = g(Tx) = f(x) = \langle x, x_0 \rangle = \langle x, T^* y_0 \rangle.$$

除了记法上有所不同外, 这就是 (3.9.1). 因此, 我们的结论是:

(4.5.17) 用 T 的伴随算子 $T^\times$ 给出了希尔伯特空间中线性算子 T 的希尔伯特伴随算子 T^* 的表示.

还要注意, 从 (4.5.5) 以及 A_1 和 A_2 的等距性可以立即推出 $\|T^*\| = \|T\|$（见 3.9-2）. ∎

为了结束这个讨论, 我们也列出 $T : X \longrightarrow Y$ 的伴随算子 $T^\times$ 与 $T : H_1 \longrightarrow H_2$ 的希尔伯特伴随算子 T^* 之间的一些主要差别, 这里的 X 和 Y 是赋范空间, H_1 和 H_2 是希尔伯特空间.

$T^\times$ 定义在 Y 的对偶空间 Y' 上, 而 Y' 包含 T 的值域 $\mathscr{R}(T)$. T^* 直接定义在 H_2 上, 而 H_2 包含 T 的值域 $\mathscr{R}(T)$. T^* 的这一性质使得我们能够用 T 的希尔伯特伴随算子来定义很重要的算子类（见 3.10-1）.

对于 $T^\times$, 根据 (4.5.10) 有

$$(\alpha T)^\times = \alpha T^\times,$$

但是对于 T^*, 根据 3.9-4 有

$$(\alpha T)^* = \bar\alpha T^*.$$

在有限维的情况下, $T^\times$ 的矩阵表示是 T 的矩阵表示的转置, 而 T^* 的矩阵表示是 T 的矩阵表示的复共轭转置（细节见 4.5-3 和 3.10-2）.

习 题

1. 证明由 (4.5.1) 定义的泛函是线性的.

2. 零算子 0 和恒等算子 I 的伴随算子是什么?

3. 证明 (4.5.9).

4. 证明 (4.5.10).

5. 证明 (4.5.11).

6. 证明 $(T^n)^\times = (T^\times)^n$.

7. 把 (4.5.11) 和 4.5–3 结合起来，能得到什么样的矩阵公式？

8. 证明 (4.5.12).

9. 零化子 设 X 和 Y 是赋范空间，$T : X \longrightarrow Y$ 是有界线性算子，$M = \overline{\mathscr{R}(T)}$ 是 T 的值域的闭包. 证明（见 §2.10 习题 13）

$$M^a = \mathscr{N}(T^\times).$$

10. 零化子 设 B 是赋范空间 X 的对偶空间 X' 的一个子集. B 的零化子 ^aB 定义为

$$^aB = \{x \in X \mid 对于所有 f \in B 有 f(x) = 0\}.$$

证明在习题 9 中有

$$\mathscr{R}(T) \subseteq {}^a \mathscr{N}(T^\times).$$

相对于解算子方程 $Tx = y$ 这意味着什么？

4.6　自反空间

在 §2.8 中我们讨论过向量空间的代数自反性. 本节讨论的课题是赋范空间的自反性. 首先回想一下 §2.8 中讨论过的内容. 我们还记得，若典范映射 $C : X \longrightarrow X^{**}$ 是满射，便说向量空间 X 是代数自反的，其中 $X^{**} = (X^*)^*$ 是 X 的二次代数对偶空间，并且映射 C 是由 $x \longmapsto g_x$ 定义的，其中

$$g_x(f) = f(x), \quad 其中 f \in X^* 是变量, \tag{4.6.1}$$

也就是说，对任意 $x \in X$，其像是由 (4.5.1) 定义的线性泛函 g_x. 若 X 是有限维空间，则 X 是代数自反空间. 这在 2.9–3 中已证明过.

让我们转到现在要处理的问题. 考虑赋范空间 X，其对偶空间 X' 在 2.10–3 中定义. X' 的对偶空间为 $(X')'$，记为 X''，叫作 X 的**二次对偶空间**.

通过选取固定的 $x \in X$ 在 X' 上定义泛函 g_x，并且置

$$g_x(f) = f(x), \quad 其中 f \in X' 是变量. \tag{4.6.2}$$

这看起来类似于 (4.6.1)，但要注意这里的 f 是有界泛函. 由于下面的基本引理，所以 g_x 也是有界泛函.

4.6-1 引理（g_x 的范数） 对于赋范空间 X 中的每一个固定的 x，由 (4.6.2) 定义的泛函 g_x 是 X' 上的有界线性泛函，所以 $g_x \in X''$，并且有范数

$$\|g_x\| = \|x\|. \tag{4.6.3}$$

证明 从 §2.8 已经知道 g_x 是线性泛函. 由 (4.6.2) 和 4.3-4 可推出 (4.6.3)：

$$\|g_x\| = \sup_{\substack{f \in X' \\ f \neq 0}} \frac{|g_x(f)|}{\|f\|} = \sup_{\substack{f \in X' \\ f \neq 0}} \frac{|f(x)|}{\|f\|} = \|x\|. \tag{4.6.4}$$ ∎

对于每个 $x \in X$，都有唯一的由 (4.6.2) 给出的有界线性泛函 $g_x \in X''$ 与之对应，这就定义了映射

$$C : X \longrightarrow X'',$$
$$x \longmapsto g_x. \tag{4.6.5}$$

C 叫作 X 到 X'' 中的**典范映射**. 还能证明 C 是线性的内射，且保持范数不变. 这就能够像 §2.10 中定义的那样用赋范空间的同构来表述.

4.6-2 引理（典范映射） (4.6.5) 给出的典范映射 C 是赋范空间 X 到赋范空间 $\mathscr{R}(C)$ 上的同构，其中 $\mathscr{R}(C)$ 是 C 的值域.

证明 像 §2.8 一样，由

$$g_{\alpha x + \beta y}(f) = f(\alpha x + \beta y) = \alpha f(x) + \beta f(y) = \alpha g_x(f) + \beta g_y(f)$$

可以看出 C 是线性映射. 特别地，$g_x - g_y = g_{x-y}$，因此由 (4.6.3) 可得

$$\|g_x - g_y\| = \|g_{x-y}\| = \|x - y\|.$$

这就证明了 C 是等距的，它保持范数不变. 等距蕴涵内射性，直接从我们的公式也能看出这一点. 事实上，若 $x \neq y$，则可从 §2.2 中的公理 N_2 推出 $g_x \neq g_y$，因此 C 是 X 到它的值域 $\mathscr{R}(C)$ 上的一一映射. ∎

若 X 和 Z 的一个子空间同构，则称 X **可嵌入** Z. 这和 §2.8 中的讨论是类似的，但要注意的是，这里考虑的是赋范空间的同构，也就是说，除了作为向量空间是同构的外，还要求保持范数相等（见 §2.10）. 引理 4.6-2 表明，X 是可嵌入 X'' 的，C 又叫作 X 到 X'' 的典范嵌入.

一般情况下，C 不一定是满射，所以 C 的值域 $\mathscr{R}(C)$ 可能是 X'' 的真子空间. 若 $\mathscr{R}(C) = X''$，便是满射，这是一个重要的情形，有必要给予它一个名字.

4.6-3 定义（自反性） 若由 (4.6.2) 和 (4.6.5) 给出的典范映射 $C : X \longrightarrow X''$ 满足

$$\mathscr{R}(C) = X'',$$

则称赋范空间 X 是自反的. ∎

这个概念是哈恩（H. Hahn, 1927）引入的，洛奇（E. R. Lorch, 1939）把它叫作"自反性". 哈恩在研究赋范空间中由积分方程导出的线性方程时（包括对哈恩-巴拿赫定理以及对偶空间的最早研究），认识到了"自反性"的重要性.

若 X 是自反空间，由 4.6-2 可知 X 和 X'' 同构（因而是等距的）. 有趣的是，詹姆斯（R. C. James, 1950, 1951）曾证明过其逆一般不真.

此外，完备性并不意味着自反性，但反过来则有以下定理.

4.6-4 定理（完备性）　若赋范空间 X 是自反的，则 X 是完备空间（因此是巴拿赫空间）.

证明　由于 X'' 是 X' 的对偶空间，由 2.10-4 可知 X'' 是完备空间，X 的自反性意味着 $\mathscr{R}(C) = X''$. 由 4.6-2 可知 X 与 X'' 同构，所以 X 是完备空间. ■

$\mathbf{R}^n$ 是自反空间，直接从 2.10-5 便能推出这一结论，它也是任意有限维赋范空间 X 的一个模型. 事实上，若 $\dim X < \infty$，则 X 上的每个线性泛函都是有界的（见 2.7-8），所以 $X' = X^*$，因而 X 的代数自反性（见 2.9-3）意味着如下定理.

4.6-5 定理（有限维）　每个有限维赋范空间都是自反的.

l^p（$1 < p < \infty$）是自反空间，这可从 2.10-7 推出. 类似地还能证明 $L^p[a, b]$（$1 < p < \infty$）是自反空间. 并且还可证明 $C[a, b]$（见 2.2-5）、l^1（下面证明）、$L^1[a, b]$、l^∞（见 2.2-4）以及 l^∞ 的子空间 c 和 c_0 不是自反空间，其中 c 表示所有收敛的标量序列构成的空间，c_0 表示所有收敛到 0 的标量序列构成的空间.

4.6-6 定理（希尔伯特空间）　每个希尔伯特空间都是自反的.

证明　我们通过证明"对于每个 $g \in H''$ 有 $x \in H$ 使得 $g = Cx$"来证明典范映射 $C: H \longrightarrow H''$ 的满射性. 作为准备，我们先用 $Af = z$ 定义 $A: H' \longrightarrow H$，其中 z 由 3.8-1 中的里斯表示 $f(x) = \langle x, z \rangle$ 给出，从而知道 A 是等距一一映射. 从 (4.5.16) 还知道 A 是共轭线性映射. 由 2.10-4 可知 H' 是完备空间，并且它是内积定义为

$$\langle f_1, f_2 \rangle_1 = \langle Af_2, Af_1 \rangle$$

的希尔伯特空间. 注意上式两端 f_1 和 f_2 的次序. 不难验证 §3.1 中的 $\mathrm{IP}_1 \sim \mathrm{IP}_4$，特别是 IP_2 可从 A 的共轭线性性推得：

$$\langle \alpha f_1, f_2 \rangle_1 = \langle Af_2, A(\alpha f_1) \rangle = \langle Af_2, \bar{\alpha} Af_1 \rangle = \alpha \langle f_1, f_2 \rangle_1.$$

设 $g \in H''$ 是任意的，且其里斯表示为

$$g(f) = \langle f, f_0 \rangle_1 = \langle Af_0, Af \rangle.$$

再联想到 $f(x) = \langle x, z \rangle$ 及 $z = Af$，并记 $Af_0 = x$，便可得到

$$\langle Af_0, Af \rangle = \langle x, z \rangle = f(x).$$

合在一起便有 $g(f) = f(x)$，根据 C 的定义有 $g = Cx$. 由于 $g \in H''$ 是任意的，所以证明了 C 是满射，从而证明了 H 的自反性. ∎

在证明一些空间不是自反的时候，可分性与不可分性（见 1.3–5）有时起着一定的作用. 自反性与可分性之间的这一联系是很有意思的，也是很简单的. 后面的 4.6–8 在这里是个关键，它是说，X' 的可分性蕴涵 X 的可分性（其逆一般不真）. 因此，若赋范空间 X 是自反的，由 4.6–2 可知 X'' 与 X 同构. 所以在这种情况下，X 的可分性意味着 X'' 是可分空间，由 4.6–8 可知 X' 也是可分空间. 由此我们得到以下结论.

若可分赋范空间 X 的对偶空间 X' 是不可分的，则 X 不可能是自反空间.

例子 l^1 不是自反空间.

证明 由 1.3–10 可知 l^1 是可分空间，但是 $l^{1\prime} = l^\infty$ 是不可分空间，见 2.10–6 和 1.3–9，所以 l^1 不是自反空间. ∎

我们所希望的 4.6–8 可以从下述引理得到，这个引理的简单说明表示在图 4–5 中.

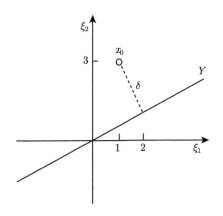

图 4–5 在 4.6–7 中，$X = \mathbf{R}^3$，$Y = \{\xi_1, \xi_1/2, 0\}$，$x_0 = (1, 3, 0)$，$\delta = \sqrt{5}$，$Z = \mathrm{span}(Y \cup \{x_0\}) = \xi_1\xi_2$ 平面，$f(z) = (-\xi_1 + 2\xi_2/\sqrt{5})$

4.6–7 引理（泛函的存在性） 设 Y 是赋范空间 X 的真闭子空间，任取 $x_0 \in X - Y$，令

$$\delta = \inf_{\tilde{y} \in Y} \|\tilde{y} - x_0\| \tag{4.6.6}$$

表示 x_0 到 Y 的距离, 则存在 $\tilde{f} \in X'$ 且满足

$$\|\tilde{f}\| = 1, \quad \text{对于所有 } y \in Y \text{ 有 } \tilde{f}(y) = 0, \quad \tilde{f}(x_0) = \delta. \tag{4.6.7}$$

证明　证明的思路是简单的. 考虑子空间 $Z = \operatorname{span}(Y \cup \{x_0\})$, 并在子空间 $Z \subseteq X$ 上定义有界线性泛函

$$f(z) = f(y + \alpha x_0) = \alpha \delta, \quad \text{其中 } y \in Y. \tag{4.6.8}$$

先证明 f 满足 (4.6.7), 然后根据 4.3–2 把 f 延拓到 X. 详细证明如下.

每个 $z \in Z$ 都有唯一的表示

$$z = y + \alpha x_0, \quad \text{其中 } y \in Y,$$

这就是 (4.6.8) 中用到的. 容易看出 f 是线性泛函. 由于 Y 是闭空间且 $\delta > 0$, 因此 $f \neq 0$. 若 $\alpha = 0$, 则对于所有 $y \in Y$ 有 $f(y) = 0$; 若 $\alpha = 1$ 且 $y = 0$, 则有 $f(x_0) = \delta$.

现在证明 f 是有界泛函. 若 $\alpha = 0$, 则 $f(z) = 0$. 设 $\alpha \neq 0$, 利用 (4.6.6) 并注意 $-(1/\alpha)y \in Y$ 便可得到

$$|f(z)| = |\alpha|\,\delta = |\alpha| \inf_{\tilde{y} \in Y} \|\tilde{y} - x_0\| \leqslant |\alpha| \left\| -\frac{1}{\alpha}y - x_0 \right\| = \|y + \alpha x_0\|,$$

即 $|f(z)| \leqslant \|z\|$, 因此 f 是有界泛函且 $\|f\| \leqslant 1$.

再证 $\|f\| \geqslant 1$. 根据下确界的定义, Y 包含序列 (y_n) 且满足 $\|y_n - x_0\| \to \delta$. 设 $z_n = y_n - x_0$, 在 (4.6.8) 取 $\alpha = -1$ 可得 $f(z_n) = -\delta$. 当 $n \to \infty$ 时还有

$$\|f\| = \sup_{\substack{z \in Z \\ z \neq 0}} \frac{|f(z)|}{\|z\|} \geqslant \frac{|f(z_n)|}{\|z_n\|} = \frac{\delta}{\|z_n\|} \to \frac{\delta}{\delta} = 1.$$

因此 $\|f\| \geqslant 1$, 故有 $\|f\| = 1$. 利用关于赋范空间的哈恩–巴拿赫定理 4.3–2, 可把 f 延拓到 X 上且范数不增加, 从而完成了引理的证明. ■

利用这个引理, 便能得到期望的定理.

4.6–8 定理（可分性）　若赋范空间 X 的对偶空间 X' 是可分空间, 则 X 自己也是可分空间.

证明　假设 X' 是可分空间, 则 X' 中的单位球面 $U' = \{f \mid \|f\| = 1\}$ 也包含一个可数的稠密子集, 不妨设为 (f_n). 由于 $f_n \in U'$, 故有

$$\|f_n\| = \sup_{\|x\| = 1} |f_n(x)| = 1.$$

根据上确界的定义，我们能找到范数等于 1 的点 $x_n \in X$ 使得

$$|f_n(x_n)| \geqslant \frac{1}{2}.$$

令 $Y = \overline{\operatorname{span}(x_n)}$，则由于 Y 有可数的稠密子集，即在对 (x_n) 做线性组合时，所用组合系数的实部和虚部都取有理数，这样得到的集合在 Y 中是稠密的并且是可数的. 因此 Y 是可分空间.

现在证明 $Y = X$. 若 $Y \neq X$，则由于 Y 是闭空间，根据 4.6-7，存在满足 $\|\tilde{f}\| = 1$ 的泛函 $\tilde{f} \in X'$，并且对于所有 $y \in Y$ 有 $\tilde{f}(y) = 0$. 由于 $x_n \in Y$，所以 $\tilde{f}(x_n) = 0$，并且对于所有 n 有

$$\frac{1}{2} \leqslant |f_n(x_n)| = |f_n(x_n) - \tilde{f}(x_n)| = |(f_n - \tilde{f})(x_n)| \leqslant \|f_n - f\| \|x_n\|,$$

其中 $\|x_n\| = 1$，所以 $\|f_n - \tilde{f}\| \geqslant \frac{1}{2}$. 因为 $\tilde{f} \in U'$，事实上 $\|\tilde{f}\| = 1$，这便与假设 (f_n) 在 U' 中稠密发生矛盾. ∎

习　题

1. 若 $X = \mathbf{R}^n$，(4.6.2) 中的泛函 f 和 g_x 是什么?

2. 对于 X 为希尔伯特空间的情况，给出 4.6-7 的一个简单证明.

3. 若赋范空间 X 是自反空间，证明 X' 是自反空间.

4. 证明: 巴拿赫空间 X 是自反空间，当且仅当其对偶空间 X' 是自反空间. (提示: 不加证明地利用自反巴拿赫空间的闭子空间是自反空间这一事实.)

5. 证明: 在 4.6-7 的假设之下，在 X 上存在有界线性泛函 h 满足

$$\|h\| = 1/\delta, \quad \text{对所有 } y \in Y \text{ 有 } \quad h(y) = 0, \quad h(x_0) = 1.$$

6. 证明赋范空间 X 的不同的闭子空间 Y_1 和 Y_2 有不同的零化子 (见 §2.10 习题 13).

7. 设 Y 是赋范空间 X 的这样一个闭子空间，它使得在 Y 上处处等于 0 的 $f \in X'$ 在整个 X 上也处处等于 0. 证明 $Y = X$.

8. 设 M 是赋范空间 X 的任意子集. 证明: $x_0 \in X$ 为 $A = \overline{\operatorname{span} M}$ 的元素，当且仅当对于满足 $f|_M = 0$ 的每个 $f \in X'$ 有 $f(x_0) = 0$.

9. **完全集** 证明: 赋范空间 X 的子集 M 在 X 中是完全的，当且仅当在 M 上处处等于 0 的每个 $f \in X'$ 在 X 上也处处等于 0.

10. 证明: 若赋范空间 X 有包含 n 个元素的线性无关子集，则它的对偶空间 X' 也是如此.

4.7　范畴定理和一致有界性定理

由巴拿赫和斯坦豪斯（S. Banach and H. Steinhaus, 1927）给出的一致有界性定理（或一致有界性原理）是非常重要的. 事实上，在整个分析中有很多与这个定理相关的结果. 最早的结果出现在勒贝格（H. Lebesgue, 1909）的研究之中. 一致有界性定理、哈恩–巴拿赫定理（§4.2 和 §4.3）、开映射定理（§4.12）以及闭图定理（§4.13），常常被认为是赋范空间中的泛函分析的四大基石. 和哈恩–巴拿赫定理不同的是，其余三个定理要求赋范空间是完备的. 确实，这三个定理刻画了巴拿赫空间的一些最重要的性质，它们是一般赋范空间所不具备的.

非常有趣的是，这三个定理能够以同一个定理为基础推导出来. 具体地说，就是先证明贝尔范畴定理，然后从它推出一致有界性定理（在本节）以及开映射定理（§4.12），最后就容易证明闭图定理（§4.13）了.

贝尔范畴定理在泛函分析中还有各种其他的应用，这就是很多证明涉及范畴的主要原因，这方面的内容见爱德华兹（R. E. Edwards, 1965）以及凯利和波冈维作（J. L. Kelley and I. Namioka, 1963）所写的较为深入的著作.

在 4.7–1 中我们叙述贝尔定理 4.7–2 需要的概念. 这些概念都有新旧两个名字，我们把旧名字放在括号内. 因为"范畴"现在用于出于完全不同的数学目的（在本书中不出现），所以旧名字在逐渐过时.

4.7–1 定义（范畴）　对于度量空间 X 的子集 M,

(a) 若其闭包 $\overline{M}$ 没有内点（见 §1.3），则称 M 在 X 中是稀疏的（或无处稠密的）.

(b) 若 M 为可数个在 X 中稀疏的子集之并，则称 M 在 X 中是贫乏的（或属第一范畴的）.

(c) 若 M 在 X 中不是贫乏的，则称 M 在 X 中是非贫乏的（或属第二范畴的）.　■

4.7–2 贝尔范畴定理（完备度量空间）　若度量空间 $X \neq \varnothing$ 是完备的，则它在自己内是非贫乏的.

因此，若 $X \neq \varnothing$ 是完备空间且

$$X = \bigcup_{k=1}^{\infty} A_k, \quad \text{其中 } A_k \text{ 是闭集,} \tag{4.7.1}$$

则至少有一个 A_k 包含非空的开子集.

证明 证明的思路很简单. 假设完备度量空间 $X \neq \varnothing$ 在自己内是贫乏的, 则

$$X = \bigcup_{k=1}^{\infty} M_k, \tag{4.7.1*}$$

其中每个 M_k 在 X 中都稀疏的. 我们将构造一个柯西序列 (p_k), 它的极限 p（根据 X 的完备性, p 是存在的）不落在任意 M_k 之内, 因而与表示式 (4.7.1*) 发生矛盾.

根据假设 M_1 在 X 中是稀疏的, 所以由定义可知 $\overline{M}_1$ 不包含非空的开集, 但 X 是包含非空开集（例如 X 自己）的, 这就意味着 $\overline{M}_1 \neq X$. 因而 $\overline{M}_1$ 的余集 $\overline{M}_1^{\mathrm{C}} = X - \overline{M}_1$ 是非空的开集. 因此可在 $\overline{M}_1^{\mathrm{C}}$ 中取一点 p_1 及以 p_1 为中心的开球

$$B_1 = B(p_1; \varepsilon_1) \subseteq \overline{M}_1^{\mathrm{C}}, \quad 其中 \ \varepsilon_1 < \tfrac{1}{2}.$$

由假设可知 M_2 在 X 中是稀疏的, 所以 $\overline{M}_2$ 不包含非空的开集, 因此它不含开球 $B\left(p_1; \tfrac{1}{2}\varepsilon_1\right)$, 这就意味着 $\overline{M}_2^{\mathrm{C}} \cap B\left(p_1; \tfrac{1}{2}\varepsilon_1\right)$ 是非空的开集. 所以可在其中取一个开球, 比如

$$B_2 = B(p_2; \varepsilon_2) \subseteq \overline{M}_2^{\mathrm{C}} \cap B\left(p_1; \tfrac{1}{2}\varepsilon_1\right), \quad 其中 \ \varepsilon_2 < \tfrac{1}{2}\varepsilon_1.$$

因而据归纳法, 我们可以得到开球的序列

$$B_k = B(p_k; \varepsilon_k), \quad 其中 \ \varepsilon_k < 2^{-k}$$

使得 $B_k \cap M_k = \varnothing$, 并且

$$对于 \ k = 1, 2, \cdots \ 有 \quad B_{k+1} \subseteq B\left(p_k, \tfrac{1}{2}\varepsilon_k\right) \subseteq B_k.$$

由于 $\varepsilon_k < 2^{-k}$, 所以球心序列 (p_k) 是柯西序列, 因此可设 $p_k \to p \in X$（因假定 X 是完备的而保证了这一点）, 并且对于每个 m 和 $n > m$ 有 $B_n \subseteq B\left(p_m; \tfrac{1}{2}\varepsilon_m\right)$, 故当 $n \to \infty$ 时有

$$d(p_m, p) \leqslant d(p_m, p_n) + d(p_n, p) < \tfrac{1}{2}\varepsilon_m + d(p_n, p) \to \tfrac{1}{2}\varepsilon_m.$$

因而对于每个 m 有 $p \in B_m$. 由于 $B_m \subseteq \overline{M}_m^{\mathrm{C}}$, 可以看出对于每个 m 有 $p \notin M_m$, 所以 $p \notin \bigcup M_m = X$. 这就与 $p \in X$ 矛盾, 从而贝尔定理获证. ∎

要注意的是, 贝尔定理的逆一般是不真的. 布尔巴基（N. Bourbaki, 1955, 习题 6, 第 3–4 页）给出了在自己中是非贫乏的非完备赋范空间的例子.

现在我们能从贝尔定理很容易地得到所希望的一致有界性定理. 这个定理是说, 若 X 是巴拿赫空间, 且算子序列 $T_n \in B(X, Y)$ 在每一点 $x \in X$ 是有界的, 则该序列是一致有界的. 换句话说, 点态有界性蕴涵某一更强的有界性, 即一致有界性. [后面 (4.7.2) 中的实数 c_x, 一般是随 x 而改变的, 所以用下标 x 指出这一点, 而最本质的是 c_x 不依赖于 n.]

4.7–3 一致有界性定理　设 (T_n) 是从巴拿赫空间 X 到赋范空间 Y 中的有界线性算子 $T_n : X \longrightarrow Y$ 的序列, 并且对于每个 $x \in X$, $(\|T_n x\|)$ 是有界的, 比如

$$\text{对于 } n = 1, 2, \cdots \text{ 有 }\quad \|T_n x\| \leqslant c_x, \tag{4.7.2}$$

其中 c_x 是实数, 则范数 $\|T_n\|$ 的序列是有界的, 即存在 c 使得

$$\text{对于 } n = 1, 2, \cdots \text{ 有 }\quad \|T_n\| \leqslant c. \tag{4.7.3}$$

证明　对于每个 $k \in \mathbf{N}$, 令 $A_k \subseteq X$ 是满足

$$\text{对于所有 } n \text{ 有 }\quad \|T_n x\| \leqslant k$$

的所有 x 的集合, 则 A_k 是闭集. 事实上, 对于任意 $x \in \overline{A}_k$, 在 A_k 中存在序列 (x_j) 收敛到 x, 这意味着对于每个固定的 n 有 $\|T_n x_j\| \leqslant k$. 根据 T_n 的连续性和范数的连续性 (见 §2.2) 可得 $\|T_n x\| \leqslant k$, 所以 $x \in A_k$, 从而 A_k 是闭集.

根据 (4.7.2), 每个 $x \in X$ 都属于某一个 A_k, 因而

$$X = \bigcup_{k=1}^{\infty} A_k.$$

由于 X 是完备空间, 根据贝尔定理便可推出某个 A_k 包含开球, 不妨设

$$B_0 = B(x_0; r) \subseteq A_{k_0}. \tag{4.7.4}$$

设 $x \in X$ 是任意非零元, 我们置

$$z = x_0 + \gamma x, \quad \text{其中 } \gamma = \frac{r}{2\|x\|}, \tag{4.7.5}$$

则 $\|z - x_0\| < r$, 所以 $z \in B_0$. 由 (4.7.4) 及 A_{k_0} 的定义, 对于所有 n 有 $\|T_n z\| \leqslant k_0$. 由于 $x_0 \in B_0$, 故也有 $\|T_n x_0\| \leqslant k_0$. 由 (4.7.5) 可得

$$x = \frac{1}{\gamma}(z - x_0).$$

从而对于所有 n 有

$$\|T_n x\| = \frac{1}{\gamma}\|T_n(z - x_0)\| \leqslant \frac{1}{\gamma}\big(\|T_n z\| + \|T_n x_0\|\big) \leqslant \frac{4}{r}\|x\|\, k_0.$$

因此对于所有 n 有

$$\|T_n\| = \sup_{\|x\|=1} \|T_n x\| \leqslant \frac{4}{r} k_0,$$

取 $c = 4k_0/r$ 便有 $\|T_n\| \leqslant c$，这就证明了 (4.7.3). ■

应用

4.7-4 多项式空间 *所有的多项式构成的向量空间* X，*在其上定义范数*

$$\|x\| = \max_j |\alpha_j|, \quad \text{其中 } \alpha_0, \alpha_1, \cdots \text{ 是 } x \text{ 的系数} \tag{4.7.6}$$

后，它是一个不完备的赋范空间.

证明 我们来构造一个 X 上的有界线性算子序列，它满足 (4.7.2)，但不满足 (4.7.3)，从而证明 X 不可能是完备的.

我们可以把非零的次数为 N_x 的多项式 x 写成

$$x(t) = \sum_{j=0}^{\infty} \alpha_j t^j, \quad \text{对于 } j > N_x \text{ 有 } \alpha_j = 0.$$

（对于 $x = 0$，通常不定义它的次数，但在这里是无关紧要的.）我们把泛函序列

$$T_n 0 = f_n(0) = 0, \quad T_n x = f_n(x) = \alpha_0 + \alpha_1 + \cdots + \alpha_{n-1} \tag{4.7.7}$$

取作定义在 X 上的算子序列 $T_n = f_n$. f_n 是线性泛函. 根据 (4.7.6) 有 $|\alpha_j| \leqslant \|x\|$，故 $|f_n(x)| \leqslant n\|x\|$，所以 f_n 是有界泛函. 此外，因为次数为 N_x 的多项式 x 有 $N_x + 1$ 个系数，所以对于每个固定的 $x \in X$，序列 $(|f_n(x)|)$ 满足 (4.7.2)，所以由 (4.7.7) 可得

$$|f_n(x)| \leqslant (N_x + 1) \max_j |\alpha_j| = c_x,$$

即 (f_n) 满足 (4.7.2).

下面证明 (f_n) 不满足 (4.7.3)，即不存在 c 使得对于所有 n 满足 $\|T_n\| = \|f_n\| \leqslant c$. 为此，我们只要选取一些特别"不好"的多项式就能做到这一点. 对于 f_n 我们选取

$$x(t) = 1 + t + \cdots + t^n.$$

由 (4.7.6) 可知 $\|x\| = 1$，并且

$$f_n(x) = 1 + 1 + \cdots + 1 = n = n\|x\|,$$

因此，$\|f_n\| \geqslant |f_n(x)|/\|x\| = n$，所以 $(\|f_n\|)$ 是无界的. ■

4.7–5 傅里叶级数　从 3.5–1 我们联想到周期为 2π 的周期函数 x，其傅里叶级数的形式为

$$\frac{1}{2}a_0 + \sum_{m=1}^{\infty}\left(a_m\cos mt + b_m\sin mt\right), \tag{4.7.8}$$

其傅里叶系数由欧拉公式

$$a_m = \frac{1}{\pi}\int_0^{2\pi} x(t)\cos mt\,\mathrm{d}t, \quad b_m = \frac{1}{\pi}\int_0^{2\pi} x(t)\sin mt\,\mathrm{d}t \tag{4.7.9}$$

给出.〔在 (4.7.8) 中所以写为 $a_0/2$，主要是为了把 3.5–1 中的三个欧拉公式合并为 (4.7.9) 中的两个.〕

众所周知，级数 (4.7.8) 甚至能够在 $x(t)$ 不连续的点收敛（习题 15 给出了一个简单的例子）. 这表明 $x(t)$ 的连续性对级数的收敛性不是必要的. 但十分意外的是，连续性也不是充分的.[①] 事实上，能用一致有界性定理来证明如下事实.

存在着这样的实值连续函数，在给定的点 t_0，其傅里叶级数是发散的.

证明　设 X 是所有周期为 2π 的实值连续函数的向量空间，在其上定义范数

$$\|x\| = \max|x(t)|. \tag{4.7.10}$$

把 1.5–5 中的 $[a, b]$ 取为 $[0, 2\pi]$，便知 X 是巴拿赫空间. 不失一般性，可取 $t_0 = 0$. 为了证明我们的论断，把一致有界性定理 4.7–3 应用到 $T_n = f_n$ 上，其中 $f_n(x)$ 取 x 的傅里叶级数的前 n 项之和在 $t = 0$ 的值. 对于 $t = 0$，所有的正弦项都等于 0，余弦项都等于 1，所以由 (4.7.8) 和 (4.7.9) 可以看出

$$f_n(x) = \frac{1}{2}a_0 + \sum_{m=1}^{n} a_m = \frac{1}{\pi}\int_0^{2\pi} x(t)\left[\frac{1}{2} + \sum_{m=1}^{n}\cos mt\right]\mathrm{d}t.$$

我们先把积分号内用和式表示的函数确定下来. 为此，计算

$$2\sin\tfrac{1}{2}t\sum_{m=1}^{n}\cos mt = \sum_{m=1}^{n} 2\sin\tfrac{1}{2}t\cos mt$$

$$= \sum_{m=1}^{n}\left[-\sin\left(m-\tfrac{1}{2}\right)t + \sin\left(m+\tfrac{1}{2}\right)t\right]$$

$$= -\sin\tfrac{1}{2}t + \sin\left(n+\tfrac{1}{2}\right)t,$$

[①] $x(t)$ 在点 t_0 的连续性及左、右端导数的存在性，对于级数在 t_0 的收敛是充分的，见罗戈辛斯基（W. Rogosinski, 1959, 第 70 页）的著作.

在计算的过程中绝大多数项成对地消掉了，所以得到上面最后的表达式. 两端用 $\sin\frac{1}{2}t$ 除，再加 1，便得到

$$1 + 2\sum_{m=1}^{n}\cos mt = \frac{\sin\left(n+\frac{1}{2}\right)t}{\sin\frac{1}{2}t}.$$

因此，关于 $f_n(x)$ 的表达式可化简为

$$f_n(x) = \frac{1}{2\pi}\int_0^{2\pi}x(t)q_n(t)\mathrm{d}t, \quad q_n(t) = \frac{\sin\left(n+\frac{1}{2}\right)t}{\sin\frac{1}{2}t}. \tag{4.7.11}$$

利用这个式子可以证明线性泛函 f_n 是有界的. 事实上，由 (4.7.10) 和 (4.7.11) 有

$$\left|f_n(x)\right| \leqslant \frac{1}{2\pi}\max|x(t)|\int_0^{2\pi}|q_n(t)|\mathrm{d}t = \frac{\|x\|}{2\pi}\int_0^{2\pi}|q_n(t)|\mathrm{d}t,$$

由此便看出 f_n 是有界算子. 进而关于所有范数等于 1 的 x 取上确界可得

$$\|f_n\| \leqslant \frac{1}{2\pi}\int_0^{2\pi}|q_n(t)|\mathrm{d}t.$$

下面证明其中等号实际上是能够达到的. 为此，先记

$$\left|q_n(t)\right| = y(t)q_n(t),$$

其中当 t 使得 $q_n(t) \geqslant 0$ 时取 $y(t) = +1$，否则取 $y(t) = -1$. y 是不连续的，但对于任意正数 ε，它能够修改成范数等于 1 的连续函数 x，使得关于这个 x 有

$$\frac{1}{2\pi}\left|\int_0^{2\pi}\left[x(t) - y(t)\right]q_n(t)\mathrm{d}t\right| < \varepsilon.$$

把上式写成两个积分，利用 (4.7.11) 便得到

$$\frac{1}{2\pi}\left|\int_0^{2\pi}x(t)q_n(t)\mathrm{d}t - \int_0^{2\pi}y(t)q_n(t)\mathrm{d}t\right| = \left|f_n(x) - \frac{1}{2\pi}\int_0^{2\pi}|q_n(t)|\mathrm{d}t\right| < \varepsilon.$$

由于 ε 是任意正数，且 $\|x\| = 1$，这就证明了希望得到的公式

$$\|f_n\| = \frac{1}{2\pi}\int_0^{2\pi}|q_n(t)|\mathrm{d}t. \tag{4.7.12}$$

最后证明序列 $(\|f_n\|)$ 是无界的. 将 (4.7.11) 中的 $q_n(t)$ 代入 (4.7.12)，并利用对于 $t \in (0, 2\pi]$ 有 $|\sin\frac{1}{2}t| < \frac{1}{2}t$ 的事实，令 $(n+\frac{1}{2})t = v$，因为调和级数是发散的，所以当 $n \to \infty$ 时有

$$\|f_n\| = \frac{1}{2\pi}\int_0^{2\pi}\left|\frac{\sin\left(n+\frac{1}{2}\right)t}{\sin\frac{1}{2}t}\right|\mathrm{d}t$$

$$> \frac{1}{\pi} \int_0^{2\pi} \frac{\sin\left(n + \frac{1}{2}\right) t}{t} \mathrm{d}t$$

$$= \frac{1}{\pi} \int_0^{(2n+1)\pi} \frac{|\sin v|}{v} \mathrm{d}v$$

$$= \frac{1}{\pi} \sum_{k=0}^{2n} \int_{k\pi}^{(k+1)\pi} \frac{|\sin v|}{v} \mathrm{d}v$$

$$\geqslant \frac{1}{\pi} \sum_{k=0}^{2n} \frac{1}{(k+1)\pi} \int_{k\pi}^{(k+1)\pi} |\sin v| \mathrm{d}v$$

$$= \frac{2}{\pi^2} \sum_{k=0}^{2n} \frac{1}{k+1} \to \infty.$$

因此 $(\|f_n\|)$ 是无界序列. 所以 (4.7.3)（取 $T_n = f_n$）不成立. 由于 X 是完备空间，这就意味着 (4.7.2) 不能对所有 x 成立，因此必有 $x \in X$ 使得 $(\|f_n(x)\|)$ 无界. 根据 f_n 的定义，这意味着 x 的傅里叶级数在 $t = 0$ 发散. ■

注意，我们的证明只是说这种函数理论上是存在的，并没有说如何去构造在 t_0 傅里叶级数发散这种连续函数 x. 费耶尔（L. Fejér, 1910）给出过这种函数的例子，并且罗戈辛斯基（W. Rogosinski, 1959, 第 76–77 页）也构造过一个.

习　题

1. 有理数集在 (a) 实直线 **R** 中，(b) 自己中（取通常的度量），属于什么范畴?

2. 整数集在 (a) 实直线 **R** 中，(b) 自己中（取从 **R** 导出的度量），属于什么范畴?

3. 找出离散度量空间 X 中的所有稀疏集.

4. 求 $\mathbf{R}^2$ 中的一个贫乏稠密子集.

5. 证明：度量空间 X 的子集 M 当且仅当 $\left(\overline{M}\right)^{\mathrm{C}}$ 在 X 中稠密，它才是稀疏的.

6. 证明完备度量空间 X 的贫乏子集 M 的余集 M^{C} 是非贫乏的.

7. 共鸣　设 X 是巴拿赫空间，Y 是赋范空间，且 $T_n \in B(X, Y)$（$n = 1, 2, \cdots$）满足 $\sup_n \|T_n\| = +\infty$. 证明存在 $x_0 \in X$ 使得 $\sup_n \|T_n x_0\| = +\infty$.（点 x_0 通常叫作共鸣点. 这个问题是想说明，一致有界性定理又叫作共鸣定理.）

8. 证明 4.7–3 中 X 的完备性是必不可少的.［考虑所有 $x = (\xi_j)$（对于 $j \geqslant J \in \mathbf{N}$ 有 $\xi_j = 0$，J 依赖于 x）构成的子空间 $X \subseteq l^\infty$，并取 T_n 为 $T_n x = f_n(x) = n\xi_n$.］

9. 设 $T_n = S^n$，其中算子 $S : l^2 \longrightarrow l^2$ 定义为 $(\xi_1, \xi_2, \xi_3, \cdots) \longmapsto (\xi_3, \xi_4, \xi_5, \cdots)$. 求 $\|T_n x\|$ 的一个界，求 $\lim_{n \to \infty} \|T_n x\|$, $\|T_n\|$, $\lim_{n \to \infty} \|T_n\|$.

10. 空间 c_0　设 $y = (\eta_j)$, $\eta_j \in \mathbf{C}$ 是对于每个 $x = (\xi_j) \in c_0$ 使得 $\sum \xi_j \eta_j$ 收敛的序列，其中 $c_0 \subseteq l^\infty$ 是所有收敛到 0 的复数序列构成的子空间. 证明 $\sum |\eta_j| < \infty$（利用 4.7–3）.

11. 设 X 是巴拿赫空间, Y 是赋范空间, $T_n \in B(X, Y)$ 对于每个点 $x \in X$ 使得 $(T_n x)$ 为 Y 中的柯西序列. 证明 $(\|T_n\|)$ 有界.

12. 在习题 11 中, 若再假定 Y 是完备空间, 证明 $T_n x \to Tx$, 其中 $T \in B(X, Y)$.

13. 若 (x_n) 是巴拿赫空间 X 中的序列, 并且对于所有 $f \in X'$ 使得 $(f(x_n))$ 有界. 证明 $(\|x_n\|)$ 有界.

14. 若 X 和 Y 是巴拿赫空间, $T_n \in B(X, Y)$ $(n = 1, 2, \cdots)$. 证明下面的命题是等价的.

(a) $(\|T_n\|)$ 有界.

(b) $(\|T_n x\|)$ 对于所有 $x \in X$ 有界.

(c) $(g(T_n x))$ 对于所有 $x \in X$ 和所有 $g \in Y'$ 有界.

15. 为了说明函数 x 的傅里叶级数可以在 x 的一个不连续点上收敛, 求函数

$$x(t) = \begin{cases} 0, & \text{若 } -\pi \leqslant t < 0, \\ 1, & \text{若 } 0 \leqslant t < \pi, \end{cases} \qquad \text{且} \quad x(t + 2\pi) = x(t)$$

的傅里叶级数. 画出 x 及部分和 s_0, s_1, s_2, s_3 的图像, 与图 4-6 比较. 证明在 $t = \pm n\pi$, 级数的值为 $1/2$, 即 x 的左右极限的算术平均. 这是傅里叶级数的一个典型特征.

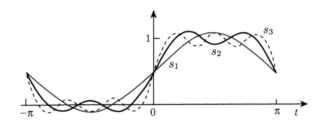

图 4-6 习题 15 中的前三个部分和 s_1, s_2, s_3

4.8 强收敛和弱收敛

大家知道, 微积分中定义了不同类型的收敛 (通常的收敛、条件收敛、绝对收敛和一致收敛). 在序列和级数的理论及其应用中, 这些概念为我们提供了极大的适应性. 在泛函分析中, 情况是类似的, 不过还能够定义更多有实际意义的收敛概念. 本节主要是关于弱收敛的讨论. 由于弱收敛的理论使得 §4.7 讨论的一致有界性定理有了本质的应用, 所以它是一个很基本的概念, 故放在这里讲述. 事实上, 它是一致有界性定理最主要的应用之一.

在 §2.3 曾定义过赋范空间中序列的收敛, 从现在起, 我们把它叫作强收敛, 以区别于马上要引入的弱收敛. 因此, 我们首先叙述以下定义.

4.8–1 定义（强收敛）　赋范空间 X 中的序列 (x_n)，若存在 $x \in X$ 使得

$$\lim_{n \to \infty} \|x_n - x\| = 0,$$

则叫作强收敛的（或按范数收敛的），记作

$$\lim_{n \to \infty} x_n = x,$$

或简记为

$$x_n \to x,$$

x 叫作 (x_n) 的强极限，并说 (x_n) 强收敛到 x.　■

弱收敛是用 X 上的有界线性泛函来定义的.

4.8–2 定义（弱收敛）　赋范空间 X 中的序列 (x_n)，若存在 $x \in X$ 使得对于每个 $f \in X'$ 有

$$\lim_{n \to \infty} f(x_n) = f(x),$$

则叫作弱收敛的，记作

$$x_n \xrightarrow{w} x,$$

或 $x_n \to x$. 这时 x 叫作 (x_n) 的弱极限，并说 (x_n) 弱收敛到 x.　■

注意，弱收敛是指对于每个 $f \in X'$，数列 $\big(a_n = f(x_n)\big)$ 收敛.

在整个分析中（例如，在变分学和微分方程的一般理论中），弱收敛都有各种应用. 这个概念也说明了泛函分析的一个基本原则，即对空间本身的研究常常要与它的对偶空间关联在一起.

为了应用弱收敛的概念，我们必须知道下面引理中所陈述的一些基本性质. 读者也会注意到，在证明的过程中，我们要利用哈恩–巴拿赫定理（经由 4.3–4 和 4.6–1）和一致有界性定理. 这本身也证实了这两个定理在研究弱收敛方面的重要性.

4.8–3 引理（弱收敛）　设 (x_n) 是赋范空间 X 中的弱收敛序列，即 $x_n \xrightarrow{w} x$，则

(a) (x_n) 的弱极限 x 是唯一的.

(b) (x_n) 的每个子序列都弱收敛到 x.

(c) 数列 $(\|x_n\|)$ 有界.

证明　(a) 假定 $x_n \xrightarrow{w} x$ 且 $x_n \xrightarrow{w} y$，则 $f(x_n) \to f(x)$ 且 $f(x_n) \to f(y)$. 由于 $\big(f(x_n)\big)$ 是数列，所以它的极限是唯一的，因此 $f(x) = f(y)$. 也就是说，对于每个 $f \in X'$ 有

$$f(x) - f(y) = f(x - y) = 0.$$

根据 4.3–4 有 $x = y$，这便证明了弱极限的唯一性.

(b) 由于 $(f(x_n))$ 是收敛的数列，所以 $(f(x_n))$ 的每一个子序列都收敛，且和 $(f(x_n))$ 有相同的极限. 这就证明了 (b).

(c) 由于 $(f(x_n))$ 是收敛的数列，所以它是有界的. 不妨设对于所有 n 有 $|f(x_n)| \leqslant c_f$，其中 c_f 是与 f 有关但与 n 无关的常数. 利用典范映射 $C: X \longrightarrow X''$（见 §4.6），我们可以定义 $g_n \in X''$ 为

$$g_n(f) = f(x_n), \quad \text{其中 } f \in X',$$

（这里用 g_n 代替 g_{x_n}，避免下标又附下标）则对于所有 n 有

$$|g_n(f)| = |f(x_n)| \leqslant c_f,$$

即序列 $(|g_n(f)|)$ 对于每个 $f \in X'$ 有界. 由 2.10–4 可知 X' 是完备的，所以可以应用一致有界性定理 4.7–3，推出 $(\|g_n\|)$ 有界. 由 4.6–1 可知 $\|g_n\| = \|x_n\|$，这就证明了 (c). ∎

读者或许会奇怪，为什么弱收敛的概念在微积分中不起作用. 道理很简单，因为在有限维赋范空间，强收敛与弱收敛是没有任何区别的. 让我们来证明这一事实，并顺带说明采用"强"与"弱"这两个词的合理性.

4.8–4 定理（强收敛与弱收敛） 设 (x_n) 是赋范空间 X 中的序列，则

(a) 强收敛蕴涵弱收敛，并且有同一极限.

(b) 弱收敛一般并不蕴涵强收敛.

(c) 若 $\dim X < \infty$，则弱收敛蕴涵强收敛.

证明 (a) 根据定义，$x_n \to x$ 意味着 $\|x_n - x\| \to 0$，并且对每个 $f \in X'$ 可推出

$$|f(x_n) - f(x)| = |f(x_n - x)| \leqslant \|f\| \, \|x_n - x\| \to 0.$$

这表明 $x_n \xrightarrow{w} x$.

(b) 为此我们考虑希尔伯特空间 H 中的规范正交序列 (e_n). 事实上，对于每个 $f \in H'$ 都有里斯表示 $f(x) = \langle x, z \rangle$，因此 $f(e_n) = \langle e_n, z \rangle$. 根据贝塞尔不等式（见 3.4–6）有

$$\sum_{n=1}^{\infty} |\langle e_n, z \rangle|^2 \leqslant \|z\|^2.$$

这表明左端的级数收敛. 所以当 $n \to \infty$ 时它的项一定趋于 0，这意味着

$$f(e_n) = \langle e_n, z \rangle \to 0.$$

由于 $f \in H'$ 是任意的，所以得到 $e_n \xrightarrow{w} 0$. 然而由于

$$\text{当 } m \neq n \text{ 时} \quad \|e_m - e_n\|^2 = \langle e_m - e_n, e_m - e_n \rangle = 2,$$

所以 (e_n) 不是强收敛的.

(c) 假定 $x_n \xrightarrow{w} x$ 且 $\dim X = k$，令 $\{e_1, \cdots, e_k\}$ 是 X 的任意基，则

$$x_n = \alpha_1^{(n)} e_1 + \cdots + \alpha_k^{(n)} e_k,$$

$$x = \alpha_1 e_1 + \cdots + \alpha_k e_k.$$

根据假设，对于每个 $f \in X'$ 有 $f(x_n) \to f(x)$，我们特别取 $f_1, \cdots, f_k$ 如下：

$$f_j(e_j) = 1, \quad \text{当 } m \neq j \text{ 时 } f_j(e_m) = 0,$$

（顺便指出，这是 $\{e_1, \cdots, e_k\}$ 的对偶基，见 §2.9）则

$$f_j(x_n) = \alpha_j^{(n)}, \quad f_j(x) = \alpha_j fs$$

因此由 $f_j(x_n) \to f_j(x)$ 可推得 $\alpha_j^{(n)} \to \alpha_j$，由此立即得到当 $n \to \infty$ 时有

$$\|x_n - x\| = \left\| \sum_{j=1}^{k} \left(\alpha_j^{(n)} - \alpha_j \right) e_j \right\| \leqslant \sum_{j=1}^{k} \left| \alpha_j^{(n)} - \alpha_j \right| \|e_j\| \to 0.$$

这就证明了 (x_n) 强收敛到 x. ∎

　　有趣的是，也存在使得强收敛与弱收敛互相等价的无穷维空间. 例如舒尔（I. Schur, 1921）曾证明 l^1 就是这样的一个空间.

　　最后，我们来研究特别重要的两类空间中的弱收敛问题.

例子

4.8–5 希尔伯特空间　在希尔伯特空间 H 中，$x_n \xrightarrow{w} x$，当且仅当对于所有 $z \in H$ 有 $\langle x_n, z \rangle \to \langle x, z \rangle$.

　　证明　显然可由里斯定理 3.8–1 推出.

4.8–6 空间 l^p　在空间 l^p 中（$1 < p < \infty$），$x_n \xrightarrow{w} x$，当且仅当

　　(A) 序列 $(\|x_n\|)$ 有界.

　　(B) 对于每个固定的 j，当 $n \to \infty$ 时有 $\xi_j^{(n)} \to \xi_j$，其中 $x_n = \left(\xi_j^{(n)} \right)$ 且 $x = (\xi_j)$.

　　证明　l^p 的对偶空间是 l^q，见 2.10–7. l^q 的绍德尔基是 (e_n)，其中 $e_n = (\delta_{nj})$，即它的第 n 个分量是 1，其余为 0. $\mathrm{span}(e_n)$ 在 l^q 中是稠密的，所以其结论可从下述引理推得.

4.8–7 引理（弱收敛）　在赋范空间 X 中，$x_n \xrightarrow{w} x$，当且仅当

　　(A) 序列 $(\|x_n\|)$ 有界.

　　(B) 对于 X' 的完全子集 M 中的每个元 f 有 $f(x_n) \to f(x)$.

证明 在 $x_n \xrightarrow{w} x$ 的假定下，从 4.8-3(c) 可推出 (A)，而 (B) 是显然的.

反过来，假定 (A) 和 (B) 成立. 考虑任意 $f \in X$，并证明 $f(x_n) \to f(x)$，根据定义，这意味着弱收敛.

根据 (A)，当 c 取得足够大时，对于所有 n 有 $\|x_n\| \leqslant c$，且 $\|x\| \leqslant c$. 由于 M 在 X' 中是完全的，所以对于每个 $f \in X'$，在 $\mathrm{span}(M)$ 中存在序列 (f_j) 使得 $f_j \to f$. 因此，对于给定的任意正数 ε，都能找到 j 使得

$$\|f_j - f\| < \frac{\varepsilon}{3c}.$$

进而由于 $f_j \in \mathrm{span}(M)$，根据 (B) 存在 N 使得对于所有 $n > N$ 有

$$\left| f_j(x_n) - f_j(x) \right| < \frac{\varepsilon}{3}.$$

利用上面的两个不等式及三角不等式，对于所有 $n > N$ 有

$$\left| f(x_n) - f(x) \right| \leqslant \left| f(x_n) - f_j(x_n) \right| + \left| f_j(x_n) - f_j(x) \right| + \left| f_j(x) - f(x) \right|$$
$$< \|f - f_j\| \, \|x_n\| + \frac{\varepsilon}{3} + \|f_j - f\| \, \|x\|$$
$$< \frac{\varepsilon}{3c} c + \frac{\varepsilon}{3} + \frac{\varepsilon}{3c} c = \varepsilon.$$

由于 $f \in X'$ 是任意的，这就证明了 $x_n \xrightarrow{w} x$. ∎

习 题

1. **点态收敛** 若 $x_n \in C[a, b]$ 且 $x_n \xrightarrow{w} x \in C[a, b]$，证明 (x_n) 在 $[a, b]$ 上是点态收敛的，即对于每一个 $t \in [a, b]$，$(x_n(t))$ 收敛.

2. 设 X 和 Y 是赋范空间，$T \in B(X, Y)$ 且 (x_n) 是 X 中的序列，若 $x_n \xrightarrow{w} x_0$，证明 $Tx_n \xrightarrow{w} Tx_0$.

3. 若 (x_n) 和 (y_n) 是同一个赋范空间 X 上的序列，证明 $x_n \xrightarrow{w} x$ 和 $y_n \xrightarrow{w} y$ 蕴涵 $x_n + y_n \xrightarrow{w} x + y$ 和 $\alpha x_n \xrightarrow{w} \alpha x$，其中 α 是任意标量.

4. 证明 $x_n \xrightarrow{w} x_0$ 蕴涵 $\varliminf\limits_{n \to \infty} \|x_n\| \geqslant \|x_0\|$（利用 4.3-3）.

5. 在赋范空间 X 中，若 $x_n \xrightarrow{w} x_0$，证明 $x_0 \in \overline{Y}$，其中 $Y = \mathrm{span}(x_n)$（利用 4.6-7）.

6. 若 (x_n) 是赋范空间 X 中的弱收敛序列，不妨设 $x_n \xrightarrow{w} x_0$，证明存在强收敛到 x_0 的序列 (y_m)，其中每个 y_m 都是 (x_n) 中元素的线性组合.

7. 证明赋范空间 X 中的任意闭子空间 Y 包含 Y 中元素的所有弱收敛序列的极限.

8. **弱柯西序列** 实（或复）赋范空间 X 中的序列 (x_n)，若对于每个 $f \in X'$，$(f(x_n))$ 分别是 $\mathbf{R}$（或 $\mathbf{C}$）中的柯西序列 [注意，这时当然有 $\lim\limits_{n \to \infty} f(x_n)$ 存在]，则称 (x_n) 是 X 中的弱柯西序列. 证明弱柯西序列是有界的.

9. 设 A 是赋范空间 X 中的集合，且 A 的每个非空子集都含有弱柯西序列，证明 A 有界.

10. **弱完备性** 对于赋范空间 X 来讲，若 X 的每一个弱柯西序列都在 X 中是弱收敛的，则称 X 是弱完备的. 若 X 是自反的，证明 X 是弱完备的.

4.9　算子序列和泛函序列的收敛

在对具体情形作抽象的描述中，例如在研究傅里叶级数的收敛问题、插值多项式序列的收敛问题或者数值积分方法的收敛问题时，都经常出现有界线性算子和泛函的序列. 在这些情况下，我们通常要考虑这些算子或泛函序列的收敛性，相应的范数序列的有界性，或者类似的性质.

经验表明，§4.8 关于赋范空间的元素的序列所定义的强收敛和弱收敛是非常有用的概念. 对于算子 $T_n \in B(X, Y)$ 的序列，有三种收敛性也被证实有极大的理论和实用价值. 它们是：

(1) 按 $B(X, Y)$ 上的范数收敛；

(2) $(T_n x)$ 在 Y 中的强收敛；

(3) $(T_n x)$ 在 Y 中的弱收敛.

上述定义和术语如下所述，它们是由冯·诺伊曼（J. von Neumann, 1929–1930b）引入的.

4.9–1 定义（算子序列的收敛） 设 X 和 Y 是赋范空间，(T_n) 是空间 $B(X, Y)$ 中算子 T_n 的序列，

(1) 若 (T_n) 按 $B(X, Y)$ 上的范数收敛，则称 (T_n) 是**一致算子收敛的**[①]；

(2) 若对于每个 $x \in X$，$(T_n x)$ 在 Y 中强收敛，则称 (T_n) 是**强算子收敛的**；

(3) 若对于每个 $x \in X$，$(T_n x)$ 在 Y 中弱收敛，则称 (T_n) 是**弱算子收敛的**.

用公式来表示的话，这意味着存在算子 $T : X \longrightarrow Y$，分别使得

$$\|T_n - T\| \to 0, \tag{4.9.1}$$

$$\text{对于所有 } x \in X \text{ 有 } \quad \|T_n x - T x\| \to 0, \tag{4.9.2}$$

$$\text{对于所有 } x \in X \text{ 和所有 } f \in Y' \text{ 有 } \quad |f(T_n x) - f(T x)| \to 0. \tag{4.9.3}$$

T 分别叫作 (T_n) 的一致算子极限、强算子极限和弱算子极限. ■

§4.8 曾指出，即使在微积分中、在很简单的情形中，使用几个不同的收敛概念也为我们的研究提供了极大的适应性. 尽管如此，读者对我们刚刚引入的很多收敛概念仍可能感到应接不暇和手足无措，甚至会问：对算子序列引入三类收敛

[①] "算子"常被从这三个术语中略去. 为了清晰起见，我们保留它.

性为什么是必要的? 回答是: 在实际问题中所出现的很多算子是作为较简单的算子的 "某种" 极限而给出的, 而重要的是要知道, "某种" 又意味着什么? 算子序列的性质蕴涵极限算子的什么性质? 况且, 在研究之初我们并不总是知道在什么意义下极限将是存在的. 因此, 设想几种可能性总是有用的. 在特定的问题中, 最初只能在很微弱的意义下来确立收敛性, 这样至少使研究有一个可靠的起点. 然后为在较强的意义下证明其收敛性开发工具, 这也是为保证极限算子有 "较好" 的性质而做的进一步工作, 这是很典型的情况, 例如在偏微分方程中, 就是这样考虑的.

不难证明

$$(4.9.1) \implies (4.9.2) \implies (4.9.3)$$

(并且极限相同), 但从下面的例子可以看出反过来一般不真.

例子

4.9–2 空间 l^2 在空间 l^2 中, 考虑序列 (T_n), 其中 $T_n : l^2 \longrightarrow l^2$ 定义为

$$T_n x = (\underbrace{0, 0, \cdots, 0}_{n \text{ 个零}}, \xi_{n+1}, \xi_{n+2}, \xi_{n+3}, \cdots),$$

其中 $x = (\xi_1, \xi_2, \cdots) \in l^2$. 这个 T_n 是有界线性算子. 显然, 由于 $T_n x \to 0 = 0x$, 所以 (T_n) 强算子收敛到 0. 然而, 由于 $\|T_n - 0\| = \|T_n\| = 1$, 所以 (T_n) 不是一致算子收敛的.

4.9–3 空间 l^2 算子 $T_n : l^2 \longrightarrow l^2$ 定义为

$$T_n x = (\underbrace{0, 0, \cdots, 0}_{n \text{ 个零}}, \xi_1, \xi_2, \xi_3, \cdots)$$

其中 $x = (\xi_1, \xi_2, \cdots) \in l^2$. 这个 T_n 是有界线性算子. 我们来证明序列 (T_n) 弱算子收敛到 0, 但不是强算子收敛的.

l^2 上的每一个有界线性泛函 f 都有里斯表示 3.8–1, 根据 3.1–6, 即

$$f(x) = \langle x, z \rangle = \sum_{j=1}^{\infty} \xi_j \bar{\zeta}_j,$$

其中 $z = (\zeta_j) \in l^2$. 因此, 置 $j = n + k$ 并利用 T_n 的定义便有

$$f(T_n x) = \langle T_n x, z \rangle = \sum_{j=n+1}^{\infty} \xi_{j-n} \bar{\zeta}_j = \sum_{k=1}^{\infty} \xi_k \bar{\zeta}_{n+k}.$$

根据 1.2–3 中的柯西–施瓦茨不等式, 有

$$\left|f(T_n x)\right|^2 = \left|\langle T_n x, z\rangle\right|^2 \leqslant \sum_{k=1}^{\infty} |\xi_k|^2 \sum_{m=n+1}^{\infty} |\zeta_m|^2.$$

上式最后一个级数是收敛级数的余项的和, 因此当 $n \to \infty$ 时, 不等式右端趋向于 0, 因而 $f(T_n x) \to 0 = f(0x)$, 这表明 (T_n) 弱算子收敛到 0.

然而, 由于对于 $x = (1, 0, 0, \cdots)$ 有

$$\text{当 } m \neq n \text{ 时}　　\|T_m x - T_n x\| = \sqrt{1^2 + 1^2} = \sqrt{2},$$

所以 (T_n) 不是强算子收敛的.　　　　　　　　　　　　　　　　　　　　■

由于**线性泛函**是 (值域落在标量域 **R** 或 **C** 中的) 线性算子, 所以可以直接应用 (4.9.1)(4.9.2)(4.9.3). 然而出于下述原因, (4.9.2) 和 (4.9.3) 变成等价的了. 原来 $T_n x \in Y$, 但现在 $f_n(x) \in \mathbf{R}$ (或 **C**), 因此 (4.9.2) 和 (4.9.3) 中的收敛性是在有限维 (一维) 空间 **R** (或 **C**) 中考虑的, 由定理 4.8–4(c) 可知 (4.9.2) 和 (4.9.3) 是等价的. 留下的两个概念分别叫作 (f_n) 的强收敛和弱星收敛 (弱 * 收敛).

4.9–4 定义 (泛函序列的强收敛和弱星收敛)　设 (f_n) 是赋范空间 X 上的有界线性泛函序列, 则

(a) (f_n) 的强收敛是指存在 $f \in X'$ 使得 $\|f_n - f\| \to 0$, 记为

$$f_n \to f.$$

(b) (f_n) 的弱星收敛是指存在 $f \in X'$ 使得对于所有 $x \in X$ 有 $f_n(x) \to f(x)$, 记为[①]

$$f_n \xrightarrow{w^*} f.$$

(a) 和 (b) 中的 f 分别叫作 (f_n) 的强极限和弱星极限.　　　　　　　■

回到算子 $T_n \in B(X, Y)$, 关于 (4.9.1)(4.9.2)(4.9.3) 中的极限算子 $T: X \longrightarrow Y$, 我们能谈点什么呢?

若收敛是一致的, 则 $T \in B(X, Y)$, 否则 $\|T_n - T\|$ 将失去意义. 若收敛是强的或弱的, 则 T 仍然是线性的, 但若 X 不是完备的, T 有可能是无界的.

例子　l^2 中 "有限非零序列" 构成的空间 X, 取 l^2 上的度量, 是不完备空间. 在 X 上定义有界线性算子 T_n 的序列

$$T_n x = (\xi_1, 2\xi_2, 3\xi_3, \cdots, n\xi_n, \xi_{n+1}, \xi_{n+2}, \cdots),$$

---

① 这个概念比 (f_n) 的弱收敛重要, 根据 4.8–2, (f_n) 的弱收敛是指对于所有 $g \in X''$ 有 $g(f_n) \to g(f)$. 通过 §4.6 的典范映射能够看出弱收敛蕴涵弱星收敛 (见习题 4).

所以, 若 $j \leqslant n$, 则 $T_n x$ 的第 j 项为 $j\xi_j$, 若 $j > n$, 则 $T_n x$ 的第 j 项为 ξ_j. 这个序列 (T_n) 强收敛到无界线性算子 T, T 被定义为 $Tx = (\eta_j)$, 其中 $\eta_j = j\xi_j$.

然而, 若 X 是完备空间, 根据下面的基本引理, 这个例子所表明的情况就不能再出现.

4.9–5 引理 (强算子收敛) 设 $T_n \in B(X, Y)$, 其中 X 是巴拿赫空间, Y 是赋范空间. 若 (T_n) 强算子收敛到极限 T, 则 $T \in B(X, Y)$.

证明 容易从 T_n 的线性性推出 T 是线性算子. 由于对于每个 $x \in X$ 有 $T_n x \to Tx$, 所以对于每个 $x \in X$, 序列 $(T_n x)$ 有界, 见 1.4–2. 由于 X 是完备空间, 根据一致有界性定理, $(\|T_n\|)$ 有界, 不妨设对于所有 n 有 $\|T_n\| \leqslant c$, 由此可推出 $\|T_n x\| \leqslant \|T_n\| \|x\| \leqslant c\|x\|$, 这蕴涵 $\|Tx\| \leqslant c\|x\|$. ■

强算子收敛的一个有用判据如下.

4.9–6 定理 (强算子收敛) 设 X 和 Y 是巴拿赫空间, (T_n) 是 $B(X, Y)$ 中的算子序列. (T_n) 是强算子收敛的, 当且仅当

(A) 序列 $(\|T_n\|)$ 有界.

(B) 对于 X 的完全子集 M 中的每个 x, $(T_n x)$ 是 Y 中的柯西序列.

证明 若对于每个 $x \in X$ 有 $T_n x \to Tx$, 则由于 X 是完备空间, 从一致有界性定理推出 (A), 而 (B) 是显然的.

反之, 假定 (A) 和 (B) 成立, 所以对于所有 n 有 $\|T_n\| \leqslant c$. 考虑任意 $x \in X$, 现在证明 $(T_n x)$ 在 Y 中强收敛. 对于给定的正数 ε, 由于 $\mathrm{span}(M)$ 在 X 中稠密, 所以存在 $y \in \mathrm{span}(M)$ 使得

$$\|x - y\| < \frac{\varepsilon}{3c}.$$

由于 $y \in \mathrm{span}(M)$, 由 (B) 可知序列 $(T_n y)$ 是柯西序列. 因此存在 N 使得

$$\text{对于所有 } m, n > N \text{ 有} \quad \|T_n y - T_m y\| < \frac{\varepsilon}{3}.$$

利用这两个不等式及三角不等式可得对于所有 $m, n > N$ 有

$$\|T_n x - T_m x\| \leqslant \|T_n x - T_n y\| + \|T_n y - T_m y\| + \|T_m y - T_m x\|$$
$$< \|T_n\| \|x - y\| + \frac{\varepsilon}{3} + \|T_m\| \|x - y\|$$
$$< c\frac{\varepsilon}{3c} + \frac{\varepsilon}{3} + c\frac{\varepsilon}{3c} = \varepsilon,$$

这表明 $(T_n x)$ 是 Y 中的柯西序列. 由于 Y 是完备空间, 所以 $(T_n x)$ 在 Y 中收敛. 由于 $x \in X$ 是任意的, 这便证明了 (T_n) 是强算子收敛的. ■

4.9-7 推论（泛函）　巴拿赫空间 X 上的有界线性泛函序列 (f_n) 是弱星收敛的，且其极限是 X 上的有界线性泛函，当且仅当

(A) 序列 $(\|f_n\|)$ 有界.

(B) 对于 X 的完全子集 M 中的每个 x，序列 $\big(f_n(x)\big)$ 是柯西序列.

这个推论有一些有趣的应用，在 §4.10 将讨论其中的两个.

习　题

1. 证明：一致算子收敛 $T_n \to T, T_n \in B(X, Y)$ 蕴含强算子收敛，且有同一极限 T.

2. 若 $S_n, T_n \in B(X, Y)$ 且 (S_n) 和 (T_n) 分别强算子收敛到极限 S 和 T，证明 $(S_n + T_n)$ 强算子收敛到极限 $S + T$.

3. 证明：$B(X, Y)$ 中的强算子收敛蕴涵弱算子收敛，且有相同的极限.

4. 证明第 196 页脚注中的弱收敛蕴涵弱星收敛. 若 X 是自反的，证明其逆亦成立.

5. 强算子收敛并不蕴涵一致算子收敛. 通过考察 $T_n = f_n : l^1 \longrightarrow \mathbf{R}$ 来说明这一命题，其中 $f_n(x) = \xi_n$ 且 $x = (\xi_n)$.

6. 设 $T_n \in B(X, Y)$（$n = 1, 2, \cdots$）. 为了说明定义 4.9-1 中"一致"这个术语的来历，证明：$T_n \to T$ 当且仅当对于每个正数 ε 存在只依赖于 ε 的 N，使得对于所有 $n > N$ 和所有范数等于 1 的 $x \in X$ 有

$$\|T_n x - Tx\| < \varepsilon.$$

7. 设 $T_n \in B(X, Y)$，其中 X 是巴拿赫空间. 若 (T_n) 是强算子收敛的，证明 $(\|T_n\|)$ 有界.

8. 设 $T_n \to T$，其中 $T_n \in B(X, Y)$. 证明：对于每个正数 ε 和每个闭球 $K \subseteq X$，存在 N 使得对于所有 $n > N$ 和所有 $x \in K$ 有 $\|T_n x - Tx\| < \varepsilon$.

9. 证明在 4.9-5 中 $\|T\| \leqslant \varliminf\limits_{n \to \infty} \|T_n\|$.

10. 设 X 是可分巴拿赫空间，$M \subseteq X'$ 是有界集. 证明：M 中的每一个序列都包含一个子序列，它弱星收敛到 X' 中的一个元素.

4.10　在序列可和性方面的应用

在发散序列（和级数）的理论中，弱星收敛有重要的应用. 按通常的意义发散序列是没有极限的. 在发散序列的理论中，我们企图针对发散序列指定一个广义的极限. 为此所采用的方法叫作可和性方法.

例如，给定发散序列 $x = (\xi_k)$，我们可以计算它的算术平均序列 $y = (\eta_n)$：

$$\eta_1 = \xi_1, \quad \eta_2 = \frac{1}{2}(\xi_1 + \xi_2), \quad \cdots, \quad \eta_n = \frac{1}{n}(\xi_1 + \cdots + \xi_n), \quad \cdots.$$

这就是一个可和性方法的例子. 若 y 按通常的意义收敛到极限 η, 我们便说 x 用这种方法是可和的, 并且有广义极限 η. 例如, 若

$$x = (0, 1, 0, 1, 0, \cdots) \quad 则 \quad y = \left(0, \tfrac{1}{2}, \tfrac{1}{3}, \tfrac{1}{2}, \tfrac{2}{5}, \cdots\right),$$

并且 x 有广义极限 $\tfrac{1}{2}$.

一个可和性方法若能表示成

$$y = Ax,$$

其中 $x = (\xi_k)$ 和 $y = (\eta_n$ 是无穷的列向量, $A = (\alpha_{nk})$ 是无穷矩阵, 其中 $n, k = 1, 2, \cdots$, 则称为矩阵方法. 在公式 $y = Ax$ 中我们利用了矩阵的乘法, 也就是说 y 的分量为

$$\eta_n = \sum_{k=1}^{\infty} \alpha_{nk} \xi_k, \quad 其中 \ n = 1, 2, \cdots. \tag{4.10.1}$$

上面的例子说明了矩阵方法. (矩阵是什么?)

有关的术语如下. 因为相应的矩阵记作 A, 由 (4.10.1) 给出的方法简称为 A 方法. 若 (4.10.1) 中的所有级数和序列 $y = (\eta_n)$ 按通常的意义收敛, 则 y 的极限叫作 x 的 A 极限, 并称 x 是 A 可和的. 所有 A 可和序列的集合叫作 A 方法的区域.

若一个 A 方法的区域包括了所有收敛序列并且每个收敛序列的 A 极限等于通常的极限, 即

$$\xi_k \to \xi \quad 蕴涵 \quad \eta_n \to \xi,$$

则称该 A 方法是正则的.

显然, 正则性是一个相当自然的要求. 事实上, 一个方法若不能应用到一些收敛的序列或者改变了它们的极限, 那么这个方法就没有实用价值. 关于正则性的一个基本判据如下.

4.10-1 特普利茨极限定理 (正则可和性方法) 具有矩阵 $A = (\alpha_{nk})$ 的 A 可和性方法是正则的, 当且仅当

$$对于 \ k = 1, 2, \cdots \ 有 \quad \lim_{n \to \infty} \alpha_{nk} = 0, \tag{4.10.2}$$

$$\lim_{n \to \infty} \sum_{k=1}^{\infty} \alpha_{nk} = 1, \tag{4.10.3}$$

$$对于 \ n = 1, 2, \cdots \ 有 \quad \sum_{k=1}^{\infty} |\alpha_{nk}| \leqslant \gamma, \tag{4.10.4}$$

其中 γ 是与 n 无关的常数.

证明 我们分两步证明:

(a) (4.10.2) 至 (4.10.4) 对于正则性是必要的;

(b) (4.10.2) 至 (4.10.4) 对于正则性是充分的.

详细证明如下.

(a) 假定 A 方法是正则的. 设 x_k 是第 k 个分量为 1 其余分量为 0 的无穷向量. 对于 x_k 有 (4.10.1) 中的 $\eta_n = \alpha_{nk}$. 由于序列 x_k 收敛且极限为 0, 这就证明了 (4.10.2) 必须成立.

此外, $x = (1, 1, 1, \cdots)$ 有极限 1, 从 (4.10.1) 看出 η_n 等于 (4.10.3) 中的级数, 因此 (4.10.3) 必须成立.

现在证明对于正则性 (4.10.4) 是必要的. 设 c 是所有收敛序列构成的巴拿赫空间, 其上的范数为

$$\|x\| = \sup_j |\xi_j|,$$

见 1.5–3. 在 c 上定义线性泛函 f_{nm} 如下:

$$\text{对于 } m, n = 1, 2, \cdots \text{ 有 } \quad f_{nm}(x) = \sum_{k=1}^{m} \alpha_{nk} \xi_k. \tag{4.10.5}$$

由于

$$|f_{nm}(x)| \leqslant \sup_j |\xi_j| \sum_{k=1}^{m} |\alpha_{nk}| = \left(\sum_{k=1}^{m} |\alpha_{nk}| \right) \|x\|,$$

所以每个 f_{nm} 有界. 正则性蕴涵 (4.10.1) 中的级数对于所有 $x \in c$ 收敛. 因此 (4.10.1) 在 c 上定义了线性泛函 $f_1, f_2, \cdots$ 如下:

$$\text{对于 } n = 1, 2, \cdots \text{ 有 } \quad \eta_n = f_n(x) = \sum_{k=1}^{\infty} \alpha_{nk} \xi_k. \tag{4.10.6}$$

从 (4.10.5) 可以看出, 对于所有 $x \in c$, 当 $m \to \infty$ 时 $f_{nm}(x) \to f_n(x)$. 这就是弱星收敛, 并且由 4.9–5 ($T = f_n$) 可知 f_n 有界. 由 4.9–7 可知 $(f_n(x))$ 对于所有 $x \in c$ 收敛且 $(\|f_n\|)$ 有界, 不妨设

$$\text{对于所有 } n \text{ 有 } \quad \|f_n\| \leqslant \gamma. \tag{4.10.7}$$

对固定的任意 $m \in \mathbf{N}$ 定义

$$\xi_k^{(n,m)} = \begin{cases} |\alpha_{nk}|/\alpha_{nk}, & \text{若 } k \leqslant m \text{ 且 } \alpha_{nk} \neq 0, \\ 0, & \text{若 } k > m \text{ 或 } \alpha_{nk} = 0. \end{cases}$$

则 $x_{nm} = \left(\xi_k^{(n,m)}\right) \in c$, 并且当 $x_{nm} \neq 0$ 时 $\|x_{nm}\| = 1$, 当 $x_{nm} = 0$ 时 $\|x_{nm}\| = 0$. 此外, 对于所有 m 有

$$f_{nm}(x_{nm}) = \sum_{k=1}^{m} \alpha_{nk} \xi_k^{(n,m)} = \sum_{k=1}^{m} |\alpha_{nk}|.$$

因此

$$\sum_{k=1}^{m} |\alpha_{nk}| = f_{nm}(x_{nm}) \leqslant \|f_{nm}\|, \tag{4.10.8a}$$

$$\sum_{k=1}^{\infty} |\alpha_{nk}| \leqslant \|f_n\|. \tag{4.10.8b}$$

这就证明了 (4.10.4) 中的级数是收敛的, 且从 (4.10.7) 可推出 (4.10.4).

(b) 现在证明对于正则性 (4.10.2) 至 (4.10.4) 是充分的. 用

$$f(x) = \xi = \lim_{k \to \infty} \xi_k$$

在 c 上定义线性泛函 f, 其中 $x = (\xi_k) \in c$. 从

$$\left| f(x) \right| = |\xi| \leqslant \sup_j |\xi_j| = \|x\|$$

可看出 f 的有界性. 设 $M \subseteq c$ 是从某一项以后所有项都相等的序列的集合, 比如 $x = (\xi_k) \in M$, 则

$$\xi_j = \xi_{j+1} = \xi_{j+2} = \cdots = \xi,$$

并且 j 依赖于 x. 与上面一样, 则 $f(x) = \xi$, 而在 (4.10.1) 和 (4.10.6) 中有

$$\eta_n = f_n(x) = \sum_{k=1}^{j-1} \alpha_{nk} \xi_k + \xi \sum_{k=j}^{\infty} \alpha_{nk} = \sum_{k=1}^{j-1} \alpha_{nk}(\xi_k - \xi) + \xi \sum_{k=1}^{\infty} \alpha_{nk}.$$

因此由 (4.10.2) 和 (4.10.3) 可知对于每个 $x \in M$ 有

$$\eta_n = f_n(x) \to 0 + \xi \cdot 1 = \xi = f(x). \tag{4.10.9}$$

我们还准备利用 4.9–7. 因此需要证明集合 M 在 c 中是稠密的, 其中 M 是具有 (4.10.9) 中所描述的收敛性的集合. 设 $x = (\xi_k) \in c$ 且 $\xi_k \to \xi$, 则对于每个正数 ε 存在 N 使得

$$\text{对于 } k \geqslant N \text{ 有 } |\xi_k - \xi| < \varepsilon.$$

显然,

$$\tilde{x} = (\xi_1, \cdots, \xi_{N-1}, \xi, \xi, \xi, \cdots) \in M,$$

$$x - \tilde{x} = (0, \cdots, 0, \xi_N - \xi, \xi_{N+1} - \xi, \cdots).$$

这就推出了 $\|x - \tilde{x}\| \leqslant \varepsilon$, 由于 $x \in c$ 是任意的, 从而证明了 M 在 c 中是稠密的.

最后, 由 (4.10.4) 可知对于每个 $x \in c$ 和所有 n 有

$$\bigl|f_n(x)\bigr| \leqslant \|x\| \sum_{k=1}^{\infty} |\alpha_{nk}| \leqslant \gamma \|x\|,$$

因此 $\|f_n\| \leqslant \gamma$, 即 $(\|f_n\|)$ 有界. 此外, (4.10.9) 意味着对于稠密集 M 中的所有 x 有 $f_n(x) \to f(x)$. 根据 4.9-7, 这就推出了 $f_n \xrightarrow{w^*} f$. 因而证明了, 若 $\xi = \lim \xi_k$ 存在, 则 $\eta_n \to \xi$. 根据定义, 这就意味着正则性, 从而定理得证. ∎

习　题

1. **切萨罗可和性方法 C_1** 定义为

$$\text{对于 } n = 1, 2, \cdots \text{ 有 } \quad \eta_n = \frac{1}{n}\bigl(\xi_1 + \cdots + \xi_n\bigr),$$

也就是取算术平均. 求相应的矩阵 A.

2. 把习题 1 中的方法 C_1 应用到序列

$$(1, 0, 1, 0, 1, 0, \cdots) \quad \text{和} \quad \left(1, 0, -\frac{1}{4}, -\frac{2}{8}, -\frac{3}{16}, -\frac{4}{32}, \cdots\right).$$

3. 在习题 1 中用 (η_n) 表示 (ξ_n). 求使得 $(\eta_n) = (1/n)$ 的 (ξ_n).

4. 利用习题 3 中的公式求一个不是 C_1 可和的序列.

5. **赫尔德可和性方法 H_p** 定义为: H_1 和习题 1 中的 C_1 是等同的. H_2 是接连两次应用 H_1 得到的, 即首先取算术平均, 然后对得到的序列再取一次算术平均. H_3 是连续三次应用 H_1, 等等. 对序列 $(1, -3, 5, -7, 9, -11, \cdots)$ 应用 H_1 和 H_2, 并加以评论.

6. **级数** 对于无穷级数, 若它的部分和序列是 A 可和的, 则称该级数是 A 可和的, 并且把部分和序列的 A 极限叫作级数的 A 和. 证明 $1 + z + z^2 + \cdots$ 对于 $|z| = 1$, $z \neq 1$ 是 C_1 可和的, 并且 C_1 和是 $1/(1-z)$.

7. **切萨罗 C_k 方法** 给定 (ξ_n), 令 $\sigma_n^{(0)} = \xi_n$ 且

$$\sigma_n^{(k)} = \sigma_0^{(k-1)} + \sigma_1^{(k-1)} + \cdots + \sigma_n^{(k-1)}, \quad \text{其中 } k \geqslant 1, n = 0, 1, 2, \cdots.$$

若对于固定的 $k \in \mathbf{N}$ 有 $\eta_n^{(k)} = \sigma_n^{(k)} / \binom{b+k}{k} \to \eta$, 则称 (ξ_k) 是 C_k 可和的, 并称它有 C_k 极限 η. 证明这个方法有个优点, 就是 $\sigma_n^{(k)}$ 能以一个很简单的方式用 ξ_j 来表达, 即

$$\sigma_n^{(k)} = \sum_{\nu=0}^{n} \binom{n+k-1-\nu}{k-1} \xi_\nu.$$

8. 欧拉方法 对于给定的级数

$$\sum_{j=0}^{\infty} (-1)^j a_j, \quad \text{欧拉方法把它变换成级数} \quad \sum_{n=0}^{\infty} \frac{\Delta^n a_0}{2^{n+1}},$$

其中

$$\Delta^0 a_j = a_j, \quad \Delta^n a_j = \Delta^{n-1} a_j - \Delta^{n-1} a_{j+1}, \quad \text{其中 } j = 1, 2, \cdots,$$

并且为了方便才写出 $(-1)^j$（因此 a_j 不必是正的）. 能够证明这个方法是正则的，所以给定级数的收敛性蕴涵变换级数的收敛性，并且有相同的和. 证明该方法能给出

$$\ln 2 = 1 - \frac{1}{2} + \frac{1}{3} - \frac{1}{4} + \cdots = \frac{1}{1 \cdot 2^1} + \frac{1}{2 \cdot 2^2} + \frac{1}{3 \cdot 2^3} + \frac{1}{4 \cdot 2^4} + \cdots.$$

9. 证明习题 8 中的欧拉方法给出了

$$\frac{\pi}{4} = \arctan 1 = 1 - \frac{1}{3} + \frac{1}{5} - \frac{1}{7} + \cdots = \frac{1}{2} \left(1 + \frac{1}{3} + \frac{1 \cdot 2}{3 \cdot 5} + \frac{1 \cdot 2 \cdot 3}{3 \cdot 5 \cdot 7} + \cdots \right).$$

10. 证明欧拉方法给出了下面的结果，并加以评论.

$$\sum_{n=0}^{\infty} \frac{(-1)^n}{4^n} = \frac{1}{2} \sum_{n=0}^{\infty} \left(\frac{3}{8} \right)^n.$$

4.11 数值积分和弱星收敛

弱星收敛的概念能够有效地用到对数值积分、微分和插值的研究中. 本节考虑数值积分问题，也就是求给定积分

$$\int_a^b x(t) \mathrm{d}t$$

的近似值问题. 由于在应用中这是一个重要的问题，所以已经开发了各种方法，例如梯形法则、辛普森法则和比较复杂的牛顿–科茨公式及高斯公式.（为了温习一些基本的知识，见本节末的习题.）

这些方法和其他方法的共同特征是，首先选定 $[a,b]$ 中的点，即所谓结点，然后用 x 在结点的值的线性组合去逼近未知的积分值. 结点和线性组合的系数与采用的方法有关，而与被积函数 x 无关. 当然，一个方法的有效性在很大程度上是取决于它的精度，并且希望精度随着结点的增多而提高.

在本节我们将会看到，泛函分析在这方面能够提供很大的帮助. 事实上，我们能对这些方法做出统一的描述，并且能够考察随着结点数目的增加而产生的收敛性问题.

我们关心的是连续函数, 所以引入由 $J = [a, b]$ 上的所有连续实值函数构成的巴拿赫空间 $X = C[a, b]$, 其上的范数为

$$\|x\| = \max_{t \in J} |x(t)|.$$

上面的定积分通过

$$f(x) = \int_a^b x(t)\mathrm{d}t \tag{4.11.1}$$

在 X 上定义了线性泛函 f. 为了得到数值积分的公式, 可以像前述的方法一样来处理. 因而, 对于每个正整数 n, 我们选定 $n + 1$ 个实数

$$t_0^{(n)}, \cdots, t_n^{(n)} \quad （叫作\textbf{结点}）$$

使得

$$a \leqslant t_0^{(n)} < \cdots < t_n^{(n)} \leqslant b. \tag{4.11.2}$$

然后选择 $n + 1$ 个实数

$$\alpha_0^{(n)}, \cdots, \alpha_n^{(n)} \quad （叫作\textbf{系数}）,$$

并通过

$$f_n(x) = \sum_{k=0}^{n} \alpha_k^{(n)} x\left(t_k^{(n)}\right), \quad 其中 \ n = 1, 2, \cdots \tag{4.11.3}$$

在 X 上定义线性泛函 f_n. 这就定义了一个数值积分程序, 值 $f_n(x)$ 是 $f(x)$ 的一个逼近, 其中 x 是给定的. 为了求出这个程序的精度, 我们来考察 f_n.

根据范数的定义, $\left|x\left(t_k^{(n)}\right)\right| \leqslant \|x\|$, 所以每个 f_n 有界. 因此

$$|f_n(x)| \leqslant \sum_{k=0}^{n} \left|\alpha_k^{(n)}\right| \left|x\left(t_k^{(n)}\right)\right| \leqslant \left(\sum_{k=0}^{n} \left|\alpha_k^{(n)}\right|\right) \|x\|. \tag{4.11.4}$$

为了后面的应用, 我们证明 f_n 有范数

$$\|f_n\| = \sum_{k=0}^{n} \left|\alpha_k^{(n)}\right|. \tag{4.11.5}$$

事实上, (4.11.4) 已表明 $\|f_n\|$ 不能超过 (4.11.5) 的右端. 若我们取 $x_0 \in X$ 在 J 上满足 $|x_0(t)| \leqslant 1$, 并且

$$x_0\left(t_k^{(n)}\right) = \operatorname{sgn} \alpha_k^{(n)} = \begin{cases} 1, & 若 \ \alpha_k^{(n)} \geqslant 0, \\ -1, & 若 \ \alpha_k^{(n)} < 0, \end{cases}$$

则由于 $\|x_0\| = 1$, 便有

$$f_n(x_0) = \sum_{k=0}^n \alpha_k^{(n)} \operatorname{sgn} \alpha_k^{(n)} = \sum_{k=0}^n \left| \alpha_k^{(n)} \right|.$$

这就证明了 (4.11.5).

对于给定的 $x \in X$, (4.11.3) 为 $f(x)$ 提供了近似值 $f_n(x)$. 当然, 像前面指出的那样, 我们的兴趣是精度, 并希望精度随 n 的增大而提高. 这就促使我们提出下面的概念.

4.11–1 定义（收敛） 由 (4.11.3) 定义的数值积分程序, 若对于 $x \in X$ 有

$$\text{当 } n \to \infty \text{ 时 } \quad f_n(x) \to f(x), \tag{4.11.6}$$

则称它对于这个 x 是收敛的, 其中 f 是由 (4.11.1) 定义的. ∎

此外, 由于求多项式的精确积分是容易的, 自然会提出下述要求.

4.11–2 必要条件 对于每一个 n, 若 x 是次数不超过 n 的多项式, 则

$$f_n(x) = f(x). \tag{4.11.7}$$
∎

由于 f_n 是线性的, 要求 (4.11.7) 对 $n+1$ 个幂函数

$$x_0(t) = 1, \quad x_1(t) = t, \quad \cdots, \quad x_n(t) = t^n$$

成立就够了. 事实上, 对于 n 次多项式 $x(t) = \sum \beta_j t^j$ 我们能得到

$$f_n(x) = \sum_{j=0}^n \beta_j f_n(x_j) = \sum_{j=0}^n \beta_j f(x_j) = f(x).$$

因此可看出有 $n+1$ 个条件

$$f_n(x_j) = f(x_j), \quad \text{其中 } j = 0, \cdots, n. \tag{4.11.8}$$

我们证明这些条件是能够满足的. 由于有 $2n+2$ 个参数（即 $n+1$ 个结点和 $n+1$ 个系数）可以利用, 因此能够以任意的方式选择其中的一些. 让我们选择结点 $t_k^{(n)}$ 来证明能唯一地确定这些系数.

在 (4.11.8) 中由于 $x_j\big(t_k^{(n)}\big) = \big(t_k^{(n)}\big)^j$, 所以取以下形式

$$\sum_{k=0}^n \alpha_k^{(n)} \left(t_k^{(n)} \right)^j = \int_a^b t^j \mathrm{d}t = \frac{1}{j+1} \left(b^{j+1} - a^{j+1} \right), \tag{4.11.9}$$

其中 $j = 0, \cdots, n$. 对于每一个固定的 n，这是包含 $n+1$ 个线性方程和 $n+1$ 个未知数 $\alpha_0^{(n)}, \cdots, \alpha_n^{(n)}$ 的非齐次方程组. 若对应的齐次方程组

$$\sum_{k=0}^{n} \left(t_k^{(n)} \right)^j \gamma_k = 0, \quad \text{其中 } j = 0, \cdots, n$$

有唯一的平凡解 $\gamma_0 = 0, \cdots, \gamma_n = 0$，或等价地说，若方程组

$$\sum_{j=0}^{n} \left(t_k^{(n)} \right)^j \gamma_j = 0, \quad \text{其中 } k = 0, \cdots, n \tag{4.11.10}$$

有唯一的零解，这两个方程组的系数矩阵互为转置，则方程组 (4.11.9) 存在唯一的解. 由于 (4.11.10) 意味着 n 次多项式

$$\sum_{j=0}^{n} \gamma_j t^j$$

在 $n+1$ 个结点上的值等于 0，因此它必须恒等于 0. 也就是所有系数 γ_j 都等于 0. 从而证明了 (4.11.10) 有唯一的零解，(4.11.9) 存在唯一的解. ■

我们的结论是，对于满足 (4.11.2) 的一组结点的每个选择，存在使得 4.11–2 成立的唯一确定的系数，因此对于所有多项式，相应的积分程序收敛. 我们要问，为了使得这个程序对 $[a, b]$ 上的所有实值连续函数收敛，将需要施加什么样的附加条件. 波利亚（G. Pólya, 1933）给出了一个针对性的判据.

4.11–3 波利亚收敛定理（数值积分）　满足必要条件 4.11–2 的数值积分程序 (4.11.3)，对 $[a, b]$ 上的所有实值连续函数收敛，当且仅当存在实数 c 使得

$$\text{对于所有 } n \text{ 有 } \quad \sum_{k=0}^{n} \left| \alpha_k^{(n)} \right| \leqslant c. \tag{4.11.11}$$

证明　根据魏尔斯特拉斯逼近定理（证明在下面），在实空间 $X = C[a, b]$ 中实系数多项式的集合 W 是稠密的，并且根据 4.11–2，对于每个 $x \in W$，程序 (4.11.3) 又都收敛. 从 (4.11.5) 又可看出，$(\|f_n\|)$ 有界当且仅当对某一实数 c (4.11.11) 成立. 又由于对于所有 $x \in X$，收敛性 $f_n(x) \to f(x)$ 是弱星收敛性 $f_n \xrightarrow{w^*} f$，所以从 4.9–7 便证明了这个定理. ■

显然，在这个定理中我们可以用实空间 $C[a, b]$ 上的其他任意的稠密集来代替多项式的集合.

此外，在大多数积分方法中系数是非负的. 取 $x = 1$，则根据 4.11–2 有

$$f_n(1) = \sum_{k=0}^{n} \alpha_k^{(n)} = \sum_{k=0}^{n} \left| \alpha_k^{(n)} \right| = f(1) = \int_a^b \mathrm{d}t = b - a,$$

所以 (4.11.11) 成立. 这就证明了以下定理.

4.11–4 斯捷克洛夫定理（数值积分） 满足 4.11–2 并有非负系数 $\alpha_k^{(n)}$ 的数值积分程序 (4.11–3) 对每个连续函数收敛.

在 4.11–3 的证明中, 我们使用了下面的定理.

4.11–5 魏尔斯特拉斯逼近定理（多项式） 所有实系数多项式的集合 W 在实空间 $C[a,b]$ 中稠密.

因此, 对于每个 $x \in C[a]$ 和给定的正数 ε, 存在多项式 p 使得对于所有 $t \in [a,b]$ 有 $|x(t) - p(t)| < \varepsilon$.

证明 由于 $J = [a,b]$ 是紧区间, 所以每个 $x \in C[a,b]$ 在 J 上一致连续. 因此, 对于任意正数 ε 存在 y, 其图是一个折线弧, 使得

$$\max_{t \in J} |x(t) - y(t)| < \frac{\varepsilon}{3}. \tag{4.11.12}$$

首先假定 $x(a) = x(b)$ 且 $y(a) = y(b)$. 由于 y 是分段线性和连续的, 所以其傅里叶系数有形如 $|a_0| < k$, $|a_m| < k/m^2$, $|b_m| < k/m^2$ 的界. 关于 a_m 和 b_m 的公式使用分部积分法就能看出这一点（见 3.5–1, 其中 $[a,b] = [0,2\pi]$）.（也见本节末习题 10）因此, 对于 y 的傅里叶级数（它表示 y 的周期延拓, 周期为 $b-a$）, 为简单起见, 记 $\kappa = 2\pi/(b-a)$, 则

$$\left| a_0 + \sum_{m=1}^{\infty} (a_m \cos \kappa m t + b_m \sin \kappa m t) \right| \leqslant 2k \left(1 + \sum_{m=1}^{\infty} \frac{1}{m^2} \right) = 2k \left(1 + \frac{1}{6}\pi^2 \right). \tag{4.11.13}$$

这就证明了该级数在 J 上一致收敛. 所以, 取第 n 个部分和 s_n, 只要 n 足够大, 便有

$$\max_{t \in J} |y(t) - s_n(t)| < \frac{\varepsilon}{3}. \tag{4.11.14}$$

由于 s_n 中的正弦和余弦函数的泰勒级数在 J 上也是一致收敛的, 所以存在多项式 p（例如, 取这些级数的适当的部分和便可得到）使得

$$\max |s_n(t) - p(t)| < \frac{\varepsilon}{3}.$$

由此以及 (4.11.12) (4.11.14) 和

$$|x(t) - p(t)| \leqslant |x(t) - y(t)| + |y(t) - s_n(t)| + |s_n(t) - p(t)|,$$

便得到

$$\max_{t \in J} |x(t) - p(t)| < \varepsilon. \tag{4.11.15}$$

这是对满足 $x(a) = x(b)$ 的 $x \in C[a,b]$ 来证明的. 如果 $x(a) \neq x(b)$, 取 $u(t) = x(t) - \gamma(t - a)$, 适当地选取 γ 可使 $u(a) = u(b)$, 则对于 u 在 J 上存在着满足 $|u(t) - q(t)| < \varepsilon$ 的多项式 q. 因此, 取 $p(t) = q(t) + \gamma(t - a)$ 便有 $x - p = u - q$, 从而得到满足 (4.11.15) 的多项式 p. 由于正数 ε 是任意的, 所以证明了 W 在 $C[a,b]$ 中稠密. ■

这个定理的第一个证明是魏尔斯特拉斯 (K. Weierstrass, 1885) 给出的. 它还有很多另外的证明, 例如伯恩斯坦 (S. N. Bernstein, 1912) 曾给出一个, 它提供了一致收敛的多项式序列 ("伯恩斯坦多项式"). 伯恩斯坦的证明可在吉田耕作 (K. Yosida, 1971, 第 8–9 页) 的著作中找到.

习　题

1. 矩形法则是 (见图 4–7)

$$\int_a^b x(t)\mathrm{d}t \approx h\big[x(t_1^*) + \cdots + x(t_n^*)\big], \quad \text{其中 } h = \frac{b-a}{n},$$

其中 $t_k^* = a + \left(k - \frac{1}{2}\right)h$. 这个公式是如何得到的? 它的结点和系数是什么? 如何得到这个公式所给出的近似值的误差界?

2. 梯形法则是 (见图 4–8)

$$\int_{t_0}^{t_1} x(t)\mathrm{d}t \approx \frac{h}{2}(x_0 + x_1), \quad \text{其中 } h = \frac{b-a}{n},$$

或

$$\int_a^b x(t)\mathrm{d}t \approx h\left(\tfrac{1}{2}x_0 + x_1 + \cdots + x_{n-1} + \tfrac{1}{2}x_n\right),$$

其中 $x_k = x(t_k)$ 且 $t_k = a + kh$. 若我们用分段线性函数去逼近 x, 阐明这个公式是如何得到的.

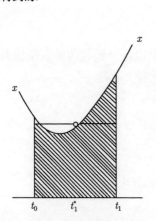

图 4–7　矩形法则

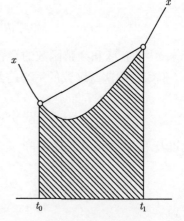

图 4–8　梯形法则

3. 辛普森法则是 (见图 4-9)

$$\int_{t_0}^{t_2} x(t)\mathrm{d}t \approx \frac{h}{3}(x_0 + 4x_1 + x_2), \quad \text{其中 } h = \frac{b-a}{n},$$

或

$$\int_{a}^{b} x(t)\mathrm{d}t \approx \frac{h}{3}(x_0 + 4x_1 + 2x_2 + \cdots + 4x_{n-1} + x_n),$$

其中 n 是偶数, $x_k = x(t_k)$ 且 $t_k = a + kh$. 若用在 t_0, t_1, t_2 点和 x 有相同值的二次多项式在 $[t_0, t_2]$ 上去逼近 x, 在 $[t_2, t_4]$, $[t_4, t_6]$, $\cdots$ 上做类似处理, 证明可以得到上面的公式.

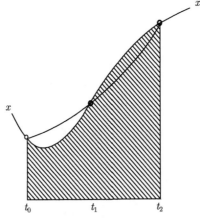

图 4-9 辛普森法则

4. 设 $f(x) = f_n(x) - \varepsilon_n(x)$, 其中 f_n 是用梯形法则得到的一个逼近. 证明: 对两次连续可微的任意函数 x 有误差界

$$k_n m_2^* \leqslant \varepsilon_n(x) \leqslant k_n m_2, \quad \text{其中 } k_n = \frac{(b-a)^3}{12n^2},$$

其中 m_2 和 m_2^* 分别是 x'' 在 $[a,b]$ 上的最大值和最小值.

5. 辛普森法则在实际中有广泛的应用. 为了对精度有一个感性认识, 我们对积分

$$I = \int_0^1 \mathrm{e}^{-t^2}\mathrm{d}t$$

采用梯形法则和辛普森法则进行计算, 取 $n = 10$, 两种方法所得到的值分别为

$$0.746\,211 \quad \text{和} \quad 0.746\,825,$$

并与实际值 $0.746\,824$ (精确到 6 位有效数字) 进行比较.

t	e^{-t^2}
0	1.000 000
0.1	0.990 050
0.2	0.960 789
0.3	0.913 931
0.4	0.852 144
0.5	0.778 801
0.6	0.697 676
0.7	0.612 626
0.8	0.527 292
0.9	0.444 858
1.0	0.367 879

6. 利用习题 4 证明: 习题 5 中关于 $0.746\,211$ 的误差界是 $-0.001\,667$ 和 $0.000\,614$, 所以

$$0.745\,597 \leqslant I \leqslant 0.747\,878.$$

7. 三八法则是

$$\int_{t_0}^{t_3} x(t)\mathrm{d}t \approx \frac{3h}{8}(x_0 + 3x_1 + 3x_2 + x_3),$$

其中 $x_k = x(t_k)$ 且 $t_k = a + kh$. 若我们用在结点 t_0, t_1, t_2, t_3 有和 x 相同值的三次多项式在 $[t_0, t_3]$ 上去逼近 x，便能得到这个公式. 证明这个公式.（习题 2、习题 3 和习题 7 中的法则是牛顿–科茨公式序列的前几项.）

8. 考虑积分公式

$$\int_{-h}^{h} x(t)\mathrm{d}t = 2hx(0) + r(x),$$

其中 r 是误差. 假设 $x \in C^1[-h, h]$，即 x 在 $J = [-h, h]$ 上连续可微. 证明误差可如下估计:

$$|r(x)| \leqslant h^2 p(x),$$

其中

$$p(x) = \max_{t \in J} |x'(t)|.$$

证明 p 是这个函数空间上的半范数（见 §2.3 习题 12）.

9. 若 x 是实解析函数，证明

$$\int_{-h}^{h} x(t)\mathrm{d}t = 2h\left(x(0) + x''(0)\frac{h^2}{3!} + x^{\mathrm{IV}}(0)\frac{h^4}{5!} + \cdots\right). \tag{4.11.16}$$

假定这个积分有有形如 $2h(\alpha_{-1}x(-h) + \alpha_0 x(0) + \alpha_1 x(h))$ 的近似表达式，确定作为 $h, h^2, \cdots$ 的幂函数的 $\alpha_{-1}, \alpha_0, \alpha_1$，尽可能与 (4.11.16) 保持一致. 证明这样做的结果给出了辛普森法则

$$\int_{-h}^{h} x(t)\mathrm{d}t \approx \frac{h}{3}(x(-h) + 4x(0) + x(h)).$$

为什么这个推导证明了这个法则对三次多项式是精确的?

10. 在魏尔斯特拉斯逼近定理的证明中，我们利用了连续且分段线性函数的傅里叶系数的界. 如何得到这些界?

4.12　开映射定理

我们已经讨论了哈恩–巴拿赫定理和一致有界性定理，而现在研究本章中的第三个大定理，即开映射定理. 它论述的是开映射，这些映射使得每个开集的像都是开集（定义在后面）. 联想到我们对开集的重要性的讨论（见 §1.3）可知，开映射具有普遍意义. 具体地讲，开映射定理是讲: 在怎样的条件下一个有界线性算子是一个开映射. 同一致有界性定理一样，我们仍然需要完备性，这个定理又一次展示了: 为什么巴拿赫空间比不完备的赋范空间更完满. 这个定理也给出了，在怎样的条件下一个有界线性算子的逆也是有界的. 开映射定理的证明也基于 §4.7 中所阐明的贝尔范畴定理.

我们从介绍开映射的概念开始.

4.12–1 定义（开映射） 设 X 和 Y 是度量空间, $T: \mathscr{D}(T) \longrightarrow Y$ 且定义域 $\mathscr{D}(T) \subseteq X$. 若 $\mathscr{D}(T)$ 中的每一个开集在 T 之下的像都是 Y 中的开集, 则称 T 是开映射. ■

注意, 若映射不是满射, 我们必须留心下面两种说法的区别:

(a) T 作为从其定义域到 Y 中的映射是开映射;

(b) T 作为从其定义域到其值域上的映射是开映射.

(b) 比 (a) 弱一些. 例如, 若 $X \subseteq Y$, 由 $x \longmapsto x$ 定义的从 X 到 Y 中的映射是开映射, 当且仅当 X 是 Y 的开子集. 由 $x \longmapsto x$ 定义的从 X 到其值域（X）上的映射在任何情况下都是开映射.

此外, 为了防止混淆还要记住, 根据 1.3–4, 连续映射 $T: X \longrightarrow Y$ 具有以下性质: Y 中的每个开集的逆像都是 X 中的开集. 这并不意味着 T 映 X 中的开集到 Y 中的开集上. 例如, 由 $t \longmapsto \sin t$ 定义的映射 $T: \mathbf{R} \longrightarrow \mathbf{R}$ 是连续的, 但它映 $(0, 2\pi)$ 到 $[-1, 1]$ 上.

4.12–2 开映射定理、有界逆定理 从巴拿赫空间 X 到巴拿赫空间 Y 上的有界线性算子 T 是开映射. 因此, 若 T 是一一映射, 则 T^{-1} 是连续映射, 因而也是有界映射.

容易从下面的引理推出这个定理.

4.12–3 引理（开单位球） 从巴拿赫空间 X 到巴拿赫空间 Y 上的有界线性算子 T 具有以下性质: 开单位球 $B_0 = B(0; 1) \subseteq X$ 的像 $T(B_0)$ 含有 Y 的以 0 为中心的开球.

证明 证明过程分以下几步.

(a) 证明开球 $B_1 = B\left(0; \frac{1}{2}\right)$ 的像的闭包 $\overline{T(B_1)}$ 含有开球 B^*.

(b) 证明 $\overline{T(B_n)}$ 含有以 $0 \in Y$ 为中心的开球 V_n, 其中 $B_n = B(0; 2^{-n}) \subseteq X$.

(c) 证明 $T(B_0)$ 含有以 $0 \in Y$ 为中心的开球.

详细证明如下.

(a) 与子集 $A \subseteq X$ 有关的集合 αA (α 是标量) 和 $A + w$ ($w \in X$) 分别定义为

$$\alpha A = \{x \in X \mid x = \alpha a, a \in A\}, \qquad 见图 4\text{–}10, \qquad (4.12.1)$$

$$A + w = \{x \in X \mid x = a + w, a \in A\}, \qquad 见图 4\text{–}11. \qquad (4.12.2)$$

对于 Y 的子集有类似的定义.

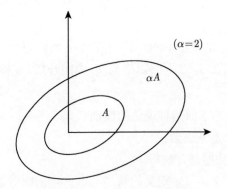

图 4–10　对 (4.12.1) 的说明

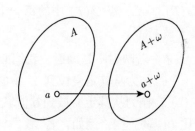

图 4–11　对 (4.12.2) 的说明

考虑开球 $B_1 = B\left(0; \frac{1}{2}\right) \subseteq X$. 对于固定的任意 $x \in X$, 只要实数 k 取得足够大 ($(k > 2\,\|x\|)$, 便有 $x \in kB_1$. 因此

$$X = \bigcup_{h=1}^{\infty} kB_1.$$

由于 T 是满射且是线性映射, 所以

$$Y = T(X) = T\left(\bigcup_{k=1}^{\infty} kB_1\right) = \bigcup_{k=1}^{\infty} kT(B_1) = \bigcup_{k=1}^{\infty} \overline{kT(B_1)}. \tag{4.12.3}$$

注意, 由于并集已经是整个空间 Y, 所以即使取闭包也并没有增加什么点, 所以有 (4.12.3) 中的关系. 因为 Y 是完备空间, 由贝尔范畴定理 4.7–2 可知它在自己内是非贫乏的. 注意 (4.12.3) 和 (4.7.1) 是类似的, 因此可得出结论: $\overline{kT(B_1)}$ 一定含有某一开球. 这就推出 $\overline{T(B_1)}$ 也含有一个开球, 比如, $B^* = B(y_0; \varepsilon) \subseteq \overline{T(B_1)}$. 从而推出

$$B^* - y_0 = B(0; \varepsilon) \subseteq \overline{T(B_1)} - y_0. \tag{4.12.4}$$

(b) 现在证明 $B^* - y_0 \subseteq \overline{T(B_0)}$, 其中 B_0 就是引理中所给出的. 如果能证明

$$\overline{T(B_1)} - y_0 \subseteq \overline{T(B_0)}, \tag{4.12.5}$$

也就够了 [见 (4.12.4)].

设 $y \in \overline{T(B_1)} - y_0$, 则 $y + y_0 \in \overline{T(B_1)}$, 记住也有 $y_0 \in \overline{T(B_1)}$. 根据 1.4–6(a) 有

$$u_n = Tw_n \in T(B_1) \quad \text{使得} \quad u_n \to y + y_0,$$
$$v_n = Tz_n \in T(B_1) \quad \text{使得} \quad v_n \to y_0.$$

由于 $w_n, z_n \in B_1$, 并且 B_1 的半径为 $\frac{1}{2}$, 所以

$$\|w_n - z_n\| \leqslant \|w_n\| + \|z_n\| < \tfrac{1}{2} + \tfrac{1}{2} = 1,$$

所以 $w_n - z_n \in B_0$. 从

$$T(w_n - z_n) = Tw_n - Tz_n = u_n - v_n \to y$$

可以看出 $y \in \overline{T(B_0)}$. 由于 $y \in \overline{T(B_1)} - y_0$ 是任意的, 这就证明了 (4.12.5). 因此由 (4.12.4) 可得

$$B^* - y_0 = B(0; \varepsilon) \subseteq \overline{T(B_0)}. \tag{4.12.6}$$

设 $B_n = B(0; 2^{-n}) \subseteq X$. 由于 T 是线性算子, 所以 $\overline{T(B_n)} = 2^{-n}\overline{T(B_0)}$. 从而由 (4.12.6) 可得

$$V_n = B(0; 2^{-n}\varepsilon) \subseteq \overline{T(B_n)}. \tag{4.12.7}$$

(c) 最后证明

$$V_1 = B\left(0; \tfrac{1}{2}\varepsilon\right) \subseteq T(B_0),$$

这只要证明每个 $y \in V_1$ 都落在 $T(B_0)$ 中就够了, 所以任取 $y \in V_1$. 在 (4.12.7) 中令 $n = 1$ 便有 $V_1 \subseteq \overline{T(B_1)}$, 因此 $y \in \overline{T(B_1)}$. 由 1.4–6(a) 可知一定存在某个 $v \in T(B_1)$ 接近 y, 比如 $\|v - y\| < \varepsilon/4$. 而 $v \in T(B_1)$ 意味着存在某个 $x_1 \in B_1$ 使得 $v = Tx_1$. 因此

$$\|y - Tx_1\| < \frac{\varepsilon}{4}.$$

由此并在 (4.12.7) 中取 $n = 2$ 便看出 $y - Tx_1 \in V_2 \subseteq \overline{T(B_2)}$. 和前面一样可以推出: 存在 $x_2 \in B_2$ 使得

$$\left\|(y - Tx_1) - Tx_2\right\| \leqslant \frac{\varepsilon}{8}.$$

因此 $y - Tx_1 - Tx_2 \in V_3 \subseteq \overline{T(B_3)}$, 依此类推. 到第 n 步便能选择 $x_n \in B_n$ 满足

$$\text{对于 } n = 1, 2, \cdots \text{ 有 } \quad \left\|y - \sum_{k=1}^{n} Tx_k\right\| < \frac{\varepsilon}{2^{n+1}}. \tag{4.12.8}$$

令 $z_n = x_1 + \cdots + x_n$. 由于 $x_k \in B_k$, 所以 $\|x_k\| < 1/2^k$. 对于 $n > m$, 这便给出

$$\text{当 } m \to \infty \text{ 时 } \quad \|z_n - z_m\| \leqslant \sum_{k=m+1}^{n} \|x_k\| < \sum_{k=m+1}^{\infty} \frac{1}{2^k} \to 0.$$

因此 (z_n) 是柯西序列. 因为 X 是完备空间, 所以 (z_n) 收敛, 不妨设 $z_n \to x$. 由于 B_0 的半径为 1 且

$$\sum_{k=1}^{\infty} \|x_k\| < \sum_{k=1}^{\infty} \frac{1}{2^k} = 1, \tag{4.12.9}$$

所以 $x \in B_0$. 由于 T 是连续算子, 所以 $Tz_n \to Tx$, 而 (4.12.8) 又表明 $Tx = y$, 所以 $y \in T(B_0)$. ∎

4.12–2 的证明　我们来证明 X 中的每个开集 A 的像 $T(A)$ 在 Y 中是开集. 为此，只要证明对于每个 $y = Tx \in T(A)$，集合 $T(A)$ 都含有以 $y = Tx$ 为中心的开球就行了.

设 $y = Tx \in T(A)$. 由于 A 是开集,所以它含有以 x 为中心的开球,因此 $A-x$ 含有以 $0 \in X$ 为中心的开球. 设这个开球的半径为 r,并令 $k = 1/r$,所以 $r = 1/k$, 则 $k(A - x)$ 含有开单位球 $B(0;1)$. 由 4.12–3 可知 $T(k(A - x)) = k[T(A) - Tx]$ 含有以 0 为中心的开球, 所以 $T(A) - Tx$ 也含有以 0 为中心的开球, 因此 $T(A)$ 含有以 $Tx = y$ 为中心的开球. 由于 $y \in T(A)$ 是任意的, 所以 $T(A)$ 是开集.

最后, 若 $T^{-1} : Y \longrightarrow X$ 存在, 因为 T 是开映射, 所以由 1.3–4 可知 T^{-1} 是连续映射. 由 2.6–10 可知 T^{-1} 是线性映射, 所以由 2.7–9 得出 T^{-1} 是有界映射. ■

习　题

1. 证明由 $(\xi_1, \xi_2) \longmapsto (\xi_1)$ 定义的映射 $T : \mathbf{R}^2 \longrightarrow \mathbf{R}$ 是开映射. 由 $(\xi_1, \xi_2) \longmapsto (\xi_1, 0)$ 定义的映射 $T : \mathbf{R}^2 \longrightarrow \mathbf{R}^2$ 是开映射吗?

2. 证明开映射不必映闭集到闭集上.

3. 推广 (4.12.1) 和 (4.12.2), 我们能够定义

$$A + B = \{x \in X \mid x = a + b, a \in A, b \in B\},$$

其中 $A, B \subseteq X$. 为了熟悉这种记法, 求 $\alpha A, A + w, A + A$, 其中 $A = \{1, 2, 3, 4\}$. 解释图 4–12.

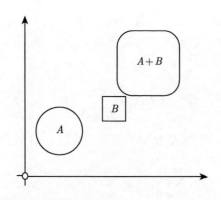

图 4–12　平面中的集合 A, B 和 $A + B$

4. 证明 (4.12.9) 中的不等式是严格的.

5. 设 X 是赋范空间，其中的点是只有有限个非零项的复数序列 $x = (\xi_j)$，其范数定义为 $\|x\| = \sup_j |\xi_j|$. 设 $T : X \longrightarrow X$ 定义为

$$y = Tx = \left(\xi_1, \frac{1}{2}\xi_2, \frac{1}{3}\xi_3, \cdots\right).$$

证明 T 是线性有界映射，但 T^{-1} 是无界映射. 这与 4.12-2 矛盾吗？

6. 设 X 和 Y 是巴拿赫空间且 $T : X \longrightarrow Y$ 是有界线性内射算子. 证明 $T^{-1} : \mathscr{R}(T) \longrightarrow X$ 当且仅当 $\mathscr{R}(T)$ 在 Y 中是闭的它才是有界的.

7. 设 X 和 Y 是巴拿赫空间且 $T : X \longrightarrow Y$ 是有界线性算子. 若 T 是一一映射，证明存在正实数 a 和 b 使得 $a\|x\| \leqslant \|Tx\| \leqslant b\|x\|$ 对所有 $x \in X$ 成立.

8. **等价范数** 设 $\|\cdot\|_1$ 和 $\|\cdot\|_2$ 是向量空间 X 上的范数，使得 $X_1 = (X, \|\cdot\|_1)$ 和 $X_2 = (X, \|\cdot\|_2)$ 是完备的. 若 $\|x_n\|_1 \to 0$ 总是蕴涵 $\|x_n\|_2 \to 0$，证明 X_1 中的收敛蕴涵 X_2 中的收敛，反之亦然. 并且存在正数 a 和 b 使得对于所有 $x \in X$ 有

$$a\|x\|_1 \leqslant \|x\|_2 \leqslant b\|x\|_1.$$

（注意这些范数是等价的，见 2.4-4. ）

9. 设 $X_1 = (X, \|\cdot\|_1)$ 和 $X_2 = (X, \|\cdot\|_2)$ 是巴拿赫空间. 若存在常数 c 使得对于所有 $x \in X$ 有 $\|x\|_1 \leqslant c\|x\|_2$，证明存在常数 k 使得对于所有 $x \in X$ 有 $\|x\|_2 \leqslant k\|x\|_1$（所以这两个范数是等价的，见 2.4-4）.

10. 从 §1.3 我们知道，度量空间 X 的所有开子集构成的集合 $\mathscr{T}$ 叫作 X 的一个拓扑. 因此，向量空间 X 上的每一个范数定义了 X 的一个拓扑. 若 X 上有两个范数使得 $X_1 = (X, \|\cdot\|_1)$ 和 $X_2 = (X, \|\cdot\|_2)$ 都是巴拿赫空间，并且由 $\|\cdot\|_1$ 和 $\|\cdot\|_2$ 定义的拓扑 $\mathscr{T}_1$ 和 $\mathscr{T}_2$ 满足 $\mathscr{T}_1 \supseteq \mathscr{T}_2$，证明 $\mathscr{T}_1 = \mathscr{T}_2$.

4.13 闭线性算子和闭图定理

不是实际上重要的所有线性算子都是有界的. 例如，2.7-5 中的微分算子是无界的，并且在量子力学和其他的应用中要经常用到无界算子. 然而，实际上分析者喜欢使用的所有线性算子都是所谓的闭线性算子，所以值得介绍一下这些算子. 本节定义赋范空间中的闭线性算子并考察它们的某些性质，特别是重要的闭图定理，它给出了巴拿赫空间中的闭线性算子是有界的充分条件.

对希尔伯特空间中的闭线性算子和其他无界算子的详细研究将在第 10 章给出，它们在量子力学中的应用将在第 11 章给出.

让我们从定义开始.

4.13-1 定义（闭线性算子） 设 X 和 Y 是赋范空间，$T : \mathscr{D}(T) \longrightarrow Y$ 是线性算子，且 $\mathscr{D}(T) \subseteq X$. 若 T 的图

$$\mathscr{G}(T) = \{(x, y) \mid x \in \mathscr{D}(T), y = Tx\}$$

在赋范空间 $X \times Y$ 中是闭的, 则称 T 是闭线性算子. 在 $X \times Y$ 中的两个 (向量空间的) 代数运算像通常那样定义为

$$(x_1, y_1) + (x_2 + y_2) = (x_1 + x_2, y_1 + y_2),$$
$$\alpha(x, y) = (\alpha x, \alpha y)$$

(α 是标量), 并且 $X \times Y$ 上的范数定义为①

$$\|(x, y)\| = \|x\| + \|y\|. \tag{4.13.1}$$

■

在什么条件下闭线性算子将是有界的? 重要的闭图定理给出了一个回答.

4.13–2 闭图定理　设 X 和 Y 是巴拿赫空间, $T : \mathscr{D}(T) \longrightarrow Y$ 是闭线性算子, 其中 $\mathscr{D}(T) \subseteq X$. 若 $\mathscr{D}(T)$ 在 X 中是闭的, 则算子 T 有界.

证明　首先证明由范数 (4.13.1) 定义的赋范空间 $X \times Y$ 是完备的. 设 (z_n) 是 $X \times Y$ 中的柯西序列, 其中 $z_n = (x_n, y_n)$, 则对于每个正数 ε, 存在 N 使得

对于所有 $m, n > N$ 有　$\|z_n - z_m\| = \|x_n - x_m\| + \|y_n - y_m\| < \varepsilon.$　(4.13.2)

因此 (x_n) 和 (y_n) 分别是 X 和 Y 中的柯西序列. 由于 X 和 Y 是完备的, 所以它们是收敛的, 不妨设 $x_n \to x$ 且 $y_n \to y$. 在 (4.13.2) 中令 $m \to \infty$, 对于 $n > N$ 有 $\|z_n - z\| \leqslant \varepsilon$, 这就证明了 $z_n \to z = (x, y)$. 由于柯西序列 (z_n) 是任意的, 所以 $X \times Y$ 是完备的.

根据假设, $\mathscr{G}(T)$ 在 $X \times Y$ 中是闭的, $\mathscr{D}(T)$ 在 X 中是闭的. 所以由 1.4–7 可知 $\mathscr{G}(T)$ 和 $\mathscr{D}(T)$ 是完备的. 现在考虑映射

$$P : \mathscr{G}(T) \longrightarrow \mathscr{D}(T),$$
$$(x, Tx) \longmapsto x.$$

P 是线性的. 因为

$$\|P(x, Tx)\| = \|x\| \leqslant \|x\| + \|Tx\| = \|(x, Tx)\|,$$

所以 P 是有界的. 由于有逆映射

$$P^{-1} : \mathscr{D}(T) \longrightarrow \mathscr{G}(T),$$
$$x \longmapsto (x, Tx),$$

———————————
① 其他范数的定义见习题 2.

所以 P 是一一映射. 由于 $\mathscr{G}(T)$ 和 $\mathscr{D}(T)$ 是完备的, 所以能够应用有界逆定理 4.12–2, 并且看出 P^{-1} 是有界的, 不妨设 $\|(x, Tx)\| \leqslant b \|x\|$ 对于某一个 b 和所有 $x \in \mathscr{D}(T)$ 成立. 因为

$$\|Tx\| \leqslant \|Tx\| + \|x\| = \|(x, Tx)\| \leqslant b \|x\|$$

对于所有 $x \in \mathscr{D}(T)$ 成立, 所以 T 是有界算子. ∎

根据定义, $\mathscr{G}(T)$ 是闭的, 当且仅当 $z = (x, y) \in \overline{\mathscr{G}(T)}$ 蕴涵 $z \in \mathscr{G}(T)$. 从 1.4–6(a) 又可看出, $z \in \overline{\mathscr{G}(T)}$ 当且仅当存在 $z_n = (x_n, Tx_n) \in \mathscr{G}(T)$ 使得 $z_n \to z$, 因此

$$x_n \to x, \quad Tx_n \to y, \tag{4.13.3}$$

并且 $z = (x, y) \in \mathscr{G}(T)$ 当且仅当 $x \in \mathscr{D}(T)$ 和 $y = Tx$. 这就证明了下述有用的判据, 这个判据描述了常用作定义线性算子的闭性的一个性质.

4.13–3 定理（闭线性算子） 设 $T : \mathscr{D}(T) \longrightarrow Y$ 是线性算子, 其中 $\mathscr{D}(T) \subseteq X$, 并且 X 和 Y 是赋范空间, 则 T 是闭的, 当且仅当它有下述性质: 若 $x_n \to x$ 且 $Tx_n \to y$, 其中 $x_n \in \mathscr{D}(T)$, 则 $x \in \mathscr{D}(T)$ 且 $Tx = y$.

要特别注意, 这个性质与有界线性算子的下述性质是不同的. 若线性算子 T 是有界的, 因而是连续的, 又若 (x_n) 是 $\mathscr{D}(T)$ 中的序列且在 $\mathscr{D}(T)$ 中收敛, 则 (Tx_n) 也收敛, 见 1.4–8. 这对于闭线性算子来说不一定成立. 然而, 若 T 是闭的且 $\mathscr{D}(T)$ 中的两个序列 (x_n) 和 $(\tilde{x}_n)$ 收敛到相同的极限, 又若对应的序列 (Tx_n) 和 $(T\tilde{x}_n)$ 也收敛, 则它们也有相同的极限（见习题 6）.

4.13–4 例子（微分算子） 设 $X = C[0, 1]$ 且

$$T : \mathscr{D}(T) \longrightarrow X,$$

$$x \longmapsto x',$$

其中 "$'$" 表示求导, $\mathscr{D}(T)$ 表示由有连续导数的函数 $x \in X$ 构成的子空间, 则 T 不是有界的, 但是闭的.

证明 从 2.7–5 可以看出 T 不是有界的. 我们应用 4.13–3 来证明 T 是闭的. 设 (x_n) 是 $\mathscr{D}(T)$ 中的序列且使得 (x_n) 和 (Tx_n) 都收敛, 不妨设

$$x_n \to x \quad \text{且} \quad Tx_n = x_n' \to y.$$

由于按 $C[0, 1]$ 的范数收敛是在 $[0, 1]$ 上的一致收敛, 从 $x_n' \to y$ 可得

$$\int_0^t y(\tau) \mathrm{d}\tau = \int_0^t \lim_{n \to \infty} x_n'(\tau) \mathrm{d}\tau = \lim_{n \to \infty} \int_0^t x_n'(\tau) \mathrm{d}\tau = x(t) - x(0),$$

即

$$x(t) = x(0) + \int_0^t y(\tau)\mathrm{d}\tau.$$

这就证明了 $x \in \mathscr{D}(T)$ 且 $x' = y$. 从而根据 4.13–3 可推出 T 是闭的.　　　■

值得注意的是, 在这个例子中 $\mathscr{D}(T)$ 在 X 中不是闭的, 否则根据闭图定理 T 将是有界的.

线性算子的闭性并不蕴涵有界性. 反之, 线性算子的有界性也不蕴涵闭性.

证明 4.13–4 已经说明了第一个命题, 下面的例子可说明第二个命题. 设 $T : \mathscr{D}(T) \longrightarrow \mathscr{D}(T) \subseteq X$ 是 $\mathscr{D}(T)$ 上的恒等算子, 且 $\mathscr{D}(T)$ 是赋范空间 X 的真稠密子空间. 显然 T 是有界线性算子, 然而 T 不是闭的. 若取 $x \in X - \mathscr{D}(T)$ 和 $\mathscr{D}(T)$ 中收敛到 x 的序列 (x_n), 则可以直接从 4.13–3 推出这个结论.　　　■

我们的讨论似乎表明, 关于无界算子其定义域的规定和延拓问题可能起着基本的作用. 事实的确如此, 在第 10 章将会较为详细地看到这一点. 刚才证明的论断是相当含糊的, 但我们有以下引理.

4.13–5 引理 (闭算子)　设 $T : \mathscr{D}(T) \longrightarrow Y$ 是有界线性算子, 其定义域 $\mathscr{D}(T) \subseteq X$, 其中 X 和 Y 是赋范空间, 则

(a) 若 $\mathscr{D}(T)$ 是 X 的闭子集, 则 T 是闭算子.

(b) 若 T 是闭算子且 Y 是完备空间, 则 $\mathscr{D}(T)$ 是 X 的闭子集.

证明 (a) 若 (x_n) 是 $\mathscr{D}(T)$ 中的收敛到 x 的序列且使得 (Tx_n) 也收敛, 则由于 $\mathscr{D}(T)$ 是闭集, 所以 $x \in \overline{\mathscr{D}(T)} = \mathscr{D}(T)$, 又由于 T 是连续的, 所以 $Tx_n \to Tx$. 因此由定理 4.13–3 可知 T 是闭算子.

(b) 对于 $x \in \overline{\mathscr{D}(T)}$, 在 $\mathscr{D}(T)$ 中存在序列 (x_n) 使得 $x_n \to x$, 见 1.4–6. 由于 T 是有界算子, 所以

$$\|Tx_n - Tx_m\| = \|T(x_n - x_m)\| \leqslant \|T\| \, \|x_n - x_m\|.$$

这表明 (Tx_n) 是柯西序列. 由于 Y 是完备空间, 所以 (Tx_n) 收敛, 不妨设 $Tx_n \to y \in Y$. 由于 T 是闭算子, 根据 4.13–3 有 $x \in \mathscr{D}(T)$ (且 $Tx = y$). 因为 $x \in \overline{\mathscr{D}(T)}$ 是任取的, 所以 $\mathscr{D}(T)$ 是闭集.　　　■

习　题

1. 证明 (4.13.1) 在 $X \times Y$ 上定义了一个范数.

2. 在赋范空间 X 和 Y 的积空间 $X \times Y$ 上的其他常用范数还有

$$\|(x, y)\| = \max\{\|x\|, \|y\|\},$$

$$\left\|(x, y)\right\|_0 = \left(\|x\|^2 + \|y\|^2\right)^{1/2}.$$

验证它们满足范数公理.

3. 证明线性算子 $T : X \longrightarrow Y$ 的图 $\mathscr{G}(T)$ 是 $X \times Y$ 的线性子空间.

4. 若 4.13–1 中的 X 和 Y 是巴拿赫空间, 证明: 用 (4.13.1) 定义范数后, $V = X \times Y$ 是巴拿赫空间.

5. **逆** 若闭线性算子 T 的逆 T^{-1} 存在, 证明 T^{-1} 也是闭线性算子.

6. 设 T 是闭线性算子. 若 $\mathscr{D}(T)$ 中的序列 (x_n) 和 $(\tilde{x}_n)$ 收敛到同一个极限 x, 且 (Tx_n) 和 $(T\tilde{x}_n)$ 也收敛, 证明 (Tx_n) 和 $(T\tilde{x}_n)$ 有相同的极限.

7. 从闭图定理推出定理 4.12–2 的第二个命题.

8. 设 X 和 Y 是赋范空间, $T : X \longrightarrow Y$ 是闭线性算子. (a) 证明紧子集 $C \subseteq X$ 的像 A 在 Y 中是闭集. (b) 证明紧子集 $K \subseteq Y$ 的逆像 B 在 X 中是闭集 (见定义 2.5–1).

9. 若 $T : X \longrightarrow Y$ 是闭线性算子, 其中 X 和 Y 是赋范空间且 Y 是紧空间, 证明 T 是有界算子.

10. 设 X 和 Y 是赋范空间且 X 是紧空间. 若 $T : X \longrightarrow Y$ 是闭的线性一一映射算子, 证明 T^{-1} 是有界算子.

11. **零空间** 证明闭线性算子 $T : X \longrightarrow Y$ 的零空间 $\mathscr{N}(T)$ 是 X 的闭子空间.

12. 设 X 和 Y 是赋范空间. 若 $T_1 : X \longrightarrow Y$ 是闭线性算子且 $T_2 \in B(X, Y)$, 证明 $T_1 + T_2$ 是闭线性算子.

13. 设 T 是闭线性算子, 其定义域 $\mathscr{D}(T)$ 在巴拿赫空间 X 中, 其值域 $\mathscr{R}(T)$ 在赋范空间 Y 中. 若 T^{-1} 存在且有界, 证明 $\mathscr{R}(T)$ 是闭集.

14. 假设级数 $u_1 + u_2 + \cdots$ 的一般项是区间 $J = [0, 1]$ 上的连续可微函数, 且该级数在 J 上一致收敛并有和 x. 此外, 假定 $u_1' + u_2' + \cdots$ 在 J 上也一致收敛. 证明 x 在 $(0, 1)$ 上连续可微, 且 $x' = u_1' + u_2' + \cdots$.

15. **闭延拓** 设 $T : \mathscr{D}(T) \longrightarrow Y$ 是线性算子, $\mathscr{D}(T) \subseteq X$, 且 X 和 Y 是巴拿赫空间, $\mathscr{G}(T)$ 是 T 的图. 证明: 当且仅当 $\mathscr{G}(T)$ 不含有形如 $(0, y)$ (其中 $y \neq 0$) 的元素, T 有延拓 $\tilde{T}$, 且 $\tilde{T}$ 是闭线性算子并且有图 $\overline{\mathscr{G}(T)}$.

第 5 章　巴拿赫不动点定理的应用

本章是选学内容，所包含的材料其余各章并不会用到.

学习本章只要求具备第 1 章（不要求第 2 章至第 4 章）的知识，所以如有必要，可紧接着第 1 章进行学习.

作为分析学不同分支中存在性与唯一性定理的共同源泉，巴拿赫不动点定理是非常重要的. 就这种意义来看，这个定理深刻说明了泛函分析方法有统一各个数学分支的威力，也说明了各种不动点定理在分析学中的有用性.

本章概要

巴拿赫不动点定理或压缩定理 5.1–2 研究完备度量空间中的某种自映射（压缩映射，见 5.1–1）. 它给出了映射不动点（自映射点）的存在与唯一的充分条件. 同时也提供了逼近不动点的迭代程序①和误差界（见 5.1–3）. 我们还要研究这个定理在三个重要领域中的应用，即

(i) 线性代数方程（§5.2），

(ii) 常微分方程（§5.3），

(iii) 积分方程（§5.4）.

还有其他方面的应用（例如偏微分方程），要讨论它们需要较多的预备知识.

5.1　巴拿赫不动点定理

设 T 是映集合 X 到 X 中的映射，若存在 $x \in X$ 在 T 之下保持不变，即

$$Tx = x,$$

也就是 x 的像 Tx 与 x 重合，则称 x 为映射 T 的一个**不动点**.

例如，平移没有不动点，平面绕定点的旋转有一个不动点（旋转中心），$\mathbf{R}$ 到 $\mathbf{R}$ 中的映射 $x \longmapsto x^2$ 有两个不动点（0 和 1），从 $\mathbf{R}^2$ 到 ξ_1 轴上的投影 $(\xi_1, \xi_2) \longmapsto \xi_1$ 有无穷多个不动点（ξ_1 轴上的所有点）.

巴拿赫不动点定理是关于某种映射的不动点的存在性与唯一性的定理，它也给出了一个逐步逼近不动点（往往是实际问题的解）的构造性过程. 这叫作**迭代**

---

① 迭代程序（iterative process）强调实现算法的静态程序，而下面的迭代过程（iteration）强调执行算法的动态过程. ——编者注

过程. 根据定义, 它是这样的一个方法: 在给定的集合 X 中任选一点 x_0, 然后按照关系式

$$x_{n+1} = Tx_n, \quad \text{其中 } n = 0, 1, 2, \cdots$$

依次计算出序列 $x_0, x_1, x_2, \cdots$, 也就是说, 选定任意 x_0, 然后逐次确定 $x_1 = Tx_0, x_2 = Tx_1, \cdots$.

几乎在每个应用数学分支中都应用迭代程序. 收敛性的证明和误差估计也常常能从巴拿赫不动点定理得到 (或者用更难些的不动点定理). 巴拿赫定理给出了一类压缩映射的不动点的存在 (和唯一) 的充分条件. 压缩的定义如下.

5.1–1 定义 (压缩) 设 $X = (X, d)$ 是度量空间. 对于映射 $T : X \longrightarrow X$, 若存在正实数 $\alpha < 1$ 使得对于所有 $x, y \in X$ 有

$$d(Tx, Ty) \leqslant \alpha d(x, y), \quad \text{其中 } \alpha < 1, \tag{5.1.1}$$

则称 T 在 X 上是压缩的. 从几何上看就是对于任意两点 x 和 y, 它们的像之间的距离比它们之间的距离要近些. 确切地讲, 就是比值 $d(Tx, Ty)/d(x, y)$ 不超过严格小于 1 的常数 α. ∎

5.1–2 巴拿赫不动点定理 (压缩定理) 假设 $X = (X, d)$ 是非空的完备度量空间, $T : X \longrightarrow X$ 是在 X 上压缩的映射, 则 T 恰好有一个不动点.

证明 我们先构造序列 (x_n), 并证明它是柯西序列, 从而在完备空间 X 中收敛. 然后证明它的极限点 x 就是 T 的一个不动点. 最后证明这个不动点是唯一的. 这就是整个证明的思路.

任选 $x_0 \in X$, 定义 "迭代序列" (x_n) 如下

$$x_0, \quad x_1 = Tx_0, \quad x_2 = Tx_1 = T^2 x_0, \quad \cdots, \quad x_n = T^n x_0, \quad \cdots. \tag{5.1.2}$$

显然, 它是 x_0 在 T 反复作用下的像的序列. 现在证明 (x_n) 是柯西序列. 根据 (5.1.2) 和 (5.1.2) 有

$$\begin{aligned}
d(x_{m+1}, x_m) &= d(Tx_m, Tx_{m-1}) \\
&\leqslant \alpha d(x_m, x_{m-1}) \\
&= \alpha d(Tx_{m-1}, Tx_{m-2}) \\
&\leqslant \alpha^2 d(x_{m-1}, x_{m-2}) \\
&\quad \vdots \\
&\leqslant \alpha^m d(x_1, x_0).
\end{aligned} \tag{5.1.3}$$

因此，利用三角不等式及几何级数求和公式可得对于 $n > m$ 有

$$d(x_m, x_n) \leqslant d(x_m, x_{m+1}) + d(x_{m+1}, x_{m+2}) + \cdots + d(x_{n-1}, x_n)$$

$$\leqslant \left(\alpha^m + \alpha^{m+1} + \cdots + \alpha^{n-1} \right) d(x_0, x_1)$$

$$= \alpha^m \frac{1 - \alpha^{n-m}}{1 - \alpha} d(x_0, x_1).$$

由于 $0 < \alpha < 1$，分子中的 $1 - \alpha^{n-m} < 1$，所以

$$\text{对于 } n > m \text{ 有} \quad d(x_m, x_n) \leqslant \frac{\alpha^m}{1 - \alpha} d(x_0, x_1). \tag{5.1.4}$$

在不等式右端，$0 < \alpha < 1$ 和 $d(x_0, x_1)$ 是固定的数，所以只要取 m 充分大（且 $n > m$），则 $d(x_m, x_n)$ 便可任意小。这就证明了 (x_m) 是柯西序列。由于 X 是完备空间，所以 (x_m) 收敛，不妨设 $x_m \to x$。我们将证明这个极限 x 就是映射 T 的不动点。

由三角不等式和 (5.1.1)，我们有

$$d(x, Tx) \leqslant d(x, x_m) + d(x_m, Tx) \leqslant d(x, x_m) + \alpha d(x_{m-1}, x).$$

由于 $x_m \to x$，所以当 m 充分大时，$d(x, x_m) + \alpha d(x_{m-1}, x)$ 可以任意小（小于预先指定的任意正数 ε），从而推出 $d(x, Tx) = 0$。根据 §1.1 中的公理 M_2 有 $x = Tx$。这就证明了 x 是 T 的一个不动点。

假设 $Tx = x$ 且 $T\tilde{x} = \tilde{x}$，则由 (5.1.1) 可得

$$d(x, \tilde{x}) = d(Tx, T\tilde{x}) \leqslant \alpha d(x, \tilde{x}).$$

由于 $\alpha < 1$，这意味着 $d(x, \tilde{x}) = 0$。根据 M_2 有 $x = \tilde{x}$，这说明 T 的不动点是唯一的，从而证明了定理。∎

5.1-3 推论（迭代、误差界） 在 5.1-2 的条件下，迭代序列 (5.1.2) 对于任意 $x_0 \in X$ 都收敛到 T 的唯一不动点 x，且有**先验误差估计**

$$d(x_m, x) \leqslant \frac{\alpha^m}{1 - \alpha} d(x_0, x_1) \tag{5.1.5}$$

和后验误差估计

$$d(x_m, x) \leqslant \frac{\alpha}{1 - \alpha} d(x_{m-1}, x_m). \tag{5.1.6}$$

证明 从定理的证明很容易看出第一个命题是正确的。对不等式 (5.1.4) 两端关于 $n \to \infty$ 求极限可得 (5.1.5)。至于 (5.1.6)，先在 (5.1.5) 中取 $m = 1$，$x_0 = y_0$，$x_1 = y_1$，便得到

$$d(y_1, x) \leqslant \frac{\alpha}{1 - \alpha} d(y_0, y_1).$$

再取 $y_0 = x_{m-1}$，因而 $y_1 = Ty_0 = Tx_{m-1} = x_m$，代入上式便得到 (5.1.6)。∎

先验误差界 (5.1.5) 可在计算之初根据给定的精度要求用来估计需要计算的步数. (5.1.6) 可用于中间步骤或计算结束时的估计, 它至少有如 (5.1.5) 一样的精度, 可能还更好些, 见习题 8.

从应用数学的观点来看, 定理所要求的条件有时不能完全满足, 经常会出现这样的情况: 映射 T 不是在整个 X 上都是压缩的, 而只是在 X 的子集 Y 上是压缩的. 然而, 若 Y 是闭集, 由 1.4–7 可知 Y 是完备的, 所以 T 在 Y 上有一个不动点 x. 像前边一样构造迭代序列 $x_m \to x$, 不过这里要对初始点 x_0 的选取施加适当的限制, 以保证 x_m 都落在 Y 中. 一个具有实用价值的典型结论是下面的定理.

5.1–4 定理（球上的压缩） 设 T 是从完备度量空间 $X = (X, d)$ 到它自己中的映射, 并且 T 在闭球 $Y = \{x \mid d(x, x_0) \leqslant r\}$ 上是压缩的, 即对于所有 $x, y \in Y$ 满足 (5.1.1). 此外, 还假定

$$d(x_0, Tx_0) < (1 - \alpha)\, r, \tag{5.1.7}$$

则迭代序列 (5.1.2) 收敛到 $x \in Y$, 这个 x 是 T 的一个不动点, 且是 T 在 Y 中的唯一不动点.

证明 我们只需证明迭代序列 (x_m) 和 x 都落在 Y 中就够了. 在 (5.1.4) 中令 $m = 0$ 并把 n 改为 m, 再利用 (5.1.7) 便得到

$$d(x_0, x_m) \leqslant \frac{1}{1 - \alpha}\, d(x_0, x_1) < r.$$

因此所有 x_m 都落在 Y 中. 由于 $x_m \to x$ 且 Y 是闭集, 所以 $x \in Y$. 从巴拿赫定理 5.1–2 的证明中可以得到本定理的其他断言. ■

为了后面的应用, 读者可以对以下引理给出一个简单的证明.

5.1–5 引理（连续性） 度量空间 X 上的压缩映射 T 是连续映射.

习　题

1. 在初等几何里找出一些映射例子, 分别满足 (a) 有唯一不动点, (b) 有无穷个不动点.

2. 设 $X = \{x \in \mathbf{R} \mid x \geqslant 1\} \subseteq \mathbf{R}$, 映射 $T: X \longrightarrow X$ 定义为 $Tx = x/2 + x^{-1}$. 证明 T 是压缩映射, 并求出最小的 α.

3. 举例说明 5.1–2 中空间的完备性条件是根本的, 并且是不可缺少的.

4. 重要的是, 5.1–2 中的条件 (5.1.1) 不能换成: 当 $x \neq y$ 时 $d(Tx, Ty) < d(x, y)$. 要看出为什么, 考虑 $X = \{x \mid 1 \leqslant x < +\infty\}$, 取实直线上通常意义的度量, 用 $Tx = x + x^{-1}$ 定义 $T: X \longrightarrow X$. 证明当 $x \neq y$ 时有 $|Tx - Ty| < |x - y|$, 但映射 T 没有不动点.

5. 若 $T : X \longrightarrow X$ 满足当 $x \neq y$ 时 $d(Tx, Ty) < d(x, y)$ 且 T 有一个不动点，证明这个不动点是唯一的，其中 (X, d) 是度量空间.

6. 若 T 是压缩映射，证明 T^n（$n \in \mathbf{N}$）也是压缩映射. 若 T^n 对于 $n > 1$ 是压缩映射，证明 T 未必是压缩映射.

7. 证明 5.1–5.

8. 证明 (5.1.5) 给出的误差界形成严格单调递减序列. 证明 (5.1.6) 至少与 (5.1.5) 一样好.

9. 证明：在 5.1–4 的条件下，有先验误差估计 $d(x_m, x) < \alpha^m r$ 和后验误差估计 (5.1.6).

10. 在分析中，迭代序列 $x_n = g(x_{n-1})$ 收敛的一个常用的充分条件是，g 连续可微且

$$|g'(x)| \leqslant \alpha < 1.$$

用巴拿赫不动点定理来验证它.

11. 为了求给定方程 $f(x) = 0$ 的一个近似数值解，将方程化成 $x = g(x)$ 的形式，然后选择初始值 x_0 并计算

$$x_n = g(x_{n-1}), \quad 其中 \ n = 1, 2, \cdots.$$

假定 g 在某个区间 $J = [x_0 - r, x_0 + r]$ 上连续可微，$|g'(x)| \leqslant \alpha < 1$（$x \in J$）且

$$|g(x_0) - x_0| < (1 - \alpha) r.$$

证明 $x = g(x)$ 在 J 上有唯一解 x，迭代序列 (x_m) 收敛到这个解 x，并且有误差估计

$$|x - x_m| < \alpha^m r, \quad |x - x_m| \leqslant \frac{\alpha}{1 - \alpha} |x_m - x_{m-1}|.$$

12. 若 f 在区间 $J = [a, b]$ 上连续可微，且 $f(a) < 0$，$f(b) > 0$，$0 < k_1 \leqslant f'(x) \leqslant k_2$（$x \in J$），利用巴拿赫定理 5.1–2 构造求解方程 $f(x) = 0$ 的迭代程序. 采用 $g(x) = x - \lambda f(x)$，其中 λ 是适当选定的.

13. 考察解 $f(x) = x^3 + x - 1 = 0$ 的迭代程序，(a) 证明一种可能是

$$x_n = g(x_{n-1}) = \left(1 + x_{n-1}^2\right)^{-1}.$$

选取 $x_0 = 1$ 并执行三步. $|g'(x)| < 1$ 吗?（见习题 10.）证明这个迭代过程可用图 5–1 说明. (b) 用 (5.1.5) 估计误差. (c) 可以把 $f(x) = 0$ 写成 $x = 1 - x^3$. 这种形式适合迭代吗? 用 $x_0 = 1$，$x_0 = 0.5$，$x_0 = 2$ 试验一下，看看会出现什么问题.

14. 证明求解习题 13 中的方程的另一个迭代程序是

$$x_n = x_{n-1}^{1/2} \left(1 + x_{n-1}^2\right)^{-1/2}.$$

选取 $x_0 = 1$. 确定 x_1, x_2, x_3. 收敛加快的原因是什么?（实根是 $0.682\,328$，有 6 位有效数字.）

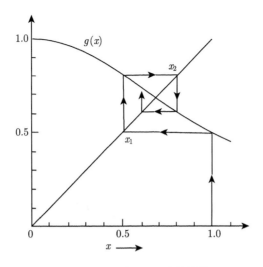

图 5-1 习题 13(a) 中的迭代

15. **牛顿法** 设 f 是区间 $[a, b]$ 上的两次连续可微的实值函数，$\hat{x}$ 是 f 在 (a, b) 内的一个单根（零点）. 证明牛顿法

$$x_{n+1} = g(x_n), \quad g(x_n) = x_n - \frac{f(x_n)}{f'(x_n)}$$

是 $\hat{x}$ 的某个邻域内的压缩映射（所以对于充分靠近 $\hat{x}$ 的任意 x_0，迭代序列收敛到 $\hat{x}$）.

16. **平方根** 证明计算给定正数 c 的平方根的一个迭代程序是

$$x_{n+1} = g(x_n) = \frac{1}{2}\left(x_n + \frac{c}{x_n}\right), \quad \text{其中 } n = 0, 1, \cdots.$$

从习题 10 能得到什么条件？从 $x_0 = 1$ 出发，计算 $\sqrt{2}$ 的近似值 x_1, x_2, x_3, x_4.

17. 设 $T : X \longrightarrow X$ 是完备度量空间上的压缩映射，所以 (5.1.1) 成立. 出于舍入误差和其他原因，我们常常用映射 $S : X \longrightarrow X$ 代替 T，其中 S 使得对于所有 $x \in X$ 有

$$d(Tx, Sx) \leqslant \eta, \quad \text{其中 } \eta \text{ 是适当的正数.}$$

用归纳法证明，对于任意 $x \in X$ 有

$$d(T^m x, S^m x) \leqslant \eta \frac{1 - \alpha^m}{1 - \alpha}, \quad \text{其中 } m = 1, 2, \cdots.$$

18. 习题 17 中的映射 S 可能没有不动点，但实际上对于某个 n，S^n 常常有不动点 y. 用习题 17 证明：从 y 到 T 的不动点 x 的距离满足

$$d(x, y) \leqslant \frac{\eta}{1 - \alpha}.$$

19. 在习题 17 中，设 $x = Tx$ 且 $y_m = S^m y_0$. 用 (5.1.5) 和习题 17 证明

$$d(x, y_m) \leqslant \frac{1}{1-\alpha} \left[\eta + \alpha^m d(y_0, S y_0) \right].$$

这个公式在应用中有什么重要意义?

20. 利普希茨条件　对于映射 $T: [a,b] \longrightarrow [a,b]$, 若存在常数 k 使得对于所有 $x, y \in [a,b]$ 有

$$|Tx - Ty| \leqslant k|x - y|,$$

则称 T 在 $[a,b]$ 上满足利普希茨条件, k 叫作利普希茨常数. (a) T 是压缩映射吗? (b) 若 T 是连续可微的, 证明 T 满足利普希茨条件. (c) (b) 的逆成立吗?

5.2　巴拿赫定理在线性方程组方面的应用

巴拿赫不动点定理在用迭代法求解线性代数方程组方面有重要的应用, 并且为收敛性和误差界提供了充分条件.

为了更好地理解, 首先回顾一下: 解这种方程组有各种直接法 (若计算机的字长没有限制, 用这种方法经过有限多次算术运算是能够得到精确解的), 大家最熟悉的一种方法是高斯消元法 (消元法的大致过程在中学就曾学过). 然而, 迭代法或间接法对特殊的方程组可能更为有效. 例如, 方程组是稀疏的, 也就是说, 方程个数很多, 但只有很少的非零系数. (振动问题、网络问题、偏微分方程的差分逼近等常常归结为稀疏的方程组.) 再者, 常用的直接法要求大约 $n^3/3$ 次算术运算 (n 是方程的个数, 也是未知数的个数), 而对于大的 n, 舍入误差可能变得很大, 而在迭代方法中, 由舍入 (或者因疏忽) 造成的误差可以加以遏制. 实际上, 经常用迭代法去改进由直接法求得的解.

为了应用巴拿赫定理, 需要完备度量空间和在其上的压缩映射. 所以我们取所有 n 元实序组

$$x = (\xi_1, \cdots, \xi_n), \quad y = (\eta_1, \cdots, \eta_n), \quad z = (\zeta_1, \cdots, \zeta_n)$$

等的集合 X, 在其上定义度量 d 为

$$d(x, z) = \max_j |\xi_j - \zeta_j|, \tag{5.2.1}$$

则 $X = (X, d)$ 是完备空间. 简单的证明类似于 1.5–1.

在 X 上用

$$y = Tx = Cx + b \tag{5.2.2}$$

定义 $T: X \longrightarrow X$, 其中 $C = (c_{jk})$ 是固定的 $n \times n$ 实方阵, $b \in X$ 是固定的向量. 因为要符合矩阵乘法的通常约定, 所以本节中所涉及的向量一律视为列向量.

在什么条件下 T 是压缩映射? 把 (5.2.2) 按分量写出, 便有

$$\eta_j = \sum_{k=1}^{n} c_{jk}\xi_k + \beta_j, \quad \text{其中 } j = 1, \cdots, n,$$

其中 $b = (\beta_j)$, 令 $w = (\omega_j) = Tz$, 因而从 (5.2.1) 和 (5.2.2) 可得到

$$\begin{aligned}
d(y, w) = d(Tx, Tz) &= \max_j \left| \eta_j - \omega_j \right| \\
&= \max_j \left| \sum_{k=1}^{n} c_{jk}(\xi_k - \zeta_k) \right| \\
&\leqslant \max_i \left| \xi_i - \zeta_i \right| \max_j \sum_{k=1}^{n} \left| c_{jk} \right| \\
&= d(x, z) \max_j \sum_{k=1}^{n} \left| c_{jk} \right|.
\end{aligned}$$

可以看出, 它也能被写成 $d(y, w) \leqslant \alpha d(x, z)$, 其中

$$\alpha = \max_j \sum_{k=1}^{n} \left| c_{jk} \right|. \tag{5.2.3}$$

因此由巴拿赫定理 5.1–2 得到以下定理.

5.2–1 定理 (线性方程组)　若含有 n 个方程和 n 个未知数 $\xi_1, \cdots, \xi_n$ (x 的分量) 的线性方程组

$$x = Cx + b, \quad \text{其中 } C = (c_{jk}),\ b \text{ 是给定的} \tag{5.2.4}$$

满足

$$\sum_{k=1}^{n} \left| c_{jk} \right| < 1, \quad \text{其中 } j = 1, \cdots, n, \tag{5.2.5}$$

则它恰好有一个解 x. 这个解可以通过求迭代序列 $\left(x^{(0)}, x^{(1)}, x^{(2)}, \cdots \right)$ 的极限得到, 其中 $x^{(0)}$ 是任取的, 并且

$$x^{(m+1)} = Cx^{(m)} + b, \quad \text{其中 } m = 0, 1, \cdots. \tag{5.2.6}$$

误差界是 $\left[\, \text{见 (5.2.3)} \,\right]$

$$d\left(x^{(m)}, x \right) \leqslant \frac{\alpha}{1 - \alpha} d\left(x^{(m-1)}, x^{(m)} \right) \leqslant \frac{\alpha^m}{1 - \alpha} d\left(x^{(0)}, x^{(1)} \right). \tag{5.2.7}$$

条件 (5.2.5) 对于收敛性是充分的. 由于它是对 C 的各行元素的绝对值求和, 所以把条件 (5.2.5) 叫作**行和判据**. 若在 X 上取另外的度量代替 (5.2.1), 则将得到另外的条件. 习题 7 和习题 8 包括两个在实践中很重要的情况.

相对于实际上采用的方法, 5.2–1 又如何呢? 通常把含有 n 个方程和 n 个未知数的线性方程组写成

$$Ax = c, \tag{5.2.8}$$

其中 A 是 n 阶的方阵. 在 $\det A \neq 0$ 时, 关于 (5.2.8) 的很多迭代法把 A 写成 $A = B - G$, 其中 B 是适当的非奇异矩阵, 则 (5.2.8) 变成

或

$$Bx = Gx + c$$

$$x = B^{-1}(Gx + c).$$

这就给出了迭代格式 (5.2.6), 其中取

$$C = B^{-1}G, \quad b = B^{-1}c. \tag{5.2.9}$$

下面用两种标准的方法来说明它, 一种方法是雅可比迭代, 它有很强的理论意义, 而另一种方法是高斯–赛德尔迭代, 在应用数学中得到了广泛的应用.

5.2–2 雅可比迭代   这种迭代方法定义为

$$\xi_j^{(m+1)} = \frac{1}{a_{jj}}\left(\gamma_j - \sum_{\substack{k=1 \\ k \neq j}}^{n} a_{jk}\xi_k^{(m)}\right), \quad \text{其中 } j = 1, \cdots, n, \tag{5.2.10}$$

其中 $c = (\gamma_j)$ 就是 (5.2.8) 中的向量 c, 并且假定对于 $j = 1, \cdots, n$ 有 $a_{jj} \neq 0$. 这个迭代是根据关于 ξ_j 解 (5.2.8) 中的第 j 个方程提出的. 要验证 (5.2.10) 能够写成 (5.2.6) 的形式是不难的, 只要令

$$C = -D^{-1}(A - D), \quad b = D^{-1}c, \tag{5.2.11}$$

其中 $D = \text{diag}(a_{jj})$ 是对角矩阵, D 的非零元就是 A 的主对角元.

应用到 (5.2.11) 中的 C 所得到的条件 (5.2.5), 对于雅可比迭代的收敛是充分的. 由于 (5.2.11) 中的 C 相对来说比较简单, 能够直接用 A 的元素来表示条件 (5.2.5). 关于雅可比迭代的行和判据是

$$\sum_{\substack{k=1 \\ k \neq j}}^{n} \left|\frac{a_{jk}}{a_{jj}}\right| < 1, \quad \text{其中 } j = 1, \cdots, n, \tag{5.2.12}$$

或

$$\sum_{\substack{k=1 \\ k \neq j}}^{n} |a_{jk}| < |a_{jj}|, \quad \text{其中 } j = 1, \cdots, n. \tag{5.2.12*}$$

粗略地讲, 这就表明: 若 A 的主对角元足够大, 则能保证迭代收敛.

值得注意的是，在雅可比迭代中，$x^{(m+1)}$ 的某些分量已经可以立即有效地使用却没有使用，而仍按程序继续计算其余的分量，也就是说，待一个迭代循环的结束，才把新的近似解的所有分量一同引入下一个循环. 我们把这一事实说成: 雅可比迭代是同时校正的方法.

5.2–3 高斯–赛德尔迭代 这是一种逐次校正的方法，在迭代过程的每一时刻，已经计算出来的已知新分量都被用到紧接着的计算中去. 这种方法定义为

$$\xi_j^{(m+1)} = \frac{1}{a_{jj}}\left(\gamma_j - \sum_{k=1}^{j-1} a_{jk}\xi_k^{(m+1)} - \sum_{k=j+1}^{n} a_{jk}\xi_k^{(m)}\right), \tag{5.2.13}$$

其中 $j = 1, \cdots, n$，并且仍然假定对于所有 j 有 $a_{jj} \neq 0$.

把矩阵 A 分解成（见图 5–2）

$$A = -L + D - U$$

可以得到 (5.2.13) 的矩阵形式，其中 D 就是雅可比迭代中的 D，而 L 和 U 分别是下三角矩阵和上三角矩阵，并且它们的主对角元都是 0，而负号是为了方便才写出的. 可以想象，(5.2.13) 中的每个方程分别用 a_{jj} 去乘，则可写成

$$Dx^{(m+1)} = c + Lx^{(m+1)} + Ux^{(m)},$$

或

$$(D - L)x^{(m+1)} = c + Ux^{(m)}.$$

再用 $(D - L)^{-1}$ 乘上式两端便得到 (5.2.6)，其中

$$C = (D - L)^{-1}U, \quad b = (D - L)^{-1}c. \tag{5.2.14}$$

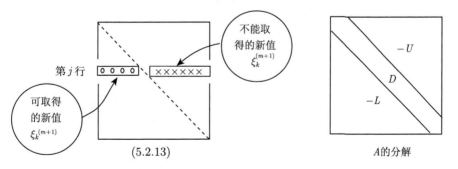

图 5–2 高斯–赛德尔公式 (5.2.13) 和 (5.2.14) 的解释

应用到 (5.2.14) 中的 C 的条件 (5.2.5) 对于高斯–赛德尔迭代的收敛是充分的. 由于 C 比较复杂，留下的实际问题是求得保证 (5.2.5) 有效性的较简单条件.

我们不加证明地指出, (5.2.12) 是充分的, 但还有更好的条件. 有兴趣的读者能够在托德 (J. Todd, 1962, 第 494、495、500 页) 的著作中找到.

<h2 style="text-align:center">习　题</h2>

1. 验证 (5.2.11) 和 (5.2.14).

2. 考虑方程组

$$5\xi_1 \quad - \quad \xi_2 \;=\; 7,$$
$$-3\xi_1 \quad + \quad 10\xi_2 \;=\; 24.$$

(a) 求出精确解. (b) 应用雅可比迭代. C 满足 (5.2.5) 吗? 从 $x^{(0)} = (1,1)^{\mathrm{T}}$ 出发, 计算 $x^{(1)}$ 和 $x^{(2)}$ 以及关于 $x^{(2)}$ 的误差界 (5.2.7), 并与 $x^{(2)}$ 的实际误差进行比较. (c) 应用高斯–赛德尔迭代法执行 (b) 中的计算.

3. 考虑方程组

$$\xi_1 \quad - \quad 0.25\xi_2 \quad - \quad 0.25\xi_3 \qquad\qquad = 0.50,$$
$$-0.25\xi_1 \quad + \quad \xi_2 \qquad\qquad - \quad 0.25\xi_4 = 0.50,$$
$$-0.25\xi_1 \qquad\qquad + \quad \xi_3 \quad - \quad 0.25\xi_4 = 0.25,$$
$$-\quad 0.25\xi_2 \quad - \quad 0.25\xi_3 \quad + \quad \xi_4 = 0.25.$$

(这种形式的方程出现在偏微分方程组的数值解中.) (a) 从 $x^{(0)} = (1,1,1,1)^{\mathrm{T}}$ 出发, 应用雅可比迭代并执行三步, 把近似解与精确解 $\xi_1 = \xi_2 = 0.875$, $\xi_3 = \xi_4 = 0.625$ 加以比较. (b) 应用高斯–赛德尔迭代, 按 (a) 中要求进行计算和比较.

4. 格尔什戈林定理[①] 若 λ 是方阵 $C = (c_{jk})$ 的一个本征值, 则对于某个 j ($1 \leqslant j \leqslant n$) 有

$$\left| c_{jj} - \lambda \right| \leqslant \sum_{\substack{k=1 \\ k \neq j}}^{n} \left| c_{jk} \right|.$$

(C 的本征值是对某个 $x \neq 0$ 满足 $Cx = \lambda x$ 的数 λ.) (a) 证明可把 (5.2.4) 写成 $Kx = b$, 其中 $K = I - C$, 并且格尔什戈林定理与 (5.2.5) 合在一起蕴涵 K 没有零本征值 (故 K 是非奇异的, 即 $\det K \neq 0$ 且 $Kx = b$ 有唯一解). (b) 证明 (5.2.5) 和格尔什戈林定理合在一起蕴涵 (5.2.6) 中的 C 的谱半径小于 1 (可以证明它是迭代收敛的充分必要条件, C 的谱半径定义为 $\max_j |\lambda_j|$, 其中 $\lambda_1, \cdots, \lambda_n$ 为 C 的本征值).

5. 用雅可比迭代发散, 用高斯–赛德尔迭代收敛的方程组的一个例子是

$$2\xi_1 + \quad \xi_2 + \quad \xi_3 = 4,$$
$$\xi_1 + 2\xi_2 + \quad \xi_3 = 4,$$
$$\xi_1 + \quad \xi_2 + 2\xi_3 = 4.$$

从 $x^{(0)} = 0$ 出发, 验证雅可比迭代的发散性, 并执行高斯–赛德尔迭代的前几步, 可以得到这种迭代似乎收敛到精确解 $\xi_1 = \xi_2 = \xi_3 = 1$ 的印象.

---

① 一般称为 Gershgorin 圆盘定理. ——编者注

6. 总认为高斯–赛德尔迭代比雅可比迭代要好些, 似乎是有道理的. 其实, 这两种方法是不好比较的. 这有点令人感到意外. 例如, 对于方程组

$$\begin{aligned} \xi_1 \quad\quad\quad + \quad \xi_3 &= 2, \\ -\xi_1 \quad + \quad \xi_2 \quad\quad\quad &= 0, \\ \xi_1 \quad + \quad 2\xi_2 \quad - \quad 3\xi_3 &= 0, \end{aligned}$$

应用雅可比迭代收敛, 而用高斯–赛德尔迭代则发散. 从习题 4(b) 中所说的充分必要条件来推导这两个事实.

7. **列和判据** 对于 (5.2.1) 中的度量有条件 (5.2.5). 若在 X 上定义度量 d_1 为

$$d_1(x, z) = \sum_{j=1}^{n} \left| \xi_j - \zeta_j \right|,$$

证明代替 (5.2.5) 得到条件

$$\sum_{j=1}^{n} \left| c_{jk} \right| < 1, \quad \text{其中 } k = 1, \cdots, n. \tag{5.2.15}$$

8. **平方和判据** 对于 (5.2.1) 中的度量有条件 (5.2.5). 若在 X 上定义欧几里得度量 d_2 为

$$d_2(x, z) = \left[\sum_{j=1}^{n} (\xi_j - \zeta_j)^2 \right]^{1/2},$$

证明代替 (5.2.5) 得到条件

$$\sum_{j=1}^{n} \sum_{k=1}^{n} c_{jk}^2 < 1. \tag{5.2.16}$$

9. **雅可比迭代** 证明: 对于雅可比迭代, 收敛的充分条件 (5.2.5) (5.2.15) (5.2.16) 分别取

$$\sum_{\substack{k=1 \\ k \neq j}}^{n} \frac{|a_{jk}|}{|a_{jj}|} < 1, \quad \sum_{\substack{j=1 \\ j \neq k}}^{n} \frac{|a_{jk}|}{|a_{jj}|} < 1, \quad \sum_{j=1}^{n} \sum_{\substack{k=1 \\ j \neq k}}^{n} \frac{a_{jk}^2}{a_{jj}^2} < 1.$$

10. 找一个矩阵 C 满足 (5.2.5), 但既不满足 (5.2.15) 也不满足 (5.2.16).

5.3 巴拿赫定理在微分方程方面的应用

巴拿赫不动点定理的最有意义的应用还是关于函数空间的. 我们将会看到, 这个定理给出了微分方程和积分方程的存在性与唯一性定理.

事实上, 本节研究显式的一阶常微分方程

$$x' = f(t, x), \quad \text{其中 } ' = \mathrm{d}/\mathrm{d}t. \tag{5.3.1a}$$

这个方程再加上*初始条件*

$$x(t_0) = x_0 \tag{5.3.1b}$$

便构成一个*初值问题*, 其中 t_0 和 x_0 是给定的实数.

我们将利用巴拿赫定理来证明著名的皮卡定理，这个定理虽说在同类定理中不是最强的，但在常微分方程的理论中却起着不可忽视的作用. 处理问题的思路是很简单的：先将 (5.3.1) 改写成积分方程，从而定义了映射 T. 并且在定理的条件下推出 T 是压缩映射，其不动点就成为原问题的解.

5.3–1 皮卡存在性与唯一性定理（常微分方程） 设 f 在矩形（见图 5–3）

$$R = \big\{ (t,x) \ \big| \ |t - t_0| \leqslant a, \ |x - x_0| \leqslant b \big\}$$

上连续，因此在 R 上有界，不妨设（见图 5–4）

$$\text{对于所有 } (t,x) \in R \text{ 有 } \quad |f(t,x)| \leqslant c, \tag{5.3.2}$$

还假定 f 相对于其第二个变量在 R 上满足**利普希茨条件**，即存在常数 k（利普希茨常数）使得对于 $(t,x), (t,v) \in R$ 有

$$|f(t,x) - f(t,v)| \leqslant k |x - v|, \tag{5.3.3}$$

则初值问题 (5.3.1) 有唯一解，这个解在区间 $[t_0 - \beta, t_0 + \beta]$ 上存在，其中[①]

$$\beta < \min \left\{ a, \frac{b}{c}, \frac{1}{k} \right\}. \tag{5.3.4}$$

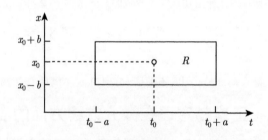

图 5–3　矩形 R

证明 设 $C(J)$ 是度量空间，其元素为区间 $J = [t_0 - \beta, t_0 + \beta]$ 上的所有实值连续函数，其度量 d 定义为

$$d(x,y) = \max_{t \in J} |x(t) - y(t)|.$$

---

① 在经典的证明中，$\beta < \min\{a, b/c\}$，这个结果更好些. 只要对我们的证明稍做改动，便可得到这一结果，不过要利用较为复杂的度量，见附录 C 中别莱茨基（A. Bielecki, 1956）的论文.

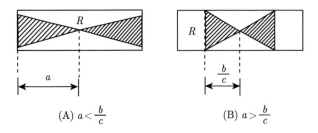

(A) $a < \dfrac{b}{c}$　　　　　　　　　(B) $a > \dfrac{b}{c}$

图 5–4　不等式 (5.3.2) 的几何解释，其中 (A) 比较小的 c, (B) 比较大的 c. 解曲线一定落在
　　　　阴影区域内，而该区域是由直线 $b = \pm ca$ 界定的

由 1.5–5 可知 $C(J)$ 是完备空间. 所有满足

$$|x(t) - x_0| \leqslant c\beta \qquad (5.3.5)$$

的函数 $x \in C(J)$ 构成 $C(J)$ 的一个子空间，记之为 $\tilde{C}$. 不难证明 $\tilde{C}$ 在 $C(J)$ 中
是闭的（见习题 6），所以由 1.4–7 可知 $\tilde{C}$ 是完备空间.

　　通过积分，(5.3.1) 能够写成 $x = Tx$，其中 $T : \tilde{C} \longrightarrow \tilde{C}$ 定义为

$$Tx(t) = x_0 + \int_{t_0}^{t} f\big(\tau, x(\tau)\big)\mathrm{d}\tau. \qquad (5.3.6)$$

实际上，由 (5.3.4) 可知 $c\beta < b$，所以 T 对于所有 $x \in \tilde{C}$ 都有定义. 若 $\tau \in \tilde{C}$,
则 $\tau \in J$ 且 $(\tau, x(\tau)) \in R$，由于 f 在 R 上连续，所以积分 (5.3.6) 存在. 欲证 T
是 $\tilde{C}$ 到 $\tilde{C}$ 中的映射，利用 (5.3.6) 和 (5.3.2) 可得

$$\left|Tx(t) - x_0\right| = \left|\int_{t_0}^{t} f\big(\tau, x(\tau)\big)\mathrm{d}\tau\right| \leqslant c\left|t - t_0\right| \leqslant c\beta.$$

现在来证明 T 在 $\tilde{C}$ 上是压缩映射. 根据利普希茨条件 (5.3.3) 有

$$\begin{aligned}
\left|Tx(t) - Tv(t)\right| &= \left|\int_{t_0}^{t} \big[f\big(\tau, x(\tau)\big) - f\big(\tau, v(\tau)\big)\big]\mathrm{d}\tau\right| \\
&\leqslant \left|t - t_0\right| \max_{\tau \in J} k\left|x(\tau) - v(\tau)\right| \\
&\leqslant k\beta d(x, v).
\end{aligned}$$

由于最后一个表达式与 t 无关，所以关于左端取最大值可得

$$d(Tx, Tv) \leqslant \alpha d(x, v), \quad \text{其中 } \alpha = k\beta.$$

由 (5.3.4) 看出 $\alpha = k\beta < 1$, 所以 T 确实是 $\tilde{C}$ 上的压缩映射. 因此从 5.1–2 推出 T 有唯一的不动点 $x \in \tilde{C}$, 即有满足 $x = Tx$ 且在 J 上连续的函数 x. 把 $x = Tx$ 根据 (5.3.6) 写出, 便有

$$x(t) = x_0 + \int_{t_0}^{t} f\big(\tau, x(\tau)\big)\mathrm{d}\tau. \tag{5.3.7}$$

由于 $\big(\tau, x(\tau)\big) \in R$ 且 f 在其上连续, 所以 (5.3.7) 是可微的, 因此 x 也是可微的且满足 (5.3.1). 反之, (5.3.1) 的每个解一定满足 (5.3.7). 这就完成了证明. ■

　　巴拿赫定理也蕴涵 (5.3.1) 的解 x 是皮卡迭代序列 $(x_0, x_1, \cdots)$ 的极限, 迭代格式是

$$x_{n+1}(t) = x_0 + \int_{t_0}^{t} f\big(\tau, x_n(\tau)\big)\mathrm{d}\tau, \tag{5.3.8}$$

其中 $n = 0, 1, \cdots$. 然而, 用这种方法求 (5.3.1) 的近似解及相应的误差界的实用性是相当有限的, 因为迭代过程包含了积分运算.

　　最后我们指出, 可以证明 f 的连续性对于 (5.3.1) 的解的存在性是充分的 (但不是必要的), 但对于唯一性不是充分的. 利普希茨条件是充分的 (如皮卡定理证明的那样), 但不是必要的. 欲详细了解, 见英斯 (E. L. Ince, 1956) 的书, 它包含了关于皮卡定理的历史注释 (在第 63 页上) 及经典证明, 读者可以把我们的证明与经典证明加以比较.

习　题

1. 若 f 的偏导数 $\partial f/\partial x$ 在矩形域 R (见皮卡定理) 上存在且连续, 证明 f 关于第二个变量在 R 中满足利普希茨条件.

2. 证明函数 $f(t, x) = |\sin x| + t$ 在整个 tx 平面上关于 x 满足利普希茨条件, 但当 $x = 0$ 时它的偏导数 $\partial f/\partial x$ 不存在. 这说明什么事实?

3. 由 $f(t, x) = |x|^{1/2}$ 定义的 f 满足利普希茨条件吗?

4. 找出初值问题 $tx' = 2x$, $x(t_0) = x_0$ 的全部初始条件, 使得 (a) 没有解, (b) 有一个以上的解, (c) 恰好有一个解.

5. 解释为什么要在 (5.3.4) 中限制 $\beta < b/c$ 和 $\beta < 1/k$.

6. 证明皮卡定理证明中的 $\tilde{C}$ 在 $C(J)$ 中是闭的.

7. 证明: 在皮卡定理中, 代替常数 x_0, 我们能取满足 $y_0(t_0) = x_0$ 的任意其他函数 $y_0 \in \tilde{C}$ 作为迭代的初始函数.

8. 把皮卡迭代 (5.3.8) 应用到 $x' = 1 + x^2$, $x(0) = 0$. 验证 x_3 包含的 $t, t^2, \cdots, t^5$ 的项和精确解包含的一样.

9. 证明: $x' = 3x^{2/3}$, $x(0) = 0$ 有无穷多个解 x:

$$\text{若 } t < c \text{ 则 } x(t) = 0, \quad \text{若 } t \geqslant c \text{ 则 } x(t) = (t-c)^3,$$

其中 c 是任意正常数. 方程右端的 $3x^{2/3}$ 满足利普希茨条件吗?

10. 证明: 初值问题

$$x' = |x|^{1/2}, \quad x(0) = 0$$

的解为 $x_1 = 0$ 和 $x_2 = t|t|/4$. 这与皮卡定理矛盾吗? 求其他的解.

5.4 巴拿赫定理在积分方程方面的应用

最后, 作为积分方程的存在性与唯一性定理的一个来源, 再一次考虑巴拿赫不动点定理. 形如

$$x(t) - \mu \int_a^b k(t, \tau) x(\tau) \mathrm{d}\tau = v(t) \tag{5.4.1}$$

的积分方程叫作**第二类弗雷德霍姆方程**[①], 其中 $[a, b]$ 是给定的区间, x 是定义在 $[a, b]$ 上的未知函数, μ 是一个参数. 方程的**核** k 是定义在正方形区域 $G = [a, b] \times [a, b]$ (如图 5–5 所示) 上的已知函数, v 是 $[a, b]$ 上的给定函数.

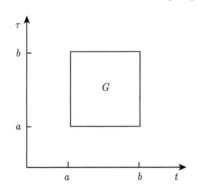

图 5–5 积分方程 (5.4.1) 的核 k 的定义域 G, 图中的 a 和 b 都是正数

积分方程能够放在各种函数空间上来研究. 本节, 我们把 (5.4.1) 放在 $C[a, b]$ 上, 其中 $C[a, b]$ 是定义在区间 $J = [a, b]$ 上的所有连续函数空间, 其度量 d 为

$$d(x, y) = \max_{t \in J} |x(t) - y(t)|, \tag{5.4.2}$$

[①] 像 5.4–1 证明的那样, 由于方程中有 $x(t)$ 项存在, 我们便能够应用迭代法求方程的近似解, 没有这一项的方程

$$\int_a^b k(t, \tau) x(\tau) \mathrm{d}\tau = v(t)$$

叫作第一类弗雷德霍姆方程.

见 1.5–5. 为了应用巴拿赫定理, $C[a,b]$ 是完备空间这一点很重要. 假定 $v \in C[a,b]$ 且 k 在 G 上连续, 则 k 在 G 上是有界函数, 不妨设

$$\text{对于所有 } (t,\tau) \in G \text{ 有 } \quad |k(t,\tau)| \leqslant c. \tag{5.4.3}$$

显然, 可以把 (5.4.1) 写成 $x = Tx$, 其中

$$Tx(t) = v(t) + \mu \int_a^b k(t,\tau)x(\tau)\mathrm{d}\tau. \tag{5.4.4}$$

由于 v 和 k 都是连续函数, 所以 (5.4.4) 定义了算子 $T : C[a,b] \longrightarrow C[a,b]$. 现在对 μ 施加一个限制使得 T 成为压缩映射. 从 (5.4.2) 到 (5.4.4) 可以推出

$$\begin{aligned}
d(Tx, Ty) &= \max_{t \in J} |Tx(t) - Ty(t)| \\
&= |\mu| \max_{t \in J} \left| \int_a^b k(t,\tau)\big[x(\tau) - y(\tau)\big]\mathrm{d}\tau \right| \\
&\leqslant |\mu| \max_{t \in J} \int_a^b |k(t,\tau)| \, |x(\tau) - y(\tau)| \, \mathrm{d}\tau \\
&\leqslant |\mu| \, c \max_{\sigma \in J} |x(\sigma) - y(\sigma)| \int_a^b \mathrm{d}\tau \\
&= |\mu| \, c \, d(x,y)(b - a).
\end{aligned}$$

这就能够写成 $d(Tx, Ty) \leqslant \alpha \, d(x,y)$, 其中

$$\alpha = |\mu| \, c \, (b - a).$$

可以看出, 若

$$|\mu| < \frac{1}{c \, (b - a)}, \tag{5.4.5}$$

则 T 成为压缩算子 ($\alpha < 1$). 现在巴拿赫不动点定理 5.1–2 给出以下定理.

5.4–1 定理 (弗雷德霍姆积分方程)　假设 (5.4.1) 中的 k 和 v 分别在 $J \times J$ 和 $J = [a,b]$ 上连续, 且 μ 满足 (5.4.5), 其中 c 是 (5.4.3) 中定义的, 则方程 (5.4.1) 在 J 上有唯一解 x. 函数 x 是迭代序列 $(x_0, x_1, \cdots)$ 的极限, 其中 x_0 是 J 上的任意连续函数, 对于 $n = 0, 1, \cdots$ 有

$$x_{n+1}(t) = v(t) + \mu \int_a^b k(t,\tau)x_n(\tau)\mathrm{d}\tau. \tag{5.4.6}$$

弗雷德霍姆的著名积分方程理论将在第 8 章讨论.

现在我们来考虑**沃尔泰拉积分方程**

$$x(t) - \mu \int_a^t k(t,\tau)x(\tau)\mathrm{d}t = v(t). \tag{5.4.7}$$

(5.4.1) 和 (5.4.7) 之间的差别是，(5.4.1) 中的积分上限 b 是常数，而 (5.4.7) 中的积分上限是变量. 这是本质上的差别. 事实上，对 μ 不加任何限制，便能得到下面的存在性与唯一性定理.

5.4-2 定理（沃尔泰拉积分方程） 假设 (5.4.7) 中的 v 在 $[a,b]$ 上连续，核 k 在 $t\tau$ 平面中的三角形区域 R 上连续，其中 R 由 $a \leqslant \tau \leqslant t, a \leqslant t \leqslant b$ 给定，见图 5–6，则 (5.4.7) 在 $[a,b]$ 上对于每个 μ 都有唯一解 x.

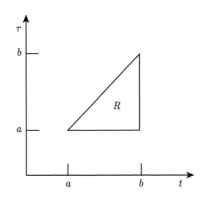

图 5–6 5.4–2 中的三角形区域 R, 图中的 a 和 b 都是正数

证明 (5.4.7) 能写成 $x = Tx$, 其中 $T : C[a,b] \longrightarrow C[a,b]$ 定义为

$$Tx(t) = v(t) + \mu \int_a^t k(t,\tau)x(\tau)\mathrm{d}\tau. \tag{5.4.8}$$

由于 k 在 R 上连续且 R 是有界闭集，所以 k 是 R 上的有界函数，不妨设

$$\text{对于所有 } (t,\tau) \in R \text{ 有 } \quad |k(t,\tau)| \leqslant c.$$

因此利用 (5.4.2) 可得对于所有 $x,y \in C[a,b]$ 有

$$\begin{aligned}
|Tx(t) - Ty(t)| &= |\mu| \left| \int_a^t k(t,\tau)\big[x(\tau) - y(\tau)\big]\mathrm{d}\tau \right| \\
&\leqslant |\mu|\, c\, d(x,y) \int_a^t \mathrm{d}\tau \\
&= |\mu|\, c\, (t-a)\, d(x,y).
\end{aligned} \tag{5.4.9}$$

现在利用归纳法证明

$$\left|T^m x(t) - T^m y(t)\right| \leqslant |\mu|^m \, c^m \, \frac{(t-a)^m}{m!} \, d(x,y). \tag{5.4.10}$$

对于 $m=1$，这就是 (5.4.9). 假设 (5.4.10) 对于任意 m 成立，则从 (5.4.8) 可得

$$\left|T^{m+1} x(t) - T^{m+1} y(t)\right| = |\mu| \left|\int_a^t k(t,\tau)\left[T^m x(\tau) - T^m y(\tau)\right] \mathrm{d}\tau\right|$$

$$\leqslant |\mu| \, c \int_a^t |\mu|^m \, c^m \, \frac{(\tau-a)^m}{m!} \mathrm{d}\tau \, d(x,y)$$

$$= |\mu|^{m+1} \, c^{m+1} \, \frac{(t-a)^{m+1}}{(m+1)!} \, d(x,y),$$

这就完成了对 (5.4.10) 的归纳证明.

对 (5.4.10) 右端利用 $t-a \leqslant b-a$ 加以放大，再对左端关于 $t \in J$ 取最大值，便得到

$$d(T^m x, T^m y) \leqslant \alpha_m d(x,y),$$

其中

$$\alpha_m = |\mu|^m \, c^m \, \frac{(b-a)^m}{m!}.$$

对于固定的任意 μ，只要 m 足够大，便有 $\alpha_m < 1$，因此相应的 T^m 在 $C[a,b]$ 上是压缩的. 5.4-2 中的断言便能从下述引理推出.

5.4-3 引理（不动点）　设 $T : X \longrightarrow X$ 是完备度量空间 $X = (X,d)$ 上的连续映射（见 1.3-3），假设对于某个正整数 m，T^m 是 X 上的压缩映射，则 T 有唯一的不动点.

证明　根据假设，$B = T^m$ 是 X 上的压缩映射，即对于所有 $x, y \in X$ 有 $d(Bx, By) \leqslant \alpha d(x,y)$，其中 $\alpha < 1$. 因此对于每个 $x_0 \in X$ 有

$$d\left(B^n T x_0, B^n x_0\right) \leqslant \alpha d\left(B^{n-1} T x_0, B^{n-1} x_0\right)$$

当 $n \to \infty$ 时

$$\cdots \leqslant \alpha^n d(T x_0, x_0) \to 0. \tag{5.4.11}$$

由巴拿赫不动点定理 5.1-2 可知 B 有唯一的不动点，不妨设为 x，则 $B^n x_0 \to x$. 由于 T 是连续映射，$B^n T x_0 = T B^n x_0 \to Tx$，从而根据 1.4-2(b) 有

$$d\left(B^n T x_0, B^n x_0\right) \to d(Tx, x),$$

因此根据 (5.4.11) 有 $d(Tx, x) = 0$，这说明 x 也是 T 的不动点. 由于 T 的每个不动点也是 B 的不动点，因此 T 不能有一个以上的不动点. ∎

最后还要注意，沃尔泰拉方程也能看作特殊的弗雷德霍姆方程，只要把积分核 k 在正方形区域 $G = [a,b] \times [a,b]$ 中的 $\tau > t$ 部分（见图 5–5 和图 5–6）定义为 0 就行了，不过在对角线（$\tau = t$）上的点可能不连续.

习 题

1. 选取 $x_0 = v$, 用迭代法解积分方程

$$x(t) - \mu \int_0^1 e^{t-\tau} x(\tau) d\tau = v(t), \quad \text{其中 } |\mu| < 1.$$

2. 非线性积分方程 若 v 和 k 分别在 $[a, b]$ 上和 $G = [a, b] \times [a, b] \times \mathbf{R}$ 上连续, 并且 k 在 G 上满足利普希茨条件

$$\big| k(t, \tau, u_1) - k(t, \tau, u_2) \big| \leqslant l \, |u_1 - u_2|,$$

证明非线性积分方程

$$x(t) - \mu \int_a^b k\big(t, \tau, x(\tau)\big) d\tau = v(t)$$

对于满足 $|\mu| < 1/l(b - a)$ 的任意 μ 有唯一解 x.

3. 理解积分方程也出现在微分方程的问题中是重要的. (a) 例如, 可把初值问题

$$\frac{dx}{dt} = f(t, x), \quad x(t_0) = x_0$$

写成积分方程, 指出它是哪一类积分方程. (b) 证明包含二阶微分方程的初值问题

$$\frac{d^2 x}{dt^2} = f(t, x), \quad x(t_0) = x_0, \quad x'(t_0) = x_1$$

能够变换成沃尔泰拉积分方程.

4. 诺伊曼级数 用

$$Sx(t) = \int_a^b k(t, \tau) x(\tau) d\tau$$

定义算子 S, 令 $z_n = x_n - x_{n-1}$, 证明 (5.4.6) 蕴涵

$$z_{n+1} = \mu S z_n.$$

选取 $x_0 = v$, 证明 (5.4.6) 给出了诺伊曼级数

$$x = \lim_{n \to \infty} x_n = v + \mu S v + \mu^2 S^2 v + \mu^3 S^3 v + \cdots.$$

5. (a) 用诺伊曼级数, (b) 用直接法, 求解积分方程

$$x(t) - \mu \int_0^1 x(\tau) d\tau = 1.$$

6. 求解方程

$$x(t) - \mu \int_a^b cx(\tau) d\tau = \tilde{v}(t),$$

其中 c 是常数, 指出如何利用相应的诺伊曼级数得到关于 (5.4.1) 的诺伊曼级数的收敛性条件 (5.4.5).

7. 迭代核、预解核 证明按习题 4 中的诺伊曼级数，我们可记

$$(S^n v)(t) = \int_a^b k_{(n)}(t, \tau) v(\tau) \mathrm{d}\tau, \quad \text{其中 } n = 2, 3, \cdots,$$

其中迭代核 $k_{(n)}$ 为

$$k_{(n)}(t, \tau) = \int_a^b \cdots \int_a^b k(t, t_1) k(t_1, t_2) \cdots k(t_{n-1}, \tau) \mathrm{d}t_1 \cdots \mathrm{d}t_{n-1},$$

所以诺伊曼级数可写成

$$x(t) = v(t) + \mu \int_a^b k(t, \tau) v(\tau) \mathrm{d}\tau + \mu^2 \int_a^b k_{(2)}(t, \tau) v(\tau) \mathrm{d}\tau + \cdots,$$

或者利用定义为

$$\tilde{k}(t, \tau, \mu) = \sum_{j=0}^{\infty} \mu^j k_{(j+1)}(t, \tau), \quad \text{其中 } k_{(1)} = k$$

的预解核 $\tilde{k}$ 把它写成

$$x(t) = v(t) + \mu \int_a^b \tilde{k}(t, \tau, \mu) v(\tau) \mathrm{d}\tau.$$

8. 有趣的是，习题 4 中的诺伊曼级数也能够通过把 μ 的幂级数

$$x(t) = v_0(t) + \mu v_1(t) + \mu^2 v_2(t) + \cdots$$

代入 (5.4.1) 得到，只要逐项积分并比较系数就行了. 证明这给出了

$$v_0(t) = v(t), \quad v_n(t) = \int_a^b k(t, \tau) v_{n-1}(\tau) \mathrm{d}\tau, \quad \text{其中 } n = 1, 2, \cdots.$$

假定 $|v(t)| \leqslant c_0$ 且 $|k(t, \tau)| \leqslant c$，证明

$$|v_n(t)| \leqslant c_0 [c(b-a)]^n,$$

所以 (5.4.5) 蕴涵收敛性.

9. 利用习题 7 求解 (5.4.1)，其中 $a = 0$, $b = 2\pi$ 且

$$k(t, \tau) = \sum_{n=1}^{N} a_n \sin nt \cos n\tau.$$

10. 在 (5.4.1) 中设 $a = 0$, $b = \pi$ 且

$$k(t, \tau) = a_1 \sin t \sin 2\tau + a_2 \sin 2t \sin 3\tau,$$

用预解核（见习题 7）写出方程的解.

第 6 章 在逼近论中的应用

本章是选学内容，其余各章用不到本章所包含的材料.

逼近论是有各种应用的广泛领域. 本章只介绍赋范空间和希尔伯特空间中逼近论的基本概念.

本章概要

我们在 §6.1 中定义最佳逼近的概念，并讨论最佳逼近的存在性，唯一性放在 §6.2 中讨论. 若赋范空间是严格凸的（见 6.2–2），则能保证最佳逼近的唯一性，希尔伯特空间正是这样的空间（见 6.2–4 和 §6.5）. 对于一般赋范空间，要想保证最佳逼近的唯一性，则需要附加一定的条件，例如 $C[a, b]$ 中的哈尔条件，见 6.3–2 和 6.3–4. 选取不同的范数，会得到不同类型的逼近. 标准类型包括

(i) $C[a, b]$ 中的一致逼近（§6.3）；

(ii) 希尔伯特空间中的逼近（§6.5）.

实用的一致逼近引出了著名的切比雪夫多项式（§6.4）. 作为特殊情况，希尔伯特空间的逼近也包括 $L^2[a, b]$ 中的最小二乘逼近. 对于三次样条函数也将给出一个简短的讨论（§6.6）.

6.1 赋范空间中的逼近

逼近论是研究用一种较为简单的函数去逼近另一种函数的问题，例如用多项式去逼近定义在某区间上的连续函数. 在微积分中已经出现过这种情况：若函数有泰勒级数，我们可以考虑用该级数的部分和去逼近这个函数. 要想知道逼近的程度，就必须对相应的余项做出估计.

一般来说，我们希望建立一个切实可用的判定逼近好坏的准则. 给定两个函数集合 X 与 Y，并考虑用 Y 中的函数去逼近 X 中的函数. 我们要研究的是最佳逼近的存在性与唯一性问题，以及按照拟定的判定准则去构造最佳逼近的问题. 逼近问题的自然背景如下所述.

设 $X = (X, \|\cdot\|)$ 是赋范空间，Y 是 X 的固定子空间，假定用 $y \in Y$ 去逼近给定的任意 $x \in X$. 令 δ 表示 x 到 Y 的距离，根据定义

$$\delta = \delta(x, Y) = \inf_{y \in Y} \|x - y\| \tag{6.1.1}$$

（见 §3.3）. 显然 δ 依赖于 x 和 Y，而这两者都保持不变，所以可用简单的记号 δ.

若存在 $y_0 \in Y$ 满足

$$\|x - y_0\| = \delta, \tag{6.1.2}$$

则称 y_0 为 x 在 Y 中的**最佳逼近**.

我们看到, 最佳逼近 y_0 是 Y 中到 x 有最短距离的元素. 这样的 $y_0 \in Y$ 可能存在, 也可能不存在, 这就出现了存在性问题. 对于给定的 x 和 Y, 我们将会看到, x 在 Y 中的最佳逼近可能不止一个. 因此, 唯一性问题也是有实际意义的.

在很多应用中 Y 是有限维的, 这时我们有下面的定理.

6.1-1 存在性定理（最佳逼近）　若 Y 是赋范空间 $X = (X, \|\cdot\|)$ 的有限维子空间, 则每个 $x \in X$ 在 Y 中存在最佳逼近.

证明　设 $x \in X$ 已给定, 考虑闭球

$$\tilde{B} = \{ y \in Y \mid \|y\| \leqslant 2\|x\| \},$$

则 $0 \in \tilde{B}$, 所以关于 x 到 $\tilde{B}$ 的距离有估计式

$$\delta(x, \tilde{B}) = \inf_{\tilde{y} \in \tilde{B}} \|x - \tilde{y}\| \leqslant \|x - 0\| = \|x\|.$$

若 $y \notin \tilde{B}$, 则 $\|y\| > 2\|x\|$ 且

$$\|x - y\| \geqslant \|y\| - \|x\| > \|x\| \geqslant \delta(x, \tilde{B}). \tag{6.1.3}$$

这表明 $\delta(x, \tilde{B}) = \delta(x, Y) = \delta$, 因为任意 $y \in Y - \tilde{B}$ 到 x 的距离都大于 $\delta(x, \tilde{B})$, 所以若 x 的最佳逼近存在, 则必须落在 $\tilde{B}$ 中. 这就看出了我们利用 $\tilde{B}$ 的原因. 由于 $\tilde{B}$ 是有限维空间 Y 中的有界闭集, 所以以 2.5-3 可推出 $\tilde{B}$ 是紧集, 从而考虑用紧子集 $\tilde{B}$ 代替整个子空间 Y. 由 (2.2.2) 可知范数是连续的, 因而从 2.5-7 便得出: 存在 $y_0 \in \tilde{B}$ 使得 $\|x - y\|$ 在 $y = y_0$ 达到其最小值. 根据定义, y_0 就是 x 在 Y 中的最佳逼近. ∎

例子

6.1-2 空间 $C[a, b]$　空间 $C[a, b]$ 的一个有限维子空间为

$$Y = \mathrm{span}\{x_0, \cdots, x_n\}, \quad x_j(t) = t^j, \quad \text{其中 } n \text{ 固定.}$$

这是所有次数不超过 n 的多项式的集合, 也包括 $x = 0$（因为通常的讨论不规定它的次数）. 6.1-1 意味着, 对于给定的在 $C[a, b]$ 上连续的函数 x, 存在着次数不超过 n 的多项式 p_n 使得对每个 $y \in Y$ 有

$$\max_{t \in J} |x(t) - p_n(t)| \leqslant \max_{t \in J} |x(t) - y(t)|,$$

其中 $J = [a, b]$. $C[a, b]$ 中的逼近叫作一致逼近, 一致逼近将在 §6.3 详细研究.

6.1-3 多项式 在 6.1-1 中，Y 的有限维性质是不可缺少的. 事实上，设 Y 是 $\left[0, \frac{1}{2}\right]$ 上任意次数的所有多项式的集合，它是 $C\left[0, \frac{1}{2}\right]$ 的子空间，则 $\dim Y = \infty$. 令 $x(t) = (1-t)^{-1}$ 且

$$y_n(t) = 1 + t + \cdots + t^n,$$

则对于每个正数 ε，存在 N 使得对于所有 $n > N$ 有 $\|x - y_n\| < \varepsilon$. 因此 $\delta(x, Y) = 0$. 然而，由于 x 不是多项式，所以看出不存在 $y_0 \in Y$ 满足 $\delta = \delta(x, Y) = \|x - y_0\| = 0$. ∎

习题放在 §6.2 之末.

6.2 唯一性和严格凸性

在本节中我们考虑最佳逼近的唯一性问题. 为了让大家理解下面将要研究什么，首先从两个简单的例子下手.

若 $X = \mathbf{R}^3$ 且 Y 是 $\xi_1\xi_2$ 平面（$\xi_3 = 0$），则我们知道，给定一点 $x_0 = (\xi_{10}, \xi_{20}, \xi_{30})$，它在 Y 中的最佳逼近是点 $y_0 = (\xi_{10}, \xi_{20}, 0)$，从 x_0 到 Y 的距离是 $\delta = |\xi_{30}|$，并且最佳逼近 y_0 是唯一的. 从初等几何已经能知道这个简单的事实.

在其他空间中，最佳逼近的唯一性可能不再成立，甚至对那些相对来说比较简单的空间，也可能是不成立的.

例如，设 $X = (X, \|\cdot\|_1)$ 是实数序偶 $x = (\xi_1, \xi_2), \cdots$ 构成的向量空间，其上的范数定义为

$$\|x\|_1 = |\xi_1| + |\xi_2|. \tag{6.2.1}$$

让我们取一点 $x = (1, -1)$，子空间 Y 如图 6-1 所示，即 $Y = \{y = (\eta, \eta) \mid \eta \text{ 是实数}\}$，则对于所有 $y \in Y$ 显然有

$$\|x - y\|_1 = |1 - \eta| + |-1 - \eta| \geqslant 2.$$

从 x 到 Y 的距离是 $\delta(x, Y) = 2$，在 $|\eta| \leqslant 1$ 的情况下，所有 $y = (\eta, \eta)$ 都是 x 在 Y 中的最佳逼近. 这说明了在如此简单的空间中，对于给定的 x 和 Y，不仅最佳逼近不唯一，甚至有无穷多. 同时还看到，在我们给出的例子中，最佳逼近的集合是一个凸集. 我们会推断出这一事实具有典型意义. 我们也可断言，凸性的概念对研究唯一性问题是很有帮助的. 所以，首先让我们陈述凸性的定义，然后寻求用这个概念解决问题的途径.

对于向量空间 X 的子集 M，若 $y, z \in M$ 蕴涵集合

$$W = \{v = \alpha y + (1-\alpha)z \mid 0 \leqslant \alpha \leqslant 1\}$$

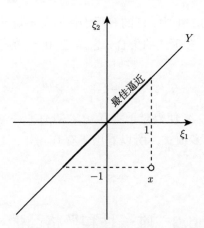

图 6-1　x 在 Y 中按范数 (6.2.1) 的最佳逼近

是 M 的子集，则称 M 是**凸集**. 集合 W 叫作闭线段（为什么?），y 和 z 叫作线段 W 的边界点，W 的其余点叫作 W 的内点（见图 6-2）.

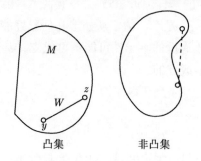

凸集　　　　　　　　非凸集

图 6-2　凸集和非凸集

6.2-1 引理（凸性）　在赋范空间 $X = (X, \|\cdot\|)$ 中，给定的点 $x \in X$ 在子空间 $Y \subseteq X$ 中的最佳逼近的集合 M 是凸集.

证明　像以前一样，仍用 δ 记 x 到 Y 的距离. 若 M 是空集或单点集，则命题成立. 假定 M 有一个以上的点，则对于 $y, z \in M$，按定义有

$$\|x - y\| = \|x - z\| = \delta.$$

我们来证明这意味着

$$对于 \ 0 \leqslant \alpha \leqslant 1 \ 有 \quad w = \alpha y + (1 - \alpha)z \in M. \tag{6.2.2}$$

实际上，由于 $w \in Y$，所以 $\|x - w\| \geqslant \delta$. 由于（其中用到 $\alpha \geqslant 0$ 和 $1 - \alpha \geqslant 0$）

$$\|x - w\| = \big\|\alpha(x - y) + (1 - \alpha)(x - z)\big\|$$

$$\leqslant \alpha\|x - y\| + (1-\alpha)\|x - z\|$$
$$= \alpha\delta + (1-\alpha)\delta$$
$$= \delta,$$

所以 $\|x - w\| \leqslant \delta$. 合在一起便有 $\|x - w\| = \delta$, 因此 $w \in M$. 由于 $y, z \in M$ 是任取的, 从而证明了 M 是凸集. ∎

因而, 若 x 在 Y 中有若干最佳逼近, 则根据定义, 这些最佳逼近到 x 的距离都等于 δ. 所以从引理可以推出: Y 和闭球

$$\tilde{B}(x; \delta) = \{v \mid \|v - x\| \leqslant \delta\}$$

必有公共线段 W. 显然, 线段 W 落在闭球 $\tilde{B}$ 的边界球面 $S(x; \delta)$ 上. 每个 $w \in W$ 到 x 的距离都是 $\|w - x\| = \delta$. 此外, 每个 $w \in W$ 都有唯一的 $v = \delta^{-1}(w - x)$ 与之对应, 且范数 $\|v\| = \|w - x\|/\delta = 1$. 这意味着由 (6.2.2) 给出的每个最佳逼近 $w \in W$ 都和单位球面 $\{x \mid \|x\| = 1\}$ 上唯一的 v 对应.

由此可见, 要想保证最佳逼近的唯一性, 必须排除允许单位球面含有直线段的范数. 这就促使我们提出如下定义.

6.2–2 定义 (严格凸性) 严格凸范数是指这样一种范数: 对于所有范数等于 1 的 x, y 满足

$$\|x + y\| < 2, \quad \text{其中 } x \neq y.$$

赋范空间的范数若是严格凸的, 则称之为严格凸赋范空间. ∎

注意, 对于 $\|x\| = \|y\| = 1$, 三角不等式给出了

$$\|x + y\| \leqslant \|x\| + \|y\| = 2,$$

严格凸性排除了等号成立的可能, 除非 $x = y$. 现在可以把我们的结论总结如下.

6.2–3 唯一性定理 (最佳逼近) 在严格凸赋范空间 X 中, $x \in X$ 在给定的子空间 $Y \subseteq X$ 中至多有一个最佳逼近.

这个定理对解决实际问题有无帮助, 取决于我们所采用的是什么空间. 我们给出两种非常重要的情况.

6.2–4 引理 (严格凸性) 我们有

(a) 希尔伯特空间是严格凸的.

(b) 空间 $C[a, b]$ 不是严格凸的.

证明　(a) 对于范数等于 1 的所有 x 和 $y \neq x$，不妨设 $\|x - y\| = \alpha$，其中 $\alpha > 0$，则平行四边形等式（§3.1）给出

$$\|x + y\|^2 = -\|x - y\|^2 + 2(\|x\|^2 + \|y\|^2) = -\alpha^2 + 2(1 + 1) < 4,$$

因此 $\|x + y\| < 2$.

(b) 考虑用

$$x_1(t) = 1, \quad x_2(t) = \frac{t - a}{b - a}$$

定义的 x_1 和 x_2，其中 $t \in [a, b]$. 显然 $x_1, x_2 \in C[a, b]$ 且 $x_1 \neq x_2$. 还可看出 $\|x_1\| = \|x_2\| = 1$ 且

$$\|x_1 + x_2\| = \max_{t \in J} \left| 1 + \frac{t - a}{b - a} \right| = 2,$$

其中 $J = [a, b]$. 这就证明了 $C[a, b]$ 不是严格凸的. ■

引理中的命题 (a) 是预料之中的，因为 3.3–1 和 3.3–2 合在一起给出了如下定理.

6.2–5 定理（希尔伯特空间）　设 H 是希尔伯特空间，对于给定的每个 $x \in H$ 和每个闭子空间 $Y \subseteq H$，则 x 在 Y 中有唯一的最佳逼近（即 $y = Px$，其中 P 是 H 到 Y 上的投影.）

从 6.2–4 中的命题 (b) 可以看出，在一致逼近中要保证最佳逼近的唯一性，必须附加一定的条件.

习　题

1. 设 (6.1.1) 和 (6.1.2) 中的 Y 是有限维的，在什么条件下 (6.1.2) 中的 $\|x - y_0\| = 0$?

2. 我们以后的讨论仅限于赋范空间，但顺便指出，某些讨论可以推广到一般的度量空间. 例如，若 (X, d) 是度量空间，Y 是 X 的紧子集，证明每个 $x \in X$ 在 Y 中有最佳逼近 y.

3. 若 Y 是赋范空间 X 的有限维子空间，求 $x \in X$ 在 Y 中的最佳逼近，自然要选择 Y 的一个基 $\{e_1, \cdots, e_n\}$，并用线性组合 $\sum \alpha_j e_j$ 去逼近 x. 证明用

$$f(\alpha) = \left\| x - \sum_{j=1}^{n} \alpha_j e_j \right\|, \quad \text{其中 } \alpha = (\alpha_1, \cdots, \alpha_n)$$

定义的函数 f 连续地依赖于 $\alpha_1, \cdots, \alpha_n$.

4. **凸函数**　证明习题 3 中的 f 具有一个有趣的性质，即它是凸函数. 若函数 $f : \mathbf{R}^n \longrightarrow \mathbf{R}$ 的定义域 $\mathscr{D}(f)$ 是凸集，且对于所有 $u, v \in \mathscr{D}(f)$ 有

$$f(\lambda u + (1 - \lambda)v) \leqslant \lambda f(u) + (1 - \lambda)f(v),$$

其中 $0 \leqslant \lambda \leqslant 1$，则称 f 是凸函数. （图 6–3 中给出了 $n = 1$ 时的例子. 在各种极小化问题中凸函数是很有用的.）

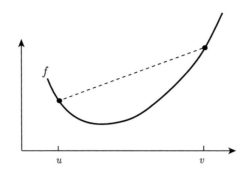

图 6-3 单变量 t 的凸函数 f，虚线段表示 $\lambda f(u) + (1-\lambda)f(v)$，其中 $0 \leqslant \lambda \leqslant 1$

5. 由 (6.2.1) 定义的范数不是严格凸的. 不利用 6.2-3 直接证明这个结论.

6. 考虑 (6.2.1)，确定 $x = (2,0)$ 在单位闭球 $\tilde{B}$ 中的所有最佳逼近点 y 和最小值 δ.

7. 证明实数序偶构成的向量空间在赋予范数

$$\|(\xi_1, \xi_2)\| = \max(|\xi_1|, |\xi_2|)$$

后得到的赋范空间不是严格凸的. 画出它的单位球面.

8. 考虑所有形如 $x = (\xi_1, \xi_2)$ 的实数序偶. 分别按 (a) 欧几里得距离，(b) 习题 7 中的范数导出的距离，求出到 $(0,0)$ 及到 $(2,0)$ 的距离为 $\sqrt{2}$ 的所有点.

9. 考虑所有实数序偶构成的向量空间. 令 $x_1 = (-1, 0)$ 且 $x_2 = (1, 0)$. 分别按 (a) 欧几里得范数，(b) 习题 7 中定义的范数，(c) 由 (6.2.1) 定义的范数，确定球面 $\|x - x_1\| = 1$ 和 $\|x - x_2\| = 1$ 的交.

10. 可以证明 l^p（$p > 1$）是严格凸的，而 l^1 不是严格凸的. 证明 l^1 不是严格凸的.

11. 在赋范空间中，若 x 在子空间 Y 中的最佳逼近不是唯一的，证明 x 有无穷多个这样的最佳逼近.

12. 证明：若范数是严格凸的，则 $\|x\| = \|y\| = 1$ 与 $x \neq y$ 合在一起蕴涵对于满足 $0 < \alpha < 1$ 的所有 α 有

$$\|\alpha x + (1-\alpha)y\| < 1.$$

证明这个条件对严格凸性也是充分的.

13. 证明：若赋范空间 X 是严格凸的，则

$$\|x + y\| = \|x\| + \|y\|, \quad \text{其中 } x \neq 0, y \neq 0$$

蕴涵对于某个正实数 c 有 $x = cy$.

14. 证明：习题 13 中的条件对严格凸性不仅是必要的，而且也是充分的. 也就是说，若这个条件对于 X 中的所有非零元 x 和 y 成立，则 X 是严格凸的.

15. 向量空间 X 的凸集 M 的极点 $x \in M$ 是指 x 不能作为线段 $W \subseteq M$ 的内点. 证明：若 X 是严格凸赋范空间，则 X 的单位球面的每一点都是 X 的闭单位球的极点.

6.3　一致逼近

选取不同的范数，便可得到不同类型的逼近. 而如何选取范数，当然要根据我们的目的而定. 两个通用的类型是：

(A) 用 $C[a,b]$ 上的范数

$$\|x\| = \max_{t \in J} |x(t)|, \quad \text{其中 } J = [a,b]$$

做一致逼近；

(B) 用 $L^2[a,b]$ 上的范数（见 3.1–5）

$$\|x\| = \langle x, x \rangle^{1/2} = \left(\int_a^b |x(t)|^2 \mathrm{d}t \right)^{1/2}$$

做最小二乘逼近.

本节专门讨论一致逼近（也叫切比雪夫逼近）. 我们考虑实空间 $X = C[a,b]$ 和 n 维子空间 $Y \subseteq C[a,b]$. 当然出现的函数都是 $[a,b]$ 上的实值连续函数. 对于每个函数 $x \in X$, 6.1–1 保证了 x 在 Y 中的最佳逼近的存在性. 然而，由于 $C[a,b]$ 不是严格凸的（见 6.2–4），所以唯一性问题需要特别审查. 为此，下面的概念将是重要的，并且是有意思的.

6.3–1 定义（极值点） $x \in C[a,b]$ 的极值点是指满足 $|x(t_0)| = \|x\|$ 的点 $t_0 \in [a,b]$. ■

因此在 x 的极值点 t_0 上，要么 $x(t_0) = +\|x\|$, 要么 $x(t_0) = -\|x\|$. 而 $C[a,b]$ 上的范数的定义表明，$|x(t)|$ 在极值点 t_0 达到其最大值.

我们目前讨论的中心概念是哈尔（A. Haar, 1918）给出的下述条件，它是关于 $C[a,b]$ 中最佳逼近的唯一性的充分必要条件.

6.3–2 定义（哈尔条件） 实空间 $C[a,b]$ 的有限维子空间 Y, 若 $\dim Y = n$ 且每个 $0 \neq y \in Y$ 在 $[a,b]$ 中至多有 $n-1$ 个零点，则称 Y 满足哈尔条件. ■

例如，$Y = \mathrm{span}\{1, t, \cdots, t^{n-1}\} \subseteq C[a,b]$ 是 n 维子空间，每个 $0 \neq y \in Y$ 至多有 $n-1$ 个零点，所以 Y 满足哈尔条件. 实际上，就是根据这个具体模型提出 6.3–2 的. 在证明了哈尔条件是保证 $C[a,b]$ 中最佳逼近唯一性的充分必要条件之后，再回到这一情况上来.

为适应下面研究的需要，首先让我们证明与哈尔条件等价的一种说法.

哈尔条件等价于：对于 Y 的每一个基 $\{y_1, \cdots, y_n\}$ 和区间 $J = [a,b]$ 中的每

n 个互不相同的点 $t_1, \cdots, t_n$ 有

$$\begin{vmatrix} y_1(t_1) & y_1(t_2) & \cdots & y_1(t_n) \\ y_2(t_1) & y_2(t_2) & \cdots & y_2(t_n) \\ \vdots & \vdots & \ddots & \vdots \\ y_n(t_1) & y_n(t_2) & \cdots & y_n(t_n) \end{vmatrix} \neq 0. \tag{6.3.1}$$

证明 每个 $y \in Y$ 都有表示 $y = \sum \alpha_k y_k$. 子空间 Y 满足哈尔条件，当且仅当在 $J = [a, b]$ 中有 n 个或多于 n 个零点 $t_1, \cdots, t_n, \cdots$ 的每个 $y = \sum \alpha_k y_k \in Y$ 都恒等于 0. 这意味着方程组（n 个条件）

$$y(t_j) = \sum_{k=1}^{n} \alpha_k y_k(t_j) = 0, \quad \text{其中 } j = 1, \cdots, n \tag{6.3.2}$$

有唯一解 $\alpha_1 = \cdots = \alpha_n = 0$. 根据方程组理论，这当且仅当方程组 (6.3.2) 的系数行列式 (6.3.1) 不等于 0. ∎

哈尔条件对于最佳逼近的唯一性是充分的，可通过下面的引理来证明.

6.3-3 引理（极值点） 假定实空间 $C[a, b]$ 的子空间 Y 满足哈尔条件. 若对于给定的 $x \in C[a, b]$ 和 $y \in Y$，函数 $x - y$ 的极值点少于 $n + 1$ 个，则 y 不是 x 在 Y 中的最佳逼近. 这里仍假定 $n = \dim Y$.

证明 根据假设函数 $v = x - y$ 有 $m (\leqslant n)$ 个极值点 $t_1, \cdots, t_m$. 若 $m < n$，我们可在 $J = [a, b]$ 中适当选取点 $t_{m+1}, \cdots, t_n$，使得 $t_1, \cdots, t_n$ 成为 n 个不相同的点. 利用这些点和 Y 的基 $\{y_1, \cdots, y_n\}$，构造关于未知数 $\beta_1, \cdots, \beta_n$ 的线性非齐次方程组

$$\sum_{k=1}^{n} \beta_k y_k(t_j) = v(t_j), \quad \text{其中 } j = 1, \cdots, n. \tag{6.3.3}$$

由于 Y 满足哈尔条件，所以 (6.3.1) 成立，因此 (6.3.3) 有唯一解. 利用这个解定义函数

$$y_0 = \beta_1 y_1 + \cdots + \beta_n y_n,$$

$$\tilde{y} = y + \varepsilon y_0, \quad \text{其中 } \varepsilon > 0.$$

我们将证明，对于充分小的 ε，函数 $\tilde{v} = x - \tilde{y}$ 满足

$$\|\tilde{v}\| \leqslant \|v\|, \tag{6.3.4}$$

从而 y 不能是 x 在 Y 中的最佳逼近.

为了得到 (6.3.4)，我们来估计 $\tilde{v}$. 把 $J = [a, b]$ 分成两个集合 N 和 $K = J - N$，其中 N 含有 v 的极值点 $t_1, \cdots, t_m$.

在极值点上 $|v(t_j)| = \|v\|$，由 $v = x - y \neq 0$ 可知 $\|v\| > 0$. 由 (6.3.3) 和 y_0 的定义还知 $y_0(t_i) = v(t_i)$. 因此，根据连续性的定义，对于每个 t_i 有开邻域 N_i 使得在并集 $N = N_1 \cup \cdots \cup N_m$ 中有

$$\mu = \inf_{t \in N} |v(t)| > 0, \quad \inf_{t \in N} |y_0(t)| \geqslant \tfrac{1}{2}\|v\|. \tag{6.3.5}$$

由于 $y_0(t_i) = v(t_i) \neq 0$，根据 (6.3.5)，对于所有 $t \in N$ 有 $y_0(t)/v(t) > 0$，并且 (6.3.5) 还给出了

$$\frac{y_0(t)}{v(t)} = \frac{|y_0(t)|}{|v(t)|} \geqslant \frac{\inf |y_0(t)|}{\|v\|} \geqslant \frac{1}{2}.$$

令 $M_0 = \sup_{t \in N} |y_0(t)|$，则对于每个正数 $\varepsilon < \mu/M_0$ 和每个 $t \in N$ 有

$$\frac{\varepsilon y_0(t)}{v(t)} = \frac{\varepsilon |y_0(t)|}{|v(t)|} \leqslant \frac{\varepsilon M_0}{\mu} < 1.$$

由于 $\tilde{v} = x - \tilde{y} = x - y - \varepsilon y_0 = v - \varepsilon y_0$，利用上面的不等式可以看出，对于所有 $t \in N$ 及 $0 < \varepsilon < \mu/M_0$ 有

$$|\tilde{v}(t)| = |v(t) - \varepsilon y_0(t)| = |v(t)|\left(1 - \frac{\varepsilon y_0(t)}{v(t)}\right) \leqslant \|v\|\left(1 - \frac{\varepsilon}{2}\right) < \|v\|. \tag{6.3.6}$$

再转到 N 的余集 $K = J - N$ 上，由于 K 是闭集，所以可以定义

$$M_1 = \sup_{t \in K} |y_0(t)|, \quad M_2 = \sup_{t \in K} |v(t)|.$$

由于 N 包含了 v 的所有极值点，所以 $M_2 < \|v\|$，并且可以写成

$$\|v\| = M_2 + \eta, \quad \text{其中 } \eta > 0.$$

选择正数 $\varepsilon < \eta/M_1$，则 $\varepsilon M_1 < \eta$，并且对于所有 $t \in K$ 可得

$$|\tilde{v}(t)| \leqslant |v(t)| + \varepsilon |y_0(t)| \leqslant M_2 + \varepsilon M_1 < \|v\|.$$

可以看出 $|\tilde{v}(t)|$ 有一个与 $t \in K$ 无关的严格小于 $\|v\|$ 的上界. 和 (6.3.6) 类似，$t \in N$ 且正数 ε 充分小. 现在选取 $\varepsilon < \min\{\mu/M_0, \eta/M_1\}$，并取上确界便得到 $\|\tilde{v}\| < \|v\|$. 这就是所要证明的 (6.3.4)，从而完成了证明. ■

利用这个引理，便可得到如下的基本定理.

6.3-4 哈尔唯一性定理（最佳逼近） 设 Y 是实空间 $C[a,b]$ 的有限维子空间，则每个 $x \in C[a,b]$ 在 Y 中有唯一的最佳逼近当且仅当 Y 满足哈尔条件.

证明 (a) *充分性.* 假定 Y 满足哈尔条件，$y_1, y_2 \in Y$ 都是给定的某个 $x \in C[a,b]$ 的最佳逼近. 令

$$v_1 = x - y_1, \quad v_2 = x - y_2,$$

则 $\|v_1\| = \|v_2\| = \delta$，像以前一样，其中 δ 是从 x 到 Y 的距离. 6.2–1 意味着 $y = \frac{1}{2}(y_1 + y_2)$ 也是 x 的最佳逼近. 根据 6.3–3，函数

$$v = x - y = x - \tfrac{1}{2}(y_1 + y_2) = \tfrac{1}{2}(v_1 + v_2) \tag{6.3.7}$$

至少有 $n+1$ 个极值点 $t_1, \cdots, t_{n+1}$，在这些点上有 $|v(t_j)| = \|v\| = \delta$. 由此和 (6.3.7) 便得到

$$2v(t_j) = v_1(t_j) + v_2(t_j) = +2\delta \ \text{或} \ -2\delta.$$

像以前一样，$|v_1(t_1)| \leqslant \|v_1\| = \delta$，且 v_2 也是这样. 因此，若要等式成立只有一种可能，那就是等式中的两项同号且有最大可能的绝对值，即

$$v_1(t_j) = v_2(t_j) = +\delta \ \text{或} \ -\delta,$$

其中 $j = 1, \cdots, n+1$. 但这意味着 $y_1 - y_2 = v_2 - v_1$ 在 $[a,b]$ 中有 $n+1$ 个零点. 因此根据哈尔条件有 $y_1 - y_2 = 0$，即 $y_1 = y_2$. 从而唯一性得证.

(b) *必要性.* 假定 Y 不满足哈尔条件，然后证明对于所有 $x \in C[a,b]$，不保证其在 Y 中的最佳逼近是唯一的. 如同 6.3–2 中证明的，在目前假定下，有 Y 的一组基和 $[a,b]$ 中的 n 个不同的点 $t_1, \cdots, t_n$ 使得 (6.3.1) 中的行列式为 0. 因此，齐次方程组

$$\gamma_1 y_k(t_1) + \gamma_2 y_k(t_2) + \cdots + \gamma_n y_k(t_n) = 0$$

（$k = 1, \cdots, n$）有非零解 $\gamma_1, \cdots, \gamma_n$. 利用这组解和任意的 $y = \sum \alpha_k y_k \in Y$ 有

$$\sum_{j=1}^{n} \gamma_j y(t_j) = \sum_{k=1}^{n} \alpha_k \left[\sum_{j=1}^{n} \gamma_j y_k(t_j) \right] = 0. \tag{6.3.8}$$

此外，转置方程组

$$\beta_1 y_1(t_j) + \beta_2 y_2(t_j) + \cdots + \beta_n y_n(t_j) = 0$$

（$j = 1, \cdots, n$）也有非零解 $\beta_1, \cdots, \beta_n$. 用这组解我们定义函数 $y_0 = \sum \beta_k y_k$，则 $y_0 \neq 0$ 且 y_0 在 $t_1, \cdots, t_n$ 的值等于 0. 设 λ 满足 $\|\lambda y_0\| \leqslant 1$，$z \in C[a,b]$ 满足 $\|z\| = 1$ 且

$$z(t_j) = \operatorname{sgn} \gamma_j = \begin{cases} -1, & \text{若 } \gamma_j < 0, \\ 1, & \text{若 } \gamma_j \geqslant 0. \end{cases}$$

定义 $x \in C[a,b]$ 为

$$x(t) = z(t)\big(1 - |\lambda y_0(t)|\big).$$

由于 $y_0(t_j) = 0$，所以 $x(t_j) = z(t_j) = \operatorname{sgn} \gamma_j$. 还有 $\|x\| = 1$. 现在证明函数 x 在 Y 中有无穷多个最佳逼近.

利用 $|z(t)| \leqslant \|z\| = 1$ 和 $|\lambda y_0(t)| \leqslant \|\lambda y_0\| \leqslant 1$，对于每个 $\varepsilon \in [-1, 1]$ 可得

$$
\begin{aligned}
\left|x(t) - \varepsilon \lambda y_0(t)\right| &\leqslant |x(t)| + |\varepsilon \lambda y_0(t)| \\
&= |z(t)| \left(1 - |\lambda y_0(t)|\right) + |\varepsilon \lambda y_0(t)| \\
&\leqslant 1 - |\lambda y_0(t)| + |\varepsilon \lambda y_0(t)| \\
&= 1 - \left(1 - |\varepsilon|\right) |\lambda y_0(t)| \\
&\leqslant 1.
\end{aligned}
$$

因此，如果能证明

$$
\text{对于所有 } y \in Y \text{ 有 } \quad \|x - y\| \geqslant 1, \tag{6.3.9}
$$

则对于 $\varepsilon \in [-1, 1]$，每个 $\varepsilon \lambda y_0$ 都是 x 的最佳逼近.

现在证明任意 $y = \sum \alpha_k y_k \in Y$ 满足 (6.3.9). 证明方法是间接的.

假定对于某个 $\tilde{y} \in Y$ 有 $\|x - \tilde{y}\| < 1$，则由条件

$$
x(t_j) = \operatorname{sgn} \gamma_j = \pm 1 \quad \text{和} \quad \left|x(t_j) - \tilde{y}(t_j)\right| \leqslant \|x - \tilde{y}\| < 1
$$

可推得对于所有 $\gamma_j \neq 0$ 有

$$
\operatorname{sgn} \tilde{y}(t_j) = \operatorname{sgn} x(t_j) = \operatorname{sgn} \gamma_j.
$$

但是将 (6.3.8) 中的 y 换成 $\tilde{y}$，由于对于某个 j 有 $\gamma_j \neq 0$，从而

$$
\sum_{j=1}^{n} \gamma_j \tilde{y}(t_j) = \sum_{j=1}^{n} \gamma_j \operatorname{sgn} \gamma_j = \sum_{j=1}^{n} |\gamma_j| \neq 0,
$$

这与 (6.3.8) 矛盾. 从而 (6.3.9) 必定成立. ∎

注意，若 $Y = \operatorname{span}\{1, t, \cdots, t^n\}$，则 $\dim Y = n + 1$，并且 Y 满足哈尔条件（为什么？），因此得到如下定理.

6.3–5 定理（多项式） 实空间 $C[a, b]$ 中的任意 x 在 $Y_n = \operatorname{span}\{1, t, \cdots, t^n\}$ 中有唯一的最佳逼近.

在这个定理中，改变子空间 Y_n 的维数，比较 x 在不同的 Y_n 中的最佳逼近，特别是当 $n \to \infty$ 时，看看会出现什么情况，是值得一做的事情. 设 $\delta_n = \|x - p_n\|$，其中 p_n 是给定的 x 在 Y_n 中的最佳逼近，由于 $Y_0 \subseteq Y_1 \subseteq \cdots$，我们便得到单调递减序列

$$
\delta_0 \geqslant \delta_1 \geqslant \delta_2 \geqslant \cdots. \tag{6.3.10}
$$

魏尔斯特拉斯逼近定理 4.11–5 意味着

$$\lim_{n\to\infty} \delta_n = 0. \tag{6.3.11}$$

几乎不用解释就可以看出 6.3–5 表征哈尔研究的原型问题. 事实上, 我们会惊奇为什么在一般情况下不能期望最佳逼近是唯一的, 而多项式逼近却能保证唯一. 因此不禁会问: 究竟多项式具备了怎样不同寻常的良好特性, 才使得它能保证最佳逼近的唯一性? 回答就是它满足 6.3–2 定义的哈尔条件.

习 题

1. 若 $y \subseteq C[a,b]$ 是 n 维子空间并且满足哈尔条件, 证明: 把 Y 的元素限制在由 $[a,b]$ 的任意 n 个点组成的子集上, 仍构成 n 维的向量空间 (在这一限制下维数通常会减少).

2. 设 $x_1(t) = 1$ 且 $x_2(t) = t^2$. 若把 $Y = \mathrm{span}\{x_1, x_2\}$ 视为 (a) $C[0,1]$ 的, (b) $C[-1,1]$ 的子空间, 则 Y 满足哈尔条件吗? (为了理解我们提出这个问题的用意, 在上面两种情况下, 求 $x = x(t) = t^3$ 的最佳逼近.)

3. 证明: $Y = \mathrm{span}\{y_1, \cdots, y_n\} \subseteq C[a,b]$ 满足哈尔条件, 当且仅当对于 $[a,b]$ 中的每 n 个不同的点 $\{t_1, \cdots, t_n\}$, n 个向量 $v_j = (y_1(t_j), \cdots, y_n(t_j))$ $(j = 1, \cdots, n)$ 构成线性无关组.

4. **范德蒙行列式** 写出关于

$$y_1(t) = 1, \quad y_2(t) = t, \quad y_3(t) = t^2, \quad \cdots, \quad y_n(t) = t^{n-1}$$

的行列式 (6.3.1), 它叫作范德蒙行列式 (或柯西行列式). 可以证明这个行列式等于

$$\prod_{0 \leqslant j < k \leqslant n} (t_k - t_j).$$

证明这意味着存在次数不超过 $n-1$ 的在 n 个不同点上取给定值的唯一多项式.

5. **德拉瓦莱普桑定理** 设 $Y \subseteq C[a,b]$ 满足哈尔条件, 并考虑任意 $x \in C[a,b]$, 若 $y \in Y$ 使得 $x - y$ 在 $[a,b]$ 中的 $n+1$ 个顺序排列的点上交错地取正值和负值, 其中 $n = \dim Y$. 证明 x 到它在 Y 中的最佳逼近的距离 δ 至少等于 $x - y$ 的这些 $n+1$ 个值的最小绝对值.

6. 在 $C[0,1]$ 中, 求 $x = e^t$ 在 $Y = \mathrm{span}\{y_1, y_2\}$ 中的最佳逼近, 其中 $y_1(t) = 1, y_2(t) = t$. 把它与线性泰勒多项式 $1 + t$ 比较.

7. 在习题 6 中, 把 $x = e^t$ 换成 $x = \sin(\pi t/2)$ 再做一遍.

8. 习题 6 和习题 7 中研究的被逼近的函数 x 是定义在 $[a,b]$ 上且其二阶导数在 $[a,b]$ 上不变号. 证明: 在这种情况下, 其最佳逼近的线性函数 y 是 $y(t) = \alpha_1 + \alpha_2 t$, 其中

$$\alpha_1 = \frac{x(a) + x(c)}{2} - \alpha_2 \frac{a+c}{2},$$
$$\alpha_2 = \frac{x(b) - x(a)}{b - a},$$

且 c 是方程 $x'(t) - y'(t) = 0$ 的解. 解释这个公式的几何意义.

9. 不相容的线性方程组 若含有 n 个未知数的 r 个线性方程（$r > n$）的方程组

$$\gamma_{j1}\omega_1 + \gamma_{j2}\omega_2 + \cdots + \gamma_{jn}\omega_n = \beta_j, \quad \text{其中 } j = 1, \cdots, r$$

是不相容的, 则它没有任何解 $w = (\omega_1, \cdots, \omega_n)$. 但我们能够寻求近似解 $z = (\zeta_1, \cdots, \zeta_n)$ 使得

$$\max \left| \beta_j - \sum_{k=1}^{n} \gamma_{jk}\zeta_k \right|$$

尽可能小. 这个问题如何顺应我们目前的讨论？ 在这种情况下, 哈尔条件取什么形式？

10. 为了更好地体会习题 9 的用意, 读者可以考虑容易画出 $\beta_j - \sum \gamma_{jk}\zeta_k$ 的曲线且易于求近似解的简单方程组, 例如

$$\omega = 1,$$
$$4\omega = 2.$$

画出 $f(\zeta) = \max_j |\beta_j - \gamma_j \zeta|$ 的曲线. 注意, f 是凸函数（见 §6.2 习题 4）. 按习题 9 中的定义求近似解 ζ.

6.4   切比雪夫多项式

§6.3 专门讨论了一致逼近的理论性问题. 留下的实际问题是如何求便于计算和分析的最佳逼近的显式解. 这是很不容易解决的问题. 一般而言, 这种显式解也只能关于 $C[a,b]$ 中的少数几个函数 x 才能求出. 在这方面, 交错集是一个有用的工具.

6.4–1 定义（交错集） 设 $x \in C[a,b]$ 且 $y \in Y$, 其中 Y 为实空间 $C[a,b]$ 的子空间. $[a,b]$ 中满足 $t_0 < t_1 < \cdots < t_k$ 的点集 $\{t_0, \cdots, t_k\}$, 若使得函数 $x - y$ 在这些点的值 $x(t_j) - y(t_j)$ 依次交错地等于 $+\|x-y\|$ 和 $-\|x-y\|$, 则称 $\{t_0, \cdots, t_k\}$ 是 $x - y$ 的交错集. ■

我们看到, 交错集中的 $k+1$ 个点都是如 6.3–1 所定义的 $x - y$ 的极值点, 并且 $x - y$ 在这些点的值交错地取正和负.

交错集的重要性在某种程度上为下述引理所表明. 这个引理是说, $x - y$ 的足够大的交错集的存在, 意味着 y 是 x 的最佳逼近. 确切地说, 这个条件也是 y 作为 x 的最佳逼近的必要条件. 由于以后我们不需要这一事实, 所以这里不再证明它. [它的证明比我们下面的证明困难些, 见切尼（E. W. Cheney, 1966, 第 75 页）.]

6.4–2 引理（最佳逼近） 设 Y 是实空间 $C[a,b]$ 的满足哈尔条件 6.3–2 的子空间. 给定 $x \in C[a,b]$, 设 $y \in Y$ 使得 $x - y$ 有包含 $n+1$ 个点的交错集, 其中 $n = \dim Y$, 则 y 是 x 在 Y 中的最佳一致逼近.

证明 根据 6.1–1 和 6.3–4,x 在 Y 中有唯一的最佳逼近. 若这个最佳逼近不是 y 而是另外一个 $y_0 \in Y$,则

$$\|x - y\| > \|x - y_0\|.$$

这个不等式意味着在这 $n+1$ 个极值点上函数

$$y_0 - y = (x - y) - (x - y_0)$$

和 $x - y$ 有相同的符号,这是因为在极值点上 $x = y$ 等于 $\pm\|x - y\|$,而等式右端另一项 $x - y_0$ 的绝对值绝不会超过 $\|x - y_0\|$,并且严格小于 $\|x - y\|$. 这表明 $y_0 - y$ 在 $x - y$ 的交错集上的取值($n+1$ 个点上的值)也依次交错地为正和负. 所以 $y - y_0$ 在 $[a, b]$ 上至少有 n 个零点. 但由于 $y - y_0 \in Y$,而 Y 又满足哈尔条件,所以除非 $y - y_0 = 0$,它不可能有 n 个零点. 因此 $y_0 = y$,从而证明了 y 一定是 x 在 Y 中的最佳逼近. ■

一个极为重要的典型问题,同时也是上面引理的一个应用,就是 $C[-1, 1]$ 中的函数 x

$$x(t) = t^n, \quad \text{其中 } n \in \mathbf{N} \text{ 是固定的} \tag{6.4.1}$$

在子空间 $Y = \operatorname{span}\{y_0, \cdots, y_{n-1}\}$ 中的最佳逼近,其中

$$y_j(t) = t^j, \quad \text{其中 } j = 0, \cdots, n. \tag{6.4.2}$$

很明显,我们打算用次数小于 n 的实多项式在 $[-1, 1]$ 上逼近 $x = t^n$. 这样的多项式具有如下形式:

$$y(t) = \alpha_{n-1}t^{n-1} + \alpha_{n-2}t^{n-2} + \cdots + \alpha_0.$$

因此,若令 $z = x - y$,则

$$z(t) = t^n - \left(\alpha_{n-1}t^{n-1} + \alpha_{n-2}t^{n-2} + \cdots + \alpha_0\right),$$

并且我们希望找到使 $\|z\|$ 尽可能小的 y. 注意,$\|z\| = \|x - y\|$ 就是 x 到 y 的距离. 从最后的公式可以看出 $z(t)$ 是首项系数等于 1 的 n 次多项式,而我们原来的问题等价于下面的提法:

在所有的首项系数等于 1 的 n 次多项式中找一个 z,按我们的考虑,它在 $[-1, 1]$ 上有(相对于 0 的)最小的最大偏差.

如果令

$$t = \cos\theta, \tag{6.4.3}$$

并让 θ 从 0 变到 π,则 t 在区间 $[-1, 1]$ 上变化. 在 $[0, \pi]$ 上,函数 $\cos n\theta$ 有 $n+1$ 个极值点,并且在极值点的取值依次交错取 $+1$ 和 -1(见图 6–4). 根据 6.4–2,我

们期望 $\cos n\theta$ 能帮助我们解决问题，因为它使我们能把 $\cos n\theta$ 写成 $t = \cos\theta$ 的多项式. 事实上，用归纳法可证明存在形如

$$\cos n\theta = 2^{n-1}\cos^n\theta + \sum_{j=0}^{n-1}\beta_{nj}\cos^j\theta, \quad \text{其中 } n = 1, 2, \cdots \tag{6.4.4}$$

的表达式，其中 β_{nj} 是常数.

图 6–4 $\cos n\theta$ 在 $[0,\pi]$ 上的 $n+1$ 个极值点

证明 (6.4.4) 对于 $n = 1$（取 $\beta_{10} = 0$）成立. 假设对任意 n，(6.4.4) 成立，现在证明对于 $n+1$，(6.4.4) 也成立. 由余弦的加法公式可得

$$\cos(n+1)\theta = \cos n\theta\cos\theta - \sin n\theta\sin\theta,$$
$$\cos(n-1)\theta = \cos n\theta\cos\theta + \sin n\theta\sin\theta.$$

两端相加得到

$$\cos(n+1)\theta + \cos(n-1)\theta = 2\cos n\theta\cos\theta. \tag{6.4.5}$$

因此，由归纳假设有

$$\begin{aligned}
\cos(n+1)\theta &= 2\cos\theta\cos n\theta - \cos(n-1)\theta \\
&= 2\cos\theta\left(2^{n-1}\cos^n\theta + \sum_{j=0}^{n-1}\beta_{nj}\cos^j\theta\right) \\
&\quad - 2^{n-2}\cos^{n-1}\theta - \sum_{j=0}^{n-2}\beta_{n-1,j}\cos^j\theta.
\end{aligned}$$

显然，这个公式可按所希望的那样写成

$$\cos(n+1)\theta = 2^n\cos^{n+1}\theta + \sum_{j=0}^{n}\beta_{n+1,j}\cos^j\theta,$$

这就完成了证明.   ∎

至此我们的问题实际上已得到了解决，但在总结归纳这些结果之前，先让我们引入一个标准的记法及其术语.

用[①]

$$T_n(t) = \cos n\theta, \quad \theta = \arccos t, \quad \text{其中 } n = 0, 1, \cdots \tag{6.4.6}$$

定义的函数叫作第一类 n 阶**切比雪夫多项式**. 切比雪夫多项式有各种有趣的性质, 有些在本节末的习题中指出. 更多的细节见塞格 (G. Szegö, 1967) 的研究.

(6.4.4) 中的首项系数不是我们希望的 1 而是 2^{n-1}. 记住这一点, 便得下面的公式, 它描述了著名的切比雪夫多项式的最小性质.

6.4-3 定理 (切比雪夫多项式) 在区间 $[-1, 1]$ 上的首项系数等于 1 的所有 n 次实多项式中, 多项式

$$\tilde{T}_n(t) = \frac{1}{2^{n-1}} T_n(t) = \frac{1}{2^{n-1}} \cos(n \arccos t), \quad \text{其中 } n \geqslant 1 \tag{6.4.7}$$

在区间 $[-1, 1]$ 上相对于 0 有最小的最大偏差.

回想本节提出的逼近问题, 可将结论系统地表述如下.

函数 $x(t) = t^n \in C[-1, 1]$ 在 $Y = \operatorname{span}\{y_0, \cdots, y_{n-1}\}$ [其中 y_j 由 (6.4.2) 给出] 中的最佳一致逼近 (即由次数小于 n 的实多项式逼近) 是

$$y(t) = x(t) - \frac{1}{2^{n-1}} T_n(t), \quad \text{其中 } n \geqslant 1. \tag{6.4.8}$$

注意, (6.4.8) 中的最高次项 t^n 消掉了, 所以 $y(t)$ 的次数如要求的那样是不超过 $n-1$ 的.

6.4-3 对于一般情况也是适用的. 给定首项为 $\beta_n t^n$ 的 n 次实多项式 $\tilde{x}$, 我们来看在 $[-1, 1]$ 上的 $\tilde{x}$ 在 $Y = \operatorname{span}\{1, t, \cdots, t^{n-1}\}$ 中的最佳逼近 $\tilde{y}$, 当然 $\tilde{y}$ 的次数最高为 $n-1$. 仍在实空间 $C[-1, 1]$ 中考虑问题. 记

$$\tilde{x} = \beta_n x,$$

可见 x 的首项为 t^n. 由 6.4-3 可推得 $\tilde{y}$ 必须满足

$$\frac{1}{\beta_n} (\tilde{x} - \tilde{y}) = \tilde{T}_n,$$

其解是

$$\tilde{y}(t) = \tilde{x}(t) - \frac{\beta_n}{2^{n-1}} T_n(t), \quad \text{其中 } n \geqslant 1. \tag{6.4.9}$$

这就推广了 (6.4.8).

[①] 这里之所以用 T, 是因为有的作者把 Чебышев 译为 Tchebichef. 第二类切比雪夫多项式定义为

$$U_n(t) = \sin n\theta, \quad \text{其中 } n = 1, 2, \cdots.$$

　　容易得到前几个切比雪夫多项式的显式表达式. 我们看出 $T_0(t) = \cos 0 = 1$, 此外, $T_1(t) = \cos\theta = t$. (6.4.6) 表明 (6.4.5) 可以写成

$$T_{n+1}(t) + T_{n-1}(t) = 2tT_n(t).$$

递推公式

$$T_{n+1}(t) = 2tT_n(t) - T_{n-1}(t), \quad \text{其中 } n = 1, 2, \cdots \tag{6.4.10}$$

逐次给出（见图 6–5）

$$
\begin{aligned}
T_0(t) &= 1, \\
T_1(t) &= t, \\
T_2(t) &= 2t^2 - 1, \\
T_3(t) &= 4t^3 - 3t, \\
T_4(t) &= 8t^4 - 8t^2 + 1, \\
T_5(t) &= 16t^5 - 20t^3 + 5t, \\
&\quad \cdots\cdots.
\end{aligned}
\tag{6.4.11*}
$$

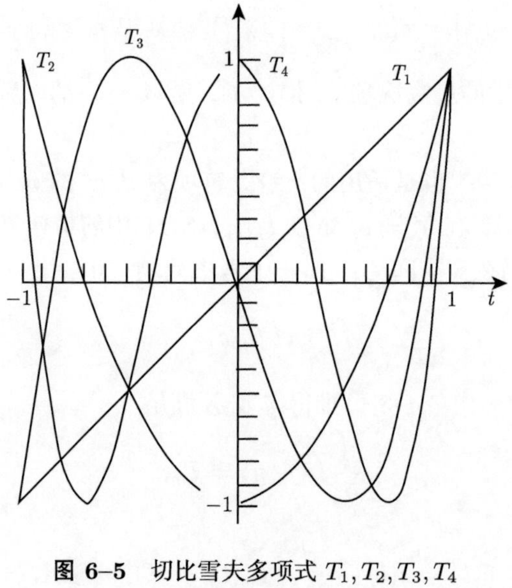

图 6–5　切比雪夫多项式 T_1, T_2, T_3, T_4

一般公式是

$$T_n(t) = \frac{n}{2} \sum_{j=0}^{\lfloor n/2 \rfloor} (-1)^j \frac{(n-j-1)!}{j!(n-2j)!} (2t)^{n-2j}, \quad \text{其中 } n = 1, 2, \cdots, \tag{6.4.11}$$

其中 $\lfloor n/2 \rfloor$ 在 n 为偶数时取 $n/2$, 在 n 为奇数时取 $(n-1)/2$.

习 题

1. 分别利用 (6.4.11) 和 (6.4.10) 来验证 (6.4.11*). 求 T_6.

2. 求 $x(t) = t^3 + t^2$（$t \in [-1, 1]$）的最佳的二次多项式逼近 y. 画出所得结果的曲线, 最大偏差是多少?

3. 在某些应用中, 切比雪夫多项式的零点是很有意义的. 证明: T_n 的所有零点都是单重的实数, 并且都落在区间 $[-1, 1]$ 内.

4. 在 T_n 的任意两个相邻零点之间恰好有 T_{n-1} 的一个零点. 证明这个性质. [这叫作零点的交叉, 在其他函数（例如贝塞尔函数）中, 也会出现这种情况.]

5. 证明 T_n 和 T_{n-1} 没有公共的零点.

6. 证明首项为 $\beta_n t^n$ 的 n 次（$n \geqslant 1$）实多项式 $x \in C[a, b]$ 满足

$$\|x\| \geqslant |\beta_n| \frac{(b-a)^n}{2^{2n-1}}.$$

7. 证明 T_n 是微分方程

$$\left(1 - t^2\right) T_n'' - t T_n' + n^2 T_n = 0$$

的一个解.

8. 超几何微分方程是

$$\tau(1-\tau)\frac{\mathrm{d}^2 w}{\mathrm{d}\tau^2} + \left[c - (a+b+1)\tau\right]\frac{\mathrm{d}w}{\mathrm{d}\tau} - abw = 0,$$

其中 a, b, c 是常数. 用弗洛比尼斯方法（推广了的幂级数法）证明

$$w(\tau) = F(a, b, c; \tau)$$
$$= 1 + \sum_{m=1}^{\infty} \frac{a(a+1)\cdots(a+m-1)b(b+1)\cdots(b+m-1)}{m!c(c+1)\cdots(c+m-1)}\tau^m$$

是方程的一个解, 其中 $c \neq 0, -1, -2, \cdots$. 右端的级数叫作超几何级数. 在什么条件下, 这个级数简化为有限和? $F(a, b, c; \tau)$ 叫作超几何函数. 它已被详细地研究过. 很多函数都能用这种函数来表示, 其中包括切比雪夫多项式. 事实上有

$$T_n(t) = F\left(-n, n, \frac{1}{2}; \frac{1}{2} - \frac{t}{2}\right),$$

试证明之.

9. **正交性** 证明: 在空间 $L^2[-1, 1]$ 中（见 2.2–7 和 3.1–5）, 函数族 $(1 - t^2)^{-1/4}T_n(t)$ 是正交的, 即

$$\int_{-1}^{1} \left(1 - t^2\right)^{-1/2} T_n(t) T_m(t)\mathrm{d}t = 0, \quad 其中 \ m \neq n.$$

证明: 若 $m = n = 0$, 积分值等于 π, 若 $m = n = 1, 2, \cdots$, 积分值等于 $\pi/2$.

10. 我们想谈谈 (6.4.3) 所暗示的傅里叶展开与切比雪夫多项式展开之间的关系. 作为例子, 用傅里叶余弦级数表示出 $\tilde{x}(\theta) = |\theta|$, 其中 $-\pi \leqslant \theta \leqslant \pi$, 再用切比雪夫多项式写出这个结果. 画出这个函数以及前几个部分和的曲线.

6.5　希尔伯特空间中的逼近

对于希尔伯特空间 H 中给定的任意 x 和闭子空间 $Y \subseteq H$, x 在 Y 中存在着唯一的最佳逼近（见 6.2–5）.

事实上, 3.3–4 给出了

$$H = Y \oplus Z, \quad 其中 Z = Y^\perp, \tag{6.5.1a}$$

所以对于每个 $x \in H$ 有

$$x = y + z, \tag{6.5.1b}$$

其中 $z = x - y \perp y$, 因此 $\langle x - y, y \rangle = 0$.

若 Y 是有限维空间, 不妨设 $\dim y = n$, 我们能够用 Y 的基 $\{y_1, \cdots, y_n\}$ 来确定 y. 首先 y 有唯一表示

$$y = \alpha_1 y_1 + \cdots + \alpha_n y_n. \tag{6.5.2}$$

由 $x - y \perp Y$ 便得到 n 个条件

$$\langle y_j, x - y \rangle = \left\langle y_j, x - \sum \alpha_k y_k \right\rangle = 0,$$

即

$$\langle y_j, x \rangle - \bar{\alpha}_1 \langle y_j, y_1 \rangle - \cdots - \bar{\alpha}_n \langle y_j, y_n \rangle = 0, \tag{6.5.3}$$

其中 $j = 1, \cdots, n$. 这是含有 n 个未知数 $\bar{\alpha}_1, \cdots, \bar{\alpha}_n$ 和 n 个线性方程的非齐次方程组, 其系数行列式是

$$G(y_1, \cdots, y_n) = \begin{vmatrix} \langle y_1, y_1 \rangle & \langle y_1, y_2 \rangle & \cdots & \langle y_1, y_n \rangle \\ \langle y_2, y_1 \rangle & \langle y_2, y_2 \rangle & \cdots & \langle y_2, y_n \rangle \\ \vdots & \vdots & \ddots & \vdots \\ \langle y_n, y_1 \rangle & \langle y_n, y_2 \rangle & \cdots & \langle y_n, y_n \rangle \end{vmatrix}. \tag{6.5.4}$$

由于 y 存在且唯一, 所以方程组有唯一解, 因此 $G(y_1, \cdots, y_n) \neq 0$. 这个行列式叫作 $y_1, \cdots, y_n$ 的**格拉姆行列式**, 它是格拉姆（J. P. Gram, 1883）引入的. 当涉及的函数不言自明时, 我们也把 $G(y_1, \cdots, y_n)$ 简写成 G.

克拉默法则告诉我们 $\alpha_j = \bar{G}_j / \bar{G}$, 其中"‾"表示复共轭, G 由 (6.5.4) 给出, G_j 表示 G 的第 j 列用 $\langle y_1, x \rangle, \cdots, \langle y_n, x \rangle$ 代替后得的行列式.

我们还要注意关于 G 的一个有用的判据:

6.5–1 定理（线性无关） 希尔伯特空间 H 中的一组元素 $y_1, \cdots, y_n$ 是线性无关的, 当且仅当

$$G(y_1, \cdots, y_n) \neq 0.$$

证明 前面的讨论说明当 $\{y_1, \cdots, y_n\}$ 线性无关时 $G \neq 0$. 另外, 若 $\{y_1, \cdots, y_n\}$ 是线性相关的, 则其中至少有一个 y_j 是其余元素的线性组合, 从而 G 的第 j 列也是其余各列的线性组合, 所以 $G = 0$. ■

有趣的是, x 和它的最佳逼近 y 之间的距离 $\|z\| = \|x - y\|$ 也能用格拉姆行列式来表示.

6.5-2 定理 (距离) 在 (6.5.1) 中, 若 $\dim Y < \infty$ 且 $\{y_1, \cdots, y_n\}$ 是 Y 的任意基, 则

$$\|z\|^2 = \frac{G(x, y_1, \cdots, y_n)}{G(y_1, \cdots, y_n)},\tag{6.5.5}$$

其中, 根据定义

$$G(x, y_1, \cdots, y_n) = \begin{vmatrix} \langle x, x \rangle & \langle x, y_1 \rangle & \cdots & \langle x, y_n \rangle \\ \langle y_1, x \rangle & \langle y_1, y_1 \rangle & \cdots & \langle y_1, y_n \rangle \\ \vdots & \vdots & \ddots & \vdots \\ \langle y_n, x \rangle & \langle y_n, y_1 \rangle & \cdots & \langle y_n, y_n \rangle \end{vmatrix}.$$

证明 由于 $\langle y, z \rangle = 0$, 其中 $z = x - y$, 所以根据 (6.5.2) 可得

$$\|z\|^2 = \langle z, z \rangle + \langle y, z \rangle = \langle x, x - y \rangle = \langle x, x \rangle - \left\langle x, \sum \alpha_k y_k \right\rangle.$$

这能够改写为

$$-\|z\|^2 + \langle x, x \rangle - \bar{\alpha}_1 \langle x, y_1 \rangle - \cdots - \bar{\alpha}_n \langle x, y_n \rangle = 0.\tag{6.5.6}$$

再加上 $\bar{\alpha}_1, \cdots, \bar{\alpha}_n$ 满足的 n 个方程 (6.5.3)

$$\langle y_j, x \rangle - \bar{\alpha}_1 \langle y_j, y_1 \rangle - \cdots - \bar{\alpha}_n \langle y_j, y_n \rangle = 0,$$

其中 $j = 1, \cdots, n$. 把 (6.5.6) 和 (6.5.3) 合起来, 便得到含有 $n+1$ 个 "未知数" $1, -\bar{\alpha}_1, \cdots, \bar{\alpha}_n$ 和 $n+1$ 个线性方程的齐次方程组. 由于该方程组有非平凡解, 故它的系数行列式一定等于 0, 即

$$\begin{vmatrix} \langle x, x \rangle - \|z\|^2 & \langle x, y_1 \rangle & \cdots & \langle x, y_n \rangle \\ \langle y_1, x \rangle + 0 & \langle y_1, y_1 \rangle & \cdots & \langle y_1, y_n \rangle \\ \vdots & \vdots & \ddots & \vdots \\ \langle y_n, x \rangle + 0 & \langle y_n, y_1 \rangle & \cdots & \langle y_n, y_n \rangle \end{vmatrix} = 0.\tag{6.5.7}$$

我们可把这个行列式写成两个行列式的和, 第一个行列式就是 $G(x, y_1, \cdots, y_n)$, 第二个行列式第一列的元素为 $-\|z\|^2, 0, \cdots, 0$, 其余各列与第一个行列式相同. 按照

第一列把它展开，可以看出 (6.5.7) 能够写成

$$G(x, y_1, \cdots, y_n) - \|z\|^2 G(y_1, \cdots, y_n) = 0.$$

由于 $G(y_1, \cdots, y_n) \neq 0$（见 6.5–1），这就给出了 (6.5.5).　■

　　若 (6.5.5) 中的基 $\{y_1, \cdots, y_n\}$ 是规范正交的，则 $G(y_1, \cdots, y_n) = 1$（为什么？），把 $G(x, y_1, \cdots, y_n)$ 按第一行展开，注意 $\langle x, y_1 \rangle \langle y_1, x \rangle = \left| \langle x, y_1 \rangle \right|^2$，等等，则从 (6.5.5) 得到

$$\|z\|^2 = \|x\|^2 - \sum_{k=1}^{n} \left| \langle x, y_k \rangle \right|^2. \tag{6.5.8}$$

如果把 y_k 记成 e_k，则 (6.5.8) 和 (3.4.11) 是一致的.

习　题

1. 证明：重新排列 $\{y_1, \cdots, y_n\}$，$G(y_1, \cdots, y_n)$ 的值保持不变.

2. 证明
$$G(\cdots, \alpha y_j, \cdots) = |\alpha|^2 G(\cdots, y_j, \cdots),$$
其中用 "$\cdots$" 代表的 y_k 在等式两端是相同的.

3. 若 $G(y_1, \cdots, y_n) \neq 0$，证明对于 $j = 1, \cdots, n-1$ 有 $G(y_1, \cdots, y_j) \neq 0$. 若 $G(y_1, \cdots, y_n) = 0$，找出类似的关系.

4. 用格拉姆行列式表示出施瓦茨不等式. 用 6.5–1 求等号成立的条件（见 3.2–1）.

5. 证明 $G(y_1, \cdots, y_n) \geqslant 0$. 由此得出：希尔伯特空间中的有限子集是线性无关的，当且仅当它们的格拉姆行列式是正数.

6. 证明
$$G(y_1, \cdots, y_{n-1}, y_n + \alpha y_j) = G(y_1, \cdots, y_n), \quad 其中 \ j < n,$$
并指出如何利用这个关系获得 6.5–2.

7. 设 $M = \{y_1, \cdots, y_n\}$ 是希尔伯特空间 H 中的线性无关组. 证明对于任意子集 $\{y_k, \cdots, y_m\}$（$k < m < n$）有
$$\frac{G(y_k, \cdots, y_n)}{G(y_{k+1}, \cdots, y_n)} \leqslant \frac{G(y_k, \cdots, y_m)}{G(y_{k+1}, \cdots, y_m)}.$$
在几何上为什么这是有道理的？证明
$$\frac{G(y_m, \cdots, y_n)}{G(y_{m+1}, \cdots, y_n)} \leqslant G(y_m).$$

8. 设 $\{y_1, \cdots, y_n\}$ 是希尔伯特空间 H 中的线性无关组，证明对于 $m = 1, \cdots, n-1$ 有
$$G(y_1, \cdots, y_n) \leqslant G(y_1, \cdots, y_m) G(y_{m+1}, \cdots, y_n),$$
并且，当且仅当 $M_1 = \{y_1, \cdots, y_m\}$ 中的每个元素都正交于 $M_2 = \{y_{m+1}, \cdots, y_n\}$ 中的每个元素时，等号成立（利用习题 7）.

9. 阿达马行列式定理 证明在习题 8 中有

$$G(y_1, \cdots, y_n) \leqslant \langle y_1, y_1 \rangle \cdots \langle y_n, y_n \rangle,$$

并且,当且仅当 $y_1, \cdots, y_n$ 相互正交时,等号成立. 用这个公式证明 n 阶实方阵 $A = (\alpha_{jk})$ 的行列式满足

$$(\det A)^2 \leqslant a_1 \cdots a_n, \quad \text{其中} \quad a_j = \sum_{k=1}^{n} |\alpha_{jk}|^2.$$

10. 证明: 线性无关集 $\{x_1, x_2, \cdots\}$ 在希尔伯特空间 H 中是稠密的, 当且仅当对于每个 $x \in H$ 有

$$\text{当 } n \to \infty \text{ 时} \quad \frac{G(x, x_1, \cdots, x_n)}{G(x_1, \cdots, x_n)} \to 0.$$

6.6 样条函数

样条逼近是分段多项式逼近. 这意味着对于给定的定义在区间 $J = [a, b]$ 上的函数 x, 我们用这样的函数 y 去逼近它, y 在 $[a, b]$ 被划分的每一个子区间上都是一个多项式, 并且这些多项式在子区间的公共端点上若干次可微. 因此, 代替在整个区间 $[a, b]$ 上用一个多项式去逼近 x, 而改用 n 个多项式去逼近 x, 其中 n 是 $[a, b]$ 被划分的子区间的个数. 按这种方式得到的逼近函数 y, 虽然失去了解析性, 但是在很多逼近和插值问题中却更适合. 例如, 它们不像 $[a, b]$ 上的单一多项式那样在结点之间来回摆动. 由于样条在实践中越来越重要, 我们打算进行简短的介绍.

最简单的连续分段多项式逼近要算是分段线性函数. 但是这样的函数在某些点(子区间的端点)不是可微的, 而这也是它比 $[a, b]$ 上处处有确定导数的函数更可取的地方.

我们来考察 $J = [a, b]$ 上的**三次样条**. 根据定义, 它们是 $[a, b]$ 上的二次连续可微的实值函数 y, 所以把它写成

$$y \in C^2[a, b],$$

并且在 J 的给定的划分 P_n

$$a = t_0 < t_1 < \cdots < t_n = b \tag{6.6.1}$$

的每个子区间中, 这样的函数 y 都是次数不超过 3 的多项式. 我们把 t_j 叫作 P_n 的结点, 把所有这些三次样条构成的向量空间记为

$$Y(P_n).$$

让我们来阐明在 $[a, b]$ 上给定的实值函数 x 是如何用样条函数逼近的. 首先选定 $J = [a, b]$ 的形如 (6.6.1) 的划分 P_n. 所需的 x 的逼近将用插值法得到, 这

种方法是有效地确定逼近函数的最重要的方法之一. 用 y 对 x 进行**插值**, 就是构造一个 y, 它在每个结点 $t_1, \cdots, t_n$ 上都和 x 有相同的值. 经典的插值方法是利用插值公式 (如拉格朗日公式、牛顿公式或埃弗里特公式[①]) 得到 $[a, b]$ 上的一个 n 次多项式, 它在每个结点上的值都和 x 相同, 在结点附近, 这个多项式能很好地逼近 x, 但在离结点较远的点, 可能有相当大的偏差. 在用三次样条的样条插值中, 我们取刚才定义的样条 y, 它在每个结点上有与 x 相同的值. 我们来证明这样的 y 是存在的, 并且若指定了导数 y' 在区间端点 a 和 b 的值, 则可证明 y 是唯一的. 这就是下面的定理的内容.

6.6-1 定理 (样条插值)　设 x 是定义在 $J = [a, b]$ 上的实值函数, P_n 是 J 的形如 (6.6.1) 的任意划分, 并且设 k_0' 和 k_n' 是任意两个实数, 则存在唯一的三次样条函数 $y \in Y(P_n)$, 它满足以下 $n + 3$ 个条件

$$y(t_j) = x(t_j), \quad \text{其中 } j = 0, \cdots, n, \tag{6.6.2a}$$

$$y'(t_0) = k_0', \quad y'(t_n) = k_n'. \tag{6.6.2b}$$

证明　在每个子区间 $I_j = [t_j, t_{j+1}] \subseteq J$ ($j = 0, \cdots, n-1$) 中, 样条 y 必须和满足

$$p_j(t_j) = x(t_j), \quad p_j(t_{j+1}) = x(t_{j+1})$$

的三次多项式 p_j 一致. 我们记 $1/(t_{j+1} - t_j) = \tau_j$ 且

$$p_j'(t_j) = k_j', \quad p_j'(t_{j+1}) = k_{j+1}',$$

其中 k_0' 和 k_n' 是给定的常数, 而 $k_1', \cdots, k_{n-1}'$ 是待定的. 直接计算可以验证, 满足这 4 个条件的唯一的三次多项式 p_j 由下式给出

$$\begin{aligned}
p_j(t) = {} & x(t_j)\tau_j^2(t - t_{j+1})^2 \big[1 + 2\tau_j(t - t_j)\big] \\
& + x(t_{j+1})\tau_j^2(t - t_j)^2 \big[1 - 2\tau_j(t - t_{j+1})\big] \\
& + k_j'\tau_j^2(t - t_j)(t - t_{j+1})^2 \\
& + k_{j+1}'\tau_j^2(t - t_j)^2(t - t_{j+1}).
\end{aligned}$$

微分两次可得

$$p_j''(t_j) = -6\tau_j^2 x(t_j) + 6\tau_j^2 x(t_{j+1}) - 4\tau_j k_j' - 2\tau_j k_{j+1}', \tag{6.6.3}$$

$$p_j''(t_{j+1}) = 6\tau_j^2 x(t_j) - 6\tau_j^2 x(t_{j+1}) + 2\tau_j k_j' + 4\tau_j k_{j+1}'. \tag{6.6.4}$$

---

① 多数数值分析书有插值法一章, 在克雷斯齐格 (E. Kreysizg, 1972, 第 648–653 页) 的书中有一个简短的介绍.

由于 $y \in C^2[a,b]$，在结点处两个相邻的多项式的二阶导数一定相同，即

$$p''_{j-1}(t_j) = p''_j(t_j), \quad \text{其中 } j = 1, \cdots, n-1.$$

在 (6.6.4) 中用 $j-1$ 代替 j，和 (6.6.3) 一起，我们看到这 $n-1$ 个方程取如下形式：

$$\tau_{j-1}k'_{j-1} + 2(\tau_{j-1} + \tau_j)k'_j + \tau_j k'_{j+1} = 3\left[\tau^2_{j-1}\Delta x_j + \tau^2_j \Delta x_{j+1}\right],$$

其中，像以前一样，对于 $j = 1, \cdots, n-1$ 有 $\Delta x_j = x(t_j) - x(t_{j-1})$ 且 $\Delta x_{j+1} = x(t_{j+1}) - x(t_j)$. 这个含有 $n-1$ 个线性方程的方程组有唯一解 $k'_1, \cdots, k'_{n-1}$. 事实上，根据 5.2-1，因为系数矩阵的所有的元素都是非负的，且主对角线每个元素都大于同一行其余元素的绝对值之和（即对角占优矩阵），所以能唯一地确定 y 的一阶导数在结点上的值 $k'_1, \cdots, k'_{n-1}$. 这就完成了证明. ∎

最后，我们推导一个有趣的极小性质，以结束本节关于样条的介绍. 假定在 6.6–1 中 $x \in C^2[a,b]$，并且 (6.6.2b) 取如下形式：

$$y'(a) = x'(a), \quad y'(b) = x'(b), \tag{6.6.5}$$

则 $x' - y'$ 在 a 和 b 的值等于 0. 用分部积分可得

$$\int_a^b y''(t)\left[x''(t) - y''(t)\right]\mathrm{d}t = -\int_a^b y'''(t)\left[x'(t) - y'(t)\right]\mathrm{d}t.$$

由于 y'' 在划分的每个子区间上都是常数，所以由 (6.6.2a) 可知右端的积分为 0，这就证明了

$$\int_a^b \left[x''(t) - y''(t)\right]^2\mathrm{d}t = \int_a^b x''(t)^2\mathrm{d}t - \int_a^b y''(t)^2\mathrm{d}t.$$

上式左端的积分是非负的，故右端亦是. 因此，若 $x \in C^2[a,b]$，y 是对应于 x 和 $[a,b]$ 的划分 P_n 的三次样条，且满足 (6.6.2a) 和 (6.6.5)，则

$$\int_a^b x''(t)^2\mathrm{d}t \geqslant \int_a^b y''(t)^2\mathrm{d}t. \tag{6.6.6}$$

并且，当且仅当 x 是三次样条 y 时，等号成立. 这就是样条函数的极小性质. 至于为什么叫这样一个名字，是因为长期以来工程技术人员用一个叫作样条的细长杆去拟合过给定点的曲线，并且用这样的样条把应变能量极小化到和样条的二阶导数的平方的积分近乎相当.

关于高次样条、多变量样条、收敛性问题以及应用和其他课题等，见萨尔德和温特劳布（A. Sard and S. Weintraub, 1971, 第 107–119 页）的著作.

习　题

1. 证明：对应于区间 $[a,b]$ 的给定的划分 P_n，所有三次样条函数构成向量空间 $Y(P_n)$. 这个空间的维数是多少？

2. 证明：对于给定的形如 (6.6.1) 的划分 P_n，唯一存在 $n+1$ 个三次样条 $y_0,\cdots,y_n$ 满足

$$y_j(t_k) = \delta_{jk},$$
$$y_j'(a) = y_j'(b) = 0.$$

如何利用这些条件得到 $Y(P_n)$ 的一个基？

3. 用对应于 $[-1,1]$ 的划分 $P_2 = \{-1,0,1\}$ 且满足 (6.6.2a) 和 (6.6.5) 的三次样条去逼近 $[-1,1]$ 上的函数 $x(t)=t^4$. 首先猜测 y 可能的形式，然后计算.

4. 设 $x(t)=t^4$ 定义在 $[-1,1]$ 上，且 $Y=\operatorname{span}\{1,t,t^2,t^3\}$，求 $x(t)$ 在 Y 中的切比雪夫逼近 $\tilde{y}$. $\tilde{y}$ 满足 (6.6.2a) 和 (6.6.5) 吗？画出曲线并把 $\tilde{y}$ 与习题 3 中的样条逼近加以比较.

5. 证明：相对于 x，习题 4 中的切比雪夫逼近比习题 3 中的样条逼近有更大的最大偏差. 加以评论.

6. 若 $[a,b]$ 上的三次样条 y 是三次连续可微的，证明 y 一定是多项式.

7. 在 $[a,b]$ 的两个相邻的子区间上，样条函数用同一个多项式表示有时是可能的. 举例说明. 对应于划分 $\{-\pi/2,0,\pi/2\}$，求 $x=x(t)=\sin t$ 的满足 (6.6.2a) 和 (6.6.5) 的三次样条 y.

8. (6.6.6) 的一个可能的几何解释是：三次样条函数极小化了曲率平方的积分，至少是近似的. 阐述这一解释.

9. 对于 $x,y\in C^2[a,b]$，定义

$$\langle x,y\rangle_2 = \int_a^b x''(t)y''(t)\mathrm{d}t, \quad p(x) = \langle x,x\rangle_2^{1/2},$$

其中下标 2 是指：我们这里用的是二阶导数. 证明 p 是半范数（见 §2.3 习题 12），但不是范数. 用 $\langle x,y\rangle_2$ 和 p 写出 (6.6.6) 的推导.

10. 证明：对于任意 $x\in C^2[a,b]$ 和它的满足 (6.6.2a) 和 (6.6.5) 的样条函数 y，我们都能用 p（见习题 9）来估计偏差，并且与划分的具体选择无关：

$$\|x-y\|_2 \leqslant p(x).$$

第 7 章　赋范空间中线性算子的谱论

谱论是现代泛函分析及应用的主要分支之一. 粗略地讲, 它研究某些逆算子和它们的一般性质, 以及它们与原算子的关系. 在求解线性代数方程、微分方程、积分方程时, 会自然地出现这样的逆算子. 例如, 施图姆和刘维尔对边值问题的研究, 以及弗雷德霍姆著名的积分方程理论, 对这一领域的发展都起过重要的作用.

我们将会看到, 算子的谱论对于理解算子本身也是很重要的.

在第 7 章至第 9 章, 我们介绍赋范空间和内积空间中的有界线性算子 $T: X \longrightarrow X$ 的谱论. 这包括了对几类最有实际意义的算子的研究, 特别是紧算子（第 8 章）和自伴算子（第 9 章）. 酉算子的谱论放在稍后（在 §10.5, 读这一节不需要参考第 10 章的其他各节）.

希尔伯特空间中的无界线性算子在第 10 章中考虑, 而它们在量子力学中的应用则在第 11 章研究.

本章概要

我们先从有限维向量空间开始. 因为有限维空间中线性算子的谱论本质上就是矩阵的本征值理论（§7.1）, 所以它要比无穷维空间中算子的谱论简单得多. 但是, 它具有重要的现实意义, 这个领域有大量的研究论文, 其中很多涉及数值分析. §7.2 中对无穷维赋范空间的线性算子所定义的某些谱论的概念, 也正是在矩阵的本征值问题的启发下才提出的, 尽管前者要比后者复杂得多.

§7.3 和 §7.4 讨论赋范空间和巴拿赫空间中有界线性算子的谱的重要性质.

复分析在谱论的研究中是一个有用的工具, 但 §7.5 只介绍一些基本事实. 如果学生没有这方面的基础, 可以忽略这一节.

在 §7.6 和 §7.7 中, 我们将证明这里的某些研究能够推广到巴拿赫代数中去.

一般的假定

为了获得完满的理论, 我们不考虑平凡的向量空间 $\{0\}$, 除非另作声明, 否则所讨论的空间皆假定是复线性空间.

7.1　有限维赋范空间中的谱论

令 X 是一个有限维赋范空间, $T: X \longrightarrow X$ 是一个线性算子. 这样的算子的谱论比定义在无穷维空间中算子的谱论简单. 事实上, 从 §2.9 我们知道, 可用矩阵（它与 X 的基的选择有关）来表示 T. 我们将会看到，T 的谱论本质上就是矩阵的本征值理论. 所以我们从矩阵开始.

注意，本节是关于代数的. 但从 §7.2 开始，我们马上要利用范数.

对于给定的（实或复）n 阶方阵 $A = (\alpha_{jk})$，用方程

$$Ax = \lambda x \tag{7.1.1}$$

定义本征值和本征向量的概念如下.

7.1–1 定义（矩阵的本征值、本征向量、本征空间、谱和预解集） 使得 (7.1.1) 有非零解 x 的数 λ，叫作方阵 $A = (\alpha_{jk})$ 的本征值. x 叫作 A 的对应于本征值 λ 的本征向量. 对应于 λ 的所有本征向量和零向量构成的 λ 的线性子空间，叫作 A 的对应于本征值 λ 的本征空间. A 的所有本征值的集合 $\sigma(A)$ 叫作 A 的谱，其关于复平面 $\mathbf{C}$ 的余集 $\rho(A) = \mathbf{C} - \sigma(A)$ 叫作 A 的预解集. ■

例如，直接计算可以验证

$$x_1 = \begin{bmatrix} 4 \\ 1 \end{bmatrix} \quad \text{和} \quad x_2 = \begin{bmatrix} 1 \\ -1 \end{bmatrix} \quad \text{分别是} \quad A = \begin{bmatrix} 5 & 4 \\ 1 & 2 \end{bmatrix} \quad \text{对应于}$$

本征值 $\lambda_1 = 6$ 和 $\lambda_2 = 1$ 的本征向量. 那么我们是怎样得出这一结果的？ 在一般情况下关于矩阵的本征值的存在性，我们又能讲点什么？

为了回答这一问题，我们首先注意到能把 (7.1.1) 写成

$$(A - \lambda I)x = 0, \tag{7.1.2}$$

其中 I 是 n 阶单位矩阵. 这是含有 n 个未知数 $\xi_1, \cdots, \xi_n$ 和 n 个线性方程的齐次方程组，其中 ξ_i 是 x 的分量. 要使 (7.1.2) 有非零解 x，方程的系数行列式 $\det(A - \lambda I)$ 必须为 0. 这就给出了 A 的特征方程

$$\det(A - \lambda I) = \begin{vmatrix} \alpha_{11} - \lambda & \alpha_{12} & \cdots & \alpha_{1n} \\ \alpha_{21} & \alpha_{22} - \lambda & \cdots & \alpha_{2n} \\ \cdot & \cdot & \cdots & \\ \alpha_{n1} & \alpha_{n2} & \cdots & \alpha_{nn} - \lambda \end{vmatrix} = 0. \tag{7.1.3}$$

$\det(A - \lambda I)$ 叫作 A 的**特征行列式**，把它展开便得到 λ 的 n 次多项式，叫作 A 的**特征多项式**. (7.1.3) 叫作 A 的**特征方程**.

我们得到下述基本结果.

7.1–2 定理（矩阵的本征值） n 阶方阵 $A = (\alpha_{jk})$ 的本征值由其特征方程 (7.1.3) 的解给出. 因此 A 至少有一个本征值（且至多有 n 个不同的本征值）.

根据所谓代数基本定理和因式分解定理：正 n 次复系数多项式在 **C** 内有一个根（且至多有 n 个不同的根）. 所以定理中的第二个论述是成立的. 注意，即使 A 是实矩阵时，其本征值也可能是复数.

在前面的例子中，

$$\det(A - \lambda I) = \begin{vmatrix} 5 - \lambda & 4 \\ 1 & 2 - \lambda \end{vmatrix} = \lambda^2 - 7\lambda + 6 = 0,$$

谱是 $\{6, 1\}$，而 A 的对应于 6 和 1 的本征向量分别从方程组

$$\begin{cases} -\xi_1 + 4\xi_2 = 0 \\ \xi_1 - 4\xi_2 = 0 \end{cases} \quad \text{和} \quad \begin{cases} 4\xi_1 + 4\xi_2 = 0 \\ \xi_1 + \xi_2 = 0 \end{cases}$$

得到. 显然，上面的每个方程组只有一个方程是独立的.（为什么？）

上面的结论如何应用到定义在 n 维赋范空间 X 上的线性算子 $T: X \longrightarrow X$ 上呢？为此令 $e = \{e_1, \cdots, e_n\}$ 是 X 的任意一个基，$T_e = (\alpha_{jk})$ 是 T 相对于这个基（其元素保持给定的次序）的矩阵表示，则矩阵 T_e 的本征值、谱和预解集便叫作算子 T 的**本征值**、谱和预解集. 这是因为：

7.1–3 定理（算子的本征值） 定义在有限维赋范空间 X 上的线性算子 $T: X \longrightarrow X$，其相对于 X 的各个基的所有矩阵表示都有相同的本征值.

证明 首先我们必须弄清，当从 X 的一个基转移到另一个基时，会出现什么情况. 为此令 $e = (e_1, \cdots, e_n)$ 和 $\tilde{e} = (\tilde{e}_1, \cdots, \tilde{e}_n)$ 是 X 的任意两个基，这里把它们写成行向量的形式. 由基的定义可知，每个 e_j 都是诸 $\tilde{e}_k$ 的一个线性组合，反之亦然. 所以我们能够记

$$\tilde{e} = eC \quad \text{或} \quad \tilde{e}^{\mathrm{T}} = C^{\mathrm{T}} e^{\mathrm{T}}, \tag{7.1.4}$$

其中 C 是 n 阶非奇异方阵. 每个 $x \in X$ 对于这两个基都各有唯一的表示，比如

$$x = ex_1 = \sum \xi_j e_j = \tilde{e}x_2 = \sum \tilde{\xi}_k \tilde{e}_k,$$

其中 $x_1 = (\xi_j)$ 和 $x_2 = (\tilde{\xi}_k)$ 都是列向量. 由此和 (7.1.4) 便有 $ex_1 = \tilde{e}x_2 = eCx_2$. 因此

$$x_1 = Cx_2. \tag{7.1.5}$$

类似地，对于 $Tx = y = ey_1 = \tilde{e}y_2$，我们有

$$y_1 = Cy_2. \tag{7.1.6}$$

所以，若 T_1 和 T_2 分别表示 T 相对于 e 和 $\tilde{e}$ 的矩阵，则

$$y_1 = T_1 x_1 \quad \text{且} \quad y_2 = T_2 x_2.$$

由此和 (7.1.5)(7.1.6) 便得

$$CT_2 x_2 = Cy_2 = y_1 = T_1 x_1 = T_1 C x_2.$$

用 C^{-1} 左乘等式两端，我们便得到变换法则

$$T_2 = C^{-1} T_1 C, \tag{7.1.7}$$

其中 C 是按照 (7.1.4) 的基变换来确定的（它与 T 无关）. 利用 (7.1.7) 和 $\det(C^{-1}) \det C = 1$，便能够证明 T_2 和 T_1 的特征行列式相等:

$$
\begin{aligned}
\det\left(T_2 - \lambda I\right) &= \det\left(C^{-1} T_1 C - \lambda C^{-1} I C\right) \\
&= \det\left(C^{-1}\left(T_1 - \lambda I\right) C\right) \\
&= \det\left(C^{-1}\right) \det\left(T_1 - \lambda I\right) \det C \\
&= \det\left(T_1 - \lambda I\right).
\end{aligned} \tag{7.1.8}
$$

由 7.1–2 便可推出 T_1 和 T_2 的本征值相等. ∎

顺便指出，我们也可以用下述更具有普遍意义的概念来表述上面的结果. 若存在非奇异矩阵 C 使得 (7.1.7) 成立，则称 n 阶方阵 T_2 和 n 阶方阵 T_1 是相似的. T_1 和 T_2 叫作相似矩阵. 利用这一概念，我们的证明是说:

(i) 定义在有限维赋范空间 X 上的线性算子 T 关于 X 的任何两个基的两个矩阵表示是相似的;

(ii) 相似矩阵有相同的本征值.

此外，7.1–2 和 7.1–3 还蕴涵如下定理.

7.1–4 存在性定理（本征值） 定义在有限维复赋范空间 $X \neq \{0\}$ 上的线性算子至少有一个本征值.

一般情况下，我们没有更多的话要说了（见习题 13）.

此外，在 (7.1.8) 中令 $\lambda = 0$ 便得到 $\det T_2 = \det T_1$. 因此，这个行列式的值给出了算子 T 的一个内在性质，所以我们能够明确地指出 $\det T$ 这个量.

习　题

1. 求下列矩阵的本征值和本征向量，其中 a 和 b 是实数且 $b \neq 0$.

$$A = \begin{bmatrix} 1 & 2 \\ -8 & 11 \end{bmatrix}, \quad B = \begin{bmatrix} a & b \\ -b & a \end{bmatrix}.$$

2. **埃尔米特矩阵** 证明埃尔米特矩阵 $A = (\alpha_{jk})$ 的本征值都是实数（定义见 §3.10）.

3. **反埃尔米特矩阵** 证明反埃尔米特矩阵 $A = (\alpha_{jk})$ 的本征值都是纯虚数或 0（定义见 §3.10）.

4. **酉矩阵** 证明酉矩阵的本征值的绝对值都是 1（定义见 §3.10）.

5. 令 X 是有限维内积空间, $T : X \longrightarrow X$ 是线性算子. 若 T 是自伴算子, 证明它的谱是实数集. 若 T 是酉算子, 证明它的本征值的绝对值是 1.

6. **迹** 令 $\lambda_1, \cdots, \lambda_n$ 是 n 阶方阵 $A = (\alpha_{jk})$ 的 n 个本征值, 其中某些或全部可以是相等的. 证明这些本征值之积等于 $\det A$, 其和等于 A 的迹, 即 A 的主对角元素的和

$$\text{trace} A = \alpha_{11} + \alpha_{22} + \cdots + \alpha_{nn}.$$

7. **逆** 证明当且仅当方阵 A 的所有本征值 $\lambda_1, \cdots, \lambda_n$ 皆不等于 0 时, 它的逆 A^{-1} 存在. 若 A^{-1} 存在, 证明其本征值为 $1/\lambda_1, \cdots, 1/\lambda_n$.

8. 证明二阶非奇异方阵

$$A = \begin{bmatrix} a_{11} & a_{12} \\ a_{21} & a_{22} \end{bmatrix} \quad \text{有逆} \quad A^{-1} = \frac{1}{\det A} \begin{bmatrix} a_{22} & -a_{12} \\ -a_{21} & a_{11} \end{bmatrix}.$$

若 A 的本征值为 λ_1, λ_2, 如何从这个公式推出 A^{-1} 的本征值为 $1/\lambda_1, 1/\lambda_2$?

9. 若方阵 $A = (\alpha_{jk})$ 的本征值为 λ_j $(j = 1, \cdots, n)$, 证明 kA 和 A^m $(m \in \mathbf{N})$ 的本征值分别为 $k\lambda_j$ 和 λ_j^m $(j = 1, \cdots, n)$.

10. 若方阵 A 的本征值为 $\lambda_1, \cdots, \lambda_n$, p 是任意多项式, 证明矩阵 $p(A)$ 的本征值为 $p(\lambda_j)$ $(j = 1, \cdots, n)$.

11. 若 x_j 是 n 阶方阵 A 的对应于本征值 λ_j 的本征向量, C 是任意 n 阶非奇异方阵. 证明 λ_j 是 $\tilde{A} = C^{-1}AC$ 的一个本征值, 相应的本征向量是 $y_j = C^{-1}x_j$.

12. 举一个简单的例子说明: n 阶方阵可能没有 n 个独立的本征向量以构成 $\mathbf{R}^n$（或 $\mathbf{C}^n$）的基. 例如, 考虑矩阵

$$A = \begin{bmatrix} 1 & 1 \\ 0 & 1 \end{bmatrix}.$$

13. **重数** 矩阵 A 的本征值 λ 作为特征多项式的根的重数, 叫作 λ 的代数重数. A 的对应于 λ 的本征空间的维数, 叫作 λ 的几何重数. 求对应于下述变换的矩阵的本征值及其重数, 并加以说明.

$$\eta_j = \xi_j + \xi_{j+1}, \quad \text{其中} \; j = 1, \cdots, n-1, \quad \eta_n = \xi_n.$$

14. 证明本征值的几何重数不可能超过它的代数重数（见习题 13）.

15. 令 X 表示次数不超过 $n-1$ 的所有多项式和零多项式构成的线性空间, T 是定义在 X 上的微分算子. 求 T 的所有本征值和本征向量, 以及它们的代数重数和几何重数.

7.2 基本概念

在 §7.1, 我们考虑的是有限维空间. 而本节我们考虑任意维数的赋范空间, 并将看到在无穷维空间中谱论变得比较复杂.

令 $X \neq \{0\}$ 是复赋范空间，$T : \mathscr{D}(T) \longrightarrow X$ 是定义域 $\mathscr{D}(T) \subseteq X$ 的线性算子. 用 T 定义算子

$$T_\lambda = T - \lambda I, \tag{7.2.1}$$

其中 λ 是复数，I 是 $\mathscr{D}(T)$ 上的恒等算子. 若 T_λ 有逆，用 $R_\lambda(T)$ 表示它，即

$$R_\lambda(T) = T_\lambda^{-1} = (T - \lambda I)^{-1}. \tag{7.2.2}$$

我们称它为 T 的预解算子，或简称为 T 的**预解式**①. 在具体的讨论中，若涉及的算子 T 是不言而喻的，又把 $R_\lambda(T)$ 简记为 R_λ.

由于 $R_\lambda(T)$ 对解方程 $T_\lambda x = y$ 有帮助，"预解式"这一名称是合适的. 因此，在 $R_\lambda(T)$ 存在的情况下，$x = T_\lambda^{-1} y = R_\lambda(T)y$.

更重要的是，要了解算子 T，研究 R_λ 的性质是基础. 自然，T_λ 和 R_λ 的很多性质依赖于 λ，而谱论就是研究这些性质的. 例如，我们对复平面内使得 R_λ 存在的所有 λ 的集合感兴趣. R_λ 的有界性是另一个重要的性质. 我们还想知道怎样的 λ 使得 R_λ 的定义域在 X 中稠密. 暂且只提出这几个方面的问题.

由 2.6–10(b) 可知 $R_\lambda(T)$ 是线性算子.

为了研究 T、T_λ 和 R_λ，需要下面的谱论中的几个基本概念.

7.2–1 定义（**正则值、预解集、谱**）　令 $X \neq \{0\}$ 是复赋范空间，$T : \mathscr{D}(T) \longrightarrow X$ 是定义域 $\mathscr{D}(T) \subseteq X$ 的线性算子. T 的正则值 λ 是满足下述条件的复数.

(R₁) $R_\lambda(T)$ 存在.

(R₂) $R_\lambda(T)$ 有界.

(R₃) $R_\lambda(T)$ 定义在 X 中的稠密集上.

T 的所有正则值 λ 的集合叫作 T 的预解集 $\rho(T)$. $\rho(T)$ 在复平面 $\mathbf{C}$ 中的余集 $\sigma(T) = \mathbf{C} - \rho(T)$ 叫作 T 的谱，$\lambda \in \sigma(T)$ 叫作 T 的谱值. 进而，谱 $\sigma(T)$ 又可划分为以下三个不相交的集合.

点谱或**离散谱** $\sigma_p(T)$ 是使得 $R_\lambda(T)$ 不存在的集合. $\lambda \in \sigma_p(T)$ 叫作 T 的本征值.

连续谱 $\sigma_c(T)$ 是使得 $R_\lambda(T)$ 存在且满足 R₃ 但不满足 R₂ 的集合，即使得 $R_\lambda(T)$ 无界的集合.

残谱 $\sigma_r(T)$ 是使得 $R_\lambda(T)$ 存在（它可以有界，也可以无界）但不满足 R₃ 的集合，即 $R_\lambda(T)$ 的定义域在 X 中不稠密的集合. ∎

---

① 某些作者把预解式定义为 $(\lambda I - T)^{-1}$. 在较早的积分方程的文献中预解式定义为 $(I - \mu T)^{-1}$. 诚然，它们通过基本变换都能够变成 (7.2.2)，但是这很讨厌. 希望读者在比较谱论的不同出版资料之前，核实一下预解式的定义.

为避免误会，我们允许定义中的某些集合是空集．这也是必将讨论的存在性问题．例如，从 §7.1 可知，在有限维情况下，$\sigma_c(T) = \sigma_r(T) = \varnothing$.

7.2–1 中所陈述的条件可概括为表 7–1.

表　7–1

满足			不满足		λ 属于
R_1,	R_2,	R_3			$\rho(T)$
			R_1		$\sigma_p(T)$
R_1		R_3		R_2	$\sigma_c(T)$
R_1				R_3	$\sigma_r(T)$

为加强对这些概念的理解，我们给出如下的一般性说明．

首先注意到，表中的 4 个集合是互不相交的，并且它们的并为整个复平面

$$\mathbf{C} = \rho(T) \cup \sigma(T) = \rho(T) \cup \sigma_p(T) \cup \sigma_c(T) \cup \sigma_r(T).$$

其次，若预解式 $R_\lambda(T)$ 存在，前面曾指出根据定理 2.6–10，它是线性的．该定理还证明了：当且仅当 $T_\lambda x = 0$ 蕴涵 $x = 0$ 时，$R_\lambda(T) : \mathscr{R}(T_\lambda) \longrightarrow \mathscr{D}(T_\lambda)$ 存在，也就是说，$R_\lambda(T)$ 存在的充分必要条件是 T_λ 的零空间为 $\{0\}$．这里 $\mathscr{R}(T_\lambda)$ 表示 T_λ 的值域（见 §2.6）．

因此，对某个 $x \neq 0$ 若有 $T_\lambda x = (T - \lambda I)x = 0$，则 $\lambda \in \sigma_p(T)$．根据定义，λ 是 T 的一个本征值．向量 x 叫作 T 相对于本征值 λ 的**本征向量**（若 X 是函数空间，x 叫作 T 的**本征函数**）．由零向量和 T 相对于本征值 λ 的所有本征向量构成的 $\mathscr{D}(T)$ 的子空间，叫作 T 相对于本征值 λ 的本征空间．

可以看出，这里关于本征值的定义是和 §7.1 中的定义相符的．还可以看到，有限维空间中线性算子的谱是纯点谱，也就是说，正如前面所指出的，其连续谱和残谱皆是空集．所以它的每个谱值都是一个本征值．

对于希尔伯特空间中一类重要的自伴线性算子（见 3.10–1）来说，其残谱 $\sigma_r(T) = \varnothing$．基于这样的一个事实，我们又把 $\sigma(T) - \sigma_p(T)$ 划分为 $\sigma_c(T)$ 和 $\sigma_r(T)$．上述事实将在 9.2–4 中证明．

若 X 是无穷维空间，则 T 可以有不是本征值的谱值．

7.2–2 例子（具有非本征值的谱值的算子）　在希尔伯特序列空间 $X = l^2$（见 3.1–6）上，令 $x = (\xi_j) \in l^2$，我们用

$$(\xi_1, \xi_2, \cdots) \longmapsto (0, \xi_1, \xi_2, \cdots) \tag{7.2.3}$$

定义线性算子 $T : l^2 \longrightarrow l^2$. 算子 T 叫作右移位算子. 因为

$$\|Tx\|^2 = \sum_{j=1}^{\infty} |\xi_j|^2 = \|x\|^2,$$

所以 T 是有界的（且 $\|T\| = 1$）. 算子 $R_0(T) = T^{-1} : T(X) \longrightarrow X$ 是存在的. 事实上，它就是由

$$(\xi_1, \xi_2, \cdots) \longmapsto (\xi_2, \xi_3, \cdots)$$

给出的左移位算子. (7.2.3) 表明，$T(X)$ 在 X 中不是稠密的. 事实上，$T(X)$ 是由满足 $\eta_1 = 0$ 的所有 $y = (\eta_j)$ 构成的子空间 Y. 所以 $R_0(T)$ 不满足 R_3. 因此，按定义 $\lambda = 0$ 是 T 的一个谱值. 此外，直接从 (7.2.3) 可以看出，$Tx = 0$ 意味着 $x = 0$，而零向量不是本征向量，故 $\lambda = 0$ 不是一个本征值. ■

在前面的讨论中，有界逆定理 4.12–2 表明：若 $T : X \longrightarrow X$ 是有界、线性的，X 是完备的，对某个 λ，预解式 $R_\lambda(T)$ 存在且定义在整个空间 X 上，则对于该 λ，预解式 $R_\lambda(T)$ 是有界的.

此外，下述事实（后面要用到）对于更好地理解前面的概念也是有帮助的.

7.2–3 引理（$\mathbf{R_\lambda}$ 的定义域）　令 X 是复巴拿赫空间，$T : X \longrightarrow X$ 是线性算子，$\lambda \in \rho(T)$. 若 (a) T 是闭的，或 (b) T 是有界的，则 $R_\lambda(T)$ 在整个空间 X 上有定义且是有界的.

证明　(a) 由于 T 是闭的，故由 4.13–3 可知 T_λ 也是闭的. 因此，R_λ 是闭的. 由 R_2 可知 R_λ 是有界的. 把 4.13–5(b) 应用到 R_λ 可知定义域 $\mathscr{D}(R_\lambda)$ 是闭的，所以由 R_3 可知 $\mathscr{D}(R_\lambda) = \overline{\mathscr{D}(R_\lambda)} = X$.

(b) 由于 $\mathscr{D}(T) = X$ 是闭的，则由 4.13–5(a) 可知 T 是闭的，从而由 (a) 的证明可推出引理的结论. ■

习　题

1. **恒等算子**　对于赋范空间 X 上的恒等算子 I，求其本征值和本征空间，以及 $\sigma(I)$ 和 $R_\lambda(I)$.

2. 证明：对于给定的线性算子 T，集合 $\rho(T)$，$\sigma_p(T)$，$\sigma_c(T)$ 和 $\sigma_r(T)$ 是互不相交的，并且它们的并是整个复平面.

3. **不变子空间**　设 Y 是赋范空间 X 的子空间，$T : X \longrightarrow X$ 是线性算子. 若 $T(Y) \subseteq Y$，则说 Y 在 T 之下是不变的. 证明 T 的本征空间在 T 之下是不变的，并给出例子.

4. 若 Y 是 n 维赋范空间 X 上的线性算子 T 的不变子空间，$\{e_1, \cdots, e_n\}$ 是 X 的一个基且使得 $Y = \mathrm{span}\{e_1, \cdots, e_m\}$. 那么 T 关于基 $\{e_1, \cdots, e_n\}$ 的矩阵表示有怎样的形式？

5. 令 (e_k) 是可分希尔伯特空间 H 的完全规范正交序列，在 e_k 上定义 $T : H \longrightarrow H$ 为

$$\text{对于 } k = 1, 2, \cdots \text{ 有 } \quad Te_k = e_{k+1},$$

然后线性连续地延拓到 H. 求不变子空间. 证明 T 没有本征值.

6. **延拓** 算子在延拓下，其谱的各个部分的特性具有重要的实际意义. 若 T 是有界线性算子，T_1 是 T 的一个线性延拓，证明 $\sigma_p(T_1) \supseteq \sigma_p(T)$，并且对任意 $\lambda \in \sigma_p(T)$，T 的本征空间都包含在 T_1 的本征空间中.

7. 证明在习题 6 中有 $\sigma_r(T_1) \subseteq \sigma_r(T)$.

8. 证明在习题 6 中有 $\sigma_c(T) \subseteq \sigma_c(T_1) \cup \sigma_p(T_1)$.

9. 直接证明（不用习题 6 和习题 8）在习题 6 中有 $\rho(T_1) \subseteq \rho(T) \cup \sigma_r(T)$.

10. 从习题 6 和习题 8 如何推证习题 9 中的结论.

7.3 有界线性算子的谱性质

给定一个算子，它的谱有什么样的一般性质？这个问题与定义算子的空间的类型（比较 §7.1 和 §7.2 的说明）以及我们所研究的算子的类型有关. 这就建议我们单独研究具有共同谱性质的算子的广泛分类问题. 本节从研究复巴拿赫空间 X 上的有界线性算子 T 开始. 因而 $T \in B(X, X)$，其中 X 是完备的，见 §2.10.

以后我们将会看到，下面第一个定理是各部分理论的基本定理.

7.3–1 定理（逆） 令 $T \in B(X, X)$，其中 X 是巴拿赫空间. 若 $\|T\| < 1$，则存在定义在整个空间 X 上的有界线性算子 $(I - T)^{-1}$，并且

$$(I - T)^{-1} = \sum_{j=0}^{\infty} T^j = I + T + T^2 + \cdots. \tag{7.3.1}$$

[右端的级数按 $B(X, X)$ 上的范数收敛.]

证明 由 (2.7.7) 可知 $\|T^j\| \leqslant \|T\|^j$. 我们还记得，对于 $\|T\| < 1$，几何级数 $\sum \|T\|$ 收敛. 因此，(7.3.1) 中的级数对于 $\|T\| < 1$ 是绝对收敛的. 由于 X 是完备的，由 2.10–2 可知 $B(X, X)$ 也是完备的. 由 §2.3 可知绝对收敛性蕴涵收敛性. 用 S 记 (7.3.1) 中级数的和，剩下的是要证明 $S = (I - T)^{-1}$. 为此，计算

$$(I - T)(I + T + \cdots + T^n) = (I + T + \cdots + T^n)(I - T) = I - T^{n+1}. \tag{7.3.2}$$

令 $n \to \infty$，因为 $\|T\| < 1$，所以 $T^{n+1} \to 0$. 于是得到

$$(I - T)S = S(I - T) = I. \tag{7.3.3}$$

这就证明了 $S = (I - T)^{-1}$. ∎

作为这个定理的第一个应用，让我们证明一个重要的事实：有界线性算子的谱是复平面中的闭集（我们将在 7.5–4 中证明 $\sigma \neq \varnothing$).

7.3–2 定理（谱的闭性）　复巴拿赫空间 X 上的有界线性算子 T 的预解集 $\rho(T)$ 是开集，因此谱 $\sigma(T)$ 是闭集.

证明　若 $\rho(T) = \varnothing$ 则它是开集.（实际上，我们在 7.3–4 中将会看到 $\rho(T) \neq \varnothing$.）令 $\rho(T) \neq \varnothing$. 对于固定的 $\lambda_0 \in \rho(T)$ 和任意 $\lambda \in C$ 有

$$T - \lambda I = T - \lambda_0 I - (\lambda - \lambda_0)I$$
$$= (T - \lambda_0 I)\left[I - (\lambda - \lambda_0)(T - \lambda_0 I)^{-1}\right].$$

用 V 表示上式方括号 $[\cdots]$ 中的算子，上式能够写成

$$T_\lambda = T_{\lambda_0} V, \quad \text{其中 } V = I - (\lambda - \lambda_0)R_{\lambda_0}. \tag{7.3.4}$$

由于 $\lambda_0 \in \rho(T)$ 和 T 是有界的，7.2–3(b) 意味着 $R_{\lambda_0} = T_{\lambda_0}^{-1} \in B(X, X)$. 进而，7.3–1 表明，在 $B(X, X)$ 中 V 有逆

$$V^{-1} = \sum_{j=0}^{\infty}\left[(\lambda - \lambda_0)R_{\lambda_0}\right]^j = \sum_{j=0}^{\infty}(\lambda - \lambda_0)^j R_{\lambda_0}^j, \tag{7.3.5a}$$

其中 λ 满足 $\|(\lambda - \lambda_0)R_{\lambda_0}\| < 1$，即

$$|\lambda - \lambda_0| < \frac{1}{\|R_{\lambda_0}\|}. \tag{7.3.5b}$$

由于 $T_{\lambda_0}^{-1} = R_{\lambda_0} \in B(X, X)$，由此和 (7.3.4) 可以看出，对于满足 (7.3.5b) 的每一个 λ，算子 T_λ 有逆

$$R_\lambda = T_\lambda^{-1} = \left(T_{\lambda_0} V\right)^{-1} = V^{-1}R_{\lambda_0}. \tag{7.3.6}$$

因此 (7.3.5b) 表示由 T 的正则值 λ 构成的 λ_0 的一个邻域. 由于 $\lambda_0 \in \rho(T)$ 是任意的，故 $\rho(T)$ 是开集，所以它的余集 $\sigma(T) = \mathbf{C} - \rho(T)$ 是闭集. ■

特别有意义的是，在这个证明过程中我们还得到预解式的一个基本表达式，它是用 λ 的幂级数给出的. 事实上，由 (7.3.5) 和 (7.3.6) 可立即得到以下定理.

7.3–3 表示定理（预解式）　X 和 T 如 7.3–2 中所设，对于每一个 $\lambda_0 \in \rho(T)$，预解式 $R_\lambda(T)$ 有表示式

$$R_\lambda = \sum_{j=0}^{\infty}(\lambda - \lambda_0)^j R_{\lambda_0}^{j+1}, \tag{7.3.7}$$

这个级数对于复平面上开圆盘 $[$ 见 (7.3.5b) $]$

$$|\lambda - \lambda_0| < \frac{1}{\|R_{\lambda_0}\|}$$

中的每个 λ 都是绝对收敛的. 这个圆盘是 $\rho(T)$ 的一个子集.

在 §7.5 中会看到这个定理也为应用复分析研究谱论提供了一条途径.

作为 7.3–1 的另一个结果,让我们来证明一个重要事实:有界线性算子的谱是复平面上的有界集. 精确的论述如下.

7.3–4 定理(谱) 复巴拿赫空间 X 上的有界线性算子 $T: X \longrightarrow X$ 的谱 $\sigma(T)$ 是紧集,并且位于由

$$|\lambda| \leqslant \|T\| \tag{7.3.8}$$

所界定的圆盘之内. 因此 T 的预解集 $\rho(T)$ 不是空集.[在 7.5–4 中将证明 $\sigma(T) \neq \varnothing$.]

证明 令 $\lambda \neq 0$ 且 $\kappa = 1/\lambda$. 从 7.3–1 可得到表示式

$$R_\lambda = (T - \lambda I)^{-1} = -\frac{1}{\lambda}(I - \kappa T)^{-1} = -\frac{1}{\lambda}\sum_{j=0}^{\infty}(\kappa T)^j = -\frac{1}{\lambda}\sum_{j=0}^{\infty}\left(\frac{1}{\lambda}T\right)^j. \tag{7.3.9}$$

7.3–1 表明,对于满足

$$\left\|\frac{1}{\lambda}T\right\| = \frac{\|T\|}{|\lambda|} < 1, \quad 即 \ |\lambda| > \|T\|$$

的所有 λ,级数收敛. 同一个定理也证明了这样的 λ 属于 $\rho(T)$. 因此谱 $\sigma(T) = \mathbf{C} - \rho(T)$ 一定落在圆盘 (7.3.8) 内,从而 $\sigma(T)$ 是有界的. 此外,由 7.3–2 可知 $\sigma(T)$ 是闭集,所以 $\sigma(T)$ 是紧集. ∎

由刚才证明的定理可知复巴拿赫空间中有界线性算子 T 的谱是有界的. 那么自然要寻求以原点为中心包含整个谱的最小圆盘,这就促使我们提出以下概念.

7.3–5 定义(谱半径) 复巴拿赫空间 X 上的算子 $T \in B(X, X)$ 的谱半径 $r_\sigma(T)$ 是复 λ 平面内以原点为中心包含 $\sigma(T)$ 的最小闭圆盘的半径

$$r_\sigma(T) = \sup_{\lambda \in \sigma(T)} |\lambda|. \qquad ∎$$

从 (7.3.8) 可以看出复巴拿赫空间中有界线性算子 T 的谱半径满足

$$r_\sigma(T) \leqslant \|T\|. \tag{7.3.10}$$

在 §7.5 中我们将证明

$$r_\sigma(T) = \lim_{n \to \infty} \sqrt[n]{\|T^n\|}.$$

习 题

1. 令 $X = C[0,1]$ 并且定义 $T: X \longrightarrow X$ 为 $Tx = vx$,其中 $v \in X$ 固定,求 $\sigma(T)$. 注意 $\sigma(T)$ 是闭集.

2. 求线性算子 $T: C[0,1] \longrightarrow C[0,1]$,它的谱是给定的区间 $[a,b]$.

3. 若 Y 是算子 T 对应于本征值 λ 的本征空间，算子 $T|_Y$ 的谱是什么？

4. 令 $T : l^2 \longrightarrow l^2$ 是由 $y = Tx$, $x = (\xi_j)$, $y = (\eta_j)$, $\eta_j = \alpha_j \xi_j$ 定义的算子，其中 (α_j) 在 $[0, 1]$ 中稠密. 求 $\sigma_p(T)$ 和 $\sigma(T)$.

5. 在习题 4 中若 $\lambda \in \sigma(T) - \sigma_p(T)$，证明 $R_\lambda(T)$ 是无界的.

6. 推广习题 4, 求线性算子 $T : l^2 \longrightarrow l^2$, 它的本征值在给定的紧集 $K \subseteq \mathbf{C}$ 中稠密且 $\sigma(T) = K$.

7. 令 $T \in B(X, X)$, 证明当 $\lambda \to \infty$ 时 $\|R_\lambda(T)\| \to 0$.

8. 令 $X = C[0, \pi]$ 并且定义 $T : \mathscr{D}(T) \longrightarrow X$ 为 $x \longmapsto x''$, 其中

$$\mathscr{D}(T) = \big\{ x \in X \mid x', \, x'' \in X, \, x(0) = x(\pi) = 0 \big\}.$$

证明 $\sigma(T)$ 不是紧集.

9. 令 $T : l^\infty \longrightarrow l^\infty$ 定义为 $x \longmapsto (\xi_2, \xi_3, \cdots)$, 其中给定 $x = (\xi_1, \xi_2, \cdots)$. (a) 若 $|\lambda| > 1$, 证明 $\lambda \in \rho(T)$. (b) 若 $|\lambda| \leqslant 1$, 证明 λ 是本征值, 并求本征空间 Y.

10. 定义 $T : l^p \to l^p$ 为 $x \longmapsto (\xi_2, \xi_3, \cdots)$, 其中给定 $x = (\xi_1, \xi_2, \cdots)$ 且 $1 \leqslant p < +\infty$. 若 $|\lambda| = 1$, 则 λ 是 T 的一个本征值吗（像习题 9 中那样）?

7.4　预解式和谱的其他性质

预解式的一些进一步的有意义的基本性质表述如下.

7.4–1 定理（预解方程、可交换性）　令 X 是复巴拿赫空间，$T \in B(X, X)$ 且 $\lambda, \mu \in \rho(T)$（见 7.2–1），则

(a) T 的预解式 R_λ 满足希尔伯特关系或预解方程

$$R_\mu - R_\lambda = (\mu - \lambda) R_\mu R_\lambda, \quad \text{其中 } \lambda, \mu \in \rho(T). \tag{7.4.1}$$

(b) R_λ 与任意一个与 T 可交换的 $S \in B(X, X)$ 可交换.

(c) 我们有

$$R_\lambda R_\mu = R_\mu R_\lambda, \quad \text{其中 } \lambda, \mu \in \rho(T). \tag{7.4.2}$$

证明　(a) 由 7.2–3 可知 T_λ 的值域为整个 X, 因此 $I = T_\lambda R_\lambda$, 其中 I 是 X 上的恒等算子. 同样有 $I = R_\mu T_\mu$. 因此

$$
\begin{aligned}
R_\mu - R_\lambda &= R_\mu (T_\lambda R_\lambda) - (R_\mu T_\mu) R_\lambda \\
&= R_\mu (T_\lambda - T_\mu) R_\lambda \\
&= R_\mu \big[T - \lambda I - (T - \mu I) \big] R_\lambda \\
&= (\mu - \lambda) R_\mu R_\lambda.
\end{aligned}
$$

(b) 根据假设有 $ST = TS$, 因此 $ST_\lambda = T_\lambda S$. 利用 $I = T_\lambda R_\lambda = R_\lambda T_\lambda$ 可得

$$R_\lambda S = R_\lambda S T_\lambda R_\lambda = R_\lambda T_\lambda S R_\lambda = S R_\lambda.$$

(c) 由 (b) 可知 R_μ 与 T 可交换, 因此再由 (b) 可知 R_λ 与 R_μ 可交换. ■

下一个结果是重要的谱映射定理, 我们将在矩阵本征值理论的启发下着手这一工作.

若 λ 是方阵 A 的一个本征值, 则对于某一个 $x \neq 0$ 有 $Ax = \lambda x$. 用 A 左乘等式两端有

$$A^2 x = A\lambda x = \lambda A x = \lambda^2 x.$$

如此继续下去, 对于每个正整数 m 有

$$A^m x = \lambda^m x,$$

也就是说, 若 λ 是 A 的一个本征值, 则 λ^m 是 A^m 的一个本征值. 更一般地,

$$p(\lambda) = \alpha_n \lambda^n + \alpha_{n-1} \lambda^{n-1} + \cdots + \alpha_0$$

是矩阵

$$p(A) = \alpha_n A^n + \alpha_{n-1} A^{n-1} + \cdots + \alpha_0 I$$

的一个本征值. 值得注意的是, 我们将要证明这个性质可以推广到任意维的复巴拿赫空间. 在证明的过程中要用到以下事实: 有界线性算子有非空的谱. 这一点将在后面 (7.5–4) 证明, 采用的是复分析方法.

为了得到所希望的定理, 我们给出一个方便的记法:

$$p\big(\sigma(T)\big) = \big\{ \mu \in \mathbf{C} \mid \mu = p(\lambda),\ \lambda \in \sigma(T) \big\}, \tag{7.4.3}$$

也就是说, $p\big(\sigma(T)\big)$ 是对于某个 $\lambda \in \sigma(T)$ 满足 $\mu = p(\lambda)$ 的所有复数 μ 的集合. 我们也用 $p\big(\rho(T)\big)$ 表示类似意义的集合.

7.4–2 多项式的谱映射定理 令 X 是复巴拿赫空间, $T \in B(X, X)$ 且

$$p(\lambda) = \alpha_n \lambda^n + \alpha_{n-1} \lambda^{n-1} + \cdots + \alpha_0, \quad \text{其中 } \alpha_n \neq 0,$$

则

$$\sigma\big(p(T)\big) = p\big(\sigma(T)\big), \tag{7.4.4}$$

也就是说, 算子

$$p(T) = \alpha_n T^n + \alpha_{n-1} T^{n-1} + \cdots + \alpha_0 I$$

的谱 $\sigma\big(p(T)\big)$ 完全由多项式 p 在 T 的谱 $\sigma(T)$ 上的值构成.

　　证明　我们假设 $\sigma(T) \neq \varnothing$，这将在 7.5–4 中证明．在 $n = 0$ 的情况下，有 $p\big(\sigma(T)\big) = \{\alpha_0\} = \sigma\big(p(T)\big)$．现令 $n > 0$，以下分两步证明：(a) 证明

$$\sigma\big(p(T)\big) \subseteq p\big(\sigma(T)\big); \tag{7.4.4a}$$

(b) 证明

$$p\big(\sigma(T)\big) \subseteq \sigma\big(p(T)\big). \tag{7.4.4b}$$

这样便证明了 (7.4.4)．详细证明如下．

　　(a) 为了简单起见，令 $S = p(T)$ 及

$$S_\mu = p(T) - \mu I, \quad \text{其中 } \mu \in \mathbf{C}.$$

当 S_μ^{-1} 存在时，S_μ 的公式表明 S_μ^{-1} 是算子 $p(T)$ 的预解式．我们固定 μ，由于 X 是复空间，给定的多项式 $s_\mu(\lambda) = p(\lambda) - \mu$ 必定可完全分解成线性因子的积

$$s_\mu(\lambda) = p(\lambda) - \mu = \alpha_n(\lambda - \gamma_1)(\lambda - \gamma_2) \cdots (\lambda - \gamma_n), \tag{7.4.5}$$

其中 $\gamma_1, \cdots, \gamma_n$ 是 s_μ 的零点（当然，它们依赖于 μ）．对应于 (7.4.5) 我们有

$$S_\mu = p(T) - \mu I = \alpha_n(T - \gamma_1 I)(T - \gamma_2 I) \cdots (T - \gamma_n I).$$

若每个 γ_j 属于 $\rho(T)$，由 7.2–3 可知每个 $T - \gamma_j I$ 都有一个定义在整个 X 上的有界逆，对于 S_μ 这也是同样成立的，事实上，由 (2.6.6) 有

$$S_\mu^{-1} = \frac{1}{\alpha_n}(T - \gamma_n I)^{-1} \cdots (T - \gamma_1 I)^{-1}.$$

因此，这时便证明了 $\mu \in \rho\big(p(T)\big)$．由此可推出

$$\mu \in \sigma\big(p(T)\big) \implies \text{对于某个 } j \text{ 有 } \gamma_j \in \sigma(T).$$

现在 (7.4.5) 给出

$$s_\mu(\gamma_j) = p(\gamma_j) - \mu = 0,$$

因此

$$\mu = p(\gamma_j) \in p\big(\sigma(T)\big).$$

由于 $\mu \in \sigma\big(p(T)\big)$ 是任意的，这就证明了 (7.4.4a)：

$$\sigma\big(p(T)\big) \subseteq p\big(\sigma(T)\big).$$

　　(b) 为了证明 (7.4.4b)：

$$p\big(\sigma(T)\big) \subseteq \sigma\big(p(T)\big).$$

我们来证明

$$\kappa \in p\big(\sigma(T)\big) \implies \kappa \in \sigma\big(p(T)\big). \tag{7.4.6}$$

令 $\kappa \in p(\sigma(T))$，根据定义，这意味着

$$对于某个 \ \beta \in \sigma(T) \ 有 \quad \kappa = p(\beta).$$

这时有以下两种可能：

    (A) $T - \beta I$ 没有逆；

    (B) $T - \beta I$ 有逆．

我们逐一考察这两种情况．

    (A) 从 $\kappa = p(\beta)$ 可得 $p(\beta) - \kappa = 0$，因此 β 是多项式

$$s_\kappa(\lambda) = p(\lambda) - \kappa$$

的一个零点．由此我们可以写成

$$s_\kappa(\lambda) = p(\lambda) - \kappa = (\lambda - \beta)g(\lambda),$$

其中 $g(\lambda)$ 表示其余 $n - 1$ 个线性因子和 α_n 的积．与此对应，我们有

$$S_\kappa = p(T) - \kappa I = (T - \beta I)g(T). \tag{7.4.7}$$

由于 $g(T)$ 的因子都与 $T - \beta I$ 可交换，所以又有

$$S_\kappa = g(T)(T - \beta I). \tag{7.4.8}$$

若 S_κ 有逆，则 (7.4.7) 和 (7.4.8) 给出

$$I = (T - \beta I)g(T)S_\kappa^{-1} = S_\kappa^{-1}g(T)(T - \beta I),$$

这就证明了 $T - \beta I$ 有逆，而这与我们的假设矛盾．从而说明，对于给定的 κ，$p(T)$ 的预解式 S_κ^{-1} 不存在，因此 $\kappa \in \sigma(p(T))$．由于 $\kappa \in p(\sigma(T))$ 是任意的，这就在 $T - \beta I$ 没有逆的假定下证明了 (7.4.6)．

    (B) 像以前一样，假定对于某个 $\beta \in \sigma(T)$ 有 $\kappa = p(\beta)$，但现在假设逆 $(T - \beta I)^{-1}$ 存在．对于 $T - \beta I$ 的值域，一定有

$$\mathscr{R}(T - \beta I) \neq X. \tag{7.4.9}$$

若不是这样，把有界逆定理 4.12-2 应用到 $T - \beta I$，便得出 $(T - \beta I)^{-1}$ 是有界的，从而有 $\beta \in \rho(T)$，这与 $\beta \in \sigma(T)$ 相矛盾．由 (7.4.7) 和 (7.4.9) 可得

$$\mathscr{R}(S_\kappa) \neq X.$$

把 7.2-3(b) 应用到 $p(T)$，从 $\kappa \in \rho(p(T))$ 能推出 $\mathscr{R}(S_\kappa) = X$，这就证明了 $\kappa \in \sigma(p(T))$．如此便在 $T - \beta I$ 有逆的假定下证明了 (7.4.6)．7.4-2 得证． ■

    最后，我们考察本征向量的一个基本性质．

7.4–3 定理（线性无关性）　对应于向量空间 X 上的线性算子 T 的不同本征值 $\lambda_1,\cdots,\lambda_n$ 的本征向量 $x_1,\cdots,x_n$ 构成一个线性无关组.

证明　我们假定 $\{x_1,\cdots,x_n\}$ 线性相关，从而导出矛盾. 令 x_m 是第一个能用它前边的向量的线性组合表示的向量，即

$$x_m = \alpha_1 x_1 + \cdots + \alpha_{m-1} x_{m-1}, \tag{7.4.10}$$

则 $\{x_1,\cdots,x_{m-1}\}$ 是线性无关的. 将 $T - \lambda_m I$ 作用于 (7.4.10) 的两端便得

$$\left(T - \lambda_m I\right)x_m = \sum_{j=1}^{m-1} \alpha_j \left(T - \lambda_m I\right) x_j = \sum_{j=1}^{m-1} \alpha_j \left(\lambda_j - \lambda_m\right) x_j.$$

由于 x_m 是对应于 λ_m 的本征向量，所以上式左端等于 0. 由于上式右端的向量形成一个线性无关集，所以对于 $j = 1,\cdots,m-1$ 有

$$\alpha_j \left(\lambda_j - \lambda_m\right) = 0, \quad \text{因为 } \lambda_j - \lambda_m \neq 0, \quad \text{所以 } \alpha_j = 0.$$

将这一结果代入 (7.4.10) 便得 $x_m = 0$，这与 x_m 是 T 的本征向量 $x_m \neq 0$ 的事实相矛盾. 从而完成了证明. ∎

习　题

1. 不用 (7.4.1) 或 7.4–1(b)，直接证明 (7.4.2).

2. 利用 (7.4.1) 证明 (7.4.2).

3. 若 $S, T \in B(X, X)$，证明对于任意 $\lambda \in \rho(S) \cap \rho(T)$ 有

$$R_\lambda(S) - R_\lambda(T) = R_\lambda(S)(T - S)R_\lambda(T).$$

4. 令 X 是复巴拿赫空间，$T \in B(X, X)$ 且 p 是多项式. 证明对每一个 $y \in X$，方程

$$p(T)x = y, \quad \text{其中 } x, y \in X$$

有唯一解 x 的充分必要条件是：对于所有 $\lambda \in \sigma(T)$ 有 $p(\lambda) \neq 0$.

5. 在 7.4–2 中，为什么要求 X 必须是复空间?

6. 利用 7.4–3，找出 n 阶方阵具有可张成全空间 $\mathbf{C}^n$（或 $\mathbf{R}^n$）的 n 个本征向量的充分条件.

7. 证明对于复巴拿赫空间 X 上的任意算子 $T \in B(X, X)$ 有

$$r_\sigma(\alpha T) = |\alpha|\, r_\sigma(T), \quad r_\sigma\left(T^k\right) = \left[r_\sigma(T)\right]^k, \quad \text{其中 } k \in \mathbf{N},$$

其中 r_σ 表示谱半径（见 7.3–5）.

8. 用 (i) 直接计算, (ii) 证明 $A^2 = I$ 的方法, 求出以下矩阵的本征值.

$$A = \begin{bmatrix} 0 & 1 & 0 \\ 1 & 0 & 0 \\ 0 & 0 & 1 \end{bmatrix}.$$

9. **幂等算子** 令 T 是巴拿赫空间中的有界线性算子. 若 $T^2 = T$（也见 §3.3），则称 T 是幂等的. 给出一些幂等算子的例子. 若 $T \neq 0$ 且 $T \neq I$, 则它的谱 $\sigma(T) = \{0, 1\}$. 利用 (a) (7.3.9), (b) 7.4–2 来证明这一结论.

10. 证明矩阵

$$T_B = \begin{bmatrix} \frac{1}{2} & \frac{1}{2} & 0 \\ \frac{1}{2} & \frac{1}{2} & 0 \\ 0 & 0 & 1 \end{bmatrix}$$

代表幂等算子 $T : \mathbf{R}^3 \longrightarrow \mathbf{R}^3$ 相对于规范正交基 B 的矩阵表示. 利用 (i) 习题 9, (ii) 直接计算来确定它的谱. 求出本征向量及本征空间.

7.5 复分析在谱论中的应用

复分析是研究谱论的一个重要工具. 这两个领域之间可用复线积分或幂级数来联系. 这里只使用幂级数. 这样做能使我们的讨论保持在较初等的水平上, 而且只需要下面几个基本的概念和事实.[①]

当一个度量空间不能表示成两个不相交的非空开子集之并时, 便说它是**连通的**. 度量空间的子集若被视为连通的子空间, 则称其为**连通集**.

复平面 $\mathbf{C}$ 中的一个**域** G 是 $\mathbf{C}$ 中的开连通子集 G.

可以证明, $\mathbf{C}$ 中的开子集 G 是连通集的充分必要条件为: G 中的每两点都能用 G 中的一条折线（由有限多条直线段组成）连接起来.（在大多数复分析的书中, 这种说法用作连通性的定义.）

对于复变量 λ 的复值函数 h, 若它在复 λ 平面中的域 G 上有定义且可微, 也就是说, 由

$$h'(\lambda) = \lim_{\Delta \lambda \to 0} \frac{h(\lambda + \Delta \lambda) - h(\lambda)}{\Delta \lambda}$$

定义的 h 的导数 h', 对于每个 $\lambda \in G$ 都存在, 则称 $h(\lambda)$ 在域 G 上是**解析的**（或全纯的）. 若函数 h 在 $\lambda_0 \in \mathbf{C}$ 的某个 ε 邻域上是解析的, 则称它在点 λ_0 是解析的.

[①] 不熟悉初等复分析的读者可以只看主要结果（7.5–3、7.5–4、7.5–5），跳过有关证明而直接过渡到 §7.6.

映射（例如, 一个算子）的"域", 意味着映射的定义域, 即被确定的所有映射点的集合. 因而这是术语"域"的不同应用.

当且仅当在每个 $\lambda_0 \in G$ 上 h 都有幂级数表示

$$h(\lambda) = \sum_{j=0}^{\infty} c_j \left(\lambda - \lambda_0\right)^j,$$

且该级数的收敛半径不等于 0 时, h 在 G 上是解析的.

要用复分析来研究谱论, 上述结论和 7.3–3 都起着关键作用.

预解式 R_λ 是依赖于复参数 λ 的算子, 这就提出了如下的研究途径.

向量值函数或**算子函数**是映射

$$S : \Lambda \longrightarrow B(X, X),$$
$$\lambda \longmapsto S_\lambda, \tag{7.5.1}$$

其中 Λ 是复 λ 平面的任意子集. [因为后面将要研究 $S_\lambda = R_\lambda$ 和 $\Lambda = \rho(T)$ 的情形, 所以我们用 S_λ 代替 $S(\lambda)$, 对于 $R(\lambda)$ 也有类似的记法 R_λ.]

给定 S 之后, 我们可以选取任意 $x \in X$, 这样便得到映射

$$\Lambda \longrightarrow X,$$
$$\lambda \longmapsto S_\lambda x. \tag{7.5.2}$$

还可以选取 $x \in X$ 和任意 $f \in X'$ (见 2.10–3) 得到从 Λ 到复平面中的映射, 即

$$\Lambda \longrightarrow \mathbf{C},$$
$$\lambda \longmapsto f\left(S_\lambda x\right). \tag{7.5.3}$$

根据 (7.5.3) 提出如下定义.

7.5–1 定义（局部解析、解析）　令 Λ 是 $\mathbf{C}$ 的开子集, X 是复巴拿赫空间. 若对于每一个 $x \in X$ 和 $f \in X'$, 函数

$$h(\lambda) = f\left(S_\lambda x\right)$$

按通常的意义 (如前面所述) 在每个 $\lambda_0 \in \Lambda$ 处是解析的, 则称 (7.5.1) 中的 S 在 Λ 上是局部解析的. 若 Λ 是一个域且 S 在 Λ 上是局部解析的, 则称 S 在 Λ 上是解析的. 若 S 在 $\lambda_0 \in \mathbf{C}$ 的某个 ε 邻域上是解析的, 则称 S 在点 λ_0 是解析的. ■

这个定义考虑了以下情形. 有界线性算子 T 的预解集 $\rho(T)$ 是开集 (见 7.3–2), 但未必总是一个域. 一般来说, 它是几个不相交的域 (或不相交的连通开集) 之并. 我们将会看到, 预解式在 $\rho(T)$ 的每一点是解析的, 因此在任何情况下它在 $\rho(T)$ 上是局部解析的 (因而在这些域的每一个之上定义了解析算子函数), 当且仅当 $\rho(T)$ 是连通集时, 预解式在 $\rho(T)$ 上解析, 这时 $\rho(T)$ 是单连通域.

在详细地讨论这些问题之前, 先让我们做出如下的概述.

评注 7.5–1 是合适的, 绝不是无所谓的, 值得做出如下解释. 我们还曾记得, 在 §4.9 研究有界线性算子时定义过三种收敛性. 因此, 在这里对于 S_λ 关于 λ 的导数 S_λ', 也能有相应的三种公式

$$\left\| \frac{1}{\Delta\lambda}\left[S_{\lambda+\Delta\lambda} - S_\lambda\right] - S_\lambda' \right\| \to 0,$$

$$\left\| \frac{1}{\Delta\lambda}\left[S_{\lambda+\Delta\lambda}x - S_\lambda x\right] - S_\lambda' x \right\| \to 0, \quad 其中 x \in X,$$

$$\left| \frac{1}{\Delta\lambda}\left[f(S_{\lambda+\Delta\lambda}x) - f(S_\lambda x)\right] - f(S_\lambda' x) \right| \to 0, \quad 其中 x \in X, f \in X'.$$

对于域 Λ 中的所有 λ, 按最后一个公式的意义导数存在意味着 $h(\lambda) = f(S_\lambda x)$ 按通常意义是 Λ 上的解析函数, 因而这就是我们关于导数的定义. 可以证明, 这种导数 (对每一个 $x \in X$ 和每一个 $f \in X'$) 的存在性蕴涵另外两种导数的存在性, 见希勒和菲利普斯 (E. Hille and R. S. Phillips, 1957, 第 93 页) 的研究. 这是值得注意的, 同时也证实了提出定义 7.5–1 是有道理的. 由于在 7.5–1 中定义的解析性常常很容易检验, 所以它也有重要的实际意义. ∎

像上面指出的, 把复分析应用到谱论的关键是 7.3–3. 这个定理是说, 对于每个 $\lambda_0 \in \rho(T)$, 复巴拿赫空间 X 上的算子 $T \in B(X, X)$ 的预解式 $R_\lambda(T)$ 有幂级数表示

$$R_\lambda(T) = \sum_{j=0}^{\infty} R_{\lambda_0}(T)^{j+1}(\lambda - \lambda_0)^j, \tag{7.5.4}$$

该级数对于圆盘 (见图 7–1)

$$\left|\lambda - \lambda_0\right| < \frac{1}{\|R_{\lambda_0}\|} \tag{7.5.5}$$

中的每个 λ 绝对收敛.

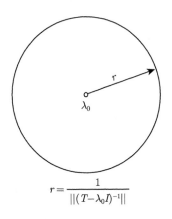

$$r = \frac{1}{\|(T-\lambda_0 I)^{-1}\|}$$

图 7–1 由 (7.5.5) 表示的复 λ 平面中半径 $r = 1/\|R_{\lambda_0}\|$ 的开圆盘

取任意 $x \in X$ 和 $f \in X'$ 并定义 h 为

$$h(\lambda) = f\big(R_\lambda(T)x\big),$$

由 (7.5.4) 可得幂级数表示

$$h(\lambda) = \sum_{j=0}^{\infty} c_j(\lambda - \lambda_0)^j, \quad \text{其中 } c_j = f\big(R_{\lambda_0}(T)^{j+1}x\big),$$

该级数在圆盘 (7.5.5) 上绝对收敛. 这就证明了以下定理.

7.5–2 定理(R_λ 的解析性) 复巴拿赫空间 X 上的有界线性算子 $T : X \longrightarrow X$ 的预解式 $R_\lambda(T)$ 在 T 的预解集 $\rho(T)$ 上的每一点 λ_0 解析, 因此 $R_\lambda(T)$ 在 $\rho(T)$ 上局部解析.

此外, $\rho(T)$ 是使得 T 的预解式局部解析的最大集合. 事实上, 从下面定理中的 (7.5.7) 可以看出预解式在谱点不能再是解析的.

7.5–3 定理(预解式) 若 $T \in B(X,X)$, 其中 X 是复巴拿赫空间, 且 $\lambda \in \rho(T)$, 则

$$\big\|R_\lambda(T)\big\| \geqslant \frac{1}{\delta(\lambda)}, \quad \text{其中 } \delta(\lambda) = \inf_{s \in \sigma(T)} |\lambda - s| \tag{7.5.6}$$

是 λ 到谱 $\sigma(T)$ 的距离. 因此

$$\text{当 } \delta(\lambda) \to 0 \text{ 时} \quad \big\|R_\lambda(T)\big\| \to \infty. \tag{7.5.7}$$

证明 对于每个 $\lambda_0 \in \rho(T)$, 圆盘 (7.5.5) 是 $\rho(T)$ 的子集, 见 7.3–3. 因此, 假定 $\sigma(T) \neq \varnothing$(下面证明). 我们看到 λ_0 到谱的距离至少要等于圆盘的半径, 也就是说, $\delta(\lambda_0) \geqslant 1/\|R_{\lambda_0}\|$. 这就推出了 (7.5.6). ■

复巴拿赫空间中有界线性算子 T 的谱绝不可能是空集. 这一结论在理论上和实践中都是极为重要的.

7.5–4 定理(谱) 若 $X \neq \{0\}$ 是复巴拿赫空间, $T \in B(X,X)$, 则 $\sigma(T) \neq \varnothing$.

证明 由假设可知 $X \neq \{0\}$. 若 $T = 0$, 则 $\sigma(T) = \{0\} \neq \varnothing$. 令 $T \neq 0$, 则 $\|T\| \neq 0$. 级数 (7.3.9) 是

$$R_\lambda = -\frac{1}{\lambda} \sum_{j=0}^{\infty} \left(\frac{1}{\lambda}T\right)^j, \quad \text{其中 } |\lambda| > \|T\|. \tag{7.5.8}$$

由于这个级数关于 $1/|\lambda| < 1/\|T\|$ 收敛, 所以在 $1/|\lambda| < 1/(2\|T\|)$, 即 $|\lambda| > 2\|T\|$ 时绝对收敛. 对于这些 λ, 由几何级数求和公式可得

$$\|R_\lambda\| \leqslant \frac{1}{|\lambda|} \sum_{j=0}^{\infty} \left\|\frac{1}{\lambda}T\right\|^j = \frac{1}{|\lambda| - \|T\|} \leqslant \frac{1}{\|T\|}, \quad \text{其中 } |\lambda| \geqslant 2\|T\|. \tag{7.5.9}$$

下面证明, 如果 $\sigma(T) = \varnothing$ 将导致矛盾. $\sigma(T) = \varnothing$ 意味着 $\rho(T) = \mathbf{C}$. 由 7.5-2 可知 R_λ 对于所有 λ 解析. 因此对于固定的 $x \in X$ 和固定的 $f \in X'$, 函数

$$h(\lambda) = f(R_\lambda x)$$

在 $\mathbf{C}$ 上解析, 也就是说 h 是整函数. 由于解析性意味着连续性, 所以 h 是连续的, 并且在紧圆盘 $|\lambda| \leqslant 2\|T\|$ 上有界. 由 (7.5.9) 可知 $\|R_\lambda\| < 1/\|T\|$, 并且

$$|h(\lambda)| = |f(R_\lambda x)| \leqslant \|f\| \, \|R_\lambda x\| \leqslant \|f\| \, \|R_\lambda\| \, \|x\| \leqslant \|f\| \, \|x\|/\|T\|,$$

所以 h 对于 $|\lambda| \geqslant 2\|T\|$ 也是有界的, 从而 h 在 $\mathbf{C}$ 上有界. 根据刘维尔定理: 在整个复平面上有界的整函数是一个常数, 则 h 是一个常数. 由于在 h 中的 $x \in X$ 及 $f \in X'$ 是任取的, h 是常数意味着 R_λ 与 λ 无关, 所以 $R_\lambda^{-1} = T - \lambda I$ 也不依赖于 λ, 但这是不可能的. 定理获证. ■

最后, 我们用 (7.5.8) 来证明盖尔范德 (I. Gelfand, 1941) 的下述结果.

7.5-5 定理 (谱半径)   若 T 是复巴拿赫空间中的有界线性算子, 则对于 T 的谱半径 $r_\sigma(T)$ 有

$$r_\sigma(T) = \lim_{n \to \infty} \sqrt[n]{\|T^n\|}. \tag{7.5.10}$$

证明   根据谱映射定理 7.4-2, 我们有 $\sigma(T^n) = [\sigma(T)]^n$, 所以

$$r_\sigma(T^n) = [r_\sigma(T)]^n. \tag{7.5.11}$$

在 (7.3.10) 中, 把 T 换成 T^n 便得

$$r_\sigma(T^n) \leqslant \|T^n\|.$$

合在一起可得对于每个 n 有

$$r_\sigma(T) = \sqrt[n]{r_\sigma(T^n)} \leqslant \sqrt[n]{\|T^n\|}.$$

因此

$$r_\sigma(T) \leqslant \varliminf_{n \to \infty} \sqrt[n]{\|T^n\|} \leqslant \varlimsup_{n \to \infty} \sqrt[n]{\|T^n\|}. \tag{7.5.12}$$

如果我们能够证明上式最右端等于 $r_\sigma(T)$, 则由 (7.5.12) 可推出 (7.5.10).

级数 $\sum c_n \kappa^n$ 对于 $|\kappa| < r$ 绝对收敛, 根据著名的阿达马公式

$$\frac{1}{r} = \varlimsup_{n \to \infty} \sqrt[n]{|c_n|} \tag{7.5.13}$$

可以求得收敛半径 r. 很多复分析的书包含有阿达马公式并加以证明, 例如希勒 (E. Hille, 1973, 第 118 页) 的著作.

令 $\kappa = 1/\lambda$, 我们可把 (7.5.8) 写成

$$R_\lambda = -\kappa \sum_{n=0}^{\infty} T^n \kappa^n, \quad \text{其中 } |\kappa| < r.$$

然后记 $|c_n| = \|T^n\|$, 便得

$$\left\| \sum_{n=0}^{\infty} T^n \kappa^n \right\| \leqslant \sum_{n=0}^{\infty} \|T^n\| \, |\kappa|^n = \sum_{n=0}^{\infty} |c_n| \, |\kappa|^n.$$

阿达马公式 (7.5.13) 表明, 对于 $|\kappa| < r$, 即对于

$$|\lambda| = \frac{1}{|\kappa|} > \frac{1}{r} = \varlimsup_{n \to \infty} \sqrt[n]{\|T^n\|},$$

这个级数绝对收敛.

由 7.5-2 和 7.5-3 可知, 如前面已经指出的, R_λ 恰好在复 λ 平面中的预解集 $\rho(T)$ 上是局部解析的. $\rho(T)$ 对应于复 κ 平面中的一个集合, 记之为 M. 由复分析可知, 收敛半径 r 是完全包含在 M 中的以 $\kappa = 0$ 为中心的最大开圆盘的半径. [例如, 见希勒 (E. Hille, 1973, 第 197 页) 的著作. 注意, 我们的幂级数以 $\kappa = 0$ 为中心.] 因此, $1/r$ 是复 λ 平面中以 $\lambda = 0$ 为中心且其外部整个落在 $\rho(T)$ 中的最小圆盘的半径. 根据定义, 这就表明 $1/r$ 是 T 的谱半径. 因此, 根据 (7.5.13) 有

$$r_\sigma(T) = \frac{1}{r} = \varlimsup_{n \to \infty} \sqrt[n]{\|T^n\|}.$$

由此和 (7.5.12) 便得到 (7.5.10). ■

习　题

1. **幂零算子**　若存在正整数 m 使得 $T^m = 0$, 则称线性算子 T 是幂零算子. 求复巴拿赫空间 $X \neq \{0\}$ 上的幂零算子 $T: X \longrightarrow X$ 的谱.

2. 如何从 (7.5.8) 推出习题 1 的结果?

3. 从 (7.5.8) 求 $(A - \lambda I)^{-1}$, 其中 A 是以下矩阵 (利用 $A^2 = I$).

$$A = \begin{bmatrix} 0 & 1 & 0 \\ 1 & 0 & 0 \\ 0 & 0 & 1 \end{bmatrix}.$$

4. 显然, 7.3-4 蕴涵

$$r_\sigma(T) \leqslant \|T\|.$$

　　如何从 7.5-5 推出这一结果?

5. 若 X 是复巴拿赫空间, $S, T \in B(X, X)$ 且 $ST = TS$, 证明

$$r_\sigma(ST) \leqslant r_\sigma(S) r_\sigma(T).$$

6. 证明在习题 5 中可交换性 $ST = TS$ 是必不可少的.

7. 值得注意的是 (7.5.10) 中的序列 $(\|T^n\|^{1/n})$ 不必是单调的. 为说明这一点，考虑由下式定义的 $T : l^1 \longrightarrow l^1$.

$$x = (\xi_1, \xi_2, \xi_3, \cdots) \longmapsto (0, \xi_1, 2\xi_2, \xi_3, 2\xi_4, \xi_5, \cdots).$$

8. **舒尔不等式** 设 $A = (a_{jk})$ 是 n 阶方阵且 $\lambda_1, \cdots, \lambda_n$ 是它的本征值，则可以证明舒尔不等式

$$\sum_{m=1}^{n} |\lambda_m|^2 \leqslant \sum_{j=1}^{n} \sum_{k=1}^{n} |\alpha_{jk}|^2$$

成立，其中当且仅当 A 是正规矩阵（见 3.10–2）时等号成立. 由这个不等式推出 A 的谱半径的上界.

9. 若 T 是希尔伯特空间 H 上的正规算子，证明 $r_\sigma(T) = \|T\|$（见 3.10–1）.

10. 证明 (7.5.10) 中的极限的存在性已经从 $\|T^{m+n}\| \leqslant \|T^m\| \, \|T^n\|$ 推出，见 (2.7.7).（令 $a_n = \|T^n\|$，$b_n = \ln a_n$，$\alpha = \inf(b_n/n)$，证明 $b_n/n \to \alpha$.）

7.6　巴拿赫代数

有趣的是，在巴拿赫代数的研究中也会出现谱的问题. 所谓巴拿赫代数，既是巴拿赫空间，同时也是代数. 我们将阐明这一事实，先从某些有关的概念开始.

域 K 上的**代数** A 是 K 上的向量空间 A，对于每一对元素 $x, y \in A$ 定义了唯一的积 $xy \in A$，对于所有 $x, y, z \in A$ 和标量 $\alpha \in K$ 有

$$(xy)z = x(yz), \tag{7.6.1}$$

$$x(y + z) = xy + xz, \tag{7.6.2a}$$

$$(x + y)z = xz + yz, \tag{7.6.2b}$$

$$\alpha(xy) = (\alpha x)y = x(\alpha y). \tag{7.6.3}$$

若 $K = \mathbf{R}$ 或 $\mathbf{C}$，则 A 分别叫作实代数和复代数.

当乘法是可交换的时候，也就是说对于所有 $x, y \in A$ 有

$$xy = yx, \tag{7.6.4}$$

则称 A 是**可交换代数**（或阿贝尔代数）.

若 A 含有元素 e，它对所有 $x \in A$ 有

$$ex = xe = x, \tag{7.6.5}$$

则称 A 是具有幺元的代数. 元素 e 就叫作 A 的**幺元**.

若 A 具有幺元，则幺元是唯一的.

事实上，若 e' 是 A 的另一个幺元，则

因为 e' 是幺元，所以 $ee' = e$，

因为 e 是幺元，所以 $ee' = e'$，

所以 $e' = e$.

7.6–1 定义（赋范代数、巴拿赫代数）　若赋范空间 A 是一个代数，使得对于所有 $x, y \in A$ 有

$$\|xy\| \leqslant \|x\| \, \|y\|, \tag{7.6.6}$$

且 A 具有幺元 e，满足

$$\|e\| = 1, \tag{7.6.7}$$

则称 A 是赋范代数. 若赋范代数作为赋范空间是完备的，则称为巴拿赫代数. ■

注意 (7.6.6) 联系乘法和范数，从下式可以看出乘积是两个因子的连续函数.

$$\|xy - x_0 y_0\| = \|x(y - y_0) + (x - x_0)y_0\|$$
$$\leqslant \|x\| \, \|y - y_0\| + \|x - x_0\| \, \|y_0\|.$$

下面的例子说明很多重要的空间是巴拿赫代数.

例子

7.6–2 空间 R 和 C　实直线 **R** 和复平面 **C** 都是具有幺元 $e = 1$ 的可交换巴拿赫代数.

7.6–3 空间 $C[a, b]$　空间 $C[a, b]$ 是具有幺元 $e = 1$ 的可交换巴拿赫代数，其积 xy 按通常的意义定义为

$$(xy)(t) = x(t)y(t), \quad \text{其中 } t \in [a, b].$$

容易验证关系式 (7.6.6).

$C[a, b]$ 的由所有多项式组成的子空间是具有幺元 $e = 1$ 的可交换赋范代数.

7.6–4 矩阵　所有 $n \times n$（n 是大于 1 的固定整数）复矩阵组成的向量空间 X 是具有幺元 I（n 阶单位矩阵）的不可交换代数，在 X 上定义范数便得到一个巴拿赫代数.（关于 X 上的范数，见 §2.7 习题 12.）

7.6–5 空间 $B(X, X)$　复巴拿赫空间 $X \neq \{0\}$ 上的所有有界线性算子组成的巴拿赫空间 $B(X, X)$ 是具有幺元 I（X 上的恒等算子）的巴拿赫代数. 根据定义，乘法是算子的合成，关系式 (7.6.6) 是 [见 (2.7.7)]

$$\|T_1 T_2\| \leqslant \|T_1\| \, \|T_2\|.$$

$B(X, X)$ 是不可交换代数（除非 $\dim X = 1$）.　　　　　　　　　　　　　■

令 A 是具有幺元的代数. 若 $x \in A$ 在 A 中有**逆**, 也就是说, A 含有一个元素 (记为 x^{-1}) 使得
$$x^{-1}x = xx^{-1} = e, \tag{7.6.8}$$
则称 x 是**可逆的**[①].

若 x 是可逆的, 则其逆是唯一的. 事实上, $yx = e = xz$ 意味着
$$y = ye = y(xz) = (yx)z = ez = z.$$
利用这些概念, 我们能够建立下面的定义.

7.6-6 定义(预解集、谱) 令 A 是具有幺元的复巴拿赫代数, 则 $x \in A$ 的**预解集** $\rho(x)$ 是复平面内使得 $x - \lambda e$ 可逆的所有 λ 的集合. x 的**谱** $\sigma(x)$ 是 $\rho(x)$ 在复平面内的余集, 因此 $\sigma(x) = \mathbf{C} - \rho(x)$. 任意 $\lambda \in \sigma(x)$ 叫作 x 的一个**谱值**. ■

因此 $x \in A$ 的谱值是使得 $x - \lambda e$ 不可逆的那些 λ.

若 X 是复巴拿赫空间, 则 $B(X, X)$ 是巴拿赫代数, 所以可以应用 7.6-6. 在这种情况下, 立即会提出这样一个问题: 7.6-6 和前面的 7.2-1 是否一致? 我们来证明答案是肯定的.

令 $T \in B(X, X)$ 且 λ 属于由 7.6-6 定义的预解集. 根据定义, $R_\lambda(T) = (T - \lambda I)^{-1}$ 存在且是 $B(X, X)$ 的元素, 也就是说 $R_\lambda(T)$ 是定义在 X 上的有界线性算子. 因此 λ 属于由 7.2-1 定义的 $\rho(T)$.

反之, 假定 λ 属于由 7.2-1 定义的 $\rho(T)$, 则 $R_\lambda(T)$ 存在且有界, 并且定义在 X 中的稠密子集上. 根据 2.6-10, $R_\lambda(T)$ 是线性算子. 由于 T 是有界的, 因此引理 7.2-3(b) 蕴涵 $R_\lambda(T)$ 定义在整个空间 X 上, 从而说明 λ 属于由 7.6-6 定义的 $\rho(T)$. 这就证明了 7.2-1 和 7.6-6 关于预解集的定义是一致的. 由于谱是预解集的余集, 所以谱的定义也是一致的. ■

习 题

1. 在 7.6-4 中, X 为什么是完备的?

2. 证明在 7.6-3 中 (7.6.6) 成立.

3. 怎样才能使 n 元复序组构成的向量空间成为巴拿赫代数?

4. 在 (a) 7.6-2, (b) 7.6-3, (c) 7.6-4 中, 可逆元分别是什么?

5. 证明: 对于 7.6-4 中 X 的元素来说, 7.6-6 中谱的定义是和定义 7.1-1 中一致的.

6. 求 $x \in C[0, 2\pi]$ 的 $\sigma(x)$, 其中 $x(t) = \sin t$. 对于任意 $x \in C[a, b]$ 求 $\sigma(x)$.

7. 证明定义在线性空间中且映入自己的所有线性算子集合构成一个代数.

[①] 有的作者采用术语 "正则" (对于可逆) 和 "奇异" (对于不可逆).

8. 设 A 是具有幺元 e 的复巴拿赫代数. 若对于 $x \in A$ 有 $y, z \in A$ 使得 $yx = e$ 且 $xz = e$，证明 x 是可逆的且 $y = z = x^{-1}$.

9. 若 $x \in A$ 是可逆的且 x 和 $y \in A$ 是可交换的，证明 x^{-1} 和 y 也是可交换的.

10. 代数 A 的子集 A_1，若对 A_1 的元素施行代数运算的结果仍落在 A_1 之中，则称 A_1 是 A 的一个子代数. A_1 的中心 C 是 A 中这样一些元素的集合：它们和 A 中的所有元素都是可交换的. 给出一些例子. 证明 C 是 A 的可交换的子代数.

7.7　巴拿赫代数的其他性质

我们打算说明这样一个有意义的事实：本章前几节中的某些结论和证明能够推广到巴拿赫代数中去.

7.7–1 定理（逆）　令 A 是具有幺元 e 的复巴拿赫代数. 若 $x \in A$ 满足 $\|x\| < 1$，则 $e - x$ 是可逆的，且

$$(e - x)^{-1} = e + \sum_{j=1}^{\infty} x^j. \tag{7.7.1}$$

证明　根据 (7.6.6) 我们有 $\|x^j\| \leqslant \|x\|^j$，由 $\|x\| < 1$ 可知 $\sum \|x^j\|$ 收敛. 因此 (7.7.1) 中的级数绝对收敛. 因为 A 是完备的，所以它是收敛的（见 §2.3）. 令 (7.7.1) 的右端等于 s，让我们证明 $s = (e - x)^{-1}$. 直接计算可知

$$(e - x)(e + x + \cdots + x^n) = (e + x + \cdots + x^n)(e - x) = e - x^{n+1}. \tag{7.7.2}$$

现在令 $n \to \infty$. 由于 $\|x\| < 1$，所以 $x^{n+1} \to 0$，而 (7.7.2) 给出

$$(e - x)s = s(e - x) = e,$$

其中利用了 A 中的乘法是连续的这一事实. 因此 $s = (e - x)^{-1}$，(7.7.1) 成立. ■

给定具有幺元 e 的复巴拿赫代数 A，我们便可以考虑 A 中所有可逆元构成的子集 G. 由于这个子集 G 是一个群，所以我们把它写成 G.[①]（见附录 A1.8 中关于群的定义.）

事实上，$e \in G$. 若 $x \in G$，则 x^{-1} 存在，由于 x^{-1} 有逆 $(x^{-1})^{-1} = x$，所以 $x^{-1} \in G$. 此外，若 $x, y \in G$，因为

$$(xy)(y^{-1}x^{-1}) = x(yy^{-1})x^{-1} = xex^{-1} = e,$$
$$(y^{-1}x^{-1})(xy) = y^{-1}(x^{-1}x)y = y^{-1}ey = e,$$

所以 $y^{-1}x^{-1}$ 是 xy 的逆，因而 $xy \in G$.

下面证明 G 是开集.

---

① "群" 的英文是 group，这里取首字母 G. ——编者注

7.7-2 定理（可逆元） 令 A 是具有幺元的复巴拿赫代数，则 A 中所有可逆元构成的集合 G 是 A 的开子集，因此 A 中所有不可逆元构成的集合 $M = A - G$ 是闭集.

证明 令 $x_0 \in G$. 我们必须证明每个充分接近 x_0 的 $x \in A$，比如

$$\|x - x_0\| < \frac{1}{\|x_0^{-1}\|},$$

都属于 G. 令 $y = x_0^{-1}x$ 且 $z = e - y$，则利用 (7.6.6) 可得

$$\begin{aligned}
\|z\| = \| - z\| &= \|y - e\| \\
&= \|x_0^{-1}x - x_0^{-1}x_0\| \\
&= \|x_0^{-1}(x - x_0)\| \\
&\leqslant \|x_0^{-1}\| \, \|x - x_0\| < 1.
\end{aligned}$$

因此 $\|z\| < 1$，所以根据 7.7-1 可知 $e - z$ 是可逆的，因此 $e - z = y \in G$. 由于 G 是一个群，所以也有

$$x_0 y = x_0 x_0^{-1} x = x \in G.$$

由于 $x_0 \in G$ 是任意的，这就证明了 G 是开集，它的余集 M 是闭集. ∎

参照 7.6-6，我们定义 $x \in A$ 的**谱半径** $r_\sigma(x)$ 为

$$r_\sigma(x) = \sup_{\lambda \in \sigma(x)} |\lambda|. \tag{7.7.3}$$

可以证明以下定理.

7.7-3 定理（谱） 令 A 是具有幺元 e 的复巴拿赫代数，则对于任意 $x \in A$，谱 $\sigma(x)$ 是紧集，谱半径满足

$$r_\sigma(x) \leqslant \|x\|. \tag{7.7.4}$$

证明 若 $|\lambda| > \|x\|$，则 $\|\lambda^{-1}x\| < 1$，所以由 7.7-1 可知 $e - \lambda^{-1}x$ 是可逆的，因此 $-\lambda(e - \lambda^{-1}x) = x - \lambda e$ 也是可逆的，所以 $\lambda \in \rho(x)$. 这就证明了 (7.7.4).

因此 $\sigma(x)$ 有界. 下面通过证明 $\rho(x) = \mathbf{C} - \sigma(x)$ 是开集来证明 $\sigma(x)$ 是闭集.

若 $\lambda_0 \in \rho(x)$，则根据定义 $x - \lambda_0 e$ 是可逆的. 根据 7.7-2，存在 $x - \lambda_0 e$ 的邻域 $N \subseteq A$ 且 N 的全部元素都是可逆的. 对于固定的 x，映射 $\lambda \longmapsto x - \lambda e$ 是连续的，因此只要 λ 足够接近 λ_0，比如 $|\lambda - \lambda_0| < \delta$（其中 $\delta > 0$），则 $x - \lambda e$ 便落在 N 中，所以这样的 $x - \lambda e$ 都是可逆的. 这就意味着相应的 λ 属于 $\rho(x)$. 由于 $\lambda_0 \in \rho(x)$ 是任取的，所以 $\rho(x)$ 是开集，从而 $\sigma(x) = \mathbf{C} - \rho(x)$ 是闭集. ∎

这个定理证明了 $\rho(x) \neq \varnothing$. 此外，还有以下定理.

7.7–4 定理（谱）　在上面定理的假设条件下有 $\sigma(x) \neq \varnothing$.

证明　令 $\lambda, \mu \in \rho(x)$，记

$$v(\lambda) = (x - \lambda e)^{-1}, \quad w = (\mu - \lambda)v(\lambda),$$

则

$$x - \mu e = x - \lambda e - (\mu - \lambda)e = (x - \lambda e)(e - w).$$

对上式两端取逆便得到后面马上要用到的公式

$$v(\mu) = (e - w)^{-1}v(\lambda). \tag{7.7.5}$$

假定 μ 足够接近 λ，使得 $\|w\| < \frac{1}{2}$，则根据 (7.7.1) 有

$$\left\| (e - w)^{-1} - e - w \right\| = \left\| \sum_{j=2}^{\infty} w^j \right\| \leqslant \sum_{j=2}^{\infty} \|w\|^j = \frac{\|w\|^2}{1 - \|w\|} \leqslant 2\|w\|^2.$$

由此和 (7.7.5) 便有

$$\begin{aligned}
\left\| v(\mu) - v(\lambda) - (\mu - \lambda)v(\lambda)^2 \right\| &= \left\| (e - w)^{-1}v(\lambda) - (e + w)v(\lambda) \right\| \\
&\leqslant \|v(\lambda)\| \left\| (e - w)^{-1} - (e + w) \right\| \\
&\leqslant 2\|w\|^2 \|v(\lambda)\|.
\end{aligned}$$

由于 $\|w\|^2$ 含有因子 $|\mu - \lambda|^2$，因此用 $|\mu - \lambda|$ 去除不等式两端并令 $\mu \to \lambda$，则可看出 $\|w\|^2/|\mu - \lambda| \to 0$，从而不等式的左端有

$$\frac{1}{\mu - \lambda}\left[v(\mu) - v(\lambda) \right] \quad \to \quad v(\lambda)^2. \tag{7.7.6}$$

下面将要用到这个结果.

令 $f \in A'$，其中 A' 是 A 的对偶空间，这时是把 A 作为巴拿赫空间来考虑的. 我们用 $h(\lambda) = f(v(\lambda))$ 来定义 $h : \rho(x) \longrightarrow \mathbf{C}$. 由于 f 是连续的，所以 h 也是连续的. 把 f 应用到 (7.7.6) 便得

$$\lim_{\mu \to \lambda} \frac{h(\mu) - h(\lambda)}{\mu - \lambda} = f\left(v(\lambda)^2 \right).$$

这就证明了 h 在 $\rho(x)$ 的每一点都是解析的.

若 $\sigma(x)$ 是空集，则 $\rho(x) = \mathbf{C}$，所以 h 是整函数. 由于当 $|\lambda| \to \infty$ 时 $v(\lambda) = -\lambda^{-1}(e - \lambda^{-1}x)^{-1}$ 和 $(e - \lambda^{-1}x)^{-1}$ 都以 $e^{-1} = e$ 为极限，所以我们得到，当 $|\lambda| \to \infty$ 时

$$\left| h(\lambda) \right| = \left| f(v(\lambda)) \right| \leqslant \|f\| \|v(\lambda)\| = \|f\| \frac{1}{|\lambda|} \left\| \left(e - \frac{1}{\lambda}x \right)^{-1} \right\| \quad \to \quad 0. \tag{7.7.7}$$

这就证明了 h 在 $\mathbf{C}$ 上有界，因此由刘维尔定理（见 §7.5）可知 h 是一个常数，根据 (7.7.7) 有 $h = 0$. 由于 $f \in A'$ 是任取的，由 $h(\lambda) = f\big(v(\lambda)\big) = 0$ 和 4.3–4 可推出 $v(\lambda) = 0$. 但这是不可能的，因为这意味着

$$\|e\| = \big\|(x - \lambda e)v(\lambda)\big\| = \|0\| = 0,$$

与 $\|e\| = 1$ 矛盾，所以 $\sigma(x) = \varnothing$ 不能成立. ∎

在我们的讨论中，幺元 e 的存在是必不可少的. 在很多应用中 A 有幺元，但是若 A 没有幺元，我们又能够做些什么呢？在这种情况下，按照下述经典的方式可以给 A 补充一个幺元.

令 $\tilde{A}$ 是所有序偶 (x, α) 的集合，其中 $x \in A$ 且 α 是标量. 定义

$$(x, \alpha) + (y, \beta) = (x + y, \alpha + \beta),$$
$$\beta(x, \alpha) = (\beta x, \beta \alpha),$$
$$(x, \alpha)(y, \beta) = (xy + \alpha y + \beta x, \alpha \beta),$$
$$\big\|(x, \alpha)\big\| = \|x\| + |\alpha|,$$
$$\tilde{e} = (0, 1),$$

则 $\tilde{A}$ 是具有幺元 $\tilde{e}$ 的巴拿赫代数. 事实上，容易验证 (7.6.1) (7.6.2a) (7.6.2b) (7.6.3) (7.6.6) (7.6.7)，从 A 和 $\mathbf{C}$ 的完备性可推出 $\tilde{A}$ 的完备性.

此外，在把 A 和 $\tilde{A}$ 看作赋范空间时，映射 $x \longmapsto (x, 0)$ 是 A 到 $\tilde{A}$ 的一个子空间上的同构，这个子空间的余维是 1. 如果我们把 x 和 $(x, 0)$ 等同起来，则 $\tilde{A}$ 就是 A 加上由 $\tilde{e}$ 生成的一维向量空间.

习　题

1. 若 $\|x - e\| < 1$，证明 x 是可逆的，并且

$$x^{-1} = e + \sum_{j=1}^{\infty} (e - x)^j.$$

2. 证明在 7.7–1 中

$$\big\|(e - x)^{-1} - e - x\big\| \leqslant \frac{\|x\|^2}{1 - \|x\|}.$$

3. 若 x 是可逆的，并且 y 满足 $\|yx^{-1}\| < 1$，证明 $x - y$ 是可逆的. 若对于任意 $a \in A$ 记 $a^0 = e$，证明

$$(x - y)^{-1} = \sum_{j=0}^{\infty} x^{-1}\big(yx^{-1}\big)^j.$$

4. 证明所有形如

$$x = \begin{bmatrix} \alpha & \beta \\ 0 & 0 \end{bmatrix}$$

的复矩阵的集合构成所有复 2×2 矩阵的代数的一个子代数. 求 $\sigma(x)$.

5. 要注意的是，巴拿赫代数 A 的元素 x 的谱 $\sigma(x)$ 与 A 有关. 事实上，能够证明: 若 B 是 A 的子代数，则 $\tilde{\sigma}(x) \supseteq \sigma(x)$，其中 $\tilde{\sigma}(x)$ 是把 x 视为 B 的元素时的谱.

6. 令 $\lambda, \mu \in \rho(x)$，证明预解方程

$$v(\mu) - v(\lambda) = (\mu - \lambda)v(\mu)v(\lambda),$$

其中 $v(\lambda) = (x - \lambda e)^{-1}$.

7. 对于一个具有幺元的代数，若它的每个非零元都是可逆的，则把它叫作**可除代数**. 若复巴拿赫代数 A 是可除代数，证明 A 是幺元的所有标量倍的集合.

8. 设 G 如 7.7-2 所定义，证明由 $x \longmapsto x^{-1}$ 给定的映射 $G \longrightarrow G$ 是连续的.

9. $x \in A$ 的左逆元是满足 $yx = e$ 的 $y \in A$. 类似地，若 $xz = e$，则称 z 是 x 的右逆元. 若代数 A 的每个元素 $x \neq 0$ 都有左逆元，证明 A 是可除代数.

10. 若 (x_n) 和 (y_n) 是赋范代数 A 中的柯西序列，证明 $(x_n y_n)$ 也是 A 中的柯西序列. 进而，若 $x_n \to x$ 且 $y_n \to y$，证明 $x_n y_n \to xy$.

第 8 章　赋范空间中的紧线性算子及其谱论

紧线性算子在应用中是很重要的. 例如, 在积分方程理论和各种数学物理问题中, 它们都起着核心作用.

紧线性算子的理论曾作为泛函分析早期研究的一个雏形. 紧线性算子的性质与有限维空间中算子的某些性质极为相像. 对于紧线性算子来讲, 其谱论能够相当完整地从弗雷德霍姆著名的线性积分方程理论推广到含复参数的线性泛函方程 $Tx - \lambda x = y$ 中去. 这个被推广了的理论叫作里斯–绍德尔理论, 见里斯 (F. Riesz, 1918) 和绍德尔 (J. Schauder, 1930) 的论文.

本章概要

线性算子的紧性 (8.1–1) 是从积分方程中提出的, 它在弗雷德霍姆理论中是一条根本的性质. 我们在 §8.1 和 §8.2 中讨论紧线性算子的重要的一般性质, 而在 §8.3 和 §8.4 中讨论其谱性质. 里斯–绍德尔理论就是以 §8.3 和 §8.4 为基础的, 关于算子方程的一些结果在 §8.5 到 §8.7 中给出, 包括 §8.7 中的在积分方程中的应用.

8.1　赋范空间中的紧线性算子

紧线性算子的定义如下.

8.1–1 定义（紧线性算子）　令 X 和 Y 是赋范空间. 若 $T : X \longrightarrow Y$ 是线性算子, 且 X 的每一个有界子集 M 的像 $T(M)$ 是相对紧集, 即闭包 $\overline{T(M)}$ 是紧集 (见 2.5–1), 则称 T 是紧线性算子 (或全连续线性算子). ■

分析中的很多线性算子都是紧的. 紧线性算子的系统理论是从形如

$$(T - \lambda I)x(s) = y(s), \quad \text{其中 } Tx(s) = \int_a^b k(s, t)x(t)\mathrm{d}t \tag{8.1.1}$$

的积分方程的理论中产生出来的, 其中 $\lambda \in \mathbf{C}$ 是一个参数[①], y 和核 k 是 (满足一定条件的) 给定函数, x 是未知函数. 这样的方程在常微分和偏微分方程的理论中也起着重要的作用. 希尔伯特 (D. Hilbert, 1912) 发现了一个令人惊异的事实:

[①] 我们假定 $\lambda \neq 0$, 此时 (8.1.1) 称为第二类方程. 当 $\lambda = 0$ 时 (8.1.1) 称为第一类方程. 对应于这两类方程的理论是很不相同的, 原因用几句话说不清楚. 见库朗和希尔伯特 (R. Courant and D. Hilbert, 1953–1962, 第 1 卷, 第 159 页) 的著作. 引入可变参数 λ 是庞加莱 (H. Poincaré, 1896) 的想法.

关于 (8.1.1) 的可解性这样一个本质的结论（弗雷德霍姆理论）不依赖于 (8.1.1) 中 T 的积分表示的存在性，而只与 T 是否为紧线性算子有关. 里斯（F. Riesz, 1918）在 1918 年的一篇著名论文中把弗雷德霍姆理论用抽象的公理形式表述出来.（我们将在 §8.7 中考虑积分方程.）

"紧"这一术语是通过定义提出来的，而老一些的术语"全连续"是通过下述引理诱导出来的. 这个引理说明紧线性算子是连续的，而其逆一般不是真的.

8.1-2 引理（连续性） 令 X 和 Y 是赋范空间，则

(a) 每个紧线性算子 $T: X \longrightarrow Y$ 都是有界的，因此是连续的.

(b) 若 $\dim X = \infty$，恒等算子 $I: X \longrightarrow X$（是连续的）不是紧的.

证明 (a) 单位球面 $U = \{x \in X \mid \|x\| = 1\}$ 是有界集. 由于 T 是紧算子，所以 $\overline{T(U)}$ 是紧集，由 2.5-2 可知它是有界集，所以

$$\sup_{\|x\|=1} \|Tx\| < \infty.$$

因此 T 是有界算子，从而由 2.7-9 证明了它是连续算子.

(b) 当然，闭单位球 $M = \{x \in X \mid \|x\| \leqslant 1\}$ 是有界集. 若 $\dim X = \infty$，则由 2.5-5 可推出 M 不是紧集，因此 $I(M) = M = \overline{M}$ 不是相对紧集. ∎

从集合紧性的定义（见 2.5-1）容易得到关于算子紧性的一个有用判据.

8.1-3 定理（紧性判据） 令 X 和 Y 是赋范空间，$T: X \longrightarrow Y$ 是线性算子. 当且仅当 X 中的每个有界序列 (x_n) 在 T 之下的像序列 $(Tx_n) \subseteq Y$ 都有一个收敛的子序列，T 才是紧算子.

证明 若 T 是紧算子且 (x_n) 有界，则序列 (Tx_n) 在 Y 中的闭包是紧集，而 2.5-1 表明 (Tx_n) 有一个收敛的子序列.

反之，假定每个有界序列 (x_n) 都有子序列 (x_{n_k}) 使得 (Tx_{n_k}) 在 Y 中收敛. 考虑任意有界子集 $B \subseteq X$，令 (y_n) 是 $T(B)$ 中的任意序列，则对于某些 $x_n \in B$ 有 $y_n = Tx_n$，由 B 是有界集可知 (x_n) 有界. 根据假设，(Tx_n) 有收敛的子序列. 因为 (y_n) 是在 $T(B)$ 中任取的，所以根据 2.5-1 可知 $\overline{T(B)}$ 是紧集. 根据定义，这就证明了 T 是紧算子. ∎

从这个定理可以得到以下几乎是显然的事实：两个紧线性算子 $T_j: X \longrightarrow Y$ 之和 $T_1 + T_2$ 是紧算子（见习题 2）. 类似地，αT_1 也是紧算子，其中 α 是任意标量. 因此我们有以下结论.

映 X 到 Y 中的紧线性算子形成一个向量空间.

此外，在有限维的情况下，8.1-3 还可以得到一定的简化.

8.1–4 定理（有限维的定义域或值域） 令 X 和 Y 是赋范空间，$T: X \longrightarrow Y$ 是线性算子，则

(a) 若 T 是有界算子且 $\dim T(X) < \infty$，则 T 是紧算子.

(b) 若 $\dim X < \infty$，则 T 是紧算子.

证明 (a) 令 (x_n) 是 X 中的任意有界序列，则不等式 $\|Tx_n\| \leqslant \|T\| \|x_n\|$ 表明 (Tx_n) 是有界的. 由 $\dim X < \infty$ 和 2.5–3 可知 (Tx_n) 是相对紧的，从而推出 (Tx_n) 有收敛的子序列. 由于 (x_n) 是在 X 中任取的有界序列，所以由 8.1–3 可知 T 是紧算子.

(b) 根据 $\dim X < \infty$，由 2.7–8 可推出 T 是有界算子，再由 2.6–9(b) 推出 $\dim T(X) \leqslant \dim X$，从而由 (a) 证明了 (b). ∎

顺便指出，具有 $\dim T(X) < \infty$ 的算子 $T \in B(X, Y)$［见 8.1–4(a)］常常叫作有限秩的算子.

下面的定理是讲，在怎样的条件下，紧线性算子序列的极限是紧算子. 对于被表示成紧线性算子序列的一致算子极限的已知算子来讲，要证明它的紧性，这个定理是一个重要的工具.

8.1–5 定理（紧线性算子序列） 令 (T_n) 是从赋范空间 X 到巴拿赫空间 Y 中的紧线性算子序列. 如果 (T_n) 是一致算子收敛的，即 $\|T_n - T\| \to 0$（见 §4.9），则极限算子 T 是紧算子.

证明 我们利用"对角线方法"证明 X 中的任意有界序列 (x_m) 的像 (Tx_m) 有收敛的子序列，然后应用 8.1–3.

由于 T_1 是紧算子，所以 (x_m) 有一个使得 $(T_1 x_{1,m})$ 是柯西序列的子序列 $(x_{1,m})$. 类似地，$(x_{1,m})$ 有一个使得 $(T_2 x_{2,m})$ 是柯西序列的子序列 $(x_{2,m})$. 如此继续下去，我们看到"对角线序列" $(y_m) = (x_{m,m})$ 是 (x_m) 的这样一个子序列，对于每一个固定的正整数 n，序列 $(T_n y_m)_{m \in \mathbf{N}}$ 是柯西序列. 由于 (x_m) 是有界的，比如对于所有 m 有 $\|x_m\| \leqslant c$. 因此对于所有 m 有 $\|y_m\| \leqslant c$. 令 $\varepsilon > 0$，由于 $T_m \to T$，所以存在 $n = p$ 使得 $\|T - T_p\| < \varepsilon/(3c)$. 由于 $(T_p y_m)_{m \in \mathbf{N}}$ 是柯西序列，所以存在 N 使得

$$\text{对于 } j, k > N \text{ 有} \quad \|T_p y_j - T_p y_k\| < \frac{\varepsilon}{3}.$$

因此对于 $j, k > N$ 有

$$\|Ty_j - Ty_k\| \leqslant \|Ty_j - T_p y_j\| + \|T_p y_j - T_p y_k\| + \|T_p y_k - Ty_k\|$$
$$\leqslant \|T - T_p\| \|y_j\| + \frac{\varepsilon}{3} + \|T_p - T\| \|y_k\|$$
$$< \frac{\varepsilon}{3c} c + \frac{\varepsilon}{3} + \frac{\varepsilon}{3c} c = \varepsilon.$$

这就证明了 (Ty_m) 是柯西序列，由于 Y 是完备空间，所以 (Ty_m) 是收敛序列. 记住 (y_m) 是任意有界序列 (x_m) 的子序列，这就从 8.1-3 推出了算子 T 是紧算子. ∎

要注意的是，如果用强算子收敛性 $\|T_n x - Tx\| \to 0$ 来代替一致算子收敛性，上述定理将不再是正确的. 这一事实可从由 $T_n x = (\xi_1, \cdots, \xi_n, 0, 0, \cdots)$ 定义的 $T_n : l^2 \longmapsto l^2$ 看出，其中 $x = (\xi_j) \in l^2$. 由于 T_n 是有界线性算子，所以由 8.1-4(a) 可知 T_n 是紧算子. 显然 $T_n x \to x = Ix$，但是由于 $\dim l^2 = \infty$，所以 I 不是紧算子，见 8.1-2(b).

下面的例子说明如何用这个定理来证明算子的紧性.

8.1-6 例子（空间 l^2） 证明 $T : l^2 \longrightarrow l^2$ 的紧性. T 定义为 $y = (\eta_j) = Tx$，其中 $\eta_j = \xi_j / j$（$j = 1, 2, \cdots$）.

解 T 是线性算子. 若 $x = (\xi_j) \in l^2$ 则 $y = (\eta_j) \in l^2$. 定义 $T_n : l^2 \longmapsto l^2$ 为

$$T_n x = \left(\xi_1, \frac{\xi_2}{2}, \frac{\xi_3}{3}, \cdots, \frac{\xi_n}{n}, 0, 0, \cdots \right).$$

T_n 是有界线性算子，由 8.1-4(a) 可知 T_n 是紧算子. 进而，

$$\left\| (T - T_n)x \right\|^2 = \sum_{j=n+1}^{\infty} \left| \eta_j \right|^2 = \sum_{j=n+1}^{\infty} \frac{1}{j^2} |\xi_j|^2 \leqslant \frac{1}{(n+1)^2} \sum_{j=n+1}^{\infty} |\xi_j|^2 \leqslant \frac{\|x\|^2}{(n+1)^2}.$$

对所有范数等于 1 的 x 取上确界便得到

$$\|T - T_n\| \leqslant \frac{1}{n+1}.$$

因此 $T_n \to T$，由 8.1-5 可知 T 是紧算子. ∎

紧线性算子的另一个有趣的基本性质是：它把弱收敛序列变换成强收敛序列.

8.1-7 定理（弱收敛性） 令 X 和 Y 是赋范空间，$T : X \longrightarrow Y$ 是紧线性算子. 若 (x_n) 是 X 中的弱收敛序列，即 $x_n \xrightarrow{w} x$，则 (Tx_n) 在 Y 中强收敛且极限为 $y = Tx$.

证明 记 $y_n = Tx_n$ 和 $y = Tx$. 我们首先证明

$$y_n \xrightarrow{w} y, \tag{8.1.2}$$

然后证明

$$y_n \to y. \tag{8.1.3}$$

令 g 是 Y 上的任意有界线性泛函. 我们在 X 上定义泛函 f 为

$$f(z) = g(Tz), \quad \text{其中 } z \in X.$$

f 是线性泛函. 由 T 是紧算子可知 T 是有界算子, 因此 f 是有界泛函, 且

$$\left|f(z)\right| = \left|g(Tz)\right| \leqslant \|g\|\, \|Tz\| \leqslant \|g\|\, \|T\|\, \|z\|.$$

根据弱收敛的定义, $x_n \xrightarrow{w} x$ 意味着 $f(x_n) \to f(x)$, 因此由 f 的定义可知 $g(Tx_n) \to g(Tx)$, 即 $g(y_n) \to g(y)$. 由于 g 是任意的, 这就证明了 (8.1.2).

现在证明 (8.1.3). 假设 (8.1.3) 不成立, 则对于某个正数 η, 存在 (y_n) 的子序列 (y_{n_k}) 使得

$$\left\|y_{n_k} - y\right\| \geqslant \eta. \tag{8.1.4}$$

由于 (x_n) 是弱收敛的, 所以由 4.8–3(c) 可知 (x_n) 是有界的, 从而 (x_{n_k}) 也是有界的. 根据 8.1–3, T 是紧算子意味着 (Tx_{n_k}) 有收敛的子序列, 比如 $(\tilde{y}_j)$. 令 $\tilde{y}_j \to \tilde{y}$, 毫无疑问 $\tilde{y}_j \xrightarrow{w} \tilde{y}$. 由 (8.1.2) 和 4.8–3(b) 可知 $\tilde{y} = y$, 因此

$$\left\|\tilde{y}_j - y\right\| \to 0, \quad \text{但是由 (8.1.4) 可知} \quad \left\|\tilde{y}_j - y\right\| \geqslant \eta > 0.$$

这便产生了矛盾. 所以 (8.1.3) 必然成立. ∎

习　题

1. 证明任意赋范空间中的零算子是紧算子.

2. 若 T_1 和 T_2 是从赋范空间 X 到赋范空间 Y 中的紧线性算子, 证明 $T_1 + T_2$ 是紧线性算子. 证明从 X 到 Y 中的紧线性算子构成 $B(X,Y)$ 的子空间 $C(X,Y)$.

3. 若 Y 是巴拿赫空间, 证明习题 2 中的 $C(X,Y)$ 是 $B(X,Y)$ 的闭子集.

4. 若 Y 是巴拿赫空间, 证明习题 2 中的 $C(X,Y)$ 是巴拿赫空间.

5. 在正文中曾证明, 如果用强算子收敛性代替一致算子收敛性, 则 8.1–5 将变成不真的. 证明为了证明这一事实在那里所利用的 T_n 是有界算子.

6. 值得注意的是: 在不改变紧线性算子的概念的前提下, 8.1–1 中的条件可以减弱. 事实上可以证明: 线性算子 $T: X \longrightarrow Y$ (X 和 Y 是赋范空间) 是紧算子, 当且仅当 X 中的单位球 M 的像 $T(M)$ 在 Y 中是相对紧的.

7. 证明: 线性算子 $T: X \longrightarrow X$ 是紧算子, 当且仅当对于范数不超过 1 的向量构成的每一个序列 (x_n), 序列 (Tx_n) 都有收敛的子序列.

8. 若 z 是赋范空间 X 的一个固定元且 $f \in X'$, 证明由 $Tx = f(x)z$ 定义的 $T: X \longrightarrow X$ 是紧算子.

9. 若 X 是内积空间, 证明对于固定的 y 和 z, $Tx = \langle x, y \rangle z$ 在 X 上定义了一个紧线性算子.

10. 令 Y 是巴拿赫空间, $T_n: X \longrightarrow Y$ ($n = 1, 2, \cdots$) 是有限秩的算子. 若 (T_n) 是一致算子收敛的, 证明它的极限算子是紧算子.

11. 证明希尔伯特空间 H 到它的一个有限维子空间上的投影是紧算子.

12. 证明由 $Tx = y = (\eta_j)$（其中 $\eta_j = \xi_j / 2^j$）定义的 $T : l^2 \longrightarrow l^2$ 是紧算子.

13. 证明由 $y = (\eta_j) = Tx,\, \eta_j = \xi_j / j$ 定义的 $T : l^p \longrightarrow l^p$（$(1 \leqslant p < +\infty)$）是紧算子.

14. 证明由 $y = (\eta_j) = Tx,\, \eta_j = \xi_j / j$ 定义的 $T : l^\infty \longrightarrow l^\infty$ 是紧算子.

15. 连续映射　若 $T : X \longrightarrow Y$ 是从度量空间 X 到度量空间 Y 中的连续映射，证明相对紧集 $A \subseteq X$ 的像是相对紧集.

8.2　紧线性算子的其他性质

本节来证明赋范空间中的紧线性算子有可分的值域和紧伴随算子. 这些性质对于从 §8.3 开始的紧线性算子的谱的研究是必需的.

我们把这一研究建立在两个相关的概念上，这两个相关的概念对于研究集合的紧性也具有一般意义.

8.2–1 定义（ε 网、完全有界性）　令 B 是度量空间 X 的子集. 给定正数 ε，若对于每一个点 $z \in B$ 都有到 z 的距离小于 ε 的一个点属于集合 $M_\varepsilon \subseteq X$，则称 M_ε 是 B 的 ε 网. 若对于每个正数 ε，集合 B 有有限的 ε 网 $M_\varepsilon \subseteq X$，则称 B 是完全有界集. 这里的 "有限" 是指 M_ε 是有限集（即由有限个点组成）.　■

因此，B 是完全有界集意味着，对于给定的任意正数 ε，集合 B 含在有限个半径为 ε 的开球的并集之内.

可以看出，这些概念的重要和有效性正像下面的引理所确定的那样，而这个引理在本节的证明中也起着关键作用.

8.2–2 引理（完全有界性）　令 B 是度量空间 X 的子集，则

(a) 若 B 是相对紧集，则 B 是完全有界集.

(b) 若 B 是完全有界集且 X 是完备空间，则 B 是相对紧集.

(c) 若 B 是完全有界集，则对于任意正数 ε，它有有限的 ε 网 $M_\varepsilon \subseteq B$.

(d) 若 B 是完全有界集，则 B 是可分的.

证明　(a) 假定 B 是相对紧集，我们证明对于给定的任意正数 ε_0 存在 B 的有限的 ε_0 网. 若 $B = \varnothing$，则 $\varnothing$ 是 B 的 ε_0 网. 若 $B \neq \varnothing$，则任取 $x_1 \in B$，若对于所有 $z \in B$ 有 $d(x_1, z) < \varepsilon_0$，则 $\{x_1\}$ 是 B 的 ε_0 网. 否则令 $x_2 \in B$ 使得 $d(x_1, x_2) \geqslant \varepsilon_0$. 若对于所有 $z \in B$ 有

$$d(x_j, z) < \varepsilon_0, \quad \text{其中 } j = 1 \text{ 或 } 2, \tag{8.2.1}$$

则 $\{x_1, x_2\}$ 是 B 的 ε_0 网. 否则令 $z = x_3 \in B$ 是不满足 (8.2.1) 的点. 若对于所有 $z \in B$ 有

$$d(x_j, z) < \varepsilon_0, \quad \text{其中 } j = 1, 2 \text{ 或 } 3,$$

则 $\{x_1, x_2, x_3\}$ 是 B 的 ε_0 网. 否则继续选取 $x_4 \in B$, 等等. 可以断言, 存在正整数 n, 使得在如此做了 n 步之后便得到 B 的 ε_0 网 $\{x_1, \cdots, x_n\}$. 事实上, 如果不存在这样的 n, 我们的构造过程便给出一个满足

$$\text{对于所有 } j \neq k \text{ 有 } \quad d(x_j, x_k) \geqslant \varepsilon_0$$

的序列 (x_j). 显然 (x_j) 没有柯西子序列, 因此 (x_j) 在 X 中没有收敛的子序列. 但由构造过程可知 (x_j) 是 B 中的序列, 这便与 B 是相对紧集矛盾. 因此必定存在 B 的有限的 ε_0 网. 由于 ε_0 是任意的正数, 这就证明了 B 是完全有界集.

(b) 设 B 是完全有界集且 X 是完备空间, 考虑 B 中的任意序列 (x_n), 证明它在 X 中有收敛的子序列, 从而证明 B 是相对紧集. 根据假设, B 有有限的 ε 网, 这里取 $\varepsilon = 1$. 因此 B 含有有限个半径为 1 的开球的并集之内, 从这些球中能够找出含有 (x_n) 的无穷多项的球 B_1 (计数重复项). 令 $(x_{1,n})$ 是 (x_n) 落在 B_1 中的子序列. 同理, 根据假设, B 也含在有限个半径为 $\varepsilon = 1/2$ 的开球的并集之内, 从这些球中能够找出含有 $(x_{1,n})$ 的子序列 $(x_{2,n})$ 的球 B_2. 依此类推, 选取 $\varepsilon = 1/3, 1/4, \cdots$ 并令 $y_n = x_{n,n}$, 则对于给定的每一个正数 ε 存在 (依赖于 ε 的) 整数 N 使得当 $n > N$ 时所有 y_n 都落在半径为 ε 的球内, 因此 (y_n) 是柯西序列. 由于 X 是完备空间, 所以 (y_n) 在 X 中是收敛的, 不妨设 $y_n \to y \in X$, 并且可从 $y_n \in B$ 推出 $y \in \overline{B}$. 根据闭包的定义, 对于 $\overline{B}$ 中的每一个序列 (z_n), 在 B 中都有序列 (x_n) 使得对每个 n 有 $d(x_n, z_n) \leqslant 1/n$. 由于 (x_n) 落在 B 中, 正像上面证明的那样, 它有在 $\overline{B}$ 中收敛的子序列. 由于 $d(x_n, z_n) \leqslant 1/n$, 所以 (z_n) 也有在 $\overline{B}$ 中收敛的子序列. 这就证明了 $\overline{B}$ 是紧集, 所以 B 是相对紧集.

(c) 在 $B = \varnothing$ 的情况下, 结论显然是对的. 设 $B \neq \varnothing$. 根据假设, 给定任意正数 ε, 取 $\varepsilon_1 = \varepsilon/2$, 则 B 有有限的 ε_1 网 $M_{\varepsilon_1} \subseteq X$, 因此 B 含在有限个半径为 ε_1 的开球的并集之内, 并且这些开球的球心是 M_{ε_1} 的元素. 特别取其中与 B 相交的那些开球 $B_1, \cdots, B_n$, 设它们的球心分别为 $x_1, \cdots, x_n$. 我们选取一点 $z_j \in B \cap B_j$ (见图 8–1), 则 $M_\varepsilon = \{z_1, \cdots, z_n\} \subseteq B$ 是 B 的 ε 网. 这是因为, 对于每一个 $z \in B$ 有一个含有 z 的 B_j, 且满足

$$d(z, z_j) \leqslant d(z, x_j) + d(x_j, z_j) < \varepsilon_1 + \varepsilon_1 = \varepsilon.$$

(d) 假定 B 是完全有界集, 根据 (c), 对于 $n = 1, 2, \cdots$, 集合 B 含有自己的有限的 ε 网 $M_{1/n}$, 其中 $\varepsilon = \varepsilon_n = 1/n$. 所有这些网的并集 M 是可数的, 并且在 B 中稠密. 事实上, 对于给定的任意正数 ε 存在 n 使得 $1/n < \varepsilon$, 因此对于任意 $z \in B$ 存在 $a \in M_{1/n} \subseteq M$ 使得 $d(z, a) < \varepsilon$, 这就证明了 B 是可分的. ∎

完全有界性蕴涵有界性, 但反过来一般是不成立的.

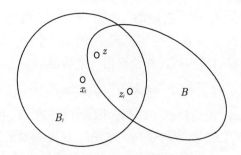

图 8–1　8.2–2(c) 的证明的表示

　　实际上，第一个命题几乎是显然的. 至于第二个命题，注意到闭单位球 $U = \{x \mid \|x\| \leqslant 1\} \subseteq l^2$ 是有界集，但由于 l^2 是无穷维完备空间，所以 U 不是紧集（见 2.5–5），由 8.2–2(b) 可知 U 不是完全有界集，便得到了证明.

　　8.2–2 包括了我们进一步研究所需要的一些性质. 对于其他一些有意义但暂不需要的性质，我们把它们放在习题中叙述，特别是习题 2 至习题 4.

　　利用上述引理，容易证明下面的定理.

　　8.2–3 定理（值域的可分性）　紧线性算子 $T : X \longrightarrow Y$ 的值域 $\mathscr{R}(T)$ 是可分的，其中 X 和 Y 是赋范空间.

　　证明　考虑球 $B_n = B(0; n) \subseteq X$. 由于 T 是紧算子，所以像 $C_n = T(B_n)$ 是相对紧集，由 8.2–2 可知 C_n 是可分的. 由于任意 $x \in X$ 的范数是有限的，所以对于足够大的 n 有 $\|x\| < n$，因此 $x \in B_n$. 所以

$$X = \bigcup_{n=1}^{\infty} B_n, \tag{8.2.2a}$$

$$T(X) = \bigcup_{n=1}^{\infty} T(B_n) = \bigcup_{n=1}^{\infty} C_n. \tag{8.2.2b}$$

由于 C_n 是可分的，所以它有可数的稠密子集 D_n，且并集

$$D = \bigcup_{n=1}^{\infty} D_n$$

也是可数的. (8.2.2b) 表明 D 在值域 $\mathscr{R}(T) = T(X)$ 中稠密.　　■

　　在下一个定理中，我们将证明赋范空间 X 上的紧线性算子能够延拓到 X 的完备化上，并且延拓后的算子仍然是紧线性算子.

　　8.2–4 定理（紧延拓）　从赋范空间 X 到巴拿赫空间 Y 中的紧线性算子 $T : X \longrightarrow Y$ 有紧线性延拓 $\tilde{T} : \hat{X} \longrightarrow Y$，其中 $\hat{X}$ 是 X 的完备化（见 2.3–2）.

证明 我们可以把 X 看作 $\hat{X}$ 的子空间, 见 2.3–2. 由于 T 是有界算子 (见 8.1–2), 所以它有有界线性延拓 $\tilde{T}: \hat{X} \longrightarrow Y$, 见 2.7–11. 我们来证明 T 是紧算子蕴涵 $\tilde{T}$ 也是紧算子. 为此, 考虑 $\hat{X}$ 中的任意有界序列 $(\hat{x}_n)$ 并证明 $(\tilde{T}\hat{x}_n)$ 有收敛的子序列.

由于 X 在 $\hat{X}$ 中稠密, 所以在 X 中存在序列 (x_n) 使得 $\hat{x}_n - x_n \to 0$. 显然 (x_n) 也是有界的. 由于 T 是紧算子, 所以 (Tx_n) 有收敛的子序列 (Tx_{n_k}). 令

$$Tx_{n_k} \to y_0 \in Y. \tag{8.2.3}$$

$\hat{x}_n - x_n \to 0$ 蕴涵 $\hat{x}_{n_k} - x_{n_k} \to 0$. 由于 $\tilde{T}$ 是有界线性算子, 所以它是连续算子. 因此得到 (见 1.4–8)

$$\tilde{T}\hat{x}_{n_k} - Tx_{n_k} = \tilde{T}(\hat{x}_{n_k} - x_{n_k}) \to \tilde{T}0 = 0.$$

根据 (8.2.3), 这意味着 $\tilde{T}\hat{x}_{n_k} \to y_0$, 从而证明了任意有界序列 $(\hat{x}_n)$ 有子序列 $(\hat{x}_{n_k})$ 使得 $(\tilde{T}\hat{x}_{n_k})$ 收敛. 根据 8.1–3, 这就证明了 $\tilde{T}$ 是紧算子. ∎

在本章稍后将会看到, 在实践中和理论上都极为重要的算子方程中经常出现紧线性算子. 这些方程可解性的一般理论本质上要利用伴随算子. 在这方面最有决定意义的是这样一个事实: 紧线性算子的伴随算子本身是紧算子. 让我们证明紧线性算子的这一重要性质, §8.3 将讨论这些算子的谱.

8.2–5 定理 (伴随算子) 设 $T: X \longrightarrow Y$ 是线性算子. 若 T 是紧算子, 则其伴随算子 $T^{\times}: Y' \longrightarrow X'$ 也是紧算子, 其中 X 和 Y 是赋范空间, X' 和 Y' 分别是 X 和 Y 的对偶空间 (见 2.10–3).

证明 考虑 Y' 的任意有界子集 B, 不妨设

$$\text{对于所有 } g \in B \text{ 有} \quad \|g\| \leqslant c,$$

并证明其像 $T^{\times}(B) \subseteq X'$ 是完全有界集. 因为 X' 是完备空间 (见 2.10–4), 所以由 8.2–2(b) 可知 $T^{\times}(B)$ 是相对紧集.

因此我们必须证明: 对于固定的任意正数 ε_0, 像 $T^{\times}(B)$ 有有限的 ε_0 网. 由于 T 是紧算子, 所以单位球

$$U = \{x \in X \mid \|x\| \leqslant 1\}$$

的像 $T(U)$ 是相对紧集. 由 8.2–2(a) 可知 $T(U)$ 是完全有界集. 由 8.2–2(c) 可推得 $T(U)$ 有有限的 ε_1 网 $M \subseteq T(U)$, 其中 $\varepsilon_1 = \varepsilon_0/(4c)$. 这意味着 U 含有点 $x_1, \cdots, x_n$ 使得对于每个 $x \in U$ 满足

$$\text{对于某个 } j \text{ 有} \quad \|Tx - Tx_j\| < \frac{\varepsilon_0}{4c}. \tag{8.2.4}$$

现在我们用

$$Ag = \big(g(Tx_1), g(Tx_2), \cdots, g(Tx_n)\big) \tag{8.2.5}$$

定义线性算子 $A: Y' \longrightarrow \mathbf{R}^n$. 根据假设, g 是有界泛函, 由 8.1–2(a) 可知 T 是有界算子, 因此由 8.1–4 可知 A 是紧算子. 由于 B 是有界集, 所以 $A(B)$ 是相对紧集, 因此由 8.2–2(a) 可知 $A(B)$ 是完全有界集, 由 8.2–2(c) 可知 $A(B)$ 含有自己的有限的 ε_2 网 $\{Ag_1, \cdots, Ag_m\}$, 其中 $\varepsilon_2 = \varepsilon_0/4$. 这意味着每个 $g \in B$ 满足

$$\text{对于某个 } k \text{ 有} \quad \big\|A_g - A_{g_k}\big\|_0 < \tfrac{1}{4}\varepsilon_0, \tag{8.2.6}$$

其中 $\|\cdot\|_0$ 是 $\mathbf{R}^n$ 上的范数. 我们将证明 $\{T^\times g_1, \cdots, T^\times g_m\}$ 就是所希望的 $T^\times(B)$ 的 ε_0 网, 从而就完成了定理的证明, 见图 8–2.

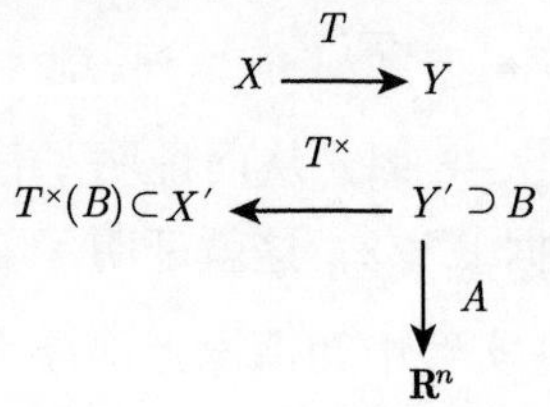

图 8–2　8.2–5 的证明的表示

从 (8.2.5) 和 (8.2.6) 立即可以看出, 对于每个 j 和每个 $g \in B$ 存在 k 使得

$$\big|g(Tx_j) - g_k(Tx_j)\big|^2 \leqslant \sum_{j=1}^{n} \big|g(Tx_j) - g_k(Tx_j)\big|^2 \tag{8.2.7}$$

$$= \big\|A(g - g_k)\big\|_0^2 < \big(\tfrac{1}{4}\varepsilon_0\big)^2.$$

设 $x \in U$ 是任意的, 则存在使得 (8.2.4) 成立的 j, 设 $g \in B$ 是任意的, 则存在使得 (8.2.6) 成立的 k, 并且对于这个 k 和每个 j 有 (8.2.7) 成立, 从而得到

$$\big|g(Tx) - g_k(Tx)\big| \leqslant \big|g(Tx) - g(Tx_j)\big| + \big|g(Tx_j) - g_k(Tx_j)\big| + \big|g_k(Tx_j) - g_k(Tx)\big|$$

$$< \|g\|\,\|Tx - Tx_j\| + \frac{\varepsilon_0}{4} + \|g_k\|\,\|Tx_j - Tx\|$$

$$\leqslant c\frac{\varepsilon_0}{4c} + \frac{\varepsilon_0}{4} + c\frac{\varepsilon_0}{4c} < \varepsilon_0.$$

由于这个不等式对每个 $x \in U$ 都成立, 并且根据 $T^\times$ 的定义有 $g(Tx) = (T^\times g)(x)$, 所以最后得到

$$\big\|T^\times g - T^\times g_k\big\| = \sup_{\|x\|=1} \big|\big(T^\times(g - g_k)\big)(x)\big|$$

$$= \sup_{\|x\|=1} \big|g(Tx) - g_k(Tx)\big| < \varepsilon_0.$$

这就证明了 $\{T^\times g_1, \cdots, T^\times g_n\}$ 是 $T^\times(B)$ 的 ε_0 网. 由于 ε_0 是任意正数，所以 $T^\times(B)$ 是完全有界集，由 8.2–2(b) 可知它是相对紧集. 由于 B 是 Y' 的任意有界子集，由 8.1–1 就证明了 $T^\times$ 是紧算子. ■

习 题

1. 设 X 是完全有界度量空间. 证明每个无限子集 $Y \subseteq X$ 都有直径小于给定的正数 ε 的无限子集 Z.

2. 若 X 是紧度量空间，证明 X 是完备度量空间. 证明完备性不蕴涵紧性.

3. 举例说明，对于紧性而言，完全有界性是必要的，但不是充分的.

4. 证明：度量空间 X 是紧的，当且仅当 X 是完备的和完全有界的.

5. 若 (X, d) 是紧度量空间. 证明：对于任意正数 ε，空间 X 都有有限子集 M 使得每个点 $x \in X$ 到 M 的距离 $\delta(x, M) = \inf\limits_{y \in M} d(x, y) < \varepsilon$.

6. 用 $Tx = y = (\eta_j)$ 定义算子 $T : l^2 \longrightarrow l^2$，其中 $x = (\xi_j)$ 且

$$\eta_j = \sum_{k=1}^{\infty} \alpha_{jk} \xi_k, \quad \sum_{j=1}^{\infty} \sum_{k=1}^{\infty} |\alpha_{jk}|^2 < \infty.$$

证明 T 是紧算子（利用 8.1–5）.

7. 证明习题 6 中定义的算子构成了 $B(l^2, l^2)$ 的一个子空间. 举例说明习题 6 中的条件对紧性来说是充分的，但不是必要的.

8. 是否存在满射的紧线性算子 $T : l^\infty \longrightarrow l^\infty$？

9. 若 $T \in B(X, Y)$ 不是紧算子，T 在 X 的无穷维子空间中的限制能否是紧的？

10. 设 (λ_n) 是标量序列，且当 $n \to \infty$ 时有 $\lambda_n \to 0$. 用 $Tx = y = (\eta_j)$ 定义算子 $T : l^2 \longrightarrow l^2$，其中 $x = (\xi_j)$ 且 $\eta_j = \lambda_j \xi_j$. 证明 T 是紧算子.

8.3 赋范空间中紧线性算子的谱性质

在本节和 §8.4 中，我们讨论赋范空间 X 上的紧线性算子 $T : X \longrightarrow X$ 的谱性质. 为此，我们将再一次利用算子

$$T_\lambda = T - \lambda I, \quad \text{其中 } \lambda \in \mathbb{C} \tag{8.3.1}$$

和 §7.2 中定义的谱论的基本概念.

紧线性算子的谱论是有限矩阵的本征值理论（§7.1）的较为简单的推广，并且在很多方面和有限维的情况相似. 这可从下面对 §8.3 和 §8.4 概括的摘要看出来. 这个摘要为读者提供了一个指南，以便从详尽的证明中找到方向. 在这个摘要中，我们也给出了对应的定理（其在书中的次序是按证明的相互依赖关系来安排的）.

摘要　赋范空间 X 上的紧线性算子 $T : X \longrightarrow X$ 具有下述性质.

- T 的本征值的集合是可数的（或许是有限的, 甚至是空集. 见 8.3–1）.
- $\lambda = 0$ 是本征值的集合唯一可能的聚点（见 8.3–1）.
- 每一个谱值 $\lambda \neq 0$ 都是一个本征值（见 8.4–4）. 若 X 是无穷维空间, 则 $0 \in \sigma(T)$.
- T 的关于 $\lambda \neq 0$ 的任何本征空间的维数是有限的（见 8.3–3）.
- 对于 $\lambda \neq 0$, $T_\lambda, T_\lambda^2, T_\lambda^3, \cdots$ 的零空间是有限维的（见 8.3–3 和 8.3–4）, 并且这些算子的值域都是闭集（见 8.3–5 和 8.3–6）.
- 存在依赖于 λ（$\lambda \neq 0$）的数 r 使得

$$X = \mathscr{N}\left(T_\lambda^r\right) \oplus T_\lambda^r(X)$$

（见 8.4–5）, 此外, 零空间满足

$$\mathscr{N}\left(T_\lambda^r\right) = \mathscr{N}\left(T_\lambda^{r+1}\right) = \mathscr{N}\left(T_\lambda^{r+2}\right) = \cdots,$$

并且值域满足

$$T_\lambda^r(X) = T_\lambda^{r+1}(X) = T_\lambda^{r+2}(X) = \cdots$$

（见 8.4–3）. 若 $r > 0$, 则有真包含关系（见 8.4–3）

$$\mathscr{N}\left(T_\lambda^0\right) \subset \mathscr{N}\left(T_\lambda\right) \subset \cdots \subset \left(T_\lambda^r\right),$$
$$T_\lambda^0(X) \supset T_\lambda(X) \supset \cdots \supset T_\lambda^r(X). \qquad \blacksquare$$

我们的第一个定理是关于本征值的, 它告诉我们: 紧线性算子的点谱不是很复杂的. 我们马上就会看到, 这个定理还要强得多. 事实上, 在 §8.4 我们将会看到, 紧线性算子所有可能（也可能没有!）的每个谱值 $\lambda \neq 0$ 都是本征值. 这就表明紧线性算子的谱在很大程度上与有限维空间中的算子极为相像.

8.3–1 定理（本征值）　赋范空间 X 上的紧线性算子 $T : X \longrightarrow X$ 的本征值的集合是可数的（或许是有限的, 甚至是空集）, 并且 $\lambda = 0$ 是这个集合唯一可能的聚点.

证明　显然, 只要证明对于每个正实数 k, 满足 $|\lambda| \geqslant k$ 的所有 $\lambda \in \sigma_p(T)$ 的集合是有限的就够了.

假定对于某个正实数 k_0 不是这样, 则存在无穷多个不同本征值构成的序列 (λ_n) 满足 $|\lambda_n| \geqslant k_0$. 对于某个 $x_n \neq 0$ 也有 $Tx_n = \lambda_n x_n$. 根据 7.4–3, 所有这些 x_n 的集合是线性无关的. 设 $M_n = \mathrm{span}\{x_1, \cdots, x_n\}$, 则每个 $x \in M_n$ 都有唯一的表示

$$x = \alpha_1 x_1 + \cdots + \alpha_n x_n.$$

我们用 $T - \lambda_n I$ 作用于上式两端并利用 $Tx_j = \lambda_j x_j$ 可得

$$(T - \lambda_n I)x = \alpha_1(\lambda_1 - \lambda_n)x + \cdots + \alpha_{n-1}(\lambda_{n-1} - \lambda_n)x_{n-1}.$$

可以看出 x_n 在右端不再出现, 因此

$$对于所有 \ x \in M_n \ 有 \quad (T - \lambda_n I)x \in M_{n-1}. \tag{8.3.2}$$

诸 M_n 是闭的 (见 2.4–3). 根据里斯引理 2.5–4, 存在序列 (y_n) 满足

$$y_n \in M_n, \quad \|y_n\| = 1, \quad 对于所有 \ x \in M_{n-1} \ 有 \quad \|y_n - x\| \geqslant \tfrac{1}{2}.$$

若我们能证明

$$对于 \ n > m \ 有 \quad \|Ty_n - Ty_m\| \geqslant \tfrac{1}{2}k_0, \tag{8.3.3}$$

则由于 $k_0 > 0$, 便证明了 (Ty_n) 没有收敛的子序列. 由于 (y_n) 是有界的, 故与 T 是紧算子发生矛盾. 从而说明反设不真, 定理便获得证明.

通过增减项的办法, 有

$$Ty_n - Ty_m = \lambda_n y_n - \tilde{x}, \quad 其中 \ \tilde{x} = \lambda_n y_n - Ty_n + Ty_m. \tag{8.3.4}$$

设 $m < n$, 现在证明 $\tilde{x} \in M_{n-1}$. 由 $m \leqslant n-1$ 可以看出 $y_m \in M_m \subseteq M_{n-1} = \operatorname{span}\{x_1, \cdots, x_{n-1}\}$, 因此由 $Tx_j = \lambda_j x_j$ 可知 $Ty_m \in M_{n-1}$. 根据 (8.3.2) 有

$$\lambda_n y_n - Ty_n = -(T - \lambda_n I)y_n \in M_{n-1}.$$

合在一起可得 $\tilde{x} \in M_{n-1}$, 从而也有 $x = \lambda_n^{-1}\tilde{x} \in M_{n-1}$, 所以由 $|\lambda_n| \geqslant k_0$ 可得

$$\|\lambda_n y_n - \tilde{x}\| = |\lambda_n| \, \|y_n - x\| \geqslant \tfrac{1}{2}|\lambda_n| \geqslant \tfrac{1}{2}k_0. \tag{8.3.5}$$

由此和 (8.3.4) 可得到 (8.3.3). 因此对于某个 $k_0 \geqslant 0$ 存在无穷多个本征值满足 $|\lambda_n| \geqslant k_0$ 的假定不真, 故定理得证. ■

这个定理表明, 若赋范空间中的紧线性算子有无穷多个本征值, 则能够将这些本征值排成一个收敛到 0 的序列.

紧线性算子和有界线性算子的合成也是紧线性算子. 这个有趣的事实正是下面引理所要证明的内容, 它有很多应用, 目前我们要利用它证明紧线性算子的一个基本性质 (8.3–4).

8.3–2 引理 (积的紧性) 设 $T : X \longrightarrow X$ 是赋范空间 X 上的紧线性算子, $S : X \longrightarrow X$ 是有界线性算子, 则 TS 和 ST 都是紧算子.

证明 设 $B \subseteq X$ 是任意有界集. 由于 S 是有界算子, 所以 $S(B)$ 是有界集. 因为 T 是紧算子, 所以 $T\big(S(B)\big) = TS(B)$ 是相对紧集, 因此 TS 是紧线性算子.

现在证明 ST 也是紧算子. 设 (x_n) 是 X 中的任意有界序列, 则由 8.1–3 可知 (Tx_n) 有收敛的子序列 (Tx_{n_k}), 由 1.4–8 可知 (STx_{n_k}) 收敛, 因此由 8.1–3 可知 ST 是紧算子. ■

这就是本章一开始所申明的, 紧线性算子的谱论几乎像有限维空间中的线性算子 (基本上是有限矩阵的本征值理论, 见 §7.1) 那样简单. 支撑这个论点的一个重要性质是, 对于紧线性算子可能有 (也可能没有) 的每一个非零本征值, 其对应的本征空间都是有限维的. 事实上, 这一性质蕴涵在下述定理之中.

8.3-3 定理 (零空间)　设 $T : X \longrightarrow X$ 是赋范空间 X 上的紧线性算子, 则对于每个 $\lambda \neq 0$, 算子 $T_\lambda = T - \lambda I$ 的零空间 $\mathscr{N}(T_\lambda)$ 是有限维的.

证明　我们先证明 $\mathscr{N}(T_\lambda)$ 中的闭单位球 M 是紧集, 然后应用 2.5-5.

设 (x_n) 是 M 中的序列, 则 (x_n) 是有界的 ($\|x_n\| \leqslant 1$), 由 8.1-3 可知 (Tx_n) 有收敛的子序列 (Tx_{n_k}). 因为 $x_n \in M \subseteq \mathscr{N}(T_\lambda)$ 意味着 $T_\lambda x_n = Tx_n - \lambda x_n = 0$, 所以从 $\lambda \neq 0$ 可推知 $x_n = \lambda^{-1} Tx_n$, 因此 $(x_{n_k}) = (\lambda^{-1} Tx_{n_k})$ 也是收敛的. 由于 M 是闭集, 所以它的极限也属于 M. 因为 (x_n) 是在 M 中任取的, 所以据 2.5-1 可知 M 是紧集. 根据 2.5-5 便证明了 $\dim \mathscr{N}(T_\lambda) < \infty$. ■

8.3-4 推论 (零空间)　在 8.3-3 中,

$$\dim \mathscr{N}(T_\lambda^n) < \infty, \quad \text{其中 } n = 1, 2, \cdots, \tag{8.3.6}$$

$$\{0\} = \mathscr{N}(T_\lambda^0) \subseteq \mathscr{N}(T_\lambda) \subseteq \mathscr{N}(T_\lambda^2) \subseteq \cdots. \tag{8.3.7}$$

证明　由于 T_λ 是线性算子, 所以它映 0 到 0 上 [见 (2.6.3)]. 因此 $T_\lambda^n x = 0$ 蕴涵 $T_\lambda^{n+1} x = 0$, 从而得到 (8.3.7).

现在证明 (8.3.6). 根据二项式定理, 我们有

$$T_\lambda^n = (T - \lambda I)^n = \sum_{k=0}^{n} \binom{n}{k} T^k (-\lambda)^{n-k}$$

$$= (-\lambda)^n I + T \sum_{k=1}^{n} \binom{n}{k} T^{k-1} (-\lambda)^{n-k}.$$

从而可把 T_λ^n 写成

$$T_\lambda^n = W - \mu I, \quad \text{其中 } \mu = -(-\lambda)^n,$$

其中 $W = TS = ST$ 且 S 表示右端的和式. T 是紧算子, 由 8.1-2(a) 可知 T 是有界算子, 所以 S 是有界算子. 因此由 8.3-2 可知 W 是紧算子. 所以把 8.3-3 应用到 $W - \mu I$ 便得到 (8.3.6). ■

对于紧线性算子 T 和任意 $\lambda \neq 0$, 考虑算子 $T_\lambda, T_\lambda^2, \cdots$ 的值域. 首先要记住, 有界线性算子的零空间总是闭集, 但值域未必是闭集. [见 2.7-10(b) 和 §2.7 习题 6] 然而, 若 T 是紧算子, 则对于每个 $\lambda \neq 0$ 有 T_λ 的值域是闭集, 并且对于 $T_\lambda^2, T_\lambda^3, \cdots$ 也是如此. 首先证明 T_λ 的值域是闭集, 然后立即把这个结论推广到 T_λ^n ($n \in \mathbf{N}$).

8.3–5 定理（值域） 设 $T: X \longrightarrow X$ 是赋范空间 X 上的紧线性算子，则对于每个 $\lambda \neq 0$ 有 $T_\lambda = T - \lambda I$ 的值域是闭集.

证明 采取反证法. 假定值域 $T_\lambda(X)$ 不是闭集，并由此导出矛盾. 证明的思路如下.

(a) 考虑 $T_\lambda(X)$ 的闭包中的一个 y，且 y 不属于 $T_\lambda(X)$，以及收敛到 y 的序列 $(T_\lambda x_n)$. 我们将证明 $x_n \notin \mathscr{N}(T_\lambda)$，但 $\mathscr{N}(T_\lambda)$ 含有满足 $\|x_n - z_n\| < 2\delta_n$ 的序列 (z_n)，其中 δ 表示 x_n 到 $\mathscr{N}(T_\lambda)$ 的距离.

(b) 证明 $a_n = \|x_n - z_n\| \to \infty$.

(c) 令 $w_n = a_n^{-1}(x_n - z_n)$，考察序列 (w_n) 便能得到预期的矛盾.

详细的证明如下.

(a) 假定 $T_\lambda(X)$ 不是闭集，则存在 $y \in \overline{T_\lambda(X)}$ 且 $y \notin T_\lambda(X)$，并且在 X 中存在序列 (x_n) 满足

$$y_n = T_\lambda x_n \to y. \tag{8.3.8}$$

由于 $T_\lambda(X)$ 是向量空间，所以 $0 \in T_\lambda(X)$，但是由于 $y \notin T_\lambda(X)$，所以 $y \neq 0$. 这意味着对于充分大的 n 有 $y_n \neq 0$ 且 $x_n \notin \mathscr{N}(T_\lambda)$. 不失一般性，可以假定对于所有 n 这一事实都是成立的. 由于 $\mathscr{N}(T_\lambda)$ 是闭集，所以 x_n 到 $\mathscr{N}(T_\lambda)$ 的距离 δ_n 是正数. 即

$$\delta_n = \inf_{z \in \mathscr{N}(T_\lambda)} \|x_n - z\| > 0.$$

根据下确界的定义，在 $\mathscr{N}(T_\lambda)$ 中存在序列 (z_n) 满足

$$a_n = \|x_n - z_n\| < 2\delta_n. \tag{8.3.9}$$

(b) 我们来证明

$$\text{当 } n \to \infty \text{ 时} \quad a_n = \|x_n - z_n\| \to \infty. \tag{8.3.10}$$

假设 (8.3.10) 不成立，则 $(x_n - z_n)$ 有有界子序列. 由于 T 是紧算子，由 8.1–3 可知 $(T(x_n - z_n))$ 有收敛子序列. 由 $T_\lambda = T - \lambda I$ 且 $\lambda \neq 0$ 可得 $I = \lambda^{-1}(T - T_\lambda)$，利用 $T_\lambda z_n = 0$ [记住 $z_n \in \mathscr{N}(T_\lambda)$]，从而得到

$$x_n - z_n = \frac{1}{\lambda}(T - T_\lambda)(x_n - z_n) = \frac{1}{\lambda}\big[T(x_n - z_n) - T_\lambda x_n\big].$$

由于 $(T(x_n - z_n))$ 有收敛子序列，并且由 (8.3.8) 可知 $T_\lambda x_n$ 收敛，因此 $(x_n - z_n)$ 有收敛子序列，不妨设 $x_{n_k} - z_{n_k} \to v$. 由于 T 是紧算子，所以 T 和 T_λ 是连续算子. 因此从 1.4–8 可得

$$T_\lambda\big(x_{n_k} - z_{n_k}\big) \to T_\lambda v.$$

由 $z_n \in \mathscr{N}(T_\lambda)$ 可得 $T_\lambda z_{n_k} = 0$, 所以根据 (8.3.8) 又有

$$T_\lambda \big(x_{n_k} - z_{n_k}\big) = T_\lambda x_{n_k} \to y,$$

因此 $T_\lambda v = y$. 因而 $y \in T_\lambda(X)$, 这与 $y \notin T_\lambda(X)$ 矛盾, 见证明中 (a) 部分的开始. 这个矛盾是由于我们假设 (8.3.10) 不成立导致的, 所以 (8.3.10) 被证明.

(c) 再利用 (8.3.10) 中定义的 a_n, 令

$$w_n = \frac{1}{a_n}(x_n - z_n), \tag{8.3.11}$$

则 $\|w_n\| = 1$. 由于 $a_n \to \infty$, 而 $T_\lambda z_n = 0$ 且 $(T_\lambda x_n)$ 收敛, 所以

$$T_\lambda w_n = \frac{1}{a_n} T_\lambda x_n \to 0. \tag{8.3.12}$$

再利用 $I = \lambda^{-1}(T - T_\lambda)$ 便得到

$$w_n = \frac{1}{\lambda}(T w_n - T_\lambda w_n). \tag{8.3.13}$$

由于 T 是紧算子且 (w_n) 是有界算子, 所以 $(T w_n)$ 有收敛子序列. 此外, 由 (8.3.12) 可知 $(T_\lambda w_n)$ 收敛, 因此 (8.3.13) 表明 (w_n) 有收敛子序列, 不妨设

$$w_{n_j} \to w. \tag{8.3.14}$$

与 (8.3.12) 比较便推出 $T_\lambda w = 0$, 因此 $w \in \mathscr{N}(T_\lambda)$. 由于 $z_n \in \mathscr{N}(T_\lambda)$, 又由于

$$u_n = z_n + a_n w \in \mathscr{N}(T_\lambda),$$

因此从 x_n 到 u_n 的距离

$$\|x_n - u_n\| \geqslant \delta_n.$$

把 u_n 代入并利用 (8.3.11) 和 (8.3.9) 便得到

$$\delta_n \leqslant \|x_n - z_n - a_n w\| = \|a_n w_n - a_n w\| = a_n \|w_n - w\| < 2\delta_n \|w_n - w\|.$$

用正数 $2\delta_n$ 去除不等式两端便有 $\frac{1}{2} < \|w_n - w\|$. 这与 (8.3.14) 矛盾, 从而证明了定理. ∎

8.3-6 推论（值域）　在 8.3-5 的假设下, 对于 $n = 0, 1, 2, \cdots$ 有 T_λ^n 的值域是闭集. 此外还有

$$X = T_\lambda^0(X) \supseteq T_\lambda(X) \supseteq T_\lambda^2(X) \supseteq \cdots.$$

证明　注意在 8.3-4 的证明中 W 是紧算子, 便可从 8.3-5 推出第一个命题. 用归纳法可以证明第二个命题. 事实上, $T_\lambda^0(X) = I(X) = X \supseteq T_\lambda(X)$, 再把 T_λ 作用在 $T_\lambda^{n-1}(X) \supseteq T_\lambda^n(X)$ 两端便有 $T_\lambda^n(X) \supseteq T_\lambda^{n+1}(x)$. ∎

习 题

1. 假定对于某个正整数 p 有 T^p 是紧线性算子, 证明 8.3–1.

2. 设 X, Y, Z 是赋范空间, 且 $T_1 : X \longrightarrow Y$ 和 $T_2 : Y \longrightarrow Z$. 若 T_1 和 T_2 是紧线性算子, 证明 $T_2 T_1 : X \longrightarrow Z$ 是紧线性算子.

3. 若 T 是紧线性算子, 证明: 对于给定的任意正数 k, 对应于绝对值大于 k 的本征值, 至多存在有限个 T 的线性无关的本征向量.

4. 设 $T_j : X_j \longrightarrow X_{j+1}$ ($j = 1, 2, 3$) 是赋范空间中的有界线性算子. 若 T_2 是紧算子, 证明 $T = T_3 T_2 T_1 : X_1 \longrightarrow X_4$ 是紧算子.

5. 在 8.3–2 中基于有界序列给出 TS 是紧算子的证明.

6. 设 H 是希尔伯特空间, $T : H \longrightarrow H$ 是有界线性算子, T^* 是 T 的希尔伯特伴随算子. 证明 T 是紧算子当且仅当 $T^* T$ 是紧算子.

7. 若习题 6 中的 T 是紧算子, 证明 T^* 也是紧算子.

8. 若无穷维赋范空间 X 上的紧线性算子 $T : X \longrightarrow X$ 关于整个 X 有逆, 证明这个逆不可能是有界算子.

9. 用里斯引理 2.5–4 (代替 2.5–5) 证明 8.3–3.

10. 在较弱的假设下: 对于某个 $p \in \mathbf{N}$ 有 T^p 是紧线性算子, 证明 8.3–3 (利用习题 9 中的证明).

11. 用一个简单的例子说明, 在 8.3–3 中 T 是紧算子和 $\lambda \neq 0$ 这些条件是不能省略的.

12. 若 X 是希尔伯特空间, 给出 8.3–3 的另外一种证明.

13. 在较弱的假设下: 对于某个 $p \in \mathbf{N}$ 有 T^p 是紧线性算子, 证明 8.3–4.

14. 设 $T : X \longrightarrow X$ 是赋范空间中的紧线性算子. 若 $\dim X = \infty$, 证明 $0 \in \sigma(T)$.

15. 设 $T : l^2 \longrightarrow l^2$ 由 $y = (\eta_j) = Tx, x = (\xi_j), \eta_{2k} = \xi_{2k}, \eta_{2k-1} = 0$ ($k = 1, 2, \cdots$) 定义的算子. 求 $\mathcal{N}(T_\lambda^n)$. T 是紧算子吗?

8.4 紧线性算子的其他谱性质

从 §8.3 我们知道, 对于赋范空间 X 上的紧线性算子 T 和 $\lambda \neq 0$, 零空间 $\mathcal{N}(T_\lambda^n)$ ($n = 1, 2, \cdots$) 是有限维空间, 并且满足 $\mathcal{N}(T_\lambda^n) \subseteq \mathcal{N}(T_\lambda^{n+1})$, 值域 $T_\lambda^n(X)$ 是闭集, 并且满足 $T_\lambda^n(X) \supseteq T_\lambda^{n+1}(X)$.

我们还能够进一步说, 从某一个 $n = r$ 开始, 所有这些零空间都是相等的 (见下面的 8.4–1); 从某一个 $n = q$ 开始, 这些值域也是相等的 (见 8.4–2), 并且 $q = r$ (见 8.4–3, 其中 q 和 r 是具有上述性质的最小整数). 让我们从下面的引理开始.

8.4-1 引理（零空间） 设 $T : X \longrightarrow X$ 是赋范空间 X 上的紧线性算子且 $\lambda \neq 0$，则存在（依赖于 λ 的）最小整数 r 使得从 $n = r$ 开始，零空间 $\mathscr{N}(T_\lambda^n)$ 都是相等的，并且若 $r > 0$，包含关系

$$\mathscr{N}(T_\lambda^0) \subset \mathscr{N}(T_\lambda) \subset \cdots \subset \mathscr{N}(T_\lambda^r)$$

是真包含.

证明 为简单起见，记 $\mathscr{N}_n = \mathscr{N}(T_\lambda^n)$. 证明的思路如下.

(a) 假定不存在 m 使得 $\mathscr{N}_m = \mathscr{N}_{m+1}$，然后推导出矛盾. 以里斯引理 2.5-4 作为基本工具.

(b) 证明 $\mathscr{N}_m = \mathscr{N}_{m+1}$ 意味着对所有 $n > m$ 有 $\mathscr{N}_n = \mathscr{N}_{n+1}$.

详细证明如下.

(a) 由 8.3-4 可知 $\mathscr{N}_m \subseteq \mathscr{N}_{m+1}$. 假定不存在 m 使得 $\mathscr{N}_m = \mathscr{N}_{m+1}$，则对于每一个 n 有 $\mathscr{N}_n$ 是 $\mathscr{N}_{n+1}$ 的真子空间. 由于这些零空间都是闭集，由里斯引理 2.5-4 可知存在序列 (y_n) 满足

$$y_n \in \mathscr{N}_n, \quad \|y_n\| = 1, \quad 对于所有 \ x \in \mathscr{N}_{n-1} \ 有 \quad \|y_n - x\| \geqslant \tfrac{1}{2}. \tag{8.4.1}$$

我们将证明

$$\|Ty_n - Ty_m\| \geqslant \tfrac{1}{2}|\lambda|, \quad 其中 \ m < n. \tag{8.4.2}$$

由于 $|\lambda| > 0$，所以 (Ty_n) 没有收敛的子序列. 由于 (y_n) 是有界序列，这就与 T 是紧算子矛盾.

由 $T_\lambda = T - \lambda I$ 可得 $T = T_\lambda + \lambda I$，且

$$Ty_n - Ty_m = \lambda y_n - \tilde{x}, \quad 其中 \ \tilde{x} = T_\lambda y_m + \lambda y_m - T_\lambda y_n. \tag{8.4.3}$$

令 $m < n$，现在证明 $\tilde{x} \in \mathscr{N}_{n-1}$. 由于 $m \leqslant n - 1$，显然有 $\lambda y_m \in \mathscr{N}_m \subseteq \mathscr{N}_{n-1}$. $y_m \in \mathscr{N}_m$ 还意味着

$$0 = T_\lambda^m y_m = T_\lambda^{m-1}(T_\lambda y_m),$$

即 $T_\lambda y_m \in \mathscr{N}_{m-1} \subseteq \mathscr{N}_{n-1}$. 类似地，$y_n \in \mathscr{N}_n$ 意味着 $T_\lambda y_n \in \mathscr{N}_{n-1}$. 合在一起便有 $\tilde{x} \in \mathscr{N}_{n-1}$，还有 $x = \lambda^{-1} \tilde{x} \in \mathscr{N}_{n-1}$，所以由 (8.4.1) 可得

$$\|\lambda y_n - \tilde{x}\| = |\lambda| \, \|y_n - x\| \geqslant \tfrac{1}{2}|\lambda|.$$

由此和 (8.4.3) 便得到 (8.4.2). 因此我们的假设（不存在 m 使得 $\mathscr{N}_m = \mathscr{N}_{m+1}$）不是真的. 所以对于某一个 m 必有 $\mathscr{N}_m = \mathscr{N}_{m+1}$.

(b) 再证明 $\mathscr{N}_m = \mathscr{N}_{m+1}$ 意味着对于所有 $n > m$ 有 $\mathscr{N}_n = \mathscr{N}_{n+1}$. 假定不是这样，则对于某一个 $n > m$ 有 $\mathscr{N}_n$ 是 $\mathscr{N}_{n+1}$ 的真子空间. 考虑 $x \in \mathscr{N}_{n+1} - \mathscr{N}_n$. 根据定义有

$$T_\lambda^{n+1} x = 0, \quad 但是 \quad T_\lambda^n x \neq 0.$$

由于 $n > m$，所以 $n - m > 0$. 令 $z = T_\lambda^{n-m} x$，则

$$T_\lambda^{m+1} z = T_\lambda^{n+1} x = 0, \quad \text{但是} \quad T_\lambda^m z = T_\lambda^n x \neq 0.$$

因此 $z \in \mathcal{N}_{m+1}$，但 $z \notin \mathcal{N}_m$，所以 $\mathcal{N}_m$ 是 $\mathcal{N}_{m+1}$ 的真子空间. 这与 $\mathcal{N}_m = \mathcal{N}_{m+1}$ 矛盾. 取 r 为满足 $\mathcal{N}_n = \mathcal{N}_{n+1}$ 的最小 n 便证明了第一个命题. 因此，若 $r > 0$，引理中所说的包含关系是真包含. ∎

刚才证明的引理是关于算子 $T_\lambda, T_\lambda^2, \cdots$ 的零空间的，其中 T 是紧线性算子，$\lambda \neq 0$. 让我们来证明，关于这些算子的值域也有类似的命题.

8.4–2 引理（值域） 在 8.4–1 的假设下，存在（依赖于 λ 的）最小整数 q 使得从 $n = q$ 开始，值域 $T_\lambda^n(X)$ 都是相等的，并且若 $q > 0$，包含关系

$$T_\lambda^0(X) \supset T_\lambda(X) \supset \cdots \supset T_\lambda^q(X)$$

是真包含.

证明 仍然采用反证法，并且和上面的证明是相仿的. 简单地记 $\mathcal{R}_n = T_\lambda^n(X)$. 假定不存在 s 使得 $\mathcal{R}_s = \mathcal{R}_{s+1}$，则对于每一个 n 有 $\mathcal{R}_{n+1}$ 是 $\mathcal{R}_n$ 的真子空间（见 8.3–6）. 由 8.3–6 可知这些值域都是闭集，因此由里斯引理 2.5–4 可知存在序列 (x_n) 满足

$$x_n \in \mathcal{R}_n, \quad \|x_n\| = 1, \quad \text{对于所有 } x \in \mathcal{R}_{n+1} \text{ 有} \quad \|x\| \geqslant \tfrac{1}{2}. \tag{8.4.4}$$

设 $m < n$. 由于 $T = T_\lambda + \lambda I$，可以记

$$Tx_m - Tx_n = \lambda x_m - (-T_\lambda x_m + T_\lambda x_n + \lambda x_n). \tag{8.4.5}$$

上式右端的 $\lambda x_m \in \mathcal{R}_m$ 且 $x_m \in \mathcal{R}_m$，所以 $T_\lambda x_m \in \mathcal{R}_{m+1}$，并且因为 $n > m$，所以 $T_\lambda x_n + \lambda x_n \in \mathcal{R}_n \subseteq \mathcal{R}_{m+1}$. 因此，(8.4.5) 具有以下形式

$$Tx_m - Tx_n = \lambda(x_m - x), \quad \text{其中 } x \in \mathcal{R}_{m+1},$$

因此由 (8.4.4) 可得

$$\|Tx_m - Tx_n\| = |\lambda| \|x_m - x\| \geqslant \tfrac{1}{2}|\lambda| > 0. \tag{8.4.6}$$

因为 (x_n) 有界且 T 是紧算子，因此 (Tx_n) 有收敛的子序列，这就与 (8.4.6) 矛盾，从而证明了对于某个 s 有 $\mathcal{R}_s = \mathcal{R}_{s+1}$. 令 q 是使得 $\mathcal{R}_s = \mathcal{R}_{s+1}$ 成立的最小 s，则若 $q > 0$，引理中所说的包含关系（它是从 8.3–6 推出的）是真包含.

此外，$\mathcal{R}_{q+1} = \mathcal{R}_q$ 意味着 T_λ 映 $\mathcal{R}_q$ 到 $\mathcal{R}_q$ 上，因此，反复用 T_λ 作用上式两端，便得到对于每个 $n > q$ 有 $\mathcal{R}_{n+1} = \mathcal{R}_n$. ∎

结合 8.4–1 和 (8.4–2) 便得到以下重要定理.

8.4-3 定理（零空间和值域）　设 $T : X \longrightarrow X$ 是赋范空间 X 上的紧线性算子且 $\lambda \neq 0$，则存在（依赖于 λ 的）最小整数 $n = r$ 使得

$$\mathscr{N}\left(T_\lambda^r\right) = \mathscr{N}\left(T_\lambda^{r+1}\right) = \mathscr{N}\left(T_\lambda^{r+2}\right) = \cdots, \tag{8.4.7}$$

$$T_\lambda^r(X) = T_\lambda^{r+1}(X) = T_\lambda^{r+2}(X) = \cdots. \tag{8.4.8}$$

若 $r > 0$，则有真包含关系

$$\mathscr{N}\left(T_\lambda^0\right) \subset \mathscr{N}\left(T_\lambda\right) \subset \cdots \subset \left(T_\lambda^r\right), \tag{8.4.9}$$

$$T_\lambda^0(X) \supset T_\lambda(X) \supset \cdots \supset T_\lambda^r(X). \tag{8.4.10}$$

证明　8.4-1 给出了 (8.4.7) 和 (8.4.9)，8.4-2 给出了 (8.4.8) 和 (8.4.10)，只是 q 代替了 r. 我们必须证明 $q = r$. 分 (a) 和 (b) 两步证明，在 (a) 中证明 $q \geqslant r$，在 (b) 中证明 $q \leqslant r$. 像前面一样，简记 $\mathscr{N}_n = \mathscr{N}\left(T_\lambda^n\right)$ 和 $\mathscr{R}_n = T_\lambda^n(X)$.

(a) 由 8.4-2 可知 $\mathscr{R}_{q+1} = \mathscr{R}_q$. 这意味着 $T_\lambda(\mathscr{R}_q) = \mathscr{R}_q$. 因此，

$$y \in \mathscr{R}_q \implies \text{对于某个 } x \in \mathscr{R}_q \text{ 有 } y = T_\lambda. \tag{8.4.11}$$

现在证明

$$T_\lambda x = 0, \; x \in \mathscr{R}_q \implies x = 0. \tag{8.4.12}$$

假定 (8.4.12) 不成立，则对于某个非零的 $x_1 \in \mathscr{R}_q$ 有 $T_\lambda x_1 = 0$. 在 (8.4.11) 中取 $y = x_1$，则对于某个 $x_2 \in \mathscr{R}_q$ 有 $x_1 = T_\lambda x_2$. 类似地，对于某个 $x_3 \in \mathscr{R}_q$ 有 $x_2 = T_\lambda x_3$，等等. 因而通过代入，对于每个 n 可得

$$0 \neq x_1 = T_\lambda x_2 = \cdots = T_\lambda^{n-1} x_n, \quad \text{但是} \quad 0 = T_\lambda x_1 = T_\lambda^n x_n.$$

因此 $x_n \notin \mathscr{N}_{n-1}$ 但 $x_n \in \mathscr{N}_n$. 根据 8.4-1 有 $\mathscr{N}_{n-1} \subset \mathscr{N}_n$，我们的这一结果表明，因为 n 是任意的，对于每一个 n，这个包含关系是真包含. 这与 8.4-1 矛盾，从而证明了 (8.4.12).

根据 8.4-2 有 $\mathscr{R}_{q+1} = \mathscr{R}_q$，如果我们能够证明 $\mathscr{N}_{q+1} = \mathscr{N}_q$，则由于 r 是使得这个等式成立的最小整数，所以由 8.4-1 可推出 $q \geqslant r$.

根据 8.3-4 有 $\mathscr{N}_{q+1} \supseteq \mathscr{N}_q$. 现在证明 $\mathscr{N}_{q+1} \subseteq \mathscr{N}_q$，即 $T_\lambda^{q+1} x = 0$ 蕴涵 $T_\lambda^q x = 0$. 假设这不是真的，则对某个 x_0 有

$$y = T_\lambda^q x_0 \neq 0, \quad \text{但是} \quad T_\lambda y = T_\lambda^{q+1} x_0 = 0.$$

因此 $y \in \mathscr{R}_q, y \neq 0$ 且 $T_\lambda y = 0$. 在 (8.4.12) 中以 y 代替 x，便与上述结果矛盾，这就证明了 $\mathscr{N}_{q+1} \subseteq \mathscr{N}_q$，因此 $\mathscr{N}_{q+1} = \mathscr{N}_q$ 且 $q \geqslant r$.

(b) 现在证明 $q \leqslant r$. 若 $q = 0$, 不等式成立. 设 $q \geqslant 1$, 我们通过证明 $\mathscr{N}_{q-1}$ 是 $\mathscr{N}_q$ 的真子空间来证明 $q \leqslant r$. 由于 r 是使得 $\mathscr{N}_n = \mathscr{N}_{n+1}$ 成立的最小整数 n, 这意味着 $q \leqslant r$, 见 8.4–1.

根据 8.4–2 中 q 的定义, 包含关系 $\mathscr{R}_q \subset \mathscr{R}_{q-1}$ 是真包含. 令 $y \in \mathscr{R}_{q-1} - \mathscr{R}_q$, 则 $y \in \mathscr{R}_{q-1}$, 所以对于某个 x 有 $y = T_\lambda^{q-1} x$. $T_\lambda y \in \mathscr{R}_q = \mathscr{R}_{q+1}$ 还意味着对于某个 z 有 $T_\lambda y = T_\lambda^{q+1} z$. 由于 $T_\lambda^q z \in \mathscr{R}_q$ 但 $y \notin \mathscr{R}_q$, 所以

$$T_\lambda^{q-1}(x - T_\lambda z) = y - T_\lambda^q z \neq 0.$$

因此 $x - T_\lambda z \notin \mathscr{N}_{q-1}$. 但是由于

$$T_\lambda^q(x - T_\lambda z) = T_\lambda y - T_\lambda y = 0,$$

所以 $x - T_\lambda z \in \mathscr{N}_q$. 这就证明了 $\mathscr{N}_{q-1} \neq \mathscr{N}_q$, 从而 $\mathscr{N}_{q-1}$ 是 $\mathscr{N}_q$ 的真子空间, 因此 $q \leqslant r$. 与 (a) 合在一起便证明了 $q = r$. ■

巴拿赫空间中紧线性算子的谱的重要特征几乎是上述定理的直接结果. (在 8.6–4 中我们将会看到, 甚至当空间不是完备的时, 这个结果仍然成立.)

8.4–4 定理 (本征值) 设 $T : X \longrightarrow X$ 是巴拿赫空间 X 上的紧线性算子, 则 T 的每一个谱值 $\lambda \neq 0$ (若存在[①]) 都是 T 的本征值. (对于一般的赋范空间, 这个结论也是成立的, 证明见 8.6–4.)

证明 若 $\mathscr{N}(T_\lambda) \neq \{0\}$, 则 λ 是 T 的本征值. 假定 $\mathscr{N}(T_\lambda) = \{0\}$ 且 $\lambda \neq 0$, 则 $T_\lambda x = 0$ 意味着 $x = 0$, 由 2.6–10 可知 $T_\lambda^{-1} : T_\lambda(X) \longrightarrow X$ 存在. 由于

$$\{0\} = \mathscr{N}(I) = \mathscr{N}(T_\lambda^0) = \mathscr{N}(T_\lambda),$$

所以根据 8.4–3 有 $r = 0$, 根据 8.4–3 还有 $X = T_\lambda^0(X) = T_\lambda(X)$, 这就推出 T_λ 是一一映射. 由于 X 是完备空间, 根据有界逆定理 4.12–2 可知 T_λ^{-1} 是有界算子, 从而根据定义可知 $\lambda \in \rho(T)$. ■

在本章的很多定理中不包括 $\lambda = 0$, 那么自然要问: 对于复赋范空间 X 上的紧线性算子 $T : X \longrightarrow X$ 来说, 关于 $\lambda = 0$ 又是怎样的呢? 若 X 是有限维空间, 则 T 有矩阵表示. 显然, 0 可以属于也可以不属于 $\sigma(T) = \sigma_p(T)$, 也就是说, 若 $\dim X < \infty$, 可能有 $0 \notin \sigma(T)$, 则 $0 \in \rho(T)$. 然而, 若 $\dim X = \infty$, 则必有 $0 \in \sigma(T)$, 见 §8.3 习题 14. 如本节习题 4、习题 5 和 §9.2 习题 7 表明的那样, 以下三种情况都是可能的.

$$0 \in \sigma_p(T), \quad 0 \in \sigma_c(T), \quad 0 \in \sigma_r(T)$$

[①] 习题 5 表明 T 可能没有本征值. 在 §9.2 中将会看到, 复希尔伯特空间 $H \neq \{0\}$ 上的自伴紧线性算子总是至少有一个本征值.

作为 8.4–3 的另一个有趣的重要应用, 我们来建立 X 的表示, 即用两个闭子空间, 即 T_λ^r 的零空间和值域的直和 (§3.3) 表示.

8.4–5 定理 (直和) 设 X, T, λ, r 如定理 8.4–3 中所设, 则[①]X 能够被表示成

$$X = \mathcal{N}\left(T_\lambda^r\right) \oplus T_\lambda^r(X) \tag{8.4.13}$$

证明 考虑任意 $x \in X$, 我们必须证明 x 有唯一表示

$$x = y + z, \quad 其中 \ y \in \mathcal{N}_r, z \in \mathcal{R}_r,$$

像以前一样, 其中 $\mathcal{N}_n = \mathcal{N}(T_\lambda^n)$ 且 $\mathcal{R}_n = T_\lambda^n(X)$. 令 $z = T_\lambda^r x$, 则 $z \in \mathcal{R}_r$. 根据 8.4–3 有 $\mathcal{R}_r = \mathcal{R}_{2r}$, 因此 $z \in \mathcal{R}_{2r}$, 所以对于某个 $x_1 \in X$ 有 $z = T_\lambda^{2r} x_1$. 令 $x_0 = T_\lambda^r x_1$, 则 $x_0 \in \mathcal{R}_r$ 且

$$T_\lambda^r x_0 = T_\lambda^{2r} x_1 = z = T_\lambda^r x.$$

这表明 $T_\lambda^r(x - x_0) = 0$. 因此 $x - x_0 \in \mathcal{N}_r$ 且

$$x = (x - x_0) + x_0, \quad 其中 \ x - x_0 \in \mathcal{N}_r, x_0 \in \mathcal{R}_r. \tag{8.4.14}$$

如果能证明 (8.4.14) 是唯一的, 则证明了 (8.4.13).

现在证明唯一性. 假设除了 (8.4.14) 外还有

$$x = (x - \tilde{x}_0) + \tilde{x}_0, \quad 其中 \ x - \tilde{x}_0 \in \mathcal{N}_r, \tilde{x}_0 \in \mathcal{R}_r.$$

令 $v_0 = x_0 - \tilde{x}_0$, 则由 $\mathcal{R}_r$ 是向量空间可知 $v_0 \in \mathcal{R}_r$. 因此对于某个 $v \in X$ 有 $v_0 = T_\lambda^r v$. 此外还有

$$v_0 = x_0 - \tilde{x}_0 = (x - \tilde{x}_0) - (x - x_0),$$

因此 $v_0 \in \mathcal{N}_r$ 且 $T_\lambda^r v_0 = 0$. 合在一起便有

$$T_\lambda^{2r} v = T_\lambda^r v_0 = 0$$

和 $v \in \mathcal{N}_{2r} = \mathcal{N}_r$ (见 8.4–3). 这意味着

$$v_0 = T_\lambda^r v = 0,$$

即 $v_0 = x_0 - \tilde{x}_0 = 0, x_0 = \tilde{x}_0$, 这就证明了表示 (8.4.14) 是唯一的, 从而 $\mathcal{N}_r + \mathcal{R}_r$ 是直和. ∎

---

① 若 X 是向量空间, 则对于任意子空间 $Y \subseteq X$, 都存在子空间 $Z \subseteq X$ 使得 $X = Y \oplus Z$, 见 §3.3. 若 X 是赋范空间 (甚至是巴拿赫空间) 而 $Y \subseteq X$ 是闭子空间, 也未必有闭子空间 $Z \subseteq X$ 使得 $X = Y \oplus Z$. [例子见附录 C 中默里 (F. J. Murray, 1937) 和索布奇克 (A. Sobczyk, 1941) 的论文.] 若 X 是希尔伯特空间, 则对于每个闭子空间 Y 总有 $X = Y \oplus Z$, 其中 $Z = Y^\perp$ 是闭子空间 (见 3.3–3 和 3.3–4). 注意, 在 (8.4.13) 中的两个子空间都是闭的.

习　题

1. 在较弱的假设下，对于某个 $p \in \mathbf{N}$，若 T^p 是紧算子，证明 8.4–1.

2. 在 8.4–1 的证明中，用反证法证明了 $\mathcal{N}_m = \mathcal{N}_{m+1}$ 蕴涵对于所有 $n > m$ 有 $\mathcal{N}_n = \mathcal{N}_{n+1}$. 请给出一个直接的证明.

3. 对于一般的赋范空间，要想得到 8.4–4，可以试图把这里的证明用到 T 的紧延拓 $\tilde{T}$（见 8.2–4）上，然后得到关于 T 的结论. 将会遇到什么困难？

4. 证明由
$$Tx = \left(\frac{\xi_2}{1}, \frac{\xi_3}{2}, \frac{\xi_4}{3}, \cdots\right), \quad \text{其中 } x = (\xi_1, \xi_2, \cdots)$$
定义的 $T : l^2 \longrightarrow l^2$ 是紧算子，并且 $\sigma_p(T) = \{0\}$.

5. 由于紧线性算子可能没有本征值，所以在 8.4–4 中必须包括"若谱值存在"这一措辞. 证明由
$$Tx = \left(0, \frac{\xi_1}{1}, \frac{\xi_2}{2}, \frac{\xi_3}{3}, \cdots\right), \quad \text{其中 } x = (\xi_1, \xi_2, \cdots)$$
定义的 $T : l^2 \longrightarrow l^2$ 就是这一类型的算子. 证明 $\sigma(T) = \sigma_r(T) = \{0\}$.（注意，习题 4 表明 0 可能属于点谱. 在 §9.2 习题 7 中将会看到，0 也可能属于连续谱.）

6. 求由
$$T_n x = \left(0, \frac{\xi_1}{1}, \frac{\xi_2}{2}, \cdots, \frac{\xi_{n-1}}{n-1}\right), \quad \text{其中 } x = (\xi_1, \cdots, \xi_n)$$
定义的 $T_n : \mathbf{R}^n \longrightarrow \mathbf{R}^n$ 的本征值. 把它与习题 5 比较，并阐明当 $n \to \infty$ 时会出现什么情况.

7. 设 $T : l^2 \longrightarrow l^2$ 是由 $y = Tx$, $x = (\xi_j)$, $y = (\eta_j)$, $\eta_j = \alpha_j \xi_j$ 定义的算子，其中 (α_j) 在 $[0,1]$ 上稠密. 证明 T 不是紧算子.

8. 设 $T : l^2 \longrightarrow l^2$ 由
$$x = (\xi_1, \xi_2, \cdots) \longmapsto Tx = (\xi_2, \xi_3, \cdots)$$
定义的算子. 令 $m = m_0$ 和 $n = n_0$ 是使得 $\mathcal{N}(T^m) = \mathcal{N}(T^{m+1})$ 和 $T^{n+1}(X) = T^n(X)$ 的最小数. 求 $\mathcal{N}(T^m)$. 存在有限的 m_0 吗？求 n_0.

9. 设 $T : C[0,1] \longrightarrow C[0,1]$ 是由 $Tx = vx$, $v(t) = t$ 定义的算子，证明 T 不是紧算子.

10. 就矩阵
$$\begin{bmatrix} 1 & -1 \\ -1 & 1 \end{bmatrix}$$
表示的线性算子 $T : \mathbf{R}^2 \longrightarrow \mathbf{R}^2$ 来推导表示 (8.4.13).

8.5　含有紧线性算子的算子方程

弗雷德霍姆（I. Fredholm, 1903）研究了线性积分方程，并在他著名的著作中提出了一些紧线性算子方程的可解性理论. 我们将向读者介绍由里斯（F. Riesz, 1918）进一步发展、绍德尔（J. Schauder, 1930）做出重大贡献的这一理论.

我们将讨论赋范空间 X 上的紧线性算子 $T : X \longrightarrow X$ 和 4.5–1 中定义的伴随算子 $T^{\times} : X' \longrightarrow X'$，以及方程

$$Tx - \lambda x = y, \quad \text{其中 } y \in X \text{ 是给定的}, \ \lambda \neq 0, \tag{8.5.1}$$

相应的齐次方程

$$Tx - \lambda x = 0, \quad \text{其中 } \lambda \neq 0. \tag{8.5.2}$$

类似的关于伴随算子的方程

$$T^{\times} f - \lambda f = g, \quad \text{其中 } g \in X' \text{ 是给定的}, \ \lambda \neq 0, \tag{8.5.3}$$

相应的齐次方程

$$T^{\times} f - \lambda f = 0, \quad \text{其中 } \lambda \neq 0. \tag{8.5.4}$$

其中 $\lambda \in \mathbf{C}$ 是不等于 0 的固定的任意复数. 我们将分别研究解 x 和 f 的存在性.

为什么要同时考虑这 4 个方程呢? 从下面的摘要可以看出, 关于可解性这些方程是互相关联在一起的.（括号里的数字表示引用的相应定理.）

摘要　设 $T : X \longrightarrow X$ 是赋范空间 X 上的紧线性算子, $T^{\times} : X' \longrightarrow X'$ 是 T 的伴随算子, $\lambda \neq 0$, 则

- (8.5.1) 是正规可解的, 即 (8.5.1) 有解 x, 当且仅当对于 (8.5.4) 的所有解 f 都有 $f(y) = 0$. 因此, 若 $f = 0$ 是 (8.5.4) 的唯一解, 则对于每个 y, (8.5.1) 都是可解的（见 8.5–1）.

- (8.5.3) 有解 f, 当且仅当对于 (8.5.2) 的所有解 x 都有 $g(x) = 0$. 因此, 若 $x = 0$ 是 (8.5.2) 的唯一解, 则对于每个 g, (8.5.3) 都是可解的（见 8.5–3）.

- 对于每个 $y \in X$, (8.5.1) 有解 x, 当且仅当 $x = 0$ 是 (8.5.2) 的唯一解（见 8.6–1(a)）.

- 对于每个 $g \in X'$, (8.5.3) 有解 f, 当且仅当 $f = 0$ 是 (8.5.4) 的唯一解（见 8.6–1(b)）.

- (8.5.2) 和 (8.5.4) 有相同个数的线性无关解（见 8.6–3）.

- T_{λ} 满足弗雷德霍姆择一性定理（见 8.7–2）. ■

我们的第一个定理给出了方程 (8.5.1) 可解的充分必要条件.

8.5–1 定理（(8.5.1) 的解）　设 $T : X \longrightarrow X$ 是赋范空间 X 上的紧线性算子, $\lambda \neq 0$, 则 (8.5.1) 有解 x, 当且仅当对于满足 (8.5.4) 的所有 $f \in X'$, y 满足

$$f(y) = 0. \tag{8.5.5}$$

因此, 若 (8.5.4) 只有平凡解 $f = 0$, 则 (8.5.1) 对于给定的任意 $y \in X$ 可解.

证明 (a) 假定 (8.5.1) 有解 $x = x_0$，即

$$y = Tx_0 - \lambda x_0 = T_\lambda x_0.$$

设 f 是 (8.5.4) 的任意解，则

$$f(y) = f(Tx_0 - \lambda x_0) = f(Tx_0) - \lambda f(x_0).$$

由伴随算子的定义可知 $f(Tx_0) = (T^\times f)(x_0)$（见 4.5–1，其中的 g 为这里的 f），因此根据 (8.5.4) 有

$$f(y) = (T^\times f)(x_0) - \lambda f(x_0) = 0.$$

(b) 反过来，假设 (8.5.1) 中的 y 对于 (8.5.4) 的每个解 f 满足 (8.5.5)，我们来证明 (8.5.1) 有解.

假设 (8.5.1) 没有解，则不存在 x 满足 $y = T_\lambda x$，因此 $y \notin T_\lambda(X)$. 由 8.3–5 可知 $T_\lambda(X)$ 是闭集，所以从 y 到 $T_\lambda(X)$ 的距离 δ 是正数. 根据 4.6–7，存在 $\tilde{f} \in X'$ 满足 $\tilde{f}(y) = \delta$ 且对于每个 $z \in T_\lambda(X)$ 有 $\tilde{f}(z) = 0$. 由于 $z \in T_\lambda(X)$，对于某个 $x \in X$ 有 $z = T_\lambda x$，所以 $\tilde{f}(z) = 0$ 变成

$$\tilde{f}(T_\lambda x) = \tilde{f}(Tx) - \lambda \tilde{f}(x) = (T^\times \tilde{f})(x) - \lambda \tilde{f}(x) = 0.$$

由于 $z \in T_\lambda(X)$ 是任意的，所以上式对于每个 $x \in X$ 成立，因此 $\tilde{f}$ 是 (8.5.4) 的解. 根据假设它满足 (8.5.5)，即 $\tilde{f}(y) = 0$，但这与 $\tilde{f}(y) = \delta > 0$ 矛盾，因此 (8.5.1) 必定有解. 这就证明了定理的第一个命题，由此立即可推出第二个命题. ∎

这个定理所表征的情况促使我们提出下面的概念. 设

$$Ax = y, \quad \text{其中 } y \text{ 是给定的}, \tag{8.5.6}$$

其中 $A : X \longrightarrow X$ 是赋范空间 X 上的有界线性算子. 假设 (8.5.6) 有解 $x \in X$ 的充分必要条件是对于方程

$$A^\times f = 0 \tag{8.5.7}$$

的每一个解 $f \in X'$ 有 y 满足 $f(y) = 0$，其中 $A^\times$ 是 A 的伴随算子，则称 (8.5.6) 是**正规可解的**.

8.5–1 表明 (8.5.1) 关于紧线性算子 T 和 $\lambda \neq 0$ 是正规可解的.

对于 (8.5.3) 也有一个和 8.5–1 类似的定理，它可从下述引理得到. 这个引理中的正实数 c 可能依赖于给定的 λ. 要注意的是，(8.5.8) 是对某一个解（称之为最小范数解）成立，而不必对所有解都成立. 因此这个引理并不意味着 $R_\lambda = T_\lambda^{-1}$ 存在（根据 §2.7 习题 7）.

8.5-2 引理（(8.5.1) 的某些解的界）　设 $T: X \longrightarrow X$ 是赋范空间 X 上的紧线性算子. 给定 $\lambda \neq 0$, 则存在与 (8.5.1) 中的 y 无关的正实数 c, 使得对于每个使 (8.5.1) 有解的 y, 这些解中至少有一个（记为 $x = \tilde{x}$）满足

$$\|\tilde{x}\| \leqslant c \|y\|, \tag{8.5.8}$$

其中 $y = T_\lambda \tilde{x}$.

证明　我们把证明分成两步.

(a) 证明: 若对于给定的 y, (8.5.1) 肯定有解的话, 则这些解的集合中包含最小范数解, 记之为 $\tilde{x}$.

(b) 证明: 存在正数 c 使得关于最小范数解 $\tilde{x}$, 它对应于使得 (8.5.1) 有解的任意 $y = T_\lambda \tilde{x}$ 有 (8.5.8) 成立.

详细证明如下.

(a) 设 x_0 是 (8.5.1) 的一个解. 若 x 是 (8.5.1) 的另外的任意解, 则其差 $z = x - x_0$ 满足 (8.5.2), 因此, (8.5.1) 的每一个解都能够写成

$$x = x_0 + z, \quad \text{其中 } z \in \mathcal{N}(T_\lambda).$$

反过来, 对于每个 $z \in \mathcal{N}(T_\lambda)$, 和 $x_0 + z$ 一定是 (8.5.1) 的解. 对于固定的 x_0 有 x 的范数与 z 有关, 记

$$p(z) = \|x_0 + z\| \quad \text{和} \quad k = \inf_{z \in \mathcal{N}(T_\lambda)} p(z).$$

根据下确界的定义, $\mathcal{N}(T_\lambda)$ 含有序列 (z_n) 使得

$$\text{当 } n \to \infty \text{ 时} \quad p(z_n) = \|x_0 + z_n\| \to k. \tag{8.5.9}$$

由于 $(p(z_n))$ 收敛, 所以有界. 因为

$$\|z_n\| = \|(x_0 + z_n) - x_0\| \leqslant \|x_0 + z_n\| + \|x_0\| = p(z_n) + \|x_0\|,$$

所以 (z_n) 也是有界的. 由于 T 是紧算子, 所以 (Tz_n) 有收敛的子序列. 但是 $z_n \in \mathcal{N}(T_\lambda)$ 意味着 $T_\lambda z_n = 0$, 即 $Tz_n = \lambda z_n$, 其中 $\lambda \neq 0$, 因此 (z_n) 有收敛的子序列, 不妨设

$$z_{n_j} \to z_0.$$

因为 $\mathcal{N}(T_\lambda)$ 是闭集（见 2.7–10）, 所以 $z_0 \in \mathcal{N}(T_\lambda)$. 由于 p 是连续的, 故又有

$$p(z_{n_j}) \to p(z_0).$$

因而从 (8.5.9) 得到

$$p(z_0) = \|x_0 + z_0\| = k.$$

这就证明了: 若 (8.5.1) 对给定的 y 有解, 则解的集合中包含最小范数解 $\tilde{x} = x_0 + z_0$.

(b) 现在证明: 存在与 y 无关的正数 c 使得关于最小范数解 $\tilde{x}$, 它对应于使得 (8.5.1) 有解的任意 $y = T_\lambda \tilde{x}$ 有 (8.5.8) 成立.

假设我们的论断不成立, 则存在序列 (y_n) 满足

$$\text{当 } n \to \infty \text{ 时} \quad \frac{\|\tilde{x}_n\|}{\|y_n\|} \to \infty, \tag{8.5.10}$$

其中 $\tilde{x}_n$ 是最小范数解且满足 $T_\lambda \tilde{x}_n = y_n$. 用 α 去乘等式两端可以看出 $\alpha \tilde{x}_n$ 是对应于 αy_n 的最小范数解, 因此, 不失一般性, 可以假定 $\|\tilde{x}_n\| = 1$, 则 (8.5.10) 意味着 $\|y_n\| \to 0$. 由于 T 是紧算子, $(\tilde{x}_n)$ 是有界序列, 所以 $(T\tilde{x}_n)$ 有收敛的子序列, 不妨设 $T\tilde{x}_{n_j} \to v_0$, 或者为方便计算把 v_0 写成 $v_0 = \lambda \tilde{x}_0$, 则

$$\text{当 } j \to \infty \text{ 时} \quad T\tilde{x}_{n_j} \to \lambda \tilde{x}_0. \tag{8.5.11}$$

因为 $y_n = T_\lambda \tilde{x}_n = T\tilde{x}_n - \lambda \tilde{x}_n$, 所以 $\lambda \tilde{x}_n = T\tilde{x}_n - y_n$. 利用 (8.5.11) 和 $\|y_n\| \to 0$, 并注意到 $\lambda \neq 0$, 便得到

$$\tilde{x}_{n_j} = \frac{1}{\lambda} \left(T\tilde{x}_{n_j} - y_{n_j} \right) \to \tilde{x}_0. \tag{8.5.12}$$

由于 T 是连续算子, 可得

$$T\tilde{x}_{n_j} \to T\tilde{x}_0.$$

因此由 (8.5.11) 便得 $T\tilde{x}_0 = \lambda \tilde{x}_0$. 由于 $T_\lambda \tilde{x}_n = y_n$, 故可看出 $x = \tilde{x}_n - \tilde{x}_0$ 满足 $T_\lambda x = y_n$. 由于 $\tilde{x}_n$ 是最小范数解, 所以

$$\|x\| = \|\tilde{x}_n - \tilde{x}_0\| \geqslant \|\tilde{x}_n\| = 1.$$

但是这与 (8.5.12) 中的收敛性矛盾, 因此 (8.5.10) 不成立, 但 (8.5.10) 中商的序列一定是有界的, 也就是一定有

$$c = \sup_{y \in T_\lambda(X)} \frac{\|\tilde{x}\|}{\|y\|} < \infty,$$

其中 $y = T_\lambda \tilde{x}$, 这就推出了 (8.5.8). ∎

利用这个引理, 类似于用 8.5–1 给出 (8.5.1) 的解, 我们可以把 (8.5.3) 的可解性表征出来.

8.5–3 定理 ((8.5.3) 的解) 设 $T : X \longrightarrow X$ 是赋范空间 X 上的紧线性算子, $\lambda \neq 0$, 则 (8.5.3) 有解 f, 当且仅当对于满足 (8.5.2) 的所有 $x \in X$, g 满足

$$g(x) = 0. \tag{8.5.13}$$

因此, 若 (8.5.2) 只有平凡解 $x = 0$, 则 (8.5.3) 对于给定的任意 $g \in X'$ 可解.

证明　(a) 若 (8.5.3) 有解 f 且 x 满足 (8.5.2)，则因为

$$g(x) = \left(T^{\times}f\right)(x) - \lambda f(x) = f(Tx - \lambda x) = f(0) = 0,$$

所以 (8.5.13) 成立.

　　(b) 反过来，假设对于 (8.5.2) 的每个解 x，g 满足 (8.5.13)，我们来证明 (8.5.3) 有解 f. 为此考虑任意 $x \in X$ 并令 $y = T_{\lambda}x$，则 $y \in T_{\lambda}(X)$. 在 $T_{\lambda}(X)$ 上我们可以用

$$f_0(y) = f_0(T_{\lambda}x) = g(x)$$

定义泛函 f_0. 若 $T_{\lambda}x_1 = T_{\lambda}x_2$，则 $T_{\lambda}(x_1 - x_2) = 0$，从而 $x_1 - x_2$ 是 (8.5.2) 的一个解，因此根据假设便有 $g(x_1 - x_2) = 0$，即 $g(x_1) = g(x_2)$，这说明 f_0 的定义是明确的.

　　由于 T_{λ} 和 g 都是线性泛函，所以 f_0 也是线性泛函. 现在证明 f_0 是有界泛函. 8.5–2 意味着对于每个 $y \in T_{\lambda}(X)$ 至少有一个相应的 x 满足

$$\|x\| \leqslant c\,\|y\|, \quad \text{其中 } y = T_{\lambda}x,$$

其中 c 与 y 无关. 从

$$\left|f_0(y)\right| = \left|g(x)\right| \leqslant \|g\|\,\|x\| \leqslant c\,\|g\|\,\|y\| = \tilde{c}\,\|y\|, \quad \text{其中 } \tilde{c} = c\,\|g\|$$

可以看出 f_0 是有界泛函. 根据哈恩–巴拿赫定理 4.3–2，泛函 f_0 有从 $T_{\lambda}(X)$ 到 X 上的延拓 f，当然 f 是定义在 X 上的有界线性泛函. 根据 f_0 的定义，

$$f(Tx - \lambda x) = f(T_{\lambda}x) = f_0(T_{\lambda}x) = g(x).$$

根据伴随算子的定义，对于所有 $x \in X$ 有

$$f(Tx - \lambda x) = f(Tx) - \lambda f(x) = \left(T^{\times}f\right)(x) - \lambda f(x).$$

与前边的公式合在一起，便证明了 f 是 (8.5.3) 的一个解，从而证明了定理的第一个论断. 由第一个论断容易推出第二个论断. ■

　　由于下一节内容是本节内容的延续，所以两节的习题都放在 §8.6 的末尾.

8.6　其他的弗雷德霍姆型定理

　　在本节中，我们对算子方程

$$Tx - \lambda x = y, \quad \text{其中 } y \text{ 是给定的}, \tag{8.6.1}$$

$$Tx - \lambda x = 0, \tag{8.6.2}$$

$$T^\times f - \lambda f = g, \quad \text{其中 } g \text{ 是给定的}, \tag{8.6.3}$$

$$T^\times f - \lambda f = 0 \tag{8.6.4}$$

的可解性问题给出进一步结果. 这里的假定与 §8.5 完全相同, 即 $T : X \longrightarrow X$ 是赋范空间 X 上的紧线性算子, $T^\times$ 是 T 的伴随算子, $\lambda \neq 0$ 是固定的.

正如前面指出的那样, §8.5 和本节的理论推广了弗雷德霍姆的著名的积分方程理论.

§8.5 的主要结果是: (8.6.1) 的可解性是用 (8.6.4) 来表征的 (见 8.5–1), (8.6.3) 的可解性是用 (8.6.2) 来表征的 (见 8.5–3). 我们自然要寻找 (8.6.1) 与 (8.6.2) 之间, (8.6.3) 与 (8.6.4) 之间有否类似的关系.

8.6–1 定理 ((8.6.1) **的解**) 设 $T : X \longrightarrow X$ 设是赋范空间 X 上的紧线性算子, $\lambda \neq 0$, 则

(a) (8.6.1) 对于每个 $y \in X$ 有解 x, 当且仅当齐次方程 (8.6.2) 只有平凡解 $x = 0$. 在这种情况下, (8.6.1) 的解是唯一的, 并且 T_λ 有有界逆.

(b) (8.6.3) 对于每个 $g \in X'$ 有解 f, 当且仅当齐次方程 (8.6.4) 只有平凡解 $f = 0$. 在这种情况下, (8.6.3) 的解是唯一的.

证明 (a) 我们先证明: 若对于每个 $y \in X$, (8.6.1) 是可解的, 则 $x = 0$ 是 (8.6.2) 的唯一解.

如若不然, (8.6.2) 还有解 $x_1 \neq 0$. 由于 (8.6.1) 对于任意的 y 都是可解的, 则 $T_\lambda x = y = x_1$ 应有解 $x = x_2$, 即 $T_\lambda x_2 = x_1$. 同理也存在 x_3 满足 $T_\lambda x_3 = x_2$, 依此类推. 因而通过代入, 对于 $k = 2, 3, \cdots$ 有

$$0 \neq x_1 = T_\lambda x_2 = T_\lambda^2 x_3 = \cdots = T_\lambda^{k-1} x_k,$$
$$0 = T_\lambda x_1 = T_\lambda^k x_k.$$

因此 $x_k \in \mathscr{N}(T_\lambda^k)$, 但 $x_k \notin \mathscr{N}(T_\lambda^{k-1})$. 这意味着对于所有 k, 零空间 $\mathscr{N}(T_\lambda^{k-1})$ 是 $\mathscr{N}(T^k)$ 的真子空间. 但是这与 8.4–3 相矛盾. 因此 $x = 0$ 必定是 (8.6.2) 的唯一解.

反之, 假定 $x = 0$ 是 (8.6.2) 的唯一解, 则根据 8.5–3, (8.6.3) 对于任意 g 是可解的. 由于 $T^\times$ 是紧算子 (见 8.2–5), 所以可把前面的证明应用到 $T^\times$ 上, 从而得到 $f = 0$ 必定是 (8.6.4) 的唯一解. 从 8.5–1 可推出 (8.6.1) 对于任意 y 是可解的.

　　由于 (8.6.1) 的两个解之差是 (8.6.2) 的一个解, 由此可以推出 (8.6.1) 的解的唯一性. 显然, 这样的唯一解 $x = T_\lambda^{-1} y$ 是最小范数解, 从 8.5-2 可得

$$\|x\| = \left\|T_\lambda^{-1} y\right\| \leqslant c\,\|y\|,$$

这就推出了 T_λ^{-1} 的有界性.

　　(b) 因为 $T^\times$ 是紧算子 (见 8.2-5), 所以 (b) 是 (a) 的推论. ■

　　齐次方程 (8.6.2) 和 (8.6.4) 也是相关的, 我们将会看到它们有相同个数的线性无关解. 为了证明这一事实, 我们将要求在 X 和 X' 中存在着满足下面的关系式 (8.6.5) 的集合, 通常称作为双正交系.

　　8.6-2 引理 (双正交系)　在赋范空间 X 的对偶空间 X' 中给定线性无关组 $\{f_1, \cdots, f_m\}$, 则在 X 中存在着元素 $z_1, \cdots, z_m$ 使得

$$f_j(z_k) = \delta_{jk} = \begin{cases} 0, & \text{若 } j \neq k, \\ 1, & \text{若 } j = k, \end{cases} \quad \text{其中 } j, k = 1, \cdots, m. \tag{8.6.5}$$

　　证明　由于如何排列 f_j 是无关紧要的, 所以只要证明存在着 z_m 满足

$$f_m(z_m) = 1, \quad f_j(z_m) = 0, \quad \text{其中 } j = 1, \cdots, m - 1 \tag{8.6.6}$$

就够了. 当 $m = 1$ 时, 由线性无关的定义可知 $f_1 \neq 0$, 所以对于某个 x_0 有 $f_1(x_0) \neq 0$. 令 $\alpha = 1/f_1(x_0)$, $z_1 = \alpha x_0$, 则 $f_1(z_1) = 1$, 即 (8.6.6) 成立.

　　现在假设 $m > 1$, 使用数学归纳法, 假设对于 $m - 1$ 引理成立, 即 X 含有元素 $z_1, \cdots, z_{m-1}$ 使得

$$f_k(z_k) = 1, \quad \text{对于 } n \neq k \text{ 有 } f_n(z_k) = 0, \quad \text{其中 } k, n = 1, \cdots, m - 1. \tag{8.6.7}$$

考虑集合

$$M = \{x \in X \mid f_1(x) = 0, \cdots, f_{m-1}(x) = 0\},$$

并证明 M 含有 $\tilde{z}_m$ 使得 $f_m(\tilde{z}_m) = \beta \neq 0$, 令 $z_m = \beta^{-1} \tilde{z}_m$ 就得到 (8.6.6).

　　反之, 若对于所有 $x \in M$ 有 $f_m(x) = 0$, 则任取 $x \in X$, 令

$$\tilde{x} = x - \sum_{j=1}^{m-1} f_j(x) z_j. \tag{8.6.8}$$

根据 (8.6.7), 对于 $k \leqslant m - 1$ 有

$$f_k(\tilde{x}) = f_k(x) - \sum_{j=1}^{m-1} f_j(x) f_k(z_j) = f_k(x) - f_k(x) = 0.$$

这就证明了 $\tilde{x} \in M$，因而根据假设有 $f_m(\tilde{x}) = 0$. 由 (8.6.8) 有

$$
\begin{aligned}
f_m(x) &= f_m\left(\tilde{x} + \sum f_j(x)z_j\right) \\
&= f_m(\tilde{x}) + \sum f_j(x)f_m(z_j) \\
&= \sum \alpha_j f_j(x), \quad \text{其中 } \alpha_j = f_m(z_j)
\end{aligned}
$$

（其中和式是对于 j 从 1 到 $m-1$ 求和）. 由于 $x \in X$ 是任意的，这说明 f_m 是 $f_1, \cdots, f_{m-1}$ 的线性组合，与 $\{f_1, \cdots, f_m\}$ 的线性无关性矛盾. 因此不可能对于所有 $x \in M$ 有 $f_m(x) = 0$，从而 M 一定含有满足 (8.6.6) 的 z_m. 引理得证. ■

利用这个引理可以证明 $\dim \mathscr{N}(T_\lambda) = \dim \mathscr{N}\left(T_\lambda^\times\right)$，其中 $T_\lambda^\times = (T - \lambda I)^\times = T^\times - \lambda I$. 对于我们所考虑的算子方程而言，这个维数等式意味着以下定理.

8.6-3 定理（T_λ 和 $T_\lambda^\times$ 的零空间） 设 $T : X \longrightarrow X$ 是赋范空间 X 上的紧线性算子，$\lambda \neq 0$，则 (8.6.2) 和 (8.6.4) 有相同个数的线性无关解.

证明 由于 T 和 $T^\times$ 是紧算子（见 8.2-5），故由 8.3-3 可知 $\mathscr{N}(T_\lambda)$ 和 $\mathscr{N}(T_\lambda^\times)$ 都是有限维的，不妨设

$$
\dim \mathscr{N}(T_\lambda) = n, \quad \dim \mathscr{N}(T_\lambda^\times) = m.
$$

我们把证明分成以下三个部分：

(a) 讨论 $m = n = 0$ 的情况并为 $m > 0, n > 0$ 做准备；

(b) 证明 $n < m$ 是不可能的；

(c) 证明 $n > m$ 是不可能的.

详细的证明如下.

(a) 若 $n = 0$，(8.6.2) 的唯一解是 $x = 0$，则 (8.6.3) 对于给定的任意 g 是可解的，见 8.5-3. 根据 8.6-1(b)，这意味着 $f = 0$ 是 (8.6.4) 的唯一的解，因此 $m = 0$. 类似地可从 $m = 0$ 推出 $n = 0$.

假定 $m > 0$ 且 $n > 0$，令 $\{x_1, \cdots, x_n\}$ 是 $\mathscr{N}(T_\lambda)$ 的一个基. 显然 $x_1 \notin Y_1 = \operatorname{span}\{x_2, \cdots, x_n\}$. 根据 4.6-7，存在 $\tilde{g}_1 \in X'$，它在 Y_1 上处处等于 0，而 $\tilde{g}_1(x_1) = \delta$，其中 $\delta > 0$ 是从 x_1 到 Y_1 的距离. 因此 $g_1 = \delta^{-1}\tilde{g}_1$ 满足 $g_1(x_1) = 1$ 且 $g_1(x_2) = 0, \cdots, g_1(x_n) = 0$. 类似地存在 g_2 满足 $g_2(x_2) = 1$ 且对于 $j \neq 2$ 有 $g_2(x_j) = 0$，依此类推，X' 含有 $g_1, \cdots, g_n$ 满足

$$
g_k(x_j) = \delta_{jk} = \begin{cases} 0, & \text{若 } j \neq k, \\ 1, & \text{若 } j = k, \end{cases} \quad \text{其中 } j, k = 1, \cdots, n. \tag{8.6.9}
$$

类似地, 若 $\{f_1, \cdots, f_m\}$ 是 $\mathscr{N}(T_\lambda^\times)$ 的一个基, 则根据 8.6-2, 存在 X 的元素 $z_1, \cdots, z_m$ 满足

$$f_j(z_k) = \delta_{jk}, \quad \text{其中 } j, k = 1, \cdots, m. \tag{8.6.10}$$

(b) 现在证明 $n < m$ 是不可能的. 设 $n < m$ 并用

$$Sx = Tx + \sum_{j=1}^n g_j(x)z_j \tag{8.6.11}$$

定义算子 $S : X \longrightarrow X$. 由 8.1-4(a) 可知 $g_j(x)z_j$ 是紧线性算子, 由于紧算子之和也是紧算子, 所以 S 是紧算子. 让我们来证明

$$\text{(a)} \quad S_\lambda x_0 = Sx_0 - \lambda x_0 = 0 \quad \Longrightarrow \quad \text{(b)} \quad x_0 = 0. \tag{8.6.12}$$

根据 (8.6.12a), 对于 $k = 1, \cdots, m$ 有 $f_k(S_\lambda x_0) = f_k(0) = 0$, 因此由 (8.6.11) 和 (8.6.10) 可得

$$\begin{aligned}
0 = f_k(S_\lambda x_0) &= f_k\left(T_\lambda x_0 + \sum_{j=1}^n g_j(x_0)z_j\right) \\
&= f_k(T_\lambda x_0) + \sum_{i=1}^n g_j(x_0)f_k(z_j) \\
&= (T_\lambda^\times f_k)(x_0) + g_k(x_0).
\end{aligned} \tag{8.6.13}$$

由于 $f_k \in \mathscr{N}(T_\lambda^\times)$, 所以 $T_\lambda^\times f_k = 0$. 因此 (8.6.13) 给出了

$$\text{对于 } k = 1, \cdots, m \text{ 有} \quad g_k(x_0) = 0. \tag{8.6.14}$$

根据 (8.6.11), 这就意味着 $Sx_0 = Tx_0$, 根据 (8.6.12a) 有 $T_\lambda x_0 = S_\lambda x_0 = 0$, 因此 $x_0 \in \mathscr{N}(T_\lambda)$. 由于 $\{x_1, \cdots, x_n\}$ 是 $\mathscr{N}(T_\lambda)$ 的一个基, 所以

$$x_0 = \sum_{j=1}^n \alpha_j x_j,$$

其中 α_j 是适当的标量. 两端用 g_k 作用, 利用 (8.6.14) 和 (8.6.9), 便有

$$\text{对于 } k = 1, \cdots, n \text{ 有} \quad 0 = g_k(x_0) = \sum_{j=1}^n \alpha_j g_k(x_j) = \alpha_k.$$

因此 $x_0 = 0$, 这就证明了 (8.6.12). 8.6–1(a) 意味着 $S_\lambda x = y$ 对于任意 y 是可解的. 选取 $y = z_{n+1}$, 设 $x = v$ 是对应的解, 即 $S_\lambda v = z_{n+1}$. 像 (8.6.13) 中一样进行计算, 利用 (8.6.10) 和 (8.6.11), 便有

$$1 = f_{n+1}(z_{n+1}) = f_{n+1}(S_\lambda v)$$

$$= f_{n+1}\left(T_\lambda v + \sum_{j=1}^{n} g_j(v)z_j\right)$$

$$= \left(T_\lambda^\times f_{n+1}\right)(v) + \sum_{j=1}^{n} g_j(v)f_{n+1}(z_j)$$

$$= \left(T_\lambda^\times f_{n+1}\right)(v).$$

由于假定 $n < m$, 我们有 $n + 1 \leqslant m$ 且 $f_{n+1} \in \mathscr{N}\left(T_\lambda^\times\right)$, 因此 $T_\lambda^\times f_{n+1} = 0$. 这显然与上面的等式矛盾, 因而证明了 $n < m$ 是不可能的.

(c) 最后证明 $n > m$ 也是不可能的, 其道理和 (b) 类似. 设 $n > m$ 并用

$$\tilde{S}f = T^\times f + \sum_{j=1}^{m} f(z_j)g_j \tag{8.6.15}$$

定义算子 $\tilde{S} : X' \longrightarrow X'$. 由 8.2–5 可知 $T^\times$ 是紧算子, 由 8.1–4(a) 可知 $f(z_j)g_j$ 是紧线性算子, 所以 $\tilde{S}$ 是紧算子. 代替 (8.6.12) 我们证明

(a) $\quad \tilde{S}_\lambda f_0 = \tilde{S}f_0 - \lambda f_0 = 0 \quad \Longrightarrow \quad$ (b) $\quad f_0 = 0.$ \qquad (8.6.16)

利用 (8.6.16a), 在 (8.6.15) 中令 $f = f_0$, 利用伴随算子的定义, 最后利用 (8.6.9) 便得到对于 $k = 1, \cdots, m$ 有

$$0 = \left(\tilde{S}_\lambda f_0\right)(x_k) = \left(T_\lambda^\times f_0\right)(x_k) + \sum_{j=1}^{m} f_0(z_j)g_j(x_k) \tag{8.6.17}$$

$$= f_0(T_\lambda x_k) + f_0(z_k).$$

我们的假设 $m < n$ 意味着对于 $k = 1, \cdots, m$ 有 $x_k \in \mathscr{N}(T_\lambda)$. [记住 $\{x_1, \cdots, x_n\}$ 是 $\mathscr{N}(T_\lambda)$ 的一个基.] 因此 $f_0(T_\lambda x_k) = f_0(0) = 0$, 所以 (8.6.17) 给出了

$$\text{对于 } k = 1, \cdots, m \text{ 有} \quad f_0(z_k) = 0. \tag{8.6.18}$$

因此由 (8.6.15) 可得 $\tilde{S}f_0 = T^\times f_0$. 由此和 (8.6.16a) 可推出 $T_\lambda^\times f_0 = \tilde{S}_\lambda f_0 = 0$, 因此 $f_0 \in \mathscr{N}\left(T_\lambda^\times\right)$. 由于 $\{f_1, \cdots, f_m\}$ 是 $\mathscr{N}\left(T_\lambda^\times\right)$ 的一个基, 所以

$$f_0 = \sum_{j=1}^{m} \beta_j f_j,$$

其中 β_j 是适当的标量. 利用 (8.6.18) 和 (8.6.10) 可得对于 $k = 1, \cdots, m$ 有

$$0 = f_0(z_k) = \sum_{j=1}^{m} \beta_j f_j(z_k) = \beta_k.$$

因此 $f_0 = 0$. 这就证明了 (8.6.16). 8.6–1(b) 意味着 $\tilde{S}_\lambda f = g$ 对于任意 g 是可解的. 选取 $g = g_{m+1}$, 设 $f = h$ 是相应的解, 即 $\tilde{S}_\lambda h = g_{m+1}$. 利用 (8.6.9) 和 (8.6.15), 再利用 (8.6.9), 便得到

$$\begin{aligned}
1 = g_{m+1}(x_{m+1}) &= \big(\tilde{S}_\lambda h\big)(x_{m+1}) \\
&= \big(T_\lambda^\times h\big)(x_{m+1}) + \sum_{j=1}^{m} h(z_j) g_j(z_{m+1}) \\
&= \big(T_\lambda^\times h\big)(x_{m+1}) \\
&= h(T_\lambda x_{m+1}).
\end{aligned}$$

我们的假设 $m < n$ 意味着 $m + 1 \leqslant n$, 所以 $x_{m+1} \in \mathscr{N}(T_\lambda)$. 因此 $h(T_\lambda x_{m+1}) = h(0) = 0$, 这就与上面的等式发生了矛盾, 所以 $m < n$ 是不可能的. 由于 $m > n$ 和 $m < n$ 都不可能, 故必有 $n = m$. ∎

8.6–1(a) 也能用来证明关于巴拿赫空间的一个较早的结论（即 8.4–4）, 甚至对一般的赋范空间也是成立的.

8.6–4 定理（本征值） 设 $T : X \longrightarrow X$ 是赋范空间 X 上的紧线性算子, 若 T 有非零的谱值, 则每一个非零谱值都是 T 的本征值.

证明 若预解算子 $R_\lambda = T_\lambda^{-1}$ 不存在, 则根据定义有 $\lambda \in \sigma_p(T)$. 设 $\lambda \neq 0$ 且假定 $R_\lambda = T_\lambda^{-1}$ 存在, 则 $T_\lambda x = 0$ 意味着 $x = 0$（根据 2.6–10）. 这就是说 (8.6.2) 只有平凡解. 8.6–1(a) 表明 (8.6.1) 对于任意 y 可解, 即 R_λ 在整个 X 上是有定义的, 并且是有界的, 因此 $\lambda \in \rho(T)$. ∎

习　题

1. 证明在 8.5–3 的证明中出现的泛函 f_0 是线性的.

2. 在含有 n 个方程和 n 个未知数的线性代数方程组的情况下, 8.5–1 意味着什么?

3. 考虑含有 n 个线性方程和 n 个未知数的方程组 $Ax = y$. 假定该方程组有一个解 x, 证明 y 一定满足形如 (8.5.5) 的条件.

4. 方程组 $Ax = y$（含 n 个方程和 n 个未知数）关于给定的任意 y 有（唯一的）解, 当且仅当 $Ax = 0$ 只有平凡解 $x = 0$. 如何从我们给出的定理推出?

5. 含有 n 个线性方程和 n 个未知数的方程组 $Ax = y$ 有解 x，当且仅当增广矩阵

$$
\begin{bmatrix}
\alpha_{11} & \alpha_{12} & \cdots & \alpha_{1n} & \eta_1 \\
\alpha_{21} & \alpha_{22} & \cdots & \alpha_{2n} & \eta_2 \\
\vdots & \vdots & \ddots & \vdots & \vdots \\
\alpha_{n1} & \alpha_{n2} & \cdots & \alpha_{nn} & \eta_n
\end{bmatrix}
$$

和系数矩阵 $A = (\alpha_{jk})$ 有相同的秩，其中 $y = (\eta_j)$. 从 8.5–1 来推得这个判据.

6. 若 (8.6.2) 有解 $x \neq 0$，并且 (8.6.1) 是可解的，证明 (8.6.1) 的解不可能是唯一的. 类似地，若 (8.6.4) 有解 $f \neq 0$，并且 (8.6.3) 是可解的，证明 (8.6.3) 的解不可能是唯一的.

7. 证明：8.6–1 中的第一个命题也可以表述为：$R_\lambda(T) : X \longrightarrow X$ 关于 $\lambda \neq 0$ 存在，当且仅当 $Tx = \lambda x$ 蕴涵 $x = 0$.

8. 赋范空间 X 中序列 $(z_1, z_2, \cdots)$ 和对偶空间 X' 中的序列 $(f_1, f_2, \cdots)$ 若满足对于 $j, k = 1, 2, \cdots$ 有 $f_j(z_k) = \delta_{jk}$，见 (8.6.5)，则称为双正交系. 给定 (z_k)，证明：在 X' 中存在序列 (f_j) 使得 (z_k) 和 (f_j) 是双正交系，当且仅当对于所有 $m \in \mathbf{N}$ 有 $z_m \notin \overline{A}_m$，其中

$$
A_m = \text{span}\{z_k \mid k = 1, 2, \cdots, k \neq m\}.
$$

9. 证明：对于像正文中所定义的有限双正交系，习题 8 中所说的条件是自动满足的.

10. 若内积空间中的两组向量 $\{z_1, \cdots, z_n\}$ 和 $\{y_1, \cdots, y_n\}$ 满足 $\langle z_k, y_j \rangle = \delta_{kj}$，证明它们中的每一组都是线性无关的.

11. 假定在希尔伯特空间中，双正交系是什么形式？

12. 若 X 是希尔伯特空间，陈述并证明 8.6–2.

13. 在 n 个线性方程和 n 个未知数构成的方程组的情况下，8.6–3 意味着什么？

14. 若赋范空间 X 上的线性算子 $T : X \longrightarrow Y$ 有有限维的值域 $\mathscr{R}(T) = T(X)$，证明 T 有表示式

$$
Tx = f_1(x)y_1 + \cdots + f_n(x)y_n,
$$

其中 $\{y_1, \cdots, y_n\}$ 和 $\{f_1, \cdots, f_n\}$ 分别是 Y 和 X'（X 的对偶）中的线性无关组.

15. 在我们给出的定理中，若 $\lambda = 0$，将会出现令人惊异的情况，(8.6.1) 和 (8.6.2) 分别为

$$
Tx = y, \quad \text{和} \quad Tx = 0.
$$

对于这些方程，8.6–1 未必成立. 要看出这一点，考虑用

$$
Tx(s) = \int_0^\pi k(s,t)x(t)\mathrm{d}t, \quad k(s,t) = \sum_{n=1}^\infty \frac{1}{n^2}\sin ns \sin nt
$$

定义的算子 $T : C[0,\pi] \longrightarrow C[0,\pi]$.

8.7 弗雷德霍姆择一性

§8.5 和 §8.6 专门就算子方程的可解性研究了紧线性算子的性态，所得的结果促使我们提出下面的概念.

8.7–1 定义（弗雷德霍姆择一性）　赋范空间 X 上的有界线性算子 A : $X \longrightarrow X$，若不使 (I) 成立便使 (II) 成立，则称 A 满足弗雷德霍姆择一性.

(I) 非齐次方程

$$Ax = y, \quad A^{\times}f = g$$

（$A^{\times} : X' \longrightarrow X'$ 是 A 的伴随算子）对于每个给定的 $y \in X$ 和 $g \in X'$ 都有唯一的解，分别为 x 和 f. 对应的齐次方程

$$Ax = 0, \quad A^{\times}f = 0$$

分别只有平凡解 $x = 0$ 和 $f = 0$.

(II) 齐次方程

$$Ax = 0, \quad A^{\times}f = 0$$

分别有同样个数的线性无关解

$$x_1, \cdots, x_n \quad \text{和} \quad f_1, \cdots, f_n, \quad \text{其中 } n \geqslant 1.$$

非齐次方程

$$Ax = y, \quad A^{\times}f = g$$

不是对于所有 y 和 g 分别都是可解的. 当且仅当 y 和 g 分别满足

$$f_k(y) = 0, \quad g(x_k) = 0$$

（$k = 1, \cdots, n$）时，它们是有解的. ■

有了这个概念，我们能把上两节的结果总结如下.

8.7–2 定理（弗雷德霍姆择一性）　设 $T : X \longrightarrow X$ 是赋范空间 X 上的紧线性算子，且 $\lambda \neq 0$，则算子 $T_{\lambda} = T - \lambda I$ 满足弗雷德霍姆择一性.

这个专有的择一性论述在应用上特别重要，因为避开直接去证明解的存在性，而证明齐次方程只有平凡解往往更简单些.

我们曾指出（§8.5）紧线性算子的里斯理论是在弗雷德霍姆的第二类的积分方程

$$x(s) - \mu \int_a^b k(s,t)x(t)\mathrm{d}t = \tilde{y}(s) \tag{8.7.1}$$

的理论的启发下提出的，并推广了弗雷德霍姆的著名结果，这些结果早于希尔伯特空间和巴拿赫空间理论的发展. 我们将简要介绍紧线性算子理论在研究 (8.7.1) 方面的应用

令 $\mu = 1/\lambda$ 且 $\tilde{y}(s) = -y(s)/\lambda$, 其中 $\lambda \neq 0$, 则 (8.7.1) 可写成

$$Tx - \lambda x = y, \quad \text{其中 } \lambda \neq 0, \tag{8.7.2}$$

其中 T 定义为

$$(Tx)(s) = \int_a^b k(s,t)x(t)\mathrm{d}t. \tag{8.7.3}$$

所以 (8.7.1) 的一般理论结果能够解释 (8.7.2). 事实上, 我们有下面的定理.

8.7–3 定理 (关于积分方程的弗雷德霍姆择一性) 若 (8.7.1) 中的 k 使得 (8.7.2) 和 (8.7.3) 中的 $T : X \longrightarrow X$ 是赋范空间 X 上的紧线性算子, 则弗雷德霍姆择一性对于 T_λ 成立, 因而要么 (8.7.1) 对于所有 $\tilde{y} \in X$ 有唯一解, 要么对应于 (8.7.1) 的齐次方程有有限个线性无关的非平凡解 (即 $x \neq 0$ 的解).

假定 (8.7.2) 中的 T 是紧算子 (其条件在下面给出). 若 λ 属于 T 的预解集 $\rho(T)$, 则预解算子 $R_\lambda(T) = (T - \lambda I)^{-1}$ 存在, 在整个 X 上有定义, 并且是有界的 [见 8.6–1(a)], 而且对于每个 $y \in X$ 都给出了 (8.7.2) 的唯一解

$$x = R_\lambda(T)y.$$

由于 $R_\lambda(T)$ 是线性算子, 故 $R_\lambda(T)0 = 0$, 这意味着齐次方程 $Tx - \lambda x = 0$ 只有平凡解 $x = 0$. 因此 $\lambda \in \rho(T)$ 给出了弗雷德霍姆择一性中的情形 (I).

设 $|\lambda| > \|T\|$, 并假定 X 是复巴拿赫空间, 则由 7.3–4 可知 $\lambda \in \rho(T)$. 此外, (7.3.9) 给出

$$R_\lambda(T) = -\lambda^{-1}\left(I + \lambda^{-1}T + \lambda^{-2}T^2 + \cdots\right). \tag{8.7.4}$$

因此, 对于解 $x = R_\lambda(T)y$ 有表示式

$$x = -\frac{1}{\lambda}\left(y + \frac{1}{\lambda}Ty + \frac{1}{\lambda^2}T^2y + \cdots\right), \tag{8.7.5}$$

并把它叫作**诺伊曼级数**.

若我们取非零的 $\lambda \in \sigma(T)$ (如果这样的 λ 存在), 其中 $\sigma(T)$ 表示 T 的谱集, 可以得到弗雷德霍姆择一性的情形 (II). 由 8.6–4 可知 λ 是一个本征值, 由 8.3–3 可知其对应的本征空间是有限维的, 由 8.6–3 可知它的维数等于 $T_\lambda^\times$ 的对应的本征空间的维数.

和 8.7–3 相关的特别有意义的两个空间是

$$X = L^2[a,b] \quad \text{和} \quad X = C[a,b].$$

为了应用这个定理, 我们需要对 (8.7.1) 中的核 k 施加一定的条件, 以保证 T 是紧算子.

若 $X = L^2[a,b]$，这个条件是 $k \in L^2(J \times J)$，其中 $J = [a,b]$. 它的证明需要测度论的知识，超出了本书内容的范围.

若 $X = C[a,b]$，其中 $[a,b]$ 是紧区间，则 k 的连续性将保证 T 是紧算子.

我们将用下面的标准定理（下面的 8.7–4）来得到这一结果.

若 $C[a,b]$ 中的序列 (x_n) 对于任意正数 ε 存在只依赖于 ε 的正数 δ，使得对于所有 x_n 和满足 $|s_1 - s_2| < \delta$ 的所有 $s_1, s_2 \in [a,b]$ 有

$$|x_n(s_1) - x_n(s_2)| < \varepsilon,$$

则称 (x_n) 是**等度连续的**. 从这个定义可以看出，每个 x_n 都在 $[a,b]$ 上一致连续，并且 δ 不依赖于 n.

8.7–4 阿斯科利定理（等度连续序列） $C[a,b]$ 中的有界等度连续序列 (x_n) 有（按 $C[a,b]$ 中的范数）收敛的子序列.

关于这个定理的证明，见麦克沙恩（E. J. McShane, 1944, 第 336 页）的著作. 用这个定理便能得到所希望的在 $X = C[a,b]$ 情况中的结果如下.

8.7–5 定理（紧积分算子） 设 $J = [a,b]$ 是任意紧区间，并假定 k 在 $J \times J$ 上连续，则由 (8.7.3) 定义的算子 $T : X \longrightarrow X$ 是紧线性算子，其中 $X = C[a,b]$.

证明 显然，T 是线性算子. 从

$$\|Tx\| = \max_{s \in J} \left| \int_a^b k(s,t)x(t)\mathrm{d}t \right| \leqslant \|x\| \max_{s \in J} \int_a^b |k(s,t)|\mathrm{d}t$$

可看出 $\|Tx\| \leqslant \tilde{c}\|x\|$，故 T 是有界算子. 设 (x_n) 是 X 中的任意有界序列，不妨设对于所有 n 有 $\|x_n\| \leqslant c$. 令 $y_n = Tx_n$，则 $\|y_n\| \leqslant \|T\|\,\|x_n\|$，因此 (y_n) 也是有界序列. 现在证明 (y_n) 是等度连续的. 根据假设核 k 在 $J \times J$ 上是连续的，而 $J \times J$ 是紧的，故 k 在 $J \times J$ 上是一致连续的. 因此，给定任意正数 ε，存在正数 δ 使得对于所有 $t \in J$ 和所有满足 $|s_1 - s_2| < \delta$ 的 $s_1, s_2 \in J$ 有

$$\left| k(s_1, t) - k(s_2, t) \right| < \frac{\varepsilon}{(b-a)c}.$$

因此，对于上述 s_1, s_2 和每个 n 可得

$$|y_n(s_1) - y_n(s_2)| = \left| \int_a^b [k(s_1,t) - k(s_2,t)]x_n(t)\mathrm{d}t \right| < (b-a)\frac{\varepsilon}{(b-a)c}\,c = \varepsilon.$$

这就证明了 (y_n) 的等度连续性. 而阿斯科利定理意味着 (y_n) 有收敛的子序列. 由于 (x_n) 是任意有界序利，而 $y_n = Tx_n$，故由 8.1–3 推得 T 是紧算子. ∎

习 题

1. 就含有 n 个线性代数方程和 n 个未知数的方程组来表述弗雷德霍姆择一性.

2. 直接证明 (8.7.1) 不可能总是有解的.

3. 给出例子: 在 (8.7.3) 中的核 k 是不连续的, 使得连续函数 x 的像 Tx 是不连续的. 加以评论.

4. **诺伊曼级数** 证明: 用 (8.7.1) 中的 $\mu = 1/\lambda$ 和 $\tilde{y}$, 诺伊曼级数 (8.7.5) 取如下形式:

$$x = \tilde{y} + \mu T\tilde{y} + \mu^2 T^2 \tilde{y} + \cdots.$$

在 $C[a, b]$ 中研究 (8.7.1). 若 k 在 $[a, b] \times [a, b]$ 上是连续的, 则设 $|k(s, t)| < M$, 并且若 $|\mu| < 1/M(b-a)$, 证明诺伊曼级数是收敛的.

5. 求解下面的积分方程. 把结果与习题 4 中的诺伊曼级数进行比较.

$$x(s) - \mu \int_0^1 x(t)\mathrm{d}t = 1.$$

求出对应的齐次方程的所有解. 加以评论.

6. 求解下面的方程, 并证明: 若 $|\mu| < 1/k_0(b-a)$, 则对应的诺伊曼级数 (见习题 4) 是收敛的.

$$x(s) - \mu \int_a^b k_0 x(t)\mathrm{d}t = \tilde{y}(s),$$

其中 k_0 是常数.

7. **迭代核、预解核** 在习题 4 中的诺伊曼级数里, 可记

$$(T^n \tilde{y})(s) = \int_a^b k_{(n)}(s, t)\tilde{y}(t)\mathrm{d}t,$$

其中 $n = 2, 3, \cdots$, 迭代核 $k_{(n)}$ 由

$$k_{(n)}(s, t) = \int_a^b \cdots \int_a^b k(s, t_1)k(t_1, t_2)\cdots k(t_{n-1}, t)\mathrm{d}t_1 \cdots \mathrm{d}t_{n-1}$$

给出, 所以习题 4 中的诺伊曼级数可写成

$$x(s) = \tilde{y}(s) + \mu \int_a^b k(s, t)\tilde{y}(t)\mathrm{d}t + \mu^2 \int_a^b k_{(2)}(s, t)\tilde{y}(t)\mathrm{d}t + \cdots.$$

证明: 这个表达式可以写成积分方程

$$x(s) = \tilde{y}(s) + \mu \int_a^b \tilde{k}(s, t, \mu)\tilde{y}(t)\mathrm{d}t,$$

其中预解核[①] $\tilde{k}$ 由

$$\tilde{k}(s, t, \mu) = \sum_{j=0}^{\infty} \mu^j k_{(j+1)}(s, t), \quad \text{其中 } k_{(1)} = k$$

---

① 不要与算子的预解式 (见 §7.2) 混淆.

给出. 证明: 迭代核满足

$$k_n(s,t) = \int_a^b k_{(n-1)}(s,u)k(u,t)\mathrm{d}u.$$

8. 在 (8.7.1) 中令 $a = 0$, $b = \pi$ 且

$$k(s,t) = a_1 \sin s \sin 2t + a_2 \sin 2s \sin 3t.$$

试确定预解核.

9. 利用习题 4 的诺伊曼级数求解 (8.7.1), 其中 $a = 0$, $b = 2\pi$ 且

$$k(s,t) = \sum_{n=1}^{\infty} a_n \sin ns \cos nt, \quad \text{其中} \sum_{n=1}^{\infty} |a_n| < \infty.$$

10. 在 (8.7.1) 中令 $k(s,t) = s(1+t)$, $a = 0$, $b = 1$. 试确定本征值和本征函数. 当 $\lambda = 1/\mu$ 不是本征值时, 求解该方程.

11. 在 (8.7.1) 中令 $k(s,t) = 2\mathrm{e}^{s+t}$, $\tilde{y}(s) = \mathrm{e}^s$, $a = 0$, $b = 1$. 求本征值和本征函数.

12. 求解

$$x(s) - \mu \int_0^{2\pi} \sin s \cos tx(t)\mathrm{d}t = \tilde{y}(s).$$

13. 阿斯科利定理 8.7–4 是说 $C[a,b]$ 中的有界等度连续序列 (x_n) 含有按 $C[a,b]$ 上的范数收敛的子序列. 我们知道, 这种收敛在 $[a,b]$ 上一致收敛, 见 1.5–6. 举例说明, 一个连续函数序列在 $[a,b]$ 的每一点上可以是收敛的, 但可能不包含在 $[a,b]$ 上一致收敛的任何子序列.

14. 退化核　形如

$$k(s,t) = \sum_{j=1}^{n} a_j(s)b_j(t)$$

的核叫作退化核. 可以假定 $\{a_1, \cdots, a_n\}$ 和 $\{b_1, \cdots, b_n\}$ 两个集合都是 $[a,b]$ 上的线性无关组. 否则, 和式中的项数能进行缩减. 若 (8.7.1) 对于这样的核有解 x, 证明 x 一定是下面的形式

$$x(s) = \tilde{y}(s) + \mu \sum_{j=1}^{n} c_j a_j(s), \quad c_j = \int_a^b b_j(t)x(t)\mathrm{d}t,$$

而且未知常数一定满足

$$c_j - \mu \sum_{k=1}^{n} a_{jk}c_k = y_j, \quad a_{jk} = \int_a^b b_j(t)a_k(t)\mathrm{d}t,$$

其中

$$\text{对于 } j = 1, \cdots, n \text{ 有} \quad y_j = \int_a^b b_j(t)\tilde{y}(t)\mathrm{d}t.$$

15. 考虑

$$x(s) - \mu \int_0^1 (s+t)x(t)\mathrm{d}t = \tilde{y}(s).$$

(a) 假定 $\mu^2 + 12\mu - 12 \neq 0$, 并利用习题 14, 求解这个方程. (b) 求本征值和本征函数.

第 9 章　有界自伴线性算子的谱论

希尔伯特空间中的有界自伴线性算子曾在 §3.10 中定义并讨论过. 本章专门研究它们的谱论, 由于这些算子在应用中特别重要, 所以它们的谱论得到了高度的发展.

本章概要

在 §9.1 和 §9.2 中, 我们要讨论有界自伴线性算子的谱性质. 在 §9.3 至 §9.8 中, 我们开发那些不论就其本身, 还是为了在 §9.9 和 §9.10 中建立这些算子的 "谱表示" 都很有意义的理论.

有界自伴线性算子 T 的谱是实数集 (见 9.1–3), 并且落在区间 $[m, M]$ 内, 其中

$$m = \inf_{\|x\|=1} \langle Tx, x \rangle, \quad M = \sup_{\|x\|=1} \langle Tx, x \rangle$$

(见 9.2–1), 而且对应于不同本征值的本征向量是正交的 (见 9.1–1).

有界自伴线性算子 T 能用积分表示 (谱定理 9.9–1 和 9.10–1), 这个积分包含了 T 的谱族 $\mathscr{E}$ (见 9.8–3), 所谓谱族或单位分解 (见 9.7–1) 是指具有某些性质的投影算子族. 我们还记得在 §3.3 中利用过投影算子. 然而, 现在的研究却需要这些投影算子的各种一般性质 (§9.5 和 §9.6) 以及正算子的概念 (§9.3) 和它的平方根 (§9.4).

在 §9.11 中, 我们把有界自伴线性算子的谱族在其预解集的点上、在本征值上和在连续谱点上的性态表征出来. (这些算子的残谱是空集, 见 9.2–4.)

9.1　有界自伴线性算子的谱性质

本章所考虑的有界线性算子都定义在复希尔伯特空间 H 上, 并且是映 H 到 H 中的. 此外, 这些算子都是自伴的. 我们仅用一点儿时间回顾第 3 章中的两个相关定义.

设 $T : H \longrightarrow H$ 是复希尔伯特空间 H 上的有界线性算子, 则**希尔伯特伴随算子** $T^* : H \longrightarrow H$ 定义为满足

$$对于所有\ x, y \in H\ 有 \quad \langle Tx, y \rangle = \langle x, T^* y \rangle$$

的算子. 这就是 3.9–1 ($H_1 = H_2 = H$), 我们从 3.9–2 知道, T^* 作为 H 上的有界线性算子是存在且唯一的, 并且范数 $\|T^*\| = \|T\|$.

此外，若

$$T = T^*,$$

则称 T 是**自伴算子**或**埃尔米特算子**[①]. 这就是 3.10–1. 这时 $\langle Tx, y \rangle = \langle x, T^*y \rangle$ 变成

$$\langle Tx, y \rangle = \langle x, Ty \rangle. \tag{9.1.1}$$

若 T 是自伴算子，则 $\langle Tx, x \rangle$ 对于所有 $x \in H$ 都是实数. 反之，由于 H 是复空间，这一条件意味着 T 是自伴算子（见 3.10–3）.

这就是我们简短的复习. 下面开始研究有界自伴线性算子的谱. 我们将会看到，这样的谱有一些在实践中很重要的一般性质.

有界自伴线性算子 T 可能没有本征值（见习题 9），但是若 T 有本征值，容易发现下面的基本事实.

9.1–1 定理（本征值、本征向量） 设 $T: H \longrightarrow H$ 是复希尔伯特空间 H 上的有界自伴线性算子，则

(a) T 的所有本征值（若存在）都是实数.

(b) 对应于（数值上）不同本征值的本征向量是正交的.

证明 (a) 设 λ 是 T 的任意本征值，x 是相应的本征向量，则 $x \neq 0$ 且 $Tx = \lambda x$. 利用 T 的自伴性，我们得到

$$\lambda \langle x, x \rangle = \langle \lambda x, x \rangle = \langle Tx, x \rangle = \langle x, Tx \rangle = \langle x, \lambda x \rangle = \bar{\lambda} \langle x, x \rangle.$$

由于 $x \neq 0$，所以 $\langle x, x \rangle = \|x\|^2 \neq 0$，用 $\langle x, x \rangle$ 除上式两端便得到 $\lambda = \bar{\lambda}$，因此 λ 是实数.

(b) 设 λ 和 μ 是 T 的本征值，x 和 y 是相应的本征向量，则 $Tx = \lambda x$ 且 $Ty = \mu y$. 由于 T 是自伴算子且 μ 是实数，所以

$$\lambda \langle x, y \rangle = \langle \lambda x, y \rangle = \langle Tx, y \rangle = \langle x, Ty \rangle = \langle x, \mu y \rangle = \mu \langle x, y \rangle.$$

因为 $\lambda \neq \mu$，故必有 $\langle x, y \rangle = 0$，这意味着 x 和 y 是正交的. ■

甚至连有界自伴算子 T 的整个谱也是实数集. 这个值得重视的结果（即 9.1–3）能从下面 T 的预解集 $\rho(T)$ 的特征推得.

9.1–2 定理（预解集） 设 $T: H \longrightarrow H$ 是复希尔伯特空间 H 上的有界自伴线性算子，则数 λ 属于 T 的预解集 $\rho(T)$，当且仅当存在正数 c 使得对于每个 $x \in H$ 有

$$\|T_\lambda x\| \geqslant c \|x\|, \quad \text{其中 } T_\lambda = T - \lambda I. \tag{9.1.2}$$

[①] 在无界算子的理论中，这两个术语是有区别的. 注意，T 的有界性可以从 (9.1.1) 和关于 T 在整个 H 上有定义的假设推出（见习题 10）.

证明 (a) 若 $\lambda \in \rho(T)$，则 $R_\lambda = T_\lambda^{-1} : H \longrightarrow H$ 存在且是有界的（见 7.2–3），不妨设 $\|R_\lambda\| = k$，由于 $R_\lambda \neq 0$，故 $k > 0$. 因为 $I = R_\lambda T_\lambda$，所以对于每个 $x \in H$ 有

$$\|x\| = \|R_\lambda T_\lambda x\| \leqslant \|R_\lambda\| \|T_\lambda x\| = k \|T_\lambda x\|.$$

这就给出了 $\|T_\lambda x\| \geqslant c\|x\|$，其中 $c = 1/k$.

(b) 反之，假设对于所有 $x \in H$ 存在正数 c 使得 (9.1.2) 成立，我们来证明：

(α) $T_\lambda : H \longrightarrow T_\lambda(H)$ 是一一映射；

(β) $T_\lambda(H)$ 在 H 中稠密；

(γ) $T_\lambda(H)$ 在 H 中是闭的；

从而有 $T_\lambda(H) = H$，并且由有界逆定理 4.12–2 可知 $R_\lambda = T_\lambda^{-1}$ 是有界的.

(α) 我们必须证明 $T_\lambda x_1 = T_\lambda x_2$ 蕴涵 $x_1 = x_2$. 由于 T_λ 是线性算子，并且从 (9.1.2) 可推出

$$0 = \|T_\lambda x_1 - T_\lambda x_2\| = \|T_\lambda(x_1 - x_2)\| \geqslant c\|x_1 - x_2\|,$$

由于 $c > 0$，所以 $\|x_1 - x_2\| = 0$，即 $x_1 = x_2$. 由于 x_1 和 x_2 是任意的，这就证明了 $T_\lambda : H \longrightarrow T_\lambda(H)$ 是一一映射.

(β) 现在证明 $x_0 \perp \overline{T_\lambda(H)}$ 蕴涵 $x_0 = 0$，从而由投影定理 3.3–4 可知 $\overline{T_\lambda(H)} = H$. 令 $x_0 \perp \overline{T_\lambda(H)}$，则 $x_0 \perp T_\lambda(H)$. 因此对于所有 $x \in H$ 有

$$0 = \langle T_\lambda x, x_0 \rangle = \langle Tx, x_0 \rangle - \lambda \langle x, x_0 \rangle.$$

由于 T 是自伴算子，因此可以得到

$$\langle x, Tx_0 \rangle = \langle Tx, x_0 \rangle = \langle x, \bar{\lambda} x_0 \rangle,$$

所以根据 3.8–2 有 $Tx_0 = \bar{\lambda} x_0$. 这时的解只有 $x_0 = 0$，而 $x_0 \neq 0$ 是不可能的，否则意味着 $\bar{\lambda}$ 是 T 的本征值，根据 9.1–1 有 $\bar{\lambda} = \lambda$，从而 $Tx_0 - \lambda x_0 = T_\lambda x_0 = 0$，由于 $c > 0$，根据 (9.1.2) 有

$$0 = \|T_\lambda x_0\| \geqslant c\|x_0\| > 0,$$

这就出现了矛盾. 结果是 $x_0 = 0$. 由于 x_0 是任意正交于 $T_\lambda(H)$ 的向量，因而 $\overline{T_\lambda(H)^\perp} = \{0\}$. 根据 3.3–4 有 $T_\lambda(H) = H$，即 $T_\lambda(H)$ 在 H 中稠密.

(γ) 最后证明 $y \in \overline{T_\lambda(H)}$ 蕴涵 $y \in T_\lambda(H)$，从而证明 $T_\lambda(H)$ 是闭的，由 (β) 可知 $T_\lambda(H) = H$. 令 $y \in \overline{T_\lambda(H)}$，由 1.4–6(a) 可知在 $T_\lambda(H)$ 中存在序列 (y_n) 收敛到 y. 由于 $y_n \in T_\lambda(H)$，对于某个 $x_n \in H$ 有 $y_n = T_\lambda x_n$. 根据 (9.1.2) 有

$$\|x_n - x_m\| \leqslant \tfrac{1}{c} \|T_\lambda(x_n - x_m)\| = \tfrac{1}{c} \|y_n - y_m\|.$$

由于 (y_n) 收敛，所以 (x_n) 是柯西序列. H 是完备空间，所以 (x_n) 收敛，不妨设 $x_n \to x$. 因为 T 是连续的，所以 T_λ 也是连续的，根据 1.4–8 便有 $y_n = T_\lambda x_n \to T_\lambda x$. 根据定义，$T_\lambda x \in T_\lambda(H)$. 由于这个极限是唯一的，所以 $T_\lambda x = y$，从而 $y \in T_\lambda(H)$. 由于 $y \in \overline{T_\lambda(H)}$ 是任取的，因此 $T_\lambda(H)$ 是闭的. 从而根据 (β) 有 $T_\lambda(H) = H$. 这就意味着 $R_\lambda = T_\lambda^{-1}$ 在整个 H 上有定义，并且是有界的，从有界逆定理 4.12–2 或直接从 (9.1.2) 都可证明这一点. 因此 $\lambda \in \rho(T)$.　　■

从这个定理立即可以得到下面的基本定理.

9.1–3 定理（谱） 复希尔伯特空间 H 上的有界自伴线性算子 $T : H \longrightarrow H$ 的谱 $\sigma(T)$ 是实数集.

证明 我们利用 9.1–2 来证明 $\lambda = \alpha + \mathrm{i}\beta$ 一定属于 $\rho(T)$，其中 α 和 β 是实数且 $\beta \neq 0$，从而证明 $\sigma(T) \subseteq \mathbf{R}$.

对于 H 中的每个 $x \neq 0$ 有

$$\langle T_\lambda x, x \rangle = \langle Tx, x \rangle - \lambda \langle x, x \rangle,$$

并且由于 $\langle x, x \rangle$ 和 $\langle Tx, x \rangle$ 都是实数（见 3.10–3），所以

$$\overline{\langle T_\lambda x, x \rangle} = \langle Tx, x \rangle - \bar{\lambda} \langle x, x \rangle,$$

其中 $\bar{\lambda} = \alpha - \mathrm{i}\beta$. 两式相减得

$$\overline{\langle T_\lambda x, x \rangle} - \langle T_\lambda x, x \rangle = (\lambda - \bar{\lambda}) \langle x, x \rangle = 2\mathrm{i}\beta \|x\|^2.$$

等式的左端是 $-2\mathrm{i} \operatorname{Im}\langle T_\lambda x, x \rangle$，其中 Im 表示虚部. 由于复数的虚部不能超过其绝对值，故上式两端用 2 除，再取绝对值，并应用施瓦茨不等式，最后得到

$$|\beta|\,\|x\|^2 = \left|\operatorname{Im}\langle T_\lambda x, x \rangle\right| \leqslant \left|\langle T_\lambda x, x \rangle\right| \leqslant \|T_\lambda x\|\,\|x\|.$$

再用 $\|x\| \neq 0$ 去除便给出 $|\beta|\,\|x\| \leqslant \|T_\lambda x\|$. 若 $\beta \neq 0$，则根据 9.1–2 有 $\lambda \in \rho(T)$，因此对于 $\lambda \in \sigma(T)$ 必定有 $\beta = 0$，即 λ 是实数.　　■

习 题

1. 正文中曾经提到，对于自伴线性算子 T，内积 $\langle Tx, x \rangle$ 是实数. 对于矩阵来讲，这意味着什么？9.1–1 作为其特例包括了矩阵的哪一个为人熟知的定理？

2. 若在有限维的情况下，自伴线性算子 T 能用对角矩阵表示，证明这个矩阵一定是实的. T 的谱是什么？

3. 证明：在 9.1–2 中，R_λ 的有界性也能从 (9.1.2) 推出.

4. 用一个谱为 $\{\lambda_0\}$ 的算子来说明 9.1–2. 在这种情况下, 最大的 c 是多少?

5. 设 $T: H \longrightarrow H$ 和 $W: H \longrightarrow H$ 是复希尔伯特空间 H 上的有界线性算子, 若 T 是自伴算子, 证明 $S = W^*TW$ 也是自伴算子.

6. 设 $T: l^2 \longrightarrow l^2$ 是用 $(\xi_1, \xi_2, \cdots) \longmapsto (0, 0, \xi_1, \xi_2, \cdots)$ 定义的. T 是有界算子吗? T 是自伴算子吗? 求满足 $T = S^2$ 的 $S: l^2 \longrightarrow l^2$.

7. 设 $T: l^2 \longrightarrow l^2$ 是用 $y = (\eta_j) = Tx, x = (\xi_j), \eta_j = \lambda_j \xi_j$ 定义的算子, 其中 (λ_j) 是 $\mathbf{R}$ 上的有界序列, 并且 $a = \inf \lambda_j, b = \sup \lambda_j$. 证明每个 λ_j 都是 T 的本征值. 在什么条件下有 $\sigma(T) \supseteq [a, b]$?

8. 利用 9.1–2 证明习题 7 中算子 T 的谱是本征值集合的闭包.

9. 由 2.2–7 和 3.1–5 可知希尔伯特空间 $L^2[0, 1]$ 是内积空间 X 的完备化, 其中 X 是由 $[0, 1]$ 上的所有连续函数构成, 其上的内积定义为

$$\langle x, y \rangle = \int_0^1 x(t)\overline{y(t)}\mathrm{d}t.$$

证明由

$$y(t) = Tx(t) = tx(t)$$

定义的 $T: L^2[0, 1] \longrightarrow L^2[0, 1]$ 是没有本征值的有界自伴线性算子.

10. 值得注意的是: 定义在整个复希尔伯特空间 H 上且对于所有 $x, y \in H$ 满足 (9.1.1) 的线性算子 T 一定是有界的 (所以在正文的开始关于有界性的假设不是必要的). 证明这一事实.

9.2　有界自伴线性算子的其他谱性质

有界自伴线性算子 T 的谱 $\sigma(T)$ 是实数集. §9.1 已经证明了这个重要的事实. 我们将要看到, 这种算子的谱由于有一些在数学上很有意义、在实践中也很重要的一般性质, 所以能够更详细地表征出来. 根据 7.3–4, 显然 $\sigma(T)$ 一定是紧集, 而在目前的情况下, 我们可进一步得到如下定理.

9.2–1 定理 (谱)　复希尔伯特空间 H 上的有界自伴线性算子 $T: H \longrightarrow H$ 的谱 $\sigma(T)$ 落在实轴上的闭区间 $[m, M]$ 内, 其中

$$m = \inf_{\|x\|=1} \langle Tx, x \rangle, \quad M = \sup_{\|x\|=1} \langle Tx, x \rangle. \tag{9.2.1}$$

证明　$\sigma(T)$ 落在实轴上 (根据 9.1–3). 现在证明任意实数 $\lambda = M + c$ ($c > 0$) 都属于预解集 $\rho(T)$. 对于每个 $x \neq 0$, 令 $v = \|x\|^{-1}x$, 则 $x = \|x\|v$, 并且

$$\langle Tx, x \rangle = \|x\|^2 \langle Tv, v \rangle \leqslant \|x\|^2 \sup_{\|\tilde{v}\|=1} \langle T\tilde{v}, \tilde{v} \rangle = \langle x, x \rangle M.$$

因此, $-\langle Tx, x \rangle \geqslant -\langle x, x \rangle M$, 根据施瓦茨不等式可得

$$\|T_\lambda x\| \, \|x\| \geqslant -\langle T_\lambda x, x \rangle = -\langle Tx, x \rangle + \lambda \langle x, x \rangle \geqslant (-M + \lambda)\langle x, x \rangle = c \|x\|^2,$$

其中 $c = \lambda - M > 0$（根据假设），两边用 $\|x\|$ 去除便有不等式 $\|T_\lambda x\| \geqslant c\|x\|$. 因此根据 9.1–2 有 $\lambda \in \rho(T)$. 用同样的方法可以证明 $\lambda < m$ 属于预解集 $\rho(T)$. ∎

(9.2.1) 中的 m 和 M 以一种有趣的方式与 T 的范数关联在一起.

9.2–2 定理（范数）　对于复希尔伯特空间 H 上的任意有界自伴线性算子 T，我们有 [见 (9.2.1)]

$$\|T\| = \max(|m|, |M|) = \sup_{\|x\|=1} |\langle Tx, x \rangle|. \tag{9.2.2}$$

证明　根据施瓦茨不等式，我们有

$$\sup_{\|x\|=1} |\langle Tx, x \rangle| \leqslant \sup_{\|x\|=1} \|Tx\| \|x\| = \|T\|,$$

即 $K \leqslant \|T\|$，其中 K 是上式左端的值. 现在证明 $\|T\| \leqslant K$. 若对于所有范数为 1 的 z 有 $Tz = 0$，则 $T = 0$（为什么？），这时显然有 $\|T\| \leqslant K$. 否则，对于满足 $Tz \neq 0$ 且范数为 1 的任意 z，令 $v = \|Tz\|^{1/2} z$ 且 $w = \|Tz\|^{-1/2} Tz$，则 $\|v\|^2 = \|w\|^2 = \|Tz\|$. 现在令 $y_1 = v + w$ 且 $y_2 = v - w$，则通过直接计算和消项，利用 T 的自伴性可得

$$\begin{aligned}
\langle Ty_1, y_1 \rangle - \langle Ty_2, y_2 \rangle &= 2\big(\langle Tv, w \rangle + \langle Tw, v \rangle\big) \\
&= 2\big(\langle Tz, Tz \rangle + \langle T^2 z, z \rangle\big) \\
&= 4\|Tz\|^2.
\end{aligned} \tag{9.2.3}$$

对于每个 $y \neq 0$，令 $x = \|y\|^{-1} y$，则 $y = \|y\| x$ 且

$$|\langle Ty, y \rangle| = \|y\|^2 |\langle Tx, x \rangle| \leqslant \|y\|^2 \sup_{\|\tilde{x}\|=1} |\langle T\tilde{x}, \tilde{x} \rangle| = K \|y\|^2,$$

所以通过三角不等式和直接计算便得到

$$\begin{aligned}
|\langle Ty_1, y_1 \rangle - \langle Ty_2, y_2 \rangle| &\leqslant |\langle Ty_1, y_1 \rangle| + |\langle Ty_2, y_2 \rangle| \\
&\leqslant K\big(\|y_1\|^2 + \|y_2\|^2\big) \\
&= 2K\big(\|v\|^2 + \|w\|^2\big) \\
&= 4K \|Tz\|.
\end{aligned}$$

由此和 (9.2.3) 可以看出 $4\|Tz\|^2 \leqslant 4K \|Tz\|$，因此 $\|Tz\| \leqslant K$，关于所有范数为 1 的 z 取上确界便得到 $\|T\| \leqslant K$. 与 $K \leqslant \|T\|$ 合在一起便得到 (9.2.2). ∎

实际上，9.2–1 中关于 $\sigma(T)$ 的边界不能再紧缩了，这一事实可以从下面的定理看出.

9.2–3 定理（m 和 M 都是谱值） H 和 T 如同 9.2–1 所设，并且 $H \neq \{0\}$，则 (9.2.1) 中定义的 m 和 M 都是 T 的谱值.

证明 我们证明 $M \in \sigma(T)$. 根据谱映射定理 7.4–2 可从 T 的平移得到 $T + kI$（k 是实常数）的谱，并且

$$M \in \sigma(T) \quad \Longleftrightarrow \quad M + k \in \sigma(T + kI).$$

因此不失一般性，可以假定 $0 \leqslant m \leqslant M$. 根据前一个定理有

$$M = \sup_{\|x\|=1} \langle Tx, x \rangle = \|T\|.$$

根据上确界的定义，存在着序列 (x_n) 满足

$$\|x_n\| = 1, \quad \langle Tx_n, x_n \rangle = M - \delta_n, \quad \delta_n \geqslant 0, \quad \delta_n \to 0.$$

所以 $\|Tx_n\| \leqslant \|T\| \|x_n\| = \|T\| = M$，由于 T 是自伴算子，所以

$$
\begin{aligned}
\|Tx_n - Mx_n\|^2 &= \langle Tx_n - Mx_n, Tx_n - Mx_n \rangle \\
&= \|Tx_n\|^2 - 2M \langle Tx_n, x_n \rangle + M^2 \|x_n\|^2 \\
&\leqslant M^2 - 2M(M - \delta_n) + M^2 = 2M\delta_n \to 0.
\end{aligned}
$$

因此不存在正数 c 使得

$$\|T_M x_n\| = \|Tx_n - Mx_n\| \geqslant c = c\|x_n\|, \quad \text{其中 } \|x_n\| = 1.$$

根据 9.1–2，这表明 $\lambda = M$ 不属于 T 的预解集，因此 $M \in \sigma(T)$. 可以类似地证明 $\lambda = m \in \sigma(T)$. ■

把线性算子的谱分成点谱和另外一部分似乎是自然的，因为在有限维空间中，点谱以外的另一部分是不存在的，从矩阵理论可以看出这一点（见 §7.1）. 现在出于类似的原因可把所谓的另一部分分成连续谱和残谱，因为对于大量而重要的一类自伴线性算子来说，其残谱是空集.

9.2–4 定理（残谱） 复希尔伯特空间 H 上的有界自伴线性算子 $T : H \longrightarrow H$ 的残谱 $\sigma_r(T)$ 是空集.

证明 我们证明由假设 $\sigma_r(T) \neq \varnothing$ 可导出矛盾. 设 $\lambda \in \sigma_r(T)$，根据 $\sigma_r(T)$ 的定义，T_λ 的逆存在，但其定义域 $\mathscr{D}(T_\lambda^{-1})$ 在 H 中不是稠密的. 因此，根据投影定理 3.3–4，在 H 中有 $y \neq 0$ 正交于 $\mathscr{D}(T_\lambda^{-1})$. 而 $\mathscr{D}(T_\lambda^{-1})$ 是 T_λ 的值域，因此

$$\text{对于所有 } x \in H \text{ 有} \quad \langle T_\lambda x, y \rangle = 0.$$

由于 λ 是实数（见 9.1–3）且 T 是自伴算子，因此对于所有 x 有 $\langle x, T_\lambda y \rangle = 0$. 取 $x = T_\lambda y$，便得到 $\|T_\lambda y\|^2 = 0$，所以

$$T_\lambda y = Ty - \lambda y = 0.$$

由于 $y \neq 0$，这表明 λ 是 T 的本征值，但这与 $\lambda \in \sigma_r(T)$ 矛盾. 因此 $\sigma_r(T) \neq \varnothing$ 是不可能的，从而推出 $\sigma_r(T) = \varnothing$. ∎

习　题

1. 对于 $\lambda < m$，给出 9.2–1 的证明.

2. 关于埃尔米特矩阵 $A = (\alpha_{jk})$ 的本征值，能够从 9.2–1 得到什么定理?

3. 若 T 是从希尔伯特空间 H 到其真子空间 $Y \neq \{0\}$ 上的投影算子，求 m 和 M（见 9.2–1）.

4. 证明在 9.2–3 中 $m \in \sigma(T)$.

5. 利用本节定理之一证明复希尔伯特空间 $H \neq \{0\}$ 上的有界自伴线性算子的谱是非空的.

6. 证明复希尔伯特空间 $H \neq \{0\}$ 上的紧自伴线性算子 $T : H \longrightarrow H$ 至少有一个本征值.

7. 考虑由 $y = Tx$, $x = (\xi_j)$, $y = (\eta_j)$, $\eta_j = \xi_j/j$ $(j = 1, 2, \cdots)$ 定义的算子 $T : l^2 \longrightarrow l^2$. 在 8.1–6 中曾证明 T 是紧算子. 求 T 的谱. 证明 $0 \in \sigma_c(T)$，实际上 $\sigma_c(T) = \{0\}$.（关于 $0 \in \sigma_p(T)$ 或 $0 \in \delta_r(T)$ 的紧算子 T，见 §8.4 习题 4 和习题 5.）

8. **瑞利商**　证明 (9.2–1) 能够写成

$$\sigma(T) \subseteq \left[\inf_{x \neq 0} q(x), \sup_{x \neq 0} q(x) \right], \quad \text{其中 } q(x) = \frac{\langle Tx, x \rangle}{\langle x, x \rangle},$$

其中 $q(x)$ 叫作瑞利商.

9. 若 $\lambda_1 \geqslant \lambda_2 \geqslant \cdots \geqslant \lambda_n$ 是埃尔米特矩阵 A 的本征值，证明

$$\lambda_1 = \max_{x \neq 0} q(x), \quad \lambda_n = \min_{x \neq 0} q(x), \quad \text{其中 } q(x) = \frac{\bar{x}^{\mathrm{T}} A x}{\bar{x}^{\mathrm{T}} x}.$$

进一步证明

$$\text{对于 } j = 2, 3, \cdots, n \text{ 有 } \quad \lambda_j = \max_{\substack{x \in Y_j \\ x \neq 0}} q(x),$$

其中 Y_j 是由正交于 $\lambda_1, \cdots, \lambda_{j-1}$ 对应的本征向量的所有向量构成的 $\mathbf{C}^n$ 的子空间.

10. 证明所有元素皆为正数的实对称方阵 $A = (\alpha_{jk})$ 有正本征值.［能够证明这个命题在没有对称性的假设下也是成立的，这是著名的佩龙和弗洛比尼斯定理的一部分，见甘特马赫尔（F. R. Gantmacher, 1960, 第 II 卷, 第 53 页）的著作.］

9.3　正算子

从 §9.1 可知，若 T 是自伴算子，则 $\langle Tx, x \rangle$ 是实数. 因此我们可以考虑复希尔伯特空间 H 上的所有有界自伴线性算子的集合，并且通过定义

$$T_1 \leqslant T_2 \quad \text{当且仅当对于所有 } x \in H \text{ 有 } \quad \langle T_1 x, x \rangle \leqslant \langle T_2 x, x \rangle, \tag{9.3.1}$$

在这个集合上引入偏序 $\leqslant$（见 §4.1）. 有时也把 $T_1 \leqslant T_2$ 写为 $T_2 \geqslant T_1$.

一个特别重要的情形是: 有界自伴线性算子 $T: H \longrightarrow H$, 当且仅当对于所有 $x \in H$ 有 $\langle Tx, x \rangle \geqslant 0$, 便称作**正的**, 记为 $T \geqslant 0$. 因此这个定义可表示为

$$T \geqslant 0 \quad \text{当且仅当对于所有 } x \in H \text{ 有} \quad \langle Tx, x \rangle \geqslant 0. \tag{9.3.2}$$

有时也把 $T \geqslant 0$ 写为 $0 \leqslant T$. 实际上, 这样的算子应叫作 "非负的", 但是 "正的" 是常见的术语.

要注意在 (9.3.1) 和 (9.3.2) 之间有一个简单的关系, 即

$$T_1 \leqslant T_2 \quad \Longleftrightarrow \quad 0 \leqslant T_2 - T_1,$$

即, 当且仅当 $T_2 - T_1$ 是正算子时 (9.3.1) 成立.

本节和 §9.4 专门研究正算子和它的平方根. 这个课题不论就其本身, 还是作为本章稍后推导有界自伴线性算子的谱表示的工具, 都是很有意义的.

正算子之和是正算子.

从定义来看这是显然的. 我们再来看正算子之积. 从 3.10–4 我们知道, 有界自伴线性算子的积 (或合成) 当且仅当算子可交换时是自伴的. 我们将会看到, 在这种情况下, 正性也是保持的. 这一事实在后面的研究中要经常用到.

9.3–1 定理 (正算子之积) 若希尔伯特空间 H 上的两个有界自伴线性算子 S 和 T 都是正的, 并且是可交换的 ($ST = TS$), 则它们的积 ST 是正算子.

证明 我们必须证明对于所有 $x \in H$ 有 $\langle STx, x \rangle \geqslant 0$. 若 $S = 0$, 这是成立的. 设 $S \neq 0$, 我们分 (a) 和 (b) 两步来处理.

(a) 考虑

$$S_1 = \frac{1}{\|S\|} S, \quad S_{n+1} = S_n - S_n^2, \quad \text{其中 } n = 1, 2, \cdots, \tag{9.3.3}$$

并用归纳法证明

$$0 \leqslant S_n \leqslant I. \tag{9.3.4}$$

(b) 证明对于所有 $x \in H$ 有 $\langle STx, x \rangle \geqslant 0$.

详细证明如下.

(a) 对于 $n = 1$, 不等式 (9.3.4) 是成立的. 事实上, 假设 $0 \leqslant S$ 蕴涵 $0 \leqslant S_1$, 由施瓦茨不等式和不等式 $\|Sx\| \leqslant \|S\| \|x\|$ 可得

$$\langle S_1 x, x \rangle = \frac{1}{\|S\|} \langle Sx, x \rangle \leqslant \frac{1}{\|S\|} \|Sx\| \|x\| \leqslant \|x\|^2 = \langle Ix, x \rangle,$$

从而证明了 $S_1 \leqslant I$. 现在假定 (9.3.4) 对于 $n = k$ 成立, 即

$$0 \leqslant S_k \leqslant I, \quad \text{因此} \quad 0 \leqslant I - S_k \leqslant I,$$

则由于 S_k 是自伴算子，所以对于每个 $x \in H$ 和 $y = S_k x$ 有

$$\langle S_k^2 (I - S_k)x, x \rangle = \langle (I - S_k)S_k x, S_k x \rangle = \langle (I - S_k)y, y \rangle \geqslant 0.$$

根据定义这就证明了

$$S_k^2 (I - S_k) \geqslant 0.$$

类似地，有

$$S_k (I - S_k)^2 \geqslant 0.$$

把两式相加再化简，便有

$$0 \leqslant S_k^2 (I - S_k) + S_k (I - S_k)^2 = S_k - S_k^2 = S_{k+1}.$$

因此 $0 \leqslant S_{k+1}$. 把 $S_k^2 \geqslant 0$ 和 $I - S_k \geqslant 0$ 相加可推出 $S_{k+1} \leqslant I$. 事实上有

$$0 \leqslant I - S_k + S_k^2 = I - S_{k+1}.$$

这就完成了对 (9.3.4) 的归纳证明.

(b) 现在证明对于所有 $x \in H$ 有 $\langle STx, x \rangle \geqslant 0$. 由(9.3.3) 可递推出

$$S_1 = S_1^2 + S_2$$
$$= S_1^2 + S_2^2 + S_3$$
$$\cdots\cdots$$
$$= S_1^2 + S_2^2 + \cdots + S_n^2 + S_{n+1}.$$

由于 $S_{n+1} \geqslant 0$，这就意味着

$$S_1^2 + S_2^2 + \cdots + S_n^2 = S_1 - S_{n+1} \leqslant S_1. \tag{9.3.5}$$

据 "$\leqslant$" 的定义及 S_j 的自伴性，这就意味着

$$\sum_{j=1}^{n} \|S_j x\|^2 = \sum_{j=1}^{n} \langle S_j x, S_j x \rangle = \sum_{j=1}^{n} \langle S_j^2 x, x \rangle \leqslant \langle S_1 x, x \rangle.$$

由于上式对于任意 n 成立，所以无穷级数 $\sum_{j=1}^{\infty} \|S_j x\|^2$ 收敛，因此 $\|S_n x\| \to 0$ 且 $S_n x \to 0$. 根据(9.3.5) 有

$$\text{当 } n \to \infty \text{ 时有} \quad \left(\sum_{j=1}^{n} S_j^2 \right) x = (S_1 - S_{n+1})x \to S_1 x. \tag{9.3.6}$$

由于各个 S_j 都是 $S_1 = \|S\|^{-1}S$ 的和与积，且 S 与 T 是可交换的，因此所有 S_j 都与 T 可交换. 利用 $S = \|S\|S_1$、(9.3.6)、$T \geqslant 0$ 以及内积的连续性，对于每个 $x \in H$ 和 $y_j = S_j x$ 可得

$$\langle STx, x \rangle = \|S\| \langle TS_1 x, x \rangle$$
$$= \|S\| \lim_{n \to \infty} \sum_{j=1}^{n} \langle TS_j^2 x, x \rangle$$
$$= \|S\| \lim_{n \to \infty} \sum_{j=1}^{n} \langle Ty_j, y_j \rangle \geqslant 0,$$

也就是 $\langle STx, x \rangle \geqslant 0$. ■

由 (9.3.2) 定义的偏序关系还促使我们提出如下定义.

9.3-2 定义（单调序列）　希尔伯特空间 H 上的自伴线性算子 T_n 的单调序列 (T_n) 是指单调递增序列

$$T_1 \leqslant T_2 \leqslant T_3 \leqslant \cdots$$

或单调递减序列

$$T_1 \geqslant T_2 \geqslant T_3 \geqslant \cdots. ■$$

单调递增序列有如下值得注意的性质.（对单调递减序列也有类似的定理.）

9.3-3 定理（单调序列）　设 (T_n) 是复希尔伯特空间 H 上满足

$$T_1 \leqslant T_2 \leqslant \cdots \leqslant T_n \leqslant \cdots \leqslant K \tag{9.3.7}$$

的有界自伴线性算子序列，其中 K 是 H 上的有界自伴线性算子. 假定 (T_n) 中的每两个都可交换且与 K 可交换，则 (T_n) 是强算子收敛的（对于所有 $x \in H$ 有 $T_n x \to Tx$），且极限算子 T 是满足 $T \leqslant K$ 的有界线性自伴算子.

证明　考虑 $S_n = K - T_n$，并证明：

(a) 序列 $(\langle S_n^2 x, x \rangle)$ 对于每个 $x \in H$ 收敛；

(b) $T_n x \to Tx$，其中 T 是线性自伴算子，并根据一致有界性定理可知 T 是有界算子.

详细证明如下.

(a) 显然，S_n 是自伴算子. 我们有

$$S_m^2 - S_n S_m = (S_m - S_n)S_m = (T_n - T_m)(K - T_m).$$

设 $m < n$，则由 (9.3.7) 可知 $T_n - T_m$ 和 $K - T_m$ 是正算子. 由于这些算子可交换，所以由 9.3-1 可知它们的积也是正算子. 因此在上式左端有 $S_m^2 - S_n S_m \geqslant 0$，

即对于 $m < n$ 有 $S_m^2 \geqslant S_n S_m$. 类似地有

$$S_n S_m - S_n^2 = S_n(S_m - S_n) = (K - T_n)(T_n - T_m) \geqslant 0,$$

所以 $S_n S_m \geqslant S_n^2$. 合在一起有

$$\text{对于 } m < n \text{ 有 } \quad S_m^2 \geqslant S_n S_m \geqslant S_n^2.$$

根据定义, 并利用 S_n 的自伴性, 便有

$$\langle S_m^2 x, x \rangle \geqslant \langle S_n S_m x, x \rangle \geqslant \langle S_n^2 x, x \rangle = \langle S_n x, S_n x \rangle = \left\| S_n x \right\|^2 \geqslant 0. \qquad (9.3.8)$$

这就证明了对于固定的 x, $(\langle S_2^n x, x \rangle)$ 是单调递减的非负数列, 因此它是收敛的.

(b) 现在证明 $(T_n x)$ 收敛. 根据假设, 每个 T_n 和每个 T_m 及 K 是可交换的, 因此所有 S_j 是可交换的. 这些算子都是自伴的. 根据 (9.3.8), 对于 $m < n$ 有 $-2 \langle S_m S_n x, x \rangle \leqslant -2 \langle S_n^2 x, x \rangle$, 因此

$$\begin{aligned}
\left\| S_m x - S_n x \right\|^2 &= \langle (S_m - S_n)x, (S_m - S_n)x \rangle \\
&= \langle (S_m - S_n)^2 x, x \rangle \\
&= \langle S_m^2 x, x \rangle - 2 \langle S_m S_n x, x \rangle + \langle S_n^2 x, x \rangle \\
&\leqslant \langle S_m^2 x, x \rangle - \langle S_n^2 x, x \rangle.
\end{aligned}$$

由此以及 (a) 中证明的收敛性可以看出 $(S_n x)$ 是柯西序列. 由于 H 是完备空间, 所以 $(S_n x)$ 是收敛序列. 因为 $T_n = K - S_n$, 所以 $(T_n x)$ 也是收敛序列. 显然收敛的极限与 x 有关, 所以对于每个 $x \in H$ 有 $T_n x \to Tx$. 这样就定义了算子 $T : H \longrightarrow H$, 并且 T 是线性算子. 由于 T_n 是自伴算子, 内积是连续的, 所以 T 是自伴算子. 因为 $(T_n x)$ 收敛, 所以对于每个 $x \in H$ 是有界的. 由一致有界性定理 4.7–3 可知 T 是有界算子. 最后, 从 $T_n \leqslant K$ 可推出 $T \leqslant K$. ∎

习 题

1. 设 S 和 T 是复希尔伯特空间 H 上的有界自伴线性算子. 若 $S \leqslant T$ 且 $S \geqslant T$, 证明 $S = T$.

2. 证明: (9.3.1) 在复希尔伯特空间 H 上的所有有界自伴线性算子集合上定义了一个偏序关系 (见 4.1–1), 并且对任意这样的算子 T 有

$$T_1 \leqslant T_2 \implies T_1 + T \leqslant T_2 + T,$$
$$T_1 \leqslant T_2 \implies \alpha T_1 \leqslant \alpha T_2, \quad \text{其中 } \alpha \geqslant 0.$$

3. 设 A, B, T 是复希尔伯特空间 H 上的有界自伴线性算子. 若 $T \geqslant 0$ 且与 A 和 B 可交换, 证明

$$A \leqslant B \implies AT \leqslant BT.$$

4. 若 $T: H \longrightarrow H$ 是复希尔伯特空间 H 上的有界线性算子，证明 TT^* 和 T^*T 是正的自伴算子. 证明 TT^* 和 T^*T 的谱是实数集且不含有负值. 对于方阵 A 来讲，第二个命题的结论是什么？

5. 证明：复希尔伯特空间 H 上的有界自伴线性算子 T 是正的，当且仅当 T 的谱只由非负实值组成. 对于矩阵这意味着什么？

6. 设 $T: H \longrightarrow H$ 和 $W: H \longrightarrow H$ 是复希尔伯特空间 H 上的有界线性算子，且 $S = W^*TW$. 证明：若 T 是正的自伴算子，则 S 也是.

7. 设 T_1 和 T_2 是复希尔伯特空间 H 上的有界自伴线性算子，并假定 $T_1T_2 = T_2T_1$ 且 $T_2 \geqslant 0$. 证明 $T_1^2 T_2$ 是正的自伴算子.

8. 设 S 和 T 是希尔伯特空间 H 上的有界自伴线性算子. 若 $S \geqslant 0$，证明 $TST \geqslant 0$.

9. 证明：若 $T \geqslant 0$，则 $(I + T)^{-1}$ 存在.

10. 设 T 是复希尔伯特空间中的任意有界线性算子，证明 $I + T^*T$ 的逆存在.

11. 证明：序列 (P_n) 是说明 9.3-3 的一个例子，其中 P_n 是 l^2 到 l^2 的子空间 M_n 上的投影，而子空间 M_n 是由所有满足 $\xi_j = 0 \, (j > n)$ 的序列 $x = (\xi_j) \in l^2$ 构成的.

12. 若 T 是复希尔伯特空间 H 上的有界自伴线性算子，证明 T^2 是正算子. 对于矩阵这意味着什么？

13. 若 T 是复希尔伯特空间 H 上的有界自伴线性算子，证明 T^2 的谱不能含有负值. 它推广了矩阵的哪一个定理？

14. 若 $T: H \longrightarrow H$ 和 $S: H \longrightarrow H$ 是有界线性算子且 T 是紧算子，且 $S^*S \leqslant T^*T$，证明 S 是紧算子.

15. 设 $T: H \longrightarrow H$ 是无穷维复希尔伯特空间 H 上的有界线性算子. 若存在正数 c 使得对于所有 $x \in H$ 有 $\|Tx\| \geqslant c\|x\|$，证明 T 不是紧算子.

9.4 正算子的平方根

若 T 是自伴算子，由于 $\langle T^2x, x \rangle = \langle Tx, Tx \rangle \geqslant 0$，所以 T^2 是正算子. 我们现在考虑逆问题：给定正算子 T，求自伴算子 A，要求它满足 $A^2 = T$. 这就建议我们提出如下的概念，它在研究谱表示方面是基本的.

9.4-1 定义（正平方根） 设 $T: H \longrightarrow H$ 是复希尔伯特空间 H 上的正有界自伴线性算子. 若有界自伴线性算子 A 满足

$$A^2 = T, \tag{9.4.1}$$

则称 A 为 T 的一个平方根. 若还有 $A \geqslant 0$，则称 A 为 T 的正平方根，记为

$$A = T^{1/2}. \qquad\blacksquare$$

正平方根 $T^{1/2}$ 存在且是唯一的.

9.4-2 定理（正平方根）　复希尔伯特空间 H 上的每一个正有界自伴线性算子 $T: H \longrightarrow H$ 都有唯一的正平方根 A. H 上的与 T 可交换的每个有界线性算子都与 A 可交换.

证明　我们把定理的证明分作三步处理.

(a) 证明若在附加的假设 $T \leqslant I$ 之下定理成立，则去掉附加的假设仍成立.

(b) 从 $A_n x \to Ax$ 得到算子 $A = T^{1/2}$ 的存在性，其中 $A_0 = 0$，并且

$$对于 \ n = 0, 1, \cdots \ 有 \quad A_{n+1} = A_n + \tfrac{1}{2}\left(T - A_n^2\right), \tag{9.4.2}$$

还要证明定理中所说的可交换性.

(c) 证明正平方根的唯一性.

详细证明如下.

(a) 若 $T = 0$，则可取 $A = T^{1/2} = 0$. 设 $T \neq 0$，根据施瓦茨不等式，有

$$\langle Tx, x \rangle \leqslant \|Tx\|\,\|x\| \leqslant \|T\|\,\|x\|^2.$$

不等式两端用 $\|T\| \neq 0$ 去除，并令 $Q = (1/\|T\|)T$，则

$$\langle Qx, x \rangle \leqslant \|x\|^2 = \langle Ix, x \rangle,$$

即 $Q \leqslant I$. 若 Q 有唯一的正平方根 $B = Q^{1/2}$，则 $B^2 = Q$，由于

$$\left(\|T\|^{1/2}B\right)^2 = \|T\|\,B^2 = \|T\|\,Q = T,$$

所以可以看出 $T = \|T\|\,Q$ 的一个平方根是 $\|T\|^{1/2}B$. 而且不难看出 $Q^{1/2}$ 的唯一性蕴涵 T 的正平方根的唯一性.

因此，若我们能够在 $T \leqslant I$ 的前提下证明定理成立，则定理 9.4-2 便告成立.

(b) *存在性*. 考虑 (9.4.2). 由于 $A_0 = 0$，所以 $A_1 = \tfrac{1}{2}T$, $A_2 = T - \tfrac{1}{8}T^2$, $\cdots$，每个 A_n 都是 T 的多项式，因此 A_n 是自伴算子，相互之间是可交换的，并且能与每个和 T 可交换的算子交换. 现在证明

$$对于 \ n = 0, 1, \cdots \ 有 \quad A_n \leqslant I, \tag{9.4.3}$$

$$对于 \ n = 0, 1, \cdots \ 有 \quad A_n \leqslant A_{n+1}, \tag{9.4.4}$$

$$A_n x \to Ax, \qquad A = T^{1/2}, \tag{9.4.5}$$

$$ST = TS \quad \Longrightarrow \quad AS = SA, \tag{9.4.6}$$

其中 S 是 H 上的有界线性算子.

(9.4.3) 的证明如下.

我们有 $A_0 \leqslant I$. 设 $n > 0$, 由于 $I - A_{n-1}$ 是自伴算子, 所以 $(I - A_{n-1})^2 \geqslant 0$. 而且 $T \leqslant I$ 意味着 $I - T \geqslant 0$. 由此以及 (9.4.2) 便得到 (9.4.3):

$$
\begin{aligned}
0 \leqslant & \tfrac{1}{2}(I - A_{n-1})^2 + \tfrac{1}{2}(I - T) \\
& = I - A_{n-1} - \tfrac{1}{2}\left(T - A_{n-1}^2\right) \\
& = I - A_n.
\end{aligned}
$$

(9.4.4) 的证明如下.

利用归纳法. (9.4.2) 给出了 $0 = A_0 \leqslant A_1 = \tfrac{1}{2}T$. 我们证明对于固定的任意 n 有 $A_{n-1} \leqslant A_n$ 蕴涵 $A_n \leqslant A_{n+1}$. 由 (9.4.2) 可直接计算出

$$
\begin{aligned}
A_{n+1} - A_n &= A_n + \tfrac{1}{2}\left(T - A_n^2\right) - A_{n-1} - \tfrac{1}{2}\left(T - A_{n-1}^2\right) \\
&= (A_n - A_{n-1})\left[I - \tfrac{1}{2}(A_n + A_{n-1})\right].
\end{aligned}
$$

根据归纳假设 $A_n - A_{n-1} \geqslant 0$, 根据 (9.4.3) 有 $[\cdots] \geqslant 0$, 因此根据 9.3–1 有 $A_{n+1} - A_n \geqslant 0$.

(9.4.5) 的证明如下.

根据 (9.4.4) 可知 (A_n) 是单调序列, 根据 (9.4.3) 可知 $A_n \leqslant I$. 因此根据 9.3–3 可推出, 存在有界自伴线性算子 A 使得对于所有 $x \in H$ 有 $A_n x \to Ax$. 由于 $(A_n x)$ 收敛, 所以 (9.4.2) 给出了当 $n \to \infty$ 时

$$
A_{n+1}x - A_n x = \tfrac{1}{2}\left(Tx - A_n^2 x\right) \to 0.
$$

因此对于所有 $x \in H$ 有 $Tx - A^2 x = 0$, 即 $T = A^2$. 根据 (9.4.4) 有 $0 = A_0 \leqslant A_n$, 即对于每个 $x \in H$ 有 $\langle A_n x, x \rangle \geqslant 0$, 从而据内积的连续性 (见 3.2–2) 可推出对于每个 $x \in H$ 有 $\langle Ax, x \rangle \geqslant 0$, 这便证明了 $A \geqslant 0$.

(9.4.6) 的证明如下.

按照 (9.4.3) 的前面的一段证明, 我们知道 $ST = TS$ 意味着 $A_n S = S A_n$, 即对于所有 $x \in H$ 有 $A_n Sx = S A_n x$. 令 $n \to \infty$ 便得到 (9.4.6).

(c) 唯一性. 设 A 和 B 都是 T 的正平方根, 则 $A^2 = B^2 = T$, 并且也有 $BT = BB^2 = B^2 B = TB$, 所以根据 (9.4.6) 有 $AB = BA$. 令 $x \in H$ 是任取的, 并且 $y = (A - B)x$. 由于 $A \geqslant 0$ 且 $B \geqslant 0$, 所以 $\langle Ay, y \rangle \geqslant 0$ 且 $\langle By, y \rangle \geqslant 0$, 利用 $AB = BA$ 且 $A^2 = B^2$ 便得到

$$
\langle Ay, y \rangle + \langle By, y \rangle = \langle (A+B)y, y \rangle = \left\langle \left(A^2 - B^2\right)x, y \right\rangle = 0.
$$

第 9 章 有界自伴线性算子的谱论

因此 $\langle Ay, y \rangle = \langle By, y \rangle = 0$. 由于 $A \geqslant 0$ 且 A 是自伴算子, 所以 A 有正平方根 C, 即 $C^2 = A$, 并且 C 也是自伴算子. 因此得到

$$0 = \langle Ay, y \rangle = \langle C^2 y, y \rangle = \langle Cy, Cy \rangle = \|Cy\|^2,$$

即 $Cy = 0$, 我们也有 $Ay = C^2 y = C(Cy) = 0$. 类似地可以证明 $By = 0$, 因此 $(A - B)y = 0$. 利用 $y = (A - B)x$, 因此对于所有 $x \in H$ 有

$$\|Ax - Bx\|^2 = \langle (A - B)^2 x, x \rangle = \langle (A - B)y, x \rangle = 0.$$

这就证明了对于所有 $x \in H$ 有 $Ax - Bx = 0$, 即 $A = B$. ∎

平方根的应用将在 §9.8 中研究. 实际上, 在研究有界自伴线性算子的谱表示方面, 平方根将起着基本的作用.

习　题

1. 求满足 $T^2 = I$ 的算子 $T : \mathbf{R}^2 \longrightarrow \mathbf{R}^2$, 其中 I 为恒等算子. 指出哪一个平方根是 I 的正平方根.

2. 设 $T : L^2[0, 1] \longrightarrow L^2[0, 1]$ 是用 $(Tx)(t) = tx(t)$ 定义的算子 (见 3.1-5). 证明 T 是正自伴算子, 并求它的正平方根.

3. 设 $T : l^2 \longrightarrow l^2$ 是用 $(\xi_1, \xi_2, \xi_3, \cdots) \longmapsto (0, 0, \xi_3, \xi_4, \cdots)$ 定义的算子. T 是有界算子吗? T 是自伴算子吗? T 是正算子吗? 求 T 的平方根.

4. 证明对于 9.4-2 中的平方根有

$$\|T^{1/2}\| = \|T\|^{1/2}.$$

5. 设 $T : H \longrightarrow H$ 是复希尔伯特空间 H 上的正有界自伴线性算子. 利用 T 的正平方根证明对于所有 $x, y \in H$ 有

$$|\langle Tx, y \rangle| \leqslant \langle Tx, x \rangle^{1/2} \langle Ty, y \rangle^{1/2}.$$

6. 有趣的是, 习题 5 中的论述不用 $T^{1/2}$ 也是能够证明的. 给出这样的一个证明 (这个结果和施瓦茨不等式类似).

7. 证明: 在习题 5 中, 对于所有 $x \in H$ 有

$$\|Tx\| \leqslant \|T\|^{1/2} \langle Tx, x \rangle^{1/2},$$

所以 $\langle Tx, x \rangle = 0$ 当且仅当 $Tx = 0$.

8. 设 B 是非奇异 n 阶实方阵, 且 $C = BB^{\mathrm{T}}$. 证明 C 有非奇异的正平方根 A.

9. 设 A 和 B 是习题 8 中的矩阵, 证明 $D = A^{-1}B$ 是正交矩阵 (见 3.10-2).

10. 若 S 和 T 是复希尔伯特空间 H 上的正有界自伴线性算子, 并且 $S^2 = T^2$, 证明 $S = T$.

9.5 投影算子

投影算子 P, 或简单地叫投影 P, 曾在 §3.3 中定义过. 在那里, 希尔伯特空间 H 被表示为闭子空间 Y 与其正交补 $Y^\perp$ 之直和, 因此

$$H = Y \oplus Y^\perp,$$
$$x = y + z, \quad 其中 \ y \in Y, z \in Y^\perp. \tag{9.5.1}$$

由于和是直和, 所以对于给定的任意 $x \in H$, y 是唯一的. 因此 (9.5.1) 定义了线性算子

$$P: H \longrightarrow H,$$
$$x \longmapsto y = Px. \tag{9.5.2}$$

P 叫作 H 上的正交投影或**投影**. 更明确地说, P 叫作 H 到 Y 上的投影. 因此, 对于 H 上的线性算子 $P: H \longrightarrow H$, 若存在 H 的闭子空间 Y 使得 $Y = \mathscr{R}(P), Y^\perp = \mathscr{N}(P)$ 且 $P|_Y$ 是 Y 上的恒等算子, 则 P 是 H 上的一个投影.

现在可以看到 (9.5.1) 中的 x 能够写成

$$x = y + z = Px + (I - P)x.$$

这表明 H 到 $Y^\perp$ 上的投影是 $I - P$.

H 上的投影还有另外的特征, 有时把它当作投影的定义.

9.5-1 定理 (投影) 希尔伯特空间 H 上的有界线性算子 $P: H \longrightarrow H$ 是一个投影, 当且仅当 P 是自伴的幂等算子 (即 $P^2 = P$).

证明 (a) 假定 P 是 H 上的一个投影, 并用 Y 表示 $P(H)$, 则因为对于每个 $x \in H$ 和 $Px = y \in Y$ 有

$$P^2 x = Py = y = Px,$$

所以 $P^2 = P$. 此外, 设 $x_1 = y_1 + z_1$ 且 $x_2 = y_2 + z_2$, 其中 $y_1, y_2 \in Y$ 且 $z_1, z_2 \in Y^\perp$, 则因为 $Y \perp Y^\perp$, 所以 $\langle y_1, z_2 \rangle = \langle y_2, z_1 \rangle = 0$. 从

$$\langle Px_1, x_2 \rangle = \langle y_1, y_2 + z_2 \rangle = \langle y_1, y_2 \rangle = \langle y_1 + z_1, y_2 \rangle = \langle x_1, Px_2 \rangle$$

可看出 P 是自伴算子.

(b) 反过来, 假定 $P^2 = P = P^*$, 并用 Y 表示 $P(H)$, 则对于每个 $x \in H$ 有

$$x = Px + (I - P)x.$$

从

$$\langle Px, (I - P)v \rangle = \langle x, P(I - P)v \rangle = \langle x, Pv - P^2 v \rangle = \langle x, 0 \rangle = 0$$

可推得正交性 $Y = P(H) \perp (I - P)(H)$. 因为从

$$(I - P)Px = Px - P^2 x = 0$$

可以看出 $Y \subseteq \mathcal{N}(I-P)$, 而 $(I - P)x = 0$ 意味着 $x = Px$ 表明 $Y \supseteq \mathcal{N}(I - P)$, 从而说明 Y 是 $I - P$ 的零空间 $\mathcal{N}(I - P)$. 根据 2.7–10(b), Y 是闭空间. 最后, 由于记 $y = Px$ 便有 $Py = P^2 x = Px = y$, 说明 $P\big|_Y$ 是 Y 上的恒等算子. ∎

我们将会看到, 投影有相对来说简单而明晰的性质. 这就促使我们用这样的简单算子去表示希尔伯特空间中更为复杂的线性算子. 因为我们还会看到, 为此所使用的投影与算子的谱有关联, 所以得到的表示又叫作算子的谱表示, 而谱表示也说明了投影的极大重要性.

我们将在 §9.9 中给出有界自伴线性算子的谱表示. 为达到这一目标需要做的第一步工作是研究投影的一般性质. 这就是本节和 §9.6 要做的工作. 第二步工作是对投影下一个合适的定义, 即定义叫作谱族的单参数投影族 (§9.7). 第三步工作是针对给定的有界自伴线性算子 T, 以唯一的方式给出它的谱族 (§9.8), 又叫作 T 的谱族. 在 §9.9 中用这个谱族给出我们所希望的 T 的谱表示. 在 §9.10 中讨论这种谱表示的一个推广. 最后, 在 §9.11 中讨论谱族在不同的谱点上的特性. 以上就是本章余下几节的研究计划.

像上面指出的那样, 让我们从研究投影的基本性质开始. 首先证明投影总是正算子.

9.5–2 定理（正性、范数） 对于希尔伯特空间 H 上的每个投影 P 有

$$\langle Px, x \rangle = \|Px\|^2, \tag{9.5.3}$$

$$P \geqslant 0, \tag{9.5.4}$$

$$\|P\| \leqslant 1, \quad 若 \ P(H) \neq \{0\} \ 则 \quad \|P\| = 1. \tag{9.5.5}$$

证明 从

$$\langle Px, x \rangle = \langle P^2 x, x \rangle = \langle Px, Px \rangle = \|Px\|^2 \geqslant 0$$

可推出 (9.5.3) 和 (9.5.4). 根据施瓦茨不等式有

$$\|Px\|^2 = \langle Px, x \rangle \leqslant \|Px\| \, \|x\|,$$

所以对于每个 $x \neq 0$ 有 $\|Px\|/\|x\| \leqslant 1$, 所以 $\|P\| \leqslant 1$. 若 $x \in P(H)$ 且 $x \neq 0$, 则 $\|Px\|/\|x\| = 1$, 这就证明了 (9.5.5). ∎

投影算子之积未必是投影, 但有如下基本定理.

9.5–3 定理（投影的积） 对于希尔伯特空间 H 上的投影算子之积（合成），有如下两个命题成立.

(a) $P = P_1 P_2$ 是 H 上的投影，当且仅当投影 P_1 和 P_2 是可交换的，即 $P_1 P_2 = P_2 P_1$. 并且 P 把 H 投影到 $Y = Y_1 \cap Y_2$ 上，其中 $Y_j = P_j(H)$.

(b) H 的闭子空间 Y 和 V 是正交的，当且仅当对应的投影满足 $P_Y P_V = 0$.

证明 (a) 假设 $P_1 P_2 = P_2 P_1$，则由 3.10–4 可知 P 是自伴算子. 由于

$$P^2 = (P_1 P_2)(P_1 P_2) = P_1^2 P_2^2 = P_1 P_2 = P,$$

所以 P 是幂等算子. 因此，由 9.5–1 可知 P 是投影，并且对于每个 $x \in H$ 有

$$Px = P_1(P_2 x) = P_2(P_1 x).$$

由于 P_1 把 H 投影到 Y_1 上，所以必有 $P_1(P_2 x) \in Y_1$. 类似地有 $P_2(P_1 x) \in Y_2$. 合在一起有 $Px \in Y_1 \cap Y_2$. 由于 $x \in H$ 是任意的，这就证明了 P 把 H 投影到 $Y = Y_1 \cap Y_2$ 中. 精确地讲，P 把 H 投影到 Y 上. 事实上，若 $y \in Y$，则 $y \in Y_1, y \in Y_2$，并且

$$Py = P_1 P_2 y = P_1 y = y.$$

反之，若 $P = P_1 P_2$ 是定义在 H 上的投影，则由 9.5–1 可知 P 是自伴算子，并且从 3.10–4 可推出 $P_1 P_2 = P_2 P_1$.

(b) 若 $Y \perp V$，则 $Y \cap V = \{0\}$，并且根据 (a) 对于所有 $x \in H$ 有 $P_Y P_V x = 0$，所以 $P_Y P_V = 0$.

反过来，若 $P_Y P_V = 0$，则对于每个 $y \in Y$ 和 $v \in V$ 可得

$$\langle y, v \rangle = \langle P_Y y, P_V v \rangle = \langle y, P_Y P_V v \rangle = \langle y, 0 \rangle = 0,$$

因此 $Y \perp V$. ∎

类似地，投影之和未必是一个投影，但有如下定理.

9.5–4 定理（投影的和） 设 P_1 和 P_2 是希尔伯特空间 H 上的投影，则

(a) 和 $P = P_1 + P_2$ 是 H 上的投影，当且仅当 $Y_1 = P_1(H)$ 与 $Y_2 = P_2(H)$ 是正交的.

(b) 若 $P = P_1 + P_2$ 是一个投影，则 P 把 H 投影到 $Y = Y_1 \oplus Y_2$ 上.

证明 (a) 若 $P = P_1 + P_2$ 是一个投影，由 9.5–1 可知 $P = P^2$，写出来有

$$P_1 + P_2 = (P_1 + P_2)^2 = P_1^2 + P_1 P_2 + P_2 P_1 + P_2^2.$$

根据 9.5–1，在右端有 $P_1^2 = P_1$ 且 $P_2^2 = P_2$，消项后有

$$P_1 P_2 + P_2 P_1 = 0. \tag{9.5.6}$$

上式左乘 P_2 便得

$$P_2P_1P_2 + P_2P_1 = 0. \tag{9.5.7}$$

上式右乘 P_2 便得 $2P_2P_1P_2 = 0$, 所以由 (9.5.7) 可得 $P_2P_1 = 0$, 根据 9.5–3(b) 有 $Y_1 \perp Y_2$.

反之, 若 $Y_1 \perp Y_2$, 则根据 9.5–3(b) 有 $P_1P_2 = P_2P_1 = 0$. 这就给出了 (9.5.6), 它意味着 $P^2 = P$. 由于 P_1 和 P_2 是自伴算子, 所以 $P = P_1 + P_2$ 也是自伴算子. 因此由 9.5–1 可知 P 是一个投影.

(b) 我们来确定闭子空间 $Y \subseteq H$ 使得 P 把 H 投影到 Y 上. 由于 $P = P_1 + P_2$, 所以对于每个 $x \in H$ 有

$$y = Px = P_1x + P_2x,$$

其中 $P_1x \in Y_1$ 且 $P_2x \in Y_2$. 因此 $y \in Y_1 \oplus Y_2$, 从而 $Y \subseteq Y_1 \oplus Y_2$.

现在证明 $Y \supseteq Y_1 \oplus Y_2$. 任取 $v \in Y_1 \oplus Y_2$, 则 $v = y_1 + y_2$, 其中 $y_1 \in Y_1$ 且 $y_2 \in Y_2$. 用 P 作用, 再利用 $Y_1 \perp Y_2$ 便得到

$$Pv = P_1(y_1 + y_2) + P_2(y_1 + y_2) = P_1y_1 + P_2y_2 = y_1 + y_2 = v.$$

因此 $v \in Y$, 从而 $Y \supseteq Y_1 \oplus Y_2$. 合在一起, 便证明了 $Y = Y_1 \oplus Y_2$. ■

习　题

1. 证明希尔伯特空间 H 上的投影 P 满足

$$0 \leqslant P \leqslant I.$$

在什么条件下 (i) $P = 0$, (ii) $P = I$?

2. 设 $Q = S^{-1}PS : H \longrightarrow H$, 其中 S 和 P 是有界线性算子. 若 P 是投影, S 是酉算子, 证明 Q 是投影.

3. 找出不是自伴算子的等幂线性算子 $T : \mathbf{R}^2 \longrightarrow \mathbf{R}^2$ (所以它不是投影, 见 9.5–1).

4. 举出 $\mathbf{R}^3$ 中的投影 P_1, P_2 的例子来说明 9.5–3, 使得 P_1P_2 既不是 P_1 也不是 P_2.

5. 把 9.5–4 推广到 $P = P_1 + P_2 + \cdots + P_m$.

6. 在习题 5 中, 设 $Y_j = P_j(H)$ ($j = 1, \cdots, m$) 且 $Y = P(H)$. 证明每个 $x \in Y$ 有表示

$$x = x_1 + \cdots + x_m, \quad \text{其中 } x_j = P_jx \in Y_j.$$

反过来, 若 $x \in H$ 能表成这种形式, 则 $x \in Y$, 而且这个表示是唯一的.

7. 给出一个简单例子, 它能说明两个投影之和未必是一个投影.

8. 若投影 $P_j : H \longrightarrow H$ 之和 $P_1 + \cdots + P_k$ 是投影, 其中 H 是希尔伯特空间. 证明

$$\|P_1x\|^2 + \cdots + \|P_kx\|^2 \leqslant \|x\|^2.$$

9. 从本节的定理如何得到贝塞尔不等式 (见 §3.4).

10. 设 P_1 和 P_2 分别是希尔伯特空间 H 到 Y_1 和 Y_2 上的投影，并且 $P_1 P_2 = P_2 P_1$. 证明

$$P_1 + P_2 - P_1 P_2$$

是一个投影，即 H 到 $Y_1 + Y_2$ 上的投影.

9.6 投影的其他性质

鉴于 §9.5 一开始所阐明的理由，我们要研究后面将要用到的投影的其他性质.

我们的第一个定理涉及用 $P_1 \leqslant P_2$（见 §9.3）在给定希尔伯特空间上所有投影的集合上定义的偏序关系. 这个定理是下面三节中的基本工具.

9.6–1 定理（偏序） 设 P_1 和 P_2 是定义在希尔伯特空间 H 上的投影，P_1 和 P_2 分别把 H 投影到子空间 $Y_1 = P_1(H)$ 和 $Y_2 = P_2(H)$ 上，$\mathscr{N}(P_1)$ 和 $\mathscr{N}(P_2)$ 是这两个投影的零空间，则下述条件是等价的.

$$P_2 P_1 = P_1 P_2 = P_1, \tag{9.6.1}$$

$$Y_1 \subseteq Y_2, \tag{9.6.2}$$

$$\mathscr{N}(P_1) \supseteq \mathscr{N}(P_2), \tag{9.6.3}$$

$$\text{对于所有 } x \in H \text{ 有 } \quad \|P_1 x\| \leqslant \|P_2 x\|, \tag{9.6.4}$$

$$P_1 \leqslant P_2. \tag{9.6.5}$$

证明 $(9.6.1) \implies (9.6.4)$.

根据 9.5–2 有 $\|P_1\| \leqslant 1$，因此对于所有 $x \in H$，(9.6.1) 给出了

$$\|P_1 x\| = \|P_1 P_2 x\| \leqslant \|P_1\| \|P_2 x\| \leqslant \|P_2 x\|.$$

$(9.6.4) \implies (9.6.5)$.

由 (9.5.3) 和 (9.6.4) 可知对于所有 $x \in H$ 有

$$\langle P_1 x, x \rangle = \|P_1 x\|^2 \leqslant \|P_2 x\|^2 = \langle P_2 x, x \rangle,$$

根据定义，这就证明了 $P_1 \leqslant P_2$.

$(9.6.5) \implies (9.6.3)$.

任取 $x \in \mathscr{N}(P_2)$，则 $P_2 x = 0$. 根据 (9.5.3) 和 (9.6.5) 有

$$\|P_1 x\|^2 = \langle P_1 x, x \rangle \leqslant \langle P_2 x, x \rangle = 0.$$

因为 $x \in \mathscr{N}(P_2)$ 是任意的，因此 $P_1 x = 0$，即 $x \in \mathscr{N}(P_1)$，从而 $\mathscr{N}(P_1) \supseteq \mathscr{N}(P_2)$.

$(9.6.3) \implies (9.6.2)$.

由于 $\mathscr{N}(P_j)$ 是 Y_j 在 H 中的正交补，所以根据 3.3–5 可知这是显然的.

(9.6.2) $\implies$ (9.6.1).

对于每个 $x \in H$ 有 $P_1 x \in Y_1$. 根据 (9.6.2) 有 $P_1 x \in Y_2$, 所以 $P_2(P_1 x) = P_1 x$, 即 $P_2 P_1 = P_1$. 由 9.5–1 可知 P_1 是自伴算子, 3.10–4 意味着 $P_1 = P_2 P_1 = P_1 P_2$. ∎

§9.5 研究了投影算子之和, 现在可以讨论投影之差. 这是刚才证明的定理的第一个应用.

9.6–2 定理 (投影之差) 设 P_1 和 P_2 是希尔伯特空间 H 上的投影, 则

(a) 差 $P = P_2 - P_1$ 是 H 上的投影, 当且仅当 $Y_1 \subseteq Y_2$, 其中 $Y_j = P_j(H)$.

(b) 若 $P = P_2 - P_1$ 是投影, 则 P 把 H 投影到 Y 上, 其中 Y 是 Y_1 在 Y_2 中的正交补.

证明 (a) 若 $P = P_2 - P_1$ 是投影, 则根据 9.5–1 有 $P = P^2$, 写出来是

$$P_2 - P_1 = (P_2 - P_1)^2 = P_2^2 - P_2 P_1 - P_1 P_2 + P_1^2.$$

根据 9.5–1, 在右端有 $P_2^2 = P_2$ 且 $P_1^2 = P_1$. 因此

$$P_1 P_2 + P_2 P_1 = 2 P_1. \tag{9.6.6}$$

上式左乘和右乘 P_2 便得到

$$P_2 P_1 P_2 + P_2 P_1 = 2 P_2 P_1,$$
$$P_1 P_2 + P_2 P_1 P_2 = 2 P_1 P_2.$$

因此 $P_2 P_1 P_2 = P_2 P_1$ 且 $P_2 P_1 P_2 = P_1 P_2$, 再根据 (9.6.6) 便得

$$P_2 P_1 = P_1 P_2 = P_1. \tag{9.6.7}$$

由 9.6–1 便推出 $Y_1 \subseteq Y_2$.

反之, 若 $Y_1 \subseteq Y_2$, 9.6–1 便给出 (9.6.7), 这意味着 (9.6.6) 成立, 从而证明了 P 是幂等算子. 由于 P_1 和 P_2 是自伴算子, 所以 $P = P_2 - P_1$ 也是自伴算子, 由 9.5–1 可知 P 是投影.

(b) $Y = P(H)$ 由形如

$$y = Px = P_2 x - P_1 x, \quad \text{其中 } x \in H \tag{9.6.8}$$

的所有向量组成. 根据 (a) 有 $Y_1 \subseteq Y_2$, 所以根据 (9.6.1) 有 $P_2 P_1 = P_1$, 因而从 (9.6.8) 可得

$$P_2 y = P_2^2 x - P_2 P_1 x = P_2 x - P_1 x = y.$$

这表明 $y \in Y_2$. 从 (9.6.8) 和 (9.6.1) 还得到

$$P_1 y = P_1 P_2 x - P_1^2 x = P_1 x - P_1 x = 0.$$

这表明 $y \in \mathcal{N}(P_1) = Y_1^\perp$, 见 3.3–5. 合在一起可得 $y \in V$, 其中 $V = Y_2 \cap Y_1^\perp$. 由于 y 是任意的, 故 $Y \subseteq V$.

再证明 $Y \supseteq V$. 由于 H 到 $Y_1^\perp$ 上的投影是 $I - P_1$ (见 §9.5), 故每个 $v \in V$ 都具有如下形式:

$$v = (I - P_1)y_2, \quad \text{其中 } y_2 \in Y_2. \tag{9.6.9}$$

再利用 $P_2 P_1 = P_1$, 并由于 $P_2 y_2 = y_2$, 便从 (9.6.9) 得到

$$
\begin{aligned}
Pv &= (P_2 - P_1)(I - P_1)y_2 \\
&= (P_2 - P_2 P_1 - P_1 + P_1^2)y_2 \\
&= y_2 - P_1 y_2 = v.
\end{aligned}
$$

这就证明了 $v \in Y$. 由于 $v \in V$ 是任意的, 故 $Y \supseteq V$. 合在一起可得 $Y = P(H) = V = Y_2 \cap Y_1^\perp$. ∎

由这个定理和前一个定理, 我们能够推广单调递增投影序列的收敛性这一基本结果. (对于单调递减投影序列也有类似的定理成立.)

9.6–3 定理 (单调递增序列) 设 (P_n) 是定义在希尔伯特空间 H 上的投影 P_n 的单调递增序列, 则

(a) (P_n) 是强算子收敛的, 也就是说, 对于每个 $x \in H$ 有 $P_n x \to Px$, 并且极限算子 P 也是定义在 H 上的投影.

(b) P 把 H 投影到 $P(H)$ 上, 其中

$$P(H) = \overline{\bigcup_{n=1}^{\infty} P_n(H)}.$$

(c) P 的零空间为

$$\mathcal{N}(P) = \bigcap_{n=1}^{\infty} \mathcal{N}(P_n).$$

证明 (a) 设 $m < n$, 根据假设有 $P_m \leqslant P_n$, 所以根据 9.6–1 有 $P_m(H) \subseteq P_n(H)$, 由 9.6–2 可知 $P_n - P_m$ 是投影. 因此根据 9.5–2 可知对于每个固定的 $x \in H$ 有

$$
\begin{aligned}
\|P_n x - P_m x\|^2 &= \|(P_n - P_m)x\|^2 \\
&= \langle (P_n - P_m)x, x \rangle \\
&= \langle P_n x, x \rangle - \langle P_m x, x \rangle \\
&= \|P_n x\|^2 - \|P_m x\|^2.
\end{aligned}
\tag{9.6.10}
$$

根据 9.5–2 有 $\|P_n\| \leqslant 1$, 所以对于每个 n 有 $\|P_n x\| \leqslant \|x\|$, 因此 $(\|P_n x\|)$ 是有界数列. 由于 (P_n) 是单调的, 由 9.6–1 可知 $(\|P_n x\|)$ 也是单调的, 因此 $(\|P_n x\|)$ 收敛. 由此以及 (9.6.10) 便看出 $(P_n x)$ 是柯西序列. 由于 H 是完备空间, 故 $(P_n x)$ 收敛, 其极限依赖于 x, 不妨设 $P_n x \to Px$, 这样就在 H 上定义了算子 P. 显然 P 是线性算子. 由于有 $P_n x \to Px$ 且 P_n 是有界的、自伴的和幂等的, 故 P 也有相同的性质, 因此由 9.5–1 可知 P 是投影.

(b) 现在来确定 $P(H)$. 设 $m < n$, 则 $P_m \leqslant P_n$, 即 $P_n - P_m \geqslant 0$, 根据定义有 $\langle (P_n - P_m)x, x \rangle \geqslant 0$. 令 $n \to \infty$, 根据内积的连续性（见 3.2–2）可得 $\langle (P - P_m)x, x \rangle \geqslant 0$, 即 $P_m \leqslant P$. 根据 9.6–1, 对于每个 m 有 $P_m(H) \subseteq P(H)$. 因此

$$\bigcup P_m(H) \subseteq P(H).$$

此外, 对每个 m 和每个 $x \in H$ 还有

$$P_m x \in P_m(H) \subseteq \bigcup P_m(H).$$

由于 $P_m x \to Px$, 从 1.4–6(a) 可以看出 $Px \in \overline{\bigcup P_m(H)}$, 因此 $P(H) \subseteq \overline{\bigcup P_m(H)}$. 合在一起便有

$$\bigcup P_m(H) \subseteq P(H) \subseteq \overline{\bigcup P_m(H)}.$$

由 3.3–5 可知 $P(H) = \mathscr{N}(I - P)$, 所以由 2.7–10(b) 可知 $P(H)$ 是闭集, 这就证明了 (b).

(c) 最后确定 $\mathscr{N}(P)$. 利用 3.3–5, 并根据 (b) 中证明的 $P(H) \supseteq P_n(H)$, 可得对于每个 n 有 $\mathscr{N}(P) = P(H)^{\perp} \subseteq P_n(H)^{\perp}$, 因此

$$\mathscr{N}(P) \subseteq \bigcap P_n(H)^{\perp} = \bigcap \mathscr{N}(P_n).$$

另外, 若 $x \in \bigcap \mathscr{N}(P_n)$, 则对于每个 n 有 $x \in \mathscr{N}(P_n)$, 所以 $P_n x = 0$, 并由 $P_n x \to Px$ 可推知 $Px = 0$, 即 $x \in \mathscr{N}(P)$. 由于 $x \in \bigcap \mathscr{N}(P_n)$ 是任意的, 所以 $\bigcap \mathscr{N}(P_n) \subseteq \mathscr{N}(P)$. 合在一起便得 $\mathscr{N}(P) = \bigcap \mathscr{N}(P_n)$. ■

习　题

1. 用欧几里得空间 $\mathbf{R}^3$ 中的简单的投影例子来说明 9.6–1 中的各种等价命题.

2. 证明: 希尔伯特空间 H 上的两个投影之差 $P = P_2 - P_1$ 是 H 上的投影, 当且仅当 $P_1 \leqslant P_2$.

3. 为了更好地理解 9.6–2, 考虑 $H = \mathbf{R}^3$, 并设 P_2 是到 $\xi_1 \xi_2$ 平面上的投影, P_1 是 $\xi_1 \xi_2$ 平面内到直线 $\xi_2 = \xi_1$ 上的投影. 粗略画出 $Y_1, Y_2, Y_1^{\perp}, Y_2^{\perp}$ 和 Y_1 在 Y_2 中的正交补. 当 $x = (\xi_1, \xi_2, \xi_3)$ 时, 定出 $(P_2 - P_1)x$ 的坐标. $P_1 + P_2$ 是投影吗?

4. **投影的极限** 若 (P_n) 是定义在希尔伯特空间 H 上的投影序列，并且 $P_n \to P$，证明 P 是 H 上的投影.

5. 设 9.6-3 中的 $P_n(H)$ 对于每个 n 都是有限维的. 证明：虽然如此，$P(H)$ 仍可能是无穷维的.

6. 设 (P_n) 强算子收敛到极限 P，其中 P_n 是希尔伯特空间 H 上的投影. 假定 $P_n(H)$ 是无穷维的. 用一个例子说明，尽管如此，$P(H)$ 仍可能是有限维的.（顺便指出，这里和习题 5 中的这种不规则的现象在一致算子收敛的情况下是不可能出现的.）

7. 在单调递减序列 (P_n) 的情况下，9.6-3 中的 $P(H)$ 是什么？

8. 若 $Q_1, Q_2, \cdots$ 是希尔伯特空间 H 上的投影，且满足 $Q_j(H) \perp Q_k(H)$ $(j \neq k)$，证明对于每个 $x \in H$ 级数

$$Qx = \sum_{j=1}^{\infty} Q_j x$$

（按 H 上的范数）收敛，并且 Q 是投影. Q 把 H 影投到哪一个子空间上？

9. **不变子空间** 设 $T : H \longrightarrow H$ 是有界线性算子，Y 是 H 的子空间. 若 $T(Y) \subseteq Y$，则称 Y 是在 T 之下是不变的. 证明：闭子空间 $Y \subseteq H$ 在 T 之下不变，当且仅当 $Y^{\perp}$ 在 T^* 之下不变.

10. **算子的约化** 设 Y 是希尔伯特空间 H 的闭子空间，$T : H \longrightarrow H$ 是线性算子. 若 $T(Y) \subseteq Y$ 且 $T(Y^{\perp}) \subseteq Y^{\perp}$，即 Y 与 $Y^{\perp}$ 都是在 T 之下不变的，则说 Y 可约化线性算子 T.（这时对 T 的研究简化为分别对 $T|_Y$ 和 $T|_{Y^{\perp}}$ 的研究.）若 P_1 是 H 到 Y 上的投影且 $P_1 T = T P_1$，证明 Y 可约化 T.

11. 若习题 10 中有 $\dim H < \infty$ 且 Y 可约化 T，表示 T 的矩阵能够简化成什么形式？

12. 证明习题 10 中命题的逆，即，若 Y 可约化 T，则 $P_1 T = T P_1$.

13. 若习题 10 中的 Y 可约化 T，证明 $T P_2 = P_2 T$，其中 P_2 是 H 到 $Y^{\perp}$ 上的投影.

14. 设 (e_k) 是可分希尔伯特空间 H 中的完全规范正交序列，并设 $T : H \longrightarrow H$ 是用 $T e_k = e_{k+1}$ $(k = 1, 2, \cdots)$，先在 e_k 上定义而后再把它连续地延拓到 H 上的线性算子. 又设 Y_n 是 $\mathrm{span}\{e_n, e_{n+1} \cdots\}$ 的闭包，其中 $n > 1$. 证明：T 不是自伴算子，Y_n 不能约化 T.（a）利用习题 12，（b）给出一个直接的证明.

15. 设 $T : H \longrightarrow H$ 是希尔伯特空间 H 中的有界线性算子，Y 是满足 $T(Y) \subseteq Y$ 的闭子空间. 若 T 是自伴算子，证明 $T(Y^{\perp}) \subseteq Y^{\perp}$，所以在这种情况下，$Y$ 是可约化 T 的.（注意，习题 14 中的 T 不是自伴算子.）

9.7 谱族

从 §9.5 回想起，我们目前的主要目的是要用简单的算子（投影）去表示希尔伯特空间中的有界自伴线性算子. 为了获得这些较为复杂算子的有关信息，我们可以直接研究那些简单算子的性质. 这样的表示称作算子的谱表示. 有界自伴线

性算子 $T: H \longrightarrow H$ 一经给出，我们便可用适当的投影族给出它的谱表示，这个投影族又叫作 T 的谱族. 在本节中，我们诱导并定义一般意义下的谱族的概念，也就是说，不涉及具体给定的算子 T. 针对具体给出的算子 T 的适当的谱族，将在 §9.8 中单独考虑，而 T 的谱表示放在 §9.9 中讨论.

从有限维的情况我们能够看出谱族产生的背景. 设 $T: H \longrightarrow H$ 是酉空间 $H = \mathbf{C}^n$（见 3.10–2）上的自伴线性算子，则 T 是有界算子（根据 2.7–8），并且可以选定 H 的一个基，用埃尔米特矩阵来表示 T，为简单起见，仍用 T 记这个矩阵. 算子 T 的谱由矩阵 T 的本征值组成（见 §7.1 和 §7.2），并且由 9.1–1 可知它们都是实数. 为简单起见，假定矩阵 T 有 n 个不同的本征值 $\lambda_1 < \lambda_2 < \cdots < \lambda_n$，则 9.1–1(b) 意味着 T 有 n 个规范正交的本征向量

$$x_1, \quad x_2, \quad \cdots, \quad x_n,$$

其中 x_j 对应于 λ_j，并且它们都是列向量. 这组向量也构成了 H 的一个规范正交基，所以对于每个 $x \in H$ 都有唯一的表示

$$x = \sum_{j=1}^{n} \gamma_j x_j,$$

$$\gamma_j = \langle x, x_j \rangle = x^{\mathrm{T}} \bar{x}_j. \tag{9.7.1}$$

在 (9.7.1) 中，第一个等式两端与固定的 x_k 取内积，再利用正交性，便能得到第二个等式. 在 (9.7.1) 中最根本的一点是，x_j 是 T 的本征向量，所以有 $Tx_j = \lambda_j x_j$. 因而若用 T 作用到 (9.7.1) 的两端，便直接得到

$$Tx = \sum_{j=1}^{n} \lambda_j \gamma_j x_j. \tag{9.7.2}$$

从而可以看出，虽然 T 可能以一种比较复杂的方式作用在 x 上，但它却以一种十分简单的方式作用在 (9.7.1) 中和式的每一项上. 这就证实了用本征向量研究 $H = \mathbf{C}^n$ 上的线性算子是极为方便的.

对 (9.7.1) 进一步观察便可看出，我们能够定义算子

$$P_j: H \longrightarrow H,$$

$$x \longmapsto \gamma_j x_j. \tag{9.7.3}$$

显然，P_j 是 H 到 T 的对应于 λ_j 的本征空间上的（正交）投影. 这时 (9.7.1) 可以写成

$$x = \sum_{j=1}^{n} P_j x, \quad 因此 \quad I = \sum_{j=1}^{n} P_j, \tag{9.7.4}$$

其中 I 是 H 上的恒等算子. (9.7.2) 变成

$$Tx = \sum_{j=1}^{n} \lambda_j P_j x, \quad \text{因此} \quad T = \sum_{j=1}^{n} \lambda_j P_j. \tag{9.7.5}$$

这就是用投影给出的 T 的一个表示. 它说明了使用 T 的谱以十分简单的算子可得到 T 的一个表示 [即 (9.7.5)].

利用投影算子 P_j, 似乎是很自然的, 并且在几何上是很明了的. 遗憾的是, 上面的公式对于直接推广到无穷维的希尔伯特空间 H 还是不合适的, 因为在无穷维的情况下, 有界自伴线性算子的谱可能比较复杂. 现在我们来描述另外一种途径, 虽然有点不太直观, 但对于推广到无穷维的情况却是很方便的.

代替投影 $P_1, \cdots, P_n$, 我们取这些投影之和. 精确地说, 对于任意实数 λ, 定义算子

$$E_\lambda = \sum_{\lambda_j \leqslant \lambda} P_j, \quad \text{其中} \ \lambda \in \mathbf{R}. \tag{9.7.6}$$

这是一个单参数投影族, λ 是参数. 从 (9.7.6) 可以看出, 对于任意 λ, 算子 E_λ 是 H 到子空间 V_λ 上的投影, V_λ 是由 $\lambda_j \leqslant \lambda$ 的所有本征向量 x_j 张成的 H 的子空间. 由此可知

$$V_\lambda \subseteq V_\mu, \quad \text{其中} \ \lambda \leqslant \mu.$$

粗略地讲, 随着 λ 从小到大遍历 $\mathbf{R}$, E_λ 从 0 增长到 I, E_λ 只在 T 的本征值上增长, 而对于不含本征值的任何区间中的 λ, E_λ 保持不变. 因此可看出 E_λ 有如下性质:

$$\begin{aligned}
&\text{当} \ \lambda < \mu \ \text{时} \quad E_\lambda E_\mu = E_\mu E_\lambda = E_\lambda, \\
&\text{当} \ \lambda < \lambda_1 \ \text{时} \quad\quad E_\lambda = 0, \\
&\text{当} \ \lambda \geqslant \lambda_n \ \text{时} \quad\quad E_\lambda = I, \\
&\quad\quad E_{\lambda+0} = \lim_{\mu \to \lambda+0} E_\mu = E_\lambda,
\end{aligned}$$

其中 $\mu \to \lambda+0$ 指 μ 从右侧逼近 λ. 这就促使我们提出如下定义.

9.7–1 定义（谱族或单位分解） 所谓实谱族（或实单位分解）是指单参数的投影 E_λ 的族 $\mathscr{E} = (E_\lambda)_{\lambda \in \mathbf{R}}$, E_λ 是定义在（任意维的）希尔伯特空间 H 上的依赖于实参数的投影, 且满足

$$E_\lambda \leqslant E_\mu, \quad \text{因此} \quad E_\lambda E_\mu = E_\mu E_\lambda = E_\lambda, \quad \text{其中} \ \lambda < \mu, \tag{9.7.7}$$

$$\lim_{\lambda \to -\infty} E_\lambda x = 0, \tag{9.7.8a}$$

$$\lim_{\lambda \to +\infty} E_\lambda x = x, \tag{9.7.8b}$$

$$E_{\lambda+0} x = \lim_{\mu \to \lambda+0} E_\mu x = E_\lambda x, \quad \text{其中} \ x \in H. \tag{9.7.9}$$

从定义可以看出，实谱族可以看作映射

$$\mathbf{R} \longrightarrow B(H, H),$$

$$\lambda \longmapsto E_\lambda.$$

对于每个 $\lambda \in \mathbf{R}$ 有一个投影 $E_\lambda \in B(H, H)$ 与之对应，其中 $B(H, H)$ 是从 H 到 H 中的所有有界线性算子构成的空间.

注意，由 9.6–1 可知 (9.7.7) 中的两个条件是等价的.

如果

$$\text{当 } \lambda < a \text{ 时 } \quad E_\lambda = 0, \quad \text{当 } \lambda \geqslant b \text{ 时 } \quad E_\lambda = I, \tag{9.7.8*}$$

则称 $\mathscr{E}$ 是**区间 $[a, b]$ 上的谱族**. 由于有界自伴线性算子的谱落在实直线上的一个有限区间内，所以这样的谱族对我们来说特别有意义. 显然 (9.7.8*) 蕴涵 (9.7.8).

(9.7.9) 中的 $\mu \to \lambda + 0$ 指出，在求极限的过程中我们只考虑值 $\mu > \lambda$，而 (9.7.9) 意味着 $\lambda \longmapsto E_\lambda$ 是从右侧强算子连续的（或强算子右连续）. 实际上，同样可以定义左连续. 在定义中完全可以不强加这样的条件，不过在我们不得不研究极限 $E_{\lambda+0}$ 和 $E_{\lambda-0}$ 时，将会带来不必要的麻烦.

后面（§9.8 和 §9.9 中）将会看到，针对在任意希尔伯特空间中给定的任意有界自伴线性算子 T，我们都能够有一个谱族，通过黎曼–斯蒂尔杰斯积分表示 T. 这就是我们前面所提到的谱表示.

此外，我们还会看到对于本节开始所考虑的有限维的情况，积分表示简化到有限和的形式，即用谱族 (9.7.6) 写成的 (9.7.5). 暂且让我们来说明，(9.7.5) 是如何能够用 (9.7.6) 来写出的. 为简单起见，首先假定 T 的本征值 $\lambda_1, \cdots, \lambda_n$ 是互不相同的，并且 $\lambda_1 < \lambda_2 < \cdots < \lambda_n$. 我们有

$$E_{\lambda_1} = P_1,$$

$$E_{\lambda_2} = P_1 + P_2,$$

$$\cdots \cdots$$

$$E_{\lambda_n} = P_1 + \cdots + P_n.$$

因此，反过来有

$$P_1 = E_{\lambda_1},$$

$$P_j = E_{\lambda_j} - E_{\lambda_{j-1}}, \quad \text{其中 } j = 2, \cdots, n.$$

因为对于 $\lambda \in [\lambda_{j-1}, \lambda_j)$ 有 E_λ 保持不变，所以上式又可写成

$$P_j = E_{\lambda_j} - E_{\lambda_j - 0}.$$

现在 (9.7.4) 变成

$$x = \sum_{j=1}^{n} P_j x = \sum_{j=1}^{n} \left(E_{\lambda_j} - E_{\lambda_j - 0} \right) x,$$

且 (9.7.5) 变成

$$Tx = \sum_{j=1}^{n} \lambda_j P_j x = \sum_{j=1}^{n} \lambda_j \left(E_{\lambda_j} - E_{\lambda_j - 0} \right) x.$$

若去掉 x 并记

$$\delta E_\lambda = E_\lambda - E_{\lambda-0},$$

则得到

$$T = \sum_{j=1}^{n} \lambda_j \delta E_{\lambda_j}. \tag{9.7.10}$$

这就是 n 维希尔伯特空间 H 上的具有本征值 $\lambda_1 < \lambda_2 < \cdots < \lambda_n$ 的自伴线性算子 T 的谱表示. 这个谱表示也证明了对于任意 $x, y \in H$ 有

$$\langle Tx, y \rangle = \sum_{j=1}^{n} \lambda_j \langle \delta E_{\lambda_j} x, y \rangle. \tag{9.7.11}$$

注意到上式能够写成黎曼–斯蒂尔杰斯积分

$$\langle Tx, y \rangle = \int_{-\infty}^{+\infty} \lambda \mathrm{d}w(\lambda), \tag{9.7.12}$$

其中 $w(\lambda) = \langle E_\lambda x, y \rangle$.

我们上面的讨论虽然针对的是有限维空间中的自伴线性算子, 却为 §9.8 要考虑的任意希尔伯特空间的情况铺平了道路. 本节的习题与下一节的习题合在一起放在 §9.8 之末.

9.8 有界自伴线性算子的谱族

针对复希尔伯特空间 H 上的给定的有界自伴线性算子 $T: H \longrightarrow H$, 我们有用来给出 T 的谱表示的谱族 $\mathscr{E}$ (在 §9.9 给出谱表示).

为了定义 $\mathscr{E}$, 我们需要算子

$$T_\lambda = T - \lambda I, \tag{9.8.1}$$

T_λ^2 的正平方根, 记为 B_λ,[①] 因此

$$B_\lambda = \left(T_\lambda^2 \right)^{1/2}, \tag{9.8.2}$$

[①] 在一些文献中也把 B_λ 记为 $|T_\lambda|$.

算子

$$T_\lambda^+ = \tfrac{1}{2}(B_\lambda + T_\lambda) \tag{9.8.3}$$

叫作 T_λ 的**正部**.

然后用 $\mathscr{E} = (E_\lambda)_{\lambda \in \mathbf{R}}$ 定义 T 的**谱族** $\mathscr{E}$, 其中 E_λ 是 H 到 T_λ^+ 的零空间 $\mathscr{N}\left(T_\lambda^+\right)$ 上的投影.

本节剩余部分的任务就是要证明 $\mathscr{E}$ 确实是一个谱族, 也就是要证明 $\mathscr{E}$ 有 9.7–1 中所表征谱族的全部性质. 这要求我们有一定的耐性. 但是, 由于为 §9.9 推导谱表示而造出一个基本工具 [下面的不等式 (9.8.18)], 所以我们的忍耐也算 得到了回报.

下面逐步处理, 首先考虑算子

$$B = \left(T^2\right)^{1/2}, \qquad\qquad (T^2 \text{ 的正平方根}),$$
$$T^+ = \tfrac{1}{2}(B + T), \qquad\qquad (T \text{ 的正部}),$$
$$T^- = \tfrac{1}{2}(B - T), \qquad\qquad (T \text{ 的负部}),$$

并考虑 H 到 T^+ 的零空间上的投影 E, 即

$$E : H \longrightarrow Y = \mathscr{N}\left(T^+\right).$$

通过相减和相加可以看出

$$T = T^+ - T^-, \tag{9.8.4}$$
$$B = T^+ + T^-. \tag{9.8.5}$$

此外, 还有以下引理.

9.8–1 引理（与 T 有关的算子）　　上面所定义的算子有如下性质.

(a) B, T^+, T^- 是有界自伴算子.

(b) 与 T 可交换的每个有界线性算子都与 B, T^+, T^- 可交换, 特别是

$$BT = TB, \quad T^+T = TT^+, \quad T^-T = TT^-, \quad T^+T^- = T^-T^+. \tag{9.8.6}$$

(c) 与 T 可交换的每个有界自伴线性算子都与 E 可交换, 特别是

$$ET = TE, \quad EB = BE. \tag{9.8.7}$$

(d) 还有

$$T^+T^- = 0, \qquad\qquad T^-T^+ = 0, \tag{9.8.8}$$
$$T^+E = ET^+ = 0, \qquad\qquad T^-E = ET^- = T^-, \tag{9.8.9}$$
$$TE = -T^-, \qquad T(I - E) = T^+, \tag{9.8.10}$$
$$T^+ \geqslant 0, \qquad\qquad T^- \geqslant 0. \tag{9.8.11}$$

证明 (a) 是显然的，因为 T 和 B 都是有界自伴算子.

(b) 假定 $TS = ST$，则 $T^2 S = TST = ST^2$，并且把 9.4–2 应用到 T^2 可推出 $BS = SB$. 因此有

$$T^+ S = \tfrac{1}{2}(BS + TS) = \tfrac{1}{2}(SB + ST) = ST^+.$$

类似地可证明 $T^- S = ST^-$.

(c) 对于每个 $x \in H$，我们有 $y = Ex \in Y = \mathscr{N}(T^+)$，因此 $T^+ y = 0$ 且 $ST^+ y = S0 = 0$. 从 $TS = ST$ 和 (b) 可得 $ST^+ = T^+ S$ 和

$$T^+ SEx = T^+ Sy = ST^+ y = 0.$$

因此 $SEx \in Y$. 由于 E 把 H 投影到 Y 上，因而对于每个 $x \in H$ 有 $ESEx = SEx$，即 $ESE = SE$. 由 9.5–1 可知投影是自伴算子，根据假设 S 也是自伴算子. 因而利用 (3.9.6g) 可得

$$ES = E^* S^* = (SE)^* = (ESE)^* = E^* S^* E^* = ESE = SE.$$

(d) 现在证明 (9.8.8) 至 (9.8.11).

(9.8.8) 的证明如下.

由 $B = (T^2)^{1/2}$ 我们有 $B^2 = T^2$. 并且根据 (9.8.6) 有 $BT = TB$，因此，再根据 (9.8.6) 有

$$T^+ T^- = T^- T^+ = \tfrac{1}{2}(B - T)\tfrac{1}{2}(B + T) = \tfrac{1}{4}\left(B^2 + BT - TB - T^2\right) = 0.$$

(9.8.9) 的证明如下.

根据定义，$Ex \in \mathscr{N}(T^+)$，所以对于所有 $x \in H$ 有 $T^+ Ex = 0$. 由于 T^+ 是自伴算子，根据 (9.8.6) 和 (c) 便有 $ET^+ x = T^+ Ex = 0$，即 $ET^+ = T^+ E = 0$.

此外，根据 (9.8.8) 有 $T^+ T^- x = 0$，所以 $T^- x \in \mathscr{N}(T^+)$，因此 $ET^- x = T^- x$. 由于 T^- 是自伴算子，根据 (c) 对于所有 $x \in H$ 有 $T^- Ex = ET^- x = T^- x$，即 $T^- E = ET^- = T^-$.

(9.8.10) 的证明如下.

由 (9.8.4) 和 (9.8.9) 可得 $TE = (T^+ - T^-) E = -T^-$，再由此并根据 (9.8.4) 便得

$$T(I - E) = T - TE = T + T^- = T^+.$$

(9.8.11) 的证明如下.

因为 E 和 B 是可交换的自伴算子，由 9.5–2 可知 $E \geqslant 0$，由 B 的定义可知 $B \geqslant 0$，根据 (9.8.9)(9.8.5) 和 9.3–1 有

$$T^- = ET^- + ET^+ = E\left(T^- + T^+\right) = EB \geqslant 0.$$

类似地，由 9.5–2 可知 $I - E \geqslant 0$，再由 9.3–1 可推出

$$T^+ = B - T^- = B - EB = (I - E)B \geqslant 0.$$ ∎

这是第一步要做的工作. 在第二步中，考虑用 $T_\lambda = T - \lambda I$ 代替前一步中的 T. 代替 B, T^+, T^-, E，我们必须取 $B_\lambda = (T_\lambda^2)^{1/2}$ [见 (9.8.2)]，T_λ 的正部和负部定义为

$$T_\lambda^+ = \tfrac{1}{2}(B_\lambda + T_\lambda),$$
$$T_\lambda^- = \tfrac{1}{2}(B_\lambda - T_\lambda)$$

[见 (9.8.3)]，H 到 T_λ^+ 的零空间 $Y_\lambda = \mathscr{N}\left(T_\lambda^+\right)$ 上的投影为

$$E_\lambda : H \longrightarrow Y_\lambda = \mathscr{N}\left(T_\lambda^+\right).$$

我们有以下引理.

9.8–2 引理（与 T_λ 有关的算子）　若我们分别用

$$T_\lambda,\ B_\lambda,\ T_\lambda^+,\ T_\lambda^-,\ E_\lambda \quad 代替 \quad T,\ B,\ T^+,\ T^-,\ E,$$

则前面的引理仍然是成立的，其中 λ 是实数. 进而，对于任意实数 $\kappa, \lambda, \mu, \nu, \tau$，下面的算子都是可交换的.

$$T_\kappa,\ B_\lambda,\ T_\mu^+,\ T_\nu^-,\ E_\tau.$$

证明　第一个命题是显然的. 为了证明第二个命题，注意 $IS = SI$ 且

$$T_\lambda = T - \lambda I = T - \mu I + (\mu - \lambda)I = T_\mu + (\mu - \lambda)I. \tag{9.8.12}$$

因此

$$ST = TS \Longrightarrow ST_\mu = T_\mu S \Longrightarrow ST_\lambda = T_\lambda S \Longrightarrow SB_\lambda = B_\lambda S,\ SB_\mu = B_\mu S,$$

等等. 对于 $S = T_\kappa$，它给出了 $T_\kappa B_\lambda = B_\lambda T_\kappa$，等等. ∎

有了这样的准备，我们就能够证明：对于给定的有界自伴线性算子 T，可以用（在下面的定理中解释的）唯一的方式来定义谱族 $\mathscr{E} = (E_\lambda)$. 这个 $\mathscr{E}$ 叫作**算子 T 生成的谱族**. 我们在 §9.9 将会看到，利用 $\mathscr{E}$ 可得到所希望的 T 的谱表示，从而达到我们真正的目的.

9.8–3 定理（算子的谱族）　设 $T : H \longrightarrow H$ 是复希尔伯特空间 H 上的有界自伴线性算子，E_λ（λ 是实数）是 H 到 $T_\lambda = T - \lambda I$ 的正部 T_λ^+ 的零空间 $Y_\lambda = \mathscr{N}\left(T_\lambda^+\right)$ 上的投影，则 $\mathscr{E} = (E_\lambda)_{\lambda \in \mathbf{R}}$ 是区间 $[m, M] \subseteq \mathbf{R}$ 上的谱族，其中 m 和 M 定义在 (9.2.1) 中.

证明 我们将证明

$$\lambda < \mu \quad \Longrightarrow \quad E_\lambda \leqslant E_\mu, \tag{9.8.13}$$

$$\lambda < m \quad \Longrightarrow \quad E_\lambda = 0, \tag{9.8.14}$$

$$\lambda \geqslant M \quad \Longrightarrow \quad E_\lambda = I, \tag{9.8.15}$$

$$\mu \to \lambda + 0 \quad \Longrightarrow \quad E_\mu x \to E_\lambda x. \tag{9.8.16}$$

在证明中, 我们要利用 9.8–1 把 T, T^+ 等换成 $T_\lambda, T_\mu, T_\lambda^+$ 等以后所得到的部分结论, 也就是

$$T_\mu^+ T_\mu^- = 0, \tag{9.8.8*}$$

$$T_\lambda E_\lambda = -T_\lambda^-, \quad T_\lambda(I - E_\lambda) = T_\lambda^+, \quad T_\mu E_\mu = -T_\mu^-, \tag{9.8.10*}$$

$$T_\lambda^+ \geqslant 0, \quad T_\lambda^- \geqslant 0, \quad T_\mu^+ \geqslant 0, \quad T_\mu^- \geqslant 0. \tag{9.8.11*}$$

(9.8.13) 的证明如下.

设 $\lambda < \mu$. 因为根据 (9.8.11*) 有 $-T^- \leqslant 0$, 所以 $T_\lambda = T_\lambda^+ - T_\lambda^- \leqslant T_\lambda^+$, 因此

$$T_\lambda^+ - T_\mu \geqslant T_\lambda - T_\mu = (\mu - \lambda)I \geqslant 0.$$

由 9.8–2 可知 $T_\lambda^+ - T_\mu$ 是自伴算子且与 T_μ^+ 可交换, 由 (9.8.11*) 可知 $T_\mu^+ \geqslant 0$, 因此从 9.3–1 可推得

$$T_\mu^+ \left(T_\lambda^+ - T_\mu \right) = T_\mu^+ \left(T_\lambda^+ - T_\mu^+ + T_\mu^- \right) \geqslant 0.$$

根据 (9.8.8*), 其中的 $T_\mu^+ T_\mu^- = 0$, 所以 $T_\mu^+ T_\lambda^+ \geqslant T_\mu^{+2}$, 即对于所有 $x \in H$ 有

$$\left\langle T_\mu^+ T_\lambda^+ x, x \right\rangle \geqslant \left\langle T_\mu^{+2} x, x \right\rangle = \left\| T_\mu^+ x \right\|^2 \geqslant 0.$$

这就证明了 $T_\lambda^+ x = 0$ 蕴涵 $T_\mu^+ x = 0$, 因此 $\mathscr{N}\left(T_\lambda^+\right) \subseteq \mathscr{N}\left(T_\mu^+\right)$, 所以由 9.6–1 可知当 $\lambda < \mu$ 时有 $E_\lambda \leqslant E_\mu$.

(9.8.14) 的证明如下.

设 $\lambda < m$, 但是还假定 $E_\lambda \neq 0$, 则对于某个 z 有 $E_\lambda z \neq 0$. 令 $x = E_\lambda z$, 则 $E_\lambda x = E_\lambda^2 z = E_\lambda z = x$. 不失一般性, 可以假定 $\|x\| = 1$, 从而有

$$\left\langle T_\lambda E_\lambda x, x \right\rangle = \left\langle T_\lambda x, x \right\rangle = \left\langle Tx, x \right\rangle - \lambda \geqslant \inf_{\|\tilde{x}\|=1} \left\langle T\tilde{x}, \tilde{x} \right\rangle - \lambda = m - \lambda > 0.$$

但这与从 (9.8.10*) 和 (9.8.11*) 得到的 $T_\lambda E_\lambda = -T_\lambda^- \leqslant 0$ 矛盾, 所以 $E_\lambda = 0$.

(9.8.15) 的证明如下.

假定 $\lambda > M$, 但是 $E_\lambda \neq I$, 则 $I - E_\lambda \neq 0$, 从而对某个范数为 1 的 x 有 $(I - E_\lambda)x = x$. 因此

$$\langle T_\lambda (I - E_\lambda)x, x \rangle = \langle T_\lambda x, x \rangle = \langle Tx, x \rangle - \lambda \leqslant \sup_{\|\tilde{x}\|=1} \langle T\tilde{x}, \tilde{x} \rangle - \lambda = M - \lambda < 0.$$

但这与从 (9.8.10*) 和 (9.8.11*) 得到的 $T_\lambda (I - E_\lambda) = T_\lambda^+ \geqslant 0$ 矛盾, 所以 $E_\lambda = I$. 从下面要证明的右连续性还可得到 $E_M = I$.

(9.8.16) 的证明如下.

针对区间 $\Delta = (\lambda, \mu]$, 我们有算子

$$E(\Delta) = E_\mu - E_\lambda.$$

由于 $\lambda < \mu$, 根据 (9.8.13) 有 $E_\lambda \leqslant E_\mu$, 因此根据 9.6–1 有 $E_\lambda(H) \subseteq E_\mu(H)$, 并且由 9.6–2 可知 $E(\Delta)$ 是一个投影. 根据 9.5–2 还有 $E(\Delta) \geqslant 0$. 再根据 9.6–1 有

$$\begin{aligned} E_\mu E(\Delta) &= E_\mu^2 - E_\mu E_\lambda = E_\mu - E_\lambda = E(\Delta), \\ (I - E_\lambda)E(\Delta) &= E(\Delta) - E_\lambda(E_\mu - E_\lambda) = E(\Delta). \end{aligned} \tag{9.8.17}$$

由于 $E(\Delta), T_\mu^-, T_\lambda^+$ 是正的 [见 (9.8.11*)], 并且由 9.8–2 可知它们是可交换的, 所以由 9.3–1 可知算子之积 $T_\mu^- E(\Delta)$ 和 $T_\lambda^+ E(\Delta)$ 都是正的. 因此根据 (9.8.17) 和 (9.8.10*) 有

$$\begin{aligned} T_\mu E(\Delta) &= T_\mu E_\mu E(\Delta) = -T_\mu^- E(\Delta) \leqslant 0, \\ T_\lambda E(\Delta) &= T_\lambda (I - E_\lambda)E(\Delta) = T_\lambda^+ E(\Delta) \geqslant 0. \end{aligned}$$

这意味着 $TE(\Delta) \leqslant \mu E(\Delta)$ 且 $TE(\Delta) \geqslant \lambda E(\Delta)$. 合在一起便得到

$$\lambda E(\Delta) \leqslant TE(\Delta) \leqslant \mu E(\Delta), \quad \text{其中 } E(\Delta) = E_\mu - E_\lambda. \tag{9.8.18}$$

这是一个重要的不等式, 在 §9.9 和 §9.11 中都要用到.

令 λ 保持不变, 且让 μ 从 λ 的右则单调地趋近于 λ, 则用类似 9.3–3 关于递减序列的证明, 可得到 $E(\Delta)x \to P(\lambda)x$, 其中 $P(\lambda)$ 是有界自伴算子. 由于 $E(\Delta)$ 是幂等算子, 所以 $P(\lambda)$ 也是幂等算子, 因此 $P(\lambda)$ 是一个投影. 根据 (9.8.18) 还有 $\lambda P(\lambda) = TP(\lambda)$, 即 $T_\lambda P(\lambda) = 0$. 由此, 并用 (9.8.10*) 和 9.8–2, 便得到

$$T_\lambda^+ P(\lambda) = T_\lambda (I - E_\lambda)P(\lambda) = (I - E_\lambda)T_\lambda P(\lambda) = 0.$$

因此，对于所有 $x \in H$ 有 $T_\lambda^+ P(\lambda)x = 0$，这就证明了 $P(\lambda)x \in \mathcal{N}\left(T_\lambda^+\right)$. 根据定义，$E_\lambda$ 把 H 投影到 $\mathcal{N}\left(T_\lambda^+\right)$ 上，因此 $E_\lambda P(\lambda)x = P(\lambda)x$，即 $E_\lambda P(\lambda) = P(\lambda)$.
另外，若在 (9.8.17) 中令 $\mu \to \lambda + 0$，则

$$(I - E_\lambda)P(\lambda) = P(\lambda).$$

合在一起便有 $P(\lambda) = 0$. 前边已经证明了 $E(\Delta)x \to P(\lambda)x$，这就证明了 (9.8.16)，即 $\mathcal{E}$ 是右连续的.

以上完全证明了定理中给出的 $\mathcal{E} = (E_\lambda)$ 具有 $[m, M]$ 上的谱族应有的所有性质. ∎

习 题

1. 在一些情形中，谱族的左连续性比右连续性更方便（并且某些书就是这样定义谱族的）. 为了看出两者之间没有多少差别，我们可以从 9.7–1 中的 E_λ 得到左连续的 F_λ.

2. 假定 E_λ 满足定义 9.7–1 中除了 (9.8.9) 以外的所有条件. 求满足包括 (9.8.9) 在内的所有条件的 $\tilde{E}_\lambda$.

3. 证明 $T^- T = TT^-$ [见 (9.8.6)].

4. 若

$$T = \begin{bmatrix} 2 & 0 \\ 0 & -3 \end{bmatrix},$$

求 $T^+, T^-, (T^2)^{1/2}$ 以及 T^2 的其他平方根.

5. 在有限维的情况下，若线性算子 T 能用实对角矩阵 $\tilde{T}$ 表示，则 T 的谱是什么？我们怎样从矩阵 $\tilde{T}$ 去求 (a) $\tilde{T}^+$（T^+ 的矩阵表示），(b) $\tilde{T}^-$（T^- 的矩阵表示），(c) $\tilde{B}$（B 的矩阵表示）？

6. 在习题 5 中，如何得到从 H 到 (a) $\mathcal{N}\left(T^+\right)$，(b) $\mathcal{N}\left(T_\lambda^+\right)$ 上的投影的矩阵表示？

7. 在习题 5 中，从 $\tilde{T}$ 求得 (a) T_λ，(b) T_λ^+，(c) T_λ^-，(d) B_λ 的矩阵表示.

8. 证明：若有界自伴线性算子 $T : H \longrightarrow H$ 是正的，则 $T = T^+$ 且 $T^- = 0$.

9. 求零算子 $T = 0 : H \longrightarrow H$ 的谱族，其中 $H \neq \{0\}$.

10. 设 $T = I : H \longrightarrow H$，求 $B_\lambda = (T_\lambda^2)^{1/2}, T_\lambda^+, \mathcal{N}\left(T_\lambda^+\right), E_\lambda$.

9.9 有界自伴线性算子的谱表示

从 §9.8 我们知道，复希尔伯特空间 H 上的每一个有界自伴线性算子 T 都有其生成的谱族 $\mathcal{E} = (E_\lambda)$. 我们打算证明可用 $\mathcal{E}$ 给出 T 的一个谱表示，这就是下面的包含 $\mathcal{E}$ 的积分表示 (9.9.1)，并且使得 $\langle Tx, y \rangle$ 能用通常的黎曼–斯蒂尔杰斯积分（见 §4.4）表示.

出现在定理中的记法 $m - 0$，将在定理之末、证明之前给出解释.

9.9–1 有界自伴线性算子的谱定理　设 $T : H \longrightarrow H$ 是复希尔伯特空间 H 上的有界自伴线性算子，则

(a) T 有谱表示

$$T = \int_{m-0}^{M} \lambda \mathrm{d}E_\lambda,\tag{9.9.1}$$

其中 $\mathscr{E} = (E_\lambda)$ 是 T 的谱族（见 9.8–3），这个积分是在一致算子收敛的意义下来理解的［即按 $B(H,H)$ 上的范数收敛来理解］，并且对于所有 $x, y \in H$ 有

$$\langle Tx, y \rangle = \int_{m-0}^{M} \lambda \mathrm{d}w(\lambda), \quad \text{其中 } w(\lambda) = \langle E_\lambda x, y \rangle,\tag{9.9.1*}$$

其中的积分是通常的黎曼–斯蒂尔杰斯积分（§4.4）.

(b) 更一般地，若 p 是 λ 的实系数多项式，比如

$$p(\lambda) = \alpha_n \lambda^n + \alpha_{n-1} \lambda^{n-1} + \cdots + \alpha_0,$$

则由

$$p(T) = \alpha_n T^n + \alpha_{n-1} T^{n-1} + \cdots + \alpha_0 I$$

定义的算子 $p(T)$ 有谱表示

$$p(T) = \int_{m-0}^{M} p(\lambda) \mathrm{d}E_\lambda,\tag{9.9.2}$$

并且对于所有 $x, y \in H$ 有

$$\langle p(T)x, y \rangle = \int_{m-0}^{M} p(\lambda) \mathrm{d}w(\lambda), \quad \text{其中 } w(\lambda) = \langle E_\lambda x, y \rangle.\tag{9.9.2*}$$

（在后面的 9.10–1 中，它可以推广到连续函数.）

记法说明　积分下限之所以写为 $m - 0$ 是为了指出，在 $E_m \neq 0$（且 $m \neq 0$）时我们必须考虑在 $\lambda = m$ 的 E_m，因此对于任意 $a < m$，我们能够写

$$\int_{a}^{M} \lambda \mathrm{d}E_\lambda = \int_{m-0}^{M} \lambda \mathrm{d}E_\lambda = mE_m + \int_{m}^{M} \lambda \mathrm{d}E_\lambda.$$

类似地，也有

$$\int_{a}^{M} p(\lambda) \mathrm{d}E_\lambda = \int_{m-0}^{M} p(\lambda) \mathrm{d}E_\lambda = p(m)E_m + \int_{m}^{M} p(\lambda) \mathrm{d}E_\lambda.$$

9.9-1 的证明

(a) 我们选取 $(a, b]$ 的一个划分序列 $(\mathscr{P}_n)$, 其中 $a < m$ 且 $M < b$. 每个 $\mathscr{P}_n$ 都把 $(a, b]$ 分成区间

$$\Delta_{nj} = (\lambda_{nj}, \mu_{nj}], \quad \text{其中 } j = 1, \cdots, n$$

的一个划分, 且 Δ_{nj} 的长度为 $l(\Delta_{nj}) = \mu_{nj} - \lambda_{nj}$. 注意, 对于 $j = 1, \cdots, n-1$ 有 $\mu_{nj} = \lambda_{n,j+1}$. 我们还假定序列 $(\mathscr{P}_n)$ 满足

$$\text{当 } n \to \infty \text{ 时} \quad \eta(\mathscr{P}_n) = \max_j l(\Delta_{nj}) \to 0. \tag{9.9.3}$$

在 (9.8.18) 中取 $\Delta = \Delta_{nj}$ 便有

$$\lambda_{nj} E(\Delta_{nj}) \leqslant T E(\Delta_{nj}) \leqslant \mu_{nj} E(\Delta_{nj}).$$

关于 j 从 1 到 n 取和式便得到对于每个 n 有

$$\sum_{j=1}^{n} \lambda_{nj} E(\Delta_{nj}) \leqslant \sum_{j=1}^{n} T E(\Delta_{nj}) \leqslant \sum_{j=1}^{n} \mu_{nj} E(\Delta_{nj}). \tag{9.9.4}$$

由于对于 $j = 1, \cdots, n-1$ 有 $\mu_{nj} = \lambda_{n,j+1}$, 利用 (9.8.14) 和 (9.8.15) 便有

$$T \sum_{j=1}^{n} E(\Delta_{nj}) = T \sum_{j=1}^{n} \left(E_{\mu_{nj}} - E_{\lambda_{nj}} \right) = T(I - 0) = T.$$

(9.9.3) 意味着对于每个正数 ε, 存在 n 使得 $\eta(\mathscr{P}_n) < \varepsilon$, 因此

$$\sum_{j=1}^{n} \mu_{nj} E(\Delta_{nj}) - \sum_{j=1}^{n} \lambda_{nj} E(\Delta_{nj}) = \sum_{j=1}^{n} (\mu_{nj} - \lambda_{nj}) E(\Delta_{nj}) < \varepsilon I.$$

由此以及 (9.9.4) 便推出, 给定任意正数 ε, 存在 N 使得对于每个 $n > N$ 和每个选定的 $\hat{\lambda}_{nj} \in \Delta_{nj}$ 有

$$\left\| T - \sum_{j=1}^{n} \hat{\lambda}_{nj} E(\Delta_{nj}) \right\| < \varepsilon. \tag{9.9.5}$$

由于对于 $\lambda < m$ 和 $\lambda \geqslant M$, E_λ 保持不变, 所以对于 $a < m$ 和 $b > M$ 的具体选取是无关重要的. 这就证明了 (9.9.1), 其中 (9.9.5) 表明, 积分是按一致算子收敛的意义来理解的. 一致算子收敛蕴涵强算子收敛 (见 §4.9), 内积是连续的, (9.9.5) 中的和是斯蒂尔杰斯型的, 因此对于任意选取的 $x, y \in H$, 从 (9.9.1) 可推出 (9.9.1*).

(b) 现在关于多项式来证明定理, 首先从 $p(\lambda) = \lambda^r$ 开始, 其中 $r \in \mathbf{N}$. 对于任意 $\kappa < \lambda \leqslant \mu < \nu$, 从 (9.7.7) 可知

$$(E_\lambda - E_\kappa)(E_\mu - E_\nu) = E_\lambda E_\mu - E_\lambda E_\nu - E_\kappa E_\mu + E_\kappa E_\nu$$
$$= E_\lambda - E_\lambda - E_\kappa + E_\kappa = 0.$$

这表明对于 $j \neq k$ 有 $E(\Delta_{nj}) E(\Delta_{nk}) = 0$. 由于 $E(\Delta_{nj})$ 是一个投影, 所以对于每个 $s = 1, 2, \cdots$ 还有 $E(\Delta_{nj})^s = E(\Delta_{nj})$. 因此便得到

$$\left[\sum_{j=1}^n \hat{\lambda}_{nj} E(\Delta_{nj}) \right]^r = \sum_{j=1}^n \hat{\lambda}_{nj}^r E(\Delta_{nj}). \tag{9.9.6}$$

如果 (9.9.5) 中的和式接近于 T, 则由于有界线性算子的乘法（合成）是连续的, 所以 (9.9.6) 中左端的表达式接近于 T^r. 因此根据 (9.9.6), 对于给定的正数 ε, 存在 N 使得对于所有 $n > N$ 有

$$\left\| T^r - \sum_{j=1}^n \hat{\lambda}_{nj}^r E(\Delta_{nj}) \right\| < \varepsilon.$$

这就关于 $p(\lambda) = \lambda^r$ 的情形证明了 (9.9.2) 和 (9.9.2*). 由此, 容易就任意实系数多项式 $p(\lambda)$ 证明 (9.9.2) 和 (9.9.2*) 也是成立的.

对于给定的有界自伴线性算子, 要真正确定它的谱族, 一般来说是不容易的. 对于某些相对简单的情形, 从 (9.9.1) 可以推测出它的谱族. 而在其他的情况下, 我们能够采用系统的手段加以处理, 不过要基于更高深的方法, 见邓福德和施瓦茨的著作（N. Dunford and J. T. Schwartz, 1958–1971, 第 2 部分, 第 920 页至第 921 页）.

最后, 我们列出算子 $p(T)$ 的一些性质, 作为本节的结束. 这些性质不仅本身很有意义, 并且对于把谱定理推广到一般的连续函数也是很有帮助的.

9.9-2 定理（$p(T)$ 的性质）　T 如定理 9.9-1 所设, 又设 p, p_1, p_2 是实系数多项式, 则

(a) $p(T)$ 是自伴算子.

(b) 若 $p(\lambda) = \alpha p_1(\lambda) + \beta p_2(\lambda)$, 则 $p(T) = \alpha p_1(T) + \beta p_2(T)$.

(c) 若 $p(\lambda) = p_1(\lambda) p_2(\lambda)$, 则 $p(T) = p_1(T) p_2(T)$.

(d) 若对于所有 $\lambda \in [m, M]$ 有 $p(\lambda) \geqslant 0$, 则 $p(T) \geqslant 0$.

(e) 若对于所有 $\lambda \in [m, M]$ 有 $p_1(\lambda) \leqslant p_2(\lambda)$, 则 $p_1(T) \leqslant p_2(T)$.

(f) $\|p(T)\| \leqslant \max_{\lambda \in J} |p(\lambda)|$, 其中 $J = [m, M]$.

(g) 若一个有界线性算子与 T 可交换, 则它与 $p(T)$ 也可交换.

证明 (a) 由于 T 是自伴算子，p 是实系数多项式，所以 $(\alpha_j T^j)^* = \alpha_j T^j$，从而 (a) 成立.

(b) 根据算子多项式的定义，(b) 显然成立.

(c) 根据算子多项式的定义，(c) 显然成立.

(d) 由于 p 是实系数多项式，所以在它有复根（或零点）的情况下，一定共轭成对地出现. 若 λ 通过 $p(\lambda)$ 的奇数重的零点，$p(\lambda)$ 要改变符号，但在 $[m, M]$ 上有 $p(\lambda) \geqslant 0$，所以 $p(\lambda)$ 在 $[m, M]$ 中的零点都必须是偶数重的. 因此能够把 $p(\lambda)$ 写成

$$p(\lambda) = \alpha \prod_j (\lambda - \beta_j) \prod_k (\gamma_k - \lambda) \prod_l \left[(\lambda - \mu_l)^2 + \nu_l^2\right], \qquad (9.9.7)$$

其中 $\beta_j \leqslant m$ 且 $\gamma_k \geqslant M$，二次因子对应于 (m, M) 中的复共轭零点和实零点. 下面在 $p \neq 0$ 的前提下证明 $\alpha > 0$. 对于所有充分大的 λ，比如对于所有 $\lambda \geqslant \lambda_0$，我们有

$$\operatorname{sgn} p(\lambda) = \operatorname{sgn} \alpha_n \lambda^n = \operatorname{sgn} \alpha_n,$$

其中 n 是 p 的次数. 因此 $\alpha_n > 0$ 意味着 $p(\lambda_0) > 0$，并且 γ_k 的个数（按它的重数计算）必须是偶数才能使得在 (m, M) 内 $p(\lambda) \geqslant 0$. 这样 (9.9.7) 中的三个乘积在 λ_0 都是正的，因此要使 $p(\lambda_0) > 0$ 必须有 $\alpha > 0$. 若 $\alpha_n < 0$，则 $p(\lambda_0) < 0$，要使得在 (m, M) 上有 $p(\lambda) \geqslant 0$，γ_k 的个数应是奇数. 像以前一样，这就推出了 (9.9.7) 中的第二个乘积在 λ_0 是负的，且 $\alpha > 0$.

我们用 T 代替 λ，则 (9.9.7) 中的每个因子都是正算子. 事实上，对于每个 $x \neq 0$，置 $v = \|x\|^{-1} x$，则 $x = \|x\| v$，并且由于 $-\beta_j \geqslant -m$，所以

$$\begin{aligned}
\langle (T - \beta_j I)x, x \rangle &= \langle Tx, x \rangle - \beta_j \langle x, x \rangle \\
&\geqslant \|x\|^2 \langle Tv, v \rangle - m\|x\|^2 \\
&\geqslant \|x\|^2 \inf_{\|\tilde{v}\|=1} \langle T\tilde{v}, \tilde{v} \rangle - m\|x\|^2 = 0,
\end{aligned}$$

即 $T - \beta_j I \geqslant 0$. 类似地可以证明 $\gamma_k I - T \geqslant 0$. 并且由于 $T - \mu_l I$ 是自伴算子，所以它的平方是正的，且

$$(T - \mu_l I)^2 + \nu_l^2 I \geqslant 0.$$

由于这些算子都可交换，根据 9.3–1 可知它们的积是正的，并且由于 $\alpha > 0$，所以 $p(T) \geqslant 0$.

(e) 从 (d) 立即可以推出.

(f) 令 k 表示 $|p(\lambda)|$ 在 J 上的最大值，则对于 $\lambda \in J$ 有 $0 \leqslant p(\lambda)^2 \leqslant k^2$. 因此由 (e) 得到 $p(T)^2 \leqslant k^2 I$，即，由于 $p(T)$ 是自伴算子，所以对于所有 x 有

$$\langle p(T)x, p(T)x \rangle = \langle p(T)^2 x, x \rangle \leqslant k^2 \langle x, x \rangle.$$

如果对上式两端取平方根，再关于所有范数为 1 的 x 取上确界，便可推出 (f) 中的不等式.

(g) 直接从 $p(T)$ 的定义便可推出. ■

在 §9.10 推广谱定理 9.9–1 时，将把这个定理作为主要工具使用.

习　题

1. 对于零算子 $T = 0 : H \longrightarrow H$ 验证 (9.9.1).

2. 考虑实数 $\lambda_1 < \lambda_2 < \cdots < \lambda_n$ 和希尔伯特空间 H 到它的 n 个两两互相正交的子空间上的投影 $P_1, \cdots, P_n$. 假定 $P_1 + \cdots + P_n = I$，证明

$$E_\lambda = \sum_{\lambda_k \leqslant \lambda} P_k$$

定义了一个谱族. 列出相应的算子

$$T = \int_{-\infty}^{+\infty} \lambda \mathrm{d}E_\lambda$$

的一些性质.

3. 若 $T = I : H \longrightarrow H$，验证 (9.9.1).

4. 若算子 $T : \mathbf{R}^3 \longrightarrow \mathbf{R}^3$ 相对于 $\mathbf{R}^3$ 的一个规范正交基的矩阵表示为

$$\begin{bmatrix} 0 & 1 & 0 \\ 1 & 0 & 0 \\ 0 & 0 & 1 \end{bmatrix},$$

T 的谱族是什么？利用所得的结果就算子 T 验证 (9.9.1).

5. 对应于 n 阶埃尔米特矩阵的谱族 (E_λ) 是什么？就这一情况验证 (9.9.1).

6. 如果再假定 (9.9.1) 中的自伴算子 T 是紧算子，证明 (9.9.1) 将取无穷级数或有限和的形式.

7. 考虑用

$$y(t) = Tx(t) = tx(t)$$

定义的乘法算子 $T : L^2[0,1] \longrightarrow L^2[0,1]$. 从 §9.1 习题 9 和 9.2–4 可以得到 $\sigma(T) = \sigma_c(T) = [0,1]$. 证明相应的谱族定义为

$$E_\lambda x = \begin{cases} 0, & \text{若 } \lambda < 0, \\ v_\lambda, & \text{若 } 0 \leqslant \lambda \leqslant 1, \\ x, & \text{若 } \lambda > 1, \end{cases}$$

其中

$$v_\lambda(t) = \begin{cases} x(t), & \text{若 } 0 \leqslant t \leqslant \lambda, \\ 0, & \text{若 } \lambda < t \leqslant 1. \end{cases}$$

（它对于描绘诸如 $x(t) = t^2$ 或 $x(t) = \sin 2\pi t$ 等简单情况下的投影可能是有帮助的.）

8. 求用 $(\xi_1, \xi_2, \xi_3, \cdots) \longmapsto (\xi_1/1, \xi_2/2, \xi_3/3, \cdots)$ 定义的算子 $T: l^2 \longrightarrow l^2$ 的谱族. 求一个规范正交本征向量组. 在这种情况下 (9.9.1) 取什么形式?

9. 证明在习题 8 中有

$$T = \sum_{i=1}^{\infty} \frac{1}{j} P_j,$$

其中 P_j 是 l^2 到 $e_j = (\delta_{jn})$ 张成的子空间上的投影并且该级数按 $B(l^2, l^2)$ 的范数收敛.

10. 怎样把习题 9 解答中的证明思想用于具有无穷多个不同非零本征值的任意紧自伴线性算子 T?

9.10 谱定理到连续函数的推广

若 T 是有界自伴线性算子, p 是实系数多项式, 则 9.9–1 关于 $p(T)$ 是成立的. 现在我们要把这个定理推广到算子 $f(T)$, 其中 T 仍是有界自伴线性算子, 而 f 是连续实值函数. 显然, 我们首先必须确定 $f(T)$ 的含义.

设 $T: H \longrightarrow H$ 是复希尔伯特空间 H 上的有界自伴线性算子, f 是 $[m, M]$ 上的连续实值函数, 像以前一样, 其中

$$m = \inf_{\|x\|=1} \langle Tx, x \rangle, \quad M = \sup_{\|x\|=1} \langle Tx, x \rangle, \tag{9.10.1}$$

则由魏尔斯特拉斯定理 4.11–5 可知, 存在实系数多项式序列 (p_n) 使得

$$p_n(\lambda) \to f(\lambda) \tag{9.10.2}$$

在 $[m, M]$ 上一致收敛. 相应于它, 我们也有一个有界自伴线性算子 $p_n(T)$ 的序列. 根据 9.9–2(f) 有

$$\|p_n(T) - p_r(T)\| \leqslant \max_{\lambda \in J} |p_n(\lambda) - p_r(\lambda)|,$$

其中 $J = [m, M]$. 由于 $p_n(\lambda) \to f(\lambda)$, 所以对于给定的任意正数 ε, 存在 N 使得对于所有 $n, r > N$ 上式右端小于 ε. 因此 $(p_n(T))$ 是柯西序列, 并且由于 $B(H, H)$ 是完备的（见 2.10–2), 所以该序列在 $B(H, H)$ 中有极限. 我们把 $f(T)$ 定义为这一极限, 因此

$$p_n(T) \to f(T). \tag{9.10.3}$$

当然, 要证明 $f(T)$ 的定义的合理性, 我们必须证明 $f(T)$ 仅依赖于 f（当然也依赖于 T), 而与一致收敛到 f 的多项式序列的具体选取无关.

证明 设 $(\tilde{p}_n)$ 是使得

$$\tilde{p}_n(\lambda) \to f(\lambda)$$

在 $[m, M]$ 上一致收敛的另一个实系数多项式序列. 根据前面的论述有 $\tilde{p}_n(T) \to \tilde{f}(T)$. 我们现在来证明 $\tilde{f}(T) = f(T)$. 显然, 根据 9.9–2(f) 有

$$\tilde{p}_n(\lambda) - p_n(\lambda) \to 0, \quad \text{因此} \quad \tilde{p}_n(T) - p_n(T) \to 0.$$

因此, 对于给定的正数 ε, 存在 N 使得对于 $n > N$ 有

$$\left\| \tilde{f}(T) - \tilde{p}_n(T) \right\| < \frac{\varepsilon}{3},$$

$$\left\| \tilde{p}_n(T) - p_n(T) \right\| < \frac{\varepsilon}{3},$$

$$\left\| p_n(T) - f(T) \right\| < \frac{\varepsilon}{3}.$$

从而根据三角不等式推出

$$\left\| \tilde{f}(T) - f(T) \right\| \leqslant \left\| \tilde{f}(T) - \tilde{p}_n(T) \right\| + \left\| \tilde{p}_n(T) - p_n(T) \right\| + \left\| p_n(T) - f(T) \right\| < \varepsilon.$$

由于 ε 是任意正数, 所以 $\tilde{f}(T) - f(T) = 0$, 即 $\tilde{f}(T) = f(T)$. ∎

有了这些准备, 我们就能够把 9.9–1 从多项式 p 推广到连续实值函数 f.

9.10–1 谱定理 设 $T : H \longrightarrow H$ 是复希尔伯特空间 H 上的有界自伴线性算子, f 是 $[m, M]$ 上的连续实值函数, 见 (9.10.1), 则 $f(T)$ 有谱表示[①]

$$f(T) = \int_{m-0}^{M} f(\lambda) \mathrm{d}E_\lambda, \tag{9.10.4}$$

其中 $\mathscr{E} = (E_\lambda)$ 是算子 T 的谱族 (见 9.8–3), 积分是按一致算子收敛意义来理解的, 并且对所有 $x, y \in H$ 有

$$\langle f(T)x, y \rangle = \int_{m-0}^{M} f(\lambda) \mathrm{d}w(\lambda), \quad \text{其中 } w(\lambda) = \langle E_\lambda x, y \rangle, \tag{9.10.4*}$$

其中的积分是通常的黎曼–斯蒂尔杰斯积分 (§4.4).

证明 我们采用 9.9–1 证明中的记法. 对于每个正数 ε, 存在实系数多项式 p 使得对于所有 $\lambda \in [m, M]$ 有

$$-\frac{\varepsilon}{3} \leqslant f(\lambda) - p(\lambda) \leqslant \frac{\varepsilon}{3}, \tag{9.10.5}$$

因此

$$\left\| f(T) - p(T) \right\| \leqslant \frac{\varepsilon}{3}.$$

---

① 记号 $m - 0$ 已在 9.9–1 中阐明过.

此外，注意 $\sum E(\Delta_{nj}) = I$ 并利用 (9.10.5)，对于任意划分可以得到

$$-\frac{\varepsilon}{3} I \leqslant \sum_{j=1}^{n} \left[f\left(\hat{\lambda}_{nj}\right) - p\left(\hat{\lambda}_{nj}\right) \right] E\left(\Delta_{nj}\right) \leqslant \frac{\varepsilon}{3} I.$$

这就推出了

$$\left\| \sum_{j=1}^{n} \left[f\left(\hat{\lambda}_{nj}\right) - p\left(\hat{\lambda}_{nj}\right) \right] E\left(\Delta_{nj}\right) \right\| \leqslant \frac{\varepsilon}{3}.$$

最后，由于 $p(T)$ 能够用 (9.9.2) 表示，所以存在 N 使得对于每个 $n > N$ 有

$$\left\| \sum_{j=1}^{n} p\left(\hat{\lambda}_{nj}\right) E\left(\Delta_{nj}\right) - p(T) \right\| \leqslant \frac{\varepsilon}{3}.$$

利用这些不等式，我们便能够估计 $f(T)$ 与对应于 (9.10.4) 中积分的黎曼–斯蒂尔杰斯和式之差的范数. 对于 $n > N$，利用三角不等式可得

$$\left\| \sum_{j=1}^{n} f\left(\hat{\lambda}_{nj}\right) E\left(\Delta_{nj}\right) - f(T) \right\| \leqslant \left\| \sum_{j=1}^{n} \left[f\left(\hat{\lambda}_{nj}\right) - p\left(\hat{\lambda}_{nj}\right) \right] E\left(\Delta_{nj}\right) \right\|$$

$$+ \left\| \sum_{j=1}^{n} p\left(\hat{\lambda}_{nj}\right) E\left(\Delta_{nj}\right) - p(T) \right\|$$

$$+ \left\| p(T) - f(T) \right\| \leqslant \varepsilon.$$

由于 ε 是任意正数，这就证实了 (9.10.4) 和 (9.10.4*)，从而完成了证明. ∎

我们谈谈下述唯一性性质.

$\mathscr{E} = (E_\lambda)$ 是 $[m, M]$ 上给出表示式 (9.10.4) 和 (9.10.4*) 的唯一谱族.

如果我们观察到 (9.10.4*) 对 $[m, M]$ 上的每个连续实值函数 f 成立，而 (9.10.4*) 的左端又以与 $\mathscr{E}$ 无关的方式加以定义，上述的结论似乎是说得通的. 从斯蒂尔杰斯积分的唯一性定理也可以证明它 [见里斯和纳吉（F. Riesz and B. Sz.-Nagy，1955，第 111 页）的著作]. 这个定理是说：对于固定的任意 x 和 y，表达式 $w(\lambda) = \langle E_\lambda x, y \rangle$ 由 (9.10.4*) 在它的连续点和在 $m - 0$ 和 M 上确定，直到一个附加常数. 由于 $E_M = I$，因此 $\langle E_M x, y \rangle = \langle x, y \rangle$，又由于 (E_λ) 是右连续的，所以得出 $w(\lambda)$ 处处被唯一地确定的结论.

不难看出，9.9–2 中列出的 $p(T)$ 的性质可推广到 $f(T)$. 为了后面的利用，我们把这个简单的事实陈述为下面的定理.

9.10–2 定理（$f(T)$ 的性质） 若把 9.9–2 中的实系数多项式 p, p_1, p_2 换成 $[m, M]$ 上的连续实值函数 f, f_1, f_2，则定理仍然成立.

9.11   有界自伴线性算子的谱族的性质

有趣的是，希尔伯特空间 H 上的有界自伴线性算子 T 的谱族 $\mathscr{E} = (E_\lambda)$，直接而明显地反映出谱的性质. 我们将结合 §9.9 的谱表示，从 $\mathscr{E}$ 的定义（见 §9.8）推导出这类结果.

从 §9.7 我们知道，若 H 是有限维空间，谱族 $\mathscr{E} = (E_\lambda)$ 恰好在 T 的本征值上有（不连续的、跳跃的）"增长点". 事实上，当且仅当 λ_0 是 T 的本征值，才有 $E_{\lambda_0} - E_{\lambda_0 - 0} \neq 0$. 虽说这一事实并非意外，但值得注意的是，在无穷维的情形仍然有这个性质.

9.11-1 定理（本征值）   设 $T : H \longrightarrow H$ 是复希尔伯特空间 H 上的有界自伴线性算子，$\mathscr{E} = (E_\lambda)$ 是 T 的谱族，则当且仅当 λ_0 是 T 的本征值，映射 $\lambda \longmapsto E_\lambda$ 在 $\lambda = \lambda_0$ 处是不连续的（即 $E_{\lambda_0} \neq E_{\lambda_0 - 0}$). 在这种情况下，对应的本征空间为

$$\mathscr{N}(T - \lambda_0 I) = (E_{\lambda_0} - E_{\lambda_0 - 0})(H). \tag{9.11.1}$$

证明 λ_0 是 T 的本征值，当且仅当 $\mathscr{N}(T - \lambda_0 I) \neq \{0\}$，所以可以从 (9.11.1) 直接推出定理的第一个命题. 因此，只要证明 (9.11.1) 便够了. 我们简单地记

$$F_0 = E_{\lambda_0} - E_{\lambda_0 - 0}.$$

首先证明

$$F_0(H) \subseteq \mathscr{N}(T - \lambda_0 I), \tag{9.11.2}$$

然后证明

$$F_0(H) \supseteq \mathscr{N}(T - \lambda_0 I), \tag{9.11.3}$$

从而证明了 (9.11.1).

(9.11.2) 的证明如下.

在不等式 (9.8.18) 中取 $\lambda = \lambda_0 - 1/n$ 和 $\mu = \lambda_0$，则得到

$$\left(\lambda_0 - \frac{1}{n} \right) E(\Delta_0) \leqslant TE(\Delta_0) \leqslant \lambda_0 E(\Delta_0), \tag{9.11.4}$$

其中 $\Delta_0 = (\lambda_0 - 1/n, \lambda_0]$. 令 $n \to \infty$，则 $E(\Delta_0) \to F_0$，所以 (9.11.4) 给出了

$$\lambda_0 F_0 \leqslant TF_0 \leqslant \lambda_0 F_0.$$

因此 $TF_0 = \lambda_0 F_0$，即 $(T - \lambda_0 I)F_0 = 0$. 这就证明了 (9.11.2).

(9.11.3) 的证明如下.

设 $x \in \mathscr{N}(T - \lambda_0 I)$，我们来证明 $x \in F_0(H)$. 由于 F_0 是一个投影，所以只需证明 $F_0 x = x$.

如果 $\lambda_0 \notin [m, M]$，则根据 9.2–1 有 $\lambda_0 \in \rho(T)$. 在这种情况下，由于 $F_0(H)$ 是向量空间，因此 $\mathscr{N}(T - \lambda_0 I) = \{0\} \subseteq F_0(H)$. 设 $\lambda_0 \in [m, M]$，根据假设有 $(T - \lambda_0 I)x = 0$，这就推出了 $(T - \lambda_0 I)^2 x = 0$，根据 9.9–1，此即

$$\int_a^b (\lambda - \lambda_0)^2 \mathrm{d}w(\lambda) = 0, \quad \text{其中 } w(\lambda) = \langle E_\lambda x, x \rangle,$$

其中 $a < m$ 且 $b > M$. 由于 $(\lambda - \lambda_0)^2 \geqslant 0$，并且由 9.7–1 可知 $\lambda \longmapsto \langle E_\lambda x, x \rangle$ 是单调递增的，因此在正长度的任意子区间上的积分一定是 0. 特别是对于每个正数 ε 必定有

$$0 = \int_a^{\lambda_0 - \varepsilon} (\lambda - \lambda_0)^2 \mathrm{d}w(\lambda) \geqslant \varepsilon^2 \int_a^{\lambda_0 - \varepsilon} \mathrm{d}w(\lambda) = \varepsilon^2 \langle E_{\lambda_0 - \varepsilon} x, x \rangle,$$

$$0 = \int_{\lambda_0 + \varepsilon}^b (\lambda - \lambda_0)^2 \mathrm{d}w(\lambda) \geqslant \varepsilon^2 \int_{\lambda_0 + \varepsilon}^b \mathrm{d}w(\lambda) = \varepsilon^2 \langle Ix, x \rangle - \varepsilon^2 \langle E_{\lambda_0 + \varepsilon} x, x \rangle.$$

由于 $\varepsilon > 0$，由此和 9.5–2 可得

$$\langle E_{\lambda_0 - \varepsilon} x, x \rangle = 0, \quad \text{因此} \quad E_{\lambda_0 - \varepsilon} x = 0,$$
$$\langle x - E_{\lambda_0 + \varepsilon} x, x \rangle = 0, \quad \text{因此} \quad x - E_{\lambda_0 + \varepsilon} x = 0.$$

因此可以写成

$$x = (E_{\lambda_0 + \varepsilon} - E_{\lambda_0 - \varepsilon}) x.$$

若令 $\varepsilon \longmapsto 0$，则因为 $\lambda \longmapsto E_\lambda$ 是右连续的，所以得到 $x = F_0 x$. 像前面所说明的，这就意味着 (9.11.3) ∎

我们知道有界自伴线性算子 T 的谱落在复平面的实轴上，见 9.1–3. 当然，实轴也包含有预解集 $\rho(T)$ 的点. 例如，若 λ 是实数且 $\lambda < m$ 或 $\lambda > M$，则 $\lambda \in \rho(T)$，见 9.2–1. 特别值得注意的是，能够以非常简单的方式用谱族的性态把所有实 $\lambda \in \rho(T)$ 表征出来. 这个定理也将立即给出 T 的连续谱点的特征. 由 9.2–4 可知 T 的残谱是空集，从而也就完成了我们目前的讨论.

9.11–2 定理（预解集） 若 T 和 $\mathscr{E} = (E_\lambda)$ 如 9.11–1 所设，则实数 λ_0 属于 T 的预解集 $\rho(T)$，当且仅当存在正数 γ 使得 $\mathscr{E} = (E_\lambda)$ 在区间 $[\lambda_0 - \gamma, \lambda_0 + \gamma]$ 上是不变的.

证明 在 (a) 中，我们证明给定的条件对于 $\lambda_0 \in \rho(T)$ 是充分的，在 (b) 中，证明条件是必要的. 在证明中我们要用到 9.1–2，这个定理是说：$\lambda_0 \in \rho(T)$ 当且仅当存在正数 γ 使得对于所有 $x \in H$ 有

$$\|(T - \lambda_0 I)x\| \geqslant \gamma \|x\|. \tag{9.11.5}$$

　　(a) 假定 λ_0 是实数，并且对于某个正数 γ 使得 $\mathscr{E}$ 在 $J = [\lambda_0 - \gamma, \lambda_0 + \gamma]$ 上是不变的，则根据 9.9–1 有

$$\left\| (T - \lambda_0 I) x \right\|^2 = \left\langle (T - \lambda_0 I)^2 x, x \right\rangle = \int_{m-0}^{M} (\lambda - \lambda_0)^2 \mathrm{d}\langle E_\lambda x, x \rangle. \tag{9.11.6}$$

由于 $\mathscr{E}$ 在 J 上不变，所以积分在 J 上的值为 0，并且对于 $\lambda \notin J$ 有 $(\lambda - \lambda_0)^2 \geqslant \gamma^2$，所以 (9.11.6) 意味着

$$\left\| (T - \lambda_0 I) x \right\|^2 \geqslant \gamma^2 \int_{m-0}^{M} d\langle E_\lambda x, x \rangle = \gamma^2 \langle x, x \rangle.$$

两边取平方根，便得到 (9.11.5)．因此根据 9.1–2 有 $\lambda_0 \in \rho(T)$．

　　(b) 反之，假定 $\lambda_0 \in \rho(T)$，则对于所有 $x \in H$，存在正数 γ 使得 (9.11.5) 成立，所以根据 (9.11.6) 和 9.9–1 有

$$\int_{m-0}^{M} (\lambda - \lambda_0)^2 \mathrm{d}\langle E_\lambda x, x \rangle \geqslant \gamma^2 \int_{m-0}^{M} \mathrm{d}\langle E_\lambda x, x \rangle. \tag{9.11.7}$$

现在采取反证法，若 $\mathscr{E}$ 在区间 $[\lambda_0 - \gamma, \lambda_0 + \gamma]$ 上是变化的，将会导出矛盾．事实上，因为对于 $\lambda < \mu$ 有 $E_\lambda \leqslant E_\mu$（见 9.7–1），这时我们能够找到正数 $\eta < \gamma$ 使得 $E_{\lambda_0 + \eta} - E_{\lambda_0 - \eta} \neq 0$，因此存在 $y \in H$ 使得

$$x = (E_{\lambda_0 + \eta} - E_{\lambda_0 - \eta}) y \neq 0.$$

在 (9.11.7) 中我们利用这个 x，则

$$E_\lambda x = E_\lambda \left(E_{\lambda_0 + \eta} - E_{\lambda_0 - \eta} \right) y.$$

(9.7.7) 表明，当 $\lambda < \lambda_0 - \eta$ 时，上式是 $(E_\lambda - E_\lambda) y = 0$；当 $\lambda > \lambda_0 + \eta$ 时，上式是 $(E_{\lambda_0 + \eta} - E_{\lambda_0 - \eta}) y$，因此与 λ 无关．因此我们可以把 (9.11.7) 的积分区间取为 $K = [\lambda_0 - \eta, \lambda_0 + \eta]$．若 $\lambda \in K$，利用 (9.7.7) 直接计算，便得到 $\langle E_\lambda x, x \rangle = \langle (E_\lambda - E_{\lambda_0 - \eta}) y, y \rangle$．因此 (9.11.7) 便给出

$$\int_{\lambda_0 - \eta}^{\lambda_0 + \eta} (\lambda - \lambda_0)^2 \mathrm{d}\langle E_\lambda y, y \rangle \geqslant \gamma^2 \int_{\lambda_0 - \eta}^{\lambda_0 + \eta} \mathrm{d}\langle E_\lambda y, y \rangle.$$

因为当 $\lambda \in K$ 时，上式右端的积分是正的，并且 $(\lambda - \lambda_0)^2 \leqslant \eta^2 < \gamma^2$，所以上式是不可能成立的．这说明我们关于 $\mathscr{E}$ 在区间 $[\lambda_0 - \gamma, \lambda_0 + \gamma]$ 上是变化的假设不真，从而完成了证明．　■

　　这个定理也说明了 $\lambda_0 \in \sigma(T)$ 当且仅当 $\mathscr{E}$ 在 λ_0（在 $\mathbf{R}$ 上）的任意邻域内是变化的．根据 9.2–4 有 $\sigma_r(T) = \varnothing$，并且 $\sigma_p(T)$ 的点对应于 $\mathscr{E}$ 的不连续性（见 9.11–1），因此我们有如下定理，这个定理也使得我们的讨论圆满结束．

9.11-3 定理（连续谱） 若 T 和 $\mathscr{E} = (E_\lambda)$ 如 9.11–1 所设，则实数 λ_0 属于 T 的连续谱 $\sigma_c(T)$，当且仅当 $\mathscr{E}$ 在 λ_0 是连续的（因此 $E_{\lambda_0} = E_{\lambda_0 - 0}$），并且在 λ_0（在 $\mathbf{R}$ 上）的任意邻域内是变化的.

习　题

1. 对于埃尔米特矩阵的情形，我们能够从 9.11–1 中得出什么结论?

2. 如果 9.11–1 中的 T 是紧算子并且有无穷多个本征值，关于 (E_λ)，我们能够从 9.11–1 和 9.11–2 中得出什么结论?

3. 验证 §9.9 习题 7 中的谱族满足本节中的三个定理.

4. 我们知道，若 9.2–1 中的 m 是正数，则 T 是正算子. 如何从谱表示式 (9.9.1) 推出这一事实?

5. 我们知道有界自伴线性算子的谱是闭集. 如何从本节的定理推出这一事实?

6. 设算子 $T: l^2 \longrightarrow l^2$ 定义为：$y = (\eta_j) = Tx$，其中 $x = (\xi_j)$，$\eta_j = \alpha_j \xi_j$ 且 (α_j) 是有限区间 $[a, b]$ 中的任意实数序列. 证明 T 的谱族 (E_λ) 定义为
$$\langle E_\lambda x, y \rangle = \sum_{\alpha_j \leqslant \lambda} \xi_j \bar{\eta}_j.$$

7. **纯点谱** 对于希尔伯特空间 $H \neq \{0\}$ 上的有界自伴线性算子 $T: H \longrightarrow H$，若 T 有在 H 中完全规范正交本征向量组，则称 T 有纯点谱或纯离散谱. 举例说明，这并不意味着 $\sigma_c(T) = \varnothing$（所以通常所采用的这一术语，可能会暂时引起初学者的混乱）.

8. 给出紧自伴线性算子 $T: l^2 \longrightarrow l^2$ 的例子，它有纯点谱，并且使得非零本征值的集合 (a) 是有限点集，(b) 是无穷点集且对应的本征向量集合在 l^2 中稠密，(c) 是无穷点集且对应的本征向量张成 l^2 的子空间的闭包的正交补是有限维的，(d) 与 (c) 一样，但正交补是无穷维的. 在每种情况中，求一个完全规范正交本征向量组.

9. **纯连续谱** 对于希尔伯特空间 $H \neq \{0\}$ 上的有界自伴线性算子 $T: H \longrightarrow H$，若 T 没有本征值，则称 T 有纯连续谱. 若 T 是 H 上的任意有界自伴线性算子，证明存在闭子空间 $Y \subseteq H$，它可约化 T（见 §9.6 习题 10），并且使得 $T_1 = T|_Y$ 有纯点谱，而 $T_2 = T|_{Y^\perp}$ 有纯连续谱.（这种约化能简化对 T 的研究，见 §9.6 习题 10 的注释.）

10. 关于习题 9 中 T_1 和 T_2 的谱族 $(E_{\lambda 1})$ 和 $(E_{\lambda 2})$，利用 T 的谱族 (E_λ)，我们能够如何解释?

第 10 章　希尔伯特空间中的无界线性算子

无界线性算子出现在很多应用之中，特别是在微分方程和量子力学方面，其理论要比有界算子的理论复杂.

本章仅讨论希尔伯特空间中的无界算子，这也是在物理学中最有意义的情况. 事实上，在 20 世纪 20 年代后期，人们为了把量子力学建立在严格的数学基础之上所做的努力刺激了无界算子理论的发展. 这一理论的系统开发应归功于冯·诺伊曼（J. von Neumann, 1929–1930, 1936）和斯通（M. H. Stone, 1932）.

这一理论在微分方程中的应用为处理各种不同的问题提供了统一的方法，并使问题得到了极大的简化.

本章是选学内容.

本章概要

对于无界算子来说，定义域和延拓问题的研究变得最为重要. 要使线性算子 T 的希尔伯特伴随算子 T^* 存在，T 在 H 中必须是稠定的，也就是说，其定义域 $\mathscr{D}(T)$ 在 H 中必须是稠密的（见 §10.1）. 另外，若 T 恒满足关系

$$\langle Tx, y \rangle = \langle x, Ty \rangle$$

并且是无界的，则其定义域不可能是整个 H（见 10.1–1）.（若 T 在 H 中是稠定的）这一关系等价于 $T \subseteq T^*$，并且把 T 叫作对称的（见 §10.2）. 自伴线性算子（$T = T^*$，见 10.2–5）是对称的，但在无界的情况下，其逆一般不真.

实际问题中出现的大多数无界线性算子是闭的或者有闭的线性延拓（§10.3）.

自伴线性算子的谱是实数集，在无界的情况下也是如此（见 10.4–2）. 这种算子 T 的谱表示（见 10.6–3）可以通过 T 的凯莱变换

$$U = (T - \mathrm{i}I)(T + \mathrm{i}I)^{-1}$$

（见 §10.6）和酉算子的谱定理 10.5–4 得到.

§10.7 专门研究乘法算子和微分算子，它们是特别具有实际意义的两个无界线性算子.（这些算子在关于量子力学的第 11 章中起着关键性的作用.）

在本章中，为方便叙述做如下约定：我们说 T 是 H 上的算子，是指 T 的定义域为整个 H；我们说 T 是 H 中的算子，是指 T 的定义域落在 H 中，但可以不是整个 H. 此外，记法

$$S \subseteq T$$

意味着 T 是 S 的一个延拓.

10.1 无界线性算子及其希尔伯特伴随算子

整个第 10 章将研究定义域 $\mathscr{D}(T)$ 落在复希尔伯特空间 H 中的线性算子 $T:$ $\mathscr{D}(T) \longrightarrow H$. 我们允许这样的算子 T 是无界的, 即 T 可以不是有界的.

我们还记得在 §2.7 中曾讨论过, T 是有界算子当且仅当存在实数 c 使得对所有 $x \in \mathscr{D}(T)$ 有

$$\|Tx\| \leqslant c\|x\|.$$

一个重要的无界线性算子是 §4.13 中考虑过的微分算子.

我们当然希望在各个方面把无界线性算子和有界线性算子区别开来, 问题是我们的注意力应该集中在什么性质上. 一个著名的结果 (即 10.1–1) 提示我们: 算子的定义域和算子的延拓问题将起特殊的作用. 事实上, 我们将会看到算子的很多性质与其定义域有关, 并且在延拓和限制下, 这些性质可能发生变化.

当黑林格和特普利茨 (E. Hellinger and O. Toeplitz, 1910) 发现这个定理时, 曾引起人们的赞叹和迷惑, 因为这个定理在两种不同的性质之间, 即算子处处有定义的性质和算子有界的性质之间建立起关系.

对于希尔伯特空间 H 上的有界线性算子 T, 其自伴性是用

$$\langle Tx, y \rangle = \langle x, Ty \rangle \tag{10.1.1}$$

定义的 (见 3.10–1). 这是一个很重要的性质. 下述定理表明, 满足 (10.1.1) 的无界线性算子 T 不能够定义在整个 H 上.

10.1–1 黑林格–特普利茨定理 (有界性) 如果线性算子 T 定义在整个复希尔伯特空间 H 上, 并且对于所有 $x, y \in H$ 满足 (10.1.1), 则 T 是有界算子.

证明 如果结论不真, 则 H 含有序列 (y_n) 满足

$$\|y_n\| = 1, \quad \text{且} \quad \|Ty_n\| \to \infty.$$

考虑用

$$f_n(x) = \langle Tx, y_n \rangle = \langle x, Ty_n \rangle, \quad \text{其中} \ n = 1, 2, \cdots$$

定义的泛函 f_n, 其中用到了 (10.1.1). 每个 f_n 都定义在整个 H 上, 并且是线性泛函. 对于每个固定的 n, 施瓦茨不等式给出了

$$\left| f_n(x) \right| = \left| \langle x, Ty_n \rangle \right| \leqslant \|Ty_n\| \, \|x\|,$$

所以 f_n 是有界泛函. 进而, 对于每个固定的 $x \in H$, 序列 $(f_n(x))$ 是有界的. 实际上, 根据施瓦茨不等式有

$$\left| f_n(x) \right| = \left| \langle Tx, y_n \rangle \right| \leqslant \|Tx\|.$$

由此和一致有界性定理 4.7–3 可知 ($\|f_n\|$) 有界, 不妨设对于所有 n 有 $\|f_n\| \leqslant k$. 这意味着对于每个 $x \in H$ 有

$$|f_n(x)| \leqslant \|f_n\| \|x\| \leqslant k \|x\|,$$

取 $x = T y_n$, 我们得到

$$\|T y_n\|^2 = \langle T y_n, T y_n \rangle = |f_n(T y_n)| \leqslant k \|T y_n\|.$$

因此 $\|T y_n\| \leqslant k$, 这与我们原来的假设 $\|T y_n\| \to \infty$ 矛盾, 从而证明了定理. ■

　　根据这个定理, 对于满足 (10.1.1) 的无界线性算子 T, 不可能有 $\mathscr{D}(T) = H$, 从而面临着确定适当的定义域和进行延拓的问题. 我们将采用方便的记法

$$S \subseteq T,$$

根据定义, T 是 S 的一个延拓, 因此

$$\mathscr{D}(S) \subseteq \mathscr{D}(T) \quad 且 \quad S = T|_{\mathscr{D}(S)}.$$

若 $\mathscr{D}(S)$ 是 $\mathscr{D}(T)$ 的真子集, 即 $\mathscr{D}(T) - \mathscr{D}(S) \neq \varnothing$, 则把 T 叫作 S 的真延拓.

　　在有界算子的理论中, 算子 T 的希尔伯特伴随算子 T^* 起着基本的作用. 所以首先让我们把这个重要的概念推广到无界算子.

　　对于有界算子 T, 算子 T^* 被定义为 (见 3.9–1)

$$\langle T x, y \rangle = \langle x, T^* y \rangle,$$

我们能够把它写成

$$\text{(a)} \ \langle T x, y \rangle = \langle x, y^* \rangle, \qquad \text{(b)} \ y^* = T^* y. \tag{10.1.2}$$

T^* 在 H 上存在, 并且是具有范数 $\|T^*\| = \|T\|$ 的有界线性算子, 见 3.9–2.

　　在一般情况下我们仍打算利用 (10.1.2). 显然, T^* 只对存在 y^* 使得 (10.1.2) 对于所有 $x \in \mathscr{D}(T)$ 成立的 $y \in H$ 有定义.

　　重要的是, 要使 T^* 是一个算子 (映射), 对于假定为属于 T^* 的定义域 $\mathscr{D}(T^*)$ 的每一个 y, 对应的 $y^* = T^* y$ 应该是唯一的. 而要使这一点成立, 当且仅当

　　　　T 在 H 中是**稠定的**, 即 $\mathscr{D}(T)$ 在 H 中是稠密的.

　　实际上, 若 $\mathscr{D}(T)$ 在 H 中不是稠密的, 则 $\overline{\mathscr{D}(T)} \neq H$, $\overline{\mathscr{D}(T)}$ 在 H 中的正交补 (§3.3) 含有非零元 y_1, 且 $y_1 \perp x$ 对于所有 $x \in \mathscr{D}(T)$ 成立, 即 $\langle x, y_1 \rangle = 0$. 由 (10.1.2) 可得

$$\langle x, y^* \rangle = \langle x, y^* \rangle + \langle x, y_1 \rangle = \langle x, y^* + y_1 \rangle,$$

这表明对应于 y 的 y^* 不是唯一的. 另外, 若 $\mathscr{D}(T)$ 在 H 中是稠密的, 则根据 3.3-7 有 $\mathscr{D}(T)^\perp = \{0\}$. 因此对于所有 $x \in \mathscr{D}(T)$ 有 $\langle x, y_1 \rangle = 0$ 意味着 $y_1 = 0$, 所以 $y^* + y_1 = y^*$, 这就是我们所希望的唯一性. ■

若 $\mathscr{D}(T)$ 是整个 H, 我们把 T 叫作 H 上的算子; 若 $\mathscr{D}(T)$ 落在 H 内, 但可能不是整个 H, 便把 T 叫作 H 中的算子. 这一约定对后面的叙述是方便的.

鉴于上述情况, 我们提出如下定义.

10.1-2 定义 (希尔伯特伴随算子) 设 $T : \mathscr{D}(T) \longrightarrow H$ 是复希尔伯特空间 H 中的 (可能无界的) 稠定线性算子, 则 T 的希尔伯特伴随算子 $T^* : \mathscr{D}(T^*) \longrightarrow H$ 定义为: T^* 的定义域 $\mathscr{D}(T^*)$ 由所有这样的 $y \in H$ 构成, 即对于这个 y 存在 $y^* \in H$, 对于所有 $x \in \mathscr{D}(T)$ 满足

$$\langle Tx, y \rangle = \langle x, y^* \rangle. \tag{10.1.2a}$$

对于每个这样的 $y \in \mathscr{D}(T^*)$, 通过

$$y^* = T^*y, \tag{10.1.2b}$$

可用 y^* 来定义希尔伯特伴随算子 T^*. ■

换句话说, 元素 $y \in H$ 属于 $\mathscr{D}(T^*)$ 当 (且仅当) 把内积 $\langle Tx, y \rangle$ 看作 x 的函数时, 对于所有 $x \in \mathscr{D}(T)$, 它能够表示为 $\langle Tx, y \rangle = \langle x, y^* \rangle$. 因为根据假设 $\mathscr{D}(T)$ 在 H 中稠密, 所以对于这个 y, (10.1.2) 唯一地确定了所对应的 y^*.

读者可以证明 T^* 是线性算子.

在下面的研究中需要用到算子的和及积 (合成). 因为不同的算子可以有不同的定义域, 特别是对于无界的情况, 所以我们应该非常细心. 因此, 我们首先应该定义, 在这种更为一般的情形下, 算子的和与积是什么意思. 下面的处理是相当自然的.

设 $S : \mathscr{D}(S) \longrightarrow H$ 和 $T : \mathscr{D}(T) \longrightarrow H$ 是线性算子, 其中 $\mathscr{D}(S) \subseteq H$ 且 $\mathscr{D}(T) \subseteq H$, 则 S 与 T 之和 $S + T$ 是这样一个线性算子, 其定义域为

$$\mathscr{D}(S + T) = \mathscr{D}(S) \cap \mathscr{D}(T),$$

对于每个 $x \in \mathscr{D}(S + T)$, 定义其像为

$$(S + T)x = Sx + Tx.$$

注意, $\mathscr{D}(S + T)$ 是使 S 和 T 同时都有意义的最大集合, 并且是向量空间.

进一步还会注意到, 总有 $0 \in \mathscr{D}(S + T)$, 所以 $\mathscr{D}(S + T)$ 不会是空集. 显然, 我们真正希望的是 $\mathscr{D}(S + T)$ 还含有另外的元素.

让我们来定义积 TS，其中 S 与 T 如前所设. 设 M 是在 S 作用下的像落在 $\mathscr{D}(T)$ 中的 $\mathscr{D}(S)$ 的最大子集，因此

$$S(M) = \mathscr{R}(S) \cap \mathscr{D}(T),$$

其中 $\mathscr{R}(S)$ 是 S 的值域，见图 10–1，则算子 S 与 T 之积 TS 被定义为这样的一个算子：其定义域 $\mathscr{D}(TS) = M$ 且使得对于所有 $x \in \mathscr{D}(TS)$ 有

$$(TS)x = T(Sx).$$

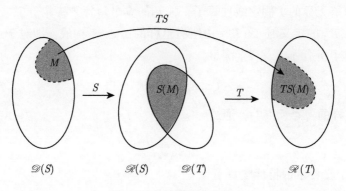

图 10–1　线性算子之积

在定义中把 S 与 T 的位置交换，则可看到积 ST 是这样的算子：对于所有 $x \in \mathscr{D}(ST)$ 有

$$(ST)x = S(Tx),$$

其中 $\mathscr{D}(ST) = \tilde{M}$ 是在 T 作用下的像落在 $\mathscr{D}(S)$ 中的 $\mathscr{D}(T)$ 的最大子集，因此

$$T(\tilde{M}) = \mathscr{R}(T) \cap \mathscr{D}(S).$$

容易验证 TS 和 ST 都是线性算子. 要特别注意，由 2.6–9 可知 $\mathscr{R}(S)$ 是向量空间，所以 $S(M)$ 也是向量空间. 由于 S 是线性算子，这意味着 M 是向量空间. 同理可证 $\tilde{M}$ 也是向量空间.

习　题

1. 证明线性算子 T 的希尔伯特伴随算子 T^* 是线性算子.

2. 证明：对于有界线性算子，我们这里关于希尔伯特伴随算子的定义也给出了 3.9–1，其中 $H_1 = H_2 = H$.

3. 证明：对于无界算子

$$(T_1 T_2)T_3 = T_1(T_2 T_3)$$

仍然成立.

4. 证明
$$(T_1 + T_2)T_3 = T_1 T_3 + T_2 T_3,$$
$$T_1(T_2 + T_3) \supseteq T_1 T_2 + T_1 T_3.$$

给出使第二个公式为等式的充分条件.

5. 证明
$$(\alpha T)^* = \bar{\alpha} T^*,$$
$$(S + T)^* \supseteq S^* + T^*.$$

要使第二个关系式有意义, 我们应要求什么条件?

6. 证明: 如果习题 5 中的 S 在整个 H 上有定义且有界, 则
$$(S + T)^* = S^* + T^*.$$

7. 证明: 定义域在 H 中不稠密的有界线性算子 $T : \mathscr{D}(T) \longrightarrow H$ 总有一个到 H 的有界线性延拓, 且延拓算子的范数仍等于 $\|T\|$.

8. 设 $T : \mathscr{D}(T) \longrightarrow l^2$ 定义为
$$y = (\eta_j) = Tx, \quad \eta_j = j\xi_j, \quad x = (\xi_j),$$

其中 $\mathscr{D}(T) \subseteq l^2$, 由只有有限个非零项 ξ_j 的 $x = (\xi_j)$ 构成. (a) 证明 T 是无界算子. (b) T 有真线性延拓吗? (c) 能够把 T 线性延拓到整个空间 l^2 吗?

9. 若线性算子 T 在复希尔伯特空间 H 上处处有定义, 证明其希尔伯特伴随算子 T^* 有界.

10. 设 S 和 T 是定义在整个 H 上的线性算子, 且对于所有 $x, y \in H$ 满足
$$\langle Ty, x \rangle = \langle y, Sx \rangle.$$

证明 T 是有界算子且 S 为 T 的希尔伯特伴随算子.

10.2　希尔伯特伴随算子、对称和自伴线性算子

在下面两个定理中, 我们将陈述希尔伯特伴随算子的某些基本性质. 在这里, 根据定义
$$T^{**} = (T^*)^*.$$

10.2–1 定理 (希尔伯特伴随算子)　设 $S : \mathscr{D}(S) \longrightarrow H$ 和 $T : \mathscr{D}(T) \longrightarrow H$ 是在复希尔伯特空间 H 中稠定的线性算子, 则

(a) 若 $S \subseteq T$, 则 $T^* \subseteq S^*$.

(b) 若 $\mathscr{D}(T^*)$ 在 H 中稠密, 则 $T \subseteq T^{**}$.

证明　(a) 根据 T^* 的定义, 对于所有 $x \in \mathscr{D}(T)$ 和所有 $y \in \mathscr{D}(T^*)$ 有
$$\langle Tx, y \rangle = \langle x, T^* y \rangle. \tag{10.2.1}$$

由于 $S \subseteq T$, 这意味着对于所有 $x \in \mathscr{D}(S)$ 和 $y \in \mathscr{D}(T^*)$ 有

$$\langle Sx, y \rangle = \langle x, T^*y \rangle. \tag{10.2.2}$$

根据 S^* 的定义, 对于所有 $x \in \mathscr{D}(S)$ 和所有 $y \in \mathscr{D}(S^*)$ 有

$$\langle Sx, y \rangle = \langle x, S^*y \rangle. \tag{10.2.3}$$

由此和 (10.2.2), 我们将推出 $\mathscr{D}(T^*) \subseteq \mathscr{D}(S^*)$. 由于后面将出现类似的结论, 所以我们详细地阐明这一步. 根据希尔伯特伴随算子 S^* 的定义, 其定义域 $\mathscr{D}(S^*)$ 包括了所有这样的 y: 对于它, 当 x 在 $\mathscr{D}(S)$ 上取遍时, $\langle Sx, y \rangle$ 有表示式 (10.2.3). 由于当 x 在 $\mathscr{D}(S)$ 上取遍时, (10.2.2) 也以同样的形式表示 $\langle Sx, y \rangle$, 所以使 (10.2.2) 有效的 y 的集合必须是使 (10.2.3) 成立的 y 的集合的 (真或假) 子集, 也就是必有 $\mathscr{D}(T^*) \subseteq \mathscr{D}(S^*)$. 再由 (10.2.2) 和 (10.2.3) 容易推出, 对于所有 $y \in \mathscr{D}(T^*)$ 有 $S^*y = T^*y$, 从而根据定义得到 $T^* \subseteq S^*$.

(b) 在 (10.2.1) 中取复共轭, 对于所有 $y \in \mathscr{D}(T^*)$ 和所有 $x \in \mathscr{D}(T)$ 有

$$\langle T^*y, x \rangle = \langle y, Tx \rangle. \tag{10.2.4}$$

由于 $\mathscr{D}(T^*)$ 在 H 中是稠密的, 所以 T^{**} 存在, 并且据定义对于所有 $y \in \mathscr{D}(T^*)$ 和所有 $x \in \mathscr{D}(T^{**})$ 有

$$\langle T^*y, x \rangle = \langle y, T^{**}x \rangle.$$

由此和 (10.2.4), 基于和 (a) 一样的理由, 可看出 $x \in \mathscr{D}(T)$ 也属于 $\mathscr{D}(T^{**})$, 并且对于这个 x 有 $T^{**}x = Tx$. 这意味着 $T \subseteq T^{**}$. ■

我们的第二个定理是讲: 在怎样的条件下, 伴随算子的逆等于逆算子的伴随. (注意, 这就把 §3.9 习题 2 推广到了可以是无界的线性算子上.)

10.2-2 定理 (希尔伯特伴随算子的逆) 若 T 如 10.2-1 所设, 此外还假定 T 是内射且其值域 $\mathscr{R}(T)$ 在 H 中稠密, 则 T^* 是内射, 并且

$$(T^*)^{-1} = (T^{-1})^*. \tag{10.2.5}$$

证明 由于 T 在 H 中稠定, 所以 T^* 存在. 由于 T 是内射, 所以 T^{-1} 也存在. 由于 $\mathscr{D}(T^{-1}) = \mathscr{R}(T)$ 在 H 在中稠密, 所以 $(T^{-1})^*$ 存在. 我们必须证明 $(T^*)^{-1}$ 存在且满足 (10.2.5).

令 $y \in \mathscr{D}(T^*)$, 则对于所有 $x \in \mathscr{D}(T^{-1})$ 有 $T^{-1}x \in \mathscr{D}(T)$, 并且

$$\langle T^{-1}x, T^*y \rangle = \langle TT^{-1}x, y \rangle = \langle x, y \rangle. \tag{10.2.6}$$

另外, 根据 T^{-1} 的希尔伯特伴随算子的定义, 对于所有 $x \in \mathscr{D}(T^{-1})$ 有

$$\langle T^{-1}x, T^*y \rangle = \langle x, (T^{-1})^* T^*y \rangle.$$

这表明 $T^*y \in \mathscr{D}\big((T^{-1})^*\big)$. 进而将上式与 (10.2.6) 比较, 我们得到

$$\big(T^{-1}\big)^* T^* y = y, \quad \text{其中 } y \in \mathscr{D}(T^*). \tag{10.2.7}$$

我们看到 $T^*y = 0$ 蕴涵 $y = 0$, 因此由 2.6–10 可知 $(T^*)^{-1} : \mathscr{R}(T^*) \longrightarrow \mathscr{D}(T^*)$ 存在. 此外, 由于 $(T^*)^{-1}T^*$ 是 $\mathscr{D}(T^*)$ 上的恒等算子, 与 (10.2.7) 比较可得

$$(T^*)^{-1} \subseteq \big(T^{-1}\big)^*. \tag{10.2.8}$$

为了证明 (10.2.5), 我们只需证明

$$(T^*)^{-1} \supseteq \big(T^{-1}\big)^*. \tag{10.2.9}$$

为此考虑任意 $x \in \mathscr{D}(T)$ 和 $y \in \mathscr{D}\big((T^{-1})^*\big)$, 则 $Tx \in \mathscr{R}(T) = \mathscr{D}(T^{-1})$ 且

$$\big\langle Tx, \big(T^{-1}\big)^* y \big\rangle = \big\langle T^{-1}Tx, y \big\rangle = \langle x, y \rangle. \tag{10.2.10}$$

另外, 根据 T 的希尔伯特伴随算子的定义, 对于所有 $x \in \mathscr{D}(T)$ 有

$$\big\langle Tx, \big(T^{-1}\big)^* y \big\rangle = \big\langle x, T^* \big(T^{-1}\big)^* y \big\rangle.$$

由此和 (10.2.10) 可推得 $(T^{-1})^*y \in \mathscr{D}(T^*)$ 且

$$T^* \big(T^{-1}\big)^* y = y, \quad \text{其中 } y \in \mathscr{D}\big((T^{-1})^*\big). \tag{10.2.11}$$

根据逆的定义, $T^*(T^*)^{-1}$ 是 $\mathscr{D}\big((T^*)^{-1}\big) = \mathscr{R}(T^*)$ 上的恒等算子, 并且 $(T^*)^{-1} : \mathscr{R}(T^*) \longrightarrow \mathscr{D}(T^*)$ 是满射. 因此与 (10.2.11) 比较可得 $\mathscr{D}\big((T^*)^{-1}\big) \supseteq \mathscr{D}\big((T^{-1})^*\big)$, 因此 $(T^*)^{-1} \supseteq (T^{-1})^*$, 这就是 (10.2.9). 与 (10.2.8) 合在一起便给出 (10.2.5). ■

在研究有界线性算子时, 曾用希尔伯特伴随算子定义自伴性 (见 §3.10). 由于自伴性在理论上和应用中都是一个极为重要的概念, 因此我们希望知道能否将它推广到包括无界线性算子的情况; 如果能, 又如何加以推广. 为此, 我们首先介绍下面的概念.

10.2–3 定义 (对称线性算子) 设 $T : \mathscr{D}(T) \longrightarrow H$ 是在复希尔伯特空间 H 中稠定的线性算子. 如果对于所有 $x, y \in \mathscr{D}(T)$ 有

$$\langle Tx, y \rangle = \langle x, Ty \rangle,$$

则称 T 是对称线性算子. ■

值得注意的是: 对称性能够以简单的方式用希尔伯特伴随算子来表述. 在我们进一步的研究中, 这种表述是很有用的. 这也促使我们在 10.2–3 中做出 T 是稠定的假设.

10.2–4 引理（对称算子） 在复希尔伯特空间 H 中稠定的线性算子 T 是对称算子，当且仅当

$$T \subseteq T^*. \tag{10.2.12}$$

证明 T^* 所定义的关系是对于所有 $x \in \mathscr{D}(T)$ 和所有 $y \in \mathscr{D}(T^*)$ 有

$$\langle Tx, y \rangle = \langle x, T^*y \rangle. \tag{10.2.13}$$

假定 $T \subseteq T^*$，则对于 $y \in \mathscr{D}(T)$ 有 $T^*y = Ty$，所以对于 $x, y \in \mathscr{D}(T)$，(10.2.13) 变成

$$\langle Tx, y \rangle = \langle x, Ty \rangle. \tag{10.2.14}$$

因此 T 是对称算子.

反过来，假定对于所有 $x, y \in \mathscr{D}(T)$ 有 (10.2.14) 成立，则与 (10.2.13) 比较可得 $\mathscr{D}(T) \subseteq \mathscr{D}(T^*)$ 且 $T = T^*|_{\mathscr{D}(T)}$. 根据定义，这意味着 T^* 是 T 的延拓. ■

现在可把自伴性定义如下.

10.2–5 定义（自伴线性算子） 设 $T : \mathscr{D}(T) \longrightarrow H$ 是在复希尔伯特空间 H 中稠定的线性算子. 如果

$$T = T^*, \tag{10.2.15}$$

则称 T 是自伴线性算子. ■

每一个自伴线性算子都是对称算子.

另外，对称线性算子未必是自伴算子. 因为 T^* 可以是 T 的真延拓，也就是 $\mathscr{D}(T) \neq \mathscr{D}(T^*)$. 显然，如果 $\mathscr{D}(T) = H$，则这种情况不可能出现. 因此：

对于复希尔伯特空间 H 上的线性算子 $T : H \longrightarrow H$ 来说，对称性和自伴性这两个概念是等同的.

注意: 在这种情况下 T 是有界算子（见 10.1–1），这也阐明了为什么前面（比如 §3.10）没有出现对称性的概念.

此外还有一个与 3.10–3 类似的结论：

在复希尔伯特空间 H 中稠定的线性算子 T 是对称算子，当且仅当对于所有 $x \in \mathscr{D}(T)$，$\langle Tx, x \rangle$ 是实数.

习　题

1. 证明自伴线性算子是对称算子.

2. 若 S 和 T 使得 ST 在 H 中稠定，证明

$$(ST)^* \supseteq T^*S^*.$$

若 S 定义在整个 H 上且是有界的, 则

$$(ST)^* = T^*S^*.$$

3. 设 H 是复希尔伯特空间, $T : \mathscr{D}(T) \longrightarrow H$ 是在 H 中稠定的线性算子. 证明: T 是对称算子, 当且仅当对于所有 $x \in \mathscr{D}(T)$, $\langle T_x, x \rangle$ 是实数.

4. 若 T 是对称算子, 证明 T^{**} 也是对称算子.

5. 若线性算子 T 在 H 中稠定且其伴随算子在整个 H 上有定义, 证明 T 是有界算子.

6. 证明: $y = (\eta_j) = Tx = (\xi_j/j)$ 定义了有界自伴线性算子 $T : l^2 \longrightarrow l^2$, 且 T 有一个无界自伴的逆算子.

7. 设 $T : \mathscr{D}(T) \longrightarrow H$ 是有界对称线性算子. 证明 T 有一个到 $\overline{\mathscr{D}(T)}$ 上的有界对称线性延拓 $\tilde{T}$.

8. 若 T 是对称算子且 $\tilde{T}$ 是 T 的对称延拓, 证明 $\tilde{T} \subseteq T^*$.

9. 一个对称线性算子若没有真对称延拓, 则称为**最大对称线性算子**. 证明自伴线性算子 T 是最大对称线性算子.

10. 若自伴线性算子 $T : \mathscr{D}(T) \longrightarrow H$ 是内射, 证明: (a) $\overline{\mathscr{R}(T)} = H$, (b) T^{-1} 是自伴算子.

10.3 闭线性算子和闭包

在应用中可以导出无界的线性算子, 但其中很多是闭算子或至少有一个闭线性延拓. 这表明闭线性算子在无界算子理论中起着重要的作用. 本节将考虑闭线性延拓及其某些性质.

我们先复习闭线性算子的定义和 §4.13 中的一些结果, 把这些系统的讲述用于希尔伯特空间是合适的.

10.3–1 定义 (闭线性算子) 设 $T : \mathscr{D}(T) \longrightarrow H$ 是线性算子, 其中 $\mathscr{D}(T) \subseteq H$ 且 H 是复希尔伯特空间. 若 T 的图

$$\mathscr{G}(T) = \{(x, y) \mid x \in \mathscr{D}(T), \ y = Tx\}$$

在 $H \times H$ 中是闭的, 则把 T 叫作闭线性算子, 其中 $H \times H$ 上的范数定义为

$$\|(x, y)\| = \left(\|x\|^2 + \|y\|^2\right)^{1/2},$$

而它是从内积

$$\langle (x_1, y_1), (x_2, y_2) \rangle = \langle x_1, x_2 \rangle + \langle y_1, y_2 \rangle$$

导出的. ■

10.3–2 定理 (闭线性算子) 设 $T : \mathscr{D}(T) \longrightarrow H$ 是线性算子, 其中 $\mathscr{D}(T) \subseteq H$ 且 H 是复希尔伯特空间, 则

(a) T 是闭算子, 当且仅当

$$x_n \to x \quad 且 \quad Tx_n \to y, \quad 其中 \; x_n \in \mathscr{D}(T)$$

合在一起意味着 $x \in \mathscr{D}(T)$ 且 $Tx = y$ (见 4.13–3).

(b) 若 T 是闭算子且 $\mathscr{D}(T)$ 是闭集, 则 T 是有界算子 (见 4.13–2).

(c) 若 T 是有界算子, 则 T 是闭算子当且仅当 $\mathscr{D}(T)$ 是闭集 (见 4.13–5).

不管 T 是否是闭算子, 我们总有如下值得重视的定理.

10.3–3 定理 (希尔伯特伴随算子) 由 10.1–2 定义的希尔伯特伴随算子 T^* 是闭算子.

证明 我们把 10.3–2(a) 应用到 T^* 来证明本定理, 也就是说, 考察 $\mathscr{D}(T^*)$ 中满足

$$y_n \to y_0 \quad 且 \quad T^* y_n \to z_0$$

的任意序列 (y_n), 并证明 $y_0 \in \mathscr{D}(T^*)$ 且 $z_0 = T^* y_0$.

根据 T^* 的定义, 对于每个 $y \in \mathscr{D}(T)$ 有

$$\langle Ty, y_n \rangle = \langle y, T^* y_n \rangle.$$

由于内积是连续的, 令 $n \to \infty$ 可得对于每个 $y \in \mathscr{D}(T)$ 有

$$\langle Ty, y_0 \rangle = \langle y, z_0 \rangle.$$

根据 T^* 的定义, 这就证明了 $y_0 \in \mathscr{D}(T^*)$ 且 $z_0 = T^* y_0$. 把 10.3–2(a) 应用到 T^* 可得 T^* 是闭算子.　　　　　　　　　　　　　　　　　　■

经常会出现这种情况: 一个算子不是闭的, 但它有一个闭的延拓. 为了讨论这种情况, 首先来陈述一些有关的概念.

10.3–4 定义 (可闭算子、闭包) 若线性算子 T 有延拓 T_1, 且 T_1 是闭线性算子, 则称 T 是可闭算子, 把 T_1 叫作 T 的闭线性延拓.

若 $\bar{T}$ 是可闭线性算子 T 的闭线性延拓, 并且 T 的每一个闭线性延拓 T_1 也是 $\bar{T}$ 的闭线性延拓, 则称 $\bar{T}$ 是 T 的最小闭线性延拓. 若 T 的最小延拓 $\bar{T}$ 存在, 则把 $\bar{T}$ 叫作 T 的闭包.　　　　　　　　　　　　　　　　　　■

若 $\bar{T}$ 存在, 则它是唯一的. (为什么?)

T 若不是闭算子, T 是否有闭的延拓?

例如, 量子力学中的所有无界线性算子实际上都是可闭算子.

对于对称线性算子 (见 10.2–3), 情形是非常简单, 如下所示.

10.3–5 定理 (闭包) 设 $T : \mathscr{D}(T) \longrightarrow H$ 是在复希尔伯特空间 H 中稠定的线性算子. 若 T 是对称算子, 则其闭包 $\bar{T}$ 存在且是唯一的.

证明 为了定义 $\bar{T}$，我们首先定义其定义域 $M = \mathscr{D}(\bar{T})$，然后定义 $\bar{T}$ 本身. 最后证明所定义的 $\bar{T}$ 的确是 T 的闭包.

设 M 是满足下列条件的所有 $x \in H$ 的集合: 在 $\mathscr{D}(T)$ 中存在序列 (x_n)，并且存在 $y \in H$ 使得

$$x_n \to x \quad \text{且} \quad Tx_n \to y. \tag{10.3.1}$$

不难看出 M 是向量空间. 显然有 $\mathscr{D}(T) \subseteq M$. 根据 (10.3.1)，我们令

$$y = \bar{T}x, \quad \text{其中 } x \in M. \tag{10.3.2}$$

便在 M 上定义了 $\bar{T}$. 为了证明 $\bar{T}$ 是 T 的闭包，我们必须证明 $\bar{T}$ 具有闭包定义中的所有性质.

显然，$\bar{T}$ 的定义域 $\mathscr{D}(\bar{T}) = M$. 此外还要证明:

(a) 对于每个 $x \in \mathscr{D}(\bar{T})$ 有唯一的 y 与之对应；

(b) $\bar{T}$ 是 T 的对称线性延拓；

(c) $\bar{T}$ 是闭的且是 T 的闭包.

详细证明如下.

(a) y 关于每个 $x \in \mathscr{D}(\bar{T})$ 的唯一性. 除了 (10.3.1) 中的 (x_n) 之外，设 $(\tilde{x}_n)$ 是 $\mathscr{D}(T)$ 中满足

$$\tilde{x}_n \to x \quad \text{且} \quad T\tilde{x}_n \to \tilde{y}$$

的另一序列. 由于 T 是线性算子，所以 $Tx_n - T\tilde{x} = T_n(x_n - \tilde{x}_n)$. 由于 T 是对称算子，因此对于每个 $v \in \mathscr{D}(T)$ 有

$$\langle v, Tx_n - T\tilde{x}_n \rangle = \langle Tv, x_n - \tilde{x}_n \rangle.$$

令 $n \to \infty$，利用内积的连续性便得到

$$\langle v, y - \tilde{y} \rangle = \langle Tv, x - x \rangle = 0,$$

即 $y - \tilde{y} \perp \mathscr{D}(T)$. 因为 $\mathscr{D}(T)$ 在 H 中稠密，根据 3.3–7 有 $\mathscr{D}(T)^\perp = \{0\}$，并且 $y - \tilde{y} = 0$.

(b) $\bar{T}$ 是 T 的对称线性延拓的证明. 由于 T 是线性算子，根据 (10.3.1) 和 (10.3.2) 可知 $\bar{T}$ 是线性算子，同时也证明了 $\bar{T}$ 是 T 的延拓. 下面来证明 T 的对称性蕴涵 $\bar{T}$ 的对称性. 根据 (10.3.1) 和 (10.3.2)，对于所有 $x, z \in \mathscr{D}(\bar{T})$，在 $\mathscr{D}(T)$ 中存在序列 (x_n) 和 (z_n) 满足

$$x_n \to x, \quad Tx_n \to \bar{T}x,$$
$$z_n \to z, \quad Tz_n \to \bar{T}z.$$

由于 T 是对称算子，所以 $\langle z_n, Tx_n \rangle = \langle Tz_n, x_n \rangle$. 令 $n \to \infty$，由内积的连续性可得 $\langle z, \bar{T}x \rangle = \langle \bar{T}z, x \rangle$. 由于 $x, z \in \mathscr{D}(\bar{T})$ 是任意的，这就证明了 $\bar{T}$ 是对称的.

(c) $\bar{T}$ 是闭的且是 T 的闭包的证明. 我们用 10.3–2(a) 来证明 $\bar{T}$ 的闭性，也就是通过考察 $\mathscr{D}(\bar{T})$ 中满足

$$w_m \to x \quad \text{且} \quad \bar{T}w_m \to y \tag{10.3.3}$$

的任意序列 (w_m) 来证明 $x \in \mathscr{D}(\bar{T})$ 且 $\bar{T}x = y$.

每个 w_m（m 固定）都属于 $\mathscr{D}(\bar{T})$. 根据 $\mathscr{D}(\bar{T})$ 的定义，在 $\mathscr{D}(T)$ 中存在收敛于 w_m 的序列，并且该序列在 T 之下的像序列收敛于 $\bar{T}w_m$. 因此，对于每个固定的 m 存在 $v_m \in \mathscr{D}(T)$ 满足

$$\|w_m - v_m\| < \frac{1}{m} \quad \text{且} \quad \|\bar{T}w_m - Tv_m\| < \frac{1}{m}.$$

由此和 (10.3.3) 可得

$$v_m \to x \quad \text{且} \quad Tv_m \to y.$$

根据 $\mathscr{D}(\bar{T})$ 和 $\bar{T}$ 的定义，便证明了 $x \in \mathscr{D}(\bar{T})$ 且 $y = \bar{T}x$. 这就是我们要证明的关系. 因此根据 10.3–2(a) 可知 $\bar{T}$ 是闭的.

根据 10.3–2(a) 和 $\mathscr{D}(\bar{T})$ 的定义可以看出，$\mathscr{D}(\bar{T})$ 的每个点也一定属于 T 的每一个闭线性延拓的定义域. 这就证明了 $\bar{T}$ 是 T 的闭包，同时也蕴涵 T 的闭包是唯一的. ■

不难看出，对称线性算子的闭包的希尔伯特伴随算子等于该算子的希尔伯特伴随算子，这是很有意义的一个结果.

10.3–6 定理（闭包的希尔伯特伴随算子） 对于 10.3–5 中的对称线性算子 T 有

$$(\bar{T})^* = T^*. \tag{10.3.4}$$

证明 由于 $T \subseteq \bar{T}$，根据 10.2–1(a) 有 $(\bar{T})^* \subseteq T^*$. 因此 $\mathscr{D}((\bar{T})^*) \subseteq \mathscr{D}(T^*)$. 如果还能证明

$$y \in \mathscr{D}(T^*) \implies y \in \mathscr{D}((\bar{T})^*), \tag{10.3.5}$$

则 $\mathscr{D}(T^*) \subseteq \mathscr{D}((\bar{T})^*)$，从而 $\mathscr{D}(T^*) = \mathscr{D}((\bar{T})^*)$，这就证明了 (10.3.4).

设 $y \in \mathscr{D}(T^*)$，据希尔伯特伴随算子的定义，欲证明 (10.3.5)，我们必须证明对于每个 $x \in \mathscr{D}(\bar{T})$ 有

$$\langle \bar{T}x, y \rangle = \langle x, (\bar{T})^*y \rangle = \langle x, T^*y \rangle, \tag{10.3.6}$$

其中第二个等式是从 $(\bar{T})^* \subseteq T^*$ 推得的.

根据前面证明中对 $\mathscr{D}(\bar{T})$ 和 $\bar{T}$ 的定义［见 (10.3.1) 和 (10.3.2)］，对于每个 $x \in \mathscr{D}(\bar{T})$，在 $\mathscr{D}(T)$ 中存在序列 (x_n) 满足

$$x_n \to x \quad \text{且} \quad Tx_n \to y_0 = \bar{T}x.$$

因为根据假设有 $y \in \mathscr{D}(T^*)$，并且 $x_n \in \mathscr{D}(T)$，根据希尔伯特伴随算子的定义有

$$\langle Tx_n, y \rangle = \langle x_n, T^*y \rangle.$$

若令 $n \to \infty$，并利用内积的连续性，便得到

$$\langle \bar{T}x, y \rangle = \langle x, T^*y \rangle, \quad \text{其中 } x \in \mathscr{D}(\bar{T}),$$

这就是我们要证明的关系 (10.3–6). ■

习　题

1. 设 $T : \mathscr{D}(T) \longrightarrow l^2$，其中 $\mathscr{D}(T) \subseteq l^2$ 由只有有限个非零项 ξ_j 的所有 $x = (\xi_j)$ 构成，且 $y = (\eta_j) = Tx = (j\xi_j)$. 这个算子 T 是无界的（见 §10.1 习题 8）. 证明 T 不是闭算子.

2. 显然，任意线性算子 $T : \mathscr{D}(T) \longrightarrow H$ 的图 $\mathscr{G}(T)$ 都有闭包 $\overline{\mathscr{G}(T)} \subseteq H \times H$. 为什么这并不意味着每个线性算子都是可闭的？

3. 证明：按 10.3–1 中给出的内积，$H \times H$ 是希尔伯特空间.

4. 设 $T : \mathscr{D}(T) \longrightarrow H$ 是闭线性算子. 若 T 是内射，证明 T^{-1} 是闭算子.

5. 证明：习题 1 中的 T 有一个到

$$\mathscr{D}(T_1) = \left\{ x = (\xi_j) \in l^2 \,\middle|\, \sum_{j=1}^{\infty} j^2 |\xi_j|^2 < \infty \right\}$$

上的闭线性延拓 T_1，它是用 $T_1 x = (j\xi_j)$ 定义的（利用习题 4）.

6. 若 T 是对称线性算子，证明 T^{**} 是 T 的一个闭对称线性延拓.

7. 证明：线性算子 T 的希尔伯特伴随算子的图 $\mathscr{G}(T^*)$ 是通过

$$\mathscr{G}(T^*) = \big[U\big(\mathscr{G}(T)\big)\big]^{\perp}$$

与 $\mathscr{G}(T)$ 联系在一起的，其中 $U : H \times H \longrightarrow H \times H$ 是用 $(x, y) \longmapsto (y, -x)$ 定义的.

8. 若 $T : \mathscr{D}(T) \longrightarrow H$ 是稠定的闭线性算子，证明 T^* 是稠定算子，并且 $T^{**} = T$（利用习题 7）.

9. **闭图定理** 证明复希尔伯特空间 H 上的闭线性算子 $T : H \longrightarrow H$ 有界（利用习题 8. 当然不用 4.13–2，给出一个独立的证明）.

10. 若 T 是闭算子，证明 $T_\lambda = T - \lambda I$ 是闭算子. 若 T_λ^{-1} 存在，则 T_λ^{-1} 是闭算子.

10.4　自伴线性算子的谱性质

　　有界自伴线性算子的一般谱性质曾在 §9.1 和 §9.2 中讨论过，其中的一些性质对于无界自伴线性算子仍然成立. 特别是，本征值都是实数，其证明与 9.1–1 的证明一样.

更一般地，整个谱仍然是实数集，并且是闭集，虽然不再是有界集. 为了证明谱是实数集，首先让我们把表征预解集 $\rho(T)$ 的 9.1–2 加以推广. 它的证明几乎与以前一样.

10.4–1 定理（**正则值**）　设 $T : \mathscr{D}(T) \longrightarrow H$ 是在复希尔伯特空间 H 中稠定的自伴线性算子，则 λ 属于 T 的预解集 $\rho(T)$ 的充分必要条件是：存在正数 c 使得对于每个 $x \in \mathscr{D}(T)$ 有

$$\|T_\lambda x\| \geqslant c\|x\|, \tag{10.4.1}$$

其中 $T_\lambda = T - \lambda I$.

证明　(a) 设 $\lambda \in \rho(T)$. 根据 7.2–1, 预解算子 $R_\lambda = (T - \lambda I)^{-1}$ 存在且有界, 不妨设 $\|R_\lambda\| = k > 0$. 因此, 由于对于 $x \in \mathscr{D}(T)$ 有 $R_\lambda T_\lambda x = x$, 所以

$$\|x\| = \|R_\lambda T_\lambda x\| \leqslant \|R_\lambda\| \, \|T_\lambda x\| = k\, \|T_\lambda x\|.$$

两端用 k 去除, 便得到 $\|T_\lambda x\| \geqslant c\|x\|$, 其中 $c = 1/k$.

(b) 反之, 假定 (10.4.1) 对于某个正数 c 和所有 $x \in \mathscr{D}(T)$ 成立. 我们考察向量空间

$$Y = \{y \mid y = T_\lambda x, \ x \in \mathscr{D}(T)\},$$

即 T_λ 的值域, 并证明:

(α) $T_\lambda : \mathscr{D}(T) \longrightarrow Y$ 是一一映射;

(β) Y 在 H 中稠密;

(γ) Y 是闭集.

合在一起便推出预解算子 $R_\lambda = T_\lambda^{-1}$ 定义在整个 H 上. R_λ 的有界性则容易从 10.4–1 推出, 从而证明了 $\lambda \in \rho(T)$. 详细证明如下.

(α) 考虑满足 $T_\lambda x_1 = T_\lambda x_2$ 的任意 $x_1, x_2 \in \mathscr{D}(T)$, 由于 T_λ 是线性算子, 所以由 (10.4.1) 可得

$$0 = \|T_\lambda x_1 - T_\lambda x_2\| = \|T_\lambda(x_1 - x_2)\| \geqslant c\|x_1 - x_2\|.$$

因为 $c > 0$, 这就得到 $\|x_1 - x_2\| = 0$, 因此 $x_1 = x_2$, 所以算子 $T_\lambda : \mathscr{D}(T) \longrightarrow Y$ 是一一映射.

(β) 我们通过证明 "$x_0 \perp Y$ 蕴涵 $x_0 = 0$" 来证明 $\bar{Y} = H$. 设 $x_0 \perp Y$, 则对于每个 $y = T_\lambda x \in Y$ 有

$$0 = \langle T_\lambda x, x_0 \rangle = \langle Tx, x_0 \rangle - \lambda \langle x, x_0 \rangle.$$

因此对于所有 $x \in \mathscr{D}(T)$ 有

$$\langle Tx, x_0 \rangle = \langle x, \bar{\lambda} x_0 \rangle.$$

根据希尔伯特伴随算子的定义，这表明 $x_0 \in \mathscr{D}(T^*)$ 且

$$T^* x_0 = \bar{\lambda} x_0.$$

由于 T 是自伴算子，所以 $\mathscr{D}(T^*) = \mathscr{D}(T)$ 且 $T^* = T$，因此

$$T x_0 = \bar{\lambda} x_0.$$

若 $x_0 \neq 0$，则意味着 $\bar{\lambda}$ 是 T 的一个本征值，并且 $\bar{\lambda} = \lambda$ 一定是实数. 因此 $T x_0 = \lambda x_0$，即 $T_\lambda x_0 = 0$. 但是根据 (10.4.1) 有

$$0 = \|T_\lambda x_0\| \geqslant c\|x_0\| \quad \Longrightarrow \quad \|x_0\| = 0,$$

故出现了矛盾. 这就推出了 $\bar{Y}^\perp = \{0\}$，从而根据 3.3-4 有 $\bar{Y} = H$.

(γ) 现在证明 Y 是闭集. 设 $y_0 \in \bar{Y}$，则在 Y 中存在序列 (y_n) 使得 $y_n \to y_0$. 由于 $y_n \in Y$，所以对于某个 $x_n \in \mathscr{D}(T_\lambda) = \mathscr{D}(T)$ 有 $y_n = T_\lambda x_n$. 根据 (10.4.1) 有

$$\|x_n - x_m\| \leqslant \frac{1}{c} \|T_\lambda(x_n - x_m)\| = \frac{1}{c} \|y_n - y_m\|.$$

因为 (y_n) 收敛，所以上式表明 (x_n) 是柯西序列. 由于 H 是完备空间，所以 (x_n) 收敛，设 $x_n \longrightarrow x_0$. 因为 T 是自伴算子，由 10.3-3 可知 T 是闭算子. 因此 10.3-2(a) 意味着 $x_0 \in \mathscr{D}(T)$ 且 $T_\lambda x_0 = y_0$. 这就证明了 $y_0 \in Y$. 由于 $y_0 \in \bar{Y}$ 是任意的，所以 Y 是闭集.

(β) 和 (γ) 意味着 $Y = H$. 由此和 (α) 可以看出，预解算子 R_λ 存在且定义在整个 H 上：

$$R_\lambda = T_\lambda^{-1} : H \longrightarrow \mathscr{D}(T).$$

由 2.6-10 可知 R_λ 是线性算子，因为对于每个 $y \in H$ 和对应的 $x = R_\lambda y$ 有 $y = T_\lambda x$，并且根据 (10.4.1) 有

$$\|R_\lambda y\| = \|x\| \leqslant \frac{1}{c} \|T_\lambda x\| = \frac{1}{c} \|y\|,$$

所以 $\|R_\lambda\| \leqslant 1/c$，这就从 (10.4.1) 推出了 R_λ 的有界性. 根据定义，这就证明了 $\lambda \in \rho(T)$. ∎

利用刚才证明的定理，把 9.1-3 加以推广，就能够证明自伴线性算子（可能是无界的）的谱是实数集.

10.4-2 定理（谱） 自伴线性算子 $T : \mathscr{D}(T) \longrightarrow H$ 的谱 $\sigma(T)$ 是闭实数集，其中 H 是复希尔伯特空间，$\mathscr{D}(T)$ 在 H 中稠密.

证明 (a) $\sigma(T)$ 是实数集. 对于每个 $0 \neq x \in \mathscr{D}(T)$，我们有

$$\langle T_\lambda x, x \rangle = \langle Tx, x \rangle - \lambda \langle x, x \rangle.$$

由于 $\langle x, x \rangle$ 和 $\langle Tx, x \rangle$ 都是实数（见 §10.2），所以

$$\overline{\langle T_\lambda x, x \rangle} = \langle Tx, x \rangle - \bar{\lambda} \langle x, x \rangle.$$

记 $\lambda = \alpha + i\beta$，其中 α 和 β 是实数，则 $\bar{\lambda} = \alpha - i\beta$. 上面两式相减得到

$$\overline{\langle T_\lambda x, x \rangle} - \langle T_\lambda x, x \rangle = (\lambda - \bar{\lambda}) \langle x, x \rangle = 2i\beta \, \|x\|^2.$$

等式左端等于 $-2i \operatorname{Im} \langle T_\lambda x, x \rangle$. 由于任何复数的虚部不能超过其绝对值，根据施瓦茨不等式有

$$|\beta| \, \|x\|^2 \leqslant |\langle T_\lambda x, x \rangle| \leqslant \|T_\lambda x\| \, \|x\|.$$

两端用 $\|x\| \neq 0$ 去除，便得到 $|\beta| \, \|x\| \leqslant \|T_\lambda x\|$. 注意这个不等式对所有 $x \in \mathscr{D}(T)$ 都成立. 如果 λ 不是实数，则 $\beta \neq 0$，根据前边的定理便有 $\lambda \in \rho(T)$. 因此 $\sigma(T)$ 必须是实数集.

(b) $\sigma(T)$ 是闭集. 我们通过证明预解集 $\rho(T)$ 是开集来证明 $\sigma(T)$ 是闭集. 为此考虑任意 $\lambda_0 \in \rho(T)$，并证明充分接近 λ_0 的每一个 λ 也属于 $\rho(T)$.

根据三角不等式有

$$\|Tx - \lambda_0 x\| = \|Tx - \lambda x + (\lambda - \lambda_0)x\| \leqslant \|Tx - \lambda x\| + |\lambda - \lambda_0| \, \|x\|.$$

这个不等式还能写成

$$\|Tx - \lambda x\| \geqslant \|Tx - \lambda_0 x\| - |\lambda - \lambda_0| \, \|x\|. \tag{10.4.2}$$

由于 $\lambda_0 \in \rho(T)$，由 10.4–1 可知存在正数 c 使得对于所有 $x \in \mathscr{D}(T)$ 有

$$\|Tx - \lambda_0 x\| \geqslant c \, \|x\|. \tag{10.4.3}$$

现在假定 λ 充分接近 λ_0，不妨设 $|\lambda - \lambda_0| \leqslant c/2$，则由 (10.4.2) 和 (10.4.3) 可推出对于所有 $x \in \mathscr{D}(T)$ 有

$$\|Tx - \lambda x\| \geqslant c \, \|x\| - \tfrac{1}{2} c \, \|x\| = \tfrac{1}{2} c \, \|x\|.$$

因此由 10.4–1 可知 $\lambda \in \rho(T)$. 由于 λ 是满足 $|\lambda - \lambda_0| \leqslant c/2$ 的任意复数，这表明 λ_0 有一个邻域整个属于 $\rho(T)$. 由于 $\lambda_0 \in \rho(T)$ 是任意的，这就证明了 $\rho(T)$ 是开集. 因此 $\sigma(T) = \mathbf{C} - \rho(T)$ 是闭集. ■

习　题

1. 不用 10.4–2，证明自伴线性算子（可能是无界的）的本征值是实数.

2. 证明对应于自伴线性算子的不同本征值的本征向量是正交的.

3. **近似本征值** 设 $T : \mathscr{D}(T) \longrightarrow H$ 是线性算子. 若对于复数 λ 有 $\mathscr{D}(T)$ 中的序列 (x_n) 满足 $\|x_n\| = 1$ 和

$$当 \ n \to \infty \ 时 \quad (T - \lambda I)x_n \to 0,$$

则常常把 λ 叫作 T 的近似本征值. 证明自伴线性算子 T 的谱全部由近似本征值构成.

4. 设 $T : \mathscr{D}(T) \longrightarrow H$ 是线性算子. 试用下述性质分别表征 λ 落在 $\rho(T)$, $\sigma_p(T)$, $\sigma_c(T)$, $\sigma_r(T)$ 中的事实. (A) T_λ 不是内射, (B) $\mathscr{R}(T_\lambda)$ 在 H 中不是稠密的, (C) λ 是近似本征值 (见习题 3).

5. 设 $T : \mathscr{D}(T) \longrightarrow H$ 是线性算子, 且其希尔伯特伴随算子 T^* 存在. 若 $\lambda \in \sigma_r(T)$, 证明 $\bar{\lambda} \in \sigma_p(T^*)$.

6. 若习题 5 中 $\bar{\lambda} \in \sigma_p(T^*)$, 证明 $\lambda \in \sigma_r(T) \cup \sigma_p(T)$.

7. **残谱** 利用习题 5 证明自伴线性算子 $T : \mathscr{D}(T) \longrightarrow H$ 的残谱 $\sigma_r(T)$ 是空集. 注意, 这意味着 9.2–4 对于无界的情形仍然成立.

8. 若 T_1 是线性算子 $T : \mathscr{D}(T) \longrightarrow H$ 的线性延拓, 证明

$$\sigma_p(T) \subseteq \sigma_p(T_1),$$
$$\sigma_r(T) \supseteq \sigma_r(T_1),$$
$$\sigma_c(T) \subseteq \sigma_c(T_1) \cup \sigma_p(T_1).$$

9. 证明对称线性算子 $T : \mathscr{D}(T) \longrightarrow H$ 的点谱 $\sigma_p(T)$ 是实数集. 若 H 是可分空间, 证明 $\sigma_p(T)$ 是可数集 (也许是有限集甚至空集).

10. 若 $T : \mathscr{D}(T) \longrightarrow H$ 是对称线性算子且 λ 不是实数, 证明 T 的预解算子 R_λ 存在, 且是对于每个 $y \in \mathscr{R}(T_\lambda)$ 满足

$$\|R_\lambda y\| \leqslant \|y\|/|\beta|, \quad 其中 \ \lambda = \alpha + \mathrm{i}\beta$$

的有界线性算子, 所以 $\lambda \in \rho(T) \cup \sigma_r(T)$.

10.5 酉算子的谱表示

我们的目标是自伴线性算子 (可能是无界的) 的谱表示. 这个表示将从酉算子的谱表示获得. 从 §3.10 我们知道, 酉算子是有界线性算子. 按这一途径, 我们首先必须推导酉算子的谱定理.

我们从证明酉算子的谱 (见 3.10–1) 落在复平面中的单位圆上 (中心为 0 半径为 1 的圆, 见图 10–2) 入手.

10.5–1 定理 (谱) 若 $U : H \longrightarrow H$ 是复希尔伯特空间 $H \neq \{0\}$ 上的酉线性算子, 则其谱 $\sigma(U)$ 是单位圆的一个闭子集, 因此

$$对于每个 \ \lambda \in \sigma(U) \ 有 \quad |\lambda| = 1.$$

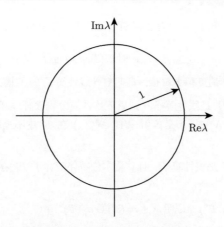

图 10–2　复平面中的单位圆

证明　根据 3.10–6(b) 有 $\|U\| = 1$. 因此根据 7.3–4, 对于所有 $\lambda \in \sigma(U)$ 有 $|\lambda| \leqslant 1$. 因为对于 $\lambda = 0$, U 的预解算子是 $U^{-1} = U^*$, 所以 $0 \in \rho(U)$. 根据 3.10–6(c), 算子 U^{-1} 是酉算子, 因此 $\|U^{-1}\| = 1$. 在 7.3–3 中令 $T = U$ 且 $\lambda_0 = 0$, 便推出满足 $|\lambda| < 1/\|U^{-1}\| = 1$ 的每一个 λ 都属于 $\rho(U)$. 因此 U 的谱必定落在单位圆上. 由 7.3–2 可知 $\sigma(U)$ 是闭集. ∎

有好几种方法可以得到酉算子 U 的谱定理. 例如, 诺伊曼 (J. von Neumann, 1929–1930, 第 80,119 页); 斯通 (M. Stone, 1932, 第 302 页); 弗里德里克斯 (K. Friedrichs, 1935); 里斯和纳吉 (F. Riesz and B. Sz.-Nagy, 1955, 第 281 页). 我们将利用幂级数和韦肯 (F. J. Wecken, 1935) 的一个引理 (即 10.5–3, 见后面) 来处理这个问题, 并将用有界自伴线性算子给出酉算子的一个表示. 从这一表示和谱定理 9.10–1, 则立即得到所希望的 U 的谱定理. 这个定理是由温特纳 (A. Wintner, 1929, 第 274 页) 首先推导出来的.

利用幂级数研究算子似乎是相当自然的. 我们还记得 §7.3 中几何级数这一特殊情况. 此外, 在 §9.10 中对于给定的 T 和连续函数 f, 我们为了定义 $f(T)$ 曾使用过多项式序列. 类似地, 幂级数的部分和构成了一个多项式序列, 并且可以利用该级数定义一个线性算子. 我们将需要这种算子的下述性质.

10.5–2 引理（幂级数）　设

$$h(\lambda) = \sum_{n=0}^{\infty} \alpha_n \lambda^n, \quad \text{其中 } \alpha_n \in \mathbf{R} \tag{10.5.1}$$

对于满足 $|\lambda| \leqslant k$ 的所有 λ 绝对收敛. 假定 $S \in B(H, H)$ 是自伴算子且范数

$\|S\| \leqslant k$, 其中 H 是复希尔伯特空间, 则

$$h(S) = \sum_{n=0}^{\infty} \alpha_n S^n \qquad (10.5.2)$$

是有界自伴线性算子且

$$\|h(S)\| \leqslant \sum_{n=0}^{\infty} |\alpha_n| k^n. \qquad (10.5.3)$$

若一个有界线性算子与 S 可交换, 则它与 $h(S)$ 也可交换.

证明　令 $h_n(\lambda)$ 表示级数 (10.5.1) 的第 n 个部分和. 由于级数 (10.5.1) 对于 $|\lambda| \leqslant k$ 绝对收敛 (因此也是一致收敛), 又因为 H 是完备空间, 所以绝对收敛蕴涵收敛, 则从 $\|S\| \leqslant k$ 和

$$\left\| \sum \alpha_n S^n \right\| \leqslant \sum |\alpha_n| \|S\|^n \leqslant \sum |\alpha_n| k^n$$

可推出 (10.5.2) 收敛. 我们用 $h(S)$ 表示该级数的和. 注意, 因为 $h(\lambda)$ 是连续的且 $h_n(\lambda) \to h(\lambda)$ 关于 $|\lambda| \leqslant k$ 是一致收敛的, 所以这与 §9.10 相吻合. 算子 $h(S)$ 是自伴算子. 事实上, $h_n(S)$ 是自伴算子, 所以由 3.10–3 可知 $\langle h_n(S)x, x \rangle$ 是实数, 因此由内积的连续性可知 $\langle h(S)x, x \rangle$ 也是实数. 由于 H 是复希尔伯特空间, 从而由 3.10–3 可知 $h(S)$ 是自伴算子.

现在证明 (10.5.3). 由于 $\|S\| \leqslant k$, 根据 9.2–2 有 $[m, M] \subseteq [-k, k]$, 根据 9.9–2(f) 有

$$\|h_n(S)\| \leqslant \max_{\lambda \in J} |h_n(\lambda)| \leqslant \sum_{j=1}^{n} |\alpha_j| k^j,$$

其中 $J = [m, M]$. 令 $n \to \infty$ 便得到 (10.5.3).

从 9.10–2 可推出该定理的最后一个命题.　■

如果我们有两个收敛的幂级数, 则可以按通常的方式把它们相乘, 并且可把乘积再写成一个幂级数. 类似地, 若 (10.5.1) 关于所有 λ 都收敛, 则我们能够用一个关于 μ 收敛的幂级数来代替 λ, 比如把这个结果写成 μ 的幂级数, 也就是按 μ 的幂来排列这个结果. $\cos^2 S$ 和 $\sin(\arccos V)$ 等就是在这种意义下来理解的.

从刚才证明的引理, 我们就可得一个主要的工具, 即下述韦肯引理 (F. J. Wecken, 1935). 顺便指出, 也能用这个引理推导有界自伴线性算子的谱定理. 这是韦肯所指出的, 其引理的原始形式如下.

10.5–3 韦肯引理　设 W 和 A 是复希尔伯特空间 H 上的有界自伴线性算子. 假定 $WA = AW$ 且 $W^2 = A^2$. 令 P 是 H 到零空间 $\mathscr{N}(W - A)$ 上的投影, 则

(a) 若一个有界线性算子与 $W-A$ 可交换, 则它也与 P 可交换.

(b) $Wx = 0$ 蕴涵 $Px = x$.

(c) 还有 $W = (2P - I)A$.

证明 (a) 假定 B 与 $W-A$ 可交换. 由于对于每个 $x \in H$ 有 $Px \in \mathcal{N}(W-A)$, 因此

$$(W - A)BPx = B(W - A)Px = 0.$$

这表明 $BPx \in \mathcal{N}(W - A)$, 并意味着 $P(BPx) = BPx$, 也就是

$$PBP = BP \tag{10.5.4}$$

下面证明 $PBP = PB$. 由于 $W - A$ 是自伴算子, 根据 (3.9.6g) 有

$$(W - A)B^* = \big[B(W - A)\big]^* = \big[(W - A)B\big]^* = B^*(W - A).$$

这表明 $W - A$ 与 B^* 也是可交换的. 因此, 按照前面的推导, 同样可得类似于 (10.5.4) 的结果 $PB^*P = B^*P$. 由于投影是自伴算子（见 9.5–1）, 所以

$$PBP = (PB^*P)^* = (B^*P)^* = PB.$$

与 (10.5.4) 合在一起便有 $BP = PB$.

(b) 设 $Wx = 0$. 由于 A 和 W 是自伴算子, 并且 $A^2 = W^2$, 所以

$$\|Ax\|^2 = \langle Ax, Ax \rangle = \langle A^2 x, x \rangle = \langle W^2 x, x \rangle = \|Wx\|^2 = 0,$$

也就是 $Ax = 0$, 因此 $(W - A)x = 0$. 这就证明了 $x \in \mathcal{N}(W - A)$. 因为 P 是 H 到 $\mathcal{N}(W - A)$ 上的投影, 所以 $Px = x$.

(c) 根据假设 $W^2 = A^2$ 且 $WA = AW$, 我们有

$$(W - A)(W + A) = W^2 - A^2 = 0,$$

因此对于每个 $x \in H$ 有 $(W + A)x \in \mathcal{N}(W - A)$. 由于 P 是 H 到 $\mathcal{N}(W - A)$ 上的投影, 因此对于每个 $x \in H$ 有

$$P(W + A)x = (W + A)x,$$

即

$$P(W + A) = W + A.$$

根据 (a) 有 $P(W - A) = (W - A)P$, 由于 P 是 H 到 $\mathcal{N}(W - A)$ 上的投影, 所以 $(W - A)P = 0$. 因此

$$2PA = P(W + A) - P(W - A) = W + A.$$

这就是 $2PA - A = W$, 也就是要证明的 (c). ∎

现在能够把所希望的谱定理简述如下.

10.5–4 酉算子的谱定理 设 $U : H \longrightarrow H$ 是复希尔伯特空间 $H \neq \{0\}$ 上的酉算子, 则存在 $[-\pi, \pi]$ 上的谱族 $\mathscr{E} = (E_\theta)$ 使得

$$U = \int_{-\pi}^{\pi} e^{i\theta} dE_\theta = \int_{-\pi}^{\pi} (\cos\theta + i\sin\theta) dE_\theta. \tag{10.5.5}$$

更一般地, 对于定义在单位圆上的每一个连续函数 f 有

$$f(U) = \int_{-\pi}^{\pi} f\left(e^{i\theta}\right) dE_\theta, \tag{10.5.6}$$

其中积分是按一致算子收敛意义来理解的, 并且对于所有 $x, y \in H$ 有

$$\langle f(U)x, y \rangle = \int_{-\pi}^{\pi} f\left(e^{i\theta}\right) dw(\theta), \quad \text{其中 } w(\theta) = \langle E_\theta x, y \rangle, \tag{10.5.6*}$$

其中的积分是通常的黎曼–斯蒂尔杰斯积分 (见 §4.4).

证明 我们将证明, 对于给定的酉算子 U, 存在有界自伴线性算子 S, 其谱 $\sigma(S) \subseteq [-\pi, \pi]$, 且使得

$$U = e^{iS} = \cos S + i\sin S. \tag{10.5.7}$$

一旦证明了 S 的存在性, 则容易从谱定理 9.9–1 和 9.10–1 推出 (10.5.5) 和 (10.5.6). 我们分成以下几步处理.

(a) 在 S 存在的前提下, 证明 (10.5.7) 中的 U 是酉算子.

(b) 记

$$U = V + iW, \tag{10.5.8}$$

其中

$$V = \frac{1}{2}(U + U^*), \quad W = \frac{1}{2i}(U - U^*), \tag{10.5.9}$$

并证明 V 和 W 是自伴算子且

$$-I \leqslant V \leqslant I, \quad -I \leqslant W \leqslant I. \tag{10.5.10}$$

(c) 研究 $g(V) = \arccos V$ 和 $A = \sin g(V)$ 的某些性质.

(d) 证明所希望的算子 S 是

$$S = (2P - I)(\arccos V), \tag{10.5.11}$$

其中 P 是 H 到 $\mathscr{N}(W - A)$ 上的投影.

详细证明如下.

(a) 若 S 是有界自伴算子，则由 10.5–2 可知 $\cos S$ 和 $\sin S$ 也是有界自伴算子，由 10.5–2 可知这些算子是可交换的．根据 3.9–4 有

$$
\begin{aligned}
UU^* &= (\cos S + \mathrm{i}\sin S)(\cos S - \mathrm{i}\sin S) \\
&= (\cos S)^2 + (\sin S)^2 \\
&= \left(\cos^2 + \sin^2\right)(S) = I.
\end{aligned}
$$

类似地可证 $U^*U = I$，这意味着 (10.5.7) 中的 U 是酉算子.

(b) 从 3.9–4 可推出 (10.5.9) 中的 V 和 W 是自伴算子．因为 $UU^* = U^*U$ $(= I)$，所以

$$
VW = WV. \tag{10.5.12}
$$

根据 3.10–6 还有 $\|U\| = \|U^*\| = 1$，由 (10.5.9) 可推出

$$
\|V\| \leqslant 1, \quad \|W\| \leqslant 1. \tag{10.5.13}
$$

因此根据施瓦茨不等式有

$$
|\langle Vx, x\rangle| \leqslant \|Vx\|\,\|x\| \leqslant \|V\|\,\|x\|^2 \leqslant \langle x, x\rangle,
$$

即 $-\langle x, x\rangle \leqslant \langle Vx, x\rangle \leqslant \langle x, x\rangle$．这就证明了 (10.5.10) 中的第一个公式，同理可证 (10.5.10) 中的第二个公式．此外，从 (10.5.9) 通过直接计算可得

$$
V^2 + W^2 = I. \tag{10.5.14}
$$

(c) 考察

$$
g(\lambda) = \arccos \lambda = \frac{\pi}{2} - \arcsin \lambda = \frac{\pi}{2} - \lambda - \frac{1}{6}\lambda^3 - \cdots.
$$

上式右端的马克劳林级数关于 $|\lambda| \leqslant 1$ 收敛．（在 $\lambda = 1$ 的收敛性，只要注意到 $\arcsin \lambda$ 的级数有正的系数，因此在 $\lambda > 0$ 时，其部分和序列 s_n 是单调的，由于 $s_n(\lambda) < \arcsin \lambda < \pi/2$，所以 s_n 在 $(0,1)$ 上有界，所以对于每个固定的 n，当 $\lambda \to 1$ 时有 $s_n(\lambda) \to s_n(1) \leqslant \pi/2$．在 $\lambda = -1$ 的收敛性容易从在 $\lambda = 1$ 的收敛性推出．）

因为根据 (10.5.13) 有 $\|V\| \leqslant 1$，所以由 10.5–2 可知算子

$$
g(V) = \arccos V = \frac{\pi}{2}I - V - \frac{1}{6}V^3 - \cdots \tag{10.5.15}
$$

存在而且是自伴算子．现在定义

$$
A = \sin g(V), \tag{10.5.16}
$$

它是 V 的幂级数. 10.5-2 意味着 A 是自伴算子且与 V 可交换, 由 (10.5.12) 可知, 它也与 W 可交换. 根据 (10.5.15) 有

$$\cos g(V) = V, \tag{10.5.17}$$

所以

$$V^2 + A^2 = \left(\cos^2 + \sin^2\right)\left(g(V)\right) = I.$$

将此与 (10.5.14) 比较可知 $W^2 = A^2$, 因此能够应用韦肯引理 10.5-3 推得

$$W = (2P - I)A, \tag{10.5.18}$$

$Wx = 0$ 意味着 $Px = x$, 由于 V 和 $g(V)$ 与 $W - A$ 可交换, 所以 P 与 V 和 $g(V)$ 也可交换.

(d) 现在定义

$$S = (2P - I)g(V) = g(V)(2P - I). \tag{10.5.19}$$

显然 S 是自伴算子. 现在证明 S 满足 (10.5.7). 令 $\kappa = \lambda^2$, 定义 h_1 和 h_2 为

$$h_1(\kappa) = \cos\lambda = 1 - \frac{1}{2!}\lambda^2 + \cdots,$$

$$\lambda h_2(\kappa) = \sin\lambda = \lambda - \frac{1}{3!}\lambda^3 + \cdots. \tag{10.5.20}$$

这两个函数对所有的 κ 都存在. 因为 P 是投影, 所以 $(2P-I)^2 = 4P - 4P + I = I$, 所以根据 (10.5.19) 有

$$S^2 = (2P - I)^2 g(V)^2 = g(V)^2. \tag{10.5.21}$$

因而根据 (10.5.17) 有

$$\cos S = h_1\left(S^2\right) = h_1\left(g(V)^2\right) = \cos g(V) = V.$$

现在证明 $\sin S = W$. 利用 (10.5.20) (10.5.16) (10.5.18) 可得

$$\sin S = S h_2\left(S^2\right)$$
$$= (2P - I)g(V)h_2\left(g(V)^2\right)$$
$$= (2P - I)\sin g(V)$$
$$= (2P - I)A = W.$$

现在证明 $\sigma(S) \subseteq [-\pi, \pi]$. 由于 $|\arccos\lambda| \leqslant \pi$, 从 9.10-2 可推得 $\|S\| \leqslant \pi$. 由于 S 是有界自伴算子, 所以 $\sigma(S)$ 是实数集, 由 7.3-4 可知 $\sigma(S) \subseteq [-\pi, \pi]$.

设 (E_θ) 是 S 的谱族, 则从 (10.5.7) 和关于有界自伴线性算子的谱定理 9.10-1 可推出 (10.5.5) 和 (10.5.6).

特别要注意，不失一般性，我们能取 $-\pi$（代替 $-\pi-0$）作为 (10.5.5) 和 (10.5.6) 中的积分下限．理由如下：如果有一个谱族，譬如 $(\tilde{E}_\theta)$，使得 $\tilde{E}_{-\pi} \ne 0$，则必须取 $-\pi-0$ 作为这些积分的下限．然而，我们能够利用

$$E_\theta = \begin{cases} 0, & \text{若 } \theta = -\pi, \\ \tilde{E}_\theta - \tilde{E}_{-\pi}, & \text{若 } -\pi < \theta < \pi, \\ I, & \text{其中 } \theta = \pi \end{cases}$$

等同代替 $\tilde{E}_\theta$．而 E_θ 在 $\theta = -\pi$ 是连续的，所以可以使用 (10.5.5) 和 (10.5.6) 中的积分下限 $-\pi$．■

习　题

1. 如果酉算子 U 有本征值 λ_1 和 $\lambda_2 \ne \lambda_1$，证明对应的本征向量 x_1 和 x_2 是正交的．

2. 证明酉算子是闭的．

3. 证明：用 $Ux(t) = x(t+c)$ 定义的算子 $U : L^2(-\infty, +\infty) \longrightarrow L^2(-\infty, +\infty)$ 是酉算子，其中 c 是给定的实数．

4. 如果 λ 是等距线性算子 T 的本征值，证明 $|\lambda| = 1$．

5. 证明：λ 是线性算子 $T : \mathscr{D}(T) \longrightarrow H$ 的近似本征值（见 §10.4 习题 3），当且仅当 T_λ 没有有界逆．

6. 证明：λ 是酉算子 $U : H \longrightarrow H$ 的本征值，当且仅当 $\overline{U_\lambda(H)} \ne H$．

7. 证明：由 $(\xi_1, \xi_2, \cdots) \longmapsto (0, \xi_1, \xi_2, \cdots)$ 定义右移位算子 $T : l^2 \longrightarrow l^2$ 是等距算子，但不是酉算子，并且没有本征值．

8. 证明：习题 7 中的算子的谱是闭单位圆盘 $M = \{\lambda \mid |\lambda| \leqslant 1\}$．从而推出 10.5–1 对于等距算子不成立．

9. 证明 $\lambda = 0$ 不是习题 7 中的算子 T 的近似本征值（见 §10.4 习题 3）．

10. 在研究习题 7 到习题 9 时，值得注意的是，由 $y = Tx = (\xi_2, \xi_3, \cdots)$，$x = (\xi_1, \xi_2, \cdots)$ 定义的左移位算子 $T : l^2 \longrightarrow l^2$ 有一个与右移位算子相当不同的谱．事实上，可证明每个满足 $|\lambda| < 1$ 的 λ 都是左移位算子的本征值．相应本征空间的维数是多少？

10.6　自伴线性算子的谱表示

现在我们来推导复希尔伯特空间 H 上的自伴线性算子 $T : \mathscr{D}(T) \longrightarrow H$ 的谱表示，其中 $\mathscr{D}(T)$ 在 H 中稠密，T 可能是无界算子．

为此，针对 T 我们考虑算子

$$U = (T - iI)(T + iI)^{-1}, \tag{10.6.1}$$

并把 U 叫作 T 的**凯莱变换**．

在 10.6–1 中将要证明, 算子 U 是酉算子. 这样变换的目的是为了能从有界算子 U 的谱定理（见 10.5–4）得到（可能是无界的）T 的谱定理.

T 的谱 $\sigma(T)$ 落在复平面 $\mathbf{C}$ 的实轴上（见 10.4–2）, 酉算子的谱落在 $\mathbf{C}$ 的单位圆上（见 10.5–1）. 把实轴变换到单位圆的映射 $\mathbf{C} \longrightarrow \mathbf{C}$ 为[①]

$$u = \frac{t-\mathrm{i}}{t+\mathrm{i}}, \tag{10.6.2}$$

它建议我们考虑用 (10.6.1) 来定义一个算子.

现在证明 U 是酉算子.

10.6–1 引理（凯莱变换） 自伴线性算子 $T : \mathscr{D}(T) \longrightarrow H$ 的凯莱变换 (10.6.1) 在 H 上存在, 并且是酉算子, 其中 $H \neq \{0\}$ 是复希尔伯特空间.

证明 由于 T 是自伴算子, 所以 $\sigma(T)$ 是实数集（见 10.4–2）. 因此 i 和 $-\mathrm{i}$ 都属于预解集 $\rho(T)$. 因此, 根据 $\rho(T)$ 的定义, 逆算子 $(T+\mathrm{i}I)^{-1}$ 和 $(T-\mathrm{i}I)^{-1}$ 在 H 的一个稠密子集上存在, 并且是有界算子. 因为 $T = T^*$, 由 10.3–3 可知 T 是闭算子, 并且从 7.2–3 可看出这些逆算子定义在整个 H 上, 即

$$\mathscr{R}(T+\mathrm{i}I) = H, \quad \mathscr{R}(T-\mathrm{i}I) = H. \tag{10.6.3}$$

由于 I 定义在整个 H 上, 所以

$$(T+\mathrm{i}I)^{-1}(H) = \mathscr{D}(T+\mathrm{i}I) = \mathscr{D}(T) = \mathscr{D}(T-\mathrm{i}I),$$

$$(T-\mathrm{i}I)\big(\mathscr{D}(T)\big) = H.$$

这表明 (10.6.1) 中的 U 是 H 到 H 上的一一映射. 根据 3.10–6(f), 剩下的是要证明 U 是等距算子. 为此, 我们取任意 $x \in H$, 令 $y = (T+\mathrm{i}I)^{-1}x$ 并利用 $\langle y, Ty \rangle = \langle Ty, y \rangle$, 则通过直接计算便得所希望的结果

$$\begin{aligned}
\|Ux\|^2 &= \big\|(T-\mathrm{i}I)y\big\|^2 \\
&= \langle Ty - \mathrm{i}y, Ty - \mathrm{i}y \rangle \\
&= \langle Ty, Ty \rangle + \mathrm{i}\langle Ty, y \rangle - \mathrm{i}\langle y, Ty \rangle + \langle \mathrm{i}y, \mathrm{i}y \rangle \\
&= \langle Ty + \mathrm{i}y, Ty + \mathrm{i}y \rangle \\
&= \big\|(T+\mathrm{i}I)y\big\|^2 \\
&= \big\|(T+\mathrm{i}I)(T+\mathrm{i}I)^{-1}x\big\|^2 \\
&= \|x\|^2.
\end{aligned}$$

根据 3.10–6(f) 便可得出 U 是酉算子的结论. ∎

[①] 这是一个特殊的分式线性变换或默比乌斯变换. 这些映射在绝大多数复分析教科书中讨论, 也见克雷斯齐格（E. Kreyszig, 1972, 第 498–506 页）的著作.

由于 T 的凯莱变换 U 是酉算子, 而 U 有一个谱表示 (见 10.5–4), 所以我们希望从它获得 T 的谱表示. 为此, 我们必须知道怎样才能够用 U 来表示 T.

10.6–2 引理 (凯莱变换)　若 T 如 10.6–1 所设, U 由 (10.6.1) 定义, 则

$$T = \mathrm{i}(I+U)(I-U)^{-1}. \tag{10.6.4}$$

此外, 1 不是 U 的本征值.

证明　设 $x \in \mathscr{D}(T)$ 且

$$y = (T + \mathrm{i}I)x, \tag{10.6.5}$$

则因为 $(T + \mathrm{i}I)^{-1}(T + \mathrm{i}I) = I$, 所以

$$Uy = (T - \mathrm{i}I)x.$$

通过加减便得到

$$(I+U)y = 2Tx, \tag{10.6.6a}$$

$$(I-U)y = 2\mathrm{i}x. \tag{10.6.6b}$$

从 (10.6.5) 和 (10.6.3) 可以看出 $y \in \mathscr{R}(T + \mathrm{i}I) = H$, 并且 (10.6.6b) 表明 $I - U$ 映 H 到 $\mathscr{D}(T)$ 上. 而且从 (10.6.6b) 还可看出若 $(I - U)y = 0$ 则 $x = 0$, 所以根据 (10.6.5) 有 $y = 0$. 因此由 2.6–10 可知 $(I - U)^{-1}$ 存在, 并且定义在 $I - U$ 的值域上, 由 (10.6.6b) 可知就是定义在 $\mathscr{D}(T)$ 上. 因此 (10.6.6b) 给出了

$$y = 2\mathrm{i}(I-U)^{-1}x, \quad \text{其中 } x \in \mathscr{D}(T). \tag{10.6.7}$$

将此代入 (10.6.6a) 便得到对于所有 $x \in \mathscr{D}(T)$ 有

$$Tx = \tfrac{1}{2}(I+U)y = \mathrm{i}(I+U)(I-U)^{-1}x.$$

这就证明了 (10.6.4).

此外, 由于 $(I - U)^{-1}$ 存在, 所以 1 不是凯莱变换 U 的本征值.　■

(10.6.4) 把 T 表示为酉算子 U 的函数, 因此我们可以应用 10.5–4. 这就给出了如下结果.

10.6–3 自伴线性算子的谱定理　设 $T : \mathscr{D}(T) \longrightarrow H$ 是自伴线性算子, 其中 $H \neq \{0\}$ 是复希尔伯特空间, $\mathscr{D}(T)$ 在 H 中稠密. 设 U 是 T 的凯莱变换 (10.6.1), (E_θ) 是 $-U$ 的谱表示 (10.5.5) 中的谱族, 则对于所有 $x \in \mathscr{D}(T)$ 有

$$
\begin{aligned}
\langle Tx, x \rangle &= \int_{-\pi}^{\pi} \tan \frac{\theta}{2}\, \mathrm{d}w(\theta), \quad \text{其中 } w(\theta) = \langle E_\theta x, x \rangle, \\
&= \int_{-\infty}^{+\infty} \lambda\, \mathrm{d}v(\lambda), \qquad \text{其中 } v(\lambda) = \langle F_\lambda x, x \rangle,
\end{aligned}
\tag{10.6.8}
$$

其中 $F_\lambda = E_{2\arctan\lambda}$.

证明 从谱定理 10.5–4 我们有

$$-U = \int_{-\pi}^{\pi} \mathrm{e}^{\mathrm{i}\theta} \mathrm{d}E_\theta = \int_{-\pi}^{\pi} (\cos\theta + \mathrm{i}\sin\theta) \mathrm{d}E_\theta. \tag{10.6.9}$$

在 (a) 中证明 (E_θ) 在 $-\pi$ 和 π 上连续. 利用这个性质, 再在 (b) 中证明 (10.6.8).

(a) (E_θ) 是有界自伴线性算子 S 的谱族, 则 [见 (10.5.7)]

$$-U = \cos S + \mathrm{i}\sin S. \tag{10.6.10}$$

从 9.11–1 我们知道, 若 (E_θ) 在 θ_0 不连续, 则 θ_0 是 S 的一个本征值, 因此存在 $x \ne 0$ 使得 $Sx = \theta_0 x$. 因此对于任意多项式 q 有

$$q(S)x = q(\theta_0)x,$$

并且对于 $[-\pi, \pi]$ 上的任意连续函数 g 有

$$g(S)x = g(\theta_0)x. \tag{10.6.11}$$

由于 $\sigma(S) \subseteq [-\pi, \pi]$, 所以 $E_{-\pi-0} = 0$. 因此, 若 $E_{-\pi} \ne 0$ 则 $-\pi$ 是 S 的本征值. 根据 (10.6.10) 和 (10.6.11), 算子 U 有本征值

$$-\cos(-\pi) - \mathrm{i}\sin(-\pi) = 1,$$

这与 10.6–2 矛盾. 类似地, $E_\pi = I$, 若 $E_{\pi-0} \ne I$, 也将导出 1 是 U 的本征值的矛盾.

(b) 设 $x \in H$ 且 $y = (I - U)x$, 则像在 10.6–2 中证明的那样有 $I - U : H \longrightarrow \mathscr{D}(T)$, 所以 $y \in \mathscr{D}(T)$. 由 (10.6.4) 可推出

$$Ty = \mathrm{i}(I + U)(I - U)^{-1}y = \mathrm{i}(I + U)x.$$

因为根据 3.10–6 有 $\|Ux\| = \|x\|$, 利用 (10.6.9) 可得

$$
\begin{aligned}
\langle Ty, y \rangle &= \langle \mathrm{i}(I + U)x, (I - U)x \rangle \\
&= \mathrm{i}\big(\langle Ux, x \rangle - \langle x, Ux \rangle\big) \\
&= \mathrm{i}\big(\langle Ux, x \rangle - \overline{\langle Ux, x \rangle}\big) \\
&= -2\operatorname{Im}\langle Ux, x \rangle \\
&= 2\int_{-\pi}^{\pi} \sin\theta \, \mathrm{d}\langle E_\theta x, x \rangle,
\end{aligned}
$$

因此

$$\langle Ty, y \rangle = 4\int_{-\pi}^{\pi} \sin\frac{\theta}{2}\cos\frac{\theta}{2} \, \mathrm{d}\langle E_\theta x, x \rangle. \tag{10.6.12}$$

根据 10.5–4 的证明中的最后几行, 我们记得 (E_θ) 是 (10.6.10) 中的有界自伴线性算子 S 的谱族. 因此由 9.8–2 可知 E_θ 和 S 可交换, 所以由 10.5–2 可知, E_θ 和 U 可交换. 利用 (10.5.6*) 便得到

$$
\begin{aligned}
\langle E_\theta y, y \rangle &= \langle E_\theta(I-U)x, (I-U)x \rangle \\
&= \langle (I-U)^*(I-U)E_\theta x, x \rangle \\
&= \int_{-\pi}^{\pi} \left(1+\mathrm{e}^{-\mathrm{i}\varphi}\right)\left(1+\mathrm{e}^{\mathrm{i}\varphi}\right) \mathrm{d}\langle E_\varphi z, x \rangle,
\end{aligned}
$$

其中 $z = E_\theta x$. 当 $\varphi \leqslant \theta$ 时, 根据 (9.7.7) 有 $E_\varphi E_\theta = E_\varphi$, 并且

$$
\left(1+\mathrm{e}^{-\mathrm{i}\varphi}\right)\left(1+\mathrm{e}^{\mathrm{i}\varphi}\right) = \left(\mathrm{e}^{\mathrm{i}\varphi/2}+\mathrm{e}^{-\mathrm{i}\varphi/2}\right)^2 = 4\cos^2\frac{\varphi}{2},
$$

我们得到

$$
\langle E_\theta y, y \rangle = 4 \int_{-\pi}^{\theta} \cos^2\frac{\varphi}{2} \, \mathrm{d}\langle E_\varphi x, x \rangle.
$$

利用这个等式以及 E_θ 在 $\pm\pi$ 的连续性, 再利用变换斯蒂尔杰斯积分的法则, 最后得到

$$
\begin{aligned}
\int_{-\pi}^{\pi} \tan\frac{\theta}{2} \, \mathrm{d}\langle E_\theta y, y \rangle &= \int_{-\pi}^{\pi} \tan\frac{\theta}{2}\left(4\cos^2\frac{\theta}{2}\right) \mathrm{d}\langle E_\theta x, x \rangle \\
&= 4 \int_{-\pi}^{\pi} \sin\frac{\theta}{2}\cos\frac{\theta}{2} \, \mathrm{d}\langle E_\theta x, x \rangle.
\end{aligned}
$$

最后的积分与 (10.6.12) 中的相同, 从而证明了 (10.6.8) 中的第一个公式, 不过在记法上用 y 代替了 x. 通过指标的变换 $\theta = 2\arctan\lambda$, 便可推出 (10.6.8) 中的另一个公式. 注意, 实际上 (F_λ) 是一个谱族, 特别是当 $\lambda \to -\infty$ 时 $F_\lambda \to 0$, 当 $\lambda \to +\infty$ 时 $F_\lambda \to I$. ■

习 题

1. 求 (10.6.2) 的逆, 并与 (10.6.4) 比较. 做出评论.

2. 设 U 由 (10.6.1) 定义. 证明 $1 \in \rho(U)$ 当且仅当自伴线性算子 T 有界.

3. 可交换的算子　对于希尔伯特空间 H 上的有界线性算子 $S: H \longrightarrow H$ 和线性算子 $T: \mathscr{D}(T) \longrightarrow H$, 其中 $\mathscr{D}(T) \subseteq H$, 如果 $ST \subseteq TS$, 也就是说, 如果 $x \in \mathscr{D}(T)$ 蕴涵 $Sx \in \mathscr{D}(T)$ 且 $STx = TSx$, 则称 S 与 T 是可交换的. (注意, 若 $\mathscr{D}(T) = H$, 则 $ST \subseteq TS$ 等价于 $ST = TS$.) 证明: 若 S 与 (10.6.1) 中的 T 可交换, 则 S 也与 (10.6.1) 给出的 U 可交换.

4. 证明: 如果在习题 3 中有 $SU = US$, 则 $ST \subseteq TS$, 即 S 也与 T 可交换.

5. 如果 $T: \mathscr{D}(T) \longrightarrow H$ 是对称线性算子, 证明其凯莱变换 (10.6.1) 存在且是等距算子.

6. 证明: 若习题 5 中的 T 是闭算子, 则 T 的凯莱变换也是闭算子.

7. 若 $T : \mathscr{D}(T) \longrightarrow H$ 是闭对称线性算子, 证明其凯莱变换 (10.6.1) 的定义域 $\mathscr{D}(U)$ 和值域 $\mathscr{R}(U)$ 是闭集. 注意, 在这种情况下, 可能有 $\mathscr{D}(U) \neq H$ 或 $\mathscr{R}(U) \neq H$, 或者都不等于 H.

8. 如果对称线性算子 $T : \mathscr{D}(T) \longrightarrow H$ 的凯莱变换 (10.6.1) 是酉算子, 证明 T 是自伴算子.

9. **亏指标** 在习题 7 中, 正交补 $\mathscr{D}(U)^{\perp}$ 和 $\mathscr{R}(U)^{\perp}$ 的希尔伯特维数 (见 §3.6) 叫作 T 的亏指标. 证明: 当且仅当 T 是自伴算子, 这些指标都是 0.

10. 证明: 用 $(\xi_1, \xi_2, \cdots) \longmapsto (0, \xi_1, \xi_2, \cdots)$ 定义的右移位算子 $U : l^2 \longrightarrow l^2$ 是等距算子, 但不是酉算子. 验证 U 是由 $x \longmapsto y = (\eta_j)$ 定义的 $T : \mathscr{D}(T) \longrightarrow l^2$ 的凯莱变换, 其中

$$\eta_1 = \mathrm{i}\xi_1, \quad \eta_j = \mathrm{i}(2\xi_1 + \cdots + 2\xi_{j-1} + \xi_j), \quad \text{其中 } j = 2, 3, \cdots,$$
$$\mathscr{D}(T) = \left\{ x = (\xi_j) \mid |\xi_1|^2 + |\xi_1 + \xi_2|^2 + |\xi_1 + \xi_2 + \xi_3|^2 + \cdots < \infty \right\}.$$

10.7 乘法算子和微分算子

本节研究两个无界线性算子的一些性质, 这两个算子是乘法算子和微分算子. 它们在原子物理中起着基本的作用. (对这些应用有兴趣的读者在第 11 章中会找到详细的叙述, 特别是 §11.1 和 §11.2. 本节内容是自包含的且与第 11 章保持独立, 第 11 章也是如此且与本节保持独立.)

由于我们没有假定读者具备勒贝格测度和勒贝格积分方面的知识, 所以本节将在不加证明的情况下给出某些事实.

第一个算子是
$$\begin{aligned} T : \mathscr{D}(T) &\longrightarrow L^2(-\infty, +\infty), \\ x &\longmapsto tx, \end{aligned} \tag{10.7.1}$$
其中 $\mathscr{D}(T) \subseteq L^2(-\infty, +\infty)$.

这个算子的定义域 $\mathscr{D}(T)$ 由满足 $Tx \in L^2(-\infty, +\infty)$ 即
$$\int_{-\infty}^{+\infty} t^2 |x(t)|^2 \mathrm{d}t < \infty \tag{10.7.2}$$
的所有 $x \in L^2(-\infty, +\infty)$ 构成. 这意味着 $\mathscr{D}(T) \neq L^2(-\infty, +\infty)$. 例如, 由

$$x(t) = \begin{cases} 1/t, & \text{若 } t \geqslant 1, \\ 0, & \text{若 } t < 1 \end{cases}$$

定义的 $x \in L^2(-\infty, +\infty)$ 不满足 (10.7.2), 因此 $x \notin \mathscr{D}(T)$.

显然, $\mathscr{D}(T)$ 包含在紧区间之外取零值的所有函数 $x \in L^2(-\infty, +\infty)$. 能够证明这种函数的集合在 $L^2(-\infty, +\infty)$ 中稠密. 因此 $\mathscr{D}(T)$ 在 $L^2(-\infty, +\infty)$ 中稠密.

10.7–1 引理（乘法算子）　由 (10.7.1) 定义的乘法算子 T 不是有界算子.

证明　我们取函数（见图 10–3）

$$x_n(t) = \begin{cases} 1, & \text{若 } n \leqslant t < n+1, \\ 0, & \text{其他}. \end{cases}$$

显然 $\|x_n\| = 1$ 且

$$\|Tx_n\|^2 = \int_n^{n+1} t^2 \mathrm{d}t > n^2.$$

这表明 $\|Tx_n\|/\|x_n\| > n$, 其中 n 可以选取任意大的自然数.　■

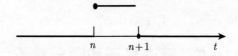

图 10–3　引理 10.7–1 证明中的函数 x_n

注意, 我们在研究无穷区间上的函数时, 推出了算子 T 的无界性. 作为比较, 在有限区间 $[a,b]$ 的情况下, 考虑算子

$$\begin{aligned} \tilde{T} : \mathscr{D}(\tilde{T}) &\longrightarrow L^2[a,b], \\ x &\longmapsto tx, \end{aligned} \tag{10.7.3}$$

则 $\tilde{T}$ 是有界算子. 事实上, 若 $|b| \geqslant |a|$, 则

$$\|\tilde{T}x\|^2 = \int_a^b t^2 |x(t)|^2 \mathrm{d}t \leqslant b^2 \|x\|^2.$$

若 $|b| < |a|$, 证明是类似的. 此外, 这也表明 $x \in L^2[a,b]$ 蕴涵 $\tilde{T}x \in L^2[a,b]$, 因此 $\mathscr{D}(\tilde{T}) = L^2[a,b]$, 即算子 $\tilde{T}$ 定义在整个 $L^2[a,b]$ 上.

10.7–2 定理（自伴性）　由 (10.7.1) 定义的乘法算子 T 是自伴算子.

证明　前面已经指出, T 在 $L^2(-\infty, +\infty)$ 中是稠定的. 因为 $t = \bar{t}$ 且

$$\langle Tx, y \rangle = \int_{-\infty}^{+\infty} tx(t)\overline{y(t)}\mathrm{d}t = \int_{-\infty}^{+\infty} x(t)\overline{ty(t)}\mathrm{d}t = \langle x, Ty \rangle,$$

所以 T 是对称算子. 根据 10.2–4 有 $T \subseteq T^*$, 因此只要证明 $\mathscr{D}(T) \supseteq \mathscr{D}(T^*)$ 就够了. 为此我们证明 $y \in \mathscr{D}(T^*)$ 蕴涵 $y \in \mathscr{D}(T)$. 设 $y \in \mathscr{D}(T^*)$, 则对于所有 $x \in \mathscr{D}(T)$ 有

$$\langle Tx, y \rangle = \langle x, y^* \rangle, \quad \text{其中 } y^* = T^*y$$

（见 10.1–2），写出来即

$$\int_{-\infty}^{+\infty} tx(t)\overline{y(t)}\mathrm{d}t = \int_{-\infty}^{+\infty} x(t)\overline{y^*(t)}\mathrm{d}t.$$

这意味着

$$\int_{-\infty}^{+\infty} x(t)\left[\overline{ty(t)} - \overline{y^*(t)}\right]\mathrm{d}t = 0. \tag{10.7.4}$$

特别是对于在给定的任意有界区间 (a,b) 之外取零值的每一个 $x \in L^2(-\infty, +\infty)$ 这个等式成立. 显然, 这样的 x 属于 $\mathscr{D}(T)$. 选取

$$x(t) = \begin{cases} ty(t) - y^*(t), & \text{若 } t \in (a,b), \\ 0, & \text{其他,} \end{cases}$$

则从 (10.7.4) 可得

$$\int_a^b \left|ty(t) - y^*(t)\right|^2 \mathrm{d}t = 0.$$

这就推出了 $ty(t) - y^*(t) = 0$ 在 (a,b) 上几乎处处[①]成立, 即在 (a,b) 上几乎处处有 $ty(t) = y^*(t)$. 由于区间 (a,b) 是任意的, 这便证明了 $ty = y^* \in L^2(-\infty, +\infty)$, 所以 $y \in \mathscr{D}(T)$, 并且还有 $T^*y = y^* = ty = Ty$. ∎

注意, 因为 $T = T^*$, 所以 10.3–3 意味着 T 是闭算子.

算子 T 的重要谱性质如下.

10.7–3 定理（谱） 设 T 是由 (10.7.1) 定义的乘法算子, $\sigma(T)$ 是 T 的谱, 则

(a) T 没有本征值.

(b) $\sigma(T)$ 为整个 **R**.

证明 (a) 对于任意 λ, 设 $x \in \mathscr{D}(T)$ 满足 $Tx = \lambda x$, 则 $(T - \lambda I)x = 0$. 因此, 根据 T 的定义有

$$0 = \left\|(T - \lambda I)x\right\|^2 = \int_{-\infty}^{+\infty} \left|t - \lambda\right|^2 \left|x(t)\right|^2 \mathrm{d}t.$$

由于对于所有 $t \neq \lambda$ 有 $|t - \lambda| > 0$, 所以对于几乎所有 $t \in \mathbf{R}$ 有 $x(t) = 0$, 即 $x = 0$. 这表明 x 不是本征向量, 并且 λ 不是 T 的本征值. 由于 λ 是任意的, 所以 T 没有本征值.

---

① 也就是说, 在 (a,b) 上有可能排除一个勒贝格测度为 0 的集合.

(b) 由 10.7–2 和 10.4–2 可知 $\sigma(T) \subseteq \mathbf{R}$. 设 $\lambda \in \mathbf{R}$, 我们定义 (见图 10–4)

$$
v_n(t) = \begin{cases} 1, & \text{若 } \lambda - \frac{1}{n} \leqslant t \leqslant \lambda + \frac{1}{n}, \\ 0, & \text{其他}, \end{cases}
$$

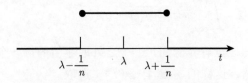

图 10–4　定理 10.7–3 证明中的函数 v_n

并考察 $x_n = \|v_n\|^{-1} v_n$, 则 $\|x_n\| = 1$. 像通常那样, 记 $T_\lambda = T - \lambda I$, 从 T 的定义可得

$$
\left\| T_\lambda x_n \right\|^2 = \int_{-\infty}^{+\infty} (t - \lambda)^2 \left| x_n(t) \right|^2 \mathrm{d}t \leqslant \frac{1}{n^2} \int_{-\infty}^{+\infty} \left| x_n(t) \right|^2 \mathrm{d}t = \frac{1}{n^2},
$$

其中用到了在 v_n 不等于 0 的区间上 $(t - \lambda)^2 \leqslant 1/n^2$. 两边取平方根便有

$$
\left\| T_\lambda x_n \right\| \leqslant \frac{1}{n}. \tag{10.7.5}
$$

由于 T 没有本征值, 预解算子 $R_\lambda = T_\lambda^{-1}$ 存在, 并且因为 $x_n \neq 0$, 根据 2.6–10 有 $T_\lambda x_n \neq 0$. 所以向量

$$
y_n = \frac{1}{\|T_\lambda x_n\|} T_\lambda x_n
$$

属于 T_λ 的值域, 即 R_λ 的定义域, 并且 $\|y_n\| = 1$. 用 R_λ 作用, 并利用 (10.7.5) 便得到

$$
\|R_\lambda y_n\| = \frac{1}{\|T_\lambda x_n\|} \|x_n\| \geqslant n.
$$

这就证明了预解式 R_λ 是无界的, 因此 $\lambda \in \sigma(T)$. 由于 $\lambda \in \mathbf{R}$ 是任意的, 所以 $\sigma(T) = \mathbf{R}$. ∎

　　T 的谱族是 (E_λ), 其中 $\lambda \in \mathbf{R}$, 把 $L^2(-\infty, \lambda)$ 看作 $L^2(-\infty, +\infty)$ 的子空间, 则

$$
E_\lambda : L^2(-\infty, +\infty) \longrightarrow L^2(-\infty, \lambda)
$$

是 $L^2(-\infty, +\infty)$ 到 $L^2(-\infty, \lambda)$ 上的投影, 因此

$$
E_\lambda x(t) = \begin{cases} x(t), & \text{若 } t < \lambda, \\ 0, & \text{若 } t \geqslant \lambda. \end{cases} \tag{10.7.6}
$$

∎

本节要研究的另一个算子是**微分算子**

$$D : \mathscr{D}(D) \longrightarrow L^2(-\infty, +\infty),$$
$$x \longmapsto \mathrm{i}x', \tag{10.7.7}$$

其中 $x' = \mathrm{d}x/\mathrm{d}t$, 而加 i 是为了使 D 成为自伴算子, 这将在下面（见 10.7-5）说明. 根据定义, D 的定义域 $\mathscr{D}(D)$ 由 $L^2(-\infty, \infty)$ 中的在 **R** 上的每个紧区间上绝对连续[①]且其导数 $x' \in L^2(-\infty, +\infty)$ 的所有 $x \in L^2(-\infty, +\infty)$ 组成.

$\mathscr{D}(D)$ 包含 3.7-2 中涉及埃尔米特多项式的序列 (e_n), 并且在 3.7-2 中曾证明, (e_n) 在 $L^2(-\infty, +\infty)$ 中是完全的. 因此 $\mathscr{D}(D)$ 在 $L^2(-\infty, +\infty)$ 中稠密.

10.7-4 引理（微分算子）　由 (10.7.7) 定义的微分算子 D 是无界的.

证明　把 $L^2[0, 1]$ 看作 $L^2(-\infty, +\infty)$ 的子空间, 记 $Y = \mathscr{D}(D) \cap L^2[0, 1]$, 则 D 是算子

$$D_0 = D|_Y$$

的一个延拓. 因此, 若 D_0 是无界的, 则 D 也是无界的. 现在证明 D_0 是无界的.

设函数（见图 10-5）

$$x_n(t) = \begin{cases} 1 - nt, & \text{若 } 0 \leqslant t \leqslant 1/n, \\ 0, & \text{若 } 1/n < t \leqslant 1. \end{cases}$$

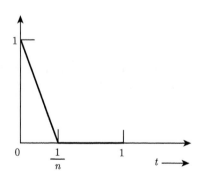

图 10-5　10.7-4 证明中的函数 x_n

[①] 所谓 x 在 $[a, b]$ 上绝对连续是指: 对于给定的正数 ε, 存在正数 δ 使得对于 $[a, b]$ 的总长度小于 δ 的不相交的开区间 $(a_1, b_1), \cdots, (a_n, b_n)$ 的每个有限集有

$$\sum_{j=1}^n |x(b_j) - x(a_j)| < \varepsilon.$$

x 在 $[a, b]$ 上是几乎处处可微的, 并且 $x' \in L[a, b]$. 见罗伊登（H. L. Royden, 1968, 第 106 页）的著作.

它的导数为

$$x_n'(t) = \begin{cases} -n, & \text{若 } 0 < t < 1/n, \\ 0, & \text{若 } 1/n < t < 1. \end{cases}$$

计算可得

$$\|x_n\|^2 = \int_0^1 |x_n(t)|^2 \mathrm{d}t = \frac{1}{3n},$$

$$\|D_0 x_n\|^2 = \int_0^1 |x_n'(t)|^2 \mathrm{d}t = n,$$

及商

$$\frac{\|D_0 x_n\|}{\|x_n\|} = n\sqrt{3} > n.$$

这便证明了 D_0 是无界的. ■

下述的比较是很有意思的. 因为 $(-\infty, +\infty)$ 是无穷区间, 所以 (10.7.1) 中的乘法算子 T 是无界的; 而 (10.7.3) 中的乘法算子 $\tilde{T}$ 是有界的. 与此相反, 甚至把微分算子放在 $L^2[a, b]$ 中考虑, 其中 $[a, b]$ 是紧区间, 而它仍然是无界的. 这一事实在前边的证明中是显而易见的.

10.7–5 定理（自伴性） 由 (10.7.7) 定义的微分算子是自伴的.

这个定理的证明要求一些关于勒贝格积分理论方面的工具, 这能够在赫尔姆贝格（G. Helmberg, 1969, 第 130 页）的书中找到.

最后我们指出, D 没有本征值, 并且谱 $\sigma(D)$ 是整个 **R**.

乘法算子 (10.7.1) 和微分算子 (10.7.7) 的应用放在下一章叙述, 在那里它起着很大的作用（在记法上改成了物理中的标准记法, 见下一章的开头内容）.

第 11 章 量子力学中的无界线性算子

量子力学是量子理论的一部分. 量子理论是在 1900 年当普朗克宣布他划时代的量子概念时开始出现的. 通常把这一决定性的事件看作经典物理和现代物理或量子物理之间的分界点. 人类发现 X 射线、电子、辐射性等很多新的基本物理现象, 并试图创立相应的理论, 使物理学的研究进入了一个新的时代.

量子力学对于希尔伯特空间许多理论的产生与发展, 特别是无界自伴线性算子方面, 起到了推动作用. 在本章中我们将阐述这一说法的一些主要理由, 并讨论无界线性算子在量子力学中的作用.

本章是选学内容, 与第 10 章保持独立.

符号

本章采用物理学中的标准符号, 见表 11–1.

表　11–1

	本章的符号	其他章的符号
独立变量	q	t
函数	$\psi, \varphi, \cdots$	$x, y, \cdots$

本章概要

我们从一维的单个粒子构成的物理系统出发. 在这种情况下, 我们必须考虑复希尔伯特空间 $L^2(-\infty, +\infty)$, 其元素 $\psi, \varphi, \cdots$ 叫作状态, 定义域和值域都落在 $L^2(-\infty, +\infty)$ 中的自伴线性算子 $T, Q, D, \cdots$ 叫作观察量. 这个术语在 §11.1 引出. 内积 $\langle T\psi, \psi \rangle$ 是一个能用概率论来说明的积分, 其中 ψ 有助于定义概率密度. 如果物理系统处于状态 ψ, 内积表征了我们在实验中能够期望的观察量 T 的平均值, 所以又可把这个内积叫作均值. 在这一理论中, 最重要的观察量是由 $\psi(q) \longmapsto q\psi(q)$ 定义的位置算子 Q (见 §11.1) 和由 $\psi(q) \longmapsto (h/2\pi i)\mathrm{d}\psi/\mathrm{d}q$ 定义的动量算子 D (见 §11.2). 这些算子不可交换, 并且经由观察量的变化, 便导致著名的海森伯不确定关系 11.2–2.

在这些考虑之中, 时间 t 保持不变, 所以 t 是一个没有明显出现的参数. 对于常数 t, 系统的状态能够作为与时间无关的薛定谔方程的解得到 (§11.3). 在这方面, 我们能够确定物理系统的各种性质, 特别是可能的能量级别.

与时间相关的状态是由与时间相关的薛定谔方程支配和描述的（§11.5），它涉及哈密顿算子（§11.4）. 如果我们把经典哈密顿函数中的位置和动量分别换成位置算子和动量算子，便得到哈密顿算子.

在正文和习题中所处理的基本物理系统和现象有谐振子（见 11.3–1 和 11.4–1）、三维中的振子（§11.3）、平面波（§11.3）、位势梯级和隧道效应（§11.4）、球对称场中的电子及氢原子（§11.5）.

11.1　基本概念：状态、观察量和位置算子

为了阐明量子力学的基本思想和概念，我们考虑一维实直线 **R** 上的一个粒子. 这个物理系统很简单，也是最基本的，非常适合阐明我们的思想. 更一般的系统将在后面考虑.

我们考虑任意固定时刻的系统，也就是把时间视为保持不变的一个参数.

在经典力学中，我们的系统在某一瞬间的状态是用该粒子的特定位置和速度来刻画的. 因此，系统的瞬时状态是用一对数来描述的.

在量子力学中，系统的状态是用函数

$$\psi$$

来描述的. 符号 ψ 在物理学中是标准的，所以我们也采用它（代替了我们常用的函数记法 x）. 函数 ψ 是定义在 **R** 上的复值函数，因此它是单实变量

$$q$$

的函数. q 也是物理中的标准符号，所以我们保留它（q 代替了通常的字母 t，在本章后面的几节我们一直用 q 表示时间）.

我们假定 ψ 是希尔伯特空间

$$L^2(-\infty, +\infty)$$

的元素. 做这样的假定使得我们能对 ψ 做出如下物理解释.

ψ 与粒子在给定子集 $J \subseteq \mathbf{R}$ 中出现的概率有关. 精确地讲，这个概率是

$$\int_J |\psi(q)|^2 \mathrm{d}q. \tag{11.1.1}$$

对应于整个一维空间 **R** 的概率是 1，也就是说，我们要求粒子处于实直线上的某一点. 这就施加了一个正规化条件

$$\|\psi\|^2 = \int_{-\infty}^{+\infty} |\psi(q)|^2 \mathrm{d}q = 1. \tag{11.1.2}$$

显然，如果用绝对值为 1 的复因子去乘 ψ，则 (11.1.1) 中的积分保持不变.

我们的考虑表明, 经典力学中对状态的确定性描述在量子力学中为概率性描述所代替. 这就建议我们把 (物理系统在某一时刻的) **状态**定义为元素

$$\psi \in L^2(-\infty, +\infty), \quad \|\psi\| = 1. \tag{11.1.3}$$

更精确地讲, 它是这种元素的一个等价类, 其中

$$\psi_1 \sim \psi_2 \iff \psi_1 = \alpha\psi_2, \quad |\alpha| = 1.$$

为简单起见, 我们仍把这些等价类记作 ψ, φ 等.

注意, (11.1.3) 中的 ψ 生成了 $L^2(-\infty, +\infty)$ 的一维子空间

$$Y = \{\varphi \mid \varphi = \beta\psi, \ \beta \in \mathbf{C}\}.$$

因此, 这就等于说系统的状态是一维的子空间 $Y \subseteq L^2(-\infty, \infty)$, 并且用范数等于 1 的 $\varphi \in Y$ 按照 (11.1.1) 定义了一个概率.

从 (11.1.1) 可以看出, $|\psi(q)|^2$ 起着 $\mathbf{R}$ 上概率分布密度[①]的作用. 根据定义, 相应的均值或期望值是

$$\mu_\psi = \int_{-\infty}^{+\infty} q|\psi(q)|^2 \mathrm{d}q, \tag{11.1.4}$$

分布的方差是

$$\mathrm{var}_\psi = \int_{-\infty}^{+\infty} (q - \mu_\psi)^2 |\psi(q)|^2 \mathrm{d}q, \tag{11.1.5}$$

标准差是 $\mathrm{sd}_\psi = \sqrt{\mathrm{var}_\psi} \ (\geqslant 0)$. 直观上, μ_ψ 测量了平均值或中心位置, var_ψ 测量了分布的范围.

因此, μ_ψ 表征了粒子关于给定状态 ψ 的 "平均位置". 现在到了关键的一步, 就是我们能把 (11.1.4) 写成

$$\mu_\psi(Q) = \langle Q\psi, \psi \rangle = \int_{-\infty}^{+\infty} Q\psi(q)\overline{\psi(q)}\mathrm{d}q, \tag{11.1.6}$$

其中算子 $Q: \mathscr{D}(Q) \longrightarrow L^2(-\infty, +\infty)$ 定义为

$$Q\psi(q) = q\psi(q) \tag{11.1.7}$$

(即用独立变量 q 去乘). 由于 $\mu_\psi(Q)$ 表征了粒子的平均位置, 所以 Q 叫作**位置算子**. 根据定义, $\mathscr{D}(D)$ 由满足 $Q\psi \in L^2(-\infty, +\infty)$ 的所有 $\psi \in L^2(-\infty, +\infty)$ 组成.

---

① 我们这里用到的几个概率论中的概念, 在大多数概率论或统计学的教科书中可以找到, 例如克拉默 (H. Cramér, 1955)、克雷斯齐格 (E. Kreyszig, 1970)、威尔克斯 (S. S. Wilks, 1962) 的著作.

从 §10.7 我们知道, Q 是定义域在 $L^2(-\infty, +\infty)$ 中稠密的无界自伴线性算子. 注意 (11.1.5) 能够写成

$$
\begin{aligned}
\mathrm{var}_\psi(Q) &= \langle (Q - \mu I)^2 \psi, \psi \rangle \\
&= \int_{-\infty}^{+\infty} (Q - \mu I)^2 \psi(q)\overline{\psi(q)}\mathrm{d}q,
\end{aligned}
\qquad \text{其中 } \mu = \mu_\psi(Q). \quad (11.1.8)
$$

　　物理系统的状态 ψ 包含了关于系统的全部理论知识, 但只是隐含着, 这就提出了如何从 ψ 得到表达系统性质的各种量的一些信息, 而这些信息量在实验中我们是能够观察到的. 任何的这种量都叫作观察量.

　　重要的观察量是位置、动量和能量.

　　对于位置的情形, 我们刚才已经看到, 为了解决这个问题有一个可采用的自伴线性算子, 即位置算子 Q. 而对于其他观察量, 这就建议我们做类似的处理, 也就是说要引入适当的自伴线性算子.

　　在经典力学中我们会问, 在给定时刻将观察量假设成什么值. 而在量子力学中, 我们可以要求一个概率, 也就是说从一个测量 (或实验) 所得到的观察量落在一个区间中的值.

　　以上情形和我们的讨论建议把 (物理系统在某一时刻的) **观察量**定义为自伴线性算子 $T : \mathscr{D}(T) \longrightarrow L^2(-\infty, +\infty)$, 其中 $\mathscr{D}(T)$ 在空间 $L^2(-\infty, +\infty)$ 中稠密.

　　类似于 (11.1.6) 和 (11.1.8), 我们能把均值 $\mu_\psi(T)$ 定义为

$$
\mu_\psi(T) = \langle T\psi, \psi \rangle = \int_{-\infty}^{+\infty} T\psi(q)\overline{\psi(q)}\mathrm{d}q, \qquad (11.1.9)
$$

方差 $\mathrm{var}_\psi(T)$ 定义为

$$
\begin{aligned}
\mathrm{var}_\psi(T) &= \langle (T - \mu I)^2 \psi, \psi \rangle \\
&= \int_{-\infty}^{+\infty} (T - \mu I)^2 \psi(q)\overline{\psi(q)}\mathrm{d}q,
\end{aligned}
\qquad \text{其中 } \mu = \mu_\psi(T). \quad (11.1.10)
$$

标准差定义为

$$
\mathrm{sd}_\psi(T) = \sqrt{\mathrm{var}_\psi(T)} \quad (\geqslant 0). \qquad (11.1.11)
$$

　　如果系统处于状态 ψ, 则 $\mu_\psi(T)$ 刻画了在实验中我们能够期望的观察量 T 的平均值. 方差 $\mathrm{var}_\psi(T)$ 刻画了观察量在均值周围的变化范围.

　　本节的习题包含在 §11.2 的习题之中.

11.2 动量算子和海森伯测不准原理

我们仍考虑 §11.1 中的物理系统，在那里我们引入并导出了位置算子

$$Q : \mathscr{D}(Q) \longrightarrow L^2(-\infty, +\infty),$$
$$\psi \longmapsto q\psi.$$
(11.2.1)

另一个非常重要的观察量是动量 p. 相应的**动量算子**是[①]

$$D : \mathscr{D}(D) \longrightarrow L^2(-\infty, +\infty),$$
$$\psi \longmapsto \frac{h}{2\pi\mathrm{i}} \frac{\mathrm{d}\psi}{\mathrm{d}q},$$
(11.2.2)

其中 h 是普朗克常数，D 的定义域 $\mathscr{D}(D) \in L^2(-\infty, +\infty)$ 由在 **R** 上的每个紧区间上绝对连续且满足 $D\psi \in L^2(\infty, +\infty)$ 的所有函数 $\psi \in L^2(-\infty, +\infty)$ 构成. 对 D 下这种定义的动机如下.

根据爱因斯坦的质能方程 $E = mc^2$（c 是光速），能量 E 有质量

$$m = \frac{E}{c^2}.$$

由于光子的速度为 c，能量为

$$E = h\nu$$

（ν 是频率），所以它的动量为

$$p = mc = \frac{h\nu}{c} = \frac{h}{\Lambda} = \frac{h}{2\pi}k,$$
(11.2.3)

其中 $k = 2\pi/\Lambda$ 且 Λ 为波长. 德布罗意在 1924 年提出了满足光波关系的物质波概念. 因此，我们也可以把 (11.2.3) 用于对粒子的研究. 假定我们的物理系统的状态 ψ 使得能够应用经典的傅里叶积分定理，则

$$\psi(q) = \frac{1}{\sqrt{h}} \int_{-\infty}^{+\infty} \varphi(p) \mathrm{e}^{(2\pi\mathrm{i}/h)pq} \mathrm{d}p,$$
(11.2.4)

其中

$$\varphi(p) = \frac{1}{\sqrt{h}} \int_{-\infty}^{+\infty} \psi(q) \mathrm{e}^{-(2\pi\mathrm{i}/h)pq} \mathrm{d}q.$$
(11.2.5)

在物理学中可以解释为 ψ 用常动量 p 的函数表示为

$$\psi_p(q) = \varphi(p) \mathrm{e}^{\mathrm{i}kq} = \varphi(p) \mathrm{e}^{(2\pi\mathrm{i}/h)pq},$$
(11.2.6)

[①] 在物理学中常用的符号是 P，但由于我们已经用 P 来表示投影算子，故这里记作 D，因为它用到了 "微分" 运算. h 是自然界的通用常数，$h = 6.626\,196 \times 10^{-27}$ erg·s（见 *CRC Handbook of Chemistry and Physics*, 54th ed. Cleveland, Ohio: CRC Press, 1973–1974; 第 F-101 页）. 绝对连续性的概念已经在第 417 页脚注中阐明.

其中根据 (11.2.3) 有 $k = 2\pi p/h$, 且 $\varphi(p)$ 是振幅. 复共轭 $\overline{\psi_p}$ 在指数中有一个负号, 所以

$$\left|\psi_p(q)\right|^2 = \psi(q)\overline{\psi_p(q)} = \varphi(p)\overline{\varphi(p)} = \left|\varphi(p)\right|^2.$$

由于 $\left|\psi_p(q)\right|^2$ 是状态 ψ_p 位置的概率密度, 我们看出 $\left|\varphi(p)\right|^2$ 一定和动量的密度成比例, 并且由于我们定义的 $\varphi(p)$ 使得 (11.2.4) 和 (11.2.5) 含有相同的常数 $1/\sqrt{h}$, 所以比例常数是 1. 因此, 根据 (11.2.5), 动量的均值 $\tilde{\mu}_\psi$ 是

$$\tilde{\mu}_\psi = \int_{-\infty}^{+\infty} p\left|\varphi(p)\right|^2 \mathrm{d}p = \int_{-\infty}^{+\infty} p\varphi(p)\overline{\varphi(p)}\mathrm{d}p$$
$$= \int_{-\infty}^{+\infty} p\varphi(p)\frac{1}{\sqrt{h}}\int_{-\infty}^{+\infty} \overline{\psi(q)}\mathrm{e}^{(2\pi\mathrm{i}/h)pq}\mathrm{d}q\mathrm{d}p.$$

假定可以交换积分次序且 (11.2.4) 中的积分号下可微, 则可得到

$$\tilde{\mu}_\psi = \int_{-\infty}^{+\infty} \overline{\psi(q)}\int_{-\infty}^{+\infty} \varphi(p)\frac{1}{\sqrt{h}}p\mathrm{e}^{(2\pi\mathrm{i}/h)pq}\mathrm{d}p\mathrm{d}q$$
$$= \int_{-\infty}^{+\infty} \overline{\psi(q)}\frac{h}{2\pi\mathrm{i}}\frac{\mathrm{d}\psi(q)}{\mathrm{d}q}\mathrm{d}q.$$

利用 (11.2.2), 并用 $\mu_\psi(D)$ 表示 $\tilde{\mu}_\psi$, 则上式能够写成

$$\mu_\psi(D) = \langle D\psi, \psi \rangle = \int_{-\infty}^{+\infty} D\psi(q)\overline{\psi(q)}\mathrm{d}q. \tag{11.2.7}$$

这就导出了动量算子的定义 (11.2.2). 注意 $\psi \in L^2(-\infty, +\infty)$, 所以为了数学上形式运算的合理性, 我们将需要测度论方面的工具, 特别是傅里叶积分定理的一个推广, 即傅里叶-普兰切雷尔定理. 详情见里斯和纳吉 (F. Riesz and B. Sz.-Nagy, 1955, 第 219–295 页) 的著作.

　　设 S 和 T 是定义在同一个复希尔伯特空间中的任意两个自伴线性算子, 则把算子

$$C = ST - TS$$

叫作 S 和 T 的**换位子**, 它的定义域是

$$\mathscr{D}(C) = \mathscr{D}(ST) \cap \mathscr{D}(TS).$$

　　在量子力学中, 位置算子和动量算子的换位子具有基本的重要性. 通过直接微分有

$$DQ\psi(q) = D\big(q\psi(q)\big) = \frac{h}{2\pi\mathrm{i}}\big[\psi(q) + q\psi'(q)\big] = \frac{h}{2\pi\mathrm{i}}\psi(q) + QD\psi(q).$$

这就给出了重要的**海森伯交换关系**

$$DQ - QD = \frac{h}{2\pi i}\tilde{I},\tag{11.2.8}$$

其中 $\tilde{I}$ 是定义域

$$\mathscr{D}(DQ - QD) = \mathscr{D}(DQ) \cap \mathscr{D}(QD)\tag{11.2.9}$$

上的恒等算子.

　　我们不加证明地指出, 这个定义域在空间 $L^2(-\infty, +\infty)$ 中是稠密的. 事实上不难看出, 这个定义域包含了 3.7–2 中含有埃尔米特多项式的序列 (e_n), 并且在 3.7–2 中曾指出, (e_n) 在 $L^2(-\infty, +\infty)$ 中是完全的. (记住, 这里的 q 在 3.7–2 中是用 t 表示的.)

　　为了得到著名的海森伯不确定原理 (亦称为测不准原理), 我们首先进行如下证明.

11.2–1 定理 (换位子)　设 S 和 T 是定义域和值域都落在 $L^2(-\infty, +\infty)$ 中的自伴线性算子, 则算子 $C = ST - TS$ 对于 $\mathscr{D}(C)$ 中的每一个 ψ 满足

$$\left|\mu_\psi(C)\right| \leqslant 2\,\mathrm{sd}_\psi(S)\,\mathrm{sd}_\psi(T).\tag{11.2.10}$$

　　证明　我们记 $\mu_1 = \mu_\psi(S)$ 且 $\mu_2 = \mu_\psi(T)$, 且

$$A = S - \mu_1 I,\quad B = T - \mu_2 I,$$

则通过直接计算容易验证

$$C = ST - TS = AB - BA.$$

由于 S 和 T 是自伴算子, μ_1 和 μ_2 是形如 (11.1.9) 的内积, 这些均值都是实数 (见 §10.2 的末尾), 因此 A 和 B 是自伴算子. 因而从均值的定义可得

$$\begin{aligned}
\mu_\psi(C) &= \langle(AB - BA)\psi, \psi\rangle \\
&= \langle AB\psi, \psi\rangle - \langle BA\psi, \psi\rangle \\
&= \langle B\psi, A\psi\rangle - \langle A\psi, B\psi\rangle.
\end{aligned}$$

最后的两个内积其绝对值相等, 因此根据三角不等式和施瓦茨不等式有

$$\left|\mu_\psi(C)\right| \leqslant \left|\langle B\psi, A\psi\rangle\right| + \left|\langle A\psi, B\psi\rangle\right| \leqslant 2\|B\psi\|\,\|A\psi\|.$$

因为 B 是自伴算子, 所以由 (11.1.10) 可得

$$\|B\psi\| = \left\langle(T - \mu_2 I)^2\psi, \psi\right\rangle^{1/2} = \sqrt{\mathrm{var}_\psi(T)} = \mathrm{sd}_\psi(T).$$

类似地可证明 $\|A\psi\| = \mathrm{sd}_\psi(S)$, 从而证明了 (11.2.10).　　■

　　从 (11.2.8) 可以看出, 位置算子和动量算子的换位子是 $C = (h/2\pi i)\tilde{I}$. 因此 $\left|\mu_\psi(C)\right| = h/2\pi$, 且 (11.2.10) 给出了以下定理.

11.2–2 定理（海森伯不确定原理） 对于位置算子 Q 和动量算子 D 有

$$\mathrm{sd}_\psi(D)\,\mathrm{sd}_\psi(Q) \geqslant \frac{h}{4\pi} \tag{11.2.11}$$

在物理学中，(11.2.11) 意味着我们不能无限精确地同时测量粒子的位置和动量. 实际上，标准差 $\mathrm{sd}_\psi(D)$ 和 $\mathrm{sd}_\psi(Q)$ 分别表征了动量和位置测量的精度，(11.2.11) 还表明我们不能同时减小左端的两个因子. h 是一个很小的量（见第 423 页脚注），所以在宏观物理中，$h/4\pi$ 小得可以忽略不计. 然而，在原子物理中，情况不再是这样. 如果我们对系统的任何测量都是改变系统状态的一个扰动，并且这个系统又很微小（例如一个电子），则这个扰动就值得注意了. 这时，上述情况就容易理解了. 当然，任何测量都含有仪表精度不足所造成的误差. 但是我们能够想象得到，用越来越精密的测量方法可以使得这种误差越来越小，所以至少在原理上讲，在对粒子的瞬时位置和动量的同时测量中，每个对应的误差都能够比任意预定的正值小. 但是 (11.2.11) 表明并非如此，在原理上精度也是有限制的，这不仅仅是因为任何测量方法都是不完备的.

更一般地，11.2–1 说明：在上述意义下，任何两个观察量 S 和 T，只要其换位子不是零算子，则不能够同时无限精确地被测量，即使在原理上，精度也是有限制的.

习　题

1. 在

$$\psi(q) = \alpha \mathrm{e}^{-q^2/2}$$

中确定正规化因子 α，并画出相应的概率密度曲线.

2. 对于线性算子 T 和多项式 g，用

$$E_\psi\big(g(T)\big) = \big\langle g(T)\psi, \psi \big\rangle$$

定义 $g(T)$ 的期望 $E_\psi\big(g(T)\big)$. 证明 $E_\psi(T) = \mu_\psi(T)$ 且

$$\mathrm{var}_\psi(T) = E_\psi\left(T^2\right) - \mu_\psi(T)^2.$$

3. 利用习题 2 中的符号，证明当且仅当 $c = \mu_\psi(T)$ 时 $E_\psi\big([T - cI]^2\big)$ 取最小值.（注意，这就是方差的最小性质.）

4. 证明：若在 (11.2.2) 中用紧区间 $[a,b]$ 代替 $(-\infty, +\infty)$，所导出的算子 $\tilde{D}$ 不再是自伴的（除非我们在 a 和 b 上施加一个适当的条件对其定义域加以限制）.

5. 正文中曾证明动量密度与 $\big|\varphi(p)\big|^2$ 成比例，然后又证明它就等于 $\big|\varphi(p)\big|^2$. 假定允许交换积分次序，用 (11.2.4) 和 (11.2.5) 验证上述事实.

6. 在空间中存在与 (11.2.4) 和 (11.2.5) 类似的公式. 取笛卡儿坐标并记 $p = (p_1, p_2, p_3)$, $q = (q_1, q_2, q_3)$, 此外, 内积取 $p \cdot q = p_1 q_1 + p_2 q_2 + p_3 q_3$, 则

$$\psi(q) = h^{-3/2} \int \varphi(p) \mathrm{e}^{-(2\pi \mathrm{i}/h) p \cdot q} \mathrm{d}p,$$

其中

$$\varphi(p) = h^{-3/2} \int \psi(q) \mathrm{e}^{-(2\pi \mathrm{i}/h) p \cdot q} \mathrm{d}q.$$

把习题 5 的考虑推广到这一情况.

7. 对于空间中的粒子, 我们有三个笛卡儿坐标 q_1, q_2, q_3, 并且相应的位置算子和动量算子是 Q_1, Q_2, Q_3 和 D_1, D_2, D_3, 其中 $D_j \psi = (h/2\pi \mathrm{i}) \partial \psi / \partial q_j$. 证明: 尽管 D_j 和 Q_k ($j \neq k$) 可交换, 但是

$$D_j Q_j - Q_j D_j = \frac{h}{2\pi \mathrm{i}} \tilde{I}_j,$$

其中 $\tilde{I}_j$ 是 $\mathscr{D}(D_j Q_j - Q_j D_j)$ 上的恒等算子.

8. 在经典力学中, 质量为 m 的在空间中运动的粒子, 其动能为

$$E_k = \frac{mv^2}{2} = \frac{(mv)^2}{2m} = \frac{1}{2m} \left(p_1^2 + p_2^2 + p_3^2 \right),$$

其中 p_1, p_2, p_3 是动量向量的分量. 这就建议我们用

$$\mathscr{E}_k = \frac{1}{2m} \left(D_1^2 + D_2^2 + D_3^2 \right)$$

来定义动能算子 $\mathscr{E}_k$, 其中 D_j 如习题 7 中所规定. 证明

$$\mathscr{E}_k \psi = -\frac{h^2}{8\pi^2 m} \Delta \psi,$$

其中 ψ 的拉普拉斯算子 $\Delta \psi$ 为

$$\Delta \psi = \frac{\partial^2 \psi}{\partial q_1^2} + \frac{\partial^2 \psi}{\partial q_2^2} + \frac{\partial^2 \psi}{\partial q_3^2}.$$

9. **角动量** 在经典力学中, 角动量为 $M = q \times p$, 其中 $q = (q_1, q_2, q_3)$ 是位置向量, $p = (p_1, p_2, p_3)$ 是 (线性) 动量向量. 这提示我们应该用

$$\mathscr{M}_1 = Q_2 D_3 - Q_3 D_2$$
$$\mathscr{M}_2 = Q_3 D_1 - Q_1 D_3$$
$$\mathscr{M}_3 = Q_1 D_2 - Q_2 D_1$$

来定义角动量算子 $\mathscr{M}_1, \mathscr{M}_2, \mathscr{M}_3$. 证明交换关系

$$\mathscr{M}_1 \mathscr{M}_2 - \mathscr{M}_2 \mathscr{M}_1 = \frac{\mathrm{i} h}{2\pi} \mathscr{M}_3,$$

关于 $\mathscr{M}_2, \mathscr{M}_3$ 和 $\mathscr{M}_3, \mathscr{M}_1$ 求出两个类似的关系.

10. 证明习题 9 中的算子 $\mathscr{M}_1, \mathscr{M}_2, \mathscr{M}_3$ 与算子

$$\mathscr{M}^2 = \mathscr{M}_1^2 + \mathscr{M}_2^2 + \mathscr{M}_3^2$$

可交换.

11.3 与时间无关的薛定谔方程

利用光波和德布罗意物质波之间的相似性（见 §11.2），我们将推导出基本的（与时间无关的）薛定谔方程.

为了研究折射、干涉和其他更微妙的光学现象，我们利用**波方程**

$$\Psi_{tt} = \gamma^2 \Delta \Psi, \tag{11.3.1}$$

其中 $\Psi_{tt} = \partial^2 \Psi / \partial t^2$，常数 γ^2 是正的，$\Delta \Psi$ 是 Ψ 的拉普拉斯算子. 如果 q_1, q_2, q_3 是空间中的笛卡儿坐标，则

$$\Delta \Psi = \frac{\partial^2 \Psi}{\partial q_1^2} + \frac{\partial^2 \Psi}{\partial q_2^2} + \frac{\partial^2 \Psi}{\partial q_3^2}.$$

（在 §11.2 所考虑的系统中，只有一个坐标 q，并且 $\Delta \Psi = \partial^2 \Psi / \partial q^2$.）

像通常研究驻波现象一样，我们假设一个与周期时间相关的简单形式，比如

$$\Psi(q_1, q_2, q_3, t) = \Psi(q_1, q_2, q_3) \mathrm{e}^{-\mathrm{i}\omega t}. \tag{11.3.2}$$

把它代入 (11.3.1) 并消去指数因子便得到**亥姆霍兹方程**（与时间无关的波方程）

$$\Delta \psi + k^2 \psi = 0, \tag{11.3.3}$$

其中

$$k = \frac{\omega}{\gamma} = \frac{2\pi\nu}{\gamma} = \frac{2\pi}{\Lambda},$$

其中 ν 是频率. 对于 Λ，我们选为德布罗意物质波的波长，即

$$\Lambda = \frac{h}{mv} \tag{11.3.4}$$

[见 (11.2.3)，其中 $v = c$]，则 (11.3.3) 取下面形式

$$\Delta \psi + \frac{8\pi^2 m}{h^2} \cdot \frac{mv^2}{2} \psi = 0.$$

设 E 表示动能 $mv^2/2$ 和势能 V 之和，即

$$E = \frac{mv^2}{2} + V, \quad \text{则} \quad \frac{mv^2}{2} = E - V,$$

从而有

$$\Delta \psi + \frac{8\pi^2 m}{h^2}(E - V)\psi = 0. \tag{11.3.5}$$

这就是著名的与时间无关的**薛定谔方程**，它是量子力学的基础.

注意，我们还能够把 (11.3.5) 写成

$$\left(-\frac{h^2}{8\pi^2 m}\Delta + V\right)\psi = E\psi. \tag{11.3.6}$$

这一形式提出了：系统可能的能量等级依赖于由 (11.3.6) 左端定义的算子的谱.

　　稍加思索便可看出，(11.3.5) 不是在这种条件下所能够得到的唯一可以想象到的微分方程. 然而实验结果和薛定谔的研究表明，在下述意义下 (11.3.5) 是特别有用的.

　　微分方程具有物理意义的解应该保持有限，而在无限时应趋于 0. 给定一个势场，仅对于能量 E 的确定值，(11.3.5) 才能有这种解. 这些确定的能量 E 的值与玻尔原子理论"许可"的能量等级一致，而在不一致时，它们与实验结果的吻合程度比预期的理论值更高. 这意味着 (11.3.5) 既解释了玻尔理论又改进了玻尔理论. 同时它也为一些在实验中能观察到但用别的理论不能充分解释的基本物理效应提供了理论根据.

　　11.3-1 例子（谐振子）　为了说明薛定谔方程 (11.3.5)，我们考察一个基本的物理系统. 顺便指出，普朗克在他的量子假说中首先用到这个系统. 图 11-1 给出了一个经典的模型. 一个弹簧上端固定，下端悬挂一个质量为 m 的物体. 在做小的垂直运动时，我们可以忽略阻尼，并假定弹性恢复力为 aq，即与偏离静态平衡位置的位移 q 成正比，则运动的经典微分方程是

$$m\ddot{q} + aq = 0 \quad 或 \quad \ddot{q} + \omega_0^2 q = 0,$$

其中 $\omega_0^2 = a/m$，因此 $a = m\omega_0^2$，用正弦或余弦函数便能描述这个简谐运动. 通过积分，从恢复力 aq 可以得到势能 V. 选取积分常数使得 V 在 $q = 0$ 时为 0，便有 $V = aq^2/2 = m\omega_0^2 q^2/2$，因此谐振子的薛定谔方程 (11.3.5) 为

$$\psi'' + \frac{8\pi^2 m}{h^2}\left(E - \tfrac{1}{2}m\omega_0^2 q^2\right)\psi = 0. \tag{11.3.7}$$

令

$$\tilde{\lambda} = \frac{4\pi}{\omega_0 h}E, \tag{11.3.8}$$

再用 $b^2 = h/2\pi m\omega_0$ 乘 (11.3.7) 便得到

$$b^2\psi'' + \left[\tilde{\lambda} - \left(\frac{q}{b}\right)^2\right]\psi = 0.$$

引入新的独立变量 $s = q/b$ 并记 $\psi(q) = \tilde{\psi}(s)$ 便有

$$\frac{\mathrm{d}^2\tilde{\psi}}{\mathrm{d}s^2} + \left(\tilde{\lambda} - s^2\right)\tilde{\psi} = 0. \tag{11.3.9}$$

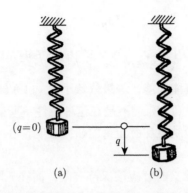

图 **11-1**　弹簧上的物体: (a) 静态平衡状态, (b) 运动状态

现在我们来确定使得 (11.3.9) 在 $L^2(-\infty, +\infty)$ 中有解的能量值. 把

$$\tilde{\psi}(s) = \mathrm{e}^{-s^2/2} v(s)$$

代入 (11.3.9) 并消去指数因子便得到

$$\frac{\mathrm{d}^2 v}{\mathrm{d}s^2} - 2s\frac{\mathrm{d}v}{\mathrm{d}s} + (\tilde{\lambda} - 1)v = 0. \tag{11.3.10}$$

如果取

$$\tilde{\lambda} = 2n + 1, \quad \text{其中 } n = 0, 1, \cdots, \tag{11.3.11}$$

则除了记法外, (11.3.10) 与 (3.7.9) 完全相同, 因此我们看到埃尔米特多项式 H_n 是它的一个解, 并且满足 (11.3.9) [其中 $\tilde{\lambda}$ 由 (11.3.11) 给出] 的完全规范正交本征函数集就是由 (3.7.7) 定义的 (e_n), 只不过是用 $s = q/b$ 代替 t 作为独立变量. 这些本征函数的前几项如图 11-2 所示. 因为频率是 $\nu = \omega_0/2\pi$, 所以从 (11.3.8) 可以看出对应于本征值 (11.3.11) 的能量等级为

$$E_n = \frac{\omega_0 h}{4\pi}(2n + 1) = h\nu\left(n + \tfrac{1}{2}\right), \tag{11.3.12}$$

其中 $n = 0, 1, \cdots$. 这些能量量子 $h\nu$ 的所谓 "半整数" 倍就是谐振子的特征. "零点能量"（最低等级）是 $h\nu/2$, 并不像 1900 年量子理论刚产生的时候普朗克在他著名的最初研究中所假设的那样为 0. 能够指定能量等级的自然数 n 叫作谐振子的基本量子数.

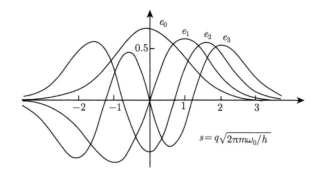

图 11-2 对应于能量等级 $h\nu/2, 3h\nu/2, 5h\nu/2, 7h\nu/2$ 的谐振子的前4个本征函数 e_0, e_1, e_2, e_3

习 题

1. 对于什么样的 q 值，(11.3.7) 中括号内的表达式等于 0? 在经典力学中这些值的物理意义是什么?

2. 对于 E 的所有值，(11.3.7) 不能有非平凡解 $\psi \in L^2(-\infty, +\infty)$，能从 (11.3.7) 直接看出这一事实吗?

3. 找出关于

$$\psi_0(s) = \mathrm{e}^{-s^2/2}$$

的二阶微分方程，与 (11.3.9) 比较并加以评论.

4. 利用解微分方程的幂级数方法，证明 (11.3.10) 有多项式解 $v \neq 0$，当且仅当 $\tilde{\lambda}$ 为 (11.3.11) 中的一个值.

5. 能够用习题 4 中的递推公式推出下述结论吗? 一个不是多项式的解增长如此之快，以至于使得相应的 ψ 不能属于 $L^2(-\infty, +\infty)$.

6. 利用由

$$\exp\left(2us - u^2\right) = \sum_{n=0}^{\infty} \frac{1}{n!} H_n(s) u^n$$

定义的埃尔米特多项式的生成函数证明对应于 $\tilde{\lambda} = 2n+1$ [见 (11.3.11)] 的函数 $\psi = \psi_n$ 能写成

$$\psi_n(s) = \frac{(-1)^n}{(2^n n! \sqrt{\pi})^{1/2}} \mathrm{e}^{s^2/2} \frac{\mathrm{d}^n}{\mathrm{d}s^n} \left(\mathrm{e}^{-s^2}\right).$$

7. 平面波 用

$$\varphi(q, t) = \mathrm{e}^{-\mathrm{i}(\omega t - k \cdot q)}$$

表示的波叫作平面单色波，其中 $k = (k_1, k_2, k_3)$, $q = (q_1, q_2, q_3)$, $k \cdot q$ 是 k 和 q 的点积. 证明以下结论. k 的方向是波在空间的传播方向. $\lambda = 2\pi/|k|$ 是波长，其中 $|k|$ 是 k 的长度. 量 $\nu = \omega/2\pi$ 是频率. $v = \nu\lambda = \omega/|k|$ 是相速（等相平面传播速度）. φ 满足波方程 (11.3.1).

8. 如果

$$\psi(q) = a(q)\mathrm{e}^{ib(q)}$$

中的 $a(q)$ 和 $b(q)$ 只缓慢变化，则通过代入 ψ 和忽略 a'' 便可得到薛定谔方程 $\psi'' + f(q)\psi = 0$ 的近似解. 证明这导致

$$b(q) = \int_0^q \sqrt{f(u)}\mathrm{d}u,$$

$$a(q) = \frac{\alpha}{\sqrt[4]{f(q)}}, \quad \alpha \text{ 是常数}.$$

9. **三维中的谐振子**　质量为 m 的粒子用一个力限制在原点，该力沿 q_j 轴的分量等于 $-a_j q_j$, $a_j > 0$, $j = 1, 2, 3$. 证明这个问题的薛定谔方程是

$$\Delta\psi + \left(\lambda - \sum_{j=1}^3 \alpha_j^2 q_j^2\right)\psi = 0,$$

其中

$$\lambda = \frac{8\pi^2 m}{h^2}E, \quad \alpha_j = \frac{2\pi m}{h}\omega_j, \quad \omega_j = \sqrt{a_j/m}.$$

应用变量分离法，即代入

$$\psi(q) = \psi_1(q_1)\psi_2(q_2)\psi_3(q_3)$$

得到

$$\psi_j'' + \left(\lambda_j - \alpha_j^2 q_j^2\right)\psi_j = 0, \quad \text{其中} \sum_{j=1}^3 \lambda_j = \lambda.$$

证明对于 $\lambda_j = (2n_j + 1)\alpha_j$（$n_j$ 是非负整数）有

$$\psi_j(q_j) = c_j \mathrm{e}^{-\alpha_j q_j^2/2} H_n\left(\sqrt{\alpha_j}q_j\right),$$

其中 c_j 是正规化因子，H_n 是 3.7–2 中定义的 n 阶埃尔米特多项式.

10. 对于能量等级来说，如果存在由不止一个本征函数组成的相应的线性无关组，则称为退化的. 习题 9 中的谐振子如果有 $a_1 = a_2 = a_3 = a$，则称为各向同性的. 证明此时的最低能量等级是 $E_0 = 3h\nu/2$，其中 $\nu = \omega_0/2\pi = \sqrt{a/m}/2\pi$，并且是非退化的，而较高的能量等级都是退化的.

11.4　哈密顿算子

在经典力学中，我们能把保守的粒子系统的研究建立在该系统的哈密顿函数之上，也就是总能量

$$H = E_{\mathrm{kin}} + V \tag{11.4.1}$$

（$E_{\mathrm{kin}} = $ 动能，$V = $ 势能）用位置坐标和动量坐标来表达. 假定该系统有 n 个自由度，便有 n 个位置坐标 $q_1, \cdots, q_n$ 和 n 个动量坐标 $p_1, \cdots, p_n$.

在量子力学对这个系统的处理中, 我们也要确定

$$H(p_1, \cdots, p_n; q_1, \cdots, q_n).$$

这是第一步要做的工作. 而第二步, 我们用动量算子 [见 (11.2.2)]

$$D_j : \mathscr{D}(D_j) \longrightarrow L^2(\mathbf{R}^n),$$
$$\psi \longmapsto \frac{h}{2\pi\mathrm{i}} \frac{\partial \psi}{\partial q_j} \tag{11.4.2}$$

代替每个 p_j, 其中 $\mathscr{D}(D_j) \subseteq L^2(\mathbf{R}^n)$. 此外, 还要用位置算子 [见(11.1.7)]

$$Q_j : \mathscr{D}(Q_j) \longrightarrow L^2(\mathbf{R}^n),$$
$$\psi \longmapsto q_j\psi \tag{11.4.3}$$

代替每个 q_j, 其中 $\mathscr{D}(Q_j) \subseteq L^2(\mathbf{R}^n)$. 然后从上面的哈密顿函数 H 得到**哈密顿算子**, 我们用 $\mathscr{H}$ 表示它, 也就是

$$\mathscr{H}(D_1, \cdots, D_n; Q_1, \cdots, Q_n),$$

它是把

$$H(p_1, \cdots, p_n; q_1, \cdots, q_n)$$

中的 p_j 换成 D_j, q_j 换成 Q_j 后得到的. 根据定义, $\mathscr{H}$ 被假定为自伴算子.

这一代替过程叫作量子化法则. 注意, 这种处理方法不是唯一的, 因为对于数的乘法是可交换的, 而算子的乘法未必可交换. 这也是量子力学的弱点之一.

(11.3.6) 现在能用哈密顿算子 $\mathscr{H}$ 写出. 实际上, 空间中的质量为 m 的粒子的动能为

$$\frac{m}{2}|v|^2 = \frac{m}{2}\left(v_1^2 + v_2^2 + v_3^2\right) = \frac{1}{2m}\left(p_1^2 + p_2^2 + p_3^2\right).$$

用量子化法则右端的表达式为

$$\frac{1}{2m}\sum_{j=1}^{3} D_j^2 = \frac{1}{2m}\left(\frac{h}{2\pi\mathrm{i}}\right)^2 \sum_{j=1}^{3} \frac{\partial^2}{\partial q_j^2} = -\frac{h^2}{8\pi^2 m}\Delta.$$

因此 (11.3.6) 能写成

$$\mathscr{H}\psi = \lambda\psi, \tag{11.4.4}$$

其中 $\lambda = E$ 为能量.

若 λ 属于 $\mathscr{H}$ 的预解集, 则 $\mathscr{H}$ 的预解算子存在, 且 (11.4.4) 在 $L^2(\mathbf{R}^n)$ 中只有平凡解. 若 λ 属于点谱 $\sigma_p(\mathscr{H})$, 则 (11.4.4) 有非平凡解 $\psi \in L^2(\mathbf{R}^n)$. 由于 $\mathscr{H}$ 是自伴算子, 所以残谱 $\sigma_r(\mathscr{H})$ 是空集 [见 §10.4 习题 7]. 若 $\lambda \in \sigma_c(\mathscr{H})$,

即 λ 属于 $\mathscr{H}$ 的连续谱，则 (11.4.4) 没有非零解 $\psi \in L^2(\mathbf{R}^n)$. 然而，在这种情况下，(11.4.4) 可以有不属于 $L^2(\mathbf{R}^n)$ 的非零解，并且这些解依赖于一个参数，关于这个参数我们能进行积分从而得到 $\psi \in L^2(\mathbf{R}^n)$. 在物理学中可以说，这种积分的处理形成了波包. 注意，按这种说法 (11.4.4) 中的 $\mathscr{H}$ 表示原来算子的一个延拓，它使得所考虑的函数都落在延拓算子的定义域之内. 这种处理方法可以用下面的物理系统来阐明.

我们考虑 $(-\infty, +\infty)$ 上的质量为 m 的自由粒子，其哈密顿函数是

$$H(p, q) = \frac{1}{2m}p^2,$$

所以对应的哈密顿算子为

$$\mathscr{H}(D, Q) = \frac{1}{2m}D^2 = -\frac{h^2}{8\pi^2 m}\frac{\mathrm{d}^2}{\mathrm{d}q^2}.$$

因此 (11.4.4) 变成

$$\mathscr{H}\psi = -\frac{h^2}{8\pi^2 m}\psi'' = \lambda\psi \tag{11.4.5}$$

其中 $\lambda = E$ 是能量. 用

$$\eta(q) = e^{-\mathrm{i}kq} \tag{11.4.6}$$

给出解，参数 k 与能量之间的关系是

$$\lambda = E = \frac{h^2 k^2}{8\pi^2 m}.$$

任意 $\psi \in L^2(-\infty, +\infty)$ 能够用这些函数 η 表示成以下形式的波包

$$\psi(q) = \frac{1}{\sqrt{2\pi}}\lim_{a \to \infty}\int_{-a}^{a}\varphi(k)e^{-\mathrm{i}kq}\mathrm{d}k, \tag{11.4.7a}$$

其中

$$\varphi(k) = \frac{1}{\sqrt{2\pi}}\lim_{b \to \infty}\int_{-b}^{b}\psi(q)e^{-\mathrm{i}kq}\mathrm{d}q. \tag{11.4.7b}$$

上面的两个极限是按 $L^2(-\infty, +\infty)$ 的范数定义的 [在 (11.4.7a) 中对于 q，在 (11.4.7b) 中对于 k]，这样的极限也叫作平均极限. 在所做的假设之下，(11.4.7) 叫作傅里叶–普兰切雷尔定理，我们曾在 §11.2 中提到过它，并给出了参考书目. 也可参考邓福德和施瓦茨的著作（N. Dunford and J. T. Schwartz, 1958–1971，第 2 部分，第 974 页和第 976 页）.

上述的研究可推广到三维空间中质量为 m 的自由粒子. 我们用

$$\mathscr{H}\psi = -\frac{h^2}{8\pi^2 m}\Delta\psi = \lambda\psi \tag{11.4.8}$$

代替 (11.4.5), 其中 Δ 是 §11.3 中的拉普拉斯算子, 其解是形如

$$\eta(q) = \mathrm{e}^{-\mathrm{i}k \cdot q} \tag{11.4.9a}$$

的平面波, 其中 $q = (q_1, q_2, q_3)$, $k = (k_1, k_2, k_3)$ 且

$$k \cdot q = k_1 q_1 + k_2 q_2 + k_3 q_3,$$

能量是

$$\lambda = E = \frac{h^2}{8\pi^2 m} k \cdot k. \tag{11.4.9b}$$

对于 $\psi \in L^2(\mathbf{R}^3)$, 傅里叶–普兰切雷尔定理给出了

$$\psi(q) = \frac{1}{(2\pi)^{3/2}} \int_{\mathbf{R}^3} \varphi(k) \mathrm{e}^{-\mathrm{i}k \cdot q} \mathrm{d}k, \tag{11.4.10a}$$

其中

$$\varphi(k) = \frac{1}{(2\pi)^{3/2}} \int_{\mathbf{R}^3} \psi(q) \mathrm{e}^{\mathrm{i}k \cdot q} \mathrm{d}q, \tag{11.4.10b}$$

其中积分仍按三维空间中有限域上相应积分的平均极限来理解.

11.4–1 例子（谐振子） 谐振子的哈密顿函数是（见 11.3–1）

$$H = \frac{1}{2m} p^2 + \frac{1}{2} m \omega_0^2 q^2.$$

因此哈密顿算子是

$$\mathscr{H} = \frac{\omega_0}{2} \left(\frac{1}{\alpha_2} D^2 + \alpha^2 Q^2 \right), \quad \text{其中 } \alpha^2 = m\omega_0. \tag{11.4.11}$$

为了简化后面的公式, 我们定义算子

$$A = \beta \left(\alpha Q + \frac{\mathrm{i}}{\alpha} D \right), \quad \text{其中 } \beta^2 = \frac{\pi}{h}, \tag{11.4.12}$$

其希尔伯特伴随算子为

$$A^* = \beta \left(\dot{\alpha} Q - \frac{\mathrm{i}}{\alpha} D \right). \tag{11.4.13}$$

根据 (11.2.8) 有

$$A^* A = \frac{\pi}{h} \left(\alpha^2 Q^2 + \frac{1}{\alpha^2} D^2 - \frac{h}{2\pi} \tilde{I} \right), \tag{11.4.14a}$$

$$AA^* = \frac{\pi}{h} \left(\alpha^2 Q^2 + \frac{1}{\alpha^2} D^2 + \frac{h}{2\pi} \tilde{I} \right). \tag{11.4.14b}$$

因此

$$AA^* - A^* A = \tilde{I}. \tag{11.4.15}$$

从 (11.4.14a) 和 (11.4.11) 可得

$$\mathscr{H} = \frac{\omega_0 h}{2\pi}\left(A^*A + \frac{1}{2}\tilde{I}\right). \tag{11.4.16}$$

现在证明 $\mathscr{H}$ 的任意本征值 λ（若存在）必等于 (11.3.12) 给出的值之一.

设 λ 是 $\mathscr{H}$ 的本征值，ψ 是相应的本征函数，则 $\psi \neq 0$ 且

$$\mathscr{H}\psi = \lambda\psi.$$

根据 (11.4.16) 有

$$A^*A\psi = \tilde{\lambda}\psi, \quad \text{其中} \quad \tilde{\lambda} = \frac{2\pi\lambda}{\omega_0 h} - \frac{1}{2}. \tag{11.4.17}$$

用 A 作用给出

$$AA^*(A\psi) = \tilde{\lambda}A\psi.$$

根据 (11.4.15)，在左端有 $AA^* = A^*A + \tilde{I}$，所以

$$A^*A(A\psi) = (\tilde{\lambda} - 1)A\psi.$$

类似地，再用 A 作用给出

$$A^*A\left(A^2\psi\right) = (\tilde{\lambda} - 2)A^2\psi.$$

如此作用 j 次后便得

$$A^*A\left(A^j\psi\right) = (\tilde{\lambda} - j)A^j\psi. \tag{11.4.18}$$

对于充分大的 j 必有 $A^j\psi = 0$，否则用 $A^j\psi$ 与 (11.4.18) 的两端取内积，对于每个 j 将会有

$$\left\langle A^j\psi, A^*A\left(A^j\psi\right)\right\rangle = \left\langle A^{j+1}\psi, A^{j+1}\psi\right\rangle = (\tilde{\lambda} - j)\left\langle A^j\psi, A^j\psi\right\rangle,$$

即对于每个 j 有

$$\tilde{\lambda} - j = \frac{\left\|A^{j+1}\psi\right\|^2}{\left\|A^j\psi\right\|^2} \geqslant 0. \tag{11.4.19}$$

因为 $\tilde{\lambda}$ 是一个确定的数，这显然是不可能的. 因此，存在 $n \in \mathbf{N}$ 使得 $A^n\psi \neq 0$，但对于 $j > n$ 有 $A^j\psi = 0$，特别地有 $A^{n+1}\psi = 0$. 对于 $j = n$，从 (11.4.19) 中的等式得到

$$\tilde{\lambda} - n = 0.$$

由于 $\omega_0 = 2\pi\nu$，由上式和 (11.4.17) 便推出

$$\tilde{\lambda} = \frac{\omega_0 h}{2\pi}\left(n + \frac{1}{2}\right) = h\nu\left(n + \frac{1}{2}\right),$$

这与 (11.3.12) 一致.

习 题

1. 用分离变量法从 (11.4.8) 推出 (11.4.9).

2. 在 11.4–1 中, 若 ψ_0 是 $\mathscr{H}$ 的对应于最小本征值的标准化本征函数, 用归纳法证明

$$\psi_n = \frac{1}{\sqrt{n!}}(A^*)^n \psi_0$$

是 A^*A 的对应于 $\bar{\lambda} = n$ 的标准化本征函数.

3. 证明在习题 2 中有

$$A^*\psi_n = \sqrt{n+1}\,\psi_{n+1},$$
$$A\psi_n = \sqrt{n}\,\psi_{n-1}.$$

4. 对于处于状态 ψ_0 (最低能量状态) 的谐振子, 计算 Q 的均值和方差, 其中 $\|\psi_0\| = 1$. 计算的结果在哪些方面与经典力学有所不同?

5. 证明 11.4–1 中的算子满足交换律

$$AQ^s - Q^s A = \sqrt{\frac{h}{4\pi m\omega_0}}\,sQ^{s-1}, \qquad 其中 \ s = 1, 2, \cdots.$$

6. 利用习题 5 证明处于状态 ψ_0 下的谐振子的 Q^{2s} 的均值为

$$\mu_{\psi_0}\left(Q^{2s}\right) = \left(\frac{h}{4\pi m\omega_0}\right)^s (2s-1)(2s-3)\cdots 3\cdot 1.$$

7. 证明: 对于图 11–3 中的阶跃电位, 薛定谔方程给出了

$$\psi'' + b_1^2\psi = 0, \qquad b_1^2 = \frac{8\pi^2 m}{h^2}E, \qquad\qquad 其中 \ q < 0,$$
$$\psi'' + b_2^2\psi = 0, \qquad b_2^2 = \frac{8\pi^2 m}{h^2}(E - U), \qquad 其中 \ q \geqslant 0.$$

假定 $E > U$, 对于从左边来的入射波求解这一问题.

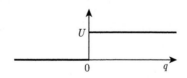

图 11–3 习题 7 中的电位

8. 验证习题 7 中透射和反射的粒子数之和等于入射的粒子数.

9. 对于 $E < U$ 的情况求解习题 7. 该问题的解和经典的解之间有什么主要差别?

10. 隧道效应 证明: 习题 9 的答案提出了在存在势垒的情况下粒子的波函数可近似地看作图 11–4 表示的规律.

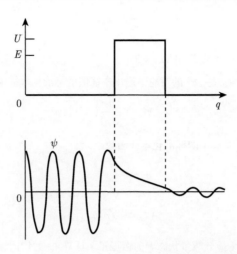

图 11-4　势垒和穿过势垒的电子隧道效应的波函数 ψ

11.5　与时间相关的薛定谔方程

在本章的前 4 节中，我们研究处于某一时刻的物理系统，即把时间当作一个保持不变的参数. 本节则谈谈状态和观察量的时间相关性.

物理系统的稳定状态与时间的关系仅为指数因子的形式，如 $e^{-i\omega t}$，所以这种状态具有 (11.3.2) 的一般形式. 其他状态叫作非稳定状态. 问题是：这种 p_j, q_j 和 t 的一般函数 φ 应满足什么样的微分方程？当然，这样的基本方程只能从实验中推导出来. 由于我们就方程的形式不能获得直接的实验结论，所以只好考虑各种形式的方程，以便从中发现哪些方程与实验结果的吻合程度更高，并且在逻辑上应具备我们所要求的性质.

波方程 (11.3.1) 就不合适. 原因之一是，我们希望的函数 φ 如果在某一时刻 t 给定，则对所有 t 便被确定. 由于 (11.3.1) 含有关于 t 的二阶导数，所以一阶导数不定. 这一事实最初可能使读者感到惊异，因为该方程是用在光学当中的. 不过，真空中的电磁波的瞬时状态只有在磁场向量 b 和电场向量 e 的所有分量都知道的情况下才能完全确定. 这些分量是空间点和时间 t 的 6 个函数，它们由关于 t 是一阶的麦克斯韦方程确定，在真空中，以向量形式和高斯单位制写出是

$$\operatorname{curl} b = \frac{1}{c}\frac{\partial e}{\partial t}, \quad \operatorname{curl} e = -\frac{1}{c}\frac{\partial b}{\partial t}, \quad \operatorname{div} b = \operatorname{div} e = 0,$$

其中 c 是光速. 这些方程意味着 b 和 e 的每个分量都满足波方程，而且光学中的单个分量不能确定未来的整个状态.

这种情况提醒我们要寻求类似麦克斯韦方程的一种方程，并且要求在稳定状

态下，所得到的方程能产生 §11.3 中研究过的与时间无关的薛定谔方程. 这种类型的方程就是与时间相关的**薛定谔方程**

$$\mathscr{H}\psi = -\frac{h}{2\pi i}\frac{\partial \varphi}{\partial t}, \tag{11.5.1}$$

它是由薛定谔在 1926 年给出的. 由于 (11.5.1) 含有 i, 所以它的非零解 φ 一定是复数. $|\varphi|^2$ 被看作波的强度的一个度量.

在一个点的强度与时间 t 无关的稳态解, 通过令

$$\varphi = \psi e^{-i\omega t} \tag{11.5.2}$$

便可得到, 其中 ψ 与 t 无关且 $\omega = 2\pi\nu$. 把 (11.5.2) 代入 (11.5.1) 便有

$$\mathscr{H}\psi = -\frac{h}{2\pi i}(-2\pi i\nu)\psi,$$

由于 $E = h\nu$, 所以

$$\mathscr{H}\psi = \lambda\psi, \tag{11.5.3}$$

其中 $\lambda = E$ 是系统的能量. 这与 (11.4.4) 一致, 所以满足前面提出的要求.

(11.5.1) 常常叫作量子力学运动方程, 不过要按下述意义来理解.

在经典力学中, 运动 (向量) 微分方程确定了物理系统的运动, 也就是说, 位置、速度等作为时间的函数, 一旦对于某个参考时刻 (比如 $t = 0$) 的初始条件为已知, 则对于所有 t 都确定了. 在量子力学中, 情形就不同了. 相对于观察量, 系统不再以确定性的方式有上述的描述. 不过, 相对于状态仍有确定性的描述. 事实上, 如果 φ 在某一时刻 (比如在 $t = 0$) 为已知, (假如系统没有受到测量或其他方面的干扰) 则 (11.5.1) 对于所有 t 可确定 φ. 这就意味着前面所考虑的概率密度关于时间是确定性的. 因此, 我们可以按照 §11.1 和 §11.2 中阐明的方法计算观察量在任意时刻的概率.

最后的习题包括一些进一步的基本应用, 特别是球面对称的物理系统, 诸如氢原子等.

习 题

1. **球面波** 证明: 对于只依赖于 r 的 ψ, 其中 $r^2 = q_1^2 + q_2^2 + q_3^2$, 亥姆霍兹方程 (11.3.3) 变成

$$R'' + \frac{2}{r}R' + k^2 R = 0.$$

证明 (11.3.1) 的相应的特解是

$$\frac{1}{r}\exp\left[-i(\omega t - kr)\right] \quad \text{和} \quad \frac{1}{r}\exp\left[-i(\omega t + kr)\right],$$

它们分别代表辐射球面波和入射球面波. 这里 $\exp x = e^x$.

2. 球面对称场中的电子　若电位 V 只依赖于到空间中某个固定点的距离 r, 把薛定谔方程[①]

$$\Delta\psi + a\big(E - V(r)\big)\psi = 0, \quad \text{其中 } a = \frac{8\pi^2 \tilde{m}}{h^2}$$

变换到由（见图 11-5）

$$q_1 = r\sin\theta\cos\phi, \quad q_2 = r\sin\theta\sin\phi, \quad q_3 = r\cos\theta$$

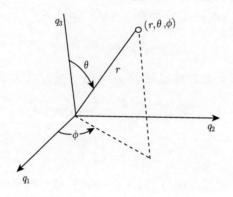

图 11-5　习题 2 中的球面坐标系

定义的球面坐标 r, θ, ϕ 是很方便的.（这种类型的重要的物理系统是氢原子和氦离子.）
证明

$$\Delta\psi = \frac{\partial^2\psi}{\partial r^2} + \frac{2}{r}\frac{\partial\psi}{\partial r} + \frac{1}{r^2}L\psi,$$

其中与角度有关部分为

$$L\psi = \frac{\partial^2\psi}{\partial\theta^2} + (\cot\theta)\frac{\partial\psi}{\partial\theta} + \frac{1}{\sin^2\theta}\frac{\partial^2\psi}{\partial\phi^2}.$$

证明上两式也能写成

$$\Delta\psi = \frac{1}{r^2}\frac{\partial}{\partial r}\left(r^2\frac{\partial\psi}{\partial r}\right) + \frac{1}{r^2}L\psi,$$

$$L\psi = \frac{1}{\sin\theta}\frac{\partial}{\partial\theta}\left(\sin\theta\frac{\partial\psi}{\partial\theta}\right) + \frac{1}{\sin^2\theta}\frac{\partial^2\psi}{\partial\phi^2}.$$

证明通过令

$$\psi(r, \theta, \phi) = R(r)Y(\theta, \phi)$$

并分离变量, 可从薛定谔方程得到

$$R'' + \frac{2}{r}R' + a(E - V)R - \frac{\alpha}{r^2}R = 0,$$

其中 α 是分离常数, 且

$$LY + \alpha Y = 0.$$

---

① 我们用 $\tilde{m}$ 表示电子质量, 用 m 来代表磁量子数.

值得注意的是，关于角度部分的方程与 $V(r)$ 的具体形式无关. 令

$$Y(\theta, \phi) = f(\theta)g(\phi),$$

并应用另一个变量分离，证明

$$f'' + (\cot \theta) f' + \left(\alpha - \frac{\beta}{\sin^2 \theta} \right) f = 0,$$

其中 β 是另一个分离常数，且

$$g'' + \beta g = 0.$$

推断 g 是周期为 2π 的周期函数，比如

$$g(\phi) = \mathrm{e}^{\mathrm{i}m\phi}, \quad \text{其中 } m = 0, \pm 1, \pm 2, \cdots,$$

即 $\beta = m^2$，其中 m 叫作磁量子数[①]（由于磁量子数在所谓的塞曼效应中起着重要的作用，该效应是磁场引起的谱线分裂）.

为了关于 f 求解方程，其中 $\beta = m^2$，令 $x = \cos \theta$ 且 $f(\theta) = y(x)$，证明它可导出

$$\left(1 - x^2 \right) y'' - 2xy' + \left(\alpha - \frac{m^2}{1 - x^2} \right) y = 0.$$

考虑 $m = 0$ 的情况. 证明对于

$$\alpha = l(l + 1), \quad \text{其中 } l = 0, 1, \cdots,$$

方程的解是勒让德多项式 P_l（见 3.7–1）.［还可证明关于其他 α 值得到的无穷级数在 $x = \pm 1$ 处不收敛.］l 叫作角量子数或轨道角动量子数（由于它与习题 7 中的算子 $\mathscr{M}$ 有关，有时又把 $\mathscr{M}$ 叫作角动量算子）.

3. 连带的勒让德函数、球面调和函数 对于 $m = 0, 1, 2, \cdots$，考虑方程

$$\left(1 - x^2 \right) y'' - 2xy' + \left[l(l + 1) - \frac{m^2}{1 - x^2} \right] y = 0.$$

代入

$$y(x) = \left(1 - x^2 \right)^{m/2} z(x),$$

证明 z 满足

$$\left(1 - x^2 \right) z'' - 2(m + 1)xz' + \left[l(l + 1) - m(m + 1) \right] z = 0.$$

从 P_l 的勒让德方程着手，微分 m 次，证明上述方程的解 z 为 P_l 的 m 阶导数

$$z(x) = P_l(x)^{(m)}.$$

相应的 y 为

$$P_l^m(x) = \left(1 - x^2 \right)^{m/2} P_l(x)^{(m)},$$

---

① 此处字母 m 是磁量子数的标准记法，切勿同质量 $\tilde{m}$ 混淆.

叫作连带的勒让德函数. 证明: 对于 $m = -1, -2, \cdots$, 上面的公式把 m 换成 $|m|$ 仍然有效. 证明必须要求 $-l \leqslant m \leqslant l$. 函数

$$Y_l^m(\theta, \phi) = e^{im\phi} P_l^m(\cos\theta)$$

叫作球面调和函数 (或曲面调和函数).

4. **氢原子**　对于氢原子考虑习题 2 中关于 R 的方程, 所以 $V(r) = -e^2/r$, 其中 e 是电子电荷. 就 $\alpha = l(l+1)$ (见习题 2) 和 $E < 0$ 求解该方程. ($E < 0$ 是电子有界状态的条件). 处理方法如下: 做代换 $\rho = \gamma r$, 证明

$$\tilde{R}'' + \frac{2}{\rho}\tilde{R}' + \left(-\frac{1}{4} + \frac{n}{\rho} - \frac{l(l+1)}{\rho^2}\right)\tilde{R} = 0,$$

其中 "$'$" 表示关于 ρ 求导, 且 $R(r) = \tilde{R}(\rho)$, 且

$$\gamma^2 = -4aE, \quad n = ae^2/\gamma.$$

再做代换

$$\tilde{R}(\rho) = e^{-\rho/2}w(\rho),$$

证明

$$w'' + \left(\frac{2}{\rho} - 1\right)w' + \left(\frac{n-1}{\rho} - \frac{l(l+1)}{\rho^2}\right)w = 0.$$

做代换

$$w(\rho) = \rho^l u(\rho),$$

证明

$$\rho u'' + (2l + 2 - \rho)u' + (n - 1 - l)u = 0.$$

证明该方程的解为

$$u(\rho) = L_{n+l}^{2l+1}(\rho) = L_{n+l}(\rho)^{(2l+1)},$$

它是拉盖尔多项式 L_{n+l} (见 3.7-3) 的 $(2l+1)$ 阶导数. 函数 L_{n+l}^{2l+1} 叫作连带的拉盖尔多项式. 证明: 总之, 我们有结果

$$R(r) = R(\rho/\gamma) = e^{-\rho/2}\rho^l L_{n+l}^{2l+1}(\rho),$$

其中 $\rho = \gamma r = 2r/na_0$, a_0 是玻尔半径

$$a_0 = \frac{h^2}{4\pi^2 \tilde{m}e^2} = 0.529 \cdot 10^{-8} \text{ cm.}$$

证明必须要求 $l \leqslant n - 1$, 且 n 必须是正整数.

5. **氢谱**　证明习题 4 中的能量 E 只与 n 有关, n 叫作基本量子数. 事实上, 可以证明

$$E = E_n = -\frac{2\pi^2 \tilde{m}e^4}{h^2} \cdot \frac{1}{n^2}, \quad \text{其中 } n = 1, 2, \cdots.$$

证明对应于每个 n, 有 n^2 个不同的解

$$\psi_{nlm} = c_{nlm} R_{nl} f_{lm} g_m,$$

其中 c_{nlm} 是规范化常数, f 和 g 是习题 2 中得到的函数. 证明: 与谐振子相比, 氢原子有无穷多个有界的状态.

顺便指出, 电子跃迁到低能状态相当于能量的放射. 图 11-6 给出了氢谱的赖曼、巴耳末和帕邢线系. 这些系列分别相应于跃迁

$$E_n \longrightarrow E_1, \quad E_n \longrightarrow E_2, \quad E_n \longrightarrow E_3.$$

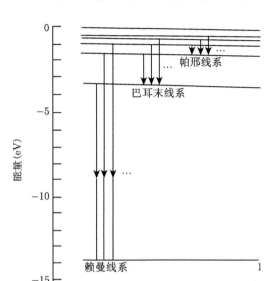

图 11-6 氢原子的能级图和谱系

图 11-6 表明了以下几点.

(i) 对应于基本量子数 $n = 1, 2, \cdots$ 的能级.

(ii) 以电子伏特 (ev) 为单位的能量 (其中 $n \to \infty$ 对应于 $0\,\mathrm{ev}$, $n = 1$ 对应于 $-13.53\,\mathrm{ev}$, 其中 $13.53\,\mathrm{ev}$ 是离化能量).

(iii) 具有不同波长 (Å) 的三个线系为:

赖曼线系 (在紫外区域)

$$
\begin{aligned}
E_2 &\longrightarrow E_1 & 1216\,\text{Å} \\
E_3 &\longrightarrow E_1 & 1026\,\text{Å} \\
E_4 &\longrightarrow E_1 & 973\,\text{Å}
\end{aligned}
$$

巴耳末线系 (在可见区域)

$$
\begin{aligned}
E_3 &\longrightarrow E_2 & 6563\,\text{Å} & \quad (H_\alpha \text{ 线}) \\
E_4 &\longrightarrow E_2 & 4861\,\text{Å} & \quad (H_\beta \text{ 线}) \\
E_5 &\longrightarrow E_2 & 4340\,\text{Å} & \quad (H_\gamma \text{ 线})
\end{aligned}
$$

帕邢线系 (在红外区域)

$$
\begin{aligned}
E_4 &\longrightarrow E_3 & 18\,751\,\text{Å} \\
E_5 &\longrightarrow E_3 & 12\,818\,\text{Å} \\
E_6 &\longrightarrow E_3 & 10\,938\,\text{Å}
\end{aligned}
$$

因此，由于 $E = h\nu$，从上述公式便可得到里德伯公式

$$\frac{1}{\lambda} = \frac{\nu}{c} = \frac{1}{hc}(E_n - E_m) = R^* \left(\frac{1}{n^2} - \frac{1}{m^2} \right),$$

其中关于氢的里德伯常数 R^* 为

$$R^* = \frac{2\pi^2 \tilde{m} e^4}{ch^3} = 109\,737.3\,\mathrm{cm}^{-1}.$$

（关于这一数值，见第 423 页脚注所指出书中的第 F-104 页.）

6. 角动量算子　有趣的是，在球面坐标中分离薛定谔方程后所出现的方程能与角动量算子关联在一起. 实际上，可以证明（见 §11.2 习题 9）

$$\mathscr{M}_3 \psi = \frac{h}{2\pi i} \frac{\partial \psi}{\partial \phi},$$

所以 $g'' + \beta g = 0$（见习题 2），其中 $\beta = m^2$，在用 Rf 去乘以后能够写成

$$\mathscr{M}_3^2 \psi = \frac{h^2 m^2}{4\pi^2} \psi.$$

7. 角动量算子　证明：用球面坐标，§11.2 习题 9 中的角动量算子有表示式

$$\mathscr{M}_1 \psi = -\frac{h}{2\pi i} \left(\sin\phi \frac{\partial \psi}{\partial \theta} + \cot\theta \cos\phi \frac{\partial \psi}{\partial \phi} \right),$$

$$\mathscr{M}_2 \psi = \frac{h}{2\pi i} \left(\cos\phi \frac{\partial \psi}{\partial \theta} - \cot\theta \sin\phi \frac{\partial \psi}{\partial \phi} \right),$$

并且，根据习题 6，§11.2 习题 10 中的算子 $\mathscr{M}_2$ 有表示式

$$\mathscr{M}^2 \psi = -\frac{h^2}{4\pi^2} \left[\frac{1}{\sin\theta} \frac{\partial}{\partial \theta} \left(\sin\theta \frac{\partial \psi}{\partial \theta} \right) + \frac{1}{\sin^2\theta} \frac{\partial^2 \psi}{\partial \phi^2} \right].$$

由此和习题 3 得出，Y_l^m 是 $\mathscr{M}^2$ 的对应于本征值

$$\frac{h^2}{4\pi^2} l(l+1), \quad \text{其中 } l = 0, \cdots, n-1$$

的本征函数. 这是一个著名的结果，它改进了玻尔理论所预言的值 $h^2 l^2 / 4\pi^2$.

8. 球面贝塞尔函数　值得注意的是，习题 2 中得到的方程

$$R'' + \frac{2}{r} R' + \left[a(E - V(r)) - \frac{l(l+1)}{r^2} \right] R = 0$$

也能够用来研究球面对称的其他问题. 例如，设（图 11-7）

$$V(r) = \begin{cases} -V_0 < 0, & \text{若 } r < r_0, \\ 0, & \text{若 } r \geqslant r_0. \end{cases}$$

假定 $E < 0$ 且 $E + V_0 > 0$. 先证明该方程能变换成贝塞尔方程

$$u'' + \frac{1}{\rho} u' + \left(1 - \frac{(l + 1/2)^2}{\rho^2} \right) u = 0,$$

然后关于 $r < r_0$ 求用贝塞尔函数表示的解. ［就因为这个，解 R（带有适当的数值因子）叫作球面贝塞尔函数.］

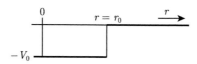

图 11-7 习题 8 中的电位 $V(r)$

9. 若习题 8 中的 $l = 0$，证明贝塞尔方程的解是

$$J_{1/2}(\rho) = \sqrt{\frac{2}{\pi\rho}}\sin\rho, \quad J_{-1/2}(\rho) = \sqrt{\frac{2}{\pi\rho}}\cos\rho.$$

利用这两个解和递推关系

$$J_{\nu-1}(\rho) + J_{\nu+1}(\rho) = \frac{2\nu}{\rho}J_{\nu}(\rho),$$

证明：对于所有 $l = 1, 2, \cdots$，习题 8 中的解能够用有限个正弦和余弦函数（以及 ρ 的负次幂）来表示.

10. 像以前一样，假定 $E < 0$，对于 $r > r_0$ 求解习题 8 中的方程. 这里的解与 $r < r_0$ 情况下的解之间的本质差别是什么？

附录 A　复习与参考资料

A1.1　集合

凡是集合都用单个大写字母 A, B, M 等表示，有时也用花括号表示，例如 $\{a, b, c\}$ 表示含有元素 a, b, c 的集合，$\{t \mid f(t) = 0\}$ 表示函数 f 的所有零点的集合.

集合论中常用的符号有

$\varnothing$	空集（不含任何元素的集合）
$a \in A$	a 是 A 的元素
$b \notin A$	b 不是 A 的元素
$A = B$	A 和 B 相等（恒等，由同样的元素构成）
$A \neq B$	A 和 B 是不同的（不等的）
$A \subseteq B$	A 是 B 的子集（A 的每个元素都属于 B），也写成 $B \supseteq A$
$A \subset B$	A 是 B 的真子集（A 是 B 的子集且 B 至少有一个元素不属于 A）
$A \cup B$	$= \{x \mid x \in A$ 或 $x \in B\}$，A 与 B 之并，见图 A–1
$A \cap B$	$= \{x \mid x \in A$ 且 $x \in B\}$，A 与 B 之交，见图 A–1
$A \cap B = \varnothing$	A 和 B 是不相交的集合（没有公共元素的集合）
$A - B$	$= \{x \mid x \in A$ 且 $x \notin B\}$，A 与 B 之差.（其中 B 可以是也可不是 A 的子集）见图 A–2（也见图 A–3）
A^{C}	$= X - A$，A 在 X 中的余集（其中 $A \subseteq X$）（当省略 X 有可能产生混乱时，记为 $C_X A$）见图 A–4

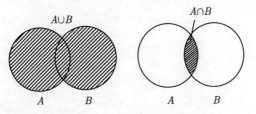

图 A–1　集合 A 与 B 的并 $A \cup B$ 和交 $A \cap B$

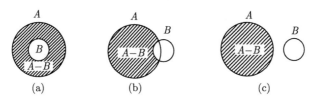

图 A–2　集合 A（大圆）和 B（小圆）之差 $A-B$（斜线部分）(a) $B \subseteq A$, (b) $A \cap B \neq \varnothing$ 且 $B \nsubseteq A$, (c) $A \cap B = \varnothing$

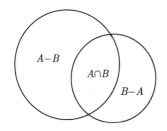

图 A–3　集合 A（大圆）和 B（小圆）之差 $A-B$ 和 $B-A$ 以及交 $A \cap B$

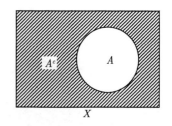

图 A–4　集合 X 的子集 A 的余集 $A^{\mathrm{C}} = X - A$（阴影部分）

直接从定义可推出下述公式

$$A \cup A = A, \qquad A \cap A = A, \tag{A1.1.1a}$$

$$A \cup B = B \cup A, \qquad A \cap B = B \cap A, \tag{A1.1.1b}$$

$$A \cup (B \cup C) = (A \cup B) \cup C, \quad 写成 \quad A \cup B \cup C, \tag{A1.1.1c}$$

$$A \cap (B \cap C) = (A \cap B) \cap C, \quad 写成 \quad A \cap B \cap C, \tag{A1.1.1d}$$

$$A \cup (B \cap C) = (A \cup B) \cap (A \cup C), \quad 见图 A–5, \tag{A1.1.1e}$$

$$A \cap (B \cup C) = (A \cap B) \cup (A \cap C), \quad 见图 A–6, \tag{A1.1.1f}$$

$$A \cap B \subseteq A, \qquad A \cap B \subseteq B, \tag{A1.1.1g}$$

$$A \cup B \supseteq A, \qquad A \cup B \supseteq B. \tag{A1.1.1h}$$

此外，

$$A \subseteq B \quad \Longleftrightarrow \quad A \cup B = B \quad \Longleftrightarrow \quad A \cap B = A,$$

$$A \subseteq C \text{ 且 } B \subseteq C \quad \Longleftrightarrow \quad A \cup B \subseteq C, \tag{A1.1.2}$$

$$C \subseteq A \text{ 且 } C \subseteq B \quad \Longleftrightarrow \quad C \subseteq A \cap B.$$

从余集的定义可以推出

$$(A^{\mathrm{C}})^{\mathrm{C}} = A, \quad X^{\mathrm{C}} = \varnothing, \quad \varnothing^{\mathrm{C}} = X. \tag{A1.1.3}$$

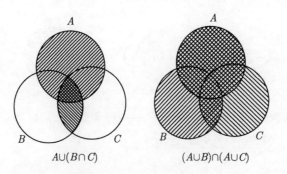

图 A-5　公式 (A1.1.1e)

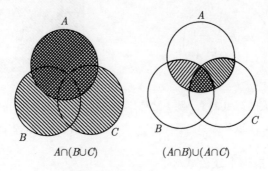

图 A-6　公式 (A1.1.1f)

德·摩根定律是（A 和 B 是 X 的任意子集）

$$(A \cup B)^{\mathrm{C}} = A^{\mathrm{C}} \cap B^{\mathrm{C}},$$
$$(A \cap B)^{\mathrm{C}} = A^{\mathrm{C}} \cup B^{\mathrm{C}}. \tag{A1.1.4}$$

显然，

$$A \subseteq B \quad \Longleftrightarrow \quad A^{\mathrm{C}} \supseteq B^{\mathrm{C}},$$
$$A \cap B = \varnothing \quad \Longleftrightarrow \quad A \subseteq B^{\mathrm{C}} \quad \Longleftrightarrow \quad B \subseteq A^{\mathrm{C}}, \tag{A1.1.5}$$
$$A \cup B = X \quad \Longleftrightarrow \quad A^{\mathrm{C}} \subseteq B \quad \Longleftrightarrow \quad B^{\mathrm{C}} \subseteq A.$$

给定的集合 S 的所有子集的集合，叫作 S 的**幂集**，记为 $\mathscr{P}(S)$.

两个给定的非空集合 X 和 Y 的**笛卡儿积**（或**积**）$X \times Y$ 是所有序偶 (x, y) 的集合，其中 $x \in X$ 且 $y \in Y$（见图 A-7）.

若集合 M 是有限的（有有限个元素），或者 M 的每个元素唯一地对应一个正整数，并且反过来每个正整数 $1, 2, 3, \cdots$ 也唯一地对应 M 中的一个元素，则称 M 是**可数集合**.

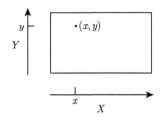

图 A–7 两个集合 X 和 Y 的笛卡儿积 $X \times Y$ 的形象化表示

A1.2 映射

设 X 和 Y 是两个集合且 A 是 X 的任意子集. 从 A 到 Y 的**映射**（或变换、函数关系、抽象函数）T 是通过把每个 $x \in A$ 和唯一的 $y \in Y$ 对应起来得到的，记为 $y = Tx$，并把 y 叫作 x 关于 T 的**像**. 集合 A 叫作 T 的**定义域**，或简称为 T 的**域**，记为 $\mathscr{D}(T)$，并且写成

$$T : \mathscr{D}(T) \longrightarrow Y,$$

$$x \longmapsto Tx.$$

T 的**值域** $\mathscr{R}(T)$ 是全体像的集合，因此

$$\mathscr{R}(T) = \big\{ y \in Y \mid y = Tx, \text{ 对于某些 } x \in \mathscr{D}(T) \big\}.$$

$\mathscr{D}(T)$ 的任意子集 M 的**像** $T(M)$ 是所有 $x \in M$ 的像 Tx 的集合. 注意 $T(\mathscr{D}(T)) = \mathscr{R}(T)$.

图 A–8 给出了这种情况的一个说明.

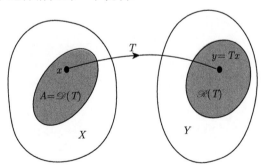

图 A–8 映射的形象化表示

$y_0 \in Y$ 的**逆像**是满足 $Tx = y_0$ 的所有 $x \in \mathscr{D}(T)$ 的集合. 类似地，子集 $Z \subseteq Y$ 的逆像是所有满足 $Tx \in Z$ 的 $x \in \mathscr{D}(T)$ 的集合. 注意，$y_0 \in Y$ 的逆像可能是空集，也可能是单点集，或者是 $\mathscr{D}(T)$ 的任意子集，这要由 y_0 和 T 来决定.

　　一个映射 T, 若对于所有 $x_1, x_2 \in \mathscr{D}(T)$ 有

$$x_1 \neq x_2 \quad 蕴涵 \quad Tx_1 \neq Tx_2,$$

则称 T 是**内射**, 或称 T 是**一对一的**, 也就是说, $\mathscr{D}(T)$ 中的不同的点有不同的像, 所以 $\mathscr{R}(T)$ 中的每一个点的逆像也都是一个点 (见图 A–9).

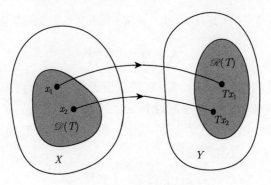

图 A–9　关于内射的表示

　　映射 $T : \mathscr{D}(T) \longrightarrow Y$ 的值域 $\mathscr{R}(T)$ 若等于 Y, 则称 T 是**满射**, 或称之为 $\mathscr{D}(T)$ 到 Y 上的映射 (见图 A–10). 显然,

$$\mathscr{D}(T) \longrightarrow \mathscr{R}(T),$$

$$x \longmapsto Tx$$

总是满射.

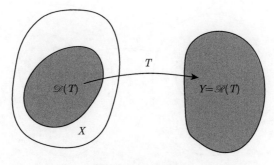

图 A–10　满射

　　若 T 既是内射又是满射, 则称 T 是**一一映射**. 一一映射 $T : \mathscr{D}(T) \longrightarrow Y$ 的**逆映射** $T^{-1} : Y \longrightarrow \mathscr{D}(T)$ 是用 $Tx_0 \longmapsto x_0$ 来定义的, 即 T^{-1} 让每个 $y_0 \in Y$ 与满足 $Tx_0 = y_0$ 的 $x_0 \in \mathscr{D}(T)$ 相对应 (见图 A–11).

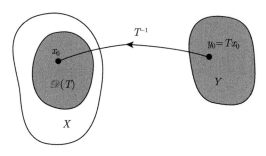

图 A–11 一一映射 T 的逆 $T^{-1} : Y \longrightarrow \mathscr{D}(T) \subseteq X$

对于内射 $T : \mathscr{D}(T) \longrightarrow Y$ 来讲，其**逆映射** T^{-1} 定义为 $\mathscr{R}(T) \longrightarrow \mathscr{D}(T)$，它把 $y_0 \in \mathscr{R}(T)$ 映到满足 $Tx_0 = y$ 的 $x_0 \in \mathscr{D}(T)$ 上（见图 A–12）. 因而在这种较为一般的意义下使用"逆"这一术语，并不要求 T 是一个到 Y 上的映射，很多作者所使用的这一术语在本文中不会引起误解.

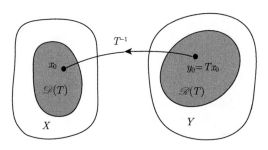

图 A–12 内射 T 的逆 $T^{-1} : \mathscr{R}(T) \longrightarrow \mathscr{D}(T)$

两个映射 T_1 和 T_2，若 $\mathscr{D}(T_1) = \mathscr{D}(T_2)$ 且对于所有 $x \in \mathscr{D}(T_1) = \mathscr{D}(T_2)$ 有 $Tx_1 = Tx_2$，则它们是**相等的**.

映射 $T : \mathscr{D}(T) \longrightarrow Y$ 在子集 $B \subseteq \mathscr{D}(T)$ 上的**限制** $T|_B$ 是通过限制 x 取 B 中的元素从 T 所得到的映射 $B \longrightarrow Y$ [用 B 代替 T 的定义域 $\mathscr{D}(T)$]，也就是，$T|_B : B \longrightarrow Y$，对于所有 $x \in B$ 有 $T|_B x = Tx$（见图 A–13）.

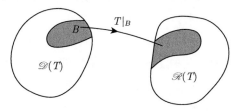

图 A–13 映射 T 在子集 $B \subseteq \mathscr{D}(T)$ 上的限制 $T|_B$

映射 T 从 $\mathscr{D}(T)$ 到集合 $C \supseteq \mathscr{D}(T)$ 上的**延拓**是满足 $\tilde{T}|_{\mathscr{D}(T)} = T$ [即对于所有 $x \in \mathscr{D}(T)$ 有 $\tilde{T}x = Tx$] 的映射 $\tilde{T}$.

若 $\mathscr{D}(T)$ 是 $\mathscr{D}(\tilde{T})$ 的真子集, 则称 T 的延拓 $\tilde{T}$ 是真延拓, 因此 $\mathscr{D}(\tilde{T}) - \mathscr{D}(T) \neq \varnothing$, 即对于某些 $x \notin \mathscr{D}(T)$ 有 $x \in \mathscr{D}(\tilde{T})$.

映射的合成定义及表示如下. 若 $T : X \longrightarrow Y$ 且 $U : Y \longrightarrow Z$, 则

$$x \longrightarrow U(Tx), \quad \text{其中 } x \in X$$

定义了一个从 X 到 Z 的映射, 记之为 $U \cdot T$, 或简记为 UT, 因此

$$UT : X \longrightarrow Z, \quad x \longmapsto UTx, \quad \text{其中 } x \in X,$$

并且把 UT 称作 U 和 T 的**合成**或**积**（见图 A–14）. 注意, 首先应用 T, 次序是本质的, 在一般情况下, TU 甚至是没有意义的. 若 $T : X \longrightarrow Y$ 且 $U : Y \longrightarrow X$, 则 $UT : X \longrightarrow X$ 和 $TU : Y \longrightarrow Y$ 都是有意义的, 但是若 $X \neq Y$, 则两者是不同的.（甚至在 $X = Y$ 的情况下, 一般来说这两个映射也是不同的.）

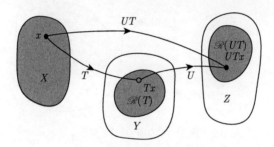

图 A–14　两个映射的合成

A1.3　族

若我们把每个正整数 n 和一个实数或复数 x_n 对应起来, 则得到一个实数或复数**序列** (x_n). 这一过程能够被看作 $\mathbf{N} = \{1, 2, \cdots\}$ 到实数或复数的一个映射, 而 x_n 是 n 的像. 集合 $\mathbf{N}$ 叫作序列的**指标集**.

这一"指标化"的过程能够被推广. 代替 $\mathbf{N}$, 我们可以取任意非空集合 I（有限的, 可数的或不可数的）并把 I 映入任意给定的其他非空集合 X. 这就给出了 X 的一个**元素族**, 写为 $(x_\alpha)_{\alpha \in I}$, 或简写为 (X_α), 其中 $x_\alpha \in X$ 是 $\alpha \in I$ 的像. 注意, 对于 I 中的某些 $\alpha \neq \beta$, 可能会出现 $x_\alpha = x_\beta$. 集合 I 叫作族的**指标集**. 若我们把指标映射限制在指标集的一个非空子集上, 便得到族的一个**子族**.

若 X 的元素都是一个给定集合的子集, 便可得到由**子集构成的族** $(B_\alpha)_{\alpha \in I}$, 其中 B_α 是 α 的像.

族 (B_α) 的**并** $\bigcup_{\alpha\in I} B_\alpha$ 是这样的一个集合,它的每一个元素至少属于一个 B_α,而**交** $\bigcap_{\alpha\in I} B_\alpha$ 是这样一个集合,它的元素属于每个 B_α($\alpha\in I$). 若 $I = \mathbf{N}$,则写成

$$\bigcup_{\alpha=1}^{\infty} B_\alpha \quad \text{和} \quad \bigcap_{\alpha=1}^{\infty} B_\alpha,$$

而当 $I = \{1,2\}$ 时,分别写为 $B_1 \cup B_2$ 和 $B_1 \cap B_2$.

我们必须留心区分族 $(x_\alpha)_{\alpha\in I}$ 和由族的元素所构成的 X 的子集,前者是指标集 I 的在指标映射下的像.

对于任意非空子集 $M \subseteq X$,我们总能够找到 X 的一个元素族,其元素的集合就是 M. 例如,我们可以取用 M 到 X 的自然内射所定义的族,也就是 X 上的恒等映射 $x \longmapsto x$ 在 M 上的限制.

A1.4 等价关系

设 X 和 Y 是给定的非空集合,笛卡儿积 $X \times Y$(见前)的任意子集 R 叫作一个(二元)**关系**,$(x,y) \in R$ 也被写为 $R(x,y)$.

X 上的**等价关系**是满足下述定律的关系 $R \subseteq X \times X$:

$$\text{对于所有 } x\in X \text{ 有} \quad R(x,x) \quad (\text{自反性})$$
$$R(x,y) \quad \text{蕴涵} \quad R(y,x) \quad (\text{对称性}) \tag{A1.4.1}$$
$$R(x,y) \text{ 且 } R(y,z) \quad \text{蕴涵} \quad R(x,z) \quad (\text{传递性})$$

当 R 是 X 上的等价关系时,通常把 $R(x,y)$ 写成 $x \sim y$(读作 x 等价于 y). 此时 (A1.4.1) 变成

$$x \sim x,$$
$$x \sim y \implies y \sim x,$$
$$x \sim y \text{ 且 } y \sim z \implies x \sim z.$$

任意 $x_0 \in X$ 的等价类是所有与 x_0 等价的 $y \in X$ 的集合,并且任意个这样的 y 都叫作这个等价类的代表. 关于 R 的等价类构成 X 的一个划分.

根据定义,非空集合 X 的一个**划分**是 X 的一族非空子集,它们是两两不相交的,并且它们的并就是 X.

A1.5 紧性

集合 X 的子集 M 的一个**覆盖**是 X 的一个子集族 $(B_\alpha)_{\alpha\in I}$(I 是指标集),且满足

$$M \subseteq \bigcup_{\alpha\in I} B_\alpha.$$

特别是，若 (B_α) 是 X 的一个覆盖，则

$$\bigcup_{\alpha \in I} B_\alpha = X.$$

若覆盖 (B_α) 仅由有限个 B_α 组成，则称为**有限覆盖**. 若 $X = (X, \mathscr{T})$ 是拓扑空间（例如，度量空间，见 §1.3）且所有 B_α 都是开集，则称 (B_α) 为**开覆盖**.

对拓扑空间 $X = (X, \mathscr{P})$ 来讲：

(a) 若 X 的每一个开覆盖都含有 X 的有限覆盖，即是 X 的覆盖的有限的子族，则称 X 是**紧的**;

(b) 若 X 的每一个可数开覆盖都含有 X 的有限覆盖，则称 X 是**可数紧的**;

(c) 若 X 中的每个序列都含有收敛的子序列，则称 X 是**列紧的**.

若把子集 $M \subseteq (X, \mathscr{T})$ 当作子空间 $(M, \mathscr{T}_M)$ 看待，它是紧的（可数紧的、列紧的），则称子集 M 是**紧的**（可数紧的、列紧的），其中 $\mathscr{T}_M$ 是 $\mathscr{T}$ 在 M 上导出的拓扑，它是由所有集合 $M \cap A$ 构成的，而且 $A \in \mathscr{T}$.

对于度量空间，这三种紧性的概念是等价的，即能从一个推出另外两个.

A1.6   上确界和下确界

对于实直线 **R** 的子集 E 来讲，若 E 有上界，也就是说若存在 $b \in \mathbf{R}$ 使得对于所有 $x \in E$ 有 $x \leqslant b$，则称 E 是**有上界的**. 若 $E \neq \varnothing$，则存在 E 的**上确界**（或 E 的最小上界），写为

$$\sup E,$$

即对于 E 的每个上界 b 有 $\sup E \leqslant b$. 对于每个非空子集 $C \subseteq E$ 还有

$$\sup C \leqslant \sup E.$$

类似地，若 E 有下界，也就是说若存在 $a \in \mathbf{R}$ 使得对于所有 $x \in E$ 有 $x \geqslant a$，则称 E 是**有下界的**. 若 $E \neq \varnothing$，则存在 E 的**下确界**（或 E 的最大下界），写为

$$\inf E,$$

即对于 E 的每个下界 a 有 $\inf E \geqslant a$. 对于每个非空子集 $C \subseteq E$ 还有

$$\inf C \geqslant \inf E.$$

若 E 既有上界又有下界，则称 E 是**有界的**. 若 $E \neq \varnothing$，则

$$\inf E \leqslant \sup B.$$

若映射 $T : \mathscr{D}(T) \longrightarrow \mathbf{R}$ 的值域 $\mathscr{R}(T)$（假设它非空）是有上界的，其上确界记为

$$\sup_{x \in \mathscr{D}(T)} Tx,$$

若 $\mathscr{R}(T)$ 是有下界的，其下确界记为

$$\inf_{x \in \mathscr{D}(T)} Tx.$$

类似的记法也用于 $\mathscr{R}(T)$ 的子集.

A1.7 柯西收敛准则

对于实数或复数数列 (x_n) 和数 a，若对于每个给定的正数 ε 有

$$\text{对于无穷多个 } n \text{ 有 } \quad |x_n - a| < \varepsilon,$$

则称 a 是 (x_n) 的极限点.

波尔查诺–魏尔斯特拉斯定理是说：有界序列 (x_n) 至少有一个极限点. 根据定义，序列有无穷多项是不可少的条件.

对于（实或复）数列 (x_n)，若存在数 x 使得对于每个给定的正数 ε 有

$$\text{对于有限个 } n \text{ 以外的所有 } n \text{ 有 } \quad |x_n - x| < \varepsilon,$$

则称 (x_n) 是收敛的，x 叫作序列 (x_n) 的极限.

收敛序列的极限是唯一的. 注意，极限是序列的一个极限点（为什么?）而且是收敛序列的唯一极限点.

下面我们陈述并证明柯西收敛定理，其重要性在于：在不需要知道序列的极限的情况下，就能够决定它的收敛性.

柯西收敛定理 实数列或复数列 (x_n) 是收敛的，当且仅当对于每个正数 ε 存在 N 使得

$$\text{对于所有 } m, n > N \text{ 有 } \quad |x_m - x_n| < \varepsilon. \tag{A1.7.1}$$

证明 (a) 若 (x_n) 是收敛的，并且 c 是它的极限，则对于给定的每个正数 ε，存在一个 N（与 ε 有关）使得

$$\text{对于每个 } n > N \text{ 有 } \quad |x_n - c| < \frac{\varepsilon}{2},$$

所以，根据三角不等式，对于所有 $m, n > N$ 有

$$|x_m - x_n| \leqslant |x_m - c| + |c - x_n| < \frac{\varepsilon}{2} + \frac{\varepsilon}{2} = \varepsilon.$$

(b) 反之，假定包含 (A1.7.1) 的命题成立. 给定正数 ε, 我们可在 (A1.7.1) 中选取 $n = k > N$, 并且可以看出，当 $m > N$ 时，每个 x_m 都落在以 x_k 为中心以 ε 为半径的圆盘 D 内. 由于存在包含 D 的圆盘以及只有有限个 $x_n \notin D$, 所以序列 (x_n) 有界. 根据波尔察诺–魏尔斯特拉斯定理该序列有极限点 a. 由于 (A1.7.1) 对于每个正数 ε 成立，一旦给定正数 ε, 便有 N^* 使得对于 $m, n > N^*$ 有 $|x_m - x_n| < \varepsilon/2$. 选取一个固定的 $n > N^*$ 使得 $|x_n - a| < \varepsilon/2$, 由三角不等式，对于所有 $m > N^*$ 有

$$|x_m - a| \leqslant |x_m - x_n| + |x_n - a| < \frac{\varepsilon}{2} + \frac{\varepsilon}{2} = \varepsilon,$$

这就证明了 (x_m) 收敛且以 a 为极限. ■

A1.8 群

仅在 §7.7 中需要群的定义.

群 $G = (G, \cdot)$ 是元素 $x, y, \cdots$ 的集合 G 再加上映射

$$\begin{aligned} G \times G &\longrightarrow G, \\ (x, y) &\longmapsto xy, \end{aligned} \tag{A1.8.1}$$

并且满足下述公理.

(G_1) 结合性. 对于所有 $x, y, z \in G$ 有

$$(xy)z = x(yz).$$

(G_2) 单位元 e 的存在性，即存在元素 e 使得对于所有 $x \in G$ 有

$$xe = ex = x.$$

(G_3) x 的逆元 x^{-1} 的存在性. 对于每个 $x \in G$ 有 G 的一个元素，记作 x^{-1} 并叫作 x 的逆，满足

$$x^{-1}x = xx^{-1} = e.$$ ■

e 是唯一的. 对于每个 $x \in G$, 逆 x^{-1} 是唯一的. 若 G 还满足

(G_4) 交换性. 对于所有 $xy \in G$ 有

$$xy = yx,$$

则称 G 是交换群，或阿贝尔群.

附录 B 习题解答

1.1 度量空间

2. 否. 三角不等式不成立 (例如, 取 $x = 1$, $z = 0$, $y = -1$).

3. M_1 到 M_3 是显然的. 如果我们取

$$|x - y| \leqslant |x - z| + |z - y| \leqslant \left(|x - z|^{1/2} + |z - y|^{1/2} \right)^2$$

两端的平方根, 便推出了 M_4.

4. $d(x, x) = d(y, y) = 0$, $d(x, y) = k > 0$ 是任意的. $d(x, x) = 0$.

5. (i) $k > 0$, (ii) $k = 0$.

6. 令 $x = (\xi_j)$, $y = (\eta_j)$, $z = (\zeta_j)$, 则由关于数的三角不等式, 有

$$\left| \xi_j - \eta_j \right| \leqslant \left| \xi_j - \zeta_j \right| + \left| \xi_j - \eta_j \right| \leqslant \sup_j \left| \xi_j - \zeta_j \right| + \sup_j \left| \eta_j - \eta_j \right|,$$

再取左边的上确界.

7. 离散度量, 见 1.1–8.

8. 因为 x, y 是连续的, 所以 $d(x, y) = 0$ 当且仅当对于所有 $t \in [a, b]$ 有 $|x(t) - y(t)| = 0$. M_1 和 M_3 是显然的. 从

$$\tilde{d}(x, y) = \int_a^b \left| x(t) - z(t) + z(t) - y(t) \right| \mathrm{d}t$$
$$\leqslant \int_a^b \left| x(t) - z(t) \right| \mathrm{d}t + \int_a^b \left| z(t) - y(t) \right| \mathrm{d}t$$

便推出 M_4, 其中用到了关于数的三角不等式.

9. M_1 到 M_3 是显然的. 从 $d(x, y) \leqslant 1$ 和

$$d(x, z) + d(z, y) \geqslant 1, \quad \text{其中 } x, y, z \text{ 不全相等}$$

便推出 M_4. 如果 $x = y = z$, 则 M_4 显然成立.

10. $2^3 = 8$. d 可取值 $0, 1, 2, 3$. M_1 到 M_3 是显然的, 而 M_4 可直接验证.

12. $d(x, y) \leqslant d(x, y) + d(z, w) + d(w, y)$, 因此

$$d(x, y) - d(z, w) \leqslant d(x, z) + d(y, w),$$

其中用到 $d(w, y) = d(y, w)$. 把 x 和 z, y 和 w 的位置交换, 再乘上 -1, 便有

$$-d(z, w) + d(x, y) \geqslant -d(z, x) - d(w, y) = -d(z, x) - d(y, w),$$

上面两个不等式合在一起便得到所希望的结论.

13. $d(x,z) \leqslant d(x,y) + d(y,z) \quad \Longrightarrow \quad d(x,z) - d(y,z) \leqslant d(x,y),$

$d(y,z) \leqslant d(y,x) + d(x,z) \quad \Longrightarrow \quad -d(x,y) \leqslant d(x,z) - d(y,z).$

14. 令 $z = y$, 则 $d(x,y) \leqslant d(y,x) + 0$. 再交换 x 和 y.

15. 在 M_4 中令 $y = x$, 等等.

1.2 度量空间的其他例子

1. 像前面一样采用三角不等式的证明思想.

2. 取 $p = q = 2$, $\alpha^2 = a$, $\beta^2 = b$.

3. 若 $1 \leqslant j \leqslant n$, 取 $\eta_j = 1$, 若 $j > n$, 取 $\eta_j = 0$, 并平方 (1.2.11).

4. $x = (\xi_n)$, 其中 $\xi_1 = 1$, $\xi_n = 1/\ln n$ ($n = 2, 3, \cdots$), 因为对于固定的任意 $p \geqslant 1$, 从某个 n 起有 $(\ln n)^{-p} > 1/n$, 而调和级数发散.

5. 因为若 $p > 1$, 级数 $\sum n^{-p} < \infty$, 所以 $(1/n) \in l^p$ ($p > 1$), 但 $(1/n) \notin l^1$.

6. $\sup\limits_{x,y \in A} d(x,y) \leqslant \sup\limits_{x,y \in B} d(x,y)$.

7. $\delta(A) = \sup\limits_{x,y \in A} d(x,y) = 0 \quad \Longrightarrow \quad d(x,y) = 0 \quad \Longrightarrow \quad x = y$, 其逆是显然的.

8. $D(A,B) = 0$ 不蕴涵 $A = B$. 只要取 A, B 使得 $D(A,B) > 0$ 并取 $C = A \cup B$ 便可看出三角不等式不成立.

9. 逆命题不成立.

10. 由 $d(x,z) \leqslant d(x,y) + d(y,z)$ 可得

$$\begin{aligned}
D(x,B) &= \inf_{z \in B} d(x,z) \\
&\leqslant \inf_{z \in B} \big[d(x,y) + d(y,z) \big] \\
&= d(x,y) + \inf_{z \in B} d(y,z) \\
&= d(x,y) + D(y,B),
\end{aligned}$$

因此

$$D(x,B) - D(y,B) \leqslant d(x,y).$$

交换 x 和 y 并乘以 -1 便得

$$-d(x,y) \leqslant D(x,B) - D(y,B).$$

11. M_1 至 M_3 是显然的. 根据关于 d 的 M_4 并利用 1.2–1 的论证可得 M_4 具有形式

$$\frac{d(x,y)}{1 + d(x,y)} \leqslant \frac{d(x,z)}{1 + d(x,z)} + \frac{d(z,y)}{1 + d(z,y)}.$$

根据 $\tilde{d}(x,y) < 1$ 可得 X 是有界的.

12. 若 $x, y \in A$ 或 $x, y \in B$, 则分别有 $d(x,y) \leqslant \delta(A)$ 或 $d(x,y) \leqslant \delta(B)$. 若 $x \in A$ 且 $y \in B$, 则对于固定的 $a \in A$ 和 $b \in B$ 有

$$d(x,y) \leqslant d(x,a) + d(a,b) + d(b,y) \leqslant \delta(A) + d(a,b) + \delta(B),$$

因此
$$\delta(A \cup B) \leqslant \delta(A) + d(a,b) + \delta(B) < \infty.$$

14. 关于 $\tilde{d}$ 的三角不等式可由关于 d_1 和 d_2 的三角不等式及 $p = 2$ 时的闵可夫斯基不等式 (1.2.12) 得到

$$
\begin{aligned}
d(x,y) &= \left(\sum d_j(x_j, y_j)^2 \right)^{1/2} \\
&\leqslant \left(\sum [d_j(x_j, z_j) + d_j(z_j, y_j)]^2 \right)^{1/2} \\
&\leqslant \left(\sum d_j(x_j, y_j)^2 \right)^{1/2} + \left(\sum d_j(z_j, y_j)^2 \right)^{1/2} \\
&= \tilde{d}(x,z) + \tilde{d}(z,y).
\end{aligned}
$$

15. $\tilde{\tilde{d}}(x,y) = 0 \iff d_1(x_1, y_1) = d_2(x_2, y_2) = 0 \iff x = y.$ 从

$$
\begin{aligned}
\max_{k=1,2} d_k(x_k, y_k) &\leqslant \max_{k=1,2} [d_k(x_k, z_k) + d_k(z_k, y_k)] \\
&\leqslant \max_{i=1,2} d_i(x_i, z_i) + \max_{j=1,2} d_j(z_j, y_j)
\end{aligned}
$$

可得三角不等式.

1.3 开集、闭集和邻域

1. (a) 令 $x \in B(x_0; r)$, 则 $d(x, x_0) = \alpha < r$, 且 $B\big(x; (r-\alpha)/2\big)$ 是含在 $B(x_0; r)$ 内的 x 的邻域. (b) 通过证明对于 $y \notin \tilde{B}(x_0; r)$, 存在含于 $\tilde{B}(x_0; r)^{\mathrm{C}}$ 中的以 y 为中心的球, 证明 $\tilde{B}(x_0; r)^{\mathrm{C}}$ 是开集.

2. 开区间 $(x_0 - 1, x_0 + 1)$. 中心在 x_0 半径为 1 的开圆盘. $C[a,b]$ 上的所有连续函数, 其图像在高为 2 的开带中, 见图 B–1.

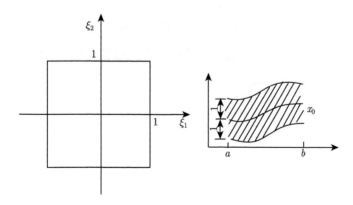

图 B–1 习题 2 的 $C[a,b]$ 中的开球 $B(x_0; 1)$

3. $\sqrt{2}$.

4. 若 A 是这样的并, 则对于每个 $a \in A$ 有开球 $B \subseteq A$ 中且 B 包含一个含 a 的球, 于是 A 是开集. 反之, A 是开集, 那么对于每个 $a \in A$, 集合 A 包含一个含 a 的球, 因此包含一个含有 a 的开球, 从而 A 是开球之并.

5. (b) 由于对于任意 $a \in A$ 有开球 $B\left(a_j; \frac{1}{2}\right) = \{a\} \subseteq A$, 所以任意子集 $A \subseteq X$ 是开集. 同理可证 A^C 是开集, 所以 $\left(A^C\right)^C = A$ 是闭集.

6. 若只有有限个这样的点 $y_1, \cdots, y_k$ 和 x_0 不同, 则对于 $r = \min\{d(x_0, y_1), \cdots, d(x_0, y_k)\}$ 球 $B(x_0; r/2)$ 将不含 A 的点 $y \neq x_0$.

7. (a) 整数, (b) $\mathbf{R}$, (c) $\mathbf{C}$, (d) $\{z \mid |z| \leqslant 1\}$.

8. 在含有不止一个点的离散度量空间 X 中, 有
$$\{x_0\} = B(x_0; 1) = \overline{B(x_0; 1)} \neq \tilde{B}(x_0; 1) = X.$$

10. 若 $a \in \overline{A}$, 则 $x \in A$ 或 x 的每个邻域都含有 A 的点 $a \neq x$, 因此 $D(x, A) = 0$. 反之, 若 $D(x, A) = 0$, 则 $x \in A$ 或 x 的每个邻域必含有 A 的点 $a \neq x$, 于是 $x \in \overline{A}$.

11. (a) $\{-1, 1\}$, (b) $\mathbf{R}$, (c) 圆 $\{z \mid |z| = 1\}$.

12. $[a, b]$ 不是可数的, 因此在 $c \in [a, b]$ 点取值为 1 而在 $[a, b] - \{c\}$ 上取值为 0 的所有函数所成之集不是可数的. 这些函数中任意两个之间的距离都为 1, 因此 $B[a, b]$ 不能包含可数的稠密集.

13. 设 X 是可分的, 则 X 有可数稠密子集 Y. 给定 $x \in X$ 和正数 ε, 由于 Y 在 X 中稠密, 我们有 $Y = X$ 且 $x \in \overline{Y}$, 所以 x 的 ε 邻域 $B(x; \varepsilon)$ 含有 $y \in Y$ 且 $d(x, y) < \varepsilon$. 反过来, 若 X 有一个具有问题中所给性质的可数子集 Y, 则每个 $x \in X$ 要么是 Y 的一个点, 要么是 Y 的一个聚点. 因此 $\overline{Y} = X$, 所以 X 是可分的.

14. 设 T 是连续映射且设 A 是任何闭集 M 的逆像, 那么 M^C 的逆像是 A^C. 由 1.3–4 可知它是开集, 于是 $A = \left(A^C\right)^C$ 是闭集. 反之, 若 M 有闭的逆像, 那么 M^C 与 A^C 都是开集, 于是由 1.3–4 可知 T 是连续映射.

15. $x(t) = \sin t$ 定义了连续映射 $\mathbf{R} \longrightarrow \mathbf{R}$, 它把开集 $(0, 2\pi)$ 映到闭集 $[-1, 1]$ 上.

1.4　收敛性、柯西序列和完备性

1. $d(x_n, x) < \varepsilon$ ($n > N$) 蕴涵 $d(x_{n_k}, x) < \varepsilon$ ($n_k > N$).

2. 由假设, 对于任意正数 ε 存在 N 使得对于所有 $m, n_k > N$ 有
$$d(x_m, x_{n_k}) < \frac{\varepsilon}{2} \qquad d(x_{n_k}, x) < \frac{\varepsilon}{2},$$
因此对于 $m > N$ 有
$$d(x_m, x) \leqslant d(x_m, x_{n_k}) + d(x_{n_k}, x) < \frac{\varepsilon}{2} + \frac{\varepsilon}{2} = \varepsilon.$$

4. 若 (x_n) 是柯西序列, 则存在 n_0 使得对于所有 $n > n_0$ 有 $d(x_n, x_{n_0}) < 1$. 因此对于所有 n 有
$$d(x_n, x_{n_0}) < \max\{1, d(x_1, x_{n_0}), \cdots, d(x_{n_0-1}, x_{n_0})\}.$$

6. 根据三角不等式有

$$a_n = d(x_n, y_n) \leqslant d(x_n, x_m) + d(x_m, y_m) + d(y_m, y_n),$$

上式右边 $d(x_m, y_m) = a_m$，所以对于任意正数 ε 存在 N 使得对于所有 $m, n > N$ 有

$$|a_n - a_m| \leqslant d(x_n, x_m) + d(y_m, y_n) < \varepsilon.$$

9. 从 $\tilde{\tilde{d}}(x, y) \leqslant \tilde{d}(x, y) \leqslant d(x, y) \leqslant 2\tilde{\tilde{d}}(x, y)$ 可推出所希望的结果.

10. 令 $z_n = x_n + \mathrm{i}y_n$，由于

$$|x_m - x_n| \leqslant |z_m - z_n| \quad \text{且} \quad |y_m - y_n| \leqslant |z_m - z_n|,$$

因此若 (z_n) 是柯西序列，则 (x_n) 和 (y_n) 在 $\mathbf{R}$ 中是柯西序列. 因此 $x_n \to x$ 且 $y_n \to y$. 令 $z = x + \mathrm{i}y$，因为

$$|z_n - z| = |x_n - x + \mathrm{i}(y_n - y)| = |x_n - x| + |y_n - y| \to 0,$$

所以 $z_n \to z$.

1.5 例子——完备性的证明

1. 见 1.4-7.

2. 设 (x_n) 是柯西序列，其中 $x_m = \left(\xi_1^{(m)}, \cdots, \xi_n^{(m)}\right)$，则对于每个正数 ε 存在 N 使得

对于 $m, r > N$ 有 $\quad d(x_m, x_r) = \max_j \left|\xi_j^{(m)} - \xi_j^{(r)}\right| < \varepsilon$，其中 $j = 1, \cdots, n$，

因此

$$\left|\xi_j^{(m)} - \xi_j^{(r)}\right| < \varepsilon.$$

因此对于固定的任意 j，序列 $\left(\xi_j^{(1)} - \xi_j^{(2)}, \cdots\right)$ 在 $\mathbf{R}$ 中是柯西序列且收敛，不妨设 $\xi_j^{(m)} \to \xi_j$，并且定义 $x = (\xi_1, \cdots, \xi_n)$，则 $x \in X$ 且 $\left|\xi_j^{(m)} - \xi_j^{(r)}\right| < \varepsilon$. 令 $r \to \infty$ 便有 $\left|\xi_j^{(m)} - \xi_j\right| \leqslant \varepsilon$（$m < N$），因此 $x_m \to x$，这就证明了 X 是完备度量空间.

3. 令 $x_n = (1, 1/2, 1/3, \cdots, 1/n, 0, 0, \cdots)$，因为 $d(x_m, x_n) = 1/(m+1)$（$m < n$），所以 (x_n) 是 M 中的柯西序列，但 $x_n \to x = (1/n) \in X$（$x \notin M$）.

4. $x = (1/n) \in \overline{M}$，但 $x \notin M$.

5. X 在 $\mathbf{R}$ 中是闭的，利用 1.4-7. 第二个证明：X 中的柯西序列 (x_n) 的项从某项 x_n 起必定是相等的.

6. 当 $x_n = n$ 时，(x_n) 没有极限但是为柯西序列，因为对于任意 m 和 $n > m > \cot \varepsilon$ 有

$$d(m, n) = \arctan n - \arctan m = \arctan \frac{n-m}{1+mn} < \arctan \frac{1}{m} < \varepsilon.$$

7. 一个不收敛的柯西序列是 (x_n)，其中 $x_n = n$.

8. 对于任意 $x \in \overline{Y}$，存在 Y 中的序列 (x_n) 使得 $x_n \to x$，见 1.4-6(a). 因此 $x_n(a) \to x(a)$ 且 $x_n(b) \to x(b)$，于是 $0 = x_n(a) - x_n(b) \to x(a) - x(b)$，且 $x \in Y$，由 1.4-7 可知 Y 是完备空间.

9. 我们证明 x 在任意 $t = t_0 \in [a, b]$ 是连续的. 由于收敛是一致的, 对于每个正数 ε 存在 $N(\varepsilon)$ 使得

$$\text{对于所有 } t \in [a, b] \text{ 有 } \quad |x(t) - x_N(t)| < \frac{\varepsilon}{3}.$$

由于 x_N 在 t_0 是连续的, 所以存在正数 δ 使得

$$\text{对于所有满足 } |t - t_0| < \delta \text{ 的 } t \in [a, b] \text{ 有 } \quad |x_N(t) - x_N(t_0)| < \frac{\varepsilon}{3}.$$

根据三角不等式, 对于这些 t 有

$$|x(t) - x(t_0)| \leqslant |x(t) - x_N(t)| + |x_N(t) - x_N(t_0)| + |x_N(t_0) - x(t_0)| < \frac{\varepsilon}{3} + \frac{\varepsilon}{3} + \frac{\varepsilon}{3},$$

所以 x 在 t_0 是连续的.

10. 在这个空间中, 柯西序列必定从某一项起是常数且以此为极限收敛.

11. 设 $x_n \to x$. 取固定的任意 j, 则对于每个正数 ε 存在 N 使得

$$\frac{1}{2^j} \frac{\left| \xi_j^{(n)} - \xi_j \right|}{1 + \left| \xi_j^{(n)} - \xi_j \right|} \leqslant d(x_n, x) < \frac{\varepsilon}{2^j(1 + \varepsilon)}, \qquad n > N.$$

因此对于 $n > N$ 有 $\left| \xi_j^{(n)} - \xi_j \right| < \varepsilon$. 充分性的证明是直接的.

12. 设 (x_n) 是柯西序列, 其中 $x_n = \left(\xi_j^{(n)} \right)$, 则对于固定的任意 j 及正数 ε, 存在 N 使得

$$\text{对于 } m, n > N \text{ 有 } \quad \frac{1}{2^j} \frac{\left| \xi_j^{(m)} - \xi_j^{(n)} \right|}{1 + \left| \xi_j^{(m)} - \xi_j^{(n)} \right|} \leqslant d(x_n, x_m) < \frac{\varepsilon}{2^j(1 + \varepsilon)},$$

因此对于 $m, n > N$ 有 $\left| \xi_j^{(m)} - \xi_j^{(n)} \right| < \varepsilon$. 对于固定的 j 有 $\left(\xi_j^{(n)} \right)$ 是柯西序列, 于是 $\xi_j^{(n)} \to \xi_j$, 由习题 11 可知 $x_n \to x = (\xi_j)$.

13. 通过直接计算可得对于 $m < n$ 有 $d(x_n, x_m) = m^{-1} - n^{-1}$.

14. 取任意 $x \in X$, 令 $c = \max\left\{1, \max\limits_{t \in J} |x(t)|\right\}$, 其中 $J = [0, 1]$, 则对于 $n \geqslant 2c$ 有

$$\begin{aligned}
d(x_n, x) &= \int_0^1 |x_n(t) - x(t)| \mathrm{d}t \\
&\geqslant \int_0^{1/c^2} |x_n(t) - x(t)| \mathrm{d}t \\
&\geqslant \int_0^{1/c^2} (x_n(t) - c) \mathrm{d}t \\
&= \int_0^{1/n^2} (n - c) \mathrm{d}t + \int_{1/n^2}^{1/c^2} \left(t^{-1/2} - c \right) \mathrm{d}t \\
&= \frac{1}{c} - \frac{1}{n} \geqslant \frac{1}{2c}.
\end{aligned}$$

由于 c 是固定的, 所以 (x_n) 不收敛于 x. 由于 x 是任意的, 所以不存在 $x \in X$ 使得柯西序列 (x_n) 收敛于它.

15. 对于每个正数 ε 存在 N 使得对于 $n > m > N$ 有

$$d(x_n, x_m) = \sum_{j=m+1}^{n} \frac{1}{j^2} < \varepsilon.$$

因为对于大于某个 $\tilde{N}$ 的 j 有 $\xi_j = 0$，所以 (x_n) 不收敛于任何 $x = (\xi_j) \in X$，从而对于 $n > \tilde{N}$ 有

$$d(x_n, x) = |1 - \xi_1| + \left| \frac{1}{4} - \xi_2 \right| + \cdots + \frac{1}{(\tilde{N}+1)^2} + \cdots + \frac{1}{n^2} > \frac{1}{(\tilde{N}+1)^2},$$

并且由于 $\tilde{N}$ 是固定的，所以 $d(x_n, x) \to 0$ 是不可能的.

1.6　度量空间的完备化

2. $\mathbf{R}$.

3. X.

4. 在等距的情况下，X_1 和 X_2 中的柯西序列彼此对应.

5. (b) $\mathbf{R}$ 和具有 $\mathbf{R}$ 上度量的 $(-1, 1)$，同胚是 $x \longmapsto \frac{2}{\pi} \arctan x$.

6. 设 $x \in C[0, 1]$，令 $y(\tau) = x\left(\dfrac{\tau - a}{b - a} \right)$ 与 $x(t)$ 对应.

7. 若 $\tilde{d}(x_m, x_n) < \varepsilon < \frac{1}{2}$，则

$$d(x_m, x_n) = \frac{\tilde{d}(x_m, x_n)}{1 - \tilde{d}(x_m, x_n)} < 2\tilde{d}(x_m, x_n).$$

因此若 (x_n) 在 $(X, \tilde{d})$ 中是柯西序列，则它在 (X, d) 中也是柯西序列，并且它在 (X, d) 中的极限也是它在 $(X, \tilde{d})$ 中的极限.

8. 由于 $\tilde{d}(x_m, x_n) \leqslant d(x_m, x_n)$，所以 (X, d) 中的柯西序列也是 $(X, \tilde{d})$ 中的柯西序列，而 (x_n) 收敛. 若 $\tilde{d}(x, y) < \frac{1}{2}$，则

$$d(x, y) = \frac{\tilde{d}(x, y)}{1 - \tilde{d}(x, y)} < 2\tilde{d}(x, y),$$

所以 (x_n) 在 (X, d) 中的极限也是它在 $(X, \tilde{d})$ 中的极限,

9. 当 $n \to \infty$ 时 $d(x_n', l) \leqslant d(x_n', x_n) + d(x_n, l) \to 0$.

10. 当 $n \to \infty$ 时 $d(x_n, x_n') \leqslant d(x_n, l) + d(l, x_n') \to 0$.

11. 若 $(x_n) \sim (y_n)$ 且 $(y_n) \sim (z_n)$，则从

$$\text{当 } n \to \infty \text{ 时 } \quad d(x_n, z_n) \leqslant d(x_n, y_n) + d(y_n, z_n) \to 0$$

可以看出 $(x_n) \sim (z_n)$.

12. 对于每个正数 ε，存在 N 使得对于所有 $m, n > N$ 有 $d(x_m', x_m) < \varepsilon/3$, $d(x_m, x_n) < \varepsilon/3$, $d(x_n, x_n') < \varepsilon/3$. 根据三角不等式，

$$\text{对于所有 } m, n > N \text{ 有 } \quad d(x_m', x_n') < \varepsilon.$$

14. (i) 度量, (ii) 伪度量.

15. 宽度为 2 的开的垂直长条.

2.1 向量空间

2. 我们有 $0x + x = (0+1)x = x = \theta + x$, 通过加 $-x$ 可得 (2.1.1a), 此外

$$\alpha x + \alpha\theta = \alpha(x + \theta) = \alpha x = \alpha x + \theta,$$

通过加 $-ax$ 可得 (2.1.1b). 由

$$x + (-1)x = 1x + (-1)x = \big[1 + (-1)\big]x = 0x = \theta$$

可得 (2.1.2)

3. 平面 $\xi_1 = \xi_2$.

4. (a), (d) 当 $k = 0$ 时.

6. 由 $x = \sum \alpha_j e_j = \sum \beta_j e_j$ 可得 $\sum(\alpha_j - \beta_j)e_j = 0$. 因为 $\{e_1, \cdots, e_n\}$ 是线性无关集, 所以对于 $j = 1, \cdots, n$ 有 $\alpha_j - \beta_j = 0$.

7. $\{e_1, \cdots, e_n, ie_1, \cdots, ie_n\}$, n, $2n$.

8. 不. 对于任意 $x \neq 0$, 集合 $\{x, ix\}$ 相对于两种空间分别是线性相关和线性无关的.

9. $\{e_0, \cdots, e_n\}$, 其中 $e_j(t) = t^j$, $t \in [a, b]$. 不是.

10. 因为

$$
\begin{aligned}
x_1, x_2 \in Y \cap Z &\implies x_1, x_2 \in Y \text{ 且 } x_1, x_2 \in Z \\
&\implies \alpha x_1 + \beta x_2 \in Y \text{ 且 } \alpha x_1 + \beta x_2 \in Z \\
&\implies \alpha x_1 + \beta x_2 \in Y \cap Z,
\end{aligned}
$$

所以 $Y \cap Z$ 是 X 的子空间. 第二个命题是显而易见的.

12. 零矩阵, 4 维, 例如

$$
\begin{bmatrix} 1 & 0 \\ 0 & 0 \end{bmatrix}, \quad
\begin{bmatrix} 0 & 1 \\ 0 & 0 \end{bmatrix}, \quad
\begin{bmatrix} 0 & 0 \\ 1 & 0 \end{bmatrix}, \quad
\begin{bmatrix} 0 & 0 \\ 0 & 1 \end{bmatrix}
$$

是, 否.

14. 因为

$$
\begin{aligned}
v \in (w + Y) \cap (x + Y) &\implies v = w + y_1 = x + y_2, \quad \text{其中 } y_1, y_2 \in Y \\
&\implies \begin{cases} w = x + y_2 - y_1 &\implies w \in x + Y, \\ x = w + y_1 - y_2 &\implies x \in w + Y, \end{cases}
\end{aligned}
$$

所以不同的陪集作成 X 的一个分类. 我们证明 X/Y 中代数运算的定义不依赖于陪集中的代表的特殊选取. 若不用 w 而用 $w + w_0 \in w + Y$ 作为 $w + Y$ 的代表, 则

$$w + w_0 = w + y, \quad \text{其中 } y \in Y, \quad \text{所以 } w_0 = y, \quad \text{从而 } w_0 + Y = Y.$$

这便看出陪集 $(w + w_0 + x) + Y$ 与 $(w + x) + Y$ 由相同的元素组成. 标量乘法是类似的. 由于 X/Y 中的两种代数运算是用代表来定义的, 所以这两种运算也服从 X 中的运算所服从的法则. 此外, X/Y 中的零元是 Y 且

$$(-x + Y) + (x + Y) = Y.$$

15. 所有平行于 ξ_1 轴的直线的集合, $\{0\}$, X.

2.2 赋范空间和巴拿赫空间

3. 根据三角不等式和 N_3 有

$$\|y\| = \|y - x + x\| \leqslant \|y - x\| + \|x\|,$$
$$\|x\| = \|x - y + y\| \leqslant \|y - x\| + \|y\|.$$

由此可得

$$\|y\| - \|x\| \leqslant \|y - x\|,$$
$$\|y\| - \|x\| \geqslant -\|y - x\|.$$

4. 我们有

$$\|0\| = \|0x\| = 0\|x\| = 0.$$

由 N_3 和 N_4 可得 (2.2.2), 且当 $x = 0$ 时 (2.2.2) 蕴涵

$$0 \leqslant \big|\|y\|\big| \leqslant \|y\|.$$

5. 容易验证 N_1 至 N_3. 在闵可夫斯基不等式 (1.2.12) 中取 $p = 2$（只从 1 到 n 求和）便可推出 N_4.

6. N_1 至 N_3 是显而易见的. 对于 $\|\cdot\|_1$, 由关于数的三角不等式可得 N_4:

$$\|x + y\|_1 = |\xi_1 + \eta_1| + |\xi_2 + \eta_2| \leqslant |\xi_1| + |\eta_1| + |\xi_2| + |\eta_2| = \|x\|_1 + \|y\|_1.$$

对于 $\|\cdot\|_2$, 通过直接计算便可验证 N_4:

$$0 \leqslant (\xi_1\eta_2 + \xi_2\eta_1)^2 \implies (\xi_1\eta_1 + \xi_2\eta_2)^2 \leqslant (\xi_1^2 + \xi_2^2)(\eta_1^2 + \eta_2^2)$$
$$\implies (\xi_1 + \eta_1)^2 + (\xi_2 + \eta_2)^2 \leqslant \left(\sqrt{\xi_1^2 + \xi_2^2} + \sqrt{\eta_1^2 + \eta_2^2}\right)^2,$$

等等. 或应用闵可夫斯基不等式 (1.2.12), 且取 $p = 2$（仅对 1 和 2 求和）. 对于 $\|\cdot\|_\infty$, 由下式可推出 N_4:

$$\|x + y\|_\infty = \max\{|\xi_1 + \eta_1|, |\xi_2 + \eta_2|\}$$
$$\leqslant \max\{|\xi_1| + |\eta_1|, |\xi_2| + |\eta_2|\}$$
$$\leqslant \max\{|\xi_1|, |\xi_2|\} + \max\{|\eta_1|, |\eta_2|\}.$$

7. N_1 至 N_3 是显然的, 由闵可夫斯基不等式 (1.2.12) 可推出 N_4.

8. N_1 至 N_3 是显然的. 对于 $\|\cdot\|_1$ 及 $\|\cdot\|_p$, 由闵可夫斯基不等式 (1.2.12) 可推出 N_4. 对于 $\|\cdot\|_\infty$, 由下式可推出 N_4:

$$\|x+y\|_\infty = \max_j |\xi_j + \eta_j| \leqslant \max_j \big(|\xi_j| + |\eta_j|\big) \leqslant \max_j |\xi_j| + \max_j |\eta_j| = \|x\|_\infty + \|y\|_\infty.$$

11. $\|z\| = \|\alpha x + (1-\alpha)y\| \leqslant \alpha \|x\| + (1-\alpha)\|y\| \leqslant \alpha + (1-\alpha) = 1.$

12. 集合 $\{x \mid \varphi(x) \leqslant 1\}$ 不是凸的. 例如 $x = (1,0)$, $y = (0,1)$, $z = (x+y)/2 = (1/2, 1/2)$ 给出 $\varphi(x) = \varphi(y) = 1$, 但 $\varphi(z) = 2$.

13. 它不满足 (2.2.9b).

14. $\tilde{d}$ 不满足 (2.2.9b).

15. 设 M 是有界集, 不妨设 $\delta(M) = \sup\limits_{x,y \in M} \|x-y\| = b < \infty$, 考虑任意 $x \in M$, 取固定的 $x_0 \in M$ 并置 $c = b + \|x_0\|$, 则

$$\|x\| = \|x - x_0 + x_0\| \leqslant \|x - x_0\| + \|x_0\| \leqslant b + \|x_0\| = c.$$

反过来, 设对于每个 $x \in M$ 有 $\|x\| \leqslant c$, 则对于所有 $x, y \in M$ 有

$$\|x - y\| \leqslant \|x\| + \|y\| \leqslant 2c \quad 且 \quad \delta(M) \leqslant 2c.$$

2.3   赋范空间的其他性质

2. 设 $x = (\xi_j) \in \bar{c}_0$ 且 $x_n = (\xi_j^{(n)}) \in c_0$ 使得 $x_n \to x$, 则对于任意正数 ε, 存在 N 使得对于所有 $j, n > N$ 有 $\|x - x_n\| < \varepsilon/2$ 且 $\left|\xi_j^{(n)}\right| < \varepsilon/2$, 从而

$$|\xi_j| \leqslant \left|\xi_j - \xi_j^{(n)}\right| + \left|\xi_j^{(n)}\right| \leqslant \sup_k \left|\xi_k - \xi_k^{(n)}\right| + \left|\xi_j^{(n)}\right| = \|x - x_n\| + \left|\xi_j^{(n)}\right| < \varepsilon.$$

因此 $\xi_j \to 0$, 于是 $x \in c_0$.

3. 例如, $x = (\xi_j) = (1/n) \in \overline{Y}$, 但 $x \notin Y$.

4. 给定正数 ε, 则对于 $\|x - x_0\| < \delta = \varepsilon/2$ 和 $\|y - y_0\| < \delta$, 根据 N_4 有

$$\|(x+y) - (x_0 + y_0)\| \leqslant \|x - x_0\| + \|y - y_0\| < \varepsilon.$$

类似地, 根据 N_3, 对于充分小的正数 $|\alpha - \alpha_0|$ 和 $\|x - x_0\|$ 有

$$\|\alpha x - \alpha_0 x_0\| = \|(\alpha - \alpha_0)(x - x_0) + (\alpha - \alpha_0)x_0 + \alpha_0(x - x_0)\|$$
$$\leqslant |\alpha - \alpha_0| \, \|x - x_0\| + |\alpha - \alpha_0| \, \|x_0\| + |\alpha_0| \, \|x - x_0\| < \varepsilon.$$

5. 从习题 4 可直接推出.

6. 设 $x, y \in \overline{Y}$, 根据 1.4–6(a), 存在 Y 中的序列 (x_n) 和 (y_n) 使得 $x_n \to x$ 且 $y_n \to y$. 由于 Y 是向量空间, 所以 $\alpha x_n + \beta y_n \in Y$. 由习题 5 可知 $\alpha x_n + \beta y_n \to \alpha x + \beta y$, 因此 $\alpha x + \beta y \in \overline{Y}$.

7. $\sum\limits_{n=1}^{\infty} \|y_n\| = \sum\limits_{n=1}^{\infty} 1/n^2$ 收敛, 但是

$$\sum_{j=1}^{n} y_j = s_n = (1, 1/4, 1/9, \cdots, 1/n^2, 0, 0, \cdots) \to s \notin Y.$$

8. 设 (s_n) 是 X 中的任意柯西序列, 则对于每个 $k \in \mathbf{N}$, 存在 n_k 使得 $\|s_n - s_m\| < 2^{-k}$ ($m, n > n_k$). 对于所有 k 选取 $n_{k+1} > n_k$, 则 (s_{n_k}) 是 (s_n) 的一个子序列, 并且是 $\sum x_k$ 的部分和序列, 其中 $x_1 = s_{n_1}$ 且 $x_k = s_{n_k} - s_{n_{k-1}}$, 因此

$$\sum \|x_k\| \leqslant \|x_1\| + \|x_2\| + \sum 2^{-k} = \|x_1\| + \|x_2\| + 1,$$

于是 $\sum x_k$ 绝对收敛. 根据假设 $\sum x_k$ 收敛, 不妨设 $s_{x_k} \to s \in X$. 由于 (s_n) 是柯西序列且

$$\|s_n - s\| \leqslant \|s_n - s_{n_k}\| + \|s_{n_k} - s\|,$$

所以 $s_n \to s$. 由于 (s_n) 是任意的, 这就证明了 X 是完备空间.

9. 由于对于 $m < n$ 有

$$\|s_n - s_m\| = \|x_{m+1} + \cdots + x_n\| \leqslant \|x_{m+1}\| + \cdots + \|x_n\| \leqslant \|x_{m+1}\| + \|x_{m+2}\| + \cdots.$$

所以部分和序列 (s_n) 是柯西序列.

10. 绍德尔基的元素的具有有理系数的所有线性组合所成之集是可数的, 且在空间中稠密.（对于复系数, "有理的" 意味着实部与虚部皆为有理数.）

12. 我们有

$$p(0) = p(0x) = 0p(x) = 0,$$

还有

$$p(y) = p(y - x + x) \leqslant p(y - x) + p(x),$$

$$p(y) - p(x) \leqslant p(y - x) = |-1| p(x - y).$$

交换 x 与 y 的位置并乘以 -1 可得

$$p(y) - p(x) \geqslant -p(y - x).$$

13. 若 $p(x) = p(y) = 0$, 则根据 N_4、N_3 和 N_1 有 $p(\alpha x + \beta y) = 0$.

由于对于任意 $v \in N$ 和 $x \in X$ 有 $p(v) = 0$, 并且根据 N_4 有

$$p(x) = p(x + v - v) \leqslant p(x + v) + 0 \leqslant p(x),$$

所以 $\|\hat{x}\|_0$ 是唯一的. 因为 $p(0) = 0$ 和 $\|\hat{x}\|_0 = 0$ 蕴涵 $p(x) = 0$, 所以 N_2 成立, 因此 $x \in N$, 而 N 是 X/N 的零元.

14. $\|\hat{x}\|_0 = 0$ 当且仅当存在 $\hat{x}$ 中的序列 (x_n) 满足 $\|x_n\| \to 0$, 而它成立的充分必要条件是 $0 \in \hat{x}$. 因为 Y 是闭空间, 所以 $\hat{x}$ 是闭集. 因此 $\|\hat{x}\| = 0$ 当且仅当 $\hat{x} = Y$. 由

$$\|\hat{x} + \hat{y}\|_0 = \inf_{\substack{x \in \hat{x} \\ y \in \hat{y}}} \|x + y\| \leqslant \inf_{\substack{x \in \hat{x} \\ y \in \hat{y}}} (\|x\| + \|y\|) = \inf_{x \in \hat{x}} \|x\| + \inf_{y \in \hat{y}} \|y\| = \|\hat{x}\|_0 + \|\hat{y}\|_0$$

可得三角不等式. 类似地有 $\|\alpha \hat{x}\|_0 = \alpha \|\hat{x}\|_0$.

15. $\|x\| = 0 \iff \|x_1\|_1 = \|x_2\|_2 = 0 \iff x = (0,0) = 0.$

令 $x = (x_1, x_2),\ y = (y_1, y_2)$，则

$$\|x + y\| = \max(\|x_1 + y_1\|_1, \|x_2 + y_2\|_2)$$
$$\leqslant \max(\|x_1\|_1 + \|y_1\|_1, \|x_2\|_2 + \|y_2\|_2)$$
$$\leqslant \max(\|x_1\|_1, \|x_2\|_2) + \max(\|y_1\|_1, \|y_2\|_2)$$
$$= \|x\| + \|y\|.$$

2.4   有限维赋范空间和子空间

2. $1/\sqrt{2},\ 1/\sqrt{3}$.

4. 对于以原点为中心的开球，由 (2.4.3) 可得 $B(0; r) \subseteq B_0(0; r/a)$ 和 $B_0(0; r) \subseteq B(0; br)$，这里的下标 0 对应着 $\|\cdot\|_0$. 由于范数导出的度量满足平移不变性，所以以任意点为中心的球都有类似的性质，从而由 §1.3 习题 4 可得到所希望的结论.

6. 因为 $|\xi_j|^2 \leqslant \max\limits_k |\xi_k|^2$，所以 $\|x\|_\infty \leqslant \|x\|_2 \leqslant \sqrt{n}\,\|x\|_\infty$.

7. 令 $e_1 = (1, 0, \cdots, 0),\ e_2 = (0, 1, 0, \cdots, 0)$，等等. 根据柯西–施瓦茨不等式 (1.2.11) 有

$$\|x\| \leqslant \sum |\xi_j|\,\|e_j\| \leqslant b\,\|x\|_2, \quad 其中 \quad b^2 = \sum \|e_j\|^2.$$

8. 柯西–施瓦茨不等式 (1.2.11)，令 $\eta_j = 1$，并从 1 到 n 求和便得

$$\|x\|_1^2 = \left(\sum |\xi_j|\right)^2 \leqslant n \sum |\xi_j|^2 = n\,\|x\|_2^2.$$

第二个不等式是平凡的.

10. 应用 2.4–5，有

$$\|A\|_1 = \sum_j \sum_k |\alpha_{jk}|, \quad \|A\|_2 = \left(\sum_j \sum_k |\alpha_{jk}|^2\right)^{1/2}, \quad \|A\|_\infty = \max_{j,k} |\alpha_{jk}|.$$

2.5   紧性和有限维

2. X 含有无穷序列 $(x_n),\ x_n \neq x_m\ (m \neq n)$. 由于 $d(x_n, x_m) = 1$，故它没有收敛的子序列.

4. 若条件不成立，则存在 $k = k_0$ 使得对于每个 γ_{k_0} 有 $x = x(\gamma_{k_0}) \in M$ 满足 $|\xi_{k_0}(x)| > \gamma_{k_0}$. 因此对于 $\gamma_{k_0} = n$ 存在 $x = x_n \in M$ 使得 $|\xi_{k_0}(x_n)| > n$. 因为由 $x_{n_j} \to x$ 将导致 $\xi_{k_0}(x_{n_j}) \to \xi_{k_0}(x)$，而 $|\xi_{k_0}(x_{n_j})| > n_j$，所以序列 (x_n) 没有收敛的子序列. 因此 M 不是紧集.

6. X 是它的任意一点的紧邻域.

7. 设 $\{b_1, \cdots, b_n\}$ 是 Y 的基，$y_k = \sum \alpha_{kl} b_l \in Y$ 且 $\|y_k - v\| \to a$，则诸 α_{kl} 组成有界集（见 2.4–1）且 (y_k) 有子序列 (y_{k_j}) 对于 $l = 1, \cdots, n$ 满足 $\alpha_{k_j l} \to \alpha_l$，我们还有

$$\tilde{y} = \sum \alpha_l b_l \in Y, \quad \|v - \tilde{y}\| \leqslant \|v - y_{k_j}\| + \sum |\alpha_{k_j l} - \alpha_l|\,\|b_l\|,$$

它蕴涵 $\|v - \tilde{y}\| = a$. 重复引理的证明，并用等式 $\|v - \tilde{y}\| = a$ 代替 (2.5.1)，则得出 $\tilde{z} = \|v - \tilde{y}\|^{-1}(v - \tilde{y})$ 对于每个 $y \in Y$ 满足 $\|\tilde{z} - y\| \geqslant 1$.

8. 由 $h(x) = \|x\|$, $x \in X$ 定义的 h 是连续的（§2.2）. 由 2.5–3 可知单位球 $M \subseteq (X, \|\cdot\|_2)$ 是紧的, 因此 h 在 M 上取得最小值（根据 2.5–7）, 不妨设对于所有 $y \in M$ 有

$$a = h(y_0) = \min_{\|z\|_2 = 1} h(z) \leqslant h(y).$$

显然 $a > 0$, 否则将有 $y_0 = 0$, 这将导致 $y_0 \notin M$. 对于任意 $x \neq 0$ 有 $y = \|x\|_2^{-1} x \in M$ 且

$$a \leqslant h(y) = \|x\|_2^{-1} \|x\| \quad \Longleftrightarrow \quad a \|x\|_2 \leqslant \|x\|.$$

9. 由于 X 是紧空间, 所以 M 中任意序列 (x_n) 有在 X 中收敛的子序列 (x_{n_k}), 不妨设 $x_{n_k} \to x \in X$, 由 1.4–6(a) 可知 $x \in \overline{M}$, 由于 M 是闭集, 所以 $x \in M$, 因此 M 是紧集.

10. 设 M 是 X 的任意闭子集, 则由习题 9 可知 M 是紧集, 由 2.5–6 可知 $T(M)$ 是紧集, 由 2.5–2 可知 $T(M)$ 是闭集, 因此 T^{-1} 是连续映射（见 §1.3 习题 14）并且是一个同胚.

2.6　线性算子

2. 到 ξ_1 轴上的投影. 到 ξ_2 轴上的投影. 关于直线 $\xi_1 = \xi_2$ 的反射. 若 $\gamma > 1$, 则是均匀膨胀; 若 $\gamma = 1$, 则是恒等算子; 若 $0 < \gamma < 1$, 则是均匀收缩; 若 $\gamma = 0$, 则是零算子; 若 $-1 < \gamma < 0$, 则是均匀收缩与关于原点的反射的结合; 等等.

3. 定义域是 $\mathbf{R}^2$. 值域是 ξ_1 轴、ξ_2 轴、$\mathbf{R}^2$. 零空间是 ξ_2 轴、ξ_1 轴、原点.

4. 若 $\gamma = 0$, 则是 $\mathbf{R}^2$; 若 $\gamma \neq 0$, 则是 $\{0\}$. 零向量和所有与该固定向量平行的向量. 零向量和所有与 a 正交的向量. $x(t) = K = $ 常数.

5. 设 $Tx_1, Tx_2 \in T(V)$, 则 $x_1, x_2 \in V$, $\alpha x_1 + \beta x_2 \in V$. 因此 $T(\alpha x_1 + \beta x_2) = \alpha T x_1 + \beta T x_2 \in T(V)$.

　　设 x_1, x_2 落在逆像之中, 则 $Tx_1, Tx_2 \in W$, $\alpha Tx_1 + \beta Tx_2 \in W$, $\alpha Tx_1 + \beta Tx_2 = T(\alpha x_1 + \beta x_2)$, 所以 $\alpha x_1 + \beta x_2$ 是该逆像的元素.

7. 否, 几何上也是显而易见的.

8. $y = Ax$, 其中 x 和 y 是有两个分量的列向量且 A 等于

$$\begin{bmatrix} 1 & 0 \\ 0 & 0 \end{bmatrix}, \quad \begin{bmatrix} 0 & 0 \\ 0 & 1 \end{bmatrix}, \quad \begin{bmatrix} 0 & 1 \\ 1 & 0 \end{bmatrix}, \quad \begin{bmatrix} \gamma & 0 \\ 0 & \gamma \end{bmatrix}.$$

10. $\mathscr{N}(T) = \{0\}$.

11. b 是非奇异的（$\det b \neq 0$）.

12. 根据 2.6–10(a), 否.

13. 否则, 若对于某个 $\alpha_j \neq 0$ 有 $\alpha_1 Tx_1 + \cdots + \alpha_n Tx_n = 0$, 则由于 T^{-1} 存在且为线性算子, 所以

$$T^{-1}(\alpha_1 Tx_1 + \cdots + \alpha_n Tx_n) = \alpha_1 x_1 + \cdots \alpha_n x_n = 0,$$

这说明 $\{x_1, \cdots, x_n\}$ 是线性相关的, 从而导出矛盾.

14. 设 $\mathscr{R}(T) = Y$, $\{y_1, \cdots, y_n\}$ 是 Y 的一个基, x_j 满足 $y_j = Tx_j$, 则由 $\sum \alpha_j x_j = 0$ 可得 $T\left(\sum \alpha_j x_j\right) = \sum \alpha_j y_j = 0$ 且 $\alpha_1 = \cdots = \alpha_n = 0$, 所以 $\{x_1, \cdots, x_n\}$ 是 X 的基. 若 $x = \sum \beta_j x_j$ 且 $Tx = 0$, 则 $Tx = \sum \beta_j Tx_j = \sum \beta_j y_j = 0$, $\beta_1 = \cdots = \beta_n = 0$, $x = 0$. 由 2.6–10(a) 可知 T^{-1} 存在. 逆命题可由 2.6–10(c) 得到.

15. 由于对于每个 $y \in X$ 有 $y = Tx$, 其中

$$x(t) = \int_0^t y(\tau)\mathrm{d}\tau,$$

所以 $\mathscr{R}(T) = X$. 由于对于每个常数函数有 $Tx = 0$, 所以 T^{-1} 不存在. 这说明在习题 14 中有限维是不可少的.

2.7   有界线性算子和连续线性算子

1. 我们有

$$\|T_1 T_2\| = \sup_{\|x\|=1} \|T_1 T_2 x\| \leqslant \sup_{\|x\|=1} \|T_1\| \|T_2 x\| = \|T_1\| \sup_{\|x\|=1} \|T_2 x\| = \|T_1\| \|T_2\|.$$

2. 设 $B \subseteq X$ 有界, 不妨设 $\|x\| < k$ 对所有 $x \in B$ 成立. 若 T 有界, 则 $\|Tx\| \leqslant \|T\| \|x\| < \|T\| k$, 于是 $T(B)$ 有界. 反之, 假设 T 将有界集映成有界集, 则单位球 $M = \{x \mid \|x\| = 1\}$ 的像 $T(M)$ 有界, 不妨设对于所有 $x \in M$ 有 $\|Tx\| < c$, 这就证明了 T 有界, 见 (2.7.4).

3. 根据假设有 $\|x\| = \gamma < 1$, 根据 (2.7.3) 有 $\|Tx\| \leqslant \|T\| \gamma < \|T\|$.

4. 设 T 在 x_0 处连续, 考虑任意 $x \in \mathscr{D}(T)$. 设 $x_n \to x$, 其中 $x_n \in \mathscr{D}(T)$, 则 $x_n - x + x_0 \to x_0$. 由于 T 是线性算子, 且在 x_0 处连续, 所以由 1.4–8 可得

$$Tx_n - Tx + Tx_0 = T(x_n - x + x_0) \to Tx_0,$$

从而 $Tx_n \to Tx$, 由 1.4–8 可知 T 在 x 处连续.

5. $\|T\| = 1$.

6. 令 $y_n = (\eta_j^{(n)}) = Tx_n$, $x_n = (\xi_j^{(n)})$, $\xi_j^{(n)} = n\sqrt{j}/(n+j)$, 则 $x_n \in l^\infty$, $\xi_j^{(n)} \to \xi_j = \sqrt{j}$ 且

$$\eta_j^{(n)} = n/\left[(n+j)\sqrt{j}\,\right] \to \eta_j = 1/\sqrt{j},$$

$y_n \in \mathscr{R}(T)$, $y = (\eta_j) \notin \overline{\mathscr{R}(T)}$, 但因为 $x = (\sqrt{j}) \in l^\infty$, 所以 $y \notin \mathscr{R}(T)$.

7. 设 $Tx = 0$, 则 $0 = \|Tx\| \geqslant b\|x\|$, $\|x\| = 0$, $x = 0$, 所以由 2.6–10(a) 可知 T^{-1} 存在, 且因为 $\mathscr{R}(T) = Y$ 有 $T^{-1} : Y \longrightarrow X$. 设 $Y = Tx$, 则 $T^{-1}y = x$ 且从

$$\|T^{-1}y\| = \|x\| \leqslant \frac{1}{b}\|Tx\| = \frac{1}{b}\|y\|$$

可推出 T^{-1} 有界.

8. 令 $y_n = (\eta_j^{(n)})$, $\eta_j^{(n)} = n/\left[(n+j)\sqrt{j}\,\right]$,

$$T^{-1}y_n = x_n = (\xi_j^{(n)}) = (j\eta_j) = \left(n\sqrt{j}/(n+j)\right),$$

则 $\|y_n\| < 1$, $\|x_n\| = \sqrt{n}/2$, 当 $n \to \infty$ 时 $\|x_n\|/\|y_n\| \to \infty$.

9. $[0,1]$ 上的满足 $y(0) = 0$ 的所有连续可微函数 y 构成的子空间. $T^{-1}y = y'$. T^{-1} 是线性算子. 因为 $\left|(t^n)'\right| = n\left|t^{n-1}\right|$ 蕴涵 $\left\|T^{-1}\right\| \geqslant n$, 所以 T^{-1} 是无界算子. 也见 2.7–5.

10. 否, 1, 1, 1/2, 1.

11. 是, 是.

12. 为证明第二个命题, 只需注意到, 由

$$\|Ax\|_2 = \max_j \left|\sum_{k=1}^n \alpha_{jk}\xi_k\right| \leqslant \max_j \sum_{k=1}^n \alpha_{jk} |\max_m |\xi_m| = \|A\|\,\|x\|_1$$

可得

$$\sup\big(\|Ax\|_2/\|x\|_1\big) \leqslant \|A\|,$$

对于 $x_0 = \big(\xi_k^{(0)}\big)$ 还有 $\|Ax_0\|_2/\|x_0\|_1 = \|A\|$, 其中

$$\xi_k^{(0)} = \begin{cases} |\alpha_{sk}|/\alpha_{sk}, & \text{若 } \alpha_{sk} \neq 0, \\ 0, & \text{若 } \alpha_{sk} = 0, \end{cases}$$

其中 s 是 j 的所有值中使得 $\sum\limits_{k=1}^{\infty} |\alpha_{jk}|$ 达到最大者. 事实上, $\|x_0\|_1 = 1$ 且

$$\|Ax_0\|_2/\|x_0\|_1 = \|Ax_0\|_2 = \max_j \left|\sum_{k=1}^n \alpha_{jk}\xi_k^{(0)}\right| = \sum_{k=1}^n |\alpha_{sk}| = \|A\|.$$

13. 从 2.7–7 中最后一个公式可以推出第一个命题. 为证明第二个命题, 考虑单位矩阵.

14. 我们有

$$\|Ax\|_2 = \sum_{j=1}^r \left|\sum_{k=1}^n \alpha_{jk}\xi_k\right| \leqslant \sum_{j=1}^r \sum_{k=1}^n |\alpha_{jk}|\,|\xi_k| \leqslant \max_k \sum_{j=1}^r |\alpha_{jk}| \sum_{k=1}^n |\xi_k| = \|A\|\,\|x\|_1.$$

15. 设 $\|\cdot\|_0$ 是自然范数. 由习题 14 可知

$$\|A\|_0 = \sup_{\|x\|_1=1} \|Ax\|_2 \leqslant \|A\|.$$

$\|A\| = 0$ 的情形是显而易见的. 若 $\|A\| > 0$, 则存在 $k = s$ 使得

$$\|A\| = \max_k \sum_{j=1}^n |\alpha_{jk}| = \sum_{j=1}^n |\alpha_{js}|.$$

我们选定 $x = (\xi_j)$, 其中 $\xi_s = 1$ 且当 $j \neq s$ 时 $\xi_j = 0$, 则 $\|x\|_1 = 1$ 且 $\|Ax\|_2 = \sum |\alpha_{js}| = \|A\|$, 因此 $\|A\|_0 = \|A\|$.

2.8　线性泛函

3. 2.

4. 由于

$$f_1(x+y) = \max\big[x(t) + y(t)\big] \leqslant \max x(t) + \max y(t),$$

所以 f_1 不是线性的. 由于

$$\left|f_1(x)\right| = \left|\max x(t)\right| \leqslant \max|x(t)| = \|x\|,$$

所以 f_1 有界. 对于 f_2, 可以类似地证明.

5. 是的, $\|f\| = 1$.

6. 从

$$\|x + y\| = \max|x(t) + y(t)| + \max\left|x'(t) + y'(t)\right|$$
$$\leqslant \max|x(t)| + \max|y(t)| + \max\left|x'(t)\right| + \max\left|y'(t)\right|$$
$$= \|x\| + \|y\|$$

便推出三角不等式. f 是线性泛函. 由于

$$|f(x)| = \left|x'(c)\right| \leqslant \max|x(t)| + \max\left|x'(t)\right| = \|x\|,$$

所以 f 在 $C'[a, b]$ 上有界. 因为对于每个 $n \in \mathbf{N}$ 存在 $[a, b]$ 上的 x_n 使得 $x'_n(c) = 1$ 且 $\max|x_n(t)| < 1/n$, 于是

$$\sup_x \frac{|f(x)|}{\|x\|} \geqslant \frac{f(x_n)}{\|x_n\|} = \frac{\left|x'_n(c)\right|}{\max_t|x_n(t)|} > n,$$

所以 f 在该子空间上不是有界的.

7. $g = \bar{f}$ 有界. 因为 $g(\alpha x) = \overline{f(\alpha x)} = \bar{\alpha}g(x)$, 所以 g 不是线性的.

8. $\mathscr{N}(M^*) = \bigcap_{f \in M^*} \mathscr{N}(f)$ 且每个 $\mathscr{N}(f)$ 都是向量空间.

9. 设 $\alpha = f(x)/f(x_0)$ 且 $y = x - \alpha x_0$, 则 $x = \alpha x_0 + y$ 且 $f(y) = f(x) - \alpha f(x_0) = 0$, 所以 $y \in \mathscr{N}(f)$. 唯一性: 令

$$y + \alpha x_0 = \tilde{y} + \tilde{\alpha}x_0, \quad 则 \quad y - \tilde{y} = (\tilde{\alpha} - \alpha)x_0.$$

因此 $\tilde{\alpha} = \alpha$, 否则便有

$$x_0 = (\tilde{\alpha} - \alpha)^{-1}(y - \tilde{y}) \in \mathscr{N}(f),$$

从而出现矛盾. 所以也有 $y = \tilde{y}$.

10. 我们有

$$x_1, x_2 \in Z \in X/\mathscr{N}(f) \quad \Longleftrightarrow \quad x_1 - x_2 \in \mathscr{N}(f)$$
$$\Longleftrightarrow \quad f(x_1) - f(x_2) = f(x_1 - x_2) = 0.$$

由于 $f \neq 0$, 所以 $X/\mathscr{N}(f) \neq \{0\}$, 由此可知

$$\operatorname{codim} \mathscr{N}(f) = \dim\left(X/\mathscr{N}(f)\right) > 0.$$

若 $Z_1, Z_2 \in X/\mathscr{N}(f)$ 且 $\alpha_j x_0 \in Z_j$ ($j = 1, 2$), 则

$$\alpha_2(\alpha_1 x_0) - \alpha_1(\alpha_2 x_0) = 0, \quad \alpha_2 Z_1 - \alpha_1 Z_2 = 0,$$

其中 $\alpha_1 \neq 0$ 或 $\alpha_2 \neq 0$, 于是 $\{Z_1, Z_2\}$ 是线性相关的, 并且 $\dim\left(X/\mathscr{N}(f)\right) \leqslant 1$.

11. 根据习题 9 有 $x = y + [f_1(x)/f_1(x_0)]x_0$. 由于 $y \in \mathscr{N}(f_1) = \mathscr{N}(f_2)$, 所以 $f_2(y) = 0$, 这给出了比例 $f_2(x) = f_1(x)f_2(x_0)/f_1(x_0)$.

12. 若对于 x 有 $f(x) = \beta \neq 0$, 则对于 $x_0 = \beta^{-1}x$ 有 $f(x_0) = 1$, 而由习题 9 可知任何 $x \in H_1$ 都有表示 $x = x_0 + y$, 其中 $y \in \mathscr{N}(f)$.

13. 假设对于 $y_0 \in Y$ 有 $f(y_0) = \gamma \neq 0$ 将产生矛盾: 任意

$$\alpha = \frac{\alpha}{\gamma}f(y_0) = f\left(\frac{\alpha}{\gamma}y_0\right) \in f(Y).$$

14. 设 $x \in H_1$, 则 $1 = |f(x)| \leqslant \|f\|\|x\|$, 因此 $\|x\| \geqslant 1/\|f\|$ 且 $\tilde{d} \geqslant 1/\|f\|$. 对于任意正数 ε 存在 $x \in H_1$ 满足

$$\frac{f(x)}{\|x\|} = \frac{1}{\|x\|} > \|f\| - \varepsilon,$$

于是 $\|x\| < 1/(\|f\| - \varepsilon)$, 因此 $\tilde{d} \leqslant 1/\|f\|$, 从而 $\tilde{d} = 1/\|f\|$.

15. 若 $\|x\| \leqslant 1$, 则 $f(x) \leqslant |f(x)| \leqslant \|f\|\|x\| \leqslant \|f\|$, 但是 $\|f\| = \sup\limits_{\|x\| \leqslant 1} |f(x)|$ 表明对于任意正数 ε 存在 x 满足 $\|x\| \leqslant 1$ 且 $f(x) > \|f\| - \varepsilon$.

2.9 有限维空间中的线性算子和泛函

1. $\{\alpha x_0 \mid \alpha \in \mathbf{R}, \ x_0 = (2, 4, -7)\}$.

2. $\xi_1 + \xi_2 + \xi_3 = 0$, ξ_3 轴, $\begin{bmatrix} 1 & 0 & 0 \\ 0 & 1 & 0 \\ -1 & -1 & 0 \end{bmatrix}$.

3. $f_1 = (1, 0, 0)$, $f_2 = (0, 1, 0)$, $f_3 = (0, 0, 1)$.

4. $1/2, \ 0, \ 1/2$.

5. n 或 $n - 1$.

6. 例如 $e_1 = (1, 0, 1)$, $e_2 = (0, 1, 1)$.

7. $(\alpha_2, -\alpha_1, 0)$, $(\alpha_3, 0, -\alpha_1)$.

8. 存在 Z 的基 $\{e_1, \cdots, e_{n-1}\}$ 使得 $\{e_1, \cdots, e_n\}$ 是 X 的基. 令 $\{f_1, \cdots, f_n\}$ 是 $\{e_1, \cdots, e_n\}$ 的对偶基, 则 $f_n(x) = 0$ 当且仅当 $x \in Z$.

10. 设 $\{e_1, \cdots, e_n\}$ 是 X 的基使得 $\{e_1, \cdots, e_q\}$ 是 Z 的基且 $e_{q+1} = x_0$, 则 $f = f_{q+1}$, 其中 $\{f_1, \cdots, f_n\}$ 是对偶基. 事实上 $f(x_0) = 1$ 且 $f(e_j) = 0$ ($j = 1, \cdots, q$).

11. 否则, 对于所有 $f \in X^*$ 有 $f(x) - f(y) = f(x - y) = 0$, 并且根据 2.9–2 有 $x - y = 0$, 从而导出矛盾.

12. 设 $\{e_1, \cdots, e_n\}$ 是 X 的基使得 $\{g_1, \cdots, g_n\}$ 是对偶基, 其中 $g_k = f_k$ ($k = 1, \cdots, q$ 且 $q \leqslant p$), 且 $\{f_1, \cdots, f_q\}$ 是 $\{f_1, \cdots, f_p\}$ 的最大线性无关子集, 若有必要可适当地重新编序, 则 $f_j(x) = 0$ ($j = 1, \cdots, p$), 其中 $x = e_n$. n 个未知数和 p ($< n$) 个线性方程构成的齐次方程组有非平凡解.

13. 设 $\{e_1, \cdots, e_n\}$ 是 X 的基使得 $\{e_1, \cdots, e_p\}$ 是 Z 的基（$p < n$），令 $\{f_1, \cdots, f_n\}$ 是对偶基. 设

$$\tilde{f} = \sum_{j=1}^{p} f(e_j) f_j,$$

则 $\tilde{f}(e_k) = f(e_k)$（$k = 1, \cdots, p$），因此 $\tilde{f}|_Z = f$.

14. $\tilde{f}(x) = 4\xi_1 - 3\xi_2 + \alpha_3 \xi_3$.

15. $\tilde{f}(x) = \frac{1}{2}\xi_1 + k\xi_2 - \frac{1}{2}\xi_3$. 是.

2.10 算子赋范空间和对偶空间

1. 零算子 $0: X \longrightarrow \{0\} \in Y$. 算子 $-T$.

2. 因为 $\mathscr{D}(h)$ 是两个向量空间之交，所以 $\mathscr{D}(h)$ 是向量空间. 由于

$$h(\kappa x + \lambda y) = \alpha f(\kappa x + \lambda y) + \beta g(\kappa x + \lambda y)$$
$$= \kappa(\alpha f(x) + \beta g(x)) + \lambda(\alpha f(y) + \beta g(y))$$
$$= \kappa h(x) + \lambda h(y),$$

所以 h 是线性泛函. 由于

$$\sup_{\substack{x \in \mathscr{D}(h) \\ \|x\|=1}} |h(x)| = \sup_{\substack{x \in \mathscr{D}(h) \\ \|x\|=1}} |\alpha f(x) + \beta g(x)|$$
$$\leqslant |\alpha| \sup_{\substack{x \in \mathscr{D}(f) \\ \|x\|=1}} |f(x)| + |\beta| \sup_{\substack{x \in \mathscr{D}(g) \\ \|x\|=1}} |g(x)|$$
$$= |\alpha| \|f\| + |\beta| \|g\| < \infty,$$

所以 h 是有界泛函.

3. $\mathscr{D}(\alpha T_1 + \beta T_2) = \mathscr{D}(T_1) \cap \mathscr{D}(T_2)$，两个值域必定落在同一空间中.

4. 若 M 是给定的球，则它位于 $\tilde{B} = \{x \mid \|x\| \leqslant r\}$ 中，由 $T_n \to T$ 可知，对于每个正数 ε 存在 N 使得 $\|T_n - T\| < \varepsilon/r$（$n > N$）. 因此对于所有 $n > N$ 和 $x \in \tilde{B}$ 有

$$\|T_n x - T x\| \leqslant \|T_n - T\| \|x\| < \varepsilon.$$

6. $\|f\| = \sum \|f_j\|$，其中 $f_j = f(e_j)$ 且 $\{e_1, \cdots, e_n\}$ 是 X 的基，因为 $x = (\xi_j) = \sum \xi_j e_j$ 且

$$|f(x)| = \left| f\left(\sum \xi_j e_j\right) \right| = \left| \sum \xi_j f_j \right| \leqslant \left(\sum |f_j|\right) \max_k |\xi_k| = \left(\sum |f_j|\right) \|x\|.$$

于是 $\|f\| \leqslant \sum \|f_j\|$，而且等号一定成立，因为对于 $x = x_0$ 和

$$\text{当 } f_j \geqslant 0 \text{ 时 } \xi_j = 1, \quad \text{当 } f_j < 0 \text{ 时 } \xi_j = -1$$

有 $\|x_0\| = 1, f_j \xi_j = |f_j|$ 且

$$|f(x_0)| = \left| \sum f_j \xi_j \right| = \sum |f_j| = \left(\sum |f_j|\right) \|x_0\|,$$

因此

$$\|f\| \geqslant \frac{|f(x_0)|}{\|x_0\|} = \sum |f_j|.$$

7. 在用 $\|x\|_1 = \sum_{j=1}^n |\xi_j|$ 赋予范数的 X 上, 线性泛函 f 若表示为 $f(x) = \sum_{j=1}^n \alpha_j \xi_j$, 则有范数 $\|f\| = \max |\alpha_j|$.

8. 利用 $e_n = (\delta_{kj})$, 对于某个 $f \in c_0'$ 有

$$f(x) = \sum_{k=1}^\infty \xi_k \gamma_k, \quad \text{其中 } \gamma_k = f(e_k).$$

令 $x_n = (\xi_k^{(n)})$, 其中

$$\xi_k^{(n)} = \begin{cases} |\gamma_k|/\gamma_k, & \text{若 } k \leqslant n \text{ 且 } \gamma_k \neq 0, \\ 0, & \text{若 } k > n \text{ 或 } \gamma_k = 0, \end{cases}$$

则 $\|x_n\| \leqslant 1$ 且

$$f(x_n) = \sum_{k=1}^\infty \xi_k^{(n)} \gamma_k = \sum_{k=1}^n |\gamma_k| \geqslant \|x\| \sum_{k=1}^n |\gamma_k|,$$

因此对于每个 n 有

$$\|f\| \geqslant \sum_{k=1}^n |\gamma_k|.$$

令 $n \to \infty$ 便可看出 $(\gamma_k) \in l^1$ 且

$$\sum_{k=1}^\infty |\gamma_k| \leqslant \|f\|. \tag{B2.10.1}$$

反之, 对于任意 $b = (\beta_k) \in l^1$, 若令

$$g(x) = \sum_{k=1}^\infty \xi_k \beta_k, \quad \text{其中 } x \in c_0,$$

则得到 c_0 上的相应的有界线性泛函 g. 事实上 g 的线性性是显而易见的. 由于

$$|g(x)| \leqslant \sum |\xi_k \beta_k| \leqslant \sup_j |\xi_j| \sum |\beta_k| = \|x\| \|b\|,$$

所以 g 是有界泛函. 从 (B2.10.1) 和 $|f(x)| \leqslant \sum_{k=1}^\infty |\xi_k \gamma_k| \leqslant \|x\| \sum_{k=1}^\infty |\gamma_k|$ 可得 f 的范数是

$$\|f\| = \sum_{k=1}^\infty |\gamma_k|.$$

10. 设 $B = (e_\alpha)$ 是 X 的哈梅尔基, $M = (e_n) \subseteq B$ 是可数无限集. 不失一般性可设 $\|e_n\| = 1$. 取一个固定的 $y \in Y$ 且 $y \neq 0$, 用

$$Te_n = ny, \quad Te_\alpha = 0, \quad \text{其中 } e_\alpha \in B - M,$$

$$Tx = \xi_1 Te_{\alpha_1} + \cdots + \xi_m Te_{\alpha_m}, \quad \text{其中 } x = \xi_1 e_{\alpha_1} + \cdots + \xi_m e_{\alpha_m}$$

定义 T, 则 $\|Te_n\| = n\|y\| = (n\|y\|)\|e_n\|$, 这就证明了 T 是无界的.

11. 在习题 10 中取 $Y = \mathbf{R}$ 或 $\mathbf{C}$.

12. 根据 2.10–4. 根据 2.10–5 可以推出 $\mathbf{R}^n$ 的完备性. 根据 2.10–6 可以推出 l^∞ 的完备性. 根据 2.10–7 可以推出 l^q ($1 < q < +\infty$) 的完备性.

13. 若 $f \in \overline{M^a}$，则在 M^a 中存在序列 (f_n) 使得 $f_n \to f$. 对于任意 $x \in M$，我们有 $f_n(x) = 0$ 且 $f(x) = 0$，所以 $f \in M^a$，因此 M^a 是闭集. $\{0\}$, X'.

14. 设 $\{e_1, \cdots, e_m\}$ 是 M 的一个基，$\{e_1, \cdots, e_m, \cdots, e_n\}$ 是 X 的一个基，$\{f_1, \cdots, f_n\}$ 是其对偶基. 令 $Y' = \mathrm{span}\{f_{m+1}, \cdots, f_n\}$ 且 $x \in M$，则 $x = \xi_1 e_1 + \cdots \xi_m e_m$ 且

$$f_j(x) = f_j\left(\sum_{k=1}^{m} \xi_k e_k\right) = \sum_{k=1}^{m} \xi_k f_j(e_k) = 0, \quad \text{其中 } j = m+1, \cdots, n.$$

这就证明了 $f_j \in M^a$（$j = m+1, \cdots, n$）且 $Y' \subseteq M^a$.

现在证明 $M^a \subseteq Y'$. 为此设 $f \in M^a$，则 $f \in X'$，$f = \alpha_1 f_1 + \cdots + \alpha_n f_n$ 且

$$0 = f(e_k) = \sum_{j=1}^{n} \alpha_j f_j(e_k) = \alpha_k, \quad \text{其中 } k = 1, \cdots, m,$$

因此 $f \in Y'$，从而 $M^a \subseteq Y'$.

含 n 个未知数 m 个独立齐次线性方程的方程组，其所有解 $x = (\xi_1, \cdots, \xi_n)$ 构成的集合是 $n - m$ 维的向量空间.

15. $(1, 1, 1)$.

3.1 内积空间和希尔伯特空间

1. 我们得到

$$\begin{aligned}
\|x + y\|^2 + \|x - y\|^2 &= \langle x+y, x+y \rangle + \langle x-y, x-y \rangle \\
&= \langle x, x \rangle + \langle x, y \rangle + \langle y, x \rangle + \langle y, y \rangle + \langle x, x \rangle - \langle x, y \rangle - \langle y, x \rangle + \langle y, y \rangle \\
&= 2\langle x, x \rangle + 2\langle y, y \rangle = 2\|x\|^2 + 2\|y\|^2.
\end{aligned}$$

2. $\left\|\sum x_j\right\|^2 = \sum \|x_j\|^2$.

3. 根据假设有

$$0 = \langle x+y, x+y \rangle - \|x\|^2 - \|y\|^2 = \langle x, y \rangle + \langle y, x \rangle = \langle x, y \rangle + \overline{\langle x, y \rangle} = 2\,\mathrm{Re}\langle x, y \rangle.$$

4. 若平行四边形的边相等，则对角线互相垂直. $\mathrm{Re}\langle x+y, x-y \rangle = 0$.

6. (a) 否则便有 $y = \alpha x$, $0 = \langle x, y \rangle = \bar{\alpha}\|x\|^2$, $\alpha = 0$, $y = 0$, 从而导出矛盾.

(b) 设 $\sum \alpha_j x_j = 0$，则

$$0 = \langle 0, x_j \rangle = \left\langle \sum \alpha_j x_j, x_j \right\rangle = \alpha_k \|x_k\|^2,$$

且对于所有 k 有 $\alpha_k = 0$.

7. $\langle x, u - v \rangle = 0$，取 $x = u - v$.

8. 直接计算便得.

9. 直接计算便得.

10. $z_1 = 0$ 或 $z_2 = 0$.

11. 否，见 3.1–7.

12. (a) 1.　(b) $\sqrt{\sum n^{-2}} = \pi/\sqrt{6}$.

14. $t = (b-a)\tau + a$. 注意 $y(t) = \tilde{y}(\tau)$, 见 3.1–8.

15. 否, $\gamma_{jk} = \langle e_j, e_k \rangle = \overline{\langle e_k, e_j \rangle} = \bar{\gamma}_{kj}$.

3.2　内积空间的其他性质

1. 对于向量 $x \neq 0$ 和 $y \neq 0$, 其点积是

$$x \cdot y = |x|\,|y| \cos\theta, \quad \text{因此} \quad |x \cdot y| \leqslant |x|\,|y|.$$

3. 见 3.2–4(b). 是. 否.

4. 见 3.2–2.

5. 我们有

$$\|x_n - x\|^2 = \langle x_n - x, x_n - x \rangle = \|x_n\|^2 - \langle x_n, x \rangle - \langle x, x_n \rangle + \|x\|^2 \to 2\|x\|^2 - 2\langle x, x \rangle = 0.$$

6. 记 $x_n = z_n$, $x = z$. 若 $z = 0$, 则根据第一个条件有 $z_n \to 0$; 若 $z \neq 0$, 则根据第二个条件有

$$\langle z_n, z \rangle = z_n \bar{z} \to \langle z, z \rangle = z \bar{z}_0, \quad \text{所以} \quad z_n \to z.$$

7. 从

$$\langle x \pm \alpha y, x \pm \alpha y \rangle = \|x\|^2 \pm \bar{\alpha}\langle x, y \rangle \pm \alpha\langle y, x \rangle + |\alpha|^2 \|y\|^2$$

我们看到正交性蕴涵给定的条件. 反之, 给定的条件蕴涵

$$\bar{\alpha}\langle x, y \rangle + \alpha\langle y, x \rangle = 0.$$

若空间是实的, 则取 $\alpha = 1$, 若空间是复的, 则取 $\alpha = 1$, $\alpha = i$, 便可看出 $\langle x, y \rangle = 0$.

8. 若条件成立且 $y \neq 0$, 则取 $\alpha = -\langle x, y \rangle \|y\|^{-2}$ 便得到

$$\langle x + \alpha y, x + \alpha y \rangle = \|x\|^2 = \bar{\alpha}\langle x, y \rangle + \alpha\langle y, x \rangle + |\alpha|^2 \|y\|^2 = -|\langle x, y \rangle|^2 \|y\|^{-2} = 0$$

且 $x \perp y$. 反过来是显然的.

9. 利用 1.4–8 和

$$\|x\|_2^2 = \int_a^b |x(t)|^2 \mathrm{d}t \leqslant (b-a)\|x\|_\infty^2.$$

10. 我们有 $\langle Tx, x \rangle = 0$, $\langle Ty, y \rangle = 0$, 因此

$$0 = \langle T(x+y), x+y \rangle = \langle Tx, y \rangle + \langle Ty, x \rangle.$$

用 iy 代替 y 并乘以 i 便得

$$0 = i\big(\langle Tx, iy \rangle + \langle iTy, x \rangle\big) = \langle Tx, y \rangle - \langle Ty, x \rangle.$$

两式相加便得 $\langle Tx, y \rangle = 0$. 取 $y = Tx$ 又得 $\|Tx\|^2 = 0$, 从而对于所有 x 有 $Tx = 0$.

　　在实空间的情形, 若旋转角是 $90°$, 则 $\langle Tx, x \rangle = 0$.

3.3 正交补与直和

1. 根据假设和平行四边形等式 (3.1.4) 有

$$\|x_n - x_m\|^2 = 2\|x_m\|^2 + 2\|x_n\|^2 - \|x_n + x_m\|^2 \leqslant 2\|x_m\|^2 + 2\|x_n\|^2 - 4d^2,$$

所以 (x_n) 是柯西序列.

2. 因为对于 $w = (\omega_j) \in \overline{M}$, 在 M 中存在序列 (y_m) 满足 $y_m = (\eta_j^{(m)}) \to w$, 且由 $\sum \eta_j^{(m)} = 1$ 可得 $\sum \omega_j = 1$, 于是 $w \in M$, 因此 M 是闭集. 从而由 1.4–7 可知 M 是完备的.

若 $y \in M, z = (\xi_j) \in M, \alpha \in [0,1]$, 则由

$$\sum [\alpha \eta_j + (1 - \alpha)\zeta_j] = \alpha \sum \eta_j + (1 - \alpha) \sum \zeta_j = 1$$

可知 $\alpha y + (1 - \alpha)z \in M$, 所以 M 是凸集. $y = (1/n, \cdots, 1/n)$ 在 M 中有最小范数.

4. (a) M 是凸集, 且由 1.4–7 可知 M 是完备的.

(b) 在 §3.1 习题 5 中令 $z = x, x = y_m, y = y_n$ 便得

$$\|y_m - y_n\|^2 = 2\|x - y_m\|^2 + 2\|x - y_n\|^2 - 4\left\|x - \tfrac{1}{2}(y_m + y_n)\right\|^2 \leqslant 2\left(\delta_m^2 + \delta_n^2\right) - 4\delta^2.$$

5. (a) $\{z \mid z = \alpha(\xi_2, -\xi_1), \alpha \in \mathbf{R}\}$, (b) $\{0\}$.

6. $\{x \in l^2 \mid \xi_{2n-1} = 0, n \in \mathbf{N}\}$. $\{x \in l^2 \mid \xi_j = 0, j = 1, \cdots, n\}$.

7. (a) 像在正文中一样, $x \in A \implies x \perp A^\perp \implies x \in A^{\perp\perp} \implies A \subseteq A^{\perp\perp}$.

(b) $x \in B^\perp \implies x \perp B \supseteq A \implies x \in A^\perp \implies B^\perp \subseteq A^\perp$.

(c) 根据 (a) 有 $A^{\perp\perp\perp} = \left(A^\perp\right)^{\perp\perp} \supseteq A^\perp$, 根据 (b) 有

$$A \subseteq A^{\perp\perp} \implies A^\perp \supseteq \left(A^{\perp\perp}\right)^\perp.$$

8. $M^\perp$ 是向量空间, 见正文. 因为对于所有 $v \in M$ 和 $x \in \overline{M^\perp}$ 存在 $x_n \in M^\perp$ 满足 $x_n \to x$ (见 1.4–6) 且根据 3.2–2 有 $\langle x_n, v \rangle \to \langle x, v \rangle$, 所以 $M^\perp$ 是闭空间.

9. 设 $Y = Y^{\perp\perp} = \left(Y^\perp\right)^\perp$, 则由习题 8 可知 Y 是闭空间. 它的逆在 3.3–6 中曾陈述过.

10. 由 (3.3.8*) 可知 $M \subseteq M^{\perp\perp}$, 由习题 8 可知 $M^{\perp\perp}$ 是闭子空间. 考察任意子空间 $Y \subseteq M$, 则由习题 7(b) 可知 $Y^\perp \subseteq M^\perp$ 且 $Y^{\perp\perp} \supseteq M^{\perp\perp}$, 根据 (3.3.8) 有 $Y = Y^{\perp\perp}$.

3.4 规范正交集和规范正交序列

1. 这是格拉姆–施密特过程的直接结果.

2. 对于向量 $x \in \mathbf{R}^r$, x 在 n 个互相正交的方向上的分量的平方和不超过 x 长度的平方.

3. 对于任意 x 和 $y \neq 0$, 置 $e = \|y\|^{-1}y$, 则从 (3.4.12*) ($n = 1$) 得到

$$\left|\langle x, e \rangle\right|^2 \leqslant \|x\|^2,$$

而再用 $\|y\|^2$ 去乘便得 $\left|\langle x, y \rangle\right|^2 \leqslant \|x\|^2\|y\|^2$.

4. 例如, 令 $e_k = (\delta_{k,j-1})$ 及 $x = (\xi_k)$ 且 $\xi_1 \neq 0$, 则

$$\sum_{k=1}^{\infty} |\langle x, e_k \rangle|^2 = \sum_{k=2}^{\infty} |\xi_k|^2 < \sum_{k=1}^{\infty} |\xi_k|^2 = \|x\|^2.$$

5. 因为

$$\langle x - y, e_m \rangle = \Big\langle x - \sum \alpha_k e_k, e_m \Big\rangle = \langle x, e_m \rangle - \alpha_m = 0,$$

所以 $y \in Y_n$, $x = y + (x - y)$ 且 $x - y \perp e_m$.

6. 令 $\gamma_j = \langle x, e_j \rangle$, 则

$$\begin{aligned}
\|x - y\|^2 &= \Big\langle x - \sum \beta_j e_j, x - \sum \beta_j e_j \Big\rangle \\
&= \|x\|^2 - \sum \bar{\beta}_j \gamma_j - \sum \beta_j \bar{\gamma}_j + \sum |\beta_j|^2 \\
&= \|x\|^2 - \sum |\gamma_j|^2 + \sum |\beta_j - \gamma_j|^2,
\end{aligned}$$

且对于给定的 x 和 e_j, 当且仅当 $\beta_j = \gamma_j$ 时它有最小值.

7. 从柯西–施瓦茨不等式 (1.2.11) 可得

$$\sum |\langle x, e_k \rangle \langle y, e_k \rangle| \leqslant \Big(\sum |\langle x, e_k \rangle|^2 \Big)^{1/2} \Big(\sum |\langle y, e_k \rangle|^2 \Big)^{1/2} \leqslant \|x\| \, \|y\|.$$

8. (3.4.12) 中相应项的和大于 n_m / m^2, 因此根据 (3.4.12) 有

$$\frac{n_m}{m^2} < \sum |\langle x, e_k \rangle|^2 \leqslant \|x\|^2,$$

用 m^2 去乘便得所要求之结果.

9. $1/\sqrt{2}$, $(3/2)^{1/2} t$, $(5/8)^{1/2}(3t^2 - 1)$.

10. $(5/2)^{1/2} t^2$, $(3/2)^{1/2} t$, $8^{-1/2}(3 - 5t^2)$.

3.5　与规范正交序列和规范正交集有关的级数

1. 利用正交性和 3.5–2 中的记法, 我们有

$$\|s_n\|^2 = \|\alpha_1 e_1 + \cdots + \alpha_n e_n\|^2 = |\alpha_1|^2 + \cdots + |\alpha_n|^2 = \sigma_n,$$

根据 3.2–2, 当 $s_n \to x$ 时有 $\|s_n\|^2 = \langle s_n, s_n \rangle \to \langle x, x \rangle$.

2. 令 $t = 2\pi\tau/p$, 则 $\tau = pt/2\pi$, 这时 $x(t) = \tilde{x}(pt/2\pi)$ 定义了一个周期为 2π 的函数. 于是由 (3.5.1) 和 (3.5.2) 可得

$$\tilde{x}(\tau) = a_0 + \sum_{k=1}^{\infty} \left(a_k \cos \frac{2k\pi}{p} \tau + b_k \sin \frac{2k\pi}{p} \tau \right),$$

其中

$$a_0 = \frac{1}{2\pi} \int_0^{2\pi} \tilde{x}\left(\frac{pt}{2\pi}\right) \mathrm{d}t = \frac{1}{p} \int_0^p \tilde{x}(\tau) \mathrm{d}\tau,$$

$$a_k = \frac{1}{\pi} \int_0^{2\pi} \tilde{x}\left(\frac{pt}{2\pi}\right) \cos kt \, \mathrm{d}t = \frac{2}{p} \int_0^p \tilde{x}(\tau) \cos \frac{2k\pi\tau}{p} \mathrm{d}\tau,$$

$$b_k = \frac{1}{\pi} \int_0^{2\pi} \tilde{x}\left(\frac{pt}{2\pi}\right) \sin kt \, \mathrm{d}t = \frac{2}{p} \int_0^p \tilde{x}(\tau) \sin \frac{2k\pi\tau}{p} \mathrm{d}\tau.$$

3. 这个和可以与 x 相差一个函数 $z \perp (e_k)$. 例如，取 $x = (1, 1, 1) \in \mathbf{R}^3$ 且 $\{e_1, e_2\}$ 在 $\mathbf{R}^3$ 中，其中 $e_1 = (1, 0, 0)$, $e_2 = (0, 1, 0)$.

4. 对于 $n > m$ 有

$$\text{当 } m \to \infty \text{ 时} \quad \|s_n - s_m\| = \left\| \sum_{j=m+1}^{n} x_j \right\| \leqslant \sum_{j=m+1}^{n} \|x_j\| \leqslant \sum_{j=m+1}^{\infty} \|x_j\| \to 0.$$

5. 令 $s_n = x_1 + \cdots + x_n$，由于

$$\text{当 } m \to \infty \text{ 时} \quad \|s_n - s_m\| \leqslant \sum_{j=m+1}^{n} \|x_j\| \leqslant \sum_{j=m+1}^{\infty} \|x_j\| \to 0,$$

所以 (s_n) 是柯西序列，从 H 的完备性可知 (s_n) 收敛. 也见 §2.3 习题 7 至 9.

6. 根据假设有

$$s_n = \sum_{j=1}^{n} \alpha_j e_j \to x, \quad \tilde{s}_n = \sum_{j=1}^{n} \beta_j e_j \to y,$$

因此由 3.2–2 可推得

$$\langle s_n, \tilde{s}_n \rangle = \sum_{j=1}^{n} \alpha_j \bar{\beta}_j \to \sum_{j=1}^{\infty} \alpha_j \bar{\beta}_j = \langle x, y \rangle.$$

7. 该级数收敛并根据 3.5–2(c) 定义了 y，并且根据 3.5–2(b) 有 $\langle x, e_k \rangle = \langle y, e_k \rangle$，所以从

$$\langle x - y, e_k \rangle = \langle x, e_k \rangle - \langle y, e_k \rangle = 0$$

可推出 $x - y \perp e_k$.

8. 若 x 能够用那种方法表示，则由 3.5–2(c) 可知级数 (3.5.6) 收敛，并且根据 1.4–6(a) 可知 $x \in \overline{M}$. 部分和序列是使得 $x_n \to x$ 的序列 (x_n). 反过来，若令 $x \in \overline{M}$ 且 $\tilde{x}$ 表示 (3.5.6) 在 $\alpha_k = \langle x, e_k \rangle$ 时的和，则 $\tilde{x} \in \overline{M}$. 于是也有 $v = x - \tilde{x} \in \overline{M}$，因此

$$\langle v, e_m \rangle = \left\langle x - \sum \langle x, e_k \rangle e_k, e_m \right\rangle = \langle x, e_m \rangle - \langle x, e_m \rangle = 0,$$

即对于所有 $m \in \mathbf{N}$ 有 $v \perp e_m$，于是 $v \perp M, v \perp \overline{M}, v \perp v$, (因为 $v \in \overline{M}$) $v = 0$, $x = \tilde{x}$.

9. 习题 8 证明了: $e_n \in \overline{M}_2$ 当且仅当 (a) 成立，$\tilde{e}_n \in \overline{M}_1$ 当且仅当 (b) 成立. 所以 (a) 蕴涵 (e_n) 落在 $\overline{M}_2$ 内，(b) 蕴涵 $(\tilde{e}_n)$ 落在 $\overline{M}_1$ 内，因此 $\overline{M}_1 = \overline{M}_2$.

10. 设 K_m 个系数 $c_\alpha = \langle x, e_\alpha \rangle$ 的绝对值都大于 $1/m$，则 $1/m^2 < |c_\alpha|^2$. 取所有这 K_m 个系数之和，并利用 (3.4.12) 得

$$\frac{K_m}{m^2} < \sum |c_\alpha|^2 \leqslant \|x\|^2,$$

因此 $K_m < m^2 \|x\|^2$. 若 $c_\alpha \neq 0$，则对于某个 $m \in \mathbf{N}$ 有 $\|c_\alpha\| > 1/m$. 因此所有 $c_\alpha \neq 0$ 构成的集合是有限集 $A_m = \{ c_\alpha \mid |c_\alpha| > 1/m \}$ 的可数并，所以也是可数的.

3.6 完全规范正交集和完全规范正交序列

1. 否.

2. 有限完全规范正交集 $E = \{e_1, \cdots, e_n\} \subseteq H$, 在代数意义下可作为向量空间 H 的基. 这一事实可从 3.6–2 看出. 反之, 若向量空间 H 的维数是 n, 则它有含有 n 个元素的基 B, 由格拉姆–施密特方法可从 B 得到含 n 个元素的完全规范正交基.

3. 勾股定理.

4. 设 H 是复空间, 则由 (3.6.3) 得

$$\|x + \beta y\|^2 = \sum |\langle x + \beta y, e_k \rangle|^2 = \sum \langle x + \beta y, e_k \rangle \overline{\langle x + \beta y, e_k \rangle},$$

做乘法并利用 (3.6.3) 便有

$$\bar{\beta}\langle x, y \rangle + \beta\langle y, x \rangle = \bar{\beta}\sum \langle x, e_k \rangle \overline{\langle y, e_k \rangle} + \beta \sum \langle y, e_k \rangle \overline{\langle x, e_k \rangle}.$$

分别取 $\beta = 1$ 和 $\beta = \mathrm{i}$, 可得

$$\langle x, y \rangle + \langle y, x \rangle = \sum \langle x, e_k \rangle \overline{\langle y, e_k \rangle} + \sum \langle y, e_k \rangle \overline{\langle x, e_k \rangle}, \tag{B3.6.1}$$

$$-\mathrm{i}\langle x, y \rangle + \mathrm{i}\langle y, x \rangle = -\mathrm{i}\sum \langle x, e_k \rangle \overline{\langle y, e_k \rangle} + \mathrm{i}\sum \langle y, e_k \rangle \overline{\langle x, e_k \rangle}. \tag{B3.6.2}$$

将 (B3.6.2) 两端用 i 去除有

$$-\langle x, y \rangle + \langle y, x \rangle = -\sum \langle x, e_k \rangle \overline{\langle y, e_k \rangle} + \sum \langle y, e_k \rangle \overline{\langle x, e_k \rangle}. \tag{B3.6.3}$$

(B3.6.1) 减去 (B3.6.3) 便得所希望的结果. 若 H 是实空间, 则 $\langle x, y \rangle = \langle y, x \rangle$, 这说明内积是实数, 所以从 (B3.6.1) 可得所希望的结果.

5. 从 3.6–3 和 "习题 4 中的关系蕴涵 (3.6.3), 而 (3.6.3) 也蕴涵习题 4 中的关系" 可推出所希望的结论.

6. 假设 $0 \notin M$, 由于 M 是可数的, 所以可将它排成序列 (x_n). 在排列的过程中, 从 x_1 开始, 后面的元素凡能用前面的元素线性表示则略去, 便得到线性无关子序列 $(y_k) = (x_{n_k})$. 注意, (y_k) 有可能是有限的. 令 $V = \mathrm{span}(y_k)$. 由于任意 $x \in M$ 是 $y_1, \cdots, y_k$ (k 充分大) 的线性组合, 所以 $M \subseteq V$, 于是 V 在 H 中稠密. 由格拉姆–施密特正交化过程从 (y_k) 可得规范正交集 (e_k) 使得对于每个 $m \in \mathbf{N}$ 有

$$\mathrm{span}\{e_1, \cdots, e_m\} = \mathrm{span}\{y_1, \cdots, y_m\},$$

因此 $\mathrm{span}(e_k) = \mathrm{span}(y_k) = V$ 在 H 中稠密, 于是由定义可知 (e_k) 在 H 中是完全的.

7. 在这种情况下, 像习题 6 中的证明那样, 我们能够利用格拉姆–施密特过程.

8. F 在闭子空间 $Y = \overline{\mathrm{span}\, F}$ 中是完全的, 且 $\tilde{F} = F \cup F_0$, 其中 F_0 是 $Y^\perp$ 中的完全规范正交列. F_0 的存在是习题 7 的推论, 其中 $Y^\perp \neq \{0\}$. 情形 $Y^\perp = \{0\}$ 是显而易见的.

9. 对于所有 $x \in M$ 有 $\langle v - w, x \rangle = 0$, 意味着 $v - w \perp M$, 因此根据 3.6–2(a) 有 $v - w = 0$.

10. 利用 3.6–2.

3.7　勒让德、埃尔米特和拉盖尔多项式

1. 我们有

$$\int_{-1}^{1} P_m \left[\left(1 - t^2\right) P_n' \right]' \mathrm{d}t - \int_{-1}^{1} P_n \left[\left(1 - t^2\right) P_m' \right]' \mathrm{d}t = (m-n)(m+n+1) \int_{-1}^{1} P_n P_m \mathrm{d}t,$$

对左端使用分部积分可得 0. 因此当 $m - n \neq 0$ 时，右端的积分必定为 0.

2. 应用二项式定理并与 (3.7.2c) 比较得

$$\frac{\mathrm{d}^n}{\mathrm{d}t^n} \left[\left(t^2 - 1\right)^n \right] = \frac{\mathrm{d}^n}{\mathrm{d}t^n} \left[\sum_{m=0}^{n} (-1)^m \binom{n}{m} t^{2n-2m} \right]$$

$$= \sum_{m=0}^{N} (-1)^m \frac{n!}{m!(n-m)!} \frac{(2n-2m)!}{(n-2m)!} t^{n-2m}$$

$$= 2^n n! P_n(t).$$

3. 用二项式定理把 $(1-q)^{-1/2}$ 展开，然后做代换 $q = 2tw - w^2$. 用二项式定理把 q 的幂展开. 证明在得到的展开式中 w^n 的系数像 (3.7.2c) 所给出的，为 $P_n(t)$.

4. 在习题 3 中令 $w = r_1/r_2$, $t = \cos\theta$.

6. 记 $z(w) = \exp\left(2wt - w^2\right) = \exp\left(t^2\right) \exp\left[-(t-w)^2\right]$ 在马克劳林级数中 w^n 的系数是 $z^{(n)}(0)/n!$, 并且

$$z^{(n)}(0) = \mathrm{e}^{t^2} \frac{\mathrm{d}^n}{\mathrm{d}w^n} \left[\mathrm{e}^{-(t-w)^2} \right] \Big|_{w=0} = \mathrm{e}^{t^2} (-1)^n \frac{\mathrm{d}^n}{\mathrm{d}v^n} \left(\mathrm{e}^{-v^2} \right) \Big|_{v=t} = H_n(t).$$

9. $y(t) = \mathrm{e}^{-t^2/2} H_n(t).$

11. 我们得到

$$\sum_{n=0}^{\infty} L_n(t) w^n = \sum_{n=0}^{\infty} \sum_{m=0}^{n} (-1)^m \binom{n}{m} \frac{t^m w^n}{m!}$$

$$= \sum_{m=0}^{\infty} \frac{(-1)^m t^m}{m!} \sum_{n=m}^{\infty} \binom{n}{m} w^n$$

$$= \sum_{m=0}^{\infty} \frac{(-1)^m t^m}{m!} \frac{w^n}{(1-w)^{m+1}} = \frac{\mathrm{e}^{-wt/(1-w)}}{1-w}.$$

12. 直按求导并化简便得到

$$\left(1 - w^2\right) \psi_w = (1 - w - t)\psi,$$

将 $\psi(t, w)$ 和 $\psi_w(t, w) = \sum n L_n(t) w^{n-1}$ 代入，并合并所有含有 w^n 的项可得 (a). 此外，求导还可得

$$(1 - w)\psi_t + w\psi = 0,$$

用 ψ 及 ψ_t 代入可得 (b).

13. 微分习题 12 中的 (a). 在这个结果中用习题 12 中的 (b) 表示 L'_{n+1} 和 L'_{n-1} 便给出 (c). 从 (c) 和 (b) 可推出

$$(d) \quad nL'_{n-1} = nL_n + (n-t)L'_n.$$

微分 (c)，代入 (d) 并化简便得到 (3.7.11).

14. 由 (3.7.10c) 可得 $L_n^{(n)}(t) = (-1)^n$，因此用分部积分法得到

$$
\begin{aligned}
\|e_n\|^2 &= \int_0^\infty \mathrm{e}^{-t} L_n^2(t) \mathrm{d}t \\
&= \frac{1}{n!} \int_0^\infty L_n(t) \left(t^n \mathrm{e}^{-t}\right)^{(n)} \mathrm{d}t \\
&= -\frac{1}{n!} \int_0^\infty L'_n(t) \left(t^n \mathrm{e}^{-t}\right)^{(n-1)} \mathrm{d}t \\
&= \cdots \\
&= \frac{(-1)^n}{n!} \int_0^\infty L_n^{(n)}(t) t^n \mathrm{e}^{-t} \mathrm{d}t = 1.
\end{aligned}
$$

15. 考虑

$$\int_0^\infty \mathrm{e}^{-t} L_m L_n \mathrm{d}t, \quad \text{其中 } m < n.$$

只要证明

$$\int_0^\infty \mathrm{e}^{-t} t^k L_n \mathrm{d}t = 0, \quad \text{其中 } k < n$$

就够了. 为此, 反复用分部积分便能证明.

3.8 希尔伯特空间中泛函的表示

1. 在 $\mathbf{R}^3$ 中，每个线性泛函都是有界的，并且 (3.8.1) 中的内积就是点积.

2. 从 3.8–1 和 l^2 上的内积定义便可得到.

3. 我们有

$$|f(x)| = |\langle x, z \rangle| \leqslant \|x\| \|z\|, \quad |f(x)|/\|x\| \leqslant \|z\|, \quad \text{其中 } x \neq 0.$$

因此 $\|f\| \leqslant \|z\|$. 若 $z = 0$, 还有 $\|f\| = \|z\|$. 设 $z \neq 0$, 则

$$\|f\| \|z\| \geqslant |f(z)| = \langle z, z \rangle = \|z\|^2, \quad \|f\| \geqslant \|z\|.$$

4. 记 $z \longmapsto f_z$ 等. 设 (z_n) 在 X 中是柯西序列，则 $\|f_{z_n}\| = \|z_n\|$ 表明 (f_{z_n}) 在 X' 中是柯西序列，且收敛（见 2.10–4）. 不妨设 $f_{z_n} \to f$，则由满射性可知存在 $z \in X$ 使得 $z \to f$，并且

$$\|z_n - z\| = \|f_{z_n} - f\| \to 0, \quad z_n \to z,$$

从而证明了 X 是完备的.

5. $f \longmapsto z_f$ 是 $l^{2'}$ 到 l^2 上的同构，其中 z_f 定义为（见 3.8–1）

$$f(x) = \langle x, z_f \rangle.$$

（注意，对于复空间 l^2 来说，由于 $\alpha f \longmapsto \bar{\alpha} z_f$，所以该映射是共轭线性的. ）

6. 根据 (3.8.2) 有

$$\|f_z - f_v\| = \|f_{z-v}\| = \|z - v\|,$$

$$f_{\alpha z + \beta v}(x) = \langle x, \alpha z + \beta v \rangle = \bar{\alpha}\langle x, z \rangle + \bar{\beta}\langle x, v \rangle = \bar{\alpha}f_z(x) + \bar{\beta}f_v(x).$$

8. 习题 6 中的 T 是一一映射, 并且是共轭线性的, 因此两个这种等距映射的合成是 H 到 H'' 上的同构.

9. 我们有

$$M^a = \big\{ f \mid \text{对于所有 } x \in M \text{ 有 } f(x) = \langle x, z_f \rangle = 0 \big\},$$

因此 $f \in M^a \iff z_f \in M^\perp$.

10. 由施瓦茨不等式可得到有界性, 并且若 $X = \{0\}$, 则 $\|h\| = 1$.

11. 第一个命题是相当明显的. 从下式可推得第二个命题.

$$f_2(\alpha y_1 + \beta y_2) = \overline{h(x_0, \alpha y_1 + \beta y_2)} = \alpha \overline{h(x_0, y_1)} + \beta \overline{h(x_0, y_2)}.$$

12. 我们有: 当 $\Delta x \to 0, \Delta y \to 0$ 时

$$\big|h(x + \Delta x, y + \Delta y) - h(x, y)\big| = \big|h(x, y) + h(x, \Delta y) + h(\Delta x, y) + h(\Delta x, \Delta y) - h(x, y)\big|$$

$$\leqslant \big|h(x, \Delta y)\big| + \big|h(\Delta x, y)\big| + \big|h(\Delta x, \Delta y)\big|$$

$$\leqslant \|h\|\big(\|x\| \, \|\Delta y\| + \|\Delta x\| \, \|y\| + \|\Delta x\| \, \|\Delta y\|\big) \to 0.$$

13. $h(x, y) = \overline{h(y, x)}$, 则 h 叫作对称双线性形式. 正定的条件是, 对于所有 $x \in X$ 有 $h(x, x) \geqslant 0$, 且当 $x \neq 0$ 时 $h(x, x) > 0$.

14. 若 $h(y, y) \neq 0$, 则 $h(y, y) > 0$, 所以可从下式出发

$$0 \leqslant h(x - \alpha y, x - \alpha y) = h(x, x) - \bar{\alpha}h(x, y) - \alpha h(y, x) + |\alpha|^2 h(y, y). \tag{B3.8.1}$$

选取 $\alpha = h(x, y)/h(y, y)$, 像 §3.2 中那样进行化简便得到

$$h(x, x) - \frac{\big|h(x, y)\big|^2}{h(y, y)} \geqslant 0,$$

这就给出所要求的不等式. 若 $h(x, x) \neq 0$, 证明是类似的. 若 $h(x, x) = h(y, y) = 0$, 则根据 (B3.8.1) 有

$$-\bar{\alpha}h(x, y) - \alpha h(y, x) \geqslant 0.$$

选取 $\alpha = h(x, y)$ 便得

$$-2\big|h(x, y)\big|^2 \geqslant 0, \quad \text{所以 } h(x, y) = 0.$$

15. 习题 14 中的施瓦茨不等式以类似于 §3.2 中的方式给出了三角不等式.

3.9 希尔伯特伴随算子

2. 确实, 后面 (4.12-2) 将会见到, 假定 T^{-1} 有界是多余的. 将 3.9-2 用于 T^{-1} 便知 $\left(T^{-1}\right)^*$ 存在且有界, 因此对于所有 x, y 有

$$\langle x, y \rangle = \langle T^{-1}Tx, y \rangle = \langle Tx, \left(T^{-1}\right)^* y \rangle = \langle x, T^* \left(T^{-1}\right)^* y \rangle,$$

$$\langle x, y \rangle = \langle TT^{-1}x, y \rangle = \langle T^{-1}x, T^*y \rangle = \langle x, \left(T^{-1}\right)^* T^*y \rangle,$$

$$T^* \left(T^{-1}\right)^* = \left(T^{-1}\right)^* T^* = I, \quad \text{所以} \quad \left(T^{-1}\right)^* = (T^*)^{-1}.$$

3. $\|T_n^* - T^*\| = \|(T_n - T)^*\| = \|T_n - T\| \to 0.$

4. 考虑任意 $z \in M_2^\perp$ 和任意 $x \in M_1$, 则 $z \perp M_2$ 且 $Tx \in T(M_1) \subseteq M_2$, 因此 $\langle z, Tx \rangle = 0$, $\langle T^*z, x \rangle = 0$, $T^*z \perp x$, $T^* \left(M_2^\perp\right) \subseteq M_1^\perp$, 其中用到 $z \in M_2^\perp$ 和 $x \in M_1$ 的任意性.

5. 设 $T(M_1) \subseteq M_2$, 则根据习题 4 有 $M_1^\perp \supseteq T^* \left(M_2^\perp\right)$. 反之, 设 $M_1^\perp \supseteq T^* \left(M_2^\perp\right)$, 则根据习题 4 有 $T^{**} \left(M_1^{\perp\perp}\right) \subseteq M_2^{\perp\perp}$, 其中根据 3.9-4 有 $T^{**} = T$, 根据 3.3-6 有 $M_1^{\perp\perp} = M_1$, $M_2^{\perp\perp} = M_2$.

6. (a) 根据习题 4, 由 $T(M_1) \subseteq \{0\}$ 可得

$$M_1^\perp \supseteq T^* \left(\{0\}^\perp\right) = T^*(H_2).$$

(b) 令 $J = T(H_1)$, 则 $T(H_1) \subseteq J$, 根据习题 4 有

$$T^* \left(J^\perp\right) \subseteq H_1^\perp = \{0\}, \quad T^* \left(J^\perp\right) = \{0\}, \quad J^\perp \subseteq \mathscr{N}(T^*).$$

(c) 根据 (a) 有 $T^*(H_2) \subseteq M_1^\perp$, 所以 $\left[T^*(H_2)\right]^\perp \supseteq M_1^{\perp\perp} \supseteq M_1$. 由 (b), 再用 T^* 代替 T, 便得 $\left[T^*(H_2)\right]^\perp \subseteq \mathscr{N}(T) = M_1$.

7. 利用 3.9-3(b).

8. 根据施瓦茨不等式有

$$\|x\|^2 \leqslant \|x\|^2 + \|Tx\|^2 = \langle x, x \rangle + \langle T^*Tx, x \rangle = \langle Sx, x \rangle \leqslant \|Sx\| \|x\|,$$

因此由 $Sx = 0$ 可知 $\|x\| = 0$. 于是由 2.6-10 可知 $S^{-1} : S(H) \longrightarrow H$ 存在.

9. 设 $\{b_1, \cdots, b_n\}$ 是 $T(H) = \mathscr{R}(T)$ 的一个规范正交基, $x \in H$ 且 $Tx = \sum \alpha_j(x)b_j$, 则 $\langle Tx, b_k \rangle = \alpha_k(x) = \langle x, T^*b_k \rangle$ 且

$$Tx = \sum_{j=1}^n \langle x, v_j \rangle w_j, \quad \text{其中} \ v_j = T^*b_j, \ w_j = b_j.$$

10. 我们有 $\mathscr{R}(T) = \overline{\text{span}(e_1, e_2, \cdots)}$, $\mathscr{N}(T) = \{0\}$, $\|T\| = 1$. 此外, 由于 (e_n) 是正交的, 所以对于所有 $k \in \mathbf{N}$ 有

$$\langle T^*e_1, e_k \rangle = \langle e_1, Te_k \rangle = \langle e_1, e_{k+1} \rangle = 0,$$

因此 $T^* e_1 = 0$. 对于 $j > 1$ 有

$$\langle T^* e_j, e_k \rangle = \langle e_j, T e_k \rangle = \langle e_j, e_{k+1} \rangle = \begin{cases} 0, & \text{若 } k \neq j-1, \\ 1, & \text{若 } k = j-1, \end{cases}$$

即 $\langle T^* e_j, e_{j-1} \rangle = 1$, 因此 $T^* e_j = e_{j-1}$ $(j = 2, 3, \cdots)$. 对于 $k \neq j-1$ 有 $\langle T^* e_j, e_k \rangle = \langle e_{j-1}, e_k \rangle = 0$.

3.10　自伴算子、酉算子和正规算子

1. 利用 3.9–4.

2. 由于 $T_n \to T$ 且 $\|T_n x - Tx\| = \|(T_n - T)x\| \leqslant \|T_n - T\| \|x\|$, 所以对于所有 x 有 $T_n x \to Tx$, 因此根据 3.2–2 有 $\langle T_n x, x \rangle \to \langle Tx, x \rangle$, 再由 3.10–3 可知 $\langle Tx, x \rangle$ 是实数且 T 是自伴算子.

3. 利用 3.10–4.

4. 我们有
$$T_1^* = \tfrac{1}{2}\left(T + T^*\right)^* = \tfrac{1}{2}\left(T^* + T^{**}\right) = \tfrac{1}{2}\left(T^* + T\right) = T_1.$$
对于 T_2 有类似的推导. 为了证明唯一性, 设
$$T_1 + \mathrm{i} T_2 = S_1 + \mathrm{i} S_2,$$
取伴随算子再利用 (3.9.6c) 和 T_1, T_2, S_1, S_2 的自伴性, 便得到 $T_1 - \mathrm{i} T_2 = S_1 - \mathrm{i} S_2$, 分别与上式相加和相减, 便得到 $T_1 = S_1$ 和 $T_2 = S_2$.

5. $T^* x = (\xi_1 + \xi_2, -\mathrm{i}\xi_1 + \mathrm{i}\xi_2)$, 因此
$$T_1 x = \left(\xi_1 + \frac{1+\mathrm{i}}{2}\, \xi_2, \ \frac{1-\mathrm{i}}{2}\, \xi_1 \right),$$
$$T_2 x = \left(\frac{1+\mathrm{i}}{2}\, \xi_2, \ \frac{1-\mathrm{i}}{2}\, \xi_1 - \xi_2 \right).$$

6. (a) 对于某个 $x \in H$ 有 $Tx \neq 0$, 因此
$$0 < \|Tx\|^2 = \langle Tx, Tx \rangle = \langle T^2 x, x \rangle,$$
于是 $T^2 \neq 0$, 等等.

(b) 由 $T^n = 0$ 可得对于每个 $p > n$ 有
$$T^p = T^{p-n}\left(T^n\right) = 0.$$
若取 $p = 2^k > n$ 便与 (a) 矛盾.

7. 从 $\overline{U}^{\mathrm{T}} U = U^{-1} U = I$ 便可推出.

8. 由 (3.1.9) 和 (3.1.10) 可知 T 使内积保持不变, 因此对于所有 x, y 有
$$0 = \langle x, y \rangle - \langle Tx, Ty \rangle = \langle x, y \rangle - \langle x, T^* T y \rangle = \langle x, (I - T^* T)y \rangle,$$
且对于所有 y 有 $(I - T^* T)y = 0$, 所以 $I - T^* T = 0$.

9. 由 2.6–9 可知 $\mathscr{R}(T)$ 是子空间 $Y \subseteq H$. 对于 $y \in \overline{Y}$, 存在 Y 中的序列 (y_n) 满足 $y_n \to y$. 令 $y_n = Tx_n$, 则由等距性可知 (x_n) 是柯西序列. 由于 H 是完备空间, 所以 $x_n \to x$. 根据 1.4–8 有 $y = Tx \in Y$, 所以 Y 是闭空间. 若 $Y = H$, 则 T 将是酉算子.

10. $\mathscr{R}(T)$ 是向量空间, 并且根据 2.6–9 有 $\dim \mathscr{R}(T) \leqslant \dim X$. §3.1 习题 8 和 9 表明, T 将 X 中的规范正交基变换成 $\mathscr{R}(T)$ 中的规范正交集, 所以 $\dim \mathscr{R}(T) \geqslant \dim X$. 合在一起有 $\dim \mathscr{R}(T) = \dim X$ 且 $\mathscr{R}(T) = X$, 于是 T 是酉变换.

11. $S^* = (UTU^*)^* = UT^*U^* = UTU^* = S$, 见 3.9–4.

12. 可从下式得到:
$$TT^* = (T_1 + iT_2)(T_1 - iT_2) = T_1^2 + T_2^2 + i(T_2 T_1 - T_1 T_2),$$
$$T^*T = (T_1 - iT_2)(T_1 + iT_2) = T_1^2 + T_2^2 - i(T_2 T_1 - T_1 T_2).$$

同样地也可从下式得到:
$$4iT_1 T_2 = T^2 - T^{*2} + (T^*T - TT^*),$$
$$4iT_2 T_1 = T^2 - T^{*2} - (T^*T - TT^*).$$

13. $\|TT^* - T^*T\| \leqslant \|TT^* - T_n T_n^*\| + \|T_n T_n^* - T_n^* T_n\| + \|T_n^* T_n - T^*T\|$, 右端第二项为 0. 根据 §3.9 习题 3, $T_n \to T$ 蕴涵 $T_n^* \to T^*$, 所以右端另外两项在 $n \to \infty$ 时趋于 0.

14. 根据假设和
$$(S+T)(S+T)^* = SS^* + ST^* + TS^* + TT^*,$$
$$(S+T)^*(S+T) = S^*S + T^*S + S^*T + T^*T$$

可推出 $S+T$ 是正规的. 从下式可推出 ST 是正规的.
$$(ST)(ST)^* = STT^*S^* = ST^*TS^* = T^*SS^*T = T^*S^*ST = (ST)^*(ST).$$

15. 利用 3.9–3(b), 对于所有 x 有
$$\|T^*x\|^2 = \|Tx\|^2 \iff \langle T^*x, T^*x \rangle = \langle Tx, Tx \rangle$$
$$\iff \langle TT^*x, x \rangle = \langle T^*Tx, x \rangle$$
$$\iff \langle (TT^* - T^*T)x, x \rangle = 0$$
$$\iff TT^* = T^*T.$$

在 $\|T^*x\| = \|Tx\|$ 中用 $x = Tz$ 代入便有 $\|T^*Tz\| = \|T^2z\|$, 根据 (3.9.6e) 有
$$\|T^2\| = \sup_{\|z\|=1} \|T^2z\| = \sup_{\|z\|=1} \|T^*Tz\| = \|T^*T\| = \|T\|^2.$$

4.1 佐恩引理

2. 否. 否.

4. (a) 3, 8. (b) M 的每个元素.

5. 关于 A 的元素的个数用归纳法证明.

6. 设对于所有 $x \in M$ 有 $a \leqslant x$, 若还有 c 对于所有 $x \in M$ 满足 $c \leqslant x$, 则 $c \leqslant a$ 且 $a \leqslant c$, 于是由 PO$_2$ 可知 $c = a$.

7. 12, 24, 36, $\cdots$（能被 4 和 6 整除的所有 $x \in \mathbf{N}$）. 1, 2.

8. (a) 若 x_1 和 x_2 都是 A 的最大下界, 则 $x_1 \leqslant x_2$ 且 $x_2 \leqslant x_1$, 因此 $x_1 = x_2$.

(b) $A \cap B$ 和 $A \cup B$.

10. 2, 3.

4.2　哈恩–巴拿赫定理

4. 我们有 $p(0) = p(0x) = 0p(x) = 0$, 由此可得

$$0 = p(0) = p(x - x) \leqslant p(x) + p(-x).$$

5. $p(x) \leqslant \gamma$, $p(y) \leqslant \gamma$, $\alpha \in [0, 1]$ 蕴涵 $1 - \alpha \geqslant 0$ 和

$$p\big(\alpha x + (1 - \alpha)y\big) \leqslant \alpha p(x) + (1 - \alpha)p(y) \leqslant \alpha\gamma + (1 - \alpha)\gamma = \gamma.$$

6. 对于每个 x 和 h 有

$$p(x) = p(x + h - h) \leqslant p(x + h) + p(-h),$$

因此

$$p(x) - p(-h) \leqslant p(x + h) \leqslant p(x) + p(h).$$

令 $h \to 0$ 并利用 p 在 0 点的连续性便得

$$p(x) - p(0) = p(x) \leqslant \underline{\lim}\, p(x + h) \leqslant \overline{\lim}\, p(x + h) \leqslant p(x) + p(0) = p(x),$$

其中用到 $p(0) = 0$, 从而证明了 p 在每个 x 处连续.

8. 对于每个满足 $\|x\| < r$ 的 $x \neq 0$, 存在 $n \in \mathbf{N}$ 使得 $\|nx\| = n\|x\| > r$, 因此 $p(nx) \geqslant 0$. 根据 (4.2.1) 有 $p(nx) = np(x)$, 因此 $p(0) \geqslant 0$.

9. 若 $\alpha > 0$, 则 $f(x) = p(\alpha x_0) = p(x)$. 若 $\alpha < 0$, 则根据习题 4 有

$$f(x) = \alpha p(x_0) \leqslant -\alpha p(-x_0) = p(\alpha x_0) = p(x).$$

10. 将 4.2–1 用到习题 9 中的 f 上, 可得 $\tilde{f}$ 在 X 上满足 $\tilde{f}(x) \leqslant p(x)$, 且从 $-f(x) = \tilde{f}(-x) \leqslant p(-x)$ 可推得 $-p(-x) \leqslant \tilde{f}(x)$.

4.3　复向量空间和赋范空间的哈恩–巴拿赫定理

1. $p(0) = p(0x) = 0p(x) = 0$, 这蕴涵

$$0 = p(0) = p\big(x + (-x)\big) \leqslant p(x) + p\big((-1)x\big) = 2p(x).$$

2. 由 $p(x) = p(x - y + y) \leqslant p(x - y) + p(y)$ 可得 $p(x) - p(y) \leqslant p(x - y) = p(y - x)$, 等等.

4. 在 $Z = \{x \mid x = \alpha x_0\}$ 上用 $f(\alpha x_0) = \alpha p(x_0)$ 定义线性泛函 f, 则 $f(x_0) = p(x_0)\big|f(\alpha x_0)\big| = p(\alpha x_0)$. 应用 4.3–1.

6. $\tilde{f} = \alpha_1 \xi_1 + \alpha_2 \xi_2 + \alpha_3 \xi_3$，因此

$$\|\tilde{f}\| = \left(\alpha_1^2 + \alpha_2^2 + \alpha_3^2\right)^{1/2} \geqslant \|f\|,$$

当且仅当 $\alpha_3 = 0$ 时 $\|\tilde{f}\| = \|f\|$.

7. 根据里斯定理 3.8–1 有 $\tilde{f}(x) = \langle x, x_0 \rangle / \|x_0\|$.

8. 在子空间 $X_1 = \{x \in X \mid x = \alpha x_1,\ x_1 \neq 0\}$ 上定义 $f(x) = \alpha \|x_1\|$，则 f 是 X_1 上的有界线性泛函，且范数为 $\|f\| = 1$. 应用 4.3–2.

9. 把 f 延拓到空间 $Z_1 = \mathrm{span}(Z \cup \{y_1\})$，$y_1 \in X - Z$，置 $g_1(z + \alpha y_1) = f(z) + \alpha c$，像 4.2–1 的证明 (c) 中那样关于 (4.3.9) 中的 p 来确定 c. 经过可数个这样的步骤便得到 f 到 X 的稠密集上的延拓，2.7–11 给出了要证明的结果.

10. 由 4.3–3 可知存在 $\tilde{f} \in X'$ 满足 $\tilde{f}(x_0) = \|x_0\|$，由 $\tilde{f}(x_0) = 0$ 得到 $x_0 = 0$.

11. $f(x) - f(y) = f(x - y) = 0$. 应用 4.3–4.

12. $x_0 = \left(\xi_1^{(0)}, \xi_2^{(0)}\right)$，$x = (\xi_1, \xi_2)$，$f(x) = \alpha_1 \xi_1 + \alpha_2 \xi_2$，$\alpha_j = \xi_j^{(0)} / \|x_0\|$，其中 $\|x_0\|^2 = \xi_1^{(0)^2} + \xi_2^{(0)^2}$. 其实也可从习题 7 得出，因为对于这里的情形有

$$\langle x, x_0 \rangle = x \cdot x_0 = \xi_1 \xi_1^{(0)} + \xi_2 \xi_2^{(0)}.$$

13. $\hat{f} = \|x_0\|^{-1} \tilde{f}$.

14. 根据 4.3–3，存在 $\tilde{f} \in X'$ 满足 $\|\tilde{f}\| = 1$ 且 $\tilde{f}(x_0) = \|x_0\|$，并且由于 $x_0 \in H_0$，$x \in \tilde{B}(0; r)$ 当且仅当 $\|x\| < r$，所以 $\tilde{f}(x) = r$ 表示 H_0，但这时有

$$\tilde{f}(x) \leqslant \|\tilde{f}\|\,\|x\| = \|x\| < r,$$

它表示由 H_0 所确定的半空间，见 §2.8 习题 15.

15. 根据 4.3–3，$\|x_0\| > c$ 蕴涵存在 $\tilde{f} \in X'$ 满足 $\|\tilde{f}\| = 1$ 且 $\tilde{f}(x_0) = \|x_0\| > c$.

4.5 伴随算子

2. $0^\times$ 是 Y' 上的零算子，$I^\times$ 是 $Y' = X'$ 上的恒等算子.

3. $\left((S + T)^\times g\right)(x) = g\left((S + T)x\right) = g(Sx) + g(Tx) = (S^\times g)(x) + (T^\times g)(x)$.

4. $\left((\alpha T)^\times g\right)(x) = g\left((\alpha T)x\right) = g(\alpha Tx) = \alpha g(Tx) = \alpha(T^\times g)(x) = \left((\alpha T^\times)g\right)(x)$.

5. $\left((ST)^\times g\right)(x) = g(STx) = (S^\times g)(Tx) = \left(T^\times (S^\times g)\right)(x) = (T^\times S^\times g)(x)$.

6. (4.5.11) 的直接推论.

7. $(AB)^{\mathrm{T}} = B^{\mathrm{T}} A^{\mathrm{T}}$.

8. $\left(T^{-1}\right)^\times : X' \longrightarrow Y'$ 存在，由 $T^{-1}T = I_{X'}$ 可知

$$\left(T^{-1}T\right)^\times = T^\times \left(T^{-1}\right)^\times = I_{X'}.$$

由 $TT^{-1} = Ty$ 可知

$$\left(T^{-1}\right)^\times T^\times = I_{Y'}. \tag{B4.5.1}$$

因此 $T^\times : Y' \longrightarrow X'$ 是一一映射. 所以 $(T^\times)^{-1}$ 存在且由 (B4.5.1) 可得

$$(T^{-1})^\times = (T^{-1})^\times T^\times (T^\times)^{-1} = (T^\times)^{-1}.$$

9. $g \in M^a$ $\iff$ 对于所有 $x \in X$ 有 $0 = g(Tx) = (T^\times g)(x)$

   $\iff$ $T^\times g = 0$

   $\iff$ $g \in \mathcal{N}(T^\times)$.

10. 设 $y \in \mathcal{R}(T)$, 则对于某个 x 有 $y = Tx$. 设 $g \in \mathcal{N}(T^\times)$, 则 $0 = T^\times g(x) = g(Tx) = g(y)$. 于是

$$y \in {}^a[\mathcal{N}(T^\times)].$$

由于 $y \in \mathcal{R}(T)$ 是任意的, 所以 $\mathcal{R}(T) \subseteq {}^a[\mathcal{N}(T^\times)]$. 方程 $Tx = y$ 有解 x 的必要条件为: 对于所有 $g \in \mathcal{N}(T^\times)$ 有 $g(y) = 0$.

4.6 自反空间

1. $x = (\xi_1, \cdots, \xi_n)$, $f(x) = \alpha_1 \xi_1 + \cdots + \alpha_n \xi_n$, $g_x(f) = \alpha_1 \xi_1 + \cdots + \alpha_n \xi_n$ (ξ_j 固定).

2. 首先 $x_0 = y_0 + z_0$, 其中 $y_0 \in Y$, $z_0 \in Y^\perp$, 还有 $\delta = \|z_0\|$. 于是根据里斯定理 3.8–1 有 $\tilde{f}(x) = \langle x, z_0 \rangle / \|z_0\|$.

3. 设 $h \in X'''$. 由于 X 是自反空间, 所以对于每个 $g \in X''$ 存在 $x \in X$ 使得 $g = Cx$. 因此 $h(g) = h(Cx) = f(x)$ 在 X 上定义了有界线性泛函 f, 并且 $C_1 f = h$, 其中 $C_1 : X' \longrightarrow X'''$ 是典范映射. 所以 C_1 是满射, 从而 X' 是自反空间.

4. (a) 若 X 是自反空间, 则由习题 3 可知 X' 也是自反空间. (b) 设 X' 是自反空间, 则由 (a) 可知 X'' 也是自反空间, 且由 4.6–4 可知 X'' 是完备空间. 由于 X 是完备空间且与 X'' 的一个子空间同构 (见 4.6–2), 所以该子空间是完备空间. 因此由 1.4–7 可知它是闭空间, 再由给出的提示可知它是自反空间, 从而由 4.6–2 可知 X 是自反空间.

5. $h = \delta^{-1} \tilde{f}$.

6. 设 $x_0 \in Y_2$ 且 $x_0 \notin Y_1$, 则 $\delta = \inf_{y \in Y_1} \|y - x_0\| > 0$. 设 $\tilde{g} \in X'$ 使得 $\tilde{g}|_{Y_1} = 0$ 且 $\tilde{g}(x_0) = 1$ (见习题 5). 因此 $\tilde{g} \in Y_1^a$, 但是 $\tilde{g} \notin Y_2^a$.

7. 若 $Y \neq X$, 则存在 $x_0 \in X - Y$, 并且由于 Y 是闭空间, 所以 $\delta = \inf_{y \in Y} \|y - x_0\| > 0$. 根据 4.6–7, 存在 $\tilde{f} \in X'$ 在 Y 上为 0, 但在 x_0 不为 0, 这与我们的假设矛盾.

8. 若 $x_0 \in A$, 则 x_0 是序列 (x_n) 的极限, 其中 x_n 为 M 的元素的线性组合. 在所有 x_n 点皆为 0 的 $f \in X'$, 根据其连续性, 它在 x_0 点也为 0. 若 $x_0 \notin A$, 则由 4.6–7 可知存在 $\tilde{f}$ 使得 $\tilde{f}|_A = 0$, 并且 $\tilde{f}(x_0) \neq 0$.

9. 若 M 不是完全的, 则 $Y = \overline{\operatorname{span} M} \neq X$. 4.6–7 表明存在 $\tilde{f} \in X'$ 在 Y 上处处为 0, 因此在 M 上也为 0, 但在 $x_0 \in X - Y$ 不为 0. 若 M 是完全的, 则 $Y = X$ 且满足习题中的条件.

10. 设所指集合为 $\{x_1,\cdots,x_n\}$，则由习题 5（它是 4.6–7 的直接推论），存在 X 上的 n 个有界线性泛函 $f_1,\cdots,f_n$ 使得

$$f_j(x_j) = 1, \quad f_j(x_k) = 0, \quad \text{其中 } k \neq j.$$

这些泛函构成一个线性无关集，因为若令 $x = x_1,\cdots,x_n$，则由

$$\sum_{j=1}^{n} \gamma_j f_j(x) = 0, \quad \text{其中 } x \in X$$

逐次给出 $\gamma_1 = \cdots = \gamma_n = 0$

4.7 范畴定理和一致有界性定理

1. (a) 第一范畴. (b) 第一范畴.

2. (a) 第一范畴. (b) 第二范畴（根据 4.7–2）.

3. $\varnothing$，因为 X 的每个子集都是开集.

4. 具有有理坐标的所有点构成的集合.

5. $\left(\overline{M}\right)^C$ 的闭包为整个 X 当且仅当 $\overline{M}$ 没有内点，所以每个 $x \in \overline{M}$ 都是 $\left(\overline{M}\right)^C$ 的聚点.

6. 否则 $M \cup M^C$ 是贫乏的，这与贝尔范畴定理矛盾.

7. 4.7–3 的直接结果.

8. 当 $n \to \infty$ 时 $f_n(x) \to 0$，但是 $\|f_n\| = n$.

9. $\|x\|$. 当 $n \to \infty$ 时 $\|T_n x\|^2 = |\xi_{2n+1}|^2 + |\xi_{2n+2}|^2 + \cdots \to 0$. 1. 1.

10. 由于 c_0 在 l^∞ 中是闭的，所以它是完备空间（见 1.4–7）. 令 $f_n(x) = \xi_1\eta_1 + \cdots + \xi_n\eta_n$，便在 c_0 上定义了有界线性泛函 f_n，其中 $n = 1, 2, \cdots$，从而 $\|f_n\| = |\eta_1| + \cdots + |\eta_n|$，见 §2.10 习题 8. 根据假设，对于每个 $x \in c_0$ 存在 $\lim f_n(x)$，因此由 4.7–3 可知 $(\|f_n\|)$ 有界，且 $\sum |\eta_j| < \infty$.

11. 利用事实：柯西序列有界（见 §1.4），再应用 4.7–3.

12. 由于 Y 是完备空间，所以 $T_n x \to y \in Y$，其中 y 依赖于 x，不妨设 $y = Tx$. 因为 T_n 是线性算子，所以 T 也是线性算子. 由于 $\|T_n\| \leqslant c$（根据习题 11），所以 $\|T_n x\| \leqslant \|T_n\|\,\|x\| \leqslant c\|x\|$，于是根据范数的连续性便得 $\|Tx\| \leqslant c\|x\|$.

13. 让我们记 $f(x_n) = g_n(f)$，则 $(g_n(f))$ 对于每个 f 有界，所以由 4.7–3 可知 $(\|g_n\|)$ 有界，并且根据 4.6–1 有 $\|x_n\| = \|g_n\|$.

14. (c) 蕴涵 (b)（见习题 13）. 由 4.7–3 可知 (b) 蕴涵 (a). 因为 $\left|g(T_n(x))\right| \leqslant \|g\|\,\|T_n\|\,\|x\|$，所以 (a) 蕴涵 (c).

15. $\dfrac{1}{2} + \dfrac{2}{\pi}\left(\sin t + \dfrac{1}{3}\sin 3t + \dfrac{1}{5}\sin 5t + \cdots\right)$.

4.8 强收敛和弱收敛

1. 在 $C[a,b]$ 上由 $\delta_{t_0}(x) = x(t_0)$ 定义了一个有界线性泛函，其中 $t_0 \in [a,b]$. 而 $\delta_{t_0}(x_n) \to \delta_{t_0}(x)$ 意味着 $x_n(t_0) \to x(t_0)$.

2. 任取 $h \in Y'$，并用 $f(x) = h(Tx)$ 定义 f，其中 $x \in X$. 由于 $h \in Y'$ 且 T 是有界算子，所以
$$\left| f(x) \right| = \left| h(Tx) \right| \leqslant \|h\| \, \|Tx\| \leqslant \|h\| \, \|T\| \, \|x\|,$$
因此 $f \in X'$，于是由 $x_n \xrightarrow{w} x_0$ 可知 $f(x_n) \to f(x_0)$，即 $h(Tx_n) \to h(Tx_0)$. 由于 h 是 Y' 中的任意元素，这意味着 $Tx_n \xrightarrow{w} Tx_0$.

3. 从 X 上的该泛函的线性性便可推出.

4. 由于 $(\|x_n\|)$ 有界（见 4.8–3），所以存在 $\lambda = \lim_{n\to\infty} \|x_n\|$. 情形 $x_0 = 0$ 是显而易见的. 设 $x_0 \neq 0$，则 $\|x_0\| > 0$. 若 $\lambda < \|x_0\|$，则 (x_n) 有子序列 (x_{n_j}) 满足对于所有 j 有 $\|X_{n_j}\| \leqslant \gamma < \|x_0\|$. 由 4.3–3 可知存在 $\tilde{f}$ 满足 $\|\tilde{f}\| = 1$ 且 $\tilde{f}(x_0) = \|x_0\|$，但是从
$$\left| \tilde{f}(x_{n_j}) \right| \leqslant \|\tilde{f}\| \|x_{n_j}\| = \|x_{n_j}\| \leqslant \gamma < \|x_0\|$$
可以看出 $\tilde{f}(x_{n_j})$ 不收敛于 $\tilde{f}(x_0) = \|x_0\|$，因此 $(\tilde{f}(x_n))$ 不可能收敛于 $\tilde{f}(x_0)$. 这与 $x_n \xrightarrow{w} x_0$ 矛盾.

   4.3–4 给出了另一个证明：
$$\|x_0\| = \sup_{\substack{f \in X' \\ f \neq 0}} \frac{f(x_0)}{\|f\|} = \sup_{\substack{f \in X' \\ f \neq 0}} \frac{1}{\|f\|} \left| \lim_{n \to \infty} f(x_n) \right| \leqslant \varliminf_{n \to \infty} \|x_n\|.$$

5. 否则，从 x_0 到 $\overline{Y}$ 的距离 δ 是正数. 根据 4.6–7，存在 $\tilde{f} \in X'$ 满足 $\tilde{f}(x_0) = \delta$ 且对于所有 $x \in \overline{Y}$ 有 $\tilde{f}(x) = 0$. 因此 $\tilde{f}(x_n) = 0$，从而 $(\tilde{f}(x_n))$ 不收敛于 $\tilde{f}(x_0)$，但这与 $x_n \xrightarrow{w} x_0$ 矛盾.

6. 令 $Y = \mathrm{span}(x_n)$，则由习题 5 可知 $x_0 \in \overline{Y}$. 由 1.4–6(a) 可知存在 Y 中的序列 (y_m) 满足 $y_m \to x_0$. 由于 $y_m \in Y = \mathrm{span}(x_n)$，所以 y_m 是 (x_n) 中元素的线性组合.

7. 利用习题 6.

8. 设 (x_n) 是弱柯西序列，用 $g_n(f) = f(x_n)$ 定义 $g_n \in X''$，见 §4.6. 由于 $(f(x_n))$ 是柯西序列，所以是有界的，不妨设 $|f(x_n)| = |g_n(f)| \leqslant c$. 由于 X' 是完备空间，所以根据 4.6–1 和 4.7–3 有 $\|x_n\| = \|g_n\| \leqslant c$.

9. 否则，A 将含有满足 $\lim \|x_n\| = \infty$ 的无界序列 (x_n). 对于 (x_n) 的每个子序列 (x_{n_j}) 有 $\lim \|x_{n_j}\| = \infty$，所以由习题 8 可知 (x_n) 没有弱柯西子序列. 这与假设矛盾.

10. 设 (x_n) 是 X 中任意弱柯西序列，则对于每个 $f \in X'$，$(f(x_n))$ 收敛. 对于 $x_n \in X$ 存在 $g_{x_n} \in X''$ 使得 $f(x_n) = g_{x_n}(f)$，因此 $(g_{x_n}(f))$ 收敛，不妨设 $g_{x_n}(f) \to g(f)$. 由于 (x_n) 有界（见习题 8）且 $\|g_{x_n}\| = \|x_n\|$（见 4.6–1），所以可看出 g 是有界的，g 又是线性的，所以 $g \in X''$. 由于 X 是自反的，所以存在 x 使得 $g(f) = f(x)$，从而
$$f(x_n) = g_{x_n}(f) \to g(f) = f(x).$$
由 $f \in X'$ 的任意性可知 $x_n \xrightarrow{w} X$. 由于 (x_n) 是任意的，从而证明了 X 是弱完备的.

4.9　算子序列和泛函序列的收敛

1. 当 $n \to \infty$ 时, $\|T_n x - Tx\| = \|(T_n - T)x\| \leqslant \|T_n - T\| \|x\| \to 0$.

2. 当 $n \to \infty$ 时, 对于每个 $x \in X$ 有

$$\|(S_n + T_n)x - (S+T)\| \leqslant \|S_n x - Sx\| + \|T_n x - Tx\| \to 0.$$

3. 把 4.8–4(a) 中的 x_n 和 x 换成 $y_n = Tx_n$ 和 $y = Tx$, 立即可推出所希望的结果.

4. 设对于所有 $g \in X''$ 有 $g(f_n) \to g(f)$, 则

$$f_n(x) - f(x) = g_x(f_n) - g_x(f) \to 0,$$

其中 $g_x = Cx$ 且 $C: X \longrightarrow X''$ 是典范映射. 若 X 是自反的, 则其逆亦成立. 因为这时对于每个 $g \in X''$ 存在 $x \in X$ 满足 $f(x) = g(f)$, 并且弱星收敛蕴涵

$$g(f_n) - g(f) = f_n(x) - f(x) \to 0.$$

5. 由于 $x \in l^1$, 所以级数 $\sum |\xi_n|$ 收敛, 因此对于每个 $x \in l^1$ 当 $n \to \infty$ 时 $\xi_n = f_n(x) \to 0$, 但 $\|f_n\| = 1$.

6. 若 $T_n \to T$ 且 $\|x\| = 1$, 则.

反之, 若习题中的条件成立, 则当 $n > N$ 且 $\|y\| = 1$ 时 $\|T_n y - Ty\| < \varepsilon$. 任取固定的 $x \neq 0$, 并令 $y = \|x\|^{-1} x$, 则 $\|T_n x - Tx\| = \|x\| \|T_n y - Ty\| < \varepsilon \|x\|$, 且对于所有 $n > N$ 有 $\|T_n - T\| \leqslant \varepsilon$.

7. 根据假设 $(T_n x)$ 对于每个 $x \in X$ 收敛, 因此由 1.4–2 可知 $(\|T_n x\|)$ 有界, 并且 $(\|T_n\|)$ 也是有界的, 见 4.7–3.

8. 显然, 对于充分大的 r 有 $K \subseteq \tilde{B}(0; r)$, 所以存在 N 使得对于所有 $n > N$ 有 $\|T_n - T\| < \varepsilon / r$. 因此对于所有 $x \in K$ 和 $n > N$ 有

$$\|T_n x - Tx\| \leqslant \|T_n - T\| \|x\| < \frac{\varepsilon}{r} \cdot r = \varepsilon.$$

9. $(\|T_n\|)$ 是有界的. 由 $\|T_n x\| \leqslant \|T_n\| \|x\|$ 和范数的连续性可得

$$\|Tx\| = \lim_{n \to \infty} \|T_n x\| \leqslant \varliminf_{n \to \infty} \|T_n\| \|x\|.$$

10. M 中的任意序列 (f_n) 是有界的, 不妨设 $\|f_n\| \leqslant r$. 由于 X 是可分的, 所以它含有可数稠密子集 V, 把它排成序列 (x_m). 由于

$$|f_n(x_m)| \leqslant \|f_n\| \|x_m\| \leqslant r \|x_m\|,$$

这表明对于固定的 m, 序列 $(f_n(x_m))$ 有界, 于是它有子序列 A_1 在 x_1 处收敛, 而 A_1 又有子序列 A_2 在 x_2 处收敛, 等等, 因此 $(f_{n_k}(x))$ 是在 V 的每个元素处都收敛的子序列, 其中 $f_{n_1} \in A_1$, $f_{n_2} \in A_2$, $\cdots$. 由 V 在 X 中的稠密性及 X 的完备性, 根据 4.9–7 便可推出所希望的结论.

4.10   在序列可和性方面的应用

1. 矩阵是

$$A = \begin{bmatrix} 1 & 0 & 0 & \cdots \\ \frac{1}{2} & \frac{1}{2} & 0 & \cdots \\ \frac{1}{3} & \frac{1}{3} & \frac{1}{3} & \cdots \\ \cdots & \cdots & \cdots & \ddots \end{bmatrix}.$$

2. $\left(1, \frac{1}{2}, \frac{2}{3}, \frac{1}{2}, \frac{3}{5}, \frac{1}{2} \cdots \right), c_1 - \text{limit} \frac{1}{2}.$ $\left(1, \frac{1}{2}, \frac{1}{4}, \frac{1}{8}, \frac{1}{16}, \cdots \right), c_1 - \text{limit} 0 \ (= \text{limit}).$

3. $\xi_1 = \eta_1, \xi_n = n\eta_n - (n-1)\eta_{n-1}; (1, 0, 0, \cdots).$

4. 例如，$(1, -1, 3, -3, 5, -5, \cdots)$ 有 C_1 变换序列 $(1, 0, 1, 0, 1, 0, \cdots)$.

5. H_1 给出 $(1, -1, 1, -1, \cdots)$，H_2 给出 $\left(1, 0, \frac{1}{3}, 0, \frac{1}{5}, 0, \cdots \right)$，因此该序列是 H_2 可和的，但不是 H_1 可和的.

6. 由著名公式

$$S_n = \frac{1}{1-z} - \frac{z^{n+1}}{1-z}$$

可得

$$\frac{1}{n+1} \sum_{v=0}^{n} S_v = \frac{1}{1-z} - \frac{z\left(1-z^{n+1}\right)}{(n+1)(1-z)^2} \to \frac{1}{1-z}.$$

7. 关于 k 用归纳法证明.

10. 这个习题说明了欧拉方法并不是总能改进收敛性的. 但可以指出，对于这种在达到某一阶时残差都是正的交错级数，其改进通常是值得考虑的.

4.11   数值积分和弱星收敛

4. 取 $n = 1$，以 t 代替 b，并令

$$\varepsilon_n^*\big(x(t)\big) = \frac{t-a}{2}\big[x(a) + x(t)\big] - \int_a^t x(\tau)\mathrm{d}\tau,$$

微分两次便有

$$\frac{1}{2}(t-a)m_2^* \leqslant \xi_n^{*\prime\prime}\big(x(t)\big) \leqslant \frac{1}{2}(t-a)m_2,$$

从 a 到 t 积分两次并令 $t = a + h$ 便得

$$m_2^* \frac{h^3}{12} \leqslant \varepsilon_n^*\big(x(a+h)\big) \leqslant m_2 \frac{h^3}{12},$$

它对应长度为 $h = (b-a)/n$ 的子区间，并且共有 n 个这样的子区间.

8. 我们有

$$|r(t)| = \left| \int_{-h}^{h} x(t)\mathrm{d}t - 2hx(0) \right| = \left| \int_{-h}^{h} \left(\int_0^t x'(\tau)\mathrm{d}\tau \right) \mathrm{d}t \right| \leqslant p(x) \int_{-h}^{h} \left| \int_0^t \mathrm{d}t \right| \mathrm{d}t = p(x)h^2.$$

9. (4.11.16) 不含 $x'''(0)$.

10. 对傅里叶系数的欧拉公式连续使用两次分部积分，将能证明这些系数（a_0 除外）都含因子 $1/m^2$.

4.12 开映射定理

1. T 映开球到开区间上, 所以从 §1.3 习题 4 可推出这个命题. 否.

2. 习题 1 中的 $T : \mathbf{R}^2 \longrightarrow \mathbf{R}$ 将闭集 $\{(\xi_1, \xi_2) \mid \xi_1 \xi_2 = 1\} \subseteq \mathbf{R}^2$ 映到集合 $\mathbf{R} - \{0\}$ 上, 而该集合在 $\mathbf{R}$ 中不是闭集.

3. $\{\alpha, 2\alpha, 3\alpha, 4\alpha\}$, $\{1 + w, 2 + w, 3 + w, 4 + w\}$, $\{2, 3, 4, 5, 6, 7, 8\}$.

5. $\|T\| = 1$, $1 = \|x\| = \|T^{-1}y\| = k\|y\|$, 其中 $x = (\delta_{kj})$, 即其第 k 项为 1, 其余项为 0. 因而 $\|T^{-1}\| \geqslant k$. 否, 由于 X 不是完备空间.

6. (a) 若 $\mathscr{R}(T)$ 在 Y 中是闭的, 则它是完备的, 有界性可从 4.12–2 得到.

   (b) 假设 T^{-1} 有界, $y \in \overline{\mathscr{R}(T)} \subseteq Y$, $\mathscr{R}(T)$ 中的 (y_n) 适合 $y_n \to y$, 并假定 $x_n = T^{-1} y_n$. 由于 T^{-1} 是连续算子且 X 是完备空间, 所以由 1.4–8 可知 (x_n) 收敛, 不妨设 $x_n \to x$. 根据 T 的连续性有 $y_n = T x_n \to Tx$, 因此 $y = Tx \in \mathscr{R}(T)$, 于是 $\mathscr{R}(T)$ 是闭集, 其中用到 $y \in \overline{\mathscr{R}(T)}$ 的任意性.

7. 从有界逆定理可以推出.

8. 由 $x \longmapsto x$ 定义的线性算子 $T : X_1 \longrightarrow X_2$ 是连续的, 所以是有界的, 由 4.12–2 可知它还是一一映射.

9. 由 $x \longmapsto x$ 定义的 $T : X_2 \longrightarrow X_1$ 是一一映射, 而且由于 $\|x\|_1 / \|x\|_2 \leqslant c$, 所以 T 是连续映射, 由 4.12–2 可知 T^{-1} 是连续映射.

10. 由 $x \longmapsto x$ 定义的线性算子 $T : X_1 \longrightarrow X_2$ 是连续的 (见 1.3–4), 并且是一一映射. 由 4.12–2 可知 T^{-1} 是连续映射. M 在 X_1 中是开集, 当且仅当 M 在 X_2 中是开集.

4.13 闭线性算子和闭图定理

2. 设 $z_j = (x_j, y_j)$, 则从

$$\|z_1 + z_2\| = \max\{\|x_1 + x_2\|, \|y_1 + y_2\|\}$$
$$\leqslant \max\{\|x_1\| + \|x_2\|, \|y_1\| + \|y_2\|\}$$
$$\leqslant \max\{\|x_1\|, \|y_1\|\} + \max\{\|x_2\|, \|y_2\|\}$$

可推出三角不等式. 对于 $\|\cdot\|_0$, 使用柯西–施瓦茨不等式 (1.2.11) 直接计算便可推出三角不等式.

4. 见闭图定理证明中的第一部分.

5. 由 2.6–10 可知 T^{-1} 是线性算子. T^{-1} 的图能记为 $\mathscr{G}(T^{-1}) = \{(Tx, x) \mid x \in \mathscr{D}(T)\} \subseteq Y \times X$ 且是闭的, 这是由于 $\mathscr{G}(T) \subseteq X \times Y$ 是闭的且由 $(x, y) \longmapsto (y, x)$ 定义的映射 $X \times Y \longrightarrow Y \times X$ 是等距映射.

6. 从 4.13–3 立即可以推出.

7. $T : X \longrightarrow Y$ 是有界线性算子且 $\mathscr{D}(T) = X$ 是闭集，因此由 4.13–5(a) 可知 T 是闭算子. 根据假设 $T^{-1} : Y \longrightarrow X$ 存在，T^{-1} 是闭算子（习题 5 答案中证明），并且因为 $\mathscr{D}\left(T^{-1}\right) = Y$ 是闭集，由闭图定理可知 T^{-1} 是连续算子.

8. (a) 考虑任意 $a \in \overline{A}$. 令 $a_k \to a$ 且 $a_k \in A$，又设 $c_n \in C$ 满足 $a_n = Tc_n$，则由于 C 是紧集，所以 (c_n) 有收敛子序列 (c_{n_j})，不妨设 $c_{n_j} \to c \in C$，又 $Tc_{n_j} \to a$，从而根据 4.13–3 有 $Tc = a \in A$.

(b) 考虑任意 $b \in \overline{B}$. 令 $b_n \to b$ 且 $b_n \in B$，又设 $k_n = Tb_n$，则由于 K 是紧集，所以 (k_n) 有收敛的子序列 (k_{n_j})，不妨设 $k_{n_j} \to k \in K$，又 $b_{n_j} \to b$，从而根据 4.13–3 有 $Tb = k \in K = T(B)$，于是 $b \in B$，所以 B 是闭集.

9. 任意闭子集 $K \subseteq Y$ 是紧集（§2.5 习题 9），而且其逆像是闭集（习题 8），因此 T 是连续算子（§1.3 习题 14），由 2.7–9 可知 T 是有界算子.

10. 因为 T^{-1} 是闭算子（习题 5），所以 T^{-1} 是有界算子（习题 9）.

11. 利用 4.13–3.

12. 由 4.13–5(a) 可知 T_2 是闭算子，应用 4.13–3.

13. T^{-1} 是闭算子（习题 5），因此由 4.13–5(b) 可知 $\mathscr{R}(T) = \mathscr{D}\left(T^{-1}\right)$ 是闭集.

14. 部分和 $x_n = u_1 + \cdots + u_n$ 构成的序列 (x_n) 是一致收敛的，即在 $C[0,1]$ 上有 $x_n \to x$. 类似地，(y_n) 也一致收敛，不妨设在 $C[0,1]$ 上有 $y_n \to y$，其中 $y_n = Tx_n = x'_n = u'_1 + \cdots + u'_n$. 由于 T 是闭算子，所以由 4.13–3 可得 $x \in \mathscr{D}(T)$ 且 $y = Tx = x'$.

15. (a) 由于线性算子把 0 映成 0，所以条件是必要的.

(b) 由于 $\mathscr{G}(T)$ 是向量空间，所以 $\overline{\mathscr{G}(T)}$ 也是向量空间. 假定 $(x, y_1), (x, y_2) \in \overline{\mathscr{G}(T)}$，则

$$(x, y_1) - (x, y_2) = (0, y_1 - y_2) \in \overline{\mathscr{G}(T)},$$

而根据条件有 $y_1 - y_2 = 0$，所以 $\tilde{T}$ 是一个映射. 由于 $\overline{\mathscr{G}(T)}$ 是向量空间，所以 $\tilde{T}$ 是线性映射. 由于 $\overline{\mathscr{G}(T)}$ 是闭空间，所以 $\tilde{T}$ 是闭线性算子.

5.1 巴拿赫不动点定理

1. (a) 一致扩张. (b) 平面反射，在空间中绕定轴的旋转，平面到任意直线上的投影恒等映射.

2. $1/2$.

5. 存在两个不动点 x 和 $y \neq x$ 将蕴涵以下矛盾

$$d(x, y) = d(Tx, Ty) < d(x, y).$$

6. 对于 $\alpha < 1$ 有 $d(T^n x, T^n y) \leqslant \alpha^n d(x, y)$. 由 $(\xi_1, \xi_2) \longmapsto (\xi_2, 0)$ 定义的映射 $T : \mathbf{R}^2 \longrightarrow \mathbf{R}^2$ 不是压缩的，但是 T^2 由 $(\xi_1, \xi_2) \to (0, 0)$ 给出.

7. 对于 $d(x_1, x_2) < \delta = \varepsilon / \alpha$ 有 $d(Tx_1, Tx_2) < \varepsilon$.

8. 在 (5.1.3) 中用 $m - 1$ 代替 m 可得第二个命题：

$$d(x_{m-1}, x_m) \leqslant \alpha^{m-1} d(x_0, x_1).$$

10. 因为根据微分中值定理有

$$\big|g(x) - g(y)\big| = |x - y|\,\big|g'(\xi)\big| \leqslant \alpha|x - y|,$$

其中 ξ 位于 x 与 y 之间，所以 g 是压缩的.

11. 根据微分中值定理有

$$\big|g(x) - g(y)\big| = |x - y|\,\big|g'(\xi)\big| \leqslant \alpha|x - y|,$$

其中 ξ 位于 x 与 y 之间. 应用 5.1–4，利用习题 9.

12. $x_n = g(x_{n-1})$，$g(x) = x - f(x)/2k_2$，这时有

$$\frac{1}{2} \leqslant g'(x) \leqslant 1 - k_1/2k_2 < 1, \quad 见习题 10.$$

13. (a) $x_1 = 0.500$, $x_2 = 0.800$, $x_3 = 0.610$. 是.

(b) $|g'(x)| \leqslant 3\sqrt{3}/8 < 0.65 = \alpha$（由 $g''(x) = 0$ 给出 $x = 1/\sqrt{3}$，其中 $|g'|$ 有最大值），这个 α 提供了误差界 0.93, 0.60, 0.39（误差分别为 0.18, 0.12, 0.07）.

(c) $1 - x^3$ 的导数在根（0.682 328）附近绝对值大于 1，所以不能指望收敛.

14. 0.707 107, 0.686 589, 0.683 097. 导数 g' 在 1 处为 0，并且在根附近很小.

15. 由于 $f(\hat{x}) = 0$，所以中值定理给出

$$\big|f(x)\big| = \big|f(x) - f(\hat{x})\big| = \big|f'(\xi)\big|\,\big|x - \hat{x}\big| \leqslant k_1|x - \hat{x}|, \quad 其中 \ k_1 > 0.$$

由于 $\hat{x}$ 是单根，所以 $f'(x)$ 在 $\hat{x}$ 的闭邻域 N 上不等于 0，$N \subseteq [a, b]$，f'' 在 N 上有界，并且对于任意 $x \in N$ 在 $|x - \hat{x}| < 1/2k_1k_2$ 的前提下，有

$$\big|g'(x)\big| = \frac{\big|f(x)f''(x)\big|}{f'(x)^2} \leqslant k_2|f(x)| \leqslant k_1k_2|x - \hat{x}| < \frac{1}{2}.$$

16. $x = \sqrt{c}$, $f(x) = x^2 - c = 0$, $f'(x) = 2x$，并且由牛顿法可得所述公式. 条件是 $x > \sqrt{c/3}$.

$x_1 = 1.500\,000$, $x_2 = 1.416\,667$, $x_3 = 1.414\,216$, $x_4 = 1.414\,240$.（精确到 6 位小数.）

17. 当 $m = 1$ 时是真的. 假定公式对于任意 $m \geqslant 1$ 成立，则

$$d\big(T^{m+1}x, S^{m+1}x\big) \leqslant d\big(TT^m x, TS^m x\big) + d\big(TS^m x, SS^m x\big)$$
$$\leqslant \alpha d\big(T^m x, S^m x\big) + \eta \leqslant \alpha\eta\frac{1 - \alpha^m}{1 - \alpha} + \eta.$$

18. 根据假设 $x = Tx = T^n x$, $y = S^n y$，由习题 17 可知

$$d(x, y) = d\big(T^n x, S^n y\big) \leqslant d\big(T^n x, T^n y\big) + d\big(T^n y, S^n y\big) \leqslant \alpha^n d(x, y) + \eta\frac{1 - \alpha^n}{1 - \alpha},$$

因此

$$(1 - \alpha^n)d(x, y) \leqslant \eta\frac{1 - \alpha^n}{1 - \alpha},$$

两边用 $1 - \alpha^n$ 除便得所要求的结果.

19. 这个公式是对 y_m 的一个误差估计，它可以从下式推得

$$d(x, y_m) \leqslant d(x, T^m y_0) + d(T^m y_0, S^m y_0)$$
$$\leqslant \frac{\alpha^m}{1-\alpha} d(y_0, Ty_0) + \eta \frac{1-\alpha^m}{1-\alpha}$$
$$\leqslant \frac{\alpha^m}{1-\alpha} \big[d(y_0, Sy_0) + \eta \big] + \eta \frac{1-\alpha^m}{1-\alpha}.$$

20. (a) 若 $k < 1$.

(b) 由微分中值定理可得

$$|Tx - Ty| = |T'\xi| \, |x - y|,$$

其中 ξ 位于 x 与 y 之间.

(c) 否.

5.2 巴拿赫定理在线性方程组方面的应用

2. (a) $\begin{bmatrix} 2 \\ 3 \end{bmatrix}$.   (b) 是. $\begin{bmatrix} 1.60 \\ 2.70 \end{bmatrix}$, $\begin{bmatrix} 1.94 \\ 2.88 \end{bmatrix}$, 0.146, 0.219, 误差为 0.120.

(c) $C = \begin{bmatrix} 0 & 0.20 \\ 0 & 0.06 \end{bmatrix}$. 是. $\begin{bmatrix} 1.60 \\ 2.88 \end{bmatrix}$, $\begin{bmatrix} 1.976 \\ 2.993 \end{bmatrix}$, 0.094, 0.094, 误差为 0.024.

3. (a) $\begin{bmatrix} 1.00 \\ 1.00 \\ 0.75 \\ 0.75 \end{bmatrix}$, $\begin{bmatrix} 0.9375 \\ 0.9375 \\ 0.6875 \\ 0.6875 \end{bmatrix}$, $\begin{bmatrix} 0.90625 \\ 0.90625 \\ 0.65625 \\ 0.65625 \end{bmatrix}$, $\cdots$.   (b) $\begin{bmatrix} 1.0000 \\ 1.0000 \\ 0.7500 \\ 0.6875 \end{bmatrix}$, $\begin{bmatrix} 0.9375 \\ 0.9063 \\ 0.6563 \\ 0.6407 \end{bmatrix}$, $\cdots$.

4. 根据 (5.2.5) 和格尔什戈林定理可得，对于 C 的每个本征值 λ 有 $|\lambda| < 1$. 数 μ 为 $K = I - C$ 的本征值当且仅当 $\mu = 1 - \lambda$, 其中 λ 为 C 的某一本征值. 因此 $|\lambda| = |1 - \mu| < 1$, 由此可知 $\mu \neq 0$.

5. 对应于这两个方法的两个序列为

$$\begin{bmatrix} 0 \\ 0 \\ 0 \end{bmatrix}, \begin{bmatrix} 2 \\ 2 \\ 2 \end{bmatrix}, \begin{bmatrix} 0 \\ 0 \\ 0 \end{bmatrix}, \begin{bmatrix} 2 \\ 2 \\ 2 \end{bmatrix}, \cdots \; \text{和} \; \begin{bmatrix} 0 \\ 0 \\ 0 \end{bmatrix}, \begin{bmatrix} 2.0 \\ 1.0 \\ 2.0 \end{bmatrix}, \begin{bmatrix} 1.2500 \\ 1.1250 \\ 0.8125 \end{bmatrix}, \begin{bmatrix} 1.0312500 \\ 1.0781250 \\ 0.9453125 \end{bmatrix}, \cdots.$$

6. 对于雅可比和高斯–赛德尔迭代，分别对应着矩阵

$$\begin{bmatrix} 0 & 0 & -1 \\ 1 & 0 & 0 \\ 1/3 & 2/3 & 0 \end{bmatrix} \; \text{和} \; \begin{bmatrix} 0 & 0 & -1 \\ 0 & 0 & -1 \\ 0 & 0 & -1 \end{bmatrix}.$$

前一个矩阵的特征方程为 $\lambda^3 + \lambda/3 + 2/3 = 0$. 用牛顿法得到的第一个特征根为 $\lambda_1 = -0.748$, 于是另外两个特征根的绝对值必小于 1, 因为它们是一对共轭复数且三根之积的绝对值等于 $2/3$（特征方程的常数项）. 另一矩阵的本征值是 -1 和 0.

7. $d_1(Tx, Tz) = \sum\limits_{j=1}^{n} \left| \sum\limits_{k=1}^{n} c_{jk}(\xi_k - \zeta_k) \right| \leqslant \sum\limits_{j=1}^{n} \sum\limits_{k=1}^{n} |c_{jk}| |\xi_k - \zeta_k| \leqslant \left(\max\limits_{k} \sum\limits_{j=1}^{n} |c_{jk}| \right) \sum\limits_{k=1}^{n} |\xi_k - \zeta_k|.$

8. 根据柯西–施瓦茨不等式 (1.2.11) 有

$$d(Tx, Tz)^2 = \sum_{j=1}^{n} \left[\sum_{k=1}^{n} c_{jk}(\xi_j - \zeta_j) \right]^2 \leqslant \sum_{j=1}^{n} \left[\sum_{k=1}^{n} c_{jk}^2 \sum_{s=1}^{n} (\xi_s - \zeta_s)^2 \right] = \left[\sum_{j=1}^{n} \sum_{k=1}^{n} c_{jk}^2 \right] d(x, z)^2.$$

9. 在 (5.2.10) 中有 $D^{-1} = \mathrm{diag}(1/a_{jj})$.

10. 例如, $\begin{bmatrix} 0.8 & 0.1 \\ 0.8 & -0.1 \end{bmatrix}$.

5.3 巴拿赫定理在微分方程方面的应用

1. 应用微分中值定理.

2. 这可从

$$\left| \sin x_2 - \sin x_1 \right| = 2 \left| \sin \frac{x_2 - x_1}{2} \right| \left| \cos \frac{x_2 + x_1}{2} \right| \leqslant 2 \left| \frac{x_2 - x_1}{2} \right| \cdot 1 = \left| x_2 - x_1 \right|$$

得出. 这说明利普希茨条件比可微性弱.

3. 在包含 t 轴 ($x = 0$) 上的点的区域内不满足.

4. (a) $x(0) = x_0 \neq 0$, (b) $x(0) = 0$, (c) $x(t_0) = x_0$ ($t_0 \neq 0$).

5. 根据 (5.3.2), 解曲线必定落在穿过 (t_0, x_0) 的两条直线之间, 并且这两条直线的斜率分别为 $-c$ 和 c. 对于满足 $|t - t_0| < b/c$ 的任意 $t \in [t_0 - a, t_0 + a]$, 这条曲线不能离开 R. 此外, $\beta k = \alpha < 1$ 意味着 T 是压缩的.

6. 对于任意 $x \in \overline{\tilde{C}}$, 存在 $x_n \in \tilde{C}$ 使得当 $n \to \infty$ 时有 $d(x_n, x) \to 0$, 因此

$$\left| x(t) - x_0 \right| \leqslant \left| x(t) - x_n(t) \right| + \left| x_n(t) - x_0 \right| \leqslant d(x, x_n) + c\beta \to c\beta.$$

7. 正文中的证明表明了, 对于新的选择, T 仍是 $\tilde{C}$ 到自己的一个压缩.

8. $x_3(t) = t + (1/3)t^3 + (2/15)t^5 + (1/63)t^7$, $x(t) = \tan t$.

9. 在含有 $x = 0$ 的一个区域内不满足.

10. 否. $x_3(t) = \max\{0, t|t|/4\}$, $x_4(t) = \min\{0, t|t|/4\}$.

5.4 巴拿赫定理在积分方程方面的应用

1. 我们得到

$$x_n(t) = v(t) + \mu k_0 \mathrm{e}^t \left(1 + \mu + \cdots + \mu^{n-1} \right),$$

$$x(t) = v(t) + \frac{\mu}{1 - \mu} k_0 \mathrm{e}^t, \quad \text{其中 } k_0 = \int_0^1 \mathrm{e}^{-\tau} v(\tau) \mathrm{d}\tau.$$

2. 将给定的方程写成 $x = Tx$, 便定义了映射 $T : C[a, b] \longrightarrow C[a, b]$, 则由

$$\left| Tx(t) - Ty(t) \right| < |\mu|(b - a) l \max \left| x(t) - y(t) \right| < d(x, y)$$

可知 T 是压缩的.

3. (a) 非线性沃尔泰拉方程

$$x(t) = x_0 + \int_{t_0}^{t} f\big(\tau, x(\tau)\big)\mathrm{d}\tau.$$

(b) 经过两次微分便可验证该方程为

$$x(t) = \int_{t_0}^{t} (t - \tau)f\big(\tau, x(\tau)\big)\mathrm{d}\tau + (t - t_0)x_1 + x_0.$$

5. (a) $x(t) = 1 + \mu + \mu^2 + \cdots = 1/(1 - \mu)$.

(b) 该积分是一个未知常数 c, 因此 $x(t) - \mu c = 1$, $x(t) = 1 + \mu c$. 将它代入积分号内便得到 $c = 1/(1 - \mu)$.

6. 该积分是一个未知常数, 因此 $x(t) = v(t) + k_0$. 将它代入方程便有

$$\sigma(t) + k_0 - \mu c \int_a^b (\tilde{v}(\tau) + k_0)\mathrm{d}\tau = \tilde{v}(t).$$

由此可解出 k_0, 利用这个 k_0 便得到

$$x(t) = \tilde{v}(t) + k_0 = \tilde{v}(t) + \frac{\mu c}{1 - \mu c(b - a)} \int_a^b \tilde{v}(\tau)\mathrm{d}\tau.$$

对于 $|\mu c(b - a)| < 1$, 即 $|\mu| < 1/c(b - a)$, 右边的表达式可展开为 μ 的幂级数. 如果我们选取 c 使得 $|k(t, \tau)| \leqslant c$, 并选取 $\tilde{v}$ 满足 $|v(t)| \leqslant \tilde{v}(t)$, 则该诺伊曼级数就优于 (5.4.1) 中的诺伊曼级数.

9. $k_{(2)} = 0$, $k_{(3)} = 0$, $\cdots$, $x(t) = v(t) + \mu \int_0^{2\pi} k(t, \tau)v(\tau)\mathrm{d}\tau$.

6.2　唯一性和严格凸性

1. 当且仅当 $x \in Y$（根据 2.4–3）.

2. 设 $\delta = \delta(x, y) = \inf\limits_{y \in Y} d(x, y)$. 由于 d 连续地依赖于 y, 所以它在紧集 Y 上的某个 y_0 上取最小值（见 2.5–7）, 因此 $\delta = d(x, y_0)$. 根据定义, y_0 是 x 在 Y 中的最佳逼近.

3. 这可从三角不等式推出. 事实上, 令 $\beta = (\beta_1, \cdots, \beta_n)$, 利用 (2.2.2) 可得

$$\big|f(\alpha) - f(\beta)\big| \leqslant \Big\|\sum (\beta_j - \alpha_j)e_j\Big\| \leqslant \max_k|\beta_k - \alpha_k| \sum \|e_j\|.$$

4. 设 $\mu = 1 - \lambda$, 则 $x = \lambda x + \mu x$ 且

$$\begin{aligned}
f(\lambda\alpha + \mu\beta) &= \Big\|x - \sum (\lambda\alpha_j + \mu\beta_j)e_j\Big\| \\
&\leqslant \lambda \Big\|x + \sum \alpha_j e_j\Big\| + \mu \Big\|x - \sum \beta_j e_j\Big\| \\
&= \lambda f(\alpha) + \mu f(\beta).
\end{aligned}$$

5. 取 $x = (1, 0)$, $y = (0, 1)$ 便有 $\|x + y\|_1 = 2$.

6. $\delta = 1$, $y = (1, 0)$, 本题说明对某些点仍有唯一的最佳逼近.

7. $\|(1, 0) + (1, 1)\| = 2 = \|(1, 0)\| + \|(1, 1)\|$（见图 B–2）.

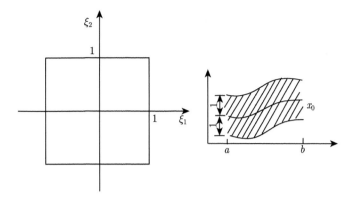

图 B-2　习题 7 中的单位球面

8. (a) $(1,1)$, $(1,-1)$. (b) (ξ_1,ξ_2), 其中 $2-\sqrt{2}\leqslant\xi_1\leqslant\sqrt{2}$, $\xi_2=\pm\sqrt{2}$.

9. (a) $(0,0)$. (b) 线段 $\xi_1=0$, $-1\leqslant\xi_2\leqslant1$. (c) $(0,0)$.

10. $x=(2/3,1/3,0,0,\cdots)$, $y=(1/3,2/3,0,0,\cdots)$, $\|x\|=1$, $\|y\|=1$, $\|x+y\|=2$.

11. 从 6.2-1 立即可以推出.

12. 根据三角不等式有
$$\|\alpha x+(1-\alpha)y\|\leqslant1.$$
若上式对于某个 $\alpha=\alpha_0\in(0,1)$ 有等号成立, 则由 3.2-1 可知 $\alpha_0 x$ 与 $(1-\alpha_0)y$ 线性相关, 不妨设
$$\alpha_0 x=c(1-\alpha_0)y,\quad 其中\ c>0,$$
因此
$$\|x\|=c\,\frac{1-\alpha_0}{\alpha_0}\,\|y\|.$$
因为 $\|x\|=\|y\|=1$, 所以 $c(1-\alpha_0)/\alpha_0=1$. 此时便有 $x=y$, 这与 $x\neq y$ 矛盾. 为证明充分性, 只要取 $\alpha=1/2$ 便得到 $\|x+y\|/2<1$.

13. 我们置
$$x_1=\frac{1}{\|x\|}\,x,\quad y_1=\frac{1}{\|y\|}\,y,\quad \alpha=\frac{\|x\|}{\|x\|+\|y\|},$$
则 $\|x_1\|=\|y_1\|=1$, 且给定的等式给出
$$1=\frac{\|x+y\|}{\|x\|+\|y\|}=\left\|\frac{x}{\|x\|+\|y\|}+\frac{y}{\|x\|+\|y\|}\right\|=\|\alpha x_1+(1-\alpha)y_1\|.$$
由于 X 是严格凸的, 根据习题 12 有 $x_1=y_1$, 因此 $x=cy$, 其中 $c=\|x\|/\|y\|>0$.

14. 若假设条件成立但 X 不是严格凸的, 则由严格凸的定义, 存在范数为 1 的 x 和 $y\neq x$ 满足 $\|x+y\|=\|x\|+\|y\|$. 根据假设 $x=cy$ 对于某个正实数 c 成立, 所以 $\|x\|=c\|y\|=1$, $c=1$, $x=y$, 但这与 $x\neq y$ 矛盾.

15. 从以下事实立即可以推出: 在严格凸性的情况单位球面不含直线段.

6.3 一致逼近

1. 从包括 (6.3.1) 的命题便可推出，它是说 (6.3.1) 中的 n 个行向量线性无关.

2. (a) 是. (b) 否.

3. 这些是 (6.3.1) 中行列式的列向量，在线性无关的情形下，该行列式正好不为 0.

4. 设 $p(t) = \alpha_0 + \alpha_1 t + \cdots + \alpha_{n-1} t^{n-1}$，若在 $t_1, \cdots, t_n$ 处取指定值 $\beta_1, \cdots, \beta_n$，则给出 n 个条件 $p(t_j) = \beta_j$ $(j = 1, \cdots, n)$. 因为诸 t_j 互不相等，所以该方程组的系数行列式是不为 0 的范德蒙行列式，这就唯一地确定了系数 $\alpha_0, \cdots, \alpha_{n-1}$.

5. 否则，存在 $y_0 \in Y$ 满足

$$\|x - y_0\| < \min_j |x(t_j) - y(t_j)|,$$

则 $y_0 - y = x - y - (x - y_0) \in Y$ 在 $n+1$ 个点 $t_1, \cdots, t_{n+1}$ 处必定和 $x - y$ 取相同的符号，因此它必定在 $[a, b]$ 中的 n 个或更多的点上为 0，根据哈尔条件可知这是不可能的.

6. $\tilde{y}(t) = 1 - (e-1)t$ 在 0 和 1 处有偏差 0，且在 $t = \ln(e-1)$ 处有最大偏差 $k = 2 - e + (e-1)\ln(e-1)$，在该点 $(e^t - \tilde{y}(t))' = 0$. 因此得到 $y(t) = \tilde{y}(t) - k/2$，偏差 $\delta = k/2 = 0.11$. 对于由 $1 + t$ 定义的泰勒多项式，其偏差要大得多（0.72）.

7. $\tilde{y}(t) = t$ 在 0 和 1 与 $x(t)$ 是一致的，并且 $(x(t) - \tilde{y}(t))' = 0$ 给出 $\cos(\pi t/2) = 2/\pi$, $t = t_0 = (2/\pi)\arccos(2/\pi) = 0.56$. 此外，$x(t_0) - \tilde{y}(t_0) = 0.211$, $y(t) = \tilde{y}(t) + 0.211/2$.

8. α_2 是弦 AB 的斜率且在 c 点的切线与弦平行. y 表示与 AB 及切线保持等距的直线，见图 B–3，此处 $x''(t) > 0$.

9. 把 $\beta_1, \cdots, \beta_r$ 看作函数 x 在 $t_1, \cdots, t_r$ 的 r 个值，把 $\gamma_1, \cdots, \gamma_{r_k}$（$k$ 固定）看作 y_k 在 $t_1, \cdots, t_r$ 的值，则在 $y = \sum \alpha_k y_k$ 中 $\zeta_1, \cdots, \zeta_n$ 对应于 $\alpha_1, \cdots, \alpha_n$，且 (6.3.1) 变成

$$\begin{vmatrix} \gamma_{j_1 1} & \gamma_{j_2 1} & \cdots & \gamma_{j_n 1} \\ \gamma_{j_1 2} & \gamma_{j_2 2} & \cdots & \gamma_{j_n 2} \\ \cdots & \cdots & \ddots & \cdots \\ \gamma_{j_1 n} & \gamma_{j_2 n} & \cdots & \gamma_{j_n n} \end{vmatrix} \neq 0,$$

其中 $\{j_1, \cdots, j_n\}$ 是从 $\{1, 2, \cdots, r\}$ 中取出的 n 个数.

10. $\max\{|1 - \zeta|, |2 - \zeta|\}$ 将是极小值. 若画出 $1 - \zeta, \zeta - 1, 2 - 4\zeta, 4\zeta - 2$，可看出极小值在 $\zeta = 3/5$ 取到，从 $1 - \zeta = 4\zeta - 2$ 可以得到（见图 B–4）.

6.4 切比雪夫多项式

1. $T_6(t) = 32t^6 - 48t^4 + 18t^2 - 1$.

2. 根据 (6.4.8) 和 (6.4.11*) 有

$$y(t) = t^3 + t^2 - T_3(t)/4 = t^2 + 3t/4.$$

最大偏差为 1/4.

3. 在 $[0, \pi]$ 中的 $\theta_j = (2j-1)\pi/2n$ $(j = 1, \cdots, n)$ 上有 $\cos n\theta = 0$，且 $t = \cos\theta$，所以零点是 $t = \cos[(2j-1)\pi/2n]$.

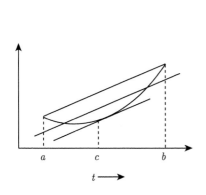

图 B-3 习题 8

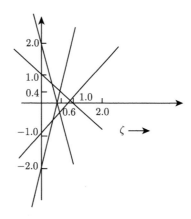

图 B-4 习题 10

4. T_n 的相邻零点为

$$t_k^{(n)} = \cos\frac{(2k-1)\pi}{2n}, \quad t_{k+1}^{(n)} = \cos\frac{(2k+1)\pi}{2n}.$$

现在证明 T_{n-1} 在 $t_k^{(n-1)} = \cos\dfrac{(2k-1)\pi}{2n-2}$ 处的第 k 个零点位于上两个零点之间. 由于余弦函数在 $(0,\pi)$ 上是单调的, 所以只需证明

$$\frac{2k-1}{2n} < \frac{2k-1}{2n-2} < \frac{2k+1}{2n}$$

即可. 第一个不等式是显然的. 第二个不等式等价于 $2k < 2n-1$, 由于 $k < n$, 所以该不等式成立. 由于 T_n 有 n 个零点, 所以存在 $n-1$ 个由相邻零点所分成的区间, 每个这样的区间都含有 T_{n-1} 的一个零点. 由于 T_{n-1} 是 $n-1$ 次的, 所以它不能有更多的零点, 这就证明了我们的命题.

5. 否则, 由 (6.4.10) 可知 T_{n-2} 将在同一点等于 0, 重复这一推论将会得到: 对于某个 t 有 $T_0(t) = 0$. 由于 $T_0(t) = 1$, 这是不可能的.

6. 设 $x(\tau) = \beta_n\tau^n + \cdots$, $\tau \in [a,b]$. 令 $\tau = \dfrac{a+b}{2} + \dfrac{b-a}{2}t$, 则 $t \in [-1,1]$ 且

$$x(\tau) = \gamma_n t^n + \cdots, \quad \text{其中 } \gamma_n = \beta_n\left(\frac{b-a}{2}\right)^n.$$

由于 $n \geqslant 1$ 时 T_n 的首项系数是 2^{n-1} 且 $\|T_n\| = 1$, 所以由 6.4-3 可知

$$\|x\| \geqslant \frac{|\gamma_n|}{2^{n-1}} = |\beta_n|\frac{(b-a)^n}{2^{2n-1}}.$$

7. 设 $v(\theta) = \cos n\theta$, 则 $v'' + n^2 v = 0$. 置 $t = \cos\theta$.

8. 若 a 或 b 是负整数或 0, 则级数变成有限和. 若令 $\tau = \frac{1}{2} - \frac{1}{2}\cos\theta$, $a = -n$, $b = n$, $c = \frac{1}{2}$, 则由超几何微分方程可得

$$\frac{\mathrm{d}^2 v}{\mathrm{d}\theta^2} + n^2 v = 0,$$

其中 $w(z) = v(\theta)$. 解 $v(\theta) = T_n(\cos\theta) = \cos n\theta$ 由 $v(0) = 1$ 和 $v'(0) = 1$ 确定，其中 $v' = \dfrac{\mathrm{d}v}{\mathrm{d}\theta}$, $\theta = 0$ 与 $\tau = 0$ 对应. 我们有 $w(0) = 1$, 还有

$$\text{当 } \theta \to 0 \text{ 时} \quad \frac{\mathrm{d}w}{\mathrm{d}\tau} = \frac{\mathrm{d}v}{\mathrm{d}\theta} \Big/ \frac{\mathrm{d}\tau}{\mathrm{d}\theta} = \frac{-n\sin n\theta}{(\sin\theta)/2} \to -2n^2.$$

这与从超几何级数得到的 $w'(0) = -2n^2$ 一致.

9. 置 $t = \cos\theta$, 则可看出积分变成

$$\int_\pi^0 \frac{1}{\sin\theta} \cos n\theta \cos m\theta (-\sin\theta)\mathrm{d}\theta.$$

10. 从欧拉公式（见 4.7–5）得到对于 $n = 1, 3, 5, \cdots$ 有

$$a_n = \frac{1}{\pi}\int_{-\pi}^{\pi} \tilde{x}(\theta)\cos n\theta\mathrm{d}\theta = \frac{2}{\pi}\int_0^\pi \theta\cos n\theta\mathrm{d}\theta = -\frac{4}{n^2\pi},$$

因此

$$\tilde{x}(\theta) = \frac{\pi}{2} - \frac{4}{\pi}\left(\cos\theta + \frac{1}{9}\cos 3\theta + \frac{1}{25}\cos 5\theta + \cdots\right),$$

$$\arccos t = \frac{\pi}{2} - \frac{4}{\pi}\left[T_1(t) + \frac{1}{9}T_3(t) + \frac{1}{25}T_5(t) + \cdots\right]$$

（见图 B–5）.

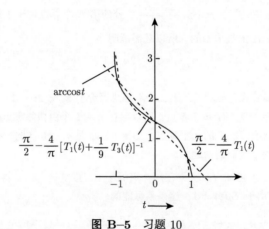

图 B–5 习题 10

6.5　希尔伯特空间中的逼近

3. 利用 6.5–1 和线性无关集合的子集是线性无关的事实便可证得. 类似地，

$$G(y_1, \cdots, y_n, y_{n+1}, \cdots, y_p) = 0.$$

4. $G(x, y) \geqslant 0$. 此外，当且仅当 $\{x, y\}$ 是线性相关集时 $G(x, y) = \|x\|^2\|y\|^2 - |\langle x, y\rangle|^2 = 0$.

5. 当 $n = 1$ 时不等式成立. 假设它对任意 n 成立，利用 (6.5.5) 并将 x 换成 y_{n+1} 可得

$$G(y_1, \cdots, y_{n+1}) = G(y_{n+1}, y_1, \cdots, y_n) = \|z\|^2 G(y_1, \cdots, y_n) \geqslant 0.$$

现在从 6.5–1 立即可得第二个命题.

6. $x = y + z$，其中 $z \perp \mathrm{span}\,(y_1, \cdots, y_n)$，并且

$$G\,(x, y_1, \cdots, y_n) = G\,(z, y_1, \cdots, y_n) = \begin{vmatrix} \langle z, z \rangle & 0 & \cdots & 0 \\ 0 & \langle y_1, y_1 \rangle & \cdots & \langle y_1, y_n \rangle \\ \cdots & \cdots & \ddots & \cdots \\ 0 & \langle y_n, y_1 \rangle & \cdots & \langle y_n, y_n \rangle \end{vmatrix}$$

$$= \|z\|^2 G\,(y_1, \cdots, y_n).$$

7. 利用 (6.5.5) 和下面的不等式. 由 6.5–2 关于 z 的解释，这些不等式是显而易见的.

$$\min_{\alpha}\big\|y_k - \alpha_{k+1}y_{k+1} - \cdots - \alpha_n y_n\big\| \leqslant \min_{\beta}\big\|y_k - \beta_{k+1}y_{k+1} - \cdots - \beta_m y_m\big\|,$$

$$\min_{\alpha}\big\|y_m - \alpha_{m+1}y_{m+1} - \cdots - \alpha_n y_n\big\| \leqslant \|y_m\|.$$

8. 由于

$$\frac{G\,(y_1, \cdots, y_n)}{G\,(y_1, \cdots, y_m)} \leqslant \frac{G\,(y_2, \cdots, y_n)}{G\,(y_2, \cdots, y_m)} \leqslant \cdots \leqslant \frac{G\,(y_m, \cdots, y_n)}{G\,(y_m)} \leqslant G\,(y_{m+1}, \cdots, y_n),$$

从而由习题 7 立即得到所要求的不等式. 等号成立当且仅当

$$\min_{\alpha}\|y_m - \alpha_{m+1}y_{m+1} - \cdots - \alpha_n y_n\| = \|y_m\|,$$

由此可得 $y_m \perp M_2$ 且

$$\min_{\alpha}\big\|y_k - \alpha_{k+1}y_{k+1} - \cdots - \alpha_n y_n\big\| = \min_{\beta}\big\|y_k - \beta_{k+1}y_{k+1} - \cdots - \beta_n y_n\big\|.$$

由此可得 $y_{m-1} \perp M_2$（$k = m - 1$），$y_{m-2} \perp M_2$（$k = m - 2$），等等.

9. 从习题 8 立即可推出第一个命题. 为证明第二个命题，取 $y_j = (\alpha_{j1}, \cdots, \alpha_{jn})$，则从类似于行列式乘积的公式直接可推出 $(\det A)^2 = G\,(y_1, \cdots, y_n)$. 还有 $\langle y_j, y_j \rangle = a_j$.

10. 由 6.5–2 推出.

6.6 样条函数

1. $n + 3$.

2. 根据 6.6–1 可证明存在性及唯一性. $\{y_0, \cdots, y_{n+2}\}$ 是一个基，其中 $y_{n+1}(t) = t$，$y_{n+2}(t) = t^2$.

3. 我们求得

$$y(t) = \begin{cases} -2t^3 - t^2, & \text{若 } -1 \leqslant t < 0, \\ 2t^3 - t^2, & \text{若 } \quad 0 \leqslant t \leqslant 1. \end{cases}$$

4. $\tilde{y}(t) = x(t) - T_4(t)/8 = t^2 - 1/8$. 否.

5. $1/8$ 对 $1/16$，但这与切比雪夫多项式的极小性并不矛盾，因为样条函数不是多项式.

7. $y(t) = -4t^3/\pi^3 + 3t/\pi$.

8. 曲率是 $x''/\big(1 + x'^2\big)^{3/2}$. 若 $|x'|$ 很小，则它近似地等于 x''.

9. 正交性 $\langle y, x - y \rangle_2 = 0$ 蕴涵

$$p(x - y)^2 = p(x)^2 - p(y)^2 \geqslant 0,$$

所以 $p(x)^2 \geqslant p(y)^2$, 这就是 (6.6.6).

10. 可以得到

$$\|x - y\|_2^2 = \langle x - y, x - y \rangle_2 = \langle x, x \rangle_2 - 2\langle x - y, y \rangle_2 - \langle y, y \rangle_2 = p(x)^2 - p(y)^2 \leqslant p(x)^2.$$

7.1 有限维赋范空间中的谱论

1. 3, $\begin{bmatrix} 1 \\ 1 \end{bmatrix}$, 9, $\begin{bmatrix} 1 \\ 4 \end{bmatrix}$; $a + \mathrm{i}b$, $\begin{bmatrix} 1 \\ \mathrm{i} \end{bmatrix}$, $a - \mathrm{i}b$, $\begin{bmatrix} 1 \\ -\mathrm{i} \end{bmatrix}$.

2. 我们有 $Ax = \lambda x\ (x \neq 0)$, $\bar{x}^{\mathrm{T}} A x = \bar{x}^{\mathrm{T}} \lambda x = \lambda \bar{x}^{\mathrm{T}} x$, 因此

$$\lambda = \frac{\bar{x}^{\mathrm{T}} A x}{\bar{x}^{\mathrm{T}} x},$$

$\bar{x}^{\mathrm{T}} x$ 是实数. 由于分子 $N = \bar{x}^{\mathrm{T}} A x$ 满足

$$\bar{N} = \bar{N}^{\mathrm{T}} = \overline{\left(\bar{x}^{\mathrm{T}} A x\right)^{\mathrm{T}}} = \left(x^{\mathrm{T}} \bar{A} \bar{x}\right)^{\mathrm{T}} = \bar{x}^{\mathrm{T}} \bar{A}^{\mathrm{T}} x = \bar{x}^{\mathrm{T}} A x = N,$$

所以 N 也是实数.

3. 我们有 $Ax = \lambda x\ (x \neq 0)$, $\bar{x}^{\mathrm{T}} A x = \bar{x}^{\mathrm{T}} \lambda x = \lambda \bar{x}^{\mathrm{T}} x$, 因此

$$\lambda = \frac{\bar{x}^{\mathrm{T}} A x}{\bar{x}^{\mathrm{T}} x},$$

$\bar{x}^{\mathrm{T}} x$ 是实数. 由于分子 $N = \bar{x}^{\mathrm{T}} A x$ 满足

$$\bar{N} = \bar{N}^{\mathrm{T}} = \overline{\left(\bar{x}^{\mathrm{T}} A x\right)^{\mathrm{T}}} = \left(x^{\mathrm{T}} \bar{A} \bar{x}\right)^{\mathrm{T}} = \bar{x}^{\mathrm{T}} \bar{A}^{\mathrm{T}} x = -\bar{x}^{\mathrm{T}} A x = -N,$$

所以 N 是纯虚数或 0.

4. 因为

$$Ax = \lambda x\ (x \neq 0) \quad \Longrightarrow \quad \left(\bar{A} \bar{x}\right)^{\mathrm{T}} = \bar{x}^{\mathrm{T}} \bar{A}^{\mathrm{T}} = \bar{\lambda} \bar{x}^{\mathrm{T}} \quad \Longrightarrow \quad \bar{x}^{\mathrm{T}} A^{-1} = \bar{\lambda} \bar{x}^{\mathrm{T}},$$

把第一个等式与最后一个等式相乘便有

$$\bar{x}^{\mathrm{T}} A^{-1} A x = \bar{\lambda} \bar{x}^{\mathrm{T}} \lambda x \quad \Longrightarrow \quad \bar{x}^{\mathrm{T}} x = |\lambda|^2 \bar{x}^{\mathrm{T}} x.$$

由于 $\bar{x}^{\mathrm{T}} x \neq 0$, 所以 $|\lambda|^2 = 1$.

5. 从习题 2 和习题 4 可以推出. 也见 3.10–2.

6. 若 $\alpha_n \lambda^n + \alpha_{n-1} \lambda^{n-1} + \cdots + \alpha_0 = 0$, 则诸根之积为 $(-1)^n \alpha_0 / \alpha_n$. 对于特征多项式有 $\alpha_n = (-1)^n$, 且 $\alpha_0 = \det A$. 诸根之和为 $-\alpha_{n-1} / \alpha_n$, 由此便得第二个命题.

7. A^{-1} 存在当且仅当 $\det A \neq 0$, 由于 $\det A$ 是特征多项式的常数项, 所以 $\det A$ 是 A 的 n 个本征值之积, 这时要求特征多项式的首项系数为 $(-1)^n$. 为了得到第二个命题, 只要在 $Ax_j = \lambda_j x_j$ 的两端左乘上 A^{-1} 就够了.

8. 注意 A^{-1} 的特征方程可写成

$$(a_{22} - \mu)(a_{11} - \mu) - a_{12}a_{21} = 0,$$

其中 $\mu = \lambda D$, $D = \det A = \lambda_1 \lambda_2$, 于是

$$\lambda = \mu/D = \lambda_1/\lambda_1\lambda_2 = 1/\lambda_2, \quad \cdots.$$

9. 利用归纳法, 并用 A 左乘 $A^{m-1}x_j = \lambda_j^{m-1}x_j$, 便得到

$$A^m x_j = \lambda_j^{m-1} A x_j = \lambda_j^{m-1}\lambda_j x_j.$$

10. 用归纳法. 对于任意零次多项式结论为真. 假设结论对于任意 $m-1$ 次多项式 p_{m-1} 亦真, 即

$$p_{m-1}(A)x_j = p_{m-1}(\lambda_j)x_j,$$

则对于任意 m 次多项式 p_m, 由习题 9 有

$$p_m(A)x_j = \big[k_m A^m + p_{m-1}(A)\big]x_j = k_m\lambda_j^m x_j + p_{m-1}(\lambda_j)x_j = p_m(\lambda_j)x_j.$$

11. 由于 $x_j = Cy_j$, 所以

$$C^{-1}ACy_j = C^{-1}Ax_j = C^{-1}\lambda_j x_j = \lambda_j C^{-1}x_j = \lambda_j y_j.$$

12. $\lambda = 1$, $(1,0)^{\mathrm{T}}$.

13. $\lambda = 1$, 代数重数为 n, 几何重数为 1, 本征向量为 $(1,0,0,\cdots,0)^{\mathrm{T}}$.

14. 设 Y_0 为 A 的对应于本征值 λ_0 的本征空间, 并设 $\dim Y_0 = m$, 则 A 将 Y_0 映到 Y_0 中. 设 A_0 是这一映射 $Y_0 \longrightarrow Y_0$ 的矩阵, 则

$$\det(A_0 - \lambda I_0) = (\lambda_0 - \lambda)^m, \quad \text{其中 } I_0 \text{ 是 } m \text{ 阶单位矩阵,}$$

并且它是 $\det(A - \lambda I)$ 的一个因子, 于是从代数重数的定义可得所希望的结果.

15. 因为在 $\lambda \neq 0$ 时 $x(t) = \mathrm{e}^{\lambda t}$ 不是一个多项式, 所以 $Tx = x' = \lambda x$, $\lambda = 0$, $x(t) = 1$. 代数重数为 n, 几何重数为 1.

7.2　基本概念

1. $\sigma(I) = \{1\} = \sigma_p(I)$, 对应于 1 的本征空间是 X, 且 $R_\lambda(I) = (1 - \lambda)^{-1}I$ 对于所有 $\lambda \neq 1$ 是有界的.

2. 从诸定义可直接得到.

4. 表示 T 的矩阵的后 $n - m$ 行与前 m 列的交叉处的元皆为 0.

5. $Y_n = \mathrm{span}\{e_n, e_{n+1}, \cdots\}$.

6. 由 $\lambda \in \sigma_p(T)$ 可得 $\lambda \in \sigma_p(T_1)$, 延拓不仅保留了已有的本征向量, 还有可能引入新的本征向量.

7. 设 $\lambda \in \sigma_r(T_1)$，则 $T_{1\lambda}^{-1}$ 存在且其定义域在 X 中不是稠密的. $\mathscr{D}(T_1) \supseteq \mathscr{D}(T)$ 意味着 $\mathscr{D}(T_{1\lambda}) \supseteq \mathscr{D}(T_\lambda)$ 且 $\mathscr{R}(T_{1\lambda}) \supseteq \mathscr{R}(T_\lambda)$，所以 $\mathscr{R}(T_\lambda)$ 在 X 中不是稠密的，且 $\lambda \in \sigma_r(T)$.

8. 设 $\lambda \in \sigma_c(T)$，则 T_λ^{-1} 存在且无界，其定义域 $\mathscr{R}(T_\lambda)$ 在 X 中稠密. 由于 T_1 是 T 的一个延拓，所以 $\mathscr{D}(T) \subseteq \mathscr{D}(T_1)$. 因此 $\mathscr{R}(T_\lambda) \subseteq \mathscr{R}(T_{1\lambda})$. 于是 $\mathscr{R}(T_{1\lambda})$ 在 X 中稠密. 由于 T_λ^{-1} 是无界的，所以要么 $T_{1\lambda}^{-1}$ 无界［此时 $\lambda \in \sigma_c(T_1)$］，要么 $T_{1\lambda}^{-1}$ 不存在［此时 $\lambda \in \sigma_p(T_1)$］.

9. 设 $\lambda \in \rho(T_1)$，则 $T_{1\lambda}^{-1}$ 存在且有界，$\mathscr{R}(T_{1\lambda})$ 在 X 中稠密. 因此 T_λ^{-1} 存在且有界，其定义域 $\mathscr{R}(T_\lambda) \subseteq \mathscr{R}(T_{1\lambda})$ 可以在 X 中稠密［则 $\lambda \in \rho(T)$］，也可以在 X 中不稠密［则 $\lambda \in \sigma_r(T)$］.

10. 我们有
$$\rho \cup \sigma_p \cup \sigma_c \cup \sigma_r = \rho_1 \cup \sigma_{p_1} \cup \sigma_{c_1} \cup \sigma_{r_1},$$
等式左端诸项是关于算子 T 的，而右端诸项是关于 T_1 的. 根据习题 6 和 8 有
$$\sigma_p \cup \sigma_c \subseteq \sigma_{p_1} \cup \sigma_{c_1},$$
因此，由于等式右端的诸集是不相交的，所以可得所希望的结果：
$$\rho \cup \sigma_r \supseteq \sigma_{r_1} \cup \rho_1.$$

7.3　有界线性算子的谱性质

1. $\sigma(T)$ 是 v 的值域. 由于 v 是连续的，在紧集 $[0,1]$ 上有最大值和最小值，所以 $\sigma(T)$ 是一个闭区间.

2. 例如 $Tx = vx$，其中 $v(t) = a + (b-a)t$.

3. $\{\lambda\}$.

4. $\sigma_p(T) = (\alpha_j)$. $\sigma(T)$ 是闭集，$\sigma(T) = [0,1]$.

5. $T_\lambda(l^2)$ 在 l^2 中稠密，因此 $\lambda \notin \sigma_r(T)$，从而 $\lambda \in \sigma_c(T)$.

6. 由于 C 是可分的（见 1.3-7），所以 K 也是可分的. 设 (α_j) 在 K 中稠密，则诸 α_j 是 T 的本征值，且 $\sigma(T) = K$.

7. 设 $|\lambda| > \|T\|$ 且 $y = T_\lambda x$，则
$$\|y\| = \|\lambda x - Tx\| \geqslant |\lambda|\,\|x\| - \|Tx\| \geqslant \big(|\lambda| - \|T\|\big)\|x\|,$$
因此
$$\|R_\lambda(T)\| = \sup_{y \neq 0}\big(\|x\|/\|y\|\big) \leqslant 1/\big(|\lambda| - \|T\|\big).$$

8. $\lambda = -n^2$（$n \in \mathbf{N}$）是本征值，于是谱无界.

9. (a) $\|T\| = 1$，利用 7.3-4.

(b) $T_\lambda x = (\xi_2 - \lambda\xi_1, \xi_3 - \lambda\xi_2, \cdots) = 0$，$Y = \{x \in X \mid x = (\alpha, \alpha\lambda, \alpha\lambda^2, \cdots),\ \alpha \in \mathbf{C}\}$.

10. 否，因为 $(1, \lambda, \lambda^2, \cdots) \notin l^p$（$p < +\infty$）.

7.4　预解式和谱的其他性质

1. 关于 $(T - \lambda I)(T - \mu I) = (T - \mu I)(T - \lambda I)$ 取逆.

2. 我们有

$$R_\mu R_\lambda = \frac{R_\mu - R_\lambda}{\mu - \lambda} = \frac{R_\lambda - R_\mu}{\lambda - \mu} = R_\lambda R_\mu.$$

3. 由于 $R_\lambda(S)S_\lambda = I$, $T_\lambda R_\lambda(T) = I$, 所以

$$\begin{aligned}
R_\lambda(S)(T - S)R_\lambda(T) &= R_\lambda(S)\,(T_\lambda - S_\lambda)\,R_\lambda(T) \\
&= \left(R_\lambda(S)T_\lambda - I\right)R_\lambda(T) \\
&= R_\lambda(S) - R_\lambda(T).
\end{aligned}$$

4. 假定有可解性, 则 $x = p(T)^{-1}y$, 其中 $p(T)^{-1}$ 定义在整个 X 上. 因此 $0 \in \rho(p(T))$, $0 \notin \sigma(p(T)) = p(\sigma(T))$, 并且对于所有 $\lambda \in \sigma(T)$ 有 $p(\lambda) \neq 0$. 反之, 若对于所有 $\lambda \in \sigma(T)$ 有 $p(\lambda) \neq 0$, 则 $0 \in \rho(p(T))$, 并且将 7.2-3 用于 $p(T)$ 可知 $p(T)^{-1}$ 定义在整个 X 上, 所以对于所有 y 都可解.

6. 若该矩阵有 n 个不同的本征值.

7. 利用 7.4–2.

8. $-1, 1$.

9. (a) 对于 $|\lambda| > 1$ 可得

$$R_\lambda(T) = -\lambda^{-1}\left[I - T + T\left(1 + \lambda^{-1} + \lambda^{-2} + \cdots\right)\right],$$

所以对于任意 $\lambda \neq 0, 1$ 有

$$R_\lambda(T) = -\lambda^{-1}(I - T) - (\lambda - 1)^{-1}T.$$

(b) $p(T) = T^2 - T = 0$, $p(\lambda) = \lambda^2 - \lambda = 0$.

10. $\{0, 1\}$. 对应的本征向量为

$$(1, -1, 0)^{\mathrm{T}} \quad \text{和} \quad (1, 1, 0)^{\mathrm{T}}, \ (0, 0, 1)^{\mathrm{T}},$$

因此本征空间是 $\xi_1\xi_2$ 平面中的直线 $\xi_2 = -\xi_1$ 和平面 $\xi_1 = \xi_2$.

7.5　复分析在谱论中的应用

1. 根据 (7.5.10) 有 $\sigma(T) = \{0\}$.

2. 对于每个 $\lambda \neq 0$ 有 $R_\lambda(T) = -\sum_{j=0}^{m-1} T^j \lambda^{-j-1}$.

3. $\left(1 - \lambda^2\right)^{-1}(A + \lambda I)$.

4. 利用 $\|T^n\| \leqslant \|T\|^n$, 见 §2.7.

5. 从 (7.5.10) 可得

$$r_\sigma(ST) = \lim\left\|(ST)^n\right\|^{1/n} = \lim\left\|S^nT^n\right\|^{1/n} \leqslant \lim\left\|S^n\right\|^{1/n}\lim\left\|T^n\right\|^{1/n} = r_\sigma(S)r_\sigma(T).$$

6. 对于矩阵
$$S = \begin{bmatrix} 0 & 0 \\ 1 & 0 \end{bmatrix}, \quad T = \begin{bmatrix} 1 & 2 \\ 0 & 0 \end{bmatrix}, \quad ST = \begin{bmatrix} 0 & 0 \\ 1 & 2 \end{bmatrix}$$
有 $r_\sigma(S) = 0, r_\sigma(T) = 1$，但 $r_\sigma(ST) = 2$.

7. $\|T\| = 2, \|T^2\|^{1/2} = \sqrt{2}, \|T^3\|^{1/3} = \sqrt[3]{4}$，等等.

8. 由舒尔不等式立即可得
$$r_\sigma(A) \leqslant \left[\sum_{j=1}^{n} \sum_{k=1}^{n} |a_{jk}|^2 \right]^{1/2}.$$

9. 利用 (7.5.10) 和 §3.10 习题 15.

10. 由 $\|T^{m+n}\| \leqslant \|T^m\| \|T^n\|$ 可得 $b_{m+n} \leqslant b_m b_n$，只要注意 α 是有限的即可. 设 $\varepsilon > 0$ 且 $b_m/m < \alpha + \varepsilon$，则每个 $n \in \mathbf{N}$ 都可写成 $n = gm + r$，其中 r 是满足 $0 \leqslant r \leqslant m - 1$ 的整数. 记 $b_0 = 0$，则
$$\frac{b_n}{n} = \frac{b_{gm+r}}{gm + r} \leqslant \frac{gb_m + b_r}{gm + r} = \frac{b_m}{m} \frac{gm}{gm + r} + \frac{b_r}{n},$$
因此
$$\alpha \leqslant \frac{b_n}{n} < (\alpha + \varepsilon) \frac{gm}{gm + r} + \frac{b_r}{n},$$
于是
$$\frac{b_n}{n} = \frac{\ln a_n}{n} = \ln a_n^{1/n} \to \alpha,$$
且 $\left(a_n^{1/n} \right) = \left(\|T_n\|^{1/n} \right)$ 收敛.

7.6　巴拿赫代数

1. $\dim X < \infty$，见 2.4–2.

2. 我们有
$$\|xy\| = \max |x(t)y(t)| \leqslant \max |x(t)| \max |y(t)| \leqslant \|x\| \|y\|.$$

3. 利用 $\|x\| = \max \left(|\xi_1|, \cdots, |\xi_n| \right)$，并用下式定义乘法.
$$(\xi_1, \cdots, \xi_n)(\eta_1, \cdots, \eta_n) = (\xi_1 \eta_1, \cdots, \xi_n \eta_n).$$

4. (a) 所有 $x \neq 0$. (b) 对于所有 $t \in [a, b]$ 满足 $x(t) \neq 0$ 的所有 x. (c) 所有 $n \times n$ 阶满秩矩阵.

6. $[-1, 1] \subseteq \mathbf{R}$. x 的值域.

8. 我们有 $y = ye = y(xz) = (yx)z = ez = z$.

9. $x^{-1}y = x^{-1}y \left(xx^{-1} \right) = x^{-1}xyx^{-1} = yx^{-1}$.

10. 若 $x, y \in A$ 可以与 A 的所有元素交换，则 x 和 $ax + \beta y$ 亦然. 此外，由于 $a, b \in C$ 可与每个 $x \in A$ 交换，所以它们彼此亦可交换.

7.7　巴拿赫代数的其他性质

1. 7.7–1 的显然结果.

2. 由 (7.7.1) 得

$$\left\|(e-x)^{-1}-e-x\right\| = \left\|x^2+x^3+\cdots\right\| \leqslant \sum_{j=2}^{\infty}\|x\|^j = \frac{\|x\|^2}{1-\|x\|}.$$

3. 7.7–1 的直接结果.

4. $\sigma(x) = \{\alpha, 0\}$.

6. 与 7.4–1 的证明一样.

7. 否则, A 将包含一个 x, 它对于所有 $\lambda \in \mathbf{C}$ 都不满足 $x = \lambda e$, 所以对于所有 $\lambda \in \mathbf{C}$ 有 $x - \lambda e \neq 0$, 且 $\sigma(x) = \varnothing$, 这与 7.7–4 矛盾.

8. 设 $x_0 \in G$ 和 $x \in G$ 满足

$$\|x - x_0\| < \frac{1}{2\|x_0^{-1}\|},$$

则

$$\left\|x_0^{-1}x - e\right\| = \left\|x_0^{-1}(x-x_0)\right\| \leqslant \left\|x_0^{-1}\right\|\|x-x_0\| < \frac{1}{2}.$$

于是由习题 1 可知 $x_0^{-1}x \in G$, 并且根据 7.7–1 有

$$x^{-1}x_0 = \left(x_0^{-1}x\right)^{-1} = e + \sum_{j=1}^{\infty}\left(e - x_0^{-1}x\right)^j,$$

从而可以得到连续性:

$$\begin{aligned}
\left\|x^{-1} - x_0^{-1}\right\| &= \left\|\left(x^{-1}x_0 - e\right)x_0^{-1}\right\| \leqslant \left\|x_0^{-1}\right\|\left\|x^{-1}x_0 - e\right\| \\
&= \left\|x_0^{-1}\right\|\left\|\sum_{j=1}^{\infty}\left(e - x_0^{-1}x\right)^j\right\| \leqslant \left\|x_0^{-1}\right\|\sum_{j=1}^{\infty}\left\|e - x_0^{-1}x\right\|^j \\
&= \frac{\left\|x_0^{-1}\right\|\left\|e - x_0^{-1}x\right\|}{1 - \left\|e - x_0^{-1}x\right\|} < 2\left\|x_0^{-1}\right\|\left\|e - x_0^{-1}x\right\| \\
&\leqslant 2\left\|x_0^{-1}\right\|^2\|x - x_0\|.
\end{aligned}$$

9. 考虑任意 $x \neq 0$. 根据假设, 对于某个 $v \in A$ 有 $vx = e$, 则 $v \neq 0$, 否则 $0 = vx = e$. 令 $w = xv$, 则 $w \neq 0$, 否则

$$v = ev = vxv = vw = 0.$$

根据假设, 对某个 $y \in A$ 有 $yw = e$, 即 $yxv = e$. 因此 v 有左逆元 yx 和右逆元 x. 这两者是相等的 (见 §7.6 习题 8), 即 $yx = x$. 由于 $yxv = e$ (见前), 所以 $xv = e$. 它与 $vx = e$ 合在一起便证明了任意 $x \neq 0$ 都有逆元.

10. 柯西序列是有界的 (见 §1.4 习题 4), 且由 (7.4.6) 可知

$$\begin{aligned}
\left\|x_ny_n - x_my_m\right\| &\leqslant \left\|(x_n - x_m)y_n\right\| + \left\|x_m(y_n - y_m)\right\| \\
&\leqslant \left\|x_n - x_m\right\|\|y_n\| + \|x_m\|\|y_n - y_m\|.
\end{aligned}$$

这就证明了 (x_ny_n) 是柯西序列. 若 $x_n \to x$, $y_n \to y$, 则由此可知

$$\left\|x_ny_n - xy\right\| \leqslant \|x_n - x\|\|y_n\| + \|x\|\|y_n - y\|.$$

这就证明了 $x_ny_n \to xy$.

8.1 赋范空间中的紧线性算子

2. 若 (x_n) 有界, 则它有子序列 (y_k) 使得 $(T_1 y_k)$ 收敛, 且 (y_k) 有子序列 (z_m) 使得 $(T_2 z_m)$ 收敛, 于是 $(T_1 z_m + T_2 z_m)$ 收敛.

3. 考虑任意 $T \in \overline{C(X,Y)}$. 根据 1.4–6(a), 在 $C(X,Y)$ 中存在序列 (T_n) 按 $B(X,Y)$ 中的范数收敛到 T. 因此由 8.1–5 可知 T 是紧算子, 即 $T \in C(X,Y)$.

4. 由 8.1–5 可知 $C(X,Y)$ 在 $B(X,Y)$ 中是闭的, 因此由 1.4–7 和 2.10–2 可知 $C(X,Y)$ 是完备空间.

6. M 有界, 因此, 若 T 是紧算子, 则 $\overline{T(M)}$ 是紧集. 反之, 设 $\overline{T(M)}$ 是紧集, 若 B 是 X 的任意有界子集, 则 $B \subseteq rM = \{x \in X \mid x = ry, \ y \in M\}$ 对充分大的固定的 r 成立. 由于 T 是线性算子, 所以 $T(B) = T(rM) = rT(M)$ 且 $\overline{T(B)} = r\overline{T(M)}$ 是紧集.

7. 从 8.1–3 可以推出.

8. 由于 f 是线性的, 所以 T 也是线性的. 由于 f 有界, 所以
$$\|Tx\| = |f(x)|\|z\| \leqslant c\|x\|, \quad c = \|f\|\|z\|,$$
因此 T 有界. 由于 $\dim T(X) \leqslant 1$, 从定理 8.1–4(a) 可得结论.

9. 见 8.1–4(a).

10. 将 8.1–4 和 8.1–5 合起来证明.

11. 从 8.1–4(a) 可以推出.

12. 像 8.1–6 中那样处理.

14. 用 8.1–6 中定义的 $T_n : l^\infty \longrightarrow l^\infty$ 可得
$$\|(T - T_n)x\| = \sup_{j > n} \frac{|\xi_j|}{j} \leqslant \frac{\|x\|}{n+1},$$
再应用 8.1–5.

15. $\bar{A}$ 是紧集. $T(\bar{A})$ 是紧集 (根据 2.5–6) 且是闭集 (根据 2.5–2). 因此 $T(A) \subseteq T(\bar{A})$ 蕴涵 $\overline{T(A)} \subseteq \overline{T(\bar{A})} = T(\bar{A})$, 所以 $\overline{T(A)}$ 是紧集 (根据 §2.5 习题 9) 且 $T(A)$ 是相对紧集.

8.2 紧线性算子的其他性质

1. 对于给定正数 ε, 空间 X 有 $\varepsilon/2$ 网 $M = \{x_1, \cdots, x_s\}$, 因此 Y 落在 s 个球 $B(x_1; \varepsilon/2), \cdots,$ $B(x_s; \varepsilon/2)$ 的并集内. 由于 Y 是无限集, 所以这些球之一必定包含 Y 的无限子集 Z.

2. 设 (x_n) 是 X 中的柯西序列, 由于 X 是紧空间, 所以 (x_n) 有收敛子序列 (x_{n_k}), 不妨设当 $k \to \infty$ 时 $x_{n_k} \to x \in X$. 设 $\varepsilon > 0$, 则由于 (x_{n_k}) 收敛且 (x_n) 是柯西序列, 所以存在 N 使得
$$d(x_{n_k}, x) < \varepsilon/2, \quad d(x_n, x_{n_k}) < \varepsilon/2, \quad \text{其中 } n_k, n > N.$$
由于
$$d(x_{n_k}, x) \leqslant d(x_n, x_{n_k}) + d(x_{n_k}, x) < \varepsilon, \quad \text{其中 } n_k, n > N,$$
所以 (x_n) 收敛. 由于柯西序列 (x_n) 是任意的, 也就推出了 X 是完备空间. 第二个命题可以用 $\mathbf{R}$ 来说明.

4. 若 X 是紧空间，则由 8.2–2(a) 可知 X 是全有界的. 且由习题 2 可知 X 是完备空间. 反之，因为 $X = \overline{X}$，所以在 8.2–2(b) 中令 $B = X$ 便可证明逆命题.

5. 由于 X 是紧空间，所以它是全有界的.

6. 由 $T_n x = y_n = (\eta_1, \cdots, \eta_n, 0, 0, \cdots)$（$\eta_j$ 是题中给定的）定义的算子 $T_n : l^\infty \longrightarrow l^\infty$ 是有界线性算子，于是由 8.1–4(a) 可知 T_n 是紧算子. 此外，由柯西–施瓦茨不等式 (1.2.11) 可得

$$\left\| (T - T_n)x \right\|^2 = \sum_{j=n+1}^{\infty} |\eta_j|^2 = \sum_{j=n+1}^{\infty} \left| \sum_{k=1}^{\infty} \alpha_{jk} \xi_k \right|^2 \leqslant \sum_{j=n+1}^{\infty} \sum_{k=1}^{\infty} |\alpha_{jk}|^2 \sum_{i=1}^{\infty} |\xi_i|^2.$$

由此可得 $\| T - T_n \| \to 0$，再应用 8.1–5.

7. $Tx = (\eta_j) = (\xi_j / \sqrt{j})$ 定义了一个紧线性算子，但 $\sum \sum |\alpha_{jk}|^2 = \sum n^{-1}$ 发散.

8. 否，因为 l^∞ 是不可分的（见 1.3–9 和 8.2–3）.

9. 是.

10. 设 $T_n x = (\lambda_1 \xi_1, \cdots, \lambda_n \xi_n, 0, 0, \cdots)$，则由 8.1–4(a) 可知 T_n 是紧算子. 设 $\varepsilon > 0$ 且对于所有 $j > N$ 有 $|\lambda_j| < \varepsilon$，则对于 $n > N$ 有

$$\left\| Tx - T_n x \right\|^2 = \sum_{j=n+1}^{\infty} |\lambda_j \xi_j|^2 \leqslant \varepsilon^2 \sum_{j=n+1}^{\infty} |\xi_j|^2 \leqslant \varepsilon^2 \|x\|^2,$$

即 $\| T - T_n \| \leqslant \varepsilon$，因此由 8.1–5 可知 T 是紧算子.

8.3　赋范空间中紧线性算子的谱性质

1. 由于 $S = T^p$ 是紧算子，所以命题关于 S 是成立的. 再应用谱映射定理 7.4–2.

2. X 中的有界序列 (x_n) 含有这样的子序列，它在 T_1 之下的像收敛，于是该子序列在 T_1 之下的像有界，且有这样的子序列，它在 T_2 之下的像收敛，因此 $T_2 T_1$ 是紧算子，见 8.1–3. 另一证明可由 8.3–2 和 8.1–2(a) 得到.

3. 利用 8.3–1 和 8.3–3.

4. 设 $B_1 \subseteq X_1$ 有界，则 $T_1(B_1)$ 有界（见 §2.7 习题 2），于是 $M = T_2 T_1(B_1)$ 是相对紧集且 $\overline{M}$ 是紧集，$T_3(\overline{M})$ 是紧集（由 2.5–6）且是闭集（由 2.5–2）. 于是由 $T_3(M) \subseteq T_3(\overline{M})$ 可得 $\overline{T_3(M)} \subseteq T_3(\overline{M})$ 且 $\overline{T_3(M)}$ 是紧集（由 §2.5 习题 9）.

　　第二个证明. 设 X_1 中的 (X_n) 有界，则 $(T_1 x_n)$ 有界（见 §2.7），由 8.1–3 可知 $(T_2 T_1 x_n)$ 有收敛子序列 (y_k)，于是由 2.7–9 和 1.4–8 可知 $(T_3 y_k)$ 收敛. 由 8.1–3 可知 $T_3 T_2 T_1$ 是紧算子.

5. 设 (x_n) 有界，不妨设对于所有 n 有 $\|x_n\| \leqslant c$，则由于

$$\|S x_n\| \leqslant \|S\| \, \|x_n\| \leqslant \|S\| \, c,$$

所以 $(S x_n)$ 有界，因此 $(S x_n)$ 含有子序列 $(S x_{n_k})$ 使得 $(T S x_{n_k})$ 收敛. 这就证明了 TS 是紧算子.

6. 若 T 是紧算子, 则由 8.3–2 可知 T^*T 也是紧算子. 反之, 若 T^*T 是紧算子, 设 (x_n) 有界, 不妨设 $\|x_n\| \leqslant c$, 且 $(T^*Tx_{n_k})$ 收敛, 则对于每个正数 ε, 存在 N 使得

$$\text{对于所有 } k, j > N \text{ 有 }\quad \left\|T^*Tx_{n_k} - T^*Tx_{n_j}\right\| < \frac{\varepsilon}{2c}.$$

由此可得对于 $j, k > N$ 有

$$\begin{aligned}
\left\|Tx_{n_k} - Tx_{n_j}\right\|^2 &= \left\langle T^*Tx_{n_k} - T^*Tx_{n_j}, x_{n_k} - x_{n_j}\right\rangle \\
&\leqslant \left\|T^*Tx_{n_k} - T^*Tx_{n_j}\right\| \left\|x_{n_k} - x_{n_j}\right\| \\
&\leqslant \left\|T^*Tx_{n_k} - T^*Tx_{n_j}\right\| 2c < \varepsilon,
\end{aligned}$$

因此 (Tx_{n_k}) 收敛, 这就证明了 T 是紧算子.

7. T^* 是有界线性算子 (见 3.9–2), 由 8.3–2 可知 TT^* 是紧算子, $TT^* = (T^*)^* T^*$, 由习题 6 可知 T^* 是紧算子.

8. 否则, 由 8.3–2 可知 $TT^{-1} = T^{-1}T = I$ 是紧算子, 这与 8.1–2(b) 矛盾.

9. 我们记 $\mathscr{N} = \mathscr{N}(T_\lambda)$. 假定 $\dim \mathscr{N} = \infty$, 则 $\mathscr{N}$ 有一个无穷的线性无关子集, 不妨设为 (x_n). 考虑 $K_m = \text{span}\{x_1, \cdots, x_m\}$, 则 $K_1 \subset K_2 \subset \cdots$ 是 $\mathscr{N}$ 的闭子空间, 并且所有这些包含关系都是真包含. 设 $y_1 = \|x_1\|^{-1}x_1$, 根据 2.5–4 (取 $\theta = 1/2$), 存在 $y_2 \in K_2$ 使得 $\|y_2\| = 1$, $\|y_2 - y_1\| \geqslant 1/2$, 并且存在 $y_3 \in K_3$ 使得 $\|y_3\| = 1$, $\|y_3 - y_2\| \geqslant 1/2$, $\|y_3 - y_1\| \geqslant 1/2$, 等等. 这就给出了无穷序列 (y_m) 满足 $\|y_m\| = 1$, 若 $m \neq q$, 还满足 $\|y_m - y_q\| \geqslant 1/2$. 因此

$$\left|\lambda y_m - \lambda y_q\right| \geqslant |\lambda|/2, \quad \text{其中 } m \neq q. \tag{B8.3.1}$$

由于 $y_m \in \mathscr{N}$, 所以 $0 = T_\lambda y_m = (T - \lambda I)y_m$, 因此

$$Ty_m = \lambda y_m. \tag{B8.3.2}$$

由于 $\lambda \neq 0$, 所以 (B8.3.1) 和 (B8.3.2) 表明 (Ty_m) 没有收敛的子序列, 但由于 (y_m) 有界且 T 是紧算子, 故发生矛盾. 因此 $\dim \mathscr{N} = \infty$ 是不可能的.

10. 如前, 我们有 $Ty_m = \lambda y_m$, 因此 $T^p y_m = \lambda^p y_m$. 由于 T^p 是紧算子, 所以序列 $(T^p y_m) = (\lambda^p y_m)$ 有收敛子序列. 但这是不可能的, 因为 $\lambda \neq 0$ 和 (B8.3.1) 给出了

$$\left\|\lambda^p y_m - \lambda^p y_q\right\| \geqslant |\lambda^p|/2, \quad \text{其中 } m \neq q.$$

11. 若 $\dim X = \infty$, 则 $T = I$ 不是紧算子 [见 8.1–2(b)]. 当 $\lambda = 1$ 时我们有 $\dim \mathscr{N}(T_\lambda) = \dim X = \infty$. 算子 $T = 0$ 是紧算子, 但若 $\dim X = \infty$, 则关于 $\lambda = 0$ 有 $\dim \mathscr{N}(T_\lambda) = \dim X = \infty$.

12. 若 $\dim \mathscr{N}(T_\lambda) = \infty$, 则 $\mathscr{N}(T_\lambda)$ 含有一个 (无穷的) 规范正交序列 (x_n), 因此 $T_\lambda x_n = 0$, 即 $Tx_n = \lambda x_n$, 并且利用 (3.4.3), 对于每个 m 和 $n \neq m$ 可得

$$\left\|Tx_n - Tx_m\right\|^2 = \left\|\lambda x_n - \lambda x_m\right\|^2 = |\lambda|^2 \|x_n - x_m\| = 2|\lambda|^2.$$

由此可见 (Tx_n) 不能含有收敛子序列, 这与 T 的紧性矛盾.

13. 如同习题 9 的解答，如果我们假设 $\dim \mathcal{N}(T_\lambda^n) = \infty$，则根据 2.5–4 存在序列 (y_m) 满足 $\|y_m\| = 1$，$y_m \in \mathcal{N}(T_\lambda^n)$，对于 $m \neq q$ 还有 $\|y_m - y_q\| \geqslant 1/2$. 因此（见正文中 8.3–4 的证明中接近结束的一段）

$$0 = T_\lambda^n y_m = (W - \mu I) y_m.$$

由于 T^p 是紧算子，S^p 是有界算子，所以 $W^p = (TS)^p = (ST)^p = S^p T^p$ 是紧算子，因此 $(W^p y_m) = (\mu^p y_m)$ 有收敛子序列，但因为 $\lambda \neq 0$ 所以这是不可能的，所以 $\mu \neq 0$ 且

$$\|\mu^p y_m - \mu^p y_q\| \geqslant |\mu^p|/2, \quad \text{其中 } m \neq q.$$

14. 若 $0 \in \rho(T)$，则 $T^{-1} = R_0(T)$ 存在且有界，在整个 X 上有定义（根据 8.1–2(a) 和 7.2–3），于是由 8.3–2 可知 $T^{-1}T = TT^{-1} = I$ 是紧算子，但这与 8.1–6(b) 矛盾.

15. 若 $\lambda = 0$ 有 $\{x \mid \xi_{2k} = 0\}$，若 $\lambda = 1$ 有 $\{x \mid \xi_{2k-1} = 0\}$，若 $\lambda \neq 0, 1$ 有 $\{0\}$. 不是.

8.4 紧线性算子的其他谱性质

1. 把 T 作用到 (8.4–3) 可得对于 $n > m$ 有

$$T^2 y_n - T^2 y_m = \lambda^2(y_n - x_2), \quad \text{其中 } x_2 \in \mathcal{N}_{n-1},$$
$$\cdots\cdots$$
$$T^p y_n - T^p y_m = \lambda^p(y_n - x_p), \quad \text{其中 } x_p \in \mathcal{N}_{n-1},$$
$$\|T^p y_n - T^p y_m\| \geqslant |\lambda^p|/2,$$
$$\cdots\cdots$$

2. 设 $n > m$ 且 $\mathcal{N}_m = \mathcal{N}_{m+1}$，则由 $x \in \mathcal{N}_{n+1}$ 可得

$$0 = T_\lambda^{n+1} = T_\lambda^{m+1}(T_\lambda^{n-m}x),$$

于是 $T_\lambda^{n-m}x \in \mathcal{N}_{m+1} = \mathcal{N}_m$ 且 $T_\lambda^n x = T_\lambda^m(T_\lambda^{n-m}x) = 0$，即 $x \in \mathcal{N}_n$.

3. $\lambda \in \rho(\tilde{T})$ 蕴涵 $\lambda \in \rho(T) \cup \sigma_r(T)$，见 §7.2 习题 9.

4. $(1, 0, \cdots)$ 是对应于 $\lambda = 0$ 的本征向量. 若 $\lambda \neq 0$，则由 $Tx = \lambda x$ 可得 $\xi_{n+1} = n! \lambda^n \xi_1$，由 $x \in l^2$ 可得 $\xi_1 = 0$，于是 $x = 0$.

5. $Tx = \lambda x$，$0 = \lambda \xi_1$，$\xi_{n-1}/(n-1) = \lambda \xi_n$（$n = 2, 3, \cdots$），$x = 0$. 每个 $\lambda \neq 0$ 都属于 $\rho(T)$. 若 $\lambda = 0$，则 $\eta_1 = 0$，其中 $Tx = (\eta_j)$，$\overline{\mathcal{R}(T)} \neq l^2$，$0 \notin \sigma_c(T)$，因为 $\sigma_p(T) = \varnothing$，所以 $0 \in \sigma_r(T)$.

6. 0，本征向量 $x_n = (0, 0, \cdots, 0, 1)$.

7. 每个 α_j 都是 T 的一个本征值. 应用 8.3–1.

8. $\{x \in l^2 \mid \xi_j = 0, \ j > m\}$. 否. $n_0 = 0$.

9. 若 $\lambda \notin [0, 1]$，则 $T_\lambda^{-1} x(t) = x(t)/(t - \lambda)$，$\sigma(T) = [0, 1]$. 利用 8.3–1 和 8.4–4.

10. $\sigma(T) = \{0, 2\}$，$r(0) = 1$，$r(2) = 1$. 若 $\lambda \neq 0, 2$，则 $r(\lambda) = 0$ 且

$$\mathcal{N}(T_0) = \{\alpha(1, 1)\}, \qquad T_0(\mathbf{R}^2) = \{\beta(1, -1)\},$$
$$\mathcal{N}(T_2) = \{r(1, -1)\}, \qquad T_2(\mathbf{R}^2) = \{\delta(1, 1)\}.$$

8.6 其他的弗雷德霍姆型定理

2. 方程组 $\sum_{k=1}^{n} \alpha_{jk}\xi_k = \eta_j$ ($j = 1, \cdots, n$) 有解 $x = (\xi_1, \cdots, \xi_n)$, 当且仅当 $\sum_{j=1}^{n} \beta_j\eta_j = 0$ 关于方程组 $\sum_{j=1}^{n} \alpha_{jk}\beta_j = 0$ ($k = 1, \cdots, n$) 的所有解 $b = (\beta_j)$ 成立.

3. 我们有 $\sum_k \alpha_{jk}\xi_k = \eta_j$. 设 $f = (\varphi_1, \cdots, \varphi_n)$ 满足

$$\sum_k \alpha_{kj}\varphi_k = 0.$$

用 φ_j 乘上第一个公式并求和便得到

$$\sum \sum \alpha_{jk}\xi_k\varphi_j = \sum \sum \alpha_{kj}\varphi_k\xi_j = \sum \varphi_j\eta_j = f(y) = 0.$$

4. 在有限维空间中, 由 8.1–4(b) 可知任意线性算子都是紧的, 由 8.6–1 可得所希望的命题.

5. 设 $A = T - \lambda I$, 则 (8.6.1) 变成 $Ax = y$, 它有解 x, 当且仅当满足 $\sum_j \alpha_{jk}\omega_j = 0$ ($k = 1, \cdots, n$) 的任意 $w = (\omega_j)$ 也满足 $\sum_j \eta_j\omega_j = 0$. 利用点积和 A 的列向量 $a_1, \cdots, a_n$ 可以看出条件变成

$$w \cdot a_k = 0 \ (k = 1, \cdots, n) \implies w \cdot y = 0,$$

也就是说, 和 A 的所有列向量都正交的向量也和 A 的增广矩阵的所有列向量正交, 所以这两个矩阵的秩相等.

6. (8.6.1) 的解与 (8.6.2) 的解之和是 (8.6.1) 的一个解.

8. (a) 假定所求的 (f_j) 存在, 如果对于某个 m 有 $z_{m_0} \in \bar{A}_m$, 则由 §4.6 习题 8 可知 $f_{m_0}(z_{m_0}) = 0$, 这与 $f_{m_0}(z_{m_0}) = 1$ 矛盾.

(b) 反过来, 设对于每个 m_0 有 $z_{m_0} \notin \bar{A}_{m_0}$, 则由 §4.6 习题 5 有 $g_{m_0} \in X'$ 存在, 它在 $\bar{A}_{m_0}$ 上为 0, 在 z_{m_0} 为 1. 因此 $g_{m_0}(z_k) = 0$ 对于所有 $k \neq m_0$ 成立, 而 $g_{m_0}(z_{m_0}) = 1$.

10. 取 y_j (j 固定) 与 $\sum \alpha_k z_k = 0$ 的内积可得

$$\text{对于 } j = 1, \cdots, n \text{ 有 } \quad \sum \alpha_k \langle z_k, y_j \rangle = \alpha_j = 0.$$

对于另一组的线性无关性, 其证明是类似的.

11. $z_1, z_2, \cdots ; y_1, y_2, \cdots$. 作为里斯定理 3.8–1 的推论的 $\langle z_k, y_j \rangle = \delta_{kj}$.

12. 对于线性无关集 $\{y_1, \cdots, y_m\}$, 存在集合 $\{z_1, \cdots, z_m\}$ 使得 $\langle z_k, y_j \rangle = \delta_{kj}$. 证明如下: 将 $\{y_1, \cdots, y_m\}$ 规范正交化便得到 $\{e_1, \cdots, e_m\}$, 见 §3.4, 则 $y_j = \sum_{s=1}^{m} \alpha_{js} e_s$, $e_s = \sum_{r=1}^{m} \beta_{sr} y_r$, 其中若 $s > j$ 则 $\alpha_{js} = 0$, 若 $r > s$ 则 $\beta_{sr} = 0$. 因此

$$y_j = \sum_{s=1}^{m} \sum_{r=1}^{m} \alpha_{js} \beta_{sr} y_r = \sum_{r=1}^{m} \left(\sum_{s=1}^{m} \alpha_{js} \beta_{sr} \right) y_r,$$

于是

$$\sum_{s=1}^{m} \alpha_{js} \beta_{sr} = \delta_{jr} = \begin{cases} 0, & \text{若 } j \neq r, \\ 1, & \text{若 } j = r. \end{cases}$$

选取

$$z_k = \sum_{t=1}^{m} \bar{\beta}_{tk} e_t,$$

便得到所希望的结果

$$\langle z_k, y_j \rangle = \left\langle \sum_{t=1}^{m} \bar{\beta}_{tk} e_t, \sum_{s=1}^{m} \alpha_{js} e_s \right\rangle = \sum_{t=1}^{m} \sum_{s=1}^{m} \bar{\beta}_{tk} \bar{\alpha}_{js} \delta_{ts} = \sum_{s=1}^{m} \bar{\beta}_{sk} \bar{\alpha}_{js} = \delta_{jk}.$$

13. 方程组

$$\sum_k \alpha_{jk} \xi_k = 0, \quad \text{其中 } j = 1, \cdots, n$$

和方程组

$$\sum_j \alpha_{jk} \eta_j = 0, \quad \text{其中 } k = 1, \cdots, n$$

有相同个数的线性无关解（若 $r = \operatorname{rank} A = n$，则只有平凡解，若 $r < n$，则有 $n - r$ 个线性无关解）.

14. 设 $\dim \mathscr{R}(T) = n$，$\{y_1, \cdots, y_n\}$ 是 $\mathscr{R}(T)$ 的一个基，$\{g_1, \cdots, g_n\}$ 满足 $g_k(y_j) = g_{jk}$，根据 4.6-7，这样的 g_k 是存在的，见 8.6-3 证明中的 (a) 部分. 设 $x \in X$，则 $Tx \in \mathscr{R}(T)$ 有表示式

$$Tx = f_1(x) y_1 + \cdots + f_n(x) y_n.$$

由此可得

$$g_k(Tx) = (T^\times g_k)(x) = f_k(x),$$

诸 f_k 必是线性无关的，否则将有

$$f_k = \sum_{j=1}^{m} \alpha_{kj} h_j, \qquad\qquad \text{其中 } h_j \in X', \, m < n,$$

$$Tx = \sum_{k=1}^{n} \sum_{j=1}^{m} \alpha_{kj} h_j(x) y_k = \sum_{j=1}^{m} h_j(x) v_j, \qquad \text{其中 } v_j = \sum_{k=1}^{m} \alpha_{kj} y_k.$$

由于 x 是任取的，所以 $\dim \mathscr{R}(T) = m < n$，这与 $\dim \mathscr{R}(T) = n$ 矛盾.

15. 给定的级数是一致收敛的，通过逐项积分可得 Tx 的傅里叶级数表示，由于 $Tx \in C[0, \pi]$，所以 $Tx = 0$ 当且仅当 $x = 0$. 但是由于该级数的每一项在 $s = 0$ 处都为 0，所以若 $y(0) \neq 0$ 则 $Tx = y$ 便是不可解的.

8.7 弗雷德霍姆择一性

1. 在这种情况下，(8.7.2) 中的 T 是 n 阶方阵而 x 和 y 是列向量，因此要么非齐次方程组关于右端每一给定的 y 有唯一的解，要么对应的齐次方程组至少有一个非平凡解. 在第一种情况下，对转置方程组同样成立. 在第二种情况下，齐次方程组和它的转置方程组有相同个数（$n - r$）的线性无关解，其中 r 是系数矩阵的秩.

2. 用连续函数 z 乘 (8.7.1) 并求积分可得

$$\int_a^b x(s) z(s) \mathrm{d}s - \mu \int_a^b \int_a^b k(s, t) x(t) \mathrm{d}t z(s) \mathrm{d}s = \int_a^b \tilde{y}(s) z(s) \mathrm{d}s.$$

由于这些函数是连续的, 所以可以交换积分次序. 将 s 改成 t 再改回来便得到

$$\int_a^b \left[z(s) - \mu \int_a^b k(t,s)z(t)\mathrm{d}t \right] x(s)\mathrm{d}s = \int_a^b \tilde{y}(s)z(s)\mathrm{d}s.$$

因此, 若对于某个 $z \neq 0$, 方括号 $[\cdots]$ 中的表达式为 0, 则 (8.7.1) 无解, 除非 $\tilde{y}$ 能够使得满足 $[\cdots] = 0$ 的所有 z 有

$$\int_a^b \tilde{y}(s)z(s)\mathrm{d}s = 0.$$

这部分说明了 8.5-1.

3. 例如, 若 $s < 1/2$ 则 $k(s,t) = 1$, 若 $s \geqslant 1/2$ 则 $k(s,t) = 0$, 其中 $s, t \in [0,1]$. 因此 T 不是到 $C[0,1]$ 的映射.

4. 由 7.3-1 可得收敛性, 且

$$|(T\tilde{y})(s)| \leqslant (b-a)M\|\tilde{y}\|, \quad \|T\tilde{y}\|/\|\tilde{y}\| \leqslant (b-a)M, \quad \|\mu T\| < 1.$$

5. 注意该积分是一个未知常数 c, 因此 $x(s) = 1 + \mu c$. 代入给定的方程中便有 $c = 1/(1-\mu)$ ($\mu \neq 1$), 且 $x(s) = 1/(1-\mu)$ ($\mu \neq 1$). 诺伊曼级数是几何级数

$$x(s) = 1 + \mu + \mu^2 + \cdots = 1/(1-\mu), \quad \text{其中 } |\mu| < 1.$$

对于齐次方程, 我们得到: 若 $\mu \neq 1$ 则 $x(s) = 0$, 若 $\mu = 1$ 则 $x(s) = c$ (任意). 这与 8.7-3 是一致的.

6. $x(s) = \tilde{y}(s) + \dfrac{\mu k_0 c}{1 - \mu k_0(b-a)}$, 其中 $c = \int_a^b \tilde{y}(t)\mathrm{d}t$, 并且

$$x(s) = \tilde{y}(s) + \mu k_0 c + \mu^2 k_0^2 c(b-a) + \mu^3 k_0^3 c(b-a)^2 + \cdots.$$

8. $\tilde{k}(s,t,\mu) = k(s,t) + \mu k_{(2)}(s,t)$, 其中

$$k_2(s,t) = 2^{-1}\pi a_1 a_2 \sin s \sin 3t.$$

9. $k_{(2)} = 0$, $k_{(3)} = 0$, $\cdots$, $x(s) = \tilde{y}(s) + \mu \displaystyle\int_0^{2\pi} k(s,t)\tilde{y}(t)\mathrm{d}t$.

10. 我们有

$$x(s) - \mu s \int_0^1 (1+t)x(t)\mathrm{d}t = \tilde{y}(s),$$

此积分是一个未知常数, 因此 $x(s) = \tilde{y}(s) + cs$. 若将它代入给定的方程并化简, 便得到

$$c\left(1 - \frac{5}{6}\mu\right) = \mu \int_0^1 (1+t)\tilde{y}(t)\mathrm{d}t,$$

因此 $\lambda = 1/\mu = 5/6$ 是一个本征值, 且从 $\mu = 6/5$ 的齐次方程可得本征函数 $x(s) = ks$ (k 任意). 若 $\mu \neq 6/5$, 则唯一解是

$$x(s) = \tilde{y}(s) + cs = \tilde{y}(s) + \left(1 - \frac{5}{6}\mu\right)^{-1} \mu s \int_0^1 (1+t)\tilde{y}(t)\mathrm{d}t.$$

11. $\lambda = 1/\mu = \mathrm{e}^2 - 1$. 本征函数 e^s.

12. 先用 $\cos s$ 乘，再于 $[0, 2\pi]$ 上取积分，便得

$$x(s) = \tilde{y}(s) + \mu \int_0^{2\pi} \sin s \cos t \tilde{y}(t) \mathrm{d}t.$$

13. (x_n), $x_n(t) = |t|^{1/n}$, $t \in [-1, 1]$. 由于极限函数不是连续的，所以收敛性不能是一致的。
另一个例子是 (x_n), $x_n(t) = t^n$, $t \in [0, 1]$.

14. 将 k 代入 (8.7.1) 立即得到 x 的公式和各个 c_j 的公式。

15. (a) 我们得到

$$\left(1 - \tfrac{1}{2}\mu\right) c_1 - \mu c_2 = y_1, \qquad -\tfrac{1}{3}\mu c_1 + \left(1 - \tfrac{1}{2}\mu\right) c_2 = y_2,$$

$$x(s) = \tilde{y}(s) + \mu \int_0^1 \frac{6(\mu - 2)(s + t) - 12\mu st - 4\mu}{\mu^2 + 12\mu - 12} \tilde{y}(t) \mathrm{d}t.$$

(b) 本征值和本征函数是

$$\mu_1 = -6 + 4\sqrt{3}, \quad \mu_2 = -6 - 4\sqrt{3}, \quad \lambda_1 = 1/\mu_1, \quad \lambda_2 = 1/\mu_2,$$

$$x(s) = \frac{2\mu}{2 - \mu} s + 1, \quad \text{其中 } \mu = \mu_1, \mu_2.$$

9.1　有界自伴线性算子的谱性质

1. 若 A 是 n 阶埃尔米特矩阵，则对于每个 $x \in \mathbf{C}^n$, $\bar{x}^{\mathrm{T}} A x$ 取实值，见 3.10–2. 埃尔米特矩阵有实本征值，并且对应不同本征值的本征向量是正交的。

2. $\sigma(T)$ 由矩阵的主对角线的元素组成，根据 9.1–3，它们必定是实的。

3. 记 $T_\lambda x = y$, 则 $\|x\| = \|R_\lambda y\| \leqslant c^{-1} \|y\|$.

4. $T = \lambda_0 I$, $T_\lambda = (\lambda_0 - \lambda) I$, $R_\lambda = (\lambda_0 - \lambda)^{-1} I$, $c = |\lambda_0 - \lambda|$.

5. $\langle W^* T W x, y \rangle = \langle T W x, W y \rangle = \langle W x, T W y \rangle = \langle x, W^* T W y \rangle$.

6. 是. 否. $Sx = (0, \xi_1, \xi_2, \cdots)$.

7. $Tx = \lambda_j x$, 其中 $x = (\xi_n)$, $\xi_n = \delta_{nj}$. 若 (λ_j) 在 $[a, b]$ 上稠密，则 $\sigma(T) \supseteq [a, b]$, 其中用到 $\sigma(T)$ 是闭集，见 7.3–2.

8. 设 K 是所指的闭包，则由 7.3–2 可知 $K \subseteq \sigma(T)$. 只要能通过 $\lambda \notin K$ 推得 $\lambda \in \rho(T)$, 便获得证明。根据 9.1–1，可以只考虑实直线。若 $\lambda \notin K$, 则存在不包含本征值 λ_j 的区间 $(\lambda - \delta, \lambda + \delta)$ $(\delta > 0)$, 于是对于所有 j 有 $|\lambda - \lambda_j| \geqslant \delta$, 由于

$$T_\lambda x = Tx - \lambda x = \left((\lambda_j - \lambda) \xi_j \right),$$

所以

$$\|T_\lambda x\|^2 = \sum_{j=1}^{\infty} |\lambda_j - \lambda|^2 |\xi_j|^2 \geqslant \delta \|x\|^2,$$

于是根据 9.1–2 有 $\lambda \in \rho(T)$.

9. 由 t 是实数便可推出 $T|_x$ 的自伴性，并且对于 $L^2[0,1]$ 上的 T，其自伴性也可从内积的积分表示推出，这里的积分是勒贝格积分. $R_\lambda(T)x(t) = (t-\lambda)^{-1}x(t)$ 说明了 $\sigma(T) = [0,1]$，并且对于 $\lambda \in [0,1]$，可以看出

$$T_\lambda x(t) = (t-\lambda)x(t) = 0$$

蕴涵对于所有 $t \neq \lambda$ 有 $x(t) = 0$，即 $x = 0$（$L^2[0,1]$ 中的零元素），所以 λ 不能是 T 的本征值.

10. 否则，存在序列 (y_n) 使得 $\|y_n\| = 1$ 且 $\|Ty_n\| \to \infty$. 设 $f_n(x) = \langle Tx, y_n \rangle = \langle x, Ty_n \rangle$，则 f_n 定义在整个 H 上，且是线性的. 因为

$$\left| f_n(x) \right| = \left| \langle x, Ty_n \rangle \right| \leqslant \|x\| \|Ty_n\|,$$

所以 f_n 有界. 因为

$$\left| f_n(x) \right| = \left| \langle Tx, y_n \rangle \right| \leqslant \|Tx\| \|y_n\| = \|Tx\|,$$

所以对于每个 $x \in H$，序列 $(f_n(x))$ 有界. 由一致有界性定理 4.7–3 可知 $(\|f_n\|)$ 有界，不妨设 $\|f_n\| \leqslant k$，因此 $\left| f_n(x) \right| \leqslant k\|x\|$，取 $x = Ty_n$ 则

$$\left| f_n(Ty_n) \right| = \langle Ty_n, Ty_n \rangle = \|Ty_n\|^2 \leqslant k\|Ty_n\|,$$

所以 $\|Ty_n\| \leqslant k$，矛盾! 刚才证明的定理叫作黑林格–特普利茨定理. 所给出的证明也包含在涉及无界算子研究的 §10.1 中. 在研究无界算子时，这个定理的意义将会完全清楚.

9.2　有界自伴线性算子的其他谱性质

2. A 的所有本征值 λ 都位于闭区间 $[m, M]$ 中，其中 $\langle Ax, x \rangle = x^{\mathrm{T}}Ax = \sum\sum \alpha_{jk}\xi_j\xi_k$（这是本征值包含定理的一个特例）.

3. $m = 0$, $M = 1$.

4. 若 $m \leqslant M \leqslant 0$，则 $|m| = \|T\|$，等等.

5. 从 9.2–3 立即可以推出.

6. $T = 0$ 有本征值 0. 设 $T \neq 0$，则 m 与 M 不全为 0. 因为根据 9.2–3 有 $m, M \in \sigma(T)$，所以再从 8.4–4 便得到所希望的结论.

7. 本征值为 $1, 1/2, 1/3, \cdots$，且 $\sigma(T) = \sigma_p(T) \cup \{0\}$. 因为 $Tx = 0$ 蕴涵 $x = 0$，所以 $0 \notin \sigma_p(T)$. 由于 T 是自伴算子，从 9.2–4 便可推出 $\sigma_c(T) = \{0\}$.

9. 从 9.2–1 和 9.2–3 可推出第一个命题，由 A 映 Y_j 到 Y_j 中可推出第二个命题.

10. A 是紧的（见 8.1–4）且是自伴的（见 3.10–2），由 $\alpha_{jk} > 0$ 可得 $M > 0$，于是从 9.2–3 可得结论.

9.3　正算子

1. $0 \leqslant \langle (T-S)x, x \rangle$, $0 \leqslant \langle (S-T)x, x \rangle$，因此对于所有 x 有 $\langle (T-S)x, x \rangle = 0$，根据 3.9–3(b) 有 $T - S = 0$.

2. $T \leqslant T$, 此关系是反对称的（见习题 1）和传递的. 此外, 由于对于所有 $x \in H$ 有 $\langle T_1 x, x \rangle \leqslant \langle T_2 x, x \rangle$, 所以

$$\langle (T_1 + T)x, x \rangle = \langle T_1 x, x \rangle + \langle Tx, x \rangle \leqslant \langle T_2 x, x \rangle + \langle Tx, x \rangle = \langle (T_2 + T)x, x \rangle,$$

即对于所有 $x \in H$ 有 $T_1 + T \leqslant T_2 + T$. 又

$$\alpha \langle T_1 x, x \rangle \leqslant \alpha \langle T_2 x, x \rangle, \quad \text{其中 } \alpha \geqslant 0.$$

3. $S = B - A \geqslant 0, ST = TS$, 并且 9.3–1 蕴涵 $ST \geqslant 0$, 这就给出了所希望的结果.

4. 从

$$\langle TT^* x, y \rangle = \langle T^* x, T^* y \rangle = \langle x, TT^* y \rangle.$$

可看出 TT^* 的自伴性. 对于 $y = x$, 上式又给出

$$\langle TT^* x, x \rangle = \|T^* x\|^2 \geqslant 0,$$

即 $TT^* > 0$. 对于 $T^* T$ 类似. 据此和 9.2–1 可得第二个命题, 它蕴涵 $\bar{A}^{\mathrm{T}} A$ 和 $A \bar{A}^{\mathrm{T}}$ 有非负的实际本征值.

5. 从 9.2–1 和 9.2–3 可以推出. 设 A 是 n 阶埃尔米特矩阵（见 §3.10）, 则对于所有 $x \in \mathbf{C}^n$ 有 $\bar{x}^{\mathrm{T}} A x \geqslant 0$ 的充分必要条件是 A 的所有本征值都是非负的.

6. 由

$$\langle W^* TW x, y \rangle = \langle TW x, W y \rangle = \langle W x, TW y \rangle = \langle x, W^* TW y \rangle$$

可得自伴性. 令 $y = W x$ 并利用 $T \geqslant 0$, 从下式可得 $S > 0$.

$$0 \leqslant \langle Ty, y \rangle = \langle TW x, W x \rangle = \langle Sx, x \rangle.$$

7. 显然从

$$\langle T_1^2 T_2 x, y \rangle = \langle x, T_2 T_1^2 y \rangle = \langle x, T_1^2 T_2 y \rangle$$

可看出自伴性. 记 $y = T_1 x$ 便得到

$$\langle T_1^2 T_2 x, x \rangle = \langle T_2 T_1 x, T_1 x \rangle = \langle T_2 y, y \rangle \geqslant 0.$$

（注意, 这个结果也能从习题 6 推出. ）

8. 设 $x \in H$ 且 $y = Tx$, 则

$$\langle TSTx, x \rangle = \langle STx, Tx \rangle = \langle Sy, y \rangle \geqslant 0.$$

9. 设 $(I + T)x = 0$, 则 $-x = Tx$, 又由于 $T \geqslant 0$, 所以

$$0 \leqslant \langle Tx, x \rangle = -\langle x, x \rangle = -\|x\|^2 \leqslant 0,$$

这意味着 $x = 0$, 所以 $(I + T)^{-1}$ 存在, 见 2.6–10.

10. $\langle T^* Tx, x \rangle = \langle Tx, Tx \rangle = \|Tx\|^2 \geqslant 0$ 说明 $T^* T \geqslant 0$, 再利用习题 9.

12. 我们得到

$$\langle T^2 x, x \rangle = \langle Tx, Tx \rangle = \|Tx\|^2 \geqslant 0.$$

若 A 是埃尔米特矩阵, 则 $\bar{x}^{\mathrm{T}} A^2 x \geqslant 0$.

13. 从习题 12 和 9.2–1 可以推出.

14. T^*T 是紧算子（见 §8.3 习题 6）. 设 (x_n) 有界且 $T^*Tx_{n_k} \to T^*Tx$, 则 $\|x_{n_k} - x\| \leqslant c$ 且当 $k \to \infty$ 时

$$0 \leqslant \left\| S\left(x_{n_k} - x\right) \right\|^2 = \left\langle S^*S\left(x_{n_k} - x\right), x_{n_k} - x \right\rangle$$
$$\leqslant \left\langle T^*T\left(x_{n_k} - x\right), x_{n_k} - x \right\rangle$$
$$\leqslant \left\| T^*T\left(x_{n_k} - x\right) \right\| c \longrightarrow 0.$$

由于 (x_n) 是任意的有界序列, 所以证明了 S 是紧算子.

15. $\langle Tx, Tx \rangle \geqslant c^2 \langle x, x \rangle$, $T^*T \geqslant c^2 I$, T^*T 不是紧算子（根据 8.1–2(b) 和习题 14）, T 也不是紧算子（见 §8.3 习题 6）.

9.4 正算子的平方根

1. 例如, 用下列矩阵表示的算子, 其中 a_{12} 和 a_{21} 是任意的. $I^{1/2} = I$.

$$\begin{bmatrix} 1 & 0 \\ 0 & 1 \end{bmatrix}, \quad \begin{bmatrix} -1 & 0 \\ 0 & -1 \end{bmatrix}, \quad \begin{bmatrix} 1 & 0 \\ a_{21} & -1 \end{bmatrix}, \quad \begin{bmatrix} -1 & a_{12} \\ 0 & 1 \end{bmatrix}.$$

2. $A = T^{1/2}$. 由 $(Ax)(t) = t^{1/2}x(t)$ 定义.

3. 是. 是. 是. $Ax = (0, 0, \xi_3, \xi_4, \cdots)$.

4. 利用 $T^{1/2}$ 的自伴性及定理 3.6–4 便得

$$\|T\| = \left\| T^{1/2}T^{1/2} \right\| = \left\| (T^{1/2})^*T^{1/2} \right\| = \left\| T^{1/2} \right\|^2.$$

5. 由于 $T = T^{1/2}T^{1/2}$ 且 $T^{1/2}$ 是自伴算子, 所以

$$\left| \langle Tx, y \rangle \right| = \left| \left\langle T^{1/2}x, T^{1/2}y \right\rangle \right| \leqslant \left\| T^{1/2}x \right\| \left\| T^{1/2}y \right\|$$
$$= \left\langle T^{1/2}x, T^{1/2}x \right\rangle^{1/2} \left\langle T^{1/2}y, T^{1/2}y \right\rangle^{1/2}$$
$$= \langle Tx, x \rangle^{1/2} \langle Ty, y \rangle^{1/2}.$$

6. 首先假定 $\langle Ty, y \rangle \neq 0$, 并令 $\alpha = -\langle Tx, y \rangle / \langle Ty, y \rangle$, 则

$$0 \leqslant \langle T(x + \alpha y), x + \alpha y \rangle$$
$$= \langle Tx, x \rangle + \alpha \langle Ty, x \rangle + \bar{\alpha} \langle Tx, y \rangle + \alpha \bar{\alpha} \langle Ty, y \rangle$$
$$= \langle Tx, x \rangle - \frac{\langle Tx, y \rangle \langle Ty, x \rangle}{\langle Ty, y \rangle}.$$

由于 $\langle Ty, x \rangle = \langle y, Tx \rangle$, 所以可得

$$\left| \langle Tx, y \rangle \right|^2 \leqslant \langle Tx, x \rangle \langle Ty, y \rangle.$$

若 $\langle Ty, y \rangle = 0$ 但 $\langle Tx, x \rangle \neq 0$, 则证明是类似的. 若 $\langle Ty, y \rangle = \langle Tx, x \rangle = 0$, 则利用 $\langle Tx, y \rangle = \langle x, Ty \rangle = \overline{\langle Ty, x \rangle}$ 可得

$$0 \leqslant \alpha \langle Ty, x \rangle + \bar{\alpha} \langle Tx, y \rangle = 2 \operatorname{Re} \alpha \langle Ty, x \rangle,$$

取 $\alpha = 1$ 及 $\alpha = -1$ 可得 $\operatorname{Re} \langle Ty, x \rangle = 0$, 取 $\alpha = \mathrm{i}$ 及 $\alpha = -\mathrm{i}$ 可得 $\operatorname{Im} \langle Ty, x \rangle = 0$.

7. 若 $Tx = 0$，不等式成立。设 $Tx \neq 0$，记 $y = Tx$ 便得到

$$\|Tx\|^2 \leqslant \langle Tx, x \rangle^{1/2} \langle T^2 x, Tx \rangle^{-1/2}.$$

由于

$$\langle T^2 x, Tx \rangle \leqslant \|T^2 x\| \|Tx\| \leqslant \|T\| \|Tx\|^2,$$

所以

$$\|Tx\|^2 \leqslant \langle Tx, x \rangle^{1/2} \|T\|^{1/2} \|Tx\|,$$

再用 $\|Tx\|$ 去除便得到所希望的结果。

8. 由于

$$C^{\mathrm{T}} = \left(BB^{\mathrm{T}}\right)^{\mathrm{T}} = B^{\mathrm{TT}} B^{\mathrm{T}} = C, \quad (Cx)^{\mathrm{T}} x = x^{\mathrm{T}} BB^{\mathrm{T}} x = \left(B^{\mathrm{T}} x\right)^{\mathrm{T}} B^{\mathrm{T}} x \geqslant 0,$$

所以 C 是对称的。

9. $DD^{\mathrm{T}} = D^{\mathrm{T}} D = I$。

10. 由 9.4–2 立即可推出。

9.5　投影算子

1. 利用 9.5–2。显然，若 P 是到 $\{0\}$ 上的投影，则 $P = 0$，若 P 是到 H 上的投影，则 $P = I$。

2. 我们有

$$Q^2 = S^{-1} P S S^{-1} P S = S^{-1} P^2 S = S^{-1} P S = Q.$$

由 (3.9.6g) 有

$$Q^* = \left(S^{-1} P S\right)^* = S^* P^* \left(S^{-1}\right)^* = S^{-1} P S = Q.$$

3. 例如，用下面的矩阵表示的 T，其中 a_{21} 是不为 0 的任意实数。

$$\begin{bmatrix} 1 & 0 \\ a_{21} & 0 \end{bmatrix}.$$

5. 若空间 $Y_j = P_j(H)$（$j = 1, \cdots, m$）是两两正交的，则由归纳法可推出 P 是投影。反之，若 P 是投影，则

$$\|Px\|^2 = \langle P^2 x, x \rangle = \langle Px, x \rangle, \quad \|P_k x\|^2 = \langle P_k x, x \rangle,$$

因此对于所有 x 有

$$\|P_1 x\|^2 + \|P_2 x\|^2 \leqslant \sum_{k=1}^{m} \langle P_k x, x \rangle = \langle Px, x \rangle = \|Px\|^2 \leqslant \|x\|^2,$$

对于每个 y 和 $x = P_1 y$ 有 $P_1 x = P_1^2 y = P_1 y$ 且

$$\|P_1 y\|^2 + \|P_2 P_1 y\|^2 \leqslant \|x\|^2 = \|P_1 y\|^2,$$

所以 $P_2 P_1 y = 0$，即 $P_2 P_1 = 0$，且根据 9.5–3 有 $Y_1 \perp Y_2$。类似地，对于所有 j 和 $k \neq j$ 有 $Y_j \perp Y_k$。

6. 由 $P_j x_k = P_j P_k x = 0$（$k \neq j$）可得唯一性。

8. 利用 9.5–4 和 9.5–2.

9. 设 (e_k) 是内积空间 X 中的规范正交序列，则由 $P_k x = \langle x, e_k \rangle e_k$ 定义的 P_k 是到空间 $Y_k = P_k(X)$ 上的投影. 从 9.5–4 可以看出 $P_1 + \cdots + P_n$ 是一个投影. 我们有

$$\left\| P_k x \right\|^2 = \left| \langle x, e_k \rangle \right|^2 \left\| e_k \right\|^2 = \left| \langle x, e_k \rangle \right|^2,$$

由此和习题 8 给出了 (3.4.12*)，它蕴涵 3.4–6 中的 (3.4.12).

10. $I - P_1$ 是到 $Y_1^\perp$ 上的投影，且

$$(I - P_1) P_2 = P_2 (I - P_1),$$

因此由 9.5–3 可知 $P_3 = (I - P_1) P_2$ 是到 $Y_3 = Y_1^\perp \cap Y_2$ 上的投影. 由于 $Y_3 \perp Y_1$，所以由 9.5–4 可知 $P_3 + P_1 = P_1 + P_2 - P_1 P_2$ 是到 $Y_1 \oplus Y_3 = Y_1 + Y_2$ 上的投影. 最后一个等式推导如下：显然 $Y_1 \oplus Y_3 \subseteq Y_1 + Y_2$；反之，若 $y_1 \in Y_1$ 且 $y_2 \in Y_2$，则 $y_1 + y_2 = z_1 + z_3$，其中 $z_1 = y_1 + P_1 y_2 \in Y_1$，而 $z_3 = y_2 - P_1 y_2 = (I - P_1) y_2 \in Y_1^\perp \cap Y_2 = Y_3$.

9.6　投影的其他性质

2. 由 9.6–1 和 9.6–2(a) 可以推出.

3. $(P_2 - P_1)x = ([\xi_1 - \xi_2]/2, [\xi_2 - \xi_1]/2, 0)$. 否（见 9.5–4）.

4. 由 $P_n^2 = P_n$ 和 $P_n \to P$ 可得 $P^2 = P$. 由 3.10–5 可知 P 是自伴算子，因此 P 是投影（见 9.5–1）.

5. 例如，设 P_n 是 l^2 到由对于所有 $j > n$ 有 $\xi_j = 0$ 的所有序列 $x = (\xi_j)$ 构成的子空间上的投影.

6. 例如，设 P_n 是 l^2 到由对于 $j = 1, \cdots, n$ 有 $\xi_j = 0$ 的所有序列 $x = (\xi_j)$ 构成的子空间上的投影.

7. $P(H) = \bigcap\limits_{n=1}^{\infty} P_n(H)$.

8. 将 9.6–3 应用于

$$P_n = Q_1 + \cdots + Q_n, \quad \text{其中 } n = 1, 2, \cdots.$$

Q 把 H 投影到 $Q(H) = Y_1 \oplus Y_2 \oplus \cdots$ 上，其中 $Y_j = Q_j(H)$.

9. 根据 §3.9 习题 5 有 $T^* \left(Y^\perp \right) \subseteq Y^\perp$ 当且仅当 $Y^{\perp\perp} \supseteq (T^*)^* \left(Y^{\perp\perp} \right)$，根据 (3.3.8) 有 $Y^{\perp\perp} = Y$，根据 3.9–4 有 $(T^*)^* = T$.

10. 若 $y \in Y$，则 $Ty = TP_1 y = P_1 Ty \in Y$，因此 $T(Y) \subseteq Y$. 类似地，若 $z \in Z = Y^\perp$，则 $P_1 Tz = TP_1 z = T0 = 0$，因此 $Tz \in Z$ 且 $T(Z) \subseteq Z$.

11. 若 $\dim Y = r, \dim Y^\perp = n - r, Y = \operatorname{span}\{e_1, \cdots, e_r\}$，其中 $(e_1, \cdots, e_n)$ 是 H 的基，则该矩阵在前 r 行和后 $n - r$ 列的交叉处以及在后 $n - r$ 行和前 r 列的交叉处都是 0.

12. 根据投影定理 3.3–4，对于每个 $x \in H$ 有 $x = y + z$，其中 $y \in Y$ 和 $z \in Y^\perp$ 是唯一的. 根据假设 $P_1(H) = Y$，有 $P_1 x = y$ 且 $TP_1 x = Ty$，又有

$$Tx = T(y + z) = Ty + Tz,$$

因为 Y 可约化 T, 所以上式中 $Ty \in Y$ 且 $Tz \in Y^{\perp}$, 因此

$$P_1 Tx = P_1(Ty + Tz) = Ty.$$

合在一起, 对于所有 $x \in H$ 有 $P_1 Tx = TP_1 x$, 即

$$P_1 T = TP_1.$$

13. 我们得到

$$TP_2 = T(I - P_1) = T - TP_1 = T - P_1 T = (I - P_1)T = P_2 T.$$

14. (a) 设 $P_n(H) = Y_n$, 则 $TP_n e_{n-1} = 0$, 但 $P_n Te_{n-1} = e_n$, 因此 $P_n T \neq TP_n$.

(b) 我们有 $Y_n^{\perp} = \text{span}\{e_1, \cdots, e_{n-1}\}$ 且 $Te_{n-1} = e_n \notin Y_n^{\perp}$, 故 $T\left(Y_n^{\perp}\right)$ 不全在 $Y_n^{\perp}$ 中.

15. 设 $y \in Y$ 且 $z \in Y^{\perp}$, 则根据假设 $Ty \in Y$, 又由于

$$\langle Tz, y \rangle = \langle z, Ty \rangle = 0,$$

所以从自伴性可推出 $Tz \in Y^{\perp}$.

9.8 有界自伴线性算子的谱族

1. $F_{\lambda} = E_{\lambda - 0}$.

2. $\tilde{E}_{\lambda} = E_{\lambda + 0}$.

4. 我们得到

$$\begin{bmatrix} 2 & 0 \\ 0 & 0 \end{bmatrix}, \quad \begin{bmatrix} 0 & 0 \\ 0 & 3 \end{bmatrix}, \quad \begin{bmatrix} 2 & 0 \\ 0 & 3 \end{bmatrix}.$$

T^2 的其他平方根为

$$\begin{bmatrix} 2 & 0 \\ 0 & -3 \end{bmatrix}, \quad \begin{bmatrix} -2 & 0 \\ 0 & 3 \end{bmatrix}, \quad \begin{bmatrix} -2 & 0 \\ 0 & -3 \end{bmatrix}.$$

5. (a) 用 0 代替所有负元素.

(b) 用 0 代替所有正元素, 并略去负元素的负号.

(c) 略去负元素的负号.

6. (a) 在 $\tilde{T}^+$ 中将正元素换成 0, 将 $\tilde{T}^+$ 的主对角线上的其他元素换成 1.

(b) 将 $\tilde{T}_{\lambda}^+$ 的所有正元素换成 0, 将 $\tilde{T}_{\lambda}^+$ 的主对角线上的其他元素换成 1.

7. 主对角线上的元素为 (a) $t_{jj} - \lambda$, (b) $\max(t_{jj} - \lambda, 0)$, (c) $\max(-t_{jj} + \lambda, 0)$, (d) $|t_{jj} - \lambda|$ 的对角矩阵, 其中 t_{jj} 是 $\tilde{T}$ 的主对角线上的元素.

8. 在这种情形下有 $B = T$.

9. 若 $\lambda < 0$ 则 $E_{\lambda} = 0$, 若 $\lambda \geqslant 0$ 则 $E_{\lambda} = I$.

10. $B_{\lambda} = |1 - \lambda| I$; 若 $\lambda < 1$ 则 $T_{\lambda}^+ = (1 - \lambda)I$, 若 $\lambda \geqslant 1$ 则 $T_{\lambda}^+ = 0$; 若 $\lambda < 1$ 则 $\mathcal{N}\left(T_{\lambda}^+\right) = \{0\}$, 若 $\lambda \geqslant 1$ 则 $\mathcal{N}\left(T_{\lambda}^+\right) = H$; 若 $\lambda < 1$ 则 $E_{\lambda} = 0$, 若 $\lambda \geqslant 0$ 则 $E_{\lambda} = I$.

9.9　有界自伴线性算子的谱表示

1. 若 $\lambda < 0$ 则 $E_\lambda = 0$, 若 $\lambda \geqslant 0$ 则 $E_\lambda = I$, 因此

$$T = \int_{0-0}^{0} \lambda \mathrm{d}E_\lambda = 0\,(E_0 - E_{0-0}) = 0(I - 0) = 0.$$

2. 斯蒂尔杰斯积分成为有限和 $T = \sum_{k=1}^{n} \lambda_k P_k$, 谱 $\sigma(T) = \sigma_p(T) = \{\lambda_1, \cdots, \lambda_n\}$. 本征空间是各个投影到其上的子空间.

3. 若 $\lambda < 1$ 则 $E_\lambda = 0$, 若 $\lambda \geqslant 1$ 则 $E_\lambda = I$, 因此

$$T = \int_{1-0}^{1} \lambda \mathrm{d}E_\lambda = 1\,(E_1 - E_{1-0}) = 1(I - 0) = I.$$

4. 若 $\lambda < -1$ 则 $E_\lambda = 0$, 若 $-1 \leqslant \lambda < 1$ 则 E_λ 是到直线 $\xi_2 = -\xi_1$, $\xi_3 = 0$ 上的投影, 若 $\lambda \geqslant 1$ 则 $E_\lambda = I$.

5. E_λ 是到该矩阵的不超过 λ 的本征值的所有本征空间之和上的投影.

6. 这可从 8.3–1 和 8.4–4 得到. 对于无穷级数的情形, 根据 8.3–1, 当 $n \to \infty$ 时必有 $\lambda_n \to 0$.

8. T 是紧自伴算子, 对应于本征向量 $x_j = (\delta_{jn})$ 的本征值是 $\lambda_j = 1/j$ $(j = 1, 2, \cdots)$, 这些本征向量构成一个规范正交序列. E_λ 是到满足 $\lambda_j \leqslant \lambda$ 的所有 λ_j 的本征向量 x_j 张成的子空间的闭包上的投影.

9. 设 $x = (\xi_j) \in l^2$, 则

$$\left\| \left(T - \sum_{j=1}^{m} \frac{1}{j} P_j \right) x \right\|^2 = \left\| \sum_{j=m+1}^{\infty} \frac{1}{j} \xi_j e_j \right\|^2 = \sum_{j=m+1}^{\infty} \frac{1}{j^2} |\xi_j|^2$$

$$\leqslant \frac{1}{(m+1)^2} \sum_{j=m+1}^{\infty} |\xi_j|^2 \leqslant \frac{1}{(m+1)^2} \|x\|^2,$$

所以

$$\text{当 } m \to \infty \text{ 时 } \quad \left\| T - \sum_{j=1}^{m} \frac{1}{j} P_j \right\| \leqslant \frac{1}{m+1} \to 0.$$

10. 设 T 的本征值按 $|\lambda_1| \geqslant |\lambda_2| \geqslant \cdots$ 排列, $Y_1, Y_2, \cdots$ 是相应的本征空间, P_j 是从 H 到 Y_j 上的投影. 由于

$$\left\| \left(T - \sum_{j=1}^{m} \lambda_j P_j \right) x \right\|^2 = \sum_{j=m+1}^{\infty} \lambda_j^2 \|P_j x\|^2 \leqslant \lambda_{m+1}^2 \sum_{j=0}^{\infty} \|P_j x\|^2 = \lambda_{m+1}^2 \|x\|^2,$$

所以

$$T = \sum_{j=1}^{\infty} \lambda_j P_j,$$

于是

$$\left\| T - \sum_{j=1}^{m} \lambda_j P_j \right\| \leqslant |\lambda_{m+1}|,$$

其中当 $m \to \infty$ 时 $\lambda_{m+1} \to 0$.

9.11 有界自伴线性算子的谱族的性质

1. 对于 $\lambda < \lambda_1$（最小的本征值）有 $E_\lambda = 0$，E_λ 在本征值处正好有一个"跳跃"，并且在 $\lambda = \lambda_n$（最大本征值）时有 $E_\lambda = I$. 当然，这不过证实了我们在 §9.7 一开始的考虑.

2. E_λ 在本征值处有"跳跃"，仅在 0 处凝聚（见 8.3–1），在相邻的两个跳跃之间，E_λ 为常数，也见 8.4–4.

3. $\lambda \longmapsto E_\lambda$ 是连续的（$\sigma_p(T) = \varnothing$）；对于 $\lambda < 0$ 和 $\lambda \geqslant 1$，它是常数；在 $[0,1] = \sigma(T) = \sigma_c(T)$ 上，它不是常数.

4. 这时在 (9.9.1*) 内，$\lambda > 0$，它使得 (9.9.1*) 中的积分当 $y = x$ 时为正的，这是因为

$$W(\lambda) = \langle E_\lambda x, x \rangle = \langle E_\lambda x, E_\lambda x \rangle = \left\| E_\lambda x \right\|^2.$$

5. 若实的 $\lambda_0 \in \rho(T)$，则 9.11–2 蕴涵对于充分接近 λ_0 的所有 $\lambda \in \mathbf{R}$ 有 $\lambda \in \rho(T)$，因此 $\rho(T) \cap \mathbf{R}$ 是 $\mathbf{R}$ 的开子集，并且它关于 $\mathbf{R}$ 的余集 $\sigma(T)$ 是闭集.

7. §9.2 习题 7 中的 T 就是一个例子.

8. $y = (\eta_j) = Tx$，其中 $x = (\xi_j)$，且

(a) 若 $j = 1, \cdots, n$ 则 $\eta_j = \xi_j$，若 $j > n$ 则 $\eta_j = 0$；

(b) $\eta_j = \xi_j / j$；

(c) 若 $j = 1, \cdots, n$ 则 $\eta_j = 0$，若 $j > n$ 则 $\eta_j = \xi_j / j$；

(d) $\eta_{2m-1} = 0$，$\eta_{2m} = \xi_{2m}/2m$，其中 $m = 1, 2, \cdots$.

通过取 (e_j)，$e_j = (\delta_{jn})$ 可得一个完全规范正交集，其中

(a) $e_1, \cdots, e_n$ 对应于 $\lambda = 1$，当 $j > n$ 时 e_j 对应于 $\lambda = 0$；

(b) e_j 对应于 $\lambda = 1/j$（$j = 1, 2, \cdots$）；

(c) $e_1, \cdots, e_n$ 对应于 $\lambda = 0$，对于整数 $j > n$，e_j 对应于 $\lambda = 1/j$；

(d) $e_1, e_3, e_5, \cdots$ 对应于 $\lambda = 0$，而 e_{2m} 对应于 $\lambda = 1/2m$，其中 $m = 1, 2, \cdots$.

9. 设 Y 是 T 的所有本征向量张成子空间的闭包，则 $T_1 = T|_Y$ 有纯点谱，且 $T_1(Y) \subseteq Y$. 在 Y 上 T_1 还是自伴的. 类似地，$T_2 = T|_Z$ 在 $Z = Y^\perp$ 上是自伴的，并且有纯连续谱. 这一点从 Y 的构造可以推出.

10. E_{λ_1} 在本征值处有间断，E_{λ_2} 是连续的.

10.1 无界线性算子及其希尔伯特伴随算子

4. T_1 在整个空间中有定义.

5. $\mathscr{D}(S + T)$ 在 H 中稠密.

6. 由于 $\mathscr{D}(S) = H$，所以 $(S + T) + (-S) = T$，由习题 5 可知 $(S + T)^* - S^* \subseteq T^*$. 将 S^* 加到两边的表达式上，注意到 $\mathscr{D}(S^*) = H$ 便得

$$(S + T)^* = (S + T)^* - S^* + S^* \subseteq S^* + T^*.$$

由此和习题 5 可得所希望的结果.

7. 根据 2.7–11 把 T 延拓到 $\overline{\mathscr{D}(T)}$,再把所得到的算子 $\tilde{T}$ 延拓到 H,例如,只要对 $x \in \overline{\mathscr{D}(T)}^{\perp}$ 置 $\hat{T}x = 0$ 就行了.

8. (a) 设 $e_j = (\delta_{jk})$,则 $\|e_k\| = 1$,但 $\|Te_j\| = j$,于是 T 是无界算子. (b) 是. (c) 否.

9. 利用黑林格–特普利茨定理的证明的思想.

10. 与 10.1–1 的证明极为类似.

10.2 希尔伯特伴随算子、对称和自伴线性算子

2. 为证明第二个公式,考虑 $x \in \mathscr{D}((SS)^*)$,则对于任意 $y \in \mathscr{D}(T)$ 有

$$\langle Ty, S^*x \rangle = \langle STy, x \rangle = \langle y, (ST)^*x \rangle,$$

这就证明了 $S^*x \in \mathscr{D}(T^*)$ 且 $T^*S^*x = (ST)^*x$,于是 $(ST)^* \subseteq T^*S^*$,从本题中的第一个公式可得 $(ST)^* = T^*S^*$.

3. 利用证明 3.10–3 的思想.

4. 根据 10.2–4 有 $T \subseteq T^*$,因此根据 10.2–1(a) 有 $T^* \supseteq T^{**}$ 且 $T^{**} \subseteq T^{***}$,其中用到 $\mathscr{D}(T^{**})$ 的稠密性,它是从 10.2–1(b) 推出的. 再根据 10.2–4 便可推出所希望的结论.

5. 由 10.2–1(b) 可知 $T \subseteq T^{**}$,由 §10.1 习题 9 可知 T^{**} 是有界算子,因此 T 是有界算子.

6. 设 $x = (\xi_j)$,$z = (\zeta_j)$,则

$$\langle Tx, z \rangle = \sum (\xi_j/j)\,\xi_j = \sum \xi_j\,(\xi_j/j) = \langle x, Tz \rangle,$$

因此 $T^* = T$. 另外 $T^{-1}x = (j\xi_j)$,且 T^{-1} 的定义域为 T 的值域 $\mathscr{R}(T) = \{x = (\xi_j) \in l^2 \mid \sum j^2|\xi_j|^2 < \infty\}$. 由于该值域包含所有只有有限非零项的序列,所以它在 l^2 中稠密. 由于

$$\|T^{-1}e_j\| = \|je_j\| = j\|e_j\| = j,$$

其中 $e_j = (\delta_{jk})$,所以 T^{-1} 是无界算子. 由 10.2–2 可得自伴性:

$$\left(T^{-1}\right)^* = \left(T^*\right)^{-1} = T^{-1}.$$

7. 利用 2.7–11. 从 T 的对称性和内积的连续性(见 3.2–2)可以推出 $\tilde{T}$ 的对称性.

8. 根据题设有 $T \subseteq \tilde{T}$,由 10.2–1(a) 可知 $T^* \supseteq \tilde{T}^*$. 由于 $\tilde{T}$ 是对称算子,所以根据 10.2–4 有 $\tilde{T}^* \supseteq \tilde{T}$.

9. 设 S 是 T 的一个对称延拓,则

$$T \subseteq S \subseteq S^* \subseteq T^* = T$$

[见 10.2–1(a)],因此 $T = S$.

10. (a) 否则,根据 3.3–4 存在非零 $v \perp \overline{\mathscr{R}(T)}$,因此对于所有 $x \in \mathscr{D}(T)$ 有 $\langle Tx, v \rangle = 0 = \langle x, 0 \rangle$. 这就证明了 $v \in \mathscr{D}(T^*)$. 由于 $T^* = T$,所以 $v \in \mathscr{D}(T)$ 且 $Tv = 0$,于是根据 T 是内射得 $v = 0$,但这与 $v \neq 0$ 矛盾.

(b) 从 10.2–2 和 $T^* = T$ 可得.

10.3 闭线性算子和闭包

1. 例如，由于
$$x_n = \left(1, \frac{1}{4}, \frac{1}{9}, \cdots, \frac{1}{n^2}, 0, 0, \cdots\right) \quad\rightarrow\quad x = \left(1/j^2\right) \notin \mathscr{D}(T),$$
$$Tx_n = \left(1, \frac{1}{2}, \frac{1}{3}, \cdots, \frac{1}{n}, 0, 0 \cdots\right) \quad\rightarrow\quad y = (1/j) \in l^2,$$

所以可以从 10.3–2(a) 推出 T 不是闭算子.

2. $\overline{\mathscr{G}(T)}$ 可能是：对于某个 x 有不止一个 $(x, y) \in \overline{\mathscr{G}(T)}$ 与之对应.

3. 设 (w_n) 在 $H \times H$ 中是柯西序列，其中 $w_n = (x_n, y_n)$，则

$$\|w_n - w_m\|^2 = \|x_n - x_m\|^2 + \|y_n - y_m\|^2$$

表明 (x_n) 和 (y_n) 在 H 中是柯西序列，因此 $x_n \to x$ 且 $y_n \to y$，从而 $w_n \to w = (x, y)$.

4. $\mathscr{G}(T^{-1})$ 与 $\mathscr{G}(T)$ 同胚，而后者是闭集.

5. 我们有 $T_1 = S^{-1}$，其中 $S : l^2 \longrightarrow l^2$ 是由 $Sx = (\xi_j/j)$ 定义的. 显然 S 是有界算子. 由于 $\mathscr{D}(S) = l^2$ 是闭集，由 10.3–2(c) 可知 S 是闭算子，由习题 4 可知 $S^{-1} = T_1$ 是闭算子.

6. 由 10.2–1(b) 可知 $T \subseteq T^{**}$. 此外，由 §10.2 习题 4 可知 T^{**} 是对称算子. 由 10.3–3 可知 T^{**} 是闭算子.

7. 设 $(x_0, y_0) \in \left[U\big(\mathscr{G}(T)\big)\right]^\perp$，则对于所有 $x \in \mathscr{D}(T)$ 有

$$0 = \langle(x_0, y_0), (Tx, -x)\rangle = \langle x_0, Tx\rangle + \langle y_0, -x\rangle,$$

即 $\langle Tx, x_0\rangle = \langle x, y_0\rangle$. 因此 $x_0 \in \mathscr{D}(T^*)$ 且 $y_0 = T^*x_0$，所以 $(x_0, y_0) \in \mathscr{G}(T^*)$. 反之，从 $(x_0, y_0) \in \mathscr{G}(T^*)$ 出发并反过来推导便可得到 $(x_0, y_0) \in \left[U\big(\mathscr{G}(T)\big)\right]^\perp$.

8. 由于 T 是闭线性算子，所以 $\mathscr{G}(T)$ 是闭子空间，由 10.3–3 可知 $\mathscr{G}(T^*)$ 也是闭子空间. 根据习题 7 有
$$H \times H = \mathscr{G}(T^*) \oplus U\big(\mathscr{G}(T)\big).$$

由于 U 是酉算子，所以它保持正交性. 由于 $U^2 = -I$，所以 $U^2\big(\mathscr{G}(T)\big) = \mathscr{G}(T)$，从而
$$U(H \times H) = U\big(\mathscr{G}(T^*)\big) \oplus \mathscr{G}(T). \tag{B10.3.1}$$

现在证明 $\overline{\mathscr{D}(T^*)} = H$，否则对于某个 $y_0 \neq 0$ 有 $y_0 \perp \mathscr{D}(T^*)$，因此对于所有 $y \in \mathscr{D}(T^*)$ 有

$$0 = \langle 0, T^*y\rangle - \langle y_0, y\rangle = \langle(0, y_0), (T^*y, -y)\rangle = \langle(0, y_0), U(y, T^*y)\rangle,$$

即

$$(0, y_0) \perp U\big(\mathscr{G}(T^*)\big) \quad 且\ [\ 见\ (\text{B10.3.1})\ ]$$
$$(0, y_0) \in \left[U\big(\mathscr{G}(T^*)\big)\right]^\perp = \mathscr{G}(T),$$

这蕴涵 $y_0 = T0 = 0$，与 $y_0 \neq 0$ 矛盾. 应用习题 7 于 T^*，再利用 (B10.3.1) 便有

$$\mathscr{G}(T^{**}) = \left[U\big(\mathscr{G}(T^*)\big)\right]^\perp = \mathscr{G}(T),$$

因此 $T^{**} = T$.

9. 由 §10.1 习题 9 可知 T^* 是有界算子，由 10.3–3 可知 T^* 是闭算子，因此由 10.3–2(c) 可知 $\mathscr{D}(T^*)$ 是闭集，由习题 8 可知 $\mathscr{D}(T^*)$ 是稠密的，所以 $\mathscr{D}(T^*) = H$．在 §10.1 习题 9 中用 T^* 代替 T，由此可知 T^{**} 是有界算子．根据习题 8 有 $T^{**} = T$．

10.4　自伴线性算子的谱性质

1. 证明和 9.1–1(a) 完全相同.

2. 证明和 9.1–1(b) 一样.

3. 从 10.4–1 可以推出.

4. 可得如下结论.

$$\lambda \in \rho(T) \quad \Longleftrightarrow \quad \text{既非 (A) 也非 (B) 也非 (C).}$$
$$\lambda \in \sigma_p(T) \quad \Longleftrightarrow \quad \text{(A).}$$
$$\lambda \in \sigma_c(T) \quad \Longleftrightarrow \quad \text{(C) 但非 (A) 且非 (B).}$$
$$\lambda \in \sigma_r(T) \quad \Longleftrightarrow \quad \text{(B) 但非 (A).}$$

5. T_λ^{-1} 存在且 $\overline{\mathscr{D}\left(T_\lambda^{-1}\right)} \neq H$，因此存在 $y \neq 0$ 使得对于所有 $x \in \mathscr{D}(T_\lambda) = \mathscr{D}(T)$ 有

$$0 = \langle T_\lambda x, y \rangle = \langle Tx, y \rangle - \langle x, \bar{\lambda} y \rangle,$$

这表明 $T^* y = \bar{\lambda} y$．

6. 设 $T^* y = \bar{\lambda} y$，其中 $y \neq 0$，则对于每个 $x \in \mathscr{D}(T)$ 有

$$\langle T_\lambda x, y \rangle = \langle Tx, y \rangle - \lambda \langle x, y \rangle = \langle x, T^* y \rangle - \lambda \langle x, y \rangle = \langle x, \bar{\lambda} y \rangle - \lambda \langle x, y \rangle = 0,$$

即 $y \in \overline{R(T_\lambda)}$，于是若 T_λ^{-1} 存在，则它的定义域不可能在 H 中稠密且 $\lambda \in \sigma_r(T)$，或者 T_λ^{-1} 不存在且 $\lambda \in \sigma_p(T)$．

7. 设 $\lambda \in \sigma_r(T)$，则根据习题 5 有 $\bar{\lambda} \in \sigma_p(T^*)$，而根据 10.4–2 和 $T = T^*$，它蕴涵 $\lambda \in \sigma_p(T)$，这便导出矛盾．

8. 见 §7.2 习题 6 至习题 8，对于不定有界算子，证明也是一样的.

9. $Tx = \lambda x\ (x \neq 0)$ 蕴涵

$$\lambda \langle x, x \rangle = \langle \lambda x, x \rangle = \langle Tx, x \rangle = \langle x, Tx \rangle = \bar{\lambda} \langle x, x \rangle,$$

因此 $\lambda = \bar{\lambda}$．像 9.1–1(b) 中一样可以推出对应于不同本征值的本征向量是正交的．从 3.6–4(a) 可以推出 $\sigma_p(T)$ 的可数性．

10. 根据习题 9 有 $\lambda \notin \sigma_p(T)$，因此 $T_\lambda^{-1} = R_\lambda$ 存在．若 $y \in \mathscr{D}(R_\lambda)$，则 $x = R_\lambda y \in \mathscr{D}(T_\lambda) = \mathscr{D}(T)$．因为 T 是对称算子，所以

$$\langle x, Tx \rangle - \langle Tx, x \rangle = 0,$$

因此

$$\langle R_\lambda y, y \rangle - \langle y, R_\lambda y \rangle = \langle x, T_\lambda x \rangle - \langle T_\lambda x, x \rangle = -\langle x, \lambda x \rangle + \langle \lambda x, x \rangle$$
$$= (\lambda - \bar{\lambda}) \|x\|^2 = 2\mathrm{i}\beta \|R_\lambda\|^2$$

且

$$2|\beta| \|R_\lambda y\|^2 \leqslant 2|\langle R_\lambda y, y \rangle| \leqslant \|R_\lambda y\| \|y\|.$$

10.5　酉算子的谱表示

1. $Ux_1 = \lambda_1 x_1$, $Ux_2 = \lambda_2 x_2$ 且

$$\langle x_1, x_2 \rangle = \langle Ux_1, Ux_2 \rangle = \lambda_1 \bar{\lambda}_2 \langle x_1, x_2 \rangle,$$

因此由 $\lambda_1 \bar{\lambda}_2 \neq 1$ 可知 $\langle x_1, x_2 \rangle = 0$.

2. 利用 4.13-5.

4. 设 $Tx = \lambda x$ ($x \neq 0$), 则由于

$$\|x\| = \|Tx\| = \|\lambda x\| = |\lambda|\,\|x\|,$$

所以 $|\lambda| = 1$.

5. 若 λ 是本征值, 则 T_λ 在全部点上没有逆, 反之亦然. 设 λ 是近似本征值且 $\|T_\lambda x_n\| \to 0$, $\|x_n\| = 1$, 假定 T_λ^{-1} 存在, 则

$$y_n = \|T_\lambda x_n\|^{-1} T_\lambda x_n \in \mathscr{R}(T_\lambda) = \mathscr{D}\left(T_\lambda^{-1}\right),$$

$\|y_n\| = 1$ 且

$$\left\|T_\lambda^{-1} y_n\right\| = \|T_\lambda x_n\|^{-1}\|x_n\| = \|T_\lambda x_n\|^{-1} \to \infty,$$

这表明 T_λ^{-1} 无界.

反之, 若 T_λ^{-1} 无界, 则在 $\mathscr{D}\left(T_\lambda^{-1}\right)$ 中存在序列 (y_n) 满足 $\|y_n\| = 1$ 且 $\left\|T_\lambda^{-1} y_n\right\| \to \infty$. 取 $x_n = \left\|T_\lambda^{-1} y_n\right\|^{-1} T_\lambda^{-1} y_n$ 便有 $\|x_n\| = 1$ 且

$$\|T_\lambda x_n\| = \left\|T_\lambda^{-1} y_n\right\|^{-1}\|y_n\| = \left\|T_\lambda^{-1} y_n\right\|^{-1} \to 0.$$

6. 设 λ 是 U 的本征值且 $Ux = \lambda x$ ($x \neq 0$), 则

$$\bar{\lambda} U^{-1} x = \lambda \bar{\lambda} U^{-1} x, \quad \bar{\lambda} x = U^{-1} x$$

且对所有 $y \in H$ 有

$$\langle x, U_\lambda y \rangle = \langle U_\lambda^* x, y \rangle = \langle U^{-1} x - \bar{\lambda} x, y \rangle = 0,$$

即 $x \perp U_\lambda(H)$, 因此 $\overline{U_\lambda(H)} \neq H$.

反之, 设 $\overline{U_\lambda(H)} \neq H$, $x \perp U_\lambda(H)$ ($x \neq 0$), 则对于所有 $y \in H$ 有

$$0 = \langle x, U_\lambda y \rangle = \langle U^{-1} x - \bar{\lambda} x, y \rangle,$$

因此 $U^{-1} x = \bar{\lambda} x$, $\lambda U U^{-1} x = \lambda \bar{\lambda} Ux$, $Ux = \lambda x$.

7. $Tx - \lambda x = (-\lambda \xi_1, \xi_1 - \lambda \xi_2, \xi_2 - \lambda \xi_3, \cdots) = 0$ 蕴涵 $x = 0$.

8. 根据 7.3-4 有 $\sigma(T) \subseteq M$. 由方程

$$Tx - \lambda x = (-\lambda \xi_1, \xi_1 - \lambda \xi_2, \cdots) = (1, 0, 0, \cdots), \quad \text{其中 } 0 < |\lambda| \leqslant 1,$$

可得 $\xi_1 = -1/\lambda$, $\xi_j = \xi_{j-1}/\lambda = -1/\lambda^j$ ($j = 2, 3, \cdots$), 因此 $x = (\xi_j) \in l^2$, 于是 $T_\lambda\left(l^2\right)$ 在 l^2 中不稠密且 $\lambda \in \sigma(T)$. 由 7.3-2 可知 $\sigma(T)$ 是闭集, 所以 $\sigma(T) = M$.

9. 直接从定义便可推出.

10. $x = \left(1, \lambda, \lambda^2, \cdots\right) \in l^2$ 且 $Tx = \lambda x$. 一维.

10.6　自伴线性算子的谱表示

1. $t = \mathrm{i}(1+u)/(1-u)$.

2. 根据 (10.6.7) 和 (10.6.5)，对于 $x \in \mathscr{D}(T)$ 有

$$(1-U)^{-1}x = \frac{1}{2\mathrm{i}}y = \frac{1}{2\mathrm{i}}(T+\mathrm{i}I)x,$$

于是

$$(I-U)^{-1} = \frac{1}{2\mathrm{i}}(T+\mathrm{i}I),$$

因此，$(I-U)^{-1}$ 是有界算子当且仅当 T 是有界算子。由于 $(I-U)^{-1}$ 的定义域是 $\mathscr{D}(T)$ 且在 H 中稠密，所以可以得到所希望的结果。

3. 对于每个 $x \in H$ 我们有 $(T+\mathrm{i}I)^{-1}x \in \mathscr{D}(T)$，因此

$$S(T+\mathrm{i}I)^{-1}x \in \mathscr{D}(T)$$

且

$$(T+\mathrm{i}I)S(T+\mathrm{i}I)^{-1}x = S(T+\mathrm{i}I)(T+\mathrm{i}I)^{-1}x = Sx,$$
$$S(T+\mathrm{i}I)^{-1}x = (T+\mathrm{i}I)^{-1}Sx,$$
$$SUx = (T-\mathrm{i}I)(T+\mathrm{i}I)^{-1}Sx = USx.$$

4. 由 (10.6.4)，对于任意 $x \in \mathscr{D}(T) = \mathscr{D}\big((I-U)^{-1}\big)$ 且 $y = (I-U)^{-1}x$ 有 $x = (I-U)y$，$Sx = (I-U)Sy \in \mathscr{D}\big((I-U)^{-1}\big) = \mathscr{D}(T)$，$(I-U)^{-1}Sx = Sy = S(I-U)^{-1}x$，$TSx = \mathrm{i}(I+U)S(I-U)^{-1}x = STx$.

5. 对于每个 $x \in \mathscr{D}(T)$，因为 T 是对称算子，所以

$$\begin{aligned}
\left\|(T \pm \mathrm{i}I)x\right\|^2 &= \|Tx\|^2 \pm \langle Tx, \mathrm{i}x \rangle \pm \langle \mathrm{i}x, Tx \rangle + \|x\|^2 \\
&= \|Tx\|^2 + \|x\|^2 \geqslant \|x\|^2,
\end{aligned} \tag{B10.6.1}$$

因此 $(T+\mathrm{i}I)x = 0$ 意味着 $x = 0$，由 2.6–10 可知 $(T+\mathrm{i}I)^{-1}$ 存在，由 (B10.6.1) 可知它是有界算子。置 $y = (T+\mathrm{i}I)x$ 并利用 (10.6.1) 和 (B10.6.1) 可得

$$\left\|Uy\right\|^2 = \left\|(T-\mathrm{i}I)x\right\|^2 = \|Tx\|^2 + \|x\|^2 = \left\|(T+\mathrm{i}I)x\right\|^2 = \|y\|^2.$$

6. 设 $y_n \to y$，$z_n = Uy_n \to z$，记 $x_n = (T+\mathrm{i}I)^{-1}y_n$，则由 (B10.6.1) 可得

$$\left\|y_n - y_m\right\|^2 = \left\|T(x_n - x_m)\right\|^2 + \left\|x_n - x_m\right\|^2.$$

这就证明了 (Tx_n) 和 (x_n) 都是柯西序列，于是 $x_n \to x \in H$ 且 $Tx_n \to v \in H$。因为 T 是闭算子，所以 $x \in \mathscr{D}(T)$ 且 $v = Tx$，因此

$$y_n = (T+\mathrm{i}I)x_n \ \to \ y = (T+\mathrm{i}I)x,$$
$$(T-\mathrm{i}I)x_n \ \to \ z = (T-\mathrm{i}I)x,$$

于是 $Uy = (T-\mathrm{i}I)x = z$，因此 $y \in \mathscr{D}(U)$ 且 $z = Uy$。由 10.3–2 可知 U 是闭算子。

7. 由习题 6 和 4.13–5(b) 可知 $\mathscr{D}(U)$ 闭集，由习题 5 可知 U 是等距算子，所以 $\mathscr{R}(U)$ 是闭集。

8. 根据 10.2–4 有 $T \subseteq T^*$. 为了得到 $T = T^*$, 只需证明 $y \in \mathscr{D}(T^*) \Longrightarrow y \in \mathscr{D}(T)$, 便有 $T^* \subseteq T$, 从而达到目的. 由于 U 是酉算子, 所以 $\mathscr{D}(U) = H$. 此外, 根据 (10.6–1) 有

$$\mathscr{D}(U) = \mathscr{D}\left((T + \mathrm{i}I)^{-1}\right) = \mathscr{D}(T + \mathrm{i}I),$$

因此对于每个固定的 $y \in \mathscr{D}(T^*)$ 存在 $y_0 \in \mathscr{D}(T) = \mathscr{D}(T + \mathrm{i}I)$ 使得 $(T^* + \mathrm{i}I)\, y = (T + \mathrm{i}I)y_0$. 因为 $T \subseteq T^*$, 所以 $(T + \mathrm{i}I)y_0 = (T^* + \mathrm{i}I)\, y_0$. 合在一起便得到 $(T^* + \mathrm{i}I)\, z = 0$, 其中 $z = y - y_0 \in \mathscr{D}(T^*)$, 因此对于每个 $x \in \mathscr{D}(T)$ 有

$$\langle (T - \mathrm{i}I)x, z \rangle = \langle x, (T^* + \mathrm{i}I)\, z \rangle = 0,$$

于是 $z \perp \mathscr{R}(T - \mathrm{i}I) = \mathscr{R}(U) = H$, 所以 $z = 0$, 即 $y = y_0 \in \mathscr{D}(T)$.

11.2 动量算子和海森伯测不准原理

1. $\pi^{-1/4}$.

3. $T - cI = T - \mu I + (\mu - c)I$ 蕴涵

$$E_\psi\left([T - cI]^2\right) = \mathrm{var}_\psi(T) + 2(\mu - c)E_\psi(T - \mu I) + (\mu - c)^2 \geqslant \mathrm{var}_\psi(T),$$

其中用到 $E_\psi(T - \mu I) = 0$, 其中 $\mu = \mu_\psi(T)$.

4. 我们得到

$$
\begin{aligned}
\langle \tilde{D}\psi, \varphi \rangle - \langle \psi, \tilde{D}\varphi \rangle &= \int_a^b \frac{h}{2\pi\mathrm{i}} \psi'(q)\overline{\varphi(q)}\mathrm{d}q - \int_a^b \psi(q)\overline{\frac{h}{2\pi\mathrm{i}}\varphi'(q)}\mathrm{d}q \\
&= \frac{h}{2\pi\mathrm{i}} \int_a^b \left[\psi'(q)\overline{\varphi(q)} + \psi(q)\overline{\varphi'(q)} \right] \mathrm{d}q \\
&= \frac{h}{2\pi\mathrm{i}} \left[\psi(b)\overline{\varphi(b)} - \psi(a)\overline{\varphi(a)} \right],
\end{aligned}
$$

一般来说它不为 0.

5. 根据 (11.1.2) 和 (11.2.4) 有

$$1 = \int \psi\bar{\psi}\mathrm{d}q = \int \bar{\psi} \int \frac{1}{\sqrt{h}} \varphi \mathrm{e}^{(2\pi\mathrm{i}/h)pq}\mathrm{d}p\mathrm{d}q = \int \varphi \int \frac{1}{\sqrt{h}} \bar{\psi}\mathrm{e}^{(2\pi\mathrm{i}/h)pq}\mathrm{d}q\mathrm{d}p.$$

根据 (11.2.5), 关于 q 的积分是 $\overline{\varphi(p)}$.

7. 例如

$$\left(D_1 Q_2 - Q_2 D_1\right)\psi = \frac{\partial}{\partial q_1}\left(q_2\psi\right) - q_2 \frac{\partial}{\partial q_1} \psi = 0.$$

9. $\mathscr{M}_j$ 是用向量积的分量形式给出的. 另外两个关系是

$$\mathscr{M}_2\mathscr{M}_3 - \mathscr{M}_3\mathscr{M}_2 = \frac{\mathrm{i}h}{2\pi} \mathscr{M}_1, \quad \mathscr{M}_3\mathscr{M}_1 - \mathscr{M}_1\mathscr{M}_3 = \frac{\mathrm{i}h}{2\pi} \mathscr{M}_2.$$

通过直接计算可以从习题 7 推出它们, 或者通过第一个交换关系中下标的轮换得到.

11.3 与时间无关的薛定谔方程

1. $q = \pm\sqrt{2E/m\omega_0^2}$ 是最大位移点, 其中 $E = V$, 因此 $E_{\mathrm{kin}} = 0$.

2. 对于大的 $|q| > \tilde{a}$（其中 $\pm\tilde{a}$ 是 (11.3.7) 括号中表达式的零点），ψ 的系数是负的，于是 ψ 和 ψ' 有相同的符号．因此若对于这样的 q，函数 ψ 和 ψ' 是正的，则当 $q \to \infty$ 时 $\psi(q)$ 不趋于 0．由此可知当 $q \to \infty$ 时，$\psi(q) \to 0$ 仅当 $\psi'(\tilde{a})/\psi(\tilde{a})$ 具有某个依赖于 E 的负值．关于 $\psi'(-\tilde{a})/\psi(-\tilde{a})$ 类似．由于 (11.3.7) 是二阶的并且在 ψ'/ψ 中消去一个常数，所以只有一个自由常数，但是有两个条件．

3. $\psi_0'' + (1 - s^2)\psi_0 = 0$，$\psi_0$ 对应于 (11.3.11) 中的 $\tilde{\lambda} = 1$，这和 $H_0(s) = 1$ 是一致的．

5. 从递推公式可得

$$\frac{\alpha_{m+2}}{\alpha_m} \sim \frac{2}{m}.$$

记

$$e^{s^2} = 1 + \beta_2 s^2 + \cdots + \beta_m s^m + \beta_{m+2} s^{m+2} + \cdots,$$

则对于偶数 m 有

$$\frac{\beta_{m+2}}{\beta_m} = \frac{1/\left(\frac{m}{2} + 1\right)!}{1/\left(\frac{m}{2}\right)!} = \frac{2}{m+2},$$

这表明，如果这个级数不到某项终止，则对应的解在 $|s|$ 很大时和 $\exp\left(s^2\right)$ 增长得一样快，所以 ψ 和 $\exp\left(s^2/2\right)$ 增长得一样快．

6. 我们得到

$$\begin{aligned}
e^{2us - u^2} &= e^{s^2} e^{-(u-s)^2} \\
&= e^{s^2} \left[\sum_{n=0}^{\infty} \frac{\partial^n}{\partial u^n} e^{-(u-s)^2}\right]\Bigg|_{u=0} \frac{u^n}{n!} \\
&= e^{s^2} \sum_{n=0}^{\infty} \frac{(-1)^n}{n!} \frac{\mathrm{d}^n}{\mathrm{d}s^n}\left(e^{-s^2}\right) u^n \\
&= \sum_{n=0}^{\infty} \frac{1}{n!} H_n(s) u^n,
\end{aligned}$$

等等．

11.4　哈密顿算子

1. 我们有

$$\Delta\eta + \frac{8\pi^2 m}{h^2} E\eta = 0,$$

$$\eta(q) = \eta_1(q_1)\eta_2(q_2)\eta_3(q_3), \qquad E = A_1 + A_2 + A_3,$$

$$\frac{\eta_1''}{\eta_1} + \frac{\eta_2''}{\eta_2} + \frac{\eta_3''}{\eta_3} + \frac{8\pi^2 m}{h^2}(A_1 + A_2 + A_3) = 0,$$

$$\eta_j'' + \frac{8\pi^2 m}{h^2} A_j \eta_j = 0,$$

等等．

2. 我们有 $\mathscr{H}\psi_0 = \lambda_0\psi_0$，$\lambda_0 = h\nu/2$，$A^*A\psi_0 = \tilde{\lambda}_0\psi_0$，$\tilde{\lambda}_0 = 2\pi\lambda_0/\omega_0 h - 1/2$，因为 $\omega_0 = 2\pi\nu$，所以它为 0．因此 $A^*A\psi_0 = 0$，且由 (11.4.15) 有

$$AA^*\psi_0 = \left(A^*A + \tilde{I}\right)\psi_0 = \psi_0, \quad A^*AA^*\psi_0 = A^*\psi_0,$$

因为 ψ_1 不为 0，所以 $\psi_1 = A^* \psi_0$ 是 $A^* A$ 的对应于 $\tilde\lambda = 1$ 的本征函数，事实上，

$$\left\| A^* \psi_0 \right\|^2 = \langle A^* \psi_0, A^* \psi_0 \rangle = \langle \psi_0, A A^* \psi_0 \rangle = \langle \psi_0, \psi_0 \rangle = 1.$$

设 ψ_n 满足 $\|\psi_n\| = 1$ 且 $A^* A \psi_n = n \psi_n$，则

$$AA^* \psi_n = \left(A^* A + \tilde I \right) \psi_n = (n+1) \psi_n, \quad A^* A \left(A^* \psi_n \right) = (n+1) A^* \psi_n,$$

所以 $\tilde\psi_{n+1} = A^* \psi_n$ 是 $A^* A$ 的对应于 $\tilde\lambda = n+1$ 的本征函数. 此外还有

$$\left\| \tilde\psi_{n+1} \right\|^2 = \langle A^* \psi_n, A^* \psi_n \rangle = \langle \psi_n, A A^* \psi_n \rangle = \langle \psi_n, (n+1)\psi_n \rangle = n+1$$

且 $\psi_{n+1} = \tilde\psi_{n+1} / \sqrt{(n+1)}$ 的范数为 1.

3. 根据习题 2 有

$$\psi_{n+1} = \frac{1}{\sqrt{(n+1)!}} A^* \left(A^{*n} \psi_0 \right) = \frac{1}{\sqrt{(n+1)!}} A^* \sqrt{n!}\, \psi_n.$$

根据 (11.4.15) 还有

$$A \psi_n = \frac{1}{\sqrt{n}} A A^* \psi_{n-1} = \frac{1}{\sqrt{n}} \left(A^* A + \tilde I \right) \psi_{n-1} = \frac{1}{\sqrt{n}} (n-1+1) \psi_{n-1}.$$

4. 根据 (11.4.12) 和 (11.4.13) 有

$$\begin{aligned}
\mathscr{M}_{\psi_0}(Q) &= \langle \psi_0, Q \psi_0 \rangle = (2\alpha\beta)^{-1} \langle \psi_0, (A + A^*) \psi_0 \rangle \\
&= (2\alpha\beta)^{-1} \langle \psi_0, A \psi_0 \rangle + (2\alpha\beta)^{-1} \langle A \psi_0, \psi_0 \rangle \\
&= 0,
\end{aligned}$$

其原因是 $A\psi_0 = 0$，否则根据 (11.4.18) 将有

$$A^* A \left(A \psi_0 \right) = \left(\tilde\lambda_0 - 1 \right) A \psi_0,$$

而这表明 $A^* A$ 将有本征值 $\tilde\lambda_0 - 1$，与 $\tilde\lambda_0$ 的定义矛盾. 此外，由于均值为 0 且 $A\psi_0 = 0$，根据习题 2 有 $A^* \psi_0 = \psi_1$，所以

$$\begin{aligned}
\mathrm{var}_{\nu_0}(Q) &= \langle \psi_0, Q^2 \psi_0 \rangle = \langle Q\psi_0, Q\psi_0 \rangle \\
&= (2\alpha\beta)^{-2} \langle (A + A^*) \psi_0, (A + A^*) \psi_0 \rangle \\
&= \frac{h}{4\pi m \omega_0} \langle A^* \psi_0, A^* \psi_0 \rangle \\
&= \frac{h}{4\pi m \omega_0} \langle \psi_1, \psi_1 \rangle \\
&= \frac{h}{4\pi m \omega_0}.
\end{aligned}$$

在经典力学中，将得到 0.

5. 根据 (11.4.13) 至 (11.4.15) 有

$$AQ - QA = \frac{1}{2\alpha\beta} \left[A (A + A^*) - (A + A^*) A \right] = \frac{1}{2\alpha\beta} \left[A A^* - A^* A \right] = \sqrt{\frac{h}{4\pi m \omega_0}}\, \tilde I,$$

所以公式对于 $s = 1$ 是正确的. 根据归纳假设, 公式对于固定的任意 s 成立, 分别从左、从右用 Q 乘之便得

$$QAQ^s - Q^{s+1}A = \sqrt{\frac{h}{4\pi m\omega_0}}\, sQ^s,$$

$$AQ^{s+1} - Q^s AQ = \sqrt{\frac{h}{4\pi m\omega_0}}\, sQ^s.$$

相加便有

$$AQ^{s+1} - Q^{s+1}A + Q\left(AQ^{s-1} - Q^{s-1}A\right)Q = \sqrt{\frac{h}{4\pi m\omega_0}}\, 2sQ^s,$$

其中

$$AQ^{s-1} - Q^{s-1}A = \sqrt{\frac{h}{4\pi m\omega_0}}\,(s-1)Q^{s-2}.$$

6. 公式对于 $s = 1$ 为真 (见习题 4). 假设对于 $s-1$ 亦真, 现在证明对于 s 也真. 事实上, 根据 (11.4.12) 和 (11.4.13), 由于 $A\psi_0 = 0$ (见习题 4 的解答), 令 $\gamma = \sqrt{h/4\pi m\omega_0}$, 则

$$
\begin{aligned}
\langle \psi_0, Q^{2s}\psi_n \rangle &= \langle Q\psi_0, Q^{2s-1}\psi_0 \rangle \\
&= \gamma\left[\langle A\psi_0, Q^{2s-1}\psi_0 \rangle + \langle A^*\psi_0, Q^{2s-1}\psi_0 \rangle \right] \\
&= \gamma\langle \psi_0, AQ^{2s-1}\psi_0 \rangle \\
&= \gamma\langle \psi_0, \left[Q^{2s-1}A + \gamma(2s-1)Q^{2s-1} \right]\psi_n \rangle \\
&= \gamma^2(2s-1)\langle \psi_0, Q^{2s-1}\psi_0 \rangle.
\end{aligned}
$$

7. 根据 (11.3.2), 我们可以记 $\Psi(q,t) = \psi(q)\mathrm{e}^{-\mathrm{i}\omega t}$, 其中

$$\psi(q) = \begin{cases} \psi_1(q) = A_1 \mathrm{e}^{\mathrm{i}b_1 q} + B_1 \mathrm{e}^{-\mathrm{i}b_1 q}, & \text{若 } q < 0, \\ \psi_2(q) = A_2 \mathrm{e}^{\mathrm{i}b_2 q} + B_2 \mathrm{e}^{-\mathrm{i}b_2 q}, & \text{若 } q \geqslant 0. \end{cases}$$

ψ_1 的第 1 项表示入射波并可选择 $A_1 = 1$, 第 2 项表示反射波. ψ_2 的第 1 项表示透射波, 根据假设没有从右方来的入射波, 所以 $B_2 = 0$. 薛定谔方程表明, 电位的不连续性使得 ψ'' 在 $q = 0$ 不连续, 而由 ψ 和 ψ' 在 0 的连续性给出了以下两个条件

$$1 + B_1 = A_2, \quad \mathrm{i}b_1(1 - B_1) = \mathrm{i}b_2 A_2,$$

因此

$$B_1 = \frac{b_1 - b_2}{b_1 + b_2}, \quad A_2 = \frac{2b_1}{b_1 + b_2}.$$

注意 $b_2^2 > 0$, 所以 b_2 是实数并且透射波为正弦波.

8. 质点的数目与密度 (分别是 1, $|B_1|^2$, $|A_2|^2$) 以对应的速度成正比, 它分别与 b_1 和 b_2 成正比, 例如根据 (11.3.3) 和 (11.3.4) 便可得到. 因此质点的关联数与 1, $b_1 = b_1$ 成比例, 而和式与

$$b_1 |B_1|^2 + b_2 |A_2|^2 = b_1 \frac{(b_1 - b_2)^2}{(b_1 + b_2)^2} + b_2 \frac{(2b_1)^2}{(b_1 + b_2)^2} = b_1$$

成比例, 此处的比例常数是相同的.

9. $b_2^2 < 0$, $b_2 = \mathrm{i}\beta_2$（β_2 是正实数）. ψ_1 保持正弦波，但是

$$\psi_2(q) = A_2 \mathrm{e}^{-\beta_2 q}$$

（指数衰减）. 波透入区域 $q > 0$，这里是经典粒子不能进入的.

11.5 与时间相关的薛定谔方程

3. 由于 P_l 是 l 次多项式，所以 $|m| \leqslant l$，且 z 一定不恒等于 0.

4. 为了求 u，可从拉盖尔微分方程

$$\rho L_{n+l}'' + (1 - \rho)L_{n+l}' + (n + l)L_{n+l} = 0$$

出发，将它微分 $2l + 1$ 次，$l \leqslant n - 1$ 保证 u 不恒等于 0. n 必须是整数，因为若将推广的幂级数法用于关于 u 的方程，则可以看出，对于大的指数，级数中相邻项的系数之比 $\alpha_{\nu+1}/\alpha_{\nu}$，差不多是 $1/\nu$，这将影响 u 的指数的增长，以至于当 $\rho \to \infty$ 时 R 不再减小到 0.

6. 根据坐标变换公式可得

$$\frac{\partial}{\partial \phi} = -q_2 \frac{\partial}{\partial q_1} + q_1 \frac{\partial}{\partial q_2},$$

等等.

8. $\rho = \eta r$, $\eta = \sqrt{a(E + V_0)}$, $R(r) = \rho^{-1/2}u(\rho)$, $R(r) = \dfrac{c_l}{\sqrt{\eta r}}J_{l+1/2}(\eta r)$，其中 c_l 是正规常数，J_ν 是 ν 阶第一类贝塞尔函数.

9. $u(\rho) = \rho^{-1/2}v(\rho)$ 给出了 $v'' + v = 0$，它提供了 $J_{1/2}$ 和 $J_{-1/2}$. 在 0 处有限的解是

$$(l = 0) \quad J_{1/2}(\rho) = \sqrt{\frac{2}{\pi\rho}}\sin\rho,$$

$$(l = 1) \quad J_{3/2}(\rho) = \sqrt{\frac{2}{\pi\rho}}\left(\frac{\sin\rho}{\rho} - \cos\rho\right),$$

$$(l = 2) \quad J_{5/2}(\rho) = \sqrt{\frac{2}{\pi\rho}}\left(3\frac{\sin\rho}{\rho^2} - 3\frac{\cos\rho}{\rho} - \sin\rho\right),$$

等等.

10. $\eta = \sqrt{aE} = \mathrm{i}\beta$，其中 $\beta = \sqrt{a|E|}$，于是 $\rho = \mathrm{i}\beta r$ 是纯虚数，因此得到指数递减的解（当 $r \to \infty$ 时，它们必须趋于 0）. 对于 $r < r_0$ 则有振荡解. 显然也可用

$$J_{-l-1/2}(\eta r) = J_{-l-1/2}(\mathrm{i}\beta r).$$

在区间 $(0, r_0)$ 上，该贝塞尔函数不是有界的. 通解是

$$\frac{1}{\sqrt{\beta r}}\left[k_1 J_{l+1/2}(\mathrm{i}\beta r) + k_2 J_{-l-1/2}(\mathrm{i}\beta r)\right].$$

若要定出 k_1, k_2 和能量级，见希夫（L. I. Schiff, 1968, 第 86–88 页）的著作.

附录 C 参考书目

Banach, S. (1922), Sur les opérations dans les ensembles abstraits et leur application aux équations intégrales. *Fundamenta Math.* **3**, 133–181

Banach, S. (1929), Sur les fonctionnelles linéaires II. *Studia Math.* **1**, 223–239

Banach, S. (1932), *Théorie des opérations linéaires.* New York: Chelsea

Banach, S., et H. Steinhaus (1927), Sur le principe de la condensation de singularités. *Fundamenta Math.* **9**, 50–61

Berberian, S. (1961), *Introduction to Hilbert Space.* New York: Oxford University Press

Bernstein, S. N. (1912), Démonsration du théorème de Weierstrass fondée sur le calcul des probabilités. *Comm. Soc. Math. Kharkow* **13**, 1–2

Bielicki, A. (1956), Une remarque sur la méthode de Banach-Cacciopoli-Tikhonov. *Bull Acad. Polon. Sci.* **4**, 261–268

Birkhoff, G. (1967), *Lattice Theory.* 3rd ed. Amer. Math. Soc. Coll. Publ. **25**. Providence, R. I.: American Mathematical Society

Birkhoff, G., and S. Mac Lane (1965), *A Survey of Modern Algebra.* 3rd. ed. New York: Macmillan

Bohnenblust, H. F., and A. Sobczyk (1938), Extensions of functionals on complex linear spaces. *Bull. Amer. Math. Soc.* **44**, 91–93

Bourbaki N. (1955), *Éléments de mathématique, livre V. Espaces vectoriels topologiques.* Chap. III à V. Paris: Hermann

Bourbaki, N. (1970), *Éléménts de mathématique, Algèbre.* Chap. 1 à 3. Paris: Hermann

Cheney, E. W. (1966), *Introduction to Approximation Theory.* New York: McGraw-Hill

Churchill, R. V. (1963), *Fourier Series and Boundary Value Problems.* 2nd ed. New York: McGraw-Hill

Courant, R., and D. Hilbert (1953–1962), *Methods of Mathematical Physics.* 2 vols. New York: Interscience/Wiley

Cramér, H. (1955), *The Elements of Probability Theory and Some of its Applications.* New York: Wiley

Day, M. M. (1973), *Normed Linear Spaces.* 3rd ed. New York: Springer

Dieudonné, J. (1960), *Foundations of Modern Analysis.* New York: Academic Press

Dixmier, J. (1953), Sur les bases orthonormales dans les espaces préhilbertiens. *Acta Math. Szeged* **15**, 29–30

Dunford, N., and J. T. Schwartz (1958–1971), *Linear Operators.* 3 parts. New York: Interscience/Wiley

Edwards, R. E. (1965), *Functional Analysis.* New York: Holt, Rinehart and Winston

Enflo, P. (1973), A counterexample to the approximation property. *Acta Math.* **130**, 309–317

Erdélyi, A., W. Magnus, F. Oberhettinger and F. G. Tricomi (1953–1955), *Higher Transcendental Functions*. 3 vols. New York: McGraw-Hill

Fejér, L. (1910), Beispiele stetiger Funktionen mit divergenter Fourierreihe. *Journal Reine Angew. Math.* **137**, 1–5

Fréchet, M. (1906), Sur quelques points du calcul fonctionnel. *Rend. Circ. Mat. Palermo* **22**, 1–74

Fredholm, I. (1903), Sur une classe d'équations fonctionnelles. *Acta Math.* **27**, 365–390

Friedrichs, K. (1935), Beiträge zur Theorie der Spektralschar. *Math. Annalen* **110**, 54–62

Gantmacher, F. R. (1960), *The Theory of Matrices*. 2 vols. New York: Chelea

Gelfand, I. (1941), Normierte Ringe. *Mat. Sbornik (Recueil mathématique)* N. S. **9**, (51), 3–24

Gram, J. P. (1883), Ueber die Entwickelung reeller Functionen in Reihen mittelst der Methode der kleinsten Quadrate. *Journal Reine Angew. Math.* **94**, 41–73

Haar, A. (1918), Die Minkowskische Geometrie und die Annäherung and stetige Funktionen. *Math. Annalen* **78**, 294–311

Hahn, H. (1922), Über Folgen linearer Operationen. *Monatshefte Math. Phys.* **32**, 3–88

Hahn, H. (1927), Über lineare Gleichungssysteme in linearen Räumen. *Journal Reine Angew. Math.* **157**, 214–229

Halmos, P. R. (1958), *Finite-Dimensional Vector Spaces*. 2nd ed. New York: Van Nostrand Reinhold

Hamming, R. W. (1950), Error detecting and error correcting codes. *Bell System Tech. Journal* **29**, 147–160

Hellinger, E., und O. Toeplitz (1910), Grundlagen für eine Theorie der unendlichen Matrizen. *Math. Annalen* **69**, 289–330

Helmberg, G. (1969), *Introduction to Spectral Theory in Hilbert Space*. New York: American Elsevier

Hewitt, E., and K. Stromberg (1969), *Real and Abstract Analysis*. Berlin: Springer

Hilbert, D. (1912), *Grundzüge einer allgemeinen Thearie der linearen Integralgleichungen*. Repr. 1953. New York: Chelsea

Hille, E. (1973), *Analytic Function Theory*. Vol. I. 2nd ed. New York: Chelsea

Hille, E., and R. S. Phillips (1957), *Functional Analysis and Semi-Groups*. Amer. Math. Soc. Coll. Publ. **31**. Rev. ed. Providence, R. I.: American Mathematical Society

Hölder, O. (1889), Über einen Mittelwertsatz. *Nachr. Akad. Wiss. Göttingen. Math.-Phys. Kl.*, 38–47

Ince, E. L. (1956), *Ordinary Differential Equations*. New York: Dover

James, R. C. (1950), Bases and reflexivity of Banach spaces. *Annals of Math.* (2) **52**, 518–527

James, R. C. (1951), A non-reflexive Banach space isometric with its second conjugate space. *Proc. Nat. Acad. Sci. U.S.A.* **37**, 174–177

Kelley J. L. (1955), *General Topology*. New York: Van Nostrand

Kelley, J. L., and I. Namioka (1963), *Linear Topological Spaces*. New York: Van Nostrand

Kreyszig, E. (1970), *Introductory Mathematical Statistics*. New York: Wiley

Kreyszig, E. (1972), *Advanced Engineering Mathermatics*. 3rd ed. New York: Wiley

Lebesgue, H. (1909), Sur les intégrales singulières, *Ann. de Toulouse* (3) **1**, 25–117

Lorch, E. R. (1939), On a calculus of operators in reflexive vector spaces. *Trans. Amer. Math. Soc.* **45**, 217–234

Lorch, E. R. (1962), *Spectral Theory*. New York: Oxford University Press

Löwig, H. (1934), Komplexe euklidische Räume von beliebiger endlicher oder transfiniter Dimensionszahl. *Acta Sci. Math. Szeged* **7**, 1–33

McShane, E. J. (1944), *Integration*. Princeton, N. J.: Princeton University Press

Merzbacher, E. (1970), *Quantum Mechanics*. 2nd ed. New York: Wiley

Minkowski, H. (1896), *Germetrie der Zahlen*. Leipzig: Teubner

Murray, F. J. (1937), On complementary Manifolds and projections in spaces L_p and l_p. *Trans. Amer. Math. Soc.* **41**, 138–152

Naimark, M. A. (1972), *Normed Algebras*. 2nd ed. Groningen: Wolters-Noordhoff

Neumann, J. von (1927), Mathematische Begründung der Quantenmechanik. *Nachr. Ges. Wiss. Cöttingen. Math.-Phys. Kl.*, 1–57

Neumann, J. von (1929–1930), Allgemeine Eigenwerttheorie Hermitescher Funktionaloperatoren. *Math. Annalen* **102**, 49–131

Neumann, J. von (1929–1930b), Zur Algebra der Funktionaloperationen und Theorie der normalen Operatoren. *Math. Annalen* **102**, 370–427

Neumann, J. von (1936), Über adjungierte Funktionaloperatoren. *Annals of Math.* (2) **33**, 294–310

Poincaré, H. (1896), La méthode de Neumann et le problème de Dierichlet. *Acta Math.* **20**, 59–142

Pólya, G. (1933), Über die Konvergenz von Quadraturverfahren. *Math. Zeitschr.* **37**, 264–286

Rellich, F. (1934), Spektrltheorie in nichtseparablen Räumen. *Math. Annalen* **110**, 342–356

Riesz, F. (1909), Sur les opérations fonctionnelles linéaires. *Comptes Rendus Acad. Sci. Paris* **149**, 974–977

Riesz, F. (1918), Über lineare Funktionalgleichungen. *Acta Math.* **41**, 71–98

Riesz, F. (1934), Zur Theorie des Hilbertschen Raumes. *Acta Sci. Math. Szeged* **7**, 34–38

Riesz, F., and B. Sz.-Nagy (1955), *Functional Analysis*. New York: Ungar

Rogosinski, W. (1959), *Fourier Series*. 2nd ed. New York: Chelsea

Royden, H. L. (1968), *Real Analysis*. 2nd ed. New York: Macmillan

Sard, A., and S. Weintraub (1971), *A Book of Splines*. New York: Wiley

Schauder, J. (1930), Über lineare, vollstetige Funktionaloperationen. *Studia Math.* **2**. 1–6

Schiff, L. I. (1968), *Quantum Mechanics*. 3rd ed. New York: McGraw-Hill

Schmidt, E. (1907), Entwicklung willkürlicher Fundtionen nach Systemen vorgeschriebener. *Math. Annalen* **63**, 433–476

Schmidt, E. (1908), Über die Auflösung linearer Gleichungen mit unendlich vielen Unbekannten. *Rend. Circ. Mat. Palermo* **25**, 53–77

Schur, I. (1921), Über lineare Transformationen in der Theorie der unendlichen Reihen. *Journal Reine Angew. Math.* **151**, 79–111

Sobczyk, A. (1941), Projections in Minkowski and Banach spaces. *Duke Math. Journal* **8**, 78–106

Stone, M. H. (1932), *Linear Transformations in Hilbert Space and their Applications to Analysis*. Amer. Math. Soc. Coll. Publ. **15**. New York: American Mathematical Society

Szegő, G. (1967), *Orthogonal Polynomials*. 3rd ed. Amer. Math. Soc. Coll. Publ. **23**. Providence, R. I.: American Mathematical Society

Taylor, A. E. (1958), *Introduction to Functional Analysis*. New York: Wiley

Todd, J. (1962), *Survey of Numerical Analysis*. New York: McGraw-Hill

Wecken, F. J. (1935), Zur Theorie linearer Operatoren. *Math. Annalen* **110**, 722–725

Weierstrass, K. (1885), Über die analytische Darstellbarkeit sogenannter willkürlicher Functionen reeller Argumente. *Sitzungsber. Kgl. Preuss. Akad. Wiss. Berlin*, 633–639, 789–805

Wiener, N. (1922), Limit in terms of continuous transformation. *Bull. Soc. Math. France* (2) **50**, 119–134

Wilks, S. S. (1962), *Mathematical Statistics*. New York: Wiley

Wintner, A. (1929), Zur Theorie der beschränkten Bilinearformen. *Math. Zeitschr.* **30**, 228–282

Yosida, K. (1971), *Functional Analysis*. 3rd ed. Berlin: Springer

Zaanen, A. C. (1964), *Linear Analysis*. Amsterdam: North-Holland Publ.

Zakon. E. (1973), *Mathematical Analysis*. Part II. Lecture Notes. Departement of Mathematics, University of Windsor, Widsor, Ont.

人名索引

索　引

技术改变世界 · 阅读塑造人生

矩阵计算（第 4 版）

◆ 数值线性代数方面权威、全面的专著
◆ 矩阵计算领域的标准性参考文献
◆ 美国科学院院士、美国工程院院士吉恩·戈卢布的经典巨著

作者：［美］吉恩·戈卢布　［美］查尔斯·范洛恩
译者：程晓亮
书号：978-7-115-54735-4

复分析：可视化方法

◆ 复分析领域产生广泛影响的著作
◆ 独辟蹊径，用独具创造性、可以看得见的论证方式解释初等复分析理论

作者：［美］特里斯坦·尼达姆
译者：齐民友
书号：978-7-115-55277-8

基础拓扑学（修订版）

◆ 拓扑学入门书，内容浅易，注重抽象理论与具体应用相结合
◆ 美国多所高校的拓扑学指定教材

作者：［英］马克·阿姆斯特朗
译者：孙以丰
书号：978-7-115-51891-0